非平衡态电化学

翟玉春　著

科学出版社
北京

内容简介

本书将作者建立的远离平衡态的非平衡态热力学理论和方法应用于电化学体系和电化学过程，建立了非平衡态电化学热力学的理论体系和方法，系统阐述了非平衡态电化学的基础理论和基本知识，内容包括：有电磁场存在的体系的非平衡态热力学、热传导、扩散和化学反应、非平衡态水溶液电化学、非平衡态熔盐电化学、非平衡态离子液体电化学、金属-熔渣体系的非平衡态电化学、非平衡态固体电解质电化学、化学电源的非平衡态电化学等。

本书可供高等学校化学、化工、冶金、材料、选矿、地质、轻工、食品、能源、制药等学科的本科生、研究生、教师及相关领域的科技人员使用。

图书在版编目（CIP）数据

非平衡态电化学 / 翟玉春著. —北京：科学出版社，2023.11

ISBN 978-7-03-076789-9

Ⅰ. ①非…　Ⅱ. ①翟…　Ⅲ. ①非平衡态－电化学　Ⅳ. ①O646

中国国家版本馆 CIP 数据核字（2023）第 203299 号

责任编辑：贾　超　高　微 / 责任校对：杜子昂
责任印制：徐晓晨 / 封面设计：东方人华

科学出版社 出版
北京东黄城根北街 16 号
邮政编码：100717
http://www.sciencep.com
北京建宏印刷有限公司印刷
科学出版社发行　各地新华书店经销
*
2023 年 11 月第 一 版　开本：720 × 1000　1/16
2024 年 9 月第二次印刷　印张：42 1/2
字数：850 000

定价：198.00 元

（如有印装质量问题，我社负责调换）

前　言

电化学学科研究处理有电荷参与的化学反应，以及带电粒子体系的物理化学性质，研究带电粒子间发生化学反应过程的热力学和动力学，传统的电化学反应过程的热力学研究电化学体系平衡状态的热力学。而将非平衡状态与平衡状态相比较，判断电化学过程的方向和限度。传统的电极反应的动力学则是利用过渡状态理论给出描述电极反应速率的公式，进而研究具体的电极过程的速率、控制步骤和机理。发生电化学反应的体系都是非平衡态体系，电化学反应都是在非平衡态条件下进行的。因此，利用非平衡态热力学研究电化学反应是可行的。

经典的非平衡态热力学只能处理近平衡的化学反应。而化学反应主要是在远离平衡的状态下进行的，著者将近平衡态热力学推广到远离平衡的体系，建立了远离平衡体系的非线性热力学的理论和方法；并将远离平衡态的非平衡态热力学理论和方法应用于电化学体系和电化学过程，建立非平衡态电化学热力学的理论体系和解决问题的方法；系统阐述非平衡态电化学的基础理论和基本知识，解决传统电化学没有解决的一些问题。

本书内容包括有电磁场存在的体系的非平衡态热力学、热传导、扩散和化学反应、非平衡态水溶液电化学、非平衡态熔盐电化学、非平衡态固体电解质电化学、金属-熔渣体系的非平衡态电化学、化学电源的非平衡态电化学等。本书系统阐述上述电化学体系和电化学过程的非平衡态热力学、过程速率和多个过程的耦合等。

早在 20 世纪 50 年代，科学家就曾想把电化学用热力学统一起来。然而，这一愿望一直没能实现。本书著者建立了非平衡态电化学热力学的理论体系，用热力学统一电化学理论，发展了电化学的理论，深化了对电化学的认识。

电化学是化工、冶金、材料、选矿、地质、轻工、食品、制药、能源等领域的基础理论和基本知识，具有广泛的社会需求。发展电化学理论对于推动生产发展、科技进步的社会需求具有重要意义。

我的学生王乐博士录入了本书的全文，并绘制了部分插图，在此向他表示衷心感谢！

感谢贾超编辑和高微编辑的辛勤工作！感谢被本书引用的参考文献的作者！感谢所有帮助作者完成本书的人！感谢我的妻子李桂兰女士对我的大力支持！

由于作者水平有限，书中不妥和疏漏之处，请读者指正。

著　者

2023 年 9 月于沈阳

目　　录

第 1 章　有电磁场存在的体系的非平衡态热力学

1.1　麦克斯韦方程

在电场强度为 $\vec{E}$、磁场强度为 $\vec{B}$ 的体系，有

$$\nabla\vec{D}=\rho_{\mathrm{e}} \tag{1.1}$$

$$\nabla\vec{B}=0 \tag{1.2}$$

$$\frac{\partial\vec{D}}{\partial t}-c\nabla\times\vec{H}=-\vec{I} \tag{1.3}$$

$$\frac{\partial\vec{B}}{\partial t}+c\nabla\times\vec{E}=0 \tag{1.4}$$

式中，ρ_{e} 是电荷密度；c 是光速；$\vec{I}$ 是电流密度；$\vec{D}$ 是电位移矢量；$\vec{H}$ 是磁位移矢量。在静止体系中，有

$$\vec{D}=\vec{\vec{\varepsilon}}\cdot\vec{E} \tag{1.5}$$

$$\vec{H}=\vec{\vec{\mu}}^{-1}\cdot\vec{B} \tag{1.6}$$

式中，$\vec{\vec{\varepsilon}}$ 是体系的介电张量；$\vec{\vec{\mu}}$ 是体系的磁导率张量。对于各向同性体系，有

$$\vec{\vec{\varepsilon}}=\varepsilon\vec{\vec{U}} \tag{1.7}$$

$$\vec{\vec{\mu}}=\mu\vec{\vec{U}} \tag{1.8}$$

式中，ε 是介电常数；μ 是磁导率；$\vec{\vec{U}}$ 是单位张量。

电极化强度和磁极化强度分别为

$$\vec{P}=\vec{D}-\vec{E} \tag{1.9}$$

$$\vec{M}=\vec{B}-\vec{H} \tag{1.10}$$

将式（1.5）和式（1.6）分别代入式（1.9）和式（1.10），得

$$\vec{P}=(\vec{\vec{\varepsilon}}-\vec{\vec{U}})\cdot\vec{E}=\vec{\vec{H}}\cdot\vec{E} \tag{1.11}$$

$$\vec{M}=(\vec{\vec{\mu}}-\vec{\vec{U}})\cdot\vec{H}=\vec{\vec{\chi}}\cdot\vec{H} \tag{1.12}$$

式中，$\vec{\vec{H}}$ 是电极化率张量，$\vec{\vec{\chi}}$ 是磁极化率张量。

对于各向同性体系，有

$$\vec{\vec{H}}=H\vec{\vec{U}} \tag{1.13}$$

$$\vec{\vec{\chi}}=\chi\vec{\vec{U}} \tag{1.14}$$

式中，$\vec{\vec{H}}$ 和 $\vec{\vec{\chi}}$ 分别是电极化率和磁极化率常数。

由

$$\vec{E} = -\nabla\varphi = -\frac{1}{c}\frac{\partial\vec{A}}{\partial t} \tag{1.15}$$

$$\vec{B} = \nabla\times\vec{A} \tag{1.16}$$

可知，电场强度 $\vec{E}$ 和磁场强度 $\vec{B}$ 可以从标量势 φ 与矢量势 $\vec{A}$ 得到。

1.2 非极化体系的守恒定律与熵平衡

对于非极化体系，电位移矢量 $\vec{D}$ 和电场强度 $\vec{E}$ 一致，磁位移矢量 $\vec{H}$ 和磁场强度 $\vec{B}$ 一致。

下面讨论处于电磁场中的 n 个带电和不带电组元的体系。

1.2.1 质量守恒方程

有扩散和 r 个化学反应的 n 元体系，组元 k 的质量守恒方程为

$$\rho\frac{\mathrm{d}c_k}{\mathrm{d}t} = \nabla\vec{J}_k + \sum_{j=1}^{r}\upsilon_{kj}j_j \quad (k=1,2,\cdots,n) \tag{1.17}$$

式中，ρ 是体系的密度；c_k 是组元 k 的体积摩尔浓度；$\vec{J}_k$ 为组元 k 的迁移量；υ_{kj} 是第 j 个化学反应的计量系数；j_j 是第 j 个化学反应的速率。总电流密度可以用组元 k 的迁移速度 $\vec{v}_k$ 表示为

$$\vec{I} = \sum_{k=1}^{n}\rho_k z_k\vec{v}_k \tag{1.18}$$

式中，ρ_k 是组元 k 的摩尔密度；z_k 是 1mol 组元 k 的电荷。组元 k 相对于质心运动的扩散流（以摩尔数表示）为

$$\vec{J}_k = \rho_k(\vec{v}_k - \vec{v}) = \rho_k\vec{v}_k - \rho_k\vec{v} \tag{1.19}$$

$$z = \rho^{-1}\sum_{k=1}^{n}\rho_k z_k = \sum_{k=1}^{n}c_k z_k \tag{1.20}$$

式中，$\vec{v}$ 是质心速度；z 是单位体积内 n 个组元的总电荷；c_k 是组元 k 的体积摩尔浓度。

将式（1.19）和式（1.20）代入式（1.18）得

$$\vec{I} = \rho z\vec{v} + \sum_{k=1}^{n}z_k\vec{J}_k \tag{1.21}$$

式中等号右边第二项为各组元相对运动所引起的电流。

将

$$\vec{i}=\sum_{k=1}^{n} z_k \vec{J}_k \tag{1.22}$$

代入式（1.21）得

$$\vec{I}=\rho z\vec{v}+\vec{i} \tag{1.23}$$

式中，$\rho z\vec{v}$ 是对流产生的电流，而 $\vec{i}$ 是传导电流。

用 z_k 乘以式（1.17）各项，由于 z_k 为常数，所以有

$$\rho\frac{\mathrm{d}}{\mathrm{d}t}(c_k z_k)=-\nabla\cdot z_k\vec{J}_k+\sum_{j=1}^{r} z_k \upsilon_{kj} j_j \tag{1.24}$$

将式（1.24）对 k 求和，得

$$\rho\frac{\mathrm{d}}{\mathrm{d}t}\sum_{k=1}^{n} c_k z_k=-\nabla\cdot\sum_{k=1}^{n} z_k\vec{J}_k+\sum_{j=1}^{r}\sum_{k=1}^{n} z_k \upsilon_{kj} j_j$$

即

$$\rho\frac{\mathrm{d}z}{\mathrm{d}t}=-\nabla\cdot\vec{i} \tag{1.25}$$

此即电荷守恒定律。

1.2.2 动量守恒定律

处于电磁场中的非极化体系的动量守恒定律表达式为

$$\frac{\partial}{\partial t}\left(\rho\vec{v}+\frac{1}{c}\vec{E}\times\vec{H}\right)=-\nabla\cdot(\rho\vec{v}\vec{v}+\vec{\vec{P}}-\vec{\vec{T}}) \tag{1.26}$$

式中，$\rho\vec{v}$ 是物质的动量密度；$\frac{1}{c}\vec{E}\times\vec{H}$ 是电磁场的动量密度；$\rho\vec{v}\vec{v}$ 是动量流的对流部分；$\vec{\vec{P}}$ 是体系的压强张量；$\vec{\vec{T}}$ 是麦克斯韦胁强张量。

方程（1.26）表示物质与场的总动量守恒。利用

$$\vec{D}=\vec{E}，\quad \vec{H}=\vec{B}$$

由式（1.1）～式（1.4），得

$$\frac{1}{c}\frac{\partial}{\partial t}(\vec{E}\times\vec{B})=\nabla\cdot\vec{\vec{T}}-\rho z\vec{E}-\frac{1}{c}\vec{I}\times\vec{B} \tag{1.27}$$

式中

$$\vec{\vec{T}}=\vec{E}\vec{E}+\vec{B}\vec{B}-\frac{1}{2}(E^2+B^2)\vec{\vec{U}} \tag{1.28}$$

式（1.26）减式（1.27），得

$$\frac{\partial \rho \vec{v}}{\partial t} = -\nabla \cdot (\rho \vec{v}\vec{v} + \vec{\vec{P}}) + \rho z \vec{E} + \frac{1}{c}\vec{I} \times \vec{B} \tag{1.29}$$

式（1.29）是物质动量的平衡方程。利用式（1.20）和式（1.21），式（1.29）成为

$$\rho \frac{\mathrm{d}\vec{v}}{\mathrm{d}t} = -\nabla \vec{\vec{P}} + \sum_{k=1}^{n} \rho_k z_k \left(\vec{E} + \frac{1}{c}\vec{v}_k \times \vec{B} \right) = -\nabla \vec{\vec{P}} + \sum_{k=1}^{n} \rho_k \vec{F}_k \tag{1.30}$$

式中

$$\vec{F}_k = z_k \left(\vec{E} + \frac{1}{c}\vec{v}_k \times \vec{B} \right) \tag{1.31}$$

是作用在单位质量组元 k 的洛伦兹（Lorentz）力。

将式（1.23）代入式（1.29），得

$$\rho \frac{\mathrm{d}\vec{v}}{\mathrm{d}t} = -\nabla \vec{\vec{P}} + \rho z \left(\vec{E} + \frac{1}{c}\vec{v} \times \vec{B} \right) + \frac{1}{c}\vec{i} \times \vec{B} \tag{1.32}$$

1.2.3 能量方程

将式（1.32）乘以 $\vec{v}$，得

$$\frac{\partial}{\partial t}\left(\frac{1}{2}\rho \vec{v}^2 \right) = -\nabla \cdot \left(\frac{1}{2}\rho \vec{v}^2 \vec{v} + \vec{\vec{P}} \cdot \vec{v} \right) + \vec{\vec{P}} : \nabla \vec{v} + \rho z \vec{v} \cdot \vec{E} - \frac{1}{c}\vec{i} \cdot (\vec{v} \times \vec{B}) \tag{1.33}$$

式（1.33）是质心运动的能量平衡方程。

利用

$$\vec{D} = \vec{E}, \quad \vec{H} = \vec{B}$$

由式（1.3）和式（1.4），得

$$\frac{\partial}{\partial t}\left[\frac{1}{2}(\vec{E}^2 + \vec{B}^2) \right] = -\nabla \cdot c(\vec{E} \times \vec{B}) - \vec{I} \cdot \vec{E} \tag{1.34}$$

式（1.34）为坡印廷（Poynting）方程，式中 $\frac{1}{2}(\vec{E}^2 + \vec{B}^2)$ 是电磁能量密度，$c(\vec{E} \times \vec{B})$ 是坡印廷矢量，$\vec{I} \cdot \vec{B}$ 是电磁做的功。

式（1.33）加式（1.34），并利用式（1.23），得

$$\frac{\partial}{\partial t}\left[\frac{1}{2}(\rho \vec{v}^2 + \vec{E}^2 + \vec{B}^2) \right] = -\nabla \cdot \left(\frac{1}{2}\rho \vec{v}^2 \vec{v} + \vec{\vec{P}} \cdot \vec{v} + c\vec{E} \times \vec{B} \right) + \vec{\vec{P}} : \nabla \vec{v} - \vec{i} \cdot \left(\vec{E} + \frac{1}{c}\vec{v} \times \vec{B} \right) \tag{1.35}$$

式（1.35）表明，质心动能密度与电磁能量密度之和守恒，而有相当于

$$\vec{i} \cdot \left(\vec{E} + \frac{1}{c}\vec{v} \times \vec{B} \right) - \vec{\vec{P}} : \nabla \vec{v} \tag{1.36}$$

的能量转化为其他形式的能量。

物质与场的总能量密度 ε_v 守恒：

$$\frac{\partial \varepsilon_v}{\partial t} = -\nabla \cdot \vec{J}_\varepsilon \tag{1.37}$$

式中，$\vec{J}_\varepsilon$ 是总能量流。

定义内能密度和热流分别为

$$\rho u = \varepsilon_v - \frac{1}{2}(\rho \vec{v}^2 + \vec{E}^2 + \vec{B}^2) \tag{1.38}$$

$$\vec{J}_q = \vec{J}_\varepsilon - \left(\frac{1}{2}\rho \vec{v}^2 \vec{v} + \rho u \vec{v} + \vec{\vec{P}} \cdot \vec{v} + c\vec{E} \times \vec{B}\right) \tag{1.39}$$

式（1.37）减式（1.35），并利用式（1.38）和式（1.39）得内能平衡方程

$$\frac{\partial \rho u}{\partial t} = -\nabla \cdot (\rho u \vec{v} + \vec{J}_q) - \vec{\vec{P}} : \nabla \vec{v} + \vec{i} \cdot \left(\vec{E} + \frac{1}{c}\vec{v} \times \vec{B}\right) \tag{1.40}$$

或

$$\begin{aligned} \rho \frac{\mathrm{d}u}{\mathrm{d}t} &= -\nabla \cdot \vec{J}_q - \vec{\vec{P}} : \nabla \vec{v} + \vec{i} \cdot \left(\vec{E} + \frac{1}{c}\vec{v} \times \vec{B}\right) \\ &= -\nabla \cdot \vec{J}_q - \rho p \frac{\mathrm{d}v}{\mathrm{d}t} - \mathit{\Pi} : \nabla \vec{v} + \vec{i} \cdot \left(\vec{E} + \frac{1}{c}\vec{v} \times \vec{B}\right) \end{aligned} \tag{1.41}$$

式中，$\mathit{\Pi}$ 是黏滞压强张量，右边最后一项表示单位体积、单位时间内由电磁能转变成内能的数量。

1.2.4 熵平衡方程

将式（1.17）、式（1.22）和式（1.41）代入吉布斯方程

$$T\frac{\mathrm{d}s}{\mathrm{d}t} = \frac{\mathrm{d}u}{\mathrm{d}t} + p\frac{\mathrm{d}v}{\mathrm{d}t} - \sum_{k=1}^{n} \mu_k \frac{\mathrm{d}c_k}{\mathrm{d}t} \tag{1.42}$$

得熵平衡方程

$$\begin{aligned} \rho \frac{\mathrm{d}s}{\mathrm{d}t} = & -\nabla \cdot \frac{1}{T}\left(\vec{J}_q - \sum_{k=1}^{n} \mu_k \vec{J}_k\right) - \frac{1}{T^2}\vec{J}_q \cdot \nabla T - \frac{1}{T}\sum_{k=1}^{n} \vec{J}_k \cdot \left[T\nabla\left(\frac{\mu_k}{T}\right) - z_k\left(\vec{E} + \frac{1}{c}\vec{v} \times \vec{B}\right)\right] \\ & -\frac{1}{T}\vec{\vec{\mathit{\Pi}}} : \nabla \vec{v} - \frac{1}{T}\sum_{j=1}^{r} j_j A_j \end{aligned} \tag{1.43}$$

熵流为

$$\vec{J}_s = \frac{1}{T}\left(\vec{J}_q - \sum_{k=1}^{n} \mu_k \vec{J}_k\right) \tag{1.44}$$

熵源强度为

$$\sigma = -\frac{1}{T^2}\vec{J}_q \cdot \nabla T - \frac{1}{T}\sum_{k=1}^{n}\vec{J}_k \cdot \left[T\nabla\left(\frac{\mu_k}{T}\right) - z_k\left(\vec{E} + \frac{1}{c}\vec{v}\times\vec{B}\right)\right] - \frac{1}{T}\vec{\vec{\Pi}} : \nabla\vec{v} - \frac{1}{T}\sum_{j=1}^{r} j_j A_j \tag{1.45}$$

利用式（1.44）消去式（1.45）中$\vec{J}_q$，得

$$T\sigma = -\vec{J}_s \cdot \nabla T - \sum_{k=1}^{n}\vec{J}_k \cdot \left[\nabla\mu_k - z_k\left(\vec{E} + \frac{1}{c}\vec{v}\times\vec{B}\right)\right] - \vec{\vec{\Pi}} : \nabla\vec{v} - \sum_{j=1}^{r} j_j A_j \tag{1.46}$$

利用式（1.15）和式（1.16），由式（1.46）得

$$T\sigma = -\vec{J}_s \cdot \nabla T - \sum_{k=1}^{n}\vec{J}_k \cdot \left\{\nabla\tilde{\mu}_k + \frac{z_k}{c}\left[\frac{\partial A}{\partial t} - \vec{v}\times(\nabla\times A)\right]\right\} - \vec{\vec{\Pi}} : \nabla\vec{v} - \sum_{j=1}^{r} j_j A_j \tag{1.47}$$

式中

$$\tilde{\mu}_k = \mu_k + z_k\varphi \tag{1.48}$$

是组元k的电化学势。

利用

$$\vec{\vec{\Pi}} : \nabla\vec{v} = \mathring{\vec{\vec{\Pi}}} : (\mathring{\nabla}\vec{v})^s + \Pi\nabla\cdot\vec{v} \tag{1.49}$$

由式（1.45）、式（1.46）和式（1.47）得

$$\begin{aligned}\sigma = &-\frac{1}{T^2}\vec{J}_q \cdot \nabla T - \frac{1}{T}\sum_{k=1}^{n}\vec{J}_k \cdot \left[\nabla\left(\frac{\mu_k}{T}\right) - z_k\left(\vec{E} + \frac{1}{c}\vec{v}\times\vec{B}\right)\right] \\ &-\frac{1}{T}\mathring{\vec{\vec{\Pi}}} : (\mathring{\nabla}\vec{v})^s - \frac{1}{T}\Pi\nabla\cdot\vec{v} - \frac{1}{T}\sum_{j=1}^{r} j_j A_j\end{aligned} \tag{1.50}$$

$$\begin{aligned}\sigma = &-\frac{1}{T}\vec{J}_s \cdot \nabla T - \frac{1}{T}\sum_{k=1}^{n}\vec{J}_k \cdot \left[\nabla\mu_k - z_k\left(\vec{E} + \frac{1}{c}\vec{v}\times\vec{B}\right)\right] \\ &-\frac{1}{T}\mathring{\vec{\vec{\Pi}}} : (\mathring{\nabla}\vec{v})^s - \frac{1}{T}\Pi\nabla\cdot\vec{v} - \frac{1}{T}\sum_{j=1}^{r} j_j A_j\end{aligned} \tag{1.51}$$

$$\begin{aligned}\sigma = &-\frac{1}{T}\vec{J}_s \cdot \nabla T - \frac{1}{T}\sum_{k=1}^{n}\vec{J}_k \cdot \left\{\nabla\tilde{\mu}_k + \frac{z_k}{c}\left[\frac{\partial A}{\partial t} - \vec{v}\times(\nabla\times\vec{A})\right]\right\} \\ &-\frac{1}{T}\mathring{\vec{\vec{\Pi}}} : (\mathring{\nabla}\vec{v})^s - \frac{1}{T}\Pi\nabla\cdot\vec{v} - \frac{1}{T}\sum_{j=1}^{r} j_j A_j\end{aligned} \tag{1.52}$$

1.3　线性唯象方程

在近平衡态，由式（1.50）得线性唯象方程

$$\vec{J}_q = -L_{qq}\left(\frac{\nabla T}{T^2}\right) - \sum_{k=1}^{n} L_{qk}\left[\nabla\left(\frac{\mu_k}{T}\right) - \frac{z_k}{T}\left(\vec{E} + \frac{1}{c}\vec{v}\times\vec{B}\right)\right] \tag{1.53}$$

$$\vec{J}_i = -L_{iq}\left(\frac{\nabla T}{T^2}\right) - \sum_{k=1}^{n} L_{ik}\left[\nabla\left(\frac{\mu_k}{T}\right) - \frac{z_k}{T}\left(\vec{E} + \frac{1}{c}\vec{v}\times\vec{B}\right)\right](i=1,2,\cdots,n) \tag{1.54}$$

$$\overset{\circ}{\vec{\vec{\Pi}}} = -L\left(\overset{\circ}{\nabla}\vec{v}\right)^s / T \tag{1.55}$$

$$\Pi = -l_{vv}\left(\frac{\nabla\cdot\vec{v}}{T^2}\right) - \sum_{k=1}^{r} l_{vk}\left(\frac{\tilde{A}_k}{T}\right) \tag{1.56}$$

$$j_j = -l_{jv}\left(\frac{\nabla\cdot\vec{v}}{T}\right) - \sum_{k=1}^{r} l_{jk}\left(\frac{A_k}{T}\right)(j=1,2,\cdots,r) \tag{1.57}$$

由式（1.51）得

$$\vec{J}_s = -L_{ss}\left(\frac{\nabla T}{T}\right) - \sum_{k=1}^{n} L_{sk}\left[\frac{\nabla\mu_k}{T} - \frac{z_k}{T}\left(\vec{E} + \frac{1}{c}\vec{v}\times\vec{B}\right)\right] \tag{1.58}$$

$$\vec{J}_i = -L_{is}\left(\frac{\nabla T}{T}\right) - \sum_{k=1}^{n} L_{ik}\left[\frac{\nabla\mu_k}{T} - \frac{z_k}{T}\left(\vec{E} + \frac{1}{c}\vec{v}\times\vec{B}\right)\right](i=1,2,\cdots,n) \tag{1.59}$$

$$\overset{\circ}{\vec{\vec{\Pi}}} = -L\left(\overset{\circ}{\nabla}\vec{v}\right)^s / T \tag{1.60}$$

$$\Pi = -l_{vv}\left(\frac{\nabla\vec{v}}{T}\right) - \sum_{k=1}^{r} l_{vk}\left(\frac{A_k}{T}\right) \tag{1.61}$$

$$j_j = -l_{jv}\left(\frac{\nabla\vec{v}}{T}\right) - \sum_{k=1}^{r} l_{jk}\left(\frac{A_k}{T}\right)(j=1,2,\cdots,r) \tag{1.62}$$

由式（1.52），得

$$\vec{J}_s = -L_{ss}\left(\frac{\nabla T}{T}\right) - \sum_{k=1}^{n} L_{sk}\left\{\frac{\nabla\tilde{\mu}_k}{T} + \frac{z_k}{cT}\left[\frac{\partial\vec{A}}{\partial t} - \vec{v}\times(\nabla\times\vec{A})\right]\right\} \tag{1.63}$$

$$\vec{J}_i = -L_{is}\left(\frac{\nabla T}{T}\right) - \sum_{k=1}^{n} L_{ik}\left\{\frac{\nabla\tilde{\mu}_k}{T} + \frac{z_k}{cT}\left[\frac{\partial\vec{A}}{\partial t} - \vec{v}\times(\nabla\times\vec{A})\right]\right\} \tag{1.64}$$

$$\overset{\circ}{\vec{\vec{\Pi}}} = -L\left(\overset{\circ}{\nabla}\vec{v}\right)^s / T \tag{1.65}$$

$$\Pi = -l_{vv}\left(\frac{\nabla\cdot\vec{v}}{T}\right) - \sum_{k=1}^{r} l_{vk}\left(\frac{A_k}{T}\right) \tag{1.66}$$

$$j_j = -l_{jv}\left(\frac{\nabla\cdot\vec{v}}{T}\right) - \sum_{k=1}^{r} l_{jk}\left(\frac{A_k}{T}\right)(j=1,2,\cdots,r) \tag{1.67}$$

1.4　非线性唯象方程

在远离平衡态，由式（1.50）得

$$
\begin{aligned}
\vec{J}_q = & -L_{qq}\left(\frac{\nabla T}{T^2}\right)-\sum_{k=1}^{n}L_{qk}\left[\nabla\left(\frac{\mu_k}{T}\right)-\frac{z_k}{T}\left(\vec{E}+\frac{1}{c}\vec{v}\times\vec{B}\right)\right]\\
& -L_{qqq}\left(\frac{\nabla T}{T^2}\right)^2\vec{n}-\sum_{k=1}^{n}L_{qqk}\left\{\left(\frac{\nabla T}{T^2}\right)\cdot\left[\nabla\left(\frac{\mu_k}{T}\right)-\frac{z_k}{T}\left(\vec{E}+\frac{1}{c}\vec{v}\times\vec{B}\right)\right]\right\}\vec{n}\\
& -\sum_{k=1}^{n}\sum_{\rho=1}^{n}L_{qkl}\left\{\left[\nabla\left(\frac{\mu_k}{T}\right)-\frac{z_k}{T}\left(\vec{E}+\frac{1}{c}\vec{v}\times\vec{B}\right)\right]\cdot\left[\nabla\left(\frac{\mu_l}{T}\right)-\frac{z_l}{T}\left(\vec{E}+\frac{1}{c}\vec{v}\times\vec{B}\right)\right]\right\}\vec{n}\\
& -L_{qqqq}\left(\frac{\nabla T}{T^2}\right)^3-\sum_{k=1}^{n}L_{qqqk}\left(\frac{\nabla T}{T^2}\right)^2\left[\nabla\left(\frac{\mu_k}{T}\right)-\frac{z_k}{T}\left(\vec{E}+\frac{1}{c}\vec{v}\times\vec{B}\right)\right]\\
& -\sum_{k=1}^{n}\sum_{l=1}^{n}L_{qqkl}\left\{\left(\frac{\nabla T}{T^2}\right)\cdot\left[\nabla\left(\frac{\mu_k}{T}\right)-\frac{z_k}{T}\left(\vec{E}+\frac{1}{c}\vec{v}\times\vec{B}\right)\right]\right\}\left[\nabla\left(\frac{\mu_l}{T}\right)-\frac{z_l}{T}\left(\vec{E}+\frac{1}{c}\vec{v}\times\vec{B}\right)\right]\\
& -\sum_{k=1}^{n}\sum_{l=1}^{n}\sum_{h=1}^{n}L_{qklh}\left\{\left[\nabla\left(\frac{\mu_k}{T}\right)-\frac{z_k}{T}\left(\vec{E}+\frac{1}{c}\vec{v}\times\vec{B}\right)\right]\right.\\
& \left.\cdot\left[\nabla\left(\frac{\mu_l}{T}\right)-\frac{z_l}{T}\left(\vec{E}+\frac{1}{c}\vec{v}\times\vec{B}\right)\right]\left[\nabla\left(\frac{\mu_h}{T}\right)-\frac{z_h}{T}\left(\vec{E}+\frac{1}{c}\vec{v}\times\vec{B}\right)\right]\right\}\\
& -\cdots
\end{aligned}
\tag{1.68}
$$

$$
\begin{aligned}
\vec{J}_i = & -L_{iq}\left(\frac{\nabla T}{T^2}\right)-\sum_{k=1}^{n}L_{ik}\left[\nabla\left(\frac{\mu_k}{T}\right)-\frac{z_k}{T}\left(\vec{E}+\frac{1}{c}\vec{v}\times\vec{B}\right)\right]\\
& -L_{iqq}\left(\frac{\nabla T}{T^2}\right)^2\vec{n}-\sum_{k=1}^{n}L_{iqk}\left\{\left(\frac{\nabla T}{T^2}\right)\cdot\left[\nabla\left(\frac{\mu_k}{T}\right)-\frac{z_k}{T}\left(\vec{E}+\frac{1}{c}\vec{v}\times\vec{B}\right)\right]\right\}\vec{n}\\
& -\sum_{k=1}^{n}\sum_{l=1}^{n}L_{ikl}\left\{\left[\nabla\left(\frac{\mu_k}{T}\right)-\frac{z_k}{T}\left(\vec{E}+\frac{1}{c}\vec{v}\times\vec{B}\right)\right]\cdot\left[\nabla\left(\frac{\mu_l}{T}\right)-\frac{z_l}{T}\left(\vec{E}+\frac{1}{c}\vec{v}\times\vec{B}\right)\right]\right\}\vec{n}\\
& -L_{iqqq}\left(\frac{\nabla T}{T^2}\right)^3-\sum_{k=1}^{n}L_{iqqk}\left(\frac{\nabla T}{T^2}\right)^2\left[\nabla\left(\frac{\mu_k}{T}\right)-\frac{z_k}{T}\left(\vec{E}+\frac{1}{c}\vec{v}\times\vec{B}\right)\right]\\
& -\sum_{k=1}^{n}\sum_{l=1}^{n}L_{iqkl}\left\{\left(\frac{\nabla T}{T^2}\right)\cdot\left[\nabla\left(\frac{\mu_k}{T}\right)-\frac{z_k}{T}\left(\vec{E}+\frac{1}{c}\vec{v}\times\vec{B}\right)\right]\left[\nabla\left(\frac{\mu_l}{T}\right)-\frac{z_l}{T}\left(\vec{E}+\frac{1}{c}\vec{v}\times\vec{B}\right)\right]\right\}\\
& -\sum_{k=1}^{n}\sum_{l=1}^{n}\sum_{h=1}^{n}L_{iklh}\left\{\left[\nabla\left(\frac{\mu_k}{T}\right)-\frac{z_k}{T}\left(\vec{E}+\frac{1}{c}\vec{v}\times\vec{B}\right)\right]\right.
\end{aligned}
$$

$$
\cdot\left[\nabla\left(\frac{\mu_l}{T}\right)-\frac{z_l}{T}\left(\vec{E}+\frac{1}{c}\vec{v}\times\vec{B}\right)\right]\left[\nabla\left(\frac{\mu_h}{T}\right)-\frac{z_h}{T}\left(\vec{E}+\frac{1}{c}\vec{v}\times\vec{B}\right)\right]\Bigg\}
$$

$$
-\cdots \tag{1.69}
$$

$(i=1,2,\cdots,n)$

$$
\begin{aligned}
\overset{\circ}{\vec{\vec{\mathit{\Pi}}}} = & -\left[L_1\left(\overset{\circ}{\nabla}\vec{v}\right)^s/T\right]-L_2\left[\left(\overset{\circ}{\nabla}\vec{v}\right)^s/T\right]\cdot\left[\left(\overset{\circ}{\nabla}\vec{v}\right)^s/T\right] \\
& -L_3\left[\left(\overset{\circ}{\nabla}\vec{v}\right)^s/T\right]\cdot\left[\left(\overset{\circ}{\nabla}\vec{v}\right)^s/T\right]\cdot\left[\left(\overset{\circ}{\nabla}\vec{v}\right)^s/T\right]-\cdots
\end{aligned} \tag{1.70}
$$

$$
\begin{aligned}
\mathit{\Pi} = & -l_{vv}\left(\frac{\nabla\cdot\vec{v}}{T}\right)-\sum_{h=1}^{r}l_{vk}\left(\frac{A_k}{T}\right)-l_{vvv}\left(\frac{\nabla\cdot\vec{v}}{T}\right)^2\vec{n}-\sum_{k=1}^{r}l_{vvk}\left(\frac{\nabla\cdot\vec{v}}{T}\right)\left(\frac{A_k}{T}\right) \\
& -\sum_{k=1}^{r}\sum_{l=1}^{r}l_{vkl}\left(\frac{A_k}{T}\right)\left(\frac{A_l}{T}\right)-l_{vvvv}\left(\frac{\nabla\cdot\vec{v}}{T}\right)^3-\sum_{k=1}^{r}l_{vvvk}\left(\frac{\nabla\cdot\vec{v}}{T}\right)^2\left(\frac{A_k}{T}\right) \\
& -\sum_{k=1}^{r}\sum_{l=1}^{r}l_{vvkl}\left(\frac{\nabla\cdot\vec{v}}{T}\right)\left(\frac{A_k}{T}\right)\left(\frac{A_l}{T}\right)-\sum_{k=1}^{r}\sum_{l=1}^{r}\sum_{h=1}^{r}l_{vklh}\left(\frac{A_k}{T}\right)\left(\frac{A_l}{T}\right)\left(\frac{A_h}{T}\right) \\
& -\cdots
\end{aligned} \tag{1.71}
$$

$$
\begin{aligned}
j_j = & -l_{jv}\left(\frac{\nabla\cdot\vec{v}}{T}\right)-\sum_{k=1}^{r}l_{jk}\left(\frac{A_k}{T}\right)-l_{jvv}\left(\frac{\nabla\cdot\vec{v}}{T}\right)^2-\sum_{k=1}^{r}l_{jvk}\left(\frac{\nabla\cdot\vec{v}}{T}\right)\left(\frac{A_k}{T}\right) \\
& -\sum_{k=1}^{r}\sum_{l=1}^{r}l_{jkl}\left(\frac{A_k}{T}\right)\left(\frac{A_l}{T}\right)-l_{jvvv}\left(\frac{\nabla\cdot\vec{v}}{T}\right)^3-\sum_{k=1}^{r}l_{jvvk}\left(\frac{\nabla\cdot\vec{v}}{T}\right)^2\left(\frac{A_k}{T}\right) \\
& -\sum_{k=1}^{r}\sum_{l=1}^{r}l_{jvkl}\left(\frac{\nabla\cdot\vec{v}}{T}\right)\left(\frac{A_k}{T}\right)\left(\frac{A_l}{T}\right)-\sum_{k=1}^{r}\sum_{l=1}^{r}\sum_{h=1}^{r}l_{jklh}\left(\frac{A_k}{T}\right)\left(\frac{A_l}{T}\right)\left(\frac{A_h}{T}\right) \\
& -\cdots
\end{aligned} \tag{1.72}
$$

$(j=1,2,\cdots,r)$

由式（1.51）得

$$
\begin{aligned}
\vec{J}_s = & -L_{ss}\left(\frac{\nabla T}{T}\right)-\sum_{k=1}^{n}L_{sk}\left[\frac{\nabla\mu_k}{T}-\frac{z_k}{T}\left(\vec{E}+\frac{1}{c}\vec{v}\times\vec{B}\right)\right] \\
& -L_{sss}\left(\frac{\nabla T}{T}\right)^2\vec{n}-\sum_{k=1}^{n}L_{ssk}\left\{\left(\frac{\nabla T}{T}\right)\cdot\sum_{k=1}^{n}\left[\frac{\nabla\mu_k}{T}-\frac{z_k}{T}\left(\vec{E}+\frac{1}{c}\vec{v}\times\vec{B}\right)\right]\right\}\vec{n} \\
& -\sum_{k=1}^{n}\sum_{l=1}^{n}L_{skl}\left\{\sum_{k=1}^{n}\left[\frac{\nabla\mu_k}{T}-\frac{z_k}{T}\left(\vec{E}+\frac{1}{c}\vec{v}\times\vec{B}\right)\right]\cdot\sum_{l=1}^{n}\left[\frac{\nabla\mu_l}{T}-\frac{z_l}{T}\left(\vec{E}+\frac{1}{c}\vec{v}\times\vec{B}\right)\right]\right\}\vec{n}
\end{aligned}
$$

$$
\begin{aligned}
&-L_{ssss}\left(\frac{\nabla T}{T}\right)^3-\sum_{k=1}^{n}L_{sssk}\left(\frac{\nabla T}{T}\right)^2\left[\frac{\nabla\mu_k}{T}-\frac{z_k}{T}\left(\vec{E}+\frac{1}{c}\vec{v}\times\vec{B}\right)\right]\\
&-\sum_{k=1}^{n}\sum_{l=1}^{n}L_{sskl}\left\{\left(\frac{\nabla T}{T}\right)\cdot\left[\frac{\nabla\mu_k}{T}-\frac{z_k}{T}\left(\vec{E}+\frac{1}{c}\vec{v}\times\vec{B}\right)\right]\right\}\left[\frac{\nabla\mu_l}{T}-\frac{z_l}{T}\left(\vec{E}+\frac{1}{c}\vec{v}\times\vec{B}\right)\right]\\
&-\sum_{k=1}^{n}\sum_{l=1}^{n}\sum_{h=1}^{n}L_{sklh}\left\{\left[\frac{\nabla\mu_k}{T}-\frac{z_k}{T}\left(\vec{E}+\frac{1}{c}\vec{v}\times\vec{B}\right)\right]\right.\\
&\left.\cdot\left[\frac{\nabla\mu_l}{T}-\frac{z_l}{T}\left(\vec{E}+\frac{1}{c}\vec{v}\times\vec{B}\right)\right]\left[\frac{\nabla\mu_h}{T}-\frac{z_h}{T}\left(\vec{E}+\frac{1}{c}\vec{v}\times\vec{B}\right)\right]\right\}\\
&-\cdots
\end{aligned}
\tag{1.73}
$$

$$
\begin{aligned}
\vec{J}_i=&-L_{is}\left(\frac{\nabla T}{T}\right)-\sum_{k=1}^{n}L_{ik}\left[\frac{\nabla\mu_k}{T}-\frac{z_k}{T}\left(\vec{E}+\frac{1}{c}\vec{v}\times\vec{B}\right)\right]\\
&-L_{iss}\left(\frac{\nabla T}{T}\right)^2\vec{n}-\sum_{k=1}^{n}L_{isk}\left\{\left(\frac{\nabla T}{T}\right)\cdot\sum_{k=1}^{n}\left[\frac{\nabla\mu_k}{T}-\frac{z_k}{T}\left(\vec{E}+\frac{1}{c}\vec{v}\times\vec{B}\right)\right]\right\}\vec{n}\\
&-\sum_{k=1}^{n}\sum_{l=1}^{n}L_{ikl}\left\{\left[\frac{\nabla\mu_k}{T}-\frac{z_k}{T}\left(\vec{E}+\frac{1}{c}\vec{v}\times\vec{B}\right)\right]\cdot\left[\frac{\nabla\mu_l}{T}-\frac{z_l}{T}\left(\vec{E}+\frac{1}{c}\vec{v}\times\vec{B}\right)\right]\right\}\vec{n}\\
&-L_{isss}\left(\frac{\nabla T}{T}\right)^3-\sum_{k=1}^{n}L_{issk}\left(\frac{\nabla T}{T}\right)^2\left[\frac{\nabla\mu_k}{T}-\frac{z_k}{T}\left(\vec{E}+\frac{1}{c}\vec{v}\times\vec{B}\right)\right]\\
&-\sum_{k=1}^{n}\sum_{l=1}^{n}L_{iskl}\left\{\left(\frac{\nabla T}{T}\right)\cdot\left[\frac{\nabla\mu_k}{T}-\frac{z_k}{T}\left(\vec{E}+\frac{1}{c}\vec{v}\times\vec{B}\right)\right]\right\}\left[\frac{\nabla\mu_l}{T}-\frac{z_l}{T}\left(\vec{E}+\frac{1}{c}\vec{v}\times\vec{B}\right)\right]\\
&-\sum_{k=1}^{n}\sum_{l=1}^{n}\sum_{h=1}^{n}L_{iklh}\left\{\left[\frac{\nabla\mu_k}{T}-\frac{z_k}{T}\left(\vec{E}+\frac{1}{c}\vec{v}\times\vec{B}\right)\right]\cdot\left[\frac{\nabla\mu_l}{T}-\frac{z_l}{T}\left(\vec{E}+\frac{1}{c}\vec{v}\times\vec{B}\right)\right]\right\}\\
&\left[\frac{\nabla\mu_h}{T}-\frac{z_h}{T}\left(\vec{E}+\frac{1}{c}\vec{v}\times\vec{B}\right)\right]\\
&-\cdots\\
&(i=1,2,\cdots,n)
\end{aligned}
\tag{1.74}
$$

$$
\begin{aligned}
\overset{\circ}{\Pi}=&-L_1\left[\left(\overset{\circ}{\nabla}\vec{v}\right)^s/T\right]-L_2\left[\left(\overset{\circ}{\nabla}\vec{v}\right)^s/T\right]\cdot\left[\left(\overset{\circ}{\nabla}\vec{v}\right)^s/T\right]\\
&-L_3\left[\left(\overset{\circ}{\nabla}\vec{v}\right)^s/T\right]\cdot\left[\left(\overset{\circ}{\nabla}\vec{v}\right)^s/T\right]\cdot\left[\left(\overset{\circ}{\nabla}\vec{v}\right)^s/T\right]-\cdots
\end{aligned}
\tag{1.75}
$$

$$\begin{aligned}\Pi =& -l_{vv}\left(\frac{\nabla\cdot\vec{v}}{T}\right)-\sum_{h=1}^{r}l_{vk}\left(\frac{A_k}{T}\right)-l_{vvv}\left(\frac{\nabla\cdot\vec{v}}{T}\right)^2-\sum_{k=1}^{r}l_{vvk}\left(\frac{\nabla\cdot\vec{v}}{T}\right)\left(\frac{A_k}{T}\right)\\&-\sum_{k=1}^{r}\sum_{l=1}^{r}l_{vkl}\left(\frac{A_k}{T}\right)\left(\frac{A_l}{T}\right)-l_{vvvv}\left(\frac{\nabla\cdot\vec{v}}{T}\right)^3-\sum_{k=1}^{r}l_{vvvk}\left(\frac{\nabla\cdot\vec{v}}{T}\right)^2\left(\frac{A_k}{T}\right)\\&-\sum_{k=1}^{r}\sum_{l=1}^{r}l_{vvkl}\left(\frac{\nabla\cdot\vec{v}}{T}\right)\left(\frac{A_k}{T}\right)\left(\frac{A_l}{T}\right)-\sum_{k=1}^{r}\sum_{l=1}^{r}\sum_{h=1}^{r}l_{vklh}\left(\frac{A_k}{T}\right)\left(\frac{A_l}{T}\right)\left(\frac{A_h}{T}\right)\\&-\cdots\end{aligned}\tag{1.76}$$

$$\begin{aligned}j_j =& -l_{jv}\left(\frac{\nabla\cdot\vec{v}}{T}\right)-\sum_{k=1}^{r}l_{jk}\left(\frac{A_k}{T}\right)-l_{jvv}\left(\frac{\nabla\cdot\vec{v}}{T}\right)^2-\sum_{k=1}^{r}l_{jvk}\left(\frac{\nabla\cdot\vec{v}}{T}\right)\left(\frac{A_k}{T}\right)\\&-\sum_{k=1}^{r}\sum_{l=1}^{r}l_{jkl}\left(\frac{A_k}{T}\right)\left(\frac{A_l}{T}\right)-l_{jvvv}\left(\frac{\nabla\cdot\vec{v}}{T}\right)^3-\sum_{k=1}^{r}l_{jvvk}\left(\frac{\nabla\cdot\vec{v}}{T}\right)^2\left(\frac{A_k}{T}\right)\\&-\sum_{k=1}^{r}\sum_{l=1}^{r}l_{jvkl}\left(\frac{\nabla\cdot\vec{v}}{T}\right)\left(\frac{A_k}{T}\right)\left(\frac{A_l}{T}\right)-\sum_{k=1}^{r}\sum_{l=1}^{r}\sum_{h=1}^{r}l_{jklh}\left(\frac{A_k}{T}\right)\left(\frac{A_l}{T}\right)\left(\frac{A_h}{T}\right)\\&-\cdots\end{aligned}\tag{1.77}$$

$$(j=1,2,\cdots,r)$$

由式（1.52）得

$$\begin{aligned}\vec{J}_s =& -L_{ss}\left(\frac{\nabla T}{T}\right)-\sum_{k=1}^{n}L_{sk}\left\{\frac{\nabla\tilde{\mu}_k}{T}+\frac{z_k}{Tc}\left[\frac{\partial\vec{A}}{\partial t}-\vec{v}\times(\nabla\times\vec{A})\right]\right\}\\&-L_{sss}\left(\frac{\nabla T}{T}\right)^2\vec{n}-\sum_{k=1}^{n}L_{ssk}\left(\frac{\nabla T}{T}\right)\cdot\left\{\frac{\nabla\tilde{\mu}_k}{T}+\frac{z_k}{Tc}\left[\frac{\partial\vec{A}}{\partial t}-\vec{v}\times(\nabla\times\vec{A})\right]\right\}\vec{n}\\&-\sum_{k=1}^{n}\sum_{l=1}^{n}L_{skl}\left\{\frac{\nabla\tilde{\mu}_k}{T}+\frac{z_k}{Tc}\left[\frac{\partial\vec{A}}{\partial t}-\vec{v}\times(\nabla\times\vec{A})\right]\right\}\cdot\left\{\frac{\nabla\tilde{\mu}_l}{T}+\frac{z_l}{Tc}\left[\frac{\partial\vec{A}}{\partial t}-\vec{v}\times(\nabla\times\vec{A})\right]\right\}\vec{n}\\&-L_{ssss}\left(\frac{\nabla T}{T}\right)^3-\sum_{k=1}^{n}L_{sssk}\left(\frac{\nabla T}{T}\right)^2\left\{\frac{\nabla\tilde{\mu}_k}{T}+\frac{z_k}{Tc}\left[\frac{\partial\vec{A}}{\partial t}-\vec{v}\times(\nabla\times\vec{A})\right]\right\}\\&-\sum_{k=1}^{n}\sum_{l=1}^{n}L_{sskl}\left(\frac{\nabla T}{T}\right)\cdot\left\{\frac{\nabla\tilde{\mu}_k}{T}+\frac{z_k}{Tc}\left[\frac{\partial\vec{A}}{\partial t}-\vec{v}\times(\nabla\times\vec{A})\right]\right\}\left\{\frac{\nabla\tilde{\mu}_l}{T}+\frac{z_l}{Tc}\left[\frac{\partial\vec{A}}{\partial t}-\vec{v}\times(\nabla\times\vec{A})\right]\right\}\\&-\sum_{k=1}^{n}\sum_{l=1}^{n}\sum_{h=1}^{n}L_{sklh}\left\{\frac{\nabla\tilde{\mu}_k}{T}+\frac{z_k}{Tc}\left[\frac{\partial\vec{A}}{\partial t}-\vec{v}\times(\nabla\times\vec{A})\right]\right\}\cdot\left\{\frac{\nabla\tilde{\mu}_l}{T}+\frac{z_l}{Tc}\left[\frac{\partial\vec{A}}{\partial t}-\vec{v}\times(\nabla\times\vec{A})\right]\right\}\\&\left\{\frac{\nabla\tilde{\mu}_h}{T}+\frac{z_h}{Tc}\left[\frac{\partial\vec{A}}{\partial t}-\vec{v}\times(\nabla\times\vec{A})\right]\right\}\\&-\cdots\end{aligned}\tag{1.78}$$

$$
\begin{aligned}
\vec{J}_i = & -L_{is}\left(\frac{\nabla T}{T}\right) - \sum_{k=1}^{n} L_{ik}\left[\frac{\nabla \tilde{\mu}_k}{T} + \frac{z_k}{Tc}\left[\frac{\partial \vec{A}}{\partial t} - \vec{v}\times(\nabla\times\vec{A})\right]\right] \\
& - L_{iss}\left(\frac{\nabla T}{T}\right)^2 \vec{n} - \sum_{k=1}^{n} L_{isk}\left\{\left(\frac{\nabla T}{T}\right)\cdot\sum_{k=1}^{n}\left[\frac{\nabla \tilde{\mu}_k}{T} + \frac{z_k}{Tc}\left[\frac{\partial \vec{A}}{\partial t} - \vec{v}\times(\nabla\times\vec{A})\right]\right]\right\}\vec{n} \\
& - \sum_{k=1}^{n}\sum_{l=1}^{n} L_{ikl}\left\{\left[\frac{\nabla \mu_k}{T} + \frac{z_k}{Tc}\left[\frac{\partial \vec{A}}{\partial t} - \vec{v}\times(\nabla\times\vec{A})\right]\right]\cdot\left[\frac{\nabla \mu_l}{T} + \frac{z_l}{Tc}\left[\frac{\partial \vec{A}}{\partial t} - \vec{v}\times(\nabla\times\vec{A})\right]\right]\right\}\vec{n} \\
& - L_{isss}\left(\frac{\nabla T}{T}\right)^3 - \sum_{k=1}^{n} L_{issk}\left(\frac{\nabla T}{T}\right)^2\left[\frac{\nabla \mu_k}{T} + \frac{z_k}{Tc}\left[\frac{\partial \vec{A}}{\partial t} - \vec{v}\times(\nabla\times\vec{A})\right]\right] \\
& - \sum_{k=1}^{n}\sum_{l=1}^{n} L_{iskl}\left\{\left(\frac{\nabla T}{T}\right)\cdot\left[\frac{\nabla \mu_k}{T} + \frac{z_k}{Tc}\left[\frac{\partial \vec{A}}{\partial t} - \vec{v}\times(\nabla\times\vec{A})\right]\right]\cdot\left[\frac{\nabla \mu_l}{T} + \frac{z_l}{Tc}\left[\frac{\partial \vec{A}}{\partial t} - \vec{v}\times(\nabla\times\vec{A})\right]\right]\right\} \\
& - \sum_{k=1}^{n}\sum_{l=1}^{n}\sum_{h=1}^{n} L_{iklh}\left\{\left[\frac{\nabla \mu_k}{T} + \frac{z_k}{Tc}\left[\frac{\partial \vec{A}}{\partial t} - \vec{v}\times(\nabla\times\vec{A})\right]\right]\right. \\
& \left.\cdot\left[\frac{\nabla \mu_l}{T} + \frac{z_l}{Tc}\left[\frac{\partial \vec{A}}{\partial t} - \vec{v}\times(\nabla\times\vec{A})\right]\right]\left[\frac{\nabla \mu_h}{T} + \frac{z_h}{T}\left[\frac{\partial \vec{A}}{\partial t} - \vec{v}\times(\nabla\times\vec{A})\right]\right]\right\} \\
& - \cdots
\end{aligned}
$$

$$(i = 1, 2, \cdots, n) \tag{1.79}$$

$$
\begin{aligned}
\mathring{\vec{\vec{\Pi}}} = & -L_1\left[\left(\mathring{\nabla}\vec{v}\right)^s / T\right] - L_2\left[\left(\mathring{\nabla}\vec{v}\right)^s / T\right]\cdot\left[\left(\mathring{\nabla}\vec{v}\right)^s / T\right] \\
& - L_3\left[\left(\mathring{\nabla}\vec{v}\right)^s / T\right]\cdot\left[\left(\mathring{\nabla}\vec{v}\right)^s / T\right]\cdot\left[\left(\mathring{\nabla}\vec{v}\right)^s / T\right] - \cdots
\end{aligned}
\tag{1.80}
$$

$$
\begin{aligned}
\Pi = & -l_{vv}\left(\frac{\nabla\cdot\vec{v}}{T}\right) - \sum_{k=1}^{r} l_{vk}\left(\frac{A_h}{T}\right) - l_{vvv}\left(\frac{\nabla\cdot\vec{v}}{T}\right)^2 - \sum_{l=1}^{r} l_{vvl}\left(\frac{\nabla\cdot\vec{v}}{T}\right)\left(\frac{A_l}{T}\right) \\
& - \sum_{k=1}^{r}\sum_{l=1}^{r} l_{vkl}\left(\frac{A_k}{T}\right)\left(\frac{A_l}{T}\right) - l_{vvvv}\left(\frac{\nabla\cdot\vec{v}}{T}\right)^3 - \sum_{k=1}^{r} l_{vvvk}\left(\frac{\nabla\cdot\vec{v}}{T}\right)^2\left(\frac{A_k}{T}\right) \\
& - \sum_{k=1}^{r}\sum_{l=1}^{r} l_{vvkl}\left(\frac{\nabla\cdot\vec{v}}{T}\right)\left(\frac{A_k}{T}\right)\left(\frac{A_l}{T}\right) - \sum_{k=1}^{r}\sum_{l=1}^{r}\sum_{h=1}^{r} l_{vklh}\left(\frac{A_k}{T}\right)\left(\frac{A_l}{T}\right)\left(\frac{A_h}{T}\right) \\
& - \cdots
\end{aligned}
\tag{1.81}
$$

$$\begin{aligned}j_j=&-l_{jv}\left(\frac{\nabla\cdot\vec{v}}{T}\right)-\sum_{k=1}^{r}l_{jk}\left(\frac{A_k}{T}\right)-l_{jvv}\left(\frac{\nabla\cdot\vec{v}}{T}\right)^2-\sum_{k=1}^{r}l_{jvk}\left(\frac{\nabla\cdot\vec{v}}{T}\right)\left(\frac{A_k}{T}\right)\\&-\sum_{k=1}^{r}\sum_{l=1}^{r}l_{jkl}\left(\frac{A_k}{T}\right)\left(\frac{A_l}{T}\right)-l_{jvvv}\left(\frac{\nabla\cdot\vec{v}}{T}\right)^3-\sum_{k=1}^{r}l_{jvvk}\left(\frac{\nabla\cdot\vec{v}}{T}\right)^2\left(\frac{A_k}{T}\right)\\&-\sum_{k=1}^{r}\sum_{l=1}^{r}l_{jvkl}\left(\frac{\nabla\cdot\vec{v}}{T}\right)\left(\frac{A_k}{T}\right)\left(\frac{A_l}{T}\right)-\sum_{k=1}^{r}\sum_{l=1}^{r}\sum_{h=1}^{r}l_{jklh}\left(\frac{A_k}{T}\right)\left(\frac{A_l}{T}\right)\left(\frac{A_h}{T}\right)\\&-\cdots\\&(j=1,2,\cdots,r)\end{aligned}\tag{1.82}$$

若体系无黏滞流动，无化学反应，由式（1.51）得

$$\begin{aligned}\sigma&=-\frac{1}{T}\vec{J}_s\cdot\nabla T-\frac{1}{T}\sum_{k=1}^{n}\vec{J}_k\cdot\left[\nabla\mu_k-z_k\left(\vec{E}+\frac{1}{c}\vec{v}\times\vec{B}\right)\right]\\&=-\frac{1}{T}\vec{J}_s\cdot\nabla T-\frac{1}{T}\sum_{k=1}^{n}\vec{J}_k\cdot\left[\nabla\mu_k-z_k\left(\vec{E}+\frac{1}{c}\vec{v}_k\times\vec{B}\right)\right]\end{aligned}\tag{1.83}$$

后一步利用

$$\vec{J}_k\cdot(\vec{J}_k\times\vec{B})=0$$

假设体系处于力学平衡状态，有

$$\sum_{k=1}^{n}\rho_k\left[\nabla\mu_k-z_k\left(\vec{E}+\frac{1}{c}\vec{v}_k\times\vec{B}\right)\right]=-\rho s\nabla T$$

则

$$\sigma=-\frac{1}{T}[\vec{J}_s+\rho s(\vec{v}-\vec{v}^a)]\cdot\nabla T-\frac{1}{T}\sum_{k=1}^{n}\vec{J}_k^a\cdot\left[\nabla\mu_k-z_k\left(\vec{E}+\frac{1}{c}\vec{v}^a\times\vec{B}\right)\right]\tag{1.84}$$

式中，$\vec{v}^a$ 为参考速度，可取体系中组元 n 的速度为参考速度。并令

$$\vec{v}^a=\vec{v}_n=0$$

则

$$\vec{J}_k^a=\rho_k\vec{v}_k=\vec{J}_k^{\mathrm{r}}(k=1,2,\cdots,n-1)$$

式（1.84）成为

$$\sigma=-\frac{1}{T}\vec{J}_{s,t}\cdot\nabla T-\frac{1}{T}\sum_{k=1}^{n-1}\vec{J}_k^{\mathrm{r}}\cdot(\nabla\mu_k-z_k\vec{E})\tag{1.85}$$

式中，

$$\vec{J}_{s,t}=\vec{J}_s+\rho s\vec{v}$$

将金属看作由正离子点阵和电子构成的二元体系，则由式（1.85）得

$$\sigma=-\frac{1}{T}\vec{J}_{s,t}\cdot\nabla T-\vec{J}_{\mathrm{e}}^{\mathrm{r}}\cdot(\nabla\mu_{\mathrm{e}}-z_{\mathrm{e}}\vec{E})\tag{1.86}$$

式中，下角标 e 表示电子。

$$\vec{J}_{s,t} = \frac{1}{T}\vec{J}_q + s_{\mathrm{e}}\vec{J}_{\mathrm{e}}^{\mathrm{r}}$$

得

$$\sigma = -\frac{1}{T}\vec{J}_{s,t} \cdot \nabla T - \vec{I} \cdot \left[\nabla\left(\frac{\mu_{\mathrm{e}}}{z_{\mathrm{e}}}\right) - \vec{E}\right] \tag{1.87}$$

式中，

$$\vec{I} = z_{\mathrm{e}}\vec{J}_{\mathrm{e}}^{\mathrm{r}}$$

讨论与金属中电导有关的不可逆现象用式（1.87）。

第 2 章　热传导、扩散和化学反应

2.1　热　传　导

2.1.1　只有热传导没有扩散的体系

1. 近平衡体系的热传导

1）稳态热传导

对于只有热传导的体系，熵源强度为

$$\sigma = -\frac{1}{T^2}\vec{J}_q \cdot \nabla T \tag{2.1}$$

在近平衡态，唯象方程为

$$\vec{J}_q = -L_{qq}\left(\frac{\nabla T}{T^2}\right) \tag{2.2}$$

在各向异性的体系中（如各向异性的单晶体），L_{qq} 为 $\vec{\vec{L}}_{qq}$ 的张量，它与热传导张量 $\vec{\vec{\Lambda}}$ 的关系为

$$\vec{\vec{\Lambda}} = \frac{\vec{\vec{L}}_{qq}}{T^2} \tag{2.3}$$

利用这个关系，唯象方程可以写成傅里叶（Fourier）定律的形式

$$\vec{J}_q = -\vec{\vec{\lambda}} \cdot \nabla T \tag{2.4}$$

当有外磁场存在时，对于各向异性的体系，昂萨格关系为

$$\vec{\vec{\Lambda}}(\vec{B}) = \tilde{\vec{\vec{\Lambda}}}(-\vec{B}) \tag{2.5}$$

当无外磁场时，昂萨格关系为

$$\vec{\vec{\Lambda}} = \tilde{\vec{\vec{\Lambda}}} \tag{2.6}$$

例如，四方和立方晶系，有

$$\vec{\vec{\Lambda}} = \begin{pmatrix} \Lambda_{xx} & \Lambda_{xy} & 0 \\ -\Lambda_{xy} & \Lambda_{yy} & 0 \\ 0 & 0 & \Lambda_{zz} \end{pmatrix} \tag{2.7}$$

在有些晶体中，空间对称性并不要求 $\Lambda_{xy} = 0$。这意味着在 x-y 平面上的热流与温度梯度不在相同的方向，即沿着 x 方向的温度梯度会引起沿 y 方向的热流，

反之亦然。此即里吉-勒迪克（Righi-Leduc）效应。采用下述实验可以测量里吉-勒迪克系数。

在晶体的 x 方向加上温度梯度，当热流沿晶体的 x 方向流动时，测定在晶体的 y 方向的温度梯度（即使晶体在 y 方向绝缘）。

由于

$$J_{qy} = 0 \tag{2.8}$$

由式（2.4）和式（2.7），对于里吉-勒迪克效应有

$$\frac{\Lambda_{xy}}{\Lambda_{xx}} = \frac{\partial T / \partial y}{\partial T / \partial x} \tag{2.9}$$

式中的 Λ_{xx} 可以如下测量。给晶体施加的条件为

$$\frac{\partial T}{\partial y} = 0 \tag{2.10}$$

由式（2.4）和式（2.7）可得

$$\Lambda_{xx} = -\frac{J_{qx}}{\partial T / \partial x} \tag{2.11}$$

等式右边的量可测，据此可得 Λ_{xx}。将 Λ_{xx} 代入式(2.9)，可求得里吉-勒迪克系数 Λ_{xy}。

对于各向同性的体系，张量 $\vec{\vec{\Lambda}}$ 简化为单位张量的标量的倍数。任意方向的传热则为

$$\vec{J}_q = -\lambda \nabla T \tag{2.12}$$

此即傅里叶第一定律。

2）非稳态热传导

在各向同性的静态体系，将式（2.12）代入热量平衡方程，得

$$\rho_{\mathrm{m}} \frac{\partial q}{\partial t} = -\nabla \vec{J}_q \tag{2.13}$$

式中，ρ_{m} 为摩尔密度；q 为单位体积内的热量。

$$\rho_{\mathrm{m}} \frac{\partial q}{\partial t} = \rho_{\mathrm{m}} c_p \frac{\partial T}{\partial t} \tag{2.14}$$

将式（2.14）代入式（2.13）得

$$\rho_{\mathrm{m}} c_p \frac{\partial T}{\partial t} = \lambda \nabla^2 T \tag{2.15}$$

式中，c_p 为摩尔热容。式（2.15）即傅里叶第二定律。

2. 远离平衡体系

1）稳态热传导

对于远离平衡的体系，稳态热传导方程为

$$\vec{J}_q = -L_{qq}\left(\frac{\nabla T}{T^2}\right) - L_{qqq}\left(\frac{\nabla T}{T^2}\right)^2 \vec{n} - L_{qqqq}\left(\frac{\nabla T}{T^2}\right)^3 - \cdots \tag{2.16}$$

对于各向异性体系，唯象系数为张量，它与热传导张量的关系为

$$\vec{\vec{\Lambda}}_1 = \frac{\vec{\vec{L}}_{qq}}{T^2} \tag{2.17}$$

$$\vec{\vec{\Lambda}}_2 = \frac{\vec{\vec{L}}_{qqq}}{T^4} \tag{2.18}$$

$$\vec{\vec{\Lambda}}_3 = \frac{\vec{\vec{L}}_{qqqq}}{T^8} \tag{2.19}$$

$$\vec{J}_q = -\vec{\vec{\Lambda}}_1 \nabla T - \vec{\vec{\Lambda}}_2 (\nabla T)^2 \vec{n} - \vec{\vec{\Lambda}}_3 (\nabla T)^3 - \cdots \tag{2.20}$$

对于各向同性的体系，唯象系数为标量，热传导张量也退化为标量，有

$$\vec{J}_q = -\lambda_1 \nabla T - \lambda_2 (\nabla T)^2 - \lambda_3 (\nabla T)^3 - \cdots$$

2）非稳态热传导

将式（2.16）代入式（2.13），并利用式（2.14）得

$$\begin{aligned} \rho_{\mathrm{m}} c_p \frac{\partial T}{\partial t} &= -\nabla \cdot \left[-L_{qq}\left(\frac{\nabla T}{T^2}\right) - L_{qqq}\left(\frac{\nabla T}{T^2}\right)^2 \vec{n} - L_{qqqq}\left(\frac{\nabla T}{T^2}\right)^3 - \cdots \right] \\ &= L_{qq} \nabla \cdot \left(\frac{\nabla T}{T^2}\right) + L_{qqq} \nabla \cdot \left(\frac{\nabla T}{T^2}\right)^2 + L_{qqqq} \nabla \cdot \left(\frac{\nabla T}{T^2}\right)^3 + \cdots \end{aligned} \tag{2.21}$$

2.1.2　既有热传导又有扩散的体系

1. 近平衡体系

1）稳态热传导

对于又有热传导又有扩散的体系，在近平衡态，考虑扩散和热传导的耦合，对于稳态热过程，由式（1.50）得

$$\vec{J}_q = -L_{qq}\left(\frac{\nabla T}{T^2}\right) - \sum_{k=1}^{n} L_{qk}\left[\nabla\left(\frac{\mu_k}{T}\right) - \frac{z_k}{T}\left(\vec{E} + \frac{1}{c}\vec{v} \times \vec{B}\right)\right] \tag{2.22}$$

2）非稳态热传导

对于非稳态传热过程，有

$$
\begin{aligned}
\rho_{\mathrm{m}} c_p \frac{\partial T}{\partial t} &= -\nabla \cdot \vec{J}_q \\
&= -\nabla \cdot \left\{ -L_{qq}\left(\frac{\nabla T}{T^2}\right) - \sum_{k=1}^{n} L_{qk}\left[\nabla\left(\frac{\mu_k}{T}\right) - \frac{z_k}{T}\left(\vec{E} + \frac{1}{c}\vec{v}\times\vec{B}\right)\right]\right\} \\
&= L_{qq}\nabla\cdot\left(\frac{\nabla T}{T^2}\right) + \sum_{k=1}^{n} L_{qk}\nabla\cdot\left[\nabla\left(\frac{\mu_k}{T}\right) - \frac{z_k}{T}\left(\vec{E} + \frac{1}{c}\vec{v}\times\vec{B}\right)\right] \\
&= L_{qq}\left(\frac{T^2\nabla^2 T - \nabla T \nabla T}{T^4}\right) \\
&\quad + \sum_{k=1}^{n} L_{qk}\left\{\begin{aligned} &\left[\frac{T^2(T\nabla^2\mu_k - \mu_k\nabla^2 T) - T\nabla\mu_k\nabla T^2 + \mu_k\nabla T\nabla T^2}{T^4}\right] \\ &-z_k\left[\frac{T\nabla(\vec{E} + \frac{1}{c}\vec{v}\times\vec{B}) - (\vec{E} + \frac{1}{c}\vec{v}\times\vec{B})\cdot\nabla T}{T}\right]\end{aligned}\right\}
\end{aligned} \tag{2.23}
$$

2. 远离平衡体系

1）稳态热传导过程

在远离热传导平衡态，稳态热传导过程为

$$
\begin{aligned}
\vec{J}_q = &-L_{qq}\left(\frac{\nabla T}{T^2}\right) - \sum_{k=1}^{n} L_{qk}\left[\nabla\left(\frac{\mu_k}{T}\right) - \frac{z_k}{T}\left(\vec{E} + \frac{1}{c}\vec{v}\times\vec{B}\right)\right] \\
&- L_{qqq}\left(\frac{\nabla T}{T^2}\right)^2 \vec{n} - \sum_{k=1}^{n} L_{qqk}\left\{\left(\frac{\nabla T}{T^2}\right)\cdot\left[\nabla\left(\frac{\mu_k}{T}\right) - \frac{z_k}{T}\left(\vec{E} + \frac{1}{c}\vec{v}\times\vec{B}\right)\right]\right\}\vec{n} \\
&- \sum_{k=1}^{n}\sum_{l=1}^{n} L_{qkl}\left\{\left[\nabla\left(\frac{\mu_k}{T}\right) - \frac{z_k}{T}\left(\vec{E} + \frac{1}{c}\vec{v}\times\vec{B}\right)\right]\cdot\left[\nabla\left(\frac{\mu_l}{T}\right) - \frac{z_l}{T}\left(\vec{E} + \frac{1}{c}\vec{v}\times\vec{B}\right)\right]\right\}\vec{n} \\
&- L_{qqqq}\left(\frac{\nabla T}{T^2}\right)^3 - \sum_{k=1}^{n} L_{qqqk}\left(\frac{\nabla T}{T^2}\right)^2\left[\nabla\left(\frac{\mu_k}{T}\right) - \frac{z_k}{T}\left(\vec{E} + \frac{1}{c}\vec{v}\times\vec{B}\right)\right] \\
&- \sum_{k=1}^{n}\sum_{l=1}^{n} L_{qqkl}\left\{\left(\frac{\nabla T}{T^2}\right)\cdot\left[\nabla\left(\frac{\mu_k}{T}\right) - \frac{z_k}{T}\left(\vec{E} + \frac{1}{c}\vec{v}\times\vec{B}\right)\right]\left[\nabla\left(\frac{\mu_l}{T}\right) - \frac{z_l}{T}\left(\vec{E} + \frac{1}{c}\vec{v}\times\vec{B}\right)\right]\right\} \\
&- \sum_{k=1}^{n}\sum_{l=1}^{n}\sum_{h=1}^{n} L_{qklh}\left\{\left[\nabla\left(\frac{\mu_k}{T}\right) - \frac{z_k}{T}\left(\vec{E} + \frac{1}{c}\vec{v}\times\vec{B}\right)\right]\right. \\
&\left.\cdot\left[\nabla\left(\frac{\mu_l}{T}\right) - \frac{z_l}{T}\left(\vec{E} + \frac{1}{c}\vec{v}\times\vec{B}\right)\right]\left[\nabla\left(\frac{\mu_h}{T}\right) - \frac{z_h}{T}\left(\vec{E} + \frac{1}{c}\vec{v}\times\vec{B}\right)\right]\right\} \\
&- \cdots
\end{aligned} \tag{2.24}
$$

2）非稳态热传导过程

在远离平衡态，非稳态热传导过程为

$$
\begin{aligned}
\rho_{\mathrm{m}} c_p \frac{\partial q}{\partial t} &= -\nabla \cdot \vec{J}_q \\
&= L_{qq} \nabla \cdot \left(\frac{\nabla T}{T^2}\right) + \sum_{k=1}^{n} L_{qk} \nabla \cdot \left[\nabla\left(\frac{\mu_k}{T}\right) - \frac{z_k}{T}\left(\vec{E} + \frac{1}{c}\vec{v} \times \vec{B}\right)\right] \\
&\quad + L_{qqq} \nabla \cdot \left(\frac{\nabla T}{T^2}\right)^2 \vec{n} + \sum_{k=1}^{n} L_{qqk} \nabla \cdot \left\{\left(\frac{\nabla T}{T^2}\right) \cdot \left[\nabla\left(\frac{\mu_k}{T}\right) - \frac{z_k}{T}\left(\vec{E} + \frac{1}{c}\vec{v} \times \vec{B}\right)\right]\vec{n}\right\} \\
&\quad + \sum_{k=1}^{n}\sum_{l=1}^{n} L_{qkl} \nabla \cdot \left\{\left[\nabla\left(\frac{\mu_k}{T}\right) - \frac{z_k}{T}\left(\vec{E} + \frac{1}{c}\vec{v} \times \vec{B}\right)\right] \cdot \left[\nabla\left(\frac{\mu_l}{T}\right) - \frac{z_l}{T}\left(\vec{E} + \frac{1}{c}\vec{v} \times \vec{B}\right)\right]\vec{n}\right\} \\
&\quad + L_{qqqq} \nabla \cdot \left(\frac{\nabla T}{T^2}\right)^3 + \sum_{k=1}^{n} L_{qqqk} \nabla \cdot \left(\frac{\nabla T}{T^2}\right)^2 \left[\nabla\left(\frac{\mu_k}{T}\right) - \frac{z_k}{T}\left(\vec{E} + \frac{1}{c}\vec{v} \times \vec{B}\right)\right] \\
&\quad + \sum_{k=1}^{n}\sum_{l=1}^{n} L_{qqkl} \nabla \cdot \left\{\left(\frac{\nabla T}{T^2}\right) \cdot \left[\nabla\left(\frac{\mu_k}{T}\right) - \frac{z_k}{T}\left(\vec{E} + \frac{1}{c}\vec{v} \times \vec{B}\right)\right]\right. \\
&\quad \left.\left[\nabla\left(\frac{\mu_l}{T}\right) - \frac{z_l}{T}\left(\vec{E} + \frac{1}{c}\vec{v} \times \vec{B}\right)\right]\right\} \\
&\quad + \sum_{k=1}^{n}\sum_{l=1}^{n}\sum_{h=1}^{n} L_{qklh} \nabla \cdot \left\{\left[\nabla\left(\frac{\mu_k}{T}\right) - \frac{z_k}{T}\left(\vec{E} + \frac{1}{c}\vec{v} \times \vec{B}\right)\right]\right. \\
&\quad \left. \cdot \left[\nabla\left(\frac{\mu_l}{T}\right) - \frac{z_l}{T}\left(\vec{E} + \frac{1}{c}\vec{v} \times \vec{B}\right)\right]\left[\nabla\left(\frac{\mu_h}{T}\right) - \frac{z_h}{T}\left(\vec{E} + \frac{1}{c}\vec{v} \times \vec{B}\right)\right]\right\} \\
&\quad + \cdots
\end{aligned}
\tag{2.25}
$$

2.2 扩　散

2.2.1 等温扩散

1. 近平衡体系的等温扩散

1）稳态扩散

在近平衡状态，恒温恒压条件下，只有扩散的体系，由式（1.50）得

$$
\vec{J}_i = -\sum_{k=1}^{n} L_{ik} \frac{1}{T}\left[\nabla \mu_k - z_k\left(\vec{E} + \frac{1}{c}\vec{v} \times \vec{B}\right)\right] \qquad (i = 1, 2, \cdots, n) \tag{2.26}
$$

由式（1.51）得

$$\vec{J}_i = -\sum_{k=1}^{n} L_{ik} \frac{1}{T}\left[\nabla \mu_k - z_k\left(\vec{E} + \frac{1}{c}\vec{v} \times \vec{B}\right)\right] \qquad (i = 1, 2, \cdots, n) \tag{2.27}$$

由式（1.52）得

$$\vec{J}_i = -\sum_{k=1}^{n} L_{ik} \frac{1}{T}\left\{\nabla \tilde{\mu}_k + \frac{z_k}{c}\left[\frac{\partial \vec{A}}{\partial t} - \vec{v} \times (\nabla \times \vec{A})\right]\right\} \qquad (i = 1, 2, \cdots, n) \tag{2.28}$$

没有电磁场存在，由式（2.26）和式（2.27）得

$$\vec{J}_i = -\sum_{k=1}^{n} L_{ik} \frac{\nabla \mu_k}{T} \qquad (i = 1, 2, \cdots, n) \tag{2.29}$$

由式

$$\mu_i = \mu_i(\{c_k\})$$

得

$$\nabla \mu_i = \sum_{k=1}^{n} \frac{\partial \mu_i}{\partial c_k} \nabla c_k \tag{2.30}$$

对于稀溶液，上式简化为

$$\nabla \mu_i = \frac{\partial \mu_i}{\partial c_i} \nabla c_i \tag{2.31}$$

不考虑耦合作用，式（2.29）成为

$$\vec{J}_i = -\frac{L_{ii}}{T} \nabla \mu_i \tag{2.32}$$

将式（2.31）代入式（2.32）得

$$\vec{J}_i = -\frac{L_{ii}}{T} \frac{\partial \mu_i}{\partial c_i} \nabla c_i = -D_i \nabla c_i \tag{2.33}$$

式中，

$$D_i = \frac{L_{ii}}{T} \frac{\partial \mu_i}{\partial c_i} \tag{2.34}$$

为扩散系数，在许多情况下可以当作常数。式（2.33）即为菲克第一定律。

没有矢势，由式（2.28）得

$$\vec{J}_i = -\sum_{k=1}^{n} \frac{L_{ik}}{T} \nabla \tilde{\mu}_k \qquad (i = 1, 2, \cdots, n) \tag{2.35}$$

2）非稳态扩散

$$\frac{\partial c_i}{\partial t} = -\nabla \cdot \vec{J}_i \qquad (i = 1, 2, \cdots, n) \tag{2.36}$$

将式（2.26）代入式（2.36），得

$$\begin{aligned}\frac{\partial c_i}{\partial t} &= -\nabla\cdot\left\{-\sum_{k=1}^{n} L_{ik}\frac{1}{T}\left[\nabla\mu_k - z_k\left(\vec{E}+\frac{1}{c}\vec{v}\times\vec{B}\right)\right]\right\} \\ &= \sum_{k=1}^{n} L_{ik}\frac{1}{T}\left[\nabla^2\mu_k - z_k\nabla\cdot\left(\vec{E}+\frac{1}{c}\vec{v}\times\vec{B}\right)\right] \\ &\qquad (i=1,2,\cdots,n)\end{aligned} \tag{2.37}$$

将式（2.27）代入式（2.36），得

$$\frac{\partial c_i}{\partial t} = \sum_{k=1}^{n} L_{ik}\frac{1}{T}\left[\nabla^2\mu_k - z_k\nabla\cdot\left(\vec{E}+\frac{1}{c}\vec{v}\times\vec{B}\right)\right] \quad (i=1,2,\cdots,n) \tag{2.38}$$

将式（2.28）代入式（2.36），得

$$\frac{\partial c_i}{\partial t} = \sum_{k=1}^{n} L_{ik}\frac{1}{T}\left\{\nabla^2\tilde{\mu}_k + \frac{z_k}{c}\nabla\cdot\left[\frac{\partial\vec{A}}{\partial t} - \vec{v}\times(\nabla\times\vec{A})\right]\right\} \quad (i=1,2,\cdots,n) \tag{2.39}$$

没有电磁场，由式（2.37）和式（2.38）得

$$\frac{\partial c_i}{\partial t} = \sum_{k=1}^{n}\frac{L_{ik}}{T}\nabla^2\mu_k \qquad (i=1,2,\cdots,n) \tag{2.40}$$

由

$$\mu_i = \mu_i(\{c_k\})$$

得

$$\nabla^2\mu_i = \sum_{k=1}^{n}\left[\left(\frac{\partial}{\partial c_k}\nabla\mu_i\right)\cdot\nabla c_k + \frac{\partial\mu_i}{\partial c_k}\nabla^2 c_k\right] \tag{2.41}$$

对于稀溶液，上式简化为

$$\nabla^2\mu_i = \frac{\partial\mu_i}{\partial c_i}\nabla^2 c_i \tag{2.42}$$

将式（2.42）代入式（2.40），得

$$\frac{\partial c_i}{\partial t} = \sum_{k=1}^{n}\frac{L_{ik}}{T}\frac{\partial\mu_k}{\partial c_i}\nabla^2 c_i \qquad (i=1,2,\cdots,n) \tag{2.43}$$

不考虑耦合作用，有

$$\frac{\partial c_i}{\partial t} = \frac{L_{ii}}{T}\frac{\partial\mu_i}{\partial c_i}\nabla^2 c_i = -D_i\nabla^2 c_i \qquad (i=1,2,\cdots,n) \tag{2.44}$$

此即菲克第二定律。

没有矢势，由式（2.39）得

$$\frac{\partial c_i}{\partial t}=\sum_{k=1}^{n}\frac{L_{ik}}{T}\nabla^2\tilde{\mu}_k \qquad (i=1,2,\cdots,n) \tag{2.45}$$

2. 远离平衡体系的扩散

1）稳态扩散

在远离平衡态，恒温条件下，只有扩散的体系，稳态扩散，由式（1.50）得

$$\begin{aligned}\vec{J}_i=&-\sum_{k=1}^{n}L_{ik}\frac{1}{T}\left[\nabla\mu_k-z_k\left(\vec{E}+\frac{1}{c}\vec{v}\times\vec{B}\right)\right]\\&-\sum_{k=1}^{n}\sum_{l=1}^{n}L_{ikl}\frac{1}{T^2}\left[\nabla\mu_k-z_k\left(\vec{E}+\frac{1}{c}\vec{v}\times\vec{B}\right)\right]\cdot\left[\nabla\mu_l-z_l\left(\vec{E}+\frac{1}{c}\vec{v}\times\vec{B}\right)\right]\vec{n}\\&-\sum_{k=1}^{n}\sum_{l=1}^{n}\sum_{h=1}^{n}L_{iklh}\frac{1}{T^3}\left[\nabla\mu_k-z_k\left(\vec{E}+\frac{1}{c}\vec{v}\times\vec{B}\right)\right]\\&\cdot\left[\nabla\mu_l-z_l\left(\vec{E}+\frac{1}{c}\vec{v}\times\vec{B}\right)\right]\left[\nabla\mu_h-z_h\left(\vec{E}+\frac{1}{c}\vec{v}\times\vec{B}\right)\right]\\&-\cdots\\&(i=1,2,\cdots,n)\end{aligned} \tag{2.46}$$

由式（1.51）得

$$\begin{aligned}\vec{J}_i=&-\sum_{k=1}^{n}L_{ik}\frac{1}{T}\left[\nabla\mu_k-z_k\left(\vec{E}+\frac{1}{c}\vec{v}\times\vec{B}\right)\right]\\&-\sum_{k=1}^{n}\sum_{l=1}^{n}L_{ikl}\frac{1}{T^2}\left[\nabla\mu_k-z_k\left(\vec{E}+\frac{1}{c}\vec{v}\times\vec{B}\right)\right]\cdot\left[\nabla\mu_l-z_l\left(\vec{E}+\frac{1}{c}\vec{v}\times\vec{B}\right)\right]\vec{n}\\&-\sum_{k=1}^{n}\sum_{l=1}^{n}\sum_{h=1}^{n}L_{iklh}\frac{1}{T^3}\left[\nabla\mu_k-z_k\left(\vec{E}+\frac{1}{c}\vec{v}\times\vec{B}\right)\right]\\&\cdot\left[\nabla\mu_l-z_l\left(\vec{E}+\frac{1}{c}\vec{v}\times\vec{B}\right)\right]\left[\nabla\mu_h-z_h\left(\vec{E}+\frac{1}{c}\vec{v}\times\vec{B}\right)\right]\\&-\cdots\\&(i=1,2,\cdots,n)\end{aligned} \tag{2.47}$$

由式（1.52）得

$$\begin{aligned}\vec{J}_i=&-\sum_{k=1}^{n}L_{ik}\frac{1}{T}\left\{\nabla\tilde{\mu}_k+\frac{z_k}{c}\left[\frac{\partial\vec{A}}{\partial t}-\vec{v}\times(\nabla\times\vec{A})\right]\right\}\\&-\sum_{k=1}^{n}\sum_{l=1}^{n}L_{ikl}\frac{1}{T^2}\left\{\nabla\tilde{\mu}_k+\frac{z_k}{c}\left[\frac{\partial\vec{A}}{\partial t}-\vec{v}\times(\nabla\times\vec{A})\right]\right\}\cdot\left\{\nabla\tilde{\mu}_l+\frac{z_l}{c}\left[\frac{\partial\vec{A}}{\partial t}-\vec{v}\times(\nabla\times\vec{A})\right]\right\}\vec{n}\end{aligned}$$

$$
\begin{aligned}
&-\sum_{k=1}^{n}\sum_{l=1}^{n}\sum_{h=1}^{n}L_{iklh}\frac{1}{T^3}\left\{\nabla\tilde{\mu}_k+\frac{z_k}{c}\left[\frac{\partial\vec{A}}{\partial t}-\vec{v}\times(\nabla\times\vec{A})\right]\right\}\\
&\cdot\left\{\nabla\tilde{\mu}_l+\frac{z_l}{c}\left[\frac{\partial\vec{A}}{\partial t}-\vec{v}\times(\nabla\times\vec{A})\right]\right\}\left\{\nabla\tilde{\mu}_h+\frac{z_h}{c}\left[\frac{\partial\vec{A}}{\partial t}-\vec{v}\times(\nabla\times\vec{A})\right]\right\} \qquad (2.48)\\
&-\cdots
\end{aligned}
$$

$(i=1,2,\cdots,n)$

如果没有电磁场，由式（2.46）和式（2.47）得

$$
\begin{aligned}
\vec{J}_i=&-\sum_{k=1}^{n}L_{ik}\frac{1}{T}(\nabla\mu_k)\\
&-\sum_{k=1}^{n}\sum_{l=1}^{n}L_{ikl}\frac{1}{T^2}(\nabla\mu_k\cdot\nabla\mu_l)\vec{n}\\
&-\sum_{k=1}^{n}\sum_{l=1}^{n}\sum_{h=1}^{n}L_{iklh}\frac{1}{T^3}(\nabla\mu_k\nabla\mu_l\nabla\mu_h) \qquad (2.49)\\
&-\cdots\\
&(i=1,2,\cdots,n)
\end{aligned}
$$

如果没有矢势，由式（2.48）得

$$
\begin{aligned}
\vec{J}_i=&-\sum_{k=1}^{n}L_{ik}\frac{1}{T}(\nabla\tilde{\mu}_k)\\
&-\sum_{k=1}^{n}\sum_{l=1}^{n}L_{ikl}\frac{1}{T^2}(\nabla\tilde{\mu}_k\cdot\nabla\tilde{\mu}_l)\vec{n}\\
&-\sum_{k=1}^{n}\sum_{l=1}^{n}\sum_{h=1}^{n}L_{iklh}\frac{1}{T^3}(\nabla\tilde{\mu}_k\cdot\nabla\tilde{\mu}_l\nabla\tilde{\mu}_h) \qquad (2.50)\\
&-\cdots\\
&(i=1,2,\cdots,n)
\end{aligned}
$$

2）非稳态扩散

将唯象方程（2.46）代入质量守恒方程（2.36），得

$$
\begin{aligned}
\frac{\partial c_i}{\partial t}=-\nabla\cdot\Bigg\{&-\sum_{k=1}^{n}L_{ik}\frac{1}{T}\left[\nabla\mu_k-z_k\left(\vec{E}+\frac{1}{c}\vec{v}\times\vec{B}\right)\right]\\
&-\sum_{k=1}^{n}\sum_{l=1}^{n}L_{ikl}\frac{1}{T^2}\left[\nabla\mu_k-z_k\left(\vec{E}+\frac{1}{c}\vec{v}\times\vec{B}\right)\right]\cdot\left[\nabla\mu_l-z_l\left(\vec{E}+\frac{1}{c}\vec{v}\times\vec{B}\right)\right]\vec{n}\\
&-\sum_{k=1}^{n}\sum_{l=1}^{n}\sum_{h=1}^{n}L_{iklh}\frac{1}{T^3}\left[\nabla\mu_k-z_k\left(\vec{E}+\frac{1}{c}\vec{v}\times\vec{B}\right)\right]\\
&\cdot\left[\nabla\mu_l-z_l\left(\vec{E}+\frac{1}{c}\vec{v}\times\vec{B}\right)\right]\left[\nabla\mu_h-z_h\left(\vec{E}+\frac{1}{c}\vec{v}\times\vec{B}\right)\right]-\cdots\Bigg\}
\end{aligned}
$$

$$=\sum_{k=1}^{n}L_{ik}\frac{1}{T}\left[\nabla^2\mu_k-z_k\nabla\cdot\left(\vec{E}+\frac{1}{c}\vec{v}\times\vec{B}\right)\right]$$

$$+\sum_{k=1}^{n}\sum_{l=1}^{n}L_{ikl}\frac{1}{T^2}\left\{\left[\nabla^2\mu_k-z_k\nabla\cdot\left(\vec{E}+\frac{1}{c}\vec{v}\times\vec{B}\right)\right]\left[\nabla^2\mu_l-z_l\nabla\cdot\left(\vec{E}+\frac{1}{c}\vec{v}\times\vec{B}\right)\right]\vec{n}\right\}$$

$$+\sum_{k=1}^{n}\sum_{l=1}^{n}\sum_{h=1}^{n}L_{iklh}\frac{1}{T^2}\left\{\left[\nabla^2\mu_k-z_k\nabla\left(\vec{E}+\frac{1}{c}\vec{v}\times\vec{B}\right)\right]\left[\nabla^2\mu_l-z_l\nabla\cdot\left(\vec{E}+\frac{1}{c}\vec{v}\times\vec{B}\right)\right]\right.$$

$$\left.\cdot\left[\nabla^2\mu_h-z_h\nabla\cdot\left(\vec{E}+\frac{1}{c}\vec{v}\times\vec{B}\right)\right]\right\}$$

$$(i=1,2,...,n)$$

（2.51）

如果没有电磁场，则

$$\frac{\partial c_i}{\partial t}=-\sum_{k=1}^{n}L_{ik}\frac{1}{T}(\nabla^2\mu_k)$$

$$-\sum_{k=1}^{n}\sum_{l=1}^{n}L_{ikl}\frac{1}{T^2}(\nabla^2\mu_k\nabla\mu_l)\vec{n}$$

$$-\sum_{k=1}^{n}\sum_{l=1}^{n}\sum_{h=1}^{n}L_{iklh}\frac{1}{T^3}(\nabla^2\mu_k\nabla\mu_l\cdot\nabla\mu_h) \tag{2.52}$$

$$-\cdots$$

$$(i=1,2,\cdots,n)$$

将唯象方程（2.47）代入质量守恒方程（2.36），得

$$\frac{\partial c_i}{\partial t}=\sum_{k=1}^{n}L_{ik}\frac{1}{T}\left[\nabla^2\mu_k-z_k\nabla\cdot\left(\vec{E}+\frac{1}{c}\vec{v}\times\vec{B}\right)\right]$$

$$+\sum_{k=1}^{n}\sum_{l=1}^{n}L_{ikl}\frac{1}{T^2}\left\{\left[\nabla^2\mu_k-z_k\nabla\cdot\left(\vec{E}+\frac{1}{c}\vec{v}\times\vec{B}\right)\right]\left[\nabla^2\mu_l-z_l\nabla\cdot\left(\vec{E}+\frac{1}{c}\vec{v}\times\vec{B}\right)\right]\vec{n}\right\}$$

$$+\sum_{k=1}^{n}\sum_{l=1}^{n}\sum_{h=1}^{n}L_{iklh}\frac{1\infty}{T^3}\left\{\left[\nabla^2\mu_k-z_k\nabla\cdot\left(\vec{E}+\frac{1}{c}\vec{v}\times\vec{B}\right)\right]\left[\nabla^2\mu_l-z_l\left(\vec{E}+\frac{1}{c}\vec{v}\times\vec{B}\right)\right]\right.$$

$$\left.\cdot\left[\nabla^2\mu_h-z_h\nabla\cdot\left(\vec{E}+\frac{1}{c}\vec{v}\times\vec{B}\right)\right]\right\}+\cdots$$

$$(i=1,2,\cdots,n)$$

（2.53）

如果没有电磁场，则

$$
\begin{aligned}
\frac{\partial c_i}{\partial t} = & \sum_{k=1}^{n} L_{ik} \frac{1}{T} \nabla^2 \mu_k \\
& + \sum_{k=1}^{n} \sum_{l=1}^{n} L_{ikl} \frac{1}{T^2} (\nabla^2 \mu_k \nabla^2 \mu_l) \\
& + \sum_{k=1}^{n} \sum_{l=1}^{n} \sum_{h=1}^{n} L_{iklh} \frac{1}{T^3} (\nabla^2 \mu_k \nabla^2 \mu_l \nabla^2 \mu_h) \\
& + \cdots \\
(i = 1, 2, & \cdots, n)
\end{aligned}
\tag{2.54}
$$

将唯象方程（2.48）代入质量守恒方程，得

$$
\begin{aligned}
\frac{\partial c_i}{\partial t} = & \sum_{k=1}^{n} L_{ik} \frac{1}{T} \left\{ \nabla^2 \tilde{\mu}_k + \frac{z_k}{c} \nabla \cdot \left[\frac{\partial \vec{A}}{\partial t} - \vec{v} \times (\nabla \times \vec{A}) \right] \right\} \\
& + \sum_{k=1}^{n} \sum_{l=1}^{n} L_{ikl} \frac{1}{T^2} \left\{ \left[\nabla^2 \mu_k + \frac{z_k}{c} \nabla \cdot \left[\frac{\partial \vec{A}}{\partial t} - \vec{v} \times (\nabla \times \vec{A}) \right] \right] \right. \\
& \left. \left[\nabla^2 \mu_l + \frac{z_l}{c} \nabla \cdot \left[\frac{\partial \vec{A}}{\partial t} - \vec{v} \times (\nabla \times \vec{A}) \right] \right] \vec{n} \right\} \\
& + \sum_{k=1}^{n} \sum_{l=1}^{n} \sum_{h=1}^{n} L_{iklh} \frac{1}{T^3} \left\{ \left[\nabla^2 \mu_k + \frac{z_k}{c} \nabla \cdot \left[\frac{\partial \vec{A}}{\partial t} - \vec{v} \times (\nabla \times \vec{A}) \right] \right] \right\} \\
& + \cdots \\
(i = 1, 2, & \cdots, n)
\end{aligned}
\tag{2.55}
$$

如果没有矢势 $\vec{A}$，则

$$
\begin{aligned}
\frac{\partial c_i}{\partial t} = & \sum_{k=1}^{n} L_{ik} \frac{1}{T} \nabla^2 \tilde{\mu}_k \\
& + \sum_{k=1}^{n} \sum_{l=1}^{n} L_{ikl} \frac{1}{T^2} \nabla^2 \tilde{\mu}_k \nabla^2 \tilde{\mu}_l \\
& + \sum_{k=1}^{n} \sum_{l=1}^{n} \sum_{h=1}^{n} L_{iklh} \frac{1}{T^3} \nabla^2 \tilde{\mu}_k \nabla^2 \tilde{\mu}_l \cdot \nabla^2 \tilde{\mu}_h \\
& + \cdots \\
(i = 1, 2, & \cdots, n)
\end{aligned}
\tag{2.56}
$$

2.2.2　非等温扩散

1. 近平衡体系的非等温扩散

1）稳态扩散

在近平衡状态、非等温条件下，稳态扩散，由式（1.50）得

$$\vec{J}_i = -L_{iq}\left(\frac{\nabla T}{T^2}\right) - \sum_{k=1}^{n} L_{ik}\left[\nabla\left(\frac{\mu_k}{T}\right) - \frac{z_k}{T}\left(\vec{E} + \frac{1}{c}\vec{v}\times\vec{B}\right)\right] \qquad (i=1,2,\cdots,n) \tag{2.57}$$

由式（1.51）得

$$\vec{J}_i = -L_{is}\left(\frac{\nabla T}{T}\right) - \sum_{k=1}^{n} L_{ik}\left[\left(\frac{\nabla \mu_k}{T}\right) - \frac{z_k}{T}\left(\vec{E} + \frac{1}{c}\vec{v}\times\vec{B}\right)\right] \qquad (i=1,2,\cdots,n) \tag{2.58}$$

由式（1.52）得

$$\vec{J}_i = -L_{is}\left(\frac{\nabla T}{T}\right) - \sum_{k=1}^{n} L_{ik}\left\{\frac{\nabla \tilde{\mu}_k}{T} + \frac{z_k}{Tc}\left[\frac{\partial \vec{A}}{\partial t} - \vec{v}\times(\nabla\times\vec{A})\right]\right\} \qquad (i=1,2,\cdots,n) \tag{2.59}$$

2）非稳态扩散

在只有扩散的体系，质量守恒方程为

$$\frac{\partial c_i}{\partial t} = -\nabla\cdot\vec{J}_i \qquad (i=1,2,\cdots,n) \tag{2.60}$$

将式（2.57）代入式（2.60），得

$$\frac{\partial c_i}{\partial t} = L_{iq}\nabla\cdot\left(\frac{\nabla T}{T^2}\right) + \sum_{k=1}^{n} L_{ik}\nabla\cdot\left[\nabla\left(\frac{\mu_k}{T}\right) - \frac{z_k}{T}\left(\vec{E} + \frac{1}{c}\vec{v}\times\vec{B}\right)\right] \qquad (i=1,2,\cdots,n) \tag{2.61}$$

将式（2.58）代入式（2.60），得

$$\frac{\partial c_i}{\partial t} = L_{is}\nabla\cdot\left(\frac{\nabla T}{T}\right) + \sum_{k=1}^{n} L_{ik}\nabla\cdot\left[\left(\frac{\nabla \mu_k}{T}\right) - \frac{z_k}{T}\left(\vec{E} + \frac{1}{c}\vec{v}\times\vec{B}\right)\right] \qquad (i=1,2,\cdots,n) \tag{2.62}$$

将式（2.59）代入式（2.60），得

$$\frac{\partial c_i}{\partial t} = L_{is}\nabla\cdot\left(\frac{\nabla T}{T}\right) + \sum_{k=1}^{n} L_{ik}\nabla\cdot\left\{\frac{\nabla \tilde{\mu}_k}{T} + \frac{z_k}{Tc}\left[\frac{\partial \vec{A}}{\partial t} - \vec{v}\times(\nabla\times\vec{A})\right]\right\} \qquad (i=1,2,\cdots,n) \tag{2.63}$$

2. 远离平衡体系的非等温扩散

1）稳态扩散

在远离平衡状态，非等温条件下，由式（1.50）得稳态扩散为

$$\begin{aligned}\vec{J}_i = &-L_{iq}\left(\frac{\nabla T}{T^2}\right) - \sum_{k=1}^{n} L_{ik}\left[\nabla\left(\frac{\mu_k}{T}\right) - \frac{z_k}{T}\left(\vec{E} + \frac{1}{c}\vec{v}\times\vec{B}\right)\right] \\ &- L_{iqq}\left(\frac{\nabla T}{T^2}\right)^2\vec{n} - \sum_{k=1}^{n} L_{iqk}\left\{\left(\frac{\nabla T}{T^2}\right)\cdot\left[\nabla\left(\frac{\mu_k}{T}\right) - \frac{z_k}{T}\left(\vec{E} + \frac{1}{c}\vec{v}\times\vec{B}\right)\right]\right\}\vec{n} \\ &- \sum_{k=1}^{n}\sum_{l=1}^{n} L_{ikl}\left\{\left[\nabla\left(\frac{\mu_k}{T}\right) - \frac{z_k}{T}\left(\vec{E} + \frac{1}{c}\vec{v}\times\vec{B}\right)\right]\cdot\left[\nabla\left(\frac{\mu_l}{T}\right) - \frac{z_l}{T}\left(\vec{E} + \frac{1}{c}\vec{v}\times\vec{B}\right)\right]\right\}\vec{n}\end{aligned}$$

$$
\begin{aligned}
& -L_{iqqq}\left(\frac{\nabla T}{T^2}\right)^3-\sum_{k=1}^{n}L_{iqqk}\left(\frac{\nabla T}{T^2}\right)^2\left[\nabla\left(\frac{\mu_k}{T}\right)-\frac{z_k}{T}\left(\vec{E}+\frac{1}{c}\vec{v}\times\vec{B}\right)\right]\\
& -\sum_{k=1}^{n}\sum_{l=1}^{n}L_{iqkl}\left\{\left(\frac{\nabla T}{T^2}\right)\cdot\left[\nabla\left(\frac{\mu_k}{T}\right)-\frac{z_k}{T}\left(\vec{E}+\frac{1}{c}\vec{v}\times\vec{B}\right)\right]\left[\nabla\left(\frac{\mu_l}{T}\right)-\frac{z_l}{T}\left(\vec{E}+\frac{1}{c}\vec{v}\times\vec{B}\right)\right]\right\}\\
& -\sum_{k=1}^{n}\sum_{l=1}^{n}\sum_{h=1}^{n}L_{iklh}\left\{\left[\nabla\left(\frac{\mu_k}{T}\right)-\frac{z_k}{T}\left(\vec{E}+\frac{1}{c}\vec{v}\times\vec{B}\right)\right]\right.\\
& \left.\cdot\left[\nabla\left(\frac{\mu_l}{T}\right)-\frac{z_l}{T}\left(\vec{E}+\frac{1}{c}\vec{v}\times\vec{B}\right)\right]\left[\nabla\left(\frac{\mu_h}{T}\right)-\frac{z_h}{T}\left(\vec{E}+\frac{1}{c}\vec{v}\times\vec{B}\right)\right]\right\}\\
& -\cdots\\
& (i=1,2,\cdots,n)
\end{aligned}
\tag{2.64}
$$

由式（1.51）得稳态扩散为

$$
\begin{aligned}
\vec{J}_i=& -L_{is}\left(\frac{\nabla T}{T}\right)-\sum_{k=1}^{n}L_{sk}\left[\left(\frac{\nabla\mu_k}{T}\right)-\frac{z_k}{T}\left(\vec{E}+\frac{1}{c}\vec{v}\times\vec{B}\right)\right]\\
& -L_{iss}\left(\frac{\nabla T}{T}\right)^2\vec{n}-\sum_{k=1}^{n}L_{isk}\left\{\left(\frac{\nabla T}{T}\right)\left[\left(\frac{\nabla\mu_k}{T}\right)-\frac{z_k}{T}\left(\vec{E}+\frac{1}{c}\vec{v}\times\vec{B}\right)\right]\right\}\vec{n}\\
& -\sum_{k=1}^{n}\sum_{l=1}^{n}L_{ikl}\left\{\left[\left(\frac{\nabla\mu_k}{T}\right)-\frac{z_k}{T}\left(\vec{E}+\frac{1}{c}\vec{v}\times\vec{B}\right)\right]\cdot\left[\left(\frac{\nabla\mu_l}{T}\right)-\frac{z_l}{T}\left(\vec{E}+\frac{1}{c}\vec{v}\times\vec{B}\right)\right]\right\}\vec{n}\\
& -L_{isss}\left(\frac{\nabla T}{T}\right)^3-\sum_{k=1}^{n}L_{issk}\left(\frac{\nabla T}{T}\right)^2\left[\left(\frac{\nabla\mu_k}{T}\right)-\frac{z_k}{T}\left(\vec{E}+\frac{1}{c}\vec{v}\times\vec{B}\right)\right]\\
& -\sum_{k=1}^{n}\sum_{l=1}^{n}L_{iskl}\left\{\left(\frac{\nabla T}{T}\right)\cdot\left[\left(\frac{\nabla\mu_k}{T}\right)-\frac{z_k}{T}\left(\vec{E}+\frac{1}{c}\vec{v}\times\vec{B}\right)\right]\cdot\left[\left(\frac{\nabla\mu_l}{T}\right)-\frac{z_l}{T}\left(\vec{E}+\frac{1}{c}\vec{v}\times\vec{B}\right)\right]\right\}\\
& -\sum_{k=1}^{n}\sum_{l=1}^{n}\sum_{h=1}^{n}L_{iklh}\left\{\left[\left(\frac{\nabla\mu_k}{T}\right)-\frac{z_k}{T}\left(\vec{E}+\frac{1}{c}\vec{v}\times\vec{B}\right)\right]\right.\\
& \left.\cdot\left[\left(\frac{\nabla\mu_l}{T}\right)-\frac{z_l}{T}\left(\vec{E}+\frac{1}{c}\vec{v}\times\vec{B}\right)\right]\cdot\left[\left(\frac{\nabla\mu_h}{T}\right)-\frac{z_h}{T}\left(\vec{E}+\frac{1}{c}\vec{v}\times\vec{B}\right)\right]\right\}\\
& -\cdots\\
& (i=1,2,\cdots,n)
\end{aligned}
\tag{2.65}
$$

由式（1.52）得稳态扩散为

$$
\vec{J}_i=-L_{is}\left(\frac{\nabla T}{T}\right)-\sum_{k=1}^{n}L_{ik}\left\{\frac{\nabla\tilde{\mu}_k}{T}+\frac{z_k}{Tc}\left[\frac{\partial\vec{A}}{\partial t}-\vec{v}\times(\nabla\times\vec{A})\right]\right\}
$$

$$
\begin{aligned}
&-L_{iss}\left(\frac{\nabla T}{T}\right)^2\vec{n}-\sum_{k=1}^{n}L_{isk}\left(\frac{\nabla T}{T}\right)\cdot\left\{\frac{\nabla\tilde{\mu}_k}{T}+\frac{z_k}{Tc}\left[\frac{\partial\vec{A}}{\partial t}-\vec{v}\times(\nabla\times\vec{A})\right]\right\}\vec{n}\\
&-\sum_{k=1}^{n}\sum_{l=1}^{n}L_{ikl}\left\{\frac{\nabla\tilde{\mu}_k}{T}+\frac{z_k}{Tc}\left[\frac{\partial\vec{A}}{\partial t}-\vec{v}\times(\nabla\times\vec{A})\right]\right\}\cdot\left\{\frac{\nabla\tilde{\mu}_l}{T}+\frac{z_l}{Tc}\left[\frac{\partial\vec{A}}{\partial t}-\vec{v}\times(\nabla\times\vec{A})\right]\right\}\vec{n}\\
&-L_{isss}\left(\frac{\nabla T}{T}\right)^3-\sum_{k=1}^{n}L_{issk}\left(\frac{\nabla T}{T}\right)^2\left\{\frac{\nabla\tilde{\mu}_k}{T}+\frac{z_k}{Tc}\left[\frac{\partial\vec{A}}{\partial t}-\vec{v}\times(\nabla\times\vec{A})\right]\right\}\\
&-\sum_{k=1}^{n}\sum_{l=1}^{n}L_{iskl}\left(\frac{\nabla T}{T}\right)\cdot\left\{\frac{\nabla\tilde{\mu}_k}{T}+\frac{z_k}{Tc}\left[\frac{\partial\vec{A}}{\partial t}-\vec{v}\times(\nabla\times\vec{A})\right]\right\}\left\{\frac{\nabla\tilde{\mu}_l}{T}+\frac{z_l}{Tc}\left[\frac{\partial\vec{A}}{\partial t}-\vec{v}\times(\nabla\times\vec{A})\right]\right\}\\
&-\sum_{k=1}^{n}\sum_{l=1}^{n}\sum_{h=1}^{n}L_{iklh}\left\{\frac{\nabla\tilde{\mu}_k}{T}+\frac{z_k}{Tc}\left[\frac{\partial\vec{A}}{\partial t}-\vec{v}\times(\nabla\times\vec{A})\right]\right\}\\
&\cdot\left\{\frac{\nabla\tilde{\mu}_l}{T}+\frac{z_l}{Tc}\left[\frac{\partial\vec{A}}{\partial t}-\vec{v}\times(\nabla\times\vec{A})\right]\right\}\left\{\frac{\nabla\tilde{\mu}_h}{T}+\frac{z_h}{Tc}\left[\frac{\partial\vec{A}}{\partial t}-\vec{v}\times(\nabla\times\vec{A})\right]\right\}-\cdots\\
&(i=1,2,\cdots,n)
\end{aligned}
\tag{2.66}
$$

2）非稳态扩散

将唯象方程（2.64）代入质量守恒方程（2.60），得

$$
\begin{aligned}
\frac{\partial c_i}{\partial t}=&L_{iq}\nabla\cdot\left(\frac{\nabla T}{T^2}\right)+\sum_{k=1}^{n}L_{ik}\nabla\cdot\left[\nabla\left(\frac{\mu_k}{T}\right)-\frac{z_k}{T}\left(\vec{E}+\frac{1}{c}\vec{v}\times\vec{B}\right)\right]\\
&+L_{iqq}\nabla\cdot\left[\left(\frac{\nabla T}{T^2}\right)^2\vec{n}\right]+\sum_{k=1}^{n}L_{iqk}\nabla\cdot\left\{\left(\frac{\nabla T}{T^2}\right)\cdot\left[\nabla\left(\frac{\mu_k}{T}\right)-\frac{z_k}{T}\left(\vec{E}+\frac{1}{c}\vec{v}\times\vec{B}\right)\right]\vec{n}\right\}\\
&+\sum_{k=1}^{n}\sum_{l=1}^{n}L_{ikl}\cdot\left\{\left[\nabla\left(\frac{\mu_k}{T}\right)-\frac{z_k}{T}\left(\vec{E}+\frac{1}{c}\vec{v}\times\vec{B}\right)\right]\cdot\left[\nabla\left(\frac{\mu_l}{T}\right)-\frac{z_l}{T}\left(\vec{E}+\frac{1}{c}\vec{v}\times\vec{B}\right)\right]\vec{n}\right\}\\
&+L_{iqqq}\nabla\cdot\left(\frac{\nabla T}{T^2}\right)^3+\sum_{k=1}^{n}L_{iqqk}\nabla\cdot\left\{\left(\frac{\nabla T}{T^2}\right)^2\left[\nabla\left(\frac{\mu_k}{T}\right)-\frac{z_k}{T}\left(\vec{E}+\frac{1}{c}\vec{v}\times\vec{B}\right)\right]\right\}\\
&+\sum_{k=1}^{n}\sum_{l=1}^{n}L_{iqkl}\nabla\cdot\left\{\left(\frac{\nabla T}{T^2}\right)\cdot\left[\nabla\left(\frac{\mu_k}{T}\right)-\frac{z_k}{T}\left(\vec{E}+\frac{1}{c}\vec{v}\times\vec{B}\right)\right]\left[\nabla\left(\frac{\mu_l}{T}\right)-\frac{z_l}{T}\left(\vec{E}+\frac{1}{c}\vec{v}\times\vec{B}\right)\right]\right\}\\
&+\sum_{k=1}^{n}\sum_{l=1}^{n}\sum_{h=1}^{n}L_{iklh}\nabla\cdot\left\{\left[\nabla\left(\frac{\mu_k}{T}\right)-\frac{z_k}{T}\left(\vec{E}+\frac{1}{c}\vec{v}\times\vec{B}\right)\right]\right.\\
&\left.\cdot\left[\nabla\left(\frac{\mu_l}{T}\right)-\frac{z_l}{T}\left(\vec{E}+\frac{1}{c}\vec{v}\times\vec{B}\right)\right]\left[\nabla\left(\frac{\mu_h}{T}\right)-\frac{z_h}{T}\left(\vec{E}+\frac{1}{c}\vec{v}\times\vec{B}\right)\right]\right\}+\cdots\\
&(i=1,2,\cdots,n)
\end{aligned}
\tag{2.67}
$$

将唯象方程（2.65）代入质量守恒方程（2.60），得

$$\begin{aligned}
\frac{\partial c_i}{\partial t} &= L_{is}\nabla\cdot\left(\frac{\nabla T}{T}\right)+\sum_{k=1}^{n}L_{ik}\nabla\cdot\left[\left(\frac{\nabla\mu_k}{T}\right)-\frac{z_k}{T}\left(\vec{E}+\frac{1}{c}\vec{v}\times\vec{B}\right)\right]\\
&+L_{iss}\left[\nabla\cdot\left(\frac{\nabla T}{T}\right)^2\vec{n}\right]+\sum_{k=1}^{n}L_{isk}\nabla\cdot\left\{\left(\frac{\nabla T}{T}\right)\cdot\left[\nabla\left(\frac{\mu_k}{T}\right)-\frac{z_k}{T}\left(\vec{E}+\frac{1}{c}\vec{v}\times\vec{B}\right)\right]\vec{n}\right\}\\
&+\sum_{k=1}^{n}\sum_{l=1}^{n}L_{ikl}\nabla\cdot\left\{\left[\left(\frac{\nabla\mu_k}{T}\right)-\frac{z_k}{T}\left(\vec{E}+\frac{1}{c}\vec{v}\times\vec{B}\right)\right]\cdot\left[\left(\frac{\nabla\mu_l}{T}\right)-\frac{z_l}{T}\left(\vec{E}+\frac{1}{c}\vec{v}\times\vec{B}\right)\right]\vec{n}\right\}\\
&+L_{isss}\nabla\cdot\left(\frac{\nabla T}{T}\right)^3+\sum_{k=1}^{n}L_{issk}\nabla\cdot\left\{\left(\frac{\nabla T}{T}\right)^2\left[\left(\frac{\nabla\mu_k}{T}\right)-\frac{z_k}{T}\left(\vec{E}+\frac{1}{c}\vec{v}\times\vec{B}\right)\right]\right\}\\
&+\sum_{k=1}^{n}\sum_{l=1}^{n}L_{iskl}\nabla\cdot\left\{\left(\frac{\nabla T}{T}\right)\cdot\left[\left(\frac{\nabla\mu_k}{T}\right)-\frac{z_k}{T}\left(\vec{E}+\frac{1}{c}\vec{v}\times\vec{B}\right)\right]\left[\left(\frac{\nabla\mu_l}{T}\right)-\frac{z_l}{T}\left(\vec{E}+\frac{1}{c}\vec{v}\times\vec{B}\right)\right]\right\}\\
&+\sum_{k=1}^{n}\sum_{l=1}^{n}\sum_{h=1}^{n}L_{iklh}\nabla\cdot\left\{\left[\left(\frac{\nabla\mu_k}{T}\right)-\frac{z_k}{T}\left(\vec{E}+\frac{1}{c}\vec{v}\times\vec{B}\right)\right]\right.\\
&\left.\cdot\left[\left(\frac{\nabla\mu_l}{T}\right)-\frac{z_l}{T}\left(\vec{E}+\frac{1}{c}\vec{v}\times\vec{B}\right)\right]\left[\left(\frac{\nabla\mu_h}{T}\right)-\frac{z_h}{T}\left(\vec{E}+\frac{1}{c}\vec{v}\times\vec{B}\right)\right]\right\}\\
&+\cdots
\end{aligned}\tag{2.68}$$

将唯象方程（2.66）代入质量守恒方程（2.60），得

$$\begin{aligned}
\frac{\partial c_i}{\partial t} &= L_{is}\nabla\cdot\left(\frac{\nabla T}{T}\right)+\sum_{k=1}^{n}L_{ik}\nabla\cdot\left\{\frac{\nabla\tilde{\mu}_k}{T}+\frac{z_k}{Tc}\left[\frac{\partial\vec{A}}{\partial t}-\vec{v}\times(\nabla\times\vec{A})\right]\right\}\\
&+L_{iss}\nabla\cdot\left[\left(\frac{\nabla T}{T}\right)^2\vec{n}\right]+\sum_{k=1}^{n}L_{isk}\nabla\cdot\left\{\left(\frac{\nabla T}{T}\right)\cdot\left\{\frac{\nabla\tilde{\mu}_k}{T}+\frac{z_k}{Tc}\left[\frac{\partial\vec{A}}{\partial t}-\vec{v}\times(\nabla\times\vec{A})\right]\right\}\vec{n}\right\}\\
&+\sum_{k=1}^{n}\sum_{l=1}^{n}L_{ikl}\nabla\cdot\left\{\frac{\nabla\tilde{\mu}_k}{T}+\frac{z_k}{Tc}\left[\frac{\partial\vec{A}}{\partial t}+\vec{v}\times(\nabla\times\vec{A})\right]\right\}\cdot\left\{\frac{\nabla\tilde{\mu}_l}{T}+\frac{z_l}{Tc}\left[\frac{\partial\vec{A}}{\partial t}-\vec{v}\times(\nabla\times\vec{A})\right]\vec{n}\right\}\\
&+L_{isss}\nabla\cdot\left(\frac{\nabla T}{T}\right)^3+\sum_{k=1}^{n}L_{issk}\nabla\cdot\left\{\left(\frac{\nabla T}{T}\right)^2\left\{\frac{\nabla\tilde{\mu}_k}{T}+\frac{z_k}{Tc}\left[\frac{\partial\vec{A}}{\partial t}-\vec{v}\times(\nabla\times\vec{A})\right]\right\}\right\}\\
&+\sum_{k=1}^{n}\sum_{l=1}^{n}L_{iskl}\nabla\cdot\left\{\left(\frac{\nabla T}{T}\right)\cdot\left[\frac{\nabla\tilde{\mu}_k}{T}+\frac{z_k}{Tc}\left[\frac{\partial\vec{A}}{\partial t}-\vec{v}\times(\nabla\times\vec{A})\right]\right]\left[\frac{\nabla\tilde{\mu}_l}{T}+\frac{z_l}{Tc}\left[\frac{\partial\vec{A}}{\partial t}-\vec{v}\times(\nabla\times\vec{A})\right]\right]\right\}\\
&+\sum_{k=1}^{n}\sum_{l=1}^{n}\sum_{h=1}^{n}L_{iklh}\nabla\cdot\left\{\left\{\frac{\nabla\tilde{\mu}_k}{T}+\frac{z_k}{Tc}\left[\frac{\partial\vec{A}}{\partial t}-\vec{v}\times(\nabla\times\vec{A})\right]\right\}\right.
\end{aligned}$$

$$\cdot\left\{\frac{\nabla\tilde{\mu}_l}{T}+\frac{z_l}{Tc}\left[\frac{\partial\vec{A}}{\partial t}-\vec{v}\times(\nabla\times\vec{A})\right]\right\}\left\{\frac{\nabla\tilde{\mu}_h}{T}+\frac{z_h}{Tc}\left[\frac{\partial\vec{A}}{\partial t}-\vec{v}\times(\nabla\times\vec{A})\right]\right\}\Bigg\}$$

$$+\cdots \tag{2.69}$$

$$(i=1,2,\cdots,n)$$

2.3 化学反应和扩散共存的体系

在化学反应和扩散共存的体系，质量守恒方程为

$$\frac{\partial c_i}{\partial t}=-\nabla\cdot\vec{J}_i+\sum_{j=1}^{r}\upsilon_{ij}j_j \tag{2.70}$$

2.3.1 近平衡体系

在近平衡体系，将唯象方程（1.54）和式（1.57）代入式（2.70），得

$$\begin{aligned}-\nabla\cdot\vec{J}_i&=-\nabla\cdot\left\{-L_{iq}\left(\frac{\nabla T}{T^2}\right)-\sum_{k=1}^{n}L_{ik}\left[\nabla\left(\frac{\mu_k}{T}\right)-\frac{z_k}{T}\left(\vec{E}+\frac{1}{c}\vec{v}\times\vec{B}\right)\right]\right\}\\&=L_{iq}\left(\frac{T^2\nabla^2T-\nabla T\cdot\nabla T^2}{T^4}\right)+\sum_{k=1}^{n}L_{ik}\left\{\left[\frac{T^2\left(T\nabla^2\mu_k-\mu_k\nabla^2T\right)-T\nabla\mu_k\cdot\nabla T^2+\mu_k\nabla T\cdot\nabla T^2}{T^4}\right]\right.\\&\left.\quad-z_k\left[\frac{T\nabla\cdot\left(\vec{E}+\frac{1}{c}\vec{v}\times\vec{B}\right)-\left(\vec{E}+\frac{1}{c}\vec{v}\times\vec{B}\right)\cdot\nabla T}{T^2}\right]\right\}\end{aligned} \tag{2.71}$$

和

$$\begin{aligned}\sum_{j=1}^{r}\upsilon_{ij}j_j&=\sum_{j=1}^{r}\upsilon_{ij}\left[-l_{jv}\frac{\nabla\cdot\vec{v}}{T}-\sum_{k=1}^{r}l_{jk}\frac{A_k}{T}\right]\\&=-\sum_{j=1}^{r}l_{jv}\upsilon_{ij}\frac{\nabla\cdot\vec{v}}{T}-\sum_{j=1}^{r}\sum_{k=1}^{r}l_{jk}\upsilon_{ij}\frac{A_k}{T}\end{aligned} \tag{2.72}$$

如果过程是恒温的，则

$$-\nabla\cdot\vec{J}_i=\sum_{k=1}^{n}L_{ik}\left[\nabla^2\left(\frac{\mu_k}{T}\right)-\frac{z_k}{T}\nabla\cdot\left(\vec{E}+\frac{1}{c}\vec{v}\times\vec{B}\right)\right] \tag{2.73}$$

$$\sum_{j=1}^{r}\upsilon_{ij}j_j=-\sum_{j=1}^{r}l_{jv}\upsilon_{ij}\frac{\nabla\cdot\vec{v}}{T}-\sum_{j=1}^{r}\sum_{k=1}^{r}l_{jk}\upsilon_{ij}\frac{A_k}{T} \tag{2.74}$$

如果不考虑体积黏滞性与化学反应的耦合，则

$$\sum_{j=1}^{r}\upsilon_{ij}j_j=-\sum_{j=1}^{r}\sum_{k=1}^{r}l_{jk}\upsilon_{ij}\frac{A_k}{T} \tag{2.75}$$

将唯象方程（1.59）和式（1.62）代入质量守恒方程（2.70），得

$$\begin{aligned}-\nabla\cdot\vec{J}_i&=-\nabla\cdot\left\{-L_{is}\left(\frac{\nabla T}{T}\right)-\sum_{k=1}^{n}L_{ik}\left[\left(\frac{\nabla\mu_k}{T}\right)-\frac{z_k}{T}\left(\vec{E}+\frac{1}{c}\vec{v}\times\vec{B}\right)\right]\right\}\\&=L_{is}\left(\frac{T\nabla^2T-\nabla T\cdot\nabla T}{T^2}\right)+\sum_{k=1}^{n}L_{ik}\left\{\left(\frac{T\nabla^2\mu_k-\nabla\mu_k\cdot\nabla T}{T^2}\right)\right.\\&\quad\left.-z_k\left[\frac{T\nabla\cdot\left(\vec{E}+\frac{1}{c}\vec{v}\times\vec{B}\right)-\left(\vec{E}+\frac{1}{c}\vec{v}\times\vec{B}\right)\cdot\nabla T}{T^2}\right]\right\}\end{aligned} \tag{2.76}$$

和

$$\sum_{j=1}^{r}\upsilon_{ij}j_j=-\sum_{j=1}^{r}l_{jv}\upsilon_{ij}\frac{\nabla\cdot\vec{v}}{T}-\sum_{j=1}^{r}\sum_{k=1}^{r}l_{jk}\upsilon_{ij}\frac{A_k}{T} \tag{2.77}$$

如果过程是恒温的，则

$$-\nabla\cdot\vec{J}_i=\sum_{k=1}^{n}L_{ik}\frac{1}{T}\left[\nabla^2\mu_k-z_k\nabla\cdot\left(\vec{E}+\frac{1}{c}\vec{v}\times\vec{B}\right)\right] \tag{2.78}$$

$$\sum_{j=1}^{r}\upsilon_{ij}j_j=-\sum_{j=1}^{r}l_{jv}\upsilon_{ij}\frac{\nabla\cdot\vec{v}}{T}-\sum_{j=1}^{r}\sum_{k=1}^{r}l_{jk}\upsilon_{ij}\frac{A_k}{T} \tag{2.79}$$

不考虑黏滞性，有

$$\sum_{j=1}^{r}\upsilon_{ij}j_j=-\sum_{j=1}^{r}\sum_{k=1}^{r}l_{jk}\upsilon_{ij}\frac{A_k}{T} \tag{2.80}$$

将唯象方程（1.64）和式（1.67）代入式（2.70），得

$$\begin{aligned}-\nabla\cdot\vec{J}_i&=-\nabla\cdot\left\{-L_{is}\left(\frac{\nabla T}{T}\right)-\sum_{k=1}^{n}L_{ik}\left\{\frac{\nabla\tilde{\mu}_k}{T}+\frac{z_k}{Tc}\left[\frac{\partial\vec{A}}{\partial t}-\vec{v}\times\left(\nabla\times\vec{A}\right)\right]\right\}\right\}\\&=L_{is}\left(\frac{T\nabla^2T-\nabla T\cdot\nabla T}{T^2}\right)+\sum_{k=1}^{n}L_{ik}\left\{\left(\frac{T\nabla^2\tilde{\mu}_k-\nabla\tilde{\mu}_k\cdot\nabla T}{T^2}\right)+\frac{z_k}{T^2c}\left\{T\nabla\cdot\left[\frac{\partial\vec{A}}{\partial t}-\vec{v}\times(\nabla\times\vec{A})\right]\right.\right.\\&\quad\left.\left.-\left[\frac{\partial\vec{A}}{\partial t}-\vec{v}\times(\nabla\times\vec{A})\right]\cdot\nabla T\right\}\right\}\end{aligned} \tag{2.81}$$

$$\sum_{j=1}^{r}\upsilon_{ij}j_j=-\sum_{j=1}^{r}l_{jv}\upsilon_{ij}\frac{\nabla\cdot\vec{v}}{T}-\sum_{j=1}^{r}\sum_{k=1}^{r}l_{jk}\upsilon_{ij}\frac{A_k}{T} \tag{2.82}$$

如果过程是恒温的，则

$$-\nabla\cdot\vec{J}_i=\sum_{k=1}^{n}L_{ik}\frac{1}{T}\left\{\nabla^2\tilde{\mu}_k+\frac{z_k}{c}\nabla\cdot\left[\frac{\partial\vec{A}}{\partial t}-\vec{v}\times(\nabla\times\vec{A})\right]\right\} \tag{2.83}$$

$$\sum_{j=1}^{r}\upsilon_{ij}j_j=-\sum_{j=1}^{r}l_{jv}\upsilon_{ij}\frac{\nabla\cdot\vec{v}}{T}-\sum_{j=1}^{r}\sum_{k=1}^{r}l_{jk}\upsilon_{ij}\frac{A_k}{T} \tag{2.84}$$

不考虑黏滞性，有

$$\sum_{j=1}^{r}\upsilon_{ij}j_j=\sum_{j=1}^{r}\sum_{k=1}^{r}l_{jk}\upsilon_{ij}\frac{A_k}{T} \tag{2.85}$$

2.3.2　远离平衡体系

在远离平衡体系，将唯象方程（1.69）和式（1.72）代入质量守恒方程（2.70），得

$$\begin{aligned}-\nabla\cdot\vec{J}_i=\nabla\cdot&\left\{L_{iq}\left(\frac{\nabla T}{T^2}\right)+\sum_{k=1}^{n}L_{ik}\left[\nabla\left(\frac{\mu_k}{T}\right)-\frac{1}{T}\left(\vec{E}+\frac{1}{c}\vec{v}\times\vec{B}\right)\right]\right.\\
&+L_{iqq}\left(\frac{\nabla T}{T^2}\right)^2\vec{n}+\sum_{k=1}^{n}L_{iqk}\left(\frac{\nabla T}{T^2}\right)\cdot\left[\nabla\left(\frac{\mu_k}{T}\right)-\frac{1}{T}\left(\vec{E}+\frac{1}{c}\vec{v}\times\vec{B}\right)\right]\vec{n}\\
&+\sum_{k=1}^{n}\sum_{l=1}^{n}L_{ikl}\left[\nabla\left(\frac{\mu_k}{T}\right)-\frac{1}{T}\left(\vec{E}+\frac{1}{c}\vec{v}\times\vec{B}\right)\right]\cdot\left[\nabla\left(\frac{\mu_l}{T}\right)-\frac{1}{T}\left(\vec{E}+\frac{1}{c}\vec{v}\times\vec{B}\right)\right]\vec{n}\\
&+L_{iqqq}\left(\frac{\nabla T}{T^2}\right)^3+\sum_{k=1}^{n}L_{iqqk}\left(\frac{\nabla T}{T^2}\right)^2\left[\nabla\left(\frac{\mu_k}{T}\right)-\frac{1}{T}\left(\vec{E}+\frac{1}{c}\vec{v}\times\vec{B}\right)\right]\\
&+\sum_{k=1}^{n}\sum_{l=1}^{n}L_{iqkl}\left(\frac{\nabla T}{T^2}\right)\cdot\left[\nabla\left(\frac{\mu_k}{T}\right)-\frac{1}{T}\left(\vec{E}+\frac{1}{c}\vec{v}\times\vec{B}\right)\right]\left[\nabla\left(\frac{\mu_l}{T}\right)-\frac{1}{T}\left(\vec{E}+\frac{1}{c}\vec{v}\times\vec{B}\right)\right]\\
&+\sum_{k=1}^{n}\sum_{l=1}^{n}\sum_{h=1}^{n}L_{iklh}\left[\nabla\left(\frac{\mu_k}{T}\right)-\frac{1}{T}\left(\vec{E}+\frac{1}{c}\vec{v}\times\vec{B}\right)\right]\\
&\left.\cdot\left[\nabla\left(\frac{\mu_l}{T}\right)-\frac{1}{T}\left(\vec{E}+\frac{1}{c}\vec{v}\times\vec{B}\right)\right]\left[\nabla\left(\frac{\mu_h}{T}\right)-\frac{1}{T}\left(\vec{E}+\frac{1}{c}\vec{v}\times\vec{B}\right)\right]+\cdots\right\}\end{aligned} \tag{2.86}$$

$$\begin{aligned}\sum_{j=1}^{r}\upsilon_{ij}j_j=&-\sum_{j=1}^{r}l_{jv}\upsilon_{ij}\left(\frac{\nabla\cdot\vec{v}}{T}\right)-\sum_{j=1}^{r}\sum_{k=1}^{r}l_{jk}\upsilon_{ij}\left(\frac{A_k}{T}\right)\\
&-\sum_{j=1}^{r}l_{jvv}\upsilon_{ij}\left(\frac{\nabla\cdot\vec{v}}{T}\right)^2-\sum_{j=1}^{r}\sum_{k=1}^{r}l_{jvk}\upsilon_{ij}\left(\frac{\nabla\cdot\vec{v}}{T}\right)\left(\frac{A_k}{T}\right)\end{aligned}$$

$$-\sum_{j=1}^{r}\sum_{k=1}^{r}\sum_{l=1}^{r}l_{jkl}\upsilon_{ij}\left(\frac{A_k}{T}\right)\left(\frac{A_l}{T}\right)-\sum_{j=1}^{r}l_{jvvv}\upsilon_{ij}\left(\frac{\nabla\cdot\vec{v}}{T}\right)^3-\sum_{j=1}^{r}\sum_{k=1}^{r}l_{jvvk}\upsilon_{ij}\left(\frac{\nabla\cdot\vec{v}}{T}\right)^2\left(\frac{A_k}{T}\right)$$
$$-\sum_{j=1}^{r}\sum_{k=1}^{r}\sum_{l=1}^{r}l_{jvkl}\upsilon_{ij}\left(\frac{\nabla\cdot\vec{v}}{T}\right)\left(\frac{A_k}{T}\right)\left(\frac{A_l}{T}\right)-\sum_{j=1}^{r}\sum_{k=1}^{r}\sum_{l=1}^{r}\sum_{h=1}^{r}l_{jklh}\left(\frac{A_k}{T}\right)\left(\frac{A_l}{T}\right)\left(\frac{A_h}{T}\right)$$
$$-\cdots \tag{2.87}$$

在恒温过程，不考虑黏滞性，则

$$\begin{aligned}-\nabla\cdot\vec{J}_i=\nabla\cdot\Bigg\{&\sum_{k=1}^{n}L_{ik}\left[\nabla\left(\frac{\mu_k}{T}\right)-\frac{1}{T}\left(\vec{E}+\frac{1}{c}\vec{v}\times\vec{B}\right)\right]\\&+\sum_{k=1}^{n}\sum_{l=1}^{n}L_{ikl}\left[\nabla\left(\frac{\mu_k}{T}\right)-\frac{1}{T}\left(\vec{E}+\frac{1}{c}\vec{v}\times\vec{B}\right)\right]\cdot\left[\nabla\left(\frac{\mu_l}{T}\right)-\frac{1}{T}\left(\vec{E}+\frac{1}{c}\vec{v}\times\vec{B}\right)\right]\vec{n}\\&+\sum_{k=1}^{n}\sum_{l=1}^{n}\sum_{h=1}^{n}L_{iklh}\left[\nabla\left(\frac{\mu_k}{T}\right)-\frac{1}{T}\left(\vec{E}+\frac{1}{c}\vec{v}\times\vec{B}\right)\right]\\&\cdot\left[\nabla\left(\frac{\mu_l}{T}\right)-\frac{1}{T}\left(\vec{E}+\frac{1}{c}\vec{v}\times\vec{B}\right)\right]\left[\nabla\left(\frac{\mu_h}{T}\right)-\frac{1}{T}\left(\vec{E}+\frac{1}{c}\vec{v}\times\vec{B}\right)\right]+\cdots\Bigg\}\end{aligned} \tag{2.88}$$

$$\begin{aligned}\sum_{j=1}^{r}\upsilon_{ij}j_j=&-\sum_{j=1}^{r}\sum_{k=1}^{r}l_{jk}\upsilon_{ij}\left(\frac{A_k}{T}\right)-\sum_{j=1}^{r}\sum_{k=1}^{r}\sum_{l=1}^{r}l_{jkl}\upsilon_{ij}\left(\frac{A_k}{T}\right)\left(\frac{A_l}{T}\right)\\&-\sum_{j=1}^{r}\sum_{k=1}^{r}\sum_{l=1}^{r}\sum_{h=1}^{r}l_{jklh}\left(\frac{A_k}{T}\right)\left(\frac{A_l}{T}\right)\left(\frac{A_h}{T}\right)-\cdots\end{aligned} \tag{2.89}$$

将唯象方程（1.74）和（1.77）代入质量守恒方程（2.60），得

$$\begin{aligned}-\nabla\cdot\vec{J}_i=\nabla\cdot\Bigg\{&L_{is}\left(\frac{\nabla T}{T}\right)+\sum_{k=1}^{n}L_{ik}\left[\frac{\nabla\mu_k}{T}-\frac{z_k}{T}\left(\vec{E}+\frac{1}{c}\vec{v}\times\vec{B}\right)\right]\\&+L_{iss}\left(\frac{\nabla T}{T}\right)^2\vec{n}+\sum_{k=1}^{n}L_{isk}\left(\frac{\nabla T}{T}\right)\cdot\sum_{k=1}^{n}\left[\frac{\nabla\mu_k}{T}-\frac{z_k}{T}\left(\vec{E}+\frac{1}{c}\vec{v}\times\vec{B}\right)\right]\vec{n}\\&+\sum_{k=1}^{n}\sum_{l=1}^{n}L_{ikl}\left[\frac{\nabla\mu_k}{T}-\frac{z_k}{T}\left(\vec{E}+\frac{1}{c}\vec{v}\times\vec{B}\right)\right]\cdot\left[\frac{\nabla\mu_l}{T}-\frac{z_l}{T}\left(\vec{E}+\frac{1}{c}\vec{v}\times\vec{B}\right)\right]\vec{n}\\&+L_{isss}\left(\frac{\nabla T}{T}\right)^3+\sum_{k=1}^{n}L_{issk}\left(\frac{\nabla T}{T}\right)^2\left[\frac{\nabla\mu_k}{T}-\frac{z_k}{T}\left(\vec{E}+\frac{1}{c}\vec{v}\times\vec{B}\right)\right]\\&+\sum_{k=1}^{n}\sum_{l=1}^{n}L_{iskl}\left(\frac{\nabla T}{T}\right)\cdot\left[\frac{\nabla\mu_k}{T}-\frac{z_k}{T}\left(\vec{E}+\frac{1}{c}\vec{v}\times\vec{B}\right)\right]\cdot\left[\left(\frac{\nabla\mu_l}{T}\right)-\frac{z_l}{T}\left(\vec{E}+\frac{1}{c}\vec{v}\times\vec{B}\right)\right]\\&+\sum_{k=1}^{n}\sum_{l=1}^{n}\sum_{h=1}^{n}L_{iklh}\left[\frac{\nabla\mu_k}{T}-\frac{z_k}{T}\left(\vec{E}+\frac{1}{c}\vec{v}\times\vec{B}\right)\right]\end{aligned}$$

$$\cdot\left[\left(\frac{\nabla\mu_l}{T}\right)-\frac{z_l}{T}\left(\vec{E}+\frac{1}{c}\vec{v}\times\vec{B}\right)\right]\left[\left(\frac{\nabla\mu_h}{T}\right)-\frac{z_h}{T}\left(\vec{E}+\frac{1}{c}\vec{v}\times\vec{B}\right)\right]+\cdots\Bigg\} \tag{2.90}$$

$$\begin{aligned}\sum_{j=1}^{r}\upsilon_{ij}j_j=&-\sum_{j=1}^{r}l_{jv}\upsilon_{ij}\left(\frac{\nabla\cdot\vec{v}}{T}\right)-\sum_{j=1}^{r}\sum_{k=1}^{r}l_{jk}\upsilon_{ij}\left(\frac{A_k}{T}\right)-\sum_{j=1}^{r}l_{jvv}\upsilon_{ij}\left(\frac{\nabla\cdot\vec{v}}{T}\right)^2-\sum_{j=1}^{r}\sum_{k=1}^{r}l_{jvk}\upsilon_{ij}\left(\frac{\nabla\cdot\vec{v}}{T}\right)\left(\frac{A_k}{T}\right)\\&-\sum_{j=1}^{r}\sum_{k=1}^{r}\sum_{l=1}^{r}l_{jkl}\upsilon_{ij}\left(\frac{A_k}{T}\right)\left(\frac{A_l}{T}\right)-\sum_{j=1}^{r}l_{jvvv}\upsilon_{ij}\left(\frac{\nabla\cdot\vec{v}}{T}\right)^3-\sum_{j=1}^{r}\sum_{k=1}^{r}l_{jvvk}\upsilon_{ij}\left(\frac{\nabla\cdot\vec{v}}{T}\right)^2\left(\frac{A_k}{T}\right)\\&-\sum_{j=1}^{r}\sum_{k=1}^{r}\sum_{l=1}^{r}l_{jvkl}\upsilon_{ij}\left(\frac{\nabla\cdot\vec{v}}{T}\right)\left(\frac{A_k}{T}\right)\left(\frac{A_l}{T}\right)-\sum_{j=1}^{r}\sum_{k=1}^{r}\sum_{l=1}^{r}\sum_{h=1}^{r}l_{jklh}\upsilon_{ij}\left(\frac{A_k}{T}\right)\left(\frac{A_l}{T}\right)\left(\frac{A_h}{T}\right)\\&-\cdots\end{aligned} \tag{2.91}$$

在恒温条件下，不考虑黏滞性，则

$$\begin{aligned}-\nabla\cdot\vec{J}_i=\nabla\cdot\Bigg\{&\sum_{k=1}^{n}L_{ik}\left[\left(\frac{\nabla\mu_k}{T}\right)-\frac{z_k}{T}\left(\vec{E}+\frac{1}{c}\vec{v}\times\vec{B}\right)\right]\\&+\sum_{k=1}^{n}\sum_{l=1}^{n}L_{ikl}\left[\left(\frac{\nabla\mu_k}{T}\right)-\frac{z_k}{T}\left(\vec{E}+\frac{1}{c}\vec{v}\times\vec{B}\right)\right]\cdot\left[\left(\frac{\nabla\mu_l}{T}\right)-\frac{z_l}{T}\left(\vec{E}+\frac{1}{c}\vec{v}\times\vec{B}\right)\right]\vec{n}\\&+\sum_{k=1}^{n}\sum_{l=1}^{n}\sum_{h=1}^{n}L_{iklh}\left[\left(\frac{\nabla\mu_k}{T}\right)-\frac{z_k}{T}\left(\vec{E}+\frac{1}{c}\vec{v}\times\vec{B}\right)\right]\\&\cdot\left[\left(\frac{\nabla\mu_l}{T}\right)-\frac{z_l}{T}\left(\vec{E}+\frac{1}{c}\vec{v}\times\vec{B}\right)\right]\left[\left(\frac{\nabla\mu_h}{T}\right)-\frac{z_h}{T}\left(\vec{E}+\frac{1}{c}\vec{v}\times\vec{B}\right)\right]+\cdots\Bigg\}\end{aligned} \tag{2.92}$$

$$\begin{aligned}\sum_{j=1}^{r}\upsilon_{ij}j_j=&-\sum_{j=1}^{r}\sum_{k=1}^{r}l_{jk}\upsilon_{ij}\left(\frac{A_k}{T}\right)-\sum_{j=1}^{r}\sum_{k=1}^{r}\sum_{l=1}^{r}l_{jkl}\upsilon_{ij}\left(\frac{A_k}{T}\right)\left(\frac{A_l}{T}\right)\\&-\sum_{j=1}^{r}\sum_{k=1}^{r}\sum_{l=1}^{r}\sum_{h=1}^{r}l_{jklh}\upsilon_{ij}\left(\frac{A_k}{T}\right)\left(\frac{A_l}{T}\right)\left(\frac{A_h}{T}\right)-\cdots\end{aligned} \tag{2.93}$$

将唯象方程（1.79）和式（1.82）代入质量守恒方程（2.70），得

$$\begin{aligned}-\nabla\cdot\vec{J}_i=\nabla\cdot\Bigg\{&L_{is}\left(\frac{\nabla T}{T}\right)+\sum_{k=1}^{n}L_{ik}\left\{\frac{\nabla\tilde{\mu}_k}{T}+\frac{z_k}{Tc}\left[\frac{\partial\vec{A}}{\partial t}-\vec{v}\times(\nabla\times\vec{A})\right]\right\}\\&+L_{iss}\nabla\left(\frac{\nabla T}{T}\right)^2\vec{n}+\sum_{k=1}^{n}L_{isk}\left(\frac{\nabla T}{T}\right)\cdot\left\{\frac{\nabla\tilde{\mu}_k}{T}+\frac{z_k}{Tc}\left[\frac{\partial\vec{A}}{\partial t}-\vec{v}\times(\nabla\times\vec{A})\right]\right\}\vec{n}\\&+\sum_{k=1}^{n}\sum_{l=1}^{n}L_{ikl}\left\{\frac{\nabla\tilde{\mu}_k}{T}+\frac{z_k}{Tc}\left[\frac{\partial\vec{A}}{\partial t}-\vec{v}\times(\nabla\times\vec{A})\right]\right\}\cdot\left\{\frac{\nabla\tilde{\mu}_l}{T}+\frac{z_l}{Tc}\left[\frac{\partial\vec{A}}{\partial t}-\vec{v}\times(\nabla\times\vec{A})\right]\right\}\vec{n}\\&+L_{isss}\left(\frac{\nabla T}{T}\right)^3+\sum_{k=1}^{n}L_{issk}\left(\frac{\nabla T}{T}\right)^2\left\{\frac{\nabla\tilde{\mu}_k}{T}+\frac{z_k}{Tc}\left[\frac{\partial\vec{A}}{\partial t}-\vec{v}\times(\nabla\times\vec{A})\right]\right\}\end{aligned}$$

$$+\sum_{k=1}^{n}\sum_{l=1}^{n}L_{iskl}\left(\frac{\nabla T}{T}\right)\cdot\left\{\frac{\nabla\tilde{\mu}_k}{T}+\frac{z_k}{Tc}\left[\frac{\partial\vec{A}}{\partial t}-\vec{v}\times(\nabla\times\vec{A})\right]\right\}\left\{\frac{\nabla\tilde{\mu}_l}{T}+\frac{z_l}{Tc}\left[\frac{\partial\vec{A}}{\partial t}-\vec{v}\times(\nabla\times\vec{A})\right]\right\}$$
$$+\sum_{k=1}^{n}\sum_{l=1}^{n}\sum_{h=1}^{n}L_{iklh}\left\{\frac{\nabla\tilde{\mu}_k}{T}+\frac{z_k}{Tc}\left[\frac{\partial\vec{A}}{\partial t}-\vec{v}\times(\nabla\times\vec{A})\right]\right\}$$
$$\cdot\left\{\frac{\nabla\tilde{\mu}_l}{T}+\frac{z_l}{Tc}\left[\frac{\partial\vec{A}}{\partial t}-\vec{v}\times(\nabla\times\vec{A})\right]\right\}\left\{\frac{\nabla\tilde{\mu}_h}{T}+\frac{z_h}{Tc}\left[\frac{\partial\vec{A}}{\partial t}-\vec{v}\times(\nabla\times\vec{A})\right]\right\}+\cdots\Bigg\} \tag{2.94}$$

$$\begin{aligned}\sum_{j=1}^{r}\upsilon_{ij}j_j=&-\sum_{j=1}^{r}l_{jv}\upsilon_{ij}\left(\frac{\nabla\cdot\vec{v}}{T}\right)-\sum_{j=1}^{r}\sum_{k=1}^{r}l_{jk}\upsilon_{ij}\left(\frac{A_k}{T}\right)-\sum_{j=1}^{r}l_{jvv}\upsilon_{ij}\left(\frac{\nabla\cdot\vec{v}}{T}\right)^2-\sum_{j=1}^{r}\sum_{k=1}^{r}l_{jvk}\upsilon_{ij}\left(\frac{\nabla\cdot\vec{v}}{T}\right)\left(\frac{A_k}{T}\right)\\&-\sum_{j=1}^{r}\sum_{k=1}^{r}\sum_{l=1}^{r}l_{jkl}\upsilon_{ij}\left(\frac{A_k}{T}\right)\left(\frac{A_l}{T}\right)-\sum_{j=1}^{r}l_{jvvv}\upsilon_{ij}\left(\frac{\nabla\cdot\vec{v}}{T}\right)^3-\sum_{j=1}^{r}\sum_{k=1}^{r}l_{jvvk}\upsilon_{ij}\left(\frac{\nabla\cdot\vec{v}}{T}\right)^2\left(\frac{A_k}{T}\right)\\&-\sum_{j=1}^{r}\sum_{k=1}^{r}\sum_{l=1}^{r}l_{jvkl}\upsilon_{ij}\left(\frac{\nabla\cdot\vec{v}}{T}\right)\left(\frac{A_k}{T}\right)\left(\frac{A_l}{T}\right)-\sum_{j=1}^{r}\sum_{k=1}^{r}\sum_{l=1}^{r}\sum_{h=1}^{r}l_{jklh}\upsilon_{ij}\left(\frac{A_k}{T}\right)\left(\frac{A_l}{T}\right)\left(\frac{A_h}{T}\right)\\&-\cdots\end{aligned} \tag{2.95}$$

在恒温条件下，不考虑黏滞性，则

$$\begin{aligned}-\nabla\cdot\vec{J}_i=\nabla\cdot\Bigg\{&\sum_{k=1}^{n}L_{ik}\left\{\frac{\nabla\tilde{\mu}_k}{T}+\frac{z_k}{Tc}\left[\frac{\partial\vec{A}}{\partial t}-\vec{v}\times(\nabla\times\vec{A})\right]\right\}\\&+\sum_{k=1}^{n}\sum_{l=1}^{n}L_{ikl}\left\{\frac{\nabla\tilde{\mu}_k}{T}+\frac{z_k}{Tc}\left[\frac{\partial\vec{A}}{\partial t}-\vec{v}\times(\nabla\times\vec{A})\right]\right\}\cdot\left\{\frac{\nabla\tilde{\mu}_l}{T}+\frac{z_l}{Tc}\left[\frac{\partial\vec{A}}{\partial t}-\vec{v}\times(\nabla\times\vec{A})\right]\right\}\vec{n}\\&+\sum_{k=1}^{n}\sum_{l=1}^{n}\sum_{h=1}^{n}L_{iklh}\left\{\frac{\nabla\tilde{\mu}_k}{T}+\frac{z_k}{Tc}\left[\frac{\partial\vec{A}}{\partial t}-\vec{v}\times(\nabla\times\vec{A})\right]\right\}\\&\cdot\left\{\frac{\nabla\tilde{\mu}_l}{T}+\frac{z_l}{Tc}\left[\frac{\partial\vec{A}}{\partial t}-\vec{v}\times(\nabla\times\vec{A})\right]\right\}\left\{\frac{\nabla\tilde{\mu}_h}{T}+\frac{z_h}{Tc}\left[\frac{\partial\vec{A}}{\partial t}-\vec{v}\times(\nabla\times\vec{A})\right]\right\}+\cdots\Bigg\}\end{aligned} \tag{2.96}$$

$$\begin{aligned}\sum_{j=1}^{r}\upsilon_{ij}j_j=&-\sum_{j=1}^{r}\sum_{k=1}^{r}l_{jk}\upsilon_{ij}\left(\frac{A_k}{T}\right)-\sum_{j=1}^{r}\sum_{k=1}^{r}\sum_{l=1}^{r}l_{jkl}\upsilon_{ij}\left(\frac{A_k}{T}\right)\left(\frac{A_l}{T}\right)\\&-\sum_{j=1}^{r}\sum_{k=1}^{r}\sum_{l=1}^{r}\sum_{h=1}^{r}l_{jklh}\upsilon_{ij}\left(\frac{A_k}{T}\right)\left(\frac{A_l}{T}\right)\left(\frac{A_h}{T}\right)-\cdots\end{aligned} \tag{2.97}$$

没有矢势 $\vec{A}$，则

$$-\nabla\cdot\vec{J}_i=\nabla\cdot\left\{\sum_{k=1}^{n}L_{ik}\left(\frac{\nabla\tilde{\mu}_k}{T}\right)+\sum_{k=1}^{n}\sum_{l=1}^{n}L_{ikl}\left(\frac{\nabla\tilde{\mu}_k}{T}\right)\cdot\left(\frac{\nabla\tilde{\mu}_l}{T}\right)\vec{n}\right.$$
$$\left.+\sum_{k=1}^{n}\sum_{l=1}^{n}\sum_{h=1}^{n}L_{iklh}\left(\frac{\nabla\tilde{\mu}_k}{T}\right)\cdot\left(\frac{\nabla\tilde{\mu}_l}{T}\right)\left(\frac{\nabla\tilde{\mu}_h}{T}\right)+\cdots\right\} \tag{2.98}$$

$$\sum_{j=1}^{r}\upsilon_{ij}j_j=-\sum_{j=1}^{r}\sum_{k=1}^{r}l_{jk}\upsilon_{ij}\left(\frac{A_k}{T}\right)-\sum_{j=1}^{r}\sum_{k=1}^{r}\sum_{l=1}^{r}l_{jkl}\upsilon_{ij}\left(\frac{A_k}{T}\right)\left(\frac{A_l}{T}\right)$$
$$-\sum_{j=1}^{r}\sum_{k=1}^{r}\sum_{l=1}^{r}\sum_{h=1}^{r}l_{jklh}\upsilon_{ij}\left(\frac{A_k}{T}\right)\left(\frac{A_l}{T}\right)\left(\frac{A_h}{T}\right)-\cdots \tag{2.99}$$

2.4　在恒温恒压条件下化学反应和扩散共存的体系

在化学反应和扩散共存的体系，恒温恒压条件下，质量守恒方程为

$$\frac{\partial c_i}{\partial t}=-\nabla\vec{J}_i+\sum_{j=1}^{r}\upsilon_{ij}j_j\,(i=1,2,\cdots,n) \tag{2.100}$$

2.4.1　近平衡体系

在近平衡体系，将唯象方程（1.54）、（1.57）和（1.59）、（1.62）分别代入式（2.98），得

$$-\nabla\cdot\vec{J}_i=\sum_{k=1}^{n}L_{ik}\frac{1}{T}\left[\nabla^2\mu_k-z_k\nabla\left(\vec{E}+\frac{1}{c}\vec{v}\times\vec{B}\right)\right]\;(i=1,2,\cdots,n) \tag{2.101}$$

$$\sum_{j=1}^{r}\upsilon_{ij}j_j=-\sum_{j=1}^{r}l_{jv}\upsilon_{ij}\left(\frac{\nabla\cdot\vec{v}}{T}\right)-\sum_{j=1}^{r}\sum_{k=1}^{r}l_{jk}\upsilon_{ij}\left(\frac{A_k}{T}\right)\;(i=1,2,\cdots,n) \tag{2.102}$$

如果不考虑黏滞性与化学反应的耦合，则

$$\sum_{j=1}^{r}\upsilon_{ij}j_j=-\sum_{j=1}^{r}\sum_{k=1}^{r}l_{jk}\upsilon_{ij}\left(\frac{A_k}{T}\right)\;(i=1,2,\cdots,n) \tag{2.103}$$

将唯象方程（1.64）和式（1.67）代入式（2.100），得

$$-\nabla\cdot\vec{J}_i=\sum_{k=1}^{n}L_{ik}\frac{1}{T}\left\{\nabla^2\tilde{\mu}_k+\frac{z_k}{Tc}\nabla\left[\frac{\partial\vec{A}}{\partial t}-\vec{v}\times(\nabla\times\vec{A})\right]\right\} \tag{2.104}$$

$$\sum_{j=1}^{r}\upsilon_{ij}j_j=-\sum_{j=1}^{r}l_{jv}\upsilon_{ij}\left(\frac{\nabla\cdot\vec{v}}{T}\right)-\sum_{j=1}^{r}\sum_{k=1}^{r}l_{jk}\upsilon_{ij}\left(\frac{A_k}{T}\right) \tag{2.105}$$

如果不考虑黏滞性与化学反应的耦合，则

$$\sum_{j=1}^{r} \upsilon_{ij} j_j = -\sum_{j=1}^{r}\sum_{k=1}^{r} l_{jk} \upsilon_{ij} \left(\frac{A_k}{T}\right) \tag{2.106}$$

2.4.2　远离平衡的体系

在远离平衡的体系，将唯象方程（1.69）、（1.72）和式（1.74）、（1.77）分别代入式（2.100），得

$$\begin{aligned}
-\nabla \cdot \vec{J}_i = \Bigg\{ & \nabla \cdot \sum_{k=1}^{n} L_{ik} \frac{1}{T}\left[\nabla \mu_k - z_k\left(\vec{E} + \frac{1}{c}\vec{v}\times\vec{B}\right)\right] \\
& + \sum_{k=1}^{n}\sum_{l=1}^{n} L_{ikl} \frac{1}{T^2}\left[\nabla \mu_k - z_k\left(\vec{E} + \frac{1}{c}\vec{v}\times\vec{B}\right)\right]\cdot\left[\nabla \mu_l - z_l\left(\vec{E} + \frac{1}{c}\vec{v}\times\vec{B}\right)\right]\vec{n} \\
& + \sum_{k=1}^{n}\sum_{l=1}^{n}\sum_{h=1}^{n} L_{iklh} \frac{1}{T^3}\left[\nabla \mu_k - z_k\left(\vec{E} + \frac{1}{c}\vec{v}\times\vec{B}\right)\right] \\
& \cdot\left[\nabla \mu_l - z_l\left(\vec{E} + \frac{1}{c}\vec{v}\times\vec{B}\right)\right]\left[\nabla \mu_h - z_h\left(\vec{E} + \frac{1}{c}\vec{v}\times\vec{B}\right)\right] + \cdots \Bigg\}
\end{aligned} \tag{2.107}$$

$$\begin{aligned}
\sum_{j=1}^{r} \upsilon_{ij} j_j = & -\sum_{j=1}^{r} l_{jv}\upsilon_{ij}\left(\frac{\nabla\cdot\vec{v}}{T}\right) - \sum_{j=1}^{r}\sum_{k=1}^{r} l_{jk}\upsilon_{ij}\left(\frac{A_k}{T}\right) - \sum_{j=1}^{r} l_{jvv}\upsilon_{ij}\left(\frac{\nabla\cdot\vec{v}}{T}\right)^2 - \sum_{j=1}^{r}\sum_{k=1}^{r} l_{jvk}\upsilon_{ij}\left(\frac{\nabla\cdot\vec{v}}{T}\right)\left(\frac{A_k}{T}\right) \\
& - \sum_{j=1}^{r}\sum_{k=1}^{r}\sum_{l=1}^{r} l_{jkl}\upsilon_{ij}\left(\frac{A_k}{T}\right)\left(\frac{A_l}{T}\right) - \sum_{j=1}^{r} l_{jvvv}\upsilon_{ij}\left(\frac{\nabla\cdot\vec{v}}{T}\right)^3 - \sum_{j=1}^{r}\sum_{k=1}^{r} l_{jvvk}\upsilon_{ij}\left(\frac{\nabla\cdot\vec{v}}{T}\right)^2\left(\frac{A_k}{T}\right) \\
& - \sum_{j=1}^{r}\sum_{k=1}^{r}\sum_{l=1}^{r} l_{jvkl}\upsilon_{ij}\left(\frac{\nabla\cdot\vec{v}}{T}\right)\left(\frac{A_k}{T}\right)\left(\frac{A_l}{T}\right) - \sum_{j=1}^{r}\sum_{k=1}^{r}\sum_{l=1}^{r}\sum_{h=1}^{r} l_{jklh}\upsilon_{ij}\left(\frac{A_k}{T}\right)\left(\frac{A_l}{T}\right)\left(\frac{A_h}{T}\right) \\
& - \cdots
\end{aligned} \tag{2.108}$$

如果不考虑黏滞性，有

$$\begin{aligned}
\sum_{j=1}^{r} \upsilon_{ij} j_j = & -\sum_{j=1}^{r}\sum_{k=1}^{r} l_{jk}\upsilon_{ij}\left(\frac{A_k}{T}\right) - \sum_{j=1}^{r}\sum_{k=1}^{r}\sum_{l=1}^{r} l_{jkl}\upsilon_{ij}\left(\frac{A_k}{T}\right)\left(\frac{A_l}{T}\right) \\
& - \sum_{j=1}^{r}\sum_{k=1}^{r}\sum_{l=1}^{r}\sum_{h=1}^{r} l_{jklh}\upsilon_{ij}\left(\frac{A_k}{T}\right)\left(\frac{A_l}{T}\right)\left(\frac{A_h}{T}\right) - \cdots
\end{aligned} \tag{2.109}$$

将唯象方程（1.79）和（1.82）代入式（2.100），得

$$\begin{aligned}
-\nabla \cdot \vec{J}_i = & \sum_{k=1}^{n} L_{ik} \frac{1}{T}\left\{\nabla^2 \tilde{\mu}_k + \frac{z_k}{c}\nabla\left[\frac{\partial \vec{A}}{\partial t} - \vec{v}\times(\nabla\times\vec{A})\right]\right\} \\
& + \sum_{k=1}^{n}\sum_{l=1}^{n} L_{ikl} \frac{1}{T^2}\nabla\left\{\left\{\left(\nabla \tilde{\mu}_k + \frac{z_k}{c}\left[\frac{\partial \vec{A}}{\partial t} - \vec{v}\times(\nabla\times\vec{A})\right]\right)\right\}\right.
\end{aligned}$$

$$\cdot\left\{\left(\nabla\tilde{\mu}_l+\frac{z_l}{c}\left[\frac{\partial\vec{A}}{\partial t}-\vec{v}\times(\nabla\times\vec{A})\right]\right)\right\}\vec{n}\bigg\}$$

$$+\sum_{k=1}^{n}\sum_{l=1}^{n}\sum_{h=1}^{n}L_{iklh}\frac{1}{T^3}\nabla\left\{\left(\nabla\tilde{\mu}_k-\frac{z_k}{c}\left[\frac{\partial\vec{A}}{\partial t}-\vec{v}\times(\nabla\times\vec{A})\right]\right)\right.$$

$$\left.\cdot\left(\nabla\tilde{\mu}_l+\frac{z_l}{c}\left[\frac{\partial\vec{A}}{\partial t}-\vec{v}\times(\nabla\times\vec{A})\right]\right)\left(\nabla\tilde{\mu}_h+\frac{z_h}{c}\nabla\left[\frac{\partial\vec{A}}{\partial t}-\vec{v}\times(\nabla\times\vec{A})\right]\right)\right\}-\cdots \tag{2.110}$$

$$\begin{aligned}\sum_{j=1}^{r}\upsilon_{ij}j_j=&-\sum_{j=1}^{r}l_{jv}\upsilon_{ij}\left(\frac{\nabla\cdot\vec{v}}{T}\right)-\sum_{j=1}^{r}\sum_{k=1}^{r}l_{jk}\upsilon_{ij}\left(\frac{A_k}{T}\right)-\sum_{j=1}^{r}l_{jvv}\upsilon_{ij}\left(\frac{\nabla\cdot\vec{v}}{T}\right)^2-\sum_{j=1}^{r}\sum_{k=1}^{r}l_{jvk}\upsilon_{ij}\left(\frac{\nabla\cdot\vec{v}}{T}\right)\left(\frac{A_k}{T}\right)\\&-\sum_{j=1}^{r}\sum_{k=1}^{r}\sum_{l=1}^{r}l_{jkl}\upsilon_{ij}\left(\frac{A_k}{T}\right)\left(\frac{A_l}{T}\right)-\sum_{j=1}^{r}l_{jvvv}\upsilon_{ij}\left(\frac{\nabla\cdot\vec{v}}{T}\right)^3-\sum_{j=1}^{r}\sum_{k=1}^{r}l_{jvvk}\upsilon_{ij}\left(\frac{\nabla\cdot\vec{v}}{T}\right)^2\left(\frac{A_k}{T}\right)\\&-\sum_{j=1}^{r}\sum_{k=1}^{r}\sum_{l=1}^{r}l_{jvkl}\upsilon_{ij}\left(\frac{\nabla\cdot\vec{v}}{T}\right)\left(\frac{A_k}{T}\right)\left(\frac{A_l}{T}\right)-\sum_{j=1}^{r}\sum_{k=1}^{r}\sum_{l=1}^{r}\sum_{h=1}^{r}l_{jklh}\upsilon_{ij}\left(\frac{A_k}{T}\right)\left(\frac{A_l}{T}\right)\left(\frac{A_h}{T}\right)\\&-\cdots\end{aligned} \tag{2.111}$$

如果不考虑黏滞性，有

$$\begin{aligned}\sum_{j=1}^{r}\upsilon_{ij}j_j=&-\sum_{j=1}^{r}\sum_{k=1}^{r}l_{jk}\left(\frac{A_k}{T}\right)-\sum_{j=1}^{r}\sum_{k=1}^{r}\sum_{l=1}^{r}l_{jkl}\left(\frac{A_k}{T}\right)\left(\frac{A_l}{T}\right)\\&-\sum_{j=1}^{r}\sum_{k=1}^{r}\sum_{l=1}^{r}\sum_{h=1}^{r}l_{jklh}\left(\frac{A_k}{T}\right)\left(\frac{A_l}{T}\right)\left(\frac{A_h}{T}\right)-\cdots\end{aligned} \tag{2.112}$$

第 3 章　电解质溶液中的传质与传热

3.1　扩　　散

在恒温恒压条件下，无外力作用，不考虑体积黏滞性，无化学反应体系，熵增率为

$$\sigma = -\sum_{i=1}^{n} \vec{J}_i \cdot \left(\frac{\nabla \mu_i}{T} \right) \tag{3.1}$$

式中，σ 为熵增率；$\vec{J}_i$ 为扩散流；μ_i 为溶液中组元 i 的化学势。

$$\vec{J}_i = c_i(\vec{v}_i - \vec{v}_{\mathrm{m}}) \qquad (i = 1, 2, \cdots, n) \tag{3.2}$$

式中，c_i 为组元 i 的摩尔浓度；$\vec{v}_i$ 为组元 i 相对于静止坐标的速度；$\vec{v}_{\mathrm{m}}$ 为溶液的平均摩尔速度，有

$$\vec{v}_{\mathrm{m}} = \frac{\sum_{i=1}^{n} c_i \vec{v}_i}{\sum_{i=1}^{n} c_i} = \sum_{i=1}^{n} x_i \vec{v}_i \tag{3.3}$$

$$x_i = \frac{c_i}{\sum_{i=1}^{n} c_i} \tag{3.4}$$

也可以选择其他速度为参考速度，即

$$\vec{J}_i^{\,a} = x_i(\vec{v}_i - \vec{v}_a) \tag{3.5}$$

$$\vec{v}_a = \sum_{i=1}^{n} a_i \vec{v}_i \tag{3.6}$$

和

$$\sum_{i=1}^{n} a_i = 1 \tag{3.7}$$

考虑其他参考速度，熵增率方程为

$$\sigma = -\sum_{i=1}^{n} \vec{J}_i^{\,a} \cdot \left(\frac{\nabla \mu_i}{T} \right) \tag{3.8}$$

3.1.1　稳态扩散

在近平衡体系，恒温恒压条件下，由熵增率方程（3.1）得唯象方程

$$\vec{J}_i = -\sum_{i=1}^{n} L_{ik} \frac{\nabla \mu_i}{T} \qquad (i = 1, 2, \cdots, n) \tag{3.9}$$

昂萨格（Onsager）关系为

$$L_{ik} = L_{ki} \qquad (i, k = 1, 2, \cdots, n) \tag{3.10}$$

考虑其他参考速度，由熵增率方程（3.8），得

$$\vec{J}_i^{\,a} = -\sum_{i=1}^{n} L_{ik}^{a} \frac{\nabla \mu_i}{T} \qquad (i = 1, 2, \cdots, n) \tag{3.11}$$

昂萨格关系为

$$L_{ik}^{a} = L_{ki}^{a} \qquad (i, k = 1, 2, \cdots, n)$$

在远离平衡体系，恒温恒压条件下，由熵增率方程（3.8）得唯象方程

$$\vec{J}_i = -\sum_{k=1}^{n} L_{ik}\left(\frac{\nabla \mu_i}{T}\right) - \sum_{k=1}^{n}\sum_{l=1}^{n} L_{ikl}\left(\frac{\nabla \mu_k}{T}\right)\cdot\left(\frac{\nabla \mu_l}{T}\right)\vec{n} - \sum_{k=1}^{n}\sum_{l=1}^{n}\sum_{h=1}^{n} L_{iklh}\left(\frac{\nabla \mu_k}{T}\right)\cdot\left(\frac{\nabla \mu_l}{T}\right)\left(\frac{\nabla \mu_h}{T}\right) - \cdots \tag{3.12}$$

3.1.2　非稳态扩散

只有扩散的体系，质量守恒方程为

$$\frac{\partial c_i}{\partial t} = -\nabla \cdot \vec{J}_i \tag{3.13}$$

1. 近平衡体系

将式（3.9）代入式（3.13），得

$$\frac{\partial c_i}{\partial t} = \sum_{k=1}^{n} L_{ik} \frac{1}{T} \nabla^2 \mu_i \tag{3.14}$$

2. 远离平衡体系

将式（3.12）代入式（3.13），得

$$\begin{aligned}\frac{\partial c_i}{\partial t} = &\sum_{k=1}^{n} L_{ik}\left(\frac{\nabla^2 \mu_k}{T}\right) + \sum_{k=1}^{n}\sum_{l=1}^{n} L_{ikl} \nabla\cdot\left[\left(\frac{\nabla \mu_k}{T}\right)\cdot\left(\frac{\nabla \mu_l}{T}\right)\right]\vec{n} \\ &+ \sum_{k=1}^{n}\sum_{l=1}^{n}\sum_{h=1}^{n} L_{iklh} \nabla\cdot\left[\left(\frac{\nabla \mu_k}{T}\right)\cdot\left(\frac{\nabla \mu_l}{T}\right)\left(\frac{\nabla \mu_h}{T}\right)\right] + \cdots\end{aligned} \tag{3.15}$$

3.2 流体流动

除扩散外，溶液中还有流体流动。

溶液的平均摩尔速度为$\vec{v}_{\mathrm{m}}$，组元 i 的流速为$\vec{v}_i$，则

$$\vec{v}_{\mathrm{m}} = \sum_{i=1}^{n} x_i \vec{v}_i \tag{3.16}$$

$$c_i \vec{v}_{\mathrm{m}} = \frac{c_i \sum_{i=1}^{n} c_i \vec{v}_i}{\sum_{i=1}^{n} c_i} = x_i \sum_{i=1}^{n} c_i \vec{v}_i = x_i \sum_{i=1}^{n} \vec{J}_{m,i} = \vec{J}_{i,l} \tag{3.17}$$

即为由于流体流动引起的组元 i 的迁移量。

这样，扩散和流动造成的组元 i 的通量为

$$\vec{J}_{m,i} = \vec{J}_i + \vec{J}_{i,l} = \vec{J}_i + x_i \sum_{i=1}^{n} \vec{J}_{m,i} \tag{3.18}$$

3.3 包括扩散和流体流动的体系的传质

3.3.1 稳态传质

在近平衡体系，将式（3.9）代入式（3.18），得

$$\vec{J}_{m,i} = -\sum_{i=1}^{n} L_{ik} \frac{\nabla \mu_i}{T} + x_i \sum_{i=1}^{n} \vec{J}_{m,i}$$

在远离平衡体系，将式（3.12）代入式（3.18），得

$$\vec{J}_{m,i} = -\sum_{k=1}^{n} L_{ik} \left(\frac{\nabla \mu_k}{T} \right) - \sum_{k=1}^{n} \sum_{l=1}^{n} L_{ikl} \left(\frac{\nabla \mu_k}{T} \right) \cdot \left(\frac{\nabla \mu_l}{T} \right) \vec{n} - \sum_{k=1}^{n} \sum_{l=1}^{n} \sum_{h=1}^{n} L_{iklh} \left(\frac{\nabla \mu_k}{T} \right) \cdot \left(\frac{\nabla \mu_l}{T} \right) \left(\frac{\nabla \mu_h}{T} \right) - \cdots + x_i \sum_{i=1}^{n} \vec{J}_{m,i} \tag{3.19}$$

3.3.2 非稳态传质

1）近平衡体系

既有扩散，又有流体流动，没有化学反应的质量守恒方程为

$$\frac{\partial c_i}{\partial t} = -\nabla \cdot \vec{J}_i - \nabla \cdot \vec{J}_{i,l} \tag{3.20}$$

将式（3.9）和式（3.17）代入式（3.20），得

$$\frac{\partial c_i}{\partial t} = \sum_{i=1}^{n} L_{ik} \frac{\nabla^2 \mu_k}{T} - c_i \nabla \vec{v}_{\mathrm{m}} \tag{3.21}$$

2）远离平衡体系

将式（3.12）和式（3.17）代入式（3.20），得

$$\begin{aligned}\frac{\partial c_i}{\partial t} = &\sum_{k=1}^{n} L_{ik} \left(\frac{\nabla^2 \mu_k}{T}\right) + \sum_{k=1}^{n}\sum_{l=1}^{n} L_{ikl} \nabla \cdot \left[\left(\frac{\nabla \mu_k}{T}\right) \cdot \left(\frac{\nabla \mu_l}{T}\right)\vec{n}\right] \\ &+ \sum_{k=1}^{n}\sum_{l=1}^{n}\sum_{h=1}^{n} L_{iklh} \nabla \cdot \left[\left(\frac{\nabla \mu_k}{T}\right) \cdot \left(\frac{\nabla \mu_l}{T}\right)\left(\frac{\nabla \mu_h}{T}\right)\right] \\ &+ \cdots - c_i \nabla \vec{v}_{\mathrm{m}}\end{aligned} \tag{3.22}$$

3.4 传 热 传 质

3.4.1 无电场存在的体系

在压力不变，温度变化，无外力作用，不考虑体积黏滞性，无化学反应的体系，熵增率为

$$\sigma = -\frac{1}{T^2} \vec{J}_q \cdot \nabla T - \sum_{i=1}^{n} \vec{J}_i \cdot \left(\frac{\nabla \mu_i}{T}\right) \tag{3.23}$$

1. 稳态传热传质

在近平衡体系，有

$$\vec{J}_q = -L_{qq}\left(\frac{\nabla T}{T^2}\right) - \sum_{k=1}^{n} L_{qk} \nabla \left(\frac{\mu_k}{T}\right) \tag{3.24}$$

$$\vec{J}_i = -L_{iq}\left(\frac{\nabla T}{T^2}\right) - \sum_{k=1}^{n} L_{ik} \nabla \left(\frac{\mu_k}{T}\right) \qquad (i = 1, 2, \cdots, n) \tag{3.25}$$

在远离平衡体系，有

$$\begin{aligned}\vec{J}_q = &-L_{qq}\left(\frac{\nabla T}{T^2}\right) - \sum_{k=1}^{n} L_{qk}\left[\nabla\left(\frac{\mu_k}{T}\right)\right] - L_{qqq}\left(\frac{\nabla T}{T^2}\right)\cdot\left(\frac{\nabla T}{T^2}\right)\vec{n} - \sum_{k=1}^{n} L_{qqk}\left(\frac{\nabla T}{T^2}\right)\cdot\nabla\left(\frac{\mu_k}{T}\right)\vec{n} \\ &- \sum_{k=1}^{n}\sum_{l=1}^{n} L_{qkl} \nabla\left(\frac{\mu_k}{T}\right)\cdot\nabla\left(\frac{\mu_l}{T}\right)\vec{n} - L_{qqq}\left(\frac{\nabla T}{T^2}\right)\cdot\left(\frac{\nabla T}{T^2}\right)\left(\frac{\nabla T}{T^2}\right) \\ &- \sum_{k=1}^{n} L_{qqqk}\left(\frac{\nabla T}{T^2}\right)\cdot\left(\frac{\nabla T}{T^2}\right)\nabla\left(\frac{\mu_k}{T}\right) \\ &- \sum_{k=1}^{n}\sum_{l=1}^{n} L_{qqkl}\left(\frac{\nabla T}{T^2}\right)\cdot\nabla\left(\frac{\mu_k}{T}\right)\nabla\left(\frac{\mu_l}{T}\right) - \sum_{k=1}^{n}\sum_{l=1}^{n}\sum_{h=1}^{n} L_{qklh}\nabla\left(\frac{\mu_k}{T}\right)\cdot\nabla\left(\frac{\mu_l}{T}\right)\nabla\left(\frac{\mu_h}{T}\right) - \cdots\end{aligned} \tag{3.26}$$

$$\vec{J}_i = -L_{iq}\left(\frac{\nabla T}{T^2}\right) - \sum_{k=1}^{n} L_{ik}\nabla\left(\frac{\mu_k}{T}\right) - L_{iqq}\left(\frac{\nabla T}{T^2}\right)\cdot\left(\frac{\nabla T}{T^2}\right)\vec{n} - \sum_{k=1}^{n} L_{iqk}\left(\frac{\nabla T}{T^2}\right)\cdot\nabla\left(\frac{\mu_k}{T}\right)\vec{n}$$
$$-\sum_{k=1}^{n}\sum_{l=1}^{n} L_{ikl}\nabla\left(\frac{\mu_k}{T}\right)\cdot\nabla\left(\frac{\mu_l}{T}\right)\vec{n} - L_{iqqq}\left(\frac{\nabla T}{T^2}\right)\cdot\left(\frac{\nabla T}{T^2}\right)\left(\frac{\nabla T}{T^2}\right)$$
$$-\sum_{k=1}^{n} L_{iqqk}\left(\frac{\nabla T}{T^2}\right)\cdot\left(\frac{\nabla T}{T^2}\right)\nabla\left(\frac{\mu_k}{T}\right)$$
$$-\sum_{k=1}^{n}\sum_{l=1}^{n} L_{iqkl}\left(\frac{\nabla T}{T^2}\right)\cdot\nabla\left(\frac{\mu_k}{T}\right)\nabla\left(\frac{\mu_l}{T}\right) - \sum_{k=1}^{n}\sum_{l=1}^{n}\sum_{h=1}^{n} L_{iklh}\nabla\left(\frac{\mu_k}{T}\right)\cdot\nabla\left(\frac{\mu_l}{T}\right)\nabla\left(\frac{\mu_h}{T}\right) - \cdots \tag{3.27}$$

2. 非稳态传热传质

近平衡体系

$$\rho_{\mathrm{m}} c_p \frac{\partial T}{\partial t} = L_{qq}\nabla\cdot\left(\frac{\nabla T}{T^2}\right) + \sum_{k=1}^{n} L_{qk}\nabla\cdot\nabla\left(\frac{\mu_k}{T}\right) = -\nabla\cdot\vec{J}_q \tag{3.28}$$

$$\frac{\partial c_i}{\partial t} = -L_{iq}\nabla\cdot\frac{\nabla T}{T^2} - \sum_{k=1}^{n} L_{ik}\nabla\cdot\nabla\left(\frac{\mu_k}{T}\right) - c_i\nabla\cdot\vec{v}_{\mathrm{m}} \tag{3.29}$$

远离平衡体系

$$\begin{aligned}\rho_{\mathrm{m}} c_p \frac{\partial T}{\partial t} &= -\nabla\cdot\vec{J}_q \\
&= L_{qq}\nabla\cdot\left(\frac{\nabla T}{T^2}\right) + \sum_{k=1}^{n} L_{qk}\nabla\cdot\nabla\left(\frac{\mu_k}{T}\right) + L_{qqq}\nabla\cdot\left(\frac{\nabla T}{T^2}\right)^2\vec{n} \\
&\quad + \sum_{k=1}^{n} L_{qqk}\nabla\cdot\left[\left(\frac{\nabla T}{T^2}\right)\cdot\nabla\left(\frac{\mu_k}{T}\right)\vec{n}\right] \\
&\quad + \sum_{k=1}^{n} L_{qkl}\nabla\cdot\left[\nabla\left(\frac{\mu_k}{T}\right)\cdot\nabla\left(\frac{\mu_l}{T}\right)\vec{n}\right] + L_{qqqq}\nabla\cdot\left(\frac{\nabla T}{T^2}\right)^3 \\
&\quad + \sum_{k=1}^{n} L_{qqqk}\nabla\cdot\left[\left(\frac{\nabla T}{T^2}\right)^2\nabla\left(\frac{\mu_k}{T}\right)\right] \\
&\quad + \sum_{k=1}^{n}\sum_{l=1}^{n} L_{qqkl}\nabla\cdot\left(\frac{\nabla T}{T^2}\right)\left[\nabla\left(\frac{\mu_k}{T}\right)\cdot\nabla\left(\frac{\mu_l}{T}\right)\right] \\
&\quad + \sum_{k=1}^{n}\sum_{l=1}^{n}\sum_{h=1}^{n} L_{qklh}\nabla\cdot\left[\nabla\left(\frac{\mu_k}{T}\right)\cdot\nabla\left(\frac{\mu_l}{T}\right)\nabla\left(\frac{\mu_h}{T}\right)\right] + \cdots\end{aligned} \tag{3.30}$$

将式（3.27）和式（3.17）代入式（3.20），得

$$\frac{\partial c_i}{\partial t} = L_{iq}\nabla\cdot\left(\frac{\nabla T}{T^2}\right) + \sum_{k=1}^{n} L_{ik}\nabla\cdot\nabla\left(\frac{\mu_k}{T}\right) + L_{iqq}\nabla\cdot\left(\frac{\nabla T}{T^2}\right)^2\vec{n} + \sum_{k=1}^{n} L_{iqk}\nabla\cdot\left[\left(\frac{\nabla T}{T^2}\right)\cdot\nabla\left(\frac{\mu_k}{T}\right)\vec{n}\right]$$

$$
\begin{aligned}
&+\sum_{k=1}^{n}\sum_{l=1}^{n}L_{qkl}\nabla\cdot\left[\nabla\left(\frac{\mu_k}{T}\right)\cdot\nabla\left(\frac{\mu_l}{T}\right)\vec{n}\right]+L_{iqqq}\nabla\cdot\left(\frac{\nabla T}{T^2}\right)^3+\sum_{k=1}^{n}L_{iqqk}\nabla\cdot\left[\left(\frac{\nabla T}{T^2}\right)^2\nabla\left(\frac{\mu_k}{T}\right)\right]\\
&+\sum_{k=1}^{n}\sum_{l=1}^{n}L_{iqkl}\nabla\cdot\left(\frac{\nabla T}{T^2}\right)\left[\nabla\left(\frac{\mu_k}{T}\right)\cdot\nabla\left(\frac{\mu_l}{T}\right)\right]\\
&+\sum_{k=1}^{n}\sum_{l=1}^{n}\sum_{h=1}^{n}L_{iklh}\nabla\cdot\left[\nabla\left(\frac{\mu_k}{T}\right)\cdot\nabla\left(\frac{\mu_l}{T}\right)\nabla\left(\frac{\mu_h}{T}\right)\right]+\cdots\\
&-c_i\nabla\vec{v}_{\mathrm{m}}
\end{aligned}
\tag{3.31}
$$

3.4.2 有电场存在、温度恒定的体系

在恒温恒压、有电场存在条件下，不考虑体积黏滞性，无化学反应的体系，熵增率为

$$
\sigma=-\sum_{i=1}^{n}\vec{J}_i\cdot\left(\frac{\nabla\tilde{\mu}_i}{T}\right)\tag{3.32}
$$

式中

$$
\tilde{\mu}_i=\mu_i+ze\varphi\tag{3.33}
$$

i 为离子。

1. 稳态体系的扩散

近平衡态的唯象方程为

$$
\vec{J}_i=-\sum_{k=1}^{n}L_{ik}\frac{\nabla\tilde{\mu}_k}{T}\tag{3.34}
$$

远离平衡态的唯象方程为

$$
\begin{aligned}
\vec{J}_i=&-\sum_{k=1}^{n}L_{ik}\left(\frac{\nabla\tilde{\mu}_k}{T}\right)-\sum_{k=1}^{n}\sum_{l=1}^{n}L_{ikl}\left(\frac{\nabla\tilde{\mu}_k}{T}\right)\cdot\left(\frac{\nabla\tilde{\mu}_l}{T}\right)\vec{n}\\
&-\sum_{k=1}^{n}\sum_{l=1}^{n}\sum_{h=1}^{n}L_{iklh}\left(\frac{\nabla\tilde{\mu}_k}{T}\right)\cdot\left(\frac{\nabla\tilde{\mu}_l}{T}\right)\left(\frac{\nabla\tilde{\mu}_h}{T}\right)-\cdots
\end{aligned}
\tag{3.35}
$$

写成离子形式的唯象方程：

近平衡态有

$$
\vec{J}_{i_+}=-\sum_{k_+=1}^{n}L_{i_+,k_+}\frac{\nabla\tilde{\mu}_{k_+}}{T}-\sum_{k_-=1}^{n}L_{i_+,k_-}\frac{\nabla\tilde{\mu}_{k_-}}{T}\tag{3.36}
$$

$$
\vec{J}_{i_-}=-\sum_{k_+=1}^{n}L_{i_-,k_+}\frac{\nabla\tilde{\mu}_{k_+}}{T}-\sum_{k_-=1}^{n}L_{i_-,k_-}\frac{\nabla\tilde{\mu}_{k_-}}{T}\tag{3.37}
$$

远离平衡态有

$$\begin{aligned}
\vec{J}_{i_+} = & -\sum_{k_+=1}^{n} L_{i_+k_+}\left(\frac{\nabla\tilde{\mu}_{k_+}}{T}\right) - \sum_{k_-=1}^{n} L_{i_+,k_-}\left(\frac{\nabla\tilde{\mu}_{k_-}}{T}\right) \\
& -\sum_{k_+=1}^{n}\sum_{l_+=1}^{n} L_{i_+k_+l_+}\left(\frac{\nabla\tilde{\mu}_{k_+}}{T}\right)\cdot\left(\frac{\nabla\tilde{\mu}_{l_+}}{T}\right)\vec{n} - \sum_{k_+=1}^{n}\sum_{l_-=1}^{n} L_{i_+k_+l_-}\left(\frac{\nabla\tilde{\mu}_{k_+}}{T}\right)\cdot\left(\frac{\nabla\tilde{\mu}_{l_-}}{T}\right)\vec{n} \\
& -\sum_{k_-=1}^{n}\sum_{l_+=1}^{n} L_{i_+k_-l_+}\left(\frac{\nabla\tilde{\mu}_{k_-}}{T}\right)\cdot\left(\frac{\nabla\tilde{\mu}_{l_+}}{T}\right)\vec{n} - \sum_{k_-=1}^{n}\sum_{l_-=1}^{n} L_{i_+k_-l_-}\left(\frac{\nabla\tilde{\mu}_{k_-}}{T}\right)\cdot\left(\frac{\nabla\tilde{\mu}_{l_-}}{T}\right)\vec{n} \\
& -\sum_{k_+=1}^{n}\sum_{l_+=1}^{n}\sum_{h_+=1}^{n} L_{i_+k_+l_+h_+}\left(\frac{\nabla\tilde{\mu}_{k_+}}{T}\right)\cdot\left(\frac{\nabla\tilde{\mu}_{l_+}}{T}\right)\left(\frac{\nabla\tilde{\mu}_{h_+}}{T}\right) \\
& -\sum_{k_-=1}^{n}\sum_{l_+=1}^{n}\sum_{h_+=1}^{n} L_{i_+k_-l_+h_+}\left(\frac{\nabla\tilde{\mu}_{k_-}}{T}\right)\cdot\left(\frac{\nabla\tilde{\mu}_{l_+}}{T}\right)\left(\frac{\nabla\tilde{\mu}_{h_+}}{T}\right) \\
& -\sum_{k_+=1}^{n}\sum_{l_-=1}^{n}\sum_{h_+=1}^{n} L_{i_+k_+l_-h_+}\left(\frac{\nabla\tilde{\mu}_{k_+}}{T}\right)\cdot\left(\frac{\nabla\tilde{\mu}_{l_-}}{T}\right)\left(\frac{\nabla\tilde{\mu}_{h_+}}{T}\right) \\
& -\sum_{k_+=1}^{n}\sum_{l_+=1}^{n}\sum_{h_-=1}^{n} L_{i_+k_+l_+h_-}\left(\frac{\nabla\tilde{\mu}_{k_+}}{T}\right)\cdot\left(\frac{\nabla\tilde{\mu}_{l_+}}{T}\right)\left(\frac{\nabla\tilde{\mu}_{h_-}}{T}\right) \\
& -\sum_{k_-=1}^{n}\sum_{l_-=1}^{n}\sum_{h_+=1}^{n} L_{i_+k_-l_-h_+}\left(\frac{\nabla\tilde{\mu}_{k_-}}{T}\right)\cdot\left(\frac{\nabla\tilde{\mu}_{l_-}}{T}\right)\left(\frac{\nabla\tilde{\mu}_{h_+}}{T}\right) \\
& -\sum_{k_-=1}^{n}\sum_{l_+=1}^{n}\sum_{h_-=1}^{n} L_{i_+k_-l_+h_-}\left(\frac{\nabla\tilde{\mu}_{k_-}}{T}\right)\cdot\left(\frac{\nabla\tilde{\mu}_{l_+}}{T}\right)\left(\frac{\nabla\tilde{\mu}_{h_-}}{T}\right) \\
& -\sum_{k_+=1}^{n}\sum_{l_-=1}^{n}\sum_{h_-=1}^{n} L_{i_+k_+l_-h_-}\left(\frac{\nabla\tilde{\mu}_{k_+}}{T}\right)\cdot\left(\frac{\nabla\tilde{\mu}_{l_-}}{T}\right)\left(\frac{\nabla\tilde{\mu}_{h_-}}{T}\right) \\
& -\sum_{k_-=1}^{n}\sum_{l_-=1}^{n}\sum_{h_-=1}^{n} L_{i_+k_-l_-h_-}\left(\frac{\nabla\tilde{\mu}_{k_-}}{T}\right)\cdot\left(\frac{\nabla\tilde{\mu}_{l_-}}{T}\right)\left(\frac{\nabla\tilde{\mu}_{h_-}}{T}\right) - \cdots
\end{aligned} \tag{3.38}$$

$$\begin{aligned}
\vec{J}_{i_-} = & -\sum_{k_+=1}^{n} L_{i_-k_+}\left(\frac{\nabla\tilde{\mu}_{k_+}}{T}\right) - \sum_{k_-=1}^{n} L_{i_-,k_-}\left(\frac{\nabla\tilde{\mu}_{k_-}}{T}\right) \\
& -\sum_{k_+=1}^{n}\sum_{l_+=1}^{n} L_{i_-k_+l_+}\left(\frac{\nabla\tilde{\mu}_{k_+}}{T}\right)\cdot\left(\frac{\nabla\tilde{\mu}_{l_+}}{T}\right)\vec{n} - \sum_{k_+=1}^{n}\sum_{l_-=1}^{n} L_{i_-k_+l_-}\left(\frac{\nabla\tilde{\mu}_{k_+}}{T}\right)\cdot\left(\frac{\nabla\tilde{\mu}_{l_-}}{T}\right)\vec{n} \\
& -\sum_{k_-=1}^{n}\sum_{l_+=1}^{n} L_{i_-k_-l_+}\left(\frac{\nabla\tilde{\mu}_{k_-}}{T}\right)\cdot\left(\frac{\nabla\tilde{\mu}_{l_+}}{T}\right)\vec{n} - \sum_{k_-=1}^{n}\sum_{l_-=1}^{n} L_{i_-k_-l_-}\left(\frac{\nabla\tilde{\mu}_{k_-}}{T}\right)\cdot\left(\frac{\nabla\tilde{\mu}_{l_-}}{T}\right)\vec{n} \\
& -\sum_{k_+=1}^{n}\sum_{l_+=1}^{n}\sum_{h_+=1}^{n} L_{i_-k_+l_+h_+}\left(\frac{\nabla\tilde{\mu}_{k_+}}{T}\right)\cdot\left(\frac{\nabla\tilde{\mu}_{l_+}}{T}\right)\left(\frac{\nabla\tilde{\mu}_{h_+}}{T}\right) \\
& -\sum_{k_-=1}^{n}\sum_{l_+=1}^{n}\sum_{h_+=1}^{n} L_{i_-k_-l_+h_+}\left(\frac{\nabla\tilde{\mu}_{k_-}}{T}\right)\cdot\left(\frac{\nabla\tilde{\mu}_{l_+}}{T}\right)\left(\frac{\nabla\tilde{\mu}_{h_+}}{T}\right)
\end{aligned}$$

$$
\begin{aligned}
&-\sum_{k_+=1}^{n}\sum_{l_-=1}^{n}\sum_{h_+=1}^{n}L_{i\_k_+l\_h_+}\left(\frac{\nabla\tilde{\mu}_{k_+}}{T}\right)\cdot\left(\frac{\nabla\tilde{\mu}_{l_-}}{T}\right)\left(\frac{\nabla\tilde{\mu}_{h_+}}{T}\right)\\
&-\sum_{k_+=1}^{n}\sum_{l_+=1}^{n}\sum_{h_-=1}^{n}L_{i\_k_+l_+h\_}\left(\frac{\nabla\tilde{\mu}_{k_+}}{T}\right)\cdot\left(\frac{\nabla\tilde{\mu}_{l_+}}{T}\right)\left(\frac{\nabla\tilde{\mu}_{h_-}}{T}\right)\\
&-\sum_{k_-=1}^{n}\sum_{l_-=1}^{n}\sum_{h_+=1}^{n}L_{i\_k\_l\_h_+}\left(\frac{\nabla\tilde{\mu}_{k_-}}{T}\right)\cdot\left(\frac{\nabla\tilde{\mu}_{l_-}}{T}\right)\left(\frac{\nabla\tilde{\mu}_{h_+}}{T}\right)\\
&-\sum_{k_-=1}^{n}\sum_{l_+=1}^{n}\sum_{h_-=1}^{n}L_{i\_k\_l_+h\_}\left(\frac{\nabla\tilde{\mu}_{k_-}}{T}\right)\cdot\left(\frac{\nabla\tilde{\mu}_{l_+}}{T}\right)\left(\frac{\nabla\tilde{\mu}_{h_-}}{T}\right)\\
&-\sum_{k_+=1}^{n}\sum_{l_-=1}^{n}\sum_{h_-=1}^{n}L_{i\_k_+l\_h\_}\left(\frac{\nabla\tilde{\mu}_{k_+}}{T}\right)\cdot\left(\frac{\nabla\tilde{\mu}_{l_-}}{T}\right)\left(\frac{\nabla\tilde{\mu}_{h_-}}{T}\right)\\
&-\sum_{k_-=1}^{n}\sum_{l_-=1}^{n}\sum_{h_-=1}^{n}L_{i\_k\_l\_h\_}\left(\frac{\nabla\tilde{\mu}_{k_-}}{T}\right)\cdot\left(\frac{\nabla\tilde{\mu}_{l_-}}{T}\right)\left(\frac{\nabla\tilde{\mu}_{h_-}}{T}\right)-\cdots
\end{aligned}
\tag{3.39}
$$

式中

$$\tilde{\mu}_{k_+}=\mu_{k_+}+z_{k_+}e\varphi$$

$$\tilde{\mu}_{k_-}=\mu_{k_-}+z_{k_-}e\varphi$$

2. 非稳态体系的传质

近平衡体系

$$\frac{\partial c_i}{\partial t}=-\nabla\cdot\vec{J}_i \tag{3.40}$$

式中，$\vec{J}_i$ 为式（3.34）。

远离平衡体系

$$\frac{\partial c_i}{\partial t}=-\nabla\cdot\vec{J}_i \tag{3.41}$$

式中，$\vec{J}_i$ 为式（3.35）。

写成离子形式，有：

近平衡体系

$$\frac{\partial c_{i_+}}{\partial t}=-\nabla\cdot\vec{J}_{i_+} \tag{3.42}$$

$$\frac{\partial c_{i_-}}{\partial t}=-\nabla\cdot\vec{J}_{i_-} \tag{3.43}$$

式中，$\vec{J}_{i_+}$ 为式（3.36）；$\vec{J}_{i_-}$ 为式（3.37）。

远离平衡体系

$$\frac{\partial c_{i_+}}{\partial t} = -\nabla \cdot \vec{J}_{i_+} \tag{3.44}$$

$$\frac{\partial c_{i_-}}{\partial t} = -\nabla \cdot \vec{J}_{i_-} \tag{3.45}$$

式中，$\vec{J}_{i_+}$ 为式（3.38）；$\vec{J}_{i_-}$ 为式（3.39）。

如果溶液中有流体流动，则

$$\frac{\partial c_{i_+}}{\partial t} = -\nabla \cdot \vec{J}_{i_+} - \nabla \cdot \vec{J}_{i_+,l} \tag{3.46}$$

$$\frac{\partial c_{i_-}}{\partial t} = -\nabla \cdot \vec{J}_{i_-} - \nabla \cdot \vec{J}_{i_-,l} \tag{3.47}$$

式中，$\vec{J}_{i_+}$ 为式（3.36）；$\vec{J}_{i_-}$ 为式（3.37）。

$$\vec{J}_{i_+,l} = c_{i_+} \vec{v}_{m+} = c_{i_+} \vec{v}_m \tag{3.48}$$

$$\vec{J}_{i_-,l} = c_{i_-} \vec{v}_{m+} = c_{i_-} \vec{v}_m \tag{3.49}$$

远离平衡体系

$$\frac{\partial c_{i_+}}{\partial t} = -\nabla \cdot \vec{J}_{i_+} - \nabla \cdot \vec{J}_{i_+,l} \tag{3.50}$$

$$\frac{\partial c_{i_-}}{\partial t} = -\nabla \cdot \vec{J}_{i_-} - \nabla \cdot \vec{J}_{i_-,l} \tag{3.51}$$

式中，$\vec{J}_{i_+}$ 为式（3.38）；$\vec{J}_{i_-}$ 为式（3.39）；$\vec{J}_{i_+,l}$ 为式（3.48）；$\vec{J}_{i_-,l}$ 为式（3.49）。

3.4.3　有电场存在、温度变化的体系

在压力不变，温度变化，有电场存在，不考虑体积黏滞性，无化学反应的体系，熵增率为

$$\sigma = -\frac{1}{T^2} \vec{J}_q \cdot \nabla T - \sum_{i=1}^{n} \vec{J}_i \cdot \left(\frac{\nabla \tilde{\mu}_i}{T} \right) \tag{3.52}$$

1. 稳态传热传质

1）近平衡体系

在近平衡体系，有

$$\vec{J}_q = -L_{qq} \left(\frac{\nabla T}{T^2} \right) - \sum_{k=1}^{n} L_{qk} \nabla \left(\frac{\tilde{\mu}_k}{T} \right) \tag{3.53}$$

$$\vec{J}_i = -L_{iq} \left(\frac{\nabla T}{T^2} \right) - \sum_{k=1}^{n} L_{ik} \nabla \left(\frac{\tilde{\mu}_k}{T} \right) \tag{3.54}$$

2）远离平衡体系

在远离平衡体系，有

$$\vec{J}_q = -L_{qq}\left(\frac{\nabla T}{T^2}\right) - \sum_{k=1}^{n} L_{qk}\left[\nabla\left(\frac{\tilde{\mu}_k}{T}\right)\right] - L_{qqq}\left(\frac{\nabla T}{T^2}\right)^2 \vec{n} - \sum_{k=1}^{n} L_{qqk}\left(\frac{\nabla T}{T^2}\right)\cdot\nabla\left(\frac{\tilde{\mu}_k}{T}\right)\vec{n}$$
$$-\sum_{k=1}^{n}\sum_{l=1}^{n} L_{qkl}\nabla\left(\frac{\tilde{\mu}_k}{T}\right)\cdot\nabla\left(\frac{\tilde{\mu}_l}{T}\right)\vec{n} - L_{qqqq}\left(\frac{\nabla T}{T^2}\right)^3 - \sum_{k=1}^{n} L_{qqqk}\left(\frac{\nabla T}{T^2}\right)^2\nabla\left(\frac{\tilde{\mu}_k}{T}\right)$$
$$-\sum_{k=1}^{n}\sum_{l=1}^{n} L_{qqkl}\left(\frac{\nabla T}{T^2}\right)\nabla\left(\frac{\tilde{\mu}_k}{T}\right)\nabla\left(\frac{\tilde{\mu}_l}{T}\right) - \sum_{k=1}^{n}\sum_{l=1}^{n}\sum_{h=1}^{n} L_{qklh}\nabla\left(\frac{\tilde{\mu}_k}{T}\right)\cdot\nabla\left(\frac{\tilde{\mu}_l}{T}\right)\nabla\left(\frac{\tilde{\mu}_h}{T}\right) - \cdots \tag{3.55}$$

$$\vec{J}_i = -L_{iq}\left(\frac{\nabla T}{T^2}\right) - \sum_{k=1}^{n} L_{ik}\nabla\left(\frac{\tilde{\mu}_k}{T}\right) - L_{iqq}\left(\frac{\nabla T}{T^2}\right)^2 \vec{n} - \sum_{k=1}^{n} L_{iqk}\left(\frac{\nabla T}{T^2}\right)\cdot\nabla\left(\frac{\tilde{\mu}_k}{T}\right)\vec{n}$$
$$-\sum_{k=1}^{n}\sum_{l=1}^{n} L_{iqk}\nabla\left(\frac{\tilde{\mu}_k}{T}\right)\cdot\nabla\left(\frac{\tilde{\mu}_l}{T}\right)\vec{n} - L_{iqqq}\left(\frac{\nabla T}{T^2}\right)^3 - \sum_{k=1}^{n} L_{iqqk}\left(\frac{\nabla T}{T^2}\right)^2\nabla\left(\frac{\tilde{\mu}_k}{T}\right)$$
$$-\sum_{k=1}^{n}\sum_{l=1}^{n} L_{iqkl}\left(\frac{\nabla T}{T^2}\right)\cdot\nabla\left(\frac{\mu_k}{T}\right)\nabla\left(\frac{\mu_l}{T}\right) - \sum_{k=1}^{n}\sum_{l=1}^{n}\sum_{h=1}^{n} L_{iklh}\nabla\left(\frac{\mu_k}{T}\right)\cdot\nabla\left(\frac{\mu_l}{T}\right)\nabla\left(\frac{\mu_h}{T}\right) - \cdots \tag{3.56}$$

2. 非稳态传热传质

1）近平衡体系

近平衡体系，有

$$\rho_{\mathrm{m}} c_p \frac{\partial T}{\partial t} = L_{qq}\nabla\left(\frac{\nabla T}{T^2}\right) + \sum_{k=1}^{n} L_{qk}\nabla\cdot\nabla\left(\frac{\tilde{\mu}_k}{T}\right) \tag{3.57}$$

$$\frac{\partial c_i}{\partial t} = L_{iq}\nabla\cdot\left(\frac{\nabla T}{T^2}\right) - \sum_{k=1}^{n} L_{ik}\nabla\cdot\nabla\left(\frac{\mu_k}{T}\right) - c_i\nabla\vec{v}_{\mathrm{m}} \tag{3.58}$$

2）远离平衡体系

远离平衡体系，有

$$\rho_{\mathrm{m}} c_p \frac{\partial T}{\partial t} = -\nabla\cdot\vec{J}_q$$
$$= L_{qq}\nabla\left(\frac{\nabla T}{T^2}\right) + \sum_{k=1}^{n} L_{qk}\nabla\cdot\nabla\left(\frac{\tilde{\mu}_k}{T}\right) + L_{qqq}\nabla\cdot\left(\frac{\nabla T}{T^2}\right)^2\vec{n}$$
$$+\sum_{k=1}^{n} L_{qqk}\nabla\cdot\left[\left(\frac{\nabla T}{T^2}\right)\cdot\nabla\left(\frac{\tilde{\mu}_k}{T}\right)\vec{n}\right] + \sum_{k=1}^{n}\sum_{l=1}^{n} L_{qkl}\nabla\cdot\left[\nabla\left(\frac{\tilde{\mu}_k}{T}\right)\cdot\nabla\left(\frac{\tilde{\mu}_l}{T}\right)\vec{n}\right]$$
$$+L_{qqqq}\nabla\cdot\left(\frac{\nabla T}{T^2}\right)^3 + \sum_{k=1}^{n} L_{qqqk}\nabla\cdot\left[\left(\frac{\nabla T}{T^2}\right)^2\nabla\left(\frac{\tilde{\mu}_k}{T}\right)\right]$$

$$
\begin{aligned}
&+\sum_{k=1}^{n}\sum_{l=1}^{n}L_{qqkl}\nabla\cdot\left(\frac{\nabla T}{T^2}\right)\left[\nabla\left(\frac{\tilde{\mu}_k}{T}\right)\cdot\nabla\left(\frac{\tilde{\mu}_l}{T}\right)\right]\\
&+\sum_{k=1}^{n}\sum_{l=1}^{n}\sum_{h=1}^{n}L_{qklh}\nabla\cdot\left[\nabla\left(\frac{\tilde{\mu}_k}{T}\right)\cdot\nabla\left(\frac{\tilde{\mu}_l}{T}\right)\nabla\left(\frac{\tilde{\mu}_h}{T}\right)\right]+\cdots
\end{aligned}
\tag{3.59}
$$

将式（3.27）和式（3.17）代入式（3.20），得

$$
\begin{aligned}
\frac{\partial c_i}{\partial t}=&L_{iq}\nabla\cdot\left(\frac{\nabla T}{T^2}\right)+\sum_{k=1}^{n}L_{ik}\nabla\cdot\nabla\left(\frac{\tilde{\mu}_k}{T}\right)+L_{iqq}\nabla\cdot\left(\frac{\nabla T}{T^2}\right)^2\vec{n}+\sum_{k=1}^{n}L_{iqk}\nabla\cdot\left[\left(\frac{\nabla T}{T^2}\right)\cdot\nabla\left(\frac{\tilde{\mu}_k}{T}\right)\vec{n}\right]\\
&+\sum_{k=1}^{n}\sum_{l=1}^{n}L_{qkl}\nabla\cdot\left[\nabla\left(\frac{\tilde{\mu}_k}{T}\right)\cdot\nabla\left(\frac{\tilde{\mu}_l}{T}\right)\vec{n}\right]+L_{iqqq}\nabla\cdot\left(\frac{\nabla T}{T^2}\right)^3+\sum_{k=1}^{n}L_{iqqk}\nabla\cdot\left[\left(\frac{\nabla T}{T^2}\right)^2\nabla\left(\frac{\tilde{\mu}_k}{T}\right)\right]\\
&+\sum_{k=1}^{n}\sum_{l=1}^{n}L_{iqkl}\nabla\cdot\left(\frac{\nabla T}{T^2}\right)\left[\nabla\left(\frac{\tilde{\mu}_k}{T}\right)\cdot\nabla\left(\frac{\tilde{\mu}_l}{T}\right)\right]\\
&+\sum_{k=1}^{n}\sum_{l=1}^{n}\sum_{h=1}^{n}L_{iklh}\nabla\cdot\left[\nabla\left(\frac{\tilde{\mu}_k}{T}\right)\cdot\nabla\left(\frac{\tilde{\mu}_l}{T}\right)\nabla\left(\frac{\tilde{\mu}_h}{T}\right)\right]+\cdots\\
&-c_i\nabla\vec{v}_m
\end{aligned}
\tag{3.60}
$$

3. 写成离子形式的唯象方程

1）稳态传质

熵增率为

$$
\sigma=-\frac{1}{T^2}\vec{J}_q\cdot\nabla T-\sum_{i_+=1}^{n}\vec{J}_{i_+}\cdot\left(\frac{\nabla\tilde{\mu}_{i_+}}{T^2}\right)-\sum_{i_-=1}^{n}\vec{J}_{i_-}\cdot\left(\frac{\nabla\mu_{i_-}^2}{T}\right)
$$

（1）近平衡体系

近平衡态，有

$$
\vec{J}_q=-L_{qq}\left(\frac{\nabla T}{T^2}\right)-\sum_{k_+=1}^{n}L_{qk_+}\nabla\left(\frac{\tilde{\mu}_{k_+}}{T}\right)-\sum_{k_-=1}^{n}L_{qk_-}\nabla\left(\frac{\tilde{\mu}_{k_-}}{T}\right)\tag{3.61}
$$

$$
\vec{J}_{i_+}=-L_{i_+q}\left(\frac{\nabla T}{T^2}\right)-\sum_{k_+=1}^{n}L_{i_+k_+}\nabla\left(\frac{\tilde{\mu}_{k_+}}{T}\right)-\sum_{k_-=1}^{n}L_{i_+k_-}\nabla\left(\frac{\tilde{\mu}_{k_-}}{T}\right)\tag{3.62}
$$

$$
\vec{J}_{i_-}=-L_{i_-q}\left(\frac{\nabla T}{T^2}\right)-\sum_{k_+=1}^{n}L_{i_-k_+}\nabla\left(\frac{\tilde{\mu}_{k_+}}{T}\right)-\sum_{k_-=1}^{n}L_{i_-k_-}\nabla\left(\frac{\tilde{\mu}_{k_-}}{T}\right)\tag{3.63}
$$

（2）远离平衡体系

远离平衡态，有

$$
\begin{aligned}
\vec{J}_q = & -L_{qq}\left(\frac{\nabla T}{T^2}\right)-\sum_{k_+=1}^{n}L_{qk_+}\nabla\left(\frac{\tilde{\mu}_{k_+}}{T}\right)-\sum_{k_-=1}^{n}L_{qk_-}\nabla\left(\frac{\tilde{\mu}_{k_-}}{T}\right)-L_{qqq}\left(\frac{\nabla T}{T^2}\right)^2\vec{n} \\
& -\sum_{k_+=1}^{n}L_{qqk_+}\left(\frac{\nabla T}{T^2}\right)\cdot\nabla\left(\frac{\tilde{\mu}_{k_+}}{T}\right)\vec{n}-\sum_{k_-=1}^{n}L_{qqk_-}\left(\frac{\nabla T}{T^2}\right)\cdot\nabla\left(\frac{\tilde{\mu}_{k_-}}{T}\right)\vec{n} \\
& -\sum_{k_+=1}^{n}\sum_{l_+=1}^{n}L_{qk_+l_+}\nabla\left(\frac{\tilde{\mu}_{k_+}}{T}\right)\cdot\nabla\left(\frac{\tilde{\mu}_{l_+}}{T}\right)\vec{n}-\sum_{k_+=1}^{n}\sum_{l_-=1}^{n}L_{qk_+l_-}\nabla\left(\frac{\tilde{\mu}_{k_+}}{T}\right)\cdot\nabla\left(\frac{\tilde{\mu}_{l_-}}{T}\right)\vec{n} \\
& -\sum_{k_-=1}^{n}\sum_{l_+=1}^{n}L_{qk_-l_+}\nabla\left(\frac{\tilde{\mu}_{k_-}}{T}\right)\cdot\nabla\left(\frac{\tilde{\mu}_{l_+}}{T}\right)\vec{n}-\sum_{k_-=1}^{n}\sum_{l_-=1}^{n}L_{qk_-l_-}\nabla\left(\frac{\tilde{\mu}_{k_-}}{T}\right)\cdot\nabla\left(\frac{\tilde{\mu}_{l_-}}{T}\right)\vec{n} \\
& -L_{qqqq}\left(\frac{\nabla T}{T^2}\right)^3-\sum_{k_+=1}^{n}L_{qqqk_+}\left(\frac{\nabla T}{T^2}\right)^2\nabla\left(\frac{\tilde{\mu}_{k_+}}{T}\right)-\sum_{k_-=1}^{n}L_{qqqk_-}\left(\frac{\nabla T}{T^2}\right)^2\nabla\left(\frac{\tilde{\mu}_{k_-}}{T}\right) \\
& -\sum_{k_+=1}^{n}\sum_{l_+=1}^{n}L_{qqk_+l_+}\left(\frac{\nabla T}{T^2}\right)\cdot\nabla\left(\frac{\tilde{\mu}_{k_+}}{T}\right)\nabla\left(\frac{\tilde{\mu}_{l_+}}{T}\right)-\sum_{k_+=1}^{n}\sum_{l_-=1}^{n}L_{qqk_+l_-}\left(\frac{\nabla T}{T^2}\right)\cdot\nabla\left(\frac{\tilde{\mu}_{k_+}}{T}\right)\nabla\left(\frac{\tilde{\mu}_{l_-}}{T}\right) \\
& -\sum_{k_-=1}^{n}\sum_{l_+=1}^{n}L_{qqk_-l_+}\left(\frac{\nabla T}{T^2}\right)\cdot\nabla\left(\frac{\tilde{\mu}_{k_-}}{T}\right)\nabla\left(\frac{\tilde{\mu}_{l_+}}{T}\right)-\sum_{k_-=1}^{n}\sum_{l_-=1}^{n}L_{qqk_-l_-}\left(\frac{\nabla T}{T^2}\right)\cdot\nabla\left(\frac{\tilde{\mu}_{k_-}}{T}\right)\nabla\left(\frac{\tilde{\mu}_{l_-}}{T}\right) \\
& -\sum_{k_+=1}^{n}\sum_{l_+=1}^{n}\sum_{h_+=1}^{n}L_{qk_+l_+h_+}\nabla\left(\frac{\tilde{\mu}_{k_+}}{T}\right)\cdot\nabla\left(\frac{\tilde{\mu}_{l_+}}{T}\right)\nabla\left(\frac{\tilde{\mu}_{h_+}}{T}\right)-\sum_{k_-=1}^{n}\sum_{l_+=1}^{n}\sum_{h_+=1}^{n}L_{qk_-l_+h_+}\nabla\left(\frac{\tilde{\mu}_{k_-}}{T}\right)\cdot\nabla\left(\frac{\tilde{\mu}_{l_+}}{T}\right)\nabla\left(\frac{\tilde{\mu}_{h_+}}{T}\right) \\
& -\sum_{k_+=1}^{n}\sum_{l_-=1}^{n}\sum_{h_+=1}^{n}L_{qk_+l_-h_+}\nabla\left(\frac{\tilde{\mu}_{k_+}}{T}\right)\cdot\nabla\left(\frac{\tilde{\mu}_{l_-}}{T}\right)\nabla\left(\frac{\tilde{\mu}_{h_+}}{T}\right)-\sum_{k_+=1}^{n}\sum_{l_+=1}^{n}\sum_{h_-=1}^{n}L_{qk_+l_+h_-}\nabla\left(\frac{\tilde{\mu}_{k_+}}{T}\right)\cdot\nabla\left(\frac{\tilde{\mu}_{l_+}}{T}\right)\nabla\left(\frac{\tilde{\mu}_{h_-}}{T}\right) \\
& -\sum_{k_-=1}^{n}\sum_{l_-=1}^{n}\sum_{h_+=1}^{n}L_{qk_-l_-h_+}\nabla\left(\frac{\tilde{\mu}_{k_-}}{T}\right)\cdot\nabla\left(\frac{\tilde{\mu}_{l_-}}{T}\right)\nabla\left(\frac{\tilde{\mu}_{h_+}}{T}\right)-\sum_{k_-=1}^{n}\sum_{l_+=1}^{n}\sum_{h_-=1}^{n}L_{qk_-l_+h_-}\nabla\left(\frac{\tilde{\mu}_{k_-}}{T}\right)\cdot\nabla\left(\frac{\tilde{\mu}_{l_+}}{T}\right)\nabla\left(\frac{\tilde{\mu}_{h_-}}{T}\right) \\
& -\sum_{k_+=1}^{n}\sum_{l_-=1}^{n}\sum_{h_-=1}^{n}L_{qk_+l_-h_-}\nabla\left(\frac{\tilde{\mu}_{k_+}}{T}\right)\cdot\nabla\left(\frac{\tilde{\mu}_{l_-}}{T}\right)\nabla\left(\frac{\tilde{\mu}_{h_-}}{T}\right)-\sum_{k_-=1}^{n}\sum_{l_-=1}^{n}\sum_{h_-=1}^{n}L_{qk_-l_-h_-}\nabla\left(\frac{\tilde{\mu}_{k_-}}{T}\right)\cdot\nabla\left(\frac{\tilde{\mu}_{l_-}}{T}\right)\nabla\left(\frac{\tilde{\mu}_{h_-}}{T}\right) \\
& -\cdots
\end{aligned}
\tag{3.64}
$$

$$
\begin{aligned}
\vec{J}_{i_+} = & -L_{i_+q}\left(\frac{\nabla T}{T^2}\right)-\sum_{k_+=1}^{n}L_{i_+k_+}\left(\frac{\nabla\tilde{\mu}_{k_+}}{T}\right)-\sum_{k_-=1}^{n}L_{i_+k_-}\left(\frac{\nabla\tilde{\mu}_{k_-}}{T}\right)-L_{i_+qq}\left(\frac{\nabla T}{T^2}\right)^2\vec{n} \\
& -\sum_{k_+=1}^{n}L_{i_+qk_+}\left(\frac{\nabla T}{T^2}\right)\cdot\left(\frac{\nabla\tilde{\mu}_{k_+}}{T}\right)\vec{n}-\sum_{k_-=1}^{n}L_{i_+qk_-}\left(\frac{\nabla T}{T^2}\right)\cdot\left(\frac{\nabla\tilde{\mu}_{k_-}}{T}\right)\vec{n} \\
& -\sum_{k_+=1}^{n}\sum_{l_+=1}^{n}L_{i_+k_+l_+}\left(\frac{\nabla\tilde{\mu}_{k_+}}{T}\right)\cdot\left(\frac{\nabla\tilde{\mu}_{l_+}}{T}\right)\vec{n}-\sum_{k_+=1}^{n}\sum_{l_-=1}^{n}L_{i_+k_+l_-}\left(\frac{\nabla\tilde{\mu}_{k_+}}{T}\right)\cdot\left(\frac{\nabla\tilde{\mu}_{l_-}}{T}\right)\vec{n} \\
& -\sum_{k_-=1}^{n}\sum_{l_+=1}^{n}L_{i_+k_-l_+}\left(\frac{\nabla\tilde{\mu}_{k_-}}{T}\right)\cdot\left(\frac{\nabla\tilde{\mu}_{l_+}}{T}\right)\vec{n}-\sum_{k_-=1}^{n}\sum_{l_-=1}^{n}L_{i_+k_-l_-}\left(\frac{\nabla\tilde{\mu}_{k_-}}{T}\right)\cdot\left(\frac{\nabla\tilde{\mu}_{l_-}}{T}\right)\vec{n}
\end{aligned}
$$

$$
\begin{aligned}
&-L_{i_+qqq}\left(\frac{\nabla T}{T^2}\right)^3-\sum_{k_+=1}^{n}L_{i_+qqk_+}\left(\frac{\nabla T}{T^2}\right)^2\left(\frac{\nabla\tilde{\mu}_{k_+}}{T}\right)-\sum_{k_-=1}^{n}L_{i_+qqk_-}\left(\frac{\nabla T}{T^2}\right)^2\left(\frac{\nabla\tilde{\mu}_{k_-}}{T}\right)\\
&-\sum_{k_+=1}^{n}\sum_{l_+=1}^{n}L_{i_+qk_+l_+}\left(\frac{\nabla T}{T^2}\right)\cdot\left(\frac{\nabla\tilde{\mu}_{k_+}}{T}\right)\left(\frac{\nabla\tilde{\mu}_{l_+}}{T}\right)-\sum_{k_-=1}^{n}\sum_{l_+=1}^{n}L_{i_+qk_-l_+}\left(\frac{\nabla T}{T^2}\right)\cdot\left(\frac{\nabla\tilde{\mu}_{k_-}}{T}\right)\left(\frac{\nabla\tilde{\mu}_{l_+}}{T}\right)\\
&-\sum_{k_+=1}^{n}\sum_{l_-=1}^{n}L_{i_+qk_+l_-}\left(\frac{\nabla T}{T^2}\right)\cdot\left(\frac{\nabla\tilde{\mu}_{k_+}}{T}\right)\left(\frac{\nabla\tilde{\mu}_{l_-}}{T}\right)-\sum_{k_-=1}^{n}\sum_{l_-=1}^{n}L_{i_+qk_-l_-}\left(\frac{\nabla T}{T^2}\right)\cdot\left(\frac{\nabla\tilde{\mu}_{k_-}}{T}\right)\left(\frac{\nabla\tilde{\mu}_{l_-}}{T}\right)\\
&-\sum_{k_+=1}^{n}\sum_{l_+=1}^{n}\sum_{h_+=1}^{n}L_{i_+k_+l_+h_+}\left(\frac{\nabla\tilde{\mu}_{k_+}}{T}\right)\cdot\left(\frac{\nabla\tilde{\mu}_{l_+}}{T}\right)\left(\frac{\nabla\tilde{\mu}_{h_+}}{T}\right)\\
&-\sum_{k_-=1}^{n}\sum_{l_+=1}^{n}\sum_{h_+=1}^{n}L_{i_+k_-l_+h_+}\left(\frac{\nabla\tilde{\mu}_{k_-}}{T}\right)\cdot\left(\frac{\nabla\tilde{\mu}_{l_+}}{T}\right)\left(\frac{\nabla\tilde{\mu}_{h_+}}{T}\right)\\
&-\sum_{k_+=1}^{n}\sum_{l_-=1}^{n}\sum_{h_+=1}^{n}L_{i_+k_+l_-h_+}\left(\frac{\nabla\tilde{\mu}_{k_+}}{T}\right)\cdot\left(\frac{\nabla\tilde{\mu}_{l_-}}{T}\right)\left(\frac{\nabla\tilde{\mu}_{h_+}}{T}\right)\\
&-\sum_{k_+=1}^{n}\sum_{l_+=1}^{n}\sum_{h_-=1}^{n}L_{i_+k_+l_+h_-}\left(\frac{\nabla\tilde{\mu}_{k_+}}{T}\right)\cdot\left(\frac{\nabla\tilde{\mu}_{l_+}}{T}\right)\left(\frac{\nabla\tilde{\mu}_{h_-}}{T}\right)\\
&-\sum_{k_-=1}^{n}\sum_{l_-=1}^{n}\sum_{h_+=1}^{n}L_{i_+k_-l_-h_+}\left(\frac{\nabla\tilde{\mu}_{k_-}}{T}\right)\cdot\left(\frac{\nabla\tilde{\mu}_{l_-}}{T}\right)\left(\frac{\nabla\tilde{\mu}_{h_+}}{T}\right)\\
&-\sum_{k_-=1}^{n}\sum_{l_+=1}^{n}\sum_{h_-=1}^{n}L_{i_+k_-l_+h_-}\left(\frac{\nabla\tilde{\mu}_{k_-}}{T}\right)\cdot\left(\frac{\nabla\tilde{\mu}_{l_+}}{T}\right)\left(\frac{\nabla\tilde{\mu}_{h_-}}{T}\right)\\
&-\sum_{k_+=1}^{n}\sum_{l_-=1}^{n}\sum_{h_-=1}^{n}L_{i_+k_+l_-h_-}\left(\frac{\nabla\tilde{\mu}_{k_+}}{T}\right)\cdot\left(\frac{\nabla\tilde{\mu}_{l_-}}{T}\right)\left(\frac{\nabla\tilde{\mu}_{h_-}}{T}\right)\\
&-\sum_{k_-=1}^{n}\sum_{l_-=1}^{n}\sum_{h_-=1}^{n}L_{i_+k_-l_-h_-}\left(\frac{\nabla\tilde{\mu}_{k_-}}{T}\right)\cdot\left(\frac{\nabla\tilde{\mu}_{l_-}}{T}\right)\left(\frac{\nabla\tilde{\mu}_{h_-}}{T}\right)-\cdots
\end{aligned}
\tag{3.65}
$$

$$
\begin{aligned}
\vec{J}_{i_-}=&-L_{i_-q}\left(\frac{\nabla T}{T^2}\right)-\sum_{k_+=1}^{n}L_{i_-k_+}\left(\frac{\nabla\tilde{\mu}_{k_+}}{T}\right)-\sum_{k_-=1}^{n}L_{i_-k_-}\left(\frac{\nabla\tilde{\mu}_{k_-}}{T}\right)-L_{i_-qq}\left(\frac{\nabla T}{T^2}\right)^2\vec{n}\\
&-\sum_{k_+=1}^{n}L_{i_-qk_+}\left(\frac{\nabla T}{T^2}\right)\cdot\left(\frac{\nabla\tilde{\mu}_{k_+}}{T}\right)\vec{n}-\sum_{k_-=1}^{n}L_{i_-qk_-}\left(\frac{\nabla T}{T^2}\right)\cdot\left(\frac{\nabla\tilde{\mu}_{k_-}}{T}\right)\vec{n}\\
&-\sum_{k_+=1}^{n}\sum_{l_+=1}^{n}L_{i_-k_+l_+}\left(\frac{\nabla\tilde{\mu}_{k_+}}{T}\right)\cdot\left(\frac{\nabla\tilde{\mu}_{l_+}}{T}\right)\vec{n}-\sum_{k_+=1}^{n}\sum_{l_-=1}^{n}L_{i_-k_+l_-}\left(\frac{\nabla\tilde{\mu}_{k_+}}{T}\right)\cdot\left(\frac{\nabla\tilde{\mu}_{l_-}}{T}\right)\vec{n}\\
&-\sum_{k_-=1}^{n}\sum_{l_+=1}^{n}L_{i_-k_-l_+}\left(\frac{\nabla\tilde{\mu}_{k_-}}{T}\right)\cdot\left(\frac{\nabla\tilde{\mu}_{l_+}}{T}\right)\vec{n}-\sum_{k_-=1}^{n}\sum_{l_-=1}^{n}L_{i_-k_-l_-}\left(\frac{\nabla\tilde{\mu}_{k_-}}{T}\right)\cdot\left(\frac{\nabla\tilde{\mu}_{l_-}}{T}\right)\vec{n}
\end{aligned}
$$

$$-L_{i\_qqq}\left(\frac{\nabla T}{T^2}\right)^3-\sum_{k_+=1}^{n}L_{i\_qqk_+}\left(\frac{\nabla T}{T^2}\right)^2\left(\frac{\nabla\tilde{\mu}_{k_+}}{T}\right)-\sum_{k_-=1}^{n}L_{i\_qqk_-}\left(\frac{\nabla T}{T^2}\right)^2\left(\frac{\nabla\tilde{\mu}_{k_-}}{T}\right)$$
$$-\sum_{k_+=1}^{n}\sum_{l_+=1}^{n}L_{i\_qk_+l_+}\left(\frac{\nabla T}{T^2}\right)\cdot\left(\frac{\nabla\tilde{\mu}_{k_+}}{T}\right)\left(\frac{\nabla\tilde{\mu}_{l_+}}{T}\right)-\sum_{k_-=1}^{n}\sum_{l_+=1}^{n}L_{i\_qk_-l_+}\left(\frac{\nabla T}{T^2}\right)\cdot\left(\frac{\nabla\tilde{\mu}_{k_-}}{T}\right)\left(\frac{\nabla\tilde{\mu}_{l_+}}{T}\right)$$
$$-\sum_{k_+=1}^{n}\sum_{l_-=1}^{n}L_{i\_qk_+l_-}\left(\frac{\nabla T}{T^2}\right)\cdot\left(\frac{\nabla\tilde{\mu}_{k_+}}{T}\right)\left(\frac{\nabla\tilde{\mu}_{l_-}}{T}\right)-\sum_{k_-=1}^{n}\sum_{l_-=1}^{n}L_{i\_qk_-l_-}\left(\frac{\nabla T}{T^2}\right)\cdot\left(\frac{\nabla\tilde{\mu}_{k_-}}{T}\right)\left(\frac{\nabla\tilde{\mu}_{l_-}}{T}\right)$$
$$-\sum_{k_+=1}^{n}\sum_{l_+=1}^{n}\sum_{h_+=1}^{n}L_{i\_k_+l_+h_+}\left(\frac{\nabla\tilde{\mu}_{k_+}}{T}\right)\cdot\left(\frac{\nabla\tilde{\mu}_{l_+}}{T}\right)\left(\frac{\nabla\tilde{\mu}_{h_+}}{T}\right)$$
$$-\sum_{k_-=1}^{n}\sum_{l_+=1}^{n}\sum_{h_+=1}^{n}L_{i\_k_-l_+h_+}\left(\frac{\nabla\tilde{\mu}_{k_-}}{T}\right)\cdot\left(\frac{\nabla\tilde{\mu}_{l_+}}{T}\right)\left(\frac{\nabla\tilde{\mu}_{h_+}}{T}\right)$$
$$-\sum_{k_+=1}^{n}\sum_{l_-=1}^{n}\sum_{h_+=1}^{n}L_{i\_k_+l_-h_+}\left(\frac{\nabla\tilde{\mu}_{k_+}}{T}\right)\cdot\left(\frac{\nabla\tilde{\mu}_{l_-}}{T}\right)\left(\frac{\nabla\tilde{\mu}_{h_+}}{T}\right)$$
$$-\sum_{k_+=1}^{n}\sum_{l_+=1}^{n}\sum_{h_-=1}^{n}L_{i\_k_+l_+h_-}\left(\frac{\nabla\tilde{\mu}_{k_+}}{T}\right)\cdot\left(\frac{\nabla\tilde{\mu}_{l_+}}{T}\right)\left(\frac{\nabla\tilde{\mu}_{h_-}}{T}\right)$$
$$-\sum_{k_-=1}^{n}\sum_{l_-=1}^{n}\sum_{h_+=1}^{n}L_{i\_k_-l_-h_+}\left(\frac{\nabla\tilde{\mu}_{k_-}}{T}\right)\cdot\left(\frac{\nabla\tilde{\mu}_{l_-}}{T}\right)\left(\frac{\nabla\tilde{\mu}_{h_+}}{T}\right)$$
$$-\sum_{k_-=1}^{n}\sum_{l_+=1}^{n}\sum_{h_-=1}^{n}L_{i\_k_-l_+h_-}\left(\frac{\nabla\tilde{\mu}_{k_-}}{T}\right)\cdot\left(\frac{\nabla\tilde{\mu}_{l_+}}{T}\right)\left(\frac{\nabla\tilde{\mu}_{h_-}}{T}\right)$$
$$-\sum_{k_+=1}^{n}\sum_{l_-=1}^{n}\sum_{h_-=1}^{n}L_{i\_k_+l_-h_-}\left(\frac{\nabla\tilde{\mu}_{k_+}}{T}\right)\cdot\left(\frac{\nabla\tilde{\mu}_{l_-}}{T}\right)\left(\frac{\nabla\tilde{\mu}_{h_-}}{T}\right)$$
$$-\sum_{k_-=1}^{n}\sum_{l_-=1}^{n}\sum_{h_-=1}^{n}L_{i\_k_-l_-h_-}\left(\frac{\nabla\tilde{\mu}_{k_-}}{T}\right)\cdot\left(\frac{\nabla\tilde{\mu}_{l_-}}{T}\right)\left(\frac{\nabla\tilde{\mu}_{h_-}}{T}\right)-\cdots$$

（3.66）

式中

$$\tilde{\mu}_{k_+}=\mu_{k_+}+z_{k_+}e\vec{E}$$
$$\tilde{\mu}_{k_-}=\mu_{k_-}+z_{k_-}e\vec{E}$$

2）非稳态传质

（1）近平衡体系

$$\frac{\partial c_{i_+}}{\partial t}=-\nabla\cdot\vec{J}_{i_+} \tag{3.67}$$

$$\frac{\partial c_{i_-}}{\partial t}=-\nabla\cdot\vec{J}_{i_-} \tag{3.68}$$

式中，$\vec{J}_{i_+}$ 为式（3.62）；$\vec{J}_{i_-}$ 为式（3.63）。

（2）远离平衡体系

$$\frac{\partial c_{i_+}}{\partial t} = -\nabla \cdot \vec{J}_{i_+} \tag{3.69}$$

$$\frac{\partial c_{i_-}}{\partial t} = -\nabla \cdot \vec{J}_{i_-} \tag{3.70}$$

式中，$\vec{J}_{i_+}$ 为式（3.65）；$\vec{J}_{i_-}$ 为式（3.66）。

3）溶液中液体流动

如果溶液中有流体流动，则

（1）近平衡体系

$$\frac{\partial c_{i_+}}{\partial t} = -\nabla \cdot \vec{J}_{i_+} - \nabla \cdot \vec{J}_{i_+,l} \tag{3.71}$$

$$\frac{\partial c_{i_-}}{\partial t} = -\nabla \cdot \vec{J}_{i_-} - \nabla \cdot \vec{J}_{i_-,l} \tag{3.72}$$

式中，$\vec{J}_{i_+}$ 为式（3.66）；$\vec{J}_{i_-}$ 为式（3.67）。

$$\vec{J}_{i_+,l} = c_{i+}\vec{v}_{\mathrm{m+}} = c_{i_+}\vec{v}_{\mathrm{m}} \tag{3.73}$$

$$\vec{J}_{i_-,l} = c_{i_-}\vec{v}_{\mathrm{m+}} = c_{i_-}\vec{v}_{\mathrm{m}} \tag{3.74}$$

（2）远离平衡体系

$$\frac{\partial c_{i_+}}{\partial t} = -\nabla \cdot \vec{J}_{i_+} - \nabla \cdot \vec{J}_{i_+,l} \tag{3.75}$$

$$\frac{\partial c_{i_-}}{\partial t} = -\nabla \cdot \vec{J}_{i_-} - \nabla \cdot \vec{J}_{i_-,l} \tag{3.76}$$

式中，$\vec{J}_{i_+}$ 为式（3.65）；$\vec{J}_{i_-}$ 为式（3.66）；$\vec{J}_{i_+,l}$ 为式（3.73）；$\vec{J}_{i_-,l}$ 为式（3.74）。

4）外电场引起物质的迁移

由外电场引起的物质迁移量为

$$\vec{J}_{i,\mathrm{e}} = -\sum_{k=1}^{n} L_{ik}\left(\frac{z_k\vec{E}}{T}\right) = -\sum_{k=1}^{n} L_{ik}\left(\frac{z_k\nabla\varphi}{T}\right)$$

式中，$\vec{J}_{i,\mathrm{e}}$ 为电迁移流量；φ 为电势。

并有

$$z_k F\vec{J}_{i,\mathrm{e}} = I / S = i$$

式中，I 为电流强度；S 为电流通过的液面面积；i 为电流密度。

对于匀强电场，有

$$\nabla\varphi=\frac{\Delta\varphi}{l}=\vec{E}$$

式中，l为两液面之间的距离；$\Delta\varphi$为离子在其间迁移的两液面间的电势差，有

$$\nabla\varphi=\varphi_{\mathrm{I}}-\varphi_{\mathrm{II}}=U$$

写成离子形式，有

$$\vec{J}_{i_+,\mathrm{e}}=-\sum_{k_+=1}^{n}L_{ik_+}\left(\frac{z_{k_+}\vec{E}}{T}\right)=-\sum_{k_+=1}^{n}L_{ik_+}\left(\frac{z_{k_+}\nabla\varphi}{T}\right)$$

$$\vec{J}_{i_-,\mathrm{e}}=-\sum_{k_-=1}^{n}L_{ik_-}\left(\frac{z_{k_-}\vec{E}}{T}\right)=-\sum_{k_-=1}^{n}L_{ik_-}\left(\frac{z_{k_-}\nabla\varphi}{T}\right)$$

第 4 章　电池和电解池

4.1　伽伐尼电池

1791 年，意大利科学家伽伐尼（Galvani）做解剖青蛙的实验时发现，用两种不同的金属接触青蛙腿会产生电流。这种利用化学反应产生电流的装置称为伽伐尼电池，简称电池。

1799 年，在伽伐尼实验的基础上，意大利物理学家伏打（Volta）发明了人类历史上第一个电池，将一块锌板和一块银板浸在盐水中，其结构为

$$Zn\,|\,NaCl\,|\,Ag$$

这种电池称为伏打电池。

电池必须满足的条件：电池必须有电解质和电极。电解质可以是水溶液电解质、熔盐、离子液体或固体电解质。

可逆电极必须满足下列条件：

（1）电流方向与电极反应的方向一致，即电流方向反向了，电极反应的方向也随着反向；电流停止，电极反应也停止。

（2）在短时间内，电极通过一微小电流，电解质中离子浓度的变化极小，不影响电极电势。

在真空中，一相因吸附了分子或离子，或放出电子而产生静电势ψ。将一单位正电荷从无穷远处移至体系附近（～10^{-4}cm）所做的功即为ψ。这个电势ψ称为外电势，或伏打电势，是可测量的。要将此电荷移入相内，需要穿过界面。由于界面上有一层电荷或取向的偶极子，因此需要做功，以克服此层的库仑功。这个电功就是界面电势χ。ψ和χ两电势之和称为伽伐尼电势或内电势，以φ表示。有

$$\varphi = \psi + \chi$$

由于不能测量χ，所以也不能测量φ。

4.2　电 化 学 势

4.2.1　电化学势的引入

一个不带电的组元的化学势由温度、压力和化学组成决定；而带电组元的化

学势除温度、压力和化学组成诸因素外，还与其带电状态有关。例如，一种金属带负电荷越多，则从金属中取走电子所需要的功越少。为了表示带电组元的这一特性，古根海姆（Guggenheim）提出一个新的状态函数——电化学势 $\tilde{\mu}$ ：

$$\tilde{\mu}_k = \mu_k + z_k F\varphi$$

式中

$$\tilde{\mu}_k = \left(\frac{\partial \tilde{G}_\mathrm{m}}{\partial n_k}\right)_{T,P,n_{j(j\neq k)}}$$

$$\mu_k = \left(\frac{\partial G_\mathrm{m}}{\partial n_k}\right)_{T,P,n_{j(j\neq k)}}$$

式中，μ_k 是组元 k 不带电荷的化学势，可看作化学部分；F 是法拉第常量，$z_k F$ 是 z_k 摩尔离子组元 k 的电荷。因此，$z_k F\varphi$ 是电势 φ 所产生的贡献，可看作电部分。

电化学摩尔吉布斯自由能与化学摩尔吉布斯自由能的区别在于 $\tilde{G}_\mathrm{m}$ 包括来自电荷环境的长程相互作用的影响。

将电化学势分为化学部分和电部分虽然有助于理解，但有些武断。因为，将电荷和物质截然分开是没有物理意义的。给带电组元的化学势一个新的名称和新的符号是为了强调它与不带电组元的不同。

4.2.2 电化学势的性质

（1）对于不带电荷的物质，$\tilde{\mu}_k = \mu_k$ 。

（2）对于任何物质

$$\mu_k = \mu_k^\ominus + RT\ln a_k$$

式中，$\mu_k^\ominus$ 为标准化学势；a_k 为组元 k 的活度，其值与标准状态选择有关。

（3）当 $a_k = 1$ 时，$\mu_k = \mu_k^\ominus$ 。

（4）对于金属中的电子（z=–1），有

$$\tilde{\mu}_\mathrm{e} = \mu_\mathrm{e} = \mu_\mathrm{e}^\ominus - F\varphi$$

式中，φ 为电子所处位置的电势；F 为法拉第常量。

（5）对于组元 k 在 α、β 两相之间的平衡，有

$$\tilde{\mu}_k^\alpha = \tilde{\mu}_k^\beta$$

并有

$$\mu_k^\alpha - \mu_k^\beta = z_k F(\varphi^\beta - \varphi^\alpha)$$

如果 α 相和 β 相的化学组成相同，则

$$\chi = 0$$
$$\varphi = \psi$$
$$\mu_k^\alpha - \mu_k^\beta = z_k F(\varphi^\beta - \varphi^\alpha)$$

4.2.3　单相中的反应

对于一个单独的导电相，其任何地方 φ 都是常数，对化学平衡没有影响。因此，可以将 φ 从电化学势的关系式中去掉，而仅保留化学势。例如，考虑酸碱平衡：

$$HOAc \rightleftharpoons H^+ + OAc^-$$

有

$$\begin{aligned}\tilde{\mu}_{HOAc} &= \tilde{\mu}_{H^+} + \tilde{\mu}_{OAc^-} \\ &= \mu_{H^+} + F\varphi + \mu_{OAc^-} - F\varphi \\ &= \mu_{H^+} + \mu_{OAc^-} \\ &= \mu_{HOAc}\end{aligned}$$

4.2.4　无电荷转移的两相反应

有如下的溶解平衡：

$$AgCl(晶体) \rightleftharpoons Ag^+(溶液) + Cl^-(溶液)$$

用以下方法处理：

在固-液两相中 Ag^+ 和 Cl^- 分别处于平衡态，即

$$\tilde{\mu}_{Ag^+(AgCl)} = \tilde{\mu}_{Ag^+(AgCl饱和溶液)} \tag{4.1}$$

$$\tilde{\mu}_{Cl^-(AgCl)} = \tilde{\mu}_{Cl^-(AgCl饱和溶液)} \tag{4.2}$$

由于

$$\tilde{\mu}_{AgCl} = \tilde{\mu}_{Ag^+(AgCl)} + \tilde{\mu}_{Cl^-(AgCl)}$$

式（4.1）+式（4.2），得

左边

$$\tilde{\mu}_{Ag^+(AgCl)} + \tilde{\mu}_{Cl^-(AgCl)} = \tilde{\mu}_{AgCl} = \mu_{AgCl}^{\ominus}$$

右边

$$\tilde{\mu}_{Ag^+(AgCl饱和溶液)} + \tilde{\mu}_{Cl^-(AgCl饱和溶液)}$$

有

$$
\begin{aligned}
\mu^{\ominus}_{\mathrm{AgCl}} &= \tilde{\mu}_{\mathrm{Ag^+(AgCl饱和溶液)}} + \tilde{\mu}_{\mathrm{Cl^-(AgCl饱和溶液)}} \\
&= \mu^{\ominus}_{\mathrm{Ag^+(AgCl饱和溶液)}} + RT\ln a_{\mathrm{Ag^+(AgCl饱和溶液)}} \\
&\quad + F\varphi + \mu^{\ominus}_{\mathrm{Cl^-(AgCl饱和溶液)}} - F\varphi + RT\ln a_{\mathrm{Cl^-(AgCl饱和溶液)}}
\end{aligned}
$$

移项得

$$
\begin{aligned}
&\mu^{\ominus}_{\mathrm{AgCl}} - \mu^{\ominus}_{\mathrm{Ag^+(AgCl饱和溶液)}} - \mu^{\ominus}_{\mathrm{Cl^-(AgCl饱和溶液)}} \\
&= RT\ln(a_{\mathrm{Ag^+(AgCl饱和溶液)}} a_{\mathrm{Cl^-(AgCl饱和溶液)}}) \\
&= \Delta G^{\ominus}_{\mathrm{m}} \\
&= RT\ln K_{\mathrm{sp(AgCl)}}
\end{aligned}
\tag{4.3}
$$

此即 AgCl 的溶度积公式。

从式（4.3）可见，最后结果仅与化学势有关，平衡不受界面电势差的影响。这是界面反应没有电荷（电子或离子）转移的普遍特征。若有电荷转移，φ 项不能消去，界面电势差会影响化学过程。电势差可以改变平衡。

4.3　电池的电动势和吉布斯自由能变化

4.3.1　一个例子

电池组成为

$$\mathrm{Cu}\,|\,\mathrm{Zn}\,|\,\mathrm{Zn^{2+}},\mathrm{Cl^-}\,|\,\mathrm{AgCl}\,|\,\mathrm{Ag}\,|\,\mathrm{Cu'}$$

电池反应平衡为

$$\mathrm{Zn} + 2\mathrm{AgCl} + 2\mathrm{e(Cu')} \rightleftharpoons \mathrm{Zn^{2+}} + 2\mathrm{Ag} + 2\mathrm{Cl^-} + 2\mathrm{e(Cu)}$$

有

$$\tilde{\mu}_{\mathrm{Zn}} + 2\tilde{\mu}_{\mathrm{AgCl}} + 2\tilde{\mu}_{\mathrm{e(Cu')}} = \tilde{\mu}_{\mathrm{Zn^{2+}}} + 2\tilde{\mu}_{\mathrm{Ag}} + 2\tilde{\mu}_{\mathrm{Cl^-}} + 2\tilde{\mu}_{\mathrm{e(Cu)}}$$

移项，得

$$2(\tilde{\mu}_{\mathrm{e(Cu')}} - \tilde{\mu}_{\mathrm{e(Cu)}}) = \tilde{\mu}_{\mathrm{Zn^{2+}}} + 2\tilde{\mu}_{\mathrm{Ag}} + 2\tilde{\mu}_{\mathrm{Cl^-}} - \tilde{\mu}_{\mathrm{Zn}} - 2\tilde{\mu}_{\mathrm{AgCl}}$$

由于

$$
\begin{aligned}
2(\tilde{\mu}_{\mathrm{e(Cu')}} - \tilde{\mu}_{\mathrm{e(Cu)}}) &= 2(\mu_{\mathrm{e(Cu')}} - \mu_{\mathrm{e(Cu)}}) \\
&= -2F(\varphi_{\mathrm{Cu'}} - \varphi_{\mathrm{Cu}}) = -2FE
\end{aligned}
$$

式中

$$E = \varphi_{\mathrm{Cu'}} - \varphi_{\mathrm{Cu}} > 0$$

所以

$$
\begin{aligned}
-2FE &= \tilde{\mu}_{Zn^{2+}} + 2\tilde{\mu}_{Ag} + 2\tilde{\mu}_{Cl^-} - \tilde{\mu}_{Zn} - 2\tilde{\mu}_{AgCl} \\
&= (\mu_{Zn^{2+}} + 2F\varphi) + 2\mu_{Ag} + (2\mu_{Cl^-} - 2F\varphi) - \mu_{Zn} - 2\mu_{AgCl} \\
&= \mu_{Zn^{2+}} + 2\mu_{Ag} + 2\mu_{Cl^-} - \mu_{Zn} - 2\mu_{AgCl} \\
&= \Delta G_m \\
&= (\mu^{\ominus}_{Zn^{2+}} + RT\ln a_{Zn^{2+}}) + 2\mu^{\ominus}_{Ag} + (2\mu^{\ominus}_{Cl^-} + RT\ln a^2_{Cl^-}) - \mu^{\ominus}_{Zn} - 2\mu^{\ominus}_{AgCl} \\
&= \Delta G^{\ominus}_m + RT\ln(a_{Zn^{2+}} a^2_{Cl^-})
\end{aligned}
$$

式中

$$\Delta G^{\ominus}_m = \mu^{\ominus}_{Zn^{2+}} + 2\mu^{\ominus}_{Cl^-} + 2\mu^{\ominus}_{Ag} - \mu^{\ominus}_{Zn} - 2\mu^{\ominus}_{AgCl} = -2FE^{\ominus}$$

$$\tilde{\mu}_{Zn^{2+}} = \mu_{Zn^{2+}} + 2F\varphi$$

$$\mu_{Zn^{2+}} = \mu^{\ominus}_{Zn} + RT\ln a_{Zn^{2+}}$$

$$\tilde{\mu}_{Ag} = \mu_{Ag} = \mu^{\ominus}_{Ag}$$

$$\tilde{\mu}_{Cl^-} = \mu_{Cl^-} - F\varphi$$

$$\mu_{Cl^-} = \mu^{\ominus}_{Cl^-} + RT\ln a_{Cl^-}$$

$$\tilde{\mu}_{Zn} = \mu_{Zn} = \mu^{\ominus}_{Zn}$$

$$\tilde{\mu}_{AgCl} = \mu_{AgCl} = \mu^{\ominus}_{AgCl}$$

$$\tilde{\mu}_{e(Cu)} = \mu_{e(Cu)} = \mu^{\ominus}_{e} - F\varphi_{Cu}$$

$$\tilde{\mu}_{e(Cu')} = \mu_{e(Cu')} = \mu^{\ominus}_{e} - F\varphi_{Cu'}$$

所以

$$-2FE = -2FE^{\ominus} + RT\ln(a_{Zn^{2+}} a^2_{Cl^-})$$

$$E = E^{\ominus} + \frac{RT}{2F}\ln\frac{1}{a_{Zn^{2+}} a^2_{Cl^-}}$$

$$E^{\ominus} = -\frac{\Delta G^{\ominus}_m}{2F} = -\frac{\mu^{\ominus}_{Zn^{2+}} + 2\mu^{\ominus}_{Cl^-} + 2\mu^{\ominus}_{Ag} - \mu^{\ominus}_{Zn} - 2\mu^{\ominus}_{AgCl}}{2F}$$

式中，e 表示电子。

1. 阴极电势

阴极反应达到平衡为

$$2AgCl + 2e \rightleftharpoons 2Ag + 2Cl^-$$

有

$$2\tilde{\mu}_{AgCl} + 2\tilde{\mu}_{e} = 2\tilde{\mu}_{Ag} - 2\tilde{\mu}_{Cl^-}$$

$$2\mu_{AgCl} + 2\mu^{\ominus}_{e} - 2F\varphi_{Cu'} = 2\mu_{Ag} + 2\mu_{Cl^-} - 2F\varphi$$

移项，得

$$\begin{aligned}2F\varphi-2F\varphi_{\mathrm{Cu'}}&=2\mu_{\mathrm{Ag}}+2\mu_{\mathrm{Cl^-}}-2\mu_{\mathrm{AgCl}}-2\mu_{\mathrm{e}}^{\ominus}\\&=2\mu_{\mathrm{Ag}}^{\ominus}+2\mu_{\mathrm{Cl^-}}^{\ominus}-2\mu_{\mathrm{AgCl}}^{\ominus}-2\mu_{\mathrm{e}}^{\ominus}+2RT\ln a_{\mathrm{Cl^-}}\\&=\Delta G_{\mathrm{m,阴}}^{\ominus}+2RT\ln a_{\mathrm{Cl^-}}\\&=\Delta G_{\mathrm{m,阴}}\end{aligned}$$

式中

$$\Delta G_{\mathrm{m,阴}}^{\ominus}=2\mu_{\mathrm{Ag}}^{\ominus}+2\mu_{\mathrm{Cl^-}}^{\ominus}-2\mu_{\mathrm{AgCl}}^{\ominus}-2\mu_{\mathrm{e}}^{\ominus}$$

$$2F\varphi-2F\varphi_{\mathrm{Cu'}}=2F(\varphi-\varphi_{\mathrm{Cu'}})=-2F\varphi_{阴}$$

即

$$\begin{aligned}-2F\varphi_{阴}&=\Delta G_{\mathrm{m,阴}}\\&=\Delta G_{\mathrm{m,阴}}^{\ominus}+RT\ln a_{\mathrm{Cl^-}}^{2}\\&=-2F\varphi_{阴}^{\ominus}+RT\ln a_{\mathrm{Cl^-}}^{2}\end{aligned}$$

所以

$$\varphi_{阴}=\varphi_{阴}^{\ominus}+\frac{RT}{2F}\ln\frac{1}{a_{\mathrm{Cl^-}}^{2}}$$

式中，

$$\varphi_{阴}^{\ominus}=-\frac{\Delta G_{\mathrm{m,阴}}^{\ominus}}{2F}=-\frac{2\mu_{\mathrm{Ag}}^{\ominus}+2\mu_{\mathrm{Cl^-}}^{\ominus}-2\mu_{\mathrm{AgCl}}^{\ominus}-2\mu_{\mathrm{e}}^{\ominus}}{2F}$$

2. 阳极电势

阳极反应达到平衡

$$\mathrm{Zn}\rightleftharpoons\mathrm{Zn}^{2+}+2\mathrm{e}$$

有

$$\tilde{\mu}_{\mathrm{Zn}}=\tilde{\mu}_{\mathrm{Zn^{2+}}}+2\tilde{\mu}_{\mathrm{e}}$$

即

$$\mu_{\mathrm{Zn}}=\mu_{\mathrm{Zn^{2+}}}+2F\varphi+2\mu_{\mathrm{e}}^{\ominus}-2F\varphi_{\mathrm{Cu}}$$

移项，得

$$\begin{aligned}2F\varphi_{\mathrm{Cu}}-2F\varphi&=\mu_{\mathrm{Zn^{2+}}}-\mu_{\mathrm{Zn}}+2\mu_{\mathrm{e}}^{\ominus}\\&=\mu_{\mathrm{Zn^{2+}}}^{\ominus}+RT\ln a_{\mathrm{Zn^{2+}}}-\mu_{\mathrm{Zn}}^{\ominus}+2\mu_{\mathrm{e}}^{\ominus}\\&=\Delta G_{\mathrm{m,阳}}^{\ominus}+RT\ln a_{\mathrm{Zn^{2+}}}\\&=\Delta G_{\mathrm{m,阳}}\end{aligned}$$

式中

$$\Delta G_{\mathrm{m},阳}^{\ominus} = \mu_{\mathrm{Zn}^{2+}}^{\ominus} - \mu_{\mathrm{Zn}}^{\ominus} + 2\mu_{\mathrm{e}}^{\ominus}$$

$$2F\varphi_{\mathrm{Cu}} - 2F\varphi = 2F(\varphi_{\mathrm{Cu}} - \varphi) = 2F\varphi_{阳}$$

即

$$\begin{aligned} 2F\varphi_{阳} &= \Delta G_{\mathrm{m},阳} \\ &= \Delta G_{\mathrm{m},阳}^{\ominus} + RT\ln a_{\mathrm{Zn}^{2+}} \\ &= 2F\varphi_{阳}^{\ominus} + RT\ln a_{\mathrm{Zn}^{2+}} \end{aligned}$$

所以

$$\varphi_{阳} = \varphi_{阳}^{\ominus} + \frac{RT}{2F}\ln a_{\mathrm{Zn}^{2+}}$$

式中，

$$\varphi_{阳}^{\ominus} = \frac{\Delta G_{\mathrm{m},阳}^{\ominus}}{2F} = \frac{\mu_{\mathrm{Zn}^{2+}}^{\ominus} - \mu_{\mathrm{Zn}}^{\ominus} + 2\mu_{\mathrm{e}}^{\ominus}}{2F}$$

3. 电池电动势

$$\begin{aligned} E &= \varphi_{阴} - \varphi_{阳} \\ &= \varphi_{阴}^{\ominus} - \varphi_{阳}^{\ominus} + \frac{RT}{2F}\ln\frac{1}{a_{\mathrm{Zn}^{2+}}a_{\mathrm{Cl}^-}^2} \\ &= E^{\ominus} + \frac{RT}{2F}\ln\frac{1}{a_{\mathrm{Zn}^{2+}}a_{\mathrm{Cl}^-}^2} \end{aligned}$$

式中

$$E^{\ominus} = \varphi_{阴}^{\ominus} - \varphi_{阳}^{\ominus}$$

4.3.2 推广到一般情况

电池组成为

$$\mathrm{Cu|M|M^{z+}, B^{z-}|Me^{z+}, B^{z-}|Me|Cu'}$$

1. 阴极电势

阴极反应达到平衡

$$\mathrm{Me}^{z+} + z\mathrm{e} \rightleftharpoons \mathrm{Me}$$

该过程的摩尔吉布斯自由能变化为

$$\Delta G_{\mathrm{m},阴} = \mu_{\mathrm{Me}} - \mu_{\mathrm{Me}^{z+}} - z\mu_{\mathrm{e}} = \Delta G_{\mathrm{m},阴}^{\ominus} + RT\ln\frac{1}{a_{\mathrm{Me}^{z+}}}$$

式中

$$\Delta G_{\mathrm{m},阴}^{\ominus}=\mu_{\mathrm{Me}}^{\ominus}-\mu_{\mathrm{Me}^{z+}}^{\ominus}-z\mu_{\mathrm{e}}^{\ominus}$$

$$\mu_{\mathrm{Me}}=\mu_{\mathrm{Me}}^{\ominus}$$

$$\mu_{\mathrm{Me}^{z+}}=\mu_{\mathrm{Me}^{z+}}^{\ominus}+RT\ln a_{\mathrm{Me}^{z+}}$$

$$\mu_{\mathrm{e}}=\mu_{\mathrm{e}}^{\ominus}$$

$$\varphi_{阴}=-\frac{\Delta G_{\mathrm{m},阴}}{zF}=-\frac{1}{zF}\left(\Delta G_{\mathrm{m},阴}^{\ominus}+RT\ln\frac{1}{a_{\mathrm{Me}^{z+}}}\right)=\varphi_{阴}^{\ominus}+\frac{RT}{zF}\ln a_{\mathrm{Me}^{z+}}$$

式中

$$\varphi_{阴}^{\ominus}=-\frac{\Delta G_{\mathrm{m},阴}^{\ominus}}{zF}=-\frac{\mu_{\mathrm{Me}}^{\ominus}-\mu_{\mathrm{Me}^{z+}}^{\ominus}-z\mu_{\mathrm{e}}^{\ominus}}{zF}$$

2. 阳极电势

阳极反应达到平衡

$$\mathrm{M} \rightleftharpoons \mathrm{M}^{z+}+z\mathrm{e}$$

该反应的摩尔吉布斯自由能变化为

$$\Delta G_{\mathrm{m},阳}=\mu_{\mathrm{M}^{z+}}-\mu_{\mathrm{M}}+z\mu_{\mathrm{e}}=\Delta G_{\mathrm{m},阳}^{\ominus}+RT\ln a_{\mathrm{M}^{z+}}$$

式中

$$\Delta G_{\mathrm{m},阳}^{\ominus}=\mu_{\mathrm{M}^{z+}}^{\ominus}+z\mu_{\mathrm{e}}^{\ominus}-\mu_{\mathrm{M}}^{\ominus}$$

$$\mu_{\mathrm{M}^{z+}}=\mu_{\mathrm{M}^{z+}}^{\ominus}+RT\ln a_{\mathrm{M}^{z+}}$$

$$\mu_{\mathrm{M}}=\mu_{\mathrm{M}}^{\ominus}$$

$$\mu_{\mathrm{e}}=\mu_{\mathrm{e}}^{\ominus}$$

$$\varphi_{阳}=\frac{\Delta G_{\mathrm{m},阳,\mathrm{e}}}{zF}=\frac{1}{zF}(\Delta G_{\mathrm{m},阳}^{\ominus}+RT\ln a_{\mathrm{M}^{z+}})=\varphi_{阳}^{\ominus}+\frac{RT}{zF}\ln a_{\mathrm{M}^{z+}}$$

式中

$$\varphi_{阳}^{\ominus}=\frac{\Delta G_{\mathrm{m},阴}^{\ominus}}{zF}=\frac{\mu_{\mathrm{M}^{z+}}^{\ominus}-\mu_{\mathrm{M}}^{\ominus}+z\mu_{\mathrm{e}}^{\ominus}}{zF}$$

3. 电池电动势

阴极反应达到平衡

$$\mathrm{Me}^{z+}+z\mathrm{e} \rightleftharpoons \mathrm{Me}$$

阳极反应达到平衡

$$\mathrm{M} \rightleftharpoons \mathrm{M}^{z+}+z\mathrm{e}$$

电池反应达到平衡

$$Me^{z+} + M \rightleftharpoons M^{z+} + Me$$

该反应的摩尔吉布斯自由能变化为

$$\Delta G_m = \mu_{Me} + \mu_{M^{z+}} - \mu_{Me^{z+}} - \mu_M = \Delta G_m^{\ominus} + RT\ln\frac{a_{M^{z+}}}{a_{Me^{z+}}}$$

式中

$$\Delta G_m^{\ominus} = \mu_{Me}^{\ominus} + \mu_{M^{z+}}^{\ominus} - \mu_{Me^{z+}}^{\ominus} - \mu_M^{\ominus}$$

$$\mu_{Me} = \mu_{Me}^{\ominus}$$

$$\mu_{M^{z+}} = \mu_{M^{z+}}^{\ominus} + RT\ln a_{M^{z+}}$$

$$\mu_{Me^{z+}} = \mu_{Me^{z+}}^{\ominus} + RT\ln a_{Me^{z+}}$$

$$\mu_M = \mu_M^{\ominus}$$

由

$$\varphi_{阴} = -\frac{\Delta G_{m,阴}}{zF}$$

$$\varphi_{阳} = \frac{\Delta G_{m,阳}}{zF}$$

$$\varphi_{阴}^{\ominus} = -\frac{\Delta G_{m,阴}^{\ominus}}{zF}$$

$$\varphi_{阳}^{\ominus} = \frac{\Delta G_{m,阳}^{\ominus}}{zF}$$

$$E = -\frac{\Delta G_m}{zF}$$

$$E^{\ominus} = -\frac{\Delta G_m^{\ominus}}{zF}$$

及

$$\Delta G_m = \Delta G_{m,阴} + \Delta G_{m,阳}$$

得

$$-zFE = -zF\varphi_{阴} + zF\varphi_{阳}$$

$$E = \varphi_{阴} - \varphi_{阳} > 0$$

由

$$\Delta G_m^{\ominus} = \Delta G_{m,阴}^{\ominus} + \Delta G_{m,阳}^{\ominus}$$

得

$$-zFE^{\ominus} = -zF\varphi_{阴}^{\ominus} + zF\varphi_{阳}^{\ominus}$$

$$E^{\ominus} = \varphi_{阴}^{\ominus} - \varphi_{阳}^{\ominus}$$

$$E = E^{\ominus} + RT\ln\frac{a_{\mathrm{Me}^{z+}}}{a_{\mathrm{M}^{z+}}}$$

4.4 电池反应方向的规定

对于电池反应的方向规定如下：电池反应发生时，正电荷在电池内从左边流向右边，电子在电池外从左边流向右边，即电流从右极流向左极。例如，电池

$$\mathrm{Cu} \mid \mathrm{Zn} \mid \mathrm{ZnCl_2} \mid \mathrm{AgCl} \mid \mathrm{Ag} \mid \mathrm{Cu'} \qquad (\mathrm{I})$$

放电时，必须Ag为正极，Zn为负极，即只有进行如下反应

$$\mathrm{Zn} = \mathrm{Zn^{2+}} + 2\mathrm{e} \qquad 放出电子$$

$$2\mathrm{AgCl} + 2\mathrm{e} = 2\mathrm{Cl^-} + 2\mathrm{Ag} \qquad 接受电子$$

才能满足上述要求。因此电池（Ⅰ）的反应是

$$\mathrm{Zn} + 2\mathrm{AgCl} \rightleftharpoons \mathrm{Zn^{2+}} + 2\mathrm{Ag} + 2\mathrm{Cl^-}$$

如果电池是

$$\mathrm{Cu} \mid \mathrm{Ag} \mid \mathrm{AgCl} \mid \mathrm{ZnCl_2} \mid \mathrm{Zn} \mid \mathrm{Cu'} \qquad (\mathrm{II})$$

即以Zn为放电时的正极，则电池反应为

$$\mathrm{ZnCl_2} + 2\mathrm{Ag} = \mathrm{Zn} + 2\mathrm{AgCl}$$

刚好与电池（Ⅰ）相反。实验表明，电池（Ⅰ）的电动势为正，电池（Ⅱ）的电动势为负。电池（Ⅰ）的电池反应可以自发进行，电池（Ⅱ）的电池反应不能自发进行。

4.5 电解池的电动势和吉布斯自由能变化

4.5.1 一个例子

对于电解池

$$\mathrm{Cu'} \mid \mathrm{Ag} \mid \mathrm{AgCl} \mid \mathrm{ZnCl_2} \mid \mathrm{Zn} \mid \mathrm{Cu}$$

阴极反应达到平衡

$$\mathrm{Zn^{2+}} + 2\mathrm{e} \rightleftharpoons \mathrm{Zn}$$

阳极反应达到平衡

$$2\mathrm{Ag} + 2\mathrm{Cl^-} \rightleftharpoons 2\mathrm{AgCl} + 2\mathrm{e}$$

电解池反应达到平衡

$$Zn^{2+} + 2Ag + 2Cl^- + 2e(Cu) \rightleftharpoons Zn + 2AgCl + 2e(Cu')$$

有

$$\tilde{\mu}_{Zn^{2+}} + 2\tilde{\mu}_{Ag} + 2\tilde{\mu}_{Cl^-} + 2\tilde{\mu}_{e(Cu)} = \tilde{\mu}_{Zn} + 2\tilde{\mu}_{AgCl} + 2\tilde{\mu}_{e(Cu')}$$

移项，得

$$2(\tilde{\mu}_{e(Cu)} - \tilde{\mu}_{e(Cu')}) = \tilde{\mu}_{Zn} + 2\tilde{\mu}_{AgCl} - \tilde{\mu}_{Zn^{2+}} - 2\tilde{\mu}_{Ag} - 2\tilde{\mu}_{Cl^-}$$

由于

$$2(\tilde{\mu}_{e(Cu)} - \tilde{\mu}_{e(Cu')}) = 2(\mu_{e(Cu)} - \mu_{e(Cu')}) = -2F(\varphi_{Cu} - \varphi_{Cu'}) = -2FE$$

式中

$$E = \varphi_{Cu} - \varphi_{Cu'} < 0$$

所以

$$\begin{aligned}
-2FE &= \tilde{\mu}_{Zn} + 2\tilde{\mu}_{AgCl} - \tilde{\mu}_{Zn^{2+}} - \tilde{\mu}_{Ag} - 2\tilde{\mu}_{Cl^-} \\
&= \mu_{Zn} + 2\mu_{AgCl} - (\mu_{Zn^{2+}} + 2F\varphi) - \mu_{Ag} - (2\mu_{Cl^-} - 2F\varphi) \\
&= \mu_{Zn} + 2\mu_{AgCl} - \mu_{Zn^{2+}} - \mu_{Ag} - 2\mu_{Cl^-} \\
&= \Delta G_m \\
&= \mu^{\ominus}_{Zn} + 2\mu^{\ominus}_{AgCl} - (\mu^{\ominus}_{Zn^{2+}} + RT\ln a_{Zn^{2+}}) - 2\mu^{\ominus}_{Ag} - (2\mu^{\ominus}_{Cl^-} + RT\ln a^2_{Cl^-}) \\
&= \Delta G^{\ominus}_m + RT\ln\frac{1}{a_{Zn^{2+}} a^2_{Cl^-}}
\end{aligned}$$

式中，

$$\Delta G^{\ominus}_m = \mu^{\ominus}_{Zn} + 2\mu^{\ominus}_{AgCl} - \mu^{\ominus}_{Zn^{2+}} - 2\mu^{\ominus}_{Cl^-} - \mu^{\ominus}_{Ag} = -2FE^{\ominus}$$

$$\tilde{\mu}_{Zn} = \mu_{Zn} = \mu^{\ominus}_{Zn}$$

$$\tilde{\mu}_{AgCl} = \mu_{AgCl} = \mu^{\ominus}_{AgCl}$$

$$\tilde{\mu}_{Zn^{2+}} = \mu_{Zn^{2+}} + 2F\varphi$$

$$\mu_{Zn^{2+}} = \mu^{\ominus}_{Zn^{2+}} + RT\ln a_{Zn^{2+}}$$

$$\tilde{\mu}_{Cl^-} = \mu_{Cl^-} - F\varphi$$

$$\mu_{Cl^-} = \mu^{\ominus}_{Cl^-} + RT\ln a_{Cl^-}$$

$$\tilde{\mu}_{Ag} = \mu_{Ag} = \mu^{\ominus}_{Ag}$$

$$\tilde{\mu}_{e(Cu)} = \mu_{e(Cu)} = \mu^{\ominus}_e - F\varphi_{Cu}$$

$$\tilde{\mu}_{e(Cu')} = \mu_{e(Cu')} = \mu^{\ominus}_e - F\varphi_{Cu'}$$

所以

$$-2FE = -2FE^{\ominus} + RT\ln\frac{1}{a_{Zn^{2+}} a^2_{Cl^-}}$$

$$E = E^{\ominus} + \frac{RT}{2F}\ln(a_{Zn^{2+}}a_{Cl^-}^2)$$

$$E = -\frac{\Delta G_m}{2F}$$

$$E^{\ominus} = -\frac{\Delta G_m^{\ominus}}{2F} = -\frac{\mu_{Zn}^{\ominus} + 2\mu_{AgCl}^{\ominus} - \mu_{Zn^{2+}}^{\ominus} - 2\mu_{Cl^-}^{\ominus} - \mu_{Ag}^{\ominus}}{2F}$$

1. 阴极电势

阴极反应达到平衡

$$Zn^{2+} + 2e \rightleftharpoons Zn$$

有

$$\tilde{\mu}_{Zn^{2+}} + 2\tilde{\mu}_e = \tilde{\mu}_{Zn}$$

$$\mu_{Zn} = \mu_{Zn^{2+}} + 2F\varphi + 2\mu_e^{\ominus} - 2F\varphi_{Cu}$$

式中

$$\tilde{\mu}_{Zn^{2+}} = \mu_{Zn^{2+}} + 2F\varphi$$

$$\tilde{\mu}_e = \mu_e = \mu_e^{\ominus} - F\varphi$$

$$\tilde{\mu}_{Zn} = \mu_{Zn}$$

移项，得

$$2F(\varphi - \varphi_{Cu}) = \mu_{Zn} - \mu_{Zn^{2+}} - 2\mu_e^{\ominus}$$

$$\begin{aligned} -2F\varphi_{阴} &= \Delta G_{m,阴} \\ &= \Delta G_{m,阴}^{\ominus} + RT\ln\frac{1}{a_{Zn^{2+}}} \\ &= -2F\varphi_{阴}^{\ominus} + RT\ln\frac{1}{a_{Zn^{2+}}} \end{aligned}$$

$$\varphi_{阴} = \varphi_{阴}^{\ominus} + \frac{RT}{2F}\ln a_{Zn^{2+}}$$

式中

$$-\varphi_{阴} = \varphi - \varphi_{Cu}$$

$$\Delta G_{m,阴} = \mu_{Zn} - \mu_{Zn^{2+}} - 2\mu_e$$

$$\Delta G_{m,阴}^{\ominus} = \mu_{Zn}^{\ominus} - \mu_{Zn^{2+}}^{\ominus} - 2\mu_e^{\ominus}$$

$$\mu_{Zn} = \mu_{Zn}^{\ominus}$$

$$\mu_{Zn^{2+}} = \mu_{Zn^{2+}}^{\ominus} + RT\ln a_{Zn^{2+}}$$

$$\tilde{\mu}_e = \mu_e = \mu_e^{\ominus} - F\varphi_{Cu}$$

$$\varphi_{阴,e} = -\frac{\Delta G_{m,阴}}{2F} < 0$$

$$\varphi_{阴}^{\ominus} = -\frac{\Delta G_{m,阴}^{\ominus}}{2F} = -\frac{\mu_{Zn}^{\ominus} - \mu_{Zn^{2+}}^{\ominus} - 2\mu_{e}^{\ominus}}{2F}$$

由于

$$\Delta G_{m,阴} > 0$$

阴极反应不能进行。为使阴极反应达成平衡，必须对阴极施加一个其值为

$$\varphi_{阴} = -\frac{\Delta G_{m,阴}}{2F}$$

的负电势，此电势即为外加的阴极电势。

2. 阳极电势

阳极反应达到平衡

$$2Ag + 2Cl^{-} \rightleftharpoons 2AgCl + 2e$$

有

$$2\tilde{\mu}_{Ag} + 2\tilde{\mu}_{Cl^{-}} = 2\tilde{\mu}_{AgCl} + 2\tilde{\mu}_{e}$$

$$2\mu_{Ag} + 2\mu_{Cl^{-}} - 2F\varphi = 2\mu_{AgCl} + 2\mu_{e}^{\ominus} - 2F\varphi_{Cu'} \tag{4.4}$$

式中

$$\tilde{\mu}_{Ag} = \mu_{Ag}$$

$$\tilde{\mu}_{Cl^{-}} = \mu_{Cl^{-}} - F\varphi$$

$$\tilde{\mu}_{AgCl} = \mu_{AgCl}$$

$$\tilde{\mu}_{e} = \mu_{e} = \mu_{e}^{\ominus} - F\varphi_{Cu'}$$

式（4.4）移项，得

$$2F(\varphi_{Cu'} - \varphi) = 2\mu_{AgCl} - 2\mu_{Ag} - 2\mu_{Cl^{-}} + 2\mu_{e}^{\ominus}$$

$$\begin{aligned} 2F\varphi_{阳} &= \Delta G_{m,阳} \\ &= \Delta G_{m,阳}^{\ominus} + RT\ln\frac{1}{a_{Cl^{-}}^{2}} \\ &= 2F\varphi_{阳}^{\ominus} + RT\ln\frac{1}{a_{Cl^{-}}} \end{aligned}$$

$$\varphi_{阳} = \varphi_{阳}^{\ominus} + \frac{RT}{2F}\ln\frac{1}{a_{Cl^{-}}^{2}}$$

式中

$$\varphi_{阳} = \varphi_{Cu'} - \varphi$$

$$\varphi_{阳}=\frac{\Delta G_{m,阳}}{2F}>0$$

$$\Delta G^{\ominus}_{m,阳}=2\mu^{\ominus}_{AgCl}-2\mu^{\ominus}_{Ag}-2\mu^{\ominus}_{Cl^-}+2\mu^{\ominus}_{e}$$

$$\varphi^{\ominus}_{阳}=\frac{\Delta G^{\ominus}_{m,阳}}{2F}=\frac{2\mu^{\ominus}_{AgCl}-2\mu^{\ominus}_{Ag}-2\mu^{\ominus}_{Cl^-}+2\mu^{\ominus}_{e}}{2F}$$

$$\mu_{AgCl}=\mu^{\ominus}_{AgCl}$$

$$\mu_{Ag}=\mu^{\ominus}_{Ag}$$

$$\mu_{Cl^-}=\mu^{\ominus}_{Cl^-}+RT\ln a_{Cl^-}$$

$$\tilde{\mu}_e=\mu_e=\mu^{\ominus}_e-F\varphi_{Cu'}$$

由于

$$\Delta G_{m,阳}>0$$

阳极反应不能进行。为使阳极反应达成平衡，必须对阳极施加一个其值为

$$\varphi_{阳}=\frac{\Delta G_{m,阳}}{2F}$$

的正电势，此电势即为外加的阳极电势。

3. 电解池电动势

$$\begin{aligned}E&=\varphi_{阴}-\varphi_{阳}\\&=\varphi^{\ominus}_{阴}-\varphi^{\ominus}_{阳}+\frac{RT}{2F}\ln(a_{Zn^{2+}}a^2_{Cl^-})\\&=E^{\ominus}+\frac{RT}{2F}\ln(a_{Zn^{2+}}a^2_{Cl^-})<0\end{aligned}$$

式中

$$E^{\ominus}=\varphi^{\ominus}_{阴}-\varphi^{\ominus}_{阳}$$

此过程不能由左到右进行。为使电解池反应达成平衡，必须施加一个

$$E'=-E>0$$

的正电动势，即外加的电解池的电动势。为

$$E'=\varphi_{阳}-\varphi_{阴}>0$$

4.5.2　推广到一般情况

电解池组成为

$$\mathrm{Cu'}\,|\,\mathrm{M}\,|\,\mathrm{M}^{z+},\mathrm{B}^{z-}\,|\,\mathrm{Me}^{z+},\mathrm{B}^{z-}\,|\,\mathrm{Me}\,|\,\mathrm{Cu}$$

1. 阴极电势

阴极反应达成平衡为

$$\mathrm{Me}^{z+} + z\mathrm{e} \rightleftharpoons \mathrm{Me}$$

该反应的摩尔吉布斯自由能变化为

$$\Delta G_{\mathrm{m,阴}} = \mu_{\mathrm{Me}} - \mu_{\mathrm{Me}^{z+}} - z\mu_{\mathrm{e}} = \Delta G_{\mathrm{m,阴}}^{\ominus} + RT\ln\frac{1}{a_{\mathrm{Me}^{z+}}}$$

式中

$$\Delta G_{\mathrm{m,阴}}^{\ominus} = \mu_{\mathrm{Me}}^{\ominus} - \mu_{\mathrm{Me}^{z+}}^{\ominus} - z\mu_{\mathrm{e}}^{\ominus}$$

$$\mu_{\mathrm{Me}} = \mu_{\mathrm{Me}}^{\ominus}$$

$$\mu_{\mathrm{Me}^{z+}} = \mu_{\mathrm{Me}^{z+}}^{\ominus} + RT\ln a_{\mathrm{Me}^{z+}}$$

$$\mu_{\mathrm{e}} = \mu_{\mathrm{e}}^{\ominus}$$

$$\varphi_{阴} = -\frac{\Delta G_{\mathrm{m,阴}}}{zF} = -\frac{1}{zF}\left(\Delta G_{\mathrm{m,阴}}^{\ominus} + RT\ln\frac{1}{a_{\mathrm{Me}^{z+}}}\right) = \varphi_{阴}^{\ominus} + \frac{RT}{zF}\ln a_{\mathrm{Me}^{z+}}$$

其中

$$\varphi_{阴}^{\ominus} = -\frac{\Delta G_{\mathrm{m,阴}}^{\ominus}}{zF} = -\frac{\mu_{\mathrm{Me}}^{\ominus} - \mu_{\mathrm{Me}^{z+}}^{\ominus} - z\mu_{\mathrm{e}}^{\ominus}}{zF}$$

$$\varphi_{阴,\mathrm{e}} = -\frac{\Delta G_{\mathrm{m,阴,e}}}{zF} < 0$$

为外加的阴极电势。

2. 阳极电势

阳极反应达成平衡为

$$\mathrm{M} \rightleftharpoons \mathrm{M}^{z+} + z\mathrm{e}$$

该反应的摩尔吉布斯自由能变化为

$$\Delta G_{\mathrm{m,阳}} = \mu_{\mathrm{M}^{z+}} - \mu_{\mathrm{M}} + z\mu_{\mathrm{e}} = \Delta G_{\mathrm{m,阳}}^{\ominus} + RT\ln a_{\mathrm{M}^{z+}}$$

式中

$$\Delta G_{\mathrm{m,阳}}^{\ominus} = \mu_{\mathrm{M}^{z+}}^{\ominus} + z\mu_{\mathrm{e}}^{\ominus} - \mu_{\mathrm{M}}^{\ominus}$$

$$\mu_{\mathrm{M}^{z+}} = \mu_{\mathrm{M}^{z+}}^{\ominus} + RT\ln a_{\mathrm{M}^{z+}}$$

$$\mu_{\mathrm{M}} = \mu_{\mathrm{M}}^{\ominus}$$

$$\mu_{\mathrm{e}} = \mu_{\mathrm{e}}^{\ominus}$$

$$\varphi_{阳} = \frac{\Delta G_{\mathrm{m,阳}}}{zF} = \frac{1}{zF}(\Delta G_{\mathrm{m,阳}}^{\ominus} + RT\ln a_{\mathrm{M}^{z+}}) = \varphi_{阳}^{\ominus} + \frac{RT}{zF}\ln a_{\mathrm{M}^{z+}}$$

其中

$$\varphi_{阳}^{\ominus} = \frac{\Delta G_{m,阳}^{\ominus}}{zF} = \frac{\mu_{M^{z+}}^{\ominus} - \mu_{M}^{\ominus} + z\mu_{e}^{\ominus}}{zF}$$

$$\varphi_{阳} = \frac{\Delta G_{m,阳}}{zF} > 0$$

为外加的阳极电势。

3. 电解池电动势

阴极反应达到平衡为

$$Me^{z+} + ze \rightleftharpoons Me$$

阳极反应达到平衡为

$$M \rightleftharpoons M^{z+} + ze$$

电解池反应达到平衡为

$$Me^{z+} + M \rightleftharpoons M^{z+} + Me$$

该反应的摩尔吉布斯自由能变化为

$$\begin{aligned}\Delta G_{m} &= \Delta G_{m,阴} + \Delta G_{m,阳} \\ &= \Delta G_{m,阴}^{\ominus} + \Delta G_{m,阳}^{\ominus} + RT\ln\frac{a_{M^{z+}}}{a_{Me^{z+}}} \\ &= \Delta G_{m}^{\ominus} + RT\ln\frac{a_{M^{z+}}}{a_{Me^{z+}}} \\ &= -zF\varphi_{阴} + zF\varphi_{阳} \\ &= -zF(\varphi_{阴} - \varphi_{阳}) \\ &= -zFE \\ &= -zF\varphi_{阴}^{\ominus} + zF\varphi_{阳}^{\ominus} + RT\ln\frac{a_{M^{z+}}}{a_{Me^{z+}}} \\ &= -zF(\varphi_{阴}^{\ominus} + \varphi_{阳}^{\ominus}) + RT\ln\frac{a_{M^{z+}}}{a_{Me^{z+}}} \\ &= -zFE^{\ominus} + RT\ln\frac{a_{M^{z+}}}{a_{Me^{z+}}}\end{aligned}$$

式中

$$-zFE = \Delta G_{\mathrm{m}}$$

$$-zFE^{\ominus} = \Delta G_{\mathrm{m}}^{\ominus}$$

$$E = \varphi_{阴} - \varphi_{阳}$$

$$E^{\ominus} = \varphi_{阴}^{\ominus} - \varphi_{阳}^{\ominus}$$

$$E = E^{\ominus} + \frac{RT}{zF}\ln\frac{a_{\mathrm{Me}^{z+}}}{a_{\mathrm{M}^{z+}}}$$

$$\Delta G_{\mathrm{m}} = \Delta G_{\mathrm{m},阴} + \Delta G_{\mathrm{m},阳}$$

$$\Delta G_{\mathrm{m}}^{\ominus} = \Delta G_{\mathrm{m},阴}^{\ominus} + \Delta G_{\mathrm{m},阳}^{\ominus}$$

电解池的外加的平衡电动势为

$$E' = -E > 0$$

的正电动势，即外加的电解池的平衡电动势

$$E' = \varphi_{阳} - \varphi_{阴}$$

本章电势、电动势的符号都表示平衡状态。

第 5 章　不可逆电极过程

5.1　不可逆的电化学装置

5.1.1　电化学装置的端电压

将两个可逆电极浸在同一溶液中，构成一个电化学装置。当电流趋于零时，电化学反应是可逆的，两极间的电势差等于它们的平衡电极电势之差。如果有电流（哪怕是很小的电流）通过该装置，两个电极的电极反应都是不可逆的，其电极电势将偏离平衡电势。而且，即使电极电势不变，电化学装置中的一系列由电阻（主要是溶液的电阻）引起的电势降也会引起两极间电势差的变化。对电池来说，两极间的电势差变小；对电解池来说，两极间的电势差变大。两极间的电势差包括两个电极电势之差，两极间溶液的欧姆电势降，以及电极本身和各连接点的欧姆电势降等几个部分。这样，原电池端点的电势差可以表示为

$$V = \varphi_{阴} - \varphi_{阳} - IR \tag{5.1}$$

电解池端点的电势差可以表示为

$$V' = \varphi_{阳} - \varphi_{阴} + IR \tag{5.2}$$

式中，$\varphi_{阳}$ 为阳极电势；$\varphi_{阴}$ 为阴极电势；I 为通过电极的电流；R 为电化学装置系统中的电阻。

一般情况下，电子导体的电阻比离子导体的电阻小得多，所以电极本身和各连接点的欧姆电势降常可忽略不计，上式中的 R 则是溶液的电阻。

5.1.2　电极的变化

若没有电流通过电化学装置，$I = 0$，$IR = 0$，由式（5.1）和式（5.2）得

$$V = \varphi_{阴,e} - \varphi_{阳,e} \tag{5.3}$$

$$V' = \varphi_{阳,e} - \varphi_{阴,e} \tag{5.4}$$

式中，$\varphi_{阴,e}$ 和 $\varphi_{阳,e}$ 分别表示阴极和阳极的平衡电极电势。

若有电流通过电化学装置，$I>0$，$IR>0$，则

$$V < \varphi_{阴,e} - \varphi_{阳,e} \tag{5.5}$$

$$V' > \varphi_{阳,e} - \varphi_{阴,e} \tag{5.6}$$

但

$$V \neq \varphi_{阴,e} - \varphi_{阳,e} - IR \tag{5.7}$$

$$V' \neq \varphi_{阳,e} - \varphi_{阴,e} + IR \tag{5.8}$$

实际上 V 的减小值和 V' 的增大值都超过 IR。这表明，在有电流通过电化学装置时，阴极电势和阳极电势都偏离其平衡值，即

$$\varphi_{阴} \neq \varphi_{阴,e} \tag{5.9}$$

$$\varphi_{阳} \neq \varphi_{阳,e} \tag{5.10}$$

而且，随着电极上通过的电流大小不同，$\varphi_{阴}$ 和 $\varphi_{阳}$ 的变化也不同。这种电流通过电极时，电极偏离其平衡值的现象称为电极的极化。

实验表明，阴极极化的电极电势比平衡电势更负，阳极极化的电极电势比平衡电势更正；而且，随着电流的增大，电极电势离平衡电极电势更远。由实验测得电流 I 与电极电势 φ 的关系曲线称为极化曲线，如图 5.1 所示。

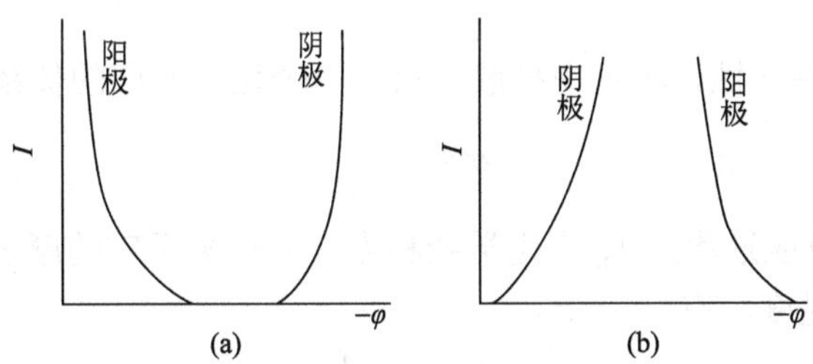

图 5.1　电流 I 与电极电势 φ 的关系曲线

（a）电解池；（b）原电池

5.2　稳态极化曲线

电极上通过的电流和电极电势都不随时间改变的状态就是稳态。为了消除电极面积大小对极化曲线的影响，通常用电流密度 i 代替电流 I。在一定电流密度下的电极电势 φ 与其平衡电极电势 φ_e 之差称为过电势，以 $\Delta\varphi$ 表示

$$\Delta\varphi = \varphi - \varphi_e \tag{5.11}$$

阴极极化时，$\varphi_{阴} < \varphi_e$，$\Delta\varphi_{阴} < 0$；阳极极化时，$\varphi_{阳} > \varphi_e$，$\Delta\varphi_{阳} > 0$。通常过电势的大小都用其绝对值表示。对于组成确定的溶液，$\Delta\varphi$ 与 φ 只相差一个常数，所以也可以用 $\Delta\varphi$ 与 $\lg i$ 的关系表示极化曲线，如图 5.2 所示。

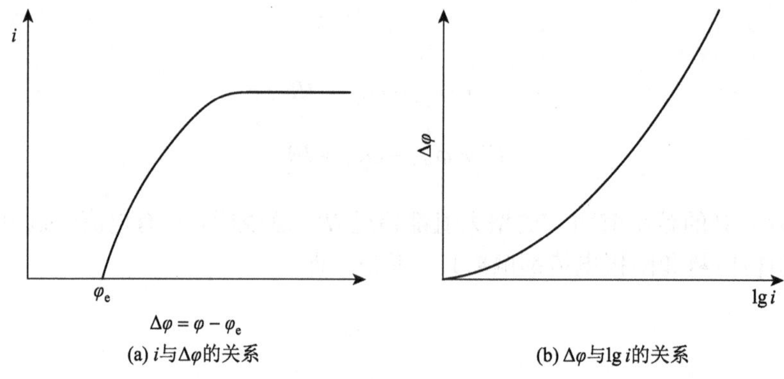

(a) i与$\Delta\varphi$的关系　　(b) $\Delta\varphi$与$\lg i$的关系

图 5.2　极化曲线

5.3 化学反应

5.3.1 体系中的一个化学反应

1. 熵增率

不考虑体积黏滞性，不考虑扩散，只有一个化学反应的体系，熵增率为

$$\sigma = -j\frac{A_{\mathrm{m}}}{T}$$

式中，j 为化学反应速率；A_{m} 为化学亲和力，即化学反应的摩尔吉布斯自由能变化；T 为热力学温度。有

$$A_{\mathrm{m}} = \Delta G_{\mathrm{m}} = \sum_{k=1}^{n} \upsilon_k \mu_k$$

式中，μ_k 为组元 k 的化学势；υ_k 为化学反应方程式中组元 k 的计量数，产物为正，反应物为负。化学反应方程式可以写作

$$\sum_{k=1}^{n} \upsilon_k k = 0$$

式中，k 为参与反应的组元。

2. 化学反应速率

化学反应速率为

$$\frac{\partial c_k}{\partial t} = \upsilon_k j = \upsilon_{\mathrm{k}}\left[-l_1\left(\frac{A_{\mathrm{m}}}{T}\right) - l_2\left(\frac{A_{\mathrm{m}}}{T}\right)^2 - l_3\left(\frac{A_{\mathrm{m}}}{T}\right)^3 - \cdots\right]$$

式中

$$j = -l_1\left(\frac{A_m}{T}\right) - l_2\left(\frac{A_m}{T}\right)^2 - l_3\left(\frac{A_m}{T}\right)^3 - \cdots \tag{5.12}$$

j 为单位体积的化学反应速率。

5.3.2　体系中有多个化学反应同时发生

1. 熵增率

不考虑体积黏滞性，不考虑扩散，r 个化学反应同时发生，熵增率为

$$\sigma = \sum_{j=1}^{r} \sigma_j = \sum_{j=1}^{r} -j_j \frac{A_{m,j}}{T}$$

式中，σ 为总熵增率；σ_j 为第 j 个化学反应的熵增率；$A_{m,j}$ 为第 j 个化学反应的亲和力，即第 j 个化学反应的摩尔吉布斯自由能变化，有

$$A_{m,j} = \Delta G_{m,j} = \sum_{k=1}^{n} \upsilon_{k,j} \mu_{k,j}$$

式中，$\mu_{k,j}$ 为第 j 个化学反应中组元 k 的化学势；$\upsilon_{k,j}$ 为第 j 个化学反应方程式中组元 k 的计量数，产物为正，反应物为负，化学反应方程式可以写作

$$\sum_{j=1}^{n} \sum_{k=1}^{n} \upsilon_{k,j} k_j = 0$$

2. 化学反应速率

化学反应速率为

$$\frac{\partial c_{k,j}}{\partial t} = \upsilon_{k,j} j_j$$

$$j_j = -\sum_{i=1}^{r} l_{ji}\left(\frac{A_{m,i}}{T}\right) - \sum_{i=1}^{r}\sum_{l=1}^{r} l_{jil}\left(\frac{A_{m,i}}{T}\right)\left(\frac{A_{m,l}}{T}\right) - \sum_{i=1}^{r}\sum_{l=1}^{r}\sum_{h=1}^{r} l_{jilh}\left(\frac{A_{m,i}}{\tau}\right)\left(\frac{A_{m,l}}{T}\right)\left(\frac{A_{m,h}}{T}\right) - \cdots \tag{5.13}$$

5.4　电 池 反 应

电池组成为

$$\mathrm{Cu} \,|\, \mathrm{M} \,|\, \mathrm{M}^{z+}, \mathrm{B}^{z-} \,|\, \mathrm{Me}^{z+}, \mathrm{B}^{z-} \,|\, \mathrm{Me} \,|\, \mathrm{Cu}'$$

5.4.1 阴极反应

1. 阴极电势

阴极反应达到平衡

$$Me^{z+} + ze \rightleftharpoons Me$$

该反应的摩尔吉布斯自由能变化为

$$\Delta G_{m,阴,e} = \mu_{Me} - \mu_{Me^{z+}} - z\mu_e = \Delta G^{\ominus}_{m,阴} + RT\ln\frac{1}{a_{Me^{z+},e}} < 0$$

式中

$$\Delta G^{\ominus}_{m,阴} = \mu^{\ominus}_{Me} - \mu^{\ominus}_{Me^{z+}} - z\mu^{\ominus}_e$$

$$\mu_{Me} = \mu^{\ominus}_{Me}$$

$$\mu_{Me^{z+}} = \mu^{\ominus}_{Me^{z+}} + RT\ln a_{Me^{z+},e}$$

$$\mu_e = \mu^{\ominus}_e$$

由

$$\varphi_{阴,e} = -\frac{\Delta G_{m,阴,e}}{zF}$$

得

$$\varphi_{阴,e} = \varphi^{\ominus}_{阴} + \frac{RT}{zF}\ln a_{Me^{z+},e} > 0$$

式中

$$\varphi^{\ominus}_{阴} = -\frac{\Delta G^{\ominus}_{m,阴}}{zF} = -\frac{\mu^{\ominus}_{Me} - \mu^{\ominus}_{Me^{z+}} - z\mu^{\ominus}_e}{zF}$$

若阴极有电流通过，发生极化，阴极反应为

$$Me^{z+} + ze = Me$$

阴极电势为

$$\varphi_{阴} = \varphi_{阴,e} + \Delta\varphi_{阴} > 0 \tag{5.14}$$

$$\Delta\varphi_{阴} = \varphi_{阴} - \varphi_{阴,e} < 0$$

并有

$$A_{m,阴} = \Delta G_{m,阴} = -zF\varphi_{阴} = -zF(\varphi_{阴,e} + \Delta\varphi_{阴}) \tag{5.15}$$

2. 阴极反应速率

熵增率为

$$\sigma = -j\frac{A_{m,阴}}{T}$$

阴极反应速率为

$$\frac{\mathrm{d}N_{\mathrm{Me}}}{\mathrm{d}t}=-\frac{\mathrm{d}N_{\mathrm{Me}^{z+}}}{\mathrm{d}t}=-\frac{\mathrm{d}N_{\mathrm{e}}}{z\mathrm{d}t}=Sj \tag{5.16}$$

式中，S 为电极表面积；

$$\begin{aligned}j&=-l_1\left(\frac{A_{\mathrm{m},阴}}{T}\right)-l_2\left(\frac{A_{\mathrm{m},阴}}{T}\right)^2-l_3\left(\frac{A_{\mathrm{m},阴}}{T}\right)^3-\cdots\\&=-l_1\left(-\frac{zF\varphi_{阴}}{T}\right)-l_2\left(-\frac{zF\varphi_{阴}}{T}\right)^2-l_3\left(-\frac{zF\varphi_{阴}}{T}\right)^3-\cdots\\&=-l_1'\left(\frac{\varphi_{阴}}{T}\right)-l_2'\left(\frac{\varphi_{阴}}{T}\right)^2-l_3'\left(\frac{\varphi_{阴}}{T}\right)^3-\cdots\\&=-l_1'\left(\frac{\varphi_{阴,\mathrm{e}}+\Delta\varphi_{阴}}{T}\right)-l_2'\left(\frac{\varphi_{阴,\mathrm{e}}+\Delta\varphi_{阴}}{T}\right)^2-l_3'\left(\frac{\varphi_{阴,\mathrm{e}}+\Delta\varphi_{阴}}{T}\right)^3-\cdots\end{aligned} \tag{5.17}$$

其中

$$\begin{gathered}l_1'=l_1(-zF)\\l_2'=l_2(-zF)^2\\l_3'=l_3(-zF)^3\\\vdots\end{gathered}$$

$$-l_1'\left(\frac{\varphi_{阴,\mathrm{e}}+\Delta\varphi_{阴}}{T}\right)=-l_1'\left(\frac{\varphi_{阴,\mathrm{e}}}{T}\right)-l_1'\left(\frac{\Delta\varphi_{阴}}{T}\right)$$

$$-l_2'\left(\frac{\varphi_{阴,\mathrm{e}}+\Delta\varphi_{阴}}{T}\right)^2=-l_2'\left(\frac{\varphi_{阴,\mathrm{e}}}{T}\right)^2-2l_2'\left(\frac{\varphi_{阴,\mathrm{e}}}{T}\right)\left(\frac{\Delta\varphi_{阴}}{T}\right)-l_2'\left(\frac{\Delta\varphi_{阴}}{T}\right)^2$$

$$-l_3'\left(\frac{\varphi_{阴,\mathrm{e}}+\Delta\varphi_{阴}}{T}\right)^3=-l_3'\left(\frac{\varphi_{阴,\mathrm{e}}}{T}\right)^3-3l_3'\left(\frac{\varphi_{阴,\mathrm{e}}}{T}\right)^2\left(\frac{\Delta\varphi_{阴}}{T}\right)-3l_3'\left(\frac{\varphi_{阴,\mathrm{e}}}{T}\right)\left(\frac{\Delta\varphi_{阴}}{T}\right)^2-l_3'\left(\frac{\Delta\varphi_{阴}}{T}\right)^3$$

$$\begin{aligned}-l_4'\left(\frac{\varphi_{阴,\mathrm{e}}+\Delta\varphi_{阴}}{T}\right)^4=&-l_4'\left(\frac{\varphi_{阴,\mathrm{e}}}{T}\right)^4-4l_4'\left(\frac{-\varphi_{阴,\mathrm{e}}}{T}\right)^3\left(\frac{\Delta\varphi_{阴}}{T}\right)-6l_4'\left(\frac{\varphi_{阴,\mathrm{e}}}{T}\right)^2\left(\frac{\Delta\varphi_{阴}}{T}\right)^2\\&-4l_4'\left(\frac{\varphi_{阴,\mathrm{e}}}{T}\right)\left(\frac{\Delta\varphi_{阴}}{T}\right)^3-l_4'\left(\frac{\Delta\varphi_{阴}}{T}\right)^4\\&\vdots\end{aligned}$$

各式相加，得

$$
\begin{aligned}
&-l_1'\left(\frac{\varphi_{阴,e}+\Delta\varphi_{阴}}{T}\right)-l_2'\left(\frac{\varphi_{阴,e}+\Delta\varphi_{阴}}{T}\right)^2-l_3'\left(\frac{\varphi_{阴,e}+\Delta\varphi_{阴}}{T}\right)^3-l_4'\left(\frac{\varphi_{阴,e}+\Delta\varphi_{阴}}{T}\right)^4-\cdots\\
&=\left[-l_1'\left(\frac{\varphi_{阴,e}}{T}\right)-l_2'\left(\frac{\varphi_{阴,e}}{T}\right)^2-l_3'\left(\frac{\varphi_{阴,e}}{T}\right)^3-\cdots\right]\\
&\quad+\left[-l_1'-2l_2'\left(\frac{\varphi_{阴,e}}{T}\right)-3l_3'\left(\frac{\varphi_{阴,e}}{T}\right)^2-4l_4'\left(\frac{\varphi_{阴,e}}{T}\right)^3-\cdots\right]\left(\frac{\Delta\varphi_{阴}}{T}\right)\\
&\quad+\left[-l_2'-3l_3'\left(\frac{\varphi_{阴,e}}{T}\right)-6l_4'\left(\frac{\varphi_{阴,e}}{T}\right)^2-\cdots\right]\left(\frac{\Delta\varphi_{阴}}{T}\right)^2\\
&\quad+\left[-l_3'-4l_4'\left(\frac{\varphi_{阴,e}}{T}\right)-\cdots\right]\left(\frac{\Delta\varphi_{阴}}{T}\right)^3\\
&=-l_1''-l_2''\left(\frac{\Delta\varphi_{阴}}{T}\right)-l_3''\left(\frac{\Delta\varphi_{阴}}{T}\right)^2-l_4''\left(\frac{\Delta\varphi_{阴}}{T}\right)^3-\cdots
\end{aligned}
\tag{5.18}
$$

式中

$$
\begin{aligned}
-l_1''&=-l_1'\left(\frac{\varphi_{阴,e}}{T}\right)-l_2'\left(\frac{\varphi_{阴,e}}{T}\right)^2-l_3'\left(\frac{\varphi_{阴,e}}{T}\right)^3-\cdots\\
-l_2''&=-l_1'-2l_2'\left(\frac{\varphi_{阴,e}}{T}\right)-3l_3'\left(\frac{\varphi_{阴,e}}{T}\right)^2-4l_4'\left(\frac{\varphi_{阴,e}}{T}\right)^3-\cdots\\
-l_3''&=-l_2'-3l_3'\left(\frac{\varphi_{阴,e}}{T}\right)-6l_4'\left(\frac{\varphi_{阴,e}}{T}\right)^2-\cdots\\
-l_4''&=-l_3'-4l_4'\left(\frac{\varphi_{阴,e}}{T}\right)-\cdots
\end{aligned}
$$

将式（5.18）代入式（5.17），得

$$
\begin{aligned}
j&=-l_1'\left(\frac{\varphi_{阴}}{T}\right)-l_2'\left(\frac{\varphi_{阴}}{T}\right)^2-l_3'\left(\frac{\varphi_{阴}}{T}\right)^3-\cdots\\
&=-l_1''-l_2''\left(\frac{\Delta\varphi_{阴}}{T}\right)-l_3''\left(\frac{\Delta\varphi_{阴}}{T}\right)^2-l_4''\left(\frac{\Delta\varphi_{阴}}{T}\right)^3-\cdots
\end{aligned}
\tag{5.19}
$$

将上式代入

$$i=zFj \tag{5.20}$$

得

$$\begin{aligned} i &= zFj \\ &= -l_1^*\left(\frac{\varphi_{阴}}{T}\right) - l_2^*\left(\frac{\varphi_{阴}}{T}\right)^2 - l_3^*\left(\frac{\varphi_{阴}}{T}\right)^3 - \cdots \\ &= -l_1^{**} - l_2^{**}\left(\frac{\Delta\varphi_{阴}}{T}\right) - l_3^{**}\left(\frac{\Delta\varphi_{阴}}{T}\right)^2 - l_4^{**}\left(\frac{\Delta\varphi_{阴}}{T}\right)^3 - \cdots \end{aligned} \tag{5.21}$$

式中

$$\begin{array}{ll} l_1^* = l_1' zF & l_1^{**} = l_1'' zF \\ l_2^* = l_2' zF & l_2^{**} = l_2'' zF \\ l_3^* = l_3' zF & l_3^{**} = l_3'' zF \\ \vdots & l_4^{**} = l_4'' zF \\ & \vdots \end{array}$$

并有

$$I = Si = zFSj$$

3. 塔费尔公式

塔费尔（Tafel）公式的理论解释是将巴特勒-福尔摩（Butler-Volmer）公式取近似的结果。若$|\Delta\varphi|$很大，对阴极来说略去第二项，得

$$i = i_0 \exp\left(-\frac{\beta F \Delta\varphi}{RT}\right)$$

做泰勒展开得

$$\begin{aligned} i &= i_0\left[1 + \frac{-\beta F\Delta\varphi}{RT} + \frac{1}{2!}\left(\frac{-\beta F\Delta\varphi}{RT}\right)^2 + \frac{1}{3!}\left(\frac{-\beta F\Delta\varphi}{RT}\right)^3 + \cdots\right] \\ &= i_0 + i_0\left(\frac{-\beta F}{R}\right)\left(\frac{\Delta\varphi}{T}\right) + \frac{i_0}{2!}\left(\frac{-\beta F}{R}\right)^2\left(\frac{\Delta\varphi}{T}\right)^2 + \frac{i_0}{3!}\left(\frac{-\beta F}{R}\right)^3\left(\frac{\Delta\varphi}{RT}\right)^3 + \cdots \end{aligned}$$

与式（5.21）比较，得

$$i_0 = -l_1^{**}$$

$$-\frac{i_0\beta F}{R} = -l_2^{**}$$

$$\frac{i_0}{2!}\left(-\frac{\beta F}{R}\right)^2 = -l_3^{**}$$

$$\frac{i_0}{3!}\left(-\frac{\beta F}{RT}\right)^3 = -l_4^{**}$$

低过电势，只保留泰勒展开的一次项，得

$$i = i_0 - \frac{i_0 \beta F}{R}\left(\frac{\Delta\varphi}{T}\right)$$

5.4.2 阳极反应

1. 阳极电势

电极反应达成平衡

$$\mathrm{M} \rightleftharpoons \mathrm{M}^{z+} + z\mathrm{e}$$

该反应的摩尔吉布斯自由能变化为

$$\Delta G_{\mathrm{m},阳,\mathrm{e}} = \mu_{\mathrm{M}^{z+}} + z\mu_{\mathrm{e}} - \mu_{\mathrm{M}} = \Delta G_{\mathrm{m},阳}^{\ominus} + RT\ln a_{\mathrm{M}^{z+},\mathrm{e}} < 0$$

式中

$$\Delta G_{\mathrm{m},阳}^{\ominus} = \mu_{\mathrm{M}^{z+}}^{\ominus} + z\mu_{\mathrm{e}}^{\ominus} - \mu_{\mathrm{M}}^{\ominus}$$

$$\mu_{\mathrm{M}^{z+}} = \mu_{\mathrm{M}^{z+}}^{\ominus} + RT\ln a_{\mathrm{M}^{z+},\mathrm{e}}$$

$$\mu_{\mathrm{e}} = \mu_{\mathrm{e}}^{\ominus}$$

$$\mu_{\mathrm{M}} = \mu_{\mathrm{M}}^{\ominus}$$

由

$$\varphi_{阳,\mathrm{e}} = \frac{\Delta G_{\mathrm{m},阳,\mathrm{e}}}{zF}$$

得

$$\varphi_{阳,\mathrm{e}} = \varphi_{阳}^{\ominus} + \frac{RT}{zF}\ln a_{\mathrm{M}^{z+},\mathrm{e}} < 0$$

式中

$$\varphi_{阳}^{\ominus} = \frac{\Delta G_{\mathrm{m},阳}^{\ominus}}{zF} = \frac{\mu_{\mathrm{M}^{z+}}^{\ominus} + z\mu_{\mathrm{e}}^{\ominus} - \mu_{\mathrm{M}}^{\ominus}}{zF}$$

阳极有电流通过，发生极化，阳极反应为

$$\mathrm{M} = \mathrm{M}^{z+} + z\mathrm{e}$$

阳极电势为

$$\varphi_{阳} = \varphi_{阳,\mathrm{e}} + \Delta\varphi_{阳} < 0$$

$$\Delta\varphi_{阳} = \varphi_{阳} - \varphi_{阳,\mathrm{e}} > 0 \tag{5.22}$$

并有

$$A_{\mathrm{m},阳} = \Delta G_{\mathrm{m},阳} = zF\varphi_{阳} = zF(\varphi_{阳,\mathrm{e}} + \Delta\varphi_{阳}) \tag{5.23}$$

2. 阳极反应速率

阳极反应速率为

$$\frac{\mathrm{d}N_{\mathrm{M}^{z+}}}{\mathrm{d}t}=-\frac{\mathrm{d}N_{\mathrm{M}}}{\mathrm{d}t}=\frac{\mathrm{d}N_{\mathrm{e}}}{z\mathrm{d}t}=Sj \tag{5.24}$$

式中

$$\begin{aligned}
j&=-l_1\left(\frac{A_{\mathrm{m},阳}}{T}\right)-l_2\left(\frac{A_{\mathrm{m},阳}}{T}\right)^2-l_3\left(\frac{A_{\mathrm{m},阳}}{T}\right)^3-\cdots\\
&=-l_1\left(\frac{zF\varphi_{阳}}{T}\right)-l_2\left(\frac{zF\varphi_{阳}}{T}\right)^2-l_3\left(\frac{zF\varphi_{阳}}{T}\right)^3-\cdots\\
&=-l_1'\left(\frac{\varphi_{阳}}{T}\right)-l_2'\left(\frac{\varphi_{阳}}{T}\right)^2-l_3'\left(\frac{\varphi_{阳}}{T}\right)^3-\cdots\\
&=-l_1'\left(\frac{\varphi_{阳,\mathrm{e}}+\Delta\varphi_{阳}}{T}\right)-l_2'\left(\frac{\varphi_{阳,\mathrm{e}}+\Delta\varphi_{阳}}{T}\right)^2-l_3'\left(\frac{\varphi_{阳,\mathrm{e}}+\Delta\varphi_{阳}}{T}\right)^3-\cdots
\end{aligned} \tag{5.25}$$

其中

$$\begin{gathered}
l_1'=l_1(zF)\\
l_2'=l_2(zF)^2\\
l_3'=l_3(zF)^3\\
\vdots
\end{gathered}$$

$$\begin{aligned}
-l_1'\left(\frac{\varphi_{阳,\mathrm{e}}+\Delta\varphi_{阳}}{T}\right)&=-l_1'\left(\frac{\varphi_{阳,\mathrm{e}}}{T}\right)-l_1'\left(\frac{\Delta\varphi_{阳}}{T}\right)\\
-l_2'\left(\frac{\varphi_{阳,\mathrm{e}}+\Delta\varphi_{阳}}{T}\right)^2&=-l_2'\left(\frac{\varphi_{阳,\mathrm{e}}}{T}\right)^2-2l_2'\left(\frac{\varphi_{阳,\mathrm{e}}}{T}\right)\left(\frac{\Delta\varphi_{阳}}{T}\right)-l_2'\left(\frac{\Delta\varphi_{阳}}{T}\right)^2\\
-l_3'\left(\frac{\varphi_{阳,\mathrm{e}}+\Delta\varphi_{阳}}{T}\right)^3&=-l_3'\left(\frac{\varphi_{阳,\mathrm{e}}}{T}\right)^3-3l_3'\left(\frac{\varphi_{阳,\mathrm{e}}}{T}\right)^2\left(\frac{\Delta\varphi_{阳}}{T}\right)-3l_3'\left(\frac{\varphi_{阳,\mathrm{e}}}{T}\right)\left(\frac{\Delta\varphi_{阳}}{T}\right)^2\\
-l_4'\left(\frac{\varphi_{阳,\mathrm{e}}+\Delta\varphi_{阳}}{T}\right)^4&=-l_4'\left(\frac{\varphi_{阳,\mathrm{e}}}{T}\right)^4-4l_4'\left(\frac{\varphi_{阳,\mathrm{e}}}{T}\right)^3\left(\frac{\Delta\varphi_{阳}}{T}\right)\\
&\quad-6l_4'\left(\frac{\varphi_{阳,\mathrm{e}}}{T}\right)^2\left(\frac{\Delta\varphi_{阳}}{T}\right)^2-4l_4'\left(\frac{\varphi_{阳,\mathrm{e}}}{T}\right)\left(\frac{\Delta\varphi_{阳}}{T}\right)^3-l_4'\left(\frac{\Delta\varphi_{阳}}{T}\right)^4\\
&\vdots
\end{aligned}$$

各式相加得

$$
-l_1'\left(\frac{\varphi_{阳,e}+\Delta\varphi_{阳}}{T}\right)-l_2'\left(\frac{\varphi_{阳,e}+\Delta\varphi_{阳}}{T}\right)^2-l_3'\left(\frac{\varphi_{阳,e}+\Delta\varphi_{阳}}{T}\right)^3-l_4'\left(\frac{\varphi_{阳,e}+\Delta\varphi_{阳}}{T}\right)^4+\cdots
$$

$$
\begin{aligned}
&=\left[-l_1'\left(\frac{\varphi_{阳,e}}{T}\right)-l_2'\left(\frac{\varphi_{阳,e}}{T}\right)^2-l_3'\left(\frac{\varphi_{阳,e}}{T}\right)^3-\cdots\right]\\
&\quad+\left[-l_1'-2l_2'\left(\frac{\varphi_{阳,e}}{T}\right)-3l_3'\left(\frac{\varphi_{阳,e}}{T}\right)^2-\cdots\right]\left(\frac{\Delta\varphi_{阳}}{T}\right)\\
&\quad+\left[-l_2'-3l_3'\left(\frac{\varphi_{阳,e}}{T}\right)-6l_4'\left(\frac{\varphi_{阳,e}}{T}\right)^2-\cdots\right]\left(\frac{\Delta\varphi_{阳}}{T}\right)^2\\
&\quad+\left[-l_3'-4l_4'\left(\frac{\varphi_{阳,e}}{T}\right)-\cdots\right]\left(\frac{\Delta\varphi_{阳}}{T}\right)^3\\
&\quad+\cdots\\
&=-l_1''-l_2''\left(\frac{\Delta\varphi_{阳}}{T}\right)-l_3''\left(\frac{\Delta\varphi_{阳}}{T}\right)^2-l_4''\left(\frac{\Delta\varphi_{阳}}{T}\right)^3-\cdots
\end{aligned}
\tag{5.26}
$$

式中

$$
-l_1''=-l_1'\left(\frac{\varphi_{阳,e}}{T}\right)-l_2'\left(\frac{\varphi_{阳,e}}{T}\right)^2-l_3'\left(\frac{\varphi_{阳,e}}{T}\right)^3-\cdots
$$

$$
-l_2''=-l_1'-2l_2'\left(\frac{\varphi_{阳,e}}{T}\right)-3l_3'\left(\frac{\varphi_{阳,e}}{T}\right)^2-4l_4''\left(\frac{\varphi_{阳,e}}{T}\right)^3-\cdots
$$

$$
-l_3''=-l_2'-3l_3'\left(\frac{\varphi_{阳,e}}{T}\right)-6l_4'\left(\frac{\varphi_{阳,e}}{T}\right)^2-\cdots
$$

$$
-l_4''=-l_3'-4l_4'\left(\frac{\varphi_{阳,e}}{T}\right)-\cdots
$$

将式（5.26）代入式（5.25），得

$$
\begin{aligned}
j&=-l_1'\left(\frac{\varphi_{阳}}{T}\right)-l_2'\left(\frac{\varphi_{阳}}{T}\right)^2-l_3'\left(\frac{\varphi_{阳}}{T}\right)^3-\cdots\\
&=-l_1''-l_2''\left(\frac{\Delta\varphi_{阳}}{T}\right)-l_3''\left(\frac{\Delta\varphi_{阳}}{T}\right)^2-l_4''\left(\frac{\Delta\varphi_{阳}}{T}\right)^3-\cdots
\end{aligned}
\tag{5.27}
$$

将上式代入

$$
i=zFj
$$

得

$$
\begin{aligned}
i &= zFj \\
&= -l_1^*\left(\frac{\varphi_{阳}}{T}\right) - l_2^*\left(\frac{\varphi_{阳}}{T}\right)^2 - l_3^*\left(\frac{\varphi_{阳}}{T}\right)^3 - \cdots \\
&= -l_1^{**} - l_2^{**}\left(\frac{\Delta\varphi_{阳}}{T}\right) - l_3^{**}\left(\frac{\Delta\varphi_{阳}}{T}\right)^2 - l_4^{**}\left(\frac{\Delta\varphi_{阳}}{T}\right)^3 - \cdots
\end{aligned} \tag{5.28}
$$

式中

$$
\begin{aligned}
l_1^* &= l_1' zF \qquad & l_1^{**} &= l_1'' zF \\
l_2^* &= l_2' zF \qquad & l_2^{**} &= l_2'' zF \\
l_3^* &= l_3' zF \qquad & l_3^{**} &= l_3'' zF \\
&\vdots & l_4^{**} &= l_4'' zF \\
& & &\vdots
\end{aligned}
$$

并有

$$I = Si = zFSj$$

3. 塔费尔公式

塔费尔公式的理论解释是将巴特勒-福尔摩公式取近似的结果。若$|\Delta\varphi|$很大，对阳极来说略去第一项，得

$$i = i_0 \exp\left(\frac{(1-\beta)F\Delta\varphi}{RT}\right)$$

做泰勒展开得

$$
\begin{aligned}
i &= i_0\left[1 + \frac{(1-\beta)F\Delta\varphi}{RT} + \frac{1}{2!}\left(\frac{(1-\beta)F\Delta\varphi}{RT}\right)^2 + \frac{1}{3!}\left(\frac{(1-\beta)F\Delta\varphi}{RT}\right)^3 + \cdots\right] \\
&= i_0 + \frac{i_0(1-\beta)F}{R}\left(\frac{\Delta\varphi}{T}\right) + \frac{i_0}{2!}\left(\frac{(1-\beta)F}{R}\right)^2\left(\frac{\Delta\varphi}{T}\right)^2 + \frac{i_0}{3!}\left(\frac{(1-\beta)F}{R}\right)^3\left(\frac{\Delta\varphi}{T}\right)^3 + \cdots
\end{aligned}
$$

与式（5.28）比较，得

$$
\begin{aligned}
i_0 &= -l_1^{**} \\
\frac{i_0(1-\beta)F}{R} &= -l_2^{**} \\
\frac{i_0}{2!}\left(\frac{(1-\beta)F}{R}\right)^2 &= -l_3^{**} \\
\frac{i_0}{3!}\left(\frac{(1-\beta)F}{RT}\right)^3 &= -l_4^{**}
\end{aligned}
$$

低过电势，只保留泰勒展开的一次项，即

$$i = i_0 + i_0\left[\frac{(1-\beta)F}{R}\right]\left(\frac{\Delta\varphi}{T}\right)$$

5.4.3 电池反应

1. 电池电动势

电池反应达到平衡，

$$\mathrm{Me}^{z+} + \mathrm{M} \rightleftharpoons \mathrm{Me} + \mathrm{M}^{z+}$$

该反应的摩尔吉布斯自由能变化为

$$\Delta G_{\mathrm{m,e}} = \mu_{\mathrm{Me}} + \mu_{\mathrm{M}^{z+}} - \mu_{\mathrm{Me}^{z+}} - \mu_{\mathrm{M}} = \Delta G_{\mathrm{m}}^{\ominus} + RT\ln\frac{a_{\mathrm{M}^{z+},\mathrm{e}}}{a_{\mathrm{Me}^{z+},\mathrm{e}}} < 0$$

式中

$$\Delta G_{\mathrm{m}}^{\ominus} = \mu_{\mathrm{Me}}^{\ominus} + \mu_{\mathrm{M}^{z+}}^{\ominus} - \mu_{\mathrm{Me}^{z+}}^{\ominus} - \mu_{\mathrm{M}}^{\ominus}$$

$$\mu_{\mathrm{Me}} = \mu_{\mathrm{Me}}^{\ominus}$$

$$\mu_{\mathrm{M}^{z+}} = \mu_{\mathrm{M}^{z+}}^{\ominus} + RT\ln a_{\mathrm{M}^{z+},\mathrm{e}}$$

$$\mu_{\mathrm{Me}^{z+}} = \mu_{\mathrm{Me}^{z+}}^{\ominus} + RT\ln a_{\mathrm{Me}^{z+},\mathrm{e}}$$

$$\mu_{\mathrm{M}} = \mu_{\mathrm{M}}^{\ominus}$$

由

$$E_{\mathrm{e}} = -\frac{\Delta G_{\mathrm{m,e}}}{zF}$$

得

$$E_{\mathrm{e}} = E^{\ominus} + \frac{RT}{zF}\ln\frac{a_{\mathrm{Me}^{z+},\mathrm{e}}}{a_{\mathrm{M}^{z+},\mathrm{e}}} > 0$$

式中

$$E^{\ominus} = -\frac{\Delta G_{\mathrm{m}}^{\ominus}}{zF} = -\frac{\mu_{\mathrm{Me}}^{\ominus} + \mu_{\mathrm{M}^{z+}}^{\ominus} - z\mu_{\mathrm{Me}^{z+}}^{\ominus} - \mu_{\mathrm{M}}^{\ominus}}{zF}$$

电池有电流通过，发生极化。电池反应为

$$\mathrm{Me}^{z+} + \mathrm{M} = \mathrm{Me} + \mathrm{M}^{z+}$$

电池电动势为

$$\begin{aligned} E &= \varphi_{阴} - \varphi_{阳} \\ &= (\varphi_{阴,\mathrm{e}} + \Delta\varphi_{阴}) - (\varphi_{阳,\mathrm{e}} + \Delta\varphi_{阳}) \\ &= (\varphi_{阴,\mathrm{e}} - \varphi_{阳,\mathrm{e}}) + (\Delta\varphi_{阴} - \Delta\varphi_{阳}) \\ &= E_{\mathrm{e}} + \Delta E > 0 \end{aligned} \tag{5.29}$$

式中

$$\Delta E = \Delta\varphi_{阴} - \Delta\varphi_{阳} < 0$$

端电压

$$V = E - IR = E_{\mathrm{e}} + \Delta E - IR$$

并有

$$A_{\mathrm{m}} = \Delta G_{\mathrm{m}} = -zFE = -zF(E_{\mathrm{e}} + \Delta E) < 0 \tag{5.30}$$

2. 电池反应速率

熵增率为

$$\sigma = -j\frac{A_{\mathrm{m}}}{T}$$

电池反应速率为

$$\frac{\mathrm{d}N_{\mathrm{Me}}}{\mathrm{d}t} = \frac{\mathrm{d}N_{\mathrm{M}^{z+}}}{\mathrm{d}t} = -\frac{\mathrm{d}N_{\mathrm{Me}^{z+}}}{\mathrm{d}t} = -\frac{\mathrm{d}N_{\mathrm{M}}}{\mathrm{d}t} = Sj \tag{5.31}$$

其中

$$\begin{aligned} j &= -l_1\left(\frac{A_{\mathrm{m}}}{T}\right) - l_2\left(\frac{A_{\mathrm{m}}}{T}\right)^2 - l_3\left(\frac{A_{\mathrm{m}}}{T}\right)^3 - l_4\left(\frac{A_{\mathrm{m}}}{T}\right)^4 - \cdots \\ &= -l_1\left(-\frac{zFE}{T}\right) - l_2\left(-\frac{zFE}{T}\right)^2 - l_3\left(-\frac{zFE}{T}\right)^3 - l_4\left(-\frac{zFE}{T}\right)^4 - \cdots \\ &= -l_1'\left(\frac{E}{T}\right) - l_2'\left(\frac{E}{T}\right)^2 - l_3'\left(\frac{E}{T}\right)^3 - l_4'\left(\frac{E}{T}\right)^4 - \cdots \\ &= -l_1'\left(\frac{E_{\mathrm{e}} + \Delta E}{T}\right) - l_2'\left(\frac{E_{\mathrm{e}} + \Delta E}{T}\right)^2 - l_3'\left(\frac{E_{\mathrm{e}} + \Delta E}{T}\right)^3 - l_4'\left(\frac{E_{\mathrm{e}} + \Delta E}{T}\right)^4 - \cdots \end{aligned} \tag{5.32}$$

式中

$$\begin{gathered} l_1' = l_1(-zF) \\ l_2' = l_2(-zF)^2 \\ l_3' = l_3(-zF)^3 \\ \vdots \end{gathered}$$

$$-l_1'\left(\frac{E_{\mathrm{e}} + \Delta E}{T}\right) = -l_1'\left(\frac{E_{\mathrm{e}}}{T}\right) - l_1'\left(\frac{\Delta E}{T}\right)$$

$$-l_2'\left(\frac{E_{\mathrm{e}} + \Delta E}{T}\right)^2 = -l_2'\left(\frac{E_{\mathrm{e}}}{T}\right)^2 - 2l_2'\left(\frac{E_{\mathrm{e}}}{T}\right)\left(\frac{\Delta E}{T}\right) - l_2'\left(\frac{\Delta E}{T}\right)^2$$

$$-l_3'\left(\frac{E_{\mathrm{e}} + \Delta E}{T}\right)^3 = -l_3'\left(\frac{E_{\mathrm{e}}}{T}\right)^3 - 3l_3'\left(\frac{E_{\mathrm{e}}}{T}\right)^2\left(\frac{\Delta E}{T}\right) - 3l_3'\left(\frac{E_{\mathrm{e}}}{T}\right)\left(\frac{\Delta E}{T}\right)^2 - l_3'\left(\frac{\Delta E}{T}\right)^3$$

$$\begin{aligned} -l_4'\left(\frac{E_{\mathrm{e}} + \Delta E}{T}\right)^4 = &-l_4'\left(\frac{E_{\mathrm{e}}}{T}\right)^4 - 4l_4'\left(\frac{E_{\mathrm{e}}}{T}\right)^3\left(\frac{\Delta E}{T}\right) - 6l_4'\left(\frac{E_{\mathrm{e}}}{T}\right)^2\left(\frac{\Delta E}{T}\right)^2 \\ &- 4l_4'\left(\frac{E_{\mathrm{e}}}{T}\right)\left(\frac{\Delta E}{T}\right)^3 - l_4'\left(\frac{\Delta E}{T}\right)^4 \end{aligned}$$

$$\vdots$$

各式相加得

$$
\begin{aligned}
&-l_1'\left(\frac{E_e+\Delta E}{T}\right)-l_2'\left(\frac{E_e+\Delta E}{T}\right)^2-l_3'\left(\frac{E_e+\Delta E}{T}\right)^3-l_4'\left(\frac{E_e+\Delta E}{T}\right)^4-\cdots\\
&=\left[-l_1'\left(\frac{E_e}{T}\right)-l_2'\left(\frac{E_e}{T}\right)^2-l_3'\left(\frac{E_e}{T}\right)^3-\cdots\right]\\
&\quad+\left[-l_1'-2l_2'\left(\frac{E_e}{T}\right)-3l_3'\left(\frac{E_e}{T}\right)^2-4l_4'\left(\frac{E_e}{T}\right)^3-\cdots\right]\left(\frac{\Delta E}{T}\right)\\
&\quad+\left[-l_2'-3l_3'\left(\frac{E_e}{T}\right)-6l_4'\left(\frac{E_e}{T}\right)^2-\cdots\right]\left(\frac{\Delta E}{T}\right)^2\\
&\quad+\left[-l_3'-4l_4'\left(\frac{E_e}{T}\right)-\cdots\right]\left(\frac{\Delta E}{T}\right)^3\\
&=-l_1''-l_2''\left(\frac{\Delta E}{T}\right)-l_3''\left(\frac{\Delta E}{T}\right)^2-l_4''\left(\frac{\Delta E}{T}\right)^3-\cdots
\end{aligned}
\tag{5.33}
$$

式中

$$-l_1''=-l_1'\left(\frac{E_e}{T}\right)-l_2'\left(\frac{E_e}{T}\right)^2-l_3''\left(\frac{E_e}{T}\right)^3-\cdots$$

$$-l_2''=-l_1'-2l_2'\left(\frac{E_e}{T}\right)-3l_3'\left(\frac{E_e}{T}\right)^2-\cdots$$

$$-l_3''=-l_2'-3l_3'\left(\frac{E_e}{T}\right)-6l_4'\left(\frac{E_e}{T}\right)^2-\cdots$$

$$-l_4''=-l_3'-4l_4'\left(\frac{E_e}{T}\right)-\cdots$$

将式（5.33）代入式（5.32），得

$$
\begin{aligned}
j&=-l_1'\left(\frac{E}{T}\right)-l_2'\left(\frac{E}{T}\right)^2-l_3'\left(\frac{E}{T}\right)^3-\cdots\\
&=-l_1''-l_2''\left(\frac{\Delta E}{T}\right)-l_3''\left(\frac{\Delta E}{T}\right)^2-l_4''\left(\frac{\Delta E}{T}\right)^3-\cdots
\end{aligned}
\tag{5.34}
$$

将上式代入

$$i=zFj$$

得

$$
\begin{aligned}
i &= -l_1^*\left(\frac{E}{T}\right) - l_2^*\left(\frac{E}{T}\right)^2 - l_3^*\left(\frac{E}{T}\right)^3 - \cdots \\
&= -l_1^{**} - l_2^{**}\left(\frac{\Delta E}{T}\right) - l_3^{**}\left(\frac{\Delta E}{T}\right)^2 - l_4^{**}\left(\frac{\Delta E}{T}\right)^3 - \cdots
\end{aligned}
\tag{5.35}
$$

式中

$$
\begin{aligned}
&l_1^* = l_1' zF \qquad && l_1^{**} = l_1'' zF \\
&l_2^* = l_2' zF && l_2^{**} = l_2'' zF \\
&l_3^* = l_3' zF && l_3^{**} = l_3'' zF \\
&\vdots && l_4^{**} = l_4'' zF \\
& && \vdots
\end{aligned}
$$

并有

$$I = Si = zFSj$$

5.5　电解池反应

电解池组成为

$$\mathrm{Cu}\,|\,\mathrm{Me}\,|\,\mathrm{Me}^{z+},\mathrm{B}^{z-},\mathrm{M}^{z+}\,|\,\mathrm{M}\,|\,\mathrm{Cu}$$

5.5.1　阴极反应

1. 阴极电势

阴极反应达到平衡，

$$\mathrm{M}^{z+} + z\mathrm{e} \rightleftharpoons \mathrm{M}$$

该反应的摩尔吉布斯自由能变化为

$$\Delta G_{\mathrm{m,阴,e}} = \mu_{\mathrm{M}} - \mu_{\mathrm{M}^{z+}} - z\mu_{\mathrm{e}} = \Delta G_{\mathrm{m,阴}}^{\ominus} + RT\ln\frac{1}{a_{\mathrm{M}^{z+},\mathrm{e}}} > 0$$

式中

$$
\begin{aligned}
\Delta G_{\mathrm{m,阴}}^{\ominus} &= \mu_{\mathrm{M}}^{\ominus} - \mu_{\mathrm{M}^{z+}}^{\ominus} - z\mu_{\mathrm{e}}^{\ominus} \\
\mu_{\mathrm{M}} &= \mu_{\mathrm{M}}^{\ominus} \\
\mu_{\mathrm{M}^{z+}} &= \mu_{\mathrm{M}^{z+}}^{\ominus} + RT\ln a_{\mathrm{M}^{z+}} \\
\mu_{\mathrm{e}} &= \mu_{\mathrm{e}}^{\ominus}
\end{aligned}
$$

由

$$\varphi_{\mathrm{阴,e}} = -\frac{\Delta G_{\mathrm{m,阴,e}}}{zF}$$

得

$$\varphi_{阴,e} = \varphi_{阴}^{\ominus} + \frac{RT}{zF}\ln a_{M^{z+},e} < 0$$

式中

$$\varphi_{阴}^{\ominus} = -\frac{\Delta G_{m,阴}^{\ominus}}{zF} = -\frac{\mu_{M}^{\ominus} - \mu_{M^{z+}}^{\ominus} - z\mu_{e}^{\ominus}}{zF}$$

阴极有电流通过，发生极化，阴极反应为

$$M^{z+} + ze = M$$

阴极电势为

$$\begin{aligned}\varphi_{阴} &= \varphi_{阴,e} + \Delta\varphi_{阴} < 0 \\ \Delta\varphi_{阴} &= \varphi_{阴} - \varphi_{阴,e} < 0\end{aligned} \tag{5.36}$$

并有

$$A_{m,阴} = -\Delta G_{m,阴} = zF\varphi_{阴} = zF(\varphi_{阴,e} + \Delta\varphi_{阴}) < 0$$

2. 阴极反应速率

熵增率为

$$\sigma = -j\frac{A_{m,阴}}{T}$$

阴极反应速率为

$$\frac{dN_M}{dt} = -\frac{dN_{M^{z+}}}{dt} = -\frac{dN_e}{zdt} = Sj \tag{5.37}$$

式中，S为电极表面积；

$$\begin{aligned}j &= -l_1\left(\frac{A_{m,阴}}{T}\right) - l_2\left(\frac{A_{m,阴}}{T}\right)^2 - l_3\left(\frac{A_{m,阴}}{T}\right)^3 - \cdots \\ &= -l_1\left(\frac{zF\varphi_{阴}}{T}\right) - l_2\left(\frac{zF\varphi_{阴}}{T}\right)^2 - l_3\left(\frac{zF\varphi_{阴}}{T}\right)^3 - \cdots \\ &= -l_1'\left(\frac{\varphi_{阴}}{T}\right) - l_2'\left(\frac{\varphi_{阴}}{T}\right)^2 - l_3'\left(\frac{\varphi_{阴}}{T}\right)^3 - \cdots \\ &= -l_1'\left(\frac{\varphi_{阴,e} + \Delta\varphi_{阴}}{T}\right) - l_2'\left(\frac{\varphi_{阴,e} + \Delta\varphi_{阴}}{T}\right)^2 - l_3'\left(\frac{\varphi_{阴,e} + \Delta\varphi_{阴}}{T}\right)^3 - \cdots\end{aligned} \tag{5.38}$$

式中

$$\begin{aligned}l_1' &= l_1(zF) \\ l_2' &= l_2(zF)^2 \\ l_3' &= l_3(zF)^3 \\ &\vdots\end{aligned}$$

$$-l_1'\left(\frac{\varphi_{阴,e}+\Delta\varphi_{阴}}{T}\right)=-l_1'\left(\frac{\varphi_{阴,e}}{T}\right)-l_1'\left(\frac{\Delta\varphi_{阴}}{T}\right)$$

$$-l_2'\left(\frac{\varphi_{阴,e}+\Delta\varphi_{阴}}{T}\right)^2=-l_2'\left(\frac{\varphi_{阴,e}}{T}\right)^2-2l_2'\left(\frac{\varphi_{阴,e}}{T}\right)\left(\frac{\Delta\varphi_{阴}}{T}\right)-l_2'\left(\frac{\Delta\varphi_{阴}}{T}\right)^2$$

$$-l_3'\left(\frac{\varphi_{阴,e}+\Delta\varphi_{阴}}{T}\right)^3=-l_3'\left(\frac{\varphi_{阴,e}}{T}\right)^3-3l_3'\left(\frac{\varphi_{阴,e}}{T}\right)^2\left(\frac{\Delta\varphi_{阴}}{T}\right)-3l_3'\left(\frac{\varphi_{阴,e}}{T}\right)\left(\frac{\Delta\varphi_{阴}}{T}\right)^2-l_3'\left(\frac{\Delta\varphi_{阴}}{T}\right)$$

$$\begin{aligned}-l_4'\left(\frac{\varphi_{阴,e}+\Delta\varphi_{阴}}{T}\right)^4=&-l_4'\left(\frac{\varphi_{阴,e}}{T}\right)^4-4l_4'\left(\frac{\varphi_{阴,e}}{T}\right)^3\left(\frac{\Delta\varphi_{阴}}{T}\right)\\&-6l_4'\left(\frac{\varphi_{阴,e}}{T}\right)^2\left(\frac{\Delta\varphi_{阴}}{T}\right)^2-4l_4'\left(\frac{\varphi_{阴,e}}{T}\right)\left(\frac{\Delta\varphi_{阴}}{T}\right)-l_4'\left(\frac{\Delta\varphi_{阴}}{T}\right)^4\end{aligned}$$

$$\vdots$$

各式相加，得

$$\begin{aligned}&-l_1'\left(\frac{\varphi_{阴,e}+\Delta\varphi_{阴}}{T}\right)-l_2'\left(\frac{\varphi_{阴,e}+\Delta\varphi_{阴}}{T}\right)^2-l_3'\left(\frac{\varphi_{阴,e}+\Delta\varphi_{阴}}{T}\right)^3-l_4'\left(\frac{\varphi_{阴,e}+\Delta\varphi_{阴}}{T}\right)^4-\cdots\\
&=\left[-l_1'\left(\frac{\varphi_{阴,e}}{T}\right)-l_2'\left(\frac{\varphi_{阴,e}}{T}\right)^2-l_3'\left(\frac{\varphi_{阴,e}}{T}\right)^3-\cdots\right]\\
&\quad+\left[-l_1'-2l_2'\left(\frac{\varphi_{阴,e}}{T}\right)-3l_3'\left(\frac{\varphi_{阴,e}}{T}\right)^2-4l_4'\left(\frac{\varphi_{阴,e}}{T}\right)^3-\cdots\right]\left(\frac{\Delta\varphi_{阴}}{T}\right)\\
&\quad+\left[-l_2'-3l_3'\left(\frac{\varphi_{阴,e}}{T}\right)-6l_4'\left(\frac{\varphi_{阴,e}}{T}\right)^2-\cdots\right]\left(\frac{\Delta\varphi_{阴}}{T}\right)^2+\left[-l_3'-4l_4'\left(\frac{\varphi_{阴,e}}{T}\right)-\cdots\right]\left(\frac{\Delta\varphi_{阴}}{T}\right)^3\\
&=-l_1''-l_2''\left(\frac{\Delta\varphi_{阴}}{T}\right)-l_3''\left(\frac{\Delta\varphi_{阴}}{T}\right)^2-l_4''\left(\frac{\Delta\varphi_{阴}}{T}\right)^3-\cdots\end{aligned}\tag{5.39}$$

式中

$$-l_1''=-l_1'\left(\frac{\varphi_{阴,e}}{T}\right)-l_2'\left(\frac{\varphi_{阴,e}}{T}\right)^2-l_3'\left(\frac{\varphi_{阴,e}}{T}\right)^3-\cdots$$

$$-l_2''=-l_1'-2l_2'\left(\frac{\varphi_{阴,e}}{T}\right)-3l_3'\left(\frac{\varphi_{阴,e}}{T}\right)^2-4l_4'\left(\frac{\varphi_{阴,e}}{T}\right)^4-\cdots$$

$$-l_3''=-l_2'-3l_3'\left(\frac{\varphi_{阴,e}}{T}\right)-6l_4'\left(\frac{\varphi_{阴,e}}{T}\right)^2-\cdots$$

$$-l_4'' = -l_3' - 4l_4'\left(\frac{\varphi_{阴,e}}{T}\right) - \cdots$$

将式（5.39）代入式（5.38），得

$$\begin{aligned} j &= -l_1'\left(\frac{\varphi_{阴}}{T}\right) - l_2'\left(\frac{\varphi_{阴}}{T}\right)^2 - l_3'\left(\frac{\varphi_{阴}}{T}\right)^3 - \cdots \\ &= -l_1'' - l_2''\left(\frac{\Delta\varphi_{阴}}{T}\right) - l_3''\left(\frac{\Delta\varphi_{阴}}{T}\right)^2 - l_4''\left(\frac{\Delta\varphi_{阴}}{T}\right)^3 - \cdots \end{aligned} \tag{5.40}$$

将上式代入

$$i = zFj$$

得

$$\begin{aligned} i &= zFj \\ &= -l_1^*\left(\frac{\varphi_{阴}}{T}\right) - l_2^*\left(\frac{\varphi_{阴}}{T}\right)^2 - l_3^*\left(\frac{\varphi_{阴}}{T}\right)^3 - \cdots \\ &= -l_1^{**} - l_2^{**}\left(\frac{\Delta\varphi_{阴}}{T}\right) - l_3^{**}\left(\frac{\Delta\varphi_{阴}}{T}\right)^2 - l_4^{**}\left(\frac{\Delta\varphi_{阴}}{T}\right)^3 - \cdots \end{aligned} \tag{5.41}$$

式中

$$\begin{array}{ll} l_1^* = l_1'zF & l_1^{**} = l_1''zF \\ l_2^* = l_2'zF & l_2^{**} = l_2''zF \\ l_3^* = l_3'zF & l_3^{**} = l_3''zF \\ \vdots & l_4^{**} = l_4''zF \\ & \vdots \end{array}$$

并有

$$I = Si = zFSj$$

3. 塔费尔公式

塔费尔公式的理论解释是将巴特勒-福尔摩公式取近似的结果。若$|\Delta\varphi|$很大，对阴极来说略去第二项，得

$$i = i_0 \exp\left(-\frac{\beta F\Delta\varphi}{RT}\right)$$

做泰勒展开得

$$\begin{aligned} i &= i_v\left[1 + \frac{-\beta F\Delta\varphi}{RT} + \frac{1}{2!}\left(\frac{-\beta F\Delta\varphi}{RT}\right)^2 + \frac{1}{3!}\left(\frac{-\beta F\Delta\varphi}{RT}\right)^3 + \cdots\right] \\ &= i_0 + i_0\left(\frac{-\beta F}{R}\right)\left(\frac{\Delta\varphi}{T}\right) + \frac{i_0}{2!}\left(\frac{-\beta F}{R}\right)^2\left(\frac{\Delta\varphi}{T}\right)^2 + \frac{i_0}{3!}\left(\frac{-\beta F}{R}\right)^3\left(\frac{\Delta\varphi}{T}\right) + \cdots \end{aligned}$$

与式（5.41）比较，得

$$i_0 = -l_1^{**}$$

$$-\frac{i_0\beta F}{R} = -l_2^{**}$$

$$\frac{i_0}{2!}\left(-\frac{\beta F}{R}\right)^2 = -l_3^{**}$$

$$\frac{i_0}{3!}\left(-\frac{\beta F}{RT}\right)^3 = -l_4^{**}$$

低过电势，选取泰勒展开的一次项，得

$$i = i_0 - \frac{i_0\beta F}{R}\left(\frac{\Delta\varphi}{T}\right)$$

5.5.2　阳极反应

1. 阳极电势

阳极反应达成平衡，

$$\text{Me} \rightleftharpoons \text{Me}^{z+} + z\text{e}$$

该反应的摩尔吉布斯自由能变化为

$$\Delta G_{\text{m},阳,\text{e}} = \mu_{\text{Me}^{z+}} + z\mu_{\text{e}} - \mu_{\text{Me}} = \Delta G_{\text{m},阳}^{\ominus} + RT\ln a_{\text{Me}^{z+},\text{e}} > 0$$

式中

$$\Delta G_{\text{m},阳,\text{e}}^{\ominus} = \mu_{\text{Me}^{z+}}^{\ominus} + z\mu_{\text{e}}^{\ominus} - \mu_{\text{Me}}^{\ominus}$$

$$\mu_{\text{Me}^{z+}} = \mu_{\text{Me}^{z+}}^{\ominus} + RT\ln a_{\text{Me}^{z+}}$$

$$\mu_{\text{e}} = \mu_{\text{e}}^{\ominus}$$

$$\mu_{\text{Me}} = \mu_{\text{Me}}^{\ominus}$$

由

$$\varphi_{阳,\text{e}} = \frac{\Delta G_{\text{m},阳,\text{e}}}{zF}$$

得

$$\varphi_{阳,\text{e}} = \varphi_{阳}^{\ominus} + \frac{RT}{zF}\ln a_{\text{Me}^{z+},\text{e}} > 0$$

式中

$$\varphi_{阳}^{\ominus} = \frac{\Delta G_{\text{m},阳}^{\ominus}}{zF} = \frac{\mu_{\text{Me}^{z+}}^{\ominus} + z\mu_{\text{e}}^{\ominus} - \mu_{\text{Me}}^{\ominus}}{zF}$$

阳极有电流通过，发生极化，阳极反应为

$$\text{Me} = \text{Me}^{z+} + z\text{e}$$

阳极电势为

$$\varphi_{阳} = \varphi_{阳,e} + \Delta\varphi_{阳} > 0$$
$$\Delta\varphi_{阳} = \varphi_{阳} - \varphi_{阳,e} > 0 \tag{5.42}$$

并有

$$A_{m,阳} = -\Delta G_{m,阳} = -zF\varphi_{阳} = -zF(\varphi_{阳,e} + \Delta\varphi_{阳}) < 0$$

2. 阳极反应速率

熵增率为

$$\sigma = -j\frac{A_{m,阳}}{T}$$

阳极反应速率为

$$\frac{dN_{Me^{z+}}}{dt} = -\frac{dN_{Me}}{dt} = \frac{dN_e}{zdt} = Sj \tag{5.43}$$

式中

$$\begin{aligned} j &= -l_1\left(\frac{A_{m,阳}}{T}\right) - l_2\left(\frac{A_{m,阳}}{T}\right)^2 - l_3\left(\frac{A_{m,阳}}{T}\right)^3 - \cdots \\ &= -l_1\left(-\frac{zF\varphi_{阳}}{T}\right) - l_2\left(-\frac{zF\varphi_{阳}}{T}\right)^2 - l_3\left(-\frac{zF\varphi_{阳}}{T}\right)^3 - \cdots \\ &= -l_1'\left(\frac{\varphi_{阳}}{T}\right) - l_2'\left(\frac{\varphi_{阳}}{T}\right)^2 - l_3'\left(\frac{\varphi_{阳}}{T}\right)^3 - \cdots \\ &= -l_1'\left(\frac{\varphi_{阳,e} + \Delta\varphi_{阳}}{T}\right) - l_2'\left(\frac{\varphi_{阳,e} + \Delta\varphi_{阳}}{T}\right)^2 - l_3'\left(\frac{\varphi_{阳,e} + \Delta\varphi_{阳}}{T}\right)^3 - \cdots \end{aligned} \tag{5.44}$$

式中

$$l_1' = l_1(-zF)$$
$$l_2' = l_2(-zF)^2$$
$$l_3' = l_3(-zF)^3$$
$$\vdots$$

$$-l_1'\left(\frac{\varphi_{阳,e} + \Delta\varphi_{阳}}{T}\right) = -l_1'\left(\frac{\varphi_{阳,e}}{T}\right) - l_1'\left(\frac{\Delta\varphi_{阳}}{T}\right)$$

$$-l_2'\left(\frac{\varphi_{阳,e} + \Delta\varphi_{阳}}{T}\right)^2 = -l_2'\left(\frac{\varphi_{阳,e}}{T}\right)^2 - 2l_2'\left(\frac{\varphi_{阳,e}}{T}\right)\left(\frac{\Delta\varphi_{阳}}{T}\right) - l_2'\left(\frac{\Delta\varphi_{阳}}{T}\right)^2$$

$$-l_3'\left(\frac{\varphi_{阳,e} + \Delta\varphi_{阳}}{T}\right)^3 = -l_3'\left(\frac{\varphi_{阳,e}}{T}\right)^3 - 3l_3'\left(\frac{\varphi_{阳,e}}{T}\right)^2\left(\frac{\Delta\varphi_{阳}}{T}\right) - 3l_3'\left(\frac{\varphi_{阳,e}}{T}\right)\left(\frac{\Delta\varphi_{阳}}{T}\right) - l_3'\left(\frac{\Delta\varphi_{阳}}{T}\right)^3$$

$$-l_4'\left(\frac{\varphi_{阳,e}+\Delta\varphi_{阳}}{T}\right)^4=-l_4'\left(\frac{\varphi_{阳,e}}{T}\right)^4-4l_4'\left(\frac{\varphi_{阳,e}}{T}\right)^3\left(\frac{\Delta\varphi_{阳}}{T}\right)$$
$$-6l_4'\left(\frac{\varphi_{阳,e}}{T}\right)^2\left(\frac{\Delta\varphi_{阳}}{T}\right)^2-4l_4'\left(\frac{\varphi_{阳,e}}{T}\right)\left(\frac{\Delta\varphi_{阳}}{T}\right)^3-l_4'\left(\frac{\Delta\varphi_{阳}}{T}\right)^4$$
$$\vdots$$

各式相加，得

$$\begin{aligned}
&-l_1'\left(\frac{\varphi_{阳,e}+\Delta\varphi_{阳}}{T}\right)-l_2'\left(\frac{\varphi_{阳,e}+\Delta\varphi_{阳}}{T}\right)^2-l_3'\left(\frac{\varphi_{阳,e}+\Delta\varphi_{阳}}{T}\right)^3-l_4'\left(\frac{\varphi_{阳,e}+\Delta\varphi_{阳}}{T}\right)^4-\cdots\\
&=\left[-l_1'\left(\frac{\varphi_{阳,e}}{T}\right)-l_2'\left(\frac{\varphi_{阳,e}}{T}\right)^2-l_3'\left(\frac{\varphi_{阳,e}}{T}\right)^3-\cdots\right]\\
&\quad+\left[-l_1'-2l_2'\left(\frac{\varphi_{阳,e}}{T}\right)-3l_3'\left(\frac{\varphi_{阳,e}}{T}\right)^2-4l_4'\left(\frac{\varphi_{阳,e}}{T}\right)^3\cdots\right]\left(\frac{\Delta\varphi_{阳}}{T}\right)\\
&\quad+\left[-l_2'-3l_3'\left(\frac{\varphi_{阳,e}}{T}\right)-6l_4'\left(\frac{\varphi_{阳,e}}{T}\right)^2-\cdots\right]\left(\frac{\Delta\varphi_{阳}}{T}\right)^2\\
&\quad+\left[-l_3'-4l_4'\left(\frac{\varphi_{阳,e}}{T}\right)-\cdots\right]\left(\frac{\Delta\varphi_{阳}}{T}\right)^3\\
&=-l_1''-l_2''\left(\frac{\Delta\varphi_{阳}}{T}\right)-l_3''\left(\frac{\Delta\varphi_{阳}}{T}\right)^2-l_4''\left(\frac{\Delta\varphi_{阳}}{T}\right)^3-\cdots
\end{aligned}\tag{5.45}$$

式中

$$-l_1''=-l_1'\left(\frac{\varphi_{阳,e}}{T}\right)-l_2'\left(\frac{\varphi_{阳,e}}{T}\right)^2-l_3'\left(\frac{\varphi_{阳,e}}{T}\right)^3-\cdots$$
$$-l_2''=-l_1'-2l_2'\left(\frac{\varphi_{阳,e}}{T}\right)-3l_3'\left(\frac{\varphi_{阳,e}}{T}\right)^2-4l_4'\left(\frac{\varphi_{阳,e}}{T}\right)^3-\cdots$$
$$-l_3''=-l_2'-3l_3'\left(\frac{\varphi_{阳,e}}{T}\right)-6l_4'\left(\frac{\varphi_{阳,e}}{T}\right)^2-\cdots$$
$$-l_4''=-l_3'-4l_4'\left(\frac{\varphi_{阳,e}}{T}\right)-\cdots$$

将式（5.45）代入式（5.44），得

$$
\begin{aligned}
j &= -l_1'\left(\frac{\varphi_{\text{阳}}}{T}\right) - l_2'\left(\frac{\varphi_{\text{阳}}}{T}\right)^2 - l_3'\left(\frac{\varphi_{\text{阳}}}{T}\right)^3 - \cdots \\
&= -l_1'' - l_2''\left(\frac{\Delta\varphi_{\text{阳}}}{T}\right) - l_3''\left(\frac{\Delta\varphi_{\text{阳}}}{T}\right)^2 - l_4''\left(\frac{\Delta\varphi_{\text{阳}}}{T}\right)^3 - \cdots
\end{aligned} \tag{5.46}
$$

将上式代入

$$i = zFj$$

得

$$
\begin{aligned}
i &= zFj \\
&= -l_1^*\left(\frac{\varphi_{\text{阳}}}{T}\right) - l_2^*\left(\frac{\varphi_{\text{阳}}}{T}\right)^2 - l_3^*\left(\frac{\varphi_{\text{阳}}}{T}\right)^3 - \cdots \\
&= -l_1^{**} - l_2^{**}\left(\frac{\Delta\varphi_{\text{阳}}}{T}\right) - l_3^{**}\left(\frac{\Delta\varphi_{\text{阳}}}{T}\right)^2 - l_4^{**}\left(\frac{\Delta\varphi_{\text{阳}}}{T}\right)^3 - \cdots
\end{aligned} \tag{5.47}
$$

式中

$$
\begin{array}{ll}
l_1^* = zFl_1' & l_1^{**} = zFl_1'' \\
l_2^* = zFl_2' & l_2^{**} = zFl_2'' \\
l_3^* = zFl_3' & l_3^{**} = zFl_3'' \\
\vdots & l_4^{**} = zFl_4'' \\
 & \vdots
\end{array}
$$

并有

$$I = Si = zFSj$$

3. 塔费尔公式

塔费尔公式的理论解释是将巴特勒-福尔摩公式取近似的结算。若$|\Delta\varphi|$很大，对阳极来说略去第一项，得

$$i = i_0 \exp\left(\frac{(1-\beta)F\Delta\varphi}{RT}\right)$$

做泰勒展开得

$$
\begin{aligned}
i &= i_0\left[1 + \frac{(1-\beta)F\Delta\varphi}{RT} + \frac{1}{2!}\left(\frac{(1-\beta)F\Delta\varphi}{RT}\right)^2 + \frac{1}{3!}\left(\frac{(1-\beta)F\Delta\varphi}{RT}\right)^3 + \cdots\right] \\
&= i_0 + \frac{i_0(1-\beta)F}{R}\left(\frac{\Delta\varphi}{T}\right) + \frac{i_0}{2!}\left(\frac{(1-\beta)F}{R}\right)^2\left(\frac{\Delta\varphi}{T}\right)^2 + \frac{i_0}{3!}\left(\frac{(1-\beta)F}{R}\right)^3\left(\frac{\Delta\varphi}{T}\right)^3 + \cdots
\end{aligned}
$$

与式（5.47）比较，得

$$i_0 = -l_1^{**}$$

$$\frac{i_0(1-\beta)F}{R}=-l_2^{**}$$

$$\frac{i_0}{2!}\left(\frac{(1-\beta)F}{R}\right)^2=-l_3^{**}$$

$$\frac{i_0}{3!}\left(\frac{(1-\beta)F}{RT}\right)^3=-l_4^{**}$$

低过电势，只保留泰勒展开的一次项，即

$$i=i_0+i_0\left[\frac{(1-\beta)F}{R}\right]\left(\frac{\Delta\varphi}{T}\right)$$

5.5.3　电解池反应

1. 电解池电动势

反应达到平衡，

$$M^{z+}+Me \rightleftharpoons M+Me^{z+}$$

该反应的摩尔吉布斯自由能变化为

$$\Delta G_{m,e}=\mu_M+\mu_{Me^{z+}}-\mu_{M^{z+}}-\mu_{Me}=\Delta G_m^{\ominus}+RT\ln\frac{a_{Me^{z+},e}}{a_{M^{z+},e}}>0$$

式中

$$\Delta G_m^{\ominus}=\mu_M^{\ominus}+\mu_{Me^{z+}}^{\ominus}-\mu_{M^{z+}}^{\ominus}-\mu_{Me}^{\ominus}$$

$$\mu_M=\mu_M^{\ominus}$$

$$\mu_{Me^{z+}}=\mu_{Me^{z+}}^{\ominus}+RT\ln a_{Me^{z+},e}$$

$$\mu_{M^{z+}}=\mu_{M^{z+}}^{\ominus}+RT\ln a_{M^{z+},e}$$

$$\mu_{Me}=\mu_{Me}^{\ominus}$$

由

$$E_e=-\frac{\Delta G_{m,e}}{zF}$$

得

$$E_e=E_e^{\ominus}+\frac{RT}{zF}\ln\frac{a_{M^{z+},e}}{a_{Me^{z+},e}}<0 \tag{5.48}$$

有电流通过，电解池发生极化，电解池反应为

$$M^{z+}+Me = M+Me^{z+}$$

电解池的电动势为

$$\begin{aligned}
E &= \varphi_{阴} - \varphi_{阳} \\
&= (\varphi_{阴,e} + \Delta\varphi_{阴}) - (\varphi_{阳,e} + \Delta\varphi_{阳}) \\
&= (\varphi_{阴,e} - \varphi_{阳,e}) + (\Delta\varphi_{阴} - \Delta\varphi_{阳}) \\
&= E_e + \Delta E
\end{aligned}$$

$$E_e = \varphi_{阴,e} - \varphi_{阳,e}$$

$$\Delta E = \Delta\varphi_{阴} - \Delta\varphi_{阳}$$

电解池的外加电动势为

$$\begin{aligned}
E' &= \varphi_{阳} - \varphi_{阴} \\
&= (\varphi_{阳,e} + \Delta\varphi_{阳}) - (\varphi_{阴,e} + \Delta\varphi_{阴}) \\
&= (\varphi_{阳,e} - \varphi_{阴,e}) + (\Delta\varphi_{阳} - \Delta\varphi_{阴}) \\
&= E'_e + \Delta E'
\end{aligned} \tag{5.49}$$

$$E'_e = \varphi_{阳,e} - \varphi_{阴,e}$$

$$\Delta E' = \Delta\varphi_{阳} - \Delta\varphi_{阴}$$

$$E' = -E$$

$$E'_e = -E_e,\quad \Delta E' = -\Delta E$$

式中，E'_e 为外加平衡电势；

$$\Delta E' = \Delta\varphi_{阳} - \Delta\varphi_{阴} > 0$$

端电压　　$V' = E'_e + \Delta E' + IR = E' + IR$

并有

$$A_m = -\Delta G_m = zFE = zF(E_e + \Delta E) = -zFE' = -zF(E'_e + \Delta E')$$

2. 电解池反应速率

电解池反应速率为

$$\frac{dN_M}{dt} = \frac{dN_{Me^{z+}}}{dt} = -\frac{dN_{M^{z+}}}{dt} = -\frac{dN_{Me}}{dt} = Sj \tag{5.50}$$

式中

$$\begin{aligned}
j &= -l_1\left(\frac{A_m}{T}\right) - l_2\left(\frac{A_m}{T}\right)^2 - l_3\left(\frac{A_m}{T}\right)^3 - l_4\left(\frac{A_m}{T}\right)^4 - \cdots \\
&= -l_1\left(-\frac{zFE'}{T}\right) - l_2\left(-\frac{zFE'}{T}\right)^2 - l_3\left(-\frac{zFE'}{T}\right)^3 - l_4\left(-\frac{zFE'}{T}\right)^4 - \cdots \\
&= -l'_1\left(\frac{E'}{T}\right) - l'_2\left(\frac{E'}{T}\right)^2 - l'_3\left(\frac{E'}{T}\right)^3 - l'_4\left(\frac{E'}{T}\right)^4 - \cdots \\
&= -l'_1\left(\frac{E'_e + \Delta E'}{T}\right) - l'_2\left(\frac{E'_e + \Delta E'}{T}\right)^2 - l'_3\left(\frac{E'_e + \Delta E'}{T}\right)^3 - l'_4\left(\frac{E'_e + \Delta E'}{T}\right)^4 - \cdots
\end{aligned} \tag{5.51}$$

式中

$$
\begin{aligned}
l_1' &= l_1(-zF) \\
l_2' &= l_2(-zF)^2 \\
l_3' &= l_3(-zF)^3 \\
&\vdots
\end{aligned}
$$

$$
\begin{aligned}
-l_1'\left(\frac{E_e'+\Delta E'}{T}\right) &= -l_1'\left(\frac{E_e'}{T}\right)-l_1'\left(\frac{\Delta E'}{T}\right) \\
-l_2'\left(\frac{E_e'+\Delta E'}{T}\right)^2 &= -l_2'\left(\frac{E_e'}{T}\right)^2-2l_2'\left(\frac{E_e'}{T}\right)\left(\frac{\Delta E'}{T}\right)-l_2'\left(\frac{\Delta E'}{T}\right)^2 \\
-l_3'\left(\frac{E_e'+\Delta E'}{T}\right)^3 &= -l_3'\left(\frac{E_e'}{T}\right)^3-3l_3'\left(\frac{E_e'}{T}\right)^2\left(\frac{\Delta E'}{T}\right)-3l_3'\left(\frac{E_e'}{T}\right)\left(\frac{\Delta E'}{T}\right)^2-l_3'\left(\frac{\Delta E'}{T}\right)^3 \\
-l_4'\left(\frac{E_e'+\Delta E'}{T}\right)^4 &= -l_4'\left(\frac{E_e'}{T}\right)^4-4l_4'\left(\frac{E_e'}{T}\right)^3\left(\frac{\Delta E'}{T}\right)-6l_4'\left(\frac{E_e'}{T}\right)^2\left(\frac{\Delta E'}{T}\right)^2 \\
&\quad -4l_4'\left(\frac{E_e'}{T}\right)\left(\frac{\Delta E'}{T}\right)^3-l_4'\left(\frac{\Delta E'}{T}\right)^4 \\
&\vdots
\end{aligned}
$$

各式相加，得

$$
\begin{aligned}
&-l_1'\left(\frac{E_e'+\Delta E'}{T}\right)-l_2'\left(\frac{E_e'+\Delta E'}{T}\right)^2-l_3'\left(\frac{E_e'+\Delta E'}{T}\right)^3-l_4'\left(\frac{E_e'+\Delta E'}{T}\right)^4-\cdots \\
&=\left[-l_1'\left(\frac{E_e'}{T}\right)-l_2'\left(\frac{E_e'}{T}\right)^2-l_3'\left(\frac{E_e'}{T}\right)^3-\cdots\right] \\
&\quad+\left[-l_1'-2l_2'\left(\frac{E_e'}{T}\right)-3l_3'\left(\frac{E_e'}{T}\right)^2-4l_4'\left(\frac{E_e'}{T}\right)^3-\cdots\right]\left(\frac{\Delta E'}{T}\right) \\
&\quad+\left[-l_2'-3l_3'\left(\frac{E_e'}{T}\right)-6l_4'\left(\frac{E_e'}{T}\right)^2-\cdots\right]\left(\frac{\Delta E'}{T}\right)^2 \\
&\quad+\left[-l_3'-4l_4'\left(\frac{E_e'}{T}\right)-\cdots\right]\left(\frac{\Delta E'}{T}\right)^3 \\
&=-l_1''-l_2''\left(\frac{\Delta E'}{T}\right)-l_3''\left(\frac{\Delta E'}{T}\right)^2-l_4''\left(\frac{\Delta E'}{T}\right)^3-\cdots
\end{aligned}
\tag{5.52}
$$

式中

$$-l_1'' = -l_1'\left(\frac{E_e'}{T}\right) - l_2'\left(\frac{E_e'}{T}\right)^2 - l_3'\left(\frac{E_e'}{T}\right)^3 - \cdots$$

$$-l_2'' = -l_1' - 2l_2'\left(\frac{E_e'}{T}\right) - 3l_3'\left(\frac{E_e'}{T}\right)^2 - 4l_4'\left(\frac{E_e'}{T}\right)^3 - \cdots$$

$$-l_3'' = -l_2' - 3l_3'\left(\frac{E_e'}{T}\right) - 6l_4'\left(\frac{E_e'}{T}\right)^2 - \cdots$$

$$-l_4'' = -l_3' - 4l_4'\left(\frac{E_e'}{T}\right) - \cdots$$

将式（5.52）代入式（5.51），得

$$\begin{aligned} j &= -l_1'\left(\frac{E'}{T}\right) - l_2'\left(\frac{E'}{T}\right)^2 - l_3'\left(\frac{E'}{T}\right)^3 - \cdots \\ &= -l_1'' - l_2''\left(\frac{\Delta E'}{T}\right) - l_3''\left(\frac{\Delta E'}{T}\right)^2 - l_4''\left(\frac{\Delta E'}{T}\right)^3 - \cdots \end{aligned} \tag{5.53}$$

将上式代入

$$i = zFj$$

得

$$\begin{aligned} i &= zFj \\ &= -l_1^*\left(\frac{E'}{T}\right) - l_2^*\left(\frac{E'}{T}\right)^2 - l_3^*\left(\frac{E'}{T}\right)^3 - \cdots \\ &= -l_1^{**} - l_2^{**}\left(\frac{\Delta E'}{T}\right) - l_3^{**}\left(\frac{\Delta E'}{T}\right)^2 - l_4^{**}\left(\frac{\Delta E'}{T}\right)^3 - \cdots \end{aligned} \tag{5.54}$$

式中

$$\begin{aligned} & l_1^* = l_1' zF \qquad && l_1^{**} = l_1'' zF \\ & l_2^* = l_2' zF && l_2^{**} = l_2'' zF \\ & l_3^* = l_3' zF && l_3^{**} = l_3'' zF \\ & \vdots && l_4^{**} = l_4'' zF \\ & && \vdots \end{aligned}$$

并有

$$I = Si = zFSj$$

5.6　电 极 过 程

5.6.1　电极过程的特点

电流通过电极界面发生的一系列化学变化和物理变化的总和称为电极过程。

电极过程具有异相催化反应的性质：

（1）反应在两相界面发生，反应速率与界面面积和界面传质有关。

（2）反应速率与电极表面附近薄层中的产物和反应物的传质有关。

（3）电极反应与新相生成有关。

此外，电极过程还有其自身的特点：双电层结构和界面区的电场对电极过程的速率有重大影响。

5.6.2　电极过程的步骤

电极过程由一系列单元步骤组成。这些单元步骤有接续进行的，有平行进行的。依电极过程不同，这些步骤不同。但是，一定有下面三个必不可少的接续进行的步骤：

（1）传质。反应物粒子从电解质本体或电极内部向电极表面传输。

（2）电子转移。反应物粒子在电极界面得失电子。

（3）迁移或生成新相。产物粒子从电极界面向电解质内部或电极内部迁移，或者电极反应生成新相——气体或固体。

有些电极过程，在步骤（1）和步骤（2）之间存在着反应物粒子在得失电子之前，在界面区发生没有电子数的变化，称为前置表面转化步骤。例如，高配位数的络离子在阴极还原前，先电离成低配位数的络离子，然后再与电子结合。

有些电极过程，在步骤（2）和步骤（3）之间还存在着产物进一步转化为其他物质的步骤，称为后继表面转化步骤。例如，氢离子在电极上得到电子变成氢原子后，进一步复合成氢分子。

反应物在电极上同时获得两个电子的概率很小，一般情况下，多个电子反应的电子转移步骤往往不止一个，而且前置表面转化步骤和后继表面转化步骤不止一个。电子转移步骤与前后表面转化步骤一起形成总的电极过程。

5.7　有前置表面转化步骤的电极过程

5.7.1　一个电子的反应

1. *阴极反应*

阴极反应为

$$(\mathrm{MeL}_n)^+ = (\mathrm{MeL}_m)^+ + (n-m)\mathrm{L}$$

$$(\mathrm{MeL}_m)^+ + \mathrm{e} = \mathrm{Me} + m\mathrm{L}$$

过程达到稳态，阴极反应速率为

$$-\frac{\mathrm{d}N_{(\mathrm{MeL}_m)^+}}{\mathrm{d}t}=\frac{\mathrm{d}N_{\mathrm{Me}}}{\mathrm{d}t}=\frac{1}{m}\frac{\mathrm{d}N_{\mathrm{L}}}{\mathrm{d}t}=-\frac{\mathrm{d}N_{\mathrm{e}}}{\mathrm{d}t}=Sj_1=Sj_2=Sj$$

$$j=\frac{1}{2}(j_1+j_2)$$

式中，j_1 为前置表面转化反应速率；j_2 为电子转移反应速率；j 为阴极过程速率。

前置表面转化反应为

$$(\mathrm{MeL}_n)^+ \Longleftrightarrow (\mathrm{MeL}_m)^+ + (n-m)\mathrm{L}$$

该过程的摩尔吉布斯自由能变化为

$$\Delta G_{\mathrm{m},1}=\mu_{(\mathrm{MeL}_m)^+}+(n-m)\mu_{\mathrm{L}}-\mu_{(\mathrm{MeL}_n)^+}=\Delta G_{\mathrm{m},1}^{\ominus}+RT\ln\frac{a_{(\mathrm{MeL}_m)^+}a_{\mathrm{L}}^{(n-m)}}{a_{(\mathrm{MeL}_n)^+}}$$

式中

$$\Delta G_{\mathrm{m},1}^{\ominus}=\mu_{(\mathrm{MeL}_m)^+}^{\ominus}+(n-m)\mu_{\mathrm{L}}^{\ominus}-\mu_{(\mathrm{MeL}_n)^+}^{\ominus}$$

$$\mu_{(\mathrm{MeL}_m)^+}=\mu_{(\mathrm{MeL}_m)^+}^{\ominus}+RT\ln a_{(\mathrm{MeL}_m)^+}$$

$$\mu_{\mathrm{L}}=\mu_{\mathrm{L}}^{\ominus}+RT\ln a_{\mathrm{L}}$$

$$\mu_{(\mathrm{MeL}_n)^+}=\mu_{(\mathrm{MeL}_n)^+}^{\ominus}+RT\ln a_{(\mathrm{MeL}_n)^+}$$

前置表面转化反应速率为

$$-\frac{\mathrm{d}N_{(\mathrm{MeL}_n)^+}}{\mathrm{d}t}=\frac{\mathrm{d}N_{(\mathrm{MeL}_m)^+}}{\mathrm{d}t}=\frac{1}{n-m}\frac{\mathrm{d}N_{\mathrm{L}}}{\mathrm{d}t}=j_1 \tag{5.55}$$

式中

$$j_1=-l_1\left(\frac{A_{\mathrm{m}}}{T}\right)-l_2\left(\frac{A_{\mathrm{m}}}{T}\right)^2-l_3\left(\frac{A_{\mathrm{m}}}{T}\right)^3-\cdots$$

其中

$$A_{\mathrm{m}}=\Delta G_{\mathrm{m}}$$

电子转移反应达到平衡，有

$$(\mathrm{MeL}_m)^+ + \mathrm{e} \rightleftharpoons \mathrm{Me} + m\mathrm{L}$$

该过程的摩尔吉布斯自由能变化为

$$\Delta G_{\mathrm{m},阴,\mathrm{e}}=\mu_{\mathrm{Me}}+m\mu_{\mathrm{L}}-\mu_{(\mathrm{MeL}_m)^+}-\mu_{\mathrm{e}}=\Delta G_{\mathrm{m},阴}^{\ominus}+RT\ln\frac{a_{\mathrm{Me,e}}a_{\mathrm{L,e}}^{m}}{a_{(\mathrm{MeL}_m)^+,\mathrm{e}}}$$

式中

$$\Delta G_{\mathrm{m,阴}}^{\ominus} = \mu_{\mathrm{Me}}^{\ominus} + m\mu_{\mathrm{L}}^{\ominus} - \mu_{(\mathrm{MeL}_m)^+}^{\ominus} - \mu_{\mathrm{e}}^{\ominus}$$

$$\mu_{\mathrm{Me}} = \mu_{\mathrm{Me}}^{\ominus} + RT\ln a_{\mathrm{Me,e}}$$

$$\mu_{\mathrm{L}} = \mu_{\mathrm{L}}^{\ominus} + RT\ln a_{\mathrm{L,e}}$$

$$\mu_{(\mathrm{MeL}_m)^+} = \mu_{(\mathrm{MeL}_m)^+}^{\ominus} + RT\ln a_{(\mathrm{MeL}_m)^+,\mathrm{e}}$$

$$\mu_{\mathrm{e}} = \mu_{\mathrm{e}}^{\ominus}$$

μ_{e}表示电子 e 的化学势，其他变量下标 e 表示平衡态。

由

$$\varphi_{\text{阴, e}} = -\frac{\Delta G_{\mathrm{m,阴,e}}}{F}$$

得

$$\varphi_{\text{阴, e}} = \varphi_{\text{阴}}^{\ominus} + \frac{RT}{F}\ln\frac{a_{(\mathrm{MeL}_m)^+,\mathrm{e}}}{a_{\mathrm{Me,e}}a_{\mathrm{L,e}}^{m}} \tag{5.56}$$

式中

$$\varphi_{\text{阴}}^{\ominus} = -\frac{\Delta G_{\mathrm{m,阴}}^{\ominus}}{F} = -\frac{\mu_{\mathrm{Me}}^{\ominus} + m\mu_{\mathrm{L}}^{\ominus} - \mu_{(\mathrm{MeL}_m)^+}^{\ominus} - \mu_{\mathrm{e}}^{\ominus}}{F}$$

阴极有电流通过，发生极化，阴极反应为

$$(\mathrm{MeL}_m)^+ + \mathrm{e} = \!= \!= \mathrm{Me} + m\mathrm{L}$$

阴极电势为

$$\varphi_{\text{阴}} = \varphi_{\text{阴, e}} + \Delta\varphi_{\text{阴}}$$

$$\Delta\varphi_{\text{阴}} = \varphi_{\text{阴}} - \varphi_{\text{阴,e}} \tag{5.57}$$

对于电池

$$A_{\mathrm{m,阴}} = \Delta G_{\mathrm{m,阴}} = -F\varphi_{\text{阴}} = -F(\varphi_{\text{阴,e}} + \Delta\varphi_{\text{阴}})$$

对于电解池

$$A_{\mathrm{m,阴}} = -\Delta G_{\mathrm{m,阴}} = F\varphi_{\text{阴}} = F(\varphi_{\text{阴,e}} + \Delta\varphi_{\text{阴}})$$

电子转移反应速率为

$$-\frac{\mathrm{d}N_{(\mathrm{MeL}_m)^+}}{\mathrm{d}t} = -\frac{\mathrm{d}N_{\mathrm{e}}}{\mathrm{d}t} = \frac{\mathrm{d}N_{\mathrm{Me}}}{\mathrm{d}t} = \frac{1}{m}\frac{\mathrm{d}N_{\mathrm{L}}}{\mathrm{d}t} = j_2$$

式中

$$\begin{aligned} j_2 &= -l_1\left(\frac{A_{\mathrm{m,阴}}}{T}\right) - l_2\left(\frac{A_{\mathrm{m,阴}}}{T}\right)^2 - l_3\left(\frac{A_{\mathrm{m,阴}}}{T}\right)^3 - \cdots \\ &= -l_1'\left(\frac{\varphi_{\text{阴}}}{T}\right) - l_2'\left(\frac{\varphi_{\text{阴}}}{T}\right)^2 - l_3'\left(\frac{\varphi_{\text{阴}}}{T}\right)^3 - \cdots \\ &= -l_1''\left(\frac{\Delta\varphi_{\text{阴}}}{T}\right) - l_2''\left(\frac{\Delta\varphi_{\text{阴}}}{T}\right)^2 - l_3''\left(\frac{\Delta\varphi_{\text{阴}}}{T}\right)^3 - \cdots \end{aligned}$$

将上式代入

$$i = Fj_2$$

得

$$\begin{aligned} i &= Fj_2 \\ &= -l_1^*\left(\frac{\varphi_{阴}}{T}\right) - l_2^*\left(\frac{\varphi_{阴}}{T}\right)^2 - l_3^*\left(\frac{\varphi_{阴}}{T}\right)^3 - \cdots \\ &= -l_1^{**} - l_2^{**}\left(\frac{\Delta\varphi_{阴}}{T}\right) - l_3^{**}\left(\frac{\Delta\varphi_{阴}}{T}\right)^2 - l_4^{**}\left(\frac{\Delta\varphi_{阴}}{T}\right)^3 - \cdots \end{aligned} \tag{5.58}$$

式中，系数由实验确定。

2. 阳极反应

阳极反应为

$$MB_n = MB_m + (n-m)B$$

$$MB_m - e = M^+ + mB$$

阳极过程达到稳态，反应速率为

$$\frac{dN_{MB_m}}{dt} = \frac{1}{(n-m)}\frac{dN_B}{dt} = -\frac{dN_{MB_n}}{dt} = \frac{dN_{M^+}}{dt} = \frac{1}{m}\frac{dN_B}{dt} = -\frac{dN_{MB_m}}{dt} = Sj_1 = Sj_2 = Sj$$

式中，j_1为阳极前置表面转化反应速率；j_2为阳极反应速率；j为阳极过程速率

$$j = \frac{1}{2}(j_1 + j_2)$$

前置表面转化反应为

$$MB_n = MB_m + (n-m)B$$

该过程的摩尔吉布斯自由能变化为

$$\Delta G_{m,阳} = \mu_{MB_m} + (n-m)\mu_B - \mu_{MB_n} = \Delta G_{m,阳}^{\ominus} + RT\ln\frac{a_{MB_m}a_B^{(n-m)}}{a_{MB_n}}$$

式中

$$\Delta G_{m,阳}^{\ominus} = \mu_{MB_m}^{\ominus} + (n-m)\mu_B^{\ominus} - \mu_{MB_n}^{\ominus}$$

$$\mu_{MB_m} = \mu_{MB_m}^{\ominus} + RT\ln a_{MB_m}$$

$$\mu_B = \mu_B^{\ominus} + RT\ln a_B$$

$$\mu_{MB_n} = \mu_{MB_n}^{\ominus} + RT\ln a_{MB_n}$$

阳极前置表面转化反应速率为

$$-\frac{dN_{MB_n}}{dt} = \frac{dN_{MB_m}}{dt} = \frac{1}{(n-m)}\frac{dN_B}{dt} = Sj_1$$

式中

$$j_1 = -l_1\left(\frac{A_m}{T}\right) - l_2\left(\frac{A_m}{T}\right)^2 - l_3\left(\frac{A_m}{T}\right)^3 - \cdots$$

其中

$$A_m = \Delta G_{m,阳}$$

电子转移反应达到平衡，有

$$MB_m - e \rightleftharpoons M^+ + mB$$

该过程的摩尔吉布斯自由能变化为

$$\Delta G_{m,阳,e} = \mu_{M^+} + m\mu_B - \mu_{MB_m} + \mu_e = \Delta G_{m,阳}^{\ominus} + RT\ln\frac{a_{M^+,e}a_{B,e}^m}{a_{MB_m,e}}$$

$$\Delta G_{m,阳}^{\ominus} = \mu_{M^+}^{\ominus} + m\mu_B^{\ominus} - \mu_{MB_m}^{\ominus} + \mu_e^{\ominus}$$

$$\mu_{M^+} = \mu_{M^+}^{\ominus} + RT\ln a_{M^+,e}$$

$$\mu_B = \mu_B^{\ominus} + RT\ln a_{B,e}$$

$$\mu_{MB_m} = \mu_{MB_m}^{\ominus} + RT\ln a_{MB_m,e}$$

$$\mu_e = \mu_e^{\ominus}$$

由

$$\varphi_{阳,e} = \frac{\Delta G_{m,阳,e}}{F}$$

得

$$\varphi_{阳,e} = \varphi_{阳}^{\ominus} + \frac{RT}{F}\ln\frac{a_{M^+,e}a_{B,e}^m}{a_{MB_m,e}} \tag{5.59}$$

式中

$$\varphi_{阳}^{\ominus} = \frac{\Delta G_{m,阳}^{\ominus}}{F} = \frac{\mu_{M^+}^{\ominus} + m\mu_B^{\ominus} - \mu_{MB_m}^{\ominus} + \mu_e^{\ominus}}{F}$$

阳极有电流通过，发生极化，阳极反应为

$$MB_m - e = M^+ + mB$$

阳极电势为

$$\begin{aligned} \varphi_{阳} &= \varphi_{阳,e} + \Delta\varphi_{阳} \\ \Delta\varphi_{阳} &= \varphi_{阳} - \varphi_{阳,e} \end{aligned} \tag{5.60}$$

对于电池

$$A_{m,阳} = \Delta G_{m,阳} = F\varphi_{阳} = F(\varphi_{阳,e} + \Delta\varphi_{阳})$$

对于电解池

$$A_{m,阳} = -\Delta G_{m,阳} = -F\varphi_{阳} = -F(\varphi_{阳,e} + \Delta\varphi_{阳})$$

电子转移反应速率为

$$-\frac{\mathrm{d}N_{\mathrm{MB}_m}}{\mathrm{d}t}=\frac{\mathrm{d}N_{\mathrm{e}}}{\mathrm{d}t}=\frac{\mathrm{d}N_{\mathrm{M}^+}}{\mathrm{d}t}=\frac{1}{m}\frac{\mathrm{d}N_{\mathrm{B}}}{\mathrm{d}t}=Sj_2$$

$$\begin{aligned}j_2&=-l_1\left(\frac{A_{\mathrm{m},阳}}{T}\right)-l_2\left(\frac{A_{\mathrm{m},阳}}{T}\right)^2-l_3\left(\frac{A_{\mathrm{m},阳}}{T}\right)^3-\cdots\\&=-l_1'\left(\frac{\varphi_{阳}}{T}\right)-l_2'\left(\frac{\varphi_{阳}}{T}\right)^2-l_3'\left(\frac{\varphi_{阳}}{T}\right)^3-\cdots\\&=-l_1''\left(\frac{\Delta\varphi_{阳}}{T}\right)-l_2''\left(\frac{\Delta\varphi_{阳}}{T}\right)^2-l_3''\left(\frac{\Delta\varphi_{阳}}{T}\right)^3-\cdots\end{aligned}\tag{5.61}$$

将上式代入

$$i=Fj_2$$

得

$$\begin{aligned}i&=Fj_2\\&=-l_1^*\left(\frac{\varphi_{阳}}{T}\right)-l_2^*\left(\frac{\varphi_{阳}}{T}\right)^2-l_3^*\left(\frac{\varphi_{阳}}{T}\right)^3-\cdots\\&=-l_1^{**}-l_2^{**}\left(\frac{\Delta\varphi_{阳}}{T}\right)-l_3^{**}\left(\frac{\Delta\varphi_{阳}}{T}\right)^2-l_4^{**}\left(\frac{\Delta\varphi_{阳}}{T}\right)^3-\cdots\end{aligned}$$

式中系数由实验确定。

5.7.2　多个电子的反应

1. 阴极反应

阴极反应为

$$(\mathrm{MeL}_n)^{z+}=\!=\!=(\mathrm{MeL}_m)^{z+}+(n-m)\mathrm{L}$$

$$(\mathrm{MeL}_m)^{z+}+z\mathrm{e}=\!=\!=\mathrm{Me}+m\mathrm{L}$$

阳极过程达到稳态，反应速率为

$$-\frac{\mathrm{d}N_{(\mathrm{MeL}_n)^{z+}}}{\mathrm{d}t}=\frac{\mathrm{d}N_{\mathrm{Me}}}{\mathrm{d}t}=-\frac{1}{z}\frac{\mathrm{d}N_{\mathrm{e}}}{\mathrm{d}t}=Sj_1=Sj_2=Sj$$

$$j=\frac{1}{2}(j_1+j_2)$$

式中，j_1为前置表面转化反应速率；j_2为电子转移反应速率；j为阴极过程速率。

前置表面转化反应为

$$(\mathrm{MeL}_n)^{z+}=\!=\!=(\mathrm{MeL}_m)^{z+}+(n-m)\mathrm{L}$$

该反应摩尔吉布斯自由能变化为

$$\Delta G_{\mathrm{m}} = \mu_{(\mathrm{MeL}_m)^{z+}} + (n-m)\mu_{\mathrm{L}} - \mu_{(\mathrm{MeL}_n)^{z+}} = \Delta G_{\mathrm{m}}^{\ominus} + RT\ln\frac{a_{(\mathrm{MeL}_m)^{z+}} a_{\mathrm{L}}^{(n-m)}}{a_{(\mathrm{MeL}_n)^{z+}}}$$

式中

$$\Delta G_{\mathrm{m}}^{\ominus} = \mu_{(\mathrm{MeL}_m)^{z+}}^{\ominus} + (n-m)\mu_{\mathrm{L}}^{\ominus} - \mu_{(\mathrm{MeL}_n)^{z+}}^{\ominus}$$

$$\mu_{(\mathrm{MeL}_m)^{z+}} = \mu_{(\mathrm{MeL}_m)^{z+}}^{\ominus} + RT\ln a_{(\mathrm{MeL}_m)^{z+}}$$

$$\mu_{\mathrm{L}} = \mu_{\mathrm{L}}^{\ominus} + RT\ln a_{\mathrm{L}}$$

$$\mu_{(\mathrm{MeL}_n)^{z+}} = \mu_{(\mathrm{MeL}_n)^{z+}}^{\ominus} + RT\ln a_{(\mathrm{MeL}_n)^{z+}}$$

前置表面转化反应速率为

$$-\frac{\mathrm{d}N_{(\mathrm{MeL}_n)^{z+}}}{\mathrm{d}t} = \frac{\mathrm{d}N_{(\mathrm{MeL}_m)^{z+}}}{\mathrm{d}t} = \frac{1}{n-m}\frac{\mathrm{d}N_{\mathrm{L}}}{\mathrm{d}t} = Sj_1$$

式中

$$j_1 = -l_1\left(\frac{A_{\mathrm{m}}}{T}\right) - l_2\left(\frac{A_{\mathrm{m}}}{T}\right)^2 - l_3\left(\frac{A_{\mathrm{m}}}{T}\right)^3 - \cdots$$

其中

$$A_{\mathrm{m}} = \Delta G_{\mathrm{m}}$$

电子转移反应达到平衡，有

$$(\mathrm{MeL}_m)^{z+} + z\mathrm{e} \rightleftharpoons \mathrm{Me} + m\mathrm{L}$$

该过程的摩尔吉布斯自由能变化为

$$\Delta G_{\mathrm{m},阴,\mathrm{e}} = \mu_{\mathrm{Me}} + m\mu_{\mathrm{L}} - \mu_{(\mathrm{MeL}_m)^{z+}} - z\mu_{\mathrm{e}} = \Delta G_{\mathrm{m},阴}^{\ominus} + RT\ln\frac{a_{\mathrm{Me,e}} a_{\mathrm{L,e}}^{m}}{a_{(\mathrm{MeL}_m)^{z+},\mathrm{e}}}$$

式中

$$\Delta G_{\mathrm{m},阴}^{\ominus} = \mu_{\mathrm{Me}}^{\ominus} + n\mu_{\mathrm{L}}^{\ominus} - \mu_{(\mathrm{MeL}_m)^{z+}}^{\ominus} - z\mu_{\mathrm{e}}^{\ominus}$$

$$\mu_{\mathrm{Me}} = \mu_{\mathrm{Me}}^{\ominus} + RT\ln a_{\mathrm{Me,e}}$$

$$\mu_{\mathrm{L}} = \mu_{\mathrm{L}}^{\ominus} + RT\ln a_{\mathrm{L,e}}$$

$$\mu_{(\mathrm{MeL}_m)^{z+}} = \mu_{(\mathrm{MeL}_m)^{z+}}^{\ominus} + RT\ln a_{(\mathrm{MeL}_m)^{z+},\mathrm{e}}$$

$$\mu_{\mathrm{e}} = \mu_{\mathrm{e}}^{\ominus}$$

由

$$\varphi_{阴,\mathrm{e}} = -\frac{\Delta G_{\mathrm{m},阴,\mathrm{e}}}{zF}$$

得

$$\varphi_{阴,\mathrm{e}} = \varphi_{阴}^{\ominus} + \frac{RT}{zF}\ln\frac{a_{(\mathrm{MeL}_m)^{z+},\mathrm{e}}}{a_{\mathrm{Me,e}} a_{\mathrm{L,e}}^{m}} \tag{5.62}$$

式中

$$\varphi_{阴}^{\ominus}=-\frac{\Delta G_{m,阴}^{\ominus}}{zF}=-\frac{\mu_{Me}^{\ominus}+m\mu_{L}^{\ominus}-\mu_{(MeL_m)^{z+}}^{\ominus}-z\mu_{e}^{\ominus}}{zF}$$

阴极有电流通过，发生极化，阴极反应为

$$(MeL_m)^{z+}+ze=\!=\!=Me+mL$$

阴极电势为

$$\begin{aligned}\varphi_{阴}&=\varphi_{阴,e}+\Delta\varphi_{阴}\\\Delta\varphi_{阴}&=\varphi_{阴}-\varphi_{阴,e}\end{aligned}\tag{5.63}$$

对于电池

$$A_{m,阴}=\Delta G_{m,阴}=-zF\varphi_{阴}=-zF(\varphi_{阴,e}+\Delta\varphi_{阴})$$

对于电解池

$$A_{m,阴}=-\Delta G_{m,阴}=zF\varphi_{阴}=zF(\varphi_{阴,e}+\Delta\varphi_{阴})$$

电子转移反应速率为

$$\frac{dN_{Me}}{dt}=\frac{1}{m}\frac{dN_{L}}{dt}=-\frac{dN_{(MeL_m)^{z+}}}{dt}=-\frac{1}{z}\frac{dN_{e}}{dt}=Sj_2$$

式中

$$\begin{aligned}j_2&=-l_1\left(\frac{A_{m,阴}}{T}\right)-l_2\left(\frac{A_{m,阴}}{T}\right)^2-l_3\left(\frac{A_{m,阴}}{T}\right)^3-\cdots\\&=-l_1'\left(\frac{\varphi_{阴}}{T}\right)-l_2'\left(\frac{\varphi_{阴}}{T}\right)^2-l_3'\left(\frac{\varphi_{阴}}{T}\right)^3-\cdots\\&=-l_1''-l_2''\left(\frac{\Delta\varphi_{阴}}{T}\right)-l_3''\left(\frac{\Delta\varphi_{阴}}{T}\right)^2-l_4''\left(\frac{\Delta\varphi_{阴}}{T}\right)^3-\cdots\end{aligned}$$

将上式代入

$$i=zFj_2$$

得

$$\begin{aligned}i&=zFj_2\\&=-l_1^{*}\left(\frac{\varphi_{阴}}{T}\right)-l_2^{*}\left(\frac{\varphi_{阴}}{T}\right)^2-l_3^{*}\left(\frac{\varphi_{阴}}{T}\right)^3-\cdots\\&=-l_1^{**}-l_2^{**}\left(\frac{\Delta\varphi_{阴}}{T}\right)-l_3^{**}\left(\frac{\Delta\varphi_{阴}}{T}\right)^2-l_4^{**}\left(\frac{\Delta\varphi_{阴}}{T}\right)^3-\cdots\end{aligned}\tag{5.64}$$

式中系数由实验确定。

2. 阳极反应

阳极反应为

$$\mathrm{MB}_n =\!=\!= \mathrm{MB}_m + (n-m)\mathrm{B}$$

$$\mathrm{MB}_m - z\mathrm{e} =\!=\!= \mathrm{M}^{z+} + m\mathrm{B}$$

阳极过程速率为

$$\frac{\mathrm{d}N_{\mathrm{M}^{z+}}}{\mathrm{d}t} = -\frac{\mathrm{d}N_{\mathrm{MB}_n}}{\mathrm{d}t} = \frac{1}{z}\frac{\mathrm{d}N_{\mathrm{e}}}{\mathrm{d}t} = Sj_2$$

前置表面转化反应为

$$\mathrm{MB}_n =\!=\!= \mathrm{MB}_m + (n-m)\mathrm{B}$$

该反应的摩尔吉布斯自由能变化为

$$\Delta G_{\mathrm{m}} = \mu_{\mathrm{MB}_m} + (n-m)\mu_{\mathrm{B}} - \mu_{\mathrm{MB}_n} = \Delta G_{\mathrm{m}}^{\ominus} + RT\ln\frac{a_{\mathrm{MB}_m}a_{\mathrm{B}}^{(n-m)}}{a_{\mathrm{MB}_n}}$$

式中

$$\Delta G_{\mathrm{m}}^{\ominus} = \mu_{\mathrm{MB}_m}^{\ominus} + (n-m)\mu_{\mathrm{B}}^{\ominus} - \mu_{\mathrm{MB}_n}^{\ominus}$$

$$\mu_{\mathrm{MB}_m} = \mu_{\mathrm{MB}_m}^{\ominus} + RT\ln a_{\mathrm{MB}_m}$$

$$\mu_{\mathrm{B}} = \mu_{\mathrm{B}}^{\ominus} + RT\ln a_{\mathrm{B}}$$

$$\mu_{\mathrm{MB}_n} = \mu_{\mathrm{MB}_n}^{\ominus} + RT\ln a_{\mathrm{MB}_n}$$

前置表面转化反应速率为

$$-\frac{\mathrm{d}N_{\mathrm{MB}_n}}{\mathrm{d}t} = \frac{\mathrm{d}N_{\mathrm{MB}_m}}{\mathrm{d}t} = \frac{1}{n-m}\frac{\mathrm{d}N_{\mathrm{B}}}{\mathrm{d}t} = Sj_1$$

式中

$$j_1 = -l_1\left(\frac{A_{\mathrm{m}}}{T}\right) - l_2\left(\frac{A_{\mathrm{m}}}{T}\right)^2 - l_3\left(\frac{A_{\mathrm{m}}}{T}\right)^3 - \cdots$$

其中

$$A_{\mathrm{m}} = \Delta G_{\mathrm{m}}$$

电子转移反应达到平衡，有

$$\mathrm{MB}_m - z\mathrm{e} \rightleftharpoons \mathrm{M}^{z+} + m\mathrm{B}$$

该过程的摩尔吉布斯自由能变化为

$$\Delta G_{\mathrm{m,阳,e}} = \mu_{\mathrm{M}^{z+}} + m\mu_{\mathrm{B}} - \mu_{\mathrm{MB}_m} + z\mu_{\mathrm{e}} = \Delta G_{\mathrm{m,阳}}^{\ominus} + RT\ln\frac{a_{\mathrm{M}^{z+},\mathrm{e}}a_{\mathrm{B,e}}^{m}}{a_{\mathrm{MB}_m,\mathrm{e}}}$$

式中

$$\Delta G_{\mathrm{m},阳}^{\ominus} = \mu_{\mathrm{M}^{z+}}^{\ominus} + m\mu_{\mathrm{B}}^{\ominus} - \mu_{\mathrm{MB}_m}^{\ominus} + z\mu_{\mathrm{e}}^{\ominus}$$

$$\mu_{\mathrm{M}^{z+}} = \mu_{\mathrm{M}^{z+}}^{\ominus} + RT\ln a_{\mathrm{M}^{z+}}$$

$$\mu_{\mathrm{B}} = \mu_{\mathrm{B}}^{\ominus} + RT\ln a_{\mathrm{B,e}}$$

$$\mu_{\mathrm{MB}_m} = \mu_{\mathrm{MB}_m}^{\ominus} + RT\ln a_{\mathrm{MB}_m,\mathrm{e}}$$

$$\mu_{\mathrm{e}} = \mu_{\mathrm{e}}^{\ominus}$$

由

$$\varphi_{阳,\mathrm{e}} = \frac{\Delta G_{\mathrm{m},阳,\mathrm{e}}}{zF}$$

得

$$\varphi_{阳,\mathrm{e}} = \varphi_{阳}^{\ominus} + \frac{RT}{zF}\ln\frac{a_{\mathrm{M}^{z+},\mathrm{e}}a_{\mathrm{B,e}}^{m}}{a_{\mathrm{MB}_m,\mathrm{e}}} \tag{5.65}$$

$$\varphi_{阳}^{\ominus} = \frac{\Delta G_{\mathrm{m},阳}^{\ominus}}{zF} = \frac{\mu_{\mathrm{M}^{+}}^{\ominus} + m\mu_{\mathrm{B}}^{\ominus} - \mu_{\mathrm{MB}_m}^{\ominus} + z\mu_{\mathrm{e}}^{\ominus}}{zF}$$

阳极有电流通过，发生极化，阳极反应为

$$\mathrm{MB}_m - z\mathrm{e} \rightleftharpoons \mathrm{M}^{z+} + m\mathrm{B}$$

阳极电势为

$$\varphi_{阳} = \varphi_{阳,\mathrm{e}} + \Delta\varphi_{阳} \tag{5.66}$$

则

$$\Delta\varphi_{阳} = \varphi_{阳} - \varphi_{阳,\mathrm{e}}$$

对于电池

$$A_{\mathrm{m},阳} = \Delta G_{\mathrm{m},阳} = zF\varphi_{阳} = zF(\varphi_{阳,\mathrm{e}} + \Delta\varphi_{阳})$$

对于电解池

$$A_{\mathrm{m},阳} = -\Delta G_{\mathrm{m},阳} = -zF\varphi_{阳} = -zF(\varphi_{阳,\mathrm{e}} + \Delta\varphi_{阳})$$

电子转移反应速率为

$$-\frac{\mathrm{d}N_{\mathrm{MB}_m}}{\mathrm{d}t} = \frac{\mathrm{d}N_{\mathrm{M}^{z+}}}{\mathrm{d}t} = \frac{1}{m}\frac{\mathrm{d}N_{\mathrm{B}}}{\mathrm{d}t} = \frac{1}{z}\frac{\mathrm{d}N_{\mathrm{e}}}{\mathrm{d}t} = Sj_2$$

式中

$$\begin{aligned}
j_2 &= -l_1\left(\frac{A_{\mathrm{m},阳}}{T}\right) - l_2\left(\frac{A_{\mathrm{m},阳}}{T}\right)^2 - l_3\left(\frac{A_{\mathrm{m},阳}}{T}\right)^3 - \cdots \\
&= -l_1'\left(\frac{\varphi_{阳}}{T}\right) - l_2'\left(\frac{\varphi_{阳}}{T}\right)^2 - l_3'\left(\frac{\varphi_{阳}}{T}\right)^3 - \cdots \\
&= -l_1'' - l_2''\left(\frac{\Delta\varphi_{阳}}{T}\right) - l_3'\left(\frac{\Delta\varphi_{阳}}{T}\right)^2 - l_4''\left(\frac{\Delta\varphi_{阳}}{T}\right)^3 - \cdots
\end{aligned}$$

将上式代入

$$i = zFj_2$$

得

$$\begin{aligned} i &= zFj_2 \\ &= -l_1^*\left(\frac{\varphi_{阳}}{T}\right) - l_2^*\left(\frac{\varphi_{阳}}{T}\right)^2 - l_3^*\left(\frac{\varphi_{阳}}{T}\right)^3 - \cdots \\ &= -l_1^{**} - l_2^{**}\left(\frac{\Delta\varphi_{阳}}{T}\right) - l_3^{**}\left(\frac{\Delta\varphi_{阳}}{T}\right)^2 - l_4^{**}\left(\frac{\Delta\varphi_{阳}}{T}\right)^3 - \cdots \end{aligned} \tag{5.67}$$

式中系数由实验确定。

5.8　有后继表面转化步骤的电极过程

5.8.1　一个电子的反应

1. 阴极反应

$$Me^+ + e = Me$$

$$Me + N = MeN$$

阴极过程速率为

$$-\frac{dN_{Me^+}}{dt} = -\frac{dN_e}{dt} = \frac{dN_{MeN}}{dt} = -\frac{dN_N}{dt} = Sj_1 = Sj_2 = Sj$$

$$j = \frac{1}{2}(j_1 + j_2)$$

式中，j_1 为电子转移反应速率；j_2 为后继表面转化反应速率；j 为阴极过程速率。

阴极反应达到平衡，有

$$Me^+ + e \rightleftharpoons Me$$

该反应的摩尔吉布斯自由能变化为

$$\Delta G_{m,阴,e} = \mu_{Me} - \mu_{Me^+} - \mu_e = \Delta G_{m,阴}^{\ominus} + RT\ln\frac{a_{Me,e}}{a_{Me^+,e}}$$

式中

$$\Delta G_{m,阴}^{\ominus} = \mu_{Me}^{\ominus} - \mu_{Me^+}^{\ominus} - \mu_e^{\ominus}$$

$$\mu_{Me} = \mu_{Me}^{\ominus} + RT\ln a_{Me,e}$$

$$\mu_{Me^+} = \mu_{Me^+}^{\ominus} + RT\ln a_{Me^+,e}$$

$$\mu_e = \mu_e^{\ominus}$$

由

$$\varphi_{阴,e} = -\frac{\Delta G_{m,阴,e}}{F}$$

得

$$\varphi_{阴,e} = \varphi_{阴}^{\ominus} + \frac{RT}{F}\ln\frac{a_{Me^+,e}}{a_{Me,e}} \tag{5.68}$$

式中

$$\varphi_{阴}^{\ominus} = -\frac{\Delta G_{m,阴}^{\ominus}}{F} = -\frac{\mu_{Me}^{\ominus} - \mu_{Me^+}^{\ominus} - \mu_{e}^{\ominus}}{F}$$

阴极有电流通过，发生极化，反应为

$$Me^+ + e \Longleftrightarrow Me$$

阴极电势为

$$\varphi_{阴} = \varphi_{阴,e} + \Delta\varphi_{阴}$$

则

$$\Delta\varphi_{阴} = \varphi_{阴} - \varphi_{阴,e}$$

对于电池

$$A_{m,阴} = \Delta G_{m,阴} = -F\varphi_{阴} = -F(\varphi_{阴,e} + \Delta\varphi_{阴}) \tag{5.69}$$

对于电解池

$$A_{m,阴} = -\Delta G_{m,阴} = F\varphi_{阴} = F(\varphi_{阴,e} + \Delta\varphi_{阴}) \tag{5.70}$$

电子转移反应速率为

$$\frac{dN_{Me}}{dt} = -\frac{dN_{Me^+}}{dt} = -\frac{dN_{e}}{dt} = Sj_1$$

式中

$$\begin{aligned} j_1 &= -l_1\left(\frac{A_{m,阴}}{T}\right) - l_2\left(\frac{A_{m,阴}}{T}\right)^2 - l_3\left(\frac{A_{m,阴}}{T}\right)^3 - \cdots \\ &= -l_1'\left(\frac{\varphi_{阴}}{T}\right) - l_2'\left(\frac{\varphi_{阴}}{T}\right)^2 - l_3'\left(\frac{\varphi_{阴}}{T}\right)^3 - \cdots \\ &= -l_1'' - l_2''\left(\frac{\Delta\varphi_{阴}}{T}\right) - l_3''\left(\frac{\Delta\varphi_{阴}}{T}\right)^2 - l_4''\left(\frac{\Delta\varphi_{阴}}{T}\right)^3 - \cdots \end{aligned}$$

将上式代入

$$i = Fj$$

得

$$
\begin{aligned}
i &= Fj \\
&= -l_1^* \left(\frac{\varphi_{阴}}{T} \right) - l_2^* \left(\frac{\varphi_{阴}}{T} \right)^2 - l_3^* \left(\frac{\varphi_{阴}}{T} \right)^3 - \cdots \\
&= -l_1^{**} - l_2^{**} \left(\frac{\Delta\varphi_{阴}}{T} \right) - l_3^{**} \left(\frac{\Delta\varphi_{阴}}{T} \right)^2 - l_4^{**} \left(\frac{\Delta\varphi_{阴}}{T} \right)^3 - \cdots
\end{aligned}
$$

式中系数由实验确定。

后继表面转化反应为

$$\mathrm{Me} + \mathrm{N} = \mathrm{MeN}$$

该反应的摩尔吉布斯自由能变化为

$$\Delta G_{\mathrm{m},后} = \mu_{\mathrm{MeN}} - \mu_{\mathrm{Me}} - \mu_{\mathrm{N}} = \Delta G_{\mathrm{m},后}^{\ominus} + RT \ln \frac{a_{\mathrm{MeN}}}{a_{\mathrm{Me}} a_{\mathrm{N}}}$$

式中

$$\Delta G_{\mathrm{m},后}^{\ominus} = \mu_{\mathrm{MeN}}^{\ominus} - \mu_{\mathrm{Me}}^{\ominus} - \mu_{\mathrm{N}}^{\ominus}$$

$$\mu_{\mathrm{MeN}} = \mu_{\mathrm{MeN}}^{\ominus} + RT \ln a_{\mathrm{MeN}}$$

$$\mu_{\mathrm{Me}} = \mu_{\mathrm{Me}}^{\ominus} + RT \ln a_{\mathrm{Me}}$$

$$\mu_{\mathrm{N}} = \mu_{\mathrm{N}}^{\ominus} + RT \ln a_{\mathrm{N}}$$

后继表面转化反应速率为

$$\frac{\mathrm{d}N_{\mathrm{MeN}}}{\mathrm{d}t} = -\frac{\mathrm{d}N_{\mathrm{Me}}}{\mathrm{d}t} = -\frac{\mathrm{d}N_{\mathrm{N}}}{\mathrm{d}t} = Sj_2$$

$$j_2 = -l_1 \left(\frac{A_{\mathrm{m},后}}{T} \right) - l_2 \left(\frac{A_{\mathrm{m},后}}{T} \right)^2 - l_3 \left(\frac{A_{\mathrm{m},后}}{T} \right)^3 - \cdots$$

式中

$$A_{\mathrm{m},后} = \Delta G_{\mathrm{m},后}$$

总反应达到平衡，有

$$\mathrm{Me}^{+} + \mathrm{e} + \mathrm{N} \rightleftharpoons \mathrm{MeN}$$

摩尔吉布斯自由能变化为

$$\Delta G_{\mathrm{m},阴,\mathrm{e}} = \mu_{\mathrm{MeN}} - \mu_{\mathrm{Me}^{+}} - \mu_{\mathrm{e}} - \mu_{\mathrm{N}} = \Delta G_{\mathrm{m},阴}^{\ominus} + RT \ln \frac{a_{\mathrm{MeN}}}{a_{\mathrm{Me}^{+}} a_{\mathrm{N}}}$$

式中

$$\Delta G_{\mathrm{m},阴}^{\ominus} = \mu_{\mathrm{MeN}}^{\ominus} - \mu_{\mathrm{Me}^{+}}^{\ominus} - \mu_{\mathrm{e}}^{\ominus} - \mu_{\mathrm{N}}^{\ominus}$$

$$\mu_{\mathrm{MeN}} = \mu_{\mathrm{MeN}}^{\ominus} + RT \ln a_{\mathrm{MeN,e}}$$

$$\mu_{\mathrm{Me}^{+}} = \mu_{\mathrm{Me}^{+}}^{\ominus} + RT \ln a_{\mathrm{Me}^{+},\mathrm{e}}$$

$$\mu_{\mathrm{e}} = \mu_{\mathrm{e}}^{\ominus}$$

$$\mu_{\mathrm{N}} = \mu_{\mathrm{N}}^{\ominus} + RT\ln a_{\mathrm{N,e}}$$

由

$$\varphi_{阴,\mathrm{e}} = -\frac{\Delta G_{\mathrm{m},阴,\mathrm{e}}}{F}$$

得

$$\varphi_{阴,\mathrm{e}} = \varphi_{阴}^{\ominus} + \frac{RT}{F}\ln\frac{a_{\mathrm{Me^+,e}}a_{\mathrm{N,e}}}{a_{\mathrm{MeN,e}}}$$

式中

$$\varphi_{阴}^{\ominus} = -\frac{\Delta G_{\mathrm{m},阴}^{\ominus}}{F} = -\frac{\mu_{\mathrm{MeN}}^{\ominus} - \mu_{\mathrm{Me^+}}^{\ominus} - \mu_{\mathrm{e}}^{\ominus} - \mu_{\mathrm{N}}^{\ominus}}{F}$$

阴极有电流通过，发生极化，反应为

$$\mathrm{Me^+} + \mathrm{e} + \mathrm{N} =\!=\!= \mathrm{MeN}$$

阴极电势为

$$\varphi_{阴} = \varphi_{阴,\mathrm{e}} + \Delta\varphi_{阴}$$

则

$$\Delta\varphi_{阴} = \varphi_{阴} - \varphi_{阴,\mathrm{e}}$$

对于电池

$$A_{\mathrm{m},阴} = \Delta G_{\mathrm{m},阴} = -F\varphi_{阴} = -F(\varphi_{阴,\mathrm{e}} + \Delta\varphi_{阴})$$

对于电解池

$$A_{\mathrm{m},阴} = -\Delta G_{\mathrm{m},阴} = F\varphi_{阴} = F(\varphi_{阴,\mathrm{e}} + \Delta\varphi_{阴})$$

总反应速率为

$$\frac{\mathrm{d}N_{\mathrm{MeN}}}{\mathrm{d}t} = -\frac{\mathrm{d}N_{\mathrm{Me^+}}}{\mathrm{d}t} = -\frac{\mathrm{d}N}{\mathrm{d}t} = Sj_{\mathrm{t}}$$

式中

$$\begin{aligned}
j_{\mathrm{t}} &= -l_1\left(\frac{A_{\mathrm{m},阴}}{T}\right) - l_2\left(\frac{A_{\mathrm{m},阴}}{T}\right)^2 - l_3\left(\frac{A_{\mathrm{m},阴}}{T}\right)^3 - \cdots \\
&= -l_1'\left(\frac{\varphi_{阴}}{T}\right) - l_2'\left(\frac{\varphi_{阴}}{T}\right)^2 - l_3'\left(\frac{\varphi_{阴}}{T}\right)^3 - \cdots \\
&= -l_1'' - l_2''\left(\frac{\Delta\varphi_{阴}}{T}\right) - l_3''\left(\frac{\Delta\varphi_{阴}}{T}\right)^2 - l_4''\left(\frac{\Delta\varphi_{阴}}{T}\right)^3 - \cdots
\end{aligned}$$

将上式代入

$$i = Fj_{\mathrm{t}}$$

得

$$
\begin{aligned}
i &= Fj_t \\
&= -l_1^*\left(\frac{\varphi_{阴}}{T}\right) - l_2^*\left(\frac{\varphi_{阴}}{T}\right)^2 - l_3^*\left(\frac{\varphi_{阴}}{T}\right)^3 - \cdots \\
&= -l_1^{**} - l_2^{**}\left(\frac{\Delta\varphi_{阴}}{T}\right) - l_3^{**}\left(\frac{\Delta\varphi_{阴}}{T}\right)^2 - l_4^{**}\left(\frac{\Delta\varphi_{阴}}{T}\right)^3 - \cdots
\end{aligned}
$$

2. 阳极反应

$$M^- - e = M$$

$$M + N = MN$$

阳极过程速率为

$$-\frac{dN_{M^-}}{dt} = \frac{dN_e}{dt} = \frac{dN_{MN}}{dt} = -\frac{dN_N}{dt} = Sj_1 = Sj_2 = Sj$$

$$j = \frac{1}{2}(j_1 + j_2)$$

式中，j_1 为电子转移反应速率；j_2 为后继表面转化反应速率；j 为阴极过程速率。

电子转移反应达到平衡，有

$$M^- - e \rightleftharpoons M$$

该过程的摩尔吉布斯自由能变化为

$$\Delta G_{m,阳,e} = \mu_M - \mu_{M^-} + \mu_e = \Delta G_{m,阳}^{\ominus} + RT\ln\frac{a_{M,e}}{a_{M^-,e}}$$

式中，

$$\Delta G_{m,阳}^{\ominus} = \mu_M^{\ominus} - \mu_{M^-}^{\ominus} + \mu_e^{\ominus}$$

$$\mu_M = \mu_M^{\ominus} + RT\ln a_{M,e}$$

$$\mu_{M^-} = \mu_{M^-}^{\ominus} + RT\ln a_{M^-,e}$$

$$\mu_e = \mu_e^{\ominus}$$

由

$$\varphi_{阳} = \frac{\Delta G_{m,阳}}{F}$$

得

$$\varphi_{阳,e} = \varphi_{阳}^{\ominus} + \frac{RT}{F}\ln\frac{a_{M,e}}{a_{M^-,e}} \tag{5.71}$$

式中

$$\varphi_{阳}^{\ominus} = \frac{\Delta G_{m,阳}^{\ominus}}{F} = \frac{\mu_M^{\ominus} - \mu_{M^-}^{\ominus} + \mu_e^{\ominus}}{F}$$

阳极有电流通过，发生极化，阳极反应为

$$M^- - e = M$$

阳极电势为

$$\varphi_{阳} = \varphi_{阳,e} + \Delta\varphi_{阳}$$

则

$$\Delta\varphi_{阳} = \varphi_{阳} - \varphi_{阳,e} \tag{5.72}$$

对于电池

$$A_{m,阳} = \Delta G_{m,阳} = F\varphi_{阳} = F(\varphi_{阳,e} + \Delta\varphi_{阳})$$

对于电解池

$$A_{m,阳} = -\Delta G_{m,阳} = -F\varphi_{阳} = -F(\varphi_{阳,e} + \Delta\varphi_{阳})$$

阳极电子转移反应速率为

$$\frac{dN_{M}}{dt} = -\frac{dN_{M^-}}{dt} = \frac{dN_{e}}{dt} = Sj_1$$

式中，

$$\begin{aligned}
j_1 &= -l_1\left(\frac{A_{m,阳}}{T}\right) - l_2\left(\frac{A_{m,阳}}{T}\right)^2 - l_3\left(\frac{A_{m,阳}}{T}\right)^3 - \cdots \\
&= -l_1'\left(\frac{\varphi_{阳}}{T}\right) - l_2'\left(\frac{\varphi_{阳}}{T}\right)^2 - l_3'\left(\frac{\varphi_{阳}}{T}\right)^3 - \cdots \\
&= -l_1'' - l_2''\left(\frac{\Delta\varphi_{阳}}{T}\right) - l_3''\left(\frac{\Delta\varphi_{阳}}{T}\right)^2 - l_4''\left(\frac{\Delta\varphi_{阳}}{T}\right)^3 - \cdots
\end{aligned}$$

将上式代入

$$i = Fj$$

得

$$\begin{aligned}
i &= Fj \\
&= -l_1^*\left(\frac{\varphi_{阳}}{T}\right) - l_2^*\left(\frac{\varphi_{阳}}{T}\right)^2 - l_3^*\left(\frac{\varphi_{阳}}{T}\right)^3 - \cdots \\
&= -l_1^{**} - l_2^{**}\left(\frac{\Delta\varphi_{阳}}{T}\right) - l_3^{**}\left(\frac{\Delta\varphi_{阳}}{T}\right)^2 - l_4^{**}\left(\frac{\Delta\varphi_{阳}}{T}\right)^3 - \cdots
\end{aligned} \tag{5.73}$$

式中系数由实验确定。

后继表面转化反应为

$$\mathrm{M} + \mathrm{N} = \mathrm{MN}$$

摩尔吉布斯自由能变化为

$$\Delta G_{m,后} = \mu_{MN} - \mu_{M} - \mu_{N} = \Delta G_{m,后}^{\ominus} + RT\ln\frac{a_{MN}}{a_{M}a_{N}}$$

式中

$$\Delta G_{\text{m,后}}^{\ominus} = \mu_{\text{MN}}^{\ominus} - \mu_{\text{M}}^{\ominus} - \mu_{\text{N}}^{\ominus}$$

$$\mu_{\text{MN}} = \mu_{\text{MN}}^{\ominus} + RT\ln a_{\text{MN}}$$

$$\mu_{\text{M}} = \mu_{\text{M}}^{\ominus} + RT\ln a_{\text{M}}$$

$$\mu_{\text{N}} = \mu_{\text{N}}^{\ominus} + RT\ln a_{\text{N}}$$

后继反应速率为

$$\frac{\mathrm{d}N_{\text{MN}}}{\mathrm{d}t} = -\frac{\mathrm{d}N_{\text{M}}}{\mathrm{d}t} = -\frac{\mathrm{d}N_{\text{N}}}{\mathrm{d}t} = Sj_2$$

式中

$$j_2 = -l_1\left(\frac{A_{\text{m,后}}}{T}\right) - l_2\left(\frac{A_{\text{m,后}}}{T}\right)^2 - l_3\left(\frac{A_{\text{m,后}}}{T}\right)^3 - \cdots$$

$$A_{\text{m,后}} = \Delta G_{\text{m,后}}$$

总反应

$$\text{M}^- - \text{e} + \text{N} \rightleftharpoons \text{MN}$$

摩尔吉布斯自由能变化为

$$\Delta G_{\text{m,阳,e}} = \mu_{\text{MN}} - \mu_{\text{M}^-} + \mu_{\text{e}} - \mu_{\text{N}} = \Delta G_{\text{m,阳}}^{\ominus} + RT\ln\frac{a_{\text{MN,e}}}{a_{\text{M}^-,\text{e}}a_{\text{N,e}}}$$

式中

$$\Delta G_{\text{m,阳}}^{\ominus} = \mu_{\text{MN}}^{\ominus} - \mu_{\text{M}^-}^{\ominus} + \mu_{\text{e}}^{\ominus} - \mu_{\text{N}}^{\ominus}$$

$$\mu_{\text{MN}} = \mu_{\text{MN}}^{\ominus} + RT\ln a_{\text{MN,e}}$$

$$\mu_{\text{e}} = \mu_{\text{e}}^{\ominus}$$

$$\mu_{\text{M}^-} = \mu_{\text{M}^-}^{\ominus} + RT\ln a_{\text{M}^-,\text{e}}$$

$$\mu_{\text{N}} = \mu_{\text{N}}^{\ominus} + RT\ln a_{\text{N,e}}$$

由

$$\varphi_{\text{阳,e}} = \frac{\Delta G_{\text{m,阳,e}}}{F}$$

得

$$\varphi_{\text{阳}}^{\ominus} = \frac{\Delta G_{\text{m,阳}}^{\ominus}}{F} = \frac{\mu_{\text{MN}}^{\ominus} - \mu_{\text{M}^-}^{\ominus} + \mu_{\text{e}}^{\ominus} - \mu_{\text{N}}^{\ominus}}{F}$$

阳极有电流通过，发生极化，反应为

$$\text{M}^- - \text{e} + \text{N} = \text{MN}$$

阳极电势为

$$\varphi_{\text{阳}} = \varphi_{\text{阳,e}} + \Delta\varphi_{\text{阳}}$$

则

$$\Delta\varphi_{\text{阳}} = \varphi_{\text{阳}} - \varphi_{\text{阳,e}}$$

对于电池

$$A_{\mathrm{m},阳} = \Delta G_{\mathrm{m},阳} = F\varphi_{阳} = F(\varphi_{阳,\mathrm{e}} + \Delta\varphi_{阳})$$

对于电解池

$$A_{\mathrm{m},阳} = -\Delta G_{\mathrm{m},阳} = -F\varphi_{阳} = -F(\varphi_{阳,\mathrm{e}} + \Delta\varphi_{阳})$$

总反应速率为

$$\frac{\mathrm{d}N_{\mathrm{MN}}}{\mathrm{d}t} = -\frac{\mathrm{d}N_{\mathrm{M}^-}}{\mathrm{d}t} = -\frac{\mathrm{d}N_{\mathrm{N}}}{\mathrm{d}t} = Sj_{\mathrm{t}}$$

式中

$$\begin{aligned}
j_{\mathrm{t}} &= -l_1\left(\frac{A_{\mathrm{m},阳}}{T}\right) - l_2\left(\frac{A_{\mathrm{m},阳}}{T}\right)^2 - l_3\left(\frac{A_{\mathrm{m},阳}}{T}\right)^3 - \cdots \\
&= -l_1'\left(\frac{\varphi_{阳}}{T}\right) - l_2'\left(\frac{\varphi_{阳}}{T}\right)^2 - l_3'\left(\frac{\varphi_{阳}}{T}\right)^3 - \cdots \\
&= -l_1'' - l_2''\left(\frac{\Delta\varphi_{阳}}{T}\right) - l_3''\left(\frac{\Delta\varphi_{阳}}{T}\right)^2 - l_4''\left(\frac{\Delta\varphi_{阳}}{T}\right)^3 - \cdots
\end{aligned}$$

将上式代入

$$i = Fj_{\mathrm{t}}$$

得

$$\begin{aligned}
i &= Fj_{\mathrm{t}} \\
&= -l_1^*\left(\frac{\varphi_{阳}}{T}\right) - l_2^*\left(\frac{\varphi_{阳}}{T}\right)^2 - l_3^*\left(\frac{\varphi_{阳}}{T}\right)^3 - \cdots \\
&= -l_1^{**} - l_2^{**}\left(\frac{\Delta\varphi_{阳}}{T}\right) - l_3^{**}\left(\frac{\Delta\varphi_{阳}}{T}\right)^2 - l_4^{**}\left(\frac{\Delta\varphi_{阳}}{T}\right)^3 - \cdots
\end{aligned}$$

5.8.2　多个电子的反应

1. 阴极反应

$$\mathrm{Me}^{z+} + z\mathrm{e} =\!=\!= \mathrm{Me}$$

$$\mathrm{Me} + \mathrm{N} =\!=\!= \mathrm{MeN}$$

阴极过程达到稳态，速率为

$$-\frac{\mathrm{d}N_{\mathrm{Me}^{z+}}}{\mathrm{d}t} = -\frac{1}{z}\frac{\mathrm{d}N_{\mathrm{e}}}{\mathrm{d}t} = \frac{\mathrm{d}N_{\mathrm{MeN}}}{\mathrm{d}t} = -\frac{\mathrm{d}N_{\mathrm{N}}}{\mathrm{d}t} = Sj_1 = Sj_2 = Sj$$

式中，j_1 为电子转移反应速率；j_2 为后继表面转化反应速率；j 为阴极过程速率。

电子转移反应达到平衡，有

$$\mathrm{Me}^{z+} + z\mathrm{e} \rightleftharpoons \mathrm{Me}$$

该过程的摩尔吉布斯自由能变化为

$$\Delta G_{\mathrm{m,阴,e}} = \mu_{\mathrm{Me}} - \mu_{\mathrm{Me}^{z+}} - z\mu_{\mathrm{e}} = \Delta G_{\mathrm{m,阴}}^{\ominus} + RT\ln\frac{a_{\mathrm{Me,e}}}{a_{\mathrm{Me}^{z+},\mathrm{e}}}$$

式中

$$\Delta G_{\mathrm{m,阴}}^{\ominus} = \mu_{\mathrm{Me}}^{\ominus} - \mu_{\mathrm{Me}^{z+}}^{\ominus} - \mu_{\mathrm{e}}^{\ominus}$$

$$\mu_{\mathrm{Me}} = \mu_{\mathrm{Me}}^{\ominus} + RT\ln a_{\mathrm{Me,e}}$$

$$\mu_{\mathrm{Me}^{z+}} = \mu_{\mathrm{Me}^{z+}}^{\ominus} + RT\ln a_{\mathrm{Me}^{z+},\mathrm{e}}$$

$$\mu_{\mathrm{e}} = \mu_{\mathrm{e}}^{\ominus}$$

由

$$\varphi_{\mathrm{阴,e}} = -\frac{\Delta G_{\mathrm{m,阴,e}}}{zF}$$

得

$$\varphi_{\mathrm{阴,e}} = \varphi_{\mathrm{阴}}^{\ominus} + \frac{RT}{zF}\ln\frac{a_{\mathrm{Me}^{z+},\mathrm{e}}}{a_{\mathrm{Me,e}}} \tag{5.74}$$

式中

$$\varphi_{\mathrm{阴}}^{\ominus} = -\frac{\Delta G_{\mathrm{m,阴}}^{\ominus}}{zF} = -\frac{\mu_{\mathrm{Me}}^{\ominus} - \mu_{\mathrm{Me}^{z+}}^{\ominus} - z\mu_{\mathrm{e}}^{\ominus}}{zF}$$

阴极有电流通过，发生极化，阴极反应为

$$\mathrm{Me}^{z+} + z\mathrm{e} = \mathrm{Me}$$

阴极电势为

$$\varphi_{\mathrm{阴}} = \varphi_{\mathrm{阴,e}} + \Delta\varphi_{\mathrm{阴}}$$

$$\Delta\varphi_{\mathrm{阴}} = \varphi_{\mathrm{阴}} - \varphi_{\mathrm{阴,e}} \tag{5.75}$$

对于电池

$$A_{\mathrm{m,阴}} = \Delta G_{\mathrm{m,阴}} = -zF\varphi_{\mathrm{阴}} = -zF(\varphi_{\mathrm{阴,e}} + \Delta\varphi_{\mathrm{阴}})$$

对于电解池

$$A_{\mathrm{m,阴}} = -\Delta G_{\mathrm{m,阴}} = zF\varphi_{\mathrm{阴}} = zF(\varphi_{\mathrm{阴,e}} + \Delta\varphi_{\mathrm{阴}})$$

电子转移反应速率为

$$\frac{\mathrm{d}N_{\mathrm{Me}}}{\mathrm{d}t} = -\frac{\mathrm{d}N_{\mathrm{Me}^{z+}}}{\mathrm{d}t} = -\frac{1}{z}\frac{\mathrm{d}N_{\mathrm{e}}}{\mathrm{d}t} = Sj_1$$

式中

$$
\begin{aligned}
j_1 &= -l_1\left(\frac{A_{\text{m,阴}}}{T}\right) - l_2\left(\frac{A_{\text{m,阴}}}{T}\right)^2 - l_3\left(\frac{A_{\text{m,阴}}}{T}\right)^3 - \cdots \\
&= -l_1'\left(\frac{\varphi_{\text{阴}}}{T}\right) - l_2'\left(\frac{\varphi_{\text{阴}}}{T}\right)^2 - l_3'\left(\frac{\varphi_{\text{阴}}}{T}\right)^3 - \cdots \\
&= -l_1'' - l_2''\left(\frac{\Delta\varphi_{\text{阴}}}{T}\right) - l_3''\left(\frac{\Delta\varphi_{\text{阴}}}{T}\right)^2 - l_4''\left(\frac{\Delta\varphi_{\text{阴}}}{T}\right)^3 - \cdots
\end{aligned}
$$

将上式代入

$$
i = zFj_1
$$

得

$$
\begin{aligned}
i &= zFj_1 \\
&= -l_1^*\left(\frac{\varphi_{\text{阴}}}{T}\right) - l_2^*\left(\frac{\varphi_{\text{阴}}}{T}\right)^2 - l_3^*\left(\frac{\varphi_{\text{阴}}}{T}\right)^3 - \cdots \\
&= -l_1^{**} - l_2^{**}\left(\frac{\Delta\varphi_{\text{阴}}}{T}\right) - l_3^{**}\left(\frac{\Delta\varphi_{\text{阴}}}{T}\right)^2 - l_4^{**}\left(\frac{\Delta\varphi_{\text{阴}}}{T}\right)^3 - \cdots
\end{aligned}
\tag{5.76}
$$

式中系数由实验确定。

后继表面转化反应为

$$
\text{Me} + \text{N} = \!= \text{MeN}
$$

该反应的摩尔吉布斯自由能变化为

$$
\Delta G_{\text{m,后}} = \mu_{\text{MeN}} - \mu_{\text{Me}} - \mu_{\text{N}} = \Delta G_{\text{m,后}}^{\ominus} + RT\ln\frac{a_{\text{MeN}}}{a_{\text{Me}}a_{\text{N}}}
$$

式中

$$
\begin{aligned}
\Delta G_{\text{m,后}}^{\ominus} &= \mu_{\text{MeN}}^{\ominus} - \mu_{\text{Me}}^{\ominus} - \mu_{\text{N}}^{\ominus} \\
\mu_{\text{MeN}} &= \mu_{\text{MeN}}^{\ominus} + RT\ln a_{\text{MeN}} \\
\mu_{\text{Me}} &= \mu_{\text{Me}}^{\ominus} + RT\ln a_{\text{Me}} \\
\mu_{\text{N}} &= \mu_{\text{N}}^{\ominus} + RT\ln a_{\text{N}}
\end{aligned}
$$

后继表面转化反应速率为

$$
\frac{\mathrm{d}N_{\text{MeN}}}{\mathrm{d}t} = -\frac{\mathrm{d}N_{\text{Me}}}{\mathrm{d}t} = -\frac{\mathrm{d}N_{\text{N}}}{\mathrm{d}t} = Sj_2
$$

$$
j_2 = -l_1\left(\frac{A_{\text{m,后}}}{T}\right) - l_2\left(\frac{A_{\text{m,后}}}{T}\right)^2 - l_3\left(\frac{A_{\text{m,后}}}{T}\right)^3 - \cdots
$$

式中

$$
A_{\text{m}} = \Delta G_{\text{m,后}}
$$

总反应达到平衡，有

$$Me^{z+} + ze + N \rightleftharpoons MeN$$

摩尔吉布斯自由能变化为

$$\Delta G_{m,阴,e} = \mu_{MeN} - \mu_{Me^{z+}} - z\mu_e - \mu_N = \Delta G_{m,阴}^{\ominus} + RT\ln\frac{a_{MeN,e}}{a_{Me^{z+},e}a_{N,e}}$$

式中

$$\Delta G_{m,阴}^{\ominus} = \mu_{MeN}^{\ominus} - \mu_{Me^{z+}}^{\ominus} - z\mu_e^{\ominus} - \mu_N^{\ominus}$$

$$\mu_{MeN} = \mu_{MeN}^{\ominus} + RT\ln a_{MeN,e}$$

$$\mu_{Me^{z+}} = \mu_{Me^{z+}}^{\ominus} + RT\ln a_{Me^{z+},e}$$

$$\mu_e = \mu_e^{\ominus}$$

$$\mu_N = \mu_N^{\ominus} + RT\ln a_{N,e}$$

由

$$\varphi_{阴,e} = -\frac{\Delta G_{m,阴,e}}{zF}$$

得

$$\varphi_{阴,e} = \varphi_{阴}^{\ominus} + \frac{RT}{zF}\ln\frac{a_{Me,e}a_{N,e}}{a_{MeN,e}}$$

式中

$$\varphi_{阴}^{\ominus} = -\frac{\Delta G_{m,阴}^{\ominus}}{zF} = -\frac{\mu_{MeN}^{\ominus} - \mu_{Me^{z+}}^{\ominus} - z\mu_e^{\ominus} - \mu_N^{\ominus}}{zF}$$

阴极有电流通过，发生极化，反应为

$$Me^{z+} + ze + N = MeN$$

阴极电势为

$$\varphi_{阴} = \varphi_{阴,e} + \Delta\varphi_{阴}$$

则

$$\Delta\varphi_{阴} = \varphi_{阴} - \varphi_{阴,e}$$

对于电池

$$A_{m,阴} = \Delta G_{m,阴} = -zF\varphi_{阴} = -zF(\varphi_{阴,e} + \Delta\varphi_{阴})$$

对于电解池

$$A_{m,阴} = -\Delta G_{m,阴} = zF\varphi_{阴} = zF(\varphi_{阴,e} + \Delta\varphi_{阴})$$

总反应速率为

$$\frac{dN_{MeN}}{dt} = -\frac{dN_{Me^{z+}}}{dt} = -\frac{dN_N}{dt} = Sj_t$$

式中

$$j_t = -l_1\left(\frac{A_{m,阴}}{T}\right) - l_2\left(\frac{A_{m,阴}}{T}\right)^2 - l_3\left(\frac{A_{m,阴}}{T}\right)^3 - \cdots$$
$$= -l_1'\left(\frac{\varphi_{阴}}{T}\right) - l_2'\left(\frac{\varphi_{阴}}{T}\right)^2 - l_3'\left(\frac{\varphi_{阴}}{T}\right)^3 - \cdots$$
$$= -l_1'' - l_2''\left(\frac{\Delta\varphi_{阴}}{T}\right) - l_3''\left(\frac{\Delta\varphi_{阴}}{T}\right)^2 - l_4''\left(\frac{\Delta\varphi_{阴}}{T}\right)^3 - \cdots$$

将上式代入

$$i = zFj$$

得

$$i = zFj$$
$$= -l_1^*\left(\frac{\varphi_{阴}}{T}\right) - l_2^*\left(\frac{\varphi_{阴}}{T}\right)^2 - l_3^*\left(\frac{\varphi_{阴}}{T}\right)^3 - \cdots$$
$$= -l_1^{**} - l_2^{**}\left(\frac{\Delta\varphi_{阴}}{T}\right) - l_3^{**}\left(\frac{\Delta\varphi_{阴}}{T}\right)^2 - l_4^{**}\left(\frac{\Delta\varphi_{阴}}{T}\right)^3 - \cdots$$

2. 阳极反应

$$M^{z-} - ze = M$$
$$M + N = MN$$

阳极反应速率为

$$-\frac{dN_{M^{z-}}}{dt} = \frac{1}{z}\frac{dN_e}{dt} = \frac{dN_{MN}}{dt} = -\frac{dN_N}{dt} = Sj_1 = Sj_2 = Sj$$
$$j = \frac{1}{2}(j_1 + j_2)$$

式中，j_1为电子转移反应速率；j_2为后继表面转化反应速率；j为阳极过程速率。

电子转移反应达到平衡，有

$$M^{z-} - ze \rightleftharpoons M$$

该过程的摩尔吉布斯自由能变化为

$$\Delta G_{m,阳,e} = \mu_M - \mu_{M^{z-}} + z\mu_e = \Delta G_{m,阳}^{\ominus} + RT\ln\frac{a_{M,e}}{a_{M^{z-},e}}$$

式中

$$\Delta G_{m,阳}^{\ominus} = \mu_M^{\ominus} - \mu_{M^-}^{\ominus} + z\mu_e^{\ominus}$$
$$\mu_M = \mu_M^{\ominus} + RT\ln a_{M,e}$$
$$\mu_{M^{z-}} = \mu_{M^{z-}}^{\ominus} + RT\ln a_{M^{z-},e}$$

$$\mu_e = \mu_e^{\ominus}$$

由

$$\varphi_{阳,e} = \frac{\Delta G_{m,阳,e}}{zF}$$

得

$$\varphi_{阳,e} = \varphi_{阳}^{\ominus} + \frac{RT}{zF}\ln\frac{a_{M,e}}{a_{M^{z-},e}} \tag{5.77}$$

式中

$$\varphi_{阳}^{\ominus} = \frac{\Delta G_{m,阳}^{\ominus}}{F} = \frac{\mu_M^{\ominus} - \mu_{M^{z-}}^{\ominus} + z\mu_e^{\ominus}}{zF}$$

阳极有电流通过，发生极化，阳极反应为

$$M^{z-} - ze = M$$

阳极电势为

$$\varphi_{阳} = \varphi_{阳,e} + \Delta\varphi_{阳}$$

阳极过电势为

$$\Delta\varphi_{阳} = \varphi_{阳} - \varphi_{阳,e} \tag{5.78}$$

对于电池

$$A_{m,阳} = \Delta G_{m,阳} = zF\varphi_{阳} = zF(\varphi_{阳,e} + \Delta\varphi_{阳})$$

对于电解池

$$A_{m,阳} = -\Delta G_{m,阳} = -zF\varphi_{阳} = -zF(\varphi_{阳,e} + \Delta\varphi_{阳})$$

电子转移反应速率为

$$\frac{dN_M}{dt} = -\frac{dN_{M^{z-}}}{dt} = \frac{1}{z}\frac{dN_e}{dt} = Sj_1$$

$$\begin{aligned} j_1 &= -l_1\left(\frac{A_{m,阳}}{T}\right) - l_2\left(\frac{A_{m,阳}}{T}\right)^2 - l_3\left(\frac{A_{m,阳}}{T}\right)^3 - \cdots \\ &= -l_1'\left(\frac{\varphi_{阳}}{T}\right) - l_2'\left(\frac{\varphi_{阳}}{T}\right)^2 - l_3'\left(\frac{\varphi_{阳}}{T}\right)^3 - \cdots \\ &= -l_1'' - l_2''\left(\frac{\Delta\varphi_{阳}}{T}\right) - l_3''\left(\frac{\Delta\varphi_{阳}}{T}\right)^2 - l_4''\left(\frac{\Delta\varphi_{阳}}{T}\right)^3 - \cdots \end{aligned}$$

将上式代入

$$i = zFj_1$$

得

$$
\begin{aligned}
i &= zFj_1 \\
&= -l_1^*\left(\frac{\varphi_{阳}}{T}\right) - l_2^*\left(\frac{\varphi_{阳}}{T}\right)^2 - l_3^*\left(\frac{\varphi_{阳}}{T}\right)^3 - \cdots \\
&= -l_1^{**} - l_2^{**}\left(\frac{\Delta\varphi_{阳}}{T}\right) - l_3^{**}\left(\frac{\Delta\varphi_{阳}}{T}\right)^2 - l_4^{**}\left(\frac{\Delta\varphi_{阳}}{T}\right)^3 - \cdots
\end{aligned}
\tag{5.79}
$$

式中系数由实验确定。

后继表面转化反应为

$$
\mathrm{M} + \mathrm{N} = \!= \!= \mathrm{MN}
$$

该反应的摩尔吉布斯自由能变化为

$$
\Delta G_{\mathrm{m},后} = \mu_{\mathrm{MN}} - \mu_{\mathrm{M}} - \mu_{\mathrm{N}} = \Delta G_{\mathrm{m},后}^{\ominus} + RT\ln\frac{a_{\mathrm{MN}}}{a_{\mathrm{M}}a_{\mathrm{N}}}
$$

式中

$$
\Delta G_{\mathrm{m},后}^{\ominus} = \mu_{\mathrm{MN}}^{\ominus} - \mu_{\mathrm{M}}^{\ominus} - \mu_{\mathrm{N}}^{\ominus}
$$

$$
\mu_{\mathrm{MN}} = \mu_{\mathrm{MN}}^{\ominus} + RT\ln a_{\mathrm{MN}}
$$

$$
\mu_{\mathrm{M}} = \mu_{\mathrm{M}}^{\ominus} + RT\ln a_{\mathrm{M}}
$$

$$
\mu_{\mathrm{N}} = \mu_{\mathrm{N}}^{\ominus} + RT\ln a_{\mathrm{N}}
$$

后继表面转化反应速率为

$$
\frac{\mathrm{d}N_{\mathrm{MN}}}{\mathrm{d}t} = -\frac{\mathrm{d}N_{\mathrm{M}}}{\mathrm{d}t} = -\frac{\mathrm{d}N_{\mathrm{N}}}{\mathrm{d}t} = Sj_2
$$

$$
j_2 = -l_1\left(\frac{A_{\mathrm{m},后}}{T}\right) - l_2\left(\frac{A_{\mathrm{m},后}}{T}\right)^2 - l_3\left(\frac{A_{\mathrm{m},后}}{T}\right)^3 - \cdots
$$

式中

$$
A_{\mathrm{m},后} = \Delta G_{\mathrm{m},后}
$$

总反应达到平衡，有

$$
\mathrm{M}^{z-} - z\mathrm{e} + \mathrm{N} \rightleftharpoons \mathrm{MN}
$$

摩尔吉布斯自由能变化为

$$
\Delta G_{\mathrm{m},阳,\mathrm{e}} = \mu_{\mathrm{MN}} - \mu_{\mathrm{M}^{z-}} + z\mu_{\mathrm{e}} - \mu_{\mathrm{N}} = \Delta G_{\mathrm{m},阳}^{\ominus} + RT\ln\frac{a_{\mathrm{MN,e}}}{a_{\mathrm{M}^{z-},\mathrm{e}}a_{\mathrm{N,e}}}
$$

式中

$$
\Delta G_{\mathrm{m},阳}^{\ominus} = \mu_{\mathrm{MN}}^{\ominus} - \mu_{\mathrm{M}^{z-}}^{\ominus} + z\mu_{\mathrm{e}}^{\ominus} - \mu_{\mathrm{N}}^{\ominus}
$$

$$
\mu_{\mathrm{MN}} = \mu_{\mathrm{MN}}^{\ominus} + RT\ln a_{\mathrm{MN,e}}
$$

$$
\mu_{\mathrm{M}^{z-}} = \mu_{\mathrm{M}^{z-}}^{\ominus} + RT\ln a_{\mathrm{M}^{z-},\mathrm{e}}
$$

$$\mu_e = \mu_e^\ominus$$

$$\mu_N = \mu_N^\ominus + RT\ln a_{N,e}$$

由

$$\varphi_{阳,e} = \frac{\Delta G_{m,阳,e}}{2F}$$

得

$$\varphi_{阳,e} = \varphi_{阳}^\ominus + \frac{RT}{2F}\ln\frac{a_{MN,e}}{a_{M^{z-},e}a_{N,e}}$$

式中

$$\varphi_{阳}^\ominus = \frac{\Delta G_{m,阳}^\ominus}{2F} = \frac{\mu_{MN}^\ominus - \mu_{M^{z-}}^\ominus + z\mu_e^\ominus - \mu_N^\ominus}{zF}$$

阳极由电流通过，发生极化，反应为

$$M^{z-} - ze + N = MN$$

阳极电势为

$$\varphi_{阳} = \varphi_{阳,e} + \Delta\varphi_{阳}$$

则

$$\Delta\varphi_{阳} = \varphi_{阳} - \varphi_{阳,e}$$

对于电池

$$A_{m,阳} = \Delta G_{m,阳} = zF\varphi_{阳} = zF(\varphi_{阳,e} + \Delta\varphi_{阳})$$

对于电解池

$$A_{m,阳} = -\Delta G_{m,阳} = -zF\varphi_{阳} = -zF(\varphi_{阳,e} + \Delta\varphi_{阳})$$

总反应速率为

$$\frac{dN_{MN}}{dt} = -\frac{dN_{M^{z-}}}{dt} = -\frac{dN_N}{dt} = Sj_t$$

式中

$$\begin{aligned} j_t &= -l_1\left(\frac{A_{m,阳}}{T}\right) - l_2\left(\frac{A_{m,阳}}{T}\right)^2 - l_3\left(\frac{A_{m,阳}}{T}\right)^3 - \cdots \\ &= -l_1'\left(\frac{\varphi_{阳}}{T}\right) - l_2'\left(\frac{\varphi_{阳}}{T}\right)^2 - l_3'\left(\frac{\varphi_{阳}}{T}\right)^3 - \cdots \\ &= -l_1'' - l_2''\left(\frac{\Delta\varphi_{阳}}{T}\right) - l_3''\left(\frac{\Delta\varphi_{阳}}{T}\right)^2 - l_4''\left(\frac{\Delta\varphi_{阳}}{T}\right)^3 - \cdots \end{aligned}$$

将上式代入

$$i = zFj_t$$

得

$$\begin{aligned}i &= zFj_t\\ &= -l_1^*\left(\frac{\varphi_{阳}}{T}\right)-l_2^*\left(\frac{\varphi_{阳}}{T}\right)^2-l_3^*\left(\frac{\varphi_{阳}}{T}\right)^3-\cdots\\ &= -l_1^{**}-l_2^{**}\left(\frac{\Delta\varphi_{阳}}{T}\right)-l_3^{**}\left(\frac{\Delta\varphi_{阳}}{T}\right)^2-l_4^{**}\left(\frac{\Delta\varphi_{阳}}{T}\right)^3-\cdots\end{aligned}$$

5.9 既有前置表面转化步骤又有后继表面转化步骤的电极过程

5.9.1 一个电子

1. 阴极反应

阴极反应速率为

$$(\mathrm{MeL}_n)^+ \Longrightarrow (\mathrm{MeL}_m)^+ + (n-m)\mathrm{L}$$

$$(\mathrm{MeL}_m)^+ + \mathrm{e} \Longrightarrow \mathrm{Me} + m\mathrm{L}$$

$$\mathrm{Me} + \mathrm{N} \Longrightarrow \mathrm{MeN}$$

阴极过程达到稳态，反应速率为

$$-\frac{\mathrm{d}N_{(\mathrm{MeL}_n)^+}}{\mathrm{d}t} = -\frac{\mathrm{d}N_{\mathrm{e}}}{\mathrm{d}t} = \frac{\mathrm{d}N_{\mathrm{MeN}}}{\mathrm{d}t} = -\frac{\mathrm{d}N_{\mathrm{N}}}{\mathrm{d}t} = Sj_{前} = Sj_{\mathrm{e}} = Sj_{后} = Sj$$

$$j = \frac{1}{3}(j_{前} + j_{\mathrm{e}} + j_{后})$$

式中，$j_{前}$为前置表面转化反应速率；j_{e}为电子转移反应速率；$j_{后}$为后继表面转化反应速率；j为阴极过程速率。

前置表面转化反应为

$$(\mathrm{MeL}_n)^+ \Longrightarrow (\mathrm{MeL}_m)^+ + (n-m)\mathrm{L}$$

该反应的摩尔吉布斯自由能变化为

$$\Delta G_{\mathrm{m},前} = \mu_{(\mathrm{MeL}_m)^+} + (n-m)\mu_{\mathrm{L}} - \mu_{(\mathrm{MeL}_n)^+} = \Delta G_{\mathrm{m},前}^{\ominus} + RT\ln\frac{a_{(\mathrm{MeL}_m)^+}a_{\mathrm{L}}^{(n-m)}}{a_{(\mathrm{MeL}_n)^+}}$$

式中

$$\Delta G_{\mathrm{m},前}^{\ominus} = \mu_{(\mathrm{MeL}_m)^+}^{\ominus} + (n-m)\mu_{\mathrm{L}}^{\ominus} - \mu_{(\mathrm{MeL}_n)^+}^{\ominus}$$

$$\mu_{(\mathrm{MeL}_m)^+} = \mu_{(\mathrm{MeL}_m)^+}^{\ominus} + RT\ln a_{(\mathrm{MeL}_m)^+}$$

$$\mu_{\mathrm{L}} = \mu_{\mathrm{L}}^{\ominus} + RT\ln a_{\mathrm{L}}$$

$$\mu_{(\mathrm{MeL}_n)^+} = \mu_{(\mathrm{MeL}_n)^+}^{\ominus} + RT\ln a_{(\mathrm{MeL}_n)^+}$$

前置表面转化反应速率为

$$\frac{\mathrm{d}N_{(\mathrm{MeL}_m)^+}}{\mathrm{d}t} = \frac{1}{n-m}\frac{\mathrm{d}N_{\mathrm{L}}}{\mathrm{d}t} = -\frac{\mathrm{d}N_{(\mathrm{MeL}_n)^+}}{\mathrm{d}t} = Sj_{\text{前}}$$

式中

$$j_{\text{前}} = -l_1\left(\frac{A_{\mathrm{m},\text{前}}}{T}\right) - l_2\left(\frac{A_{\mathrm{m},\text{前}}}{T}\right)^2 - l_3\left(\frac{A_{\mathrm{m},\text{前}}}{T}\right)^3 - \cdots$$

电子转移反应达到平衡，有

$$(\mathrm{MeL}_m)^+ + \mathrm{e} \rightleftharpoons \mathrm{Me} + m\mathrm{L}$$

该反应的摩尔吉布斯自由能变化为

$$\Delta G_{\mathrm{m},\text{阴},\mathrm{e}} = \mu_{\mathrm{Me}} + m\mu_{\mathrm{L}} - \mu_{(\mathrm{MeL}_m)^+} - \mu_{\mathrm{e}} = \Delta G_{\mathrm{m},\text{阴}}^{\ominus} + RT\ln\frac{a_{\mathrm{Me,e}}a_{\mathrm{L,e}}^m}{a_{(\mathrm{MeL}_m)^+,\mathrm{e}}}$$

式中

$$\Delta G_{\mathrm{m},\text{阴}}^{\ominus} = \mu_{\mathrm{Me}}^{\ominus} + m\mu_{\mathrm{L}}^{\ominus} - \mu_{(\mathrm{MeL}_m)^+}^{\ominus} - \mu_{\mathrm{e}}^{\ominus}$$

$$\mu_{\mathrm{Me}} = \mu_{\mathrm{Me}}^{\ominus} + RT\ln a_{\mathrm{Me,e}}$$

$$\mu_{\mathrm{L}} = \mu_{\mathrm{L}}^{\ominus} + RT\ln a_{\mathrm{L,e}}$$

$$\mu_{(\mathrm{MeL}_m)^+} = \mu_{(\mathrm{MeL}_m)^+}^{\ominus} + RT\ln a_{(\mathrm{MeL}_m)^+,\mathrm{e}}$$

$$\mu_{\mathrm{e}} = \mu_{\mathrm{e}}^{\ominus}$$

由

$$\varphi_{\text{阴},\mathrm{e}} = -\frac{\Delta G_{\mathrm{m},\text{阴},\mathrm{e}}}{F}$$

得

$$\varphi_{\text{阴},\mathrm{e}} = \varphi_{\text{阴}}^{\ominus} + \frac{RT}{F}\ln\frac{a_{(\mathrm{MeL}_m)^+,\mathrm{e}}}{a_{\mathrm{Me,e}}a_{\mathrm{L,e}}^m} \tag{5.80}$$

式中

$$\varphi_{\text{阴}}^{\ominus} = -\frac{\mu_{\mathrm{Me}}^{\ominus} + m\mu_{\mathrm{L}}^{\ominus} - \mu_{(\mathrm{MeL}_m)^+}^{\ominus} - \mu_{\mathrm{e}}^{\ominus}}{F}$$

阴极有电流通过，发生极化，阴极反应为

$$(\mathrm{MeL}_m)^+ + \mathrm{e} = \mathrm{Me} + m\mathrm{L}$$

阴极电势为

$$\varphi_{\text{阴}} = \varphi_{\text{阴},\mathrm{e}} + \Delta\varphi_{\text{阴}}$$

过电势为

$$\Delta\varphi_{\text{阴}} = \varphi_{\text{阴}} - \varphi_{\text{阴},\mathrm{e}} \tag{5.81}$$

对于电池

$$A_{m,阴} = \Delta G_{m,阴} = -F\varphi_{阴} = -F(\varphi_{阴,e} + \Delta\varphi_{阴})$$

对于电解池

$$A_{m,阴} = -\Delta G_{m,阴} = F\varphi_{阴} = F(\varphi_{阴,e} + \Delta\varphi_{阴})$$

电子转移反应速率为

$$\frac{dN_{Me}}{dt} = \frac{1}{m}\frac{dN_L}{dt} = -\frac{dN_{(MeL_m)^+}}{dt} = -\frac{dN_e}{dt} = j_e$$

$$\begin{aligned} j_e &= -l_1\left(\frac{A_{m,阴}}{T}\right) - l_2\left(\frac{A_{m,阴}}{T}\right)^2 - l_3\left(\frac{A_{m,阴}}{T}\right)^3 - \cdots \\ &= -l_1'\left(\frac{\varphi_{阴}}{T}\right) - l_2'\left(\frac{\varphi_{阴}}{T}\right)^2 - l_3'\left(\frac{\varphi_{阴}}{T}\right)^3 - \cdots \\ &= -l_1'' - l_2''\left(\frac{\Delta\varphi_{阴}}{T}\right) - l_3''\left(\frac{\Delta\varphi_{阴}}{T}\right)^2 - l_4''\left(\frac{\Delta\varphi_{阴}}{T}\right)^3 - \cdots \end{aligned}$$

将上式代入

$$i = Fj_e$$

得

$$\begin{aligned} i &= Fj_e \\ &= -l_1^*\left(\frac{\varphi_{阴}}{T}\right) - l_2^*\left(\frac{\varphi_{阴}}{T}\right)^2 - l_3^*\left(\frac{\varphi_{阴}}{T}\right)^3 - \cdots \\ &= -l_1^{**} - l_2^{**}\left(\frac{\Delta\varphi_{阴}}{T}\right) - l_3^{**}\left(\frac{\Delta\varphi_{阴}}{T}\right)^2 - l_4^{**}\left(\frac{\Delta\varphi_{阴}}{T}\right)^3 - \cdots \end{aligned} \tag{5.82}$$

式中系数由实验确定。

后继表面转化反应为

$$Me + N = MeN$$

该反应的摩尔吉布斯自由能变化为

$$\Delta G_{m,后} = \mu_{MeN} - \mu_{Me} - \mu_N = \Delta G_{m,后}^{\ominus} + RT\ln\frac{a_{MeN}}{a_{Me}a_N}$$

式中

$$\Delta G_{m,后}^{\ominus} = \mu_{MeN}^{\ominus} - \mu_{Me}^{\ominus} - \mu_N^{\ominus}$$

$$\mu_{MeN} = \mu_{MeN}^{\ominus} + RT\ln a_{MeN}$$

$$\mu_{Me} = \mu_{Me}^{\ominus} + RT\ln a_{Me}$$

$$\mu_N = \mu_N^{\ominus} + RT\ln a_N$$

后继表面转化反应速率为

$$\frac{\mathrm{d}N_{\mathrm{MeN}}}{\mathrm{d}t}=-\frac{\mathrm{d}N_{\mathrm{Me}}}{\mathrm{d}t}=-\frac{\mathrm{d}N_{\mathrm{N}}}{\mathrm{d}t}=Sj_{后}$$

$$j_{后}=-l_1\left(\frac{A_{\mathrm{m},后}}{T}\right)-l_2\left(\frac{A_{\mathrm{m},后}}{T}\right)^2-l_3\left(\frac{A_{\mathrm{m},后}}{T}\right)^3-\cdots$$

总反应达到平衡，有

$$(\mathrm{MeL}_m)^+ + \mathrm{e} + \mathrm{N} \rightleftharpoons \mathrm{MeN} + m\mathrm{L}$$

摩尔吉布斯自由能变化为

$$\Delta G_{\mathrm{m},阴,\mathrm{e}}=\mu_{\mathrm{MeN}}+m\mu_{\mathrm{L}}-\mu_{(\mathrm{MeL}_m)^+}-\mu_{\mathrm{e}}-\mu_{\mathrm{N}}=\Delta G_{\mathrm{m},阴}^{\ominus}+RT\ln\frac{a_{\mathrm{MeN,e}}a_{\mathrm{L,e}}^m}{a_{(\mathrm{MeL}_m)^+,\mathrm{e}}a_{\mathrm{N,e}}}$$

式中

$$\Delta G_{\mathrm{m},阴}^{\ominus}=\mu_{\mathrm{MeN}}^{\ominus}+m\mu_{\mathrm{L}}^{\ominus}-\mu_{(\mathrm{MeL}_m)^+}^{\ominus}-\mu_{\mathrm{e}}^{\ominus}-\mu_{\mathrm{N}}^{\ominus}$$

$$\mu_{\mathrm{MeN}}=\mu_{\mathrm{MeN}}^{\ominus}+RT\ln a_{\mathrm{MeN,e}}$$

$$\mu_{\mathrm{L}}=\mu_{\mathrm{L}}^{\ominus}+RT\ln a_{\mathrm{L,e}}$$

$$\mu_{(\mathrm{MeL}_m)^+}=\mu_{(\mathrm{MeL}_m)^+}^{\ominus}+RT\ln a_{(\mathrm{MeL}_m)^+,\mathrm{e}}$$

$$\mu_{\mathrm{e}}=\mu_{\mathrm{e}}^{\ominus}$$

$$\mu_{\mathrm{N}}=\mu_{\mathrm{N}}^{\ominus}+RT\ln a_{\mathrm{N,e}}$$

由

$$\varphi_{阴,\mathrm{e}}=-\frac{\Delta G_{\mathrm{m},阴,\mathrm{e}}}{F}$$

得

$$\varphi_{阴,\mathrm{e}}=\varphi_{阴}^{\ominus}+\frac{RT}{F}\ln\frac{a_{(\mathrm{MeL}_m)^+,\mathrm{e}}a_{\mathrm{N,e}}}{a_{\mathrm{MeN,e}}a_{\mathrm{L,e}}^m}$$

式中

$$\varphi_{阴}^{\ominus}=-\frac{\mu_{\mathrm{MeN}}^{\ominus}+m\mu_{\mathrm{L}}^{\ominus}-\mu_{(\mathrm{MeL}_m)^+}^{\ominus}-\mu_{\mathrm{e}}^{\ominus}-\mu_{\mathrm{N}}^{\ominus}}{F}$$

阴极由电流通过，发生极化，阴极反应为

$$(\mathrm{MeL}_m)^+ + \mathrm{e} + \mathrm{N} = \mathrm{MeN} + m\mathrm{L}$$

阴极电势为

$$\varphi_{阴}=\varphi_{阴,\mathrm{e}}+\Delta\varphi_{阴}$$

过电势为

$$\Delta\varphi_{阴}=\varphi_{阴}-\varphi_{阴,\mathrm{e}}$$

对于电池

$$A_{\mathrm{m},阴}=\Delta G_{\mathrm{m},阴}=-F\varphi_{阴}=-F(\varphi_{阴,\mathrm{e}}+\Delta\varphi_{阴})$$

对于电解池

$$A_{\mathrm{m},阴} = -\Delta G_{\mathrm{m},阴} = F\varphi_{阴} = F(\varphi_{阴,\mathrm{e}} + \Delta\varphi_{阴})$$

总反应速率为

$$\frac{\mathrm{d}N_{\mathrm{MeN}}}{\mathrm{d}t} = \frac{1}{m}\frac{\mathrm{d}N_{\mathrm{L}}}{\mathrm{d}t} = -\frac{\mathrm{d}N_{(\mathrm{MeL}_m)^+}}{\mathrm{d}t} = -\frac{\mathrm{d}N}{\mathrm{d}t} = Sj_{\mathrm{t}}$$

式中

$$\begin{aligned} j_{\mathrm{t}} &= -l_1\left(\frac{A_{\mathrm{m},阴}}{T}\right) - l_2\left(\frac{A_{\mathrm{m},阴}}{T}\right)^2 - l_3\left(\frac{A_{\mathrm{m},阴}}{T}\right)^3 - \cdots \\ &= -l_1'\left(\frac{\varphi_{阴}}{T}\right) - l_2'\left(\frac{\varphi_{阴}}{T}\right)^2 - l_3'\left(\frac{\varphi_{阴}}{T}\right)^3 - \cdots \\ &= -l_1'' - l_2''\left(\frac{\Delta\varphi_{阴}}{T}\right) - l_3''\left(\frac{\Delta\varphi_{阴}}{T}\right)^2 - l_4''\left(\frac{\Delta\varphi_{阴}}{T}\right)^3 - \cdots \end{aligned}$$

将上式代入

$$i = Fj_{\mathrm{t}}$$

得

$$\begin{aligned} i &= Fj_{\mathrm{t}} \\ &= -l_1^*\left(\frac{\varphi_{阴}}{T}\right) - l_2^*\left(\frac{\varphi_{阴}}{T}\right)^2 - l_3^*\left(\frac{\varphi_{阴}}{T}\right)^3 - \cdots \\ &= -l_1^{**} - l_2^{**}\left(\frac{\Delta\varphi_{阴}}{T}\right) - l_3^{**}\left(\frac{\Delta\varphi_{阴}}{T}\right)^2 - l_4^{**}\left(\frac{\Delta\varphi_{阴}}{T}\right)^3 - \cdots \end{aligned}$$

2. 阳极反应

$$(\mathrm{MB}_n)^- = (\mathrm{MB}_m)^- + (n-m)\mathrm{B}$$

$$(\mathrm{MB}_m)^- - \mathrm{e} = \mathrm{M} + m\mathrm{B}$$

$$\mathrm{M} + \mathrm{N} = \mathrm{MN}$$

阳极过程达到稳态，反应速率为

$$-\frac{\mathrm{d}N_{(\mathrm{MB}_n)^-}}{\mathrm{d}t} = \frac{\mathrm{d}N_{\mathrm{e}}}{\mathrm{d}t} = \frac{\mathrm{d}N_{\mathrm{MN}}}{\mathrm{d}t} = -\frac{\mathrm{d}N_{\mathrm{N}}}{\mathrm{d}t} = Sj_{前} = Sj_{\mathrm{e}} = Sj_{后} = Sj$$

$$j = \frac{1}{3}(j_{前} + j_{\mathrm{e}} + j_{后})$$

前置表面转化反应为

$$(\mathrm{MB}_n)^- = (\mathrm{MB}_m)^- + (n-m)\mathrm{B}$$

该反应的摩尔吉布斯自由能变化为

$$\Delta G_{\mathrm{m},前} = \mu_{(\mathrm{MB}_m)^-} + (n-m)\mu_{\mathrm{B}} - \mu_{(\mathrm{MB}_n)^-} = \Delta G_{\mathrm{m},前}^{\ominus} + RT\ln\frac{a_{(\mathrm{MB}_m)^-}a_{\mathrm{B}}^{(n-m)}}{a_{(\mathrm{MB}_n)^-}}$$

式中

$$\Delta G_{\mathrm{m},前}^{\ominus} = \mu_{(\mathrm{MB}_m)^-}^{\ominus} + (n-m)\mu_{\mathrm{B}}^{\ominus} - \mu_{(\mathrm{MB}_n)^-}^{\ominus}$$

$$\mu_{(\mathrm{MB}_m)^-} = \mu_{(\mathrm{MB}_m)^-}^{\ominus} + RT\ln a_{(\mathrm{MB}_m)^-}$$

$$\mu_{\mathrm{B}} = \mu_{\mathrm{B}}^{\ominus} + RT\ln a_{\mathrm{B}}$$

$$\mu_{(\mathrm{MB}_n)^-} = \mu_{(\mathrm{MB}_n)^-}^{\ominus} + RT\ln a_{(\mathrm{MB}_n)^-}$$

前置表面转化反应速率为

$$-\frac{\mathrm{d}N_{(\mathrm{MB}_n)^-}}{\mathrm{d}t} = \frac{\mathrm{d}N_{(\mathrm{MB}_m)^-\mathrm{e}}}{\mathrm{d}t} = \frac{1}{n-m}\frac{\mathrm{d}N_{\mathrm{B}}}{\mathrm{d}t} = Sj_{前}$$

$$j_{前} = -l_1\left(\frac{A_{\mathrm{m},前}}{T}\right) - l_2\left(\frac{A_{\mathrm{m},前}}{T}\right)^2 - l_3\left(\frac{A_{\mathrm{m},前}}{T}\right)^3 - \cdots$$

式中

$$A_{\mathrm{m},前} = \Delta G_{\mathrm{m},前}$$

电子转移反应达到平衡，有

$$(\mathrm{MB}_m)^- - \mathrm{e} \rightleftharpoons \mathrm{M} + m\mathrm{B}$$

该反应的摩尔吉布斯自由能变化为

$$\Delta G_{\mathrm{m},阳,\mathrm{e}} = \mu_{\mathrm{M}} + m\mu_{\mathrm{B}} - \mu_{(\mathrm{MB}_m)^-} + \mu_{\mathrm{e}} = \Delta G_{\mathrm{m},阳}^{\ominus} + RT\ln\frac{a_{\mathrm{M,e}}a_{\mathrm{B,e}}^{m}}{a_{(\mathrm{MB}_m)^-,\mathrm{e}}}$$

式中

$$\Delta G_{\mathrm{m},阳}^{\ominus} = \mu_{\mathrm{M}}^{\ominus} + m\mu_{\mathrm{B}}^{\ominus} - \mu_{(\mathrm{MB}_m)^-}^{\ominus} + \mu_{\mathrm{e}}^{\ominus}$$

$$\mu_{\mathrm{M}} = \mu_{\mathrm{M}}^{\ominus} + RT\ln a_{\mathrm{M,e}}$$

$$\mu_{\mathrm{B}} = \mu_{\mathrm{B}}^{\ominus} + RT\ln a_{\mathrm{B,e}}$$

$$\mu_{(\mathrm{MB}_m)^-} = \mu_{(\mathrm{MB}_m)^-}^{\ominus} + RT\ln a_{(\mathrm{MB}_m)^-,\mathrm{e}}$$

$$\mu_{\mathrm{e}} = \mu_{\mathrm{e}}^{\ominus}$$

由

$$\varphi_{阳,\mathrm{e}} = \frac{\Delta G_{\mathrm{m},阳,\mathrm{e}}}{F}$$

得

$$\varphi_{阳,\mathrm{e}} = \varphi_{阳}^{\ominus} + \frac{RT}{F}\ln\frac{a_{\mathrm{M,e}}a_{\mathrm{B,e}}^{m}}{a_{(\mathrm{MB}_m)^-,\mathrm{e}}} \tag{5.83}$$

式中

$$\varphi_{阳}^{\ominus} = \frac{\Delta G_{m,阳}^{\ominus}}{F} = \frac{\mu_M^{\ominus} + m\mu_B^{\ominus} - \mu_{(MB_m)^-}^{\ominus} + \mu_e^{\ominus}}{F}$$

阳极有电流通过，发生极化，阳极反应为

$$(MB_m)^- - e \rightleftharpoons M + mB$$

阳极电势为

$$\varphi_{阳} = \varphi_{阳,e} + \Delta\varphi_{阳}$$

过电势为

$$\Delta\varphi_{阳} = \varphi_{阳} - \varphi_{阳,e}$$

对于电池

$$A_{m,阳} = \Delta G_{m,阳} = F\varphi_{阳} = F(\varphi_{阳,e} + \Delta\varphi_{阳})$$

对于电解池

$$A_{m,阳} = -\Delta G_{m,阳} = -F\varphi_{阳} = -F(\varphi_{阳,e} + \Delta\varphi_{阳})$$

电子转移反应速率为

$$\frac{dN_M}{dt} = \frac{1}{m}\frac{dN_B}{dt} = -\frac{dN_{(MB_m)^-}}{dt} = \frac{dN_e}{dt} = Sj_e$$

$$\begin{aligned} j_e &= -l_1\left(\frac{A_{m,阳}}{T}\right) - l_2\left(\frac{A_{m,阳}}{T}\right)^2 - l_3\left(\frac{A_{m,阳}}{T}\right)^3 - \cdots \\ &= -l_1'\left(\frac{\varphi_{阳}}{T}\right) - l_2'\left(\frac{\varphi_{阳}}{T}\right)^2 - l_3'\left(\frac{\varphi_{阳}}{T}\right)^3 - \cdots \qquad (5.84) \\ &= -l_1'' - l_2''\left(\frac{\Delta\varphi_{阳}}{T}\right) - l_3''\left(\frac{\Delta\varphi_{阳}}{T}\right)^2 - l_4''\left(\frac{\Delta\varphi_{阳}}{T}\right)^3 - \cdots \end{aligned}$$

将上式代入

$$i = Fj_e$$

得

$$\begin{aligned} i &= Fj_e \\ &= -l_1^*\left(\frac{\varphi_{阳}}{T}\right) - l_2^*\left(\frac{\varphi_{阳}}{T}\right)^2 - l_3^*\left(\frac{\varphi_{阳}}{T}\right)^3 - \cdots \\ &= -l_1^{**} - l_2^{**}\left(\frac{\Delta\varphi_{阳}}{T}\right) - l_3^{**}\left(\frac{\Delta\varphi_{阳}}{T}\right)^2 - l_4^{**}\left(\frac{\Delta\varphi_{阳}}{T}\right)^3 - \cdots \end{aligned}$$

式中系数由实验确定。

后继表面转化反应为

$$\mathrm{M + N = MN}$$

该反应的摩尔吉布斯自由能变化为

$$\Delta G_{\mathrm{m,后}} = \mu_{\mathrm{MN}} - \mu_{\mathrm{M}} - \mu_{\mathrm{N}} = \Delta G_{\mathrm{m,后}}^{\ominus} + RT\ln\frac{a_{\mathrm{MN}}}{a_{\mathrm{M}}a_{\mathrm{N}}}$$

式中

$$\Delta G_{\mathrm{m,后}}^{\ominus} = \mu_{\mathrm{MN}}^{\ominus} - \mu_{\mathrm{M}}^{\ominus} - \mu_{\mathrm{N}}^{\ominus}$$

$$\mu_{\mathrm{MN}} = \mu_{\mathrm{MN}}^{\ominus} + RT\ln a_{\mathrm{MN}}$$

$$\mu_{\mathrm{M}} = \mu_{\mathrm{M}}^{\ominus} + RT\ln a_{\mathrm{M}}$$

$$\mu_{\mathrm{N}} = \mu_{\mathrm{N}}^{\ominus} + RT\ln a_{\mathrm{N}}$$

后继表面转化反应速率为

$$\frac{\mathrm{d}N_{\mathrm{MN}}}{\mathrm{d}t} = -\frac{\mathrm{d}N_{\mathrm{M}}}{\mathrm{d}t} = -\frac{\mathrm{d}N_{\mathrm{N}}}{\mathrm{d}t} = Sj_{后}$$

$$j_{后} = -l_1\left(\frac{A_{\mathrm{m,后}}}{T}\right) - l_2\left(\frac{A_{\mathrm{m,后}}}{T}\right)^2 - l_3\left(\frac{A_{\mathrm{m,后}}}{T}\right)^3 - \cdots$$

式中

$$A_{\mathrm{m,后}} = \Delta G_{\mathrm{m,后}}$$

5.9.2　多个电子

1. 阴极反应

$$(\mathrm{MeL}_n)^{z+} = (\mathrm{MeL}_m)^{z+} + (n-m)\mathrm{L}$$

$$(\mathrm{MeL}_m)^{z+} + z\mathrm{e} = \mathrm{Me} + m\mathrm{L}$$

$$\mathrm{Me + N = MeN}$$

阴极过程达到稳态，反应速率为

$$-\frac{\mathrm{d}N_{(\mathrm{MeL}_n)^{z+}}}{\mathrm{d}t} = -\frac{1}{z}\frac{\mathrm{d}N_{\mathrm{e}}}{\mathrm{d}t} = \frac{\mathrm{d}N_{\mathrm{MeN}}}{\mathrm{d}t} = -\frac{\mathrm{d}N_{\mathrm{N}}}{\mathrm{d}t} = Sj_{前} = Sj_{\mathrm{e}} = Sj_{后} = Sj$$

$$j = \frac{1}{3}(j_{前} + j_{\mathrm{e}} + j_{后})$$

式中，$j_{前}$为前置表面转化反应速率；j_{e}为电子转移反应速率；$j_{后}$为后继表面转化反应速率；j为阴极过程速率。

前置表面转化反应为

$$(\mathrm{MeL}_n)^{z+} = (\mathrm{MeL}_m)^{z+} + (n-m)\mathrm{L}$$

该反应的摩尔吉布斯自由能变化为

$$\Delta G_{\mathrm{m},前} = \mu_{(\mathrm{MeL}_m)^{z+}} + (n-m)\mu_{\mathrm{L}} - \mu_{(\mathrm{MeL}_n)^{z+}} = \Delta G^{\ominus}_{\mathrm{m},前} + RT\ln\frac{a_{(\mathrm{MeL}_m)^{z+}} a_{\mathrm{L}}^{(n-m)}}{a_{(\mathrm{MeL}_n)^{z+}}}$$

式中

$$\Delta G^{\ominus}_{\mathrm{m},前} = \mu^{\ominus}_{(\mathrm{MeL}_m)^{z+}} + (n-m)\mu^{\ominus}_{\mathrm{L}} - \mu^{\ominus}_{(\mathrm{MeL}_n)^{z+}}$$

$$\mu_{(\mathrm{MeL}_m)^{z+}} = \mu^{\ominus}_{(\mathrm{MeL}_m)^{z+}} + RT\ln a_{(\mathrm{MeL}_m)^{z+}}$$

$$\mu_{\mathrm{L}} = \mu^{\ominus}_{\mathrm{L}} + RT\ln a_{\mathrm{L}}$$

$$\mu_{(\mathrm{MeL}_n)^{z+}} = \mu^{\ominus}_{(\mathrm{MeL}_n)^{z+}} + RT\ln a_{(\mathrm{MeL}_n)^{z+}}$$

前置表面转化反应速率为

$$\frac{\mathrm{d}N_{(\mathrm{MeL}_m)^{z+}}}{\mathrm{d}t} = \frac{1}{n-m}\frac{\mathrm{d}N_{\mathrm{L}}}{\mathrm{d}t} = -\frac{\mathrm{d}N_{(\mathrm{MeL}_n)^{z+}}}{\mathrm{d}t} = Sj_{前}$$

$$j_{前} = -l_1\left(\frac{A_{\mathrm{m},前}}{T}\right) - l_2\left(\frac{A_{\mathrm{m},前}}{T}\right)^2 - l_3\left(\frac{A_{\mathrm{m},前}}{T}\right)^3 - \cdots \tag{5.85}$$

式中

$$A_{\mathrm{m},前} = \Delta G_{\mathrm{m},前}$$

电子转移反应达到平衡，有

$$(\mathrm{MeL}_m)^{z+} + z\mathrm{e} \rightleftharpoons \mathrm{Me} + m\mathrm{L}$$

该反应摩尔吉布斯自由能变化为

$$\Delta G_{\mathrm{m},阴,\mathrm{e}} = \mu_{\mathrm{Me}} + m\mu_{\mathrm{L}} - \mu_{(\mathrm{MeL}_m)^{z+}} - z\mu_{\mathrm{e}} = \Delta G^{\ominus}_{\mathrm{m},阴} + RT\ln\frac{a_{\mathrm{Me,e}} a^m_{\mathrm{L,e}}}{a_{(\mathrm{MeL}_m)^{z+},\mathrm{e}}}$$

式中

$$\Delta G^{\ominus}_{\mathrm{m},阴} = \mu^{\ominus}_{\mathrm{Me}} + m\mu^{\ominus}_{\mathrm{L}} - \mu^{\ominus}_{(\mathrm{MeL}_m)^{z+}} - z\mu^{\ominus}_{\mathrm{e}}$$

$$\mu_{\mathrm{Me}} = \mu^{\ominus}_{\mathrm{Me}} + RT\ln a_{\mathrm{Me,e}}$$

$$\mu_{\mathrm{L}} = \mu^{\ominus}_{\mathrm{L}} + RT\ln a_{\mathrm{L,e}}$$

$$\mu_{(\mathrm{MeL}_m)^{z+}} = \mu^{\ominus}_{(\mathrm{MeL}_m)^{+}} + RT\ln a_{(\mathrm{MeL}_m)^{z+},\mathrm{e}}$$

$$\mu_{\mathrm{e}} = \mu^{\ominus}_{\mathrm{e}}$$

由

$$\varphi_{阴,\mathrm{e}} = -\frac{\Delta G_{\mathrm{m},阴,\mathrm{e}}}{zF}$$

得

$$\varphi_{阴,\mathrm{e}} = \varphi^{\ominus}_{阴} + \frac{RT}{zF}\ln\frac{a_{(\mathrm{MeL}_n)^{z+},\mathrm{e}}}{a_{\mathrm{Me,e}} a^m_{\mathrm{L,e}}} \tag{5.86}$$

式中

$$\varphi_{阴}^{\ominus}=-\frac{\mu_{Me}^{\ominus}+m\mu_{L}^{\ominus}-\mu_{(MeL_m)^{z+}}^{\ominus}-z\mu_{e}^{\ominus}}{zF}$$

阴极有电流通过，发生极化，阴极反应为

$$(MeL_m)^{z+}+ze = Me+mL$$

阴极电势为

$$\varphi_{阴}=\varphi_{阴,e}+\Delta\varphi_{阴}$$

过电势为

$$\Delta\varphi_{阴}=\varphi_{阴}-\varphi_{阴,e} \tag{5.87}$$

对于电池

$$A_{m,阴}=\Delta G_{m,阴}=-zF\varphi_{阴}=-zF(\varphi_{阴,e}+\Delta\varphi_{阴})$$

对于电解池

$$A_{m,阴}=-\Delta G_{m,阴}=zF\varphi_{阴}=zF(\varphi_{阴,e}+\Delta\varphi_{阴})$$

电子转移反应速率为

$$\frac{dN_{Me}}{dt}=\frac{1}{m}\frac{dN_{L}}{dt}=-\frac{dN_{(MeL_m)^{z+}}}{dt}=-\frac{1}{z}\frac{dN_{e}}{dt}=Sj_{e}$$

$$\begin{aligned}j_{e}&=-l_1\left(\frac{A_{m,阴}}{T}\right)-l_2\left(\frac{A_{m,阴}}{T}\right)^2-l_3\left(\frac{A_{m,阴}}{T}\right)^3-\cdots\\&=-l_1'\left(\frac{\varphi_{m}}{T}\right)-l_2'\left(\frac{\varphi_{m}}{T}\right)^2-l_3'\left(\frac{\varphi_{m}}{T}\right)^3-\cdots\\&=-l_1''-l_2''\left(\frac{\Delta\varphi_{m}}{T}\right)-l_3''\left(\frac{\Delta\varphi_{m}}{T}\right)^2-l_4''\left(\frac{\Delta\varphi_{m}}{T}\right)^3-\cdots\end{aligned}$$

将上式代入

$$i=zFj_{e}$$

得

$$\begin{aligned}i&=zFj_{e}\\&=-l_1^{*}\left(\frac{\varphi_{阴}}{T}\right)-l_2^{*}\left(\frac{\varphi_{阴}}{T}\right)^2-l_3^{*}\left(\frac{\varphi_{阴}}{T}\right)^3-\cdots\\&=-l_1^{**}-l_2^{**}\left(\frac{\Delta\varphi_{阴}}{T}\right)-l_3^{**}\left(\frac{\Delta\varphi_{阴}}{T}\right)^2-l_4^{**}\left(\frac{\Delta\varphi_{阴}}{T}\right)^3-\cdots\end{aligned} \tag{5.88}$$

式中系数由实验确定。

后继表面转化反应为

$$\mathrm{Me + N \Longleftrightarrow MeN}$$

后继表面转化反应速率为

$$\frac{\mathrm{d}N_{\mathrm{MeN}}}{\mathrm{d}t}=-\frac{\mathrm{d}N_{\mathrm{Me}}}{\mathrm{d}t}=-\frac{\mathrm{d}N_{\mathrm{N}}}{\mathrm{d}t}=Sj_{后}$$

该反应的摩尔吉布斯自由能变化为

$$\Delta G_{\mathrm{m},后}=\mu_{\mathrm{MeN}}-\mu_{\mathrm{Me}}-\mu_{\mathrm{N}}=\Delta G_{\mathrm{m},后}^{\ominus}+RT\ln\frac{a_{\mathrm{MeN}}}{a_{\mathrm{Me}}a_{\mathrm{N}}}$$

式中

$$\Delta G_{\mathrm{m},后}^{\ominus}=\mu_{\mathrm{MeN}}^{\ominus}-\mu_{\mathrm{Me}}^{\ominus}-\mu_{\mathrm{N}}^{\ominus}$$

$$\mu_{\mathrm{MeN}}=\mu_{\mathrm{MeN}}^{\ominus}+RT\ln a_{\mathrm{MeN}}$$

$$\mu_{\mathrm{Me}}=\mu_{\mathrm{Me}}^{\ominus}+RT\ln a_{\mathrm{Me}}$$

$$\mu_{\mathrm{N}}=\mu_{\mathrm{N}}^{\ominus}+RT\ln a_{\mathrm{N}}$$

$$j_{后}=-l_1\left(\frac{A_{\mathrm{m},后}}{T}\right)-l_2\left(\frac{A_{\mathrm{m},后}}{T}\right)^2-l_3\left(\frac{A_{\mathrm{m},后}}{T}\right)^3-\cdots$$

2. 阳极反应

$$(\mathrm{MB}_n)^{z-} \Longleftrightarrow (\mathrm{MB}_m)^{z-}+(n-m)\mathrm{B}$$

$$(\mathrm{MB}_m)^{z-}-z\mathrm{e} \Longleftrightarrow \mathrm{M}+m\mathrm{B}$$

$$\mathrm{M+N \Longleftrightarrow MN}$$

阳极过程达到稳态，反应速率为

$$-\frac{\mathrm{d}N_{(\mathrm{MB}_n)^{z-}}}{\mathrm{d}t}=\frac{1}{z}\frac{\mathrm{d}N_{\mathrm{e}}}{\mathrm{d}t}=\frac{\mathrm{d}N_{\mathrm{MN}}}{\mathrm{d}t}=-\frac{\mathrm{d}N_{\mathrm{N}}}{\mathrm{d}t}=Sj_{前}=Sj_{\mathrm{e}}=Sj_{后}=Sj$$

$$j=\frac{1}{3}(j_{前}+j_{\mathrm{e}}+j_{后})$$

式中，$j_{前}$ 为前置表面转化反应速率；j_{e} 为电子转移反应速率；$j_{后}$ 为后继表面转化反应速率；j 为阳极过程速率。

前置表面转化反应为

$$(\mathrm{MB}_n)^{z-} \Longleftrightarrow (\mathrm{MB}_m)^{z-}+(n-m)\mathrm{B}$$

该反应的摩尔吉布斯自由能变化为

$$\Delta G_{\mathrm{m},前}=\mu_{(\mathrm{MB}_m)^{z-}}+(n-m)\mu_{\mathrm{B}}-\mu_{(\mathrm{MB}_n)^{z-}}=\Delta G_{\mathrm{m},前}^{\ominus}+RT\ln\frac{a_{(\mathrm{MB}_m)^{z-}}a_{\mathrm{B}}^{(n-m)}}{a_{(\mathrm{MB}_n)^{z-}}}$$

式中

$$\Delta G_{\mathrm{m},前}^{\ominus}=\mu_{(\mathrm{MB}_m)^{z-}}^{\ominus}+(n-m)\mu_{\mathrm{B}}^{\ominus}-\mu_{(\mathrm{MB}_n)^{z-}}^{\ominus}$$

$$\mu_{(\mathrm{MB}_m)^{z-}} = \mu^{\ominus}_{(\mathrm{MB}_m)^{z-}} + RT\ln a_{(\mathrm{MB}_m)^{z-}}$$

$$\mu_{\mathrm{B}} = \mu^{\ominus}_{\mathrm{B}} + RT\ln a_{\mathrm{B}}$$

$$\mu_{(\mathrm{MB}_n)^{z-}} = \mu^{\ominus}_{(\mathrm{MB}_n)^{z-}} + RT\ln a_{(\mathrm{MB}_n)^{z-}}$$

前置表面转化反应速率为

$$\frac{\mathrm{d}N_{(\mathrm{MB}_m)^{z-}}}{\mathrm{d}t} = \frac{1}{n-m}\frac{\mathrm{d}N_{\mathrm{B}}}{\mathrm{d}t} = -\frac{\mathrm{d}N_{(\mathrm{MB}_n)^{z-}}}{\mathrm{d}t} = Sj_{前}$$

$$j_{前} = -l_1\left(\frac{A_{\mathrm{m},前}}{T}\right) - l_2\left(\frac{A_{\mathrm{m},前}}{T}\right)^2 - l_3\left(\frac{A_{\mathrm{m},前}}{T}\right)^3 - \cdots$$

式中

$$A_{\mathrm{m},前} = \Delta G_{\mathrm{m},前}$$

电子转移反应达到平衡，有

$$(\mathrm{MB}_m)^{z-} - ze \rightleftharpoons \mathrm{M} + m\mathrm{B}$$

该反应的摩尔吉布斯自由能变化为

$$\Delta G_{\mathrm{m},阳,\mathrm{e}} = \mu_{\mathrm{M}} + m\mu_{\mathrm{B}} - \mu_{(\mathrm{MB}_m)^{z-}} + z\mu_{\mathrm{e}} = \Delta G^{\ominus}_{\mathrm{m},阳} + RT\ln\frac{a_{\mathrm{M,e}}a^m_{\mathrm{B,e}}}{a_{(\mathrm{MB}_m)^{z-},\mathrm{e}}}$$

式中

$$\Delta G^{\ominus}_{\mathrm{m},阳} = \mu^{\ominus}_{\mathrm{M}} + m\mu^{\ominus}_{\mathrm{B}} - \mu^{\ominus}_{(\mathrm{MB}_m)^{z-}} + z\mu^{\ominus}_{\mathrm{e}}$$

$$\mu_{\mathrm{M}} = \mu^{\ominus}_{\mathrm{M}} + RT\ln a_{\mathrm{M,e}}$$

$$\mu_{\mathrm{B}} = \mu^{\ominus}_{\mathrm{B}} + RT\ln a_{\mathrm{B,e}}$$

$$\mu_{(\mathrm{MB}_m)^{z-}} = \mu^{\ominus}_{(\mathrm{MB}_m)^{z-}} + RT\ln a_{(\mathrm{MB}_m)^{z-},\mathrm{e}}$$

$$\mu_{\mathrm{e}} = \mu^{\ominus}_{\mathrm{e}}$$

由

$$\varphi_{阳,\mathrm{e}} = \frac{\Delta G_{\mathrm{m},阳,\mathrm{e}}}{zF}$$

得

$$\varphi_{阳,\mathrm{e}} = \varphi^{\ominus}_{阳} + \frac{RT}{zF}\ln\frac{a_{\mathrm{M,e}}a^m_{\mathrm{B,e}}}{a_{(\mathrm{MB}_m)^{z-},\mathrm{e}}} \tag{5.89}$$

式中

$$\varphi^{\ominus}_{阳} = \frac{\Delta G^{\ominus}_{\mathrm{m},阳}}{zF} = \frac{\mu^{\ominus}_{\mathrm{M}} + m\mu^{\ominus}_{\mathrm{B}} - \mu^{\ominus}_{(\mathrm{MB}_m)^{z-}} + z\mu^{\ominus}_{\mathrm{e}}}{zF}$$

阳极有电流通过，发生极化，阳极反应为

$$(\mathrm{MB}_m)^{z-} - ze = \mathrm{M} + m\mathrm{B}$$

阳极电势为

$$\varphi_{阳} = \varphi_{阳,e} + \Delta\varphi_{阳}$$

过电势为

$$\Delta\varphi_{阳} = \varphi_{阳} - \varphi_{阳,e} \tag{5.90}$$

对于电池

$$A_{m,阳} = \Delta G_{m,阳} = zF\varphi_{阳} = zF(\varphi_{阳,e} + \Delta\varphi_{阳})$$

对于电解池

$$A_{m,阳} = -\Delta G_{m,阳} = -zF\varphi_{阳} = -zF(\varphi_{阳,e} + \Delta\varphi_{阳})$$

电子转移反应速率为

$$\begin{aligned} j_e &= -l_1\left(\frac{A_{m,阳}}{T}\right) - l_2\left(\frac{A_{m,阳}}{T}\right)^2 - l_3\left(\frac{A_{m,阳}}{T}\right)^3 - \cdots \\ &= -l_1'\left(\frac{\varphi_{阳}}{T}\right) - l_2'\left(\frac{\varphi_{阳}}{T}\right)^2 - l_3'\left(\frac{\varphi_{阳}}{T}\right)^3 - \cdots \\ &= -l_1'' - l_2''\left(\frac{\Delta\varphi_{阳}}{T}\right) - l_3''\left(\frac{\Delta\varphi_{阳}}{T}\right)^2 - l_4''\left(\frac{\Delta\varphi_{阳}}{T}\right)^3 - \cdots \end{aligned}$$

将上式代入

$$i = zFj_e$$

得

$$\begin{aligned} i &= zFj_e \\ &= -l_1^*\left(\frac{\varphi_{阳}}{T}\right) - l_2^*\left(\frac{\varphi_{阳}}{T}\right)^2 - l_3^*\left(\frac{\varphi_{阳}}{T}\right)^3 - \cdots \\ &= -l_1^{**} - l_2^{**}\left(\frac{\Delta\varphi_{阳}}{T}\right) - l_3^{**}\left(\frac{\Delta\varphi_{阳}}{T}\right)^2 - l_4^{**}\left(\frac{\Delta\varphi_{阳}}{T}\right)^3 - \cdots \end{aligned} \tag{5.91}$$

式中系数由实验确定。

后继表面转化反应为

$$\mathrm{M} + \mathrm{N} = \!=\!= \mathrm{MN}$$

该反应的摩尔吉布斯自由能变化为

$$\Delta G_{m,后} = \mu_{MN} - \mu_M - \mu_N = \Delta G_{m,后}^{\ominus} + RT\ln\frac{a_{MN}}{a_M a_N}$$

式中

$$\Delta G_{m,后}^{\ominus} = \mu_{MN}^{\ominus} - \mu_M^{\ominus} - \mu_N^{\ominus}$$

$$\mu_{MN} = \mu_{MN}^{\ominus} + RT\ln a_{MN}$$

$$\mu_M = \mu_M^{\ominus} + RT\ln a_M$$

$$\mu_{\mathrm{N}} = \mu_{\mathrm{N}}^{\ominus} + RT\ln a_{\mathrm{N}}$$

后继表面转化反应速率为

$$j_{后} = -l_1\left(\frac{A_{\mathrm{m},后}}{T}\right) - l_2\left(\frac{A_{\mathrm{m},后}}{T}\right)^2 - l_3\left(\frac{A_{\mathrm{m},后}}{T}\right)^3 - \cdots$$

式中

$$A_{\mathrm{m},后} = \Delta G_{\mathrm{m},后}$$

5.10　电极过程的控制步骤

电极过程的控制步骤限制了电极过程的速率。为了提高电极过程的速率，需要一定的过电势。电极过程的过电势是由多种因素引起的。根据电极过程的控制步骤不同，可以将过电势分为以下四类。

（1）由电子转移步骤控制电极过程速率而引起的过电势，称为电子转移过电势。

（2）由液相传质步骤控制电极过程速率而引起的过电势，称为浓度过电势。

（3）由表面转化步骤控制电极过程速率而引起的过电势，称为反应过电势。

（4）由于原子进入电极的晶格存在困难而引起的过电势，称为结晶过电势。

改变控速步骤的速率就可以改变整个电极过程的速率，因而找出控速步骤对电极过程具有重大意义。

第 6 章　电极反应中的传质

6.1　三种传质方式

在电化学过程中，液相传质有三种方式，即扩散、对流和电迁移。

6.1.1　扩散

电极上有电流通过时会发生电极反应，电极反应的结果是溶液中参与反应的组元在电极和溶液界面区域的浓度不同于溶液本体的浓度而发生扩散。在近平衡体系，恒温恒压的稳态条件下，扩散公式如下：

多元系考虑耦合作用

$$\vec{J}_{k,\mathrm{d}} = -\sum_{j=1}^{n} L_{k,j} \frac{1}{T} \nabla \mu_j \tag{6.1}$$

$$\vec{J}_{k,\mathrm{d},x} = -\sum_{j=1}^{n} L_{k,j} \frac{1}{T} \frac{\mathrm{d}\mu_j}{\mathrm{d}x} \tag{6.2}$$

不考虑耦合作用，有

$$\vec{J}_{k,\mathrm{d}} = -L_k \frac{1}{T} \nabla \mu_k \tag{6.3}$$

$$J_{k,\mathrm{d}} = |\vec{J}_{k,\mathrm{d}}| = \left| -L_k \frac{1}{T} \nabla \mu_k \right| \tag{6.4}$$

式中，$\vec{J}_{k,\mathrm{d}}$ 为组元 k 的扩散流量；$\nabla \mu_k$ 为组元 k 的化学势梯度；L_k 为唯象系数，负号表示组元 k 的流动方向与组元 k 的化学势梯度相反。

组元 k 沿 x 轴的扩散流量为

$$J_{k,\mathrm{d},x} = |\vec{J}_{k,\mathrm{d},x}| = \left| -L_k \frac{1}{T} \nabla_x \mu_k \right| = -L_k \frac{1}{T} \frac{\mathrm{d}\mu_k}{\mathrm{d}x} \tag{6.5}$$

式中，$J_{k,\mathrm{d},x}$ 为组元 k 沿 x 轴方向的扩散流量，负号表示组元 k 流动方向是 $\frac{\mathrm{d}\mu_k}{\mathrm{d}x}$ 减少的方向。

1. 菲克第一定律

在恒温恒压条件下

$$\nabla \mu_j = \sum_{l=1}^{n} \left(\frac{\partial \mu_j}{\partial y_l} \right)_{T,p,y_{m(\neq l)}} \nabla y_l \tag{6.6}$$

将式（6.6）代入式（6.1）得

$$\begin{aligned} \vec{J}_{k,\mathrm{d}} &= -\sum_{j=1}^{n} L_{k,j} \sum_{l=1}^{n} \left(\frac{\partial \mu_j}{\partial y_l} \right)_{T,p,y_{m(\neq l)}} \nabla y_l \\ &= -\sum_{l=1}^{n} \sum_{j=1}^{n} L_{k,j} \left(\frac{\partial \mu_j}{\partial y_l} \right)_{T,p,y_{m(\neq l)}} \nabla y_l \\ &= -\sum_{l=1}^{n} D_{k,l} \nabla y_l \end{aligned} \tag{6.7}$$

式中，温度为常数，收入系数中，因而未显示。

$$D_{k,l} = \sum_{j=1}^{n} L_{k,j} \left(\frac{\partial \mu_j}{\partial y_l} \right)_{T,p,y_{m(\neq l)}}$$

不考虑耦合作用，有

$$\vec{J}_{k,\mathrm{d}} = -D_k \nabla y_k \qquad (k = 1, 2, \cdots, n) \tag{6.8}$$

此即菲克第一定律。式中，y_k 为组元 k 的浓度，可以是 x_k、c_k、w_k 等。

2. 菲克第二定律

$$V \frac{\mathrm{d}y_k}{\mathrm{d}t} = -\nabla \cdot \vec{J}_{k,\mathrm{d}} = -\nabla \cdot \left(-\sum_{j=1}^{n} L_{k,j} \nabla \mu_j \right) = \sum_{j=1}^{n} L_{k,j} \nabla^2 \mu_j \tag{6.9}$$

将式（6.6）代入上式，得

$$\begin{aligned} V \frac{\mathrm{d}y_k}{\mathrm{d}t} &= \sum_{j=1}^{n} L_{k,j} \nabla \sum_{l=1}^{n} \left(\frac{\partial \mu_j}{\partial y_l} \right)_{T,p,y_{m(\neq l)}} \nabla y_l \\ &= -\sum_{l=1}^{n} \nabla \sum_{j=1}^{n} L_{k,j} \left(\frac{\partial \mu_j}{\partial y_l} \right)_{T,p,y_{m(\neq l)}} \nabla y_l \\ &= -\sum_{l=1}^{n} D_{k,l} \nabla^2 y_l \end{aligned} \tag{6.10}$$

不考虑耦合作用，有

$$V \frac{\mathrm{d}y_k}{\mathrm{d}t} = -D_k \nabla^2 y_k \tag{6.11}$$

此即菲克第二定律。

采用

$$\vec{J}_{k,\mathrm{d}} = -\sum_{j=1}^{n} \tilde{L}_{k,j} \nabla \tilde{\mu}_j \tag{6.12}$$

$$\vec{J}_{k,\mathrm{d},x} = -\sum_{j=1}^{n} \tilde{L}_{k,j} \frac{\mathrm{d}\tilde{\mu}_j}{\mathrm{d}x} \tag{6.13}$$

将

$$\tilde{\mu}_j = \mu_j + z_j F\varphi$$

$$\mu_j = \mu_j^{\ominus} + RT\ln a_j$$

代入式（6.12），得

$$\begin{aligned}
\vec{J}_{k,\mathrm{d}} &= -\sum_{j=1}^{n} \tilde{L}_{k,j} \nabla(\mu_j^{\ominus} + RT\ln a_j + z_j F\varphi) \\
&= -\sum_{j=1}^{n} (\tilde{L}_{k,j} RT\nabla \ln a_j + \tilde{L}_{k,j} z_j F\nabla\varphi) \\
&= -\sum_{l=1}^{n} \left(\tilde{D}_j \nabla \ln a_j + \frac{\tilde{D}_j z_j F}{RT} \nabla\varphi \right)
\end{aligned} \tag{6.14}$$

式中

$$\tilde{D}_j = \tilde{L}_{k,j} RT$$

不考虑耦合作用，有

$$\vec{J}_{k,\mathrm{d}} = -\tilde{D}_k \nabla \ln a_k - \frac{\tilde{D}_k z_k F}{RT} \nabla\varphi \tag{6.15}$$

此即能斯特-普朗克方程。

在 x 轴方向有

$$\vec{J}_{k,\mathrm{d},x} = -\tilde{D}_k \frac{\partial}{\partial x} \ln a_k - \frac{\tilde{D}_k z_k F}{RT} \frac{\partial\varphi}{\partial x} \tag{6.16}$$

6.1.2　对流

电极反应进行，会引起溶液中局部浓度和温度的变化，使溶液中各部分密度出现差别，引起溶液流动，此即对流。电极反应有气体生成时，气体放出会扰动液体，引起对流。这两种对流称为自然对流。如果对溶液进行机械搅拌，形成的对流称为强制对流。

第 k 种组元的对流量为

$$\vec{J}_{k,\mathrm{c}} = c_k \vec{v} \tag{6.17}$$

$$J_{k,\mathrm{c}} = |\vec{J}_{k,\mathrm{c}}| = c_k |\vec{v}| = c_k v \tag{6.18}$$

式中，$\vec{J}_{k,\mathrm{c}}$ 为组元 k 自然对流量；c_k 为组元 k 的体积摩尔浓度；$\vec{v}$ 为组元 k 的流速。

组元 k 沿 x 轴方向的对流量为

$$J_{k,\mathrm{c},x} = |\vec{J}_{k,\mathrm{c},x}| = c_k v_x \tag{6.19}$$

式中，$J_{k,\mathrm{c},x}$ 为组元 k 沿 x 轴方向的对流量；v_x 为组元 k 在 x 轴方向的流速。

6.1.3　电迁移

电极上有电流通过时，溶液中各种离子在电场作用下，沿着一定的方向移动，称为电迁移。如果溶液中单位截面积上通过的总电流为 i，则组元 k 的电迁移流量为

$$J_{k,\mathrm{e}} = \frac{i t_k}{z_k F} \tag{6.20}$$

式中，$J_{k,\mathrm{e}}$ 为组元 k 的电迁移流量；t_k 为组元 k 的迁移数；z_k 为组元 k 的离子电荷数；F 为法拉第常量。

电流通过电极时，三种传质过程同时存在，有

$$J_k = J_{k,\mathrm{d}} + J_{k,\mathrm{c}} + J_{k,\mathrm{e}} = |-L_k \nabla \mu_k| + c_k v + \frac{i t_k}{z_k F} \tag{6.21}$$

但在电极附近，若没有气体生成，则以电迁移和扩散传质为主，而在溶液本体，则以对流传质为主。

6.2　稳 态 扩 散

在电极反应进行过程中，反应物的消耗量等于扩散流量，电极表面附近的扩散层中各点化学势不随时间变化，过程达到稳定状态，称为稳态扩散。在稳态扩散，流量恒定，有

$$J_{k,\mathrm{d}} = |\vec{J}_{k,\mathrm{d}}| = |-L_k \nabla \mu_k| = L_k \frac{\Delta \mu_k}{l} = 常数 \tag{6.22}$$

在扩散层内，μ_k 与扩散距离呈线性关系，即

$$J_k = L_k \frac{\mu_{k,\mathrm{b}} - \mu_{k,\mathrm{s}}}{l} \tag{6.23}$$

式中，$\mu_{k,\mathrm{b}}$ 为溶液本体组元 k 的化学势；$\mu_{k,\mathrm{s}}$ 为电极表面液层中组元 k 的化学势；l 为扩散区厚度。

沿 x 轴扩散可以写作

$$J_{k,x} = -L_k \frac{\mathrm{d}\mu_k}{\mathrm{d}x} = L_k \frac{\Delta \mu_k}{l_x} = L_k \frac{\mu_{k,x,\mathrm{b}} - \mu_{k,x,\mathrm{s}}}{l_x} \tag{6.24}$$

式中，$J_{k,x}$ 为组元 k 沿 x 轴的扩散流量；$\mu_{k,x,\mathrm{b}}$ 和 $\mu_{k,x,\mathrm{s}}$ 分别为组元 k 在 x 轴方向溶液本体和电极表面液层的化学势；l_x 为沿 x 轴组元 k 的扩散距离。

根据菲克第一定律，相应于式（6.22）、式（6.23）、式（6.24），有

$$J_{k,\mathrm{d}} = D_k \frac{\Delta c_k}{l} = \text{常数} \tag{6.22$'$}$$

$$J_k = D_k \frac{c_{k,\mathrm{b}} - c_{k,\mathrm{s}}}{l} \tag{6.23$'$}$$

$$J_{k,x} = -D_k \frac{\mathrm{d}c_k}{\mathrm{d}x} = D_k \frac{\Delta c_k}{l_x} = D_k \frac{c_{k,x,\mathrm{b}} - c_{k,x,\mathrm{s}}}{l_x} \tag{6.24$'$}$$

若电极反应为

$$\mathrm{Me}^{z+} + z\mathrm{e} = \!= \mathrm{Me}$$

则以电流密度表示的扩散流量为

$$i = z_k F J_{k,\mathrm{d}} = z_k F D_k \frac{\Delta c_k}{l} = z_k F D_k \left(\frac{c_{k,\mathrm{b}} - c_{k,\mathrm{s}}}{l} \right) \tag{6.25}$$

式中，i 为电流密度，以还原电流密度 i 为正值。通电前，$i=0$，$c_{k,\mathrm{b}} = c_{k,\mathrm{s}}$。随着 i 增大，$c_{k,\mathrm{s}}$ 减小，在极限情况下，$c_{k,\mathrm{s}} = 0$，

$$c_{k,\mathrm{b}} - c_{k,\mathrm{s}} = c_{k,\mathrm{b}}$$

即

$$i_0 = kFD_k \frac{c_{k,\mathrm{b}}}{l} \tag{6.26}$$

此时，电流密度 i 达到最大值，称为极限电流密度，以 i_0 表示。

将式（6.26）代入式（6.25），得

$$i = i_0 - kFD_k \frac{c_{k,\mathrm{s}}}{l} = i_0 \left(1 - \frac{c_{k,\mathrm{s}}}{c_{k,\mathrm{b}}} \right) \tag{6.27}$$

6.3 对 流 传 质

在实际的电极过程，对流扩散总是存在。由于自然对流理论处理很困难，这里只考虑机械搅拌下的稳态扩散。

溶液流动时，在电极表面存在着具有浓度梯度的液层，即边界层，其厚度以 δ_B 表示。δ_B 与流体流速 v_0、运动黏度 ν($\nu = \eta / \rho_\mathrm{s}$，$\eta$ 为黏度，ρ_s 为密度)及距液流冲击点的距离 y（图 6.1）的关系为

$$\delta_\mathrm{B} \approx \sqrt{\frac{\nu y}{v_0}} \tag{6.28}$$

电极表面附近有扩散层和边界层。扩散层存在浓度梯度，决定物质的传递；边界层存在速度梯度，决定动量的传递。物质的传递取决于扩散系数 D_i，物质的

动量传递取决于运动黏度ν。两者的量纲都是 m^2/s，但D_i要比ν小几个数量级。扩散层厚度比边界层薄得多，两者间有如下关系

$$\frac{\delta}{\delta_B} \approx \left(\frac{D_i}{\nu}\right)^{\frac{1}{3}} \tag{6.29}$$

对于水溶液来说，δ约为δ_B的十分之一。将式（6.28）代入式（6.29），得

$$\delta \approx D_i^{\frac{1}{3}} \nu^{\frac{1}{6}} y^{\frac{1}{2}} v_0^{-\frac{1}{2}} \tag{6.30}$$

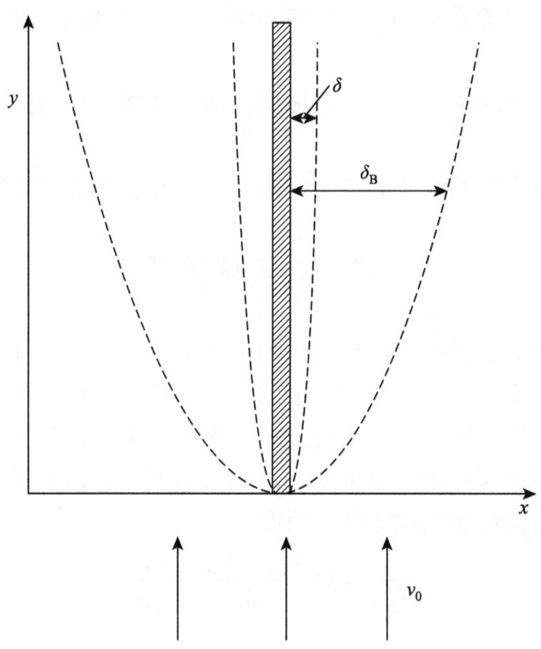

图 6.1　边界层厚度δ_B与扩散层厚度δ的关系

由上式可见，对流扩散条件下的扩散层厚度，不但与扩散物质的本性有关（表现在D_i上），还与流体的运动情况有关（表现在v_0上）。

稳态对流扩散，扩散层的浓度梯度也不是常数。但是，可以根据紧靠电极表面处$(x=0)$液层的浓度梯度$\left(\frac{dc_i}{dx}\right)_{x=0}$求出$\delta$的有效值，即

$$\delta = \frac{c_{k,b} - c_{k,s}}{(x_{k,b} - x_{k,s})_{x=0}} \tag{6.31}$$

使用扩散层的有效厚度δ，则适用于静止溶液的稳态扩散公式（6.25）和式（6.26）就可用于对流扩散，相应的公式为

$$i = z_k F D_k \frac{c_{k,\mathrm{b}} - c_{k,\mathrm{s}}}{\delta} \tag{6.32}$$

$$i_\mathrm{d} = z_k F D_k \frac{c_{i,\mathrm{b}}}{\delta} \tag{6.33}$$

这实际是把对流扩散的多种因素包括在有效厚度δ中。将式（6.30）代入式（6.32），得

$$i \approx z_k F D_k^{\frac{2}{3}} v_0^{\frac{1}{2}} \nu^{-\frac{1}{6}} y^{-\frac{1}{2}} (c_{k,\mathrm{b}} - c_{k,\mathrm{s}}) \tag{6.34}$$

由上式可见，对流扩散的i与$D_k^{\frac{2}{3}}$成正比，而不是与D_k成正比，这与静态扩散不同。

为使扩散层厚度减小，可以采用搅拌、通入气体、使电解液循环、使电极转动或移动等方法。

这样前面适用于静态溶液的稳态扩散公式，也适用于对流扩散。

6.4 电迁移传质

在电极上有电流通过时，扩散层内除离子扩散之外，还存在着电迁移。下面讨论一种简单的体系，溶液中只有一种二元电解质，其中k离子是反应物，电荷为z_k，j离子不参与电极反应，电荷为z_j。两种离子电荷相反，假定还原产物不溶于溶液，离子的迁移数不随浓度变化。在稳态下，电极上消耗的反应物离子，由扩散和电迁移两种传质过程提供。因而有

$$\frac{i}{z_k F} = D_k \frac{c_{k,\mathrm{b}} - c_{k,\mathrm{s}}}{\delta} + \frac{i t_k}{z_k F}$$

即

$$i = \frac{z_k F D_k (c_{k,\mathrm{b}} - c_{k,\mathrm{s}})}{(1 - t_k)\delta} \tag{6.35}$$

对于正离子还原，只要$1 > t_k$，$\frac{z_k}{1-t_k} > z_k$，比较式（6.35）和式（6.32），可见，电迁移传质使电流密度增加。

扩散层中各点都是电中性的，假定k离子为正，j离子为负，当k离子在扩散层中建立浓度梯度时，j离子也建立了同样的浓度梯度。j离子的电迁移和扩散也同时进行。稳态下，扩散层中各点的浓度不随时间改变，所以j离子的扩散流量与电迁移流量之和为零，即

$$\frac{j t_j}{z_j F} + \frac{D_j}{\delta}(c_{j,\mathrm{b}} - c_{j,\mathrm{s}}) = 0 \tag{6.36}$$

考虑到 k 和 j 两种离子的迁移数之比等于它们的离子淌度之比，正负离子迁移电流的方向相反，而有

$$\frac{t_k}{t_j} = -\frac{z_k D_k}{z_j D_j} \tag{6.37}$$

根据电中性条件，溶液中任一点正负离子的电荷数相等，即

$$z_j c_j = -z_k c_k \tag{6.38}$$

将以上两式代入式（6.36），得

$$\frac{j t_k}{z_k F} + \frac{z_k D_k}{z_j \delta}(c_{k,\mathrm{b}} - c_{k,\mathrm{s}}) = 0 \tag{6.39}$$

利用式（6.35），得

$$i = z\left(1 - \frac{z_k}{z_j}\right) F \frac{D_k}{\delta}(c_{k,\mathrm{b}} - c_{k,\mathrm{s}}) \tag{6.40}$$

如果两种离子电荷在数值上相等，$z_k = -z_j$，则上式成为

$$i = 2zFD_k \frac{(c_{k,\mathrm{b}} - c_{k,\mathrm{s}})}{\delta} \tag{6.41}$$

用化学势代替浓度，有

$$i = z\left(1 - \frac{z_k}{z_j}\right) F \frac{L_k}{\delta}(\mu_{k,\mathrm{b}} - \mu_{k,\mathrm{s}}) \tag{6.42}$$

和

$$i = 2zFL_k \frac{(\mu_{k,\mathrm{b}} - \mu_{k,\mathrm{s}})}{\delta} \tag{6.43}$$

在稳态，三种传质的总电流，即电极上的电流为

$$i_t = i_{扩散} + i_{对流} + i_{电迁移} \tag{6.44}$$

本章的溶液包括水溶液、熔盐、熔渣和离子液体。

第7章　浓差极化和电化学极化

在电极上发生电化学反应，有电流通过，会引起电极极化，这种电化学反应造成的极化称为电化学极化。由于电极上的化学反应，电极表面反应物的浓度低于溶液本体的浓度，由此引起的极化称为浓差极化。

如果电极过程的速率由液相传质控制，电子转移、表面转化等步骤看作处于平衡状态，整个电极过程的不可逆由液相传质的不可逆造成。

如果电极过程的速率由电子转移步骤控制，则反应物在电极表面的浓度和溶液本体的浓度相等，表面转化等步骤看作处于平衡状态。整个电极过程的不可逆由电子转移步骤控制。

如果电极过程的速率由液相传质和电子转移步骤共同控制，则表面转化等步骤可以看作处于平衡状态。

不论是电池，还是电解池，阴极极化时 $\varphi_{阴} < \varphi_{阴,e}$，$\Delta\varphi_{阴} < 0$；阳极极化时 $\varphi_{阳} > \varphi_{阳,e}$，$\Delta\varphi_{阳} > 0$。

7.1　阴 极 过 程

7.1.1　浓差极化

1. 电极上没有电流通过，没发生浓差极化

阴极反应达到平衡，为

$$A^{z+} + ze \rightleftharpoons A$$

产物为固体或气体，不溶于溶液。

该过程的摩尔吉布斯自由能变化为

$$\Delta G_{m,阴,e} = \mu_A - \mu_{A^{z+}} - z\mu_e = \Delta G_{m,阴}^{\ominus} + RT\ln\frac{1}{a_{A^{z+},b,e}}$$

式中

$$\Delta G_{m,阴}^{\ominus} = \mu_A^{\ominus} - \mu_{A^{z+}}^{\ominus} - z\mu_e^{\ominus}$$

$$\mu_A = \mu_A^{\ominus}$$

$$\mu_{A^{z+}} = \mu_{A^{z+}}^{\ominus} + RT\ln a_{A^{z+},b,e}$$

$$\mu_e = \mu_e^\ominus$$

下角标 b 表示溶液本体浓度。

由
$$\varphi_{阴,e} = -\frac{\Delta G_{m,阴,e}}{zF}$$

得
$$\varphi_{阴,e} = \varphi_{阴}^\ominus + \frac{RT}{zF}\ln a_{A^{z+},b,e} \tag{7.1}$$

式中
$$\varphi_{阴}^\ominus = -\frac{\Delta G_{m,阴}^\ominus}{zF} = -\frac{\mu_A^\ominus - \mu_{A^{z+}}^\ominus - z\mu_e^\ominus}{zF}$$

2. 发生浓差极化

$$A^{z+} + ze \rightleftharpoons A$$

该过程的摩尔吉布斯自由能变化为

$$\Delta G_{m,阴,c} = \mu_A - \mu_{A^{z+}} - z\mu_e = \Delta G_{m,阴}^\ominus + RT\ln\frac{1}{a_{A^{z+},s,e}}$$

式中

$$\Delta G_{m,阴}^\ominus = \mu_A^\ominus - \mu_{A^{z+}}^\ominus - z\mu_e^\ominus$$
$$\mu_A = \mu_A^\ominus$$
$$\mu_{A^{z+}} = \mu_{A^{z+}}^\ominus + RT\ln a_{A^{z+},s,e}$$
$$\mu_e = \mu_e^\ominus$$

下角标 s 表示电极表面。

由
$$\varphi_{阴,c} = -\frac{\Delta G_{m,阴,c}}{zF}$$

得
$$\varphi_{阴,c} = \varphi_{阴}^\ominus + \frac{RT}{zF}\ln a_{A^{z+},s,e} \tag{7.2}$$

式中
$$\varphi_{阴}^\ominus = -\frac{\Delta G_{m,阴}^\ominus}{zF} = -\frac{\mu_A^\ominus - \mu_{A^{z+}}^\ominus - z\mu_e^\ominus}{zF}$$

式（7.2）减式（7.1），得

$$\Delta\varphi_{阴,c} = \varphi_{阴,c} - \varphi_{阴,e} = \frac{RT}{zF}\ln\frac{a_{A^{z+},s,e}}{a_{A^{z+},b,e}} \tag{7.3}$$

$$\varphi_{阴,c} = \varphi_{阴,e} + \Delta\varphi_{阴,c}$$

对于电池

$$A_{m,阴,c} = \Delta G_{m,阴,c} = -zF\varphi_{阴,c} = -zF(\varphi_{阴,e} + \Delta\varphi_{阴,c})$$

对于电解池

$$A_{\mathrm{m,阴,c}} = -\Delta G_{\mathrm{m,阴,c}} = zF\varphi_{\mathrm{阴,c}} = zF(\varphi_{\mathrm{阴,e}} + \Delta\varphi_{\mathrm{阴,c}})$$

电极反应速率

$$-\frac{\mathrm{d}N_{\mathrm{A}^{z+}}}{z\mathrm{d}t} = \frac{\mathrm{d}N_{\mathrm{A}}}{\mathrm{d}t} = -\frac{\mathrm{d}N_{\mathrm{e}}}{z\mathrm{d}t} = Sj \tag{7.4}$$

式中

$$\begin{aligned} j &= -l_1\left(\frac{A_{\mathrm{m,阴,c}}}{T}\right) - l_2\left(\frac{A_{\mathrm{m,阴,c}}}{T}\right)^2 - l_3\left(\frac{A_{\mathrm{m,阴,c}}}{T}\right)^3 - \cdots \\ &= -l_1'\left(\frac{\varphi_{\mathrm{阴,c}}}{T}\right) - l_2'\left(\frac{\varphi_{\mathrm{阴,c}}}{T}\right)^2 - l_3'\left(\frac{\varphi_{\mathrm{阴,c}}}{T}\right)^3 - \cdots \\ &= -l_1'' - l_2''\left(\frac{\Delta\varphi_{\mathrm{阴,c}}}{T}\right) - l_3''\left(\frac{\Delta\varphi_{\mathrm{阴,c}}}{T}\right)^2 - l_4''\left(\frac{\Delta\varphi_{\mathrm{阴,c}}}{T}\right)^3 - \cdots \end{aligned} \tag{7.5}$$

将式（7.5）代入

$$i = zFj$$

得

$$\begin{aligned} i &= zFj \\ &= -l_1^*\left(\frac{\varphi_{\mathrm{阴,c}}}{T}\right) - l_2^*\left(\frac{\varphi_{\mathrm{阴,c}}}{T}\right)^2 - l_3^*\left(\frac{\varphi_{\mathrm{阴,c}}}{T}\right)^3 - \cdots \\ &= -l_1^{**} - l_2^{**}\left(\frac{\Delta\varphi_{\mathrm{阴,c}}}{T}\right) - l_3^{**}\left(\frac{\Delta\varphi_{\mathrm{阴,c}}}{T}\right)^2 - l_4^{**}\left(\frac{\Delta\varphi_{\mathrm{阴,c}}}{T}\right)^3 - \cdots \end{aligned} \tag{7.6}$$

7.1.2 电化学极化

1. 没发生电化学极化

阴极反应达到平衡

$$\mathrm{A}^{z+} + z\mathrm{e} \rightleftharpoons \mathrm{A}$$

该反应的摩尔吉布斯自由能变化为

$$\Delta G_{\mathrm{m,阴,e}} = \mu_{\mathrm{A}} - \mu_{\mathrm{A}^{z+}} - z\mu_{\mathrm{e}} = \Delta G_{\mathrm{m,阴}}^{\ominus} + RT\ln\frac{1}{a_{\mathrm{A}^{z+},\mathrm{b,e}}}$$

式中

$$\Delta G_{\mathrm{m},阴}^{\ominus} = \mu_{\mathrm{A}}^{\ominus} - \mu_{\mathrm{A}^{z+}}^{\ominus} - z\mu_{\mathrm{e}}^{\ominus}$$

$$\mu_{\mathrm{A}} = \mu_{\mathrm{A}}^{\ominus}$$

$$\mu_{\mathrm{A}^{z+}} = \mu_{\mathrm{A}^{z+}}^{\ominus} + RT\ln a_{\mathrm{A}^{z+},\mathrm{b,e}}$$

$$\mu_{\mathrm{e}} = \mu_{\mathrm{e}}^{\ominus}$$

由

$$\varphi_{阴,\mathrm{e}} = -\frac{\Delta G_{\mathrm{m},阴,\mathrm{e}}}{zF}$$

得

$$\varphi_{阴,\mathrm{e}} = \varphi_{阴}^{\ominus} + \frac{RT}{zF}\ln a_{\mathrm{A}^{z+},\mathrm{b,e}} \tag{7.7}$$

式中

$$\varphi_{阴}^{\ominus} = -\frac{\Delta G_{\mathrm{m},阴}^{\ominus}}{zF} = -\frac{\mu_{\mathrm{A}}^{\ominus} - \mu_{\mathrm{A}^{z+}}^{\ominus} - z\mu_{\mathrm{e}}^{\ominus}}{zF}$$

2. 发生电化学极化

发生电化学极化，电极反应为

$$\mathrm{A}^{z+} + z\mathrm{e} = \mathrm{A}$$

阴极电势为

$$\varphi_{阴,i} = \varphi_{阴,\mathrm{e}} + \Delta\varphi_{阴,i} \tag{7.8}$$

$$\Delta\varphi_{阴,i} = \varphi_{阴,i} - \varphi_{阴,\mathrm{e}}$$

对于电池

$$A_{\mathrm{m},阴,i} = \Delta G_{\mathrm{m},阴,i} = -zF\varphi_{阴,i} = -zF(\varphi_{阴,\mathrm{e}} + \Delta\varphi_{阴,i})$$

对于电解池

$$A_{\mathrm{m},阴,i} = -\Delta G_{\mathrm{m},阴,i} = zF\varphi_{阴,i} = zF(\varphi_{阴,\mathrm{e}} + \Delta\varphi_{阴,i})$$

阴极反应速率

$$-\frac{\mathrm{d}N_{\mathrm{A}^{z+}}}{\mathrm{d}t} = \frac{\mathrm{d}N_{\mathrm{A}}}{\mathrm{d}t} = -\frac{\mathrm{d}N_{\mathrm{e}}}{z\mathrm{d}t} = Sj \tag{7.9}$$

式中

$$\begin{aligned} j &= -l_1\left(\frac{A_{\mathrm{m},阴}}{T}\right) - l_2\left(\frac{A_{\mathrm{m},阴}}{T}\right)^2 - l_3\left(\frac{A_{\mathrm{m},阴}}{T}\right)^3 - \cdots \\ &= -l_1'\left(\frac{\varphi_{阴}}{T}\right) - l_2'\left(\frac{\varphi_{阴}}{T}\right)^2 - l_3'\left(\frac{\varphi_{阴}}{T}\right)^3 - \cdots \\ &= -l_1'' - l_2''\left(\frac{\Delta\varphi_{阴}}{T}\right) - l_3''\left(\frac{\Delta\varphi_{阴}}{T}\right)^2 - l_4''\left(\frac{\Delta\varphi_{阴}}{T}\right)^3 - \cdots \end{aligned} \tag{7.10}$$

将式（7.10）代入

$$i = zFj$$

得

$$\begin{aligned} i &= zFj \\ &= -l_1^*\left(\frac{\varphi_{阴}}{T}\right) - l_2^*\left(\frac{\varphi_{阴}}{T}\right)^2 - l_3^*\left(\frac{\varphi_{阴}}{T}\right)^3 - \cdots \\ &= -l_1^{**} - l_2^{**}\left(\frac{\Delta\varphi_{阴}}{T}\right) - l_3^{**}\left(\frac{\Delta\varphi_{阴}}{T}\right)^2 - l_4^{**}\left(\frac{\Delta\varphi_{阴}}{T}\right)^3 - \cdots \end{aligned} \tag{7.11}$$

7.1.3　既有浓差极化，又有电化学极化

1. 浓差极化

1）没有发生浓差极化

阴极反应达成平衡

$$A^{z+} + ze \rightleftharpoons A$$

该过程的摩尔吉布斯自由能变化为

$$\Delta G_{m,阴,e} = \mu_A - \mu_{A^{z+}} - z\mu_e = \Delta G_{m,阴}^{\ominus} + RT\ln\frac{1}{a_{A^{z+},b,e}}$$

式中

$$\Delta G_{m,阴}^{\ominus} = \mu_A^{\ominus} - \mu_{A^{z+}}^{\ominus} - z\mu_e^{\ominus}$$

$$\mu_A = \mu_A^{\ominus}$$

$$\mu_{A^{z+}} = \mu_{A^{z+}}^{\ominus} + RT\ln a_{A^{z+}}$$

$$\mu_e = \mu_e^{\ominus}$$

由

$$\varphi_{阴,e} = -\frac{\Delta G_{m,阴,e}}{zF}$$

得

$$\varphi_{阴,e} = \varphi_{阴}^{\ominus} + \frac{RT}{zF}\ln a_{A^{z+},b,e} \tag{7.12}$$

式中

$$\varphi_{阴}^{\ominus} = -\frac{\Delta G_{m,阴}^{\ominus}}{zF} = -\frac{\mu_A^{\ominus} - \mu_{A^{z+}}^{\ominus} - z\mu_e^{\ominus}}{zF}$$

2）发生浓差极化

电极反应为

$$A^{z+} + ze \rightleftharpoons A$$

该过程的摩尔吉布斯自由能变化为

$$\Delta G_{m,阴,c} = \mu_A - \mu_{A^{z+}} - z\mu_e = \Delta G^{\ominus}_{m,阴} + RT\ln\frac{1}{a_{A^{z+},s,e}} \tag{7.13}$$

式中

$$\Delta G^{\ominus}_{m,阴} = \mu^{\ominus}_A - \mu^{\ominus}_{A^{z+}} - z\mu^{\ominus}_e$$

$$\mu_A = \mu^{\ominus}_A$$

$$\mu_{A^{z+}} = \mu^{\ominus}_{A^{z+}} + RT\ln a_{A^{z+},s,e}$$

$$\mu_e = \mu^{\ominus}_e$$

由

$$\varphi_{阴,c} = -\frac{\Delta G_{m,阴,c}}{zF}$$

得

$$\varphi_{阴,c} = \varphi^{\ominus}_{阴} + \frac{RT}{zF}\ln a_{A^{z+},s,e} \tag{7.14}$$

式中

$$\varphi^{\ominus}_{阴} = -\frac{\Delta G^{\ominus}_{m,阴}}{zF} = -\frac{\mu^{\ominus}_A - \mu^{\ominus}_{A^{z+}} - z\mu^{\ominus}_e}{zF}$$

式（7.14）减式（7.12），得

$$\Delta\varphi_{阴,c} = \varphi_{阴,c} - \varphi_{阴,e} = \frac{RT}{zF}\ln\frac{a_{A^{z+},s,e}}{a_{A^{z+},b,e}} \tag{7.15}$$

2. 浓差极化和电化学极化一起出现

阴极反应为

$$A^{z+} + ze = A$$

阴极电势为

$$\varphi_{阴} = \varphi_{阴,c} + \Delta\varphi_{阴,i} = \varphi_{阴,e} + \Delta\varphi_{阴,c} + \Delta\varphi_{阴,i} = \varphi_{阴,e} + \Delta\varphi_{阴} \tag{7.16}$$

$$\Delta\varphi_{阴} = \Delta\varphi_{阴,c} + \Delta\varphi_{阴,i} = \varphi_{阴} - \varphi_{阴,e}$$

式中，$\varphi_{阴,e}$ 是既没有发生浓差极化也没有发生电化学极化的平衡电动势。

对于电池

$$A_{m,阴} = \Delta G_{m,阴} = -zF\varphi_{阴} = -zF(\varphi_{阴,e} + \Delta\varphi_{阴})$$

对于电解池

$$A_{m,阴} = -\Delta G_{m,阴} = zF\varphi_{阴} = zF(\varphi_{阴,e} + \Delta\varphi_{阴})$$

阴极反应速率

$$-\frac{dN_{A^{z+}}}{dt} = \frac{dN_A}{dt} = -\frac{dN_e}{zdt} = Sj \tag{7.17}$$

式中

$$\begin{aligned} j &= -l_1\left(\frac{A_{\text{m,阴}}}{T}\right)-l_2\left(\frac{A_{\text{m,阴}}}{T}\right)^2-l_3\left(\frac{A_{\text{m,阴}}}{T}\right)^3-\cdots \\ &= -l_1'\left(\frac{\varphi_{\text{阴}}}{T}\right)-l_2'\left(\frac{\varphi_{\text{阴}}}{T}\right)^2-l_3'\left(\frac{\varphi_{\text{阴}}}{T}\right)^3-\cdots \\ &= -l_1''-l_2''\left(\frac{\Delta\varphi_{\text{阴}}}{T}\right)-l_3''\left(\frac{\Delta\varphi_{\text{阴}}}{T}\right)^2-l_4''\left(\frac{\Delta\varphi_{\text{阴}}}{T}\right)^3-\cdots \end{aligned} \tag{7.18}$$

将式（7.18）代入

$$i = zFj$$

得

$$\begin{aligned} i &= zFj \\ &= -l_1^*\left(\frac{\varphi_{\text{阴}}}{T}\right)-l_2^*\left(\frac{\varphi_{\text{阴}}}{T}\right)^2-l_3^*\left(\frac{\varphi_{\text{阴}}}{T}\right)^3-\cdots \\ &= -l_1^{**}-l_2^{**}\left(\frac{\Delta\varphi_{\text{阴}}}{T}\right)-l_3^{**}\left(\frac{\Delta\varphi_{\text{阴}}}{T}\right)^2-l_4^{**}\left(\frac{\Delta\varphi_{\text{阴}}}{T}\right)^3-\cdots \end{aligned} \tag{7.19}$$

7.2 阳 极 过 程

7.2.1 浓差极化

1）没发生浓差极化

阳极反应为

$$B^{z-} - ze = B$$

该过程的摩尔吉布斯自由能变化为

$$\Delta G_{\text{m,阳,e}} = \mu_{\text{B}} - \mu_{\text{B}^{z-}} + z\mu_{\text{e}} = \Delta G_{\text{m,阳}}^{\ominus} + RT\ln\frac{1}{a_{\text{B}^{z-},\text{b,e}}}$$

式中

$$\Delta G_{\text{m,阳}}^{\ominus} = \mu_{\text{B}}^{\ominus} - \mu_{\text{B}^{z-}}^{\ominus} + z\mu_{\text{e}}^{\ominus}$$

$$\mu_{\text{B}} = \mu_{\text{B}}^{\ominus}$$

$$\mu_{\text{B}^{z-}} = \mu_{\text{B}^{z-}}^{\ominus} + RT\ln a_{\text{B}^{z-},\text{b,e}}$$

$$\mu_{\text{e}} = \mu_{\text{e}}^{\ominus}$$

由

$$\varphi_{\text{阳,e}} = \frac{\Delta G_{\text{m,阳,e}}}{zF}$$

得
$$\varphi_{阳,e} = \varphi_{阳}^{\ominus} + \frac{RT}{zF}\ln\frac{1}{a_{B^{z-},b,e}} \tag{7.20}$$

式中
$$\varphi_{阳}^{\ominus} = \frac{\Delta G_{阳}^{\ominus}}{zF} = \frac{\mu_B^{\ominus} - \mu_{B^{z-}}^{\ominus} + z\mu_e^{\ominus}}{zF}$$

2）发生浓差极化

阳极反应为
$$B^{z-} - ze \rightleftharpoons B$$

该过程的摩尔吉布斯自由能变化为
$$\Delta G_{m,阳,c} = \mu_B - \mu_{B^{z-}} + z\mu_e = \Delta G_{m,阳}^{\ominus} + RT\ln\frac{1}{a_{B^{z-},s,e}}$$

式中
$$\Delta G_{m,阳}^{\ominus} = \mu_B^{\ominus} - \mu_{B^{z-}}^{\ominus} + z\mu_e^{\ominus}$$
$$\mu_B = \mu_B^{\ominus}$$
$$\mu_{B^{z-}} = \mu_{B^{z-}}^{\ominus} + RT\ln a_{B^{z-},s,e}$$
$$\mu_e = \mu_e^{\ominus}$$

由
$$\varphi_{阳,c} = \frac{\Delta G_{m,阳,c}}{zF}$$

得
$$\varphi_{阳,c} = \varphi_{阳}^{\ominus} + \frac{RT}{zF}\ln\frac{1}{a_{B^{z-},s,e}} \tag{7.21}$$

式中
$$\varphi_{阳}^{\ominus} = \frac{\Delta G_{m,阳}^{\ominus}}{zF} = \frac{\mu_B^{\ominus} - \mu_{B^{z-}}^{\ominus} + z\mu_e^{\ominus}}{zF}$$

式（7.21）减式（7.20），得
$$\Delta\varphi_{阳,c} = \varphi_{阳,c} - \varphi_{阳,e} = \frac{RT}{zF}\ln\frac{a_{B^{z-},b,e}}{a_{B^{z-},s,e}} \tag{7.22}$$
$$\varphi_{阳,c} = \varphi_{阳,e} + \Delta\varphi_{阳,c}$$

对于电池
$$A_{m,阳,c} = \Delta G_{m,阳,c} = zF\varphi_{阳,c} = zF(\varphi_{阳,e} + \Delta\varphi_{阳,c})$$

对于电解池

$$A_{m,阳,c} = -\Delta G_{m,阳,c} = -zF\varphi_{阳,c} = -zF(\varphi_{阳,e} + \Delta\varphi_{阳,c})$$

阳极反应速率

$$\frac{dN_B}{dt} = -\frac{dN_{B^{z-}}}{dt} = \frac{dN_e}{zdt} = Sj \tag{7.23}$$

式中

$$\begin{aligned} j &= -l_1\left(\frac{A_{m,阳,c}}{T}\right) - l_2\left(\frac{A_{m,阳,c}}{T}\right)^2 - l_3\left(\frac{A_{m,阳,c}}{T}\right)^3 - \cdots \\ &= -l_1'\left(\frac{\varphi_{阳,c}}{T}\right) - l_2'\left(\frac{\varphi_{阳,c}}{T}\right)^2 - l_3'\left(\frac{\varphi_{阳,c}}{T}\right)^3 - \cdots \\ &= -l_1'' - l_2''\left(\frac{\Delta\varphi_{阳,c}}{T}\right) - l_3''\left(\frac{\Delta\varphi_{阳,c}}{T}\right)^2 - l_4''\left(\frac{\Delta\varphi_{阳,c}}{T}\right)^3 - \cdots \end{aligned} \tag{7.24}$$

将式（7.24）代入

$$i = zFj$$

得

$$\begin{aligned} i &= zFj \\ &= -l_1^*\left(\frac{\varphi_{阳,c}}{T}\right) - l_2^*\left(\frac{\varphi_{阳,c}}{T}\right)^2 - l_3^*\left(\frac{\varphi_{阳,c}}{T}\right)^3 - \cdots \\ &= -l_1^{**} - l_2^{**}\left(\frac{\Delta\varphi_{阳,c}}{T}\right) - l_3^{**}\left(\frac{\Delta\varphi_{阳,c}}{T}\right)^2 - l_4^{**}\left(\frac{\Delta\varphi_{阳,c}}{T}\right)^3 - \cdots \end{aligned} \tag{7.25}$$

并有

$$I = Si = zFSj$$

7.2.2 电化学极化

1. 没发生电化学极化

阳极反应达成平衡

$$B^{z-} - ze \rightleftharpoons B$$

该过程的摩尔吉布斯自由能变化为

$$\Delta G_{m,阳,e} = \mu_B - \mu_{B^{z-}} + z\mu_e = \Delta G_{m,阳}^{\ominus} + RT\ln\frac{1}{a_{B^{z-},b,e}}$$

式中

$$\Delta G^{\ominus}_{\mathrm{m},阳} = \mu^{\ominus}_{\mathrm{B}} - \mu^{\ominus}_{\mathrm{B}^{z-}} + z\mu^{\ominus}_{\mathrm{e}}$$

$$\mu_{\mathrm{B}} = \mu^{\ominus}_{\mathrm{B}}$$

$$\mu_{\mathrm{B}^{z-}} = \mu^{\ominus}_{\mathrm{B}^{z-}} + RT\ln a_{\mathrm{B}^{z-},\mathrm{b,e}}$$

$$\mu_{\mathrm{e}} = \mu^{\ominus}_{\mathrm{e}}$$

由

$$\varphi_{阳,\mathrm{e}} = \frac{\Delta G_{\mathrm{m},阳,\mathrm{e}}}{zF}$$

得

$$\varphi_{阳,\mathrm{e}} = \varphi^{\ominus}_{阳} + \frac{RT}{zF}\ln\frac{1}{a_{\mathrm{B}^{z-},\mathrm{b,e}}} \tag{7.26}$$

式中

$$\varphi^{\ominus}_{阳} = \frac{\Delta G^{\ominus}_{\mathrm{m},阳}}{zF} = -\frac{\mu^{\ominus}_{\mathrm{B}} - \mu^{\ominus}_{\mathrm{B}^{z-}} + z\mu^{\ominus}_{\mathrm{e}}}{zF}$$

2. 发生电化学极化

阳极反应为

$$\mathrm{B}^{z-} - z\mathrm{e} = \!= \!= \mathrm{B}$$

阳极电势为

$$\varphi_{阳,i} = \varphi_{阳,\mathrm{e}} + \Delta\varphi_{阳,i} \tag{7.27}$$

$$\Delta\varphi_{阳,i} = \varphi_{阳,i} - \varphi_{阳,\mathrm{e}}$$

对于电池

$$A_{\mathrm{m},阳,i} = \Delta G_{\mathrm{m},阳,i} = zF\varphi_{阳,i} = zF(\varphi_{阳,\mathrm{e}} + \Delta\varphi_{阳,i})$$

对于电解池

$$A_{\mathrm{m},阳,i} = -\Delta G_{\mathrm{m},阳,i} = -zF\varphi_{阳,i} = -zF(\varphi_{阳,\mathrm{e}} + \Delta\varphi_{阳,i})$$

电极反应速率

$$\frac{\mathrm{d}N_{\mathrm{B}}}{\mathrm{d}t} = -\frac{\mathrm{d}N_{\mathrm{B}^{z-}}}{\mathrm{d}t} = \frac{\mathrm{d}N_{\mathrm{e}}}{z\mathrm{d}t} = Sj \tag{7.28}$$

式中

$$\begin{aligned} j &= -l_1\left(\frac{A_{\mathrm{m},阳}}{T}\right) - l_2\left(\frac{A_{\mathrm{m},阳}}{T}\right)^2 - l_3\left(\frac{A_{\mathrm{m},阳}}{T}\right)^3 - \cdots \\ &= -l'_1\left(\frac{\varphi_{阳}}{T}\right) - l'_2\left(\frac{\varphi_{阳}}{T}\right)^2 - l'_3\left(\frac{\varphi_{阳}}{T}\right)^3 - \cdots \\ &= -l''_1 - l''_2\left(\frac{\Delta\varphi_{阳}}{T}\right) - l''_3\left(\frac{\Delta\varphi_{阳}}{T}\right)^2 - l''_4\left(\frac{\Delta\varphi_{阳}}{T}\right)^3 - \cdots \end{aligned} \tag{7.29}$$

将式（7.29）代入

$$i = zFj$$

得

$$
\begin{aligned}
i &= zFj \\
&= -l_1^*\left(\frac{\varphi_{阳}}{T}\right) - l_2^*\left(\frac{\varphi_{阳}}{T}\right)^2 - l_3^*\left(\frac{\varphi_{阳}}{T}\right)^3 - \cdots \\
&= -l_1^{**} - l_2^{**}\left(\frac{\Delta\varphi_{阳}}{T}\right) - l_3^{**}\left(\frac{\Delta\varphi_{阳}}{T}\right)^2 - l_4^{**}\left(\frac{\Delta\varphi_{阳}}{T}\right)^3 - \cdots
\end{aligned}
\tag{7.30}
$$

7.2.3 既有浓差极化，又有电化学极化

1. 浓差极化

1）没发生浓差极化

阳极反应为

$$B^{z-} - ze \rightleftharpoons B$$

该过程的摩尔吉布斯自由能变化为

$$\Delta G_{m,阳,e} = \mu_B - \mu_{B^{z-}} + z\mu_e = \Delta G_{m,阳}^{\ominus} + RT\ln\frac{1}{a_{B^{z-},b,e}}$$

式中

$$
\begin{aligned}
\Delta G_{m,阳}^{\ominus} &= \mu_B^{\ominus} - \mu_{B^{z-}}^{\ominus} + z\mu_e^{\ominus} \\
\mu_B &= \mu_B^{\ominus} \\
\mu_{B^{z-}} &= \mu_{B^{z-}}^{\ominus} + RT\ln a_{B^{z-},b,e} \\
\mu_e &= \mu_e^{\ominus}
\end{aligned}
$$

由

$$\varphi_{阳,e} = \frac{\Delta G_{m,阳,e}}{zF}$$

得

$$\varphi_{阳,e} = \varphi_{阳}^{\ominus} + \frac{RT}{zF}\ln\frac{1}{a_{B^{z-},b,e}} \tag{7.31}$$

式中

$$\varphi_{阳}^{\ominus} = \frac{\Delta G_{m,阳}}{zF} = \frac{\mu_B^{\ominus} - \mu_{B^{z-}}^{\ominus} + z\mu_e^{\ominus}}{zF}$$

2）发生浓差极化

阳极反应为

$$B^{z-} - ze \rightleftharpoons B$$

该过程的摩尔吉布斯自由能变化为

$$\Delta G_{m,阳,c} = \mu_B - \mu_{B^{z-}} + z\mu_e = \Delta G_{m,阳}^{\ominus} + RT\ln\frac{1}{a_{B^{z-},s,e}}$$

式中

$$\Delta G_{m,阳}^{\ominus} = \mu_B^{\ominus} - \mu_{B^{z-}}^{\ominus} + z\mu_e^{\ominus}$$

$$\mu_B = \mu_B^{\ominus}$$

$$\mu_{B^{z-}} = \mu_{B^{z-}}^{\ominus} + RT\ln a_{B^{z-},s,e}$$

$$\mu_e = \mu_e^{\ominus}$$

由

$$\varphi_{阳,c} = \frac{\Delta G_{m,阳,c}}{zF}$$

得

$$\varphi_{阳,c} = \varphi_{阳}^{\ominus} + \frac{RT}{zF}\ln\frac{1}{a_{B^{z-},s,e}} \tag{7.32}$$

式中

$$\varphi_{阳}^{\ominus} = \frac{\Delta G_{m,阳}}{zF} = \frac{\mu_B^{\ominus} - \mu_{B^{z-}}^{\ominus} + z\mu_e^{\ominus}}{zF}$$

式（7.32）减式（7.31），得

$$\Delta\varphi_{阳,c} = \varphi_{阳,c} - \varphi_{阳,e} = \frac{RT}{zF}\ln\frac{a_{B^{z-},b,e}}{a_{B^{z-},s,e}} \tag{7.33}$$

$$\varphi_{阳,c} = \varphi_{阳,e} + \Delta\varphi_{阳,c} \tag{7.34}$$

对于电池

$$A_{m,阳,c} = \Delta G_{m,阳,c} = zF\varphi_{阳,c} = zF(\varphi_{阳,e} + \Delta\varphi_{阳,c})$$

对于电解池

$$A_{m,阳,c} = -\Delta G_{m,阳,c} = -zF\varphi_{阳,c} = -zF(\varphi_{阳,e} + \Delta\varphi_{阳,c})$$

2. 浓差极化和电化学极化一起出现

阳极反应为

$$B^{z-} - ze \Longrightarrow B$$

阳极电势为

$$\varphi_{阳} = \varphi_{阳,e} + \Delta\varphi_{阳,c} + \Delta\varphi_{阳,i} = \varphi_{阳,c} + \Delta\varphi_{阳,i} = \varphi_{阳,e} + \Delta\varphi_{阳} \tag{7.35}$$

式中，$\varphi_{阳,e}$ 是既没有发生浓差极化，也没有发生电化学极化的阳极平衡电势。

$$\Delta\varphi_{阳} = \Delta\varphi_{阳,c} + \Delta\varphi_{阳,i}$$

对于电池

$$A_{m,阳} = \Delta G_{m,阳} = zF(\varphi_{阳,e} + \Delta\varphi_{阳})$$

对于电解池

$$A_{\mathrm{m},阳}=-\Delta G_{\mathrm{m},阳}=-zF\varphi_{阳}=-zF(\varphi_{阳,\mathrm{e}}+\Delta\varphi_{阳})$$

阳极反应速率

$$\frac{\mathrm{d}N_{\mathrm{B}}}{\mathrm{d}t}=-\frac{\mathrm{d}N_{\mathrm{B}^{z-}}}{\mathrm{d}t}=\frac{\mathrm{d}N_{\mathrm{e}}}{z\mathrm{d}t}=Sj \tag{7.36}$$

式中

$$\begin{aligned}j&=-l_1\left(\frac{A_{\mathrm{m},阳}}{T}\right)-l_2\left(\frac{A_{\mathrm{m},阳}}{T}\right)^2-l_3\left(\frac{A_{\mathrm{m},阳}}{T}\right)^3-\cdots\\&=-l_1'\left(\frac{\varphi_{阳}}{T}\right)-l_2'\left(\frac{\varphi_{阳}}{T}\right)^2-l_3'\left(\frac{\varphi_{阳}}{T}\right)^3-\cdots\\&=-l_1''-l_2''\left(\frac{\Delta\varphi_{阳}}{T}\right)-l_3''\left(\frac{\Delta\varphi_{阳}}{T}\right)^2-l_4''\left(\frac{\Delta\varphi_{阳}}{T}\right)^3-\cdots\end{aligned} \tag{7.37}$$

将式（7.37）代入

$$i=zFj$$

得

$$\begin{aligned}i&=zFj\\&=-l_1^*\left(\frac{\varphi_{阳}}{T}\right)-l_2^*\left(\frac{\varphi_{阳}}{T}\right)^2-l_3^*\left(\frac{\varphi_{阳}}{T}\right)^3-\cdots\\&=-l_1^{**}-l_2^{**}\left(\frac{\Delta\varphi_{阳}}{T}\right)-l_3^{**}\left(\frac{\Delta\varphi_{阳}}{T}\right)^2-l_4^{**}\left(\frac{\Delta\varphi_{阳}}{T}\right)^3-\cdots\end{aligned} \tag{7.38}$$

7.3 电 池 极 化

电极极化产生过电势也会影响电池的电动势，进而影响电池的反应速率。

阴极反应为

$$\mathrm{A}^{z+}+z\mathrm{e}=\!=\!=\mathrm{A}$$

阳极反应为

$$\mathrm{B}^{z-}-z\mathrm{e}=\!=\!=\mathrm{B}$$

电池反应为

$$\mathrm{A}^{z+}+\mathrm{B}^{z-}=\!=\!=\mathrm{A}+\mathrm{B}$$

电池反应达成平衡

$$\mathrm{A}^{z+}+\mathrm{B}^{z-}\rightleftharpoons\mathrm{A}+\mathrm{B}$$

摩尔吉布斯自由能变化为

$$\Delta G_{\mathrm{m,e}}=\mu_{\mathrm{A}}+\mu_{\mathrm{B}}-\mu_{\mathrm{A}^{z+}}-\mu_{\mathrm{B}^{z-}}=\Delta G_{\mathrm{m}}^{\ominus}+RT\ln\frac{1}{a_{\mathrm{A}^{z+},\mathrm{e}}a_{\mathrm{B}^{z-},\mathrm{e}}}$$

式中

$$\Delta G_{\mathrm{m}}^{\ominus} = \mu_{\mathrm{A}}^{\ominus} + \mu_{\mathrm{B}}^{\ominus} - \mu_{\mathrm{A}^{z+}}^{\ominus} - \mu_{\mathrm{B}^{z-}}^{\ominus}$$

$$\mu_{\mathrm{A}} = \mu_{\mathrm{A}}^{\ominus}$$

$$\mu_{\mathrm{B}} = \mu_{\mathrm{B}}^{\ominus}$$

$$\mu_{\mathrm{A}^{z+}} = \mu_{\mathrm{A}^{z+}}^{\ominus} + RT\ln a_{\mathrm{A}^{z+},\mathrm{e}}$$

$$\mu_{\mathrm{B}^{z-}} = \mu_{\mathrm{B}^{z-}}^{\ominus} + RT\ln a_{\mathrm{B}^{z-},\mathrm{e}}$$

由

$$E_{\mathrm{e}} = -\frac{\Delta G_{\mathrm{m,e}}}{zF}$$

得

$$E_{\mathrm{e}} = E^{\ominus} + \frac{RT}{zF}\ln(a_{\mathrm{A}^{z+},\mathrm{e}}a_{\mathrm{B}^{z-},\mathrm{s}}) \tag{7.39}$$

式中

$$E^{\ominus} = -\frac{\Delta G_{\mathrm{m,e}}^{\ominus}}{zF} = -\frac{\mu_{\mathrm{A}}^{\ominus} + \mu_{\mathrm{B}}^{\ominus} - \mu_{\mathrm{A}^{z+}}^{\ominus} - \mu_{\mathrm{B}^{z-}}^{\ominus}}{zF}$$

电池有电流通过，发生极化，有过电势存在，电池反应为

$$\mathrm{A}^{z+} + \mathrm{B}^{z-} =\!=\!= \mathrm{A} + \mathrm{B}$$

电池电势为

$$E = E_{\mathrm{e}} + \Delta E \tag{7.40}$$

并有

$$\Delta E = E - E_{\mathrm{e}}$$

$$\Delta E = \Delta\varphi_{阴} - \Delta\varphi_{阳} < 0$$

$$\Delta\varphi_{阴} < 0,\quad \Delta\varphi_{阳} > 0$$

$$A_{\mathrm{m}} = \Delta G_{\mathrm{m}} = -zFE = -zF(E_{\mathrm{e}} + \Delta E)$$

电池反应速率

$$\frac{\mathrm{d}N_{\mathrm{A}}}{\mathrm{d}t} = \frac{\mathrm{d}N_{\mathrm{B}}}{\mathrm{d}t} = \frac{\mathrm{d}N_{\mathrm{e}}}{z\mathrm{d}t} = Sj \tag{7.41}$$

式中

$$\begin{aligned} j &= -l_1\left(\frac{A_{\mathrm{m}}}{T}\right) - l_2\left(\frac{A_{\mathrm{m}}}{T}\right)^2 - l_3\left(\frac{A_{\mathrm{m}}}{T}\right)^3 - \cdots \\ &= -l_1'\left(\frac{E}{T}\right) - l_2'\left(\frac{E}{T}\right)^2 - l_3'\left(\frac{E}{T}\right)^3 - \cdots \\ &= -l_1'' - l_2''\left(\frac{\Delta E}{T}\right) - l_3''\left(\frac{\Delta E}{T}\right)^2 - l_4''\left(\frac{\Delta E}{T}\right)^3 - \cdots \end{aligned} \tag{7.42}$$

将式（7.42）代入

$$i = zFj$$

得

$$\begin{aligned} i &= zFj \\ &= -l_1^*\left(\frac{E}{T}\right) - l_2^*\left(\frac{E}{T}\right)^2 - l_3^*\left(\frac{E}{T}\right)^3 - \cdots \\ &= -l_1^{**} - l_2^{**}\left(\frac{\Delta E}{T}\right) - l_3^{**}\left(\frac{\Delta E}{T}\right)^2 - l_4^{**}\left(\frac{\Delta E}{T}\right)^3 - \cdots \end{aligned} \tag{7.43}$$

7.4 电解池极化

电极极化产生过电势，也会影响电解池的电动势，进而影响电解池的反应速率。

阴极反应为

$$A^{z+} + ze = A$$

阳极反应为

$$B^{z-} = B + ze$$

电解池反应为

$$A^{z+} + B^{z-} = A + B$$

电解池反应达成平衡

$$A^{z+} + B^{z-} \rightleftharpoons A + B$$

摩尔吉布斯自由能变化为

$$\Delta G_{m,e} = \mu_A + \mu_B - \mu_{A^{z+}} - \mu_{B^{z-}} = \Delta G_m^\ominus + RT\ln\frac{1}{a_{A^{z+},e}a_{B^{z-},e}}$$

式中

$$\begin{aligned} \Delta G_m^\ominus &= \mu_A^\ominus + \mu_B^\ominus - \mu_{A^{z+}}^\ominus - \mu_{B^{z-}}^\ominus \\ \mu_A &= \mu_A^\ominus \\ \mu_B &= \mu_B^\ominus \\ \mu_{A^{z+}} &= \mu_{A^{z+}}^\ominus + RT\ln a_{A^{z+},e} \\ \mu_{B^{z-}} &= \mu_{B^{z-}}^\ominus + RT\ln a_{B^{z-},e} \end{aligned}$$

由

$$E_e = -\frac{\Delta G_{m,e}}{zF}$$

得

$$E_e = E^\ominus + \frac{RT}{zF}\ln(a_{A^{z+},e}a_{B^{z-},e}) \tag{7.44}$$

式中

$$E^{\ominus}=-\frac{\Delta G_{\mathrm{m}}^{\ominus}}{zF}=-\frac{\mu_{\mathrm{A}}^{\ominus}+\mu_{\mathrm{B}}^{\ominus}-\mu_{\mathrm{A}^{z+}}^{\ominus}-\mu_{\mathrm{B}^{z-}}^{\ominus}}{zF}$$

电解池有电流通过，发生极化，有过电势存在，电解池反应为

$$\mathrm{A}^{z+}+\mathrm{B}^{z-}=\!=\!=\mathrm{A}+\mathrm{B}$$

电解池电动势为

$$E_{\mathrm{e}}=-E'_{\mathrm{e}}$$

E'_{e}为外加的平衡电动势。

$$\begin{aligned}E'&=\varphi_{阳}-\varphi_{阴}=(\varphi_{阳,\mathrm{e}}+\Delta\varphi_{阳})-(\varphi_{阴,\mathrm{e}}+\Delta\varphi_{阴})\\&=(\varphi_{阳,\mathrm{e}}-\varphi_{阴,\mathrm{e}})+(\Delta\varphi_{阳}+\Delta\varphi_{阴})\\&=E'_{\mathrm{e}}+\Delta E'\end{aligned}\tag{7.45}$$

式中，E'为外加的电动势；$\Delta E'$为外加的过电动势。

$$E'_{\mathrm{e}}=\varphi_{阳,\mathrm{e}}-\varphi_{阴,\mathrm{e}}$$

$$\Delta E'=\Delta\varphi_{阳}-\Delta\varphi_{阴}$$

端电压

$$V'=E'+IR=E'_{\mathrm{e}}+\Delta E'+IR$$

$$A_{\mathrm{m}}=-\Delta G_{\mathrm{m}}=-zFE'=-zF(E'_{\mathrm{e}}+\Delta E')$$

式中

$$\begin{aligned}j&=-l_1\left(\frac{A_{\mathrm{m}}}{T}\right)-l_2\left(\frac{A_{\mathrm{m}}}{T}\right)^2-l_3\left(\frac{A_{\mathrm{m}}}{T}\right)^3-\cdots\\&=-l'_1\left(\frac{E'}{T}\right)-l'_1\left(\frac{E'}{T}\right)^2-l'_1\left(\frac{E'}{T}\right)^3-\cdots\\&=-l''_1-l''_2\left(\frac{\Delta E'}{T}\right)-l''_3\left(\frac{\Delta E'}{T}\right)^2-l''_4\left(\frac{\Delta E'}{T}\right)^3-\cdots\end{aligned}\tag{7.46}$$

将式（7.46）代入

$$i=zFj$$

得

$$\begin{aligned}i&=zFj\\&=-l_1^{*}\left(\frac{E'}{T}\right)-l_2^{*}\left(\frac{E'}{T}\right)^2-l_3^{*}\left(\frac{E'}{T}\right)^3-\cdots\\&=-l_1^{**}-l_2^{**}\left(\frac{\Delta E'}{T}\right)-l_3^{**}\left(\frac{\Delta E'}{T}\right)^2-l_4^{**}\left(\frac{\Delta E'}{T}\right)^3-\cdots\end{aligned}\tag{7.47}$$

第 8 章　电化学步骤

电极过程至少有一个步骤是电子转移步骤。在电子转移步骤进行时，电极上发生化学反应有电流通过。电子转移步骤将电极上的化学反应和电流联系到一起。

在电极上发生的电子转移反应，具有方向性，电极将电子转移，反应物发生还原反应，电极上有阴极电流，电极为阴极；反应物将电子传给电极，发生氧化反应，电极上有阳极电流，电极为阳极。

8.1　单电子电极反应

阴极反应达到平衡，有

$$Me^{+} + e \rightleftharpoons Me$$

该反应的摩尔吉布斯自由能变化为

$$\Delta G_{m,阴,e} = \mu_{Me} - \mu_{Me^{+}} - \mu_{e} = \Delta G_{m,阴}^{\ominus} + RT\ln\frac{1}{a_{Me^{+},e}}$$

式中

$$\Delta G_{m,阴}^{\ominus} = \mu_{Me}^{\ominus} - \mu_{Me^{+}}^{\ominus} - \mu_{e}^{\ominus}$$

$$\mu_{Me} = \mu_{Me}^{\ominus}$$

$$\mu_{Me^{+}} = \mu_{Me^{+}}^{\ominus} + RT\ln a_{Me^{+},e}$$

$$\mu_{e} = \mu_{e}^{\ominus}$$

由

$$\varphi_{阴,e} = -\frac{\Delta G_{m,阴,e}}{F}$$

得

$$\varphi_{阴,e} = \varphi_{阴}^{\ominus} + \frac{RT}{F}\ln a_{Me^{+},e}$$

式中

$$\varphi_{阴}^{\ominus} = -\frac{\Delta G_{m,阴}^{\ominus}}{T} = -\frac{\mu_{Me}^{\ominus} - \mu_{Me^{+}}^{\ominus} - \mu_{e}^{\ominus}}{F}$$

阴极有电流通过时，发生极化，阴极反应为

$$Me^{+} + e = Me$$

阴极电势为

$$\varphi_{阴} = \varphi_{阴,e} + \Delta\varphi_{阴}$$

则

$$\Delta\varphi_{阴} = \varphi_{阴} - \varphi_{阴,e}$$

对于电池

$$A_{m,阴} = \Delta G_{m,阴} = -F\varphi_{阴} = -F(\varphi_{阴,e} + \Delta\varphi_{阴})$$

对于电解池

$$A_{m,阴} = -\Delta G_{m,阴} = F\varphi_{阴} = F(\varphi_{阴,e} + \Delta\varphi_{阴})$$

阴极反应速率

$$\frac{dN_{Me}}{dt} = -\frac{dN_{Me^+}}{dt} = -\frac{dN_e}{dt} = Sj$$

式中，S 为阴极表面积。

$$\begin{aligned} j &= -l_1\left(\frac{A_{m,阴}}{T}\right) - l_2\left(\frac{A_{m,阴}}{T}\right)^2 - l_3\left(\frac{A_{m,阴}}{T}\right)^3 - \cdots \\ &= -l_1'\left(\frac{\varphi_{阴}}{T}\right) - l_2'\left(\frac{\varphi_{阴}}{T}\right)^2 - l_3'\left(\frac{\varphi_{阴}}{T}\right)^3 - \cdots \\ &= -l_1'' - l_2''\left(\frac{\Delta\varphi_{阴}}{T}\right) - l_3''\left(\frac{\Delta\varphi_{阴}}{T}\right)^2 - l_4''\left(\frac{\Delta\varphi_{阴}}{T}\right)^3 - \cdots \end{aligned}$$

将上式代入

$$i = Fj$$

得

$$\begin{aligned} i &= Fj \\ &= -l_1^*\left(\frac{\varphi_{阴}}{T}\right) - l_2^*\left(\frac{\varphi_{阴}}{T}\right)^2 - l_3^*\left(\frac{\varphi_{阴}}{T}\right)^3 - \cdots \\ &= -l_1^{**} - l_2^{**}\left(\frac{\Delta\varphi_{阴}}{T}\right) - l_3^{**}\left(\frac{\Delta\varphi_{阴}}{T}\right)^2 - l_4^{**}\left(\frac{\Delta\varphi_{阴}}{T}\right)^3 - \cdots \end{aligned}$$

8.2　多电子电极反应

有两个以上的电子参加的电极反应称为多电子电极反应。多电子电极反应有多个步骤进行，其中有电子转移步骤，还有表面转化步骤。在多个连续步骤中，有一个是控速步骤，有的控速步骤要重复多次，下一个步骤才能进行。重复次数用 ν'表示，例如 H^+还原为 H 的步骤就要重复两次，才能进行两个 H 复合成 H_2 的步骤，$\nu' = 2$。控速步骤可以是电子转移步骤，也可以是表面转化步骤。

假设电极反应总共有 z 个电子参加，分成 z 个电子转移步骤，每个步骤有一个电子转移：

$$Me^{z+} + e \Longrightarrow Me^{(z-1)+} \qquad (\text{步骤}1)$$

$$Me^{(z-1)+} + e \Longrightarrow Me^{(z-2)+} \qquad (\text{步骤}2)$$

$$\vdots$$

$$Me^{(z-i+1)+} + e \Longrightarrow Me^{(z-i)+} \qquad (\text{步骤}i)$$

$$\vdots$$

$$Me^{(z-r)+} + ne \Longrightarrow Me^{(z-r-n)+} \qquad (\text{控速步骤，重复}v'\text{次，}n=0,1)$$

$$\vdots$$

$$Me^{+} + e \Longrightarrow Me \qquad (\text{最后一步})$$

$$Me^{z+} + ze \Longrightarrow Me$$

在控速步骤中，$n=1$ 为电子转移步骤，$n=0$ 为表面转化步骤。控速步骤以外的各步骤可以认为达成平衡，并可以将电子转移步骤前后的表面转化步骤并入电子转移步骤中。

控速步骤

$$Me^{(z-r)+} + e \Longrightarrow Me^{(z-r-1)+}$$

电极反应达到平衡，为

$$Me^{(z-r)+} + e \rightleftharpoons Me^{(z-r-1)+}$$

该过程的摩尔吉布斯自由能变化为

$$\Delta G_{m,\text{阴},e} = \mu_{Me^{(z-r-1)+}} - \mu_{Me^{(z-r)+}} - \mu_e = \Delta G_{m,\text{阴}}^{\ominus} + RT\ln\frac{a_{Me^{(z-r-1)+},e}}{a_{Me^{(z-r)+},e}}$$

式中

$$\Delta G_{m,\text{阴}}^{\ominus} = \mu_{Me^{(z-r-1)+}}^{\ominus} - \mu_{Me^{(z-r)+}}^{\ominus} - \mu_e^{\ominus}$$

$$\mu_{Me^{(z-r-1)+}} = \mu_{Me^{(z-r-1)+}}^{\ominus} + RT\ln a_{Me^{(z-r-1)^{+}},e}$$

$$\mu_{Me^{(z-r)+}} = \mu_{Me^{(z-r)+}}^{\ominus} + RT\ln a_{Me^{(z-r)^{+}},e}$$

$$\mu_e = \mu_e^{\ominus}$$

由

$$\varphi_{\text{阴},e} = -\frac{\Delta G_{m,\text{阴},e}}{F}$$

得

$$\varphi_{\text{阴},e} = \varphi_{\text{阴}}^{\ominus} + \frac{RT}{F}\ln\frac{a_{Me^{(z-r)+},e}}{a_{Me^{(z-r-1)+},e}}$$

式中

$$\varphi_{\text{阴}}^{\ominus} = -\frac{\Delta G_{m,\text{阴},e}^{\ominus}}{T} = -\frac{\mu_{Me^{(z-r-1)+}}^{\ominus} - \mu_{Me^{(z-r)+}}^{\ominus} - \mu_e^{\ominus}}{F}$$

阴极有电流通过，发生极化，产生过电势，阴极反应为

$$\mathrm{Me}^{(z-r)+} + \mathrm{e} = \mathrm{Me}^{(z-r-1)+}$$

阴极电势为

$$\varphi_{阴} = \varphi_{阴,\mathrm{e}} + \Delta\varphi_{阴}$$

得

$$\Delta\varphi_{阴} = \varphi_{阴} - \varphi_{阴,\mathrm{e}}$$

对于电池

$$A_{\mathrm{m},阴} = \Delta G_{\mathrm{m},阴} = -F\varphi_{阴} = -F(\varphi_{阴,\mathrm{e}} + \Delta\varphi_{阴})$$

对于电解池

$$A_{\mathrm{m},阴} = -\Delta G_{\mathrm{m},阴} = F\varphi_{阴} = F(\varphi_{阴,\mathrm{e}} + \Delta\varphi_{阴})$$

阴极反应速率

$$\frac{\mathrm{d}N_{\mathrm{Me}^{(z-r-1)+}}}{\mathrm{d}t} = -\frac{\mathrm{d}N_{\mathrm{Me}^{(z-r)+}}}{\mathrm{d}t} = -\frac{\mathrm{d}N_{\mathrm{e}}}{\mathrm{d}t} = Sj$$

式中

$$\begin{aligned} j &= -l_1\left(\frac{A_{\mathrm{m},阴}}{T}\right) - l_2\left(\frac{A_{\mathrm{m},阴}}{T}\right)^2 - l_3\left(\frac{A_{\mathrm{m},阴}}{T}\right)^3 - \cdots \\ &= -l_1'\left(\frac{\varphi_{阴}}{T}\right) - l_2'\left(\frac{\varphi_{阴}}{T}\right)^2 - l_3'\left(\frac{\varphi_{阴}}{T}\right)^3 - \cdots \\ &= -l_1'' - l_2''\left(\frac{\Delta\varphi_{阴}}{T}\right) - l_3''\left(\frac{\Delta\varphi_{阴}}{T}\right)^2 - l_4''\left(\frac{\Delta\varphi_{阴}}{T}\right)^3 - \cdots \end{aligned}$$

将上式代入

$$i' = Fj$$

得

$$\begin{aligned} i' &= Fj \\ &= -l_1^*\left(\frac{\varphi_{阴}}{T}\right) - l_2^*\left(\frac{\varphi_{阴}}{T}\right)^2 - l_3^*\left(\frac{\varphi_{阴}}{T}\right)^3 - \cdots \\ &= -l_1^{**} - l_2^{**}\left(\frac{\Delta\varphi_{阴}}{T}\right) - l_3^{**}\left(\frac{\Delta\varphi_{阴}}{T}\right)^2 - l_4^{**}\left(\frac{\Delta\varphi_{阴}}{T}\right)^3 - \cdots \end{aligned}$$

在电极极化的情况下，控速步骤反应的电流密度为 i'。在整个电极反应进行时，根据总的电化学反应方程式，消耗一个反应物组元 Me^{z+} 需要 z 个电子。而控速步骤只消耗一个电子，因为在稳态情况下，每个单元步骤的速率都与控速步骤相等，所以电极上通过的电流密度 i 是控速步骤电流密度的 z 倍，即

$$i = zi'$$

8.3 总 反 应

总反应达成平衡

$$Me^{z+} + ze \rightleftharpoons Me$$

该过程的摩尔吉布斯自由能变化为

$$\Delta G_{m,阴,t,e} = \mu_{Me} - \mu_{Me^{z+}} - z\mu_{e} = \Delta G^{\ominus}_{m,阴,t} + RT\ln\frac{1}{a_{Me^{z+},e}}$$

式中

$$\Delta G^{\ominus}_{m,阴,t} = \mu^{\ominus}_{Me} - \mu^{\ominus}_{Me^{z+}} - z\mu^{\ominus}_{e}$$
$$\mu_{Me} = \mu^{\ominus}_{Me}$$
$$\mu_{Me^{z+}} = \mu^{\ominus}_{Me^{z+}} + RT\ln a_{Me^{z+},e}$$
$$\mu_{e} = \mu^{\ominus}_{e}$$

由

$$\varphi_{阴,t,e} = -\frac{\Delta G_{m,阴,t,e}}{zF}$$

得

$$\varphi_{阴,t,e} = \varphi^{\ominus}_{阴,t} + \frac{RT}{zF}\ln a_{Me^{z+},e}$$

式中

$$\varphi^{\ominus}_{阴,t} = -\frac{\Delta G^{\ominus}_{m,阴,t}}{zF} = -\frac{\mu^{\ominus}_{Me} - \mu^{\ominus}_{Me^{z+}} - z\mu^{\ominus}_{e}}{zF}$$

阴极发生极化，阴极电势为

$$\varphi_{阴,t} = \varphi_{阴,t,e} + \Delta\varphi_{阴,t}$$

则

$$\Delta\varphi_{阴,t} = \varphi_{阴,t} - \varphi_{阴,t,e}$$

对于电池

$$A_{m,阴,t} = \Delta G_{m,阴,t} = -zF\varphi_{阴,t} = -zF(\varphi_{阴,t,e} + \Delta\varphi_{阴,t})$$

阴极反应速率为

$$\frac{dN_{Me}}{dt} = -\frac{dN_{Me^{z+}}}{dt} = -\frac{1}{z}\frac{dN_{e}}{dt} = Sj$$

$$\begin{aligned} j &= -l_1\left(\frac{A_{\text{m,阴}}}{T}\right) - l_2\left(\frac{A_{\text{m,阴}}}{T}\right)^2 - l_3\left(\frac{A_{\text{m,阴}}}{T}\right)^3 - \cdots \\ &= -l_1'\left(\frac{\varphi_{\text{阴}}}{T}\right) - l_2'\left(\frac{\varphi_{\text{阴}}}{T}\right)^2 - l_3'\left(\frac{\varphi_{\text{阴}}}{T}\right)^3 - \cdots \\ &= -l_1'' - l_2''\left(\frac{\Delta\varphi_{\text{阴}}}{T}\right) - l_3''\left(\frac{\Delta\varphi_{\text{阴}}}{T}\right)^2 - l_4''\left(\frac{\Delta\varphi_{\text{阴}}}{T}\right)^3 - \cdots \end{aligned}$$

将上式代入

$$i = zFj$$

得

$$\begin{aligned} i &= zFj \\ &= -l_1^*\left(\frac{\varphi_{\text{阴}}}{T}\right) - l_2^*\left(\frac{\varphi_{\text{阴}}}{T}\right)^2 - l_3^*\left(\frac{\varphi_{\text{阴}}}{T}\right)^3 - \cdots \\ &= -l_1^{**} - l_2^{**}\left(\frac{\Delta\varphi_{\text{阴}}}{T}\right) - l_3^{**}\left(\frac{\Delta\varphi_{\text{阴}}}{T}\right)^2 - l_4^{**}\left(\frac{\Delta\varphi_{\text{阴}}}{T}\right)^3 - \cdots \end{aligned}$$

第9章 阴 极 过 程

9.1 氢的阴极还原

氢的阴极还原具有重要意义，电解水制氢，是氢的阴极还原过程，电解质水溶液电解，析氢反应是金属阴极还原的副反应。氢的阴极还原析出由多个步骤组成。

在酸性溶液中，析出氢的总反应为

$$2H^+ + 2e = H_2$$

在碱性溶液中，析出氢的总反应为

$$2H_2O + 2e = H_2 + 2OH^-$$

9.1.1 酸性溶液

在酸性溶液中，H^+还原过程的第一步是由氢离子还原成氢原子，还原的氢原子吸附在阴极上，成为M-H。可以表示为

$$H^+ + e + M = M\text{-}H$$

这是电子转移步骤。随后的反应有两种可能。一种是两个吸附在阴极M上的氢原子结合成氢分子，称为复合脱附，可以表示为

$$M\text{-}H + M\text{-}H = H_2 + 2M$$

另一种是又一个氢离子在吸附氢原子的位置放电，形成氢分子，称为电化学脱附，可以表示为

$$M\text{-}H + H^+ + e = H_2 + M$$

1. 过程由电子转移和复合脱附组成

该过程由以下两个步骤组成：

电子转移步骤

$$H^+ + e + M = M\text{-}H$$

复合脱附步骤

$$M\text{-}H + M\text{-}H = H_2 + 2M$$

总反应为

$$2H^+ + 2e \rightleftharpoons H_2$$

1）电子转移为控速步骤

电子转移反应达到平衡，有

$$H^+ + e + M \rightleftharpoons M\text{-}H$$

该反应的摩尔吉布斯自由能变化为

$$\begin{aligned}\Delta G_{m,阴,e} &= \mu_{M\text{-}H} - \mu_{H^+} - \mu_e - \mu_M \\ &= \Delta G_{m,阴}^{\ominus} + RT\ln\frac{\theta_{M\text{-}H,e}}{a_{H^+,e}(1-\theta_{M\text{-}H})}\end{aligned}$$

式中

$$\Delta G_{m,阴}^{\ominus} = \mu_{M\text{-}H}^{\ominus} - \mu_{H^+}^{\ominus} - \mu_e^{\ominus} - \mu_M^{\ominus}$$

$$\mu_{M\text{-}H} = \mu_{M\text{-}H}^{\ominus} + RT\ln\theta_{M\text{-}H}$$

$$\mu_{H^+} = \mu_{H^+}^{\ominus} + RT\ln a_{H^+,e}$$

$$\mu_e = \mu_e^{\ominus}$$

$$\mu_M = \mu_M^{\ominus} + RT\ln(1-\theta_{M\text{-}H})$$

其中，$\mu_{M\text{-}H}^{\ominus}$是阴极表面活性中心被 H 全占据的化学势；$\mu_M^{\ominus}$是阴极表面活性中心完全未被 H 占据的化学势；$\theta_{M\text{-}H}$是被 H 占据的阴极表面活性中心的分数；$1-\theta_{M\text{-}H}$是未被 H 占据的阴极表面的活性中心的分数。

由

$$\varphi_{阴,e} = -\frac{\Delta G_{m,阴,e}}{F}$$

得

$$\varphi_{阴,e} = \varphi_{阴}^{\ominus} + \frac{RT}{F}\ln\frac{a_{H^+,e}(1-\theta_{M\text{-}H,e})}{\theta_{M\text{-}H,e}}$$

式中

$$\varphi_{阴}^{\ominus} = \frac{\Delta G_{m,阴}^{\ominus}}{F} = -\frac{\mu_{M\text{-}H}^{\ominus} - \mu_{H^+}^{\ominus} - \mu_e^{\ominus} - \mu_M^{\ominus}}{F}$$

阴极有电流通过，发生极化，阴极反应为

$$H^+ + e + M = M\text{-}H$$

阴极电势为

$$\varphi_{阴} = \varphi_{阴,e} + \Delta\varphi_{阴}$$

则

$$\Delta\varphi_{阴} = \varphi_{阴} - \varphi_{阴,e}$$

并有

$$A_{m,阴} = -\Delta G_{m,阴} = F\varphi_{阴} = F(\varphi_{阴,e} + \Delta\varphi_{阴})$$

阴极反应速率

$$-\frac{\mathrm{d}N_{\mathrm{H}^+}}{\mathrm{d}t}=-\frac{\mathrm{d}N_{\mathrm{e}}}{\mathrm{d}t}=Sj_1$$

式中

$$\begin{aligned}j_1&=-l_1\left(\frac{A_{\mathrm{m},阴}}{T}\right)-l_2\left(\frac{A_{\mathrm{m},阴}}{T}\right)^2-l_3\left(\frac{A_{\mathrm{m},阴}}{T}\right)^3-\cdots\\&=-l_1'\left(\frac{\varphi_{阴}}{T}\right)-l_2'\left(\frac{\varphi_{阴}}{T}\right)^2-l_3'\left(\frac{\varphi_{阴}}{T}\right)^3-\cdots\\&=-l_1''-l_2''\left(\frac{\Delta\varphi_{阴}}{T}\right)-l_3''\left(\frac{\Delta\varphi_{阴}}{T}\right)^2-l_4''\left(\frac{\Delta\varphi_{阴}}{T}\right)^3\cdots\end{aligned}$$

将上式代入

$$i=Fj_1$$

得

$$\begin{aligned}i&=Fj_1\\&=-l_1^*\left(\frac{\varphi_{阴}}{T}\right)-l_2^*\left(\frac{\varphi_{阴}}{T}\right)^2-l_3^*\left(\frac{\varphi_{阴}}{T}\right)^3-\cdots\\&=-l_1^{**}-l_2^{**}\left(\frac{\Delta\varphi_{阴}}{T}\right)-l_3^{**}\left(\frac{\Delta\varphi_{阴}}{T}\right)^2-l_4^{**}\left(\frac{\Delta\varphi_{阴}}{T}\right)^3-\cdots\end{aligned}$$

并有

$$I=Si=FSj_1$$

2）复合脱附为控速步骤

$$\text{M-H}+\text{M-H}=\!=\!=\mathrm{H}_2+2\mathrm{M}$$

该过程的摩尔吉布斯自由能变化为

$$\begin{aligned}\Delta G_{\mathrm{m}}&=\mu_{\mathrm{H}_2}+2\mu_{\mathrm{M}}-2\mu_{\text{M-H}}\\&=\Delta G_{\mathrm{m}}^{\ominus}+RT\ln\frac{p_{\mathrm{H}_2}(1-\theta_{\text{M-H}})^2}{\theta_{\text{M-H}}^2}\end{aligned}$$

式中

$$\Delta G_{\mathrm{m}}^{\ominus}=\mu_{\mathrm{H}_2}^{\ominus}+2\mu_{\mathrm{M}}^{\ominus}-2\mu_{\text{M-H}}^{\ominus}$$

$$\mu_{\mathrm{H}_2}=\mu_{\mathrm{H}_2}^{\ominus}+RT\ln p_{\mathrm{H}_2}$$

$$\mu_{\mathrm{M}}=\mu_{\mathrm{M}}^{\ominus}+RT\ln(1-\theta_{\text{M-H}})$$

$$\mu_{\text{M-H}}=\mu_{\text{M-H}}^{\ominus}+RT\ln\theta_{\text{M-H}}$$

复合脱附的速率为

$$\frac{\mathrm{d}N_{\mathrm{H}_2}}{\mathrm{d}t}=Sj_2$$

$$j_2 = -l_1\left(\frac{A_{\mathrm{m}}}{T}\right) - l_2\left(\frac{A_{\mathrm{m}}}{T}\right)^2 - l_3\left(\frac{A_{\mathrm{m}}}{T}\right)^3 - \cdots$$

式中

$$A_{\mathrm{m}} = \Delta G_{\mathrm{m}}$$

3）电子转移和复合脱附共同为控速步骤

$$2\mathrm{H}^+ + 2\mathrm{e} + 2\mathrm{M} = \mathrm{M\text{-}H} + \mathrm{M\text{-}H}$$
$$\mathrm{M\text{-}H} + \mathrm{M\text{-}H} = \mathrm{H}_2 + 2\mathrm{M}$$

电子转移和复合脱附共同为控速步骤的速率为

$$-\frac{1}{2}\frac{\mathrm{d}N_{\mathrm{H}^+}}{\mathrm{d}t} = -\frac{1}{2}\frac{\mathrm{d}N_{\mathrm{e}}}{\mathrm{d}t} = \frac{\mathrm{d}N_{\mathrm{H}_2}}{\mathrm{d}t} = Sj_1 = Sj_2 = Sj$$

$$j = \frac{1}{2}(j_1 + j_2)$$

式中

$$\begin{aligned} j_1 &= -l_1\left(\frac{A_{\mathrm{m},阴}}{T}\right) - l_2\left(\frac{A_{\mathrm{m},阴}}{T}\right)^2 - l_3\left(\frac{A_{\mathrm{m},阴}}{T}\right)^3 - \cdots \\ &= -l_1'\left(\frac{\varphi_{阴}}{T}\right) - l_2'\left(\frac{\varphi_{阴}}{T}\right)^2 - l_3'\left(\frac{\varphi_{阴}}{T}\right)^3 - \cdots \\ &= -l_1'' - l_2''\left(\frac{\Delta\varphi_{阴}}{T}\right) - l_3''\left(\frac{\Delta\varphi_{阴}}{T}\right)^2 - l_4''\left(\frac{\Delta\varphi_{阴}}{T}\right)^3 \cdots \end{aligned}$$

$$A_{\mathrm{m},阴} = -\Delta G_{\mathrm{m},阴} = 2F\varphi_{阴} = 2F(\varphi_{阴,\mathrm{e}} + \Delta\varphi_{阴})$$

将上式代入

$$i = 2Fj_1$$

得

$$\begin{aligned} i &= 2Fj_1 \\ &= -l_1^*\left(\frac{\varphi_{阴}}{T}\right) - l_2^*\left(\frac{\varphi_{阴}}{T}\right)^2 - l_3^*\left(\frac{\varphi_{阴}}{T}\right)^3 - \cdots \\ &= -l_1^{**} - l_2^{**}\left(\frac{\Delta\varphi_{阴}}{T}\right) - l_3^{**}\left(\frac{\Delta\varphi_{阴}}{T}\right)^2 - l_4^{**}\left(\frac{\Delta\varphi_{阴}}{T}\right)^3 - \cdots \end{aligned}$$

$$j_2 = -l_1\left(\frac{A_{\mathrm{m}}}{T}\right) - l_2\left(\frac{A_{\mathrm{m}}}{T}\right)^2 - l_3\left(\frac{A_{\mathrm{m}}}{T}\right)^3 - \cdots$$

式中

$$A_{\mathrm{m}} = \Delta G_{\mathrm{m}}$$

2. 过程由电子转移和电化学脱附组成

该过程由以下两个步骤组成：

电子转移步骤

$$H^{+} + e + M = M\text{-}H$$

电化学脱附步骤

$$M\text{-}H + H^{+} + e = H_2 + M$$

总反应为

$$2H^{+} + 2e = H_2$$

1）电子转移为控速步骤

同“过程由电子转移和复合脱附组成”。

2）电化学脱附为控速步骤

电化学脱附达成平衡，有

$$M\text{-}H + H^{+} + e \rightleftharpoons H_2 + M$$

该过程的摩尔吉布斯自由能变化为

$$\begin{aligned}\Delta G_{m,阴,e} &= \mu_{H_2} + \mu_M - \mu_{M\text{-}H} - \mu_{H^+} - \mu_e \\ &= \Delta G_{m,阴}^{\ominus} + RT\ln\frac{p_{H_2,e}(1-\theta_{M\text{-}H,e})}{\theta_{M\text{-}H,e}a_{H^+,e}}\end{aligned}$$

式中

$$\Delta G_{m,阴}^{\ominus} = \mu_{H_2}^{\ominus} + \mu_M^{\ominus} - \mu_{M\text{-}H}^{\ominus} - \mu_{H^+}^{\ominus} - \mu_e^{\ominus}$$

$$\mu_{H_2} = \mu_{H_2}^{\ominus} + RT\ln p_{H_2,e}$$

$$\mu_M = \mu_M^{\ominus} + RT\ln(1-\theta_{M\text{-}H,e})$$

$$\mu_{M\text{-}H} = \mu_{M\text{-}H}^{\ominus} + RT\ln\theta_{M\text{-}H,e}$$

$$\mu_{H^+} = \mu_{H^+}^{\ominus} + RT\ln a_{H^+,e}$$

由

$$\varphi_{阴,e} = -\frac{\Delta G_{m,阴,e}}{F}$$

得

$$\varphi_{阴,e} = \varphi_{阴}^{\ominus} + \frac{RT}{F}\ln\frac{\theta_{M\text{-}H,e}a_{H^+,e}}{p_{H_2,e}(1-\theta_{M\text{-}H,e})}$$

式中

$$\varphi_{阴}^{\ominus} = -\frac{\Delta G_{m,阴}^{\ominus}}{F} = -\frac{\mu_{H_2}^{\ominus} + \mu_M^{\ominus} - \mu_{M\text{-}H}^{\ominus} - \mu_{H^+}^{\ominus} - \mu_e^{\ominus}}{F}$$

阴极有电流通过，发生极化，电化学脱附反应为

$$M\text{-}H + H^{+} + e = H_2 + M$$

阴极电势为

$$\varphi_{阴} = -\frac{\Delta G_{m,阴}}{F}$$

$$\varphi_{阴} = \varphi_{阴,e} + \Delta\varphi_{阴}$$

则

$$\Delta\varphi_{阴} = \varphi_{阴} - \varphi_{阴,e}$$

$$A_{m,阴} = -\Delta G_{m,阴} = F\varphi_{阴} = F(\varphi_{阴,e} + \Delta\varphi_{阴})$$

电化学脱附速率

$$\frac{dN_{H_2}}{dt} = -\frac{dN_{H^+}}{dt} = -\frac{dN_e}{dt} = Sj_2$$

式中

$$\begin{aligned} j_2 &= -l_1\left(\frac{A_{m,阴}}{T}\right) - l_2\left(\frac{A_{m,阴}}{T}\right)^2 - l_3\left(\frac{A_{m,阴}}{T}\right)^3 - \cdots \\ &= -l_1'\left(\frac{\varphi_{阴}}{T}\right) - l_2'\left(\frac{\varphi_{阴}}{T}\right)^2 - l_3'\left(\frac{\varphi_{阴}}{T}\right)^3 - \cdots \\ &= -l_1'' - l_2''\left(\frac{\Delta\varphi_{阴}}{T}\right) - l_3''\left(\frac{\Delta\varphi_{阴}}{T}\right)^2 - l_4''\left(\frac{\Delta\varphi_{阴}}{T}\right)^3 \cdots \end{aligned}$$

将上式代入

$$i = Fj_2$$

得

$$\begin{aligned} i &= Fj_2 \\ &= -l_1^*\left(\frac{\varphi_{阴}}{T}\right) - l_2^*\left(\frac{\varphi_{阴}}{T}\right)^2 - l_3^*\left(\frac{\varphi_{阴}}{T}\right)^3 - \cdots \\ &= -l_1^{**} - l_2^{**}\left(\frac{\Delta\varphi_{阴}}{T}\right) - l_3^{**}\left(\frac{\Delta\varphi_{阴}}{T}\right)^2 - l_4^{**}\left(\frac{\Delta\varphi_{阴}}{T}\right)^3 - \cdots \end{aligned}$$

3）电子转移和电化学脱附共同为控速步骤

电化学反应为

$$H^+ + e + M = M\text{-}H$$

$$M\text{-}H + H^+ + e = H_2 + M$$

电子转移和电化学脱附共同为控速步骤的速率为

$$-\frac{dN_{H^+}}{dt} = -\frac{dN_e}{dt} = \frac{dN_{H_2}}{dt} = Sj_1 = Sj_2 = Sj$$

$$j = \frac{1}{2}(j_1 + j_2)$$

式中

$$j_1 = -l_1\left(\frac{A_{\text{m},阴}}{T}\right) - l_2\left(\frac{A_{\text{m},阴}}{T}\right)^2 - l_3\left(\frac{A_{\text{m},阴}}{T}\right)^3 - \cdots$$

$$= -l_1'\left(\frac{\varphi_{阴}}{T}\right) - l_2'\left(\frac{\varphi_{阴}}{T}\right)^2 - l_3'\left(\frac{\varphi_{阴}}{T}\right)^3 - \cdots$$

$$= -l_1'' - l_2''\left(\frac{\Delta\varphi_{阴}}{T}\right) - l_3''\left(\frac{\Delta\varphi_{阴}}{T}\right)^2 - l_4''\left(\frac{\Delta\varphi_{阴}}{T}\right)^3 \cdots$$

$$A_{\text{m},阴} = -\Delta G_{\text{m},阴} = F\varphi_{阴} = F(\varphi_{阴,\text{e}} + \Delta\varphi_{阴})$$

将上式代入

$$i = Fj_1$$

得

$$\begin{aligned} i &= Fj_1 \\ &= -l_1^*\left(\frac{\varphi_{阴}}{T}\right) - l_2^*\left(\frac{\varphi_{阴}}{T}\right)^2 - l_3^*\left(\frac{\varphi_{阴}}{T}\right)^3 - \cdots \\ &= -l_1^{**} - l_2^{**}\left(\frac{\Delta\varphi_{阴}}{T}\right) - l_3^{**}\left(\frac{\Delta\varphi_{阴}}{T}\right)^2 - l_4^{**}\left(\frac{\Delta\varphi_{阴}}{T}\right)^3 - \cdots \end{aligned}$$

式中

$$j_2 = -l_1\left(\frac{A_{\text{m},阴}}{T}\right) - l_2\left(\frac{A_{\text{m},阴}}{T}\right)^2 - l_3\left(\frac{A_{\text{m},阴}}{T}\right)^3 - \cdots$$

$$= -l_1'\left(\frac{\varphi_{阴}}{T}\right) - l_2'\left(\frac{\varphi_{阴}}{T}\right)^2 - l_3'\left(\frac{\varphi_{阴}}{T}\right)^3 - \cdots$$

$$= -l_1'' - l_2''\left(\frac{\Delta\varphi_{阴}}{T}\right) - l_3''\left(\frac{\Delta\varphi_{阴}}{T}\right)^2 - l_4''\left(\frac{\Delta\varphi_{阴}}{T}\right)^3 - \cdots$$

$$A_{\text{m},阴} = -\Delta G_{\text{m},阴} = F\varphi_{阴} = F(\varphi_{阴,\text{e}} + \Delta\varphi_{阴})$$

将上式代入

$$i = Fj_2$$

得

$$\begin{aligned} i &= -l_1^*\left(\frac{\varphi_{阴}}{T}\right) - l_2^*\left(\frac{\varphi_{阴}}{T}\right)^2 - l_3^*\left(\frac{\varphi_{阴}}{T}\right)^3 - \cdots \\ &= -l_1^{**} - l_2^{**}\left(\frac{\Delta\varphi_{阴}}{T}\right) - l_3^{**}\left(\frac{\Delta\varphi_{阴}}{T}\right)^2 - l_4^{**}\left(\frac{\Delta\varphi_{阴}}{T}\right)^3 - \cdots \end{aligned}$$

3. 总反应

在酸性溶液中，阴极总反应为

$$2H^+ + 2e = H_2(气)$$

总反应概括了各种途径和各个步骤。无论过程走哪种途径，以及哪个步骤是控速步骤，都会影响总的结果，都能在总反应中有所显示。尤其是过程的速率，利用总反应得到的结果与按控速步骤得到的结果相同。

总反应达到平衡，有

$$2H^+ + 2e \rightleftharpoons H_2(气)$$

该反应的摩尔吉布斯自由能变化为

$$\Delta G_{m,阴,H_2,e} = \mu_{H_2} - 2\mu_{H^+} - 2\mu_e = \Delta G^{\ominus}_{m,阴,H_2} + RT\ln\frac{p_{H_2,e}}{a^2_{H^+,e}}$$

式中

$$\Delta G_{m,阴,H_2} = \mu^{\ominus}_{H_2} - 2\mu^{\ominus}_{H^+} - 2\mu^{\ominus}_e$$

$$\mu_{H_2} = \mu^{\ominus}_{H_2} + RT\ln p_{H_2,e}$$

$$\mu_{H^+} = \mu^{\ominus}_{H^+} + RT\ln a_{H^+,e}$$

$$\mu_e = \mu^{\ominus}_e$$

由

$$\varphi_{阴,H_2,e} = -\frac{\Delta G_{m,阴,H_2,e}}{2F}$$

得

$$\varphi_{阴,H_2,e} = \varphi^{\ominus}_{阴,H_2} + \frac{RT}{2F}\ln\frac{a^2_{H^+,e}}{p_{H_2,e}}$$

式中

$$\varphi^{\ominus}_{阴,H_2} = -\frac{\Delta G^{\ominus}_{m,阴,H_2}}{2F} = -\frac{\mu^{\ominus}_{H_2} - 2\mu^{\ominus}_{H^+} - 2\mu^{\ominus}_e}{2F}$$

阴极有电流通过，发生极化，阴极反应为

$$2H^+ + 2e = H_2(气)$$

阴极电势为

$$\varphi_{阴,H_2} = \varphi_{阴,H_2,e} + \Delta\varphi_{阴,H_2}$$

则

$$\Delta\varphi_{阴,H_2} = \varphi_{阴,H_2} - \varphi_{阴,H_2,e}$$

对于电池

$$A_{m,阴,H_2} = \Delta G_{m,阴,H_2} = -2F\varphi_{阴,H_2} = -2F(\varphi_{阴,H_2,e} + \Delta\varphi_{阴,H_2})$$

对于电解池

$$A_{m,阴,H_2} = -\Delta G_{m,阴,H_2} = 2F\varphi_{阴,H_2} = 2F(\varphi_{阴,H_2,e} + \Delta\varphi_{阴,H_2})$$

阴极反应速率

$$-\frac{1}{2}\frac{dN_{H^+}}{dt} = \frac{dN_{H_2}}{dt} = -\frac{dN_e}{dt} = Sj_A$$

式中

$$\begin{aligned} j_A &= -l_1\left(\frac{A_{m,阴,H_2}}{T}\right) - l_2\left(\frac{A_{m,阴,H_2}}{T}\right)^2 - l_3\left(\frac{A_{m,阴,H_2}}{T}\right)^3 - \cdots \\ &= -l_1'\left(\frac{\varphi_{阴,H_2}}{T}\right) - l_2'\left(\frac{\varphi_{阴,H_2}}{T}\right)^2 - l_3'\left(\frac{\varphi_{阴,H_2}}{T}\right)^3 - \cdots \\ &= -l_1'' - l_2''\left(\frac{\Delta\varphi_{阴,H_2}}{T}\right) - l_3''\left(\frac{\Delta\varphi_{阴,H_2}}{T}\right)^2 - l_4''\left(\frac{\Delta\varphi_{阴,H_2}}{T}\right)^3 \cdots \end{aligned}$$

9.1.2 碱性溶液

在碱性溶液中，阴极还原的不是H^+而是H_2O，电化学反应为

$$H_2O + M + e = M\text{-}H + OH^-$$

$$M\text{-}H + M\text{-}H = H_2 + 2M$$

1. 电子转移步骤

电子转移步骤达到平衡，有

$$H_2O + M + e \rightleftharpoons M\text{-}H + OH^-$$

该过程的摩尔吉布斯自由能变化为

$$\begin{aligned} \Delta G_{m,阴,e} &= \mu_{M\text{-}H} + \mu_{OH^-} - \mu_{H_2O} - \mu_M - \mu_e \\ &= \Delta G^{\ominus}_{m,阴} + RT\ln\frac{\theta_{M\text{-}H,e}a_{OH^-,e}}{a_{H_2O,e}(1-\theta_{M\text{-}H,e})} \end{aligned}$$

式中

$$\Delta G^{\ominus}_{m,阴} = \mu^{\ominus}_{M\text{-}H} + \mu^{\ominus}_{OH^-} - \mu^{\ominus}_{H_2O} - \mu^{\ominus}_M - \mu^{\ominus}_e$$

$$\mu_{M\text{-}H} = \mu^{\ominus}_{M\text{-}H} + RT\ln\theta_{M\text{-}H,e}$$

$$\mu_{OH^-} = \mu^{\ominus}_{OH^-} + RT\ln a_{OH^-,e}$$

$$\mu_{H_2O} = \mu^{\ominus}_{H_2O} + RT\ln a_{H_2O,e}$$

$$\mu_M = \mu^{\ominus}_M + RT\ln(1-\theta_{M\text{-}H,e})$$

$$\mu_e = \mu^{\ominus}_e$$

由

$$\varphi_{阴,e}=-\frac{\Delta G_{m,阴,e}}{F}$$

得

$$\varphi_{阴,e}=\varphi_{阴}^{\ominus}+\frac{RT}{F}\ln\frac{a_{H_2O,e}(1-\theta_{M\text{-}H})_{,e}}{\theta_{M\text{-}H,e}a_{OH^-,e}}$$

式中

$$\varphi_{阴}^{\ominus}=-\frac{\Delta G_{m,阴}^{\ominus}}{F}=-\frac{\mu_{M\text{-}H}^{\ominus}+\mu_{OH^-}^{\ominus}-\mu_{H_2O}^{\ominus}-\mu_{M}^{\ominus}-\mu_{e}^{\ominus}}{F}$$

阴极有电流通过，发生极化，阴极反应为

$$H_2O+M+e = M\text{-}H+OH^-$$

阴极电势为

$$\varphi_{阴}=-\frac{\Delta G_{m,阴}}{F}$$

$$\varphi_{阴}=\varphi_{阴,e}+\Delta\varphi_{阴}$$

则

$$\Delta\varphi_{阴}=\varphi_{阴}-\varphi_{阴,e}$$

并有

$$A_{m,阴}=-\Delta G_{m,阴}=F(\varphi_{阴,e}+\Delta\varphi_{阴})$$

电极的反应速率

$$\frac{dN_{OH^-}}{dt}=\frac{dN_{M\text{-}H}}{dt}=-\frac{dN_{H_2O}}{dt}=-\frac{dN_{e}}{dt}=Sj$$

$$\begin{aligned}j&=-l_1\left(\frac{A_{m,阴}}{T}\right)-l_2\left(\frac{A_{m,阴}}{T}\right)^2-l_3\left(\frac{A_{m,阴}}{T}\right)^3-\cdots\\&=-l_1'\left(\frac{\varphi_{阴}}{T}\right)-l_2'\left(\frac{\varphi_{阴}}{T}\right)^2-l_3'\left(\frac{\varphi_{阴}}{T}\right)^3-\cdots\\&=-l_1''-l_2''\left(\frac{\Delta\varphi_{阴}}{T}\right)-l_3''\left(\frac{\Delta\varphi_{阴}}{T}\right)^2-l_4''\left(\frac{\Delta\varphi_{阴}}{T}\right)^3\cdots\end{aligned}$$

将上式代入

$$i=Fj$$

得

$$\begin{aligned}i&=Fj\\&=-l_1^*\left(\frac{\varphi_{阴}}{T}\right)-l_2^*\left(\frac{\varphi_{阴}}{T}\right)^2-l_3^*\left(\frac{\varphi_{阴}}{T}\right)^3-\cdots\\&=-l_1^{**}-l_2^{**}\left(\frac{\Delta\varphi_{阴}}{T}\right)-l_3^{**}\left(\frac{\Delta\varphi_{阴}}{T}\right)^2-l_4^{**}\left(\frac{\Delta\varphi_{阴}}{T}\right)^3-\cdots\end{aligned}$$

2. 复合脱附

复合脱附的化学反应为

$$\text{M-H} + \text{M-H} = \text{H}_2 + 2\text{M}$$

该过程的摩尔吉布斯自由能变化为

$$\begin{aligned}\Delta G_{\text{m,阴}} &= \mu_{\text{H}_2} + 2\mu_{\text{M}} - 2\mu_{\text{M-H}} \\ &= \Delta G_{\text{m,阴}}^{\ominus} + RT\ln\frac{p_{\text{H}_2}(1-\theta_{\text{M-H}})^2}{\theta_{\text{M-H}}^2}\end{aligned}$$

式中

$$\Delta G_{\text{m,阴}}^{\ominus} = \mu_{\text{H}_2}^{\ominus} + 2\mu_{\text{M}}^{\ominus} - 2\mu_{\text{M-H}}^{\ominus}$$

$$\mu_{\text{H}_2} = \mu_{\text{H}_2}^{\ominus} + RT\ln p_{\text{H}_2}$$

$$\mu_{\text{M}} = \mu_{\text{M}}^{\ominus} + RT\ln(1-\theta_{\text{M-H}})$$

$$\mu_{\text{M-H}} = \mu_{\text{M-H}}^{\ominus} + RT\ln\theta_{\text{M-H}}$$

复合脱附速率为

$$\frac{\mathrm{d}N_{\text{H}_2}}{\mathrm{d}t} = Sj$$

$$j = -l_1\left(\frac{A_{\text{m}}}{T}\right) - l_2\left(\frac{A_{\text{m}}}{T}\right)^2 - l_3\left(\frac{A_{\text{m}}}{T}\right)^3 \cdots$$

式中

$$A_{\text{m}} = \Delta G_{\text{m,阴}}$$

3. 电子转移步骤和复合脱附共同为控速步骤

$$2\text{H}_2\text{O} + 2\text{M} + 2\text{e} = 2\text{M-H} + 2\text{OH}^-$$

$$\text{M-H} + \text{M-H} = \text{H}_2 + 2\text{M}$$

电子转移步骤和复合脱附共同为控速步骤，过程达到稳态，速率为

$$\frac{1}{2}\frac{\mathrm{d}N_{\text{OH}^-}}{\mathrm{d}t} = -\frac{1}{2}\frac{\mathrm{d}N_{\text{H}_2\text{O}}}{\mathrm{d}t} = -\frac{1}{2}\frac{\mathrm{d}N_{\text{e}}}{\mathrm{d}t} = \frac{\mathrm{d}N_{\text{H}_2}}{\mathrm{d}t} = Sj_{\text{e}} = Sj_{\text{H}_2} = Sj$$

$$j = \frac{1}{2}(j_{\text{e}} + j_{\text{H}_2})$$

式中

$$\varphi_{\text{阴}} = -\frac{\Delta G_{\text{m,阴}}}{2F}$$

$$\varphi_{\text{阴}} = \varphi_{\text{阴,e}} + \Delta\varphi_{\text{阴}}$$

则

$$\Delta\varphi_{阴} = \varphi_{阴} - \varphi_{阴,e}$$

$$A_{m,阴} = -\Delta G_{m,阴} = 2F\varphi_{阴} = 2F(\varphi_{阴,e} + \Delta\varphi_{阴})$$

式中

$$\begin{aligned} j_e &= -l_1\left(\frac{A_{m,阴}}{T}\right) - l_2\left(\frac{A_{m,阴}}{T}\right)^2 - l_3\left(\frac{A_{m,阴}}{T}\right)^3 - \cdots \\ &= -l_1'\left(\frac{\varphi_{阴}}{T}\right) - l_2'\left(\frac{\varphi_{阴}}{T}\right)^2 - l_3'\left(\frac{\varphi_{阴}}{T}\right)^3 - \cdots \\ &= -l_1'' - l_2''\left(\frac{\Delta\varphi_{阴}}{T}\right) - l_3''\left(\frac{\Delta\varphi_{阴}}{T}\right)^2 - l_4''\left(\frac{\Delta\varphi_{阴}}{T}\right)^3 \cdots \end{aligned}$$

将上式代入

$$i = zFj_e$$

得

$$\begin{aligned} i &= zFj_e \\ &= -l_1^*\left(\frac{\varphi_{阴}}{T}\right) - l_2^*\left(\frac{\varphi_{阴}}{T}\right)^2 - l_3^*\left(\frac{\varphi_{阴}}{T}\right)^3 - \cdots \\ &= -l_1^{**} - l_2^{**}\left(\frac{\Delta\varphi_{阴}}{T}\right) - l_3^{**}\left(\frac{\Delta\varphi_{阴}}{T}\right)^2 - l_4^{**}\left(\frac{\Delta\varphi_{阴}}{T}\right)^3 - \cdots \end{aligned}$$

$$A_{m,阴} = -\Delta G_{m,阴} = 2F\varphi_{阴} = 2F(\varphi_{阴,e} + \Delta\varphi_{阴})$$

$$j_{H_2} = -l_1\left(\frac{A_m}{T}\right) - l_2\left(\frac{A_m}{T}\right)^2 - l_3\left(\frac{A_m}{T}\right)^3 \cdots$$

$$A_m = \Delta G_m$$

4. 总反应

在碱性溶液中，总反应为

$$2H_2O + 2e \xlongequal{\quad} H_2 + 2OH^-$$

总反应达成平衡，有

$$2H_2O + 2e \rightleftharpoons H_2 + 2OH^-$$

该反应的摩尔吉布斯自由能变化为

$$\begin{aligned} \Delta G_{m,阴,t,e} &= \mu_{H_2} + 2\mu_{OH^-} - 2\mu_{H_2O} - 2\mu_e \\ &= \Delta G_{m,阴,t}^{\ominus} + RT\ln\frac{p_{H_2,e}a_{OH^-,e}^2}{a_{H_2O,e}^2} \end{aligned}$$

式中

$$\Delta G_{\mathrm{m,阴,t}}^{\ominus} = \mu_{\mathrm{H_2}}^{\ominus} + 2\mu_{\mathrm{OH^-}}^{\ominus} - 2\mu_{\mathrm{H_2O}}^{\ominus} - 2\mu_{\mathrm{e}}^{\ominus}$$

$$\mu_{\mathrm{H_2}} = \mu_{\mathrm{H_2}}^{\ominus} + RT\ln p_{\mathrm{H_2,e}}$$

$$\mu_{\mathrm{OH^-}} = \mu_{\mathrm{OH^-}}^{\ominus} + RT\ln a_{\mathrm{OH^-,e}}$$

$$\mu_{\mathrm{H_2O}} = \mu_{\mathrm{H_2O}}^{\ominus} + RT\ln a_{\mathrm{H_2O}}$$

$$\mu_{\mathrm{e}} = \mu_{\mathrm{e}}^{\ominus}$$

由

$$\varphi_{\mathrm{阴,t,e}} = -\frac{\Delta G_{\mathrm{m,阴,t,e}}}{2F}$$

得

$$\varphi_{\mathrm{阴,t,e}} = \varphi_{\mathrm{阴,t}}^{\ominus} + \frac{RT}{2F}\ln\frac{a_{\mathrm{H_2O,e}}^2}{p_{\mathrm{H_2,e}}a_{\mathrm{OH^-,e}}^2}$$

式中

$$\varphi_{\mathrm{阴,t}}^{\ominus} = -\frac{\Delta G_{\mathrm{m,阴,t}}^{\ominus}}{2F} = -\frac{\mu_{\mathrm{H_2}}^{\ominus} + 2\mu_{\mathrm{OH^-}}^{\ominus} - 2\mu_{\mathrm{H_2O}}^{\ominus} - 2\mu_{\mathrm{e}}^{\ominus}}{2F}$$

阴极有电流通过，发生极化，阴极反应为

$$2\mathrm{H_2O} + 2\mathrm{e} = \mathrm{H_2} + 2\mathrm{OH^-}$$

阴极电势为

$$\varphi_{\mathrm{阴,t}} = \varphi_{\mathrm{阴,t,e}} + \Delta\varphi_{\mathrm{阴,t}}$$

则

$$\Delta\varphi_{\mathrm{阴,t}} = \varphi_{\mathrm{阴,t}} - \varphi_{\mathrm{阴,t,e}}$$

并有

$$A_{\mathrm{m,阴,t}} = -\Delta G_{\mathrm{m,阴,t}} = 2F\varphi_{\mathrm{阴,t}} = 2F(\varphi_{\mathrm{阴,t,e}} + \Delta\varphi_{\mathrm{阴,t}})$$

阴极反应速率

$$\frac{\mathrm{d}N_{\mathrm{H_2}}}{\mathrm{d}t} = \frac{1}{2}\frac{\mathrm{d}N_{\mathrm{OH^-}}}{\mathrm{d}t} = -\frac{1}{2}\frac{\mathrm{d}N_{\mathrm{H_2O}}}{\mathrm{d}t} = -\frac{1}{2}\frac{\mathrm{d}N_{\mathrm{e}}}{\mathrm{d}t} = Sj_{\mathrm{t}}$$

式中

$$\begin{aligned} j_{\mathrm{t}} &= -l_1\left(\frac{A_{\mathrm{m,阴}}}{T}\right) - l_2\left(\frac{A_{\mathrm{m,阴}}}{T}\right)^2 - l_3\left(\frac{A_{\mathrm{m,阴}}}{T}\right)^3 - \cdots \\ &= -l_1'\left(\frac{\varphi_{\mathrm{阴}}}{T}\right) - l_2'\left(\frac{\varphi_{\mathrm{阴}}}{T}\right)^2 - l_3'\left(\frac{\varphi_{\mathrm{阴}}}{T}\right)^3 - \cdots \\ &= -l_1'' - l_2''\left(\frac{\Delta\varphi_{\mathrm{阴}}}{T}\right) - l_3''\left(\frac{\Delta\varphi_{\mathrm{阴}}}{T}\right)^2 - l_4''\left(\frac{\Delta\varphi_{\mathrm{阴}}}{T}\right)^3 \cdots \end{aligned}$$

将上式代入

$$i = 2Fj_t$$

得

$$\begin{aligned} i &= 2Fj_t \\ &= -l_1^*\left(\frac{\varphi_{阴,t}}{T}\right) - l_2^*\left(\frac{\varphi_{阴,t}}{T}\right)^2 - l_3^*\left(\frac{\varphi_{阴,t}}{T}\right)^3 - \cdots \\ &= -l_1^{**} - l_2^{**}\left(\frac{\Delta\varphi_{阴,t}}{T}\right) - l_3^{**}\left(\frac{\Delta\varphi_{阴,t}}{T}\right)^2 - l_4^{**}\left(\frac{\Delta\varphi_{阴,t}}{T}\right)^3 - \cdots \end{aligned}$$

9.2 氧的阴极还原

电解水制氢和氧，阴极析出氧气；用不溶性阳极电沉积金属，阴极副反应析出氧。有些金属腐蚀的阴极反应也是氧的还原。

氧的还原反应有 4 个电子参加，反应历程复杂。不考虑氧还原反应的历程的细节，氧的还原反应有两种过程：一种是形成中间产物 H_2O_2；另一种是不形成中间产物 H_2O_2。下面分别讨论。

9.2.1 形成中间产物

1. 在酸性溶液中

1）在酸性溶液中形成中间产物和形成的中间产物电化学还原

形成中间产物的反应为

$$O_2 + 2H^+ + 2e = H_2O_2$$

中间产物电化学还原为

$$H_2O_2 + 2H^+ + 2e = 2H_2O$$

总反应为

$$O_2 + 4H^+ + 4e = 2H_2O$$

（1）形成中间产物为控速步骤

形成中间产物的电化学反应达成平衡为

$$O_2 + 2H^+ + 2e \rightleftharpoons H_2O_2$$

该反应的摩尔吉布斯自由能变化为

$$\begin{aligned} \Delta G_{m,阴,e} &= \mu_{H_2O_2} - \mu_{O_2} - 2\mu_{H^+} - 2\mu_e \\ &= \Delta G_{m,阴}^{\ominus} + RT\ln\frac{a_{H_2O_2,e}}{p_{O_2,e}a_{H^+,e}^2} \end{aligned}$$

式中

$$\Delta G_{\mathrm{m,阴}}^{\ominus}=\mu_{\mathrm{H_2O_2}}^{\ominus}-\mu_{\mathrm{O_2}}^{\ominus}-2\mu_{\mathrm{H^+}}^{\ominus}-2\mu_{\mathrm{e}}^{\ominus}$$

$$\mu_{\mathrm{H_2O_2}}=\mu_{\mathrm{H_2O_2}}^{\ominus}+RT\ln a_{\mathrm{H_2O_2,e}}$$

$$\mu_{\mathrm{O_2}}=\mu_{\mathrm{O_2}}^{\ominus}+RT\ln p_{\mathrm{O_2,e}}$$

$$\mu_{\mathrm{H^+}}=\mu_{\mathrm{H^+}}^{\ominus}+RT\ln a_{\mathrm{H^+,e}}$$

$$\mu_{\mathrm{e}}=\mu_{\mathrm{e}}^{\ominus}$$

由

$$\varphi_{\mathrm{阴,e}}=-\frac{\Delta G_{\mathrm{阴,H_2O_2,e}}}{2F}$$

得

$$\varphi_{\mathrm{阴,e}}=\varphi_{\mathrm{阴}}^{\ominus}+\frac{RT}{2F}\ln\frac{p_{\mathrm{O_2,e}}a_{\mathrm{H^+,e}}^{2}}{a_{\mathrm{H_2O_2,e}}}$$

式中

$$\varphi_{\mathrm{阴}}^{\ominus}=-\frac{\Delta G_{\mathrm{m,H_2O_2}}^{\ominus}}{2F}=\frac{\mu_{\mathrm{H_2O_2}}^{\ominus}-\mu_{\mathrm{O_2}}^{\ominus}-2\mu_{\mathrm{H^+}}^{\ominus}-2\mu_{\mathrm{e}}^{\ominus}}{2F}$$

阴极有电流通过，发生极化，阴极反应为

$$\mathrm{O_2+2H^++2e=\!=\!=H_2O_2}$$

阴极电势为

$$\varphi_{\mathrm{阴}}=\varphi_{\mathrm{阴,e}}+\Delta\varphi_{\mathrm{阴}}$$

则

$$\Delta\varphi_{\mathrm{阴}}=\varphi_{\mathrm{阴}}-\varphi_{\mathrm{阴,e}}$$

$$A_{\mathrm{m,阴}}=-\Delta G_{\mathrm{m,阴}}=2F\varphi_{\mathrm{阴}}=2F(\varphi_{\mathrm{阴,e}}+\Delta\varphi_{\mathrm{阴}})$$

形成中间产物的反应速率

$$-\frac{\mathrm{d}N_{\mathrm{O_2}}}{\mathrm{d}t}=-\frac{1}{2}\frac{\mathrm{d}N_{\mathrm{H^+}}}{\mathrm{d}t}=\frac{\mathrm{d}N_{\mathrm{H_2O_2}}}{\mathrm{d}t}=-\frac{1}{2}\frac{\mathrm{d}N_{\mathrm{e}}}{\mathrm{d}t}=Sj_1$$

式中

$$\begin{aligned}j_1&=-l_1\left(\frac{A_{\mathrm{m,阴}}}{T}\right)-l_2\left(\frac{A_{\mathrm{m,阴}}}{T}\right)^2-l_3\left(\frac{A_{\mathrm{m,阴}}}{T}\right)^3-\cdots\\&=-l_1'\left(\frac{\varphi_{\mathrm{阴}}}{T}\right)-l_2'\left(\frac{\varphi_{\mathrm{阴}}}{T}\right)^2-l_3'\left(\frac{\varphi_{\mathrm{阴}}}{T}\right)^3-\cdots\\&=-l_1''-l_2''\left(\frac{\Delta\varphi_{\mathrm{阴}}}{T}\right)-l_3''\left(\frac{\Delta\varphi_{\mathrm{阴}}}{T}\right)^2-l_4''\left(\frac{\Delta\varphi_{\mathrm{阴}}}{T}\right)^3-\cdots\end{aligned}$$

将上式代入

$$i=2Fj_1$$

得

$$
\begin{aligned}
i &= 2Fj_1 \\
&= -l_1^*\left(\frac{\varphi_{阴}}{T}\right) - l_2^*\left(\frac{\varphi_{阴}}{T}\right)^2 - l_3^*\left(\frac{\varphi_{阴}}{T}\right)^3 - \cdots \\
&= -l_1^{**} - l_2^{**}\left(\frac{\Delta\varphi_{阴}}{T}\right) - l_3^{**}\left(\frac{\Delta\varphi_{阴}}{T}\right)^2 - l_4^{**}\left(\frac{\Delta\varphi_{阴}}{T}\right)^3 - \cdots
\end{aligned}
$$

（2）电化学还原为控速步骤

电极反应达到平衡，

$$H_2O_2 + 2H^+ + 2e \rightleftharpoons 2H_2O$$

该反应的摩尔吉布斯自由能变化为

$$
\begin{aligned}
\Delta G_{m,阴,e} &= 2\mu_{H_2O} - \mu_{H_2O_2} - 2\mu_{H^+} - 2\mu_e \\
&= \Delta G_{m,阴}^{\ominus} + RT\ln\frac{a_{H_2O,e}^2}{a_{H_2O_2,e}a_{H^+,e}^2}
\end{aligned}
$$

式中

$$
\begin{aligned}
\Delta G_{m,阴}^{\ominus} &= 2\mu_{H_2O}^{\ominus} - \mu_{H_2O_2}^{\ominus} - 2\mu_{H^+}^{\ominus} - 2\mu_e^{\ominus} \\
\mu_{H_2O} &= \mu_{H_2O}^{\ominus} + RT\ln a_{H_2O,e} \\
\mu_{H_2O_2} &= \mu_{H_2O_2}^{\ominus} + RT\ln a_{H_2O_2,e} \\
\mu_{H^+} &= \mu_{H^+}^{\ominus} + RT\ln a_{H^+,e} \\
\mu_e &= \mu_e^{\ominus}
\end{aligned}
$$

由

$$\varphi_{阴,e} = -\frac{\Delta G_{m,阴,e}}{2F}$$

得

$$\varphi_{阴,e} = \varphi_{阴}^{\ominus} + \frac{RT}{2F}\ln\frac{a_{H_2O_2,e}a_{H^+,e}^2}{a_{H_2O,e}}$$

式中

$$\varphi_{阴}^{\ominus} = -\frac{\Delta G_{m,阴}^{\ominus}}{2F} = -\frac{2\mu_{H_2O}^{\ominus} - \mu_{H_2O_2}^{\ominus} - 2\mu_{H^+}^{\ominus} - 2\mu_e^{\ominus}}{2F}$$

阴极有电流通过，发生极化，阴极反应为

$$H_2O_2 + 2H^+ + 2e = 2H_2O$$

阴极电势为

$$\varphi_{阴} = \varphi_{阴,e} + \Delta\varphi_{阴}$$

则

$$\Delta\varphi_{阴} = \varphi_{阴} - \varphi_{阴,e}$$

$$A_{m,阴}=-\Delta G_{m,阴}=2F\varphi_{阴}=2F(\varphi_{阴,e}+\Delta\varphi_{阴})$$

阴极反应速率为

$$-\frac{dN_{H_2O_2}}{dt}=-\frac{1}{2}\frac{dN_{H^+}}{dt}=-\frac{1}{2}\frac{dN_e}{dt}=\frac{1}{2}\frac{dN_{H_2O}}{dt}=Sj_2$$

式中

$$\begin{aligned}j_2&=-l_1\left(\frac{A_{m,阴}}{T}\right)-l_2\left(\frac{A_{m,阴}}{T}\right)^2-l_3\left(\frac{A_{m,阴}}{T}\right)^3-\cdots\\&=-l_1'\left(\frac{\varphi_{阴}}{T}\right)-l_2'\left(\frac{\varphi_{阴}}{T}\right)^2-l_3'\left(\frac{\varphi_{阴}}{T}\right)^3-\cdots\\&=-l_1''-l_2''\left(\frac{\Delta\varphi_{阴}}{T}\right)-l_3''\left(\frac{\Delta\varphi_{阴}}{T}\right)^2-l_4''\left(\frac{\Delta\varphi_{阴}}{T}\right)^3-\cdots\end{aligned}$$

将上式代入

$$i=2Fj_2$$

得

$$\begin{aligned}i&=2Fj_2\\&=-l_1^*\left(\frac{\varphi_{阴}}{T}\right)-l_2^*\left(\frac{\varphi_{阴}}{T}\right)^2-l_3^*\left(\frac{\varphi_{阴}}{T}\right)^3-\cdots\\&=-l_1^{**}-l_2^{**}\left(\frac{\Delta\varphi_{阴}}{T}\right)-l_3^{**}\left(\frac{\Delta\varphi_{阴}}{T}\right)^2-l_4^{**}\left(\frac{\Delta\varphi_{阴}}{T}\right)^3-\cdots\end{aligned}$$

（3）形成中间产物和电化学还原共同为控速步骤

形成中间产物的反应为

$$O_2+2H^++2e=\!=\!=2H_2O_2$$

电化学还原反应为

$$H_2O_2+2H^++2e=\!=\!=2H_2O$$

形成中间产物 H_2O_2 和电化学还原共同为控速步骤的速率为

$$-\frac{dN_{O_2}}{dt}=-\frac{1}{2}\frac{dN_{H^+}}{dt}=\frac{1}{2}\frac{dN_{H_2O}}{dt}=-\frac{1}{2}\frac{dN_e}{dt}=Sj_1=Sj_2=Sj$$

$$j=\frac{1}{2}(j_1+j_2)$$

式中

$$j_1=-l_1\left(\frac{A_{m,阴}}{T}\right)-l_2\left(\frac{A_{m,阴}}{T}\right)^2-l_3\left(\frac{A_{m,阴}}{T}\right)^3-\cdots$$

将上式代入

$$i = 2Fj_1$$

得

$$\begin{aligned} i &= 2Fj_1 \\ &= -l_1^*\left(\frac{\varphi_{阴}}{T}\right) - l_2^*\left(\frac{\varphi_{阴}}{T}\right)^2 - l_3^*\left(\frac{\varphi_{阴}}{T}\right)^3 - \cdots \\ &= -l_1^{**} - l_2^{**}\left(\frac{\Delta\varphi_{阴}}{T}\right) - l_3^{**}\left(\frac{\Delta\varphi_{阴}}{T}\right)^2 - l_4^{**}\left(\frac{\Delta\varphi_{阴}}{T}\right)^3 - \cdots \end{aligned}$$

$$A_{m,阴} = -\Delta G_{m,阴} = 2F\varphi_{阴} = 2F(\varphi_{阴,e} + \Delta\varphi_{阴})$$

$$j_2 = -l_1\left(\frac{A_{m,阴}}{T}\right) - l_2\left(\frac{A_{m,阴}}{T}\right)^2 - l_3\left(\frac{A_{m,阴}}{T}\right)^3 - \cdots$$

将上式代入

$$i = 2Fj_2$$

得

$$\begin{aligned} i &= 2Fj_2 \\ &= -l_1^*\left(\frac{\varphi_{阴}}{T}\right) - l_2^*\left(\frac{\varphi_{阴}}{T}\right)^2 - l_3^*\left(\frac{\varphi_{阴}}{T}\right)^3 - \cdots \\ &= -l_1^{**} - l_2^{**}\left(\frac{\Delta\varphi_{阴}}{T}\right) - l_3^{**}\left(\frac{\Delta\varphi_{阴}}{T}\right)^2 - l_4^{**}\left(\frac{\Delta\varphi_{阴}}{T}\right)^3 - \cdots \end{aligned}$$

$$A_{m,阴} = -\Delta G_{m,阴} = 2F\varphi_{阴} = 2F(\varphi_{阴,e} + \Delta\varphi_{阴})$$

2）在酸性溶液中形成中间产物和催化分解

形成中间产物的反应为

$$O_2 + 2H^+ + 2e = H_2O_2$$

催化分解的反应为

$$H_2O_2 = \frac{1}{2}O_2 + H_2O$$

总反应为

$$O_2 + 4H^+ + 4e = 2H_2O$$

（1）形成中间产物 H_2O_2 为控速步骤

同在酸性溶液中形成中间产物。

（2）催化分解为控速步骤

$$H_2O_2 = \frac{1}{2}O_2 + H_2O$$

该反应的摩尔吉布斯自由能变化为

$$\Delta G_{\mathrm{m}} = \frac{1}{2}\mu_{\mathrm{O_2}} + \mu_{\mathrm{H_2O}} - \mu_{\mathrm{H_2O_2}} = \Delta G_{\mathrm{m}}^{\ominus} + RT\ln\frac{p_{\mathrm{O_2}}^{1/2} a_{\mathrm{H_2O}}}{a_{\mathrm{H_2O_2}}}$$

式中

$$\Delta G_{\mathrm{m}}^{\ominus} = \frac{1}{2}\mu_{\mathrm{O_2}}^{\ominus} + \mu_{\mathrm{H_2O}}^{\ominus} - \mu_{\mathrm{H_2O_2}}^{\ominus}$$

$$\mu_{\mathrm{O_2}} = \mu_{\mathrm{O_2}}^{\ominus} + RT\ln p_{\mathrm{O_2}}$$

$$\mu_{\mathrm{H_2O_2}} = \mu_{\mathrm{H_2O_2}}^{\ominus} + RT\ln a_{\mathrm{H_2O_2}}$$

$$\mu_{\mathrm{H_2O^-}} = \mu_{\mathrm{H_2O}}^{\ominus} + RT\ln a_{\mathrm{H_2O}}$$

催化分解反应速率为

$$2\frac{\mathrm{d}N_{\mathrm{O_2}}}{\mathrm{d}t} = \frac{\mathrm{d}N_{\mathrm{H_2O}}}{\mathrm{d}t} = -\frac{\mathrm{d}N_{\mathrm{H_2O_2}}}{\mathrm{d}t} = Sj_2$$

式中

$$j_2 = -l_1\left(\frac{A_{\mathrm{m}}}{T}\right) - l_2\left(\frac{A_{\mathrm{m}}}{T}\right)^2 - l_3\left(\frac{A_{\mathrm{m}}}{T}\right)^3 - \cdots$$

其中

$$A_{\mathrm{m}} = \Delta G_{\mathrm{m}}$$

（3）形成中间产物和形成的中间产物催化分解共同为控速步骤

化学反应为

$$\mathrm{O_2 + 2H^+ + 2e =\!=\!= H_2O_2}$$

$$\mathrm{H_2O_2 =\!=\!= \frac{1}{2}O_2 + H_2O}$$

形成中间产物和形成的中间产物催化分解反应共同为控速步骤的速率为

$$-\frac{1}{2}\frac{\mathrm{d}N_{\mathrm{H^+}}}{\mathrm{d}t} = -\frac{1}{2}\frac{\mathrm{d}N_{\mathrm{e}}}{\mathrm{d}t} = \frac{\mathrm{d}N_{\mathrm{H_2O}}}{\mathrm{d}t} = Sj_1 = Sj_2 = Sj$$

$$j = \frac{1}{2}(j_1 + j_2)$$

式中

$$\begin{aligned} j_1 &= -l_1\left(\frac{A_{\mathrm{m},阴}}{T}\right) - l_2\left(\frac{A_{\mathrm{m},阴}}{T}\right)^2 - l_3\left(\frac{A_{\mathrm{m},阴}}{T}\right)^3 - \cdots \\ &= -l_1'\left(\frac{\varphi_{阴}}{T}\right) - l_2'\left(\frac{\varphi_{阴}}{T}\right)^2 - l_3'\left(\frac{\varphi_{阴}}{T}\right)^3 - \cdots \\ &= -l_1'' - l_2''\left(\frac{\Delta\varphi_{阴}}{T}\right) - l_3''\left(\frac{\Delta\varphi_{阴}}{T}\right)^2 - l_4''\left(\frac{\Delta\varphi_{阴}}{T}\right)^3 - \cdots \end{aligned}$$

将上式代入

$$i = 2Fj_1$$

得

$$\begin{aligned} i &= 2Fj_1 \\ &= -l_1^*\left(\frac{\varphi_{阴}}{T}\right) - l_2^*\left(\frac{\varphi_{阴}}{T}\right)^2 - l_3^*\left(\frac{\varphi_{阴}}{T}\right)^3 - \cdots \\ &= -l_1^{**} - l_2^{**}\left(\frac{\Delta\varphi_{阴}}{T}\right) - l_3^{**}\left(\frac{\Delta\varphi_{阴}}{T}\right)^2 - l_4^{**}\left(\frac{\Delta\varphi_{阴}}{T}\right)^3 - \cdots \end{aligned}$$

$$A_{m,阴} = -\Delta G_{m,阴} = 2F\varphi_{阴} = 2F(\varphi_{阴,e} + \Delta\varphi_{阴})$$

$$j_2 = -l_1\left(\frac{A_m}{T}\right) - l_2\left(\frac{A_m}{T}\right)^2 - l_3\left(\frac{A_m}{T}\right)^3 - \cdots$$

$$A_m = \Delta G_m$$

3）在酸性溶液中的总反应

在酸性溶液中，总反应为

$$O_2 + 4H^+ + 4e \Longrightarrow 2H_2O$$

总反应达成平衡为

$$O_2 + 4H^+ + 4e \rightleftharpoons 2H_2O$$

摩尔吉布斯自由能变化为

$$\begin{aligned} \Delta G_{m,阴,t} &= 2\mu_{H_2O} - \mu_{O_2} - 4\mu_{H^+} - 4\mu_e \\ &= \Delta G_{m,阴,t}^{\ominus} + RT\ln\frac{a_{H_2O,e}^2}{p_{O_2,e}a_{H^+,e}^4} \end{aligned}$$

式中

$$\Delta G_{m,阴,t}^{\ominus} = 2\mu_{H_2O}^{\ominus} - \mu_{O_2}^{\ominus} - 4\mu_{H^+}^{\ominus} - 4\mu_e^{\ominus}$$

$$\mu_{H_2O} = \mu_{H_2O}^{\ominus} + RT\ln a_{H_2O,e}$$

$$\mu_{O_2} = \mu_{O_2}^{\ominus} + RT\ln p_{O_2,e}$$

$$\mu_{H^+} = \mu_{H^+}^{\ominus} + RT\ln a_{H^+,e}$$

$$\mu_e = \mu_e^{\ominus}$$

由

$$\varphi_{阴,t} = -\frac{\Delta G_{m,阴,t}}{4F}$$

得

$$\varphi_{阴,t} = \varphi_{阴,t}^{\ominus} + \frac{RT}{4F}\ln\frac{p_{O_2,e}a_{H^+,e}^4}{a_{H_2O,e}^2}$$

式中

$$\varphi_{阴,t}^{\ominus} = -\frac{\Delta G_{m,阴,t}^{\ominus}}{4F} = -\frac{2\mu_{H_2O}^{\ominus} - \mu_{O_2}^{\ominus} - 4\mu_{H^+}^{\ominus} - 4\mu_e^{\ominus}}{4F}$$

阴极有电流通过，发生极化，阴极反应为

$$O_2 + 4H^+ + 4e \mathrel{=\!=\!=} 2H_2O$$

阴极电势为

$$\varphi_{阴,t} = \varphi_{阴,t,e} + \Delta\varphi_{阴,t}$$

则

$$\Delta\varphi_{阴,t} = \varphi_{阴,t} - \varphi_{阴,t,e}$$

并有

$$A_{m,阴,t} = -\Delta G_{m,阴,t} = 4F\varphi_{阴,t} = 4F(\varphi_{阴,t,e} + \Delta\varphi_{阴,t})$$

阴极反应速率

$$\frac{1}{2}\frac{dN_{H_2O}}{dt} = -\frac{dN_{O_2}}{dt} = -\frac{1}{4}\frac{dN_{H^+}}{dt} = = -\frac{1}{4}\frac{dN_e}{dt} = Sj_t$$

式中

$$\begin{aligned} j_t &= -l_1\left(\frac{A_{m,阴,t}}{T}\right) - l_2\left(\frac{A_{m,阴,t}}{T}\right)^2 - l_3\left(\frac{A_{m,阴,t}}{T}\right)^3 - \cdots \\ &= -l_1'\left(\frac{\varphi_{阴,t}}{T}\right) - l_2'\left(\frac{\varphi_{阴,t}}{T}\right)^2 - l_3'\left(\frac{\varphi_{阴,t}}{T}\right)^3 - \cdots \\ &= -l_1'' - l_2''\left(\frac{\Delta\varphi_{阴,t}}{T}\right) - l_3''\left(\frac{\Delta\varphi_{阴,t}}{T}\right)^2 - l_4''\left(\frac{\Delta\varphi_{阴,t}}{T}\right)^3 - \cdots \end{aligned}$$

将上式代入

$$i = 4Fj_t$$

得

$$\begin{aligned} i &= 4Fj_t \\ &= -l_1^*\left(\frac{\varphi_{阴}}{T}\right) - l_2^*\left(\frac{\varphi_{阴}}{T}\right)^2 - l_3^*\left(\frac{\varphi_{阴}}{T}\right)^3 - \cdots \\ &= -l_1^{**} - l_2^{**}\left(\frac{\Delta\varphi_{阴}}{T}\right) - l_3^{**}\left(\frac{\Delta\varphi_{阴}}{T}\right)^2 - l_4^{**}\left(\frac{\Delta\varphi_{阴}}{T}\right)^3 - \cdots \end{aligned}$$

2. 在碱性溶液中

1）在碱性溶液中形成中间产物和形成的中间产物电化学还原

形成中间产物的反应为

$$O_2 + H_2O + 2e \mathrel{=\!=\!=} HO_2^- + OH^- \tag{i}$$

中间产物电化学还原反应为

$$HO_2^- + H_2O + 2e \longrightarrow 3OH^- \tag{ii}$$

总反应为

$$O_2 + 2H_2O + 4e \longrightarrow 4OH^-$$

（1）形成中间产物为控速步骤

电极反应达到平衡

$$O_2 + H_2O + 2e \rightleftharpoons HO_2^- + OH^-$$

该反应的摩尔吉布斯自由能变化为

$$\Delta G_{m,阴,e} = \mu_{HO_2^-} + \mu_{OH^-} - \mu_{O_2} - \mu_{H_2O} - 2\mu_e$$

$$= \Delta G_{m,阴}^{\ominus} + RT\ln\frac{a_{HO_2^-,e}a_{OH^-,e}}{p_{O_2,e}a_{H_2O,e}}$$

式中

$$\Delta G_{m,阴}^{\ominus} = \mu_{HO_2^-}^{\ominus} + \mu_{OH^-}^{\ominus} - \mu_{O_2}^{\ominus} - \mu_{H_2O}^{\ominus} - 2\mu_e^{\ominus}$$

$$\mu_{OH_2^-} = \mu_{HO_2^-}^{\ominus} + RT\ln a_{HO_2^-,e}$$

$$\mu_{OH^-} = \mu_{OH^-}^{\ominus} + RT\ln a_{OH^-,e}$$

$$\mu_{O_2} = \mu_{O_2}^{\ominus} + RT\ln p_{O_2,e}$$

$$\mu_{H_2O} = \mu_{H_2O}^{\ominus} + RT\ln a_{H_2O}$$

$$\mu_e = \mu_e^{\ominus}$$

由

$$\varphi_{阴,e} = -\frac{\Delta G_{m,阴,e}}{2F}$$

得

$$\varphi_{阴} = \varphi_{阴}^{\ominus} + \frac{RT}{2F}\ln\frac{p_{O_2,e}a_{H_2O,e}}{a_{HO_2^-,e}a_{OH^-,e}}$$

式中

$$\varphi_{阴}^{\ominus} = -\frac{\Delta G_{m,阴}^{\ominus}}{2F} = -\frac{\mu_{HO_2^-}^{\ominus} + \mu_{OH^-}^{\ominus} - \mu_{O_2}^{\ominus} - \mu_{H_2O}^{\ominus} - 2\mu_e^{\ominus}}{2F}$$

阴极有电流通过，发生极化，阴极反应为

$$O_2 + H_2O + 2e \longrightarrow HO_2^- + OH^-$$

阴极电势为

$$\varphi_{阴} = \varphi_{阴,e} + \Delta\varphi_{阴}$$

则

$$\Delta\varphi_{阴} = \varphi_{阴} - \varphi_{阴,e}$$

$$A_{m,阴} = -\Delta G_{m,阴} = 2F\varphi_{阴} = 2F(\varphi_{阴,e} + \Delta\varphi_{阴})$$

阴极反应速率

$$\frac{\mathrm{d}N_{\mathrm{HO}_2^-}}{\mathrm{d}t}=\frac{\mathrm{d}N_{\mathrm{OH}^-}}{\mathrm{d}t}=-\frac{\mathrm{d}N_{\mathrm{O}_2}}{\mathrm{d}t}=-\frac{\mathrm{d}N_{\mathrm{H_2O}}}{\mathrm{d}t}=-\frac{1}{2}\frac{\mathrm{d}N_{\mathrm{e}}}{\mathrm{d}t}=Sj_1$$

式中

$$\begin{aligned}
j_1&=-l_1\left(\frac{A_{\mathrm{m,阴}}}{T}\right)-l_2\left(\frac{A_{\mathrm{m,阴}}}{T}\right)^2-l_3\left(\frac{A_{\mathrm{m,阴}}}{T}\right)^3-\cdots\\
&=-l_1'\left(\frac{\varphi_{阴}}{T}\right)-l_2'\left(\frac{\varphi_{阴}}{T}\right)^2-l_3'\left(\frac{\varphi_{阴}}{T}\right)^3-\cdots\\
&=-l_1''-l_2''\left(\frac{\Delta\varphi_{阴}}{T}\right)-l_3''\left(\frac{\Delta\varphi_{阴}}{T}\right)^2-l_4''\left(\frac{\Delta\varphi_{阴}}{T}\right)^3-\cdots
\end{aligned}$$

将上式代入

$$i=2Fj_1$$

得

$$\begin{aligned}
i&=2Fj_1\\
&=-l_1^*\left(\frac{\varphi_{阴}}{T}\right)-l_2^*\left(\frac{\varphi_{阴}}{T}\right)^2-l_3^*\left(\frac{\varphi_{阴}}{T}\right)^3-\cdots\\
&=-l_1^{**}-l_2^{**}\left(\frac{\Delta\varphi_{阴}}{T}\right)-l_3^{**}\left(\frac{\Delta\varphi_{阴}}{T}\right)^2-l_4^{**}\left(\frac{\Delta\varphi_{阴}}{T}\right)^3-\cdots
\end{aligned}$$

（2）电化学还原为控速步骤

电极反应达到平衡，

$$\mathrm{HO_2^-}+\mathrm{H_2O}+2\mathrm{e}\rightleftharpoons 3\mathrm{OH^-}$$

该反应的摩尔吉布斯自由能变化为

$$\Delta G_{\mathrm{m,阴,e}}=3\mu_{\mathrm{OH^-}}-\mu_{\mathrm{HO_2^-}}-\mu_{\mathrm{H_2O}}-2\mu_{\mathrm{e}}=\Delta G_{\mathrm{m,阴}}+RT\ln\frac{a_{\mathrm{OH^-,e}}^3}{a_{\mathrm{HO_2^-,e}}a_{\mathrm{H_2O,e}}}$$

式中

$$\begin{aligned}
\Delta G_{\mathrm{m,阴}}^{\ominus}&=3\mu_{\mathrm{OH^-}}^{\ominus}-\mu_{\mathrm{HO_2^-}}^{\ominus}-\mu_{\mathrm{H_2O}}^{\ominus}-2\mu_{\mathrm{e}}^{\ominus}\\
\mu_{\mathrm{OH^-}}&=\mu_{\mathrm{OH^-}}^{\ominus}+RT\ln a_{\mathrm{OH^-,e}}\\
\mu_{\mathrm{HO_2^-}}&=\mu_{\mathrm{HO_2^-}}^{\ominus}+RT\ln a_{\mathrm{HO_2^-,e}}\\
\mu_{\mathrm{H_2O}}&=\mu_{\mathrm{H_2O}}^{\ominus}+RT\ln a_{\mathrm{H_2O}}\\
\mu_{\mathrm{e}}&=\mu_{\mathrm{e}}^{\ominus}
\end{aligned}$$

由

$$\varphi_{\mathrm{阴,e}}=-\frac{\Delta G_{\mathrm{m,阴,e}}}{2F}$$

得

$$\varphi_{阴,e}=-\frac{\Delta G_{m,阴}^{\ominus}}{2F}=\varphi_{阴}^{\ominus}+\frac{RT}{2F}\ln\frac{a_{HO_2^-,e}a_{H_2O,e}}{a_{OH^-,e}^3}$$

式中

$$\varphi_{阴}^{\ominus}=-\frac{\Delta G_{m,阴}^{\ominus}}{2F}=-\frac{3\mu_{OH^-}^{\ominus}-\mu_{HO_2^-}^{\ominus}-\mu_{H_2O}^{\ominus}-2\mu_{e}^{\ominus}}{2F}$$

阴极有电流通过，发生极化，阴极反应为

$$HO_2^- + H_2O + 2e =\!=\!= 3OH^-$$

阴极电势为

$$\varphi_{阴}=\varphi_{阴,e}+\Delta\varphi_{阴}$$

则

$$\Delta\varphi_{阴}=\varphi_{阴}-\varphi_{阴,e}$$

$$A_{m,阴}=-\Delta G_{m,阴}=2F\varphi_{阴}=2F(\varphi_{阴,e}+\Delta\varphi_{阴})$$

阴极反应速率为

$$\frac{1}{3}\frac{dN_{OH^-}}{dt}=-\frac{dN_{HO_2^-}}{dt}=-\frac{dN_{H_2O}}{dt}=-\frac{1}{2}\frac{dN_{e}}{dt}=Sj_2$$

式中

$$\begin{aligned}j_2&=-l_1\left(\frac{A_{m,阴}}{T}\right)-l_2\left(\frac{A_{m,阴}}{T}\right)^2-l_3\left(\frac{A_{m,阴}}{T}\right)^3-\cdots\\&=-l_1'\left(\frac{\varphi_{阴}}{T}\right)-l_2'\left(\frac{\varphi_{阴}}{T}\right)^2-l_3'\left(\frac{\varphi_{阴}}{T}\right)^3-\cdots\\&=-l_1''-l_2''\left(\frac{\Delta\varphi_{阴}}{T}\right)-l_3''\left(\frac{\Delta\varphi_{阴}}{T}\right)^2-l_4''\left(\frac{\Delta\varphi_{阴}}{T}\right)^3-\cdots\end{aligned}$$

将上式代入

$$i=2Fj_2$$

得

$$\begin{aligned}i&=2Fj_2\\&=-l_1^*\left(\frac{\varphi_{阴}}{T}\right)-l_2^*\left(\frac{\varphi_{阴}}{T}\right)^2-l_3^*\left(\frac{\varphi_{阴}}{T}\right)^3-\cdots\\&=-l_1^{**}-l_2^{**}\left(\frac{\Delta\varphi_{阴}}{T}\right)-l_3^{**}\left(\frac{\Delta\varphi_{阴}}{T}\right)^2-l_4^{**}\left(\frac{\Delta\varphi_{阴}}{T}\right)^3-\cdots\end{aligned}$$

（3）形成中间产物和电化学还原为共同控速步骤

$$O_2 + H_2O + 2e =\!=\!= HO_2^- + OH^- \tag{i}$$

$$HO_2^- + H_2O + 2e \Longleftarrow 3OH^- \qquad \text{(ii)}$$

形成中间产物和电化学还原共同为控速步骤的速率为

$$-\frac{dN_{O_2}}{dt} = -\frac{1}{2}\frac{dN_e}{dt} = Sj_1 = Sj_2 = Sj$$

$$j = \frac{1}{2}(j_1 + j_2)$$

式中

$$\begin{aligned} j_1 &= -l_1\left(\frac{A_{m,阴}}{T}\right) - l_2\left(\frac{A_{m,阴}}{T}\right)^2 - l_3\left(\frac{A_{m,阴}}{T}\right)^3 - \cdots \\ &= -l_1'\left(\frac{\varphi_{阴}}{T}\right) - l_2'\left(\frac{\varphi_{阴}}{T}\right)^2 - l_3'\left(\frac{\varphi_{阴}}{T}\right)^3 - \cdots \\ &= -l_1'' - l_2''\left(\frac{\Delta\varphi_{阴}}{T}\right) - l_3''\left(\frac{\Delta\varphi_{阴}}{T}\right)^2 - l_4''\left(\frac{\Delta\varphi_{阴}}{T}\right)^3 - \cdots \end{aligned}$$

$$A_{m,阴} = -\Delta G_{m,阴} = -2F\varphi_{阴} = -2F(\varphi_{阴,e} + \Delta\varphi_{阴})$$

将上式代入

$$i = 2Fj_1$$

得

$$\begin{aligned} i &= 2Fj_1 \\ &= -l_1^*\left(\frac{\varphi_{阴}}{T}\right) - l_2^*\left(\frac{\varphi_{阴}}{T}\right)^2 - l_3^*\left(\frac{\varphi_{阴}}{T}\right)^3 - \cdots \\ &= -l_1^{**} - l_2^{**}\left(\frac{\Delta\varphi_{阴}}{T}\right) - l_3^{**}\left(\frac{\Delta\varphi_{阴}}{T}\right)^2 - l_4^{**}\left(\frac{\Delta\varphi_{阴}}{T}\right)^3 - \cdots \end{aligned}$$

$$\begin{aligned} j_2 &= -l_1\left(\frac{A_{m,阴}}{T}\right) - l_2\left(\frac{A_{m,阴}}{T}\right)^2 - l_3\left(\frac{A_{m,阴}}{T}\right)^3 - \cdots \\ &= -l_1'\left(\frac{\varphi_{阴}}{T}\right) - l_2'\left(\frac{\varphi_{阴}}{T}\right)^2 - l_3'\left(\frac{\varphi_{阴}}{T}\right)^3 - \cdots \\ &= -l_1'' - l_2''\left(\frac{\Delta\varphi_{阴}}{T}\right) - l_3''\left(\frac{\Delta\varphi_{阴}}{T}\right)^2 - l_4''\left(\frac{\Delta\varphi_{阴}}{T}\right)^3 - \cdots \end{aligned}$$

$$A_{m,阴} = -\Delta G_{m,阴} = 2F\varphi_{阴} = 2F(\varphi_{阴,e} + \Delta\varphi_{阴})$$

将上式代入

$$i = 2Fj_2$$

得

$$
\begin{aligned}
i &= 2Fj_2 \\
&= -l_1^*\left(\frac{\varphi_{阴}}{T}\right) - l_2^*\left(\frac{\varphi_{阴}}{T}\right)^2 - l_3^*\left(\frac{\varphi_{阴}}{T}\right)^3 - \cdots \\
&= -l_1^{**} - l_2^{**}\left(\frac{\Delta\varphi_{阴}}{T}\right) - l_3^{**}\left(\frac{\Delta\varphi_{阴}}{T}\right)^2 - l_4^{**}\left(\frac{\Delta\varphi_{阴}}{T}\right)^3 - \cdots
\end{aligned}
$$

2）在碱性溶液中形成中间产物和中间产物催化分解

形成中间产物的反应为

$$O_2 + H_2O + 2e === HO_2^- + OH^- \tag{i}$$

催化分解反应为

$$HO_2^- === \frac{1}{2}O_2 + OH^- \tag{ii}$$

总反应为

$$O_2 + 2H_2O + 4e === 4OH^-$$

（1）形成中间产物为控速步骤

同在碱性溶液中形成中间产物。

（2）催化分解为控速步骤

催化分解反应为

$$HO_2^- === \frac{1}{2}O_2 + OH^-$$

该反应的摩尔吉布斯自由能变化为

$$\Delta G_m = \frac{1}{2}\mu_{O_2} + \mu_{OH^-} - \mu_{HO_2^-} = \Delta G_m^\ominus + RT\ln\frac{p_{O_2}^{\frac{1}{2}} a_{OH^-}}{a_{HO_2^-}}$$

式中

$$
\begin{aligned}
\Delta G_m^\ominus &= \frac{1}{2}\mu_{O_2}^\ominus + \mu_{OH^-}^\ominus - \mu_{HO_2^-}^\ominus \\
\mu_{O_2} &= \mu_{O_2}^\ominus + RT\ln p_{O_2} \\
\mu_{OH^-} &= \mu_{OH^-}^\ominus + RT\ln a_{OH^-} \\
\mu_{HO_2^-} &= \mu_{OH_2^-}^\ominus + RT\ln a_{HO_2^-}
\end{aligned}
$$

催化反应分解速率为

$$-\frac{dN_{HO_2^-}}{dt} = \frac{dN_{OH^-}}{dt} = 2\frac{dN_{O_2}}{dt} = Sj_2$$

式中

$$j_2 = -l_1\left(\frac{A_{\mathrm{m}}}{T}\right) - l_2\left(\frac{A_{\mathrm{m}}}{T}\right)^2 - l_3\left(\frac{A_{\mathrm{m}}}{T}\right)^3 - \cdots$$

其中

$$A_{\mathrm{m}} = \Delta G_{\mathrm{m}}$$

（3）生成中间产物和催化分解共同为控速步骤

化学反应为

$$\mathrm{O_2 + H_2O + 2e \; = \!=\!= \; HO_2^- + OH^-} \tag{i}$$

$$\mathrm{HO_2^- \; = \!=\!= \; \frac{1}{2}O_2 + OH^-} \tag{ii}$$

该过程达到稳态，速率为

$$-\frac{\mathrm{d}N_{\mathrm{H_2O}}}{\mathrm{d}t} = -\frac{1}{2}\frac{\mathrm{d}N_{\mathrm{e}}}{\mathrm{d}t} = Sj_1 = Sj_2 = Sj$$

$$j = \frac{1}{2}(j_1 + j_2)$$

式中

$$\begin{aligned} j_1 &= -l_1\left(\frac{A_{\mathrm{m,阴}}}{T}\right) - l_2\left(\frac{A_{\mathrm{m,阴}}}{T}\right)^2 - l_3\left(\frac{A_{\mathrm{m,阴}}}{T}\right)^3 - \cdots \\ &= -l_1'\left(\frac{\varphi_{阴}}{T}\right) - l_2'\left(\frac{\varphi_{阴}}{T}\right)^2 - l_3'\left(\frac{\varphi_{阴}}{T}\right)^3 - \cdots \\ &= -l_1'' - l_2''\left(\frac{\Delta\varphi_{阴}}{T}\right) - l_3''\left(\frac{\Delta\varphi_{阴}}{T}\right)^2 - l_4''\left(\frac{\Delta\varphi_{阴}}{T}\right)^3 - \cdots \end{aligned}$$

$$A_{\mathrm{m,阴}} = -\Delta G_{\mathrm{m,阴}} = 2F\varphi_{阴} = 2F(\varphi_{阴,\mathrm{e}} + \Delta\varphi_{阴})$$

将上式代入

$$i = 2Fj_1$$

得

$$\begin{aligned} i &= 2Fj_1 \\ &= -l_1^*\left(\frac{\varphi_{阴}}{T}\right) - l_2^*\left(\frac{\varphi_{阴}}{T}\right)^2 - l_3^*\left(\frac{\varphi_{阴}}{T}\right)^3 - \cdots \\ &= -l_1^{**} - l_2^{**}\left(\frac{\Delta\varphi_{阴}}{T}\right) - l_3^{**}\left(\frac{\Delta\varphi_{阴}}{T}\right)^2 - l_4^{**}\left(\frac{\Delta\varphi_{阴}}{T}\right)^3 \cdots \end{aligned}$$

式中

$$A_{\mathrm{m}} = \Delta G_{\mathrm{m}}$$

$$j_2 = -l_1\left(\frac{A_{\mathrm{m}}}{T}\right) - l_2\left(\frac{A_{\mathrm{m}}}{T}\right)^2 - l_3\left(\frac{A_{\mathrm{m}}}{T}\right)^3 - \cdots$$

$$A_m = \Delta G_m$$

3）在碱性溶液中的总反应

在碱性溶液中，总反应为

$$O_2 + 2H_2O + 4e = 4OH^-$$

总反应达成平衡为

$$O_2 + 2H_2O + 4e \rightleftharpoons 4OH^-$$

摩尔吉布斯自由能变化为

$$\Delta G_{m,阴,t} = 4\mu_{OH^-} - \mu_{O_2} - 2\mu_{H_2O} - 4\mu_e = \Delta G_{m,阴,t}^{\ominus} + RT\ln\frac{a_{OH^-,e}^4}{p_{O_2,e}a_{H_2O,e}^2}$$

式中

$$\Delta G_{m,阴,t}^{\ominus} = 4\mu_{OH^-}^{\ominus} - \mu_{O_2}^{\ominus} - 2\mu_{H_2O}^{\ominus} - 4\mu_e^{\ominus}$$

$$\mu_{OH^-} = \mu_{OH^-}^{\ominus} + RT\ln a_{OH^-,e}$$

$$\mu_{O_2} = \mu_{O_2}^{\ominus} + RT\ln p_{O_2,e}$$

$$\mu_{H_2O} = \mu_{H_2O}^{\ominus} + RT\ln a_{H_2O,e}$$

$$\mu_e = \mu_e^{\ominus}$$

由

$$\varphi_{阴,t} = -\frac{\Delta G_{m,阴,t}}{4F}$$

得

$$\varphi_{阴,t} = \varphi_{阴,t}^{\ominus} + \frac{RT}{4F}\ln\frac{p_{O_2,e}a_{H_2O,e}^2}{a_{OH^-,e}^4}$$

式中

$$\varphi_{阴,t}^{\ominus} = -\frac{\Delta G_{m,阴,t}^{\ominus}}{4F} = -\frac{4\mu_{OH^-}^{\ominus} - \mu_{O_2}^{\ominus} - 2\mu_{H_2O}^{\ominus} - 4\mu_e^{\ominus}}{4F}$$

阴极有电流通过，发生极化，阴极反应为

$$O_2 + 2H_2O + 4e = 4OH^-$$

阴极电势为

$$\varphi_{阴,t} = \varphi_{阴,t,e} + \Delta\varphi_{阴,t}$$

则

$$\Delta\varphi_{阴,t} = \varphi_{阴,t} - \varphi_{阴,t,e}$$

并有

$$A_{m,阴,t} = -\Delta G_{m,阴,t} = 4F\varphi_{阴,t} = 4F(\varphi_{阴,t,e} + \Delta\varphi_{阴,t})$$

阴极反应速率

$$-\frac{1}{2}\frac{dN_{H_2O}}{dt} = -\frac{dN_{O_2}}{dt} = -\frac{1}{4}\frac{dN_e}{dt} = \frac{1}{4}\frac{dN_{OH^-}}{dt} = Sj_t$$

式中

$$\begin{aligned} j_{\mathrm{t}} &= -l_1\left(\frac{A_{\mathrm{m,阴,t}}}{T}\right)-l_2\left(\frac{A_{\mathrm{m,阴,t}}}{T}\right)^2-l_3\left(\frac{A_{\mathrm{m,阴,t}}}{T}\right)^3-\cdots \\ &= -l_1'\left(\frac{\varphi_{阴,\mathrm{t}}}{T}\right)-l_2'\left(\frac{\varphi_{阴,\mathrm{t}}}{T}\right)^2-l_3'\left(\frac{\varphi_{阴,\mathrm{t}}}{T}\right)^3-\cdots \\ &= -l_1''-l_2''\left(\frac{\Delta\varphi_{阴,\mathrm{t}}}{T}\right)-l_3''\left(\frac{\Delta\varphi_{阴,\mathrm{t}}}{T}\right)^2-l_4''\left(\frac{\Delta\varphi_{阴,\mathrm{t}}}{T}\right)^3-\cdots \end{aligned}$$

将上式代入

$$i = 4Fj_{\mathrm{t}}$$

得

$$\begin{aligned} i &= 4Fj_{\mathrm{t}} \\ &= -l_1^*\left(\frac{\varphi_{阴,\mathrm{t}}}{T}\right)-l_2^*\left(\frac{\varphi_{阴,\mathrm{t}}}{T}\right)^2-l_3^*\left(\frac{\varphi_{阴,\mathrm{t}}}{T}\right)^3-\cdots \\ &= -l_1^{**}-l_2^{**}\left(\frac{\Delta\varphi_{阴,\mathrm{t}}}{T}\right)-l_3^{**}\left(\frac{\Delta\varphi_{阴,\mathrm{t}}}{T}\right)^2-l_4^{**}\left(\frac{\Delta\varphi_{阴,\mathrm{t}}}{T}\right)-\cdots \end{aligned}$$

9.2.2　不形成中间产物

不形成中间产物，而是形成吸附氧。连续获得四个电子，最终还原为 H_2O 或 OH^-。该过程为四电子反应途径。

1. 在酸性溶液中形成吸附氧和电化学还原

形成吸附氧的反应为

$$O_2 + 2M = 2(M\text{-}O) \tag{i}$$

电化学还原的反应为

$$2(M\text{-}O) + 4H^+ + 4e = 2H_2O + 2M \tag{ii}$$

总反应为

$$O_2 + 4H^+ + 4e = 2H_2O$$

1）形成吸附氧为控速步骤

$$O_2 + 2M = 2(M\text{-}O)$$

该过程的摩尔吉布斯自由能变化为

$$\Delta G_{\mathrm{m}} = 2\mu_{\mathrm{M\text{-}O}} - \mu_{O_2} - 2\mu_{\mathrm{M}} = \Delta G_{\mathrm{m,M\text{-}O}} + RT\frac{\theta_{\mathrm{M\text{-}O}}^2}{p_{O_2}(1-\theta_{\mathrm{M\text{-}O}})^2}$$

式中

$$\Delta G_{\mathrm{m}}^{\ominus}=2\mu_{\text{M-O}}^{\ominus}-\mu_{\mathrm{O_2}}^{\ominus}-2\mu_{\mathrm{M}}^{\ominus}$$

$$\mu_{\text{M-O}}=\mu_{\text{M-O}}^{\ominus}+RT\ln\theta_{\text{M-O}}$$

$$\mu_{\mathrm{O_2}}=\mu_{\mathrm{O_2}}^{\ominus}+RT\ln p_{\mathrm{O_2}}$$

$$\mu_{\mathrm{M}}=\mu_{\mathrm{M}}^{\ominus}+RT\ln(1-\theta_{\text{M-O}})$$

其中，M 为阴极上能够吸附 O_2 的活性质点。

吸附速率为

$$\frac{1}{2}\frac{\mathrm{d}N_{\text{M-O}}}{\mathrm{d}t}=-\frac{\mathrm{d}N_{\mathrm{O_2}}}{\mathrm{d}t}=Sj_1$$

$$j_1=-l_1\left(\frac{A_{\mathrm{m}}}{T}\right)-l_2\left(\frac{A_{\mathrm{m}}}{T}\right)^2-l_3\left(\frac{A_{\mathrm{m}}}{T}\right)^3-\cdots$$

式中

$$A_{\mathrm{m}}=\Delta G_{\mathrm{m}}$$

2）电化学还原反应为控速步骤

阴极反应达到平衡，

$$2(\text{M-O})+4\mathrm{H}^{+}+4\mathrm{e}\rightleftharpoons 2\mathrm{H_2O}+2\mathrm{M}$$

该过程的摩尔吉布斯自由能变化为

$$\begin{aligned}\Delta G_{\mathrm{m,阴,e}}&=2\mu_{\mathrm{H_2O}}+2\mu_{\mathrm{M}}-2\mu_{\text{M-O}}-4\mu_{\mathrm{H^+}}-4\mu_{\mathrm{e}}\\&=\Delta G_{\mathrm{m,阴}}^{\ominus}+RT\ln\frac{a_{\mathrm{H_2O}}^2(1-\theta_{\text{M-O,e}})^2}{\theta_{\text{M-O,e}}^2a_{\mathrm{H^+,e}}^4}\end{aligned}$$

式中

$$\Delta G_{\mathrm{m,阴}}^{\ominus}=2\mu_{\mathrm{H_2O}}^{\ominus}+2\mu_{\mathrm{M}}^{\ominus}-2\mu_{\text{M-O}}^{\ominus}-4\mu_{\mathrm{H^+}}^{\ominus}-4\mu_{\mathrm{e}}^{\ominus}$$

$$\mu_{\mathrm{H_2O}}=\mu_{\mathrm{H_2O}}^{\ominus}+RT\ln a_{\mathrm{H_2O,e}}$$

$$\mu_{\mathrm{M}}=\mu_{\mathrm{M}}^{\ominus}+RT\ln(1-\theta_{\text{M-O,e}})$$

$$\mu_{\text{M-O}}=\mu_{\text{M-O}}^{\ominus}+RT\ln\theta_{\text{M-O,e}}$$

$$\mu_{\mathrm{H^+}}=\mu_{\mathrm{H^+}}^{\ominus}+RT\ln a_{\mathrm{H^+,e}}$$

$$\mu_{\mathrm{e}}=\mu_{\mathrm{e}}^{\ominus}$$

由

$$\varphi_{\mathrm{阴,e}}=-\frac{\Delta G_{\mathrm{m,阴,e}}}{4F}$$

得

$$\varphi_{\mathrm{阴,e}}=\varphi_{\mathrm{阴}}^{\ominus}+\frac{RT}{4F}\ln\frac{\theta_{\text{M-O,e}}^2a_{\mathrm{H^+,e}}^4}{a_{\mathrm{H_2O,e}}^2(1-\theta_{\text{M-O,e}})^2}$$

式中

$$\varphi_{阴}^{\ominus} = -\frac{\Delta G_{m,阴}^{\ominus}}{4F} = -\frac{2\mu_{H_2O}^{\ominus} + 2\mu_{M}^{\ominus} - 2\mu_{M\text{-}O}^{\ominus} - 4\mu_{H^+}^{\ominus} - 4\mu_{e}^{\ominus}}{4F}$$

阴极发生极化，阴极反应为

$$2(M\text{-}O) + 4H^+ + 4e == 2H_2O + 2M$$

阴极电势为

$$\varphi_{阴} = \varphi_{阴,e} + \Delta\varphi_{阴}$$

则

$$\Delta\varphi_{阴} = \varphi_{阴} - \varphi_{阴,e}$$

$$A_{m,阴} = -\Delta G_{m,阴} = 4F\varphi_{阴} = 4F(\varphi_{阴,e} + \Delta\varphi_{阴})$$

阴极反应速率为

$$\frac{1}{2}\frac{dN_{H_2O}}{dt} = -\frac{1}{4}\frac{dN_{H^+}}{dt} = -\frac{1}{4}\frac{dN_e}{dt} = Sj_2$$

$$\begin{aligned} j_2 &= -l_1\left(\frac{A_{m,阴}}{T}\right) - l_2\left(\frac{A_{m,阴}}{T}\right)^2 - l_3\left(\frac{A_{m,阴}}{T}\right)^3 - \cdots \\ &= -l_1'\left(\frac{\varphi_{阴}}{T}\right) - l_2'\left(\frac{\varphi_{阴}}{T}\right)^2 - l_3'\left(\frac{\varphi_{阴}}{T}\right)^3 - \cdots \\ &= -l_1'' - l_2''\left(\frac{\Delta\varphi_{阴}}{T}\right) - l_3''\left(\frac{\Delta\varphi_{阴}}{T}\right)^2 - l_4''\left(\frac{\Delta\varphi_{阴}}{T}\right)^3 - \cdots \end{aligned}$$

将上式代入

$$i = 4Fj_2$$

得

$$\begin{aligned} i &= 4Fj_2 \\ &= -l_1^*\left(\frac{\varphi_{阴}}{T}\right) - l_2^*\left(\frac{\varphi_{阴}}{T}\right)^2 - l_3^*\left(\frac{\varphi_{阴}}{T}\right)^3 - \cdots \\ &= -l_1^{**} - l_2^{**}\left(\frac{\Delta\varphi_{阴}}{T}\right) - l_3^{**}\left(\frac{\Delta\varphi_{阴}}{T}\right)^2 - l_4^{**}\left(\frac{\Delta\varphi_{阴}}{T}\right)^3 - \cdots \end{aligned}$$

3）形成吸附氧和电化学还原反应共同为控速步骤

形成吸附氧

$$O_2 + 2M == 2(M\text{-}O) \tag{i}$$

电化学还原反应

$$2(\mathrm{M\text{-}O}) + 4\mathrm{H}^+ + 4\mathrm{e} = 2\mathrm{H_2O} + 2\mathrm{M} \tag{ii}$$

过程达到稳态，共同控速步骤的速率为

$$-\frac{\mathrm{d}N_{\mathrm{O_2}}}{\mathrm{d}t} = -\frac{1}{2}\frac{\mathrm{d}N_{\mathrm{M}}}{\mathrm{d}t} = \frac{1}{2}\frac{\mathrm{d}N_{\mathrm{H_2O}}}{\mathrm{d}t} = -\frac{1}{4}\frac{\mathrm{d}N_{\mathrm{H^+}}}{\mathrm{d}t} = -\frac{1}{4}\frac{\mathrm{d}N_{\mathrm{e}}}{\mathrm{d}t} = Sj_1 = Sj_2 = Sj$$

$$j = \frac{1}{2}(j_1 + j_2)$$

式中

$$j_1 = -l_1\left(\frac{A_{\mathrm{m}}}{T}\right) - l_2\left(\frac{A_{\mathrm{m}}}{T}\right)^2 - l_3\left(\frac{A_{\mathrm{m}}}{T}\right)^3 - \cdots$$

$$A_{\mathrm{m}} = \Delta G_{\mathrm{m}}$$

$$\begin{aligned} j_2 &= -l_1\left(\frac{A_{\mathrm{m}}}{T}\right) - l_2\left(\frac{A_{\mathrm{m}}}{T}\right)^2 - l_3\left(\frac{A_{\mathrm{m}}}{T}\right)^3 - \cdots \\ &= -l_1'\left(\frac{\varphi_{阴}}{T}\right) - l_2'\left(\frac{\varphi_{阴}}{T}\right)^2 - l_3'\left(\frac{\varphi_{阴}}{T}\right)^3 - \cdots \\ &= -l_1'' - l_2''\left(\frac{\Delta\varphi_{阴}}{T}\right) - l_3''\left(\frac{\Delta\varphi_{阴}}{T}\right)^2 - l_4''\left(\frac{\Delta\varphi_{阴}}{T}\right)^3 - \cdots \end{aligned}$$

将上式代入

$$i = 4Fj_2$$

得

$$\begin{aligned} i &= 4Fj_2 \\ &= -l_1^*\left(\frac{\varphi_{阴}}{T}\right) - l_2^*\left(\frac{\varphi_{阴}}{T}\right)^2 - l_3^*\left(\frac{\varphi_{阴}}{T}\right)^3 - \cdots \\ &= -l_1^{**} - l_2^{**}\left(\frac{\Delta\varphi_{阴}}{T}\right) - l_3^{**}\left(\frac{\Delta\varphi_{阴}}{T}\right)^2 - l_4^{**}\left(\frac{\Delta\varphi_{阴}}{T}\right)^3 - \cdots \end{aligned}$$

4）在酸性溶液中的总反应

在酸性溶液中总反应为

$$\mathrm{O_2} + 4\mathrm{H}^+ + 4\mathrm{e} = 2\mathrm{H_2O}$$

总反应达到平衡，有

$$\mathrm{O_2} + 4\mathrm{H}^+ + 4\mathrm{e} \rightleftharpoons 2\mathrm{H_2O}$$

该过程的摩尔吉布斯自由能变化为

$$\Delta G_{\mathrm{m},阴,\mathrm{t}} = 2\mu_{\mathrm{H_2O}} - \mu_{\mathrm{O_2}} - 4\mu_{\mathrm{H^+}} - 4\mu_{\mathrm{e}} = \Delta G_{\mathrm{m},阴,\mathrm{t}}^{\ominus} + RT\ln\frac{a_{\mathrm{H_2O,e}}^2}{p_{\mathrm{O_2,e}}a_{\mathrm{H^+,e}}^4}$$

式中

$$\Delta G_{\mathrm{m},阴,\mathrm{t}}^{\ominus} = 2\mu_{\mathrm{H_2O}}^{\ominus} - \mu_{\mathrm{O_2}}^{\ominus} - 4\mu_{\mathrm{H^+}}^{\ominus} - 4\mu_{\mathrm{e}}^{\ominus}$$

$$\mu_{\mathrm{H_2O}} = \mu_{\mathrm{H_2O}}^{\ominus} + RT\ln a_{\mathrm{H_2O,e}}$$

$$\mu_{\mathrm{O_2}} = \mu_{\mathrm{O_2}}^{\ominus} + RT\ln p_{\mathrm{O_2,e}}$$

$$\mu_{\mathrm{H^+}} = \mu_{\mathrm{H^+}}^{\ominus} + RT\ln a_{\mathrm{H^+,e}}$$

$$\mu_{\mathrm{e}} = \mu_{\mathrm{e}}^{\ominus}$$

由

$$\varphi_{阴,\mathrm{t}} = -\frac{\Delta G_{\mathrm{m},阴,\mathrm{t}}}{4F}$$

得

$$\varphi_{阴,\mathrm{t}} = \varphi_{阴,\mathrm{t}}^{\ominus} + \frac{RT}{4F}\ln\frac{p_{\mathrm{O_2,e}}a_{\mathrm{H^+,e}}^4}{a_{\mathrm{H_2O,e}}^2}$$

式中

$$\varphi_{阴,\mathrm{t}}^{\ominus} = -\frac{\Delta G_{\mathrm{m},阴,\mathrm{t}}^{\ominus}}{4F} = -\frac{2\mu_{\mathrm{H_2O}}^{\ominus} - \mu_{\mathrm{O_2}}^{\ominus} - 4\mu_{\mathrm{H^+}}^{\ominus} - 4\mu_{\mathrm{e}}^{\ominus}}{4F}$$

阴极有电流通过，发生极化，阴极反应为

$$\mathrm{O_2 + 4H^+ + 4e \longrightarrow 2H_2O}$$

阴极电势为

$$\varphi_{阴,\mathrm{t}} = \varphi_{阴,\mathrm{t,e}} + \Delta\varphi_{阴,\mathrm{t}}$$

则

$$\Delta\varphi_{阴,\mathrm{t}} = \varphi_{阴,\mathrm{t}} - \varphi_{阴,\mathrm{t,e}}$$

并有

$$A_{\mathrm{m},阴,\mathrm{t}} = -\Delta G_{\mathrm{m},阴,\mathrm{t}} = 4F\varphi_{阴,\mathrm{t}} = 4F(\varphi_{阴,\mathrm{t,e}} - \Delta\varphi_{阴,\mathrm{t}})$$

阴极反应速率为

$$\frac{1}{2}\frac{\mathrm{d}N_{\mathrm{H_2O}}}{\mathrm{d}t} = -\frac{\mathrm{d}N_{\mathrm{O_2}}}{\mathrm{d}t} = -\frac{1}{4}\frac{\mathrm{d}N_{\mathrm{H^+}}}{\mathrm{d}t} = -\frac{1}{4}\frac{\mathrm{d}N_{\mathrm{e}}}{\mathrm{d}t} = Sj_{\mathrm{t}}$$

式中

$$\begin{aligned} j_{\mathrm{t}} &= -l_1\left(\frac{A_{\mathrm{m},阴,\mathrm{t}}}{T}\right) - l_2\left(\frac{A_{\mathrm{m},阴,\mathrm{t}}}{T}\right)^2 - l_3\left(\frac{A_{\mathrm{m},阴,\mathrm{t}}}{T}\right)^3 - \cdots \\ &= -l_1'\left(\frac{\varphi_{阴,\mathrm{t}}}{T}\right) - l_2'\left(\frac{\varphi_{阴,\mathrm{t}}}{T}\right)^2 - l_3'\left(\frac{\varphi_{阴,\mathrm{t}}}{T}\right)^3 - \cdots \\ &= -l_1'' - l_2''\left(\frac{\Delta\varphi_{阴,\mathrm{t}}}{T}\right) - l_3''\left(\frac{\Delta\varphi_{阴,\mathrm{t}}}{T}\right)^2 - l_4''\left(\frac{\Delta\varphi_{阴,\mathrm{t}}}{T}\right)^3 - \cdots \end{aligned}$$

将上式代入

$$i = 4Fj_t$$

得

$$\begin{aligned} i &= 4Fj_t \\ &= -l_1^*\left(\frac{\varphi_{阴,t}}{T}\right) - l_2^*\left(\frac{\varphi_{阴,t}}{T}\right)^2 - l_3^*\left(\frac{\varphi_{阴,t}}{T}\right)^3 - \cdots \\ &= -l_1^{**} - l_2^{**}\left(\frac{\Delta\varphi_{阴,t}}{T}\right) - l_3^{**}\left(\frac{\Delta\varphi_{阴,t}}{T}\right)^2 - l_4^{**}\left(\frac{\Delta\varphi_{阴,t}}{T}\right)^3 - \cdots \end{aligned}$$

2. 在碱性溶液中形成吸附氧和电化学还原

形成吸附氧的反应为

$$O_2 + 2M = 2(M\text{-}O) \tag{i}$$

电化学还原的反应为

$$M\text{-}O + H_2O + 2e = 2OH^- + M \tag{ii}$$

总反应为

$$O_2 + 2H_2O + 4e = 4OH^-$$

1）形成吸附氧为控速步骤

$$O_2 + 2M = 2(M\text{-}O)$$

该过程与在酸性溶液中相同。

2）电化学还原反应为控速步骤

电极反应达到平衡，

$$M\text{-}O + H_2O + 2e \rightleftharpoons 2OH^- + M$$

该反应的摩尔吉布斯自由能变化为

$$\begin{aligned} \Delta G_{m,阴,e} &= 2\mu_{OH^-} + \mu_M - \mu_{M\text{-}O} - \mu_{H_2O} - 2\mu_e \\ &= \Delta G_{m,阴}^{\ominus} + RT\ln\frac{a_{OH^-,e}^2(1-\theta_{M\text{-}O,e})}{\theta_{M\text{-}O,e}a_{H_2O,e}} \end{aligned}$$

式中

$$\Delta G_{m,阴}^{\ominus} = 2\mu_{OH^-}^{\ominus} + \mu_M^{\ominus} - \mu_{M\text{-}O}^{\ominus} - \mu_{H_2O}^{\ominus} - 2\mu_e^{\ominus}$$

$$\mu_{OH^-} = \mu_{OH^-}^{\ominus} + RT\ln a_{OH^-,e}$$

$$\mu_M = \mu_M^{\ominus} + RT\ln(1-\theta_{M\text{-}O,e})$$

$$\mu_{M\text{-}O} = \mu_{M\text{-}O}^{\ominus} + RT\ln\theta_{M\text{-}O,e}$$

$$\mu_{H_2O} = \mu_{H_2O}^{\ominus} + RT\ln a_{H_2O,e}$$

$$\mu_e = \mu_e^{\ominus}$$

由
$$\varphi_{阴,e} = -\frac{\Delta G_{m,阴,e}}{2F}$$

得
$$\varphi_{阴,e} = \varphi_{阴}^{\ominus} + \frac{RT}{2F}\ln\frac{\theta_{M\text{-}O,e}a_{H_2O,e}}{a_{OH^-,e}^2(1-\theta_{M\text{-}O,e})}$$

式中
$$\varphi_{阴}^{\ominus} = -\frac{\Delta G_{m,阴}^{\ominus}}{2F} = -\frac{2\mu_{OH^-}^{\ominus} + \mu_{M}^{\ominus} - \mu_{M\text{-}O}^{\ominus} - \mu_{H_2O}^{\ominus} - 2\mu_{e}^{\ominus}}{2F}$$

阴极有电流通过，发生极化，阴极反应为

$$M\text{-}O + H_2O + 2e = 2OH^- + M$$

阴极电势为
$$\varphi_{阴} = \varphi_{阴,e} + \Delta\varphi_{阴}$$

则
$$\Delta\varphi_{阴} = \varphi_{阴} - \varphi_{阴,e}$$
$$A_m = -\Delta G_{m,阴} = 2F\varphi_{阴} = 2F(\varphi_{阴,e} + \Delta\varphi_{阴})$$

阴极反应速率为
$$\frac{1}{2}\frac{dN_{OH^-}}{dt} = -\frac{1}{2}\frac{dN_e}{dt} = -\frac{dN_{H_2O}}{dt} = Sj_2$$

式中
$$\begin{aligned} j_2 &= -l_1\left(\frac{A_m}{T}\right) - l_2\left(\frac{A_m}{T}\right)^2 - l_3\left(\frac{A_m}{T}\right)^3 - \cdots \\ &= -l_1'\left(\frac{\varphi_{阴}}{T}\right) - l_2'\left(\frac{\varphi_{阴}}{T}\right)^2 - l_3'\left(\frac{\varphi_{阴}}{T}\right)^3 - \cdots \\ &= -l_1'' - l_2''\left(\frac{\Delta\varphi_{阴}}{T}\right) - l_3''\left(\frac{\Delta\varphi_{阴}}{T}\right)^2 - l_4''\left(\frac{\Delta\varphi_{阴}}{T}\right)^3 - \cdots \end{aligned}$$

将上式代入
$$i = 2Fj_2$$

得
$$\begin{aligned} i &= 2Fj_2 \\ &= -l_1^*\left(\frac{\varphi_{阴}}{T}\right) - l_2^*\left(\frac{\varphi_{阴}}{T}\right)^2 - l_3^*\left(\frac{\varphi_{阴}}{T}\right)^3 - \cdots \\ &= -l_1^{**} - l_2^{**}\left(\frac{\Delta\varphi_{阴}}{T}\right) - l_3^{**}\left(\frac{\Delta\varphi_{阴}}{T}\right)^2 - l_4^{**}\left(\frac{\Delta\varphi_{阴}}{T}\right)^3 - \cdots \end{aligned}$$

3）形成吸附氧和电化学还原反应共同为控速步骤

形成吸附氧

$$\frac{1}{2}O_2 + M = M\text{-}O \tag{i}$$

电化学还原反应

$$M\text{-}O + H_2O + 2e = 2OH^- + M \tag{ii}$$

过程达到稳态，共同控速步骤的速率为

$$-2\frac{dN_{O_2}}{dt} = -\frac{dN_{H_2O}}{dt} = -\frac{1}{2}\frac{dN_e}{dt} = \frac{1}{2}\frac{dN_{OH^-}}{dt} = Sj_1 = Sj_2 = Sj$$

$$j = \frac{1}{2}(j_1 + j_2)$$

式中

$$j_1 = -l_1\left(\frac{A_m}{T}\right) - l_2\left(\frac{A_m}{T}\right)^2 - l_3\left(\frac{A_m}{T}\right)^3 - \cdots$$

$$A_m = \Delta G_m$$

$$\begin{aligned} j_2 &= -l_1\left(\frac{A_m}{T}\right) - l_2\left(\frac{A_m}{T}\right)^2 - l_3\left(\frac{A_m}{T}\right)^3 - \cdots \\ &= -l_1'\left(\frac{\varphi_{阴}}{T}\right) - l_2'\left(\frac{\varphi_{阴}}{T}\right)^2 - l_3'\left(\frac{\varphi_{阴}}{T}\right)^3 - \cdots \\ &= -l_1'' - l_2''\left(\frac{\Delta\varphi_{阴}}{T}\right) - l_3''\left(\frac{\Delta\varphi_{阴}}{T}\right)^2 - l_4''\left(\frac{\Delta\varphi_{阴}}{T}\right)^3 - \cdots \end{aligned}$$

$$A_m = -\Delta G_{m,阴} = 2F\varphi_{阴} = 2F(\varphi_{阴,e} + \Delta\varphi_{阴})$$

将上式代入

$$i = 2Fj_2$$

得

$$\begin{aligned} i &= 2Fj_2 \\ &= -l_1^*\left(\frac{\varphi_{阴}}{T}\right) - l_2^*\left(\frac{\varphi_{阴}}{T}\right)^2 - l_3^*\left(\frac{\varphi_{阴}}{T}\right)^3 - \cdots \\ &= -l_1^{**} - l_2^{**}\left(\frac{\Delta\varphi_{阴}}{T}\right) - l_3^{**}\left(\frac{\Delta\varphi_{阴}}{T}\right)^2 - l_4^{**}\left(\frac{\Delta\varphi_{阴}}{T}\right)^3 - \cdots \end{aligned}$$

4）在碱性溶液中的总反应

在碱性溶液中总反应为

$$O_2 + 2H_2O + 4e = 4OH^-$$

总反应达到平衡，有

$$O_2 + 2H_2O + 4e \rightleftharpoons 4OH^-$$

该过程的摩尔吉布斯自由能变化为

$$\Delta G_{m,阴,t} = 4\mu_{OH^-} - \mu_{O_2} - 2\mu_{H_2O} - 4\mu_e = \Delta G_{m,阴,t}^{\ominus} + RT\ln\frac{a_{OH^-,e}^4}{p_{O_2,e}a_{H_2O,e}^2}$$

式中

$$\Delta G_{m,阴,t}^{\ominus} = 4\mu_{OH^-}^{\ominus} - \mu_{O_2}^{\ominus} - 2\mu_{H_2O}^{\ominus} - 4\mu_e^{\ominus}$$

$$\mu_{H_2O} = \mu_{H_2O}^{\ominus} + RT\ln a_{H_2O,e}$$

$$\mu_{O_2} = \mu_{O_2}^{\ominus} + RT\ln p_{O_2,e}$$

$$\mu_{OH^-} = \mu_{OH^-}^{\ominus} + RT\ln a_{OH^-,e}$$

$$\mu_e = \mu_e^{\ominus}$$

由

$$\varphi_{阴,t} = -\frac{\Delta G_{m,阴,t}}{4F}$$

得

$$\varphi_{阴,t} = \varphi_{阴,t}^{\ominus} + \frac{RT}{4F}\ln\frac{p_{O_2,e}a_{H_2O,e}^2}{a_{OH^-,e}^4}$$

式中

$$\varphi_{阴,t}^{\ominus} = -\frac{\Delta G_{m,阴,t}^{\ominus}}{4F} = -\frac{4\mu_{OH^-}^{\ominus} - \mu_{O_2}^{\ominus} - 2\mu_{H_2O}^{\ominus} - 4\mu_e^{\ominus}}{4F}$$

阴极有电流通过，发生极化，阴极反应为

$$O_2 + 2H_2O + 4e = 4OH^-$$

阴极电势为

$$\varphi_{阴,t} = \varphi_{阴,t,e} + \Delta\varphi_{阴,t}$$

则

$$\Delta\varphi_{阴,t} = \varphi_{阴,t} - \varphi_{阴,t,e} < 0$$

并有

$$A_{m,阴,t} = -\Delta G_{m,阴,t} = 4F\varphi_{阴,t} = 4F(\varphi_{阴,t,e} + \Delta\varphi_{阴,t})$$

阴极反应速率为

$$\frac{1}{4}\frac{dN_{OH^-}}{dt} = -\frac{1}{2}\frac{dN_{H_2O}}{dt} = -\frac{dN_{O_2}}{dt} = -\frac{1}{4}\frac{dN_e}{dt} = Sj_t$$

式中

$$j_{\mathrm{t}} = -l_1\left(\frac{A_{\mathrm{m},阴,\mathrm{t}}}{T}\right) - l_2\left(\frac{A_{\mathrm{m},阴,\mathrm{t}}}{T}\right)^2 - l_3\left(\frac{A_{\mathrm{m},阴,\mathrm{t}}}{T}\right)^3 - \cdots$$

$$= -l_1'\left(\frac{\varphi_{阴,\mathrm{t}}}{T}\right) - l_2'\left(\frac{\varphi_{阴,\mathrm{t}}}{T}\right)^2 - l_3'\left(\frac{\varphi_{阴,\mathrm{t}}}{T}\right)^3 - \cdots$$

$$= -l_1'' - l_2''\left(\frac{\Delta\varphi_{阴,\mathrm{t}}}{T}\right) - l_3''\left(\frac{\Delta\varphi_{阴,\mathrm{t}}}{T}\right)^2 - l_4''\left(\frac{\Delta\varphi_{阴,\mathrm{t}}}{T}\right)^3 - \cdots$$

将上式代入

$$i = 4Fj_{\mathrm{t}}$$

得

$$i = 4Fj_{\mathrm{t}}$$

$$= -l_1^*\left(\frac{\varphi_{阴,\mathrm{t}}}{T}\right) - l_2^*\left(\frac{\varphi_{阴,\mathrm{t}}}{T}\right)^2 - l_3^*\left(\frac{\varphi_{阴,\mathrm{t}}}{T}\right)^3 - \cdots$$

$$= -l_1^{**} - l_2^{**}\left(\frac{\Delta\varphi_{阴,\mathrm{t}}}{T}\right) - l_3^{**}\left(\frac{\Delta\varphi_{阴,\mathrm{t}}}{T}\right)^2 - l_4^{**}\left(\frac{\Delta\varphi_{阴,\mathrm{t}}}{T}\right)^3 - \cdots$$

9.3 汞电极

9.3.1 O_2在汞电极上还原为H_2O_2

控速步骤为

$$O_2 + e = O_2^- \qquad \text{(i)}$$

随后进行的一系列步骤都处于平衡状态：

$$O_2^- + H^+ \rightleftharpoons HO_2 \qquad \text{(ii)}$$

$$HO_2 + e \rightleftharpoons HO_2^- \qquad \text{(iii)}$$

$$HO_2^- + H^+ \rightleftharpoons H_2O_2 \qquad \text{(iv)}$$

阴极反应达到平衡

$$O_2 + e \rightleftharpoons O_2^-$$

摩尔吉布斯自由能变化为

$$\Delta G_{\mathrm{m},阴,\mathrm{e}} = \mu_{O_2^-} - \mu_{O_2} - \mu_{\mathrm{e}} = \Delta G_{\mathrm{m},阴}^{\ominus} + RT\ln\frac{a_{O_2^-,\mathrm{e}}}{p_{O_2,\mathrm{e}}}$$

式中

$$\Delta G^{\ominus}_{\mathrm{m,阴}} = \mu^{\ominus}_{\mathrm{O_2^-}} - \mu^{\ominus}_{\mathrm{O_2}} - \mu^{\ominus}_{\mathrm{e}}$$

$$\mu_{\mathrm{O_2^-}} = \mu^{\ominus}_{\mathrm{O_2^-}} + RT\ln a_{\mathrm{O_2^-,e}}$$

$$\mu_{\mathrm{O_2}} = \mu^{\ominus}_{\mathrm{O_2}} + RT\ln p_{\mathrm{O_2,e}}$$

$$\mu_{\mathrm{e}} = \mu^{\ominus}_{\mathrm{e}}$$

由

$$\varphi_{\mathrm{阴,e}} = -\frac{\Delta G_{\mathrm{m,阴,e}}}{F}$$

得

$$\varphi_{\mathrm{阴,e}} = \varphi^{\ominus}_{\mathrm{阴}} + \frac{RT}{F}\ln\frac{p_{\mathrm{O_2,e}}}{a_{\mathrm{O_2^-,e}}}$$

式中

$$\varphi^{\ominus}_{\mathrm{阴}} = -\frac{\Delta G^{\ominus}_{\mathrm{m,阴}}}{F} = -\frac{\mu^{\ominus}_{\mathrm{O_2^-}} - \mu^{\ominus}_{\mathrm{O_2}} - \mu^{\ominus}_{\mathrm{e}}}{F}$$

阴极有电流通过，发生极化，阴极反应为

$$\mathrm{O_2 + e = O_2^-}$$

阴极电势为

$$\varphi_{\mathrm{阴}} = \varphi_{\mathrm{阴,e}} + \Delta\varphi_{\mathrm{阴}}$$

则

$$\Delta\varphi_{\mathrm{阴}} = \varphi_{\mathrm{阴}} - \varphi_{\mathrm{阴,e}}$$

$$A_{\mathrm{m,阴}} = -\Delta G_{\mathrm{m,阴}} = F\varphi_{\mathrm{阴}} = F(\varphi_{\mathrm{阴,e}} + \Delta\varphi_{\mathrm{阴}})$$

阴极反应速率为

$$-\frac{\mathrm{d}N_{\mathrm{O_2}}}{\mathrm{d}t} = \frac{\mathrm{d}N_{\mathrm{O_2^-}}}{\mathrm{d}t} = -\frac{\mathrm{d}N_{\mathrm{e}}}{\mathrm{d}t} = Sj$$

式中

$$\begin{aligned} j &= -l_1\left(\frac{A_{\mathrm{m,阴}}}{T}\right) - l_2\left(\frac{A_{\mathrm{m,阴}}}{T}\right)^2 - l_3\left(\frac{A_{\mathrm{m,阴}}}{T}\right)^3 - \cdots \\ &= -l_1'\left(\frac{\varphi_{\mathrm{阴}}}{T}\right) - l_2'\left(\frac{\varphi_{\mathrm{阴}}}{T}\right)^2 - l_3'\left(\frac{\varphi_{\mathrm{阴}}}{T}\right)^3 - \cdots \\ &= -l_1'' - l_2''\left(\frac{\Delta\varphi_{\mathrm{阴}}}{T}\right) - l_3''\left(\frac{\Delta\varphi_{\mathrm{阴}}}{T}\right)^2 - l_4''\left(\frac{\Delta\varphi_{\mathrm{阴}}}{T}\right)^3 - \cdots \end{aligned}$$

将上式代入

$$i = Fj$$

得

$$
\begin{aligned}
i &= Fj \\
&= -l_1^*\left(\frac{\varphi_{阴}}{T}\right) - l_2^*\left(\frac{\varphi_{阴}}{T}\right)^2 - l_3^*\left(\frac{\varphi_{阴}}{T}\right)^3 - \cdots \\
&= -l_1^{**} - l_2^{**}\left(\frac{\Delta\varphi_{阴}}{T}\right) - l_3^{**}\left(\frac{\Delta\varphi_{阴}}{T}\right)^2 - l_4^{**}\left(\frac{\Delta\varphi_{阴}}{T}\right)^3 - \cdots
\end{aligned}
$$

9.3.2　H_2O_2在汞电极上的还原反应

控速步骤为

$$H_2O_2 + e \Longrightarrow OH + OH^-$$

随后的步骤处于平衡状态，为

$$OH + e \rightleftharpoons OH^-$$

$$2OH^- + 2H^+ \rightleftharpoons 2H_2O$$

阴极反应达到平衡

$$H_2O_2 + e \rightleftharpoons OH + OH^-$$

该反应的摩尔吉布斯自由能变化为

$$\Delta G_{m,阴,e} = \mu_{OH} + \mu_{OH^-} - \mu_{H_2O_2} - \mu_e = \Delta G_{m,阴}^{\ominus} + RT\ln\frac{a_{OH,e}a_{OH^-,e}}{a_{H_2O_2,e}}$$

式中

$$
\begin{aligned}
\Delta G_{m,阴}^{\ominus} &= \mu_{OH}^{\ominus} - \mu_{OH^-}^{\ominus} - \mu_{H_2O_2}^{\ominus} - \mu_e^{\ominus} \\
\mu_{OH} &= \mu_{OH}^{\ominus} + RT\ln a_{OH,e} \\
\mu_{OH^-} &= \mu_{OH^-}^{\ominus} + RT\ln a_{OH^-,e} \\
\mu_{H_2O} &= \mu_{H_2O}^{\ominus} + RT\ln a_{H_2O,e} \\
\mu_e &= \mu_e^{\ominus}
\end{aligned}
$$

由

$$\varphi_{阴,e} = -\frac{\Delta G_{m,阴,e}}{F}$$

得

$$\varphi_{阴,e} = \varphi_{阴}^{\ominus} + \frac{RT}{F}\ln\frac{a_{H_2O_2,e}}{a_{OH,e}a_{OH^-,e}}$$

阴极有电流通过发生极化，阴极反应为

$$H_2O_2 + e \Longrightarrow OH + OH^-$$

阴极电势为

$$\varphi_{阴} = \varphi_{阴,e} + \Delta\varphi_{阴}$$

则

$$\Delta\varphi_{阴} = \varphi_{阴} - \varphi_{阴,e}$$

$$A_{m,阴} = -\Delta G_{m,阴} = F\varphi_{阴} = F(\varphi_{阴,e} + \Delta\varphi_{阴})$$

阴极反应速率为

$$\frac{dN_{OH}}{dt} = \frac{dN_{OH^-}}{dt} = -\frac{dN_{H_2O_2}}{dt} = -\frac{dN_e}{dt} = Sj$$

式中

$$\begin{aligned} j &= -l_1\left(\frac{A_{m,阴}}{T}\right) - l_2\left(\frac{A_{m,阴}}{T}\right)^2 - l_3\left(\frac{A_{m,阴}}{T}\right)^3 - \cdots \\ &= -l_1'\left(\frac{\varphi_{阴}}{T}\right) - l_2'\left(\frac{\varphi_{阴}}{T}\right)^2 - l_3'\left(\frac{\varphi_{阴}}{T}\right)^3 - \cdots \\ &= -l_1'' - l_2''\left(\frac{\Delta\varphi_{阴}}{T}\right) - l_3''\left(\frac{\Delta\varphi_{阴}}{T}\right)^2 - l_4''\left(\frac{\Delta\varphi_{阴}}{T}\right)^3 - \cdots \end{aligned}$$

将上式代入

$$i = Fj$$

得

$$\begin{aligned} i &= Fj \\ &= -l_1^*\left(\frac{\varphi_{阴}}{T}\right) - l_2^*\left(\frac{\varphi_{阴}}{T}\right)^2 - l_3^*\left(\frac{\varphi_{阴}}{T}\right)^3 - \cdots \\ &= -l_1^{**} - l_2^{**}\left(\frac{\Delta\varphi_{阴}}{T}\right) - l_3^{**}\left(\frac{\Delta\varphi_{阴}}{T}\right)^2 - l_4^{**}\left(\frac{\Delta\varphi_{阴}}{T}\right)^3 - \cdots \end{aligned}$$

9.3.3 总反应

O_2在汞电极上的总反应为

$$O_2 + 4H^+ + 4e = 2H_2O$$

总反应达成平衡为

$$O_2 + 4H^+ + 4e \rightleftharpoons 2H_2O$$

该过程的摩尔吉布斯自由能变化为

$$\Delta G_{m,阴,t,e} = 2\mu_{H_2O} - \mu_{O_2} - 4\mu_{H^+} - 4\mu_e = \Delta G_{m,阴,t}^{\ominus} + RT\ln\frac{a_{H_2O,e}^2}{p_{O_2,e}a_{H^+,e}^4}$$

式中

$$\Delta G^{\ominus}_{m,阴,t} = 2\mu^{\ominus}_{H_2O} - \mu^{\ominus}_{O_2} - 4\mu^{\ominus}_{H^+} - 4\mu^{\ominus}_{e}$$

$$\mu_{H_2O} = \mu^{\ominus}_{H_2O} + RT\ln a_{H_2O,e}$$

$$\mu_{O_2} = \mu^{\ominus}_{O_2} + RT\ln p_{O_2,e}$$

$$\mu_{H^+} = \mu^{\ominus}_{H^+} + RT\ln a_{H^+,e}$$

$$\mu_{e} = \mu^{\ominus}_{e}$$

由

$$\varphi_{阴,t} = -\frac{\Delta G_{m,阴,t,e}}{4F}$$

得

$$\varphi_{阴,t,e} = \varphi^{\ominus}_{阴,t} + \frac{RT}{4F}\ln\frac{p_{O_2,e}a^4_{H^+,e}}{a^2_{H_2O,e}}$$

式中

$$\varphi^{\ominus}_{阴} = -\frac{\Delta G^{\ominus}_{m,阴}}{4F} = -\frac{2\mu^{\ominus}_{H_2O} - \mu^{\ominus}_{O_2} - 4\mu^{\ominus}_{H^+} - 4\mu^{\ominus}_{e}}{4F}$$

阴极有电流通过，发生极化，阴极反应为

$$O_2 + 4H^+ + 4e = 2H_2O$$

阴极电势为

$$\varphi_{阴,t} = \varphi_{阴,t,e} + \Delta\varphi_{阴,t}$$

则

$$\Delta\varphi_{阴,t} = \varphi_{阴,t} - \varphi_{阴,t,e}$$

并有

$$A_{m,阴,t} = -\Delta G_{m,阴,t} = 2F\varphi_{阴,t} = 2F(\varphi_{阴,t,e} + \Delta\varphi_{阴,t})$$

阴极反应速率

$$\frac{1}{2}\frac{dN_{H_2O}}{dt} = -\frac{dN_{O_2}}{dt} = -\frac{1}{4}\frac{dN_{H^+}}{dt} = -\frac{1}{4}\frac{dN_e}{dt} = Sj_t$$

式中

$$\begin{aligned} j_t &= -l_1\left(\frac{A_{m,阴,t}}{T}\right) - l_2\left(\frac{A_{m,阴,t}}{T}\right)^2 - l_3\left(\frac{A_{m,阴,t}}{T}\right)^3 - \cdots \\ &= -l'_1\left(\frac{\varphi_{阴,t}}{T}\right) - l'_2\left(\frac{\varphi_{阴,t}}{T}\right)^2 - l'_3\left(\frac{\varphi_{阴,t}}{T}\right)^3 - \cdots \\ &= -l''_1 - l''_2\left(\frac{\Delta\varphi_{阴,t}}{T}\right) - l''_3\left(\frac{\Delta\varphi_{阴,t}}{T}\right)^2 - l''_4\left(\frac{\Delta\varphi_{阴,t}}{T}\right)^3 - \cdots \end{aligned}$$

将上式代入

$$i = 2Fj_t$$

得

$$
\begin{aligned}
i &= 2Fj_{\mathrm{t}} \\
&= -l_1^*\left(\frac{\varphi_{阴,\mathrm{t}}}{T}\right)-l_2^*\left(\frac{\varphi_{阴,\mathrm{t}}}{T}\right)^2-l_3^*\left(\frac{\varphi_{阴,\mathrm{t}}}{T}\right)^3-\cdots \\
&= -l_1^{**}-l_2^{**}\left(\frac{\Delta\varphi_{阴,\mathrm{t}}}{T}\right)-l_3^{**}\left(\frac{\Delta\varphi_{阴,\mathrm{t}}}{T}\right)^2-l_4^{**}\left(\frac{\Delta\varphi_{阴,\mathrm{t}}}{T}\right)-\cdots
\end{aligned}
$$

9.4　金属的阴极过程

金属的阴极过程是电极反应生成金属的过程。在电解、电镀、电铸、电沉积、电解加工、电分析、化学电源等领域具有重要意义。

金属的阴极过程有新相生成，其步骤如下：

（1）液相传质步骤。反应物离子由溶液本体向电极表面传递。

（2）电子转移步骤。反应物离子在电极界面得到电子。

（3）电结晶步骤。产生的原子进入晶格。

如果反应产物是液态金属，则步骤（3）不是电结晶而是产物由电极界面向电极内部扩散。在步骤（1）和步骤（2）之间，有些情况还可能有前置表面转化步骤。

在外电流作用下，金属离子在阴极表面还原生成金属的过程称为金属电沉积。金属离子在阴极还原的电极电势为

$$\varphi_{阴}=\varphi_{阴,\mathrm{e}}+\Delta\varphi_{阴}$$

式中，$\varphi_{阴,\mathrm{e}}$为阴极平衡电势，决定电极反应能否进行；$\Delta\varphi_{阴}$为过电势，决定电极反应的可逆程度。

9.5　电　催　化

在电极反应中，不被消耗的物质对电极反应所起的加速作用称为电催化。能够催化电极反应的物质称为电催化剂。电催化与异相化学催化不同。

（1）电催化与电极电势有关。

（2）电极与溶液界面存在的不参与电极反应的离子和溶剂分子对电催化有明显的影响。

（3）电催化的反应温度可以比异相催化的反应温度低几百摄氏度。

电催化剂主要是电极（有些情况下也包括溶剂和活性物质）。这是由于电催化常常涉及吸附键的形成与断裂。影响电催化剂性能的因素有两类：一类是几何因

素，即电催化剂的比表面积和表面形状，以及反应物在电催化剂表面的几何排列；另一类是能量因素，即反应物与电催化剂的相互作用。

电极的电催化作用主要有：

（1）电极与活化络合物的相互作用，决定反应的吉布斯自由能。

（2）电极与被吸附在其上的反应物或中间产物存在相互作用。这样的作用决定了反应物或中间产物的浓度，确定了电极反应的有效面积。

（3）在一定的电极电势下，电极本性与溶剂和不反应的溶质的吸附能力有关，即与双电层的结构有关，会影响电极反应速率。

第 10 章　金属离子的阴极还原

在讨论金属离子阴极反应时，为简化问题，认为液体传质、前置表面转化反应和电结晶等都不是控速步骤，仅讨论金属离子阴极还原和电化学过程。

10.1　一价金属离子的阴极还原

10.1.1　一价金属离子阴极还原的步骤

一价金属离子阴极还原的步骤如下：

（1）水化金属离子失去部分水化分子，金属离子与电极靠得足够近，金属离子的未成键电子能级升高，与电极上费米能级的电子能量接近，电子容易转移。

（2）电子由电极跃迁到金属离子上，金属离子成为原子，吸附在电极表面，成为吸附原子。

10.1.2　一价金属离子阴极还原反应

一价金属离子的还原反应为

$$Me^{+} + e = Me$$

阴极反应达成平衡，

$$Me^{+} + e \rightleftharpoons Me$$

该过程的摩尔吉布斯自由能变化为

$$\Delta G_{m,阴,e} = \mu_{Me} - \mu_{Me^{+}} - \mu_{e} = \Delta G_{m,阴}^{\ominus} + RT\ln\frac{1}{a_{Me^{+},e}} \tag{10.1}$$

式中

$$\Delta G_{m,阳}^{\ominus} = \mu_{Me}^{\ominus} - \mu_{Me^{+}}^{\ominus} - \mu_{e}^{\ominus}$$

$$\mu_{Me} = \mu_{Me}^{\ominus}$$

$$\mu_{Me^{+}} = \mu_{Me^{+}}^{\ominus} + RT\ln a_{Me^{+},e}$$

$$\mu_{e} = \mu_{e}^{\ominus}$$

由
$$\varphi_{阴,e} = -\frac{\Delta G_{m,阴,e}}{F}$$
得
$$\varphi_{阴,e} = \varphi_{阴}^{\ominus} + RT\ln a_{Me^+,e} \tag{10.2}$$
式中
$$\varphi_{阴}^{\ominus} = -\frac{\Delta G_{m,阴}^{\ominus}}{F} = -\frac{\mu_{Me}^{\ominus} - \mu_{Me^+}^{\ominus} - \mu_{e}^{\ominus}}{F}$$

阴极有电流通过，发生极化，阴极反应为
$$Me^+ + e == Me$$
阴极电势为
$$\varphi_{阴} = \varphi_{阴,e} + \Delta\varphi_{阴}$$
则
$$\Delta\varphi_{阴} = \varphi_{阴} - \varphi_{阴,e}$$
并有
$$A_{m,阴} = -\Delta G_{m,阴} = F\varphi_{阴} = F(\varphi_{阴,e} + \Delta\varphi_{阴})$$

阴极反应速率
$$\frac{dN_{Me}}{dt} = -\frac{dN_{Me^+}}{dt} = -\frac{dN_e}{dt} = Sj \tag{10.3}$$
式中
$$\begin{aligned} j &= -l_1\left(\frac{A_{m,阴}}{T}\right) - l_2\left(\frac{A_{m,阴}}{T}\right)^2 - l_3\left(\frac{A_{m,阴}}{T}\right)^3 - \cdots \\ &= -l_1'\left(\frac{\varphi_{阴}}{T}\right) - l_2'\left(\frac{\varphi_{m,阴}}{T}\right)^2 - l_3'\left(\frac{\varphi_{m,阴}}{T}\right)^3 - \cdots \\ &= -l_1'' - l_2''\left(\frac{\Delta\varphi_{阴}}{T}\right) - l_3''\left(\frac{\Delta\varphi_{阴}}{T}\right)^2 - l_4''\left(\frac{\Delta\varphi_{阴}}{T}\right)^3 - \cdots \end{aligned} \tag{10.4}$$
将上式代入
$$i = Fj$$
得
$$\begin{aligned} i &= Fj \\ &= -l_1^*\left(\frac{\varphi_{阴}}{T}\right) - l_2^*\left(\frac{\varphi_{阴}}{T}\right)^2 - l_3^*\left(\frac{\varphi_{阳}}{T}\right)^3 - \cdots \\ &= -l_1^{**} - l_2^{**}\left(\frac{\Delta\varphi_{阴}}{T}\right) - l_3^{**}\left(\frac{\Delta\varphi_{阴}}{T}\right)^2 - l_4^{**}\left(\frac{\varphi_{阴}}{T}\right)^3 - \cdots \end{aligned} \tag{10.5}$$
并有

$$I = Si = FSj$$

10.2　多价金属离子的阴极还原

10.2.1　多价金属离子的阴极还原步骤

多价金属离子还原的电子转移步骤比一价金属离子复杂，可能有以下 4 种反应历程：

（1）一步还原

$$Me^{z+} + ze = Me$$

（2）多步还原

$$Me^{z+} + e = Me^{(z-1)+}$$
$$Me^{(z-1)+} + e = Me^{(z-2)+}$$
$$\vdots$$
$$Me^{+} + e = Me$$

（3）中间价离子歧化

$$Me^{z+} + e = Me^{(z-1)+}$$
$$2Me^{(z-1)+} = Me^{z+} + Me^{(z-2)+}$$

（4）中间价离子还原。高价金属离子先进行表面转化反应，生成中间价离子 $Me^{\frac{z}{2}+}$，然后再进行电子转移反应：

$$Me^{z+} + Me = 2Me^{\frac{z}{2}+}$$
$$Me^{\frac{z}{2}+} + e = Me^{\left(\frac{z}{2}-1\right)+}$$

下面分别讨论。

10.2.2　多价金属离子阴极还原反应

1. 一步还原

$$Me^{z+} + ze = Me$$

阴极反应达成平衡，有

$$Me^{z+} + ze \rightleftharpoons Me$$

该过程的摩尔吉布斯自由能变化为

$$\Delta G_{m,阴,e} = \mu_{Me} - \mu_{Me^{z+}} - z\mu_e = \Delta G_{m,阴}^{\ominus} + RT\ln\frac{1}{a_{Me^{z+},e}} \tag{10.6}$$

式中

$$\Delta G_{\mathrm{m,阴}}^{\ominus} = \mu_{\mathrm{Me}}^{\ominus} - \mu_{\mathrm{Me}^{z+}}^{\ominus} - z\mu_{\mathrm{e}}^{\ominus}$$

$$\mu_{\mathrm{Me}} = \mu_{\mathrm{Me}}^{\ominus}$$

$$\mu_{\mathrm{Me}^{z+}} = \mu_{\mathrm{Me}^{z+}}^{\ominus} + RT\ln a_{\mathrm{Me}^{z+},\mathrm{e}}$$

$$\mu_{\mathrm{e}} = \mu_{\mathrm{e}}^{\ominus}$$

由

$$\varphi_{\mathrm{阴,e}} = -\frac{\Delta G_{\mathrm{m,阴,e}}}{zF}$$

得

$$\varphi_{\mathrm{阴,e}} = \varphi_{\mathrm{阴}}^{\ominus} + RT\ln a_{\mathrm{Me}^{z+},\mathrm{e}} \tag{10.7}$$

式中

$$\varphi_{\mathrm{阴}}^{\ominus} = \Delta G_{\mathrm{m,阴}}^{\ominus} - \frac{\mu_{\mathrm{Me}}^{\ominus} - \mu_{\mathrm{Me}^{z+}}^{\ominus} - z\mu_{\mathrm{e}}^{\ominus}}{zF}$$

阴极有电流通过，发生极化，阴极反应为

$$\mathrm{Me}^{z+} + z\mathrm{e} = \!= \!= \mathrm{Me}$$

阴极电势为

$$\varphi_{\mathrm{阴}} = \varphi_{\mathrm{阴,e}} + \Delta\varphi_{\mathrm{阴}}$$

则

$$\Delta\varphi_{\mathrm{阴}} = \varphi_{\mathrm{阴}} - \varphi_{\mathrm{阴,e}}$$

有

$$A_{\mathrm{m,阴}} = -\Delta G_{\mathrm{m,阴}} = zF\varphi_{\mathrm{阴}} = zF(\varphi_{\mathrm{阴,e}} + \Delta\varphi_{\mathrm{阴}})$$

阴极反应速率为

$$\frac{\mathrm{d}N_{\mathrm{Me}}}{\mathrm{d}t} = -\frac{\mathrm{d}N_{\mathrm{Me}^{z+}}}{\mathrm{d}t} = -\frac{1}{z}\frac{\mathrm{d}N_{\mathrm{e}}}{\mathrm{d}t} = Sj \tag{10.8}$$

式中

$$\begin{aligned} j &= -l_1\left(\frac{A_{\mathrm{m,阴}}}{T}\right) - l_2\left(\frac{A_{\mathrm{m,阴}}}{T}\right)^2 - l_3\left(\frac{A_{\mathrm{m,阴}}}{T}\right)^3 - \cdots \\ &= -l_1'\left(\frac{\varphi_{\mathrm{阴}}}{T}\right) - l_2'\left(\frac{\varphi_{\mathrm{m,阴}}}{T}\right)^2 - l_3'\left(\frac{\varphi_{\mathrm{m,阴}}}{T}\right)^3 - \cdots \\ &= -l_1'' - l_2''\left(\frac{\Delta\varphi_{\mathrm{阴}}}{T}\right) - l_3''\left(\frac{\Delta\varphi_{\mathrm{阴}}}{T}\right)^2 - l_4''\left(\frac{\Delta\varphi_{\mathrm{阴}}}{T}\right)^4 - \cdots \end{aligned} \tag{10.9}$$

将上式代入

$$i = zFj$$

得

$$
\begin{aligned}
i &= zFj \\
&= -l_1^*\left(\frac{\varphi_{阴}}{T}\right)-l_2^*\left(\frac{\varphi_{阴}}{T}\right)^2-l_3^*\left(\frac{\varphi_{阴}}{T}\right)^3-\cdots \\
&= -l_1^{**}-l_2^{**}\left(\frac{\Delta\varphi_{阴}}{T}\right)-l_3^{**}\left(\frac{\Delta\varphi_{阴}}{T}\right)^2-l_4^{**}\left(\frac{\Delta\varphi_{阴}}{T}\right)^3-\cdots
\end{aligned}
\tag{10.10}
$$

并有

$$I = Si = zFSj$$

z 个电子同时转移需要能量高，一般不按这种历程进行反应，而是按 10.2.1 节中的历程（2）分步还原进行。

2. 多步还原

第一步

$$Me^{z+} + e = Me^{(z-1)+}$$

阴极反应达成平衡，

$$Me^{z+} + e \rightleftharpoons Me^{(z-1)+}$$

该过程的摩尔吉布斯自由能变化为

$$\Delta G_{m,阴,1,e} = \mu_{Me^{(z-1)+}} - \mu_{Me^{z+}} - \mu_e = \Delta G_{m,阴,1}^{\ominus} + RT\ln\frac{a_{Me^{(z-1)+},e}}{a_{Me^{z+},e}} \tag{10.11}$$

式中

$$\Delta G_{m,阴,1}^{\ominus} = \mu_{Me^{(z-1)+}}^{\ominus} - \mu_{Me^{z+}}^{\ominus} - \mu_e^{\ominus}$$

$$\mu_{Me^{(z-1)+}} = \mu_{Me^{(z-1)+}}^{\ominus} + RT\ln a_{Me^{(z-1)+},e}$$

$$\mu_{Me^{z+}} = \mu_{Me^{z+}}^{\ominus} + RT\ln a_{Me^{z+},e}$$

$$\mu_e = \mu_e^{\ominus}$$

由

$$\varphi_{阴,1,e} = -\frac{\Delta G_{m,阴,1,e}}{F}$$

得

$$\varphi_{阴,1,e} = \varphi_{阴,1}^{\ominus} + RT\ln\frac{a_{Me^{z+},e}}{a_{Me^{(z-1)+},e}} \tag{10.12}$$

式中

$$\varphi_{阴,1}^{\ominus} = -\frac{\Delta G_{m,阴,1}^{\ominus}}{F} = -\frac{\mu_{Me^{(z-1)+}}^{\ominus} - \mu_{Me^{z+}}^{\ominus} - \mu_e^{\ominus}}{F}$$

阴极有电流通过，发生极化，阴极反应为

$$Me^{z+} + e = Me^{(z-1)+}$$

阴极电势为

$$\varphi_{阴,1} = \varphi_{阴,1,e} + \Delta\varphi_{阴,1}$$

则

$$\Delta\varphi_{阴,1} = \varphi_{阴,1} - \varphi_{阴,1,e}$$

并有

$$A_{m,阴} = -\Delta G_{m,阴} = F\varphi_{阴} = F(\varphi_{阴,1,e} + \Delta\varphi_{阴,1})$$

阴极反应速率为

$$\frac{dN_{Me^{(z-1)+}}}{dt} = -\frac{dN_{Me^{z+}}}{dt} = -\frac{dN_e}{dt} = Sj_1 \tag{10.13}$$

式中

$$\begin{aligned} j_1 &= -l_1\left(\frac{A_{m,阴}}{T}\right) - l_2\left(\frac{A_{m,阴}}{T}\right)^2 - l_3\left(\frac{A_{m,阴}}{T}\right)^3 - \cdots \\ &= -l_1'\left(\frac{\varphi_{阴,1}}{T}\right) - l_2'\left(\frac{\varphi_{阴,1}}{T}\right)^2 - l_3'\left(\frac{\varphi_{阴,1}}{T}\right)^3 - \cdots \\ &= -l_1'' - l_2''\left(\frac{\Delta\varphi_{阴,1}}{T}\right) - l_3''\left(\frac{\Delta\varphi_{阴,1}}{T}\right)^2 - l_4''\left(\frac{\Delta\varphi_{阴,1}}{T}\right)^3 - \cdots \end{aligned} \tag{10.14}$$

将上式代入

$$i = Fj_1$$

得

$$\begin{aligned} i &= Fj_1 \\ &= -l_1^*\left(\frac{\varphi_{阴,1}}{T}\right) - l_2^*\left(\frac{\varphi_{阴,1}}{T}\right)^2 - l_3^*\left(\frac{\varphi_{阴,1}}{T}\right)^3 - \cdots \\ &= -l_1^{**} - l_2^{**}\left(\frac{\Delta\varphi_{阴,1}}{T}\right) - l_3^{**}\left(\frac{\Delta\varphi_{阴,1}}{T}\right)^2 - l_4^{**}\left(\frac{\Delta\varphi_{阴,1}}{T}\right)^3 - \cdots \end{aligned} \tag{10.15}$$

并有

$$I = Si = FSj_1$$

第二步

$$Me^{(z-1)+} + e = Me^{(z-2)+}$$

阴极反应达成平衡

$$Me^{(z-1)+} + e \rightleftharpoons Me^{(z-2)+}$$

该过程的摩尔吉布斯自由能变化为

$$\Delta G_{m,阴,2,e} = \mu_{Me^{(z-2)+}} - \mu_{Me^{(z-1)+}} - \mu_e = \Delta G_{m,阴,2}^{\ominus} + RT\ln\frac{a_{Me^{(z-2)+},e}}{a_{Me^{(z-1)+},e}} \tag{10.16}$$

式中

$$\Delta G^{\ominus}_{\mathrm{m},阴,2} = \mu^{\ominus}_{\mathrm{Me}^{(z-2)+}} - \mu^{\ominus}_{\mathrm{Me}^{(z-1)+}} - \mu^{\ominus}_{\mathrm{e}}$$

$$\mu_{\mathrm{Me}^{(z-2)+}} = \mu^{\ominus}_{\mathrm{Me}^{(z-2)+}} + RT\ln a_{\mathrm{Me}^{(z-2)+},\mathrm{e}}$$

$$\mu_{\mathrm{Me}^{(z-1)+}} = \mu^{\ominus}_{\mathrm{Me}^{(z-1)+}} + RT\ln a_{\mathrm{Me}^{(z-1)+},\mathrm{e}}$$

$$\mu_{\mathrm{e}} = \mu^{\ominus}_{\mathrm{e}}$$

由

$$\varphi_{阴,2,\mathrm{e}} = -\frac{\Delta G_{\mathrm{m},阴,2,\mathrm{e}}}{F}$$

得

$$\varphi_{阴,2,\mathrm{e}} = \varphi^{\ominus}_{阴,2,\mathrm{e}} + RT\ln\frac{a_{\mathrm{Me}^{(z-1)+},\mathrm{e}}}{a_{\mathrm{Me}^{(z-2)+},\mathrm{e}}} \tag{10.17}$$

式中

$$\varphi^{\ominus}_{阴,2} = -\frac{\Delta G_{\mathrm{m},阴,2}}{F} = -\frac{\mu^{\ominus}_{\mathrm{Me}^{(z-2)+}} - \mu^{\ominus}_{\mathrm{Me}^{(z-1)+}} - \mu^{\ominus}_{\mathrm{e}}}{F}$$

阴极有电流通过，发生极化，阴极反应为

$$\mathrm{Me}^{(z-1)+} + \mathrm{e} = \mathrm{Me}^{(z-2)+}$$

阴极电势为

$$\varphi_{阴,2} = \varphi_{阴,2,\mathrm{e}} + \Delta\varphi_{阴,2}$$

则

$$\Delta\varphi_{阴,2} = \varphi_{阴,2} - \varphi_{阴,2,\mathrm{e}}$$

并有

$$A_{\mathrm{m},阴,2} = -\Delta G_{\mathrm{m},阴,2} = F\varphi_{阴,2} = F(\varphi_{阴,2,\mathrm{e}} + \Delta\varphi_{阴,2})$$

阴极反应速率为

$$\frac{\mathrm{d}N_{\mathrm{Me}^{(z-2)+}}}{\mathrm{d}t} = -\frac{\mathrm{d}N_{\mathrm{Me}^{(z-1)+}}}{\mathrm{d}t} = -\frac{\mathrm{d}N_{\mathrm{e}}}{\mathrm{d}t} = Sj_2 \tag{10.18}$$

式中

$$\begin{aligned} j_2 &= -l_1\left(\frac{A_{\mathrm{m},阴,2}}{T}\right) - l_2\left(\frac{A_{\mathrm{m},阴,2}}{T}\right)^2 - l_3\left(\frac{A_{\mathrm{m},阴,2}}{T}\right)^3 - \cdots \\ &= -l_1'\left(\frac{\varphi_{阴,2}}{T}\right) - l_2'\left(\frac{\varphi_{阴,2}}{T}\right)^2 - l_3'\left(\frac{\varphi_{阴,2}}{T}\right)^3 - \cdots \\ &= l_1'' - l_2''\left(\frac{\Delta\varphi_{阴,2}}{T}\right) - l_3''\left(\frac{\Delta\varphi_{阴,2}}{T}\right)^2 - l_4''\left(\frac{\Delta\varphi_{阴,2}}{T}\right)^3 - \cdots \end{aligned} \tag{10.19}$$

将上式代入

$$i = Fj_2$$

得

$$
\begin{aligned}
i &= Fj_2 \\
&= -l_1^*\left(\frac{\varphi_{阴,2}}{T}\right) - l_2^*\left(\frac{\varphi_{阴,2}}{T}\right)^2 - l_3^*\left(\frac{\varphi_{阴,2}}{T}\right)^3 - \cdots \\
&= -l_1^{**} - l_2^{**}\left(\frac{\Delta\varphi_{阴,2}}{T}\right) - l_3^{**}\left(\frac{\Delta\varphi_{阴,2}}{T}\right)^2 - l_4^{**}\left(\frac{\Delta\varphi_{阴,2}}{T}\right)^3 - \cdots
\end{aligned}
\tag{10.20}
$$

第 j 步

$$
Me^{(z-j+1)+} + e = Me^{(z-j)+}
$$

阴极反应达成平衡

$$
Me^{(z-j+1)+} + e \rightleftharpoons Me^{(z-j)+}
$$

该过程的摩尔吉布斯自由能变化为

$$
\Delta G_{m,阴,j,e} = \mu_{Me^{(z-j)+}} - \mu_{Me^{(z-j+1)+}} - \mu_e = \Delta G_{m,阴,j}^{\ominus} + RT\ln\frac{a_{Me^{(z-j)+},e}}{a_{Me^{(z-j+1)+},e}} \tag{10.21}
$$

式中

$$
\Delta G_{m,阴,j}^{\ominus} = \mu_{Me^{(z-j)+}}^{\ominus} - \mu_{Me^{(z-j+1)+}}^{\ominus} - \mu_e^{\ominus}
$$

$$
\mu_{Me^{(z-j)+}} = \mu_{Me^{(z-j)+}}^{\ominus} + RT\ln a_{Me^{(z-j)+},e}
$$

$$
\mu_{Me^{(z-j+1)+}} = \mu_{Me^{(z-j+1)+}}^{\ominus} + RT\ln a_{Me^{(z-j+1)+},e}
$$

$$
\mu_e = \mu_e^{\ominus}
$$

由

$$
\varphi_{阴,j,e} = -\frac{\Delta G_{m,阴,j,e}}{F}
$$

得

$$
\varphi_{阴,j,e} = \varphi_{阴,j}^{\ominus} + RT\ln\frac{a_{Me^{(z-j+1)+},e}}{a_{Me^{(z-j)+},e}} \tag{10.22}
$$

式中

$$
\varphi_{阴,j}^{\ominus} = -\frac{\Delta G_{m,阴,j,e}^{\ominus}}{F} = -\frac{\mu_{Me^{(z-j)+}}^{\ominus} - \mu_{Me^{(z-j+1)+}}^{\ominus} - \mu_e^{\ominus}}{F}
$$

阴极有电流通过，发生极化，阴极反应为

$$
Me^{(z-j+1)+} + e = Me^{(z-j)+}
$$

阴极电势为

$$
\varphi_{阴,j} = \varphi_{阴,j,e} + \Delta\varphi_{阴,j}
$$

则

$$
\Delta\varphi_{阴,j} = \varphi_{阴,j} - \varphi_{阴,j,e}
$$

并有

$$A_{\mathrm{m},阴,j} = -\Delta G_{\mathrm{m},阴,j} = F\varphi_{阴,j} = F(\varphi_{阴,j,\mathrm{e}} + \Delta\varphi_{阴,j})$$

阴极反应速率为

$$\frac{\mathrm{d}N_{\mathrm{Me}^{(z-j)+}}}{\mathrm{d}t} = -\frac{\mathrm{d}N_{\mathrm{Me}^{(z-j+1)+}}}{\mathrm{d}t} = -\frac{\mathrm{d}N_{\mathrm{e}}}{\mathrm{d}t} = Sj_j \tag{10.23}$$

式中

$$\begin{aligned} j_j &= -l_1\left(\frac{A_{\mathrm{m},阴,j}}{T}\right) - l_2\left(\frac{A_{\mathrm{m},阴,j}}{T}\right)^2 - l_3\left(\frac{A_{\mathrm{m},阴,j}}{T}\right)^3 - \cdots \\ &= -l_1'\left(\frac{\varphi_{阴,j}}{T}\right) - l_2'\left(\frac{\varphi_{阴,j}}{T}\right)^2 - l_3'\left(\frac{\varphi_{阴,j}}{T}\right)^3 - \cdots \\ &= -l_1'' - l_2''\left(\frac{\Delta\varphi_{阴,j}}{T}\right) - l_3''\left(\frac{\Delta\varphi_{阴,j}}{T}\right)^2 - l_4''\left(\frac{\Delta\varphi_{阴,j}}{T}\right)^3 - \cdots \end{aligned} \tag{10.24}$$

将上式代入

$$i = Fj_j$$

得

$$\begin{aligned} i &= Fj_j \\ &= -l_1^*\left(\frac{\varphi_{阴,j}}{T}\right) - l_2^*\left(\frac{\varphi_{阴,j}}{T}\right)^2 - l_3^*\left(\frac{\varphi_{阴,j}}{T}\right)^3 - \cdots \\ &= -l_1^{**} - l_2^{**}\left(\frac{\Delta\varphi_{阴,j}}{T}\right) - l_3^{**}\left(\frac{\Delta\varphi_{阴,j}}{T}\right)^2 - l_4^{**}\left(\frac{\Delta\varphi_{阴,j}}{T}\right)^3 - \cdots \end{aligned} \tag{10.25}$$

第 z 步

$$\mathrm{Me}^+ + \mathrm{e} = \mathrm{Me}$$

阴极反应达成平衡

$$\mathrm{Me}^+ + \mathrm{e} \rightleftharpoons \mathrm{Me}$$

该过程的摩尔吉布斯自由能变化为

$$\begin{aligned} \Delta G_{\mathrm{m},阴,z,\mathrm{e}} &= \mu_{\mathrm{Me}} - \mu_{\mathrm{Me}^+} - \mu_{\mathrm{e}} \\ &= \Delta G_{\mathrm{m},阴,z}^{\ominus} + RT\ln\frac{1}{a_{\mathrm{Me}^+,\mathrm{e}}} \end{aligned} \tag{10.26}$$

式中

$$\Delta G_{\mathrm{m},阴,z}^{\ominus} = \mu_{\mathrm{Me}}^{\ominus} - \mu_{\mathrm{Me}^+}^{\ominus} - \mu_{\mathrm{e}}^{\ominus}$$

$$\mu_{\mathrm{Me}} = \mu_{\mathrm{Me}}^{\ominus}$$

$$\mu_{\mathrm{Me}^+} = \mu_{\mathrm{Me}^+}^{\ominus} + RT\ln a_{\mathrm{Me}^+,\mathrm{e}}$$

$$\mu_{\mathrm{e}} = \mu_{\mathrm{e}}^{\ominus}$$

由
$$\varphi_{阴,z,e} = -\frac{\Delta G_{m,阴,z,e}}{F}$$

得
$$\varphi_{阴,z,e} = \varphi_{阴,z}^{\ominus} + \frac{RT}{F}\ln a_{Me^+,e} \tag{10.27}$$

式中

$$\varphi_{阴,z}^{\ominus} = -\frac{\Delta G_{m,阴,z}^{\ominus}}{F} = -\frac{\mu_{Me}^{\ominus} - \mu_{Me^+}^{\ominus} - \mu_{e}^{\ominus}}{F}$$

阴极有电流通过，发生极化，阴极反应为

$$Me^+ + e = Me$$

阴极电势为

$$\varphi_{阴,z} = \varphi_{阴,z,e} + \Delta\varphi_{阴,z}$$

则

$$\Delta\varphi_{阴,z} = \varphi_{阴,z} - \varphi_{阴,z,e}$$

并有

$$A_{m,阴,z} = -\Delta G_{m,阴,z} = F\varphi_{阴,z} = F(\varphi_{阴,z,e} + \Delta\varphi_{阴,z})$$

阴极反应速率为

$$\frac{dN_{Me}}{dt} = -\frac{dN_{Me^{z+}}}{dt} = -\frac{dN_e}{dt} = Sj_z \tag{10.28}$$

式中

$$\begin{aligned} j_z &= -l_1\left(\frac{A_{m,阴,z}}{T}\right) - l_2\left(\frac{A_{m,阴,z}}{T}\right)^2 - l_3\left(\frac{A_{m,阴,z}}{T}\right)^3 - \cdots \\ &= -l_1'\left(\frac{\varphi_{阴,z}}{T}\right) - l_2'\left(\frac{\varphi_{阴,z}}{T}\right)^2 - l_3'\left(\frac{\varphi_{阴,z}}{T}\right)^3 - \cdots \\ &= -l_1'' - l_2''\left(\frac{\Delta\varphi_{阴,z}}{T}\right) - l_3''\left(\frac{\Delta\varphi_{阴,z}}{T}\right)^2 - l_4''\left(\frac{\Delta\varphi_{阴,z}}{T}\right)^3 - \cdots \end{aligned} \tag{10.29}$$

将上式代入

$$i = Fj_z$$

得

$$\begin{aligned} i &= Fj_z \\ &= -l_1^*\left(\frac{\varphi_{阴,z}}{T}\right) - l_2^*\left(\frac{\varphi_{阴,z}}{T}\right)^2 - l_3^*\left(\frac{\varphi_{阴,z}}{T}\right)^3 - \cdots \\ &= -l_1^{**} - l_2^{**}\left(\frac{\Delta\varphi_{阴,z}}{T}\right) - l_3^{**}\left(\frac{\Delta\varphi_{阴,z}}{T}\right)^2 - l_4^{**}\left(\frac{\Delta\varphi_{阴,z}}{T}\right)^3 - \cdots \end{aligned} \tag{10.30}$$

并有

$$I = Si = FSj_z$$

实验结果表明，电子转移步骤不可能按 10.2.1 节中的历程（3）或（4）两种历程进行。

10.3 几种金属离子共同还原

10.3.1 理想非共轭体系

几种金属离子共同还原，每种金属离子与单独存在一样，不受其他金属离子的影响，几种离子共同还原的总速率等于单种金属离子单独还原的速率之和，此即理想的非共轭体系。n 种离子共同还原的条件是

$$\varphi_1 = \varphi_2 = \cdots = \varphi_n$$

即

$$\varphi_1^{\ominus} + \frac{RT}{z_1 F}\ln a_1 + \Delta\varphi_1 = \varphi_2^{\ominus} + \frac{RT}{z_2 F}\ln a_2 + \Delta\varphi_2 = \cdots = \varphi_n^{\ominus} + \frac{RT}{z_n F}\ln a_n + \Delta\varphi_n$$

由上式可知，n 种金属离子共同还原受标准电极电势、金属离子活度和过电势影响。

10.3.2 共同还原

几种金属离子不共同还原，金属离子间相互影响，每种金属离子的还原情况与其单独存在时并不一样，几种金属离子的共同还原速率也不等于各种金属离子单独还原的速率之和。这是由于各种金属离子之间存在相互影响。通过调整金属离子还原的因素，可以实现共同还原。

（1）两种金属离子的标准还原电势相近，放电或过电势不大，可以共同还原。

（2）若两种金属的标准电极电势不同，但是两种金属的过电势可能补这一差额，而使还原电势相近，两者就可以共同还原。

（3）若两种金属的标准电极电势相差较大，可以调整溶液中离子的活度和过电势，使其还原电势相近，两者就可以共同还原。下面具体讨论第一种情况。

例如，铅和锡的标准电极电势分别为 $\varphi^{\ominus}_{\mathrm{Pb/Pb^{2+}}} = -0.126\mathrm{V}$ 和 $\varphi^{\ominus}_{\mathrm{Sb/Sb^{2+}}} = -0.140\mathrm{V}$，两者相近，相差仅 0.014V。通过调整溶液中 Pb^{2+} 和 Sn^{2+} 的活度，使其还原电势相近，实现共同还原。

阴极反应为

$$\mathrm{Pb^{2+}} + 2\mathrm{e} =\!=\!= [\mathrm{Pb}]$$

$$\mathrm{Sn^{2+}} + 2\mathrm{e} =\!=\!= [\mathrm{Sn}]$$

阴极反应达成平衡，

$$Pb^{2+} + 2e \rightleftharpoons [Pb]$$

$$Sn^{2+} + 2e \rightleftharpoons [Sn]$$

该过程的摩尔吉布斯自由能如下：

①
$$\Delta G_{m,阴,Pb,e} = \mu_{[Pb]} - \mu_{Pb^{2+}} - 2\mu_e = \Delta G^{\ominus}_{m,阴,Pb} + RT\ln\frac{a_{[Pb],e}}{a_{Pb^{2+},e}} \tag{10.31}$$

式中

$$\Delta G^{\ominus}_{m,阴,Pb} = \mu^{\ominus}_{Pb} - \mu^{\ominus}_{Pb^{2+}} - 2\mu^{\ominus}_e$$

$$\mu_{[Pb]} = \mu^{\ominus}_{Pb} + RT\ln a_{[Pb],e}$$

$$\mu_{Pb^{2+}} = \mu^{\ominus}_{Pb^{2+}} + RT\ln a_{Pb^{2+},e}$$

$$\mu_e = \mu^{\ominus}_e$$

由

$$\varphi_{阴,Pb,e} = -\frac{\Delta G_{m,阴,Pb,e}}{2F}$$

得

$$\varphi_{阴,Pb,e} = \varphi^{\ominus}_{阴,Pb} + \frac{RT}{2F}\ln\frac{a_{Pb^{2+},e}}{a_{[Pb],e}} \tag{10.32}$$

式中

$$\varphi^{\ominus}_{阴,Pb} = -\frac{\Delta G^{\ominus}_{m,阴,Pb}}{2F} = -\frac{\mu^{\ominus}_{Pb} - \mu^{\ominus}_{Pb^{2+}} - 2\mu^{\ominus}_e}{2F}$$

阴极有电流通过，发生极化，阴极反应为

$$Pb^{2+} + 2e = [Pb]$$

阴极电势为

$$\varphi_{阴,Pb} = \varphi_{阴,Pb,e} + \Delta\varphi_{阴,Pb}$$

则

$$\Delta\varphi_{阴,Pb} = \varphi_{阴,Pb} - \varphi_{阴,Pb,e}$$

并有

$$A_{m,Pb} = -\Delta G_{m,阴,Pb} = 2F\varphi_{阴,Pb} = 2F(\varphi_{阴,Pb,e} + \Delta\varphi_{阴,Pb})$$

②
$$\Delta G_{m,阴,Sn,e} = \mu_{[Sn]} - \mu_{Sn^{2+}} - 2\mu_e = \Delta G^{\ominus}_{m,阴,Sn} + RT\ln\frac{a_{[Sn],e}}{a_{Sn^{2+},e}} \tag{10.33}$$

式中

$$\Delta G^{\ominus}_{m,阴,Sn} = \mu^{\ominus}_{Sn} - \mu^{\ominus}_{Sn^{2+}} - 2\mu^{\ominus}_e$$

$$\mu_{[Sn]} = \mu^{\ominus}_{Sn} + RT\ln a_{[Sn],e}$$

$$\mu_{Sn^{2+}} = \mu_{Sn^{2+}}^{\ominus} + RT\ln a_{Sn^{2+},e}$$

$$\mu_e = \mu_e^{\ominus}$$

由

$$\varphi_{阴,Sn,e} = -\frac{\Delta G_{m,阴,Sn,e}}{2F}$$

得

$$\varphi_{阴,Sn,e} = \varphi_{阴,Sn,e}^{\ominus} + \frac{RT}{2F}\ln\frac{a_{Sn^{2+},e}}{a_{[Sn],e}} \tag{10.34}$$

式中

$$\varphi_{阴,Sn}^{\ominus} = -\frac{\Delta G_{m,阴,Sn}^{\ominus}}{2F} = -\frac{\mu_{Sn}^{\ominus} - \mu_{Sn^{2+}}^{\ominus} - 2\mu_e^{\ominus}}{2F}$$

阴极有电流通过，发生极化，阴极反应为

$$Sn^{2+} + 2e = [Sn]$$

阴极电势为

$$\varphi_{阴,Sn} = \varphi_{阴,Sn,e} + \Delta\varphi_{阴,Sn}$$

则

$$\Delta\varphi_{阴,Sn} = \varphi_{阴,Sn} - \varphi_{阴,Sn,e}$$

并有

$$A_{m,Sn} = -\Delta G_{m,阴,Sn} = 2F\varphi_{阴} = 2F(\varphi_{阴,Sn,e} + \Delta\varphi_{阴,Sn})$$

阴极反应速率为

$$\frac{dN_{[Pb]}}{dt} = -\frac{dN_{Pb^{2+}}}{dt} = -\frac{1}{2}\frac{dN_e}{dt} = Sj_{Pb} \tag{10.35}$$

$$\frac{dN_{[Sn]}}{dt} = -\frac{dN_{Sn^{2+}}}{dt} = -\frac{1}{2}\frac{dN_e}{dt} = Sj_{Sn} \tag{10.36}$$

a. 不考虑耦合作用

$$\begin{aligned} j_{Pb} &= -l_1\left(\frac{A_{m,Pb}}{T}\right) - l_2\left(\frac{A_{m,Pb}}{T}\right)^2 - l_3\left(\frac{A_{m,Pb}}{T}\right)^3 - \cdots \\ &= -l_1'\left(\frac{\varphi_{阴,Pb}}{T}\right) - l_2'\left(\frac{\varphi_{阴,Pb}}{T}\right)^2 - l_3'\left(\frac{\varphi_{阴,Pb}}{T}\right)^3 - \cdots \\ &= -l_1'' - l_2''\left(\frac{\Delta\varphi_{阴,Pb}}{T}\right) - l_3''\left(\frac{\Delta\varphi_{阴,Pb}}{T}\right)^2 - l_4''\left(\frac{\Delta\varphi_{阴,Pb}}{T}\right)^3 - \cdots \end{aligned} \tag{10.37}$$

将式（10.37）代入

$$i_{Pb} = 2Fj_{Pb}$$

得

$$
\begin{aligned}
i_{\mathrm{Pb}} &= 2Fj_{\mathrm{Pb}} \\
&= -l_1^*\left(\frac{\varphi_{阴,\mathrm{Pb}}}{T}\right) - l_2^*\left(\frac{\varphi_{阴,\mathrm{Pb}}}{T}\right)^2 - l_3^*\left(\frac{\varphi_{阴,\mathrm{Pb}}}{T}\right)^3 - \cdots \\
&= -l_1^{**} - l_2^{**}\left(\frac{\Delta\varphi_{阴,\mathrm{Pb}}}{T}\right) - l_3^{**}\left(\frac{\Delta\varphi_{阴,\mathrm{Pb}}}{T}\right)^2 - l_4^{**}\left(\frac{\Delta\varphi_{阴,\mathrm{Pb}}}{T}\right)^3 - \cdots
\end{aligned}
\tag{10.38}
$$

$$
\begin{aligned}
j_{\mathrm{Sn}} &= -l_1\left(\frac{A_{\mathrm{m,Sn}}}{T}\right) - l_2\left(\frac{A_{\mathrm{m,Sn}}}{T}\right)^2 - l_3\left(\frac{A_{\mathrm{m,Sn}}}{T}\right)^3 - \cdots \\
&= -l_1'\left(\frac{\varphi_{阴,\mathrm{Sn}}}{T}\right) - l_2'\left(\frac{\varphi_{阴,\mathrm{Sn}}}{T}\right)^2 - l_3'\left(\frac{\varphi_{阴,\mathrm{Sn}}}{T}\right)^3 - \cdots \\
&= -l_1'' - l_2''\left(\frac{\Delta\varphi_{阴,\mathrm{Sn}}}{T}\right) - l_3''\left(\frac{\Delta\varphi_{阴,\mathrm{Sn}}}{T}\right)^2 - l_4''\left(\frac{\Delta\varphi_{阴,\mathrm{Sn}}}{T}\right)^3 - \cdots
\end{aligned}
\tag{10.39}
$$

将式（10.39）代入

$$
i_{\mathrm{Sn}} = 2Fj_{\mathrm{Sn}}
$$

得

$$
\begin{aligned}
i &= 2Fj_{\mathrm{Sn}} \\
&= -l_1^*\left(\frac{\varphi_{阴,\mathrm{Sn}}}{T}\right) - l_2^*\left(\frac{\varphi_{阴,\mathrm{Sn}}}{T}\right)^2 - l_3^*\left(\frac{\varphi_{阴,\mathrm{Sn}}}{T}\right)^3 - \cdots \\
&= -l_1^{**} - l_2^{**}\left(\frac{\Delta\varphi_{阴,\mathrm{Sn}}}{T}\right) - l_3^{**}\left(\frac{\Delta\varphi_{阴,\mathrm{Sn}}}{T}\right)^2 - l_4^{**}\left(\frac{\Delta\varphi_{阴,\mathrm{Sn}}}{T}\right)^3 - \cdots
\end{aligned}
\tag{10.40}
$$

Pb 和 Sn 在阴极上沉积的比例为

$$
K_{\mathrm{Pb/Sn}} = \frac{i_{\mathrm{Pb}}}{i_{\mathrm{Sn}}}
$$

b. 考虑耦合作用

$$
\begin{aligned}
j_{\mathrm{Pb}} = & -l_{11}\left(\frac{A_{\mathrm{m,Pb}}}{T}\right) - l_{12}\left(\frac{A_{\mathrm{m,Sn}}}{T}\right) - l_{111}\left(\frac{A_{\mathrm{m,Pb}}}{T}\right)^2 \\
& - l_{112}\left(\frac{A_{\mathrm{m,Pb}}}{T}\right)\left(\frac{A_{\mathrm{m,Sn}}}{T}\right) - l_{122}\left(\frac{A_{\mathrm{m,Sn}}}{T}\right)^2 \\
& - l_{1111}\left(\frac{A_{\mathrm{m,Pb}}}{T}\right)^3 - l_{1112}\left(\frac{A_{\mathrm{m,Pb}}}{T}\right)^2\left(\frac{A_{\mathrm{m,Sn}}}{T}\right) \\
& - l_{1122}\left(\frac{A_{\mathrm{m,Pb}}}{T}\right)\left(\frac{A_{\mathrm{m,Sn}}}{T}\right)^2 - l_{1222}\left(\frac{A_{\mathrm{m,Sn}}}{T}\right)^3 - \cdots
\end{aligned}
$$

$$
\begin{aligned}
&= -l'_{11}\left(\frac{\varphi_{阴,Pb}}{T}\right) - l'_{12}\left(\frac{\varphi_{阴,Sn}}{T}\right) - l'_{111}\left(\frac{\varphi_{阴,Pb}}{T}\right)^2 \\
&\quad - l'_{112}\left(\frac{\varphi_{阴,Pb}}{T}\right)\left(\frac{\varphi_{阴,Sn}}{T}\right) - l'_{122}\left(\frac{\varphi_{阴,Sn}}{T}\right)^2 - l'_{1111}\left(\frac{\varphi_{阴,Pb}}{T}\right)^3 \\
&\quad - l'_{1112}\left(\frac{\varphi_{阴,Pb}}{T}\right)^2\left(\frac{\varphi_{阴,Sn}}{T}\right) - l'_{1122}\left(\frac{\varphi_{阴,Pb}}{T}\right)\left(\frac{\varphi_{阴,Sn}}{T}\right)^2 - l'_{1222}\left(\frac{\varphi_{阴,Sn}}{T}\right)^3 - \cdots \\
&= -l'_{11}\left(\frac{\varphi_{阴,Pb,e} + \Delta\varphi_{阴,Pb}}{T}\right) - l'_{12}\left(\frac{\varphi_{阴,Sn,e} + \Delta\varphi_{阴,Sn}}{T}\right) \\
&\quad - l'_{111}\left(\frac{\varphi_{阴,Pb,e} + \Delta\varphi_{阴,Pb}}{T}\right)^2 - l'_{112}\left(\frac{\varphi_{阴,Pb,e} + \Delta\varphi_{阴,Pb}}{T}\right)\left(\frac{\varphi_{阴,Sn,e} + \Delta\varphi_{阴,Sn}}{T}\right) \\
&\quad - l'_{122}\left(\frac{\varphi_{阴,Sn,e} + \Delta\varphi_{阴,Sn}}{T}\right)^2 - l'_{1111}\left(\frac{\varphi_{阴,Pb,e} + \Delta\varphi_{阴,Pb}}{T}\right)^3 \\
&\quad - l'_{1112}\left(\frac{\varphi_{阴,Pb,e} + \Delta\varphi_{阴,Pb}}{T}\right)^2\left(\frac{\varphi_{阴,Sn,e} + \Delta\varphi_{阴,Sn}}{T}\right) \\
&\quad - l'_{1122}\left(\frac{\varphi_{阴,Pb,e} + \Delta\varphi_{阴,Pb}}{T}\right)\left(\frac{\varphi_{阴,Sn,e} + \Delta\varphi_{阴,Sn}}{T}\right)^2 \\
&\quad - l'_{1222}\left(\frac{\varphi_{阴,Sn,e} + \Delta\varphi_{阴,Sn}}{T}\right)^3 - \cdots \\
&= -l''_{11} - l''_{11}\left(\frac{\Delta\varphi_{阴,Pb}}{T}\right) - l''_{12}\left(\frac{\Delta\varphi_{阴,Sn}}{T}\right) - l''_{111}\left(\frac{\Delta\varphi_{阴,Pb}}{T}\right)^2 \\
&\quad - l''_{112}\left(\frac{\Delta\varphi_{阴,Pb}}{T}\right)\left(\frac{\Delta\varphi_{阴,Sn}}{T}\right) - l''_{122}\left(\frac{\Delta\varphi_{阴,Sn}}{T}\right)^2 \\
&\quad - l''_{1111}\left(\frac{\Delta\varphi_{阴,Pb}}{T}\right)^3 - l''_{1112}\left(\frac{\Delta\varphi_{阴,Pb}}{T}\right)^2\left(\frac{\Delta\varphi_{阴,Sn}}{T}\right) \\
&\quad - l''_{1122}\left(\frac{\Delta\varphi_{阴,Pb}}{T}\right)\left(\frac{\Delta\varphi_{阴,Sn}}{T}\right)^2 - l''_{1222}\left(\frac{\Delta\varphi_{阴,Sn}}{T}\right)^3 - \cdots
\end{aligned}
\tag{10.41}
$$

式中

$$
\begin{aligned}
l'_{11} &= l_{11}(-2F) \\
l'_{12} &= l_{12}(-2F) \\
l'_{111} &= l_{111}(-2F)^2 \\
l'_{112} &= l_{112}(-2F)^2
\end{aligned}
$$

$$l'_{122} = l_{122}(-2F)^2$$
$$l'_{1111} = l_{1111}(-2F)^3$$
$$l'_{1112} = l_{1112}(-2F)^3$$
$$l'_{1122} = l_{1122}(-2F)^3$$
$$l'_{1222} = l_{1222}(-2F)^3$$
$$\vdots$$

$$\begin{aligned}-l''_1 = &-l'_{11}\varphi_{阴,Pb,e} - l'_{12}\varphi_{阴,Sn,e} - l'_{111}\varphi^2_{阴,Pb,e} - l'_{112}\varphi_{阴,Pb,e}\varphi_{阴,Sn,e} \\ &- l'_{122}\varphi^2_{阴,Sn,e} - l'_{1111}\varphi^3_{阴,Pb,e} - l'_{1112}\varphi^2_{阴,Pb,e}\varphi_{阴,Sn,e} \\ &- l'_{1122}\varphi_{阴,Pb,e}\varphi^2_{阴,Sn,e} - l'_{1222}\varphi^3_{阴,Sn,e}\end{aligned}$$

$$\begin{aligned}-l''_{11} = &-l'_{11} - l'_{111}2\varphi_{阴,Pb,e} - l'_{112}\varphi_{阴,Sn,e} - l'_{1111}3\varphi_{阴,Pb,e} \\ &- l'_{1112}2\varphi_{阴,Pb,e}\varphi_{阴,Sn,e} - l'_{1122}\varphi^2_{阴,Sn,e}\end{aligned}$$

$$\begin{aligned}-l''_{12} = &-l'_{12} - l'_{112}\varphi_{阴,Pb,e} - l'_{1222}\varphi_{阴,Sn,e} - l'_{1112}\varphi^2_{阴,Pb,e} \\ &- l'_{1112}2\varphi_{阴,Sn,e}\varphi_{阴,Pb,e} - l'_{1222}3\varphi^2_{阴,Sn,e}\end{aligned}$$

$$-l''_{111} = -l'_{111} - l'_{1111}3\varphi_{阴,Pb,e} - l'_{1112}\varphi_{阴,Sn,e}$$
$$-l''_{112} = -l'_{112} - l'_{1112}2\varphi_{阴,Pb,e} - l'_{1122}2\varphi_{阴,Sn,e}$$
$$-l''_{122} = -l'_{122} - l'_{1122}\varphi_{阴,Pb,e} - l'_{1222}3\varphi_{阴,Sn,e}$$

$$l''_{1111} = -l'_{1111}$$
$$l''_{1112} = -l'_{1112}$$
$$l''_{1122} = -l'_{1122}$$
$$l''_{1222} = -l'_{1222}$$
$$\vdots$$

将式（10.41）代入

$$i_{Pb} = 2Fj_{Pb} \tag{10.42}$$

得

$$\begin{aligned}i_{Pb} &= 2Fj_{Pb} \\ &= -l^*_{11}\left(\frac{\varphi_{阴,Pb}}{T}\right) - l^*_{12}\left(\frac{\varphi_{阴,Sn}}{T}\right) - l^*_{111}\left(\frac{\varphi_{阴,Pb}}{T}\right)^2 \\ &\quad - l^*_{112}\left(\frac{\varphi_{阴,Pb}}{T}\right)\left(\frac{\varphi_{阴,Sn}}{T}\right) - l^*_{122}\left(\frac{\varphi_{阴,Sn}}{T}\right)^2 \\ &\quad - l^*_{1111}\left(\frac{\varphi_{阴,Pb}}{T}\right)^3 - l^*_{1112}\left(\frac{\varphi_{阴,Pb}}{T}\right)^2\left(\frac{\varphi_{阴,Sn}}{T}\right) - \cdots\end{aligned}$$

$$
\begin{aligned}
&= -l_1^{**} - l_{11}^{**}\left(\frac{\Delta\varphi_{阴,\mathrm{Pb}}}{T}\right) - l_{12}^{**}\left(\frac{\Delta\varphi_{阴,\mathrm{Sn}}}{T}\right) - l_{111}^{**}\left(\frac{\Delta\varphi_{阴,\mathrm{Pb}}}{T}\right)^2 \\
&\quad - l_{112}^{**}\left(\frac{\Delta\varphi_{阴,\mathrm{Pb}}}{T}\right)\left(\frac{\Delta\varphi_{阴,\mathrm{Sn}}}{T}\right) - l_{122}^{**}\left(\frac{\Delta\varphi_{阴,\mathrm{Sn}}}{T}\right)^2 \\
&\quad - l_{1111}^{**}\left(\frac{\Delta\varphi_{阴,\mathrm{Pb}}}{T}\right)^3 - l_{1112}^{**}\left(\frac{\Delta\varphi_{阴,\mathrm{Pb}}}{T}\right)^2\left(\frac{\Delta\varphi_{阴,\mathrm{Sn}}}{T}\right) \\
&\quad - l_{1122}^{**}\left(\frac{\Delta\varphi_{阴,\mathrm{Pb}}}{T}\right)\left(\frac{\Delta\varphi_{阴,\mathrm{Sn}}}{T}\right)^2 - l_{1222}^{**}\left(\frac{\Delta\varphi_{阴,\mathrm{Sn}}}{T}\right)^3 \\
&\quad - \cdots
\end{aligned}
\tag{10.43}
$$

$$
\begin{aligned}
j_{\mathrm{Sn}} &= -l_{21}\left(\frac{A_{\mathrm{m,Pb}}}{T}\right) - l_{22}\left(\frac{A_{\mathrm{m,Sn}}}{T}\right) - l_{211}\left(\frac{A_{\mathrm{m,Pb}}}{T}\right)^2 \\
&\quad - l_{212}\left(\frac{A_{\mathrm{m,Pb}}}{T}\right)\left(\frac{A_{\mathrm{m,Sn}}}{T}\right) - l_{222}\left(\frac{A_{\mathrm{m,Sn}}}{T}\right)^2 \\
&\quad - l_{2111}\left(\frac{A_{\mathrm{m,Pb}}}{T}\right)^3 - l_{2112}\left(\frac{A_{\mathrm{m,Pb}}}{T}\right)^2\left(\frac{A_{\mathrm{m,Sn}}}{T}\right) \\
&\quad - l_{2122}\left(\frac{A_{\mathrm{m,Pb}}}{T}\right)\left(\frac{A_{\mathrm{m,Sn}}}{T}\right)^2 - l_{2222}\left(\frac{A_{\mathrm{m,Sn}}}{T}\right)^3 - \cdots
\end{aligned}
\tag{10.44}
$$

$$
\begin{aligned}
&= -l'_{21}\left(\frac{\varphi_{阴,\mathrm{Pb}}}{T}\right) - l'_{22}\left(\frac{\varphi_{阴,\mathrm{Sn}}}{T}\right) - l'_{211}\left(\frac{\varphi_{阴,\mathrm{Pb}}}{T}\right)^2 \\
&\quad - l'_{212}\left(\frac{\varphi_{阴,\mathrm{Pb}}}{T}\right)\left(\frac{\varphi_{阴,\mathrm{Sn}}}{T}\right) - l'_{222}\left(\frac{\varphi_{阴,\mathrm{Sn}}}{T}\right)^2 \\
&\quad - l'_{2111}\left(\frac{\varphi_{阴,\mathrm{Pb}}}{T}\right)^3 - l'_{2112}\left(\frac{\varphi_{阴,\mathrm{Pb}}}{T}\right)^2\left(\frac{\varphi_{阴,\mathrm{Sn}}}{T}\right) - l'_{2122}\left(\frac{\varphi_{阴,\mathrm{Pb}}}{T}\right)\left(\frac{\varphi_{阴,\mathrm{Sn}}}{T}\right)^2 \\
&\quad - l'_{2222}\left(\frac{\varphi_{阴,\mathrm{Sn}}}{T}\right)^3 - \cdots \\
&= -l'_{21}\left(\frac{\varphi_{阴,\mathrm{Pb,e}} + \Delta\varphi_{阴,\mathrm{Pb}}}{T}\right) - l'_{22}\left(\frac{\varphi_{阴,\mathrm{Sn,e}} + \Delta\varphi_{阴,\mathrm{Sn}}}{T}\right) \\
&\quad - l'_{211}\left(\frac{\varphi_{阴,\mathrm{Pb,e}} + \Delta\varphi_{阴,\mathrm{Pb}}}{T}\right)^2 - l'_{212}\left(\frac{\varphi_{阴,\mathrm{Pb,e}} + \Delta\varphi_{阴,\mathrm{Pb}}}{T}\right)\left(\frac{\varphi_{阴,\mathrm{Sn,e}} + \Delta\varphi_{阴,\mathrm{Sn}}}{T}\right) \\
&\quad - l'_{222}\left(\frac{\varphi_{阴,\mathrm{Sn}}}{T}\right)^2 - l'_{2111}\left(\frac{\varphi_{阴,\mathrm{Pb}}}{T}\right)^3 - l'_{2112}\left(\frac{\varphi_{阴,\mathrm{Pb}}}{T}\right)^2\left(\frac{\varphi_{阴,\mathrm{Sn}}}{T}\right) - l'_{2122}\left(\frac{\varphi_{阴,\mathrm{Pb}}}{T}\right)\left(\frac{\varphi_{阴,\mathrm{Sn}}}{T}\right)^2
\end{aligned}
$$

$$
\begin{aligned}
&-l'_{2222}\left(\frac{\varphi_{阴,Sn}}{T}\right)^3-\cdots \\
&=-l''_2-l''_{21}\left(\frac{\Delta\varphi_{阴,Pb}}{T}\right)-l''_2\left(\frac{\Delta\varphi_{阴,Sn}}{T}\right)-l''_{211}\left(\frac{\Delta\varphi_{阴,Pb}}{T}\right)^2 \\
&\quad-l''_{212}\left(\frac{\Delta\varphi_{阴,Pb}}{T}\right)\left(\frac{\Delta\varphi_{阴,Sn}}{T}\right)-l''_{222}\left(\frac{\Delta\varphi_{阴,Sn}}{T}\right)^2 \\
&\quad-l''_{2111}\left(\frac{\Delta\varphi_{阴,Pb}}{T}\right)^3-l''_{2112}\left(\frac{\Delta\varphi_{阴,Pb}}{T}\right)^2\left(\frac{\Delta\varphi_{阴,Sn}}{T}\right) \\
&\quad-l''_{2122}\left(\frac{\Delta\varphi_{阴,Pb}}{T}\right)\left(\frac{\Delta\varphi_{阴,Sn}}{T}\right)^2-l''_{2222}\left(\frac{\Delta\varphi_{阴,Sn}}{T}\right)^3-\cdots
\end{aligned}
$$

式中

$$l'_{21}=l_{21}(-2F)$$
$$l'_{22}=l_{22}(-2F)$$
$$l'_{211}=l_{211}(-2F)^2$$
$$l'_{212}=l_{212}(-2F)^2$$
$$l'_{222}=l_{222}(-2F)^2$$
$$l'_{2111}=l_{2111}(-2F)^3$$
$$l'_{2112}=l_{2112}(-2F)^3$$
$$l'_{2122}=l_{2122}(-2F)^3$$
$$l'_{2222}=l_{2222}(-2F)^3$$

$$
\begin{aligned}
-l''_2=&-l'_{21}\varphi_{阴,Pb,e}-l'_{22}\varphi_{阴,Sn,e}-l'_{211}\varphi^2_{阴,Pb,e}-l'_{212}\varphi_{阴,Pb,e}\varphi_{阴,Sn,e} \\
&-l'_{222}\varphi^2_{阴,Sn,e}-l'_{2111}\varphi^3_{阴,Pb,e}-l'_{2112}\varphi^2_{阴,Pb,e}\varphi_{阴,Sn,e} \\
&-l'_{2122}\varphi_{阴,Pb,e}\varphi^2_{阴,Sn,e}-l'_{2222}\varphi^3_{阴,Sn,e}
\end{aligned}
$$

$$
\begin{aligned}
-l''_{21}=&-l'_{21}-l'_{211}2\varphi_{阴,Pb,e}-l'_{212}\varphi_{阴,Sn,e}-l'_{2111}3\varphi^2_{阴,Pb,e} \\
&-l'_{2112}2\varphi_{阴,Pb,e}\varphi_{阴,Sn,e}-l'_{2122}\varphi^2_{阴,Sn,e}
\end{aligned}
$$

$$
\begin{aligned}
-l''_{22}=&-l'_{22}-l'_{212}\varphi_{阴,Pb,e}-l'_{222}2\varphi_{阴,Sn,e}-l'_{2112}\varphi^2_{阴,Pb,e} \\
&-l'_{2122}2\varphi_{阴,Sn,e}\varphi_{阴,Pb,e}-l'_{2222}3\varphi^2_{阴,Sn,e}
\end{aligned}
$$

$$-l''_{211}=-l'_{211}-l'_{2111}3\varphi_{阴,Pb,e}-l'_{2112}\varphi_{阴,Sn,e}$$

$$-l''_{212}=-l'_{212}-l'_{2112}2\varphi_{阴,Pb,e}-l'_{2122}2\varphi_{阴,Sn,e}$$

$$-l''_{222}=-l'_{222}-l'_{2122}\varphi_{阴,Pb,e}-l'_{2222}3\varphi_{阴,Sn,e}$$

$$l''_{2111} = -l'_{2111}$$
$$l''_{2112} = -l'_{2112}$$
$$l''_{2122} = -l'_{2122}$$
$$l''_{2222} = -l'_{2222}$$

将式（10.44）代入

$$i_{\mathrm{Sn}} = 2Fj_{\mathrm{Sn}}$$

得

$$\begin{aligned}
i_{\mathrm{Sn}} &= 2Fj_{\mathrm{Sn}} \\
&= -l_{21}^{*}\left(\frac{\varphi_{阴,\mathrm{Pb}}}{T}\right) - l_{22}^{*}\left(\frac{\varphi_{阴,\mathrm{Sn}}}{T}\right) - l_{211}^{*}\left(\frac{\varphi_{阴,\mathrm{Pb}}}{T}\right)^{2} \\
&\quad - l_{212}^{*}\left(\frac{\varphi_{阴,\mathrm{Pb}}}{T}\right)\left(\frac{\varphi_{阴,\mathrm{Sn}}}{T}\right) - l_{222}^{*}\left(\frac{\varphi_{阴,\mathrm{Sn}}}{T}\right)^{2} \\
&\quad - l_{2111}^{*}\left(\frac{\varphi_{阴,\mathrm{Pb}}}{T}\right)^{3} - l_{2112}^{*}\left(\frac{\varphi_{阴,\mathrm{Pb}}}{T}\right)^{2}\left(\frac{\varphi_{阴,\mathrm{Sn}}}{T}\right) \\
&\quad - l_{2122}^{*}\left(\frac{\varphi_{阴,\mathrm{Pb}}}{T}\right)\left(\frac{\varphi_{阴,\mathrm{Sn}}}{T}\right)^{2} - l_{2222}^{*}\left(\frac{\varphi_{阴,\mathrm{Sn}}}{T}\right)^{3} - \cdots \\
&= -l_{2}^{**} - l_{21}^{**}\left(\frac{\Delta\varphi_{阴,\mathrm{Pb}}}{T}\right) - l_{22}^{**}\left(\frac{\Delta\varphi_{阴,\mathrm{Sn}}}{T}\right) - l_{211}^{*}\left(\frac{\Delta\varphi_{阴,\mathrm{Pb}}}{T}\right)^{2} \\
&\quad - l_{212}^{**}\left(\frac{\Delta\varphi_{阴,\mathrm{Pb}}}{T}\right)\left(\frac{\Delta\varphi_{阴,\mathrm{Sn}}}{T}\right) - l_{222}^{**}\left(\frac{\Delta\varphi_{阴,\mathrm{Sn}}}{T}\right)^{2} \\
&\quad - l_{2111}^{**}\left(\frac{\Delta\varphi_{阴,\mathrm{Pb}}}{T}\right)^{3} - l_{2112}^{**}\left(\frac{\Delta\varphi_{阴,\mathrm{Pb}}}{T}\right)^{2}\left(\frac{\Delta\varphi_{阴,\mathrm{Sn}}}{T}\right) \\
&\quad - l_{2122}^{**}\left(\frac{\Delta\varphi_{阴,\mathrm{Pb}}}{T}\right)\left(\frac{\Delta\varphi_{阴,\mathrm{Sn}}}{T}\right)^{2} - l_{2222}^{**}\left(\frac{\Delta\varphi_{阴,\mathrm{Sn}}}{T}\right)^{3} - \cdots
\end{aligned} \tag{10.45}$$

Pb 和 Sn 在阴极上沉积的比例为

$$K_{\mathrm{Pb/Sn}} = \frac{i_{\mathrm{Pb}}}{i_{\mathrm{Sn}}}$$

$$i = i_{\mathrm{Pb}} + i_{\mathrm{Sn}} = 2Fj_{\mathrm{Pb}} + 2Fj_{\mathrm{Sn}}$$
$$I = Si = S(i_{\mathrm{Pb}} + i_{\mathrm{Sn}}) = S(2Fj_{\mathrm{Pb}} + 2Fj_{\mathrm{Sn}})$$

Pb 和 Sn 的阴极电势相等（是外加的），但过电势不等，即

$$\varphi_{阴,\mathrm{Pb}} = \varphi_{阴,\mathrm{Sn}}$$

$$\varphi_{阴,\mathrm{Pb,e}} \neq \varphi_{阴,\mathrm{Sn,e}}$$

$$\Delta\varphi_{阴,Pb} \neq \Delta\varphi_{阴,Sn}$$

10.3.3　异常共析和诱导共析

两种以上金属共同还原有两种异常情况：异常共析和诱导共析。

异常共析是指标准电极电势相差大，而过电势相差不大的几种金属离子共同还原时，电流密度达到一定值后，电势较正的金属离子还原速率下降，而电势较负的金属离子还原速率上升。例如，铁的标准电势比镍负，当溶液中两种金属离子活度相同，共同还原的过电势相差不大，但 Fe^{2+}比 Ni^{2+}的还原速率大。

诱导共析是指在水溶液中不能单独还原的金属却能和某些金属共同还原。例如，在水溶液中，WO_4^{2-} 不能单独还原为 W，但可以和 Ni^{2+}一同还原为 Ni-W 合金。

这都是由于被还原组元相互作用的结果。

溶液中两种金属离子 $Me_1^{z_1+}$ 和 $Me_2^{z_2+}$ 同时在阴极还原，电极反应为

$$Me_1^{z_1+} + z_1e =\!=\!= [Me_1] \tag{i}$$

$$Me_2^{z_2+} + z_2e =\!=\!= [Me_2] \tag{ii}$$

阴极反应达成平衡，有

（i）$Me_1^{z_1+} + z_1e \rightleftharpoons [Me_1]$

该反应的摩尔吉布斯自由能变化为

$$\Delta G_{m,阴,Me_1,e} = \mu_{[Me_1]} - \mu_{Me_1^{z_1+}} - z_1\mu_e = \Delta G^{\ominus}_{m,阴,Me_1} + RT\ln\frac{a_{[Me_1],e}}{a_{Me_1^{z_1+},e}} \tag{10.46}$$

式中

$$\Delta G^{\ominus}_{m,阴,Me_1} = \mu^{\ominus}_{[Me_1]} - \mu^{\ominus}_{Me_1^{z_1+}} - z_1\mu^{\ominus}_e$$

$$\mu_{[Me_1]} = \mu^{\ominus}_{[Me_1]} + RT\ln a_{[Me_1],e}$$

$$\mu_{Me_1^{z_1+}} = \mu^{\ominus}_{Me_1^{z_1+}} + RT\ln a_{Me_1^{z_1+},e}$$

$$\mu_e = \mu^{\ominus}_e$$

由

$$\varphi_{阴,Me_1,e} = -\frac{\Delta G_{m,阴,Me_1,e}}{z_1F}$$

得

$$\varphi_{阴,Me_1,e} = \varphi^{\ominus}_{阴,Me_1} + \frac{RT}{z_1F}\ln\frac{a_{Me_1^{z_1+},e}}{a_{[Me_1],e}} \tag{10.47}$$

式中

$$\varphi^{\ominus}_{阴,Me_1} = -\frac{\Delta G^{\ominus}_{m,阴,Me_1}}{z_1F} = -\frac{\mu^{\ominus}_{[Me_1]} - \mu^{\ominus}_{Me_1^{z_1+}} - z_1\mu^{\ominus}_e}{z_1F}$$

（ii）

$$Me_2^{z_2+} + z_2e \rightleftharpoons [Me_2]$$

该反应的摩尔吉布斯自由能变化为

$$\Delta G_{\mathrm{m,阴,Me_2,e}} = \mu_{\mathrm{Me_2}} - \mu_{\mathrm{Me_2^{z_1+}}} - z_2\mu_{\mathrm{e}} = \Delta G^{\ominus}_{\mathrm{m,阴,Me_2}} + RT\ln\frac{a_{\mathrm{[Me_2],e}}}{a_{\mathrm{Me_2^{z_2+},e}}} \tag{10.48}$$

式中

$$\Delta G^{\ominus}_{\mathrm{m,阴,Me_2}} = \mu^{\ominus}_{\mathrm{[Me_2]}} - \mu^{\ominus}_{\mathrm{Me_2^{z_2+},e}} - z\mu^{\ominus}_{\mathrm{e}}$$

$$\mu_{\mathrm{[Me_2]}} = \mu^{\ominus}_{\mathrm{[Me_2]}} + RT\ln a_{\mathrm{[Me_2],e}}$$

$$\mu_{\mathrm{Me_2^{z_2+}}} = \mu^{\ominus}_{\mathrm{Me_2^{z_2+}}} + RT\ln a_{\mathrm{Me_2^{z_2+},e}}$$

$$\mu_{\mathrm{e}} = \mu^{\ominus}_{\mathrm{e}}$$

由

$$\varphi_{\mathrm{阴,Me_2,e}} = -\frac{\Delta G_{\mathrm{m,阴,Me_2,e}}}{z_2F}$$

得

$$\varphi_{\mathrm{阴,Me_2}} = \varphi^{\ominus}_{\mathrm{阴,Me_2,e}} + \frac{RT}{z_2F}\ln\frac{a_{\mathrm{Me_2^{z_2^+},e}}}{a_{\mathrm{[Me_2],e}}} \tag{10.49}$$

式中

$$\varphi^{\ominus}_{\mathrm{阴,Me_2}} = -\frac{\Delta G^{\ominus}_{\mathrm{m,阴,Me_2}}}{z_2F} = -\frac{\mu^{\ominus}_{\mathrm{[Me_2]}} - \mu^{\ominus}_{\mathrm{Me_2^{z_2^+}}} - z_2\mu^{\ominus}_{\mathrm{e}}}{z_2F}$$

阴极有电流通过，发生极化，阴极反应为

$$\mathrm{Me_1^{z_1+}} + z_1\mathrm{e} = \mathrm{[Me_1]}$$

$$\mathrm{Me_2^{z_2+}} + z_2\mathrm{e} = \mathrm{[Me_2]}$$

阴极电势为

$$\begin{aligned}\varphi_{\mathrm{阴}} &= \varphi_{\mathrm{阴,Me_1}} = \varphi_{\mathrm{阴,Me_1,e}} + \Delta\varphi_{\mathrm{阴,Me_1}}\\ &= \varphi_{\mathrm{阴,Me_2}} = \varphi_{\mathrm{阴,Me_2,e}} + \Delta\varphi_{\mathrm{阴,Me_2}}\end{aligned}$$

则

$$\Delta\varphi_{\mathrm{阴,Me_1}} = \varphi_{\mathrm{阴,Me_1}} - \varphi_{\mathrm{阴,Me_1,e}} = \varphi_{\mathrm{阴}} - \varphi_{\mathrm{阴,Me_1,e}}$$

$$\Delta\varphi_{\mathrm{阴,Me_2}} = \varphi_{\mathrm{阴,Me_2}} - \varphi_{\mathrm{阴,Me_2,e}} = \varphi_{\mathrm{阴}} - \varphi_{\mathrm{阴,Me_2,e}}$$

并有

$$A_{\mathrm{m,阴,Me_1}} = -\Delta G_{\mathrm{m,阴,Me_1}} = z_1F\varphi_{\mathrm{阴}} = z_1F(\varphi_{\mathrm{阴,Me_1,e}} + \Delta\varphi_{\mathrm{阴,Me_1}})$$

$$A_{\mathrm{m,阴,Me_2}} = -\Delta G_{\mathrm{m,阴,Me_2}} = z_2F\varphi_{\mathrm{阴}} = z_2F(\varphi_{\mathrm{阴,Me_2,e}} + \Delta\varphi_{\mathrm{阴,Me_2}})$$

阴极反应速率为

$$\frac{\mathrm{d}N_{\mathrm{[Me_1]}}}{\mathrm{d}t} = -\frac{\mathrm{d}N_{\mathrm{Me_1^{z_1+}}}}{\mathrm{d}t} = -\frac{1}{z_1}\frac{\mathrm{d}N_{\mathrm{e}}}{\mathrm{d}t} = Sj_{\mathrm{Me_1}} \tag{10.50}$$

$$\frac{\mathrm{d}N_{[\mathrm{Me}_2]}}{\mathrm{d}t} = -\frac{\mathrm{d}N_{\mathrm{Me}_2^{z_2+}}}{\mathrm{d}t} = -\frac{1}{z_2}\frac{\mathrm{d}N_{\mathrm{e}}}{\mathrm{d}t} = Sj_{\mathrm{Me}_2} \tag{10.51}$$

a. 不考虑耦合作用

$$\begin{aligned} j_{\mathrm{Me}_1} &= -l_1\left(\frac{A_{\mathrm{m,Me}_1}}{T}\right) - l_2\left(\frac{A_{\mathrm{m,Me}_1}}{T}\right)^2 - l_3\left(\frac{A_{\mathrm{m,Me}_1}}{T}\right)^3 - \cdots \\ &= -l_1'\left(\frac{\varphi_{\mathrm{m,Me}_1}}{T}\right) - l_2'\left(\frac{\varphi_{\mathrm{m,Me}_1}}{T}\right)^2 - l_3'\left(\frac{\varphi_{\mathrm{m,Me}_1}}{T}\right)^3 - \cdots \\ &= -l_1'' - l_2''\left(\frac{\Delta\varphi_{\mathrm{m,Me}_1}}{T}\right) - l_3''\left(\frac{\Delta\varphi_{\mathrm{m,Me}_1}}{T}\right)^2 - l_4''\left(\frac{\Delta\varphi_{\mathrm{m,Me}_1}}{T}\right)^3 - \cdots \end{aligned} \tag{10.52}$$

将上式代入

$$i_{\mathrm{Me}_1} = z_1 F j_{\mathrm{Me}_1}$$

得

$$\begin{aligned} i_{\mathrm{Me}_1} &= z_1 F j_{\mathrm{Me}_1} \\ &= -l_1^*\left(\frac{\varphi_{阴,\mathrm{Me}_1}}{T}\right) - l_2^*\left(\frac{\varphi_{阴,\mathrm{Me}_1}}{T}\right)^2 - l_3^*\left(\frac{\varphi_{阴,\mathrm{Me}_1}}{T}\right)^3 - \cdots \\ &= -l_1^{**}\left(\frac{\Delta\varphi_{阴,\mathrm{Me}_1}}{T}\right) - l_2^{**}\left(\frac{\Delta\varphi_{阴,\mathrm{Me}_1}}{T}\right)^2 - l_3^{**}\left(\frac{\Delta\varphi_{阴,\mathrm{Me}_1}}{T}\right)^3 - \cdots \end{aligned} \tag{10.53}$$

$$\begin{aligned} j_{\mathrm{Me}_2} &= -l_1\left(\frac{A_{\mathrm{m,Me}_2}}{T}\right) - l_2\left(\frac{A_{\mathrm{m,Me}_2}}{T}\right)^2 - l_3\left(\frac{A_{\mathrm{m,Me}_2}}{T}\right)^3 - \cdots \\ &= -l_1'\left(\frac{\varphi_{\mathrm{m,Me}_2}}{T}\right) - l_2'\left(\frac{\varphi_{\mathrm{m,Me}_2}}{T}\right)^2 - l_3'\left(\frac{\varphi_{\mathrm{m,Me}_2}}{T}\right)^3 - \cdots \\ &= -l_1'' - l_2''\left(\frac{\Delta\varphi_{\mathrm{m,Me}_2}}{T}\right) - l_3''\left(\frac{\Delta\varphi_{\mathrm{m,Me}_2}}{T}\right)^2 - l_4''\left(\frac{\Delta\varphi_{\mathrm{m,Me}_2}}{T}\right)^3 - \cdots \end{aligned} \tag{10.54}$$

将式（10.54）代入

$$i_{\mathrm{Me}_2} = z_2 F j_{\mathrm{Me}_2}$$

得

$$\begin{aligned} i_{\mathrm{Me}_2} &= z_2 F j_{\mathrm{Me}_2} \\ &= -l_1^*\left(\frac{\varphi_{阴,\mathrm{Me}_2}}{T}\right) - l_2^*\left(\frac{\varphi_{阴,\mathrm{Me}_2}}{T}\right)^2 - l_3^*\left(\frac{\varphi_{阴,\mathrm{Me}_2}}{T}\right)^3 - \cdots \\ &= -l_1^{**}\left(\frac{\Delta\varphi_{阴,\mathrm{Me}_2}}{T}\right) - l_2^{**}\left(\frac{\Delta\varphi_{阴,\mathrm{Me}_2}}{T}\right)^2 - l_3^{**}\left(\frac{\Delta\varphi_{阴,\mathrm{Me}_2}}{T}\right)^3 - \cdots \end{aligned} \tag{10.55}$$

b. 考虑耦合作用

$$
\begin{aligned}
j_{\mathrm{Me}_1} &= -l_{11}\left(\frac{A_{\mathrm{m,Me}_1}}{T}\right) - l_{12}\left(\frac{A_{\mathrm{m,Me}_2}}{T}\right) - l_{111}\left(\frac{A_{\mathrm{m,Me}_1}}{T}\right)^2 - l_{112}\left(\frac{A_{\mathrm{m,Me}_1}}{T}\right)\left(\frac{A_{\mathrm{m,Me}_2}}{T}\right) - l_{122}\left(\frac{A_{\mathrm{m,Me}_2}}{T}\right)^2 \\
&\quad - l_{1111}\left(\frac{A_{\mathrm{m,Me}_1}}{T}\right)^3 - l_{1112}\left(\frac{A_{\mathrm{m,Me}_1}}{T}\right)^2\left(\frac{A_{\mathrm{m,Me}_2}}{T}\right) \\
&\quad - l_{1122}\left(\frac{A_{\mathrm{m,Me}_1}}{T}\right)\left(\frac{A_{\mathrm{m,Me}_2}}{T}\right)^2 - l_{1222}\left(\frac{A_{\mathrm{m,Me}_2}}{T}\right)^3 - \cdots \\
&= -l'_{11}\left(\frac{\varphi_{阴,\mathrm{Me}_1}}{T}\right) - l'_{12}\left(\frac{\varphi_{阴,\mathrm{Me}_2}}{T}\right) - l'_{111}\left(\frac{\varphi_{阴,\mathrm{Me}_1}}{T}\right)^2 - l'_{112}\left(\frac{\varphi_{阴,\mathrm{Me}_1}}{T}\right)\left(\frac{\varphi_{阴,\mathrm{Me}_2}}{T}\right) - l'_{122}\left(\frac{\varphi_{阴,\mathrm{Me}_2}}{T}\right)^2 \\
&\quad - l'_{1111}\left(\frac{\varphi_{阴,\mathrm{Me}_1}}{T}\right)^3 - l'_{1112}\left(\frac{\varphi_{阴,\mathrm{Me}_1}}{T}\right)^2\left(\frac{\varphi_{阴,\mathrm{Me}_2}}{T}\right) \\
&\quad - l'_{1122}\left(\frac{\varphi_{阴,\mathrm{Me}_1}}{T}\right)\left(\frac{\varphi_{阴,\mathrm{Me}_2}}{T}\right)^2 - l'_{1222}\left(\frac{\varphi_{阴,\mathrm{Me}_2}}{T}\right)^3 \cdots \\
&= -l'_{11}\left(\frac{\varphi_{阴,\mathrm{Me}_1,\mathrm{e}} + \Delta\varphi_{阴,\mathrm{Me}_1}}{T}\right) - l'_{12}\left(\frac{\varphi_{阴,\mathrm{Me}_2,\mathrm{e}} + \Delta\varphi_{阴,\mathrm{Me}_2}}{T}\right)^2 \\
&\quad - l'_{111}\left(\frac{\varphi_{阴,\mathrm{Me}_1,\mathrm{e}} + \Delta\varphi_{阴,\mathrm{Me}_1}}{T}\right)^2 - l'_{112}\left(\frac{\varphi_{阴,\mathrm{Me}_1,\mathrm{e}} + \Delta\varphi_{阴,\mathrm{Me}_1}}{T}\right)\left(\frac{\varphi_{阴,\mathrm{Me}_2,\mathrm{e}} + \Delta\varphi_{阴,\mathrm{Me}_2}}{T}\right) \\
&\quad - l'_{122}\left(\frac{\varphi_{阴,\mathrm{Me}_2,\mathrm{e}} + \Delta\varphi_{阴,\mathrm{Me}_2}}{T}\right)^2 - l'_{1111}\left(\frac{\varphi_{阴,\mathrm{Me}_1,\mathrm{e}} + \Delta\varphi_{阴,\mathrm{Me}_1}}{T}\right)^3 \\
&\quad - l'_{1112}\left(\frac{\varphi_{阴,\mathrm{Me}_1,\mathrm{e}} + \Delta\varphi_{阴,\mathrm{Me}_1}}{T}\right)^2\left(\frac{\varphi_{阴,\mathrm{Me}_2,\mathrm{e}} + \Delta\varphi_{阴,\mathrm{Me}_2}}{T}\right) \\
&\quad - l'_{1122}\left(\frac{\varphi_{阴,\mathrm{Me}_1,\mathrm{e}} + \Delta\varphi_{阴,\mathrm{Me}_1}}{T}\right)\left(\frac{\varphi_{阴,\mathrm{Me}_2,\mathrm{e}} + \Delta\varphi_{阴,\mathrm{Me}_2}}{T}\right)^2 - l'_{1222}\left(\frac{\varphi_{阴,\mathrm{Me}_2,\mathrm{e}} + \Delta\varphi_{阴,\mathrm{Me}_2}}{T}\right)^3 - \cdots \\
&= -l''_1 - l''_{11}\left(\frac{\Delta\varphi_{阴,\mathrm{Me}_1}}{T}\right) - l''_2\left(\frac{\Delta\varphi_{阴,\mathrm{Me}_2}}{T}\right) \\
&\quad - l''_{111}\left(\frac{\Delta\varphi_{阴,\mathrm{Me}_1}}{T}\right)^2 - l''_{112}\left(\frac{\Delta\varphi_{阴,\mathrm{Me}_1}}{T}\right)\left(\frac{\Delta\varphi_{阴,\mathrm{Me}_2}}{T}\right) - l''_{122}\left(\frac{\Delta\varphi_{阴,\mathrm{Me}_2}}{T}\right)^2 \\
&\quad - l''_{1111}\left(\frac{\Delta\varphi_{阴,\mathrm{Me}_1}}{T}\right)^3 - l''_{1112}\left(\frac{\Delta\varphi_{阴,\mathrm{Me}_1}}{T}\right)^2\left(\frac{\Delta\varphi_{阴,\mathrm{Me}_2}}{T}\right)
\end{aligned}
$$

$$-l''_{1122}\left(\frac{\Delta\varphi_{阴,Me_1}}{T}\right)\left(\frac{\Delta\varphi_{阴,Me_2}}{T}\right)^2-l''_{1222}\left(\frac{\Delta\varphi_{阴,Me_2}}{T}\right)^3-\cdots \tag{10.56}$$

式中

$$l'_{11}=l_{11}(-z_1F)$$
$$l'_{12}=l_{12}(-z_2F)$$
$$l'_{111}=l_{111}(-z_1F)^2$$
$$l'_{112}=l_{112}(-z_1F)(-z_2F)$$
$$l'_{1111}=l_{1111}(-z_1F)^3$$
$$l'_{1112}=l_{1112}(-z_1F)^2(-z_2F)$$
$$l'_{1122}=l_{1122}(-z_1F)(-z_2F)^2$$
$$l'_{1222}=l_{1222}(-z_2F)^3$$

$$\begin{aligned}-l''_1=&-l'_{11}\varphi_{阴,Me_1,e}-l'_{12}\varphi_{阴,Me_2,e}-l'_{111}\varphi^2_{阴,Me_1,e}-l'_{112}\varphi_{阴,Me_1,e}\varphi_{阴,Me_2,e}\\&-l'_{122}\varphi^2_{阴,Me_2,e}-l'_{1111}\varphi^3_{阴,Me_1,e}-l'_{1112}\varphi^2_{阴,Me_1,e}\varphi_{阴,Me_2,e}-l'_{1122}\varphi_{阴,Me_1,e}\varphi^2_{阴,Me_2,e}-l'_{1222}\varphi^3_{阴,Me_2,e}\\&-l'_{1112}2\varphi_{阴,Me_1,e}\varphi_{阴,Me_2,e}-l'_{1122}\varphi^2_{阴,Me_2,e}\end{aligned}$$

$$\begin{aligned}-l''_{12}=&-l'_{12}-l'_{112}\varphi_{阴,Me_1,e}-l'_{122}2\varphi_{阴,Me_2,e}-l'_{1112}\varphi^2_{阴,Me_1,e}\\&-l'_{1122}2\varphi_{阴,Me_2,e}\varphi_{阴,Me_1,e}-l'_{1222}3\varphi^2_{阴,Me_2,e}\end{aligned}$$

$$-l''_{111}=-l'_{111}-l'_{1111}3\varphi_{阴,Me_1,e}-l'_{1112}\varphi_{阴,Me_2,e}$$
$$-l''_{112}=-l'_{112}-l'_{1112}2\varphi_{阴,Me_1,e}-l'_{1122}2\varphi_{阴,Me_2,e}$$
$$-l''_{122}=-l'_{122}-l'_{1122}\varphi_{阴,Me_1,e}-l'_{1222}3\varphi_{阴,Me_2,e}$$
$$l''_{1111}=-l'_{1111}$$
$$l''_{1112}=-l'_{1112}$$
$$l''_{1122}=-l'_{1122}$$
$$l''_{1222}=-l'_{1222}$$

将式（10.56）代入

$$i_{Me_1}=z_1Fj_{Me_1}$$

得

$$\begin{aligned}i_{Me_1}&=z_1Fj_{Me_1}\\&=-l^*_{11}\left(\frac{\varphi_{阴,Me_1}}{T}\right)-l^*_{12}\left(\frac{\varphi_{阴,Me_2}}{T}\right)-l^*_{111}\left(\frac{\varphi_{阴,Me_1}}{T}\right)^2-l^*_{112}\left(\frac{\varphi_{阴,Me_1}}{T}\right)\left(\frac{\varphi_{阴,Me_2}}{T}\right)-l^*_{122}\left(\frac{\varphi_{阴,Me_2}}{T}\right)^2\\&\quad-l^*_{1111}\left(\frac{\Delta\varphi_{阴,Me_1}}{T}\right)^3-l^*_{1112}\left(\frac{\varphi_{阴,Me_1}}{T}\right)^2\left(\frac{\varphi_{阴,Me_2}}{T}\right)-l^*_{1122}\left(\frac{\varphi_{阴,Me_1}}{T}\right)\left(\frac{\varphi_{阴,Me_2}}{T}\right)^2-l^*_{1222}\left(\frac{\varphi_{阴,Me_2}}{T}\right)^3-\cdots\end{aligned}$$

$$
\begin{aligned}
&= -l_1^{**} - l_{11}^{**}\left(\frac{\Delta\varphi_{阴,Me_1}}{T}\right) - l_{12}^{**}\left(\frac{\Delta\varphi_{阴,Me_2}}{T}\right) - l_{111}^{*}\left(\frac{\Delta\varphi_{阴,Me_1}}{T}\right)^2 \\
&\quad - l_{112}^{**}\left(\frac{\Delta\varphi_{阴,Me_1}}{T}\right)\left(\frac{\Delta\varphi_{阴,Me_2}}{T}\right) - l_{122}^{**}\left(\frac{\Delta\varphi_{阴,Me_2}}{T}\right)^2 - l_{1111}^{**}\left(\frac{\Delta\varphi_{阴,Me_1}}{T}\right)^3 \\
&\quad - l_{1112}^{**}\left(\frac{\Delta\varphi_{阴,Me_1}}{T}\right)^2\left(\frac{\Delta\varphi_{阴,Me_2}}{T}\right) - l_{1122}^{**}\left(\frac{\Delta\varphi_{阴,Me_1}}{T}\right)\left(\frac{\Delta\varphi_{阴,Me_2}}{T}\right)^2 - l_{1222}^{**}\left(\frac{\Delta\varphi_{阴,Me_2}}{T}\right)^3 - \cdots
\end{aligned}
\tag{10.57}
$$

$$
\begin{aligned}
j_{Me_2} &= -l_{21}\left(\frac{A_{m,Me_1}}{T}\right) - l_{22}\left(\frac{A_{m,Me_2}}{T}\right) - l_{211}\left(\frac{A_{m,Me_1}}{T}\right)^2 - l_{212}\left(\frac{A_{m,Me_1}}{T}\right)\left(\frac{A_{m,Me_2}}{T}\right) \\
&\quad - l_{222}\left(\frac{A_{m,Me_2}}{T}\right)^2 - l_{2111}\left(\frac{A_{m,Me_1}}{T}\right)^3 - l_{2112}\left(\frac{A_{m,Me_1}}{T}\right)^2\left(\frac{A_{m,Me_2}}{T}\right) \\
&\quad - l_{2122}\left(\frac{A_{m,Me_1}}{\mathrm{T}}\right)\left(\frac{A_{m,Me_2}}{\mathrm{T}}\right)^2 - l_{2222}\left(\frac{A_{m,Me_1}}{\mathrm{T}}\right)^3 - \cdots \\
&= -l'_{21}\left(\frac{\varphi_{阴,Me_1}}{\mathrm{T}}\right) - l'_{22}\left(\frac{\varphi_{阴,Me_2}}{\mathrm{T}}\right) - l'_{211}\left(\frac{\varphi_{阴,Me_1}}{\mathrm{T}}\right)^2 \\
&\quad - l'_{212}\left(\frac{\varphi_{阴,Me_1}}{\mathrm{T}}\right)\left(\frac{\varphi_{阴,Me_2}}{\mathrm{T}}\right) - l'_{222}\left(\frac{\varphi_{阴,Me_1}}{\mathrm{T}}\right)^2 \\
&\quad - l'_{2111}\left(\frac{\varphi_{阴,Me_1}}{T}\right)^3 - l'_{2112}\left(\frac{\varphi_{阴,Me_1}}{T}\right)^2\left(\frac{\varphi_{阴,Me_2}}{T}\right) \\
&\quad - l'_{2122}\left(\frac{\varphi_{阴,Me_1}}{T}\right)\left(\frac{\varphi_{阴,Me_2}}{T}\right)^2 - l'_{2222}\left(\frac{A_{m,Me_2}}{T}\right)^3 - \cdots \\
&= -l'_{21}\left(\frac{\varphi_{阴,Me_1}}{\mathrm{T}}\right) - l'_{22}\left(\frac{\varphi_{阴,Me_2}}{\mathrm{T}}\right) - l'_{211}\left(\frac{\varphi_{阴,Me_1}}{\mathrm{T}}\right)^2 \\
&\quad - l'_{212}\left(\frac{\varphi_{阴,Me_1}}{\mathrm{T}}\right)\left(\frac{\varphi_{阴,Me_2}}{\mathrm{T}}\right) - l'_{222}\left(\frac{\varphi_{阴,Me_1}}{\mathrm{T}}\right)^2 \\
&\quad - l'_{2111}\left(\frac{\varphi_{阴,Me_1}}{T}\right)^3 - l'_{2112}\left(\frac{\varphi_{阴,Me_1}}{T}\right)^2\left(\frac{\varphi_{阴,Me_2}}{T}\right) \\
&\quad - l'_{2122}\left(\frac{\varphi_{阴,Me_1}}{T}\right)\left(\frac{\varphi_{阴,Me_2}}{T}\right)^2 - l'_{2222}\left(\frac{\varphi_{阴,Me_2}}{T}\right)^3 \cdots
\end{aligned}
$$

$$
\begin{aligned}
&= -l'_{21}\left(\frac{\varphi_{阴,Me_1,e}+\Delta\varphi_{阴,Me_1}}{T}\right) - l'_{22}\left(\frac{\varphi_{阴,Me_2,e}+\Delta\varphi_{阴,Me_2}}{T}\right) \\
&\quad - l'_{211}\left(\frac{\varphi_{阴,Me_1,e}+\Delta\varphi_{阴,Me_1}}{T}\right)^2 - l'_{212}\left(\frac{\varphi_{阴,Me_1,e}+\Delta\varphi_{阴,Me_1}}{T}\right)\left(\frac{\varphi_{阴,Me_2,e}+\Delta\varphi_{阴,Me_2}}{T}\right) \\
&\quad - l'_{222}\left(\frac{\varphi_{阴,Me_2,e}+\Delta\varphi_{阴,Me_2}}{T}\right)^2 - l'_{2111}\left(\frac{\varphi_{阴,Me_1,e}+\Delta\varphi_{阴,Me_1}}{T}\right)^3 \\
&\quad - l'_{2112}\left(\frac{\varphi_{阴,Me_1,e}+\Delta\varphi_{阴,Me_1}}{T}\right)^2\left(\frac{\varphi_{阴,Me_2,e}+\Delta\varphi_{阴,Me_2}}{T}\right) \\
&\quad - l'_{2122}\left(\frac{\varphi_{阴,Me_1,e}+\Delta\varphi_{阴,Me_1}}{T}\right)\left(\frac{\varphi_{阴,Me_2,e}+\Delta\varphi_{阴,Me_2}}{T}\right)^2 - l'_{2222}\left(\frac{\varphi_{阴,Me_2,e}+\Delta\varphi_{阴,Me_2}}{T}\right)^3 - \cdots \\
&= -l''_2 - l''_{21}\left(\frac{\Delta\varphi_{阴,Me_1}}{T}\right) - l''_{22}\left(\frac{\Delta\varphi_{阴,Me_2}}{T}\right) - l''_{211}\left(\frac{\Delta\varphi_{阴,Me_1}}{T}\right)^2 \\
&\quad - l''_{212}\left(\frac{\Delta\varphi_{阴,Me_1}}{T}\right)\left(\frac{\Delta\varphi_{阴,Me_2}}{T}\right) - l''_{222}\left(\frac{\Delta\varphi_{阴,Me_2}}{T}\right)^2 - l''_{211}\left(\frac{\Delta\varphi_{阴,Me_1}}{T}\right)^2 \\
&\quad - l''_{2112}\left(\frac{\Delta\varphi_{阴,Me_1}}{T}\right)^2\left(\frac{\Delta\varphi_{阴,Me_2}}{T}\right) - l''_{2122}\left(\frac{\Delta\varphi_{阴,Me_1}}{T}\right)\left(\frac{\Delta\varphi_{阴,Me_2}}{T}\right)^2 - l''_{2222}\left(\frac{\Delta\varphi_{阴,Me_2}}{T}\right)^3 - \cdots
\end{aligned}
\tag{10.58}
$$

$$
\begin{aligned}
l'_{21} &= l_{21}(-z_1F) \\
l'_{22} &= l_{22}(-z_2F) \\
l'_{211} &= l_{211}(-z_1F)^2 \\
l'_{212} &= l_{212}(-z_1F)(-z_2F) \\
l'_{222} &= l_{222}(-z_2F)^2 \\
l'_{2111} &= l_{2111}(-z_1F)^3 \\
l'_{2112} &= l_{2112}(-z_1F)^2(-z_2F) \\
l'_{2122} &= l_{2122}(-z_1F)(-z_2F)^2 \\
l'_{2222} &= l_{2222}(-z_2F)^3
\end{aligned}
$$

$$
\begin{aligned}
-l''_{12} = {} & -l'_{21}\varphi_{阴,Me_1,e} - l'_{22}\varphi_{阴,Me_2,e} \\
& - l'_{211}\varphi^2_{阴,Me_1,e} - l'_{212}\varphi_{阴,Me_1,e}\varphi_{阴,Me_2,e} - l'_{222}\varphi^2_{阴,Me_2,e} \\
& - l'_{2111}\varphi^3_{阴,Me_1,e} - l'_{2112}\varphi^2_{阴,Me_1,e}\varphi_{阴,Me_2,e} - l'_{2122}\varphi_{阴,Me_1,e}\varphi^2_{阴,Me_2,e} - l'_{2222}\varphi^3_{阴,Me_2,e} \\
-l''_{21} = {} & -l'_{21} - l'_{211}2\varphi_{阴,Me_1,e} - l'_{212}\varphi_{阴,Me_2,e} \\
& - l'_{2111}3\varphi^2_{阴,Me_1,e} - l'_{2112}2\varphi_{阴,Me_1,e}\varphi_{阴,Me_2,e} - l'_{2122}\varphi^2_{阴,Me_2,e}
\end{aligned}
$$

$$
\begin{aligned}
-l''_{22} &= -l'_{22} - l'_{212}\varphi_{阴,Me_1,e} - l'_{222}2\varphi_{阴,Me_2,e} \\
&\quad - l'_{2112}\varphi^2_{阴,Me_1,e} - l'_{2122}2\varphi_{阴,Me_2,e}\varphi_{阴,Me_1,e} - l'_{2222}3\varphi^2_{阴,Me_2,e} \\
-l''_{211} &= -l'_{211} - l'_{2111}3\varphi_{阴,Me_1,e} - l'_{2112}\varphi_{阴,Me_2,e} \\
-l''_{212} &= -l'_{212} - l'_{2112}2\varphi_{阴,Me_1,e} - l'_{2122}2\varphi_{阴,Me_2,e} \\
-l''_{222} &= -l'_{222} - l'_{2122}\varphi_{阴,Me_1,e} - l'_{2222}3\varphi_{阴,Me_2,e} \\
l''_{111} &= -l'_{2111} \\
l''_{2112} &= -l'_{2112} \\
l''_{2122} &= -l'_{2122} \\
l''_{2222} &= -l'_{2222}
\end{aligned}
$$

将式（10.58）代入

$$
i_{Me_2} = 2Fj_{Me_2}
$$

得

$$
\begin{aligned}
i_{Me_2} &= 2Fj_{Me_2} \\
&= -l^*_{21}\left(\frac{\varphi_{阴,Me_1}}{T}\right) - l^*_{22}\left(\frac{\varphi_{阴,Me_2}}{T}\right) \\
&\quad - l^*_{211}\left(\frac{\varphi_{阴,Me_1}}{T}\right)^2 - l^*_{212}\left(\frac{\varphi_{阴,Me_1}}{T}\right)\left(\frac{\varphi_{阴,Me_2}}{T}\right) - l^*_{222}\left(\frac{\varphi_{阴,Me_2}}{T}\right)^2 \\
&\quad - l^*_{2111}\left(\frac{\Delta\varphi_{阴,Me_1}}{T}\right)^3 - l^*_{2112}\left(\frac{\varphi_{阴,Me_1}}{T}\right)^2\left(\frac{\varphi_{阴,Me_2}}{T}\right) \\
&\quad - l^*_{2122}\left(\frac{\varphi_{阴,Me_1}}{T}\right)\left(\frac{\varphi_{阴,Me_2}}{T}\right)^2 - l^*_{2222}\left(\frac{\varphi_{阴,Me_2}}{T}\right)^3 - \cdots \\
&= -l^{**}_2 - l^{**}_{21}\left(\frac{\Delta\varphi_{阴,Me_1}}{T}\right) - l^{**}_{22}\left(\frac{\varphi_{阴,Me_2}}{T}\right) \\
&\quad - l^{**}_{211}\left(\frac{\Delta\varphi_{阴,Me_1}}{T}\right)^2 - l^{**}_{212}\left(\frac{\Delta\varphi_{阴,Me_1}}{T}\right)\left(\frac{\Delta\varphi_{阴,Me_2}}{T}\right) - l_{222}\left(\frac{\Delta\varphi_{阴,Me_2}}{T}\right)^2 \\
&\quad - l_{2111}\left(\frac{\Delta\varphi_{阴,Me_1}}{T}\right)^3 - l_{2112}\left(\frac{\Delta\varphi_{阴,Me_1}}{T}\right)^2\left(\frac{\Delta\varphi_{阴,Me_2}}{T}\right) \\
&\quad - l_{2122}\left(\frac{\Delta\varphi_{阴,Me_1}}{T}\right)\left(\frac{\Delta\varphi_{阴,Me_2}}{T}\right)^2 - l_{2222}\left(\frac{\Delta\varphi_{阴,Me_2}}{T}\right)^3 - \cdots
\end{aligned} \tag{10.59}
$$

阴极上两种金属组元沉积速率比为

$$K_{Me_1/Me_2} = \frac{i_{Me_1}}{i_{Me_2}}$$

10.4　金属络离子的阴极还原

在水溶液中，简单金属离子以水化金属离子的形式存在，当向溶液中加入络合剂后，金属离子与络合剂形成不同配位数的金属络离子，它们各自具有不同的浓度，存在着“络合-解离”平衡。这样，溶液中既有金属水化离子，又有金属络离子。这种溶液的阴极还原反应就有多种可能。

（1）金属络离子不直接参与阴极还原反应，而是先转化为水化金属离子，然后水化金属离子在阴极上还原。对于不稳定常数大的络离子，就可能按这样的历程进行阴极还原反应。

（2）具有特征配位数的金属络离子在电极上还原，当溶液中络合剂浓度高时，金属络离子存在的主要形式是具有特征配位数的络离子。通常 Pt 的电解液中，添加的络合剂都是过量的，因而有人认为发生阴极还原反应的是具有特征配位数的金属络离子。

（3）具有较低配位数的络离子在阴极还原。由于具有较低配位数的络离子，还原反应所需活化能比具有特征配位数的络离子还原反应所需活化能小，所以容易在阴极还原。

（4）表面络合物进行阴极还原反应。（1）、（2）、（3）讨论的阴极还原的离子，是溶液本体中金属离子存在的形态，而不是在电极和溶液界面上放电的金属离子存在形态。于是，有人提出，在电极上参与阴极还原反应的粒子应是表面络合物。例如，在锌酸盐电解液中，直接在阴极上还原的络离子是氢氧化锌，它在溶液中并不存在，是存在于电极表面的表面络合物。

金属离子与络合剂形成络离子，金属离子的活度降低，化学势降低，该体系的电极电势降低，即平衡电势向负的方向移动。络离子的不稳定常数越小，平衡电势越负，还原反应越难进行，但不稳定常数的大小与过电势的大小并不是简单的比例关系。

10.4.1　金属络离子先转化为水化离子再还原

1. 金属络离子先转化为水化离子再还原的速率

该过程可以表示为

$$(\mathrm{MeL}_n)^{z+} + n\mathrm{H_2O} \mathrel{=\!=\!=} (\mathrm{Me}\cdot n\mathrm{H_2O})^{z+} + n\mathrm{L} \tag{i}$$

$$(\mathrm{Me}\cdot n\mathrm{H_2O})^{z+} + z\mathrm{e} \mathrel{=\!=\!=} \mathrm{Me} + n\mathrm{H_2O} \tag{ii}$$

过程速率为

$$\frac{\mathrm{d}N_{\mathrm{Me}}}{\mathrm{d}t} = -\frac{\mathrm{d}N_{(\mathrm{Me}\cdot n\mathrm{H_2O})^{z+}}}{\mathrm{d}t} = \frac{1}{n}\frac{\mathrm{d}N_{\mathrm{L}}}{\mathrm{d}t} = -\frac{\mathrm{d}N_{(\mathrm{MeL}_n)^{z+}}}{\mathrm{d}t} = -\frac{1}{z}\frac{\mathrm{d}N_{\mathrm{e}}}{\mathrm{d}t} = Sj_{\mathrm{L}} = Sj_{\mathrm{Me}} = Sj$$

$$j = \frac{1}{2}(j_{\mathrm{L}} + j_{\mathrm{Me}}) \tag{10.60}$$

（i）金属络离子先转化为水化离子

$$(\mathrm{MeL}_n)^{z+} + n\mathrm{H_2O} \mathrel{=\!=\!=} (\mathrm{Me}\cdot n\mathrm{H_2O})^{z+} + n\mathrm{L}$$

该过程的摩尔吉布斯自由能变化为

$$\begin{aligned}\Delta G_{\mathrm{m},n\mathrm{L}} &= \mu_{(\mathrm{Me}\cdot n\mathrm{H_2O})^{z+}} + n\mu_{\mathrm{L}} - \mu_{(\mathrm{MeL}_n)^{z+}} - n\mu_{\mathrm{H_2O}} \\ &= \Delta G^{\ominus}_{\mathrm{m},n\mathrm{L}} + RT\ln\frac{a_{(\mathrm{Me}\cdot n\mathrm{H_2O})^{z+}}a_{\mathrm{L}}^n}{a_{(\mathrm{MeL}_n)^{z+}}a_{\mathrm{H_2O}}^n}\end{aligned} \tag{10.61}$$

生成水化离子的速率

$$j_{\mathrm{L}} = -l_1\left(\frac{A_{\mathrm{m}}}{T}\right) - l_2\left(\frac{A_{\mathrm{m}}}{T}\right)^2 - l_3\left(\frac{A_{\mathrm{m}}}{T}\right)^3 - \cdots \tag{10.62}$$

式中

$$A_{\mathrm{m}} = \Delta G_{\mathrm{m},n\mathrm{L}}$$

（ii）金属水化离子还原

$$(\mathrm{Me}\cdot n\mathrm{H_2O})^{z+} + z\mathrm{e} \mathrel{=\!=\!=} \mathrm{Me} + n\mathrm{H_2O}$$

阴极反应达成平衡，

$$(\mathrm{Me}\cdot n\mathrm{H_2O})^{z+} + z\mathrm{e} \rightleftharpoons \mathrm{Me} + n\mathrm{H_2O}$$

该过程的摩尔吉布斯自由能变化为

$$\Delta G_{\mathrm{m},阴,\mathrm{e}} = \mu_{\mathrm{Me}} + n\mu_{\mathrm{H_2O}} - \mu_{(\mathrm{Me}\cdot n\mathrm{H_2O})^{z+}} - z\mu_{\mathrm{e}} = \Delta G^{\ominus}_{\mathrm{m},阴} + RT\ln\frac{a^n_{\mathrm{H_2O,e}}}{a_{(\mathrm{Me}\cdot n\mathrm{H_2O})^{z+},\mathrm{e}}} \tag{10.63}$$

式中

$$\Delta G^{\ominus}_{\mathrm{m},阴} = \mu^{\ominus}_{\mathrm{Me}} + n\mu^{\ominus}_{\mathrm{H_2O}} - \mu^{\ominus}_{(\mathrm{Me}\cdot n\mathrm{H_2O})^{z+}} - z\mu^{\ominus}_{\mathrm{e}}$$

$$\mu_{\mathrm{Me}} = \mu^{\ominus}_{\mathrm{Me}}$$

$$\mu_{\mathrm{H_2O}} = \mu^{\ominus}_{\mathrm{H_2O}} + RT\ln a_{\mathrm{H_2O,e}}$$

$$\mu_{(\mathrm{Me}\cdot n\mathrm{H_2O})^{z+}} = \mu^{\ominus}_{(\mathrm{Me}\cdot n\mathrm{H_2O})^{z+}} RT\ln a_{(\mathrm{Me}\cdot n\mathrm{H_2O})^{z+},\mathrm{e}}$$

$$\mu_{\mathrm{e}} = \mu^{\ominus}_{\mathrm{e}}$$

由
$$\varphi_{阴,e}=-\frac{\Delta G_{m,阴,e}}{zF}$$

得
$$\varphi_{阴,e}=\varphi_{阴}^{\ominus}+\frac{RT}{zF}\ln\frac{a_{(Me\cdot nH_2O)^{z+},e}}{a_{H_2O,e}^{n}} \tag{10.64}$$

式中

$$\varphi_{阴}^{\ominus}=-\frac{\Delta G_{m,阴}^{\ominus}}{zF}=-\frac{\mu_{Me}^{\ominus}+n\mu_{H_2O}^{\ominus}-\mu_{(Me\cdot nH_2O)^{z+}}^{\ominus}-z\mu_{e}^{\ominus}}{zF}$$

阴极发生极化，阴极反应为

$$(Me\cdot nH_2O)^{z+}+ze \xlongequal{\quad} Me+nH_2O$$

阴极电势为

$$\varphi_{阴}=\varphi_{阴,e}+\Delta\varphi_{阴}$$

则
$$\Delta\varphi_{阴}=\varphi_{阴}-\varphi_{阴,e}$$

并有

$$A_{m,阴}=-\Delta G_{m,阴}=zF\varphi_{阴}=zF(\varphi_{阴,e}+\Delta\varphi_{阴})$$

阴极反应速率为

$$\frac{dN_{Me}}{dt}=-\frac{dN_{(Me\cdot nH_2O)^{z+}}}{dt}=-\frac{1}{z}\frac{dN_{e}}{dt}=Sj_{Me} \tag{10.65}$$

式中

$$\begin{aligned}
j_{Me}&=-l_1\left(\frac{A_{m,阴}}{T}\right)-l_2\left(\frac{A_{m,阴}}{T}\right)^2-l_3\left(\frac{A_{m,阴}}{T}\right)^3-\cdots\\
&=-l_1'\left(\frac{\varphi_{阴}}{T}\right)-l_2'\left(\frac{\varphi_{阴}}{T}\right)^2-l_3'\left(\frac{\varphi_{阴}}{T}\right)^3-\cdots\\
&=-l_1''-l_2''\left(\frac{\Delta\varphi_{阴}}{T}\right)-l_3''\left(\frac{\Delta\varphi_{阴}}{T}\right)^2-l_4''\left(\frac{\Delta\varphi_{阴}}{T}\right)^3-\cdots
\end{aligned} \tag{10.66}$$

将上式代入

$$i=zFj_{Me}$$

得

$$\begin{aligned}
i&=zFj_{Me}\\
&=-l_1^{*}\left(\frac{\varphi_{阴}}{T}\right)-l_2^{*}\left(\frac{\varphi_{阴}}{T}\right)^2-l_3^{*}\left(\frac{\varphi_{阴}}{T}\right)^3-\cdots\\
&=-l_1^{**}-l_2^{**}\left(\frac{\Delta\varphi_{阴}}{T}\right)-l_3^{**}\left(\frac{\Delta\varphi_{阴}}{T}\right)^2-l_4^{**}\left(\frac{\Delta\varphi_{阴}}{T}\right)^3-\cdots
\end{aligned} \tag{10.67}$$

2. 总反应

金属络离子阴极还原的总反应为

$$(\mathrm{MeL}_n)^{z+} + z\mathrm{e} = \mathrm{Me} + n\mathrm{L}$$

总反应达成平衡，有

$$(\mathrm{MeL}_n)^{z+} + z\mathrm{e} \rightleftharpoons \mathrm{Me} + n\mathrm{L}$$

该过程的摩尔吉布斯自由能变化为

$$\Delta G_{\mathrm{m,阴,t,e}} = \mu_{\mathrm{Me}} + n\mu_{\mathrm{L}} - \mu_{(\mathrm{MeL}_n)^{z+}} - z\mu_{\mathrm{e}} = \Delta G^{\ominus}_{\mathrm{m,阴,t}} + RT\ln\frac{a^n_{\mathrm{L,e}}}{a_{(\mathrm{MeL}_n)^{z+},\mathrm{e}}} \tag{10.68}$$

式中

$$\Delta G^{\ominus}_{\mathrm{m,阴,t}} = \mu^{\ominus}_{\mathrm{Me}} + n\mu^{\ominus}_{\mathrm{L}} - \mu^{\ominus}_{(\mathrm{MeL}_n)^{z+}} - z\mu^{\ominus}_{\mathrm{e}}$$

$$\mu_{\mathrm{Me}} = \mu^{\ominus}_{\mathrm{Me}}$$

$$\mu_{\mathrm{L}} = \mu^{\ominus}_{\mathrm{L}} + RT\ln a_{\mathrm{L,e}}$$

$$\mu_{(\mathrm{MeL}_n)^{z+}} = \mu^{\ominus}_{(\mathrm{MeL}_n)^{z+}} + RT\ln a_{(\mathrm{MeL}_n)^{z+},\mathrm{e}}$$

$$\mu_{\mathrm{e}} = \mu^{\ominus}_{\mathrm{e}}$$

由

$$\varphi_{\mathrm{阴,t,e}} = -\frac{\Delta G_{\mathrm{m,阴,t,e}}}{zF}$$

得

$$\varphi_{\mathrm{阴,t,e}} = \varphi^{\ominus}_{\mathrm{阴,t}} + \frac{RT}{zF}\ln\frac{a_{(\mathrm{MeL})^{z+},\mathrm{e}}}{a^n_{\mathrm{L,e}}} \tag{10.69}$$

式中

$$\varphi^{\ominus}_{\mathrm{阴,t}} = -\frac{\Delta G^{\ominus}_{\mathrm{m,阴,t}}}{zF} = -\frac{\mu^{\ominus}_{\mathrm{Me}} + n\mu^{\ominus}_{\mathrm{L}} - \mu^{\ominus}_{(\mathrm{MeL}_n)^{z+}} - z\mu^{\ominus}_{\mathrm{e}}}{zF}$$

阴极有电流通过，发生极化，阴极反应为

$$(\mathrm{MeL}_n)^{z+} + z\mathrm{e} = \mathrm{Me} + n\mathrm{L}$$

阴极电势为

$$\varphi_{\mathrm{阴,t}} = \varphi_{\mathrm{阴,t,e}} + \Delta\varphi_{\mathrm{阴,t}}$$

则

$$\Delta\varphi_{\mathrm{阴,t}} = \varphi_{\mathrm{阴,t}} - \varphi_{\mathrm{阴,t,e}}$$

并有

$$A_{\mathrm{m,阴,t}} = -\Delta G_{\mathrm{m,阴,t}} = zF\varphi_{\mathrm{阴,t}} = zF(\varphi_{\mathrm{阴,t,e}} + \Delta\varphi_{\mathrm{阴,t}})$$

阴极反应速率为

$$\frac{\mathrm{d}N_{\mathrm{Me}}}{\mathrm{d}t}=\frac{1}{n}\frac{\mathrm{d}N_{\mathrm{L}}}{\mathrm{d}t}=-\frac{\mathrm{d}N_{(\mathrm{MeL}_n)^{z+}}}{\mathrm{d}t}=-\frac{1}{z}\frac{\mathrm{d}N_{\mathrm{e}}}{\mathrm{d}t}=Sj_{\mathrm{t}} \tag{10.70}$$

式中

$$\begin{aligned} j_{\mathrm{t}} &= -l_1\left(\frac{A_{\mathrm{m},阴,\mathrm{t}}}{T}\right)-l_2\left(\frac{A_{\mathrm{m},阴,\mathrm{t}}}{T}\right)^2-l_3\left(\frac{A_{\mathrm{m},阴,\mathrm{t}}}{T}\right)^3-\cdots \\ &= -l_1'\left(\frac{\varphi_{阴,\mathrm{t}}}{T}\right)-l_2'\left(\frac{\varphi_{阴,\mathrm{t}}}{T}\right)^2-l_3'\left(\frac{\varphi_{阴,\mathrm{t}}}{T}\right)^3-\cdots \\ &= -l_1''-l_2''\left(\frac{\Delta\varphi_{阴,\mathrm{t}}}{T}\right)-l_3''\left(\frac{\Delta\varphi_{阴,\mathrm{t}}}{T}\right)^2-l_4''\left(\frac{\Delta\varphi_{阴,\mathrm{t}}}{T}\right)^3-\cdots \end{aligned} \tag{10.71}$$

将上式代入

$$i=2Fj_{\mathrm{t}}$$

得

$$\begin{aligned} i &= 2Fj_{\mathrm{t}} \\ &= -l_1^*\left(\frac{\varphi_{阴,\mathrm{t}}}{T}\right)-l_2^*\left(\frac{\varphi_{阴,\mathrm{t}}}{T}\right)^2-l_3^*\left(\frac{\varphi_{阴,\mathrm{t}}}{T}\right)^3-\cdots \\ &= -l_1^{**}-l_2^{**}\left(\frac{\Delta\varphi_{阴,\mathrm{t}}}{T}\right)-l_3^{**}\left(\frac{\Delta\varphi_{阴,\mathrm{t}}}{T}\right)^2-l_4^{**}\left(\frac{\Delta\varphi_{阴,\mathrm{t}}}{T}\right)^3-\cdots \end{aligned} \tag{10.72}$$

10.4.2 具有特征配位数的金属络离子在阴极还原

具有特征配位数的金属络离子在阴极还原反应为

$$(\mathrm{MeL}_x)^{z+}+z\mathrm{e} = \mathrm{Me}+x\mathrm{L}$$

阴极反应达成平衡

$$(\mathrm{MeL}_x)^{z+}+z\mathrm{e} \rightleftharpoons \mathrm{Me}+x\mathrm{L}$$

该过程的摩尔吉布斯自由能变化为

$$\Delta G_{\mathrm{m},阴,x\mathrm{L},\mathrm{e}}=\mu_{\mathrm{Me}}+x\mu_{\mathrm{L}}-\mu_{(\mathrm{MeL}_x)^{z+}}-z\mu_{\mathrm{e}}=\Delta G_{\mathrm{m},阴,x\mathrm{L}}^{\ominus}+RT\ln\frac{a_{\mathrm{L,e}}^{x}}{a_{(\mathrm{MeL}_x)^{z+},\mathrm{e}}} \tag{10.73}$$

式中

$$\Delta G_{\mathrm{m},阴,x\mathrm{L}}^{\ominus}=\mu_{\mathrm{Me}}^{\ominus}+x\mu_{\mathrm{L}}^{\ominus}-\mu_{(\mathrm{MeL}_x)^{z+}}^{\ominus}-z\mu_{\mathrm{e}}^{\ominus}$$

$$\mu_{\mathrm{Me}}=\mu_{\mathrm{Me}}^{\ominus}$$

$$\mu_{\mathrm{L}}=\mu_{\mathrm{L}}^{\ominus}+RT\ln a_{\mathrm{L,e}}$$

$$\mu_{(\mathrm{MeL}_x)^{z+}}=\mu_{(\mathrm{MeL}_x)^{z+}}^{\ominus}+RT\ln a_{(\mathrm{MeL}_x)^{z+},\mathrm{e}}$$

$$\mu_{\mathrm{e}} = \mu_{\mathrm{e}}^{\ominus}$$

由

$$\varphi_{阴,x\mathrm{L,e}} = -\frac{\Delta G_{\mathrm{m},阴,x\mathrm{L,e}}}{zF}$$

得

$$\varphi_{阴,x\mathrm{L,e}} = \varphi_{阴,x\mathrm{L}}^{\ominus} + \frac{RT}{zF}\ln\frac{a_{(\mathrm{MeL}_x)^{z+},\mathrm{e}}}{a_{\mathrm{L,e}}^{x}} \tag{10.74}$$

式中

$$\varphi_{阴,x\mathrm{L}}^{\ominus} = -\frac{\Delta G_{\mathrm{m},阴,x\mathrm{L}}^{\ominus}}{zF} = -\frac{\mu_{\mathrm{Me}}^{\ominus} + x\mu_{\mathrm{L}}^{\ominus} - \mu_{(\mathrm{MeL}_x)^{z+}}^{\ominus} - z\mu_{\mathrm{e}}^{\ominus}}{zF}$$

阴极有电流通过，发生极化，阴极反应为

$$(\mathrm{MeL}_x)^{z+} + z\mathrm{e} = \mathrm{Me} + x\mathrm{L}$$

阴极电势为

$$\varphi_{阴} = \varphi_{阴,\mathrm{e}} + \Delta\varphi_{阴}$$

则

$$\Delta\varphi_{阴} = \varphi_{阴} - \varphi_{阴,\mathrm{e}}$$

并有

$$A_{\mathrm{m},阴} = -\Delta G_{\mathrm{m},阴} = zF\varphi_{阴} = zF(\varphi_{阴,\mathrm{e}} + \Delta\varphi_{阴})$$

阴极反应速率为

$$\frac{\mathrm{d}N_{\mathrm{Me}}}{\mathrm{d}t} = -\frac{\mathrm{d}N_{(\mathrm{MeL}_x)^{z+}}}{\mathrm{d}t} = -\frac{1}{z}\frac{\mathrm{d}N_{\mathrm{e}}}{\mathrm{d}t} = Sj \tag{10.75}$$

式中

$$\begin{aligned} j &= -l_1\left(\frac{A_{\mathrm{m},阴}}{T}\right) - l_2\left(\frac{A_{\mathrm{m},阴}}{T}\right)^2 - l_3\left(\frac{A_{\mathrm{m},阴}}{T}\right)^3 - \cdots \\ &= -l_1'\left(\frac{\varphi_{阴}}{T}\right) - l_2'\left(\frac{\varphi_{阴}}{T}\right)^2 - l_3'\left(\frac{\varphi_{阴}}{T}\right)^3 - \cdots \\ &= -l_1'' - l_2''\left(\frac{\Delta\varphi_{阴}}{T}\right) - l_3''\left(\frac{\Delta\varphi_{阴}}{T}\right)^2 - l_4''\left(\frac{\Delta\varphi_{阴}}{T}\right)^3 - \cdots \end{aligned} \tag{10.76}$$

将上式代入

$$i = zFj$$

得

$$
\begin{aligned}
i &= zFj \\
&= -l_1^*\left(\frac{\varphi_{阴}}{T}\right) - l_2^*\left(\frac{\varphi_{阴}}{T}\right)^2 - l_3^*\left(\frac{\varphi_{阴}}{T}\right)^3 - \cdots \\
&= -l_1^{**} - l_2^{**}\left(\frac{\Delta\varphi_{阴}}{T}\right) - l_3^{**}\left(\frac{\Delta\varphi_{阴}}{T}\right)^2 - l_4^{**}\left(\frac{\Delta\varphi_{阴}}{T}\right)^3 - \cdots
\end{aligned}
\tag{10.77}
$$

10.4.3 具有较低配位数的金属络离子在阴极还原

具有较低配位数的金属络离子在阴极还原反应为

$$(\mathrm{MeL}_m)^{z+} + ze = \mathrm{Me} + m\mathrm{L}$$

阴极反应达成平衡

$$(\mathrm{MeL}_m)^{z+} + ze \rightleftharpoons \mathrm{Me} + m\mathrm{L}$$

该过程的摩尔吉布斯自由能变化为

$$\Delta G_{\mathrm{m},阴,\mathrm{e}} = \mu_{\mathrm{Me}} + m\mu_{\mathrm{L}} - \mu_{(\mathrm{MeL}_m)^{z+}} - z\mu_{\mathrm{e}} = \Delta G_{\mathrm{m},阴}^{\ominus} + RT\ln\frac{a_{\mathrm{L,e}}^m}{a_{(\mathrm{MeL}_m)^{z+},\mathrm{e}}} \tag{10.78}$$

式中

$$
\begin{aligned}
\Delta G_{\mathrm{m},阴}^{\ominus} &= \mu_{\mathrm{Me}}^{\ominus} + m\mu_{\mathrm{L}}^{\ominus} - \mu_{(\mathrm{MeL}_m)^{z+}}^{\ominus} - z\mu_{\mathrm{e}}^{\ominus} \\
\mu_{\mathrm{Me}} &= \mu_{\mathrm{Me}}^{\ominus} \\
\mu_{\mathrm{L}} &= \mu_{\mathrm{L}}^{\ominus} + RT\ln a_{\mathrm{L,e}}^m \\
\mu_{(\mathrm{MeL}_m)^{z+}} &= \mu_{(\mathrm{MeL}_m)^{z+}}^{\ominus} + RT\ln a_{(\mathrm{MeL}_m)^{z+},\mathrm{e}} \\
\mu_{\mathrm{e}} &= \mu_{\mathrm{e}}^{\ominus}
\end{aligned}
$$

由

$$\varphi_{阴,\mathrm{e}} = -\frac{\Delta G_{\mathrm{m},阴,\mathrm{e}}}{zF}$$

得

$$\varphi_{阴,\mathrm{e}} = \varphi_{阴}^{\ominus} + \frac{RT}{zF}\ln\frac{a_{(\mathrm{MeL}_m)^{z+},\mathrm{e}}}{a_{\mathrm{L,e}}^m} \tag{10.79}$$

式中

$$\varphi_{阴}^{\ominus} = -\frac{\Delta G_{\mathrm{m},阴}^{\ominus}}{zF} = -\frac{\mu_{\mathrm{Me}}^{\ominus} + m\mu_{\mathrm{L}}^{\ominus} - \mu_{(\mathrm{MeL}_m)^{z+}}^{\ominus} - z\mu_{\mathrm{e}}^{\ominus}}{zF}$$

阴极发生极化，

$$(\mathrm{MeL}_m)^{z+} + ze = \mathrm{Me} + m\mathrm{L}$$

阴极电势为

$$\varphi_{阴} = \varphi_{阴,\mathrm{e}} + \Delta\varphi_{阴}$$

则

$$\Delta\varphi_{阴} = \varphi_{阴} - \varphi_{阴,e}$$

并有

$$A_{m,阴} = -\Delta G_{m,阴} = zF\varphi_{阴} = zF(\varphi_{阴,e} + \Delta\varphi_{阴})$$

阴极反应速率为

$$\frac{dN_{Me}}{dt} = -\frac{dN_{(MeL_m)^{z+}}}{dt} = -\frac{1}{z}\frac{dN_e}{dt} = Sj \tag{10.80}$$

式中

$$\begin{aligned} j &= -l_1\left(\frac{A_{m,阴}}{T}\right) - l_2\left(\frac{A_{m,阴}}{T}\right)^2 - l_3\left(\frac{A_{m,阴}}{T}\right)^3 - \cdots \\ &= -l_1'\left(\frac{\varphi_{阴}}{T}\right) - l_2'\left(\frac{\varphi_{阴}}{T}\right)^2 - l_3'\left(\frac{\varphi_{阴}}{T}\right)^3 - \cdots \\ &= -l_1'' - l_2''\left(\frac{\Delta\varphi_{阴}}{T}\right) - l_3''\left(\frac{\Delta\varphi_{阴}}{T}\right)^2 - l_4''\left(\frac{\Delta\varphi_{阴}}{T}\right)^3 - \cdots \end{aligned} \tag{10.81}$$

将上式代入

$$i = zFj$$

得

$$\begin{aligned} i &= zFj \\ &= -l_1^*\left(\frac{\varphi_{阴}}{T}\right) - l_2^*\left(\frac{\varphi_{阴}}{T}\right)^2 - l_3^*\left(\frac{\varphi_{阴}}{T}\right)^3 - \cdots \\ &= -l_1^{**} - l_2^{**}\left(\frac{\Delta\varphi_{阴}}{T}\right) - l_3^{**}\left(\frac{\Delta\varphi_{阴}}{T}\right)^2 - l_4^{**}\left(\frac{\Delta\varphi_{阴}}{T}\right)^3 - \cdots \end{aligned} \tag{10.82}$$

10.4.4 表面络离子在阴极还原

金属络合物在电极表面形成表面络合物，金属表面络合物的离子在阴极还原，阴极上的电化学反应为

$$(Me \cdot nL)^{z+} + ze = Me + nL$$

电极反应达成平衡

$$(Me \cdot nL)^{z+} + ze \rightleftharpoons Me + nL$$

该过程的摩尔吉布斯自由能变化为

$$\begin{aligned} \Delta G_{m,阴,nL,e} &= \mu_{Me} + n\mu_L - \mu_{(Me\cdot nL)^{z+}} - z\mu_e \\ &= \Delta G_{m,阴,nL}^{\ominus} + RT\ln\frac{a_{L,e}^n}{a_{(Me\cdot nL)^{z+},e}} \end{aligned} \tag{10.83}$$

式中

$$\Delta G^{\ominus}_{\mathrm{m},阴,n\mathrm{L}} = \mu^{\ominus}_{\mathrm{Me}} + n\mu^{\ominus}_{\mathrm{L}} - \mu^{\ominus}_{(\mathrm{Me}\cdot n\mathrm{L})^{z+}} - z\mu^{\ominus}_{\mathrm{e}}$$

$$\mu_{\mathrm{Me}} = \mu^{\ominus}_{\mathrm{Me}}$$

$$\mu_{\mathrm{L}} = \mu^{\ominus}_{\mathrm{L}} + RT\ln a_{\mathrm{L,e}}$$

$$\mu_{(\mathrm{Me}\cdot n\mathrm{L})^{z+}} = \mu^{\ominus}_{(\mathrm{Me}\cdot n\mathrm{L})^{z+}} + RT\ln a_{(\mathrm{Me}\cdot n\mathrm{L})^{z+},\mathrm{e}}$$

$$\mu_{\mathrm{e}} = \mu^{\ominus}_{\mathrm{e}}$$

由

$$\varphi_{阴,n\mathrm{L,e}} = -\frac{\Delta G_{\mathrm{m},阴,n\mathrm{L,e}}}{zF}$$

得

$$\varphi_{阴,n\mathrm{L,e}} = \varphi^{\ominus}_{阴,n\mathrm{L}} + \frac{RT}{zF}\ln\frac{a_{(\mathrm{Me}\cdot n\mathrm{L})^{z+},\mathrm{e}}}{a^{n}_{\mathrm{L,e}}} \tag{10.84}$$

式中

$$\varphi^{\ominus}_{阴,n\mathrm{L}} = -\frac{\Delta G^{\ominus}_{\mathrm{m},阴,n\mathrm{L}}}{zF} = -\frac{\mu^{\ominus}_{\mathrm{Me}} + n\mu^{\ominus}_{\mathrm{L}} - \mu^{\ominus}_{(\mathrm{Me}\cdot n\mathrm{L})^{z+}} - z\mu^{\ominus}_{\mathrm{e}}}{zF}$$

阴极有电流通过，发生极化，阴极反应为

$$(\mathrm{Me}\cdot n\mathrm{L})^{z+} + z\mathrm{e} = \mathrm{Me} + n\mathrm{L}$$

阴极电势为

$$\varphi_{阴} = \varphi_{阴,\mathrm{e}} + \Delta\varphi_{阴}$$

则

$$\Delta\varphi_{阴} = \varphi_{阴} - \varphi_{阴,\mathrm{e}}$$

并有

$$A_{\mathrm{m},阴} = -\Delta G_{\mathrm{m},阴} = zF\varphi_{阴} = zF(\varphi_{阴,\mathrm{e}} + \Delta\varphi_{阴})$$

阴极反应速率为

$$\frac{\mathrm{d}N_{\mathrm{Me}}}{\mathrm{d}t} = -\frac{\mathrm{d}N_{(\mathrm{Me}\cdot n\mathrm{L})^{z+}}}{\mathrm{d}t} = -\frac{1}{z}\frac{\mathrm{d}N_{\mathrm{e}}}{\mathrm{d}t} = Sj \tag{10.85}$$

式中

$$\begin{aligned} j &= -l_1\left(\frac{A_{\mathrm{m},阴}}{T}\right) - l_2\left(\frac{A_{\mathrm{m},阴}}{T}\right)^2 - l_3\left(\frac{A_{\mathrm{m},阴}}{T}\right)^3 - \cdots \\ &= -l_1'\left(\frac{\varphi_{阴}}{T}\right) - l_2'\left(\frac{\varphi_{阴}}{T}\right)^2 - l_3'\left(\frac{\varphi_{阴}}{T}\right)^3 - \cdots \\ &= -l_1'' - l_2''\left(\frac{\Delta\varphi_{阴}}{T}\right) - l_3''\left(\frac{\Delta\varphi_{阴}}{T}\right)^2 - l_4''\left(\frac{\Delta\varphi_{阴}}{T}\right)^3 - \cdots \end{aligned} \tag{10.86}$$

将上式代入

$$i = zFj$$

得

$$\begin{aligned} i &= zFj \\ &= -l_1^*\left(\frac{\varphi_{阴}}{T}\right) - l_2^*\left(\frac{\varphi_{阴}}{T}\right)^2 - l_3^*\left(\frac{\varphi_{阴}}{T}\right)^3 - \cdots \\ &= -l_1^{**} - l_2^{**}\left(\frac{\Delta\varphi_{阴}}{T}\right) - l_3^{**}\left(\frac{\Delta\varphi_{阴}}{T}\right)^2 - l_4^{**}\left(\frac{\Delta\varphi_{阴}}{T}\right)^3 - \cdots \end{aligned} \tag{10.87}$$

并有

$$I = Si = zFSj$$

10.5 高阶金属络离子的阴极还原

高阶金属络离子部分还原，部分还原的金属络离子吸附在阴极表面，然后吸附的部分还原的金属络离子扩散到金属晶格，进一步还原为金属原子，并进入金属晶格。

过程可以表示为

（1）$(\mathrm{MeL}_n)^{z+} + x\mathrm{e} = (\mathrm{MeL}_{n-m})_{\mathrm{i}}^{(z-x)+} + m\mathrm{L}$

（2）$(\mathrm{MeL}_{n-m})_{\mathrm{i}}^{(z-x)+} = (\mathrm{MeL}_{n-m})_{\mathrm{o}}^{(z-x)+}$

（3）$(\mathrm{MeL}_{n-m})_{\mathrm{o}}^{(z-x)+} + (z-x)\mathrm{e} = \mathrm{Me}_{(吸附)} + (n-m)\mathrm{L}$

（4）$\mathrm{Me}_{(吸附)} = \mathrm{Me}_{(晶体)}$

10.5.1 金属络离子部分还原

部分还原反应达成平衡，

$$(\mathrm{MeL}_n)^{z+} + x\mathrm{e} \rightleftharpoons (\mathrm{MeL}_{n-m})_{\mathrm{i}}^{(z-x)+} + m\mathrm{L}$$

该过程的摩尔吉布斯自由能变化为

$$\begin{aligned} \Delta G_{\mathrm{m},阴,\mathrm{e}} &= \mu_{(\mathrm{MeL}_{n-m})_{\mathrm{i}}^{(z-x)+}} + m\mu_{\mathrm{L}} - \mu_{(\mathrm{MeL}_n)^{z+}} - x\mu_{\mathrm{e}} \\ &= \Delta G_{\mathrm{m},阴}^{\ominus} + RT\ln\frac{a_{(\mathrm{MeL}_{n-m})_{\mathrm{i,e}}^{(z-x)+}} a_{\mathrm{L,e}}^m}{a_{(\mathrm{MeL}_n)^{z+},\mathrm{e}}} \end{aligned} \tag{10.88}$$

式中

$$\Delta G_{\mathrm{m},阴}^{\ominus} = \mu_{(\mathrm{MeL}_{n-m})^{(z-x)+}}^{\ominus} + m\mu_{\mathrm{L}}^{\ominus} - \mu_{(\mathrm{MeL}_n)^{z+}}^{\ominus} - x\mu_{\mathrm{e}}^{\ominus}$$

$$\mu_{(\mathrm{MeL}_{n-m})_{\mathrm{i}}^{(z-x)+}} = \mu_{(\mathrm{MeL}_{n-m})^{(z-x)+}}^{\ominus} + RT\ln a_{(\mathrm{MeL}_{n-m})_{\mathrm{i,e}}^{(z-x)+}}$$

$$\mu_{\mathrm{L}} = \mu_{\mathrm{L}}^{\ominus} + RT\ln a_{\mathrm{L,e}}$$

$$\mu_{(\mathrm{MeL}_n)^{z+}} = \mu^{\ominus}_{(\mathrm{MeL}_n)^{z+}} + RT\ln a_{(\mathrm{MeL}_n)^{z+},\mathrm{e}}$$

$$\mu_{\mathrm{e}} = \mu^{\ominus}_{\mathrm{e}}$$

由

$$\varphi_{阴,\mathrm{e}} = -\frac{\Delta G_{\mathrm{m},阴,\mathrm{e}}}{xF}$$

得

$$\varphi_{阴,\mathrm{e}} = \varphi^{\ominus}_{阴} + \frac{RT}{xF}\ln\frac{a_{(\mathrm{MeL}_n)^{z+},\mathrm{e}}}{a_{(\mathrm{MeL}_{n-m})^{(z-x)+}_{\mathrm{i,e}}} a^m_{\mathrm{L,e}}} \tag{10.89}$$

式中

$$\varphi^{\ominus}_{阴} = -\frac{\Delta G^{\ominus}_{\mathrm{m},阴}}{xF} = -\frac{\mu^{\ominus}_{(\mathrm{MeL}_{n-m})^{(z-x)^+}_{\mathrm{i}}} + m\mu^{\ominus}_{\mathrm{L}} - \mu^{\ominus}_{(\mathrm{MeL}_n)^{z+}} - x\mu^{\ominus}_{\mathrm{e}}}{xF}$$

阴极有电流通过，发生极化，阴极反应为

$$(\mathrm{MeL}_n)^{z+} + x\mathrm{e} = (\mathrm{MeL}_{n-m})^{(z-x)+} + m\mathrm{L}$$

阴极电势为

$$\varphi_{阴} = \varphi_{阴,\mathrm{e}} + \Delta\varphi_{阴}$$

则

$$\Delta\varphi_{阴} = \varphi_{阴} - \varphi_{阴,\mathrm{e}}$$

并有

$$A_{\mathrm{m},阴} = -\Delta G_{\mathrm{m},阴} = xF\varphi_{阴} = xF(\varphi_{阴,\mathrm{e}} + \Delta\varphi_{阴})$$

阴极反应速率为

$$\frac{\mathrm{d}N_{(\mathrm{MeL}_{n-m})^{(z-x)+}}}{\mathrm{d}t} = \frac{1}{m}\frac{\mathrm{d}N_{\mathrm{L}}}{\mathrm{d}t} = -\frac{\mathrm{d}N_{(\mathrm{MeL}_n)^{z+}}}{\mathrm{d}t} = -\frac{\mathrm{d}N_{\mathrm{e}}}{x\mathrm{d}t} = Sj_1 \tag{10.90}$$

式中

$$\begin{aligned} j_1 &= -l_1\left(\frac{A_{\mathrm{m},阴}}{T}\right) - l_2\left(\frac{A_{\mathrm{m},阴}}{T}\right)^2 - l_3\left(\frac{A_{\mathrm{m},阴}}{T}\right)^3 - \cdots \\ &= -l'_1\left(\frac{\varphi_{阴}}{T}\right) - l'_2\left(\frac{\varphi_{阴}}{T}\right)^2 - l'_3\left(\frac{\varphi_{阴}}{T}\right)^3 - \cdots \\ &= -l''_1 - l''_2\left(\frac{\Delta\varphi_{阴}}{T}\right) - l''_3\left(\frac{\Delta\varphi_{阴}}{T}\right)^2 - l''_4\left(\frac{\Delta\varphi_{阴}}{T}\right)^3 - \cdots \end{aligned} \tag{10.91}$$

将上式代入

$$i = xFj_1$$

得

$$
\begin{aligned}
i &= xFj_1 \\
&= -l_1^*\left(\frac{\varphi_{阴}}{T}\right)-l_2^*\left(\frac{\varphi_{阴}}{T}\right)^2-l_3^*\left(\frac{\varphi_{阴}}{T}\right)^3-\cdots \\
&= -l_1^{**}-l_2^{**}\left(\frac{\Delta\varphi_{阴}}{T}\right)-l_3^{**}\left(\frac{\Delta\varphi_{阴}}{T}\right)^2-l_4^{**}\left(\frac{\Delta\varphi_{阴}}{T}\right)^3-\cdots
\end{aligned}
\tag{10.92}
$$

10.5.2 部分还原的金属络离子$(\mathrm{MeL}_{n-m})^{(z-x)+}$吸附在阴极表面，向晶格处扩散

扩散过程可以表示为

$$(\mathrm{MeL}_{n-m})_{\mathrm{i}}^{(z-x)+} = (\mathrm{MeL}_{n-m})_{\mathrm{o}}^{(z-x)+}$$

式中，下标i表示阴极表面；下标o表示晶格处。

扩散过程的摩尔吉布斯自由能变化为

$$
\begin{aligned}
\Delta G_{\mathrm{m},阴,扩散} &= \mu_{(\mathrm{MeL}_{n-m})_{\mathrm{o}}^{(z-x)+}} - \mu_{(\mathrm{MeL}_{n-m})_{\mathrm{i}}^{(z-x)+}} \\
&= \Delta G_{\mathrm{m},阴,扩散}^{\ominus} + RT\ln\frac{a_{(\mathrm{MeL}_{n-m})_{\mathrm{o}}^{(z-x)+}}}{a_{(\mathrm{MeL}_{n-m})_{\mathrm{i}}^{(z-x)+}}} \\
&= RT\ln\frac{a_{(\mathrm{MeL}_{n-m})_{\mathrm{o}}^{(z-x)+}}}{a_{(\mathrm{MeL}_{n-m})_{\mathrm{i}}^{(z-x)+}}}
\end{aligned}
\tag{10.93}
$$

式中

$$\Delta G_{\mathrm{m},阴,扩散}^{\ominus} = \mu_{(\mathrm{MeL}_{n-m})^{(z-x)+}}^{\ominus} - \mu_{(\mathrm{MeL}_{n-m})^{(z-x)+}}^{\ominus} = 0$$

$$\mu_{(\mathrm{MeL}_{n-m})_{\mathrm{o}}^{(z-x)+}} = \mu_{(\mathrm{MeL}_{n-m})^{(z-x)+}}^{\ominus} + RT\ln a_{(\mathrm{MeL}_{n-m})_{\mathrm{o}}^{(z-x)+}}$$

$$\mu_{(\mathrm{MeL}_{n-m})_{\mathrm{i}}^{(z-x)+}} = \mu_{(\mathrm{MeL}_{n-m})^{(z-x)+}}^{\ominus} + RT\ln a_{(\mathrm{MeL}_{n-m})_{\mathrm{i}}^{(z-x)+}}$$

扩散速率为

$$
\begin{aligned}
J_{(\mathrm{MeL}_{n-m})^{(z-x)+}} &= \left|\vec{J}_{(\mathrm{MeL}_{n-m})^{(z-x)+}}\right| \\
&= \frac{L}{T}\left|-\nabla\mu_{(\mathrm{MeL}_{n-m})^{(z-x)+}}\right| \\
&= \frac{L}{T}\frac{\mu_{(\mathrm{MeL}_{n-m})_{\mathrm{i}}^{(z-x)+}} - \mu_{(\mathrm{MeL}_{n-m})_{\mathrm{o}}^{(z-x)+}}}{d} \\
&= \frac{L}{Td}\left(\mu_{(\mathrm{MeL}_{n-m})_{\mathrm{i}}^{(z-x)+}} - \mu_{(\mathrm{MeL}_{n-m})_{\mathrm{o}}^{(z-x)+}}\right) \\
&= L'R\ln\frac{a_{(\mathrm{MeL}_{n-m})_{\mathrm{i}}^{(z-x)+}}}{a_{(\mathrm{MeL}_{n-m})_{\mathrm{o}}^{(z-x)+}}}
\end{aligned}
\tag{10.94}
$$

式中

$$\mu_{(\mathrm{MeL}_{n-m})_{\mathrm{i}}^{(z-x)+}} = \mu^{\ominus}_{(\mathrm{MeL}_{n-m})^{(z-x)+}} + RT\ln a_{(\mathrm{MeL}_{n-m})_{\mathrm{i}}^{(z-x)+}}$$

$$\mu_{(\mathrm{MeL}_{n-m})_{\mathrm{o}}^{(z-x)+}} = \mu^{\ominus}_{(\mathrm{MeL}_{n-m})^{(z-x)+}} + RT\ln a_{(\mathrm{MeL}_{n-m})_{\mathrm{o}}^{(z-x)+}}$$

$a_{(\mathrm{MeL}_{n-m})_{\mathrm{i}}^{(z-x)+}}$ 和 $a_{(\mathrm{MeL}_{n-m})_{\mathrm{o}}^{(z-x)+}}$ 分别为阴极表面部分还原的离子在还原位置的 $(\mathrm{MeL}_{n-m})_{\mathrm{i}}^{(z-x)+}$ 和在晶格处的部分还原离子 $(\mathrm{MeL}_{n-m})_{\mathrm{o}}^{(z-x)+}$ 的活度。

L 和 L' 为部分还原的离子 $(\mathrm{MeL}_{n-m})^{(z-x)+}$ 的唯象系数。

$$L' = \frac{L}{d}$$

d 为扩散距离。

10.5.3　部分还原的离子 $(\mathrm{MeL}_{n-m})^{(z-x)+}$ 在金属晶格进一步还原为金属原子

部分还原的金属离子在晶格处还原为金属原子，还原反应达到平衡，

$$(\mathrm{MeL}_{n-m})_{\mathrm{o}}^{(z-x)+} + (z-x)\mathrm{e} \rightleftharpoons \mathrm{Me(吸附)} + (n-m)\mathrm{L}$$

该反应的摩尔吉布斯自由能变化为

$$\begin{aligned}\Delta G_{\mathrm{m},阴,\mathrm{e}} &= \mu_{\mathrm{Me(吸附)}} + (n-m)\mu_{\mathrm{L}} - \mu_{(\mathrm{MeL}_{n-m})_{\mathrm{o}}^{(z-x)+}} - (z-x)\mu_{\mathrm{e}} \\ &= \Delta G^{\ominus}_{\mathrm{m},阴} + RT\ln\frac{a_{\mathrm{Me(吸附)},\mathrm{e}}\, a_{\mathrm{L},\mathrm{e}}^{(n-m)}}{a_{(\mathrm{MeL}_{n-m})_{\mathrm{o}}^{(z-x)+},\mathrm{e}}}\end{aligned} \tag{10.95}$$

式中

$$\Delta G^{\ominus}_{\mathrm{m},阴} = \mu^{\ominus}_{\mathrm{Me}} + (n-m)\mu^{\ominus}_{\mathrm{L}} - \mu^{\ominus}_{(\mathrm{MeL}_{n-m})^{(z-x)+}} - (z-x)\mu^{\ominus}_{\mathrm{e}}$$

$$\mu_{\mathrm{Me(吸附)}} = \mu^{\ominus}_{\mathrm{Me}} + RT\ln a_{\mathrm{Me(吸附)},\mathrm{e}}$$

$$\mu_{\mathrm{L}} = \mu^{\ominus}_{\mathrm{L}} + RT\ln a_{\mathrm{L},\mathrm{e}}$$

$$\mu_{(\mathrm{MeL}_{n-m})_{\mathrm{o}}^{(z-x)+}} = \mu^{\ominus}_{(\mathrm{MeL}_{n-m})^{(z-x)+}} + RT\ln a_{(\mathrm{MeL}_{n-m})_{\mathrm{o}}^{(z-x)+},\mathrm{e}}$$

$$\mu_{\mathrm{e}} = \mu^{\ominus}_{\mathrm{e}}$$

由

$$\varphi_{阴,\mathrm{e}} = -\frac{\Delta G_{\mathrm{m},阴,\mathrm{e}}}{(z-x)F}$$

得

$$\varphi_{阴,\mathrm{e}} = \varphi^{\ominus}_{阴} + \frac{RT}{(z-x)F}\ln\frac{a_{(\mathrm{MeL}_{n-m})_{\mathrm{o}}^{(z-x)+},\mathrm{e}}}{a_{\mathrm{Me(吸附)}}\, a_{\mathrm{L},\mathrm{e}}^{(n-m)}} \tag{10.96}$$

式中

$$\varphi^{\ominus}_{阴} = -\frac{\Delta G^{\ominus}_{\mathrm{m},阴}}{(z-x)F} = -\frac{\mu^{\ominus}_{\mathrm{Me}} + (n-m)\mu^{\ominus}_{\mathrm{L}} - \mu^{\ominus}_{(\mathrm{MeL}_{n-m})_{\mathrm{o}}^{(z-x)+}} - (z-x)\mu^{\ominus}_{\mathrm{e}}}{(z-x)F}$$

阴极有电流通过，发生极化，阴极反应为

$$(\mathrm{MeL}_{n-m})_{\mathrm{o}}^{(z-x)+}+(z-x)\mathrm{e} = \mathrm{Me}(吸附)+(n-m)\mathrm{L}$$

阴极电势为

$$\varphi_{阴}=-\frac{\Delta G_{\mathrm{m},阴}}{(z-x)F}$$

$$\varphi_{阴}=\varphi_{阴,\mathrm{e}}+\Delta\varphi_{阴}$$

则

$$\Delta\varphi_{阴}=\varphi_{阴}-\varphi_{阴,\mathrm{e}}$$

并有

$$A_{\mathrm{m},阴}=-\Delta G_{\mathrm{m},阴}=(z-x)F\varphi_{阴}=(z-x)F(\varphi_{阴,\mathrm{e}}+\Delta\varphi_{阴})$$

阴极反应速率为

$$\frac{\mathrm{d}N_{\mathrm{Me}(吸附)}}{\mathrm{d}t}=\frac{1}{n-m}\frac{\mathrm{d}N_{\mathrm{L}}}{\mathrm{d}t}=-\frac{\mathrm{d}N_{(\mathrm{MeL}_{n-m})_{\mathrm{o}}^{(z-x)+}}}{\mathrm{d}t}=-\frac{1}{z-x}\frac{\mathrm{d}N_{\mathrm{e}}}{\mathrm{d}t}=Sj_2 \qquad (10.97)$$

式中

$$\begin{aligned}j_2&=-l_1\left(\frac{A_{\mathrm{m},阴}}{T}\right)-l_2\left(\frac{A_{\mathrm{m},阴}}{T}\right)^2-l_3\left(\frac{A_{\mathrm{m},阴}}{T}\right)^3-\cdots\\&=-l_1'\left(\frac{\varphi_{阴}}{T}\right)-l_2'\left(\frac{\varphi_{阴}}{T}\right)^2-l_3'\left(\frac{\varphi_{阴}}{T}\right)^3-\cdots \qquad (10.98)\\&=-l_1''-l_2''\left(\frac{\Delta\varphi_{阴}}{T}\right)-l_3''\left(\frac{\Delta\varphi_{阴}}{T}\right)^2-l_4''\left(\frac{\Delta\varphi_{阴}}{T}\right)^3-\cdots\end{aligned}$$

将上式代入

$$i=(z-x)Fj_2$$

得

$$\begin{aligned}i&=(z-x)Fj_2\\&=-l_1^*\left(\frac{\varphi_{阴}}{T}\right)-l_2^*\left(\frac{\varphi_{阴}}{T}\right)^2-l_3^*\left(\frac{\varphi_{阴}}{T}\right)^3-\cdots \qquad (10.99)\\&=-l_1^{**}-l_2^{**}\left(\frac{\Delta\varphi_{阴}}{T}\right)-l_3^{**}\left(\frac{\Delta\varphi_{阴}}{T}\right)^2-l_4^{**}\left(\frac{\Delta\varphi_{阴}}{T}\right)^3-\cdots\end{aligned}$$

10.5.4　还原的金属原子进入晶格

$$\mathrm{Me}(吸附) = \mathrm{Me}(晶体)$$

该过程的摩尔吉布斯自由能变化为

$$\Delta G_{\mathrm{m,Me},结晶}=\mu_{\mathrm{Me}(晶体)}-\mu_{\mathrm{Me}(吸附)}=\Delta G_{\mathrm{m,Me},结晶}^{\ominus}+RT\ln\frac{1}{a_{\mathrm{Me}(吸附)}} \qquad (10.100)$$

式中

$$\Delta G_{\mathrm{m,Me,结晶}}^{\ominus} = \mu_{\mathrm{Me(晶体)}}^{\ominus} - \mu_{\mathrm{Me(吸附)}}^{\ominus}$$

$$\mu_{\mathrm{Me(晶体)}} = \mu_{\mathrm{Me(晶体)}}^{\ominus}$$

$$\mu_{\mathrm{Me(吸附)}} = \mu_{\mathrm{Me(吸附)}}^{\ominus} + RT\ln a_{\mathrm{Me(吸附)}}$$

进入晶格的速率为

$$\frac{\mathrm{d}N_{\mathrm{Me(晶体)}}}{\mathrm{d}t} = -\frac{\mathrm{d}N_{\mathrm{Me(吸附)}}}{\mathrm{d}t} = Sj_{晶} \tag{10.101}$$

式中

$$j_{晶} = -l_1\left(\frac{A_{\mathrm{m}}}{T}\right) - l_2\left(\frac{A_{\mathrm{m}}}{T}\right)^2 - l_3\left(\frac{A_{\mathrm{m}}}{T}\right)^3 - \cdots \tag{10.102}$$

$$A_{\mathrm{m}} = \Delta G_{\mathrm{m,Me,结晶}}$$

10.5.5　总反应

总反应为

$$(\mathrm{MeL}_n)^{z+} + z\mathrm{e} = \!=\!= \mathrm{Me(晶体)} + n\mathrm{L}$$

总反应达成平衡

$$(\mathrm{MeL}_n)^{z+} + z\mathrm{e} \rightleftharpoons \mathrm{Me(晶体)} + n\mathrm{L}$$

该过程的摩尔吉布斯自由能变化为

$$\begin{aligned}\Delta G_{\mathrm{m,阴,t,e}} &= \mu_{\mathrm{Me(晶体)}} + n\mu_{\mathrm{L}} - \mu_{(\mathrm{MeL}_n)^{z+}} - z\mu_{\mathrm{e}} \\ &= \Delta G_{\mathrm{m,阴,t}}^{\ominus} + RT\ln\frac{a_{\mathrm{L,e}}^n}{a_{(\mathrm{MeL}_n)^{z+},\mathrm{e}}}\end{aligned} \tag{10.103}$$

式中

$$\Delta G_{\mathrm{m,阴,t}}^{\ominus} = \mu_{\mathrm{Me}}^{\ominus} + n\mu_{\mathrm{L}}^{\ominus} - \mu_{(\mathrm{MeL}_n)^{z+}}^{\ominus} - z\mu_{\mathrm{e}}^{\ominus}$$

$$\mu_{\mathrm{Me(晶体)}} = \mu_{\mathrm{Me}}^{\ominus}$$

$$\mu_{\mathrm{L}} = \mu_{\mathrm{L}}^{\ominus} + RT\ln a_{\mathrm{L,e}}$$

$$\mu_{(\mathrm{MeL}_n)^{z+}} = \mu_{(\mathrm{MeL}_n)^{z+}}^{\ominus} + RT\ln a_{(\mathrm{MeL}_n)^{z+},\mathrm{e}}$$

$$\mu_{\mathrm{e}} = \mu_{\mathrm{e}}^{\ominus}$$

由

$$\varphi_{\mathrm{阴,t,e}} = -\frac{\Delta G_{\mathrm{m,阴,t,e}}}{zF}$$

得

$$\varphi_{\mathrm{阴,t,e}} = \varphi_{\mathrm{阴,t}}^{\ominus} + \frac{RT}{zF}\ln\frac{a_{(\mathrm{MeL}_n)^{z+},\mathrm{e}}}{a_{\mathrm{L,e}}^n} \tag{10.104}$$

式中

$$\varphi^{\ominus}_{阴,t} = -\frac{\Delta G^{\ominus}_{m,阴,t}}{zF} = -\frac{\mu^{\ominus}_{Me} + n\mu^{\ominus}_{L} - \mu^{\ominus}_{(MeL_n)^{z+}} - z\mu^{\ominus}_{e}}{zF}$$

阴极有电流通过，发生极化，阴极反应为

$$(MeL_n)^{z+} + ze = Me(晶体)$$

阴极电势为

$$\varphi_{阴,t} = \varphi_{阴,t,e} + \Delta\varphi_{阴,t}$$

则

$$\Delta\varphi_{阴,t} = \varphi_{阴,t} - \varphi_{阴,t,e}$$

并有

$$A_{m,阴,t} = -\Delta G_{m,阴,t} = zF\varphi_{阴,t} = zF(\varphi_{阴,t,e} + \Delta\varphi_{阴,t})$$

阴极反应速率为

$$\frac{dN_{Me(晶体)}}{dt} = -\frac{dN_{(MeL_n)^{z+}}}{dt} = -\frac{1}{z}\frac{dN_e}{dt} = Sj_t \tag{10.105}$$

式中

$$\begin{aligned} j_t &= -l_1\left(\frac{A_{m,阴,t}}{T}\right) - l_2\left(\frac{A_{m,阴,t}}{T}\right)^2 - l_3\left(\frac{A_{m,阴,t}}{T}\right)^3 - \cdots \\ &= -l_1'\left(\frac{\varphi_{阴,t}}{T}\right) - l_2'\left(\frac{\varphi_{阴,t}}{T}\right)^2 - l_3'\left(\frac{\varphi_{阴,t}}{T}\right)^3 - \cdots \\ &= -l_1'' - l_2''\left(\frac{\Delta\varphi_{阴,t}}{T}\right) - l_3''\left(\frac{\Delta\varphi_{阴,t}}{T}\right)^2 - l_4''\left(\frac{\Delta\varphi_{阴,t}}{T}\right)^3 - \cdots \end{aligned} \tag{10.106}$$

将上式代入

$$i = zFj_t$$

得

$$\begin{aligned} i &= zFj_t \\ &= -l_1^*\left(\frac{\varphi_{阴,t}}{T}\right) - l_2^*\left(\frac{\varphi_{阴,t}}{T}\right)^2 - l_3^*\left(\frac{\varphi_{阴,t}}{T}\right)^3 - \cdots \\ &= -l_1^{**} - l_2^{**}\left(\frac{\Delta\varphi_{阴,t}}{T}\right) - l_3^{**}\left(\frac{\Delta\varphi_{阴,t}}{T}\right)^2 - l_4^{**}\left(\frac{\Delta\varphi_{阴,t}}{T}\right)^3 - \cdots \end{aligned} \tag{10.107}$$

10.6　汞 齐 阴 极

汞可以和许多金属形成合金。氢在汞阴极上还原过电势很高，因此以汞为阴极可以从很稀的溶液中回收金属，并且有较高的电流效率。以汞为阴极可以在中性或碱性溶液中提取碱金属、碱土金属和稀有金属。还可以利用离子在汞阴极上析出的过电势差异来分离同一溶液中的金属。

10.6.1　碱金属汞齐电解

阴极反应为

$$\mathrm{Me^+ + e = [Me]_{Hg}}$$

电极反应达到平衡

$$\mathrm{Me^+ + e \rightleftharpoons [Me]_{Hg}}$$

该反应的摩尔吉布斯自由能变化为

$$\Delta G_{\mathrm{m,阴,e}} = \mu_{\mathrm{[Me]_{Hg}}} - \mu_{\mathrm{Me^+}} - \mu_{\mathrm{e}} = \Delta G^{\ominus}_{\mathrm{m,阴}} + RT\ln\frac{a_{\mathrm{[Me]_{Hg},e}}}{a_{\mathrm{Me^+,e}}} \tag{10.108}$$

式中

$$\Delta G^{\ominus}_{\mathrm{m,阴}} = \mu^{\ominus}_{\mathrm{Me}} - \mu^{\ominus}_{\mathrm{Me^+}} - \mu^{\ominus}_{\mathrm{e}}$$

$$\mu_{\mathrm{[Me]_{Hg}}} = \mu^{\ominus}_{\mathrm{Me}} + RT\ln a_{\mathrm{[Me]_{Hg},e}}$$

$$\mu_{\mathrm{Me^+}} = \mu^{\ominus}_{\mathrm{Me^+}} + RT\ln a_{\mathrm{Me^+,e}}$$

$$\mu_{\mathrm{e}} = \mu^{\ominus}_{\mathrm{e}}$$

由

$$\varphi_{\mathrm{阴,e}} = -\frac{\Delta G_{\mathrm{m,阴,e}}}{F}$$

得

$$\varphi_{\mathrm{阴,e}} = \varphi^{\ominus}_{\mathrm{阴}} + \frac{RT}{F}\ln\frac{a_{\mathrm{Me^+,e}}}{a_{\mathrm{[Me]_{Hg},e}}} \tag{10.109}$$

式中

$$\varphi^{\ominus}_{\mathrm{阴}} = -\frac{\Delta G_{\mathrm{m,阴}}}{F} = -\frac{\mu^{\ominus}_{\mathrm{Me}} - \mu^{\ominus}_{\mathrm{Me^+}} - \mu^{\ominus}_{\mathrm{e}}}{F}$$

阴极有电流通过，发生极化，阴极反应为

$$\mathrm{Me^+ + e = [Me]_{Hg}}$$

阴极电势为

$$\varphi_{\mathrm{阴}} = \varphi_{\mathrm{阴,e}} + \Delta\varphi_{\mathrm{阴}}$$

则

$$\Delta\varphi_{\mathrm{阴}} = \varphi_{\mathrm{阴}} - \varphi_{\mathrm{阴,e}}$$

并有

$$A_{\mathrm{m,阴}} = -\Delta G_{\mathrm{m,阴}} = F\varphi_{\mathrm{阴}} = F(\varphi_{\mathrm{阴,e}} + \Delta\varphi_{\mathrm{阴}})$$

阴极反应速率为

$$\frac{\mathrm{d}N_{[\mathrm{Me}]_{\mathrm{Hg}}}}{\mathrm{d}t}=-\frac{\mathrm{d}N_{\mathrm{Me}^{+}}}{\mathrm{d}t}=-\frac{\mathrm{d}N_{\mathrm{e}}}{\mathrm{d}t}=Sj \tag{10.110}$$

式中

$$\begin{aligned} j &= -l_1\left(\frac{A_{\mathrm{m},阴}}{T}\right)-l_2\left(\frac{A_{\mathrm{m},阴}}{T}\right)^2-l_3\left(\frac{A_{\mathrm{m},阴}}{T}\right)^3-\cdots \\ &= -l_1'\left(\frac{\varphi_{阴}}{T}\right)-l_2'\left(\frac{\varphi_{阴}}{T}\right)^2-l_3'\left(\frac{\varphi_{阴}}{T}\right)^3-\cdots \\ &= -l_1''-l_2''\left(\frac{\Delta\varphi_{阴}}{T}\right)-l_3''\left(\frac{\Delta\varphi_{阴}}{T}\right)^2-l_4''\left(\frac{\Delta\varphi_{阴}}{T}\right)^3-\cdots \end{aligned} \tag{10.111}$$

将上式代入

$$i=Fj$$

得

$$\begin{aligned} i &= Fj \\ &= -l_1^*\left(\frac{\varphi_{阴}}{T}\right)-l_2^*\left(\frac{\varphi_{阴}}{T}\right)^2-l_3^*\left(\frac{\varphi_{阴}}{T}\right)^3-\cdots \\ &= -l_1^{**}-l_2^{**}\left(\frac{\Delta\varphi_{阴}}{T}\right)-l_3^{**}\left(\frac{\Delta\varphi_{阴}}{T}\right)^2-l_4^{**}\left(\frac{\Delta\varphi_{阴}}{T}\right)^3-\cdots \end{aligned} \tag{10.112}$$

10.6.2 碱土金属汞齐电解

阴极反应达成平衡，有

$$\mathrm{Me}^{2+}+2\mathrm{e} \rightleftharpoons [\mathrm{Me}]_{\mathrm{Hg}}$$

该反应的摩尔吉布斯自由能变化为

$$\Delta G_{\mathrm{m},阴,\mathrm{e}}=\mu_{[\mathrm{Me}]_{\mathrm{Hg}}}-\mu_{\mathrm{Me}^{2+}}-2\mu_{\mathrm{e}}=\Delta G_{\mathrm{m},阴}^{\ominus}+RT\ln\frac{a_{[\mathrm{Me}]_{\mathrm{Hg}},\mathrm{e}}}{a_{\mathrm{Me}^{2+},\mathrm{e}}} \tag{10.113}$$

式中

$$\Delta G_{\mathrm{m},阴}^{\ominus}=\mu_{\mathrm{Me}}^{\ominus}-\mu_{\mathrm{Me}^{2+}}^{\ominus}-\mu_{\mathrm{e}}^{\ominus}$$

$$\mu_{[\mathrm{Me}]_{\mathrm{Hg}}}=\mu_{\mathrm{Me}}^{\ominus}+RT\ln a_{[\mathrm{Me}]_{\mathrm{Hg}},\mathrm{e}}$$

$$\mu_{\mathrm{Me}^{2+}}=\mu_{\mathrm{Me}^{2+}}^{\ominus}+RT\ln a_{\mathrm{Me}^{2+},\mathrm{e}}$$

$$\mu_{\mathrm{e}}=\mu_{\mathrm{e}}^{\ominus}$$

由

$$\varphi_{阴,\mathrm{e}}=-\frac{\Delta G_{\mathrm{m},阴,\mathrm{e}}}{2F}$$

得

$$\varphi_{阴,e} = \varphi_{阴}^{\ominus} + \frac{RT}{2F}\ln\frac{a_{Me^{2+},e}}{a_{[Me]_{Hg},e}} \tag{10.114}$$

式中

$$\varphi_{阴}^{\ominus} = -\frac{\Delta G_{m,阴,e}}{2F} = \frac{\mu_{Me}^{\ominus} - \mu_{Me^{2+}}^{\ominus} - \mu_{e}^{\ominus}}{2F}$$

阴极有电流通过，发生极化，阴极反应为

$$Me^{2+} + 2e = [Me]_{Hg}$$

阴极电势为

$$\varphi_{阴} = -\frac{\Delta G_{m,阴}}{2F}$$

$$\varphi_{阴} = \varphi_{阴,e} + \Delta\varphi_{阴}$$

则

$$\Delta\varphi_{阴} = \varphi_{阴} - \varphi_{阴,e}$$

并有

$$A_{m,阴} = -\Delta G_{m,阴} = 2F\varphi_{阴} = 2F(\varphi_{阴,e} + \Delta\varphi_{阴})$$

阴极反应速率

$$\frac{dN_{[Me]_{Hg}}}{dt} = -\frac{dN_{Me^{2+}}}{dt} = -\frac{1}{2}\frac{dN_{e}}{dt} = Sj \tag{10.115}$$

式中

$$\begin{aligned} j &= -l_1\left(\frac{A_{m,阴}}{T}\right) - l_2\left(\frac{A_{m,阴}}{T}\right)^2 - l_3\left(\frac{A_{m,阴}}{T}\right)^3 - \cdots \\ &= -l_1'\left(\frac{\varphi_{阴}}{T}\right) - l_2'\left(\frac{\varphi_{阴}}{T}\right)^2 - l_3'\left(\frac{\varphi_{阴}}{T}\right)^3 - \cdots \\ &= -l_1'' - l_2''\left(\frac{\Delta\varphi_{阴}}{T}\right) - l_3''\left(\frac{\Delta\varphi_{阴}}{T}\right)^2 - l_4''\left(\frac{\Delta\varphi_{阴}}{T}\right)^3 - \cdots \end{aligned} \tag{10.116}$$

将上式代入

$$i = 2Fj$$

得

$$\begin{aligned} i &= 2Fj \\ &= -l_1^*\left(\frac{\varphi_{阳}}{T}\right) - l_2^*\left(\frac{\varphi_{阳}}{T}\right)^2 - l_3^*\left(\frac{\varphi_{阳}}{T}\right)^3 - \cdots \\ &= -l_1^{**} - l_2^{**}\left(\frac{\Delta\varphi_{阳}}{T}\right) - l_3^{**}\left(\frac{\Delta\varphi_{阳}}{T}\right)^2 - l_4^{**}\left(\frac{\Delta\varphi_{阳}}{T}\right)^3 - \cdots \end{aligned} \tag{10.117}$$

第 11 章　金属的电结晶

金属的电结晶过程是金属离子完成电子转移步骤进入金属晶格的过程。金属原子可以在原有基体金属的晶格上继续长大，也可以形成新的晶核。

11.1　理想晶面的生长

理想晶面是单晶面。如图 11.1 所示，实际的单晶面存在多种多样的缺陷，有台阶、拐角、缺口、空位等。台阶称为生长线，拐角、缺口、空位称为生长点。若过电势不大，在晶面上不能形成新的晶核，结晶过程在原有晶体的晶格上长大。在这种情况下，晶面生长的可能历程为：一是电子转移步骤紧接结晶步骤，即金属离子得到电子成为金属原子后直接在生长点或生长线上进入晶格；二是金属离子还原成金属原子后吸附在电极表面，然后吸附的金属原子扩散进入晶格；三是金属络合离子与电子结合形成部分失水（或配体）的带有部分电荷的吸附离子，此即电子转移步骤。随后吸附离子在电极表面扩散，到达生长点或生长线后，金属离子得到电子，失去剩余的水化膜（或配体）然后进入晶格。

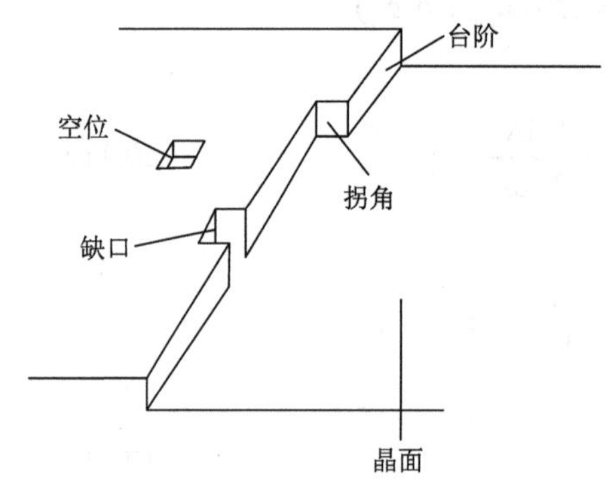

图 11.1　晶面缺陷示意图

11.2　晶体生长的速率控制步骤

过电势不大，在晶面上不形成晶核，金属离子还原后进入晶格。

11.2.1　金属离子还原成金属原子然后进入晶格

1. 金属离子还原成金属原子

阴极反应为

$$Me^{z+} + ze = Me(吸附) \tag{i}$$

阴极反应达到平衡

$$Me^{z+} + ze \rightleftharpoons Me(吸附)$$

该过程的摩尔吉布斯自由能变化为

$$\Delta G_{m,阴,e} = \mu_{Me(吸附)} - \mu_{Me^{z+}} - z\mu_e = \Delta G_{m,阴}^{\ominus} + RT\ln\frac{a_{Me(吸附),e}}{a_{Me^{z+},e}}$$

式中

$$\Delta G_{m,阴}^{\ominus} = \mu_{Me}^{\ominus} - \mu_{Me^{z+}}^{\ominus} - z\mu_e^{\ominus}$$

$$\mu_{Me(吸附)} = \mu_{Me}^{\ominus} + RT\ln a_{Me(吸附),e}$$

$$\mu_{Me^{z+}} = \mu_{Me^{z+}}^{\ominus} + RT\ln a_{Me^{z+},e}$$

$$\mu_e = \mu_e^{\ominus}$$

由

$$\varphi_{阴,e} = -\frac{\Delta G_{m,阴,e}}{zF}$$

得

$$\varphi_{阴,e} = \varphi_{阴}^{\ominus} + \frac{RT}{zF}\ln\frac{a_{Me^{z+},e}}{a_{Me(吸附),e}}$$

式中

$$\varphi_{阴}^{\ominus} = -\frac{\Delta G_{m,阴}^{\ominus}}{zF} = -\frac{\mu_{Me}^{\ominus} - \mu_{Me^{z+}}^{\ominus} - z\mu_e^{\ominus}}{zF}$$

阴极有电流通过，发生极化，阴极反应为

$$Me^{z+} + ze = Me(吸附)$$

阴极电势为

$$\varphi_{阴} = \varphi_{阴,e} + \Delta\varphi_{阴}$$

则

$$\Delta\varphi_{阴} = \varphi_{阴} - \varphi_{阴,e}$$

又有

$$A_{m,阴} = -\Delta G_{m,阴} = zF\varphi_{阴} = zF(\varphi_{阴,e} + \Delta\varphi_{阴})$$

阴极反应速率

$$\frac{dN_{Me(吸附)}}{dt} = -\frac{dN_{Me^{z+}}}{dt} = -\frac{1}{z}\frac{dN_e}{dt} = Sj$$

式中

$$j = -l_1\left(\frac{A_{\mathrm{m,阴}}}{T}\right) - l_2\left(\frac{A_{\mathrm{m,阴}}}{T}\right)^2 - l_3\left(\frac{A_{\mathrm{m,阴}}}{T}\right)^3 - \cdots$$

$$= -l_1'\left(\frac{\varphi_{阴}}{T}\right) - l_2'\left(\frac{\varphi_{阴}}{T}\right)^2 - l_3'\left(\frac{\varphi_{阴}}{T}\right)^3 - \cdots$$

$$= -l_1'' - l_2''\left(\frac{\Delta\varphi_{阴}}{T}\right) - l_3''\left(\frac{\Delta\varphi_{阴}}{T}\right)^2 - l_4''\left(\frac{\Delta\varphi_{阴}}{T}\right)^3 - \cdots$$

将上式代入

$$i = zFj$$

得

$$i = zFj$$

$$= -l_1^*\left(\frac{\varphi_{阴}}{T}\right) - l_2^*\left(\frac{\varphi_{阴}}{T}\right)^2 - l_3^*\left(\frac{\varphi_{阴}}{T}\right)^3 - \cdots$$

$$= -l_1^{**} - l_2^{**}\left(\frac{\Delta\varphi_{阴}}{T}\right) - l_3^{**}\left(\frac{\Delta\varphi_{阴}}{T}\right)^2 - l_4^{**}\left(\frac{\Delta\varphi_{阴}}{T}\right)^3 - \cdots$$

2. 吸附原子进入晶格

$$\mathrm{Me(吸附)} = \mathrm{Me(晶体)} \tag{ii}$$

该过程的摩尔吉布斯自由能变化为

$$\Delta G_{\mathrm{m,结晶}} = \mu_{\mathrm{Me(晶体)}} - \mu_{\mathrm{Me(吸附)}}$$

$$= \Delta G^{\ominus}_{\mathrm{m,结晶}} + RT\ln\frac{1}{a_{\mathrm{Me(吸附)}}}$$

$$= RT\ln\frac{1}{a_{\mathrm{Me(吸附)}}}$$

式中

$$\Delta G^{\ominus}_{\mathrm{m,结晶}} = \mu^{\ominus}_{\mathrm{Me}} - \mu^{\ominus}_{\mathrm{Me}} = 0$$

$$\mu_{\mathrm{Me(晶体)}} = \mu^{\ominus}_{\mathrm{Me}}$$

$$\mu_{\mathrm{Me(吸附)}} = \mu^{\ominus}_{\mathrm{Me}} + RT\ln a_{\mathrm{Me(吸附)}}$$

该过程的速率为

$$\frac{\mathrm{d}N_{\mathrm{Me(晶体)}}}{\mathrm{d}t} = -\frac{\mathrm{d}N_{\mathrm{Me(吸附)}}}{\mathrm{d}t} = Sj_{晶}$$

式中

$$j_{晶} = -l_1\left(\frac{A_{\mathrm{m}}}{T}\right) - l_2\left(\frac{A_{\mathrm{m}}}{T}\right)^2 - l_3\left(\frac{A_{\mathrm{m}}}{T}\right)^3 - \cdots$$

其中

$$A_{m}=\Delta G_{m,结晶}$$

3. 过程由电子转移和吸附原子进入晶格共同控制

$$Me^{z+}+ze = Me(吸附)$$
$$Me(吸附) = Me(晶体)$$

过程达到稳态，速率为

$$\frac{dN_{Me(吸附)}}{dt}=-\frac{dN_{Me^{z+}}}{dt}=-\frac{1}{z}\frac{dN_{e}}{dt}=Sj_{e}=Sj_{晶}=Sj$$

$$j=\frac{1}{2}(j_{e}+j_{晶})$$

4. 总反应

$$Me^{z+}+ze = Me(吸附)$$
$$Me(吸附) = Me(晶体)$$

得

$$Me^{z+}+ze = Me(晶体)$$

总反应达到平衡

$$Me^{z+}+ze \rightleftharpoons Me(晶体)$$

该过程的摩尔吉布斯自由能变化为

$$\Delta G_{m,阴,t,e}=\mu_{Me(晶体)}-\mu_{Me^{z+}}-z\mu_{e}=\Delta G_{m,阴,t}+RT\ln\frac{1}{a_{Me^{z+},e}}$$

式中

$$\Delta G_{m,阴,t}^{\ominus}=\mu_{Me}^{\ominus}-\mu_{Me^{z+}}^{\ominus}-z\mu_{e}^{\ominus}$$
$$\mu_{Me(晶体)}=\mu_{Me}^{\ominus}$$
$$\mu_{Me^{z+}}=\mu_{Me^{z+}}^{\ominus}+RT\ln a_{Me^{z+},e}$$
$$\mu_{e}=\mu_{e}^{\ominus}$$

由

$$\varphi_{阴,t,e}=-\frac{\Delta G_{m,阴,t,e}^{\ominus}}{zF}$$

得

$$\varphi_{阴,t,e}=\varphi_{阴,t}^{\ominus}+\frac{RT}{zF}\ln a_{Me^{z+},e}$$

式中

$$\varphi_{阴,t}^{\ominus} = -\frac{\Delta G_{m,阴,t}^{\ominus}}{zF} = -\frac{\mu_{Me}^{\ominus} - \mu_{Me^{z+}}^{\ominus} - z\mu_{e}^{\ominus}}{zF}$$

阴极有电流通过发生极化，阴极反应为

$$Me^{z+} + ze = Me(晶体)$$

阴极电势为

$$\varphi_{阴,t} = \varphi_{阴,t,e} + \Delta\varphi_{阴,t}$$

则

$$\Delta\varphi_{阴,t} = \varphi_{阴,t} - \varphi_{阴,t,e}$$

又有

$$A_{m,阴,t} = -\Delta G_{m,阴,t} = zF\varphi_{阴,t} = zF(\varphi_{阴,t,e} + \Delta\varphi_{阴,t})$$

阴极反应速度

$$\frac{dN_{Me(晶体)}}{dt} = -\frac{dN_{Me^{z+}}}{dt} = -\frac{1}{z}\frac{dN_{e}}{dt} = Sj_{t}$$

$$\begin{aligned}
j_{t} &= -l_{1}\left(\frac{A_{m,阴,t}}{T}\right) - l_{2}\left(\frac{A_{m,阴,t}}{T}\right)^{2} - l_{3}\left(\frac{A_{m,阴,t}}{T}\right)^{3} - \cdots \\
&= -l_{1}'\left(\frac{\varphi_{阴,t}}{T}\right) - l_{2}'\left(\frac{\varphi_{阴,t}}{T}\right)^{2} - l_{3}'\left(\frac{\varphi_{阴,t}}{T}\right)^{3} - \cdots \\
&= -l_{1}'' - l_{2}''\left(\frac{\Delta\varphi_{阴,t}}{T}\right) - l_{3}''\left(\frac{\Delta\varphi_{阴,t}}{T}\right)^{2} - l_{4}''\left(\frac{\Delta\varphi_{阴,t}}{T}\right)^{3} - \cdots
\end{aligned}$$

将上式代入

$$i_{t} = zFj_{t}$$

得

$$\begin{aligned}
i_{t} &= zFj_{t} \\
&= -l_{1}^{*}\left(\frac{\varphi_{阴,t}}{T}\right) - l_{2}^{*}\left(\frac{\varphi_{阴,t}}{T}\right)^{2} - l_{3}^{*}\left(\frac{\varphi_{阴,t}}{T}\right)^{3} - \cdots \\
&= -l_{1}^{**} - l_{2}^{**}\left(\frac{\Delta\varphi_{阴,t}}{T}\right) - l_{3}^{**}\left(\frac{\Delta\varphi_{阴,t}}{T}\right)^{2} - l_{4}^{**}\left(\frac{\Delta\varphi_{阴,t}}{T}\right)^{3} - \cdots
\end{aligned}$$

11.2.2 金属离子还原为金属原子—吸附在阴极表面—扩散到金属晶格—进入金属晶格

该过程可以表示为

$$Me^{z+} + ze = Me(吸附)_{i} \tag{i}$$

$$\text{Me(吸附)}_i = \text{Me(吸附)}_o \quad \text{(ii)}$$

$$\text{Me(吸附)}_o = \text{Me(晶体)} \quad \text{(iii)}$$

1. 电子转移反应为控速步骤

电子转移反应为

$$\text{Me}^{z+} + z\text{e} = \text{Me(吸附)}_i$$

阴极反应达成平衡

$$\text{Me}^{z+} + z\text{e} \rightleftharpoons \text{Me(吸附)}_i$$

该过程的摩尔吉布斯自由能变化为

$$\Delta G_{\text{m,阴,e}} = \mu_{\text{Me(吸附)}} - \mu_{\text{Me}^{z+}} - z\mu_{\text{e}} = \Delta G_{\text{m,阴}}^{\ominus} + RT\ln\frac{a_{\text{Me(吸附)}_i,\text{e}}}{a_{\text{Me}^{z+},\text{e}}}$$

式中

$$\Delta G_{\text{m,阴}}^{\ominus} = \mu_{\text{Me}}^{\ominus} - \mu_{\text{Me}^{z+}}^{\ominus} - z\mu_{\text{e}}^{\ominus}$$

$$\mu_{\text{Me(吸附)}} = \mu_{\text{Me}}^{\ominus} + RT\ln a_{\text{Me(吸附)}_i,\text{e}}$$

$$\mu_{\text{Me}^{z+}} = \mu_{\text{Me}^{z+}}^{\ominus} + RT\ln a_{\text{Me}^{z+},\text{e}}$$

$$\mu_{\text{e}} = \mu_{\text{e}}^{\ominus}$$

由

$$\varphi_{\text{m,阴,e}} = -\frac{\Delta G_{\text{m,阴,e}}}{zF}$$

得

$$\varphi_{\text{阴,e}} = \varphi_{\text{阴}}^{\ominus} + \frac{RT}{zF}\ln\frac{a_{\text{Me}^{z+},\text{e}}}{a_{\text{Me(吸附)}_i,\text{e}}}$$

式中

$$\varphi_{\text{阴}}^{\ominus} = -\frac{\Delta G_{\text{m,阴}}^{\ominus}}{zF} = -\frac{\mu_{\text{Me}}^{\ominus} - \mu_{\text{Me}^{z+}}^{\ominus} - z\mu_{\text{e}}^{\ominus}}{zF}$$

阴极有电流通过，发生极化，阴极反应为

$$\text{Me}^{z+} + z\text{e} = \text{Me(吸附)}_i$$

阴极电势为

$$\varphi_{\text{阴}} = \varphi_{\text{阴,e}} + \Delta\varphi_{\text{阴}}$$

则

$$\Delta\varphi_{\text{阴}} = \varphi_{\text{阴}} - \varphi_{\text{阴,e}}$$

有

$$A_{\text{m,阴}} = -\Delta G_{\text{m,阴}} = zF\varphi_{\text{阴}} = zF(\varphi_{\text{阴,e}} + \Delta\varphi_{\text{阴}})$$

阴极反应速率为

$$\frac{\mathrm{d}N_{\mathrm{Me(吸附)_i}}}{\mathrm{d}t} = -\frac{\mathrm{d}N_{\mathrm{Me}^{z+}}}{\mathrm{d}t} = -\frac{1}{z}\frac{\mathrm{d}N_{\mathrm{e}}}{\mathrm{d}t} = Sj_{\mathrm{e}}$$

式中

$$\begin{aligned} j_{\mathrm{e}} &= -l_1\left(\frac{A_{\mathrm{m,阴}}}{T}\right) - l_2\left(\frac{A_{\mathrm{m,阴}}}{T}\right)^2 - l_3\left(\frac{A_{\mathrm{m,阴}}}{T}\right)^3 - \cdots \\ &= -l_1'\left(\frac{\varphi_{阴}}{T}\right) - l_2'\left(\frac{\varphi_{阴}}{T}\right)^2 - l_3'\left(\frac{\varphi_{阴}}{T}\right)^3 - \cdots \\ &= -l_1'' - l_2''\left(\frac{\Delta\varphi_{阴}}{T}\right) - l_3''\left(\frac{\Delta\varphi_{阴}}{T}\right)^2 - l_4''\left(\frac{\Delta\varphi_{阴}}{T}\right)^3 - \cdots \end{aligned}$$

将上式代入

$$i = zFj_{\mathrm{e}}$$

得

$$\begin{aligned} i &= zFj_{\mathrm{e}} \\ &= -l_1^*\left(\frac{\varphi_{阴}}{T}\right) - l_2^*\left(\frac{\varphi_{阴}}{T}\right)^2 - l_3^*\left(\frac{\varphi_{阴}}{T}\right)^3 - \cdots \\ &= -l_1^{**} - l_2^{**}\left(\frac{\Delta\varphi_{阴}}{T}\right) - l_3^{**}\left(\frac{\Delta\varphi_{阴}}{T}\right)^2 - l_4^{**}\left(\frac{\Delta\varphi_{阴}}{T}\right)^3 - \cdots \end{aligned}$$

2. 吸附原子扩散为控速步骤

吸附原子由固液界面扩散到晶格附近

$$\mathrm{Me(吸附)_i} = \mathrm{Me(吸附)_o}$$

该过程的摩尔吉布斯自由能变化为

$$\begin{aligned} \Delta G_{\mathrm{m,扩散}} &= \mu_{\mathrm{Me(吸附)_o}} - \mu_{\mathrm{Me(吸附)_i}} \\ &= \Delta G^{\ominus}_{\mathrm{m,扩散}} + RT\ln\frac{a_{\mathrm{Me(吸附)_o}}}{a_{\mathrm{Me(吸附)_i}}} \\ &= RT\ln\frac{a_{\mathrm{Me(吸附)_o}}}{a_{\mathrm{Me(吸附)_i}}} \end{aligned}$$

式中

$$\mu_{\mathrm{Me(吸附)_o}} = \mu^{\ominus}_{\mathrm{Me}} + RT\ln a_{\mathrm{Me(吸附)_o}}$$

$$\mu_{\mathrm{Me(吸附)_i}} = \mu^{\ominus}_{\mathrm{Me}} + RT\ln a_{\mathrm{Me(吸附)_i}}$$

$$\Delta G^{\ominus}_{\mathrm{m,扩散}} = \mu^{\ominus}_{\mathrm{Me}} - \mu^{\ominus}_{\mathrm{Me}} = 0$$

扩散速率

$$
\begin{aligned}
J_{扩} &= |\vec{J}_{扩}| \\
&= \frac{L}{T} |-\nabla \mu_{\mathrm{Me(吸附)}}| \\
&= \frac{L}{T} \frac{\mu_{\mathrm{Me(吸附)_i}} - \mu_{\mathrm{Me(吸附)_o}}}{d_{\mathrm{io}}} \\
&= \frac{L}{T d_{\mathrm{io}}} RT \ln \frac{a_{\mathrm{Me(吸附)_i}}}{a_{\mathrm{Me(吸附)_o}}}
\end{aligned}
$$

式中，$J_{扩}$ 和 $\vec{J}_{扩}$ 分别为电极表面吸附原子 Me 的扩散速率和扩散速度；下角标 i 和 o 分别为金属离子还原位置和金属晶格位置；d_{io} 为金属原子扩散的距离；L 为唯象系数；T 为温度。

3. 金属原子 Me（吸附）进入晶格

金属原子进入晶格的过程可以表示为

$$
\mathrm{Me(吸附)_o} = \mathrm{Me(晶体)}
$$

该过程的摩尔吉布斯自由能变化为

$$
\begin{aligned}
\Delta G_{\mathrm{m,Me,结晶}} &= \mu_{\mathrm{Me(晶体)}} - \mu_{\mathrm{Me(吸附)_o}} \\
&= \Delta G^{\ominus}_{\mathrm{m,Me(结晶)}} + RT \ln \frac{1}{a_{\mathrm{Me(吸附)_o}}} \\
&= RT \ln \frac{1}{a_{\mathrm{Me(吸附)_o}}}
\end{aligned}
$$

式中

$$
\Delta G^{\ominus}_{\mathrm{m,Me,结晶}} = \mu^{\ominus}_{\mathrm{Me}} - \mu^{\ominus}_{\mathrm{Me}}
$$

$$
\mu_{\mathrm{Me(晶体)}} = \mu^{\ominus}_{\mathrm{Me}}
$$

$$
\mu_{\mathrm{Me(吸附)}} = \mu^{\ominus}_{\mathrm{Me}} + RT \ln a_{\mathrm{Me(吸附)_o}}
$$

金属原子进入晶格的速率为

$$
j_{晶} = -l_1 \left(\frac{A_{\mathrm{m}}}{T} \right) - l_2 \left(\frac{A_{\mathrm{m}}}{T} \right)^2 - l_3 \left(\frac{A_{\mathrm{m}}}{T} \right)^3 - \cdots
$$

式中

$$
A_{\mathrm{m}} = \Delta G_{\mathrm{m,Me,结晶}}
$$

4. 金属离子还原和吸附原子扩散共同为控速步骤

$$\mathrm{Me}^{z+} + z\mathrm{e} = \mathrm{Me}(吸附)_{\mathrm{i}} \tag{a}$$

$$\mathrm{Me}(吸附)_{\mathrm{i}} = \mathrm{Me}(吸附)_{\mathrm{o}} \tag{b}$$

过程达到稳态，速率为

$$\frac{\mathrm{d}N_{\mathrm{Me}(吸附)_{\mathrm{o}}}}{\mathrm{d}t} = -\frac{\mathrm{d}N_{\mathrm{Me}^{z+}}}{\mathrm{d}t} = -\frac{1}{z}\frac{\mathrm{d}N_{\mathrm{e}}}{\mathrm{d}t} = Sj_{\mathrm{e}} = SJ_{扩} = Sj$$

$$j = \frac{1}{2}(j_{\mathrm{e}} + J_{扩})$$

式中

$$\begin{aligned} j_{\mathrm{e}} &= -l_1\left(\frac{A_{\mathrm{m},阴}}{T}\right) - l_2\left(\frac{A_{\mathrm{m},阴}}{T}\right)^2 - l_3\left(\frac{A_{\mathrm{m},阴}}{T}\right)^3 - \cdots \\ &= -l_1'\left(\frac{\varphi_{阴}}{T}\right) - l_2'\left(\frac{\varphi_{阴}}{T}\right)^2 - l_3'\left(\frac{\varphi_{阴}}{T}\right)^3 - \cdots \\ &= -l_1'' - l_2''\left(\frac{\Delta\varphi_{阴}}{T}\right) - l_3''\left(\frac{\Delta\varphi_{阴}}{T}\right)^2 - l_4''\left(\frac{\Delta\varphi_{阴}}{T}\right)^3 - \cdots \end{aligned}$$

将上式代入

$$i = zFj_{\mathrm{e}}$$

得

$$\begin{aligned} i &= zFj_{\mathrm{e}} \\ &= -l_1^*\left(\frac{\varphi_{阴}}{T}\right) - l_2^*\left(\frac{\varphi_{阴}}{T}\right)^2 - l_3^*\left(\frac{\varphi_{阴}}{T}\right)^3 - \cdots \\ &= -l_1^{**} - l_2^{**}\left(\frac{\Delta\varphi_{阴}}{T}\right) - l_3^{**}\left(\frac{\Delta\varphi_{阴}}{T}\right)^2 - l_4^{**}\left(\frac{\Delta\varphi_{阴}}{T}\right)^3 - \cdots \end{aligned}$$

$$J_{扩} = \frac{L}{Td_{\mathrm{io}}} RT \ln \frac{a_{\mathrm{Me}(吸附)_{\mathrm{i}}}}{a_{\mathrm{Me}(吸附)_{\mathrm{o}}}}$$

5. 金属离子还原，吸附原子扩散和进入金属晶格共同为控速步骤

整个过程为

$$\mathrm{Me}^{z+} + z\mathrm{e} = \mathrm{Me}(吸附)_{\mathrm{i}} \tag{i}$$

$$\mathrm{Me}(吸附)_{\mathrm{i}} = \mathrm{Me}(吸附)_{\mathrm{o}} \tag{ii}$$

$$\mathrm{Me}(吸附)_{\mathrm{o}} = \mathrm{Me}(晶体) \tag{iii}$$

过程达到稳态，速率为

$$\frac{\mathrm{d}N_{\mathrm{Me(晶体)}}}{\mathrm{d}t}=-\frac{\mathrm{d}N_{\mathrm{Me}^{z+}}}{\mathrm{d}t}=-\frac{1}{z}\frac{\mathrm{d}N_{\mathrm{e}}}{\mathrm{d}t}=Sj_{\mathrm{e}}=SJ_{扩}=Sj_{晶}=Sj$$

$$j=\frac{1}{3}(j_{\mathrm{e}}+J_{扩}+j_{晶})$$

式中

$$\begin{aligned}j_{\mathrm{e}}&=-l_1\left(\frac{A_{\mathrm{m},阴}}{T}\right)-l_2\left(\frac{A_{\mathrm{m},阴}}{T}\right)^2-l_3\left(\frac{A_{\mathrm{m},阴}}{T}\right)^3-\cdots\\&=-l_1'\left(\frac{\varphi_{阴}}{T}\right)-l_2'\left(\frac{\varphi_{阴}}{T}\right)^2-l_3'\left(\frac{\varphi_{阴}}{T}\right)^3-\cdots\\&=-l_1''-l_2''\left(\frac{\Delta\varphi_{阴}}{T}\right)-l_3''\left(\frac{\Delta\varphi_{阴}}{T}\right)^2-l_4''\left(\frac{\Delta\varphi_{阴}}{T}\right)^3-\cdots\end{aligned}$$

将上式代入

$$i=zFj_{\mathrm{e}}$$

得

$$\begin{aligned}i&=zFj_{\mathrm{e}}\\&=-l_1^*\left(\frac{\varphi_{阴}}{T}\right)-l_2^*\left(\frac{\varphi_{阴}}{T}\right)^2-l_3^*\left(\frac{\varphi_{阴}}{T}\right)^3-\cdots\\&=-l_1^{**}-l_2^{**}\left(\frac{\Delta\varphi_{阴}}{T}\right)-l_3^{**}\left(\frac{\Delta\varphi_{阴}}{T}\right)^2-l_4^{**}\left(\frac{\Delta\varphi_{阴}}{T}\right)^3-\cdots\end{aligned}$$

$$J_{扩}=\frac{L}{Td_{\mathrm{io}}}RT\ln\frac{a_{\mathrm{Me(吸附)_i}}}{a_{\mathrm{Me(吸附)_o}}}$$

$$j_{晶}=-l_1\left(\frac{A_{\mathrm{m}}}{T}\right)-l_2\left(\frac{A_{\mathrm{m}}}{T}\right)^2-l_3\left(\frac{A_{\mathrm{m}}}{T}\right)^3-\cdots$$

6. 总反应

结晶过程的总反应为

$$\mathrm{Me}^{z+}+z\mathrm{e}=\!=\!=\mathrm{Me(晶体)} \tag{i}$$

结晶过程达到平衡，有

$$\mathrm{Me}^{z+}+z\mathrm{e}\rightleftharpoons\mathrm{Me(晶体)}$$

该过程的摩尔吉布斯自由能变化为

$$\Delta G_{\mathrm{m},阴,\mathrm{t,e}}=\mu_{\mathrm{Me(晶体)}}-\mu_{\mathrm{Me}^{z+}}-z\mu_{\mathrm{e}}=\Delta G^{\ominus}_{\mathrm{m},阴,\mathrm{t}}+RT\ln\frac{1}{a_{\mathrm{Me}^{z+},\mathrm{e}}}$$

式中

$$\Delta G_{\mathrm{m,阴,t}}^{\ominus} = \mu_{\mathrm{Me}}^{\ominus} - \mu_{\mathrm{Me}^{z+}}^{\ominus} - z\mu_{\mathrm{e}}^{\ominus}$$

$$\mu_{\mathrm{Me(晶体)}} = \mu_{\mathrm{Me}}^{\ominus}$$

$$\mu_{\mathrm{Me}^{z+}} = \mu_{\mathrm{Me}^{z+}}^{\ominus} + RT\ln a_{\mathrm{Me}^{z+},\mathrm{e}}$$

$$\mu_{\mathrm{e}} = \mu_{\mathrm{e}}^{\ominus}$$

由

$$\varphi_{\mathrm{阴,t}} = -\frac{\Delta G_{\mathrm{m,阴,t}}}{zF}$$

得

$$\varphi_{\mathrm{阴,t}} = \varphi_{\mathrm{阴,t}}^{\ominus} + \frac{RT}{zF}\ln a_{\mathrm{Me}^{z+},\mathrm{e}}$$

式中

$$\varphi_{\mathrm{阴,t}}^{\ominus} = -\frac{\Delta G_{\mathrm{m,阴,t}}^{\ominus}}{zF} = -\frac{\mu_{\mathrm{Me}}^{\ominus} - \mu_{\mathrm{Me}^{z+}}^{\ominus} - z\mu_{\mathrm{e}}^{\ominus}}{zF}$$

阴极有电流通过，发生极化，阴极反应为

$$\mathrm{Me}^{z+} + z\mathrm{e} = \mathrm{Me(晶体)}$$

阴极电势为

$$\varphi_{\mathrm{阴,t}} = \varphi_{\mathrm{阴,t,e}} + \Delta\varphi_{\mathrm{阴,t}}$$

则

$$\Delta\varphi_{\mathrm{阴,t}} = \varphi_{\mathrm{阴,t}} - \varphi_{\mathrm{阴,t,e}}$$

并有

$$A_{\mathrm{m,阴}} = -\Delta G_{\mathrm{m,阴,t}} = zF\varphi_{\mathrm{阴,t}} = zF(\varphi_{\mathrm{阴,t,e}} + \Delta\varphi_{\mathrm{阴,t}})$$

阴极反应速率为

$$\frac{\mathrm{d}N_{\mathrm{Me(晶体)}}}{\mathrm{d}t} = -\frac{\mathrm{d}N_{\mathrm{Me}^{z+}}}{\mathrm{d}t} = -\frac{1}{z}\frac{\mathrm{d}N_{\mathrm{e}}}{\mathrm{d}t} = Sj_{\mathrm{t}}$$

式中

$$\begin{aligned} j_{\mathrm{t}} &= -l_1\left(\frac{A_{\mathrm{m,阴,t}}}{T}\right) - l_2\left(\frac{A_{\mathrm{m,阴,t}}}{T}\right)^2 - l_3\left(\frac{A_{\mathrm{m,阴,t}}}{T}\right)^3 - \cdots \\ &= -l_1'\left(\frac{\varphi_{\mathrm{阴,t}}}{T}\right) - l_2'\left(\frac{\varphi_{\mathrm{阴,t}}}{T}\right)^2 - l_3'\left(\frac{\varphi_{\mathrm{阴,t}}}{T}\right)^3 - \cdots \\ &= -l_1'' - l_2''\left(\frac{\Delta\varphi_{\mathrm{阴,t}}}{T}\right) - l_3''\left(\frac{\Delta\varphi_{\mathrm{阴,t}}}{T}\right)^2 - l_4''\left(\frac{\Delta\varphi_{\mathrm{阴,t}}}{T}\right)^3 - \cdots \end{aligned}$$

将上式代入

$$i = zFj_{\mathrm{t}}$$

得

$$\begin{aligned} i &= zFj_{\mathrm{t}} \\ &= -l_1^*\left(\frac{\varphi_{阴,\mathrm{t}}}{T}\right)-l_2^*\left(\frac{\varphi_{阴,\mathrm{t}}}{T}\right)^2-l_3^*\left(\frac{\varphi_{阴,\mathrm{t}}}{T}\right)^3-\cdots \\ &= -l_1^{**}-l_2^{**}\left(\frac{\Delta\varphi_{阴,\mathrm{t}}}{T}\right)-l_3^{**}\left(\frac{\Delta\varphi_{阴,\mathrm{t}}}{T}\right)^2-l_4^{**}\left(\frac{\Delta\varphi_{阴,\mathrm{t}}}{T}\right)^3-\cdots \end{aligned}$$

11.2.3　金属络合离子还原结晶

金属络合离子与电子结合失去部分配体，形成带有部分电荷的金属络合离子；然后在电极表面扩散到晶格附近，再与电子结合，变成金属原子，再进入晶格。此过程与 10.5 节高价金属络离子的阴极还原相同，不再重复。

11.2.4　形成晶核

阴极过电势大，金属离子阴极还原可以形成晶核，表示为

$$\mathrm{Me}^{z+} + z\mathrm{e} = \mathrm{Me(晶核)}$$

阴极反应达成平衡，

$$\mathrm{Me}^{z+} + z\mathrm{e} \rightleftharpoons \mathrm{Me(晶核)}$$

该过程的摩尔吉布斯自由能变化为

$$\Delta G_{\mathrm{m},阴,\mathrm{Me(晶核)},\mathrm{e}} = \mu_{\mathrm{Me(晶核)}} - \mu_{\mathrm{Me}^{z+}} - z\mu_{\mathrm{e}} = \Delta G^{\ominus}_{\mathrm{m},阴,\mathrm{Me(晶核)}} + RT\ln\frac{a_{\mathrm{Me(晶核)},\mathrm{e}}}{a_{\mathrm{Me}^{z+},\mathrm{e}}}$$

式中

$$\Delta G^{\ominus}_{\mathrm{m},阴,\mathrm{Me(晶核)}} = \mu^{\ominus}_{\mathrm{Me}} - \mu^{\ominus}_{\mathrm{Me}^{z+}} - z\mu^{\ominus}_{\mathrm{e}}$$

$$\mu_{\mathrm{Me(晶核)}} = \mu^{\ominus}_{\mathrm{Me}} + RT\ln a_{\mathrm{Me(晶核)}}$$

$$\mu_{\mathrm{Me}^{z+}} = \mu^{\ominus}_{\mathrm{Me}^{z+}} + RT\ln a_{\mathrm{Me}^{z+},\mathrm{e}}$$

$$\mu_{\mathrm{e}} = \mu^{\ominus}_{\mathrm{e}}$$

由

$$\varphi_{阴,\mathrm{Me(晶核)},\mathrm{e}} = -\frac{\Delta G_{\mathrm{m},阴,\mathrm{Me(晶核)},\mathrm{e}}}{zF}$$

得

$$\varphi_{阴,\mathrm{Me(晶核)},\mathrm{e}} = \varphi^{\ominus}_{阴,\mathrm{Me(晶核)}} + \frac{RT}{zF}\ln\frac{a_{\mathrm{Me}^{z+},\mathrm{e}}}{a_{\mathrm{Me(晶核)},\mathrm{e}}}$$

式中

$$\varphi^{\ominus}_{阴,\mathrm{Me(晶核)}} = -\frac{\Delta G^{\ominus}_{\mathrm{m},阴,\mathrm{Me(晶核)}}}{zF} = -\frac{\mu^{\ominus}_{\mathrm{Me}} - \mu^{\ominus}_{\mathrm{Me}^{z+}} - z\mu^{\ominus}_{\mathrm{e}}}{zF}$$

阴极有电流通过，发生极化，阴极反应为

$$Me^{z+} + ze \Longrightarrow Me(晶核)$$

阴极电势为

$$\varphi_{阴} = \varphi_{阴,e} + \Delta\varphi_{阴}$$

则

$$\Delta\varphi_{阴} = \varphi_{阴} - \varphi_{阴,e}$$

并有

$$A_{m,阴} = -\Delta G_{m,阴} = F\varphi_{阴} = F(\varphi_{阴,e} + \Delta\varphi_{阴})$$

阴极反应速率为

$$\frac{dN_{Me(晶核)}}{dt} = -\frac{dN_{Me^{z+}}}{dt} = -\frac{1}{z}\frac{dN_e}{dt} = Sj$$

式中

$$\begin{aligned} j &= -l_1\left(\frac{A_{m,阴}}{T}\right) - l_2\left(\frac{A_{m,阴}}{T}\right)^2 - l_3\left(\frac{A_{m,阴}}{T}\right)^3 - \cdots \\ &= -l_1'\left(\frac{\varphi_{阴}}{T}\right) - l_2'\left(\frac{\varphi_{阴}}{T}\right)^2 - l_3'\left(\frac{\varphi_{阴}}{T}\right)^3 - \cdots \\ &= -l_1'' - l_2''\left(\frac{\Delta\varphi_{阴}}{T}\right) - l_3''\left(\frac{\Delta\varphi_{阴}}{T}\right)^2 - l_4''\left(\frac{\Delta\varphi_{阴}}{T}\right)^3 - \cdots \end{aligned}$$

将上式代入

$$i = zFj$$

得

$$\begin{aligned} i &= zFj \\ &= -l_1^*\left(\frac{\varphi_{阴}}{T}\right) - l_2^*\left(\frac{\varphi_{阴}}{T}\right)^2 - l_3^*\left(\frac{\varphi_{阴}}{T}\right)^3 - \cdots \\ &= -l_1^{**} - l_2^{**}\left(\frac{\Delta\varphi_{阴}}{T}\right) - l_3^{**}\left(\frac{\Delta\varphi_{阴}}{T}\right)^2 - l_4^{**}\left(\frac{\Delta\varphi_{阴}}{T}\right)^3 - \cdots \end{aligned}$$

第12章 阳 极 过 程

在电解、电沉积、电镀等电化学过程中，都会涉及阳极反应。在水溶液中发生的阳极反应有氢的氧化、氧的析出、金属的溶解、金属硫化物的溶解、金属氧化物的生成、离子价态的升高等。

12.1 氢 的 氧 化

12.1.1 在酸性溶液中

在酸性溶液中，铂镍等电极上，会发生氢的氧化反应。氢的氧化反应有以下步骤：

（1）氢分子溶解在电解液中并向电极表面扩散。

$$H_2(g) == (H_2)$$

（2）溶解的氢分子在电极上化学解离并吸附。

$$H_2 + 2M == 2(M\text{-}H)$$

或电化学解离吸附

$$H_2 + M == M\text{-}H + H^+ + e$$

（3）吸附氢的电化学氧化

$$M\text{-}H == H^+ + M + e$$

总反应为

$$H_2(g) == 2H^+ + 2e$$

下面分别讨论。

1. 氢分子溶解在电解液中并向阳极表面扩散

1）氢溶解

$$H_2(g) == (H_2)$$

该过程的摩尔吉布斯自由能的变化为

$$\Delta G_{m,H_2} = \mu_{(H_2)} - \mu_{H_2(g)} = \Delta G_{m,H_2}^{\ominus} + RT\ln\frac{a_{(H_2)}}{p_{H_2}}$$

式中

$$\mu_{(\mathrm{H_2})} = \mu_{\mathrm{H_2}}^{\ominus} + RT\ln a_{(\mathrm{H_2})}$$

$$\mu_{\mathrm{H_2(g)}} = \mu_{\mathrm{H_2(g)}}^{\ominus} + RT\ln p_{\mathrm{H_2}}$$

$$\Delta G_{\mathrm{m,H_2}}^{\ominus} = \mu_{(\mathrm{H_2})}^{\ominus} - \mu_{\mathrm{H_2(g)}}^{\ominus}$$

$p_{\mathrm{H_2(g)}}$为气相中H_2的压力。

氢的溶解速率

$$\frac{\mathrm{d}N_{(\mathrm{H_2})}}{\mathrm{d}t} = -\frac{\mathrm{d}N_{\mathrm{H_2(g)}}}{\mathrm{d}t} = Vj$$

式中，V为溶液体积，

$$j = -l_1\left(\frac{A_{\mathrm{m}}}{T}\right) - l_2\left(\frac{A_{\mathrm{m}}}{T}\right)^2 - l_3\left(\frac{A_{\mathrm{m}}}{T}\right)^3 - \cdots$$

式中

$$A_{\mathrm{m}} = \Delta G_{\mathrm{m,H_2}}$$

2）溶解的氢向阳极表面扩散

$$(\mathrm{H_2})_{\mathrm{b}} = (\mathrm{H_2})_{\mathrm{s}}$$

氢的扩散速率

$$J_{\mathrm{H_2}} = |\vec{J}_{\mathrm{H_2}}| = L\left|\frac{-\nabla\mu_{(\mathrm{H_2})}}{T}\right| = L\left(\frac{\mu_{(\mathrm{H_2})_{\mathrm{b}}} - \mu_{(\mathrm{H_2})_{\mathrm{s}}}}{Tl}\right) = L'\left(\frac{\mu_{(\mathrm{H_2})_{\mathrm{b}}} - \mu_{(\mathrm{H_2})_{\mathrm{s}}}}{T}\right)$$

式中

$$L' = \frac{L}{l}$$

L是唯象系数；l为溶液本体到电极的距离；下角标 b 和 s 分别为溶液本体和电极表面。

2. 溶解的氢分子在阳极表面解离并吸附在电极上

1）化学解离并吸附

$$(\mathrm{H_2})_{\mathrm{s}} + 2\mathrm{M} = 2(\mathrm{M\text{-}H})$$

该过程的摩尔吉布斯自由能变化为

$$\Delta G_{\mathrm{m,M\text{-}H}} = 2\mu_{\mathrm{M\text{-}H}} - \mu_{(\mathrm{H_2})_{\mathrm{s}}} - 2\mu_{\mathrm{M}} = \Delta G_{\mathrm{m,M\text{-}H}}^{\ominus} + RT\ln\frac{\theta_{\mathrm{M\text{-}H}}^2}{a_{(\mathrm{H_2})_{\mathrm{s}}}(1-\theta_{\mathrm{M\text{-}H}})^2}$$

式中

$$\mu_{\mathrm{M\text{-}H}} = \mu_{\mathrm{M\text{-}H}}^{\ominus} + RT\ln\theta_{\mathrm{M\text{-}H}}$$

其中$\theta_{\mathrm{M\text{-}H}}$为吸附$H_2$的极板占整个极板的比例。

$$\mu_{(\mathrm{H_2})_{\mathrm{s}}} = \mu_{(\mathrm{H_2})_{\mathrm{s}}}^{\ominus} + RT\ln a_{(\mathrm{H_2})_{\mathrm{s}}}$$

$$\mu_{\mathrm{M}}=\mu_{\mathrm{M}}^{\ominus}+RT\ln(1-\theta_{\mathrm{M\text{-}H}})$$

其中，$(1-\theta_{\mathrm{M\text{-}H}})$ 为未吸附氢的极板占整个极板的比例。

$$\Delta G_{\mathrm{m,M\text{-}H}}^{\ominus}=2\mu_{\mathrm{M\text{-}H}}^{\ominus}-\mu_{(\mathrm{H_2})_s}^{\ominus}-2\mu_{\mathrm{M}}^{\ominus}$$

解离和吸附速率

$$\frac{1}{2}\frac{\mathrm{d}N_{\mathrm{M\text{-}H}}}{\mathrm{d}t}=-\frac{\mathrm{d}N_{(\mathrm{H_2})_s}}{\mathrm{d}t}=Sj$$

式中

$$j=-l_1\left(\frac{A_{\mathrm{m}}}{T}\right)-l_2\left(\frac{A_{\mathrm{m}}}{T}\right)^2-l_3\left(\frac{A_{\mathrm{m}}}{T}\right)^3-\cdots$$

$$A_{\mathrm{m}}=\Delta G_{\mathrm{m,M\text{-}H}}$$

2）电化学解离并吸附

电极反应达到平衡

$$(\mathrm{H_2})_s+\mathrm{M}\rightleftharpoons\mathrm{M\text{-}H}+\mathrm{H^+}+\mathrm{e}$$

该过程的摩尔吉布斯自由能变化为

$$\begin{aligned}\Delta G_{\mathrm{m,阳,e}}&=\mu_{\mathrm{M\text{-}H}}+\mu_{\mathrm{H^+}}+\mu_{\mathrm{e}}-\mu_{(\mathrm{H_2})_s}-\mu_{\mathrm{M}}\\&=\Delta G_{\mathrm{m,阳}}^{\ominus}+RT\ln\frac{\theta_{\mathrm{M\text{-}H,e}}a_{\mathrm{H^+,e}}}{a_{(\mathrm{H_2})_s,\mathrm{e}}(1-\theta_{\mathrm{M\text{-}H,e}})}\end{aligned}$$

式中

$$\Delta G_{\mathrm{m,阳}}^{\ominus}=\mu_{\mathrm{M\text{-}H}}^{\ominus}+\mu_{\mathrm{H^+}}^{\ominus}+\mu_{\mathrm{e}}^{\ominus}-\mu_{(\mathrm{H_2})_s}^{\ominus}-\mu_{\mathrm{M}}^{\ominus}$$

$$\mu_{\mathrm{M\text{-}H}}=\mu_{\mathrm{M\text{-}H}}^{\ominus}+RT\ln\theta_{\mathrm{M\text{-}H,e}}$$

$$\mu_{\mathrm{H^+}}=\mu_{\mathrm{H^+}}^{\ominus}+RT\ln a_{\mathrm{H^+,e}}$$

$$\mu_{\mathrm{e}}=\mu_{\mathrm{e}}^{\ominus}$$

$$\mu_{(\mathrm{H_2})_s}=\mu_{(\mathrm{H_2})_s}^{\ominus}+RT\ln a_{(\mathrm{H_2})_s,\mathrm{e}}$$

$$\mu_{\mathrm{M}}=\mu_{\mathrm{M}}^{\ominus}+RT\ln(1-\theta_{\mathrm{M\text{-}H,e}})$$

由

$$\varphi_{\mathrm{阳,e}}=\frac{\Delta G_{\mathrm{m,阳,e}}}{F}$$

得

$$\varphi_{\mathrm{阳,e}}=\varphi_{\mathrm{阳}}^{\ominus}+\frac{RT}{F}\ln\frac{\theta_{\mathrm{M\text{-}H,e}}a_{\mathrm{H^+,e}}}{a_{(\mathrm{H_2})_s,\mathrm{e}}(1-\theta_{\mathrm{M\text{-}H,e}})}$$

式中

$$\varphi_{\mathrm{阳}}^{\ominus}=\frac{\Delta G_{\mathrm{m,阳}}^{\ominus}}{F}=\frac{\mu_{\mathrm{M\text{-}H}}^{\ominus}+\mu_{\mathrm{H^+}}^{\ominus}+\mu_{\mathrm{e}}^{\ominus}-\mu_{(\mathrm{H_2})_s}^{\ominus}-\mu_{\mathrm{M}}^{\ominus}}{F}$$

阳极有电流通过，发生极化，阳极反应为

$$(H_2)_s + M = M\text{-}H + H^+ + e$$

阳极电势为

$$\varphi_{阳} = \varphi_{阳,e} + \Delta\varphi_{阳}$$

则

$$\Delta\varphi_{阳} = \varphi_{阳} - \varphi_{阳,e}$$

并有

$$A_{M,阳} = -\Delta G_{m,阳,e} = -F\varphi_{阳} = -F(\varphi_{阳,e} + \Delta\varphi_{阳})$$

阳极反应速率

$$\frac{dN_{M\text{-}H}}{dt} = -\frac{dN_{(H_2)_s}}{dt} = \frac{dN_e}{dt} = Sj$$

式中

$$\begin{aligned} j &= -l_1\left(\frac{A_{m,阳}}{T}\right) - l_2\left(\frac{A_{m,阳}}{T}\right)^2 - l_3\left(\frac{A_{m,阳}}{T}\right)^3 - \cdots \\ &= -l_1'\left(\frac{\varphi_{阳}}{T}\right) - l_2'\left(\frac{\varphi_{阳}}{T}\right)^2 - l_3'\left(\frac{\varphi_{阳}}{T}\right)^3 - \cdots \\ &= -l_1'' - l_2''\left(\frac{\Delta\varphi_{阳}}{T}\right) - l_3''\left(\frac{\Delta\varphi_{阳}}{T}\right)^2 - l_4''\left(\frac{\Delta\varphi_{阳}}{T}\right)^3 - \cdots \end{aligned}$$

将上式代入

$$i = Fj$$

得

$$\begin{aligned} i &= Fj \\ &= -l_1^*\left(\frac{\varphi_{阳}}{T}\right) - l_2^*\left(\frac{\varphi_{阳}}{T}\right)^2 - l_3^*\left(\frac{\varphi_{阳}}{T}\right)^3 - \cdots \\ &= -l_1^{**} - l_2^{**}\left(\frac{\Delta\varphi_{阳}}{T}\right) - l_3^{**}\left(\frac{\Delta\varphi_{阳}}{T}\right)^2 - l_4^{**}\left(\frac{\Delta\varphi_{阳}}{T}\right)^3 - \cdots \end{aligned}$$

3. 吸附氢的电化学氧化或与 OH^- 反应

1）吸附氢的电化学氧化

阳极反应为

$$M\text{-}H = H^+ + M + e$$

阳极反应达到平衡，有

$$M\text{-}H \rightleftharpoons H^+ + M + e$$

该过程的摩尔吉布斯自由能变化为

$$\Delta G_{\mathrm{m},阳,\mathrm{e}} = \mu_{\mathrm{H^+}} + \mu_{\mathrm{M}} + \mu_{\mathrm{e}} - \mu_{\mathrm{M\text{-}H}} = \Delta G^{\ominus}_{\mathrm{m},阳} + RT\ln\frac{a_{\mathrm{H^+,e}}(1-\theta_{\mathrm{M\text{-}H,e}})}{\theta_{\mathrm{M\text{-}H,e}}}$$

其中

$$\Delta G^{\ominus}_{\mathrm{m},阳} = \mu^{\ominus}_{\mathrm{H^+}} + \mu^{\ominus}_{\mathrm{M}} + \mu^{\ominus}_{\mathrm{e}} - \mu^{\ominus}_{\mathrm{M\text{-}H}}$$

$$\mu_{\mathrm{H^+}} = \mu^{\ominus}_{\mathrm{H^+}} + RT\ln a_{\mathrm{H^+,e}}$$

$$\mu_{\mathrm{M}} = \mu^{\ominus}_{\mathrm{M}} + RT\ln(1-\theta_{\mathrm{M\text{-}H,e}})$$

$$\mu_{\mathrm{e}} = \mu^{\ominus}_{\mathrm{e}}$$

$$\mu_{\mathrm{M\text{-}H}} = \mu^{\ominus}_{\mathrm{M\text{-}H}} + RT\ln\theta_{\mathrm{M\text{-}H,e}}$$

由

$$\varphi_{阳,\mathrm{e}} = \frac{\Delta G_{\mathrm{m},阳,\mathrm{e}}}{F}$$

得

$$\varphi_{阳,\mathrm{e}} = \varphi^{\ominus}_{阳,\mathrm{e}} + \frac{RT}{F}\ln\frac{a_{\mathrm{H^+,e}}(1-\theta_{\mathrm{M\text{-}H,e}})}{\theta_{\mathrm{M\text{-}H,e}}}$$

式中

$$\varphi^{\ominus}_{阳} = \frac{\Delta G^{\ominus}_{\mathrm{m},阳}}{F} = \frac{\mu^{\ominus}_{\mathrm{H^+}} + \mu^{\ominus}_{\mathrm{M}} + \mu^{\ominus}_{\mathrm{e}} - \mu^{\ominus}_{\mathrm{M\text{-}H}}}{F}$$

阳极有电流通过，发生极化，阳极反应为

$$\mathrm{M\text{-}H} = \!= \mathrm{H^+} + \mathrm{M} + \mathrm{e}$$

阳极电势为

$$\varphi_{阳} = \varphi_{阳,\mathrm{e}} + \Delta\varphi_{阳}$$

则

$$\Delta\varphi_{阳} = \varphi_{阳} - \varphi_{阳,\mathrm{e}}$$

并有

$$A_{\mathrm{m}} = -\Delta G_{\mathrm{m},阳} = -F\varphi_{阳} = -F(\varphi_{阳,\mathrm{e}} + \Delta\varphi_{阳})$$

阳极反应速率

$$\frac{\mathrm{d}N_{\mathrm{H^+}}}{\mathrm{d}t} = -\frac{\mathrm{d}N_{\mathrm{M\text{-}H}}}{\mathrm{d}t} = \frac{\mathrm{d}N_{\mathrm{e}}}{\mathrm{d}t} = Sj$$

式中

$$\begin{aligned} j &= -l_1\left(\frac{A_{\mathrm{m},阳}}{T}\right) - l_2\left(\frac{A_{\mathrm{m},阳}}{T}\right)^2 - l_3\left(\frac{A_{\mathrm{m},阳}}{T}\right)^3 - \cdots \\ &= -l_1'\left(\frac{\varphi_{阳}}{T}\right) - l_2'\left(\frac{\varphi_{阳}}{T}\right)^2 - l_3'\left(\frac{\varphi_{阳}}{T}\right)^3 - \cdots \\ &= -l_1'' - l_2''\left(\frac{\Delta\varphi_{阳}}{T}\right) - l_3''\left(\frac{\Delta\varphi_{阳}}{T}\right)^2 - l_4''\left(\frac{\Delta\varphi_{阳}}{T}\right)^3 - \cdots \end{aligned}$$

将上式代入

$$i = Fj$$

得

$$\begin{aligned} i &= Fj \\ &= -l_1^*\left(\frac{\varphi_{阳}}{T}\right) - l_2^*\left(\frac{\varphi_{阳}}{T}\right)^2 - l_3^*\left(\frac{\varphi_{阳}}{T}\right)^3 - \cdots \\ &= -l_1^{**} - l_2^{**}\left(\frac{\Delta\varphi_{阳}}{T}\right) - l_3^{**}\left(\frac{\Delta\varphi_{阳}}{T}\right)^2 - l_4^{**}\left(\frac{\Delta\varphi_{阳}}{T}\right)^3 - \cdots \end{aligned}$$

2）吸附氢与OH^-反应

阳极反应为

$$M\text{-}H + OH^- \xlongequal{\quad} H_2O + M + e$$

阳极反应达到平衡，有

$$M\text{-}H + OH^- \rightleftharpoons H_2O + M + e$$

该过程的摩尔吉布斯自由能变化为

$$\Delta G_{m,阳,e} = \mu_{H_2O} + \mu_M + \mu_e - \mu_{M\text{-}H} - \mu_{OH^-} = \Delta G_{m,阳}^{\ominus} + RT\ln\frac{a_{H_2O,e}(1-\theta_{M\text{-}H,e})}{\theta_{M\text{-}H,e}a_{OH^-,e}}$$

式中

$$\Delta G_{m,阳}^{\ominus} = \mu_{H_2O}^{\ominus} + \mu_M^{\ominus} + \mu_e^{\ominus} - \mu_{M\text{-}H}^{\ominus} - \mu_{OH^-}^{\ominus}$$

$$\mu_{H_2O} = \mu_{H_2O}^{\ominus} + RT\ln a_{H_2O,e}$$

$$\mu_M = \mu_M^{\ominus} + RT\ln(1-\theta_{M\text{-}H,e})$$

$$\mu_{M\text{-}H} = \mu_{M\text{-}H}^{\ominus} + RT\ln\theta_{M\text{-}H,e}$$

$$\mu_{OH^-} = \mu_{OH^-}^{\ominus} + RT\ln\theta_{OH^-,e}$$

$$\mu_e = \mu_e^{\ominus}$$

由

$$\varphi_{阳,e} = \frac{\Delta G_{m,阳}^{\ominus}}{F}$$

得

$$\varphi_{阳,e} = \varphi_{阳}^{\ominus} + \frac{RT}{F}\ln\frac{a_{H_2O,e}(1-\theta_{M\text{-}H,e})}{\theta_{M\text{-}H,e}a_{OH^-,e}}$$

式中

$$\varphi_{阳}^{\ominus} = \frac{\Delta G_{m,阳}^{\ominus}}{F} = \frac{\mu_{H_2O}^{\ominus} + \mu_M^{\ominus} + \mu_e^{\ominus} - \mu_{M\text{-}H}^{\ominus} - \mu_{OH^-}^{\ominus}}{F}$$

阳极有电流通过，发生极化，阳极反应为

$$M\text{-}H + OH^- \xlongequal{\quad} H_2O + M + e$$

阳极电势为

$$\varphi_{阳} = \varphi_{阳,e} + \Delta\varphi_{阳}$$

则

$$\Delta\varphi_{阳} = \varphi_{阳} - \varphi_{阳,e}$$

并有

$$A_m = -\Delta G_{m,阳} = -F\varphi_{阳} = -F(\varphi_{阳,e} + \Delta\varphi_{阳})$$

反应速率

$$\frac{dN_{H_2O}}{dt} = \frac{dN_M}{dt} = \frac{dN_e}{dt} = -\frac{dN_{M\text{-}H}}{dt} = -\frac{dN_{OH^-}}{dt} = Sj$$

式中

$$\begin{aligned} j &= -l_1\left(\frac{A_m}{T}\right) - l_2\left(\frac{A_m}{T}\right)^2 - l_3\left(\frac{A_m}{T}\right)^3 - \cdots \\ &= -l_1'\left(\frac{\varphi_{阳}}{T}\right) - l_2'\left(\frac{\varphi_{阳}}{T}\right)^2 - l_3'\left(\frac{\varphi_{阳}}{T}\right)^3 - \cdots \\ &= -l_1'' - l_2''\left(\frac{\Delta\varphi_{阳}}{T}\right) - l_3''\left(\frac{\Delta\varphi_{阳}}{T}\right)^2 - l_4''\left(\frac{\Delta\varphi_{阳}}{T}\right)^3 - \cdots \end{aligned}$$

将上式代入

$$i = Fj$$

得

$$\begin{aligned} i &= Fj \\ &= -l_1^*\left(\frac{\varphi_{阳}}{T}\right) - l_2^*\left(\frac{\varphi_{阳}}{T}\right)^2 - l_3^*\left(\frac{\varphi_{阳}}{T}\right)^3 - \cdots \\ &= -l_1^{**} - l_2^{**}\left(\frac{\Delta\varphi_{阳}}{T}\right) - l_3^{**}\left(\frac{\Delta\varphi_{阳}}{T}\right)^2 - l_4^{**}\left(\frac{\Delta\varphi_{阳}}{T}\right)^3 - \cdots \end{aligned}$$

阳极有电流通过，发生极化，阳极反应为

$$H_2 + 2OH^- = 2H_2O + 2e$$

阳极电势为

$$\varphi_{阳,t} = \varphi_{阳,t,e} + \Delta\varphi_{阳,t}$$

则

$$\Delta\varphi_{阳,t} = \varphi_{阳,t} - \varphi_{阳,t,e}$$

并有

$$A_{m,阳,t} = -\Delta G_{m,阳,t} = -2F\varphi_{阳,t} = -2F(\varphi_{阳,t,e} + \Delta\varphi_{阳,t})$$

阳极反应速率

$$\frac{1}{2}\frac{\mathrm{d}N_{\mathrm{H_2O}}}{\mathrm{d}t}=\frac{1}{2}\frac{\mathrm{d}N_{\mathrm{e}}}{\mathrm{d}t}=-\frac{\mathrm{d}N_{\mathrm{H_2}}}{\mathrm{d}t}=-\frac{1}{2}\frac{\mathrm{d}N_{\mathrm{OH^-}}}{\mathrm{d}t}=Sj_{\mathrm{t}}$$

式中

$$\begin{aligned}j_{\mathrm{t}}&=-l_1\left(\frac{A_{\mathrm{m,阳,t}}}{T}\right)-l_2\left(\frac{A_{\mathrm{m,阳,t}}}{T}\right)^2-l_3\left(\frac{A_{\mathrm{m,阳,t}}}{T}\right)^3-\cdots\\&=-l_1'\left(\frac{\varphi_{\mathrm{阳,t}}}{T}\right)-l_2'\left(\frac{\varphi_{\mathrm{阳,t}}}{T}\right)^2-l_3'\left(\frac{\varphi_{\mathrm{阳,t}}}{T}\right)^3-\cdots\\&=-l_1''-l_2''\left(\frac{\Delta\varphi_{\mathrm{阳,t}}}{T}\right)-l_3''\left(\frac{\Delta\varphi_{\mathrm{阳,t}}}{T}\right)^2-l_4''\left(\frac{\Delta\varphi_{\mathrm{阳,t}}}{T}\right)^3-\cdots\end{aligned}$$

将上式代入

$$i=2Fj_{\mathrm{t}}$$

得

$$\begin{aligned}i&=2Fj_{\mathrm{t}}\\&=-l_1^*\left(\frac{\varphi_{\mathrm{阳,t}}}{T}\right)-l_2^*\left(\frac{\varphi_{\mathrm{阳,t}}}{T}\right)^2-l_3^*\left(\frac{\varphi_{\mathrm{阳,t}}}{T}\right)^3-\cdots\\&=-l_1^{**}-l_2^{**}\left(\frac{\Delta\varphi_{\mathrm{阳,t}}}{T}\right)-l_3^{**}\left(\frac{\Delta\varphi_{\mathrm{阳,t}}}{T}\right)^2-l_4^{**}\left(\frac{\Delta\varphi_{\mathrm{阳,t}}}{T}\right)^3-\cdots\end{aligned}$$

4. 总反应

总反应达到平衡，有

$$\mathrm{H_2}\rightleftharpoons 2\mathrm{H^+}+2\mathrm{e}$$

该过程的摩尔吉布斯自由能变化为

$$\Delta G_{\mathrm{m,阳,t,e}}=2\mu_{\mathrm{H^+}}+2\mu_{\mathrm{e}}-\mu_{\mathrm{H_2}}=\Delta G^{\ominus}_{\mathrm{m,阳,t}}+RT\ln\frac{a^2_{\mathrm{H^+,e}}}{p_{\mathrm{H_2,e}}}$$

式中

$$\Delta G^{\ominus}_{\mathrm{m,阳,t}}=2\mu^{\ominus}_{\mathrm{H^+}}+2\mu^{\ominus}_{\mathrm{e}}-\mu^{\ominus}_{\mathrm{H_2}}$$

$$\mu_{\mathrm{H^+}}=\mu^{\ominus}_{\mathrm{H^+}}+RT\ln a_{\mathrm{H^+,e}}$$

$$\mu_{\mathrm{e}}=\mu^{\ominus}_{\mathrm{e}}$$

$$\mu_{\mathrm{H_2}}=\mu^{\ominus}_{\mathrm{H_2}}+RT\ln p_{\mathrm{H_2,e}}$$

由

$$\varphi_{\mathrm{阳,t,e}}=\frac{\Delta G_{\mathrm{m,阳,t,e}}}{2F}$$

得
$$\varphi_{阳,t,e} = \varphi^{\ominus}_{阳,t} + \frac{RT}{2F}\ln\frac{a^2_{H^+,e}}{p_{H_2,e}}$$

式中
$$\varphi^{\ominus}_{阳,t} = \frac{\Delta G^{\ominus}_{m,阳,t}}{2F} = \frac{2\mu^{\ominus}_{H^+} + 2\mu^{\ominus}_{e} - \mu^{\ominus}_{H_2}}{2F}$$

阳极有电流通过，发生极化，阳极反应为
$$H_2 = 2H^+ + 2e$$

阳极电势为
$$\varphi_{阳,t} = \varphi_{阳,t,e} + \Delta\varphi_{阳,t}$$

则
$$\Delta\varphi_{阳,t} = \varphi_{阳,t} - \varphi_{阳,t,e}$$

并有
$$A_{m,阳,t} = -\Delta G_{m,阳,t} = -2F\varphi_{阳,t} = -2F(\varphi_{阳,t,e} + \Delta\varphi_{阳,t})$$

阳极反应速率
$$\frac{1}{2}\frac{dN_{H^+}}{dt} = \frac{1}{2}\frac{dN_e}{dt} = -\frac{dN_{H_2}}{dt} = Sj_t$$

式中
$$\begin{aligned}
j_t &= -l_1\left(\frac{A_{m,阳,t}}{T}\right) - l_2\left(\frac{A_{m,阳,t}}{T}\right)^2 - l_3\left(\frac{A_{m,阳,t}}{T}\right)^3 - \cdots \\
&= -l_1'\left(\frac{\varphi_{阳,t}}{T}\right) - l_2'\left(\frac{\varphi_{阳,t}}{T}\right)^2 - l_3'\left(\frac{\varphi_{阳,t}}{T}\right)^3 - \cdots \\
&= -l_1'' - l_2''\left(\frac{\Delta\varphi_{阳,t}}{T}\right) - l_3''\left(\frac{\Delta\varphi_{阳,t}}{T}\right)^2 - l_4''\left(\frac{\Delta\varphi_{阳,t}}{T}\right)^3 - \cdots
\end{aligned}$$

将上式代入
$$i = 2Fj_t$$

得
$$\begin{aligned}
i &= 2Fj_t \\
&= -l_1^*\left(\frac{\varphi_{阳,t}}{T}\right) - l_2^*\left(\frac{\varphi_{阳,t}}{T}\right)^2 - l_3^*\left(\frac{\varphi_{阳,t}}{T}\right)^3 - \cdots \\
&= -l_1^{**} - l_2^{**}\left(\frac{\Delta\varphi_{阳,t}}{T}\right) - l_3^{**}\left(\frac{\Delta\varphi_{阳,t}}{T}\right)^2 - l_4^{**}\left(\frac{\Delta\varphi_{阳,t}}{T}\right)^3 - \cdots
\end{aligned}$$

阳极反应达到平衡

$$\mathrm{Zn} + 2\mathrm{OH}^- \rightleftharpoons \mathrm{Zn(OH)_2} + 2\mathrm{e}$$

该过程的摩尔吉布斯自由能变化为

$$\Delta G_{\mathrm{m},阳,\mathrm{e}} = \mu_{\mathrm{Zn(OH)_2}} + 2\mu_{\mathrm{e}} - \mu_{\mathrm{Zn}} - 2\mu_{\mathrm{OH^-}} = \Delta G^{\ominus}_{\mathrm{m},阳} + RT\frac{a_{\mathrm{Zn(OH)_2,e}}}{a^2_{\mathrm{OH^-,e}}}$$

式中

$$\Delta G^{\ominus}_{\mathrm{m},阳} = \mu^{\ominus}_{\mathrm{Zn(OH)_2}} + 2\mu^{\ominus}_{\mathrm{e}} - \mu^{\ominus}_{\mathrm{Zn}} - 2\mu^{\ominus}_{\mathrm{OH^-}}$$

$$\mu_{\mathrm{Zn(OH)_2}} = \mu^{\ominus}_{\mathrm{Zn(OH)_2}} + RT\ln a_{\mathrm{Zn(OH)_2,e}}$$

$$\mu_{\mathrm{e}} = \mu^{\ominus}_{\mathrm{e}}$$

$$\mu_{\mathrm{Zn}} = \mu^{\ominus}_{\mathrm{Zn}}$$

$$\mu_{\mathrm{OH^-}} = \mu^{\ominus}_{\mathrm{OH^-}} + RT\ln a_{\mathrm{OH^-,e}}$$

由

$$\varphi_{阳,\mathrm{e}} = \frac{\Delta G_{\mathrm{m},阳,\mathrm{e}}}{2F}$$

得

$$\varphi_{阳,\mathrm{e}} = \varphi^{\ominus}_{阳} + \frac{RT}{2F}\ln\frac{a_{\mathrm{Zn(OH)_2,e}}}{a^2_{\mathrm{OH^-,e}}}$$

12.1.2 在碱性溶液中

在碱性溶液中氢的氧化反应有以下步骤：

（1）氢分子溶解在电解液中并向电极表面扩散。

（2）溶解的氢分子在电极表面化学解离并吸附在阳极上

$$\mathrm{H_2} + 2\mathrm{M} = 2(\mathrm{M\text{-}H})$$

或者电化学解离和吸附

$$\mathrm{H_2} + \mathrm{M} + \mathrm{OH^-} = \mathrm{M\text{-}H} + \mathrm{H_2O} + \mathrm{e}$$

总反应为

$$\mathrm{H_2} + 2\mathrm{OH^-} = 2\mathrm{H_2O} + 2\mathrm{e}$$

1. 氢分子溶解在电解液中并向阳极表面扩散

与 12.1.1 节在酸性溶液中相同。

2. 溶解的氢分子在阳极表面解离并吸附在电极上

1）化学解离并吸附

与 12.1.1 节在酸性溶液中相同。

2）电化学解离并吸附

电极反应达到平衡

$$\mathrm{H_2 + M + OH^- \rightleftharpoons M\text{-}H + H_2O + e}$$

该过程的摩尔吉布斯自由能变化为

$$\begin{aligned}\Delta G_{\mathrm{m,阳,e}} &= \mu_{\mathrm{M\text{-}H}} + \mu_{\mathrm{H_2O}} + \mu_{\mathrm{e}} - \mu_{\mathrm{H_2}} - \mu_{\mathrm{M}} - \mu_{\mathrm{OH^-}} \\ &= \Delta G_{\mathrm{m,阳}}^{\ominus} + RT\ln\frac{\theta_{\mathrm{M\text{-}H,e}}a_{\mathrm{H_2O,e}}}{p_{\mathrm{H_2,e}}(1-\theta_{\mathrm{M\text{-}H,e}})a_{\mathrm{OH^-,e}}}\end{aligned}$$

式中

$$\begin{aligned}\Delta G_{\mathrm{m,阳}}^{\ominus} &= \mu_{\mathrm{M\text{-}H}}^{\ominus} + \mu_{\mathrm{H_2O}}^{\ominus} + \mu_{\mathrm{e}}^{\ominus} - \mu_{\mathrm{H_2}}^{\ominus} - \mu_{\mathrm{M}}^{\ominus} - \mu_{\mathrm{OH^-}}^{\ominus} \\ \mu_{\mathrm{M\text{-}H}} &= \mu_{\mathrm{M\text{-}H}}^{\ominus} + RT\ln\theta_{\mathrm{M\text{-}H,e}} \\ \mu_{\mathrm{H_2O}} &= \mu_{\mathrm{H_2O}}^{\ominus} + RT\ln a_{\mathrm{H_2O,e}} \\ \mu_{\mathrm{e}} &= \mu_{\mathrm{e}}^{\ominus} \\ \mu_{\mathrm{H_2}} &= \mu_{\mathrm{H_2}}^{\ominus} + RT\ln a_{\mathrm{H_2,e}} \\ \mu_{\mathrm{M}} &= \mu_{\mathrm{M}}^{\ominus} + RT\ln(1-\theta_{\mathrm{M\text{-}H,e}}) \\ \mu_{\mathrm{OH^-}} &= \mu_{\mathrm{OH^-}}^{\ominus} + RT\ln a_{\mathrm{OH^-,e}}\end{aligned}$$

由

$$\varphi_{\mathrm{阳,e}} = \frac{\Delta G_{\mathrm{m,阳,e}}}{F}$$

得

$$\varphi_{\mathrm{阳,e}} = \varphi_{\mathrm{阳}}^{\ominus} + \frac{RT}{F}\ln\frac{\theta_{\mathrm{M\text{-}H,e}}a_{\mathrm{H_2O,e}}}{p_{\mathrm{H_2,e}}(1-\theta_{\mathrm{M\text{-}H,e}})a_{\mathrm{OH^-,e}}}$$

式中

$$\varphi_{\mathrm{阳}}^{\ominus} = \frac{\Delta G_{\mathrm{m,阳}}^{\ominus}}{F} = \frac{\mu_{\mathrm{M\text{-}H}}^{\ominus} + \mu_{\mathrm{H_2O}}^{\ominus} + \mu_{\mathrm{e}}^{\ominus} - \mu_{\mathrm{H_2}}^{\ominus} - \mu_{\mathrm{M}}^{\ominus} - \mu_{\mathrm{OH^-}}^{\ominus}}{F}$$

阳极有电流通过，发生极化，阳极反应为

$$\mathrm{H_2 + M + OH^- = M\text{-}H + H_2O + e}$$

阳极电势为

$$\varphi_{\mathrm{阳}} = \varphi_{\mathrm{阳,e}} + \Delta\varphi_{\mathrm{阳}}$$

则

$$\Delta\varphi_{\mathrm{阳}} = \varphi_{\mathrm{阳}} - \varphi_{\mathrm{阳,e}}$$

并有

$$A_{\mathrm{M,阳}} = -\Delta G_{\mathrm{m,阳,e}} = -F\varphi_{\mathrm{阳}} = -F(\varphi_{\mathrm{阳,e}} + \Delta\varphi_{\mathrm{阳}})$$

阳极反应速率

$$\frac{\mathrm{d}N_{\mathrm{M\text{-}H}}}{\mathrm{d}t} = \frac{\mathrm{d}N_{\mathrm{H_2O}}}{\mathrm{d}t} = \frac{\mathrm{d}N_{\mathrm{e}}}{\mathrm{d}t} = -\frac{\mathrm{d}N_{\mathrm{H_2}}}{\mathrm{d}t} = -\frac{\mathrm{d}N_{\mathrm{M}}}{\mathrm{d}t} = -\frac{\mathrm{d}N_{\mathrm{OH^-}}}{\mathrm{d}t} = Sj$$

式中

$$j = -l_1\left(\frac{A_{\text{m,阳}}}{T}\right) - l_2\left(\frac{A_{\text{m,阳}}}{T}\right)^2 - l_3\left(\frac{A_{\text{m,阳}}}{T}\right)^3 - \cdots$$

$$= -l_1'\left(\frac{\varphi_{\text{阳}}}{T}\right) - l_2'\left(\frac{\varphi_{\text{阳}}}{T}\right)^2 - l_3'\left(\frac{\varphi_{\text{阳}}}{T}\right)^3 - \cdots$$

$$= -l_1'' - l_2''\left(\frac{\Delta\varphi_{\text{阳}}}{T}\right) - l_3''\left(\frac{\Delta\varphi_{\text{阳}}}{T}\right)^2 - l_4''\left(\frac{\Delta\varphi_{\text{阳}}}{T}\right)^3 - \cdots$$

将上式代入

$$i = Fj$$

得

$$i = Fj$$

$$= -l_1^*\left(\frac{\varphi_{\text{阳}}}{T}\right) - l_2^*\left(\frac{\varphi_{\text{阳}}}{T}\right)^2 - l_3^*\left(\frac{\varphi_{\text{阳}}}{T}\right)^3 - \cdots$$

$$= -l_1^{**} - l_2^{**}\left(\frac{\Delta\varphi_{\text{阳}}}{T}\right) - l_3^{**}\left(\frac{\Delta\varphi_{\text{阳}}}{T}\right)^2 - l_4^{**}\left(\frac{\Delta\varphi_{\text{阳}}}{T}\right)^3 - \cdots$$

3. 吸附在阳极上的氢电化学氧化

吸附在阳极上的氢在阳极上氧化达成平衡，有

$$\text{M-H} + \text{OH}^- \rightleftharpoons \text{H}_2\text{O} + \text{M} + \text{e}$$

该过程的摩尔吉布斯自由能变化为

$$\Delta G_{\text{m,阳,e}} = \mu_{\text{H}_2\text{O}} + \mu_{\text{M}} + \mu_{\text{e}} - \mu_{\text{M-H}} - \mu_{\text{OH}^-} = \Delta G_{\text{m,阳}}^{\ominus} + RT\ln\frac{a_{\text{H}_2\text{O,e}}(1-\theta_{\text{M-H,e}})}{\theta_{\text{M-H,e}}a_{\text{OH}^-\text{,e}}}$$

式中

$$\Delta G_{\text{m,阳}}^{\ominus} = \mu_{\text{H}_2\text{O}}^{\ominus} + \mu_{\text{M}}^{\ominus} + \mu_{\text{e}}^{\ominus} - \mu_{\text{M-H}}^{\ominus} - \mu_{\text{OH}^-}^{\ominus}$$

$$\mu_{\text{H}_2\text{O}} = \mu_{\text{H}_2\text{O}}^{\ominus} + RT\ln a_{\text{H}_2\text{O,e}}$$

$$\mu_{\text{M}} = \mu_{\text{M}}^{\ominus} + RT\ln(1-\theta_{\text{M-H,e}})$$

$$\mu_{\text{e}} = \mu_{\text{e}}^{\ominus}$$

$$\mu_{\text{M-H}} = \mu_{\text{M-H}}^{\ominus} + RT\ln\theta_{\text{M-H,e}}$$

$$\mu_{\text{OH}^-} = \mu_{\text{OH}^-}^{\ominus} + RT\ln a_{\text{OH}^-\text{,e}}$$

由

$$\varphi_{\text{阳,e}} = \frac{\Delta G_{\text{m,阳,e}}}{F}$$

得

$$\varphi_{\text{阳,e}} = \varphi_{\text{阳}}^{\ominus} + \frac{RT}{F}\ln\frac{a_{\text{H}_2\text{O,e}}(1-\theta_{\text{M-H,e}})}{\theta_{\text{M-H,e}}a_{\text{OH}^-\text{,e}}}$$

式中

$$\varphi_{阳}^{\ominus} = \frac{\Delta G_{m,阳}^{\ominus}}{F} = \frac{\mu_{H_2O}^{\ominus} + \mu_{M}^{\ominus} + \mu_{e}^{\ominus} - \mu_{M\text{-}H}^{\ominus} - \mu_{OH^-}^{\ominus}}{F}$$

阳极有电流通过，发生极化，阳极反应为

$$\text{M-H} + \text{OH}^- = \text{H}_2\text{O} + \text{M} + \text{e}$$

阳极电势为

$$\varphi_{阳} = \varphi_{阳,e} + \Delta\varphi_{阳}$$

则

$$\Delta\varphi_{阳} = \varphi_{阳} - \varphi_{阳,e}$$

并有

$$A_{M,阳} = -\Delta G_{m,阳,e} = -F\varphi_{阳} = -F(\varphi_{阳,e} + \Delta\varphi_{阳})$$

阳极反应速率

$$\frac{dN_{H_2O}}{dt} = \frac{dN_M}{dt} = \frac{dN_e}{dt} = -\frac{dN_{M\text{-}H}}{dt} = -\frac{dN_{OH^-}}{dt} = Sj$$

式中

$$\begin{aligned} j &= -l_1\left(\frac{A_{m,阳}}{T}\right) - l_2\left(\frac{A_{m,阳}}{T}\right)^2 - l_3\left(\frac{A_{m,阳}}{T}\right)^3 - \cdots \\ &= -l_1'\left(\frac{\varphi_{阳}}{T}\right) - l_2'\left(\frac{\varphi_{阳}}{T}\right)^2 - l_3'\left(\frac{\varphi_{阳}}{T}\right)^3 - \cdots \\ &= -l_1'' - l_2''\left(\frac{\Delta\varphi_{阳}}{T}\right) - l_3''\left(\frac{\Delta\varphi_{阳}}{T}\right)^2 - l_4''\left(\frac{\Delta\varphi_{阳}}{T}\right)^3 - \cdots \end{aligned}$$

将上式代入

$$i = Fj$$

得

$$\begin{aligned} i &= Fj \\ &= -l_1^*\left(\frac{\varphi_{阳}}{T}\right) - l_2^*\left(\frac{\varphi_{阳}}{T}\right)^2 - l_3^*\left(\frac{\varphi_{阳}}{T}\right)^3 - \cdots \\ &= -l_1^{**} - l_2^{**}\left(\frac{\Delta\varphi_{阳}}{T}\right) - l_3^{**}\left(\frac{\Delta\varphi_{阳}}{T}\right)^2 - l_4^{**}\left(\frac{\Delta\varphi_{阳}}{T}\right)^3 - \cdots \end{aligned}$$

4. 总反应

总反应达到平衡，有

$$\mathrm{H_2 + 2OH^- \rightleftharpoons 2H_2O + 2e}$$

该过程的摩尔吉布斯自由能变化为

$$\Delta G_{\mathrm{m,阳,t,e}} = 2\mu_{\mathrm{H_2O}} + 2\mu_{\mathrm{e}} - \mu_{\mathrm{H_2}} - 2\mu_{\mathrm{OH^-}} = \Delta G_{\mathrm{m,阳,t}}^{\ominus} + RT\ln\frac{a_{\mathrm{H_2O,e}}^2}{p_{\mathrm{H_2,e}}a_{\mathrm{OH^-,e}}^2}$$

式中

$$\Delta G_{\mathrm{m,阳,t}}^{\ominus} = 2\mu_{\mathrm{H_2O}}^{\ominus} + 2\mu_{\mathrm{e}}^{\ominus} - \mu_{\mathrm{H_2}}^{\ominus} - 2\mu_{\mathrm{OH^-}}^{\ominus}$$

$$\mu_{\mathrm{H_2O}} = \mu_{\mathrm{H_2O}}^{\ominus} + RT\ln a_{\mathrm{H_2O,e}}$$

$$\mu_{\mathrm{e}} = \mu_{\mathrm{e}}^{\ominus}$$

$$\mu_{\mathrm{H_2}} = \mu_{\mathrm{H_2}}^{\ominus} + RT\ln p_{\mathrm{H_2,e}}$$

$$\mu_{\mathrm{OH^-}} = \mu_{\mathrm{OH^-}}^{\ominus} + RT\ln a_{\mathrm{OH^-,e}}$$

由

$$\varphi_{\mathrm{阳,t,e}} = \frac{\Delta G_{\mathrm{m,阳,t,e}}}{2F}$$

得

$$\varphi_{\mathrm{阳,t,e}} = \varphi_{\mathrm{阳,t}}^{\ominus} + \frac{RT}{2F}\ln\frac{a_{\mathrm{H_2O,e}}^2}{p_{\mathrm{H_2,e}}a_{\mathrm{OH^-,e}}^2}$$

式中

$$\varphi_{\mathrm{阳,t}}^{\ominus} = \frac{\Delta G_{\mathrm{m,阳,t}}^{\ominus}}{2F} = -\frac{2\mu_{\mathrm{H_2O}}^{\ominus} + 2\mu_{\mathrm{e}}^{\ominus} - \mu_{\mathrm{H_2}}^{\ominus} - 2\mu_{\mathrm{OH^-}}^{\ominus}}{2F}$$

12.2　氧在阳极上析出

12.2.1　在酸性溶液中

在酸性溶液中，氧的析出电势很正。在 $a_{\mathrm{H^+}}=1$ 时，其平衡电势为 $\varphi_{阳}=1.23\mathrm{V}$，所以只能用金或铂系金属做阳极。

在浓的酸性溶液中，在不溶性阳极上，氧的析出反应步骤如下：

（i）水分子电化学解离成 H^+ 和 MOH

$$\mathrm{M + H_2O = MOH + H^+ + e}$$

（ii）MOH 解离析出 O_2

$$\mathrm{4MOH = 4M + 2H_2O + (O_2)}$$

（iii）O_2 形成气泡从阳极表面溢出

$$\mathrm{(O_2) = O_2(g)}$$

总反应为

$$\mathrm{2H_2O = 4H^+ + 4e + O_2}$$

1. 水的电化学解离

在不溶性阳极上，水的解离反应达到平衡

$$M + H_2O \rightleftharpoons MOH + H^+ + e$$

该过程的摩尔吉布斯自由能变化为

$$\Delta G_{m,阳,e} = \Delta G_{m,阳}^{\ominus} + RT\ln\frac{a_{H^+,e}\theta_{MOH,e}}{a_{H_2O,e}(1-\theta_{MOH,e})}$$

式中

$$\Delta G_{m,阳}^{\ominus} = \mu_{MOH}^{\ominus} + \mu_{H^+}^{\ominus} + \mu_e^{\ominus} - \mu_M^{\ominus} - \mu_{H_2O}^{\ominus}$$

$$\mu_{MOH} = \mu_{MOH}^{\ominus} + RT\ln\theta_{MOH,e}$$

$$\mu_{H^+} = \mu_{H^+}^{\ominus} + RT\ln a_{H^+,e}$$

$$\mu_e = \mu_e^{\ominus}$$

$$\mu_M = \mu_M^{\ominus} + RT\ln(1-\theta_{MOH,e})$$

$$\mu_{H_2O} = \mu_{H_2O}^{\ominus} + RT\ln a_{H_2O,e}$$

由

$$\varphi_{阳,e} = \frac{\Delta G_{m,阳,e}}{F}$$

得

$$\varphi_{阳,e} = \varphi_{阳}^{\ominus} + \frac{RT}{F}\ln\frac{\theta_{MOH,e}a_{H^+,e}}{a_{H_2O,e}(1-\theta_{MOH,e})}$$

式中

$$\varphi_{阳}^{\ominus} = \frac{\Delta G_{m,阳}^{\ominus}}{F} = \frac{\mu_{MOH}^{\ominus} + \mu_{H^+}^{\ominus} + \mu_e^{\ominus} - \mu_M^{\ominus} - \mu_{H_2O}^{\ominus}}{F}$$

阳极有电流通过，发生极化，阳极反应为

$$M + H_2O = MOH + H^+ + e$$

阳极电势为

$$\varphi_{阳} = \varphi_{阳,e} + \Delta\varphi_{阳}$$

则

$$\Delta\varphi_{阳} = \varphi_{阳} - \varphi_{阳,e}$$

并有

$$A_m = -\Delta G_{m,阳} = -F\varphi_{阳} = -F(\varphi_{阳,e} + \Delta\varphi_{阳})$$

阳极反应速率

$$\frac{dN_{H^+}}{dt} = -\frac{dN_{H_2O}}{dt} = \frac{dN_e}{dt} = Sj$$

式中

$$j = -l_1\left(\frac{A_{\text{m,阳}}}{T}\right) - l_2\left(\frac{A_{\text{m,阳}}}{T}\right)^2 - l_3\left(\frac{A_{\text{m,阳}}}{T}\right)^3 - \cdots$$
$$= -l_1'\left(\frac{\varphi_{\text{阳}}}{T}\right) - l_2'\left(\frac{\varphi_{\text{阳}}}{T}\right)^2 - l_3'\left(\frac{\varphi_{\text{阳}}}{T}\right)^3 - \cdots$$
$$= -l_1'' - l_2''\left(\frac{\Delta\varphi_{\text{阳}}}{T}\right) - l_3''\left(\frac{\Delta\varphi_{\text{阳}}}{T}\right)^3 - l_4''\left(\frac{\Delta\varphi_{\text{阳}}}{T}\right)^3 - \cdots$$

将上式代入

$$i = Fj$$

得

$$i = Fj$$
$$= -l_1^*\left(\frac{\varphi_{\text{阳}}}{T}\right) - l_2^*\left(\frac{\varphi_{\text{阳}}}{T}\right)^2 - l_3^*\left(\frac{\varphi_{\text{阳}}}{T}\right)^3 - \cdots$$
$$= -l_1^{**} - l_2^{**}\left(\frac{\Delta\varphi_{\text{阳}}}{T}\right) - l_3^{**}\left(\frac{\Delta\varphi_{\text{阳}}}{T}\right)^3 - \cdots$$

2. MOH 解离析出 O_2

(ii)+(iii)得

$$4\text{MOH} = 4\text{M} + 2\text{H}_2\text{O} + \text{O}_2(\text{g})$$

MOH 解离反应达到平衡，有

$$4\text{MOH} \rightleftharpoons 4\text{M} + 2\text{H}_2\text{O} + \text{O}_2(\text{g})$$

该过程的摩尔吉布斯自由能变化为

$$\Delta G_{\text{m,阳,e}} = 4\mu_{\text{M}} + 2\mu_{\text{H}_2\text{O}} + \mu_{\text{O}_2} - 4\mu_{\text{MOH}} = \Delta G_{\text{m,阳}}^{\ominus} + RT\ln\frac{(1-\theta_{\text{MOH}})^4 a_{\text{H}_2\text{O}}^2 p_{\text{O}_2}}{\theta_{\text{MOH}}^4}$$

式中

$$\Delta G_{\text{m}}^{\ominus} = 4\mu_{\text{M}}^{\ominus} + 2\mu_{\text{H}_2\text{O}}^{\ominus} + \mu_{\text{O}_2}^{\ominus} - 4\mu_{\text{MOH}}^{\ominus}$$
$$\mu_{\text{M}} = \mu_{\text{M}}^{\ominus} + RT\ln(1-\theta_{\text{MOH}})$$
$$\mu_{\text{H}_2\text{O}} = \mu_{\text{H}_2\text{O}}^{\ominus} + RT\ln a_{\text{H}_2\text{O}}$$
$$\mu_{\text{O}_2} = \mu_{\text{O}_2}^{\ominus} + RT\ln p_{\text{O}_2}$$
$$\mu_{\text{MOH}} = \mu_{\text{MOH}}^{\ominus} + RT\ln\theta_{\text{MOH}}$$

析出氧气的速率为

$$\frac{1}{2}\frac{\text{d}N_{\text{H}_2\text{O}}}{\text{d}t} = \frac{\text{d}N_{\text{O}_2}}{\text{d}t} = Sj_{\text{O}_2}$$

$$j_{O_2}=-l_1\left(\frac{A_m}{T}\right)-l_2\left(\frac{A_m}{T}\right)^2-l_3\left(\frac{A_m}{T}\right)^3-\cdots$$

式中

$$A_m=\Delta G_m$$

12.2.2　在碱性溶液中

在碱性溶液中，在惰性阳极上，氧的析出反应为

$$2OH^-+M=M\text{-}O+H_2O+2e \quad (\text{i})$$

$$2(M\text{-}O)=O_2+2M \quad (\text{ii})$$

总反应为

$$4OH^-=2H_2O+O_2+4e$$

1. 电化学反应形成吸附氧

OH^- 在阳极反应形成吸附氧，反应达到平衡，有

$$2OH^-+M\rightleftharpoons M\text{-}O+H_2O+2e \quad (\text{i})$$

该过程的摩尔吉布斯自由能变化为

$$\Delta G_{m,阳,e}=\mu_{M\text{-}O}+\mu_{H_2O}+2\mu_e-2\mu_{OH^-}-\mu_M=\Delta G_{m,阳}^{\ominus}+RT\ln\frac{\theta_{M\text{-}O,e}a_{H_2O,e}}{a_{OH^-,e}^2(1-\theta_{M\text{-}O,e})}$$

式中

$$\Delta G_{m,阳}^{\ominus}=\mu_{M\text{-}O}^{\ominus}+\mu_{H_2O}^{\ominus}+2\mu_e^{\ominus}-2\mu_{OH^-}^{\ominus}-\mu_M^{\ominus}$$

$$\mu_{M\text{-}O}=\mu_{M\text{-}O}^{\ominus}+RT\ln a_{M\text{-}O,e}$$

$$\mu_{H_2O}=\mu_{H_2O}^{\ominus}+RT\ln a_{H_2O,e}$$

$$\mu_e=\mu_e^{\ominus}$$

$$\mu_{OH^-}=\mu_{OH^-}^{\ominus}+RT\ln a_{OH^-,e}$$

$$\mu_M=\mu_M^{\ominus}+RT\ln(1-\theta_{M\text{-}O,e})$$

由

$$\varphi_{阳,e}=\frac{\Delta G_{m,阳,e}}{2F}$$

得

$$\varphi_{阳,e}=\varphi_{阳}^{\ominus}+\frac{RT}{2F}\ln\frac{\theta_{M\text{-}O,e}a_{H_2O,e}}{a_{OH^-,e}^2(1-\theta_{M\text{-}O,e})}$$

式中

$$\varphi_{阳}^{\ominus}=\frac{\Delta G_{m,阳}^{\ominus}}{2F}=\frac{\mu_{M\text{-}O}^{\ominus}+\mu_{H_2O}^{\ominus}+2\mu_e^{\ominus}-2\mu_{OH^-}^{\ominus}-\mu_M^{\ominus}}{2F}$$

阳极有电流通过，发生极化，阳极反应为

$$2OH^- + M \longrightarrow M\text{-}O + H_2O + 2e \qquad \text{(i)}$$

阳极电势为

$$\varphi_{阳} = \varphi_{阳,e} + \Delta\varphi_{阳}$$

则

$$\Delta\varphi_{阳} = \varphi_{阳} - \varphi_{阳,e}$$

并有

$$A_{M,阳} = -\Delta G_{m,阳,e} = -2F\varphi_{阳} = -2F(\varphi_{阳,e} + \Delta\varphi_{阳})$$

阳极反应速率

$$\frac{dN_{M\text{-}O}}{dt} = \frac{dN_{H_2O}}{dt} = \frac{1}{2}\frac{dN_e}{dt} = -\frac{1}{2}\frac{dN_{OH^-}}{dt} = -\frac{dN_M}{dt} = Sj$$

式中

$$\begin{aligned} j &= -l_1\left(\frac{A_{m,阳}}{T}\right) - l_2\left(\frac{A_{m,阳}}{T}\right)^2 - l_3\left(\frac{A_{m,阳}}{T}\right)^3 - \cdots \\ &= -l_1'\left(\frac{\varphi_{阳}}{T}\right) - l_2'\left(\frac{\varphi_{阳}}{T}\right)^2 - l_3'\left(\frac{\varphi_{阳}}{T}\right)^3 - \cdots \\ &= -l_1'' - l_2''\left(\frac{\Delta\varphi_{阳}}{T}\right) - l_3''\left(\frac{\Delta\varphi_{阳}}{T}\right)^2 - l_4''\left(\frac{\Delta\varphi_{阳}}{T}\right)^3 - \cdots \end{aligned}$$

将上式代入

$$i = 2Fj$$

得

$$\begin{aligned} i &= 2Fj \\ &= -l_1^*\left(\frac{\varphi_{阳}}{T}\right) - l_2^*\left(\frac{\varphi_{阳}}{T}\right)^2 - l_3^*\left(\frac{\varphi_{阳}}{T}\right)^3 - \cdots \\ &= -l_1^{**} - l_2^{**}\left(\frac{\Delta\varphi_{阳}}{T}\right) - l_3^{**}\left(\frac{\Delta\varphi_{阳}}{T}\right)^2 - l_4^{**}\left(\frac{\Delta\varphi_{阳}}{T}\right)^3 - \cdots \end{aligned}$$

2. 吸附氧化学解吸

吸附氧化学解吸反应为

$$2(M\text{-}O) \longrightarrow O_2 + 2M \qquad \text{(ii)}$$

该过程的摩尔吉布斯自由能变化为

$$\Delta G_m = \mu_{O_2} + 2\mu_M - 2\mu_{M\text{-}O} = \Delta G^{\ominus}_{m,阳} + RT\ln\frac{p_{O_2}(1-\theta_{M\text{-}O})^2}{\theta^2_{M\text{-}O}}$$

式中

$$\Delta G_{\mathrm{m,阳}}^{\ominus} = \mu_{\mathrm{O_2}}^{\ominus} + 2\mu_{\mathrm{M}}^{\ominus} - 2\mu_{\mathrm{M\text{-}O}}^{\ominus}$$

$$\mu_{\mathrm{O_2}} = \mu_{\mathrm{O_2}}^{\ominus} + RT\ln p_{\mathrm{O_2}}$$

$$\mu_{\mathrm{M}} = \mu_{\mathrm{M}}^{\ominus} + RT\ln(1-\theta_{\mathrm{M\text{-}O}})$$

$$\mu_{\mathrm{M\text{-}O}} = \mu_{\mathrm{M\text{-}O}}^{\ominus} + RT\ln\theta_{\mathrm{M\text{-}O}}$$

吸附氧化学解吸反应速率为

$$\frac{\mathrm{d}N_{\mathrm{O_2}}}{\mathrm{d}t} = \frac{1}{2}\frac{\mathrm{d}N_{\mathrm{M}}}{\mathrm{d}t} = -\frac{1}{2}\frac{\mathrm{d}N_{\mathrm{M\text{-}O}}}{\mathrm{d}t} = Sj$$

式中

$$j = -l_1\left(\frac{A_{\mathrm{m}}}{T}\right) - l_2\left(\frac{A_{\mathrm{m}}}{T}\right)^2 - l_3\left(\frac{A_{\mathrm{m}}}{T}\right)^3 - \cdots$$

$$A_{\mathrm{m}} = \Delta G_{\mathrm{m}}$$

3. 总反应

在惰性电极上，氧析出反应的总反应为

$$4\mathrm{OH}^- = 2\mathrm{H_2O} + \mathrm{O_2} + 4\mathrm{e}$$

阳极反应达到平衡

$$4\mathrm{OH}^- \rightleftharpoons 2\mathrm{H_2O} + \mathrm{O_2} + 4\mathrm{e}$$

该过程的摩尔吉布斯自由能变化为

$$\Delta G_{\mathrm{m,阳,e}} = 2\mu_{\mathrm{H_2O}} + \mu_{\mathrm{O_2}} + 4\mu_{\mathrm{e}} - 4\mu_{\mathrm{OH^-}} = \Delta G_{\mathrm{m,阳}}^{\ominus} + RT\ln\frac{a_{\mathrm{H_2O,e}}^2 p_{\mathrm{O_2,e}}}{a_{\mathrm{OH^-,e}}^4}$$

式中

$$\Delta G_{\mathrm{m,阳}}^{\ominus} = 2\mu_{\mathrm{H_2O}}^{\ominus} + \mu_{\mathrm{O_2}}^{\ominus} + 4\mu_{\mathrm{e}}^{\ominus} - 4\mu_{\mathrm{OH^-}}^{\ominus}$$

$$\mu_{\mathrm{H_2O}} = \mu_{\mathrm{H_2O}}^{\ominus} + RT\ln a_{\mathrm{H_2O,e}}$$

$$\mu_{\mathrm{O_2}} = \mu_{\mathrm{O_2}}^{\ominus} + RT\ln p_{\mathrm{O_2,e}}$$

$$\mu_{\mathrm{e}} = \mu_{\mathrm{e}}^{\ominus}$$

$$\mu_{\mathrm{OH^-}} = \mu_{\mathrm{OH^-}}^{\ominus} + RT\ln a_{\mathrm{OH^-,e}}$$

由

$$\varphi_{\mathrm{阳,e}} = \frac{\Delta G_{\mathrm{m,阳,e}}}{4F}$$

得

$$\varphi_{\mathrm{阳,e}} = \varphi_{\mathrm{阳}}^{\ominus} + \frac{RT}{4F}\ln\frac{a_{\mathrm{H_2O,e}}^2 p_{\mathrm{O_2,e}}}{a_{\mathrm{OH^-,e}}^4}$$

式中

$$\varphi_{\mathrm{阳}}^{\ominus} = \frac{\Delta G_{\mathrm{m,阳}}^{\ominus}}{4F} = \frac{2\mu_{\mathrm{H_2O}}^{\ominus} + \mu_{\mathrm{O_2}}^{\ominus} + 4\mu_{\mathrm{e}}^{\ominus} - 4\mu_{\mathrm{OH^-}}^{\ominus}}{4F}$$

阳极有电流通过，发生极化，阳极反应为

$$4OH^- = 2H_2O + O_2 + 4e$$

阳极电势为

$$\varphi_{阳} = \varphi_{阳,e} + \Delta\varphi_{阳}$$

则

$$\Delta\varphi_{阳} = \varphi_{阳} - \varphi_{阳,e}$$

并有

$$A_{m,阳} = -\Delta G_{m,阳,e} = -4F\varphi_{阳} = -4F(\varphi_{阳,e} + \Delta\varphi_{阳})$$

阳极反应速率

$$\frac{dN_{O_2}}{dt} = \frac{1}{2}\frac{dN_{H_2O}}{dt} = -\frac{1}{4}\frac{dN_{OH^-}}{dt} = \frac{1}{4}\frac{dN_e}{dt} = Sj$$

式中

$$\begin{aligned} j &= -l_1\left(\frac{A_{m,阳}}{T}\right) - l_2\left(\frac{A_{m,阳}}{T}\right)^2 - l_3\left(\frac{A_{m,阳}}{T}\right)^3 - \cdots \\ &= -l_1'\left(\frac{\varphi_{阳}}{T}\right) - l_2'\left(\frac{\varphi_{阳}}{T}\right)^2 - l_3'\left(\frac{\varphi_{阳}}{T}\right)^3 - \cdots \\ &= -l_1'' - l_2''\left(\frac{\Delta\varphi_{阳}}{T}\right) - l_3''\left(\frac{\Delta\varphi_{阳}}{T}\right)^2 - l_4''\left(\frac{\Delta\varphi_{阳}}{T}\right)^3 - \cdots \end{aligned}$$

将上式代入

$$i = 4Fj$$

得

$$\begin{aligned} i &= 4Fj \\ &= -l_1^*\left(\frac{\varphi_{阳}}{T}\right) - l_2^*\left(\frac{\varphi_{阳}}{T}\right)^2 - l_3^*\left(\frac{\varphi_{阳}}{T}\right)^3 - \cdots \\ &= -l_1^{**} - l_2^{**}\left(\frac{\Delta\varphi_{阳}}{T}\right) - l_3^{**}\left(\frac{\Delta\varphi_{阳}}{T}\right)^2 - l_4^{**}\left(\frac{\Delta\varphi_{阳}}{T}\right)^3 \cdots \end{aligned}$$

4. 氧在金属氧化物表面析出

在碱性溶液中，O_2的析出电势不太正，在$a_{H^+}=1$时，平衡电势为0.401V。因而，可以用纯的铁、钴、镍等金属作阳极。实际是氧在金属氧化物表面生成。

以镍阳极为例，氧的析出反应为

$$2Ni_2O_3 + 4OH^- = 2Ni_2O_4 + 2H_2O + 4e$$

$$2Ni_2O_4 = 2Ni_2O_3 + O_2$$

总反应为

$$4OH^- \longrightarrow 2H_2O + O_2 + 4e$$

与在惰性电极上的结果一样。

在钝化的镍电极上，氧的析出反应机理为

$$\frac{1}{2}Ni_2O_3 + OH^- \longrightarrow \frac{1}{2}Ni_2O_4 + \frac{1}{2}H_2O + e$$

$$Ni_2O_4 \longrightarrow Ni_2O_3 + \frac{1}{2}O_2$$

实验表明，在低电流密度区，控速步骤是第二步，即表面转化步骤；在高电流密度区，控速步骤是第一步，即电子转移步骤。氧析出反应的机理与电极材料、溶液组成、温度和电流密度都有关。

1）电化学反应是控速步骤

电化学反应达到平衡，有

$$\frac{1}{2}Ni_2O_3 + OH^- \rightleftharpoons \frac{1}{2}Ni_2O_4 + \frac{1}{2}H_2O + e$$

摩尔吉布斯自由能变化为

$$\Delta G_{m,阳,e} = \frac{1}{2}\mu_{Ni_2O_4} + \frac{1}{2}\mu_{H_2O} + \mu_e - \frac{1}{2}\mu_{Ni_2O_3} - \mu_{OH^-} = \Delta G^{\ominus}_{m,阳} + RT\ln\frac{a^{\frac{1}{2}}_{H_2O,e}}{a_{OH^-,e}}$$

式中

$$\Delta G^{\ominus}_{m,阳} = \frac{1}{2}\mu^{\ominus}_{Ni_2O_4} + \frac{1}{2}\mu^{\ominus}_{H_2O} + \mu^{\ominus}_e - \frac{1}{2}\mu^{\ominus}_{Ni_2O_3} - \mu^{\ominus}_{OH^-}$$

$$\mu_{Ni_2O_4} = \mu^{\ominus}_{Ni_2O_4}$$

$$\mu_{H_2O} = \mu^{\ominus}_{H_2O} + RT\ln a_{H_2O,e}$$

$$\mu_e = \mu^{\ominus}_e$$

$$\mu_{Ni_2O_3} = \mu^{\ominus}_{Ni_2O_3}$$

$$\mu_{OH^-} = \mu^{\ominus}_{OH^-} + RT\ln a_{OH^-,e}$$

由

$$\varphi_{阳,e} = \frac{\Delta G_{m,阳,e}}{F}$$

得

$$\varphi_{阳,e} = \varphi^{\ominus}_{阳} + \frac{RT}{F}\ln\frac{a^{\frac{1}{2}}_{H_2O,e}}{a_{OH^-,e}}$$

式中

$$\varphi^{\ominus}_{阳} = \frac{\Delta G^{\ominus}_{m,阳}}{4F} = \frac{\frac{1}{2}\mu^{\ominus}_{Ni_2O_4} + \frac{1}{2}\mu^{\ominus}_{H_2O} + \mu^{\ominus}_e - \frac{1}{2}\mu^{\ominus}_{Ni_2O_3} - \mu^{\ominus}_{OH^-}}{F}$$

阳极有电流通过，发生极化，阳极反应为

$$\frac{1}{2}\mathrm{Ni_2O_3} + \mathrm{OH^-} \Longleftrightarrow \frac{1}{2}\mathrm{Ni_2O_4} + \frac{1}{2}\mathrm{H_2O} + \mathrm{e}$$

阳极电势为

$$\varphi_{阳} = \varphi_{阳,e} + \Delta\varphi_{阳}$$

则

$$\Delta\varphi_{阳} = \varphi_{阳} - \varphi_{阳,e}$$

并有

$$A_{m,阳} = -\Delta G_{m,阳,e} = -F\varphi_{阳} = -F(\varphi_{阳,e} + \Delta\varphi_{阳})$$

阳极反应速率

$$-2\frac{\mathrm{d}N_{\mathrm{Ni_2O_3}}}{\mathrm{d}t} = -\frac{\mathrm{d}N_{\mathrm{OH^-}}}{\mathrm{d}t} = 2\frac{\mathrm{d}N_{\mathrm{Ni_2O_4}}}{\mathrm{d}t} = 2\frac{\mathrm{d}N_{\mathrm{H_2O}}}{\mathrm{d}t} = \frac{\mathrm{d}N_{\mathrm{e}}}{\mathrm{d}t} = Sj$$

式中

$$\begin{aligned} j &= -l_1\left(\frac{A_{m,阳}}{T}\right) - l_2\left(\frac{A_{m,阳}}{T}\right)^2 - l_3\left(\frac{A_{m,阳}}{T}\right)^3 - \cdots \\ &= -l_1'\left(\frac{\varphi_{阳}}{T}\right) - l_2'\left(\frac{\varphi_{阳}}{T}\right)^2 - l_3'\left(\frac{\varphi_{阳}}{T}\right)^3 - \cdots \\ &= -l_1'' - l_2''\left(\frac{\Delta\varphi_{阳}}{T}\right) - l_3''\left(\frac{\Delta\varphi_{阳}}{T}\right)^2 - l_4''\left(\frac{\Delta\varphi_{阳}}{T}\right)^3 - \cdots \end{aligned}$$

将上式代入

$$i = Fj$$

得

$$\begin{aligned} i &= Fj \\ &= -l_1^*\left(\frac{\varphi_{阳}}{T}\right) - l_2^*\left(\frac{\varphi_{阳}}{T}\right)^2 - l_3^*\left(\frac{\varphi_{阳}}{T}\right)^3 - \cdots \\ &= -l_1^{**} - l_2^{**}\left(\frac{\Delta\varphi_{阳}}{T}\right) - l_3^{**}\left(\frac{\Delta\varphi_{阳}}{T}\right)^2 - l_4^{**}\left(\frac{\Delta\varphi_{阳}}{T}\right)^3 - \cdots \end{aligned}$$

2）析 O_2 反应是控速步骤

析 O_2 反应为

$$\mathrm{Ni_2O_4} \Longleftrightarrow \mathrm{Ni_2O_3} + \frac{1}{2}\mathrm{O_2}$$

摩尔吉布斯自由能变化为

$$\Delta G_{m,阳} = \mu_{\mathrm{Ni_2O_3}} + \frac{1}{2}\mu_{\mathrm{O_2(g)}} - \mu_{\mathrm{Ni_2O_4}} = \Delta G_{m,阳}^{\ominus} + RT\ln p_{\mathrm{O_2}}^{\frac{1}{2}}$$

式中

$$\Delta G_{\mathrm{m},阳}^{\ominus} = \mu_{\mathrm{Ni_2O_3}}^{\ominus} + \frac{1}{2}\mu_{\mathrm{O_2(g)}}^{\ominus} - \mu_{\mathrm{Ni_2O_4}}^{\ominus}$$

$$\mu_{\mathrm{Ni_2O_4}} = \mu_{\mathrm{Ni_2O_4}}^{\ominus}$$

$$\mu_{\mathrm{O_2}} = \mu_{\mathrm{O_2}}^{\ominus} + RT\ln p_{\mathrm{O_2}}$$

$$\mu_{\mathrm{Ni_2O_3}} = \mu_{\mathrm{Ni_2O_3}}^{\ominus}$$

析 O_2 反应速率为

$$-\frac{\mathrm{d}N_{\mathrm{Ni_2O_4}}}{\mathrm{d}t} = \frac{\mathrm{d}N_{\mathrm{Ni_2O_3}}}{\mathrm{d}t} = 2\frac{\mathrm{d}N_{\mathrm{O_2}}}{\mathrm{d}t} = Sj_{\mathrm{O_2}}$$

式中，S 为电极表面积，

$$j_{\mathrm{O_2}} = -l_1\left(\frac{A_{\mathrm{m,O_2}}}{T}\right) - l_2\left(\frac{A_{\mathrm{m,O_2}}}{T}\right)^2 - l_3\left(\frac{A_{\mathrm{m,O_2}}}{T}\right)^3 - \cdots$$

$$A_{\mathrm{m,O_2}} = \Delta G_{\mathrm{m,O_2}}$$

12.3　金属的阳极溶解

若金属电极的电势比其平衡电势更正，阳极金属就会转变为金属离子溶解到电解质溶液中，此即金属的阳极溶解。电极电势越正，阳极溶解得越快。表 12.1 是一些金属电极的传递系数。

表 12.1　金属电极的传递系数

电极	$\vec{a}$	$\overleftarrow{a}$
$Hg \mid Hg^{2+}$	0.6	1.4
$Cu \mid Cu^{2+}$	0.49	1.47
$Cd \mid Cd^{2+}$	0.9	1.1
$Zn \mid Zn^{2+}$	0.47	1.47
$Cd(Hg) \mid Cd^{2+}$	0.4～0.6	1.4～1.6
$Zn(Hg) \mid Zn^{2+}$	0.52	1.4
$In(Hg) \mid In^{3+}$	0.9	2.2
$Bi(Hg) \mid Bi^{3+}$	1.18	1.76

根据直线的斜率可以求出阳极反应的传递系数。阳极反应传递系数大于阴极反应的传递系数，两者之和近似等于电子转移数。多电子的阳极过程是由若干个

单电子步骤构成的，并以失去最后一个电子的步骤为控速步骤。金属阳极的溶解首先是晶格破坏，变成吸附态的金属原子，然后是吸附态的金属原子失去电子变成金属离子，并形成水化离子。

影响金属阳极溶解的因素有温度、溶液的组成和浓度、pH 等。升高温度有利于阳极溶解，而组成、浓度、pH 的影响则因不同的金属电极而不同。

12.3.1 单电子金属阳极溶解

阳极金属转变成金属离子溶解到电解质中，即金属的阳极溶解。阳极溶解金属的电极电势比其平衡电势更正。电极电势越正，阳极金属溶解越快。单电子金属阳极溶解可以表示为

$$\mathrm{Me} = \mathrm{Me}^{+} + \mathrm{e}$$

阳极反应达到平衡

$$\mathrm{Me} \rightleftharpoons \mathrm{Me}^{+} + \mathrm{e}$$

该过程的摩尔吉布斯自由能变化为

$$\Delta G_{\mathrm{m},阳,\mathrm{e}} = \Delta G_{\mathrm{m},阳}^{\ominus} + RT\ln\frac{a_{\mathrm{Me}^{+},\mathrm{e}}}{a_{\mathrm{Me},\mathrm{e}}}$$

式中

$$\Delta G_{\mathrm{m},阳}^{\ominus} = \mu_{\mathrm{Me}^{+}}^{\ominus} + \mu_{\mathrm{e}}^{\ominus} - \mu_{\mathrm{Me}}^{\ominus}$$

$$\mu_{\mathrm{Me}^{+}} = \mu_{\mathrm{Me}^{+}}^{\ominus} + RT\ln a_{\mathrm{Me}^{+},\mathrm{e}}$$

$$\mu_{\mathrm{e}} = \mu_{\mathrm{e}}^{\ominus}$$

$$\mu_{\mathrm{Me}} = \mu_{\mathrm{Me}}^{\ominus} + RT\ln a_{\mathrm{Me},\mathrm{e}}$$

由

$$\varphi_{阳,\mathrm{e}} = \frac{\Delta G_{\mathrm{m},阳,\mathrm{e}}}{F}$$

得

$$\varphi_{阳,\mathrm{e}} = \varphi_{阳}^{\ominus} + \frac{RT}{F}\ln\frac{a_{\mathrm{Me}^{+},\mathrm{e}}}{a_{\mathrm{Me},\mathrm{e}}}$$

式中

$$\varphi_{阳}^{\ominus} = \frac{\Delta G_{\mathrm{m},阳}^{\ominus}}{F} = \frac{\mu_{\mathrm{Me}^{+}}^{\ominus} + \mu_{\mathrm{e}}^{\ominus} - \mu_{\mathrm{Me}}^{\ominus}}{F}$$

阳极有电流通过，发生极化，阳极反应为

$$\mathrm{Me} = \mathrm{Me}^{+} + \mathrm{e}$$

阳极电势为

$$\varphi_{阳} = \varphi_{阳,\mathrm{e}} + \Delta\varphi_{阳}$$

则

$$\Delta\varphi_{阳} = \varphi_{阳} - \varphi_{阳,e}$$

并有

$$A_{m,阳} = -\Delta G_{m,阳} = -F\varphi_{阳} = -F(\varphi_{阳,e} + \Delta\varphi_{阳})$$

阳极反应速率为

$$\frac{dN_{Me^+}}{dt} = -\frac{dN_{Me}}{dt} = \frac{dN_e}{dt} = Sj$$

式中

$$\begin{aligned} j &= -l_1\left(\frac{A_{m,阳}}{T}\right) - l_2\left(\frac{A_{m,阳}}{T}\right)^2 - l_3\left(\frac{A_{m,阳}}{T}\right)^3 - \cdots \\ &= -l_1'\left(\frac{\varphi_{阳}}{T}\right) - l_2'\left(\frac{\varphi_{阳}}{T}\right)^2 - l_3'\left(\frac{\varphi_{阳}}{T}\right)^3 - \cdots \\ &= -l_1'' - l_2''\left(\frac{\Delta\varphi_{阳}}{T}\right) - l_3''\left(\frac{\Delta\varphi_{阳}}{T}\right)^2 - l_4''\left(\frac{\Delta\varphi_{阳}}{T}\right)^3 - \cdots \end{aligned}$$

将上式代入

$$i = Fj$$

得

$$\begin{aligned} i &= Fj \\ &= -l_1^*\left(\frac{\varphi_{阳}}{T}\right) - l_2^*\left(\frac{\varphi_{阳}}{T}\right)^2 - l_3^*\left(\frac{\varphi_{阳}}{T}\right)^3 - \cdots \\ &= -l_1^{**} - l_2^{**}\left(\frac{\Delta\varphi_{阳}}{T}\right) - l_3^{**}\left(\frac{\Delta\varphi_{阳}}{T}\right)^2 - l_4^{**}\left(\frac{\Delta\varphi_{阳}}{T}\right)^3 - \cdots \end{aligned}$$

12.3.2 多电子金属阳极溶解

多电子金属阳极溶解过程是由若干个单电子转移步骤构成的，并以失去最后一个电子的步骤为控速步骤。

金属阳极的溶解过程如下：

（1）金属晶格破坏形成吸附态的原子。

（2）吸附态的金属原子失去电子，成为金属离子，并形成金属水化离子，进入溶液。

可以描述如下：

（i）Me(晶体) ══ Me(吸附)

（ii）Me(吸附) $=\!=\!=$ $Me^{+}+e$

（iii）Me^{+} $=\!=\!=$ $Me^{2+}+e$

⋮

$(n+2) Me^{n+} =\!=\!= Me^{(n+1)+} + e$

⋮

$(z+1) Me^{(z-1)+} =\!=\!= Me^{z+} + e$

实验表明，失去最后一个电子的步骤是控速步骤。

步骤（i）

$$\text{Me(晶体)} =\!=\!= \text{Me(吸附)}$$

该过程的摩尔吉布斯自由能变化为

$$\Delta G_{\mathrm{m,Me(吸附)}} = \mu_{\mathrm{Me(吸附)}} - \mu_{\mathrm{Me(晶体)}} = \Delta G_{\mathrm{m,Me}}^{\ominus} + RT\ln a_{\mathrm{Me(吸附)}}$$

式中

$$\Delta G_{\mathrm{m,Me}}^{\ominus} = \mu_{\mathrm{Me(晶体)}}^{\ominus} - \mu_{\mathrm{Me(晶体)}}^{\ominus} = 0$$

$$\mu_{\mathrm{Me(吸附)}} = \mu_{\mathrm{Me(晶体)}}^{\ominus} + RT\ln a_{\mathrm{Me(吸附)}}$$

$$\mu_{\mathrm{Me(晶体)}} = \mu_{\mathrm{Me(晶体)}}^{\ominus}$$

该过程的速率为

$$\frac{\mathrm{d}N_{\mathrm{Me(吸附)}}}{\mathrm{d}t} = -\frac{\mathrm{d}N_{\mathrm{Me(晶体)}}}{\mathrm{d}t} = Sj$$

式中

$$j = -l_1\left(\frac{A_{\mathrm{m}}}{T}\right) - l_2\left(\frac{A_{\mathrm{m}}}{T}\right)^2 - l_3\left(\frac{A_{\mathrm{m}}}{T}\right)^3 - \cdots$$

$$A_{\mathrm{m}} = \Delta G_{\mathrm{m,Me(吸附)}}$$

步骤（ii）

$$\text{Me(吸附)} =\!=\!= \mathrm{Me^{+} + e}$$

阳极反应达到平衡

$$\text{Me(吸附)} \rightleftharpoons \mathrm{Me^{+} + e}$$

该过程的摩尔吉布斯自由能变化为

$$\Delta G_{\mathrm{m,阳,Me^{+},e}} = \mu_{\mathrm{Me^{+}}} + \mu_{\mathrm{e}} - \mu_{\mathrm{Me(吸附)}} = \Delta G_{\mathrm{m,阳,Me^{+}}}^{\ominus} + RT\ln\frac{a_{\mathrm{Me^{+},e}}}{a_{\mathrm{Me(吸附),e}}}$$

式中

$$\Delta G^{\ominus}_{m,阳,Me^+} = \mu^{\ominus}_{Me^+} + \mu^{\ominus}_{e} - \mu^{\ominus}_{Me(晶体)}$$

$$\mu_{Me^+} = \mu^{\ominus}_{Me^+} + RT\ln a_{Me^+,e}$$

$$\mu_{e} = \mu^{\ominus}_{e}$$

$$\mu_{Me(吸附)} = \mu^{\ominus}_{Me(晶体)} + RT\ln a_{Me(吸附),e}$$

由

$$\varphi_{阳,Me^+,e} = \frac{\Delta G_{m,阳,Me^+,e}}{F}$$

得

$$\varphi_{阳,Me^+,e} = \varphi^{\ominus}_{阳,Me^+} + \frac{RT}{F}\ln\frac{a_{Me^+,e}}{a_{Me(吸附),e}}$$

式中

$$\varphi^{\ominus}_{阳,Me^+} = \frac{\Delta G^{\ominus}_{m,Me^+}}{F} = \frac{\mu^{\ominus}_{Me^+} + \mu^{\ominus}_{e} - \mu^{\ominus}_{Me(晶体)}}{F}$$

阳极有电流通过，发生极化，阳极反应为

$$Me(吸附) = Me^+ + e$$

阳极电势为

$$\varphi_{阳,Me^+} = \varphi_{阳,Me^+,e} + \Delta\varphi_{阳,Me^+}$$

则

$$\Delta\varphi_{阳,Me^+} = \varphi_{阳,Me^+} - \varphi_{阳,Me^+,e}$$

并有

$$A_{m,阳,Me^+} = -\Delta G_{m,阳,Me^+} = -F\varphi_{阳,Me^+} = -F(\varphi_{阳,Me^+,e} + \Delta\varphi_{阳,Me^+})$$

阳极反应速率为

$$\frac{dN_{Me^+}}{dt} = -\frac{dN_{Me(吸附)}}{dt} = \frac{dN_{e}}{dt} = Sj$$

式中

$$\begin{aligned} j &= -l_1\left(\frac{A_{m,阳,Me^+}}{T}\right) - l_2\left(\frac{A_{m,阳,Me^+}}{T}\right)^2 - l_3\left(\frac{A_{m,阳,Me^+}}{T}\right)^3 - \cdots \\ &= -l_1'\left(\frac{\varphi_{阳,Me^+}}{T}\right) - l_2'\left(\frac{\varphi_{阳,Me^+}}{T}\right)^2 - l_3'\left(\frac{\varphi_{阳,Me^+}}{T}\right)^3 - \cdots \\ &= -l_1'' - l_2''\left(\frac{\Delta\varphi_{阳}}{T}\right) - l_3''\left(\frac{\Delta\varphi_{阳}}{T}\right)^2 - l_4''\left(\frac{\Delta\varphi_{阳}}{T}\right)^3 - \cdots \end{aligned}$$

将上式代入

$$i = Fj$$

得

$$\begin{aligned}i&=Fj\\&=-l_1^*\left(\frac{\varphi_{阳,Me^+}}{T}\right)-l_2^*\left(\frac{\varphi_{阳,Me^+}}{T}\right)^2-l_3^*\left(\frac{\varphi_{阳,Me^+}}{T}\right)^3-\cdots\\&=-l_1^{**}-l_2^{**}\left(\frac{\Delta\varphi_{阳,Me^+}}{T}\right)-l_3^{**}\left(\frac{\Delta\varphi_{阳,Me^+}}{T}\right)^2-l_4^{**}\left(\frac{\Delta\varphi_{阳,Me^+}}{T}\right)^3-\cdots\end{aligned}$$

步骤（iii）

$$Me^+ \mathrel{=\!=} Me^{2+}+e$$

阳极反应达到平衡，

$$Me^+ \rightleftharpoons Me^{2+}+e$$

该过程的摩尔吉布斯自由能变化为

$$\Delta G_{m,阳,Me^{2+},e}=\mu_{Me^{2+}}+\mu_e-\mu_{Me^+}=\Delta G^{\ominus}_{m,阳,Me^{2+}}+RT\ln\frac{a_{Me^{2+},e}}{a_{Me^+,e}}$$

式中

$$\Delta G^{\ominus}_{m,阳,Me^{2+}}=\mu^{\ominus}_{Me^{2+}}+\mu^{\ominus}_e-\mu^{\ominus}_{Me^+}$$

$$\mu_{Me^{2+}}=\mu^{\ominus}_{Me^{2+}}+RT\ln a_{Me^{2+},e}$$

$$\mu_e=\mu^{\ominus}_e$$

$$\mu_{Me^+}=\mu^{\ominus}_{Me^+}+RT\ln a_{Me^+}$$

由

$$\varphi_{阳,Me^{2+},e}=\frac{\Delta G_{m,阳,Me^{2+},e}}{F}$$

得

$$\varphi_{阳,Me^{2+},e}=\varphi^{\ominus}_{阳,Me^{2+}}+\frac{RT}{F}\ln\frac{a_{Me^{2+},e}}{a_{Me^+,e}}$$

式中

$$\varphi^{\ominus}_{阳,Me^{2+}}=\frac{\Delta G^{\ominus}_{m,阳,Me^{2+}}}{F}=\frac{\mu^{\ominus}_{Me^{2+}}+\mu^{\ominus}_e-\mu^{\ominus}_{Me^+}}{F}$$

阳极有电流通过，发生极化，阳极反应为

$$Me^+ \mathrel{=\!=} Me^{2+}+e$$

阳极电势为

$$\varphi_{阳,Me^{2+}}=\varphi_{阳,Me^{2+},e}+\Delta\varphi_{阳,Me^{2+}}$$

则

$$\Delta\varphi_{阳,Me^{2+}}=\varphi_{阳,Me^{2+}}-\varphi_{阳,Me^{2+},e}$$

并有

$$A_{m,阳,Me^{2+}}=-\Delta G_{m,阳,Me^{2+}}=-F\varphi_{阳,Me^{2+}}=-F(\varphi_{阳,Me^{2+},e}+\Delta\varphi_{阳,Me^{2+}})$$

阳极反应速率

$$\frac{\mathrm{d}N_{Me^{2+}}}{\mathrm{d}t}=-\frac{\mathrm{d}N_{Me^{+}}}{\mathrm{d}t}=\frac{\mathrm{d}N_{e}}{\mathrm{d}t}=Sj$$

式中

$$\begin{aligned} j &= -l_1\left(\frac{A_{m,阳,Me^{2+}}}{T}\right)-l_2\left(\frac{A_{m,阳,Me^{2+}}}{T}\right)^2-l_3\left(\frac{A_{m,阳,Me^{2+}}}{T}\right)^3-\cdots \\ &= -l_1'\left(\frac{\varphi_{阳,Me^{2+}}}{T}\right)-l_2'\left(\frac{\varphi_{阳,Me^{2+}}}{T}\right)^2-l_3'\left(\frac{\varphi_{阳,Me^{2+}}}{T}\right)^3-\cdots \\ &= -l_1''-l_2''\left(\frac{\Delta\varphi_{阳,Me^{2+}}}{T}\right)-l_3''\left(\frac{\Delta\varphi_{阳,Me^{2+}}}{T}\right)^2-l_4''\left(\frac{\Delta\varphi_{阳,Me^{2+}}}{T}\right)^3\cdots \end{aligned}$$

将上式代入

$$i=Fj$$

得

$$\begin{aligned} i &= Fj \\ &= -l_1^*\left(\frac{\varphi_{阳,Me^{2+}}}{T}\right)-l_2^*\left(\frac{\varphi_{阳,Me^{2+}}}{T}\right)^2-l_3^*\left(\frac{\varphi_{阳,Me^{2+}}}{T}\right)^3-\cdots \\ &= -l_1^{**}-l_2^{**}\left(\frac{\Delta\varphi_{阳,Me^{2+}}}{T}\right)-l_3^{**}\left(\frac{\Delta\varphi_{阳,Me^{2+}}}{T}\right)^2-l_4^{**}\left(\frac{\Delta\varphi_{阳,Me^{2+}}}{T}\right)^3-\cdots \end{aligned}$$

以下类推。

第 $n+1$ 步骤

阳极反应达到平衡，

$$Me^{(n-1)+}\rightleftharpoons Me^{n+}+e$$

该过程的摩尔吉布斯自由能变化为

$$\Delta G_{m,阳,Me^{n+},e}=\mu_{Me^{n+}}+\mu_e-\mu_{Me^{(n-1)+}}=\Delta G^{\ominus}_{m,阳,Me^{n+}}+RT\ln\frac{a_{Me^{n+},e}}{a_{Me^{(n-1)+},e}}$$

式中

$$\begin{aligned} \Delta G^{\ominus}_{m,阳,Me^{n+}} &= \mu^{\ominus}_{Me^{n+}}+\mu^{\ominus}_{e}-\mu^{\ominus}_{Me^{(n-1)+}} \\ \mu_{Me^{n+}} &= \mu^{\ominus}_{Me^{n+}}+RT\ln a_{Me^{n+},e} \\ \mu_e &= \mu^{\ominus}_e \\ \mu_{Me^{(n-1)+}} &= \mu^{\ominus}_{Me^{(n-1)+}}+RT\ln a_{Me^{(n-1)+},e} \end{aligned}$$

由
$$\varphi_{阳,Me^{n+},e} = \frac{\Delta G_{m,阳,Me^{n+},e}}{F}$$

得
$$\varphi_{阳,Me^{n+},e} = \varphi^{\ominus}_{阳,Me^{n+}} + \frac{RT}{F}\ln\frac{a_{Me^{n+},e}}{a_{Me^{(n-1)+},e}}$$

式中
$$\varphi^{\ominus}_{阳,Me^{n+}} = \frac{\Delta G^{\ominus}_{m,阳,Me^{n+}}}{F} = \frac{\mu^{\ominus}_{Me^{n+}} + \mu^{\ominus}_{e} - \mu^{\ominus}_{Me^{(n-1)+}}}{F}$$

阳极有电流通过，发生极化，阳极反应为

$$Me^{(n-1)+} = Me^{n+} + e$$

阳极电势为

$$\varphi_{阳,Me^{n+}} = \varphi_{阳,Me^{n+},e} + \Delta\varphi_{阳,Me^{n+}}$$

则

$$\Delta\varphi_{阳,Me^{n+}} = \varphi_{阳,Me^{n+}} - \varphi_{阳,Me^{n+},e}$$

$$A_{m,阳,Me^{n+}} = -\Delta G_{m,阳,Me^{n+}} = -F\varphi_{阳,Me^{n+}} = -F(\varphi_{阳,Me^{n+}} + \Delta\varphi_{阳,Me^{n+}})$$

阳极反应速率

$$\frac{dN_{Me^{n+}}}{dt} = -\frac{dN_{Me^{(n-1)+}}}{dt} = \frac{dN_e}{dt} = Sj$$

式中

$$\begin{aligned} j &= -l_1\left(\frac{A_{m,阳,Me^{n+}}}{T}\right) - l_2\left(\frac{A_{m,阳,Me^{n+}}}{T}\right)^2 - l_3\left(\frac{A_{m,阳,Me^{n+}}}{T}\right)^3 - \cdots \\ &= -l_1'\left(\frac{\varphi_{阳,Me^{n+}}}{T}\right) - l_2'\left(\frac{\varphi_{阳,Me^{n+}}}{T}\right)^2 - l_3'\left(\frac{\varphi_{阳,Me^{n+}}}{T}\right)^3 - \cdots \\ &= -l_1'' - l_2''\left(\frac{\Delta\varphi_{阳,Me^{n+}}}{T}\right) - l_3''\left(\frac{\Delta\varphi_{阳,Me^{n+}}}{T}\right)^2 - l_4''\left(\frac{\Delta\varphi_{阳,Me^{n+}}}{T}\right)^3 - \cdots \end{aligned}$$

将上式代入

$$i = Fj$$

得

$$\begin{aligned} i &= Fj \\ &= -l_1^*\left(\frac{\varphi_{阳,Me^{n+}}}{T}\right) - l_2^*\left(\frac{\varphi_{阳,Me^{n+}}}{T}\right)^2 - l_3^*\left(\frac{\varphi_{阳,Me^{n+}}}{T}\right)^3 - \cdots \\ &= -l_1^{**} - l_2^{**}\left(\frac{\Delta\varphi_{阳,Me^{n+}}}{T}\right) - l_3^{**}\left(\frac{\Delta\varphi_{阳,Me^{n+}}}{T}\right)^2 - l_4^{**}\left(\frac{\Delta\varphi_{阳,Me^{n+}}}{T}\right)^3 - \cdots \end{aligned}$$

第 $n+2$ 步骤

$$\mathrm{Me}^{n+} = \mathrm{Me}^{(n+1)+} + \mathrm{e}$$

阳极反应达到平衡，

$$\mathrm{Me}^{n+} \rightleftharpoons \mathrm{Me}^{(n+1)+} + \mathrm{e}$$

该过程的摩尔吉布斯自由能变化为

$$\Delta G_{\mathrm{m},阳,\mathrm{Me}^{(n+1)+},\mathrm{e}} = \mu_{\mathrm{Me}^{(n+1)+}} + \mu_{\mathrm{e}} - \mu_{\mathrm{Me}^{n+}} = \Delta G^{\ominus}_{\mathrm{m},阳,\mathrm{Me}^{(n+1)+}} + RT\ln\frac{a_{\mathrm{Me}^{(n+1)+},\mathrm{e}}}{a_{\mathrm{Me}^{n+},\mathrm{e}}}$$

式中

$$\Delta G^{\ominus}_{\mathrm{m},阳,\mathrm{Me}^{(n+1)+}} = \mu^{\ominus}_{\mathrm{Me}^{(n+1)+}} + \mu^{\ominus}_{\mathrm{e}} - \mu^{\ominus}_{\mathrm{Me}^{n+}}$$

$$\mu_{\mathrm{Me}^{(n+1)+}} = \mu^{\ominus}_{\mathrm{Me}^{(n+1)+}} + RT\ln a_{\mathrm{Me}^{(n+1)+},\mathrm{e}}$$

$$\mu_{\mathrm{e}} = \mu^{\ominus}_{\mathrm{e}}$$

$$\mu_{\mathrm{Me}^{n+}} = \mu^{\ominus}_{\mathrm{Me}^{n+}} + RT\ln a_{\mathrm{Me}^{n+}}$$

由

$$\varphi_{阳,\mathrm{Me}^{(n+1)+},\mathrm{e}} = \frac{\Delta G_{\mathrm{m},阳,\mathrm{Me}^{(n+1)+},\mathrm{e}}}{F}$$

得

$$\varphi_{阳,\mathrm{Me}^{(n+1)+},\mathrm{e}} = \varphi^{\ominus}_{阳,\mathrm{Me}^{(n+1)+}} + \frac{RT}{F}\ln\frac{a_{\mathrm{Me}^{(n+1)+},\mathrm{e}}}{a_{\mathrm{Me}^{n+},\mathrm{e}}}$$

式中

$$\varphi^{\ominus}_{阳,\mathrm{Me}^{(n+1)+}} = \frac{\Delta G^{\ominus}_{\mathrm{m},阳,\mathrm{Me}^{(n+1)+}}}{F} = \frac{\mu^{\ominus}_{\mathrm{Me}^{(n+1)+}} + \mu^{\ominus}_{\mathrm{e}} - \mu^{\ominus}_{\mathrm{Me}^{n+}}}{F}$$

阳极有电流通过，发生极化，阳极反应为

$$\mathrm{Me}^{n+} \rightleftharpoons \mathrm{Me}^{(n+1)+} + \mathrm{e}$$

阳极电势为

$$\varphi_{阳,\mathrm{Me}^{(n+1)+}} = \varphi_{阳,\mathrm{Me}^{(n+1)+},\mathrm{e}} + \Delta\varphi_{阳,\mathrm{Me}^{(n+1)+}}$$

则

$$\Delta\varphi_{阳,\mathrm{Me}^{(n+1)+}} = \varphi_{阳,\mathrm{Me}^{(n+1)+}} - \varphi_{阳,\mathrm{Me}^{(n+1)+},\mathrm{e}}$$

并有

$$A_{\mathrm{m},阳,\mathrm{Me}^{(n+1)+}} = -\Delta G_{\mathrm{m},阳,\mathrm{Me}^{(n+1)+}} = -F\varphi_{阳,\mathrm{Me}^{(n+1)+}} = -F(\varphi_{阳,\mathrm{Me}^{(n+1)+}} + \Delta\varphi_{阳,\mathrm{Me}^{(n+1)+}})$$

阳极反应速率

$$\frac{\mathrm{d}N_{\mathrm{Me}^{(n+1)+}}}{\mathrm{d}t} = -\frac{\mathrm{d}N_{\mathrm{Me}^{n+}}}{\mathrm{d}t} = \frac{\mathrm{d}N_{\mathrm{e}}}{\mathrm{d}t} = Sj$$

式中

$$
\begin{aligned}
j &= -l_1\left(\frac{A_{\mathrm{m},阳,\mathrm{Me}^{(n+1)+}}}{T}\right) - l_2\left(\frac{A_{\mathrm{m},阳,\mathrm{Me}^{(n+1)+}}}{T}\right)^2 - l_3\left(\frac{A_{\mathrm{m},阳,\mathrm{Me}^{(n+1)+}}}{T}\right)^3 - \cdots \\
&= -l_1'\left(\frac{\varphi_{阳,\mathrm{Me}^{(n+1)+}}}{T}\right) - l_2'\left(\frac{\varphi_{阳,\mathrm{Me}^{(n+1)+}}}{T}\right)^2 - l_3'\left(\frac{\varphi_{阳,\mathrm{Me}^{(n+1)+}}}{T}\right)^3 - \cdots \\
&= -l_1'' - l_2''\left(\frac{\Delta\varphi_{阳,\mathrm{Me}^{(n+1)+}}}{T}\right) - l_3''\left(\frac{\Delta\varphi_{阳,\mathrm{Me}^{(n+1)+}}}{T}\right)^2 - l_4''\left(\frac{\Delta\varphi_{阳,\mathrm{Me}^{(n+1)+}}}{T}\right)^3 - \cdots
\end{aligned}
$$

将上式代入

$$i = Fj$$

得

$$
\begin{aligned}
i &= Fj \\
&= -l_1^*\left(\frac{\varphi_{阳,\mathrm{Me}^{(n+1)+}}}{T}\right) - l_2^*\left(\frac{\varphi_{阳,\mathrm{Me}^{(n+1)+}}}{T}\right)^2 - l_3^*\left(\frac{\varphi_{阳,\mathrm{Me}^{(n+1)+}}}{T}\right)^3 - \cdots \\
&= -l_1^{**} - l_2^{**}\left(\frac{\Delta\varphi_{阳,\mathrm{Me}^{(n+1)+}}}{T}\right) - l_3^{**}\left(\frac{\Delta\varphi_{阳,\mathrm{Me}^{(n+1)+}}}{T}\right)^2 - l_4^{**}\left(\frac{\Delta\varphi_{阳,\mathrm{Me}^{(n+1)+}}}{T}\right)^3 - \cdots
\end{aligned}
$$

第 $z+1$（最后一个）步骤

$$\mathrm{Me}^{(z-1)+} = \mathrm{Me}^{z+} + \mathrm{e}$$

阳极反应达到平衡，

$$\mathrm{Me}^{(z-1)+} \rightleftharpoons \mathrm{Me}^{z+} + \mathrm{e}$$

该过程的摩尔吉布斯自由能变化为

$$\Delta G_{\mathrm{m},阳,\mathrm{Me}^{z+},\mathrm{e}} = \mu_{\mathrm{Me}^{z+}} + \mu_{\mathrm{e}} - \mu_{\mathrm{Me}^{(z-1)+}} = \Delta G^{\ominus}_{\mathrm{m},阳,\mathrm{Me}^{z+}} + RT\ln\frac{a_{\mathrm{Me}^{z+},\mathrm{e}}}{a_{\mathrm{Me}^{(z-1)+},\mathrm{e}}}$$

式中

$$
\begin{aligned}
&\Delta G^{\ominus}_{\mathrm{m},阳,\mathrm{Me}^{z+}} = \mu^{\ominus}_{\mathrm{Me}^{z+}} + \mu^{\ominus}_{\mathrm{e}} - \mu^{\ominus}_{\mathrm{Me}^{(z-1)+}} \\
&\mu_{\mathrm{Me}^{z+}} = \mu^{\ominus}_{\mathrm{Me}^{z+}} + RT\ln a_{\mathrm{Me}^{z+},\mathrm{e}} \\
&\mu_{\mathrm{e}} = \mu^{\ominus}_{\mathrm{e}} \\
&\mu_{\mathrm{Me}^{(z-1)+}} = \mu^{\ominus}_{\mathrm{Me}^{(z-1)+}} + RT\ln a_{\mathrm{Me}^{(z-1)+},\mathrm{e}}
\end{aligned}
$$

由

$$\varphi_{阳,\mathrm{Me}^{z+},\mathrm{e}} = \frac{\Delta G_{\mathrm{m},阳,\mathrm{Me}^{z+},\mathrm{e}}}{F}$$

得

$$\varphi_{阳,\mathrm{Me}^{z+},\mathrm{e}} = \varphi^{\ominus}_{阳,\mathrm{Me}^{z+}} + \frac{RT}{F}\ln\frac{a_{\mathrm{Me}^{z+},\mathrm{e}}}{a_{\mathrm{Me}^{(z-1)+},\mathrm{e}}}$$

式中

$$\varphi^{\ominus}_{阳,Me^{z+}} = \frac{\Delta G^{\ominus}_{m,阳,Me^{z+}}}{F} = \frac{\mu^{\ominus}_{Me^{z+}} + \mu^{\ominus}_{e} - \mu^{\ominus}_{Me^{(z-1)+}}}{F}$$

阳极有电流通过，发生极化，阳极反应为

$$Me^{(z-1)+} = Me^{z+} + e$$

阳极电势为

$$\varphi_{阳,Me^{z+}} = \varphi_{阳,Me^{z+},e} + \Delta\varphi_{阳,Me^{z+}}$$

则

$$\Delta\varphi_{阳,Me^{z+}} = \varphi_{阳,Me^{z+}} - \varphi_{阳,Me^{z+},e}$$

并有

$$A_{m,阳,Me^{z+}} = -\Delta G_{m,阳,Me^{z+}} = -F\varphi_{阳,Me^{z+}} = -F(\varphi_{阳,Me^{z+}} + \Delta\varphi_{阳,Me^{z+}})$$

阳极反应速率

$$\frac{dN_{Me^{z+}}}{dt} = -\frac{dN_{Me^{(z-1)+}}}{dt} = \frac{dN_e}{dt} = Sj$$

式中

$$\begin{aligned}
j &= -l_1\left(\frac{A_{m,阳,Me^{z+}}}{T}\right) - l_2\left(\frac{A_{m,阳,Me^{z+}}}{T}\right)^2 - l_3\left(\frac{A_{m,阳,Me^{z+}}}{T}\right)^3 - \cdots \\
&= -l_1'\left(\frac{\varphi_{阳,Me^{z+}}}{T}\right) - l_2'\left(\frac{\varphi_{阳,Me^{z+}}}{T}\right)^2 - l_3'\left(\frac{\varphi_{阳,Me^{z+}}}{T}\right)^3 - \cdots \\
&= -l_1'' - l_2''\left(\frac{\Delta\varphi_{阳,Me^{z+}}}{T}\right) - l_3''\left(\frac{\Delta\varphi_{阳,Me^{z+}}}{T}\right)^2 - l_4''\left(\frac{\Delta\varphi_{阳,Me^{z+}}}{T}\right)^3 - \cdots
\end{aligned}$$

将上式代入

$$i = Fj$$

得

$$\begin{aligned}
i &= Fj \\
&= -l_1^*\left(\frac{\varphi_{阳,Me^{z+}}}{T}\right) - l_2^*\left(\frac{\varphi_{阳,Me^{z+}}}{T}\right)^2 - l_3^*\left(\frac{\varphi_{阳,Me^{z+}}}{T}\right)^3 - \cdots \\
&= -l_1^{**} - l_2^{**}\left(\frac{\Delta\varphi_{阳,Me^{z+}}}{T}\right) - l_3^{**}\left(\frac{\Delta\varphi_{阳,Me^{z+}}}{T}\right)^2 - l_4^{**}\left(\frac{\Delta\varphi_{阳,Me^{z+}}}{T}\right)^3 - \cdots
\end{aligned}$$

12.3.3 形成水化离子

金属离子进入溶液，与水分子形成水化离子。化学反应为

$$Me^{z+} + nH_2O = Me^{z+} \cdot nH_2O$$

该过程的摩尔吉布斯自由能变化为

$$\Delta G_m = \mu_{Me^{z+} \cdot nH_2O} - \mu_{Me^{z+}} - n\mu_{H_2O} = \Delta G_m^\ominus + RT \ln \frac{a_{Me^{z+} \cdot nH_2O}}{a_{Me^{z+}} a_{H_2O}^n}$$

式中

$$\Delta G_m^\ominus = \mu_{Me^{z+} \cdot nH_2O}^\ominus - \mu_{Me^{z+}}^\ominus - n\mu_{H_2O}^\ominus$$

$$\mu_{Me^{z+} \cdot nH_2O} = \mu_{Me^{z+} \cdot nH_2O}^\ominus + RT \ln a_{Me^{z+} \cdot nH_2O}$$

$$\mu_{Me^{z+}} = \mu_{Me^{z+}}^\ominus + RT \ln a_{Me^{z+}}$$

$$\mu_{H_2O} = \mu_{H_2O}^\ominus + RT \ln a_{H_2O}^n$$

形成水化离子的速率为

$$\frac{dN_{Me^{z+} \cdot nH_2O}}{dt} = -\frac{dN_{Me^{z+}}}{dt} = -\frac{1}{n}\frac{dN_{H_2O}}{dt} = Vj$$

$$j = -l_1\left(\frac{A_m}{T}\right) - l_2\left(\frac{A_m}{T}\right)^2 - l_3\left(\frac{A_m}{T}\right)^3 - \cdots$$

式中

$$A_m = \Delta G_m$$

12.4 金属阳极的极化

图 12.1 是实验测得的恒电势金属阳极的极化曲线。由图 12.1 可见，实验表明，在平衡电势附近，阳极的极化曲线的 *AB* 段近似为一条直线。

整个曲线可以分为四个电势区间。*AB* 段是金属阳极的正常溶解，在此区间，随着电势增大，电极溶解加快，称为阳极活性溶解区。电势达到 *B* 点，随着电势增加，电流密度急剧减小，即 *BC* 段，称为活化-钝化过渡区。*B* 点的电势称为临界钝化电势，以 φ_p 表示；对应的电流称为临界钝化电流密度（也称致钝电流密度），

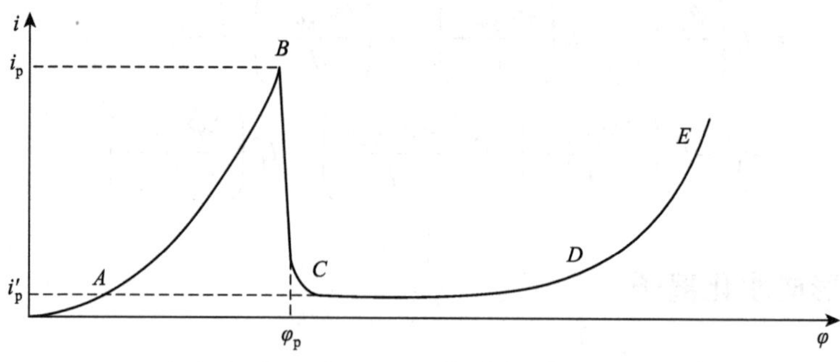

图 12.1　恒电势阳极极化曲线

以 i_p 表示。在曲线 *CD* 段，阳极电流密度很小，且随着电势增大，几乎不变，称为维钝电流密度，以 i'_p 表示。在曲线 *DE* 段，随着电势增大，阳极电流密度增大。造成阳极电流密度增大的原因有两种：①有些金属处于钝化状态后，随着电势增大，金属以高价离子形式进入溶液，使电流密度增大，这种现象称为过钝化。②有些金属处于钝化状态后，随着电势增大，金属并不溶解，而是析出氧气，同样使电流密度增大。因此，该区称为析氧区。

阳极溶解速度急剧减小，甚至完全停止的原因是阳极表面状态发生变化，形成吸附层或成相层。吸附层就是当电极电势足够正时，金属电极表面形成 O^{2-} 或 OH^- 吸附层。这层吸附层使金属氧化成金属离子的活化能升高，交换电流密度降低，使阳极钝化。形成相层，是指阳极表面形成氢氧化物或氧化物膜，将金属与电解质溶液隔离，使金属的溶解速率降低。除氢氧化物或氧化物膜外，也有难溶盐在阳极表面析出、沉积，如磷酸盐、硅酸盐、铬酸盐等。

恒电势阳极极化曲线的各段也可以用斜率来描述其特点：曲线 *AB* 段，$\mathrm{d}|i|/\mathrm{d}\varphi > 0$；曲线 *BC* 段，$\mathrm{d}|i|/\mathrm{d}\varphi < 0$；曲线 *CD* 段，$\mathrm{d}|i|/\mathrm{d}\varphi = 0$；曲线 *DE* 段，$\mathrm{d}|i|/\mathrm{d}\varphi > 0$。

12.4.1　*AB* 段

AB 段是金属阳极的正常溶解曲线，阳极溶解已在 12.3.1 节和 12.3.2 节作了具体分析。

12.4.2　*BC* 段

BC 段称为活化-钝化过渡区。在 *BC* 段金属电极电势几乎不变，但电流急剧减小。这是由于在高电势 φ_p 的作用下，金属阳极表面急剧吸附阴离子 OH^-、O^{2-} 等。阴离子 OH^-、O^{2-}等覆盖金属阳极表面，形成吸附层。吸附层隔断了金属阳极与电解液的接触，仅有未被吸附层覆盖的很小的那部分阳极表面的金属可以维持与电解液的接触，维持电化学反应的进行。

1. 形成 OH^-吸附层

$$\mathrm{Me} + \mathrm{OH}^- = \mathrm{Me\text{-}OH}^-$$

该过程的摩尔吉布斯自由能变化为

$$\begin{aligned}\Delta G_{\mathrm{m,Me\text{-}OH^-}} &= \mu_{\mathrm{Me\text{-}OH^-}} - \mu_{\mathrm{Me}} - \mu_{\mathrm{OH^-}} \\ &= \Delta G^{\ominus}_{\mathrm{m,Me\text{-}OH^-}} + RT\ln\frac{a_{\mathrm{Me\text{-}OH^-}}}{a_{\mathrm{Me}}a_{\mathrm{OH^-}}} = \Delta G^{\ominus}_{\mathrm{m,Me\text{-}OH^-}} + RT\ln\frac{\theta_{\mathrm{Me\text{-}OH^-}}}{(1-\theta_{\mathrm{Me\text{-}OH^-}})a_{\mathrm{OH^-}}}\end{aligned}$$

其中

$$\mu_{\text{Me-OH}^-} = \mu_{\text{Me-OH}^-}^{\ominus} + RT\ln a_{\text{Me-OH}^-} = \mu_{\text{Me-OH}^-}^{\ominus} + RT\ln\theta_{\text{Me-OH}^-}$$

$$\mu_{\text{Me}} = \mu_{\text{Me}}^{\ominus} + RT\ln a_{\text{Me}} = \mu_{\text{Me}}^{\ominus} + RT\ln(1-\theta_{\text{Me-OH}^-})$$

$$\mu_{\text{OH}^-} = \mu_{\text{OH}^-}^{\ominus} + RT\ln a_{\text{OH}^-}$$

式中，θ 为金属阳极上被 OH^- 覆盖的比例；$1-\theta$ 为金属阳极上未被 OH^- 覆盖的比例。

吸附速率为

$$\frac{\mathrm{d}N_{\text{Me-OH}^-}}{\mathrm{d}t} = -\frac{\mathrm{d}N_{\text{Me}}}{\mathrm{d}t} = -\frac{\mathrm{d}N_{\text{OH}^-}}{\mathrm{d}t} = Sj$$

$$j = -l_1\left(\frac{A_{\text{m}}}{T}\right) - l_2\left(\frac{A_{\text{m}}}{T}\right)^2 - l_3\left(\frac{A_{\text{m}}}{T}\right)^3 - \cdots$$

式中

$$A_{\text{m}} = \Delta G_{\text{m,Me-OH}^-}$$

未被 OH^- 覆盖的金属阳极反应为

$$\text{Me} = \text{Me}^{z+} + z\text{e}$$

阳极反应达成平衡

$$\text{Me} \rightleftharpoons \text{Me}^{z+} + z\text{e}$$

该过程的摩尔吉布斯自由能变化为

$$\Delta G_{\text{m,阳,e}} = \mu_{\text{Me}^{z+}} + z\mu_{\text{e}} - \mu_{\text{Me}} = \Delta G_{\text{m,阳}}^{\ominus} + RT\ln\frac{a_{\text{Me}^{z+},\text{e}}}{1-\theta_{\text{Me-OH}^-,\text{e}}}$$

式中

$$\Delta G_{\text{m,阳}}^{\ominus} = \mu_{\text{Me}^{z+}}^{\ominus} + z\mu_{\text{e}}^{\ominus} - \mu_{\text{Me}}^{\ominus}$$

$$\mu_{\text{Me}^{z+}} = \mu_{\text{Me}^{z+}}^{\ominus} + RT\ln a_{\text{Me}^{z+},\text{e}}$$

$$\mu_{\text{e}} = \mu_{\text{e}}^{\ominus}$$

$$\mu_{\text{Me}} = \mu_{\text{Me}}^{\ominus} + RT\ln(1-\theta_{\text{Me-OH}^-,\text{e}})$$

由

$$\varphi_{\text{阳,e}} = \frac{\Delta G_{\text{m,阳,e}}}{zF}$$

得

$$\varphi_{\text{阳,e}} = \varphi_{\text{阳}}^{\ominus} + \frac{RT}{zF}\ln\frac{a_{\text{Me}^{z+},\text{e}}}{1-\theta_{\text{Me-OH}^-,\text{e}}}$$

式中

$$\varphi_{\text{阳}}^{\ominus} = \frac{\Delta G_{\text{m,阳}}^{\ominus}}{zF} = \frac{\mu_{\text{Me}^{z+}}^{\ominus} + z\mu_{\text{e}}^{\ominus} - \mu_{\text{Me}}^{\ominus}}{zF}$$

阳极有电流通过，发生极化，阳极反应为

$$\mathrm{Me} = \mathrm{Me}^{z+} + z\mathrm{e}$$

阳极电势为

$$\varphi_{阳} = \varphi_{阳,\mathrm{e}} + \Delta\varphi_{阳}$$

则

$$\Delta\varphi_{阳} = \varphi_{阳} - \varphi_{阳,\mathrm{e}}$$

并有

$$A_{\mathrm{m},阳} = -\Delta G_{\mathrm{m},阳} = -zF\varphi_{阳} = -zF(\varphi_{阳,\mathrm{e}} + \Delta\varphi_{阳})$$

阳极反应速率

$$\frac{\mathrm{d}N_{\mathrm{Me}^{z+}}}{\mathrm{d}t} = -\frac{\mathrm{d}N_{\mathrm{Me}}}{\mathrm{d}t} = \frac{1}{z}\frac{\mathrm{d}N_{\mathrm{e}}}{\mathrm{d}t} = Sj$$

式中

$$\begin{aligned} j &= -l_1\left(\frac{A_{\mathrm{m},阳}}{T}\right) - l_2\left(\frac{A_{\mathrm{m},阳}}{T}\right)^2 - l_3\left(\frac{A_{\mathrm{m},阳}}{T}\right)^3 - \cdots \\ &= -l_1'\left(\frac{\varphi_{阳}}{T}\right) - l_2'\left(\frac{\varphi_{阳}}{T}\right)^2 - l_3'\left(\frac{\varphi_{阳}}{T}\right)^3 - \cdots \\ &= -l_1'' - l_2''\left(\frac{\Delta\varphi_{阳}}{T}\right) - l_3''\left(\frac{\Delta\varphi_{阳}}{T}\right)^2 - l_4''\left(\frac{\Delta\varphi_{阳}}{T}\right)^3 - \cdots \end{aligned}$$

将上式代入

$$i = zFj$$

得

$$\begin{aligned} i &= zFj \\ &= -l_1^*\left(\frac{\varphi_{阳}}{T}\right) - l_2^*\left(\frac{\varphi_{阳}}{T}\right)^2 - l_3^*\left(\frac{\varphi_{阳}}{T}\right)^3 - \cdots \\ &= -l_1^{**} - l_2^{**}\left(\frac{\Delta\varphi_{阳}}{T}\right) - l_3^{**}\left(\frac{\Delta\varphi_{阳}}{T}\right)^2 - l_4^{**}\left(\frac{\Delta\varphi_{阳}}{T}\right)^3 - \cdots \end{aligned}$$

2. 形成 O^{2-}吸附层

$$\mathrm{Me} + \mathrm{O}^{2-} = \mathrm{Me\text{-}O}^{2-}$$

该过程的摩尔吉布斯自由能变化为

$$\Delta G_{\mathrm{m,Me\text{-}O}^{2-}} = \Delta G^{\ominus}_{\mathrm{m,Me\text{-}O}^{2-}} + RT\ln\frac{\theta_{\mathrm{Me\text{-}O}^{2-}}}{(1-\theta_{\mathrm{Me\text{-}O}^{2-}})a_{\mathrm{O}^{2-}}}$$

式中

$$\Delta G^{\ominus}_{\mathrm{m,Me\text{-}O^{2-}}} = \mu^{\ominus}_{\mathrm{Me\text{-}O^{2-}}} - \mu^{\ominus}_{\mathrm{Me}} - \mu^{\ominus}_{\mathrm{O^{2-}}}$$

$$\mu_{\mathrm{Me\text{-}O^{2-}}} = \mu^{\ominus}_{\mathrm{Me\text{-}O^{2-}}} + RT\ln\theta_{\mathrm{Me\text{-}O^{2-}}}$$

$$\mu_{\mathrm{Me}} = \mu^{\ominus}_{\mathrm{Me}} + RT\ln(1-\theta_{\mathrm{Me\text{-}O^{2-}}})$$

$$\mu_{\mathrm{O^{2-}}} = \mu^{\ominus}_{\mathrm{O^{2-}}} + RT\ln a_{\mathrm{O^{2-}}}$$

形成 O^{2-}吸附层的速率为

$$\frac{\mathrm{d}N_{\mathrm{Me\text{-}O^{2-}}}}{\mathrm{d}t} = -\frac{\mathrm{d}N_{\mathrm{O^{2-}}}}{\mathrm{d}t} = -\frac{\mathrm{d}N_{\mathrm{Me}}}{\mathrm{d}t} = Sj$$

式中

$$j = -l_1\left(\frac{A_{\mathrm{m}}}{T}\right) - l_2\left(\frac{A_{\mathrm{m}}}{T}\right)^2 - l_3\left(\frac{A_{\mathrm{m}}}{T}\right)^3 - \cdots$$

其中

$$A_{\mathrm{m}} = \Delta G_{\mathrm{m,Me\text{-}O^{2-}}}$$

未被 O^{2-}覆盖的金属阳极反应为

$$\mathrm{Me} = \mathrm{Me}^{z+} + z\mathrm{e}$$

阳极反应达成平衡

$$\mathrm{Me} \rightleftharpoons \mathrm{Me}^{z+} + z\mathrm{e}$$

该过程的摩尔吉布斯自由能变化为

$$\Delta G_{\mathrm{m,阳,e}} = \mu_{\mathrm{Me}^{z+}} + z\mu_{\mathrm{e}} - \mu_{\mathrm{Me}} = \Delta G^{\ominus}_{\mathrm{m,阳}} + RT\ln\frac{a_{\mathrm{Me}^{z+},\mathrm{e}}}{1-\theta_{\mathrm{Me\text{-}O^{2-},e}}}$$

式中，

$$\Delta G^{\ominus}_{\mathrm{m,阳}} = \mu^{\ominus}_{\mathrm{Me}^{z+}} + z\mu^{\ominus}_{\mathrm{e}} - \mu^{\ominus}_{\mathrm{Me}}$$

$$\mu_{\mathrm{Me}^{z+}} = \mu^{\ominus}_{\mathrm{Me}^{z+}} + RT\ln a_{\mathrm{Me}^{z+},\mathrm{e}}$$

$$\mu_{\mathrm{e}} = \mu^{\ominus}_{\mathrm{e}}$$

$$\mu_{\mathrm{Me}} = \mu^{\ominus}_{\mathrm{Me}} + RT\ln(1-\theta_{\mathrm{Me\text{-}O^{2-},e}})$$

由

$$\varphi_{\mathrm{阳,e}} = \frac{\Delta G_{\mathrm{m,阳,e}}}{zF}$$

得

$$\varphi_{\mathrm{阳,e}} = \varphi^{\ominus}_{\mathrm{阳}} + \frac{RT}{zF}\ln\frac{a_{\mathrm{Me}^{z+},\mathrm{e}}}{1-\theta_{\mathrm{Me\text{-}O^{2-},e}}}$$

式中

$$\varphi^{\ominus}_{\mathrm{阳}} = \frac{\Delta G^{\ominus}_{\mathrm{m,阳}}}{zF} = \frac{\mu^{\ominus}_{\mathrm{Me}^{z+}} + z\mu^{\ominus}_{\mathrm{e}} - \mu^{\ominus}_{\mathrm{Me}}}{zF}$$

阳极有电流通过，发生极化，阳极反应为

$$\mathrm{Me} = \mathrm{Me}^{z+} + z\mathrm{e}$$

阳极电势为

$$\varphi_{阳} = \varphi_{阳,\mathrm{e}} + \Delta\varphi_{阳}$$

则

$$\Delta\varphi_{阳} = \varphi_{阳} - \varphi_{阳,\mathrm{e}}$$

并有

$$A_{\mathrm{m},阳} = -\Delta G_{\mathrm{m},阳} = -zF\varphi_{阳} = -zF(\varphi_{阳,\mathrm{e}} + \Delta\varphi_{阳})$$

阳极反应速率

$$\frac{\mathrm{d}N_{\mathrm{Me}^{z+}}}{\mathrm{d}t} = -\frac{\mathrm{d}N_{\mathrm{Me}}}{\mathrm{d}t} = \frac{1}{z}\frac{\mathrm{d}N_{\mathrm{e}}}{\mathrm{d}t} = Sj$$

式中

$$\begin{aligned} j &= -l_1\left(\frac{A_{\mathrm{m},阳}}{T}\right) - l_2\left(\frac{A_{\mathrm{m},阳}}{T}\right)^2 - l_3\left(\frac{A_{\mathrm{m},阳}}{T}\right)^3 - \cdots \\ &= -l_1'\left(\frac{\varphi_{阳}}{T}\right) - l_2'\left(\frac{\varphi_{阳}}{T}\right)^2 - l_3'\left(\frac{\varphi_{阳}}{T}\right)^3 - \cdots \\ &= -l_1'' - l_2''\left(\frac{\Delta\varphi_{阳}}{T}\right) - l_3''\left(\frac{\Delta\varphi_{阳}}{T}\right)^2 - l_4''\left(\frac{\Delta\varphi_{阳}}{T}\right)^3 - \cdots \end{aligned}$$

将上式代入

$$i = zFj$$

得

$$\begin{aligned} i &= zFj \\ &= -l_1^*\left(\frac{\varphi_{阳}}{T}\right) - l_2^*\left(\frac{\varphi_{阳}}{T}\right)^2 - l_3^*\left(\frac{\varphi_{阳}}{T}\right)^3 - \cdots \\ &= -l_1^{**} - l_2^{**}\left(\frac{\Delta\varphi_{阳}}{T}\right) - l_3^{**}\left(\frac{\Delta\varphi_{阳}}{T}\right)^2 - l_4^{**}\left(\frac{\Delta\varphi_{阳}}{T}\right)^3 - \cdots \end{aligned}$$

12.4.3　*CD* 段

在 *CD* 段，随着金属阳极电势增大，吸附膜继续加大、加厚。完全覆盖金属阳极，金属阳极的电势高到一定值，会使吸附 OH^- 、O^{2-} 等的金属电极的金属原子失去电子发生电化学反应，成为金属离子进入溶液。而 OH^- 、O^{2-} 会吸附在下一层金属原子上，继续覆盖在金属阳极上。

1. 吸附层与金属原子失去电子

阳极反应达成平衡，

$$\mathrm{Me-Me\text{-}OH^-} \rightleftharpoons \mathrm{Me}^{z+} + z\mathrm{e} + \mathrm{Me\text{-}OH^-} \tag{i}$$

或

$$\mathrm{Me-Me\text{-}O^{2-}} \rightleftharpoons \mathrm{Me}^{z+} + z\mathrm{e} + \mathrm{Me\text{-}O^{2-}} \tag{ii}$$

式（i）的摩尔吉布斯自由能变化为

$$\Delta G_{\mathrm{m},阳,\mathrm{e}} = \mu_{\mathrm{Me}^{z+}} + z\mu_{\mathrm{e}} - \mu_{(\mathrm{Me})_{\mathrm{Me\text{-}OH^-}}} = \Delta G_{\mathrm{m},阳}^{\ominus} + RT\ln\frac{a_{\mathrm{Me}^{z+},\mathrm{e}}}{a_{(\mathrm{Me})_{\mathrm{Me\text{-}OH^-}},\mathrm{e}}}$$

式中

$$\Delta G_{\mathrm{m},阳}^{\ominus} = \mu_{\mathrm{Me}^{z+}}^{\ominus} + z\mu_{\mathrm{e}}^{\ominus} - \mu_{\mathrm{Me}}^{\ominus}$$

$$\mu_{\mathrm{Me}^{z+}} = \mu_{\mathrm{Me}^{z+}}^{\ominus} + RT\ln a_{\mathrm{Me}^{z+},\mathrm{e}}$$

$$\mu_{\mathrm{e}} = \mu_{\mathrm{e}}^{\ominus}$$

$$\mu_{(\mathrm{Me})_{\mathrm{Me\text{-}OH^-}}} = \mu_{\mathrm{Me}}^{\ominus} + RT\ln a_{(\mathrm{Me})_{\mathrm{Me\text{-}OH^-}},\mathrm{e}}$$

由

$$\varphi_{阳,\mathrm{e}} = \frac{\Delta G_{\mathrm{m},阳,\mathrm{e}}}{zF}$$

得

$$\varphi_{阳,\mathrm{e}} = \varphi_{阳}^{\ominus} + \frac{RT}{zF}\ln\frac{a_{\mathrm{Me}^{z+},\mathrm{e}}}{a_{(\mathrm{Me})_{\mathrm{Me\text{-}OH^-}},\mathrm{e}}}$$

式中

$$\varphi_{阳}^{\ominus} = \frac{\Delta G_{\mathrm{m},阳}}{zF} = \frac{\mu_{\mathrm{Me}^{z+}}^{\ominus} + z\mu_{\mathrm{e}}^{\ominus} - \mu_{\mathrm{Me}}^{\ominus}}{zF}$$

阳极有电流通过，发生极化，阳极反应为

$$\mathrm{Me-Me\text{-}OH^-} = \mathrm{Me}^{z+} + z\mathrm{e} + \mathrm{Me\text{-}OH^-}$$

阳极电势为

$$\varphi_{阳} = \varphi_{阳,\mathrm{e}} + \Delta\varphi_{阳}$$

即

$$\Delta\varphi_{阳} = \varphi_{阳} - \varphi_{阳,\mathrm{e}}$$

并有

$$A_{\mathrm{m},阳} = -\Delta G_{\mathrm{m},阳} = -zF\varphi_{阳} = -zF(\varphi_{阳,\mathrm{e}} + \Delta\varphi_{阳})$$

阳极反应速率

$$\frac{\mathrm{d}N_{\mathrm{Me}^{z+}}}{\mathrm{d}t} = -\frac{\mathrm{d}N_{(\mathrm{Me})_{\mathrm{Me\text{-}OH^-}}}}{\mathrm{d}t} = \frac{1}{z}\frac{\mathrm{d}N_{\mathrm{e}}}{\mathrm{d}t} = Sj$$

式中

$$j = -l_1\left(\frac{A_{m,阳}}{T}\right) - l_2\left(\frac{A_{m,阳}}{T}\right)^2 - l_3\left(\frac{A_{m,阳}}{T}\right)^3 - \cdots$$

$$= -l_1'\left(\frac{\varphi_{阳}}{T}\right) - l_2'\left(\frac{\varphi_{阳}}{T}\right)^2 - l_3'\left(\frac{\varphi_{阳}}{T}\right)^3 - \cdots$$

$$= -l_1'' - l_2''\left(\frac{\Delta\varphi_{阳}}{T}\right) - l_3''\left(\frac{\Delta\varphi_{阳}}{T}\right)^2 - l_4''\left(\frac{\Delta\varphi_{阳}}{T}\right)^3 - \cdots$$

将上式代入

$$i = zFj$$

得

$$i = Fj$$

$$= -l_1^*\left(\frac{\varphi_{阳}}{T}\right) - l_2^*\left(\frac{\varphi_{阳}}{T}\right)^2 - l_3^*\left(\frac{\varphi_{阳}}{T}\right)^3 - \cdots$$

$$= -l_1^{**} - l_2^{**}\left(\frac{\Delta\varphi_{阳}}{T}\right) - l_3^{**}\left(\frac{\Delta\varphi_{阳}}{T}\right)^2 - l_4^{**}\left(\frac{\Delta\varphi_{阳}}{T}\right)^3 - \cdots$$

式（ii）的摩尔吉布斯自由能变化为

$$\Delta G_{m,阳,e} = \Delta G_{m,阳}^{\ominus} + RT\ln\frac{a_{Me^{z+},e}}{a_{(Me)_{Me\text{-}O^{2-}},e}}$$

式中

$$\Delta G_{m,阳}^{\ominus} = \mu_{Me^{z+}}^{\ominus} + z\mu_e^{\ominus} - \mu_{Me}^{\ominus}$$

$$\mu_{Me^{z+}} = \mu_{Me^{z+}}^{\ominus} + RT\ln a_{Me^{z+},e}$$

$$\mu_e = \mu_e^{\ominus}$$

$$\mu_{(Me)_{Me\text{-}O^{2-}}} = \mu_{Me}^{\ominus} + RT\ln a_{(Me)_{Me\text{-}O^{2-}},e}$$

由

$$\varphi_{阳,e} = \frac{\Delta G_{m,阳,e}}{zF}$$

得

$$\varphi_{阳,e} = \varphi_{阳}^{\ominus} + \frac{RT}{zF}\ln\frac{a_{Me^{z+},e}}{a_{(Me)_{Me\text{-}O^{2-}},e}}$$

式中

$$\varphi_{阳}^{\ominus} = \frac{\Delta G_{m,阳}^{\ominus}}{zF} = \frac{\mu_{Me^{z+}}^{\ominus} + z\mu_e^{\ominus} + \mu_{Me}^{\ominus}}{zF}$$

阳极有电流通过，发生极化，阳极反应为

$$\mathrm{Me - Me\text{-}O^{2-} \Longleftrightarrow Me^{z+} + ze + Me\text{-}O^{2-}}$$

阳极电势为

$$\varphi_{阳} = \varphi_{阳,e} + \Delta\varphi_{阳}$$

即

$$\Delta\varphi_{阳} = \varphi_{阳} - \varphi_{阳,e}$$

并有

$$A_{m,阳} = -\Delta G_{m,阳} = -zF\varphi_{阳} = -zF(\varphi_{阳,e} + \Delta\varphi_{阳})$$

阳极反应速率

$$\frac{dN_{Me^{z+}}}{dt} = -\frac{dN_{(Me)_{Me\text{-}O^{2-}}}}{dt} = \frac{1}{z}\frac{dN_e}{dt} = Sj$$

式中

$$\begin{aligned} j &= -l_1\left(\frac{A_{m,阳}}{T}\right) - l_2\left(\frac{A_{m,阳}}{T}\right)^2 - l_3\left(\frac{A_{m,阳}}{T}\right)^3 - \cdots \\ &= -l_1'\left(\frac{\varphi_{阳}}{T}\right) - l_2'\left(\frac{\varphi_{阳}}{T}\right)^2 - l_3'\left(\frac{\varphi_{阳}}{T}\right)^3 - \cdots \\ &= -l_1'' - l_2''\left(\frac{\Delta\varphi_{阳}}{T}\right) - l_3''\left(\frac{\Delta\varphi_{阳}}{T}\right)^2 - l_4''\left(\frac{\Delta\varphi_{阳}}{T}\right)^3 - \cdots \end{aligned}$$

将上式代入

$$i = zFj$$

得

$$\begin{aligned} i &= zFj \\ &= -l_1^*\left(\frac{\varphi_{阳}}{T}\right) - l_2^*\left(\frac{\varphi_{阳}}{T}\right)^2 - l_3^*\left(\frac{\varphi_{阳}}{T}\right)^3 - \cdots \\ &= -l_1^{**} - l_2^{**}\left(\frac{\Delta\varphi_{阳}}{T}\right) - l_3^{**}\left(\frac{\Delta\varphi_{阳}}{T}\right)^2 - l_4^{**}\left(\frac{\Delta\varphi_{阳}}{T}\right)^3 - \cdots \end{aligned}$$

2. *形成成相层*

阳极电势继续升高，吸附层与阳极金属发生化学反应，生成新相——成相层。

1）生成金属氢氧化物

生成新相的电化学反应达成平衡

$$\mathrm{(Me)_{Me\text{-}OH^-}} + z\mathrm{(OH^-)_{Me\text{-}OH^-}} \rightleftharpoons \mathrm{Me(OH)}_z + ze$$

该过程的摩尔吉布斯自由能变化为

$$\Delta G_{\mathrm{m,阳,e}}=\mu_{\mathrm{Me(OH)}_z}+z\mu_{\mathrm{e}}-\mu_{(\mathrm{Me})_{\mathrm{Me\text{-}OH^-}}}-z\mu_{(\mathrm{OH^-})_{\mathrm{Me\text{-}OH^-}}}$$
$$=\Delta G_{\mathrm{m,阳}}^{\ominus}+RT\ln\frac{a_{\mathrm{Me(OH)}_z,\mathrm{e}}}{a_{(\mathrm{Me})_{\mathrm{Me\text{-}OH^-}},\mathrm{e}}a^{z}_{(\mathrm{OH^-})_{\mathrm{Me\text{-}OH^-}},\mathrm{e}}}$$

式中

$$\Delta G_{\mathrm{m,阳,e}}^{\ominus}=\mu_{\mathrm{Me(OH)}_z}^{\ominus}+z\mu_{\mathrm{e}}^{\ominus}-\mu_{\mathrm{Me}}^{\ominus}-z\mu_{\mathrm{OH^-}}^{\ominus}$$
$$\mu_{\mathrm{Me(OH)}_z}=\mu_{\mathrm{Me(OH)}_z}^{\ominus}+RT\ln a_{\mathrm{Me(OH)}_z,\mathrm{e}}$$
$$\mu_{\mathrm{e}}=\mu_{\mathrm{e}}^{\ominus}$$
$$\mu_{(\mathrm{Me})_{\mathrm{Me\text{-}OH^-}}}=\mu_{\mathrm{Me}}^{\ominus}+RT\ln a_{(\mathrm{Me})_{\mathrm{Me\text{-}OH^-}},\mathrm{e}}$$
$$\mu_{(\mathrm{OH^-})_{\mathrm{Me\text{-}OH^-}}}=\mu_{\mathrm{OH^-}}^{\ominus}+RT\ln a_{(\mathrm{OH^-})_{\mathrm{Me\text{-}OH^-}},\mathrm{e}}$$

由

$$\varphi_{\mathrm{阳,e}}=\frac{\Delta G_{\mathrm{m,e}}}{zF}$$

得

$$\varphi_{\mathrm{阳,e}}=\varphi_{\mathrm{阳}}^{\ominus}+\frac{RT}{zF}\ln\frac{a_{\mathrm{Me(OH)}_z,\mathrm{e}}}{a_{(\mathrm{Me})_{\mathrm{Me\text{-}OH^-}},\mathrm{e}}a^{z}_{(\mathrm{OH^-})_{\mathrm{Me\text{-}OH^-}},\mathrm{e}}}$$

式中

$$\varphi_{\mathrm{阳,e}}^{\ominus}=\frac{\Delta G_{\mathrm{m,e}}^{\ominus}}{zF}=\frac{\mu_{\mathrm{Me(OH)}_z}^{\ominus}+z\mu_{\mathrm{e}}^{\ominus}-\mu_{\mathrm{Me}}^{\ominus}-z\mu_{\mathrm{OH^-}}^{\ominus}}{zF}$$

阳极有电流通过，发生极化，阳极反应为

$$(\mathrm{Me})_{\mathrm{Me\text{-}OH^-}}+z(\mathrm{OH^-})_{\mathrm{Me\text{-}OH^-}}=\!=\!=\mathrm{Me(OH)}_z+z\mathrm{e}$$

阳极电势为

$$\varphi_{\mathrm{阳}}=\varphi_{\mathrm{阳,e}}+\Delta\varphi_{\mathrm{阳}}$$

即

$$\Delta\varphi_{\mathrm{阳}}=\varphi_{\mathrm{阳}}-\varphi_{\mathrm{阳,e}}$$

并有

$$A_{\mathrm{m,阳}}=-\Delta G_{\mathrm{m,阳}}=-zF\varphi_{\mathrm{阳}}=-zF(\varphi_{\mathrm{阳,e}}+\Delta\varphi_{\mathrm{阳}})$$

阳极反应速率

$$\frac{\mathrm{d}N_{\mathrm{Me(OH)}_z}}{\mathrm{d}t}=-\frac{\mathrm{d}N_{\mathrm{Me}}}{\mathrm{d}t}=-\frac{1}{z}\frac{\mathrm{d}N_{\mathrm{OH^-}}}{\mathrm{d}t}=\frac{1}{z}\frac{\mathrm{d}N_{\mathrm{e}}}{\mathrm{d}t}=Sj$$

式中

$$j = -l_1\left(\frac{A_{m,阳}}{T}\right) - l_2\left(\frac{A_{m,阳}}{T}\right)^2 - l_3\left(\frac{A_{m,阳}}{T}\right)^3 - \cdots$$
$$= -l_1'\left(\frac{\varphi_{阳}}{T}\right) - l_2'\left(\frac{\varphi_{阳}}{T}\right)^2 - l_3'\left(\frac{\varphi_{阳}}{T}\right)^3 - \cdots$$
$$= -l_1'' - l_2''\left(\frac{\Delta\varphi_{阳}}{T}\right) - l_3''\left(\frac{\Delta\varphi_{阳}}{T}\right)^2 - l_4''\left(\frac{\Delta\varphi_{阳}}{T}\right)^3 - \cdots$$

将上式代入

$$i = zFj$$

得

$$i = zFj$$
$$= -l_1^*\left(\frac{\varphi_{阳}}{T}\right) - l_2^*\left(\frac{\varphi_{阳}}{T}\right)^2 - l_3^*\left(\frac{\varphi_{阳}}{T}\right)^3 - \cdots$$
$$= -l_1^{**} - l_2^{**}\left(\frac{\Delta\varphi_{阳}}{T}\right) - l_3^{**}\left(\frac{\Delta\varphi_{阳}}{T}\right)^2 - l_4^{**}\left(\frac{\Delta\varphi_{阳}}{T}\right)^3 - \cdots$$

2）生成金属氧化物

金属阳极吸附的O^{2-}与金属反应达到平衡，有

$$(\mathrm{Me})_{\mathrm{Me\text{-}O^{2-}}} + (\mathrm{O^{2-}})_{\mathrm{Me\text{-}O^{2-}}} \rightleftharpoons \mathrm{MeO} + 2\mathrm{e}$$

该过程的摩尔吉布斯自由能变化为

$$\Delta G_{m,阳,e} = \mu_{\mathrm{MeO}} + 2\mu_{\mathrm{e}} - \mu_{(\mathrm{Me})_{\mathrm{Me\text{-}O^{2-}}}} - \mu_{(\mathrm{O^{2-}})_{\mathrm{Me\text{-}O^{2-}}}} = \Delta G_{m,阳}^{\ominus} + RT\ln\frac{a_{\mathrm{MeO,e}}}{a_{(\mathrm{O^{2-}})_{\mathrm{Me\text{-}O^{2-}}},\mathrm{e}}\,a_{(\mathrm{Me})_{\mathrm{Me\text{-}O^{2-}}},\mathrm{e}}}$$

式中

$$\Delta G_{m,阳}^{\ominus} = \mu_{\mathrm{MeO}}^{\ominus} + 2\mu_{\mathrm{e}}^{\ominus} - \mu_{\mathrm{Me}}^{\ominus} - \mu_{\mathrm{O^{2-}}}^{\ominus}$$
$$\mu_{\mathrm{MeO}} = \mu_{\mathrm{MeO}}^{\ominus} + RT\ln a_{\mathrm{MeO,e}}$$
$$\mu_{\mathrm{e}} = \mu_{\mathrm{e}}^{\ominus}$$
$$\mu_{(\mathrm{Me})_{\mathrm{Me\text{-}O^{2-}}}} = \mu_{\mathrm{Me}}^{\ominus} + RT\ln a_{(\mathrm{Me})_{\mathrm{Me\text{-}O^{2-}}},\mathrm{e}}$$
$$\mu_{(\mathrm{O^{2-}})_{\mathrm{Me\text{-}O^{2-}}}} = \mu_{\mathrm{O^{2-}}}^{\ominus} + RT\ln a_{(\mathrm{O^{2-}})_{\mathrm{Me\text{-}O^{2-}}},\mathrm{e}}$$

由

$$\varphi_{阳,e} = \frac{\Delta G_{m,阳,e}}{2F}$$

得

$$\varphi_{阳,e} = \varphi_{阳}^{\ominus} + \frac{RT}{2F}\ln\frac{a_{\mathrm{MeO,e}}}{a_{(\mathrm{Me})_{\mathrm{Me\text{-}O^{2-}}},\mathrm{e}}\,a_{(\mathrm{O^{2-}})_{\mathrm{Me\text{-}O^{2-}}},\mathrm{e}}}$$

式中

$$\varphi_{阳}^{\ominus} = \frac{\Delta G_{m,阳}^{\ominus}}{2F} = \frac{\mu_{MeO}^{\ominus} + 2\mu_{e}^{\ominus} - \mu_{Me}^{\ominus} - \mu_{O^{2-}}^{\ominus}}{2F}$$

阳极发生极化，阳极反应为

$$(Me)_{Me\text{-}O^{2-}} + (O^{2-})_{Me\text{-}O^{2-}} = MeO + 2e$$

阳极电势为

$$\varphi_{阳} = \varphi_{阳,e} + \Delta\varphi_{阳}$$

即

$$\Delta\varphi_{阳} = \varphi_{阳} - \varphi_{阳,e}$$

并有

$$A_{m,阳} = -\Delta G_{m,阳} = -2F\varphi_{阳} = -2F(\varphi_{阳,e} + \Delta\varphi_{阳})$$

阳极反应速率

$$\frac{dN_{MeO}}{dt} = -\frac{dN_{Me}}{dt} = -\frac{dN_{O^{2-}}}{dt} = \frac{1}{2}\frac{dN_{e}}{dt} = Sj$$

式中

$$\begin{aligned} j &= -l_1\left(\frac{A_{m,阳}}{T}\right) - l_2\left(\frac{A_{m,阳}}{T}\right)^2 - l_3\left(\frac{A_{m,阳}}{T}\right)^3 - \cdots \\ &= -l_1'\left(\frac{\varphi_{阳}}{T}\right) - l_2'\left(\frac{\varphi_{阳}}{T}\right)^2 - l_3'\left(\frac{\varphi_{阳}}{T}\right)^3 - \cdots \\ &= -l_1'' - l_2''\left(\frac{\Delta\varphi_{阳}}{T}\right) - l_3''\left(\frac{\Delta\varphi_{阳}}{T}\right)^2 - l_4''\left(\frac{\Delta\varphi_{阳}}{T}\right)^3 - \cdots \end{aligned}$$

将上式代入

$$i = 2Fj$$

得

$$\begin{aligned} i &= 2Fj \\ &= -l_1^*\left(\frac{\varphi_{阳}}{T}\right) - l_2^*\left(\frac{\varphi_{阳}}{T}\right)^2 - l_3^*\left(\frac{\varphi_{阳}}{T}\right)^3 - \cdots \\ &= -l_1^{**} - l_2^{**}\left(\frac{\Delta\varphi_{阳}}{T}\right) - l_3^{**}\left(\frac{\Delta\varphi_{阳}}{T}\right)^2 - l_4^{**}\left(\frac{\Delta\varphi_{阳}}{T}\right)^3 - \cdots \end{aligned}$$

12.4.4 *DE* 段

1. 金属以高价离子进入溶液

金属氢氧化物除解离出 OH^- 外，还要失去更多的电子。例如

$$\mathrm{Me(OH)_2} = \!= \mathrm{Me^{4+}} + 2\mathrm{OH^-} + 2\mathrm{e}$$

阳极反应达成平衡，

$$\mathrm{Me(OH)_2} \rightleftharpoons \mathrm{Me^{4+}} + 2\mathrm{OH^-} + 2\mathrm{e}$$

该过程的摩尔吉布斯自由能变化为

$$\Delta G_{\mathrm{m},阳,\mathrm{e}} = \mu_{\mathrm{Me^{4+}}} + 2\mu_{\mathrm{OH^-}} + 2\mu_{\mathrm{e}} - \mu_{\mathrm{Me(OH)_2}} = \Delta G^{\ominus}_{\mathrm{m},阳} + RT\ln\frac{a_{\mathrm{Me^{4+}},\mathrm{e}}a^2_{\mathrm{OH^-},\mathrm{e}}}{a_{\mathrm{Me(OH)_2},\mathrm{e}}}$$

式中

$$\Delta G_{\mathrm{m},阳} = \mu^{\ominus}_{\mathrm{Me^{4+}}} + 2\mu^{\ominus}_{\mathrm{OH^-}} + 2\mu^{\ominus}_{\mathrm{e}} - \mu^{\ominus}_{\mathrm{Me(OH)_2}}$$

$$\mu_{\mathrm{Me^{4+}}} = \mu^{\ominus}_{\mathrm{Me^{4+}}} + RT\ln a_{\mathrm{Me^{4+}},\mathrm{e}}$$

$$\mu_{\mathrm{OH^-}} = \mu^{\ominus}_{\mathrm{OH^-}} + RT\ln a_{\mathrm{OH^-},\mathrm{e}}$$

$$\mu_{\mathrm{e}} = \mu^{\ominus}_{\mathrm{e}}$$

$$\mu_{\mathrm{Me(OH)_2}} = \mu^{\ominus}_{\mathrm{Me(OH)_2}} + RT\ln a_{\mathrm{Me(OH)_2},\mathrm{e}}$$

由

$$\varphi_{阳,\mathrm{e}} = \frac{\Delta G_{\mathrm{m},阳,\mathrm{e}}}{2F}$$

得

$$\varphi_{阳,\mathrm{e}} = \varphi^{\ominus}_{阳} + \frac{RT}{2F}\ln\frac{a_{\mathrm{Me^{4+}},\mathrm{e}}a^2_{\mathrm{OH^-},\mathrm{e}}}{a_{\mathrm{Me(OH)_2},\mathrm{e}}}$$

式中

$$\varphi^{\ominus}_{阳} = \frac{\Delta G^{\ominus}_{\mathrm{m},阳}}{2F} = \frac{\mu^{\ominus}_{\mathrm{Me^{4+}}} + 2\mu^{\ominus}_{\mathrm{OH^-}} + 2\mu^{\ominus}_{\mathrm{e}} - \mu^{\ominus}_{\mathrm{Me(OH)_2}}}{2F}$$

阳极有电流通过，发生极化，阳极反应为

$$\mathrm{Me(OH)_2} = \!= \mathrm{Me^{4+}} + 2\mathrm{OH^-} + 2\mathrm{e}$$

阳极电势为

$$\varphi_{阳} = \varphi_{阳,\mathrm{e}} + \Delta\varphi_{阳}$$

则

$$\Delta\varphi_{阳} = \varphi_{阳} - \varphi_{阳,\mathrm{e}}$$

并有

$$A_{\mathrm{m},阳} = -\Delta G_{\mathrm{m},阳} = -2F\varphi_{阳} = -2F(\varphi_{阳,\mathrm{e}} + \Delta\varphi_{阳})$$

阳极反应速率

$$\frac{\mathrm{d}N_{\mathrm{Me^{4+}}}}{\mathrm{d}t} = \frac{1}{2}\frac{\mathrm{d}N_{\mathrm{OH^-}}}{\mathrm{d}t} = \frac{1}{2}\frac{\mathrm{d}N_{\mathrm{e}}}{\mathrm{d}t} = -\frac{\mathrm{d}N_{\mathrm{Me(OH)_2}}}{\mathrm{d}t} = Sj$$

式中

$$
\begin{aligned}
j &= -l_1\left(\frac{A_{m,阳}}{T}\right)-l_2\left(\frac{A_{m,阳}}{T}\right)^2-l_3\left(\frac{A_{m,阳}}{T}\right)^3-\cdots \\
&= -l_1'\left(\frac{\varphi_{阳}}{T}\right)-l_2'\left(\frac{\varphi_{阳}}{T}\right)^2-l_3'\left(\frac{\varphi_{阳}}{T}\right)^3-\cdots \\
&= -l_1''-l_2''\left(\frac{\Delta\varphi_{阳}}{T}\right)-l_3''\left(\frac{\Delta\varphi_{阳}}{T}\right)^2-l_4''\left(\frac{\Delta\varphi_{阳}}{T}\right)^3-\cdots
\end{aligned}
$$

将上式代入

$$i = 2Fj$$

得

$$
\begin{aligned}
i &= 2Fj \\
&= -l_1^*\left(\frac{\varphi_{阳}}{T}\right)-l_2^*\left(\frac{\varphi_{阳}}{T}\right)^2-l_3^*\left(\frac{\varphi_{阳}}{T}\right)^3-\cdots \\
&= -l_1^{**}-l_2^{**}\left(\frac{\Delta\varphi_{阳}}{T}\right)-l_3^{**}\left(\frac{\Delta\varphi_{阳}}{T}\right)^2-l_4^{**}\left(\frac{\Delta\varphi_{阳}}{T}\right)^3-\cdots
\end{aligned}
$$

2. 金属氧化物失去氧，金属离子还失去 z 个电子

电化学反应达成平衡

$$2\mathrm{MeO} \rightleftharpoons 2\mathrm{Me}^{z+} + \mathrm{O}_2 + 2z\mathrm{e}$$

该过程的摩尔吉布斯自由能变化为

$$\Delta G_{m,阳,e} = 2\mu_{\mathrm{Me}^{z+}} + \mu_{\mathrm{O}_2} + 2z\mu_{\mathrm{e}} - 2\mu_{\mathrm{MeO}} = \Delta G_{m,阳}^{\ominus} + RT\ln\frac{a_{\mathrm{Me}^{z+},e}^2 p_{\mathrm{O}_2,e}}{a_{\mathrm{MeO},e}^2}$$

式中

$$\Delta G_{m,阳}^{\ominus} = 2\mu_{\mathrm{Me}^{z+}}^{\ominus} + \mu_{\mathrm{O}_2(g)}^{\ominus} + 2z\mu_{\mathrm{e}}^{\ominus} - 2\mu_{\mathrm{MeO}}^{\ominus}$$

$$\mu_{\mathrm{Me}^{z+}} = \mu_{\mathrm{Me}^{z+}}^{\ominus} + RT\ln a_{\mathrm{Me}^{z+},e}$$

$$\mu_{\mathrm{O}_2} = \mu_{\mathrm{O}_2(g)}^{\ominus} + RT\ln p_{\mathrm{O}_2,e}$$

$$\mu_{\mathrm{e}} = \mu_{\mathrm{e}}^{\ominus}$$

$$\mu_{\mathrm{MeO}} = \mu_{\mathrm{MeO}}^{\ominus} + RT\ln a_{\mathrm{MeO},e}$$

由

$$\varphi_{阳,e} = \frac{\Delta G_{m,阳,e}}{2zF}$$

得

$$\varphi_{阳,e} = \varphi_{阳}^{\ominus} + \frac{RT}{2zF}\ln\frac{a_{\mathrm{Me}^{z+},e}^2 p_{\mathrm{O}_2,e}}{a_{\mathrm{MeO},e}^2}$$

式中

$$\varphi_{阳}^{\ominus} = \frac{\Delta G_{m,阳,e}^{\ominus}}{2zF} = \frac{2\mu_{Me^{z+}}^{\ominus} + \mu_{O_2(g)}^{\ominus} + 2z\mu_{e}^{\ominus} - 2\mu_{MeO}^{\ominus}}{2zF}$$

阳极有电流通过，发生极化，阳极反应为

$$2MeO = 2Me^{z+} + O_2 + 2ze$$

阳极电势为

$$\varphi_{阳} = \varphi_{阳,e} + \Delta\varphi_{阳}$$

即

$$\Delta\varphi_{阳} = \varphi_{阳} - \varphi_{阳,e}$$

并有

$$A_m = -\Delta G_{m,阳} = -2zF\varphi_{阳} = -2zF(\varphi_{阳,e} + \Delta\varphi_{阳})$$

阳极反应速率

$$\frac{1}{2}\frac{dN_{Me^{z+}}}{dt} = \frac{dN_{O_2}}{dt} = -\frac{1}{2}\frac{dN_{MeO}}{dt} = \frac{1}{2z}\frac{dN_e}{dt} = Sj$$

式中

$$\begin{aligned} j &= -l_1\left(\frac{A_{m,阳}}{T}\right) - l_2\left(\frac{A_{m,阳}}{T}\right)^2 - l_3\left(\frac{A_{m,阳}}{T}\right)^3 - \cdots \\ &= -l_1'\left(\frac{\varphi_{阳}}{T}\right) - l_2'\left(\frac{\varphi_{阳}}{T}\right)^2 - l_3'\left(\frac{\varphi_{阳}}{T}\right)^3 - \cdots \\ &= -l_1'' - l_2''\left(\frac{\Delta\varphi_{阳}}{T}\right) - l_3''\left(\frac{\Delta\varphi_{阳}}{T}\right)^2 - l_4''\left(\frac{\Delta\varphi_{阳}}{T}\right)^3 - \cdots \end{aligned}$$

将上式代入

$$i = 2zFj$$

得

$$\begin{aligned} i &= 2zFj \\ &= -l_1^*\left(\frac{\varphi_{阳}}{T}\right) - l_2^*\left(\frac{\varphi_{阳}}{T}\right)^2 - l_3^*\left(\frac{\varphi_{阳}}{T}\right)^3 - \cdots \\ &= -l_1^{**} - l_2^{**}\left(\frac{\Delta\varphi_{阳}}{T}\right) - l_3^{**}\left(\frac{\Delta\varphi_{阳}}{T}\right)^2 - l_4^{**}\left(\frac{\Delta\varphi_{阳}}{T}\right)^3 - \cdots \end{aligned}$$

12.5 不溶性阳极

所谓不溶性阳极，就是在电解过程中，阳极不溶解进入溶液。不溶性阳极的材料有石墨、铂、硫酸体系中的铅、碱性溶液中的镍和铁，以及某些合金的氧化物。不溶性阳极并非绝对不溶，只是在某些条件下不溶。例如，石墨可用于熔盐体系，但是在水溶液中，石墨容易受到电解液和析出的气体损坏。

在不溶性阳极上可以发生氧化反应，这包括金属的氧化和金属离子的价态升高，以及氧的析出。

铅在酸性硫酸盐体系中的氧化反应为

$$Pb + SO_4^{2-} = PbSO_4 + 2e$$

$$PbSO_4 + 2H_2O = PbO_2 + H_2SO_4 + 2H^+ + 2e$$

或

$$Pb + 2H_2O = PbO_2 + 4H^+ + 4e$$

阳极反应达到平衡

$$Pb + 2H_2O \rightleftharpoons PbO_2 + 4H^+ + 4e$$

该过程的摩尔吉布斯自由能变化为

$$\Delta G_{m,阳,e} = \mu_{PbO_2} + 4\mu_{H^+} + 4\mu_e - \mu_{Pb} - 2\mu_{H_2O} = \Delta G_{m,阳}^{\ominus} + RT\ln\frac{a_{H^+,e}^4}{a_{H_2O,e}^2}$$

这个过程为：当电流通过铅阳极时，铅溶解于电解液，生成硫酸盐。由于硫酸铅的溶解度小，很快达到饱和而在铅阳极表面结晶析出，形成硫酸铅膜，直到整个电极表面被硫酸铅膜覆盖。结果造成阳极电流密度增大，阳极电势急剧升高。到达一定程度后，二价铅离子和铅被水氧化生成PbO_2，PbO_2逐渐取代$PbSO_4$而形成多孔膜。

$$\Delta G_{m,阳}^{\ominus} = \mu_{PbO_2}^{\ominus} + 4\mu_{H^+}^{\ominus} + 4\mu_e^{\ominus} - \mu_{Pb}^{\ominus} - 2\mu_{H_2O}^{\ominus}$$

$$\mu_{PbO_2} = \mu_{PbO_2}^{\ominus}$$

$$\mu_{H^+} = \mu_{H^+}^{\ominus} + RT\ln a_{H^+,e}$$

$$\mu_e = \mu_e^{\ominus}$$

$$\mu_{Pb} = \mu_{Pb}^{\ominus}$$

$$\mu_{H_2O} = \mu_{H_2O}^{\ominus}$$

由

$$\varphi_{阳,e} = \frac{\Delta G_{m,阳,e}}{4F}$$

得

$$\varphi_{阳,e} = \varphi_{阳}^{\ominus} + \frac{RT}{4F}\ln\frac{a_{H^+,e}^4}{a_{H_2O,e}^2}$$

式中

$$\varphi_{阳}^{\ominus} = \frac{\Delta G_{m,阳}^{\ominus}}{4F} = \frac{\mu_{PbO_2}^{\ominus} + 4\mu_{H^+}^{\ominus} + 4\mu_e^{\ominus} - \mu_{Pb}^{\ominus} - 2\mu_{H_2O}^{\ominus}}{4F}$$

阳极有电流通过，发生极化，阳极反应为

$$\mathrm{Pb}+2\mathrm{H_2O} = \mathrm{PbO_2}+4\mathrm{H^+}+4\mathrm{e}$$

阳极电势为

$$\varphi_{阳}=\varphi_{阳,\mathrm{e}}+\Delta\varphi_{阳}$$

则

$$\Delta\varphi_{阳}=\varphi_{阳}-\varphi_{阳,\mathrm{e}}$$

又有

$$A_{\mathrm{m},阳}=-\Delta G_{\mathrm{m},阳}=-4F\varphi_{阳}=-4F(\varphi_{阳}+\Delta\varphi_{阳})$$

阳极反应速率

$$\frac{\mathrm{d}N_{\mathrm{PbO_2}}}{\mathrm{d}t}=\frac{1}{4}\frac{\mathrm{d}N_{\mathrm{H^+}}}{\mathrm{d}t}=\frac{1}{4}\frac{\mathrm{d}N_{\mathrm{e}}}{\mathrm{d}t}=-\frac{\mathrm{d}N_{\mathrm{Pb}}}{\mathrm{d}t}=-\frac{1}{2}\frac{\mathrm{d}N_{\mathrm{H_2O}}}{\mathrm{d}t}=Sj$$

式中

$$\begin{aligned}j&=-l_1\left(\frac{A_{\mathrm{m},阳}}{T}\right)-l_2\left(\frac{A_{\mathrm{m},阳}}{T}\right)^2-l_3\left(\frac{A_{\mathrm{m},阳}}{T}\right)^3-\cdots\\&=-l_1'\left(\frac{\varphi_{阳}}{T}\right)-l_2'\left(\frac{\varphi_{阳}}{T}\right)^2-l_3'\left(\frac{\varphi_{阳}}{T}\right)^3-\cdots\\&=-l_1''-l_2''\left(\frac{\Delta\varphi_{阳}}{T}\right)-l_3''\left(\frac{\Delta\varphi_{阳}}{T}\right)^2-l_4''\left(\frac{\Delta\varphi_{阳}}{T}\right)^3-\cdots\end{aligned}$$

将上式代入

$$i=4Fj$$

得

$$\begin{aligned}i&=4Fj\\&=-l_1^*\left(\frac{\varphi_{阳}}{T}\right)-l_2^*\left(\frac{\varphi_{阳}}{T}\right)^2-l_3^*\left(\frac{\varphi_{阳}}{T}\right)^3-\cdots\\&=-l_1^{**}-l_2^{**}\left(\frac{\Delta\varphi_{阳}}{T}\right)-l_3^{**}\left(\frac{\Delta\varphi_{阳}}{T}\right)^2-l_4^{**}\left(\frac{\Delta\varphi_{阳}}{T}\right)^3-\cdots\end{aligned}$$

12.6 半导体电极

12.6.1 半导体电极的电化学行为

半导体电极的电化学行为与电解质溶液相似。半导体中的价电子受到激发从价带进入导带，留下一个带电的空穴。反应为

$$本征半导体晶格 \xlongequal{} e + h^*$$

该反应与水的电离相似

$$H_2O \xlongequal{} OH^- + H^+$$

水的电离用质量定律作用表示，有

$$K_w = c_{H^+} c_{OH^-}$$

式中，K_w 是水的离子积常数。

半导体载流子浓度$[n^-]$和$[h^*]$的乘积在一定温度也是一个常数。

$$K_{本征} = [n^-][h^*]$$

式中，$K_{本征}$ 是本征半导体（即未渗入杂质）的常数。

表 12.2 是半导体性质与电解质溶液行为对照。其中ε_F为费米能级，也是费米电势，ε_F^0为平衡条件下的费米能级，$[n^-]_{M^{2+}}$和$[n^-]_{M^+}$分别为M^{2+}和M^+的电子浓度，能斯特公式是根据反应$M^{2+} + e \xlongequal{} M^+$得出的。

表 12.2　半导体性质与电解质溶液行为的对照

现象	水溶液	半导体
电离作用	$H_2O \xlongequal{} H^+ + OH^-$	半导体晶体=电子+正孔
质量作用定律	$c_{H^+} \cdot c_{OH^-} = K_w$	$[n^-][h^*] = K_{本征}$
酸的行为	$HCl \xlongequal{} H^+ + Cl^-$(质子施主)	$As \xlongequal{} e + As^+$(电子施主)
碱的行为	$NH_3 + H^+ \xlongequal{} NH_4^+$(质子受主)	$Ga + e \xlongequal{} Ga^-$(电子受主)
共同离子效应	（1）加酸（质子施主）于水，增大质子浓度；（2）加碱（质子受主）于水，降低质子浓度，增大 OH^- 浓度	（1）加电子施主于本征半导体，增大电子浓度；（2）加电子受主于本征半导体，降低电子浓度，增加正孔浓度
平衡电势	能斯特方程 $\varphi = \varphi_0 + \frac{RT}{nF}\ln\frac{a_{M^{2+}}}{a_{M^+}}$	费米电势 $\varepsilon_F = \varepsilon_F^0 + kT\ln\frac{[n^-]_{M^{2+}}}{[n^-]_{M^+}}$
双电层	离子双电层	电子双电层

12.6.2　氧化锌的阳极溶解

氧化锌是半导体材料，具有较宽的禁带（3.2eV）。在没有光照的情况下，氧化锌晶体阳极溶解速率很慢。在有光照的情况下，发生反应为

$$2ZnO + 4h\nu \xlongequal{} 2Zn^{2+}(aq) + O_2 + 4e(ZnO)$$

式中，4e(ZnO) 表示 4 个电子留在氧化锌晶体中。在足够高的极化条件下，光电流随光强度线性增加。电极反应步骤为

$$O_s^{2-} + h^* \xrightarrow{\text{慢}} O_s^-$$

$$O_s^- + O_s^{2-} + h^* \xrightarrow{\text{慢}} (O-O)^{2-}$$

$$(O-O)^{2-} + 2h^* \xrightarrow{\text{快}} O_2$$

$$2Zn_s^{2+} + aq \xrightarrow{\text{快}} 2Zn^{2+}(aq)$$

总反应

$$2ZnO + 4h\nu \longrightarrow 2Zn^{2+}(aq) + O_2 + 4e$$

式中，下角标 s 表示晶体表面；aq 表示水溶液；$h\nu$ 表示一个光子的能量，h 为普朗克常量，ν 为光的频率。

氧化锌阳极溶解反应达到平衡

$$2ZnO + 4h\nu \rightleftharpoons 2Zn^{2+}(aq) + O_2 + 4e(ZnO)$$

摩尔吉布斯自由能变化为

$$\Delta G_{m,阳,e} = 2\mu_{Zn^{2+}} + \mu_{O_2} + 4\mu_e - 2\mu_{ZnO} - 4h\nu = \Delta G_{m,阳}^{\ominus} + RT\ln(a_{Zn^{2+},e}^2 p_{O_2,e})$$

式中

$$\Delta G_{m,阳}^{\ominus} = 2\mu_{Zn^{2+}}^{\ominus} + \mu_{O_2}^{\ominus} + 4\mu_e^{\ominus} - 2\mu_{ZnO}^{\ominus} - 4h\nu$$

$$\mu_{Zn^{2+}} = \mu_{Zn^{2+}}^{\ominus} + RT\ln a_{Zn^{2+},e}$$

$$\mu_{O_2} = \mu_{O_2}^{\ominus} + RT\ln p_{O_2,e}$$

$$\mu_e = \mu_e^{\ominus}$$

$$\mu_{ZnO} = \mu_{ZnO}^{\ominus}$$

由

$$\varphi_{阳,e} = \frac{\Delta G_{m,阳,e}}{4F}$$

得

$$\varphi_{阳,e} = \varphi_{阳}^{\ominus} + \frac{RT}{4F}\ln(a_{Zn^{2+},e}^2 p_{O_2,e})$$

式中

$$\varphi_{阳}^{\ominus} = \frac{\Delta G_{m,阳}^{\ominus}}{4F} = \frac{2\mu_{Zn^{2+}}^{\ominus} + \mu_{O_2}^{\ominus} + 4\mu_e^{\ominus} - 2\mu_{ZnO}^{\ominus} - 4h\nu}{4F}$$

阳极有电流通过，发生极化，阳极反应为

$$2ZnO + 4h\nu = 2Zn^{2+}(aq) + O_2 + 4e(ZnO)$$

阳极电势为

$$\varphi_{阳} = \varphi_{阳,e} + \Delta\varphi_{阳}$$

则

$$\Delta\varphi_{阳} = \varphi_{阳} - \varphi_{阳,e}$$

又有

$$A_{m,阳} = -\Delta G_{m,阳} = -4F\varphi_{阳} = -4F(\varphi_{阳,e} + \Delta\varphi_{阳})$$

阳极反应速率

$$\frac{1}{2}\frac{dN_{Zn^{2+}}}{dt} = \frac{dN_{O_2}}{dt} = \frac{1}{4}\frac{dN_e}{dt} = -\frac{1}{2}\frac{dN_{ZnO}}{dt} = Sj$$

式中

$$\begin{aligned} j &= -l_1\left(\frac{A_{m,阳}}{T}\right) - l_2\left(\frac{A_{m,阳}}{T}\right)^2 - l_3\left(\frac{A_{m,阳}}{T}\right)^3 - \cdots \\ &= -l_1'\left(\frac{\varphi_{阳}}{T}\right) - l_2'\left(\frac{\varphi_{阳}}{T}\right)^2 - l_3'\left(\frac{\varphi_{阳}}{T}\right)^3 - \cdots \\ &= -l_1'' - l_2''\left(\frac{\Delta\varphi_{阳}}{T}\right) - l_3''\left(\frac{\Delta\varphi_{阳}}{T}\right)^2 - l_4''\left(\frac{\Delta\varphi_{阳}}{T}\right)^3 - \cdots \end{aligned}$$

将上式代入

$$i = 4Fj$$

得

$$\begin{aligned} i &= 4Fj \\ &= -l_1^*\left(\frac{\varphi_{阳}}{T}\right) - l_2^*\left(\frac{\varphi_{阳}}{T}\right)^2 - l_3^*\left(\frac{\varphi_{阳}}{T}\right)^3 - \cdots \\ &= -l_1^{**} - l_2^{**}\left(\frac{\Delta\varphi_{阳}}{T}\right) - l_3^{**}\left(\frac{\Delta\varphi_{阳}}{T}\right)^2 - l_4^{**}\left(\frac{\Delta\varphi_{阳}}{T}\right)^3 - \cdots \end{aligned}$$

12.6.3　硫化物的阳极行为

硫化物电极电解具有实际意义。硫化物阳极电解发生如下电化学反应：

$$MeS = Me^{2+} + S + 2e \quad \text{(i)}$$

$$MeS + 4H_2O = Me^{2+} + SO_4^{2-} + 8H^+ + 8e \quad \text{(ii)}$$

反应（i）生成的金属离子进入溶液，元素硫一部分进入阳极泥，一部分留在阳极上。反应（ii）生成的 SO_4^{2-} 在溶液中积累，使溶液的酸度增加。在硫化物阳极上还会发生氧和氯的析出反应。在硫化物阳极上，金属转化为离子状态和硫氧化成原子状态的过程是共轭进行的。因此，金属硫化物和金属离子溶液的界面不能建立起平衡电势。金属硫化物在金属离子溶液中的电势虽然不可逆，但仍可实验测定，称其为安定电势，即无电流通过不随时间改变的电势；也可以测出硫化物的阳极极化曲线，如图 12.2 所示。

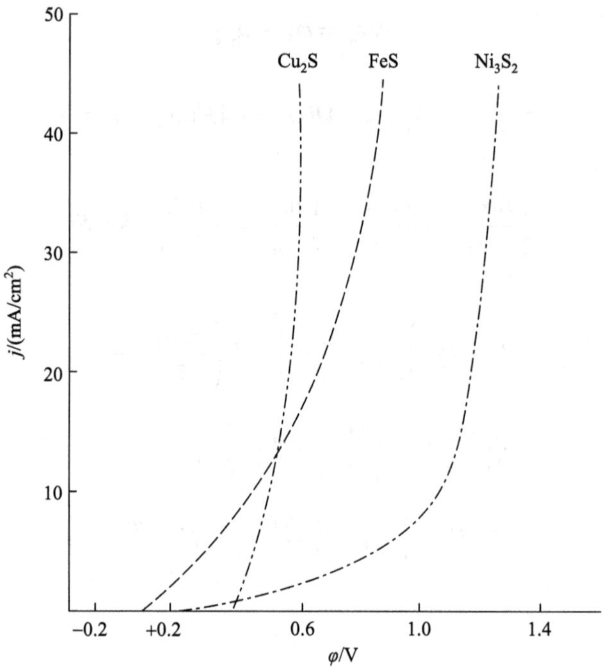

图 12.2　Cu_2S、FeS、Ni_3S_2 的阳极极化曲线

1. 反应（i）

$$\mathrm{MeS} = \mathrm{Me}^{2+} + \mathrm{S} + 2\mathrm{e}$$

阳极反应达到平衡

$$\mathrm{MeS} \rightleftharpoons \mathrm{Me}^{2+} + \mathrm{S} + 2\mathrm{e}$$

该过程的摩尔吉布斯自由能变化为

$$\Delta G_{\mathrm{m,阳,e}} = \mu_{\mathrm{Me}^{2+}} + \mu_{\mathrm{S}} + 2\mu_{\mathrm{e}} - \mu_{\mathrm{MeS}} = \Delta G_{\mathrm{m,阳}}^{\ominus} + RT\ln a_{\mathrm{Me}^{2+},\mathrm{e}}$$

式中

$$\Delta G_{\mathrm{m,阳}}^{\ominus} = \mu_{\mathrm{Me}^{2+}}^{\ominus} + \mu_{\mathrm{S}}^{\ominus} + 2\mu_{\mathrm{e}}^{\ominus} - \mu_{\mathrm{MeS}}^{\ominus}$$

$$\mu_{\mathrm{Me}^{2+}} = \mu_{\mathrm{Me}^{2+}}^{\ominus} + RT\ln a_{\mathrm{Me}^{2+},\mathrm{e}}$$

$$\mu_{\mathrm{S}} = \mu_{\mathrm{S}}^{\ominus}$$

$$\mu_{\mathrm{e}} = \mu_{\mathrm{e}}^{\ominus}$$

$$\mu_{\mathrm{MeS}} = \mu_{\mathrm{MeS}}^{\ominus}$$

由

$$\varphi_{\mathrm{阳,e}} = \frac{\Delta G_{\mathrm{m,阳,e}}}{2F}$$

得

$$\varphi_{\mathrm{阳,e}} = \varphi_{\mathrm{阳}}^{\ominus} + \frac{RT}{2F}\ln a_{\mathrm{Me}^{2+},\mathrm{e}}$$

式中

$$\varphi_{阳}^{\ominus}=\frac{\Delta G_{m,阳}^{\ominus}}{2F}=\frac{\mu_{Me^{2+}}^{\ominus}+\mu_{S}^{\ominus}+2\mu_{e}^{\ominus}-\mu_{MeS}^{\ominus}}{2F}$$

阳极有电流通过，发生极化，阳极反应为

$$MeS = Me^{2+}+S+2e$$

阳极电势为

$$\varphi_{阳}=\frac{\Delta G_{m,阳}}{2F}$$

$$\varphi_{阳}=\varphi_{阳,e}+\Delta\varphi_{阳}$$

则

$$\Delta\varphi_{阳}=\varphi_{阳}-\varphi_{阳,e}$$

又有

$$A_{m,阳}=-\Delta G_{m,阳}=-2F\varphi_{阳}=-2F(\varphi_{阳,e}+\Delta\varphi_{阳})$$

阳极反应速率

$$\frac{dN_{Me^{2+}}}{dt}=\frac{dN_{S}}{dt}=\frac{1}{2}\frac{dN_{e}}{dt}=-\frac{dN_{MeS}}{dt}=Sj$$

式中

$$\begin{aligned}
j&=-l_1\left(\frac{A_{m,阳}}{T}\right)-l_2\left(\frac{A_{m,阳}}{T}\right)^2-l_3\left(\frac{A_{m,阳}}{T}\right)^3-\cdots\\
&=-l_1'\left(\frac{\varphi_{阳}}{T}\right)-l_2'\left(\frac{\varphi_{阳}}{T}\right)^2-l_3'\left(\frac{\varphi_{阳}}{T}\right)^3-\cdots\\
&=-l_1''-l_2''\left(\frac{\Delta\varphi_{阳}}{T}\right)-l_3''\left(\frac{\Delta\varphi_{阳}}{T}\right)^2-l_4''\left(\frac{\Delta\varphi_{阳}}{T}\right)^3-\cdots
\end{aligned}$$

将上式代入

$$i=2Fj$$

得

$$\begin{aligned}
i&=2Fj\\
&=-l_1^{*}\left(\frac{\varphi_{阳}}{T}\right)-l_2^{*}\left(\frac{\varphi_{阳}}{T}\right)^2-l_3^{*}\left(\frac{\varphi_{阳}}{T}\right)^3-\cdots\\
&=-l_1^{**}-l_2^{**}\left(\frac{\Delta\varphi_{阳}}{T}\right)-l_3^{**}\left(\frac{\Delta\varphi_{阳}}{T}\right)^2-l_4^{**}\left(\frac{\Delta\varphi_{阳}}{T}\right)^3-\cdots
\end{aligned}$$

2. 反应（ii）

阳极反应为

$$MeS + 4H_2O \xlongequal{\quad} Me^{2+} + SO_4^{2-} + 8H^+ + 8e$$

阳极反应达成平衡

$$MeS + 4H_2O \rightleftharpoons Me^{2+} + SO_4^{2-} + 8H^+ + 8e$$

该过程的摩尔吉布斯自由能变化为

$$\begin{aligned}\Delta G_{m,阳,e} &= \mu_{Me^{2+}} + \mu_{SO_4^{2-}} + 8\mu_{H^+} + 8\mu_e - \mu_{MeS} - 4\mu_{H_2O} \\ &= \Delta G_{m,阳}^{\ominus} + RT\ln\frac{a_{Me^{2+},e}a_{SO_4^{2-},e}a_{H^+,e}^8}{a_{H_2O,e}^4}\end{aligned}$$

式中

$$\Delta G_{m,阳}^{\ominus} = \mu_{Me^{2+}}^{\ominus} + \mu_{SO_4^{2-}}^{\ominus} + 8\mu_{H^+}^{\ominus} + 8\mu_e^{\ominus} - \mu_{MeS}^{\ominus} - 4\mu_{H_2O}^{\ominus}$$

$$\mu_{Me^{2+}} = \mu_{Me^{2+}}^{\ominus} + RT\ln a_{Me^{2+},e}$$

$$\mu_{SO_4^{2-}} = \mu_{SO_4^{2-}}^{\ominus} + RT\ln a_{SO_4^{2-},e}$$

$$\mu_{H^+} = \mu_{H^+}^{\ominus} + RT\ln a_{H^+,e}$$

$$\mu_e = \mu_e^{\ominus}$$

$$\mu_{MeS} = \mu_{MeS}^{\ominus}$$

$$\mu_{H_2O} = \mu_{H_2O}^{\ominus} + RT\ln a_{H_2O,e}$$

由

$$\varphi_{阳,e} = \frac{\Delta G_{m,阳,e}}{8F}$$

得

$$\varphi_{阳,e} = \varphi_{阳}^{\ominus} + \frac{RT}{8F}\ln\frac{a_{Me^{2+},e}a_{SO_4^{2-},e}a_{H^+,e}^8}{a_{H_2O,e}^4}$$

式中

$$\varphi_{阳}^{\ominus} = \frac{\Delta G_{m,阳}^{\ominus}}{8F} = \frac{\mu_{Me^{2+}}^{\ominus} + \mu_{SO_4^{2-}}^{\ominus} + 8\mu_{H^+}^{\ominus} + 8\mu_e^{\ominus} - \mu_{MeS}^{\ominus} - 4\mu_{H_2O}^{\ominus}}{8F}$$

阳极有电流通过，发生极化，阳极反应为

$$MeS + 4H_2O \xlongequal{\quad} Me^{2+} + SO_4^{2-} + 8H^+ + 8e$$

阳极电势为

$$\varphi_{阳} = \frac{\Delta G_{m,阳}}{8F}$$

$$\varphi_{阳} = \varphi_{阳,e} + \Delta\varphi_{阳}$$

则

$$\Delta\varphi_{阳} = \varphi_{阳} - \varphi_{阳,e}$$

又有

$$A_{m,阳} = -\Delta G_{m,阳} = -8F\varphi_{阳} = -8F(\varphi_{阳,e} + \Delta\varphi_{阳})$$

阳极反应速率

$$\frac{dN_{Me^{2+}}}{dt} = \frac{dN_{SO_4^{2-}}}{dt} = \frac{1}{8}\frac{dN_{H^+}}{dt} = \frac{1}{8}\frac{dN_e}{dt} = -\frac{dN_{MeS}}{dt} = -\frac{1}{4}\frac{dN_{H_2O}}{dt} = Sj$$

式中

$$\begin{aligned} j &= -l_1\left(\frac{A_{m,阳}}{T}\right) - l_2\left(\frac{A_{m,阳}}{T}\right)^2 - l_3\left(\frac{A_{m,阳}}{T}\right)^3 - \cdots \\ &= -l_1'\left(\frac{\varphi_{阳}}{T}\right) - l_2'\left(\frac{\varphi_{阳}}{T}\right)^2 - l_3'\left(\frac{\varphi_{阳}}{T}\right)^3 - \cdots \\ &= -l_1'' - l_2''\left(\frac{\Delta\varphi_{阳}}{T}\right) - l_3''\left(\frac{\Delta\varphi_{阳}}{T}\right)^2 - l_4''\left(\frac{\Delta\varphi_{阳}}{T}\right)^3 - \cdots \end{aligned}$$

将上式代入

$$i = 8Fj$$

得

$$\begin{aligned} i &= 8Fj \\ &= -l_1^*\left(\frac{\varphi_{阳}}{T}\right) - l_2^*\left(\frac{\varphi_{阳}}{T}\right)^2 - l_3^*\left(\frac{\varphi_{阳}}{T}\right)^3 - \cdots \\ &= -l_1^{**} - l_2^{**}\left(\frac{\Delta\varphi_{阳}}{T}\right) - l_3^{**}\left(\frac{\Delta\varphi_{阳}}{T}\right)^2 - l_4^{**}\left(\frac{\Delta\varphi_{阳}}{T}\right)^3 - \cdots \end{aligned}$$

3. FeS 阳极溶解

阳极反应为

$$FeS + 4H_2O = Fe^{2+} + SO_4^{2-} + 8H^+ + 8e$$

阳极反应达成平衡

$$FeS + 4H_2O \rightleftharpoons Fe^{2+} + SO_4^{2-} + 8H^+ + 8e$$

该过程的摩尔吉布斯自由能变化为

$$\begin{aligned} \Delta G_{m,阳,e} &= \mu_{Fe^{2+}} + \mu_{SO_4^{2-}} + 8\mu_{H^+} + 8\mu_e - \mu_{FeS} - 4\mu_{H_2O} \\ &= \Delta G_{m,阳}^{\ominus} + RT\ln\frac{a_{Fe^{2+},e}a_{SO_4^{2-},e}a_{H^+,e}^8}{a_{H_2O,e}^4} \end{aligned}$$

式中

$$\Delta G_{\mathrm{m,阳}}^{\ominus} = \mu_{\mathrm{Fe^{2+}}}^{\ominus} + \mu_{\mathrm{SO_4^{2-}}}^{\ominus} + 8\mu_{\mathrm{H^+}}^{\ominus} + 8\mu_{\mathrm{e}}^{\ominus} - \mu_{\mathrm{FeS}}^{\ominus} - 4\mu_{\mathrm{H_2O}}^{\ominus}$$

$$\mu_{\mathrm{Fe^{2+}}} = \mu_{\mathrm{Fe^{2+}}}^{\ominus} + RT\ln a_{\mathrm{Fe^{2+}},\mathrm{e}}$$

$$\mu_{\mathrm{SO_4^{2-}}} = \mu_{\mathrm{SO_4^{2-}}}^{\ominus} + RT\ln a_{\mathrm{SO_4^{2-}},\mathrm{e}}$$

$$\mu_{\mathrm{H^+}} = \mu_{\mathrm{H^+}}^{\ominus} + RT\ln a_{\mathrm{H^+},\mathrm{e}}$$

$$\mu_{\mathrm{e}} = \mu_{\mathrm{e}}^{\ominus}$$

$$\mu_{\mathrm{FeS}} = \mu_{\mathrm{FeS}}^{\ominus}$$

$$\mu_{\mathrm{H_2O}} = \mu_{\mathrm{H_2O}}^{\ominus} + RT\ln a_{\mathrm{H_2O},\mathrm{e}}$$

由

$$\varphi_{\mathrm{阳,e}} = \frac{\Delta G_{\mathrm{m,阳,e}}}{8F}$$

得

$$\varphi_{\mathrm{阳,e}} = \varphi_{\mathrm{阳}}^{\ominus} + \frac{RT}{8F}\ln\frac{a_{\mathrm{Fe^{2+}},\mathrm{e}}\,a_{\mathrm{SO_4^{2-}},\mathrm{e}}\,a_{\mathrm{H^+},\mathrm{e}}^{8}}{a_{\mathrm{H_2O},\mathrm{e}}^{4}}$$

式中

$$\varphi_{\mathrm{阳}}^{\ominus} = \frac{\Delta G_{\mathrm{m,阳}}^{\ominus}}{8F} = \frac{\mu_{\mathrm{Fe^{2+}}}^{\ominus} + \mu_{\mathrm{SO_4^{2-}}}^{\ominus} + 8\mu_{\mathrm{H^+}}^{\ominus} + 8\mu_{\mathrm{e}}^{\ominus} - \mu_{\mathrm{FeS}}^{\ominus} - 4\mu_{\mathrm{H_2O}}^{\ominus}}{8F}$$

阳极有电流通过，发生极化，阳极反应为

$$\mathrm{FeS} + 4\mathrm{H_2O} = \!=\!= \mathrm{Fe^{2+}} + \mathrm{SO_4^{2-}} + 8\mathrm{H^+} + 8\mathrm{e}$$

阳极电势为

$$\varphi_{\mathrm{阳}} = \frac{\Delta G_{\mathrm{m,阳}}}{8F}$$

$$\varphi_{\mathrm{阳}} = \varphi_{\mathrm{阳,e}} + \Delta\varphi_{\mathrm{阳}}$$

则

$$\Delta\varphi_{\mathrm{阳}} = \varphi_{\mathrm{阳}} - \varphi_{\mathrm{阳,e}}$$

又有

$$A_{\mathrm{m,阳}} = -\Delta G_{\mathrm{m,阳}} = -8F\varphi_{\mathrm{阳}} = -8F(\varphi_{\mathrm{阳,e}} + \Delta\varphi_{\mathrm{阳}})$$

阳极反应速率

$$\frac{\mathrm{d}N_{\mathrm{Fe^{2+}}}}{\mathrm{d}t} = \frac{\mathrm{d}N_{\mathrm{SO_4^{2-}}}}{\mathrm{d}t} = \frac{1}{8}\frac{\mathrm{d}N_{\mathrm{H^+}}}{\mathrm{d}t} = \frac{1}{8}\frac{\mathrm{d}N_{\mathrm{e}}}{\mathrm{d}t} = -\frac{\mathrm{d}N_{\mathrm{FeS}}}{\mathrm{d}t} = -\frac{1}{4}\frac{\mathrm{d}N_{\mathrm{H_2O}}}{\mathrm{d}t} = Sj$$

式中

$$
\begin{aligned}
j &= -l_1\left(\frac{A_{\mathrm{m},阳}}{T}\right) - l_2\left(\frac{A_{\mathrm{m},阳}}{T}\right)^2 - l_3\left(\frac{A_{\mathrm{m},阳}}{T}\right)^3 - \cdots \\
&= -l_1'\left(\frac{\varphi_{阳}}{T}\right) - l_2'\left(\frac{\varphi_{阳}}{T}\right)^2 - l_3'\left(\frac{\varphi_{阳}}{T}\right)^3 - \cdots \\
&= -l_1'' - l_2''\left(\frac{\Delta\varphi_{阳}}{T}\right) - l_3''\left(\frac{\Delta\varphi_{阳}}{T}\right)^2 - l_4''\left(\frac{\Delta\varphi_{阳}}{T}\right)^3 - \cdots
\end{aligned}
$$

将上式代入

$$
i = 8Fj
$$

得

$$
\begin{aligned}
i &= 8Fj \\
&= -l_1^*\left(\frac{\varphi_{阳}}{T}\right) - l_2^*\left(\frac{\varphi_{阳}}{T}\right)^2 - l_3^*\left(\frac{\varphi_{阳}}{T}\right)^3 - \cdots \\
&= -l_1^{**} - l_2^{**}\left(\frac{\Delta\varphi_{阳}}{T}\right) - l_3^{**}\left(\frac{\Delta\varphi_{阳}}{T}\right)^2 - l_4^{**}\left(\frac{\Delta\varphi_{阳}}{T}\right)^3 - \cdots
\end{aligned}
$$

第 13 章　熔盐电池和熔盐电解

13.1　可逆熔盐电池

13.1.1　生成型电池

1. 生成型电池

生成型电池也称化学电池，例如

$$(-)Zn\,|\,ZnCl_2\,|\,Cl_2(+)$$

阴极反应

$$Cl_2(0.1MPa) + 2e = 2Cl^-$$

阳极反应

$$Zn = Zn^{2+} + 2e$$

电池反应

$$Zn + Cl_2(0.1MPa) = ZnCl_2$$

1）阴极电势

阴极反应达成平衡，

$$Cl_2(0.1MPa) + 2e \rightleftharpoons 2Cl^-$$

该过程的摩尔吉布斯自由能变化为

$$\Delta G_{m,阴,e} = 2\mu_{Cl^-} - \mu_{Cl_2} - 2\mu_e = \Delta G_{m,阴}^{\ominus} + RT\ln a_{Cl^-,e}^2$$

式中

$$\Delta G_{m,阴}^{\ominus} = 2\mu_{Cl}^{\ominus} - \mu_{Cl_2}^{\ominus} - 2\mu_e^{\ominus}$$

$$\mu_{Cl^-} = \mu_{Cl^-}^{\ominus} + RT\ln a_{Cl^-,e}$$

$$\mu_{Cl_2} = \mu_{Cl_2}^{\ominus}$$

$$\mu_e = \mu_e^{\ominus}$$

电极反应达到平衡，没有电流通过，Cl_2 以 0.1MPa 即一个标准压力为标准状态。

由

$$\varphi_{阴,e} = -\frac{\Delta G_{m,阴,e}}{2F}$$

得

$$\varphi_{阴,e} = \varphi_{阴}^{\ominus} + \frac{RT}{2F}\ln\frac{1}{a_{Cl^-,e}^{2}}$$

式中

$$\varphi_{阴}^{\ominus} = -\frac{\Delta G_{m,阴}^{\ominus}}{2F} = -\frac{2\mu_{Cl^-}^{\ominus} - \mu_{Cl_2}^{\ominus} - 2\mu_{e}^{\ominus}}{2F}$$

阴极有电流通过，发生极化，阴极反应为

$$Cl_2(0.1MPa) + 2e = 2Cl^-$$

阴极电势为

$$\varphi_{阴} = \varphi_{阴,e} + \Delta\varphi_{阴}$$

则

$$\Delta\varphi_{阴} = \varphi_{阴} - \varphi_{阴,e}$$

并有

$$A_{m,阴} = \Delta G_{m,阴} = -2F\varphi_{阴} = -2F(\varphi_{阴,e} + \Delta\varphi_{阴})$$

阴极反应速率为

$$\frac{1}{2}\frac{dN_{Cl^-}}{dt} = -\frac{dN_{Cl_2}}{dt} = -\frac{1}{2}\frac{dN_{e}}{dt} = Sj$$

式中

$$\begin{aligned} j &= -l_1\left(\frac{A_{m,阴}}{T}\right) - l_2\left(\frac{A_{m,阴}}{T}\right)^2 - l_3\left(\frac{A_{m,阴}}{T}\right)^3 - \cdots \\ &= -l_1'\left(\frac{\varphi_{阴}}{T}\right) - l_2'\left(\frac{\varphi_{阴}}{T}\right)^2 - l_3'\left(\frac{\varphi_{阴}}{T}\right)^3 - \cdots \\ &= -l_1'' - l_2''\left(\frac{\Delta\varphi_{阴}}{T}\right) - l_3''\left(\frac{\Delta\varphi_{阴}}{T}\right)^2 - l_4''\left(\frac{\Delta\varphi_{阴}}{T}\right)^3 - \cdots \end{aligned}$$

将上式代入

$$i = 2Fj$$

得

$$\begin{aligned} i &= 2Fj \\ &= -l_1^{*}\left(\frac{\varphi_{阴}}{T}\right) - l_2^{*}\left(\frac{\varphi_{阴}}{T}\right)^2 - l_3^{*}\left(\frac{\varphi_{阴}}{T}\right)^3 - \cdots \\ &= -l_1^{**} - l_2^{**}\left(\frac{\Delta\varphi_{阴}}{T}\right) - l_3^{**}\left(\frac{\Delta\varphi_{阴}}{T}\right)^2 - l_4^{**}\left(\frac{\Delta\varphi_{阴}}{T}\right)^3 - \cdots \end{aligned}$$

2）阳极电势

阳极反应达成平衡，

$$\mathrm{Zn} \rightleftharpoons \mathrm{Zn}^{2+} + 2\mathrm{e}$$

该过程的摩尔吉布斯自由能变化为

$$\Delta G_{\mathrm{m},阳,\mathrm{e}} = \mu_{\mathrm{Zn}^{2+}} + 2\mu_{\mathrm{e}} - \mu_{\mathrm{Zn}} = \Delta G_{\mathrm{m},阳}^{\ominus} + RT\ln a_{\mathrm{Zn}^{2+},\mathrm{e}}$$

式中

$$\Delta G_{\mathrm{m},阳}^{\ominus} = \mu_{\mathrm{Zn}^{2+}}^{\ominus} + 2\mu_{\mathrm{e}}^{\ominus} - \mu_{\mathrm{Zn}}^{\ominus}$$

$$\mu_{\mathrm{Zn}^{2+}} = \mu_{\mathrm{Zn}^{2+}}^{\ominus} + RT\ln a_{\mathrm{Zn}^{2+},\mathrm{e}}$$

$$\mu_{\mathrm{e}} = \mu_{\mathrm{e}}^{\ominus}$$

$$\mu_{\mathrm{Zn}} = \mu_{\mathrm{Zn}}^{\ominus}$$

由

$$\varphi_{阳,\mathrm{e}} = \frac{\Delta G_{\mathrm{m},阳,\mathrm{e}}}{2F}$$

得

$$\varphi_{阳,\mathrm{e}} = \varphi_{阳}^{\ominus} + \frac{RT}{2F}\ln a_{\mathrm{Zn}^{2+},\mathrm{e}}$$

式中

$$\varphi_{阳}^{\ominus} = \frac{\Delta G_{\mathrm{m},阳}}{2F} = \frac{\mu_{\mathrm{Zn}^{2+}}^{\ominus} + 2\mu_{\mathrm{e}}^{\ominus} - \mu_{\mathrm{Zn}}^{\ominus}}{2F}$$

阳极有电流通过，发生极化，阳极反应为

$$\mathrm{Zn} = \mathrm{Zn}^{2+} + 2\mathrm{e}$$

阳极电势为

$$\varphi_{阳} = \varphi_{阳,\mathrm{e}} + \Delta\varphi_{阳}$$

则

$$\Delta\varphi_{阳} = \varphi_{阳} - \varphi_{阳,\mathrm{e}}$$

并有

$$A_{\mathrm{m},阳} = \Delta G_{\mathrm{m},阳} = 2F\varphi_{阳} = 2F(\varphi_{阳,\mathrm{e}} + \Delta\varphi_{阳})$$

阳极反应速率为

$$\frac{\mathrm{d}N_{\mathrm{Zn}^{2+}}}{\mathrm{d}t} = \frac{1}{2}\frac{\mathrm{d}N_{\mathrm{e}}}{\mathrm{d}t} = -\frac{\mathrm{d}N_{\mathrm{Zn}}}{\mathrm{d}t} = Sj$$

式中

$$\begin{aligned} j &= -l_1\left(\frac{A_{\mathrm{m},阳}}{T}\right) - l_2\left(\frac{A_{\mathrm{m},阳}}{T}\right)^2 - l_3\left(\frac{A_{\mathrm{m},阳}}{T}\right)^3 - \cdots \\ &= -l_1'\left(\frac{\varphi_{阳}}{T}\right) - l_2'\left(\frac{\varphi_{阳}}{T}\right)^2 - l_3'\left(\frac{\varphi_{阳}}{T}\right)^3 - \cdots \\ &= -l_1'' - l_2''\left(\frac{\Delta\varphi_{阳}}{T}\right) - l_3''\left(\frac{\Delta\varphi_{阳}}{T}\right)^2 - l_4''\left(\frac{\Delta\varphi_{阳}}{T}\right)^3 - \cdots \end{aligned}$$

将上式代入

$$i = 2Fj$$

得

$$\begin{aligned} i &= 2Fj \\ &= -l_1^*\left(\frac{\varphi_{阳}}{T}\right) - l_2^*\left(\frac{\varphi_{阳}}{T}\right)^2 - l_3^*\left(\frac{\varphi_{阳}}{T}\right)^3 - \cdots \\ &= -l_1^{**} - l_2^{**}\left(\frac{\Delta\varphi_{阳}}{T}\right) - l_3^{**}\left(\frac{\Delta\varphi_{阳}}{T}\right)^2 - l_4^{**}\left(\frac{\Delta\varphi_{阳}}{T}\right)^3 - \cdots \end{aligned}$$

3）电池电动势

电池反应达到平衡

$$Zn + Cl_2(0.1MPa) = ZnCl_2$$

该过程的摩尔吉布斯自由能变化为

$$\begin{aligned} \Delta G_{m,e} &= \mu_{ZnCl_2} - \mu_{Zn} - \mu_{Cl_2} \\ &= \Delta G_m^{\ominus} + RT\ln a_{ZnCl_2,e} \\ &= \Delta G_{m,阴,e} + \Delta G_{m,阳,e} \\ &= -2F\varphi_{阴,e} + 2F\varphi_{阳,e} \\ &= -2F(\varphi_{阴,e} - \varphi_{阳,e}) \\ &= -2FE_e \end{aligned}$$

式中

$$E_e = \varphi_{阴,e} - \varphi_{阳,e}$$

$$\Delta G_{m,e} = -2F(\varphi_{阴,e} - \varphi_{阳,e}) = -2FE_e$$

$$E_e = -\frac{\Delta G_{m,e}}{2F}$$

$$\begin{aligned} \Delta G_m^{\ominus} &= \mu_{ZnCl_2}^{\ominus} - \mu_{Zn}^{\ominus} - \mu_{Cl_2}^{\ominus} \\ &= \Delta G_{m,阴}^{\ominus} + \Delta G_{m,阳}^{\ominus} \\ &= -2F\varphi_{阴}^{\ominus} + 2F\varphi_{阳}^{\ominus} \\ &= -2F(\varphi_{阴}^{\ominus} - \varphi_{阳}^{\ominus}) \\ &= -2FE^{\ominus} \end{aligned}$$

式中

$$E^{\ominus} = -\frac{\Delta G_m^{\ominus}}{2F}$$

$$E_e = E^{\ominus} - \frac{RT}{2F}\ln a_{ZnCl_2,e} = E^{\ominus} + \frac{RT}{2F}\ln\frac{1}{a_{ZnCl_2,e}}$$

电池有电流通过，发生极化，电池反应为

$$\mathrm{Zn + Cl_2(0.1MPa) = ZnCl_2}$$

电池电动势为

$$\begin{aligned}E &= \varphi_{阴} - \varphi_{阳} \\ &= (\varphi_{阴,e} + \Delta\varphi_{阴}) - (\varphi_{阳,e} + \Delta\varphi_{阳}) \\ &= (\varphi_{阴,e} - \varphi_{阳,e}) + (\Delta\varphi_{阴} - \Delta\varphi_{阳}) \\ &= E_e + \Delta E\end{aligned}$$

式中

$$E_e = \varphi_{阴,e} - \varphi_{阳,e}$$

$$\Delta E = \Delta\varphi_{阴} - \Delta\varphi_{阳}$$

并有

$$A_m = \Delta G_m = -2FE = -2F(E_e + \Delta E)$$

电池反应速率

$$\frac{dN_{ZnCl_2}}{dt} = -\frac{dN_{Zn}}{dt} = -\frac{dN_{Cl_2}}{dt} = Sj$$

式中

$$\begin{aligned}j &= -l_1\left(\frac{A_m}{T}\right) - l_2\left(\frac{A_m}{T}\right)^2 - l_3\left(\frac{A_m}{T}\right)^3 - \cdots \\ &= -l_1'\left(\frac{E}{T}\right) - l_2'\left(\frac{E}{T}\right)^2 - l_3'\left(\frac{E}{T}\right)^3 - \cdots \\ &= -l_1'' - l_2''\left(\frac{\Delta E}{T}\right) - l_3''\left(\frac{\Delta E}{T}\right)^2 - l_4''\left(\frac{\Delta E}{T}\right)^3 - \cdots\end{aligned}$$

将上式代入

$$i = 2Fj$$

得

$$\begin{aligned}i &= 2Fj \\ &= -l_1^*\left(\frac{E}{T}\right) - l_2^*\left(\frac{E}{T}\right)^2 - l_3^*\left(\frac{E}{T}\right)^3 - \cdots \\ &= -l_1^{**} - l_2^{**}\left(\frac{\Delta E}{T}\right) - l_3^{**}\left(\frac{\Delta E}{T}\right)^2 - l_4^{**}\left(\frac{\Delta E}{T}\right)^3 - \cdots\end{aligned}$$

2. 推广到一般情况

$$\mathrm{A|(A^{z+}B^{z-})|B}$$

阴极反应

$$B + ze \longrightarrow B^{z-}$$

阳极反应

$$A \longrightarrow A^{z+} + ze$$

电池反应

$$A + B \longrightarrow AB$$

1）阴极电势

阴极反应达成平衡

$$B + ze \rightleftharpoons B^{z-}$$

该过程的摩尔吉布斯自由能变化为

$$\Delta G_{m,阴,e} = \mu_{B^{z-}} - \mu_B - z\mu_e = \Delta G^{\ominus}_{m,阴} + RT\ln a_{B^{z-},e}$$

式中

$$\Delta G^{\ominus}_{m,阴} = \mu^{\ominus}_{B^{z-}} - \mu^{\ominus}_B - z\mu^{\ominus}_e$$

$$\mu_{B^{z-}} = \mu^{\ominus}_{B^{z-}} + RT\ln a_{B^{z-},e}$$

$$\mu_B = \mu^{\ominus}_B$$

$$\mu_e = \mu^{\ominus}_e$$

由

$$\varphi_{阴,e} = -\frac{\Delta G_{m,阴,e}}{zF}$$

得

$$\varphi_{阴,e} = \varphi^{\ominus}_{阴} + \frac{RT}{zF}\ln\frac{1}{a_{B^{z-},e}}$$

式中

$$\varphi^{\ominus}_{阴} = -\frac{\Delta G^{\ominus}_{m,阴}}{zF} = -\frac{\mu^{\ominus}_{B^{z-}} - \mu^{\ominus}_B - z\mu^{\ominus}_e}{zF}$$

阴极有电流通过，发生极化，阴极反应为

$$B + ze \longrightarrow B^{z-}$$

阴极电势为

$$\varphi_{阴} = \varphi_{阴,e} + \Delta\varphi_{阴}$$

则

$$\Delta\varphi_{阴} = \varphi_{阴} - \varphi_{阴,e}$$

并有

$$A_{m,阴} = \Delta G_{m,阴} = -zF\varphi_{阴} = -zF(\varphi_{阴,e} + \Delta\varphi_{阴})$$

阴极反应速率为

$$\frac{\mathrm{d}N_{\mathrm{B}^{z-}}}{\mathrm{d}t} = -\frac{\mathrm{d}N_{\mathrm{B}}}{\mathrm{d}t} = -\frac{1}{z}\frac{\mathrm{d}N_{\mathrm{e}}}{\mathrm{d}t} = Sj$$

式中

$$\begin{aligned} j &= -l_1\left(\frac{A_{\mathrm{m},阴}}{T}\right) - l_2\left(\frac{A_{\mathrm{m},阴}}{T}\right)^2 - l_3\left(\frac{A_{\mathrm{m},阴}}{T}\right)^3 - \cdots \\ &= -l_1'\left(\frac{\varphi_{阴}}{T}\right) - l_2'\left(\frac{\varphi_{阴}}{T}\right)^2 - l_3'\left(\frac{\varphi_{阴}}{T}\right)^3 - \cdots \\ &= -l_1'' - l_2''\left(\frac{\Delta\varphi_{阴}}{T}\right) - l_3''\left(\frac{\Delta\varphi_{阴}}{T}\right)^2 - l_4''\left(\frac{\Delta\varphi_{阴}}{T}\right)^3 - \cdots \end{aligned}$$

将上式代入

$$i = zFj$$

得

$$\begin{aligned} i &= zFj \\ &= -l_1^*\left(\frac{\varphi_{阴}}{T}\right) - l_2^*\left(\frac{\varphi_{阴}}{T}\right)^2 - l_3^*\left(\frac{\varphi_{阴}}{T}\right)^3 - \cdots \\ &= -l_1^{**} - l_2^{**}\left(\frac{\Delta\varphi_{阴}}{T}\right) - l_3^{**}\left(\frac{\Delta\varphi_{阴}}{T}\right)^2 - l_4^{**}\left(\frac{\Delta\varphi_{阴}}{T}\right)^3 - \cdots \end{aligned}$$

2）阳极电势

阳极反应达成平衡

$$\mathrm{A} \rightleftharpoons \mathrm{A}^{z+} + z\mathrm{e}$$

该过程的摩尔吉布斯自由能变化为

$$\Delta G_{\mathrm{m},阴,\mathrm{e}} = \mu_{\mathrm{A}^{z+}} + z\mu_{\mathrm{e}} - \mu_{\mathrm{A}} = \Delta G_{\mathrm{m},阳}^{\ominus} + RT\ln a_{\mathrm{A}^{z+},\mathrm{e}}$$

式中

$$\begin{aligned} \Delta G_{\mathrm{m},阴}^{\ominus} &= \mu_{\mathrm{A}^{z+}}^{\ominus} + z\mu_{\mathrm{e}}^{\ominus} - \mu_{\mathrm{A}}^{\ominus} \\ \mu_{\mathrm{A}^{z+}} &= \mu_{\mathrm{A}^{z+}}^{\ominus} + RT\ln a_{\mathrm{A}^{z+},\mathrm{e}} \\ \mu_{\mathrm{e}} &= \mu_{\mathrm{e}}^{\ominus} \\ \mu_{\mathrm{A}} &= \mu_{\mathrm{A}}^{\ominus} \end{aligned}$$

由

$$\varphi_{阳,\mathrm{e}} = \frac{\Delta G_{\mathrm{m},阳,\mathrm{e}}}{zF}$$

得

$$\varphi_{阳,\mathrm{e}} = \varphi_{阳}^{\ominus} + \frac{RT}{zF}\ln a_{\mathrm{A}^{z+},\mathrm{e}}$$

式中

$$\varphi_{阳}^{\ominus} = \frac{\Delta G_{m,阳}^{\ominus}}{zF} = \frac{\mu_{A^{z+}}^{\ominus} + z\mu_{e}^{\ominus} - \mu_{A}^{\ominus}}{zF}$$

阳极有电流通过，发生极化，阳极反应为

$$A = A^{z+} + ze$$

阳极电势为

$$\varphi_{阳} = \varphi_{阳,e} + \Delta\varphi_{阳}$$

则

$$\Delta\varphi_{阳} = \varphi_{阳} - \varphi_{阳,e}$$

并有

$$A_{m,阳} = \Delta G_{m,阳} = zF\varphi_{阳} = zF(\varphi_{阳,e} + \Delta\varphi_{阳})$$

阳极反应速率

$$\frac{dN_{A^{z+}}}{dt} = \frac{1}{z}\frac{dN_{e}}{dt} = -\frac{dN_{A}}{dt} = Sj$$

式中

$$\begin{aligned} j &= -l_1\left(\frac{A_{m,阳}}{T}\right) - l_2\left(\frac{A_{m,阳}}{T}\right)^2 - l_3\left(\frac{A_{m,阳}}{T}\right)^3 - \cdots \\ &= -l_1'\left(\frac{\varphi_{阳}}{T}\right) - l_2'\left(\frac{\varphi_{阳}}{T}\right)^2 - l_3'\left(\frac{\varphi_{阳}}{T}\right)^3 - \cdots \\ &= -l_1'' - l_2''\left(\frac{\Delta\varphi_{阳}}{T}\right) - l_3''\left(\frac{\Delta\varphi_{阳}}{T}\right)^2 - l_4''\left(\frac{\Delta\varphi_{阳}}{T}\right)^3 - \cdots \end{aligned}$$

将上式代入

$$i = zFj$$

得

$$\begin{aligned} i &= zFj \\ &= -l_1^*\left(\frac{\varphi_{阳}}{T}\right) - l_2^*\left(\frac{\varphi_{阳}}{T}\right)^2 - l_3^*\left(\frac{\varphi_{阳}}{T}\right)^3 - \cdots \\ &= -l_1^{**} - l_2^{**}\left(\frac{\Delta\varphi_{阳}}{T}\right) - l_3^{**}\left(\frac{\Delta\varphi_{阳}}{T}\right)^2 - l_4^{**}\left(\frac{\Delta\varphi_{阳}}{T}\right)^3 - \cdots \end{aligned}$$

3）电池电动势

电池反应达成平衡

$$A + B \rightleftharpoons AB$$

该过程的摩尔吉布斯自由能变化为

$$
\begin{aligned}
\Delta G_{\mathrm{m,e}} &= \mu_{\mathrm{AB}} - \mu_{\mathrm{A}} - \mu_{\mathrm{B}} \\
&= \Delta G_{\mathrm{m}}^{\ominus} + RT\ln a_{\mathrm{AB,e}} \\
&= \Delta G_{\mathrm{m,阴,e}} + \Delta G_{\mathrm{m,阳,e}} \\
&= -zF\varphi_{\text{阴,e}} + zF\varphi_{\text{阳,e}} \\
&= -zF(\varphi_{\text{阴,e}} - \varphi_{\text{阳,e}}) \\
&= -zFE_{\mathrm{e}}
\end{aligned}
$$

式中

$$
\begin{aligned}
\Delta G_{\mathrm{m}}^{\ominus} &= \Delta G_{\mathrm{m,阴}}^{\ominus} + \Delta G_{\mathrm{m,阳}}^{\ominus} \\
&= -zF\varphi_{\text{阴}}^{\ominus} + zF\varphi_{\text{阳}}^{\ominus} \\
&= -zF(\varphi_{\text{阴}}^{\ominus} - \varphi_{\text{阳}}^{\ominus}) \\
&= -zFE^{\ominus}
\end{aligned}
$$

$$E_{\mathrm{e}} = \varphi_{\text{阴,e}} - \varphi_{\text{阳,e}}$$

$$E^{\ominus} = \varphi_{\text{阴}}^{\ominus} - \varphi_{\text{阳}}^{\ominus}$$

由
$$E_{\mathrm{e}} = -\frac{\Delta G_{\mathrm{m,e}}}{2F}$$

和
$$\Delta G_{\mathrm{m,e}} = \Delta G_{\mathrm{m}}^{\ominus} + RT\ln a_{\mathrm{AB,e}}$$

得
$$E_{\mathrm{e}} = E^{\ominus} - \frac{RT}{zF}\ln a_{\mathrm{AB,e}} = E^{\ominus} + \frac{RT}{zF}\ln\frac{1}{a_{\mathrm{AB,e}}}$$

电池有电流通过，发生极化，电池反应为

$$\mathrm{A + B =\!=\!= AB}$$

电动势为

$$
\begin{aligned}
E &= \varphi_{\text{阴}} - \varphi_{\text{阳}} \\
&= (\varphi_{\text{阴,e}} + \Delta\varphi_{\text{阴}}) - (\varphi_{\text{阳,e}} + \Delta\varphi_{\text{阳}}) \\
&= (\varphi_{\text{阴,e}} - \varphi_{\text{阳,e}}) + (\Delta\varphi_{\text{阴}} - \Delta\varphi_{\text{阳}}) \\
&= E_{\mathrm{e}} + \Delta E
\end{aligned}
$$

式中

$$E_{\mathrm{e}} = \varphi_{\text{阴,e}} - \varphi_{\text{阳,e}}$$

$$\Delta E = \Delta\varphi_{\text{阴}} - \Delta\varphi_{\text{阳}}$$

并有

$$A_{\mathrm{m}} = \Delta G_{\mathrm{m}} = -zFE = -zF(E_{\mathrm{e}} + \Delta E)$$

电池反应速率为

$$\frac{\mathrm{d}N_{\mathrm{AB}}}{\mathrm{d}t} = -\frac{\mathrm{d}N_{\mathrm{A}}}{\mathrm{d}t} = -\frac{\mathrm{d}N_{\mathrm{B}}}{\mathrm{d}t} = Sj$$

式中

$$j = -l_1\left(\frac{A_m}{T}\right) - l_2\left(\frac{A_m}{T}\right)^2 - l_3\left(\frac{A_m}{T}\right)^3 - \cdots$$
$$= -l_1'\left(\frac{E}{T}\right) - l_2'\left(\frac{E}{T}\right)^2 - l_3'\left(\frac{E}{T}\right)^3 - \cdots$$
$$= -l_1'' - l_2''\left(\frac{\Delta E}{T}\right) - l_3''\left(\frac{\Delta E}{T}\right)^2 - l_4''\left(\frac{\Delta E}{T}\right)^3 - \cdots$$

将上式代入

$$i = zFj$$

得

$$i = -l_1^*\left(\frac{E}{T}\right) - l_2^*\left(\frac{E}{T}\right)^2 - l_3^*\left(\frac{E}{T}\right)^3 - \cdots$$
$$= -l_1^{**} - l_2^{**}\left(\frac{\Delta E}{T}\right) - l_3^{**}\left(\frac{\Delta E}{T}\right)^2 - l_4^{**}\left(\frac{\Delta E}{T}\right)^3 - \cdots$$

13.1.2　汞齐型电池

1. 汞齐型电池

例如

$$\text{Cd}(a_1)\text{-Pb} \mid \text{CdCl}_2 \mid \text{Cd}(a_2)\text{-Pb}$$

阴极反应

$$\text{Cd}^{2+} + 2\text{e} = \text{Cd}(a_2)$$

阳极反应

$$\text{Cd}(a_1) = \text{Cd}^{2+} + 2\text{e}$$

电池反应

$$\text{Cd}(a_1) = \text{Cd}(a_2)$$

1）阴极电势

阴极反应达成平衡

$$\text{Cd}^{2+} + 2\text{e} \rightleftharpoons \text{Cd}(a_2)$$

该过程的摩尔吉布斯自由能变化为

$$\Delta G_{\text{m,阴,e}} = \mu_{\text{Cd}(a_2)} - \mu_{\text{Cd}^{2+}} - 2\mu_{\text{e}} = \Delta G^{\ominus}_{\text{m,阴}} + RT\ln\frac{a_{\text{Cd}(a_2),\text{e}}}{a_{\text{Cd}^{2+},\text{e}}}$$

式中

$$\Delta G^{\ominus}_{m,阴,e} = \mu^{\ominus}_{Cd} - \mu^{\ominus}_{Cd^{2+}} - 2\mu^{\ominus}_{e}$$

$$\mu_{Cd(a_2)} = \mu^{\ominus}_{Cd} + RT\ln a_{Cd(a_2),e}$$

$$\mu_{Cd^{2+}} = \mu^{\ominus}_{Cd^{2+}} + RT\ln a_{Cd^{2+},e}$$

$$\mu_{e} = \mu^{\ominus}_{e}$$

由

$$\varphi_{阴,e} = -\frac{\Delta G_{m,阴,e}}{2F}$$

得

$$\varphi_{阴,e} = \varphi^{\ominus}_{阴} + \frac{RT}{2F}\ln\frac{a_{Cd^{2+},e}}{a_{Cd(a_2),e}}$$

式中

$$\varphi^{\ominus}_{阴} = -\frac{\Delta G_{m,阴}}{2F} = -\frac{\mu^{\ominus}_{Cd} - \mu^{\ominus}_{Cd^{2+}} - 2\mu^{\ominus}_{e}}{2F}$$

阴极有电流通过，发生极化，阴极反应为

$$Cd^{2+} + 2e = Cd(a_2)$$

阴极电势为

$$\varphi_{阴} = \varphi_{阴,e} + \Delta\varphi_{阴}$$

则

$$\Delta\varphi_{阴} = \varphi_{阴} - \varphi_{阴,e}$$

并有

$$A_{m,阴} = \Delta G_{m,阴} = -2F\varphi_{阴} = -2F(\varphi_{阴,e} + \Delta\varphi_{阴})$$

阴极反应速率为

$$\frac{dN_{Cd(a_2)}}{dt} = -\frac{dN_{Cd^{2+}}}{dt} = -\frac{1}{2}\frac{dN_{e}}{dt} = Sj$$

式中

$$\begin{aligned} j &= -l_1\left(\frac{A_{m,阴}}{T}\right) - l_2\left(\frac{A_{m,阴}}{T}\right)^2 - l_3\left(\frac{A_{m,阴}}{T}\right)^3 - \cdots \\ &= -l_1'\left(\frac{\varphi_{阴}}{T}\right) - l_2'\left(\frac{\varphi_{阴}}{T}\right)^2 - l_3'\left(\frac{\varphi_{阴}}{T}\right)^3 - \cdots \\ &= -l_1'' - l_2''\left(\frac{\Delta\varphi_{阴}}{T}\right) - l_3''\left(\frac{\Delta\varphi_{阴}}{T}\right)^2 - l_4''\left(\frac{\Delta\varphi_{阴}}{T}\right)^3 - \cdots \end{aligned}$$

将上式代入

$$i = 2Fj$$

得

$$
\begin{aligned}
i &= 2Fj \\
&= -l_1^*\left(\frac{\varphi_{阴}}{T}\right) - l_2^*\left(\frac{\varphi_{阴}}{T}\right)^2 - l_3^*\left(\frac{\varphi_{阴}}{T}\right)^3 - \cdots \\
&= -l_1^{**} - l_2^{**}\left(\frac{\Delta\varphi_{阴}}{T}\right) - l_3^{**}\left(\frac{\Delta\varphi_{阴}}{T}\right)^2 - l_4^{**}\left(\frac{\Delta\varphi_{阴}}{T}\right)^3 - \cdots
\end{aligned}
$$

2）阳极电势

阳极反应达成平衡

$$\text{Cd}(a_1) \rightleftharpoons \text{Cd}^{2+} + 2\text{e}$$

该过程的摩尔吉布斯自由能变化为

$$\Delta G_{\text{m},阳,\text{e}} = -\mu_{\text{Cd}(a_1)} + \mu_{\text{Cd}^{2+}} + 2\mu_{\text{e}} = \Delta G_{\text{m},阳}^{\ominus} + RT\ln\frac{a_{\text{Cd}^{2+},\text{e}}}{a_{\text{Cd}(a_1),\text{e}}}$$

式中

$$\Delta G_{\text{m},阴}^{\ominus} = \mu_{\text{Cd}^{2+}}^{\ominus} + 2\mu_{\text{e}}^{\ominus} - \mu_{\text{Cd}}^{\ominus}$$

$$\mu_{\text{Cd}^{2+}} = \mu_{\text{Cd}^{2+}}^{\ominus} + RT\ln a_{\text{Cd}^{2+},\text{e}}$$

$$\mu_{\text{e}} = \mu_{\text{e}}^{\ominus}$$

$$\mu_{\text{Cd}(a_1)} = \mu_{\text{Cd}}^{\ominus} + RT\ln a_{\text{Cd}(a_1),\text{e}}$$

由

$$\varphi_{阳,\text{e}} = \frac{\Delta G_{\text{m},阳,\text{e}}}{2F}$$

得

$$\varphi_{阳,\text{e}} = \varphi_{阳}^{\ominus} + \frac{RT}{2F}\ln\frac{a_{\text{Cd}^{2+},\text{e}}}{a_{\text{Cd}(a_1),\text{e}}}$$

式中

$$\varphi_{阴}^{\ominus} = \frac{\Delta G_{\text{m},阳}}{2F} = \frac{\mu_{\text{Cd}^{2+}}^{\ominus} + 2\mu_{\text{e}}^{\ominus} - \mu_{\text{Cd}}^{\ominus}}{2F}$$

阳极有电流通过，发生极化，阳极反应为

$$\text{Cd}(a_1) = \text{Cd}^{2+} + 2\text{e}$$

阳极电势为

$$\varphi_{阳} = \varphi_{阳,\text{e}} + \Delta\varphi_{阳}$$

则

$$\Delta\varphi_{阳} = \varphi_{阳} - \varphi_{阳,\text{e}}$$

并有

$$A_{\text{m},阳} = \Delta G_{\text{m},阳} = 2F\varphi_{阳} = 2F(\varphi_{阳,\text{e}} + \Delta\varphi_{阳})$$

阳极反应速率

$$\frac{\mathrm{d}N_{\mathrm{Cd}^{2+}}}{\mathrm{d}t}=\frac{1}{2}\frac{\mathrm{d}N_{\mathrm{e}}}{\mathrm{d}t}=-\frac{\mathrm{d}N_{\mathrm{Cd}(a_1)}}{\mathrm{d}t}=Sj$$

式中

$$\begin{aligned}j&=-l_1\left(\frac{A_{\mathrm{m},阳}}{T}\right)-l_2\left(\frac{A_{\mathrm{m},阳}}{T}\right)^2-l_3\left(\frac{A_{\mathrm{m},阳}}{T}\right)^3-\cdots\\&=-l_1'\left(\frac{\varphi_{阳}}{T}\right)-l_2'\left(\frac{\varphi_{阳}}{T}\right)^2-l_3'\left(\frac{\varphi_{阳}}{T}\right)^3-\cdots\\&=-l_1''-l_2''\left(\frac{\Delta\varphi_{阳}}{T}\right)-l_3''\left(\frac{\Delta\varphi_{阳}}{T}\right)^2-l_4''\left(\frac{\Delta\varphi_{阳}}{T}\right)^3-\cdots\end{aligned}$$

将上式代入

$$i=2Fj$$

得

$$\begin{aligned}i&=2Fj\\&=-l_1^*\left(\frac{\varphi_{阳}}{T}\right)-l_2^*\left(\frac{\varphi_{阳}}{T}\right)^2-l_3^*\left(\frac{\varphi_{阳}}{T}\right)^3-\cdots\\&=-l_1^{**}-l_2^{**}\left(\frac{\Delta\varphi_{阳}}{T}\right)-l_3^{**}\left(\frac{\Delta\varphi_{阳}}{T}\right)^2-l_4^{**}\left(\frac{\Delta\varphi_{阳}}{T}\right)^3-\cdots\end{aligned}$$

3）电池电动势

电池反应达成平衡

$$\mathrm{Cd}(a_1)\rightleftharpoons\mathrm{Cd}(a_2)$$

该过程的摩尔吉布斯自由能变化为

$$\begin{aligned}\Delta G_{\mathrm{m,e}}&=\mu_{\mathrm{Cd}(a_2)}-\mu_{\mathrm{Cd}(a_1)}\\&=\Delta G_{\mathrm{m},阴,\mathrm{e}}+\Delta G_{\mathrm{m},阳,\mathrm{e}}\\&=-2F\varphi_{阴,\mathrm{e}}+2F\varphi_{阳,\mathrm{e}}\\&=-2F(\varphi_{阴,\mathrm{e}}-\varphi_{阳,\mathrm{e}})\\&=-2FE_{\mathrm{e}}\end{aligned}$$

式中

$$E_{\mathrm{e}}=\varphi_{阳,\mathrm{e}}-\varphi_{阴,\mathrm{e}}$$

$$E_{\mathrm{e}}=-\frac{\Delta G_{\mathrm{m,e}}}{2F}$$

$$\Delta G_{\mathrm{m}}^{\ominus}=\mu_{\mathrm{Cd}}^{\ominus}-\mu_{\mathrm{Cd}}^{\ominus}=0$$

$$E^{\ominus}=-\frac{\Delta G_{\mathrm{m}}^{\ominus}}{2F}=0$$

电池有电流通过，发生极化，电池反应为

$$\mathrm{Cd}(a_1) == \mathrm{Cd}(a_2)$$

电池电动势为

$$E = E_{\mathrm{e}} + \Delta E = \varphi_{阴} - \varphi_{阳}$$

则

$$\Delta E = E - E_{\mathrm{e}}$$

并有

$$A_{\mathrm{m}} = \Delta G_{\mathrm{m}} = -2FE = -2F(E_{\mathrm{e}} + \Delta E)$$

电池反应速率为

$$\frac{\mathrm{d}N_{\mathrm{Cd}(a_2)}}{\mathrm{d}t} = -\frac{\mathrm{d}N_{\mathrm{Cd}(a_1)}}{\mathrm{d}t} = Sj$$

式中

$$\begin{aligned} J &= -l_1\left(\frac{A_{\mathrm{m}}}{T}\right) - l_2\left(\frac{A_{\mathrm{m}}}{T}\right)^2 - l_3\left(\frac{A_{\mathrm{m}}}{T}\right)^3 - \cdots \\ &= -l_1'\left(\frac{E}{T}\right) - l_2'\left(\frac{E}{T}\right)^2 - l_3'\left(\frac{E}{T}\right)^3 - \cdots \\ &= -l_1'' - l_2''\left(\frac{\Delta E}{T}\right) - l_3''\left(\frac{\Delta E}{T}\right)^2 - l_4''\left(\frac{\Delta E}{T}\right)^3 - \cdots \end{aligned}$$

将上式代入

$$i = 2Fj$$

得

$$\begin{aligned} i &= 2Fj \\ &= -l_1^*\left(\frac{E}{T}\right) - l_2^*\left(\frac{E}{T}\right)^2 - l_3^*\left(\frac{E}{T}\right)^3 - \cdots \\ &= -l_1^{**} - l_2^{**}\left(\frac{\Delta E}{T}\right) - l_3^{**}\left(\frac{\Delta E}{T}\right)^2 - l_4^{**}\left(\frac{\Delta E}{T}\right)^3 - \cdots \end{aligned}$$

2. 推广到一般情况

$$\mathrm{Me}(a_1) \,|\, \mathrm{Me}^{z+}\mathrm{B}^{z-} \,|\, \mathrm{Me}(a_2)$$

阴极反应

$$\mathrm{Me}^{z+} + z\mathrm{e} == \mathrm{Me}(a_2)$$

阳极反应

$$\mathrm{Me}(a_1) == \mathrm{Me}^{z+} + z\mathrm{e}$$

电池反应

$$\mathrm{Me}(a_1) = \mathrm{Me}(a_2)$$

1）阴极电势

阴极反应达成平衡

$$\mathrm{Me}^{z+} + z\mathrm{e} \rightleftharpoons \mathrm{Me}(a_2)$$

该过程的摩尔吉布斯自由能变化为

$$\Delta G_{\mathrm{m,阴,e}} = \mu_{\mathrm{Me}(a_2)} - \mu_{\mathrm{Me}^{z+}} - z\mu_{\mathrm{e}} = \Delta G_{\mathrm{m,阴}}^{\ominus} + RT\ln\frac{a_{\mathrm{Me}(a_2),\mathrm{e}}}{a_{\mathrm{Me}^{z+},\mathrm{e}}}$$

式中

$$\Delta G_{\mathrm{m,阴}}^{\ominus} = \mu_{\mathrm{Me}}^{\ominus} - \mu_{\mathrm{Me}^{z+}}^{\ominus} - z\mu_{\mathrm{e}}^{\ominus}$$

$$\mu_{\mathrm{Me}(a_2)} = \mu_{\mathrm{Me}}^{\ominus} + RT\ln a_{\mathrm{Me}(a_2),\mathrm{e}}$$

$$\mu_{\mathrm{Me}^{z+}} = \mu_{\mathrm{Me}^{z+}}^{\ominus} + RT\ln a_{\mathrm{Me}^{z+},\mathrm{e}}$$

$$\mu_{\mathrm{e}} = \mu_{\mathrm{e}}^{\ominus}$$

由

$$\varphi_{\mathrm{阴,e}} = -\frac{\Delta G_{\mathrm{m,阴,e}}}{zF}$$

得

$$\varphi_{\mathrm{阴,e}} = \varphi_{\mathrm{阴}}^{\ominus} + \frac{RT}{zF}\ln\frac{a_{\mathrm{Me}^{2+},\mathrm{e}}}{a_{\mathrm{Me}(a_2),\mathrm{e}}}$$

式中

$$\varphi_{\mathrm{阴}}^{\ominus} = -\frac{\Delta G_{\mathrm{m,阴}}^{\ominus}}{zF} = -\frac{\mu_{\mathrm{Me}}^{\ominus} - \mu_{\mathrm{Me}^{z+}}^{\ominus} - z\mu_{\mathrm{e}}^{\ominus}}{zF}$$

阴极有电流通过，发生极化，阴极反应为

$$\mathrm{Me}^{z+} + z\mathrm{e} = \mathrm{Me}(a_2)$$

阴极电势为

$$\varphi_{\mathrm{阴}} = \varphi_{\mathrm{阴,e}} + \Delta\varphi_{\mathrm{阴}}$$

则

$$\Delta\varphi_{\mathrm{阴}} = \varphi_{\mathrm{阴}} - \varphi_{\mathrm{阴,e}}$$

并有

$$A_{\mathrm{m,阴}} = \Delta G_{\mathrm{m,阴}} = -zF\varphi_{\mathrm{阴}} = -zF(\varphi_{\mathrm{阴,e}} + \Delta\varphi_{\mathrm{阴}})$$

阴极反应速率为

$$\frac{\mathrm{d}N_{\mathrm{Me}(a_2)}}{\mathrm{d}t} = -\frac{\mathrm{d}N_{\mathrm{Me}^{z+}}}{\mathrm{d}t} = -\frac{1}{z}\frac{\mathrm{d}N_{\mathrm{e}}}{\mathrm{d}t} = Sj$$

式中

$$
\begin{aligned}
j &= -l_1\left(\frac{A_{\mathrm{m,阴}}}{T}\right) - l_2\left(\frac{A_{\mathrm{m,阴}}}{T}\right)^2 - l_3\left(\frac{A_{\mathrm{m,阴}}}{T}\right)^3 - \cdots \\
&= -l_1'\left(\frac{\varphi_{阴}}{T}\right) - l_2'\left(\frac{\varphi_{阴}}{T}\right)^2 - l_3'\left(\frac{\varphi_{阴}}{T}\right)^3 - \cdots \\
&= -l_1'' - l_2''\left(\frac{\Delta\varphi_{阴}}{T}\right) - l_3''\left(\frac{\Delta\varphi_{阴}}{T}\right)^2 - l_4''\left(\frac{\Delta\varphi_{阴}}{T}\right)^3 - \cdots
\end{aligned}
$$

将上式代入

$$
i = zFj
$$

得

$$
\begin{aligned}
i &= zFj \\
&= -l_1^*\left(\frac{\varphi_{阴}}{T}\right) - l_2^*\left(\frac{\varphi_{阴}}{T}\right)^2 - l_3^*\left(\frac{\varphi_{阴}}{T}\right)^3 - \cdots \\
&= -l_1^{**} - l_2^{**}\left(\frac{\Delta\varphi_{阴}}{T}\right) - l_3^{**}\left(\frac{\Delta\varphi_{阴}}{T}\right)^2 - l_4^{**}\left(\frac{\Delta\varphi_{阴}}{T}\right)^3 - \cdots
\end{aligned}
$$

2）阳极电势

阳极反应达成平衡

$$
\mathrm{Me}(a_1) \rightleftharpoons \mathrm{Me}^{z+} + z\mathrm{e}
$$

该过程的摩尔吉布斯自由能变化为

$$
\Delta G_{\mathrm{m,阳,e}} = \mu_{\mathrm{Me}^{z+}} + z\mu_{\mathrm{e}} - \mu_{\mathrm{Me}(a_1)} = \Delta G_{\mathrm{m,阳}}^{\ominus} + RT\ln\frac{a_{\mathrm{Me}^{z+},\mathrm{e}}}{a_{\mathrm{Me}(a_1),\mathrm{e}}}
$$

式中

$$
\begin{aligned}
\Delta G_{\mathrm{m,阳}}^{\ominus} &= \mu_{\mathrm{Me}^{z+}}^{\ominus} + z\mu_{\mathrm{e}}^{\ominus} - \mu_{\mathrm{Me}}^{\ominus} \\
\mu_{\mathrm{Me}^{z+}} &= \mu_{\mathrm{Me}^{z+}}^{\ominus} + RT\ln a_{\mathrm{Me}^{z+},\mathrm{e}} \\
\mu_{\mathrm{e}} &= \mu_{\mathrm{e}}^{\ominus} \\
\mu_{\mathrm{Me}(a_1)} &= \mu_{\mathrm{Me}}^{\ominus} + RT\ln a_{1,\mathrm{e}}
\end{aligned}
$$

由

$$
\varphi_{\mathrm{阳,e}} = \frac{\Delta G_{\mathrm{m,阳,e}}}{zF}
$$

得

$$
\varphi_{\mathrm{阳,e}} = \varphi_{阳}^{\ominus} + \frac{RT}{zF}\ln\frac{a_{\mathrm{Me}^{2+},\mathrm{e}}}{a_{\mathrm{Me}(a_1),\mathrm{e}}}
$$

式中

$$
\varphi_{\mathrm{阳,e}}^{\ominus} = \frac{\Delta G_{\mathrm{m,阳}}^{\ominus}}{zF} = \frac{\mu_{\mathrm{Me}^{z+}}^{\ominus} + z\mu_{\mathrm{e}}^{\ominus} - \mu_{\mathrm{Me}}^{\ominus}}{zF}
$$

阳极有电流通过，发生极化，阳极反应为

$$\mathrm{Me}(a_1) = \mathrm{Me}^{z+} + z\mathrm{e}$$

阳极电势为

$$\varphi_{阳} = \varphi_{阳,\mathrm{e}} + \Delta\varphi_{阳}$$

则

$$\Delta\varphi_{阳} = \varphi_{阳} - \varphi_{阳,\mathrm{e}}$$

并有

$$A_{\mathrm{m},阳} = \Delta G_{\mathrm{m},阳} = zF\varphi_{阳} = zF(\varphi_{阳,\mathrm{e}} + \Delta\varphi_{阳})$$

阳极反应速率

$$\frac{\mathrm{d}N_{\mathrm{Me}^{z+}}}{\mathrm{d}t} = \frac{1}{z}\frac{\mathrm{d}N_{\mathrm{e}}}{\mathrm{d}t} = -\frac{\mathrm{d}N_{\mathrm{Me}(a_1)}}{\mathrm{d}t} = Sj$$

式中

$$\begin{aligned} j &= -l_1\left(\frac{A_{\mathrm{m},阳}}{T}\right) - l_2\left(\frac{A_{\mathrm{m},阳}}{T}\right)^2 - l_3\left(\frac{A_{\mathrm{m},阳}}{T}\right)^3 - \cdots \\ &= -l_1'\left(\frac{\varphi_{阳}}{T}\right) - l_2'\left(\frac{\varphi_{阳}}{T}\right)^2 - l_3'\left(\frac{\varphi_{阳}}{T}\right)^3 - \cdots \\ &= -l_1'' - l_2''\left(\frac{\Delta\varphi_{阳}}{T}\right) - l_3''\left(\frac{\Delta\varphi_{阳}}{T}\right)^2 - l_4''\left(\frac{\Delta\varphi_{阳}}{T}\right)^3 - \cdots \end{aligned}$$

将上式代入

$$i = zFj$$

得

$$\begin{aligned} i &= zFj \\ &= -l_1^*\left(\frac{\varphi_{阳}}{T}\right) - l_2^*\left(\frac{\varphi_{阳}}{T}\right)^2 - l_3^*\left(\frac{\varphi_{阳}}{T}\right)^3 - \cdots \\ &= -l_1^{**} - l_2^{**}\left(\frac{\Delta\varphi_{阳}}{T}\right) - l_3^{**}\left(\frac{\Delta\varphi_{阳}}{T}\right)^2 - l_4^{**}\left(\frac{\Delta\varphi_{阳}}{T}\right)^3 - \cdots \end{aligned}$$

3）电池电动势

电池反应达成平衡，有

$$\mathrm{Me}(a_1) \rightleftharpoons \mathrm{Me}(a_2)$$

该过程的摩尔吉布斯自由能变化为

$$
\begin{aligned}
\Delta G_{\mathrm{m,e}} &= \mu_{\mathrm{Me}(a_2)} - \mu_{\mathrm{Me}(a_1)} = RT\ln\frac{a_{\mathrm{Me}(a_2),\mathrm{e}}}{a_{\mathrm{Me}(a_1),\mathrm{e}}} \\
&= \Delta G_{\mathrm{m,阴,e}} + \Delta G_{\mathrm{m,阳,e}} \\
&= -zF\varphi_{阴,\mathrm{e}} + zF\varphi_{阳,\mathrm{e}} \\
&= -zF(\varphi_{阴,\mathrm{e}} - \varphi_{阳,\mathrm{e}}) \\
&= -zFE_{\mathrm{e}}
\end{aligned}
$$

式中

$$E_{\mathrm{e}} = \varphi_{阴,\mathrm{e}} - \varphi_{阳,\mathrm{e}}$$

$$E_{\mathrm{e}} = -\frac{\Delta G_{\mathrm{m,e}}}{zF} = RT\ln\frac{a_{\mathrm{Me}(a_1),\mathrm{e}}}{a_{\mathrm{Me}(a_2),\mathrm{e}}}$$

$$\Delta G_{\mathrm{m}}^{\ominus} = \mu_{\mathrm{Me}}^{\ominus} - \mu_{\mathrm{Me}}^{\ominus} = 0$$

$$E_{\mathrm{e}}^{\ominus} = -\frac{\Delta G_{\mathrm{m}}^{\ominus}}{zF} = 0$$

电池有电流通过，发生极化，电池反应为

$$\mathrm{Me}(a_1) = \!= \mathrm{Me}(a_2)$$

电池电动势为

$$
\begin{aligned}
E &= \varphi_{阴} - \varphi_{阳} \\
&= (\varphi_{阴,\mathrm{e}} + \Delta\varphi_{阴}) - (\varphi_{阳,\mathrm{e}} + \Delta\varphi_{阳}) \\
&= (\varphi_{阴,\mathrm{e}} - \varphi_{阳,\mathrm{e}}) + (\Delta\varphi_{阴} - \Delta\varphi_{阳}) \\
&= E_{\mathrm{e}} + \Delta E
\end{aligned}
$$

式中

$$E_{\mathrm{e}} = \varphi_{阴,\mathrm{e}} - \varphi_{阳,\mathrm{e}}$$

$$\Delta E = \Delta\varphi_{阴} - \Delta\varphi_{阳}$$

并有

$$A_{\mathrm{m}} = \Delta G_{\mathrm{m}} = -zFE = -zF(E_{\mathrm{e}} + \Delta E)$$

电池反应速率为

$$\frac{\mathrm{d}N_{\mathrm{Me}(a_2)}}{\mathrm{d}t} = -\frac{\mathrm{d}N_{\mathrm{Me}(a_1)}}{\mathrm{d}t} = Sj$$

式中

$$
\begin{aligned}
j &= -l_1\left(\frac{A_{\mathrm{m}}}{T}\right) - l_2\left(\frac{A_{\mathrm{m}}}{T}\right)^2 - l_3\left(\frac{A_{\mathrm{m}}}{T}\right)^3 - \cdots \\
&= -l_1'\left(\frac{E}{T}\right) - l_2'\left(\frac{E}{T}\right)^2 - l_3'\left(\frac{E}{T}\right)^3 - \cdots \\
&= -l_1'' - l_2''\left(\frac{\Delta E}{T}\right) - l_3''\left(\frac{\Delta E}{T}\right)^2 - l_4''\left(\frac{\Delta E}{T}\right)^3 - \cdots
\end{aligned}
$$

将上式代入

$$i = zFj$$

得

$$\begin{aligned} i &= zFj \\ &= -l_1^*\left(\frac{E}{T}\right) - l_2^*\left(\frac{E}{T}\right)^2 - l_3^*\left(\frac{E}{T}\right)^3 - \cdots \\ &= -l_1^{**} - l_2^{**}\left(\frac{\Delta E}{T}\right) - l_3^{**}\left(\frac{\Delta E}{T}\right)^2 - l_4^{**}\left(\frac{\Delta E}{T}\right)^3 - \cdots \end{aligned}$$

13.2 熔 盐 电 解

13.2.1 阴极过程

熔盐电解的阴极过程是阳离子的阴极还原，例如：

Al_2O_3 电解，阴极反应是 Al^{3+}在阴极还原，电化学反应为

$$Al^{3+} + 3e = Al$$

$MgCl_2$ 电解，阴极反应是 Mg^{2+}在阴极还原，电化学反应为

$$Mg^{2+} + 2e = Mg$$

NaCl 电解，阴极反应是 Na^+在阴极还原，电化学反应为

$$Na^+ + e = Na$$

1. 阴极产物的单质

阴极反应为

$$A^{z+} + ze = A$$

阴极反应达到平衡，

$$A^{z+} + ze \rightleftharpoons A$$

该反应的摩尔吉布斯自由能变化为

$$\Delta G_{m,阴,e} = \mu_A - \mu_{A^{z+}} - z\mu_e = \Delta G_{m,阴}^{\ominus} + RT\ln\frac{1}{a_{A^{z+},e}}$$

式中

$$\begin{aligned} \Delta G_{m,阴}^{\ominus} &= \mu_A^{\ominus} - \mu_{A^{z+}}^{\ominus} - z\mu_e^{\ominus} \\ \mu_A &= \mu_A^{\ominus} \\ \mu_{A^{z+}} &= \mu_{A^{z+}}^{\ominus} + RT\ln a_{A^{z+},e} \\ \mu_e &= \mu_e^{\ominus} \end{aligned}$$

由

$$\varphi_{阴,e} = -\frac{\Delta G_{m,阴,e}}{zF}$$

得

$$\varphi_{阴,e} = \varphi_{阴}^{\ominus} + \frac{RT}{zF}\ln a_{A^{z+},e}$$

式中

$$\varphi_{阴,e}^{\ominus} = -\frac{\Delta G_{m,阴}^{\ominus}}{zF} = -\frac{\mu_{A}^{\ominus} - \mu_{A^{z+}}^{\ominus} - z\mu_{e}^{\ominus}}{zF}$$

与水溶液相似，熔盐电解也有浓差极化和电化学极化。由于熔盐温度高，电化学反应快，熔盐电解通常显示的是浓差极化。

阴极有电流通过，发生极化，阴极反应为

$$A^{z+} + ze = A$$

阴极电势为

$$\varphi_{阴} = \varphi_{阴,e} + \Delta\varphi_{阴}$$

则

$$\Delta\varphi_{阴} = \varphi_{阴} - \varphi_{阴,e}$$

并有

$$A_{m,阴} = -\Delta G_{m,阴} = zF\varphi_{阴} = zF(\varphi_{阴,e} + \Delta\varphi_{阴})$$

阴极反应速率为

$$\frac{dN_{A}}{dt} = -\frac{dN_{A^{z+}}}{dt} = -\frac{1}{z}\frac{dN_{e}}{dt} = Sj_{A}$$

式中

$$\begin{aligned} j_{A} &= -l_{1}\left(\frac{A_{m,阴}}{T}\right) - l_{2}\left(\frac{A_{m,阴}}{T}\right)^{2} - l_{3}\left(\frac{A_{m,阴}}{T}\right)^{3} - \cdots \\ &= -l_{1}'\left(\frac{\varphi_{阴}}{T}\right) - l_{2}'\left(\frac{\varphi_{阴}}{T}\right)^{2} - l_{3}'\left(\frac{\varphi_{阴}}{T}\right)^{3} - \cdots \\ &= -l_{1}'' - l_{2}''\left(\frac{\Delta\varphi_{阴}}{T}\right) - l_{3}''\left(\frac{\Delta\varphi_{阴}}{T}\right)^{2} - l_{4}''\left(\frac{\Delta\varphi_{阴}}{T}\right)^{3} - \cdots \end{aligned}$$

将上式代入

$$i = zFj_{A}$$

得

$$\begin{aligned} i &= zFj_{A} \\ &= -l_{1}^{*}\left(\frac{\varphi_{阴}}{T}\right) - l_{2}^{*}\left(\frac{\varphi_{阴}}{T}\right)^{2} - l_{3}^{*}\left(\frac{\varphi_{阴}}{T}\right)^{3} - \cdots \\ &= -l_{1}^{**} - l_{2}^{**}\left(\frac{\Delta\varphi_{阴}}{T}\right) - l_{3}^{**}\left(\frac{\Delta\varphi_{阴}}{T}\right)^{2} - l_{4}^{**}\left(\frac{\Delta\varphi_{阴}}{T}\right)^{3} - \cdots \end{aligned}$$

2. 阴极产物为合金

如果电解阴极析出的金属形成合金，阴极反应为

$$A^{z+} + ze = [A]$$

阴极反应达成平衡，

$$A^{z+} + ze \rightleftharpoons [A]$$

该过程的摩尔吉布斯自由能变化为

$$\Delta G_{m,阴,e} = \mu_{[A]} - \mu_{A^{z+}} - z\mu_e = \Delta G^{\ominus}_{m,阴} + RT\ln\frac{a_{[A],e}}{a_{A^{z+},e}}$$

式中

$$\Delta G^{\ominus}_{m,阴} = \mu^{\ominus}_A - \mu^{\ominus}_{A^{z+}} - z\mu^{\ominus}_e$$

$$\mu_{[A]} = \mu^{\ominus}_A + RT\ln a_{[A],e}$$

$$\mu_{A^{z+}} = \mu^{\ominus}_{A^{z+}} + RT\ln a_{A^{z+},e}$$

$$\mu_e = \mu^{\ominus}_e$$

由

$$\varphi_{阴,e} = -\frac{\Delta G_{m,阴,e}}{zF}$$

得

$$\varphi_{阴,e} = \varphi^{\ominus}_{阴} + \frac{RT}{zF}\ln\frac{a_{A^{z+},e}}{a_{[A],e}}$$

式中

$$\varphi^{\ominus}_{阴,e} = -\frac{\Delta G^{\ominus}_{m,阴}}{zF} = -\frac{\mu^{\ominus}_A - \mu^{\ominus}_{A^{z+}} - z\mu^{\ominus}_e}{zF}$$

阴极有电流通过，发生极化，阴极反应为

$$A^{z+} + ze = [A]$$

阴极电势为

$$\varphi_{阴} = \varphi_{阴,e} + \Delta\varphi_{阴}$$

则

$$\Delta\varphi_{阴} = \varphi_{阴} - \varphi_{阴,e}$$

并有

$$A_{m,阴} = -\Delta G_{m,阴} = zF\varphi_{阴} = zF(\varphi_{阴,e} + \Delta\varphi_{阴})$$

阴极反应速率为

$$\frac{dN_{[A]}}{dt} = -\frac{dN_{A^{z+}}}{dt} = -\frac{1}{z}\frac{dN_e}{dt} = Sj_A$$

式中

$$
\begin{aligned}
j_{A} &= -l_1\left(\frac{A_{m,阴}}{T}\right)-l_2\left(\frac{A_{m,阴}}{T}\right)^2-l_3\left(\frac{A_{m,阴}}{T}\right)^3-\cdots \\
&= -l_1'\left(\frac{\varphi_{阴}}{T}\right)-l_2'\left(\frac{\varphi_{阴}}{T}\right)^2-l_3'\left(\frac{\varphi_{阴}}{T}\right)^3-\cdots \\
&= -l_1''-l_2''\left(\frac{\Delta\varphi_{阴}}{T}\right)-l_3''\left(\frac{\Delta\varphi_{阴}}{T}\right)^2-l_4''\left(\frac{\Delta\varphi_{阴}}{T}\right)^3-\cdots
\end{aligned}
$$

将上式代入

$$i = zFj$$

得

$$
\begin{aligned}
i &= zFj \\
&= -l_1^*\left(\frac{\varphi_{阴}}{T}\right)-l_2^*\left(\frac{\varphi_{阴}}{T}\right)^2-l_3^*\left(\frac{\varphi_{阴}}{T}\right)^3-\cdots \\
&= -l_1^{**}-l_2^{**}\left(\frac{\Delta\varphi_{阴}}{T}\right)-l_3^{**}\left(\frac{\Delta\varphi_{阴}}{T}\right)^2-l_4^{**}\left(\frac{\Delta\varphi_{阴}}{T}\right)^3-\cdots
\end{aligned}
$$

13.2.2 阴极去极化

熔盐电解会发生去极化现象。所谓去极化即过电势降低，电极过程向平衡方向移动。

阴极去极化的原因有：

（1）阴极析出的金属溶解到电解质中。

（2）阴极反应生成的金属与电极形成合金。

（3）阴极产物与阳极产物发生化学反应。

下面分别讨论。

1. 阴极析出的金属溶解到电解质中

阴极反应达到平衡

$$m\mathrm{A}^{z+} + mz\mathrm{e} \rightleftharpoons m\mathrm{A}$$

该过程的摩尔吉布斯自由能变化为

$$\Delta G_{m,阴,e,1} = m\mu_{A} - m\mu_{A^{z+}} - mz\mu_{e} = \Delta G_{m,阴,1}^{\ominus} + RT\ln\frac{1}{a_{A^{z+},e}^{m}}$$

式中

$$\Delta G_{m,阴,1}^{\ominus} = m\mu_{A}^{\ominus} - m\mu_{A^{z+}}^{\ominus} - mz\mu_{e}^{\ominus}$$

$$\mu_{A} = \mu_{A}^{\ominus}$$
$$\mu_{A^{z+}} = \mu_{A^{z+}}^{\ominus} + RT\ln a_{A^{z+},e}$$
$$\mu_{e} = \mu_{e}^{\ominus}$$

由

$$\varphi_{阴,e,1} = -\frac{\Delta G_{m,阴,e,1}}{mzF}$$
$$\varphi_{阴,e,1} = \varphi_{阴,1}^{\ominus} + \frac{RT}{mzF}\ln a_{A^{z+},e}^{m} \tag{13.1}$$

式中

$$\varphi_{阴,1}^{\ominus} = -\frac{\Delta G_{m,阴,1}^{\ominus}}{mzF} = -\frac{m\mu_{A}^{\ominus} - m\mu_{A^{z+}}^{\ominus} - mz\mu_{e}^{\ominus}}{mzF}$$

阴极有电流通过，发生极化，阴极反应为

$$A^{z+} + ze = A$$

阴极电势为

$$\varphi_{阴,1} = \varphi_{阴,e,1} + \Delta\varphi_{阴,1}$$

则

$$\Delta\varphi_{阴,1} = \varphi_{阴,1} - \varphi_{阴,e,1}$$

$\Delta\varphi_{阴,1}$ 为过电势。

阴极析出的金属部分溶解到电解质中，这是后续反应，即

$$mA^{z+} + mze = mA$$
$$nA + nB^{z+} = nA^{z+} + n(B)$$

总反应为

$$(m-n)A^{z+} + mze + nB^{z+} = (m-n)A + n(B)$$

式中，B 溶解在熔盐中。

阴极反应达到平衡，

$$mA^{z+} + mze \rightleftharpoons mA$$
$$nA + nB^{z+} \rightleftharpoons nA^{z+} + n(B)$$
$$\overline{\qquad\qquad\qquad\qquad\qquad\qquad\qquad}$$
$$(m-n)A^{z+} + mze + nB^{z+} \rightleftharpoons (m-n)A + n(B)$$

该反应的摩尔吉布斯自由能变化为

$$\begin{aligned}\Delta G_{m,阴,e,2} &= (m-n)\mu_{A} + n\mu_{(B)} - (m-n)\mu_{A^{z+}} - mz\mu_{e} - n\mu_{B^{z+}} \\ &= \Delta G_{m,阴,2}^{\ominus} + RT\ln\frac{a_{(B),e}^{n}}{a_{A^{z+},e}^{(m-n)}a_{B^{z+},e}}\end{aligned}$$

式中

$$\Delta G_{\mathrm{m},阴,2}^{\ominus} = (m-n)\mu_{\mathrm{A}}^{\ominus} + n\mu_{\mathrm{B}}^{\ominus} - (m-n)\mu_{\mathrm{A}^{z+}}^{\ominus} - mz\mu_{\mathrm{e}}^{\ominus} - n\mu_{\mathrm{B}^{z+}}^{\ominus}$$

$$\mu_{\mathrm{A}} = \mu_{\mathrm{A}}^{\ominus}$$

$$\mu_{(\mathrm{B})} = \mu_{\mathrm{B}}^{\ominus} + RT\ln a_{(\mathrm{B}),\mathrm{e}}$$

$$\mu_{\mathrm{A}^{z+}} = \mu_{\mathrm{A}^{z+}}^{\ominus} + RT\ln a_{\mathrm{A}^{z+},\mathrm{e}}$$

$$\mu_{\mathrm{e}} = \mu_{\mathrm{e}}^{\ominus}$$

$$\mu_{\mathrm{B}^{z+}} = \mu_{\mathrm{B}^{z+}}^{\ominus} + RT\ln a_{\mathrm{B}^{z+},\mathrm{e}}$$

由

$$\varphi_{阴,\mathrm{e},2} = -\frac{\Delta G_{\mathrm{m},阴,\mathrm{e},2}}{mzF}$$

得

$$\varphi_{阴,\mathrm{e},2} = \varphi_{阴,2}^{\ominus} + \frac{RT}{mzF}\ln\frac{a_{\mathrm{A}^{z+},\mathrm{e}}^{(m-n)} a_{\mathrm{B}^{z+},\mathrm{e}}^{n}}{a_{(\mathrm{B}),\mathrm{e}}^{n}}$$

式中

$$\varphi_{阴,2}^{\ominus} = -\frac{\Delta G_{\mathrm{m},阴,2}}{zF} = -\frac{(m-n)\mu_{\mathrm{A}}^{\ominus} + n\mu_{\mathrm{B}}^{\ominus} - (m-n)\mu_{\mathrm{A}^{z+}}^{\ominus} - mz\mu_{\mathrm{e}}^{\ominus} - n\mu_{\mathrm{B}^{z+}}^{\ominus}}{zF}$$

阴极有电流通过，发生极化，阴极反应为

$$(m-n)\mathrm{A}^{z+} + mz\mathrm{e} + n\mathrm{B}^{z+} = (m-n)\mathrm{A} + n(\mathrm{B})$$

阴极电势为

$$\varphi_{阴,2} = \varphi_{阴,\mathrm{e},2} + \Delta\varphi_{阴,2} \tag{13.2}$$

则

$$\Delta\varphi_{阴,2} = \varphi_{阴,2} - \varphi_{阴,\mathrm{e},2}$$

$$\Delta\varphi_{阴}'' = \Delta\varphi_{阴,1} - \Delta\varphi_{阴,2}$$

则

$$\Delta\varphi_{阴,2} = \Delta\varphi_{阴,1} - \Delta\varphi_{阴}''$$

将上式代入式（13.2），得

$$\varphi_{阴,2} = \varphi_{阴,\mathrm{e},2} + \Delta\varphi_{阴,1} - \Delta\varphi_{阴}''$$

由于后续反应处于平衡态，所以

$$\varphi_{阴,\mathrm{e},2} = \varphi_{阴,\mathrm{e},1}$$

得

$$\varphi_{阴,2} = \varphi_{阴,\mathrm{e},1} + \Delta\varphi_{阴,1} - \Delta\varphi_{阴}''$$

式中，$\Delta\varphi_{阴}''$ 即为去过电势，此即去极化电势。

2. 阴极反应生成的金属与电极形成合金

$$\mathrm{A}^{z+} + z\mathrm{e} = [\mathrm{A}]$$

阴极反应达到平衡，

$$A^{z+} + ze \rightleftharpoons [A]$$

该反应的摩尔吉布斯自由能变化为

$$\Delta G_{m,阴,e,3} = \mu_{[A]} - \mu_{A^{z+}} - z\mu_e = \Delta G^{\ominus}_{m,阴,3} + RT\ln\frac{a_{[A],e}}{a_{A^{z+},e}}$$

式中

$$\Delta G^{\ominus}_{m,阴,3} = \mu^{\ominus}_A - \mu^{\ominus}_{A^{z+}} - z\mu^{\ominus}_e$$

$$\mu_{[A]} = \mu^{\ominus}_A + RT\ln a_{[A],e}$$

$$\mu_{A^{z+}} = \mu^{\ominus}_{A^{z+}} + RT\ln a_{A^{z+},e}$$

$$\mu_e = \mu^{\ominus}_e$$

由

$$\varphi_{阴,e,3} = -\frac{\Delta G_{m,阴,e,3}}{zF}$$

得

$$\varphi_{阴,e,3} = \varphi^{\ominus}_{阴,e,3} + \frac{RT}{zF}\ln\frac{a_{A^{z+},e}}{a_{[A],e}}$$

式中

$$\varphi^{\ominus}_{阴,e,3} = -\frac{\Delta G^{\ominus}_{m,阴,e,3}}{zF} = -\frac{\mu^{\ominus}_A - \mu^{\ominus}_{A^{z+}} - 2\mu^{\ominus}_e}{zF}$$

阴极有电流通过，发生极化，阴极反应为

$$A^{z+} + ze = [A]$$

阴极电势为

$$\varphi_{阴,3} = \varphi_{阴,e,3} + \Delta\varphi_{阴,3} \tag{13.3}$$

式中

$$\Delta\varphi_{阴,e,3} = \varphi_{阴,e,1} + \frac{RT}{zF}\ln\frac{1}{a_{[A],e}}$$

$$\Delta\varphi''_{阴} = \Delta\varphi_{阴,1} - \Delta\varphi_{阴,3} - \Delta\varphi'''_{阴}$$

$$\Delta\varphi_{阴,3} = \Delta\varphi_{阴,1} - (\Delta\varphi'_{阴} + \Delta\varphi''_{阴}) = \Delta\varphi_{阴,1} - \Delta\varphi_{阴}$$

式中

$$\Delta\varphi'''_{阴} = \frac{RT}{zF}\ln a_{[A],e}$$

$$\Delta\varphi_{阴} = \Delta\varphi''_{阴} + \Delta\varphi'''_{阴}$$

将上面各式代入式（13.3），得

$$\varphi_{阴,3} = \varphi_{阴,e,1} + \Delta\varphi_{阴,1} - \Delta\varphi_{阴}$$

式中 $\Delta\varphi_{阴}$ 为去过电势。

3. 阴极产物与阳极产物发生化学反应

$$mA^{z+} + mze = mA$$

$$nA + n(M) \rightleftharpoons n(AM)$$

总反应为

$$mA^{z+} + mze + n(M) = (m-n)A + n(AM)$$

阴极反应达到平衡，

$$mA^{z+} + mze + n(M) \rightleftharpoons (m-n)A + n(AM)$$

该反应的摩尔吉布斯自由能变化为

$$\begin{aligned}\Delta G_{m,阴,e,4} &= (m-n)\mu_A + n\mu_{(AM)} - m\mu_{A^{z+}} - mz\mu_e - n\mu_{(M)} \\ &= \Delta G^{\ominus}_{m,阴,4} + RT\ln\frac{a^n_{(AM),e}}{a^m_{A^{z+},e}a^n_{(M),e}}\end{aligned}$$

式中

$$\Delta G^{\ominus}_{m,阴,4} = (m-n)\mu^{\ominus}_A + n\mu^{\ominus}_{AM} - m\mu^{\ominus}_{A^{z+}} - mz\mu^{\ominus}_e - n\mu_M$$

$$\mu_A = \mu^{\ominus}_A$$

$$\mu_{(AM)} = \mu^{\ominus}_{(AM)} + RT\ln a_{(AM),e}$$

$$\mu_{A^{z+}} = \mu^{\ominus}_{A^{z+}} + RT\ln a_{A^{z+}}$$

$$\mu_e = \mu^{\ominus}_e$$

$$\mu_{(M)} = \mu^{\ominus}_M + RT\ln a_{(M),e}$$

由

$$\varphi_{阴,e,4} = -\frac{\Delta G_{m,阴,e,4}}{zF}$$

得

$$\varphi_{阴,e,4} = \varphi^{\ominus}_{阴,4} + \frac{RT}{zF}\ln\frac{a^m_{A^{z+},e}a^n_{(M),e}}{a^n_{(AM),e}}$$

式中

$$\varphi^{\ominus}_{阴,4} = -\frac{\Delta G^{\ominus}_{m,阴,4}}{zF} = -\frac{(m-n)\mu^{\ominus}_A + n\mu^{\ominus}_{AM} - m\mu^{\ominus}_{A^{z+}} - mz\mu^{\ominus}_e - n\mu^{\ominus}_M}{zF}$$

阴极有电流通过，发生极化，阴极反应为

$$mA^{z+} + mze + n(M) = (m-n)A + n(AM)$$

阴极电势为

$$\varphi_{阴,4} = \varphi_{阴,e,4} + \Delta\varphi_{阴,4} \tag{13.4}$$

则

$$\Delta\varphi_{阴,4} = \varphi_{阴,4} - \varphi_{阴,e,4}$$

$$\Delta\varphi'_{阴} = \Delta\varphi_{阴,1} - \Delta\varphi_{阴,4}$$

则

$$\Delta\varphi_{阴,4} = \Delta\varphi_{阴,1} - \Delta\varphi''_{阴}$$

将上式代入式（13.4），得

$$\Delta\varphi_{阴,4} = \varphi_{阴,e,4} + \Delta\varphi_{阴,1} - \Delta\varphi''_{阴}$$

由于阴极产物与阳极产物的反应达成平衡，所以

$$\varphi_{阴,e,4} = \varphi_{阴,e,1}$$

得

$$\Delta\varphi_{阴,4} = \varphi_{阴,e,1} + \Delta\varphi_{阴,1} - \Delta\varphi''_{阴}$$

式中，$\Delta\varphi''_{阴}$ 即为去过电势。

13.2.3　金属在熔盐中的溶解

在电解过程中，阴极生成的金属会溶解到熔盐中，使金属由原子状态又变为离子状态，造成金属损失，降低了电流效率。

金属在熔盐中溶解带有颜色。例如，铝溶入冰晶石中是白色，铅溶入 NaCl-KCl 熔盐中是黄褐色，钠溶入 NaCl-KCl 中是红橘色。金属溶入熔盐，如同雾状，称为金属雾，是溶入熔盐中的金属在熔盐中扩散所致。

在密闭体系，金属在熔盐中溶解直到饱和。在开放体系，溶解在熔盐中的金属会被空气或阳极产生的气体氧化，使得电解得到的金属不断溶解到熔盐中。

金属在熔盐中溶解有两种类型：

（1）金属溶解在该金属的熔盐中。

（2）金属溶解在不含该金属离子的熔盐中。

下面分别讨论。

1. 金属溶解在该金属的熔盐中

溶解反应为

$$\mathrm{Me} + \mathrm{Me}^{z+} = 2\mathrm{Me}^{\frac{z}{2}+}$$

该反应的摩尔吉布斯自由能变化为

$$\Delta G_{\mathrm{m}} = 2\mu_{\mathrm{Me}^{z/2+}} - \mu_{\mathrm{Me}} - \mu_{\mathrm{Me}^{z+}} = \Delta G_{\mathrm{m}}^{\ominus} + RT\ln\frac{a_{\mathrm{Me}^{z/2+}}^2}{a_{\mathrm{Me}^{z+}}}$$

式中

$$\Delta G_{\mathrm{m}}^{\ominus} = 2\mu_{\mathrm{Me}^{z/2+}}^{\ominus} - \mu_{\mathrm{Me}}^{\ominus} - \mu_{\mathrm{Me}^{z+}}^{\ominus}$$

$$\mu_{\mathrm{Me}^{z/2+}} = \mu_{\mathrm{Me}^{z/2+}}^{\ominus} + RT\ln a_{\mathrm{Me}^{z/2+}}$$

$$\mu_{\mathrm{Me}} = \mu_{\mathrm{Me}}^{\ominus}$$

$$\mu_{\mathrm{Me}^{z+}} = \mu_{\mathrm{Me}^{z+}}^{\ominus} + RT\ln a_{\mathrm{Me}^{z+}}$$

溶解速率为

$$\frac{1}{2}\frac{\mathrm{d}N_{\mathrm{Me}^{z/2+}}}{\mathrm{d}t} = -\frac{\mathrm{d}N_{\mathrm{Me}}}{\mathrm{d}t} = -\frac{\mathrm{d}N_{\mathrm{Me}^{z+}}}{\mathrm{d}t} = Vj$$

式中

$$j = -l_1\left(\frac{A_{\mathrm{m}}}{T}\right) - l_2\left(\frac{A_{\mathrm{m}}}{T}\right)^2 - l_3\left(\frac{A_{\mathrm{m}}}{T}\right)^3 - \cdots$$

$$A_{\mathrm{m}} = \Delta G_{\mathrm{m}}$$

V 为熔盐体积。

2. 金属溶解在不含该金属离子的熔盐中

溶解反应为

$$\mathrm{Me} + \mathrm{M}^{z+} = \mathrm{Me}^{z+} + \mathrm{M}$$

该反应的摩尔吉布斯自由能变化为

$$\Delta G_{\mathrm{m}} = \mu_{\mathrm{Me}^{z+}} + \mu_{\mathrm{M}} - \mu_{\mathrm{Me}} - \mu_{\mathrm{M}^{z+}} = \Delta G_{\mathrm{m}}^{\ominus} + RT\ln\frac{a_{\mathrm{Me}^{z+}}}{a_{\mathrm{M}^{z+}}}$$

式中

$$\Delta G_{\mathrm{m}}^{\ominus} = \mu_{\mathrm{Me}^{z+}}^{\ominus} + \mu_{\mathrm{M}}^{\ominus} - \mu_{\mathrm{Me}}^{\ominus} - \mu_{\mathrm{M}^{z+}}^{\ominus}$$

$$\mu_{\mathrm{Me}^{z+}} = \mu_{\mathrm{Me}^{z+}}^{\ominus} + RT\ln a_{\mathrm{Me}^{z+}}$$

$$\mu_{\mathrm{M}} = \mu_{\mathrm{M}}^{\ominus}$$

$$\mu_{\mathrm{Me}} = \mu_{\mathrm{Me}}^{\ominus}$$

$$\mu_{\mathrm{M}^{z+}} = \mu_{\mathrm{M}^{z+}}^{\ominus} + RT\ln a_{\mathrm{M}^{z+}}$$

溶解速率为

$$\frac{\mathrm{d}N_{\mathrm{Me}^{z+}}}{\mathrm{d}t} = \frac{\mathrm{d}N_{\mathrm{M}}}{\mathrm{d}t} = -\frac{\mathrm{d}N_{\mathrm{Me}}}{\mathrm{d}t} = -\frac{\mathrm{d}N_{\mathrm{M}^{z+}}}{\mathrm{d}t} = Vj$$

式中

$$j = -l_1\left(\frac{A_{\mathrm{m}}}{T}\right) - l_2\left(\frac{A_{\mathrm{m}}}{T}\right)^2 - l_3\left(\frac{A_{\mathrm{m}}}{T}\right)^3 - \cdots$$

$$A_{\mathrm{m}} = \Delta G_{\mathrm{m}}$$

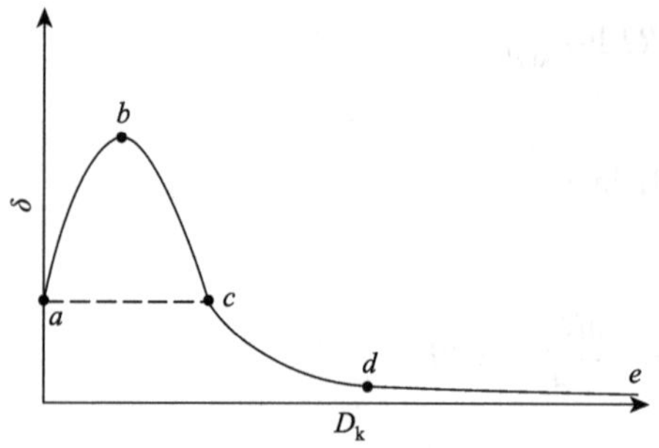

图 13.1 金属在熔盐中溶解损失与阴极的电流密度的关系曲线

电解过程中，阴极析出的金属在熔盐中溶解损失与阴极的电流密度有关。图 13.1 是金属在熔盐中溶解损失与阴极的电流密度的关系曲线。图中 a 点对应的阴极电流密度为零、阴极电势也为零时的金属损失。

随着阴极电势和电流密度增加，金属损失先是增加，达到最大值 b 点以后，随着电极电势和电流密度增加，金属损失减少。在 c 点金属损失与 a 点相同，随着阴极电势和电流密度增加，金属损失继续减小。到达 d 点以后，阴极电势和电流密度继续增加，金属损失几乎不变。

这一过程可解释如下：在阴极电流密度为零时，曲线上 a 点对应的金属损失就是金属在熔盐中的溶解度。随着电流密度增加，阴极析出金属。析出的金属是由离子变成原子，即使聚集成原子团，体积也很小，但比表面积大，表面能大，其在熔盐中的溶解度远大于宏观体积的阴极，且溶解速率快。因而，其溶解损失增加，随着电流密度的增加，意味着阴极上单位面积、单位时间内析出的金属原子数量增加，聚集的原子团体积增大，甚至形成液滴或大的晶粒。随着电流密度增加，析出的金属原子数量增多，溶解进入熔盐的金属量会增加。但由于析出的金属原子形成的聚集体体积增大，比表面积减小，表面能降低，溶解量和溶解速率变小，在熔盐中的溶解损失变小。两种相反因素得到的结果是：前一因素占上峰时，金属溶解损失随电流密度增加而增加，后一因素占上峰时，金属损失随电流密度增加而减少。曲线上的 b 点正是这两个因素持平；前一因素占上峰的最大电流密度和后一因素占上峰的最小电流密度。在 b 点之后，随着电流密度增加，液滴或晶核体积越来越大，比表面积减小，表面能降低，金属损失量减少。随着电流密度继续增加，即阴极电势增加，溶解在熔盐中的金属离子被还原，显得金属损失变少。直到金属溶解损失和溶解于熔盐中的金属离子电解成金属达成平衡，曲线成为直线，金属在熔盐中的溶解损失不变。

13.2.4 铝电解

1. 铝电解的阴极过程

研究认为铝电解的阴极反应为

$$Al^{3+} + 3e = Al$$

铝电解的电解质由冰晶石和氧化铝组成，铝离子来源于 Al_2O_3 和 Na_3AlF_6，而且更多地来源于 Na_3AlF_6。因此，在电流密度不太大（$i = 0.01 \sim 3A/cm^2$），阴极电压主要是电化学极化造成。

以 Al 为参比电极，阴极反应达到平衡，

$$Al^{3+} + 3e \rightleftharpoons Al$$

铝离子阴极反应的摩尔吉布斯自由能变化为

$$\Delta G_{m,阴,e} = \mu_{Al} - \mu_{Al^{3+}} - 3\mu_e = \Delta G_{m,阴}^{\ominus} + RT\ln\frac{1}{a_{Al^{3+},e}}$$

式中

$$\Delta G_{m,阴}^{\ominus} = \mu_{Al}^{\ominus} - \mu_{Al^{3+}}^{\ominus} - 3\mu_e^{\ominus}$$

$$\mu_{Al} = \mu_{Al}^{\ominus}$$

$$\mu_{Al^{3+}} = \mu_{Al^{3+}}^{\ominus} + RT\ln a_{Al^{3+},e}$$

$$\mu_e = \mu_e^{\ominus}$$

由

$$\varphi_{阴,e} = -\frac{\Delta G_{m,阴,e}}{3F}$$

得

$$\varphi_{阴,e} = \varphi_{阴,e}^{\ominus} + \frac{RT}{3F}\ln a_{Al^{3+},e}$$

式中

$$\varphi_{阴,e}^{\ominus} = -\frac{\Delta G_{m,阴,e}^{\ominus}}{3F} = -\frac{\mu_{Al}^{\ominus} - \mu_{Al^{3+}}^{\ominus} - 3\mu_e^{\ominus}}{3F}$$

阴极有电流通过，发生极化，阴极反应为

$$Al^{3+} + 3e = Al$$

阴极电势为

$$\varphi_{阴} = \varphi_{阴,e} + \Delta\varphi_{阴}$$

$$\Delta\varphi_{阴} = \varphi_{阴} - \varphi_{阴,e}$$

有

$$A_{m,阴} = -\Delta G_{m,阴} = 3F\varphi_{阴} = 3F(\varphi_{阴,e} + \Delta\varphi_{阴})$$

阴极反应速率为

$$\frac{dN_{Al}}{dt} = -\frac{dN_{Al^{3+}}}{dt} = -\frac{1}{3}\frac{dN_e}{dt} = Sj_{Al}$$

式中

$$j_{\mathrm{Al}} = -l_1\left(\frac{A_{\mathrm{m,阴}}}{T}\right) - l_2\left(\frac{A_{\mathrm{m,阴}}}{T}\right)^2 - l_3\left(\frac{A_{\mathrm{m,阴}}}{T}\right)^3 - \cdots$$

$$= -l_1'\left(\frac{\varphi_{阴}}{T}\right) - l_2'\left(\frac{\varphi_{阴}}{T}\right)^2 - l_3'\left(\frac{\varphi_{阴}}{T}\right)^3 - \cdots$$

$$= -l_1'' - l_2''\left(\frac{\Delta\varphi_{阴}}{T}\right) - l_3''\left(\frac{\Delta\varphi_{阴}}{T}\right)^2 - l_4''\left(\frac{\Delta\varphi_{阴}}{T}\right)^3 - \cdots$$

将上式代入

$$i = 3Fj_{\mathrm{Al}}$$

得

$$i = 3Fj_{\mathrm{Al}}$$

$$= -l_1^*\left(\frac{\varphi_{阴}}{T}\right) - l_2^*\left(\frac{\varphi_{阴}}{T}\right)^2 - l_3^*\left(\frac{\varphi_{阴}}{T}\right)^3 - \cdots$$

$$= -l_1^{**} - l_2^{**}\left(\frac{\Delta\varphi_{阴}}{T}\right) - l_3^{**}\left(\frac{\Delta\varphi_{阴}}{T}\right)^2 - l_4^{**}\left(\frac{\Delta\varphi_{阴}}{T}\right)^3 - \cdots$$

实验测得铝的过电势图如图 13.2 所示

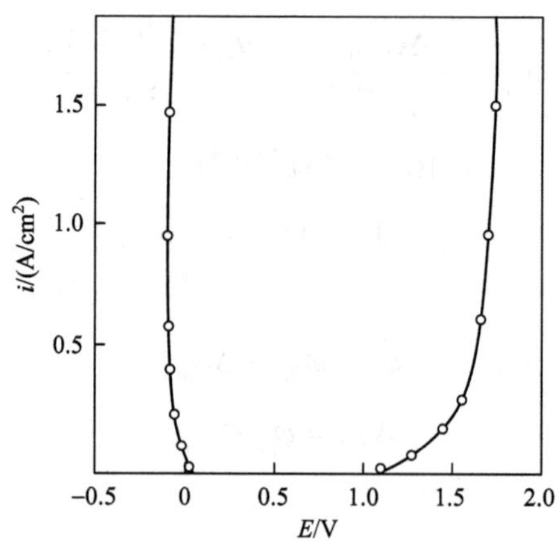

图 13.2 铝的过电势图

2. 铝电解的阳极过程

图 13.3 为石墨电极上的电势扫描图。

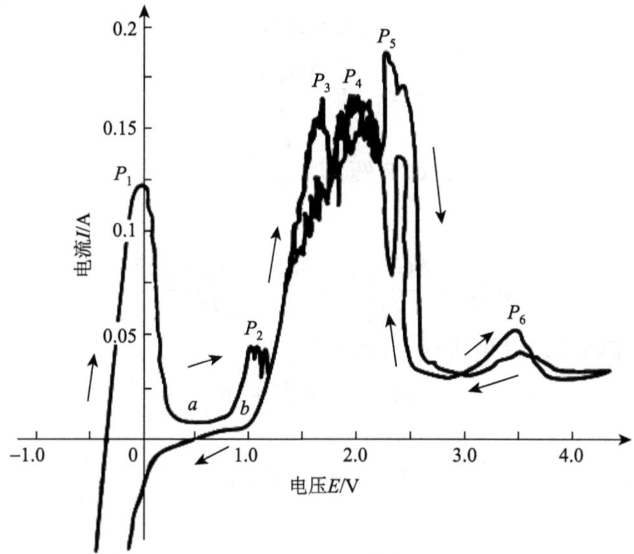

图 13.3　石墨电极上的电势扫描图

如图可见，阳极有 6 个反应：

电流峰	电极反应
P_1	$Al = Al^{3+} + 3e$
P_2	$C + O^{2-} - 2e = CO$
P_3	$C + 2O^{2-} - 4e = CO_2$
P_4	$C + O^{2-} + 2F^{-} - 4e = COF_2$
P_5	$C + 4F^{-} - 4e = CF_4$
P_6	$2F^{-} - 2e = F_2$

P_1 电流峰是 Al 在阳极溶解，成为 Al^{3+}，也是六个反应中唯一不生成气体的反应。Al 的阳极反应达到平衡，有

$$Al - 3e \rightleftharpoons Al^{3+}$$

该过程的摩尔吉布斯自由能变化为

$$\Delta G_{m,阳,Al,e} = \mu_{Al^{3+}} - \mu_{Al} + 3\mu_e = \Delta G^{\ominus}_{m,阳,Al} + RT\ln a_{Al^{3+},e}$$

式中

$$\Delta G^{\ominus}_{m,阳,Al} = \mu^{\ominus}_{Al^{3+}} - \mu^{\ominus}_{Al} + 3\mu^{\ominus}_e$$

$$\mu_{Al^{3+}} = \mu^{\ominus}_{Al^{3+}} + RT\ln a_{Al^{3+},e}$$

$$\mu_{Al} = \mu^{\ominus}_{Al}$$

$$\mu_{e} = \mu_{e}^{\ominus}$$

由
$$\varphi_{阳,Al,e} = \frac{\Delta G_{m,阳,Al,e}^{\ominus}}{3F}$$

得
$$\varphi_{阳,Al,e} = \varphi_{阳,Al}^{\ominus} + \frac{RT}{3F}\ln a_{Al^{3+},e}$$

式中

$$\varphi_{阳,Al}^{\ominus} = \frac{\Delta G_{m,阳,Al}^{\ominus}}{3F} = \frac{\mu_{Al^{3+}}^{\ominus} - \mu_{Al}^{\ominus} + 3\mu_{e}^{\ominus}}{3F}$$

阳极有电流通过，发生极化，阳极反应为

$$Al = Al^{3+} + 3e$$

阳极电势为

$$\varphi_{阳} = \varphi_{阳,e} + \Delta\varphi_{阳}$$

则

$$\Delta\varphi_{阳} = \varphi_{阳} - \varphi_{阳,e}$$

及

$$A_{m,阳} = \Delta G_{m,阳} = 3F\varphi_{阳} = 3F(\varphi_{阳,e} + \Delta\varphi_{阳})$$

阳极反应速率为

$$\frac{dN_{Al^{3+}}}{dt} = \frac{1}{3}\frac{dN_{e}}{dt} = -\frac{dN_{Al}}{dt} = Sj$$

式中

$$\begin{aligned} j &= -l_{1}\left(\frac{A_{m,阳}}{T}\right) - l_{2}\left(\frac{A_{m,阳}}{T}\right)^{2} - l_{3}\left(\frac{A_{m,阳}}{T}\right)^{3} - \cdots \\ &= -l_{1}'\left(\frac{\varphi_{阳}}{T}\right) - l_{2}'\left(\frac{\varphi_{阳}}{T}\right)^{2} - l_{3}'\left(\frac{\varphi_{阳}}{T}\right)^{3} - \cdots \\ &= -l_{1}'' - l_{2}''\left(\frac{\Delta\varphi_{阳}}{T}\right) - l_{3}''\left(\frac{\Delta\varphi_{阳}}{T}\right)^{2} - l_{4}''\left(\frac{\Delta\varphi_{阳}}{T}\right)^{3} - \cdots \end{aligned}$$

将上式代入

$$i = 3Fj$$

得

$$\begin{aligned} i &= 3Fj \\ &= -l_{1}^{*}\left(\frac{\varphi_{阳}}{T}\right) - l_{2}^{*}\left(\frac{\varphi_{阳}}{T}\right)^{2} - l_{3}^{*}\left(\frac{\varphi_{阳}}{T}\right)^{3} - \cdots \\ &= -l_{1}^{**} - l_{2}^{**}\left(\frac{\Delta\varphi_{阳}}{T}\right) - l_{3}^{**}\left(\frac{\Delta\varphi_{阳}}{T}\right)^{2} - l_{4}^{**}\left(\frac{\Delta\varphi_{阳}}{T}\right)^{3} - \cdots \end{aligned}$$

下面分别讨论生成气体的反应。

1）生成 CO 的反应

O^{2-}扩散到阳极。在炭阳极上放电，生成中间化合物 C_xO，中间化合物 C_xO 再转化为 CO，CO 吸附在炭阳极上，形成气泡核，气泡核长到一个标准压力气泡后，从阳极表面穿过电解质析出，进入气相。该过程可表示为

$$C + O^{2-} - 2e = C\text{-}O \tag{i}$$

$$C\text{-}O = CO(\text{吸附}) \tag{ii}$$

$$CO(\text{吸附}) = CO(\text{气}) \tag{iii}$$

总反应为

$$C + O^{2-} - 2e = CO(\text{气})$$

阳极反应达成平衡，有

$$C + O^{2-} - 2e \rightleftharpoons CO(\text{气})$$

该过程的摩尔吉布斯自由能变化为

$$\Delta G_{m,\text{阳},e} = \mu_{CO} - \mu_C - \mu_{O^{2-}} + 2\mu_e = \Delta G_{m,\text{阳}}^{\ominus} + RT\ln\frac{p_{CO,e}}{a_{O^{2-},e}}$$

式中

$$\Delta G_{m,\text{阳}}^{\ominus} = \mu_{CO}^{\ominus} - \mu_C^{\ominus} - \mu_{O^{2-}}^{\ominus} + 2\mu_e^{\ominus}$$

$$\mu_{CO} = \mu_{CO}^{\ominus} + RT\ln p_{CO,e}$$

$$\mu_C = \mu_C^{\ominus}$$

$$\mu_{O^{2-}} = \mu_{O^{2-}}^{\ominus} + RT\ln a_{O^{2-},e}$$

$$\mu_e = \mu_e^{\ominus}$$

由

$$\varphi_{\text{阳},e} = \frac{\Delta G_{m,\text{阳},e}}{2F}$$

得

$$\varphi_{\text{阳},e} = \varphi_{\text{阳}}^{\ominus} + \frac{RT}{2F}\ln\frac{p_{CO,e}}{a_{O^{2-},e}}$$

式中

$$\varphi_{\text{阳}}^{\ominus} = \frac{\Delta G_{m,\text{阳}}^{\ominus}}{2F} = \frac{\mu_{CO}^{\ominus} - \mu_C^{\ominus} - \mu_{O^{2-}}^{\ominus} + 2\mu_e^{\ominus}}{2F}$$

阳极有电流通过，发生极化，阳极反应为

$$C + O^{2-} - 2e = CO(\text{气})$$

阳极电势为

$$\varphi_{\text{阳}} = \varphi_{\text{阳},e} - \Delta\varphi_{\text{阳}}$$

则

$$\Delta\varphi_{阳} = \varphi_{阳} - \varphi_{阳,e}$$

并有

$$A_{m,阳} = -\Delta G_{m,阳} = -2F\varphi_{阳} = -2F(\varphi_{阳,e} + \Delta\varphi_{阳})$$

阳极反应速率为

$$\frac{dN_{CO}}{dt} = -\frac{dN_{O^{2-}}}{dt} = -\frac{dN_C}{dt} = \frac{1}{2}\frac{dN_e}{dt} = Sj$$

式中

$$\begin{aligned} j &= -l_1\left(\frac{A_{m,阳}}{T}\right) - l_2\left(\frac{A_{m,阳}}{T}\right)^2 - l_3\left(\frac{A_{m,阳}}{T}\right)^3 - \cdots \\ &= -l_1'\left(\frac{\varphi_{阳}}{T}\right) - l_2'\left(\frac{\varphi_{阳}}{T}\right)^2 - l_3'\left(\frac{\varphi_{阳}}{T}\right)^3 - \cdots \\ &= -l_1'' - l_2''\left(\frac{\Delta\varphi_{阳}}{T}\right) - l_3''\left(\frac{\Delta\varphi_{阳}}{T}\right)^2 - l_4''\left(\frac{\Delta\varphi_{阳}}{T}\right)^3 - \cdots \end{aligned}$$

将上式代入

$$i = 2Fj$$

得

$$\begin{aligned} i &= 2Fj \\ &= -l_1^*\left(\frac{\varphi_{阳}}{T}\right) - l_2^*\left(\frac{\varphi_{阳}}{T}\right)^2 - l_3^*\left(\frac{\varphi_{阳}}{T}\right)^3 - \cdots \\ &= -l_1^{**} - l_2^{**}\left(\frac{\Delta\varphi_{阳}}{T}\right) - l_3^{**}\left(\frac{\Delta\varphi_{阳}}{T}\right)^2 - l_4^{**}\left(\frac{\Delta\varphi_{阳}}{T}\right)^3 - \cdots \end{aligned}$$

并有

$$I = Si = 2FSj$$

S 为阳极与熔盐界面的面积。

2）生成 CO_2 的反应

随着外加电压升高，阳极电流密度增大，阳极电势增加，阳极过电势增大，O^{2-}在阳极上放电，在炭阳极上生成中间化合物 C_xO，中间化合物转化为 CO_2，CO_2 吸附在炭阳极上，形成气泡核，气泡核长到一个标准压力后，从阳极表面析出，该过程可以表示为

$$C + 2O^{2-} - 4e = O\text{-}C\text{-}O \tag{i}$$

$$O\text{-}C\text{-}O = CO_2(吸附) \tag{ii}$$

$$CO_2(吸附) = CO_2(气) \tag{iii}$$

总反应为

$$C + 2O^{2-} - 4e = CO_2(气)$$

阳极反应达成平衡，有

$$C + 2O^{2-} - 4e \rightleftharpoons CO_2$$

该过程的摩尔吉布斯自由能变化为

$$\Delta G_{m,阳,e} = \mu_{CO_2} - \mu_C - 2\mu_{O^{2-}} + 4\mu_e = \Delta G_{m,阳}^{\ominus} + RT\ln\frac{p_{CO_2,e}}{a_{O^{2-},e}^2}$$

式中

$$\Delta G_{m,阳}^{\ominus} = \mu_{CO_2}^{\ominus} - \mu_C^{\ominus} - 2\mu_{O^{2-}}^{\ominus} + 4\mu_e^{\ominus}$$

$$\mu_{CO_2} = \mu_{CO_2}^{\ominus} + RT\ln p_{CO_2,e}$$

$$\mu_C = \mu_C^{\ominus}$$

$$\mu_{O^{2-}} = \mu_{O^{2-}}^{\ominus} + RT\ln a_{O^{2-},e}$$

$$\mu_e = \mu_e^{\ominus}$$

由

$$\varphi_{阳,e} = \frac{\Delta G_{m,阳,e}^{\ominus}}{4F}$$

得

$$\varphi_{阳,e} = \varphi_{阳,e}^{\ominus} + \frac{RT}{4F}\ln\frac{p_{CO_2,e}}{a_{O^{2-},e}}$$

阳极有电流通过，发生极化，阳极化反应为

$$C + 2O^{2-} - 4e = CO_2$$

阳极电势为

$$\varphi_{阳} = \varphi_{阳,e} + \Delta\varphi_{阳}$$

则

$$\Delta\varphi_{阳} = \varphi_{阳} - \varphi_{阳,e}$$

有

$$A_{m,阳} = -\Delta G_{m,阳} = -4F\varphi_{阳} = -4F(\varphi_{阳,e} + \Delta\varphi_{阳})$$

阳极反应速率为

$$\frac{dN_{CO_2}}{dt} = -\frac{1}{2}\frac{dN_{O^{2-}}}{dt} = -\frac{dN_C}{dt} = \frac{1}{4}\frac{dN_e}{dt} = Sj$$

式中

$$
\begin{aligned}
j &= -l_1\left(\frac{A_{\text{m,阳}}}{T}\right)-l_2\left(\frac{A_{\text{m,阳}}}{T}\right)^2-l_3\left(\frac{A_{\text{m,阳}}}{T}\right)^3-\cdots \\
&= -l_1'\left(\frac{\varphi_{\text{阳}}}{T}\right)-l_2'\left(\frac{\varphi_{\text{阳}}}{T}\right)^2-l_3'\left(\frac{\varphi_{\text{阳}}}{T}\right)^3-\cdots \\
&= -l_1''-l_2''\left(\frac{\Delta\varphi_{\text{阳}}}{T}\right)-l_3''\left(\frac{\Delta\varphi_{\text{阳}}}{T}\right)^2-l_4''\left(\frac{\Delta\varphi_{\text{阳}}}{T}\right)^3-\cdots
\end{aligned}
$$

将上式代入

$$
i = 4Fj
$$

得

$$
\begin{aligned}
i &= 4Fj \\
&= -l_1^*\left(\frac{\varphi_{\text{阳}}}{T}\right)-l_2^*\left(\frac{\varphi_{\text{阳}}}{T}\right)^2-l_3^*\left(\frac{\varphi_{\text{阳}}}{T}\right)^3-\cdots \\
&= -l_1^{**}-l_2^{**}\left(\frac{\Delta\varphi_{\text{阳}}}{T}\right)-l_3^{**}\left(\frac{\Delta\varphi_{\text{阳}}}{T}\right)^2-l_4^{**}\left(\frac{\Delta\varphi_{\text{阳}}}{T}\right)^3-\cdots
\end{aligned}
$$

并有

$$
I = Si = 4FSj
$$

3）生成 COF_2 的反应

随着外加电压升高，阳极电流密度增大，阳极电势增加，阳极过电势增大，O^{2-}在阳极上放电，并生成 COF_2。该过程可以表示为

$$
2C + O^{2-} - 2e = \text{C-O-C} \tag{i}
$$

$$
C + 2F^- - 2e = \text{F-C-F} \tag{ii}
$$

$$
\text{C-O-C} + \text{F-C-F} = COF_2(\text{吸附}) + 2C \tag{iii}
$$

$$
COF_2(\text{吸附}) = COF_2(\text{气}) \tag{iv}
$$

总反应为

$$
C + O^{2-} - 4e + 2F^- = COF_2(\text{气})
$$

总反应达成平衡，有

$$
C + O^{2-} - 4e + 2F^- \rightleftharpoons COF_2(\text{气})
$$

该过程的摩尔吉布斯自由能变化为

$$
\Delta G_{\text{m,阳,e}} = \mu_{COF_2} - \mu_C - \mu_{O^{2-}} + 4\mu_e - 2\mu_{F^-} = \Delta G_{\text{m,阳}}^{\ominus} + RT\ln\frac{p_{COF_2,\text{e}}}{a_{O^{2-},\text{e}}a_{F^-,\text{e}}^2}
$$

式中

$$\Delta G_{m,阳}^{\ominus} = \mu_{COF_2}^{\ominus} - \mu_C^{\ominus} - \mu_{O^{2-}}^{\ominus} + 4\mu_e^{\ominus} - 2\mu_{F^-}^{\ominus}$$

$$\mu_{COF_2} = \mu_{COF_2}^{\ominus} + RT\ln p_{COF_2,e}$$

$$\mu_C = \mu_C^{\ominus}$$

$$\mu_{O^{2-}} = \mu_{O^{2-}}^{\ominus} + RT\ln a_{O^{2-},e}$$

$$\mu_e = \mu_e^{\ominus}$$

$$\mu_{F^-} = \mu_{F^-}^{\ominus} + RT\ln a_{F^-,e}$$

由

$$\varphi_{阳,e} = \frac{\Delta G_{m,阳,e}^{\ominus}}{4F}$$

得

$$\varphi_{阳,e} = \varphi_{阳,e}^{\ominus} + \frac{RT}{4F}\ln\frac{p_{COF_2,e}}{a_{O^{2-},e}a_{F^-,e}^2}$$

式中

$$\varphi_{阳}^{\ominus} = \frac{\Delta G_{m,阳}^{\ominus}}{4F} = \frac{\mu_{COF_2}^{\ominus} - \mu_C^{\ominus} - \mu_{O^{2-}}^{\ominus} + 4\mu_e^{\ominus} - 2\mu_{F^-}^{\ominus}}{4F}$$

阳极有电流通过，发生极化，阳极反应为

$$C + O^{2-} - 4e + 2F^- \Longrightarrow COF_2(气)$$

阳极电势为

$$\varphi_{阳} = \varphi_{阳,e} + \Delta\varphi_{阳}$$

则

$$\Delta\varphi_{阳} = \varphi_{阳} - \varphi_{阳,e}$$

并有

$$A_{m,阳} = -\Delta G_{m,阳} = -4F\varphi_{阳} = -4F(\varphi_{阳,e} + \Delta\varphi_{阳})$$

阳极反应速率为

$$\frac{dN_{COF_2}}{dt} = -\frac{dN_{O^{2-}}}{dt} = -\frac{1}{2}\frac{dN_{F^-}}{dt} = -\frac{dN_C}{dt} = \frac{1}{4}\frac{dN_e}{dt} = Sj$$

式中

$$\begin{aligned} j &= -l_1\left(\frac{A_{m,阳}}{T}\right) - l_2\left(\frac{A_{m,阳}}{T}\right)^2 - l_3\left(\frac{A_{m,阳}}{T}\right)^3 - \cdots \\ &= -l_1'\left(\frac{\varphi_{阳}}{T}\right) - l_2'\left(\frac{\varphi_{阳}}{T}\right)^2 - l_3'\left(\frac{\varphi_{阳}}{T}\right)^3 - \cdots \\ &= -l_1'' - l_2''\left(\frac{\Delta\varphi_{阳}}{T}\right) - l_3''\left(\frac{\Delta\varphi_{阳}}{T}\right)^2 - l_4''\left(\frac{\Delta\varphi_{阳}}{T}\right)^3 - \cdots \end{aligned}$$

将上式代入

$$i = 4Fj$$

得

$$\begin{aligned} i &= 4Fj \\ &= -l_1^*\left(\frac{\varphi_{阳}}{T}\right) - l_2^*\left(\frac{\varphi_{阳}}{T}\right)^2 - l_3^*\left(\frac{\varphi_{阳}}{T}\right)^3 - \cdots \\ &= -l_1^{**} - l_2^{**}\left(\frac{\Delta\varphi_{阳}}{T}\right) - l_3^{**}\left(\frac{\Delta\varphi_{阳}}{T}\right)^2 - l_4^{**}\left(\frac{\Delta\varphi_{阳}}{T}\right)^3 - \cdots \end{aligned}$$

并有

$$I = Si = 4FSj$$

4）生成 CF_4

继续升高外电压，阳极电势增加，阳极电流密度增大，阳极过电势增大，F^- 放电，并与 C 生成 CF_4，反应过程为

$$2C + 4F^- - 4e = 2(F\text{-}C\text{-}F) \quad \text{（i）}$$

$$2(F\text{-}C\text{-}F) = CF_4(吸附) + C \quad \text{（ii）}$$

$$CF_4(吸附) = CF_4(气) \quad \text{（iii）}$$

总反应为

$$C + 4F^- - 4e = CF_4(气) \quad \text{（13.5）}$$

阳极反应达成平衡，

$$C + 4F^- - 4e \rightleftharpoons CF_4(气)$$

该过程的摩尔吉布斯自由能变化为

$$\Delta G_{m,阳,e} = \mu_{CF_4} - \mu_C - 4\mu_{F^-} + 4\mu_e = \Delta G_{m,阳}^{\ominus} + RT\ln\frac{p_{CF_4,e}}{a_{F^-,e}^4}$$

式中

$$\Delta G_{m,阳}^{\ominus} = \mu_{CF_4}^{\ominus} - \mu_C^{\ominus} - 4\mu_{F^-}^{\ominus} + 4\mu_e^{\ominus}$$

$$\mu_{CF_4} = \mu_{CF_4}^{\ominus} + RT\ln p_{CF_4,e}$$

$$\mu_C = \mu_C^{\ominus}$$

$$\mu_{F^-} = \mu_{F^-}^{\ominus} + RT\ln a_{F^-,e}$$

$$\mu_e = \mu_e^{\ominus}$$

由

$$\varphi_{阳,e} = \frac{\Delta G_{m,阳,e}}{4F}$$

得

$$\varphi_{阳,e} = \varphi_{阳}^{\ominus} + \frac{RT}{4F}\ln\frac{p_{CF_4,e}}{a_{F^-,e}^4}$$

式中

$$\varphi_{阳}^{\ominus} = \frac{\Delta G_{\mathrm{m},阳}^{\ominus}}{4F} = \frac{\mu_{\mathrm{CF_4}}^{\ominus} - \mu_{\mathrm{C}}^{\ominus} - 4\mu_{\mathrm{F^-}}^{\ominus} + 4\mu_{\mathrm{e}}^{\ominus}}{4F}$$

阳极有电流通过，发生极化，阳极反应为

$$\mathrm{C + 4F^- - 4e = CF_4(气)}$$

阳极电势为

$$\varphi_{阳} = \varphi_{阳,\mathrm{e}} + \Delta\varphi_{阳}$$

则

$$\Delta\varphi_{阳} = \varphi_{阳} - \varphi_{阳}$$

有

$$A_{\mathrm{m},阳} = \Delta G_{\mathrm{m},阳} = 4F\varphi_{阳} = 4F(\varphi_{阳,\mathrm{e}} + \Delta\varphi_{阳})$$

阳极的反应速率为

$$\frac{\mathrm{d}N_{\mathrm{CF_4}}}{\mathrm{d}t} = -\frac{1}{4}\frac{\mathrm{d}N_{\mathrm{F^-}}}{\mathrm{d}t} = -\frac{\mathrm{d}N_{\mathrm{C}}}{\mathrm{d}t} = Sj_{\mathrm{CF_4}}$$

式中

$$\begin{aligned} j_{\mathrm{CF_4}} &= -l_1\left(\frac{A_{\mathrm{m},阳}}{T}\right) - l_2\left(\frac{A_{\mathrm{m},阳}}{T}\right)^2 - l_3\left(\frac{A_{\mathrm{m},阳}}{T}\right)^3 - \cdots \\ &= -l_1'\left(\frac{\varphi_{阳}}{T}\right) - l_2'\left(\frac{\varphi_{阳}}{T}\right)^2 - l_3'\left(\frac{\varphi_{阳}}{T}\right)^3 - \cdots \\ &= -l_1'' - l_2''\left(\frac{\Delta\varphi_{阳}}{T}\right) - l_3''\left(\frac{\Delta\varphi_{阳}}{T}\right)^2 - l_4''\left(\frac{\Delta\varphi_{阳}}{T}\right)^3 - \cdots \end{aligned}$$

将上式代入

$$i = 4Fj$$

得

$$\begin{aligned} i &= 4Fj \\ &= -l_1^*\left(\frac{\varphi_{阳}}{T}\right) - l_2^*\left(\frac{\varphi_{阳}}{T}\right)^2 - l_3^*\left(\frac{\varphi_{阳}}{T}\right)^3 - \cdots \\ &= -l_1^{**} - l_2^{**}\left(\frac{\Delta\varphi_{阳}}{T}\right) - l_3^{**}\left(\frac{\Delta\varphi_{阳}}{T}\right)^2 - l_4^{**}\left(\frac{\Delta\varphi_{阳}}{T}\right)^3 - \cdots \end{aligned}$$

并有

$$I = Si = 4FSj$$

5）生成 F_2

继续升高电压，阳极电势升高，F^-放电，生成气体，电极反应为

$$\mathrm{2C + 2F^- - 2e = 2(C\text{-}F)} \tag{i}$$

$$2(\text{C-F}) \xlongequal{\quad} 2\text{C} + \text{F}_2(\text{吸附}) \tag{ii}$$

$$\text{F}_2(\text{吸附}) \xlongequal{\quad} \text{F}_2(\text{气}) \tag{iii}$$

总反应为

$$2\text{F}^- - 2\text{e} \xlongequal{\quad} \text{F}_2(\text{气})$$

阳极反应达成平衡，有

$$2\text{F}^- - 2\text{e} \rightleftharpoons \text{F}_2(\text{气})$$

摩尔吉布斯自由能变化为

$$\Delta G_{\text{m,阳,e}} = \mu_{\text{F}_2} - 2\mu_{\text{F}^-} + 2\mu_{\text{e}} = \Delta G_{\text{m,阳}}^{\ominus} + RT\ln\frac{p_{\text{F}_2,\text{e}}}{a_{\text{F}^-,\text{e}}^2}$$

式中

$$\Delta G_{\text{m,阳}}^{\ominus} = \mu_{\text{F}_2}^{\ominus} - 2\mu_{\text{F}^-}^{\ominus} + 2\mu_{\text{e}}^{\ominus}$$

$$\mu_{\text{F}_2} = \mu_{\text{F}_2}^{\ominus} + RT\ln p_{\text{F}_2,\text{e}}$$

$$\mu_{\text{F}^-} = \mu_{\text{F}^-}^{\ominus} + RT\ln a_{\text{F}^-,\text{e}}$$

$$\mu_{\text{e}} = \mu_{\text{e}}^{\ominus}$$

由

$$\varphi_{\text{阳,e}} = \frac{\Delta G_{\text{m,阳,e}}}{2F}$$

得

$$\varphi_{\text{阳,e}} = \varphi_{\text{阳}}^{\ominus} + \frac{RT}{2F}\ln\frac{p_{\text{F}_2,\text{e}}}{a_{\text{F}^-,\text{e}}^2}$$

式中

$$\varphi_{\text{阳}}^{\ominus} = \frac{\Delta G_{\text{m,阳}}^{\ominus}}{2F} = \frac{\mu_{\text{F}_2}^{\ominus} - 2\mu_{\text{F}^-}^{\ominus} + 2\mu_{\text{e}}^{\ominus}}{2F}$$

阳极有电流通过，发生极化，阳极反应为

$$2\text{F}^- - 2\text{e} \xlongequal{\quad} \text{F}_2(\text{气})$$

阳极电势为

$$\varphi_{\text{阳}} = \varphi_{\text{阳,e}} + \Delta\varphi_{\text{阳}}$$

则

$$\Delta\varphi_{\text{阳}} = \varphi_{\text{阳}} - \varphi_{\text{阳,e}}$$

有

$$A_{\text{m,阳}} = \Delta G_{\text{m,阳}} = 2F\varphi_{\text{阳}} = 2F(\varphi_{\text{阳,e}} + \Delta\varphi_{\text{阳}})$$

阳极反应速率为

$$\frac{\text{d}N_{\text{F}_2}}{\text{d}t} = -\frac{1}{2}\frac{\text{d}N_{\text{F}^-}}{\text{d}t} = \frac{1}{2}\frac{\text{d}N_{\text{e}}}{\text{d}t} = Sj$$

式中

$$
\begin{aligned}
j &= -l_1\left(\frac{A_{\mathrm{m,阳}}}{T}\right) - l_2\left(\frac{A_{\mathrm{m,阳}}}{T}\right)^2 - l_3\left(\frac{A_{\mathrm{m,阳}}}{T}\right)^3 - \cdots \\
&= -l_1'\left(\frac{\varphi_{阳}}{T}\right) - l_2'\left(\frac{\varphi_{阳}}{T}\right)^2 - l_3'\left(\frac{\varphi_{阳}}{T}\right)^3 - \cdots \\
&= -l_1'' - l_2''\left(\frac{\Delta\varphi_{阳}}{T}\right) - l_3''\left(\frac{\Delta\varphi_{阳}}{T}\right)^2 - l_4''\left(\frac{\Delta\varphi_{阳}}{T}\right)^3 - \cdots
\end{aligned}
$$

将上式代入

$$i = 2Fj$$

得

$$
\begin{aligned}
i &= 2Fj \\
&= -l_1^*\left(\frac{\varphi_{阳}}{T}\right) - l_2^*\left(\frac{\varphi_{阳}}{T}\right)^2 - l_3^*\left(\frac{\varphi_{阳}}{T}\right)^3 - \cdots \\
&= -l_1^{**} - l_2^{**}\left(\frac{\Delta\varphi_{阳}}{T}\right) - l_3^{**}\left(\frac{\Delta\varphi_{阳}}{T}\right)^2 - l_4^{**}\left(\frac{\Delta\varphi_{阳}}{T}\right)^3 - \cdots
\end{aligned}
$$

并有

$$I = Si = 2FSj$$

由图 13.3 可见，当电压超过 E_{P_5}，电流密度突然降低，阳极钝化，阳极效应发生，阳极效应发生前的最大电流密度称为临界电流密度。发生阳极效应时，阳极气体主要是 CO_2。与 E_{P_5} 相应的阳极电势是 F^-放电生成 CF_4 气体的阳极电势。因此，发生阳极效应时，阳极气体除 CO_2 外还有 CF_4 气体。发生阳极效应时，CO_2 气泡几乎覆盖了阳极与熔盐电解质的界面，形成气膜。O^{2-}放电只能在没被气体 CO_2 覆盖的阳极与熔盐的界面。因此，没被气体覆盖的阴极表面的那部分实际电流密度比按照阳极和熔盐界面面积算出的电流密度大很多。在实验室测定阳极效应，可以通过升高外电压，使阳极电势达到阳极效应的电势，从而产生阳极效应。在实际生产中，随着阳极与熔盐界面被 CO_2 覆盖面积的增大，电阻增大，阳极电势增大，局部电流密度增大，直到阳极与熔盐的界面几乎全被 CO_2 覆盖，最终产生了阳极效应。

发生阳极效应时的电化学反应主要为

$$C + 2O^{2-} - 4e = O\text{-}C\text{-}O \tag{i}$$

$$O\text{-}C\text{-}O = CO_2(气膜) \tag{ii}$$

总反应为

$$C + 2O^{2-} - 4e = CO_2(气膜)$$

总反应达到平衡，有

$$C + 2O^{2-} - 4e \rightleftharpoons CO_2(\text{气膜})$$

该过程的摩尔吉布斯自由能变化为

$$\begin{aligned}\Delta G_{m,阳,e} &= \mu_{CO_2(气膜)} - \mu_C - 2\mu_{O^{2-}} + 4\mu_e \\ &= \Delta G^{\ominus}_{m,阳} + RT\ln\frac{\theta_{CO_2,e}}{(1-\theta_{CO_2,e}-\theta_{CF_4,e})a^2_{O^{2-},e}}\end{aligned}$$

式中

$$\Delta G^{\ominus}_{m,阳} = \mu^{\ominus}_{CO_2} - \mu^{\ominus}_C - 2\mu^{\ominus}_{O^{2-}} + 4\mu^{\ominus}_e$$

$$\mu_{CO_2(气膜)} = \mu^{\ominus}_{CO_2} + RT\ln\theta_{CO_2,e}$$

$$\mu_C = \mu^{\ominus}_C + RT\ln(1-\theta_{CO_2,e}-\theta_{CF_4,e})$$

$$\mu_{O^{2-}} = \mu^{\ominus}_{O^{2-}} + RT\ln a_{O^{2-},e}$$

$$\mu_e = \mu^{\ominus}_e$$

由

$$\varphi_{阳,e} = \frac{\Delta G_{m,阳,e}}{4F}$$

得

$$\varphi_{阳,e} = \varphi^{\ominus}_{阳} + \frac{RT}{4F}\ln\frac{\theta_{CO_2,e}}{(1-\theta_{CO_2,e}-\theta_{CF_4,e})a^2_{O^{2-},e}}$$

式中

$$\varphi^{\ominus}_{阳} = \frac{\Delta G^{\ominus}_{m,阳}}{4F} = \frac{\mu^{\ominus}_{CO_2} - \mu^{\ominus}_C - 2\mu^{\ominus}_{O^{2-}} + 4\mu^{\ominus}_e}{4F}$$

阳极有电流通过，发生极化，阳极反应为

$$C + 2O^{2-} - 4e = CO_2(\text{气膜})$$

阳极电势为

$$\varphi_{阳} = \varphi_{阳,e} + \Delta\varphi_{阳}$$

过电势

$$\Delta\varphi_{阳} = \varphi_{阳,t} - \varphi_{阳,e}$$

并有

$$A_{m,阳} = -\Delta G_{m,阳} = -4F\varphi_{阳} = -4F(\varphi_{阳,e} + \Delta\varphi_{阳})$$

阳极反应速率为

$$\frac{dN_{CO_2(气膜)}}{dt} = -\frac{1}{2}\frac{dN_{O^{2-}}}{dt} = -\frac{dN_C}{dt} = \frac{1}{4}\frac{dN_e}{dt} = Sj$$

式中，S 是未被吸附在阳极与熔盐界面上的 CO_2 气泡覆盖的阳极界面面积。由于 S 很小，而 $\Delta\varphi_{阳}$ 很大，因此造成局部电流密度很大。

$$
\begin{aligned}
j &= -l_1\left(\frac{A_{\mathrm{m},阳}}{T}\right) - l_2\left(\frac{A_{\mathrm{m},阳}}{T}\right)^2 - l_3\left(\frac{A_{\mathrm{m},阳}}{T}\right)^3 - \cdots \\
&= -l_1'\left(\frac{\varphi_{阳}}{T}\right) - l_2'\left(\frac{\varphi_{阳}}{T}\right)^2 - l_3'\left(\frac{\varphi_{阳}}{T}\right)^3 - \cdots \\
&= -l_1'' - l_2''\left(\frac{\Delta\varphi_{阳}}{T}\right) - l_3''\left(\frac{\Delta\varphi_{阳}}{T}\right)^2 - l_4''\left(\frac{\Delta\varphi_{阳}}{T}\right)^3 - \cdots
\end{aligned}
$$

将上式代入

$$i = 4Fj$$

得

$$
\begin{aligned}
i &= 4Fj \\
&= -l_1^*\left(\frac{\varphi_{阳}}{T}\right) - l_2^*\left(\frac{\varphi_{阳}}{T}\right)^2 - l_3^*\left(\frac{\varphi_{阳}}{T}\right)^3 - \cdots \\
&= -l_1^{**} - l_2^{**}\left(\frac{\Delta\varphi_{阳}}{T}\right) - l_3^{**}\left(\frac{\Delta\varphi_{阳}}{T}\right)^2 - l_4^{**}\left(\frac{\Delta\varphi_{阳}}{T}\right)^3 - \cdots
\end{aligned}
$$

并有

$$I = Si = 4FSj$$

生成 CF_4(气膜)的反应为

$$2\mathrm{C} + 4\mathrm{F}^- - 4\mathrm{e} = 2(\text{F-C-F}) \tag{i}$$

$$2(\text{F-C-F}) = \mathrm{CF_4}(气膜) + \mathrm{C} \tag{ii}$$

总反应为

$$\mathrm{C} + 4\mathrm{F}^- - 4\mathrm{e} = \mathrm{CF_4}(气膜)$$

总反应达到平衡，有

$$\mathrm{C} + 4\mathrm{F}^- - 4\mathrm{e} \rightleftharpoons \mathrm{CF_4}(气膜)$$

该过程的摩尔吉布斯自由能变化为

$$\Delta G_{\mathrm{m},阳,\mathrm{e}} = \mu_{\mathrm{CF_4}(气膜)} - \mu_{\mathrm{C}} - 4\mu_{\mathrm{F}^-} + 4\mu_{\mathrm{e}} = \Delta G_{\mathrm{m},阳}^{\ominus} + RT\ln\frac{\theta_{\mathrm{CF_4},\mathrm{e}}}{(1-\theta_{\mathrm{CF_4},\mathrm{e}}-\theta_{\mathrm{CO_2},\mathrm{e}})a_{\mathrm{F}^-,\mathrm{e}}^4}$$

式中

$$
\begin{aligned}
\Delta G_{\mathrm{m},阳}^{\ominus} &= \mu_{\mathrm{CF_4}}^{\ominus} - \mu_{\mathrm{C}}^{\ominus} - 4\mu_{\mathrm{F}^-}^{\ominus} + 4\mu_{\mathrm{e}}^{\ominus} \\
\mu_{\mathrm{CF_4}(气膜)} &= \mu_{\mathrm{CF_4}}^{\ominus} + RT\ln\theta_{\mathrm{CF_4},\mathrm{e}} \\
\mu_{\mathrm{C}} &= \mu_{\mathrm{C}}^{\ominus} + RT\ln(1-\theta_{\mathrm{CF_4},\mathrm{e}}-\theta_{\mathrm{CO_2},\mathrm{e}}) \\
\mu_{\mathrm{F}^-} &= \mu_{\mathrm{F}^-}^{\ominus} + RT\ln a_{\mathrm{F}^-,\mathrm{e}} \\
\mu_{\mathrm{e}} &= \mu_{\mathrm{e}}^{\ominus}
\end{aligned}
$$

由

$$\varphi_{阳,e} = \frac{\Delta G_{m,阳,e}}{4F}$$

得

$$\varphi_{阳,e} = \varphi_{阳}^{\ominus} + \frac{RT}{4F}\ln\frac{\theta_{CF_4,e}}{(1-\theta_{CF_4,e}-\theta_{CO_2,e})a_{F^-,e}^4}$$

式中

$$\varphi_{阳}^{\ominus} = \frac{\Delta G_{m,阳}^{\ominus}}{4F} = \frac{\mu_{CF_4}^{\ominus} - \mu_{C}^{\ominus} - 4\mu_{F^-}^{\ominus} + 4\mu_{e}^{\ominus}}{4F}$$

阳极有电流通过，发生极化，阳极反应为

$$C + 4F^- - 4e = CF_4(气膜)$$

阳极电势为

$$\varphi_{阳} = \varphi_{阳,e} + \Delta\varphi_{阳}$$

过电势为

$$\Delta\varphi_{阳} = \varphi_{阳} - \varphi_{阳,e}$$

并有

$$A_{m,阳} = -\Delta G_{m,阳} = -4F\varphi_{阳}$$

阳极反应速率为

$$\frac{dN_{CF_4}}{dt} = -\frac{dN_C}{dt} = -\frac{1}{4}\frac{dN_{F^-}}{dt} = \frac{1}{4}\frac{dN_e}{dt} = Sj$$

式中

$$\begin{aligned} j &= -l_1\left(\frac{A_{m,阳}}{T}\right) - l_2\left(\frac{A_{m,阳}}{T}\right)^2 - l_3\left(\frac{A_{m,阳}}{T}\right)^3 - \cdots \\ &= -l_1'\left(\frac{\varphi_{阳}}{T}\right) - l_2'\left(\frac{\varphi_{阳}}{T}\right)^2 - l_3'\left(\frac{\varphi_{阳}}{T}\right)^3 - \cdots \\ &= -l_1'' - l_2''\left(\frac{\Delta\varphi_{阳}}{T}\right) - l_3''\left(\frac{\Delta\varphi_{阳}}{T}\right)^2 - l_4''\left(\frac{\Delta\varphi_{阳}}{T}\right)^3 - \cdots \end{aligned}$$

将上式代入

$$i = 4Fj$$

得

$$\begin{aligned} i &= 4Fj \\ &= -l_1^*\left(\frac{\varphi_{阳}}{T}\right) - l_2^*\left(\frac{\varphi_{阳}}{T}\right)^2 - l_3^*\left(\frac{\varphi_{阳}}{T}\right)^3 - \cdots \\ &= -l_1^{**} - l_2^{**}\left(\frac{\Delta\varphi_{阳}}{T}\right) - l_3^{**}\left(\frac{\Delta\varphi_{阳}}{T}\right)^2 - l_4^{**}\left(\frac{\Delta\varphi_{阳}}{T}\right)^3 - \cdots \end{aligned}$$

13.3　熔盐电脱氧制备金属、合金和化合物

13.3.1　由固体金属氧化物 MeO 制备金属 Me

电解池构成为

$$\text{石墨} \mid Ar \mid NaCl\text{-}CaCl_2 \mid MeO \mid \text{石墨}$$

阴极反应

$$MeO + 2e = Me + O^{2-}$$

阳极反应

$$O^{2-} + C = C\text{-}O + 2e$$

$$C\text{-}O \rightleftharpoons CO(\text{吸附})$$

$$CO(\text{吸附}) \rightleftharpoons CO(\text{气})$$

$$\overline{O^{2-} + C = CO(\text{气}) + 2e}$$

电解池反应

$$MeO + C = Me + CO(\text{气})$$

1. 阴极电势

阴极反应达成平衡

$$MeO + 2e \rightleftharpoons Me + O^{2-}$$

该过程的摩尔吉布斯自由能变化为

$$\Delta G_{m,\text{阴},e} = \mu_{Me} + \mu_{O^{2-}} - \mu_{MeO} - 2\mu_e = \Delta G^{\ominus}_{m,\text{阴}} + RT\ln a_{O^{2-},e}$$

式中

$$\Delta G^{\ominus}_{m,\text{阴}} = \mu^{\ominus}_{Me} + \mu^{\ominus}_{O^{2-}} - \mu^{\ominus}_{MeO} - 2\mu^{\ominus}_e$$

$$\mu_{Me} = \mu^{\ominus}_{Me}$$

$$\mu_{O^{2-}} = \mu^{\ominus}_{O^{2-}} + RT\ln a_{O^{2-},e}$$

$$\mu_{MeO} = \mu^{\ominus}_{MeO}$$

$$\mu_e = \mu^{\ominus}_e$$

由

$$\varphi_{\text{阴},e} = -\frac{\Delta G_{m,\text{阴},e}}{2F}$$

得

$$\varphi_{\text{阴}} = \varphi^{\ominus}_{\text{阴}} + \frac{RT}{2F}\ln\frac{1}{a_{O^{2-},e}}$$

式中

$$\varphi_{阴}^{\ominus} = -\frac{\Delta G_{m,阴}^{\ominus}}{2F} = -\frac{\mu_{Me}^{\ominus} + \mu_{O^{2-}}^{\ominus} - \mu_{MeO}^{\ominus} - 2\mu_{e}^{\ominus}}{2F}$$

阴极有电流通过，发生极化，阴极反应为

$$MeO + 2e = Me + O^{2-}$$

阴极电势为

$$\varphi_{阴} = \varphi_{阴,e} + \Delta\varphi_{阴}$$

并有

$$\Delta\varphi_{阴} = \varphi_{阴} - \varphi_{阴,e}$$

及

$$A_{m,阴} = -\Delta G_{m,阴} = 2F\varphi_{阴} = 2F(\varphi_{阴,e} + \Delta\varphi_{阴})$$

电极反应速率为

$$\frac{dN_{Me}}{dt} = \frac{dN_{O^{2-}}}{dt} = -\frac{dN_{MeO}}{dt} = -\frac{1}{2}\frac{dN_{e}}{dt} = Sj$$

式中

$$\begin{aligned} j &= -l_1\left(\frac{A_{m,阴}}{T}\right) - l_2\left(\frac{A_{m,阴}}{T}\right)^2 - l_3\left(\frac{A_{m,阴}}{T}\right)^3 - \cdots \\ &= -l_1'\left(\frac{\varphi_{阴}}{T}\right) - l_2'\left(\frac{\varphi_{阴}}{T}\right)^2 - l_3'\left(\frac{\varphi_{阴}}{T}\right)^3 - \cdots \\ &= -l_1'' - l_2''\left(\frac{\Delta\varphi_{阴}}{T}\right) - l_3''\left(\frac{\Delta\varphi_{阴}}{T}\right)^2 - l_4''\left(\frac{\Delta\varphi_{阴}}{T}\right)^3 - \cdots \end{aligned}$$

将上式代入

$$i = 2Fj$$

得

$$\begin{aligned} i &= 2Fj \\ &= -l_1^*\left(\frac{\varphi_{阴}}{T}\right) - l_2^*\left(\frac{\varphi_{阴}}{T}\right)^2 - l_3^*\left(\frac{\varphi_{阴}}{T}\right)^3 - \cdots \\ &= -l_1^{**} - l_2^{**}\left(\frac{\Delta\varphi_{阴}}{T}\right) - l_3^{**}\left(\frac{\Delta\varphi_{阴}}{T}\right)^2 - l_4^{**}\left(\frac{\Delta\varphi_{阴}}{T}\right)^3 - \cdots \end{aligned}$$

2. 阳极电势

阳极反应达成平衡

$$O^{2-} + C \rightleftharpoons CO(气) + 2e$$

该过程的摩尔吉布斯自由能变化为

$$\Delta G_{m,阳,e} = \mu_{CO(气)} + 2\mu_e - \mu_{O^{2-}} - \mu_C = \Delta G_{m,阳}^{\ominus} + RT\ln\frac{p_{CO(气),e}}{a_{O^{2-},e}}$$

式中

$$\Delta G_{m,阳}^{\ominus} = \mu_{CO(气)}^{\ominus} + 2\mu_e^{\ominus} - \mu_{O^{2-}}^{\ominus} - \mu_C^{\ominus}$$

$$\mu_{CO(气)} = \mu_{CO(气)}^{\ominus} + RT\ln p_{CO(气),e}$$

$$\mu_e = \mu_e^{\ominus}$$

$$\mu_{O^{2-}} = \mu_{O^{2-}}^{\ominus} + RT\ln a_{O^{2-},e}$$

$$\mu_C = \mu_C^{\ominus}$$

由

$$\varphi_{阳,e} = \frac{\Delta G_{m,阳,e}}{2F}$$

得

$$\varphi_{阳,e} = \varphi_{阳}^{\ominus} + \frac{RT}{2F}\ln\frac{p_{CO(气),e}}{a_{O^{2-},e}}$$

式中

$$\varphi_{阳}^{\ominus} = \frac{\mu_{CO(气)}^{\ominus} + 2\mu_e^{\ominus} - \mu_{O^{2-}}^{\ominus} - \mu_C^{\ominus}}{2F}$$

升高外电压后，阳极有电流通过，发生极化，阳极反应为

$$O^{2-} + C = C\text{-}O + 2e$$

$$C\text{-}O \rightleftharpoons CO(吸附)$$

$$CO(吸附) \rightleftharpoons CO(气)$$

$$\overline{O^{2-} + C = CO(气) + 2e}$$

阳极电势为

$$\varphi_{阳} = \varphi_{阳,e} + \Delta\varphi_{阳}$$

$$\Delta\varphi_{阳} = \varphi_{阳} - \varphi_{阳,e}$$

并有

$$A_{m,阳} = -\Delta G_{m,阳} = -2F\varphi_{阳} = -2F(\varphi_{阳,e} + \Delta\varphi_{阳})$$

阳极反应速率为

$$\frac{dN_{CO(气)}}{dt} = \frac{1}{2}\frac{dN_e}{dt} = -\frac{dN_{O^{2-}}}{dt} = -\frac{dN_C}{dt} = Sj$$

式中

$$j = -l_1\left(\frac{A_{m,阳}}{T}\right) - l_2\left(\frac{A_{m,阳}}{T}\right)^2 - l_3\left(\frac{A_{m,阳}}{T}\right)^3 \cdots$$

$$= -l_1'\left(\frac{\varphi_{阳}}{T}\right) - l_2'\left(\frac{\varphi_{阳}}{T}\right)^2 - l_3'\left(\frac{\varphi_{阳}}{T}\right)^3 \cdots$$

$$= -l_1'' - l_2''\left(\frac{\Delta\varphi_{阳}}{T}\right) - l_3''\left(\frac{\Delta\varphi_{阳}}{T}\right)^2 - l_4''\left(\frac{\Delta\varphi_{阳}}{T}\right)^3 \cdots$$

将上式代入

$$i = 2Fj$$

得

$$i = 2Fj$$

$$= -l_1^*\left(\frac{\varphi_{阳}}{T}\right) - l_2^*\left(\frac{\varphi_{阳}}{T}\right)^2 - l_3^*\left(\frac{\varphi_{阳}}{T}\right)^3 - \cdots$$

$$= -l_1^{**} - l_2^{**}\left(\frac{\Delta\varphi_{阳}}{T}\right) - l_3^{**}\left(\frac{\Delta\varphi_{阳}}{T}\right)^2 - l_4^{**}\left(\frac{\Delta\varphi_{阳}}{T}\right)^3 - \cdots$$

3. 电解池电动势

电解池反应达到平衡

$$\text{MeO} + \text{C} \rightleftharpoons \text{Me} + \text{CO}$$

该过程的摩尔吉布斯自由能变化

$$\Delta G_{m,e} = \mu_{Me} + \mu_{CO} - \mu_{MeO} - \mu_C = \Delta G_m^{\ominus} + RT\ln p_{CO,e}$$

式中

$$\Delta G_m^{\ominus} = \mu_{Me}^{\ominus} + \mu_{CO}^{\ominus} - \mu_{MeO}^{\ominus} - \mu_C^{\ominus}$$

$$\mu_{Me} = \mu_{Me}^{\ominus}$$

$$\mu_{CO} = \mu_{CO}^{\ominus} + RT\ln p_{CO,e}$$

$$\mu_{MeO} = \mu_{MeO}^{\ominus}$$

$$\mu_C = \mu_C^{\ominus}$$

由

$$E_e = -\frac{\Delta G_{m,e}}{2F}$$

得

$$E_e = E^{\ominus} + \frac{RT}{2F}\ln\frac{1}{p_{CO,e}}$$

式中

$$E^{\ominus} = -\frac{\mu_{Me}^{\ominus} + \mu_{CO}^{\ominus} - \mu_{MeO}^{\ominus} - \mu_C^{\ominus}}{2F}$$

外加平衡电动势

$$E'_{\mathrm{e}} = -E_{\mathrm{e}} > 0$$

升高外电压，发生极化，有电流通过，电解池电动势为

$$\begin{aligned} E &= \varphi_{阴} - \varphi_{阳} \\ &= (\varphi_{阴,\mathrm{e}} + \Delta\varphi_{阴}) - (\varphi_{阳,\mathrm{e}} + \Delta\varphi_{阳}) \\ &= (\varphi_{阴,\mathrm{e}} - \varphi_{阳,\mathrm{e}}) + (\Delta\varphi_{阴} - \Delta\varphi_{阳}) \\ &= E_{\mathrm{e}} + \Delta E \end{aligned}$$

式中

$$E_{\mathrm{e}} = \varphi_{阴,\mathrm{e}} - \varphi_{阳,\mathrm{e}}$$

$$\Delta E = \Delta\varphi_{阴} - \Delta\varphi_{阳}$$

电解池外加电动势

$$\begin{aligned} E' &= \varphi_{阳} - \varphi_{阴} \\ &= (\varphi_{阳,\mathrm{e}} + \Delta\varphi_{阳}) - (\varphi_{阴,\mathrm{e}} + \Delta\varphi_{阴}) \\ &= (\varphi_{阳,\mathrm{e}} - \varphi_{阴,\mathrm{e}}) + (\Delta\varphi_{阳} - \Delta\varphi_{阴}) \\ &= E'_{\mathrm{e}} + \Delta E' \end{aligned}$$

式中

$$E'_{\mathrm{e}} = \varphi_{阳,\mathrm{e}} - \varphi_{阴,\mathrm{e}}$$

$$\Delta E' = \Delta\varphi_{阳} - \Delta\varphi_{阴}$$

并有

$$A_{\mathrm{m}} = -\Delta G_{\mathrm{m}} = 2FE = 2F(E_{\mathrm{e}} + \Delta E) = -2FE' = -2F(E'_{\mathrm{e}} + \Delta E')$$

式中，E' 是极化的外加电动势，$\Delta E'$ 是电解池的过电动势。

电池端电压

$$V' = E' + IR = E'_{\mathrm{e}} + \Delta E' + IR$$

式中，I 为电流；R 为电池系统电阻。

4. 电解池反应速率

$$\frac{\mathrm{d}N_{\mathrm{Me}}}{\mathrm{d}t} = -\frac{\mathrm{d}N_{\mathrm{CO}}}{\mathrm{d}t} = -\frac{\mathrm{d}N_{\mathrm{MeO}}}{\mathrm{d}t} = -\frac{\mathrm{d}N_{\mathrm{C}}}{\mathrm{d}t} = Sj$$

式中

$$
\begin{aligned}
j &= -l_1\left(\frac{A_{\text{m}}}{T}\right) - l_2\left(\frac{A_{\text{m}}}{T}\right)^2 - l_3\left(\frac{A_{\text{m}}}{T}\right)^3 - \cdots \\
&= -l_1'\left(\frac{E'}{T}\right) - l_2'\left(\frac{E'}{T}\right)^2 - l_3'\left(\frac{E'}{T}\right)^3 - \cdots \\
&= l_1'' - l_2''\left(\frac{\Delta E'}{T}\right) - l_3''\left(\frac{\Delta E'}{T}\right)^2 - l_4''\left(\frac{\Delta E'}{T}\right)^3 - \cdots
\end{aligned}
$$

将上式代入

$$i = 2Fj$$

得

$$
\begin{aligned}
i &= 2Fj \\
&= -l_1^*\left(\frac{E'}{T}\right) - l_2^*\left(\frac{E'}{T}\right)^2 - l_3^*\left(\frac{E'}{T}\right)^3 - \cdots \\
&= -l_1^{**} - l_2^{**}\left(\frac{\Delta E'}{T}\right) - l_3^{**}\left(\frac{\Delta E'}{T}\right)^2 - l_4^{**}\left(\frac{\Delta E'}{T}\right)^3 - \cdots
\end{aligned}
$$

13.3.2 由固体混合金属氧化物 MeO-MO 制备合金 Me-M

由固体混合金属氧化物 MeO-MO 制备合金 Me-M 的电解池构成为

$$\text{石墨} \mid \text{Ar} \mid \text{NaCl-CaCl}_2 \mid \text{MeO-MO} \mid \text{石墨}$$

阴极反应

$$\text{MeO} + 2\text{e} = [\text{Me}] + \text{O}^{2-} \tag{i}$$

$$\text{MO} + 2\text{e} = [\text{M}] + \text{O}^{2-} \tag{ii}$$

阳极反应

$$
\begin{aligned}
&\text{O}^{2-} + \text{C} = (\text{C-O}) + 2\text{e} \\
&(\text{C-O}) \rightleftharpoons \text{CO(吸附)} \\
&\text{CO(吸附)} \rightleftharpoons \text{CO(气)} \\
\hline
&\text{O}^{2-} + \text{C} = \text{CO(气)} + 2\text{e}
\end{aligned}
$$

电解池反应

$$\text{MeO} + \text{C} = \text{Me} + \text{CO(气)} \tag{i}$$

$$\text{MO} + \text{C} = [\text{M}] + \text{CO(气)} \tag{ii}$$

1. MeO 的反应

1）阴极电势

阴极反应达成平衡

$$\text{MeO} + 2\text{e} \rightleftharpoons [\text{Me}] + \text{O}^{2-}$$

该过程的摩尔吉布斯自由能变化为

$$\Delta G_{\mathrm{m},阴,\mathrm{e}} = \mu_{[\mathrm{Me}]} + \mu_{\mathrm{O}^{2-}} - \mu_{\mathrm{MeO}} - 2\mu_{\mathrm{e}} = \Delta G^{\ominus}_{\mathrm{m},阴} + RT\ln a_{\mathrm{O}^{2-},\mathrm{e}}$$

式中

$$\Delta G^{\ominus}_{\mathrm{m},阴} = \mu^{\ominus}_{[\mathrm{Me}]} + \mu^{\ominus}_{\mathrm{O}^{2-}} - \mu^{\ominus}_{\mathrm{MeO}} - 2\mu^{\ominus}_{\mathrm{e}}$$

$$\mu_{[\mathrm{Me}]} = \mu^{\ominus}_{[\mathrm{Me}]}$$

$$\mu_{\mathrm{O}^{2-}} = \mu^{\ominus}_{\mathrm{O}^{2-}} + RT\ln a_{\mathrm{O}^{2-},\mathrm{e}}$$

$$\mu_{\mathrm{MeO}} = \mu^{\ominus}_{\mathrm{MeO}}$$

$$\mu_{\mathrm{e}} = \mu^{\ominus}_{\mathrm{e}}$$

由

$$\varphi_{阴,\mathrm{e}} = -\frac{\Delta G_{\mathrm{m},阴,\mathrm{e}}}{2F}$$

得

$$\varphi_{阴,\mathrm{e}} = \varphi^{\ominus}_{阴} + \frac{RT}{2F}\ln\frac{1}{a_{\mathrm{O}^{2-},\mathrm{e}}}$$

式中

$$\varphi^{\ominus}_{阴} = -\frac{\Delta G^{\ominus}_{\mathrm{m},阴}}{2F} = -\frac{\mu^{\ominus}_{[\mathrm{Me}]} + \mu^{\ominus}_{\mathrm{O}^{2-}} - \mu^{\ominus}_{\mathrm{MeO}} - 2\mu^{\ominus}_{\mathrm{e}}}{2F}$$

升高外电压，阴极有电流通过，发生极化，阴极反应为

$$\mathrm{MeO} + 2\mathrm{e} = [\mathrm{Me}] + \mathrm{O}^{2-}$$

阴极电势为

$$\varphi_{阴} = \varphi_{阴,\mathrm{e}} + \Delta\varphi_{阴}$$

则

$$\Delta\varphi_{阴} = \varphi_{阴} - \varphi_{阴,\mathrm{e}}$$

并有

$$A_{\mathrm{m},阴} = -\Delta G_{\mathrm{m},阴} = 2F\varphi_{阴} = 2F(\varphi_{阴,\mathrm{e}} + \Delta\varphi_{阴})$$

电极反应速率为

$$\frac{\mathrm{d}N_{[\mathrm{Me}]}}{\mathrm{d}t} = \frac{\mathrm{d}N_{\mathrm{O}^{2-}}}{\mathrm{d}t} = -\frac{\mathrm{d}N_{\mathrm{MeO}}}{\mathrm{d}t} = -\frac{1}{2}\frac{\mathrm{d}N_{\mathrm{e}}}{\mathrm{d}t} = Sj$$

式中

$$\begin{aligned} j &= -l_1\left(\frac{A_{\mathrm{m},阴}}{T}\right) - l_2\left(\frac{A_{\mathrm{m},阴}}{T}\right)^2 - l_3\left(\frac{A_{\mathrm{m},阴}}{T}\right)^3 - \cdots \\ &= -l_1'\left(\frac{\varphi_{阴}}{T}\right) - l_2'\left(\frac{\varphi_{阴}}{T}\right)^2 - l_3'\left(\frac{\varphi_{阴}}{T}\right)^3 - \cdots \\ &= -l_1'' - l_2''\left(\frac{\Delta\varphi_{阴}}{T}\right) - l_3''\left(\frac{\Delta\varphi_{阴}}{T}\right)^2 - l_4''\left(\frac{\Delta\varphi_{阴}}{T}\right)^3 - \cdots \end{aligned}$$

将上式代入

$$i = 2Fj$$

得

$$\begin{aligned} i &= 2Fj \\ &= -l_1^*\left(\frac{\varphi_{阴}}{T}\right) - l_2^*\left(\frac{\varphi_{阴}}{T}\right)^2 - l_3^*\left(\frac{\varphi_{阴}}{T}\right)^3 - \cdots \\ &= -l_1^{**} - l_2^{**}\left(\frac{\Delta\varphi_{阴}}{T}\right) - l_3^{**}\left(\frac{\Delta\varphi_{阴}}{T}\right)^2 - l_4^{**}\left(\frac{\Delta\varphi_{阴}}{T}\right)^3 - \cdots \end{aligned}$$

2）阳极电势

阳极反应达成平衡

$$O^{2-} + C \rightleftharpoons CO + 2e$$

该过程的摩尔吉布斯自由能变化为

$$\Delta G_{m,阳,e} = \mu_{CO} + 2\mu_e - \mu_{O^{2-}} - \mu_C = \Delta G_{m,阳}^{\ominus} + RT\ln\frac{p_{CO,e}}{a_{O^{2-},e}}$$

式中

$$\Delta G_{m,阳}^{\ominus} = \mu_{CO}^{\ominus} + 2\mu_e^{\ominus} - \mu_{O^{2-}}^{\ominus} - \mu_C^{\ominus}$$

$$\mu_{CO} = \mu_{CO}^{\ominus} + RT\ln p_{CO,e}$$

$$\mu_e = \mu_e^{\ominus}$$

$$\mu_{O^{2-}} = \mu_{O^{2-}}^{\ominus} + RT\ln a_{O^{2-},e}$$

$$\mu_C = \mu_C^{\ominus}$$

由

$$\varphi_{阳,e} = \frac{\Delta G_{m,阳,e}}{2F}$$

得

$$\varphi_{阳,e} = \varphi_{阳}^{\ominus} + \frac{RT}{2F}\ln\frac{p_{CO,e}}{a_{O^{2-},e}}$$

式中

$$\varphi_{阳}^{\ominus} = \frac{\mu_{CO}^{\ominus} + 2\mu_e^{\ominus} - \mu_{O^{2-}}^{\ominus} - \mu_C^{\ominus}}{2F}$$

升高外电压后，阳极有电流通过，发生极化，阳极反应为

$$O^{2-} + C = CO(气) + 2e$$

阳极电势为

$$\varphi_{阳} = \varphi_{阳,e} + \Delta\varphi_{阳}$$

$$\Delta\varphi_{阳} = \varphi_{阳} - \varphi_{阳,e}$$

并有

$$A_{m,阳} = -\Delta G_{m,阳} = -2F\varphi_{阳} = -2F(\varphi_{阳,e} + \Delta\varphi_{阳})$$

阳极反应速率为

$$\frac{dN_{CO(气)}}{dt} = \frac{1}{2}\frac{dN_e}{dt} = -\frac{dN_{O^{2-}}}{dt} = -\frac{dN_C}{dt} = Sj$$

式中

$$\begin{aligned} j &= -l_1\left(\frac{A_{m,阳}}{T}\right) - l_2\left(\frac{A_{m,阳}}{T}\right)^2 - l_3\left(\frac{A_{m,阳}}{T}\right)^3 - \cdots \\ &= -l_1'\left(\frac{\varphi_{阳}}{T}\right) - l_2'\left(\frac{\varphi_{阳}}{T}\right)^2 - l_3'\left(\frac{\varphi_{阳}}{T}\right)^3 - \cdots \\ &= -l_1'' - l_2''\left(\frac{\Delta\varphi_{阳}}{T}\right) - l_3''\left(\frac{\Delta\varphi_{阳}}{T}\right)^2 - l_4''\left(\frac{\Delta\varphi_{阳}}{T}\right)^3 - \cdots \end{aligned}$$

将上式代入

$$i = 2Fj$$

得

$$\begin{aligned} i &= 2Fj \\ &= -l_1^*\left(\frac{\varphi_{阳}}{T}\right) - l_2^*\left(\frac{\varphi_{阳}}{T}\right)^2 - l_3^*\left(\frac{\varphi_{阳}}{T}\right)^3 - \cdots \\ &= -l_1^{**} - l_2^{**}\left(\frac{\Delta\varphi_{阳}}{T}\right) - l_3^{**}\left(\frac{\Delta\varphi_{阳}}{T}\right)^2 - l_4^{**}\left(\frac{\Delta\varphi_{阳}}{T}\right)^3 - \cdots \end{aligned}$$

3）电解池电动势

电解池反应达到平衡

$$MeO + C \rightleftharpoons [Me] + CO$$

该过程的摩尔吉布斯自由能变化

$$\Delta G_{m,e} = \mu_{[Me]} + \mu_{CO} - \mu_{MeO} - \mu_C = \Delta G_m^{\ominus} + RT\ln(a_{[Me],e}p_{CO,e})$$

式中

$$\Delta G_m^{\ominus} = \mu_{[Me]}^{\ominus} + \mu_{CO}^{\ominus} - \mu_{MeO}^{\ominus} - \mu_C^{\ominus}$$

$$\mu_{[Me]} = \mu_{[Me]}^{\ominus} + RT\ln a_{[Me],e}$$

$$\mu_{CO} = \mu_{CO}^{\ominus} + RT\ln p_{CO,e}$$

$$\mu_{MeO} = \mu_{MeO}^{\ominus}$$

$$\mu_C = \mu_C^{\ominus}$$

由

$$E_e = -\frac{\Delta G_{m,e}}{2F}$$

得
$$E_{\mathrm{e}} = E^{\ominus} + \frac{RT}{2F} \ln \frac{1}{a_{[\mathrm{Me}],\mathrm{e}} p_{\mathrm{CO},\mathrm{e}}}$$

式中

$$E^{\ominus} = -\frac{\mu_{\mathrm{Me}}^{\ominus} + \mu_{\mathrm{CO}}^{\ominus} - \mu_{\mathrm{MeO}}^{\ominus} - \mu_{\mathrm{C}}^{\ominus}}{2F}$$

升高外电压，发生极化，有电流通过，电解池反应为

$$\mathrm{MeO} + \mathrm{C} = [\mathrm{Me}] + \mathrm{CO}$$

电解池外加电动势

$$\begin{aligned} E' &= \varphi_{阳} - \varphi_{阴} \\ &= (\varphi_{阳,\mathrm{e}} + \Delta\varphi_{阳}) - (\varphi_{阴,\mathrm{e}} + \Delta\varphi_{阴}) \\ &= (\varphi_{阳,\mathrm{e}} - \varphi_{阴,\mathrm{e}}) + (\Delta\varphi_{阳} - \Delta\varphi_{阴}) \\ &= E'_{\mathrm{e}} + \Delta E' \end{aligned}$$

式中

$$E'_{\mathrm{e}} = \varphi_{阳,\mathrm{e}} - \varphi_{阴,\mathrm{e}} = -E_{\mathrm{e}}$$
$$\Delta E' = \Delta\varphi_{阳} - \Delta\varphi_{阴}$$

并有

$$A_{\mathrm{m}} = -\Delta G_{\mathrm{m}} = -2FE' = -2F(E'_{\mathrm{e}} + \Delta E')$$

式中，E' 是极化的外加电动势；E'_{e} 是电解池外加的平衡电动势；$\Delta E'$ 是电解池的过电动势。

电解池的端电压为

$$V' = E' + IR = E'_{\mathrm{e}} + \Delta E' + IR$$

式中，I 是电解池装置的电流；R 是电解池装置的电阻。

电解池反应速率

$$\frac{\mathrm{d}N_{[\mathrm{Me}]}}{\mathrm{d}t} = \frac{\mathrm{d}N_{\mathrm{CO}}}{\mathrm{d}t} = -\frac{\mathrm{d}N_{\mathrm{MeO}}}{\mathrm{d}t} = -\frac{\mathrm{d}N_{\mathrm{C}}}{\mathrm{d}t} = Sj$$

式中

$$\begin{aligned} j &= -l_1\left(\frac{A_{\mathrm{m}}}{T}\right) - l_2\left(\frac{A_{\mathrm{m}}}{T}\right)^2 - l_3\left(\frac{A_{\mathrm{m}}}{T}\right)^3 - \cdots \\ &= -l'_1\left(\frac{E'}{T}\right) - l'_2\left(\frac{E'}{T}\right)^2 - l'_3\left(\frac{E'}{T}\right)^3 - \cdots \\ &= -l''_1 - l''_2\left(\frac{\Delta E'}{T}\right) - l''_3\left(\frac{\Delta E'}{T}\right)^2 - l''_4\left(\frac{\Delta E'}{T}\right)^3 - \cdots \end{aligned}$$

将上式代入

$$i = 2Fj$$

得

$$\begin{aligned} i &= 2Fj \\ &= -l_1^*\left(\frac{E'}{T}\right) - l_2^*\left(\frac{E'}{T}\right)^2 - l_3^*\left(\frac{E'}{T}\right)^3 - \cdots \\ &= -l_1^{**} - l_2^{**}\left(\frac{\Delta E'}{T}\right) - l_3^{**}\left(\frac{\Delta E'}{T}\right)^2 - l_4^{**}\left(\frac{\Delta E'}{T}\right)^3 - \cdots \end{aligned}$$

2. MO 的反应

1）阴极电势

阴极反应达成平衡

$$MO + 2e \rightleftharpoons [M] + O^{2-}$$

该过程的摩尔吉布斯自由能变化为

$$\Delta G_{m,阴,e} = \mu_{[M]} + \mu_{O^{2-}} - \mu_{MO} - 2\mu_e = \Delta G_{m,阴}^{\ominus} + RT\ln(a_{[M],e}a_{O^{2-},e})$$

式中

$$\Delta G_{m,阴}^{\ominus} = \mu_{[M]}^{\ominus} + \mu_{O^{2-}}^{\ominus} - \mu_{MO}^{\ominus} - 2\mu_e^{\ominus}$$

$$\mu_{[M]} = \mu_{[M]}^{\ominus} + RT\ln a_{[M],e}$$

$$\mu_{O^{2-}} = \mu_{O^{2-}}^{\ominus} + RT\ln a_{O^{2-},e}$$

$$\mu_{MO} = \mu_{MO}^{\ominus}$$

$$\mu_e = \mu_e^{\ominus}$$

由

$$\varphi_{阴,e} = -\frac{\Delta G_{m,阴,e}}{2F}$$

得

$$\varphi_{阴,e} = \varphi_{阴}^{\ominus} + \frac{RT}{2F}\ln\frac{1}{a_{[M],e}a_{O^{2-},e}}$$

式中

$$\varphi_{阴}^{\ominus} = -\frac{\Delta G_{m,阴}^{\ominus}}{2F} = -\frac{\mu_{[M]}^{\ominus} + \mu_{O^{2-}}^{\ominus} - \mu_{MO}^{\ominus} - 2\mu_e^{\ominus}}{2F}$$

升高外电压，阴极有电流通过，发生极化，阴极反应为

$$MO + 2e = [M] + O^{2-}$$

阴极电势为

$$\varphi_{阴} = \varphi_{阴,e} + \Delta\varphi_{阴}$$

则

$$\Delta\varphi_{阴} = \varphi_{阴} - \varphi_{阴,e}$$

并有

$$A_{\mathrm{m,阴}} = -\Delta G_{\mathrm{m,阴}} = 2F\varphi_{阴} = 2F(\varphi_{阴,\mathrm{e}} + \Delta\varphi_{阴})$$

电极反应速率为

$$\frac{\mathrm{d}N_{[\mathrm{M}]}}{\mathrm{d}t} = \frac{\mathrm{d}N_{\mathrm{O}^{2-}}}{\mathrm{d}t} = -\frac{\mathrm{d}N_{\mathrm{MO}}}{\mathrm{d}t} = -\frac{1}{2}\frac{\mathrm{d}N_{\mathrm{e}}}{\mathrm{d}t} = Sj$$

式中

$$\begin{aligned} j &= -l_1\left(\frac{A_{\mathrm{m,阴}}}{T}\right) - l_2\left(\frac{A_{\mathrm{m,阴}}}{T}\right)^2 - l_3\left(\frac{A_{\mathrm{m,阴}}}{T}\right)^3 - \cdots \\ &= -l_1'\left(\frac{\varphi_{阴}}{T}\right) - l_2'\left(\frac{\varphi_{阴}}{T}\right)^2 - l_3'\left(\frac{\varphi_{阴}}{T}\right)^3 - \cdots \\ &= -l_1'' - l_2''\left(\frac{\Delta\varphi_{阴}}{T}\right) - l_3''\left(\frac{\Delta\varphi_{阴}}{T}\right)^2 - l_4''\left(\frac{\Delta\varphi_{阴}}{T}\right)^3 - \cdots \end{aligned}$$

将上式代入

$$i = 2Fj$$

得

$$\begin{aligned} i &= 2Fj \\ &= -l_1^*\left(\frac{\varphi_{阴}}{T}\right) - l_2^*\left(\frac{\varphi_{阴}}{T}\right)^2 - l_3^*\left(\frac{\varphi_{阴}}{T}\right)^3 - \cdots \\ &= -l_1^{**} - l_2^{**}\left(\frac{\Delta\varphi_{阴}}{T}\right) - l_3^{**}\left(\frac{\Delta\varphi_{阴}}{T}\right)^2 - l_4^{**}\left(\frac{\Delta\varphi_{阴}}{T}\right)^3 - \cdots \end{aligned}$$

2）阳极电势

同 13.3.2 节第 1 部分。

3）电解池电动势

电解池反应达到平衡

$$\mathrm{MO} + \mathrm{C} \rightleftharpoons [\mathrm{M}] + \mathrm{CO}$$

该过程的摩尔吉布斯自由能变化

$$\Delta G_{\mathrm{m,e}} = \mu_{[\mathrm{M}]} + \mu_{\mathrm{CO}} - \mu_{\mathrm{MO}} - \mu_{\mathrm{C}} = \Delta G_{\mathrm{m}}^{\ominus} + RT\ln(a_{[\mathrm{M}],\mathrm{e}}p_{\mathrm{CO,e}})$$

式中

$$\Delta G_{\mathrm{m}}^{\ominus} = \mu_{[\mathrm{M}]}^{\ominus} + \mu_{\mathrm{CO}}^{\ominus} - \mu_{\mathrm{MO}}^{\ominus} - \mu_{\mathrm{C}}^{\ominus}$$

$$\mu_{[\mathrm{M}]} = \mu_{[\mathrm{M}]}^{\ominus} + RT\ln a_{[\mathrm{M}],\mathrm{e}}$$

$$\mu_{\mathrm{CO}} = \mu_{\mathrm{CO}}^{\ominus} + RT\ln p_{\mathrm{CO,e}}$$

$$\mu_{\mathrm{MO}} = \mu_{\mathrm{MO}}^{\ominus}$$

$$\mu_{\mathrm{C}} = \mu_{\mathrm{C}}^{\ominus}$$

由
$$E_{\mathrm{e}} = -\frac{\Delta G_{\mathrm{m,e}}}{2F}$$

得
$$E_{\mathrm{e}} = E^{\ominus} + \frac{RT}{2F}\ln\frac{1}{a_{[\mathrm{M}],\mathrm{e}}p_{\mathrm{CO,e}}}$$

式中
$$E^{\ominus} = -\frac{\mu_{\mathrm{M}}^{\ominus} + \mu_{\mathrm{CO}}^{\ominus} - \mu_{\mathrm{MO}}^{\ominus} - \mu_{\mathrm{C}}^{\ominus}}{2F}$$

升高外电压，电解池发生极化，有电流通过，电解池反应为
$$\mathrm{MO} + \mathrm{C} = [\mathrm{M}] + \mathrm{CO}$$

电解池电动势
$$\begin{aligned}E' &= \varphi_{阳} - \varphi_{阴}\\ &= (\varphi_{阳,\mathrm{e}} + \Delta\varphi_{阳}) - (\varphi_{阴,\mathrm{e}} + \Delta\varphi_{阴})\\ &= (\varphi_{阳,\mathrm{e}} - \varphi_{阴,\mathrm{e}}) + (\Delta\varphi_{阳} - \Delta\varphi_{阴})\\ &= E'_{\mathrm{e}} + \Delta E'\end{aligned}$$

式中
$$E'_{\mathrm{e}} = \varphi_{阳,\mathrm{e}} - \varphi_{阴,\mathrm{e}} = -E_{\mathrm{e}}$$
$$\Delta E' = \Delta\varphi_{阳} - \Delta\varphi_{阴}$$

并有
$$A_{\mathrm{m}} = -\Delta G_{\mathrm{m}} = -2FE' = -2F(E'_{\mathrm{e}} + \Delta E')$$

式中，E' 是极化的外加电动势；E'_{e} 是电解池外加的平衡电动势；$\Delta E'$ 是电解池的过电动势。

电解池的端电压为
$$V' = E' + IR = E'_{\mathrm{e}} + \Delta E' + IR$$

式中，I 是电流；R 是电解池系统电阻。

电解池反应速率
$$\frac{\mathrm{d}N_{[\mathrm{M}]}}{\mathrm{d}t} = \frac{\mathrm{d}N_{\mathrm{CO}}}{\mathrm{d}t} = -\frac{\mathrm{d}N_{\mathrm{MO}}}{\mathrm{d}t} = -\frac{\mathrm{d}N_{\mathrm{C}}}{\mathrm{d}t} = Sj$$

式中
$$\begin{aligned}j &= -l_1\left(\frac{A_{\mathrm{m}}}{T}\right) - l_2\left(\frac{A_{\mathrm{m}}}{T}\right)^2 - l_3\left(\frac{A_{\mathrm{m}}}{T}\right)^3 - \cdots\\ &= -l'_1\left(\frac{E'}{T}\right) - l'_2\left(\frac{E'}{T}\right)^2 - l'_3\left(\frac{E'}{T}\right)^3 - \cdots\\ &= -l''_1 - l''_2\left(\frac{\Delta E'}{T}\right) - l''_3\left(\frac{\Delta E'}{T}\right)^2 - l''_4\left(\frac{\Delta E'}{T}\right)^3 - \cdots\end{aligned}$$

将上式代入

$$i = 2Fj$$

得

$$\begin{aligned} i &= 2Fj \\ &= -l_1^*\left(\frac{E'}{T}\right) - l_2^*\left(\frac{E'}{T}\right)^2 - l_3^*\left(\frac{E'}{T}\right)^3 - \cdots \\ &= -l_1^{**} - l_2^{**}\left(\frac{\Delta E'}{T}\right) - l_3^{**}\left(\frac{\Delta E'}{T}\right)^2 - l_4^{**}\left(\frac{\Delta E'}{T}\right)^3 - \cdots \end{aligned}$$

13.3.3 由固体氧化物 MeO 和 C 制备碳化物

以固体氧化物 MeO 和 C 为原料制备碳化物，电解池构成为

石墨 | Ar | $NaCl\text{-}CaCl_2$ | MeO-C | 石墨

阴极反应

$$MeO + 2e = Me + O^{2-}$$

$$Me + C = MeC$$

阳极反应

$$O^{2-} + C = C\text{-}O + 2e$$

$$C\text{-}O \rightleftharpoons CO(\text{吸附})$$

$$CO(\text{吸附}) \rightleftharpoons CO(\text{气})$$

$$O^{2-} + C = CO(\text{气}) + 2e$$

电解池反应

$$MeO + 2C = MeC + CO(\text{气})$$

1. 阴极电势

阴极反应达成平衡

$$MeO + 2e \rightleftharpoons Me + O^{2-}$$

$$Me + C \rightleftharpoons MeC$$

$$MeO + C + 2e \rightleftharpoons MeC + O^{2-}$$

该过程的摩尔吉布斯自由能变化为

$$\Delta G_{m,\text{阴},e} = \mu_{MeC} + \mu_{O^{2-}} - \mu_{MeO} - \mu_C - 2\mu_e = \Delta G_{m,\text{阴}}^{\ominus} + RT\ln a_{O^{2-},e}$$

式中

$$\Delta G_{m,\text{阴}}^{\ominus} = \mu_{MeC}^{\ominus} + \mu_{O^{2-}}^{\ominus} - \mu_{MeO}^{\ominus} - \mu_C^{\ominus} - 2\mu_e^{\ominus}$$

$$\mu_{MeC} = \mu_{MeC}^{\ominus}$$

$$\mu_{O^{2-}} = \mu_{O^{2-}}^{\ominus} + RT\ln a_{O^{2-},e}$$

$$\mu_{MeO} = \mu_{MeO}^{\ominus}$$

$$\mu_{C} = \mu_{C}^{\ominus}$$

$$\mu_{e} = \mu_{e}^{\ominus}$$

由

$$\varphi_{阴,e} = -\frac{\Delta G_{m,阴,e}}{2F}$$

得

$$\varphi_{阴,e} = \varphi_{阴}^{\ominus} + \frac{RT}{2F}\ln\frac{1}{a_{O^{2-},e}}$$

式中

$$\varphi_{阴}^{\ominus} = -\frac{\Delta G_{m,阴}^{\ominus}}{2F} = -\frac{\mu_{MeC}^{\ominus} + \mu_{O^{2-}}^{\ominus} - \mu_{MeO}^{\ominus} - \mu_{C}^{\ominus} - 2\mu_{e}^{\ominus}}{2F}$$

升高外电压，阴极有电流通过，产生过电势，阴极反应为

$$MeO + 2e = Me + O^{2-}$$

$$Me + C \rightleftharpoons MeC$$

$$\overline{\qquad\qquad\qquad\qquad\qquad}$$

$$MeO + C + 2e = MeC + O^{2-}$$

阴极电势为

$$\varphi_{阴} = \varphi_{阴,e} + \Delta\varphi_{阴}$$

则

$$\Delta\varphi_{阴} = \varphi_{阴} - \varphi_{阴,e}$$

并有

$$A_{m,阴} = -\Delta G_{m,阴} = 2F\varphi_{阴} = 2F(\varphi_{阴,e} + \Delta\varphi_{阴})$$

阴极反应速率为

$$\frac{dN_{MeC}}{dt} = \frac{dN_{O^{2-}}}{dt} = -\frac{dN_{MeO}}{dt} = -\frac{dN_{C}}{dt} = -\frac{1}{2}\frac{dN_{e}}{dt} = Sj$$

式中

$$\begin{aligned} j &= -l_1\left(\frac{A_{m,阴}}{T}\right) - l_2\left(\frac{A_{m,阴}}{T}\right)^2 - l_3\left(\frac{A_{m,阴}}{T}\right)^3 - \cdots \\ &= -l_1'\left(\frac{\varphi_{阴}}{T}\right) - l_2'\left(\frac{\varphi_{阴}}{T}\right)^2 - l_3'\left(\frac{\varphi_{阴}}{T}\right)^3 - \cdots \\ &= -l_1'' - l_2''\left(\frac{\Delta\varphi_{阴}}{T}\right) - l_3''\left(\frac{\Delta\varphi_{阴}}{T}\right)^2 - l_4''\left(\frac{\Delta\varphi_{阴}}{T}\right)^3 - \cdots \end{aligned}$$

将上式代入

$$i = 2Fj$$

得

$$\begin{aligned} i &= 2Fj \\ &= -l_1^*\left(\frac{\varphi_{阴}}{T}\right) - l_2^*\left(\frac{\varphi_{阴}}{T}\right)^2 - l_3^*\left(\frac{\varphi_{阴}}{T}\right)^3 - \cdots \\ &= -l_1^{**} - l_2^{**}\left(\frac{\Delta\varphi_{阴}}{T}\right) - l_3^{**}\left(\frac{\Delta\varphi_{阴}}{T}\right)^2 - l_4^{**}\left(\frac{\Delta\varphi_{阴}}{T}\right)^3 - \cdots \end{aligned}$$

2. 阳极电势

阳极反应达成平衡

$$O^{2-} + C \rightleftharpoons CO(气) + 2e$$

该过程的摩尔吉布斯自由能变化为

$$\Delta G_{m,阳,e} = \mu_{CO(气)} + 2\mu_e - \mu_{O^{2-}} - \mu_C = \Delta G_{m,阳}^{\ominus} + RT\ln\frac{p_{CO,e}}{a_{O^{2-},e}}$$

式中

$$\Delta G_{m,阳}^{\ominus} = \mu_{CO(气)}^{\ominus} + 2\mu_e^{\ominus} - \mu_{O^{2-}}^{\ominus} - \mu_C^{\ominus}$$

$$\mu_{CO(气)} = \mu_{CO(气)}^{\ominus} + RT\ln p_{CO,e}$$

$$\mu_e = \mu_e^{\ominus}$$

$$\mu_{O^{2-}} = \mu_{O^{2-}}^{\ominus} + RT\ln a_{O^{2-},e}$$

$$\mu_C = \mu_C^{\ominus}$$

由

$$\varphi_{阳,e} = \frac{\Delta G_{m,阳,e}}{2F}$$

得

$$\varphi_{阳,e} = \varphi_{阳}^{\ominus} + \frac{RT}{2F}\ln\frac{p_{CO,e}}{a_{O^{2-},e}}$$

式中

$$\varphi_{阳}^{\ominus} = \frac{\mu_{CO(气)}^{\ominus} + 2\mu_e^{\ominus} - \mu_{O^{2-}}^{\ominus} - \mu_C^{\ominus}}{2F}$$

升高外电压后，阳极有电流通过，阳极极化，阳极反应为

$$O^{2-} + C = CO(气) + 2e$$

阳极电势为

$$\varphi_{阳} = \varphi_{阳,e} + \Delta\varphi_{阳}$$

$$\Delta\varphi_{阳} = \varphi_{阳} - \varphi_{阳,e}$$

并有

$$A_{m,阳} = -\Delta G_{m,阳} = -2F\varphi_{阳} = -2F(\varphi_{阳,e} + \Delta\varphi_{阳})$$

阳极反应速率为

$$\frac{dN_{CO(气)}}{dt} = \frac{1}{2}\frac{dN_e}{dt} = -\frac{dN_{O^{2-}}}{dt} = -\frac{dN_C}{dt} = Sj$$

式中

$$\begin{aligned} j &= -l_1\left(\frac{A_{m,阳}}{T}\right) - l_2\left(\frac{A_{m,阳}}{T}\right)^2 - l_3\left(\frac{A_{m,阳}}{T}\right)^3 \cdots \\ &= -l_1'\left(\frac{\varphi_{阳}}{T}\right) - l_2'\left(\frac{\varphi_{阳}}{T}\right)^2 - l_3'\left(\frac{\varphi_{阳}}{T}\right)^3 \cdots \\ &= -l_1'' - l_2''\left(\frac{\Delta\varphi_{阳}}{T}\right) - l_3''\left(\frac{\Delta\varphi_{阳}}{T}\right)^2 - l_4''\left(\frac{\Delta\varphi_{阳}}{T}\right)^3 \cdots \end{aligned}$$

将上式代入

$$i = 2Fj$$

得

$$\begin{aligned} i &= 2Fj \\ &= -l_1^*\left(\frac{\varphi_{阳}}{T}\right) - l_2^*\left(\frac{\varphi_{阳}}{T}\right)^2 - l_3^*\left(\frac{\varphi_{阳}}{T}\right)^3 - \cdots \\ &= -l_1^{**} - l_2^{**}\left(\frac{\Delta\varphi_{阳}}{T}\right) - l_3^{**}\left(\frac{\Delta\varphi_{阳}}{T}\right)^2 - l_4^{**}\left(\frac{\Delta\varphi_{阳}}{T}\right)^3 - \cdots \end{aligned}$$

3. 电解池电动势

电解池反应达到平衡

$$MeO + 2C = MeC + CO(气)$$

该过程的摩尔吉布斯自由能变化

$$\Delta G_{m,e} = \mu_{MeC} + \mu_{CO(气)} - \mu_{MeO} - 2\mu_C = \Delta G_m^\ominus + RT\ln p_{CO,e}$$

式中

$$\Delta G_m^\ominus = \mu_{MeC}^\ominus + \mu_{CO(气)}^\ominus - \mu_{MeO}^\ominus - 2\mu_C^\ominus$$

$$\mu_{MeC} = \mu_{MeC}^\ominus$$

$$\mu_{CO(气)} = \mu_{CO(气)}^\ominus + RT\ln p_{CO,e}$$

$$\mu_{MeO} = \mu_{MeO}^\ominus$$

$$\mu_C = \mu_C^\ominus$$

由

$$E_e = -\frac{\Delta G_{m,e}}{2F} < 0$$

得
$$E_{\mathrm{e}} = E^{\ominus} + \frac{RT}{2F}\ln\frac{1}{p_{\mathrm{CO,e}}}$$

式中

$$E^{\ominus} = -\frac{\mu^{\ominus}_{\mathrm{MeC}} + \mu^{\ominus}_{\mathrm{CO(气)}} - \mu^{\ominus}_{\mathrm{MeO}} - 2\mu^{\ominus}_{\mathrm{C}}}{2F}$$

升高外电压，发生极化，有电流通过，电解池反应为

$$\mathrm{MeO} + 2\mathrm{C} = \mathrm{MeC} + \mathrm{CO(气)}$$

电解池外加电动势

$$\begin{aligned} E' &= \varphi_{阳} - \varphi_{阴} \\ &= (\varphi_{阳,\mathrm{e}} + \Delta\varphi_{阳}) - (\varphi_{阴,\mathrm{e}} + \Delta\varphi_{阴}) \\ &= (\varphi_{阳,\mathrm{e}} - \varphi_{阴,\mathrm{e}}) + (\Delta\varphi_{阳} - \Delta\varphi_{阴}) \\ &= E'_{\mathrm{e}} + \Delta E' \end{aligned}$$

式中

$$E'_{\mathrm{e}} = \varphi_{阳,\mathrm{e}} - \varphi_{阴,\mathrm{e}} = -E_{\mathrm{e}}$$
$$\Delta E' = \Delta\varphi_{阳} - \Delta\varphi_{阴}$$

并有

$$A_{\mathrm{m}} = -\Delta G_{\mathrm{m}} = -2FE' = -2F(E'_{\mathrm{e}} + \Delta E')$$

式中，E' 是极化的外加电动势；E'_{e} 是外加的平衡电动势；$\Delta E'$ 是电解池的过电势。

4. 电解池的端电压

$$V' = E' + IR = E'_{\mathrm{e}} + \Delta E' + IR$$

式中，I 是电解池装置的电流；R 是电解池装置的电阻。

5. 电解池反应速率

$$\frac{\mathrm{d}N_{\mathrm{MeC}}}{\mathrm{d}t} = \frac{\mathrm{d}N_{\mathrm{CO(气)}}}{\mathrm{d}t} = -\frac{\mathrm{d}N_{\mathrm{MeO}}}{\mathrm{d}t} = -\frac{1}{2}\frac{\mathrm{d}N_{\mathrm{C}}}{\mathrm{d}t} = Sj$$

式中

$$\begin{aligned} j &= -l_1\left(\frac{A_{\mathrm{m}}}{T}\right) - l_2\left(\frac{A_{\mathrm{m}}}{T}\right)^2 - l_3\left(\frac{A_{\mathrm{m}}}{T}\right)^3 - \cdots \\ &= -l'_1\left(\frac{E'}{T}\right) - l'_2\left(\frac{E'}{T}\right)^2 - l'_3\left(\frac{E'}{T}\right)^3 - \cdots \\ &= -l''_1 - l''_2\left(\frac{\Delta E'}{T}\right) - l''_3\left(\frac{\Delta E'}{T}\right)^2 - l''_4\left(\frac{\Delta E'}{T}\right)^3 - \cdots \end{aligned}$$

将上式代入

$$i = 2Fj$$

得

$$\begin{aligned} i &= 2Fj \\ &= -l_1^*\left(\frac{E'}{T}\right) - l_2^*\left(\frac{E'}{T}\right)^2 - l_3^*\left(\frac{E'}{T}\right)^3 - \cdots \\ &= -l_1^{**} - l_3^{**}\left(\frac{\Delta E'}{T}\right) - l_3^{**}\left(\frac{\Delta E'}{T}\right)^2 - l_4^{**}\left(\frac{\Delta E'}{T}\right)^3 - \cdots \end{aligned}$$

13.3.4　由固体氧化物 MeO 和 N_2 制备氮化物

以固体氧化物 MeO 和 N_2 为原料制备氮化物，电解池构成为

石墨 | Ar | NaCl-CaCl$_2$ | MeO,N$_2$ | 石墨

阴极反应

$$\begin{array}{l} 2\text{MeO} + 4\text{e} =\!= 2\text{Me} + 2\text{O}^{2-} \\ 2\text{Me} + \text{N}_2 \rightleftharpoons 2\text{MeN} \\ \hline 2\text{MeO} + 4\text{e} + \text{N}_2 =\!= 2\text{MeN} + 2\text{O}^{2-} \end{array}$$

阳极反应

$$\begin{array}{l} 2\text{O}^{2-} + 2\text{C} =\!= 2(\text{C-O}) + 4\text{e} \\ 2(\text{C-O}) \rightleftharpoons 2\text{CO}(\text{吸附}) \\ 2\text{CO}(\text{吸附}) \rightleftharpoons 2\text{CO}(\text{气}) \\ \hline 2\text{O}^{2-} + 2\text{C} =\!= 2\text{CO}(\text{气}) + 4\text{e} \end{array}$$

电解池反应

$$2\text{MeO} + \text{N}_2 + 2\text{C} =\!= 2\text{MeN} + 2\text{CO}$$

1. 阴极电势

阴极反应达到平衡

$$2\text{MeO} + 4\text{e} + \text{N}_2 \rightleftharpoons 2\text{MeN} + 2\text{O}^{2-}$$

该过程的摩尔吉布斯自由能变化

$$\begin{aligned} \Delta G_{\text{m,阴,e}} &= 2\mu_{\text{MeN}} + 2\mu_{\text{O}^{2-}} - 2\mu_{\text{MeO}} - \mu_{\text{N}_2} - 4\mu_{\text{e}} \\ &= \Delta G_{\text{m,阴}}^{\ominus} + RT\ln\frac{a_{\text{O}^{2-},\text{e}}^2}{p_{\text{N}_2,\text{e}}} \end{aligned}$$

式中

$$\Delta G_{\mathrm{m},阴}^{\ominus}=2\mu_{\mathrm{MeN}}^{\ominus}+2\mu_{\mathrm{O}^{2-}}^{\ominus}-2\mu_{\mathrm{MeO}}^{\ominus}-\mu_{\mathrm{N}_2}^{\ominus}-4\mu_{\mathrm{e}}^{\ominus}$$

$$\mu_{\mathrm{MeN}}=\mu_{\mathrm{MeN}}^{\ominus}$$

$$\mu_{\mathrm{O}^{2-}}=\mu_{\mathrm{O}^{2-}}^{\ominus}+RT\ln a_{\mathrm{O}^{2-},\mathrm{e}}$$

$$\mu_{\mathrm{MeO}}=\mu_{\mathrm{MeO}}^{\ominus}$$

$$\mu_{\mathrm{N}_2}=\mu_{\mathrm{N}_2}^{\ominus}+RT\ln p_{\mathrm{N}_2,\mathrm{e}}$$

$$\mu_{\mathrm{e}}=\mu_{\mathrm{e}}^{\ominus}$$

由

$$\varphi_{阴,\mathrm{e}}=-\frac{\Delta G_{\mathrm{m},阴,\mathrm{e}}}{4F}$$

得

$$\varphi_{阴,\mathrm{e}}=\varphi_{阴}^{\ominus}+\frac{RT}{4F}\ln\frac{p_{\mathrm{N}_2,\mathrm{e}}}{a_{\mathrm{O}^{2-},\mathrm{e}}^{2}}$$

式中

$$\varphi_{阴,\mathrm{e}}^{\ominus}=-\frac{\Delta G_{\mathrm{m},阴}^{\ominus}}{4\mathrm{F}}=-\frac{2\mu_{\mathrm{MeN}}^{\ominus}+2\mu_{\mathrm{O}^{2-}}^{\ominus}-2\mu_{\mathrm{MeO}}^{\ominus}-\mu_{\mathrm{N}_2}^{\ominus}-4\mu_{\mathrm{e}}^{\ominus}}{4F}$$

升高外电压，阴极有电流通过，产生过电势，阴极反应为

$$2\mathrm{MeO}+4\mathrm{e}+\mathrm{N}_2 = 2\mathrm{MeN}+2\mathrm{O}^{2-}$$

阴极电势为

$$\varphi_{阴}=\varphi_{阴,\mathrm{e}}+\Delta\varphi_{阴}$$

则

$$\Delta\varphi_{阴}=\varphi_{阴}-\varphi_{阴,\mathrm{e}}$$

并有

$$A_{\mathrm{m},阴}=-\Delta G_{\mathrm{m},阴}=4F\varphi_{阴}=4F(\varphi_{阴,\mathrm{e}}+\Delta\varphi_{阴})$$

阴极反应速率为

$$\frac{1}{2}\frac{\mathrm{d}N_{\mathrm{MeN}}}{\mathrm{d}t}=\frac{1}{2}\frac{\mathrm{d}N_{\mathrm{O}^{2-}}}{\mathrm{d}t}=-\frac{1}{2}\frac{\mathrm{d}N_{\mathrm{MeO}}}{\mathrm{d}t}=-\frac{\mathrm{d}N_{\mathrm{N}_2}}{\mathrm{d}t}=-\frac{1}{4}\frac{\mathrm{d}N_{\mathrm{e}}}{\mathrm{d}t}=Sj$$

式中

$$\begin{aligned}j&=-l_1\left(\frac{A_{\mathrm{m},阴}}{T}\right)-l_2\left(\frac{A_{\mathrm{m},阴}}{T}\right)^2-l_3\left(\frac{A_{\mathrm{m},阴}}{T}\right)^3-\cdots\\&=-l_1'\left(\frac{\varphi_{阴}}{T}\right)-l_2'\left(\frac{\varphi_{阴}}{T}\right)^2-l_3'\left(\frac{\varphi_{阴}}{T}\right)^3-\cdots\\&=-l_1''-l_2''\left(\frac{\Delta\varphi_{阴}}{T}\right)-l_3''\left(\frac{\Delta\varphi_{阴}}{T}\right)^2-l_4''\left(\frac{\Delta\varphi_{阴}}{T}\right)^3-\cdots\end{aligned}$$

将上式代入

$$i = 4Fj$$

得

$$\begin{aligned} i &= 4Fj \\ &= -l_1^*\left(\frac{\varphi_{阴}}{T}\right) - l_2^*\left(\frac{\varphi_{阴}}{T}\right)^2 - l_3^*\left(\frac{\varphi_{阴}}{T}\right)^3 - \cdots \\ &= -l_1^{**} - l_2^{**}\left(\frac{\Delta\varphi_{阴}}{T}\right) - l_3^{**}\left(\frac{\Delta\varphi_{阴}}{T}\right)^2 - l_4^{**}\left(\frac{\Delta\varphi_{阴}}{T}\right)^3 - \cdots \end{aligned}$$

2. 阳极电势

阳极反应达成平衡

$$2O^{2-} + 2C \rightleftharpoons 2CO(气) + 4e$$

该过程的摩尔吉布斯自由能变化为

$$\Delta G_{m,阳,e} = 2\mu_{CO(气)} + 4\mu_e - 2\mu_{O^{2-}} - 2\mu_C = \Delta G_{m,阳}^{\ominus} + RT\ln\frac{p_{CO,e}^2}{a_{O^{2-},e}^2}$$

式中

$$\begin{aligned} \Delta G_{m,阳}^{\ominus} &= 2\mu_{CO(气)}^{\ominus} + 4\mu_e^{\ominus} - 2\mu_{O^{2-}}^{\ominus} - 2\mu_C^{\ominus} \\ \mu_{CO(气)} &= \mu_{CO}^{\ominus} + RT\ln p_{CO,e} \\ \mu_e &= \mu_e^{\ominus} \\ \mu_{O^{2-}} &= \mu_{O^{2-}}^{\ominus} + RT\ln a_{O^{2-},e} \\ \mu_C &= \mu_C^{\ominus} \end{aligned}$$

由

$$\varphi_{阳,e} = \frac{\Delta G_{m,阳,e}}{4F}$$

得

$$\varphi_{阳,e} = \varphi_{阳}^{\ominus} + \frac{RT}{4F}\ln\frac{p_{CO,e}^2}{a_{O^{2-},e}^2}$$

式中

$$\varphi_{阳}^{\ominus} = \frac{2\mu_{CO(气)}^{\ominus} + 4\mu_e^{\ominus} - 2\mu_{O^{2-}}^{\ominus} - 2\mu_C^{\ominus}}{4F}$$

升高外电压，阳极有电流通过，阳极极化，阳极反应为

$$2O^{2-} + 2C = 2CO(气) + 4e$$

阳极电势为

$$\varphi_{阳} = \varphi_{阳,e} + \Delta\varphi_{阳}$$

则

$$\Delta\varphi_{阳} = \varphi_{阳} - \varphi_{阳,e}$$

并有

$$A_{m,阳} = -\Delta G_{m,阳} = -4F\varphi_{阳} = -4F(\varphi_{阳,e} + \Delta\varphi_{阳})$$

阳极反应速率为

$$\frac{1}{2}\frac{dN_{CO(气)}}{dt} = \frac{1}{4}\frac{dN_e}{dt} = -\frac{1}{2}\frac{dN_C}{dt} = Sj$$

式中

$$\begin{aligned} j &= -l_1\left(\frac{A_{m,阳}}{T}\right) - l_2\left(\frac{A_{m,阳}}{T}\right)^2 - l_3\left(\frac{A_{m,阳}}{T}\right)^3 - \cdots \\ &= -l_1'\left(\frac{\varphi_{阳}}{T}\right) - l_2'\left(\frac{\varphi_{阳}}{T}\right)^2 - l_3'\left(\frac{\varphi_{阳}}{T}\right)^3 - \cdots \\ &= -l_1'' - l_2''\left(\frac{\Delta\varphi_{阳}}{T}\right) - l_3''\left(\frac{\Delta\varphi_{阳}}{T}\right)^2 - l_4''\left(\frac{\Delta\varphi_{阳}}{T}\right)^3 - \cdots \end{aligned}$$

将上式代入

$$i = 4Fj$$

得

$$\begin{aligned} i &= 4Fj \\ &= -l_1^*\left(\frac{\varphi_{阳}}{T}\right) - l_2^*\left(\frac{\varphi_{阳}}{T}\right)^2 - l_3^*\left(\frac{\varphi_{阳}}{T}\right)^3 - \cdots \\ &= -l_1^{**} - l_2^{**}\left(\frac{\Delta\varphi_{阳}}{T}\right) - l_3^{**}\left(\frac{\Delta\varphi_{阳}}{T}\right)^2 - l_4^{**}\left(\frac{\Delta\varphi_{阳}}{T}\right)^3 - \cdots \end{aligned}$$

3. 电解池电动势

电解池反应达到平衡

$$2MeO + N_2 + 2C \rightleftharpoons 2MeN + 2CO$$

该过程的摩尔吉布斯自由能变化

$$\Delta G_{m,e} = 2\mu_{MeN} + 2\mu_{CO} - 2\mu_{MeO} - \mu_{N_2} - 2\mu_C = \Delta G_m^\ominus + RT\ln\frac{p_{CO,e}^2}{p_{N_2,e}^2}$$

式中

$$\Delta G_m^\ominus = 2\mu_{MeN}^\ominus + 2\mu_{CO}^\ominus - 2\mu_{MeO}^\ominus - \mu_{N_2}^\ominus - 2\mu_C^\ominus$$

$$\mu_{MeN} = \mu_{MeN}^\ominus$$

$$\mu_{CO} = \mu_{CO}^\ominus + RT\ln p_{CO,e}$$

$$\mu_{MeO} = \mu_{MeO}^\ominus$$

$$\mu_{N_2} = \mu_{N_2}^{\ominus} + RT\ln p_{N_2,e}$$

$$\mu_C = \mu_C^{\ominus}$$

由

$$E_e = -\frac{\Delta G_{m,e}}{4F}$$

得

$$E_e = E^{\ominus} + \frac{RT}{4F}\ln\frac{p_{CO,e}^2}{p_{N_2,e}^2}$$

式中

$$E^{\ominus} = -\frac{\Delta G_m^{\ominus}}{4F} = -\frac{2\mu_{MeN}^{\ominus} + 2\mu_{CO}^{\ominus} - 2\mu_{MeO}^{\ominus} - \mu_{N_2}^{\ominus} - 2\mu_C^{\ominus}}{4F}$$

升高外加电压，发生极化，电解池反应为

$$2MeO + N_2 + 2C = 2MeN + 2CO$$

电解池电动势为

$$\begin{aligned} E' &= \varphi_{阳} - \varphi_{阴} \\ &= (\varphi_{阳,e} + \Delta\varphi_{阳}) - (\varphi_{阴,e} + \Delta\varphi_{阴}) \\ &= (\varphi_{阳,e} - \varphi_{阴,e}) + (\Delta\varphi_{阳} - \Delta\varphi_{阴}) \\ &= E'_e + \Delta E' \end{aligned}$$

式中

$$E'_e = \varphi_{阳,e} - \varphi_{阴,e}$$

$$\Delta E' = \Delta\varphi_{阳} - \Delta\varphi_{阴}$$

并有

$$A_m = -\Delta G_m = -4FE' = -4F(E'_e + \Delta E')$$

式中，E' 是发生极化的电解池的外加电动势；E'_e 是电解池的外加平衡电动势；$\Delta E'$ 是电解池的过电动势。

4. 电解池的端电压

$$V' = E' + IR = E'_e + \Delta E' + IR$$

式中，I 是电解池装置的电流；R 是电解池装置的电阻。

5. 电解池反应速率

$$\frac{1}{2}\frac{dN_{MeN}}{dt} = \frac{1}{2}\frac{dN_{CO}}{dt} = -\frac{1}{2}\frac{dN_{MeO}}{dt} = -\frac{dN_{N_2}}{dt} = -\frac{1}{2}\frac{dN_C}{dt} = Sj$$

式中

$$j = -l_1\left(\frac{A_m}{T}\right) - l_2\left(\frac{A_m}{T}\right)^2 - l_3\left(\frac{A_m}{T}\right)^3 - \cdots$$
$$= -l_1'\left(\frac{E'}{T}\right) - l_2'\left(\frac{E'}{T}\right)^2 - l_3'\left(\frac{E'}{T}\right)^3 - \cdots$$
$$= -l_1'' - l_2''\left(\frac{\Delta E'}{T}\right) - l_3''\left(\frac{\Delta E'}{T}\right)^2 - l_4''\left(\frac{\Delta E'}{T}\right)^3 - \cdots$$

将上式代入

$$i = 4Fj$$

得

$$i = 4Fj$$
$$= -l_1^*\left(\frac{E'}{T}\right) - l_2^*\left(\frac{E'}{T}\right)^2 - l_3^*\left(\frac{E'}{T}\right)^3 - \cdots$$
$$= -l_1^{**} - l_2^{**}\left(\frac{\Delta E'}{T}\right) - l_3^{**}\left(\frac{\Delta E'}{T}\right)^2 - l_4^{**}\left(\frac{\Delta E'}{T}\right)^3 - \cdots$$

13.4　熔盐电脱硫法制备金属、合金与化合物

13.4.1　由固体硫化物 MeS 制备金属 Me

电解池构成为

$$\text{石墨} \mid Ar \mid CaCl_2\text{-}CaO \mid MeS \mid \text{石墨}$$

阴极反应

$$MeS + 2e = Me + S^{2-}$$

阳极反应

$$S^{2-} + C \rightleftharpoons C\text{-}S + 2e$$

$$C\text{-}S \rightleftharpoons \frac{1}{2}S_2(\text{吸附}) + C$$

$$\frac{1}{2}S_2(\text{吸附}) \rightleftharpoons \frac{1}{2}S_2(\text{气})$$

$$\overline{}$$

$$S^{2-} = \frac{1}{2}S_2(\text{气}) + 2e$$

电解池反应

$$MeS = Me + \frac{1}{2}S_2(\text{气})$$

1. 阴极电势

阴极反应达到平衡

$$\mathrm{MeS + 2e \rightleftharpoons Me + S^{2-}}$$

该过程的摩尔吉布斯自由能变化

$$\Delta G_{\mathrm{m,阴,e}} = \mu_{\mathrm{Me}} + \mu_{\mathrm{S^{2-}}} - \mu_{\mathrm{MeS}} - 2\mu_{\mathrm{e}} = \Delta G_{\mathrm{m,阴}}^{\ominus} + RT\ln a_{\mathrm{S^{2-},e}}$$

式中

$$\Delta G_{\mathrm{m,阴}}^{\ominus} = \mu_{\mathrm{Me}}^{\ominus} + \mu_{\mathrm{S^{2-}}}^{\ominus} - \mu_{\mathrm{MeS}}^{\ominus} - 2\mu_{\mathrm{e}}^{\ominus}$$

$$\mu_{\mathrm{Me}} = \mu_{\mathrm{Me}}^{\ominus}$$

$$\mu_{\mathrm{S^{2-}}} = \mu_{\mathrm{S^{2-}}}^{\ominus} + RT\ln a_{\mathrm{S^{2-},e}}$$

$$\mu_{\mathrm{MeS}} = \mu_{\mathrm{MeS}}^{\ominus}$$

$$\mu_{\mathrm{e}} = \mu_{\mathrm{e}}^{\ominus}$$

由

$$\varphi_{\mathrm{阴,e}} = -\frac{\Delta G_{\mathrm{m,阴,e}}}{2F}$$

得

$$\varphi_{\mathrm{阴,e}} = \varphi_{\mathrm{阴}}^{\ominus} + \frac{RT}{2F}\ln\frac{1}{a_{\mathrm{S^{2-},e}}}$$

式中

$$\varphi_{\mathrm{阴,e}}^{\ominus} = -\frac{\Delta G_{\mathrm{m,阴}}^{\ominus}}{2F} = -\frac{\mu_{\mathrm{Me}}^{\ominus} + \mu_{\mathrm{S^{2-}}}^{\ominus} - \mu_{\mathrm{MeS}}^{\ominus} - 2\mu_{\mathrm{e}}^{\ominus}}{2F}$$

升高外电压，阴极有电流通过，发生极化，阴极反应为

$$\mathrm{MeS + 2e = Me + S^{2-}}$$

阴极电势为

$$\varphi_{\mathrm{阴}} = \varphi_{\mathrm{阴,e}} + \Delta\varphi_{\mathrm{阴}}$$

则

$$\Delta\varphi_{\mathrm{阴}} = \varphi_{\mathrm{阴}} - \varphi_{\mathrm{阴,e}}$$

并有

$$A_{\mathrm{m,阴}} = -\Delta G_{\mathrm{m,阴}} = 2F\varphi_{\mathrm{阴}} = 2F(\varphi_{\mathrm{阴,e}} + \Delta\varphi_{\mathrm{阴}})$$

阴极反应速率为

$$\frac{\mathrm{d}N_{\mathrm{Me}}}{\mathrm{d}t} = \frac{\mathrm{d}N_{\mathrm{S^{2-}}}}{\mathrm{d}t} = -\frac{\mathrm{d}N_{\mathrm{MeS}}}{\mathrm{d}t} = -\frac{1}{2}\frac{\mathrm{d}N_{\mathrm{e}}}{\mathrm{d}t} = Sj$$

式中，

$$
\begin{aligned}
j &= -l_1\left(\frac{A_{\text{m,阴}}}{T}\right) - l_2\left(\frac{A_{\text{m,阴}}}{T}\right)^2 - l_3\left(\frac{A_{\text{m,阴}}}{T}\right)^3 - \cdots \\
&= -l_1'\left(\frac{\varphi_{\text{阴}}}{T}\right) - l_2'\left(\frac{\varphi_{\text{阴}}}{T}\right)^2 - l_3'\left(\frac{\varphi_{\text{阴}}}{T}\right)^3 - \cdots \\
&= -l_1'' - l_2''\left(\frac{\Delta\varphi_{\text{阴}}}{T}\right) - l_3''\left(\frac{\Delta\varphi_{\text{阴}}}{T}\right)^2 - l_4''\left(\frac{\Delta\varphi_{\text{阴}}}{T}\right)^3 - \cdots
\end{aligned}
$$

将上式代入

$$
i = 2Fj
$$

得

$$
\begin{aligned}
i &= 2Fj \\
&= -l_1^*\left(\frac{\varphi_{\text{阴}}}{T}\right) - l_2^*\left(\frac{\varphi_{\text{阴}}}{T}\right)^2 - l_3^*\left(\frac{\varphi_{\text{阴}}}{T}\right)^3 - \cdots \\
&= -l_1^{**} - l_2^{**}\left(\frac{\Delta\varphi_{\text{阴}}}{T}\right) - l_3^{**}\left(\frac{\Delta\varphi_{\text{阴}}}{T}\right)^2 - l_4^{**}\left(\frac{\Delta\varphi_{\text{阴}}}{T}\right)^3 - \cdots
\end{aligned}
$$

2. 阳极电势

阳极反应达成平衡

$$
\mathrm{S^{2-}} \rightleftharpoons \frac{1}{2}\mathrm{S_2}(\text{气}) + 2\mathrm{e}
$$

该过程的摩尔吉布斯自由能变化为

$$
\Delta G_{\text{m,阳,e}} = \frac{1}{2}\mu_{\mathrm{S_2}(\text{气})} - \mu_{\mathrm{S^{2-}}} + 2\mu_{\mathrm{e}} = \Delta G_{\text{m,阳}}^{\ominus} + RT\ln\frac{p_{\mathrm{S_2,e}}^{1/2}}{a_{\mathrm{S^{2-},e}}}
$$

式中

$$
\Delta G_{\text{m,阳}}^{\ominus} = \frac{1}{2}\mu_{\mathrm{S_2}(\text{气})}^{\ominus} - \mu_{\mathrm{S^{2-}}}^{\ominus} + 2\mu_{\mathrm{e}}^{\ominus}
$$

$$
\mu_{\mathrm{S_2}(\text{气})} = \mu_{\mathrm{S_2}(\text{气})}^{\ominus} + RT\ln p_{\mathrm{S_2,e}}
$$

$$
\mu_{\mathrm{S^{2-}}} = \mu_{\mathrm{S^{2-}}}^{\ominus} + RT\ln a_{\mathrm{S^{2-},e}}
$$

$$
\mu_{\mathrm{e}} = \mu_{\mathrm{e}}^{\ominus}
$$

由

$$
\varphi_{\text{阳,e}} = \frac{\Delta G_{\text{m,阳,e}}}{2F}
$$

得

$$
\varphi_{\text{阳,e}} = \varphi_{\text{阳}}^{\ominus} + \frac{RT}{2F}\ln\frac{p_{\mathrm{S_2,e}}^{1/2}}{a_{\mathrm{S^{2-},e}}}
$$

式中

$$\varphi_{阳}^{\ominus} = \frac{\Delta G_{m,阳}^{\ominus}}{2F} = \frac{\frac{1}{2}\mu_{S_2(气)}^{\ominus} - \mu_{S^{2-}}^{\ominus} + 2\mu_e^{\ominus}}{2F}$$

升高外电压，阳极有电流通过，发生极化，阳极反应为

$$S^{2-} = \frac{1}{2}S_2(气) + 2e$$

阳极电势为

$$\varphi_{阳} = \varphi_{阳,e} + \Delta\varphi_{阳}$$

则

$$\Delta\varphi_{阳} = \varphi_{阳} - \varphi_{阳,e}$$

并有

$$A_{m,阳} = -\Delta G_{m,阳} = -2F\varphi_{阳} = -2F(\varphi_{阳,e} + \Delta\varphi_{阳})$$

阳极反应速率为

$$2\frac{dN_{S_2(气)}}{dt} = \frac{1}{2}\frac{dN_e}{dt} = -\frac{dN_{S^{2-}}}{dt} = Sj$$

式中

$$\begin{aligned} j &= -l_1\left(\frac{A_{m,阳}}{T}\right) - l_2\left(\frac{A_{m,阳}}{T}\right)^2 - l_3\left(\frac{A_{m,阳}}{T}\right)^3 - \cdots \\ &= -l_1'\left(\frac{\varphi_{阳}}{T}\right) - l_2'\left(\frac{\varphi_{阳}}{T}\right)^2 - l_3'\left(\frac{\varphi_{阳}}{T}\right)^3 - \cdots \\ &= -l_1'' - l_2''\left(\frac{\Delta\varphi_{阳}}{T}\right) - l_3''\left(\frac{\Delta\varphi_{阳}}{T}\right)^2 - l_4''\left(\frac{\Delta\varphi_{阳}}{T}\right)^3 - \cdots \end{aligned}$$

将上式代入

$$i = 2Fj$$

得

$$\begin{aligned} i &= 2Fj \\ &= -l_1^*\left(\frac{\varphi_{阳}}{T}\right) - l_2^*\left(\frac{\varphi_{阳}}{T}\right)^2 - l_3^*\left(\frac{\varphi_{阳}}{T}\right)^3 - \cdots \\ &= -l_1^{**} - l_2^{**}\left(\frac{\Delta\varphi_{阳}}{T}\right) - l_3^{**}\left(\frac{\Delta\varphi_{阳}}{T}\right)^2 - l_4^{**}\left(\frac{\Delta\varphi_{阳}}{T}\right)^3 - \cdots \end{aligned}$$

3. 电解池电动势

电解池反应达到平衡

$$\mathrm{MeS} \rightleftharpoons \mathrm{Me} + \frac{1}{2}\mathrm{S_2}(\text{气})$$

摩尔吉布斯自由能变化

$$\Delta G_{\mathrm{m,e}} = \mu_{\mathrm{Me}} + \frac{1}{2}\mu_{\mathrm{S_2(气)}} - \mu_{\mathrm{MeS}} = \Delta G_{\mathrm{m}}^{\ominus} + RT\ln p_{\mathrm{S_2,e}}^{1/2}$$

式中

$$\Delta G_{\mathrm{m}}^{\ominus} = \mu_{\mathrm{Me}}^{\ominus} + \frac{1}{2}\mu_{\mathrm{S_2(气)}}^{\ominus} - \mu_{\mathrm{MeS}}^{\ominus}$$

$$\mu_{\mathrm{Me}} = \mu_{\mathrm{Me}}^{\ominus}$$

$$\mu_{\mathrm{S_2(气)}} = \mu_{\mathrm{S_2(气)}}^{\ominus} + RT\ln p_{\mathrm{S_2,e}}$$

$$\mu_{\mathrm{MeS}} = \mu_{\mathrm{MeS}}^{\ominus}$$

由

$$E_{\mathrm{e}} = -\frac{\Delta G_{\mathrm{m,e}}}{2F}$$

得

$$E_{\mathrm{e}} = E^{\ominus} + \frac{RT}{2F}\ln\frac{1}{p_{\mathrm{S_2,e}}^{1/2}}$$

式中

$$E^{\ominus} = -\frac{\Delta G_{\mathrm{m}}^{\ominus}}{2F} = -\frac{\mu_{\mathrm{Me}}^{\ominus} + \frac{1}{2}\mu_{\mathrm{S_2(气)}}^{\ominus} - \mu_{\mathrm{MeS}}^{\ominus}}{2F}$$

升高外加电压，电解池有电流通过，发生极化，电解池反应为

$$\mathrm{MeS} = \mathrm{Me} + \frac{1}{2}\mathrm{S_2}(\text{气})$$

电解池电动势为

$$\begin{aligned} E' &= \varphi_{阳} - \varphi_{阴} \\ &= (\varphi_{阳,\mathrm{e}} + \Delta\varphi_{阳}) - (\varphi_{阴,\mathrm{e}} + \Delta\varphi_{阴}) \\ &= (\varphi_{阳,\mathrm{e}} - \varphi_{阴,\mathrm{e}}) + (\Delta\varphi_{阳} - \Delta\varphi_{阴}) \\ &= E'_{\mathrm{e}} + \Delta E' \end{aligned}$$

式中

$$E'_{\mathrm{e}} = \varphi_{阳,\mathrm{e}} - \varphi_{阴,\mathrm{e}}$$

$$\Delta E' = \Delta\varphi_{阳} - \Delta\varphi_{阴}$$

并有

$$A_{\mathrm{m}} = -\Delta G_{\mathrm{m}} = -2FE' = -2F(E'_{\mathrm{e}} + \Delta E')$$

式中，E' 是极化电解池的外加电动势；E'_{e} 是电解池的外加平衡电动势；$\Delta E'$ 是电解池的过电势。

4. 电解池的端电压

$$V' = E' + IR = E'_{e} + \Delta E' + IR$$

5. 电解池反应速率

$$\frac{dN_{Me}}{dt} = 2\frac{dN_{S_2(气)}}{dt} = -\frac{dN_{MeS}}{dt} = Sj$$

式中

$$\begin{aligned} j &= -l_1\left(\frac{A_m}{T}\right) - l_2\left(\frac{A_m}{T}\right)^2 - l_3\left(\frac{A_m}{T}\right)^3 - \cdots \\ &= -l'_1\left(\frac{E'}{T}\right) - l'_2\left(\frac{E'}{T}\right)^2 - l'_3\left(\frac{E'}{T}\right)^3 - \cdots \\ &= -l''_1 - l''_2\left(\frac{\Delta E'}{T}\right) - l''_3\left(\frac{\Delta E'}{T}\right)^2 - l''_4\left(\frac{\Delta E'}{T}\right)^3 - \cdots \end{aligned}$$

将上式代入

$$i = 2Fj$$

得

$$\begin{aligned} i &= 2Fj \\ &= -l^*_1\left(\frac{E'}{T}\right) - l^*_2\left(\frac{E'}{T}\right)^2 - l^*_3\left(\frac{E'}{T}\right)^3 - \cdots \\ &= -l^{**}_1 - l^{**}_2\left(\frac{\Delta E'}{T}\right) - l^{**}_3\left(\frac{\Delta E'}{T}\right)^2 - l^{**}_4\left(\frac{\Delta E'}{T}\right)^3 - \cdots \end{aligned}$$

13.4.2　由 MeS-MS 制备合金 Me-M

由固体硫化物 MeS-MS 制备合金 Me-M。电解池构成为

石墨 | Ar | $CaCl_2$-CaO | MeS-MS | 石墨

阴极反应

$$MeS + 2e \mathrel{=\!=\!=} [Me] + S^{2-} \tag{i}$$

$$MS + 2e \mathrel{=\!=\!=} [M] + S^{2-} \tag{ii}$$

阳极反应

$$S^{2-} + C \rightleftharpoons (C\text{-}S) + 2e$$

$$(C\text{-}S) \rightleftharpoons \frac{1}{2}S_2(吸附) + C$$

$$\frac{1}{2}S_2(吸附) \rightleftharpoons \frac{1}{2}S_2(气)$$

$$S^{2-} = \frac{1}{2}S_2(\text{气}) + 2e \tag{iii}$$

电解池反应

$$MeS = [Me] + \frac{1}{2}S_2(\text{气}) \tag{iv}$$

$$MS = [M] + \frac{1}{2}S_2(\text{气}) \tag{v}$$

1. 阴极电势（Me）

阴极反应达到平衡

$$MeS + 2e \rightleftharpoons [Me] + S^{2-}$$

该过程的摩尔吉布斯自由能变化

$$\begin{aligned}\Delta G_{m,\text{阴},e} &= \mu_{[Me]} + \mu_{S^{2-}} - \mu_{MeS} - 2\mu_e \\ &= \Delta G_{m,\text{阴}}^{\ominus} + RT\ln(a_{[Me],e}a_{S^{2-},e})\end{aligned}$$

式中

$$\Delta G_{m,\text{阴}}^{\ominus} = \mu_{[Me]}^{\ominus} + \mu_{S^{2-}}^{\ominus} - \mu_{MeS}^{\ominus} - 2\mu_e^{\ominus}$$

$$\mu_{[Me]} = \mu_{Me}^{\ominus} + RT\ln a_{[Me],e}$$

$$\mu_{S^{2-}} = \mu_{S^{2-}}^{\ominus} + RT\ln a_{S^{2-},e}$$

$$\mu_{MeS} = \mu_{MeS}^{\ominus}$$

$$\mu_e = \mu_e^{\ominus}$$

由

$$\varphi_{\text{阴},e} = -\frac{\Delta G_{m,\text{阴},e}}{2F}$$

得

$$\varphi_{\text{阴},e} = \varphi_{\text{阴}}^{\ominus} + \frac{RT}{2F}\ln\frac{1}{a_{[Me],e}a_{S^{2-},e}}$$

式中

$$\varphi_{\text{阴},e}^{\ominus} = -\frac{\Delta G_{m,\text{阴}}^{\ominus}}{2F} = -\frac{\mu_{[Me]}^{\ominus} + \mu_{S^{2-}}^{\ominus} - \mu_{MeS}^{\ominus} - 2\mu_e^{\ominus}}{2F}$$

升高电压，阴极有电流通过，发生极化，阴极反应为

$$MeS + 2e = [Me] + S^{2-}$$

阴极电势为

$$\varphi_{\text{阴}} = \varphi_{\text{阴},e} + \Delta\varphi_{\text{阴}}$$

则

$$\Delta\varphi_{\text{阴}} = \varphi_{\text{阴}} - \varphi_{\text{阴},e}$$

并有

$$A_{m,阴} = -\Delta G_{m,阴} = 2F\varphi_{阴} = 2F(\varphi_{阴,e} + \Delta\varphi_{阴})$$

阴极反应速率为

$$\frac{dN_{[Me]}}{dt} = \frac{dN_{S^{2-}}}{dt} = -\frac{dN_{MeS}}{dt} = -\frac{1}{2}\frac{dN_e}{dt} = Sj$$

式中

$$\begin{aligned} j &= -l_1\left(\frac{A_{m,阴}}{T}\right) - l_2\left(\frac{A_{m,阴}}{T}\right)^2 - l_3\left(\frac{A_{m,阴}}{T}\right)^3 - \cdots \\ &= -l_1'\left(\frac{\varphi_{阴}}{T}\right) - l_2'\left(\frac{\varphi_{阴}}{T}\right)^2 - l_3'\left(\frac{\varphi_{阴}}{T}\right)^3 - \cdots \\ &= -l_1'' - l_2''\left(\frac{\Delta\varphi_{阴}}{T}\right) - l_3''\left(\frac{\Delta\varphi_{阴}}{T}\right)^2 - l_4''\left(\frac{\Delta\varphi_{阴}}{T}\right)^3 - \cdots \end{aligned}$$

将上式代入

$$i = 2Fj$$

得

$$\begin{aligned} i &= 2Fj \\ &= -l_1^*\left(\frac{\varphi_{阴}}{T}\right) - l_2^*\left(\frac{\varphi_{阴}}{T}\right)^2 - l_3^*\left(\frac{\varphi_{阴}}{T}\right)^3 - \cdots \\ &= -l_1^{**} - l_2^{**}\left(\frac{\Delta\varphi_{阴}}{T}\right) - l_3^{**}\left(\frac{\Delta\varphi_{阴}}{T}\right)^2 - l_4^{**}\left(\frac{\Delta\varphi_{阴}}{T}\right)^3 - \cdots \end{aligned}$$

2. 阴极电势（M）

阴极反应达到平衡

$$MS + 2e \rightleftharpoons [M] + S^{2-}$$

该过程的摩尔吉布斯自由能变化

$$\Delta G_{m,阴,e} = \mu_{[M]} + \mu_{S^{2-}} - \mu_{MS} - 2\mu_e = \Delta G_{m,阴}^{\ominus} + RT\ln(a_{[M],e}a_{S^{2-},e})$$

式中，

$$\begin{aligned} \Delta G_{m,阴}^{\ominus} &= \mu_{[M]}^{\ominus} + \mu_{S^{2-}}^{\ominus} - \mu_{MS}^{\ominus} - 2\mu_e^{\ominus} \\ \mu_{[M]} &= \mu_M^{\ominus} + RT\ln a_{[M],e} \\ \mu_{S^{2-}} &= \mu_{S^{2-}}^{\ominus} + RT\ln a_{S^{2-},e} \\ \mu_{MS} &= \mu_{MS}^{\ominus} \\ \mu_e &= \mu_e^{\ominus} \end{aligned}$$

由

$$\varphi_{阴,e} = -\frac{\Delta G_{m,阴,e}}{2F}$$

得

$$\varphi_{阴,e} = \varphi_{阴}^{\ominus} + \frac{RT}{2F}\ln\frac{1}{a_{[M],e}a_{S^{2-},e}}$$

式中

$$\varphi_{阴,e}^{\ominus} = -\frac{\Delta G_{m,阴}^{\ominus}}{2F} = -\frac{\mu_{[M]}^{\ominus} + \mu_{S^{2-}}^{\ominus} - \mu_{MS}^{\ominus} - 2\mu_{e}^{\ominus}}{2F}$$

升高电压，阴极有电流通过，发生极化，阴极反应为

$$MS + 2e = [M] + S^{2-}$$

阴极电势为

$$\varphi_{阴} = \varphi_{阴,e} + \Delta\varphi_{阴}$$

则

$$\Delta\varphi_{阴} = \varphi_{阴} - \varphi_{阴,e}$$

并有

$$A_{m,阴} = -\Delta G_{m,阴} = 2F\varphi_{阴} = 2F(\varphi_{阴,e} + \Delta\varphi_{阴})$$

阴极反应速率为

$$\frac{dN_{[M]}}{dt} = \frac{dN_{S^{2-}}}{dt} = -\frac{dN_{MS}}{dt} = -\frac{1}{2}\frac{dN_{e}}{dt} = Sj$$

式中，

$$\begin{aligned} j &= -l_1\left(\frac{A_{m,阴}}{T}\right) - l_2\left(\frac{A_{m,阴}}{T}\right)^2 - l_3\left(\frac{A_{m,阴}}{T}\right)^3 - \cdots \\ &= -l_1'\left(\frac{\varphi_{阴}}{T}\right) - l_2'\left(\frac{\varphi_{阴}}{T}\right)^2 - l_3'\left(\frac{\varphi_{阴}}{T}\right)^3 - \cdots \\ &= -l_1'' - l_2''\left(\frac{\Delta\varphi_{阴}}{T}\right) - l_3''\left(\frac{\Delta\varphi_{阴}}{T}\right)^2 - l_4''\left(\frac{\Delta\varphi_{阴}}{T}\right)^3 - \cdots \end{aligned}$$

将上式代入

$$i = 2Fj$$

得

$$\begin{aligned} i &= 2Fj \\ &= -l_1^{*}\left(\frac{\varphi_{阴}}{T}\right) - l_2^{*}\left(\frac{\varphi_{阴}}{T}\right)^2 - l_3^{*}\left(\frac{\varphi_{阴}}{T}\right)^3 - \cdots \\ &= -l_1^{**} - l_2^{**}\left(\frac{\Delta\varphi_{阴}}{T}\right) - l_3^{**}\left(\frac{\Delta\varphi_{阴}}{T}\right)^2 - l_4^{**}\left(\frac{\Delta\varphi_{阴}}{T}\right)^3 - \cdots \end{aligned}$$

3. 阳极电势（Me,M）

阳极反应达成平衡

$$S^{2-} \rightleftharpoons \frac{1}{2}S_2(气) + 2e$$

该过程的摩尔吉布斯自由能变化为

$$\Delta G_{m,阳,e} = \frac{1}{2}\mu_{S_2(气)} - \mu_{S^{2-}} + 2\mu_e = \Delta G_{m,阳}^{\ominus} + RT\ln\frac{p_{S_2,e}^{1/2}}{a_{S^{2-},e}}$$

式中

$$\Delta G_{m,阳}^{\ominus} = \frac{1}{2}\mu_{S_2(气)}^{\ominus} - \mu_{S^{2-}}^{\ominus} + 2\mu_e^{\ominus}$$

$$\mu_{S_2(气)} = \mu_{S_2(气)}^{\ominus} + RT\ln p_{S_2,e}$$

$$\mu_{S^{2-}} = \mu_{S^{2-}}^{\ominus} + RT\ln a_{S^{2-},e}$$

$$\mu_e = \mu_e^{\ominus}$$

由

$$\varphi_{阳,e} = \frac{\Delta G_{m,阳,e}}{2F}$$

得

$$\varphi_{阳,e} = \varphi_{阳}^{\ominus} + \frac{RT}{2F}\ln\frac{p_{S_2,e}^{1/2}}{a_{S^{2-},e}}$$

式中

$$\varphi_{阳}^{\ominus} = \frac{\Delta G_{m,阳}^{\ominus}}{2F} = \frac{\frac{1}{2}\mu_{S_2(气)}^{\ominus} - \mu_{S^{2-}}^{\ominus} + 2\mu_e^{\ominus}}{2F}$$

升高外电压，阳极有电流通过，发生极化，阳极反应为

$$S^{2-} = \frac{1}{2}S_2(气) + 2e$$

阳极电势为

$$\varphi_{阳} = \varphi_{阳,e} + \Delta\varphi_{阳}$$

则

$$\Delta\varphi_{阳} = \varphi_{阳} - \varphi_{阳,e}$$

并有

$$A_{m,阳} = -\Delta G_{m,阳} = -2F\varphi_{阳} = -2F(\varphi_{阳,e} + \Delta\varphi_{阳})$$

阳极反应速率为

$$2\frac{dN_{S_2(气)}}{dt} = \frac{1}{2}\frac{dN_e}{dt} = -\frac{dN_{S^{2-}}}{dt} = Sj$$

式中

$$
\begin{aligned}
j &= -l_1\left(\frac{A_{\mathrm{m},阳}}{T}\right) - l_2\left(\frac{A_{\mathrm{m},阳}}{T}\right)^2 - l_3\left(\frac{A_{\mathrm{m},阳}}{T}\right)^3 - \cdots \\
&= -l_1'\left(\frac{\varphi_{阳}}{T}\right) - l_2'\left(\frac{\varphi_{阳}}{T}\right)^2 - l_3'\left(\frac{\varphi_{阳}}{T}\right)^3 - \cdots \\
&= -l_1'' - l_2''\left(\frac{\Delta\varphi_{阳}}{T}\right) - l_3''\left(\frac{\Delta\varphi_{阳}}{T}\right)^2 - l_4''\left(\frac{\Delta\varphi_{阳}}{T}\right)^3 - \cdots
\end{aligned}
$$

将上式代入

$$i = 2Fj$$

得

$$
\begin{aligned}
i &= 2Fj \\
&= -l_1^*\left(\frac{\varphi_{阳}}{T}\right) - l_2^*\left(\frac{\varphi_{阳}}{T}\right)^2 - l_3^*\left(\frac{\varphi_{阳}}{T}\right)^3 - \cdots \\
&= -l_1^{**} - l_2^{**}\left(\frac{\Delta\varphi_{阳}}{T}\right) - l_3^{**}\left(\frac{\Delta\varphi_{阳}}{T}\right)^2 - l_4^{**}\left(\frac{\Delta\varphi_{阳}}{T}\right)^3 - \cdots
\end{aligned}
$$

4. 电解池电动势

电解池反应达到平衡

$$\mathrm{MeS} \rightleftharpoons [\mathrm{Me}] + \frac{1}{2}\mathrm{S_2}(气) \tag{iv}$$

$$\mathrm{MS} \rightleftharpoons [\mathrm{M}] + \frac{1}{2}\mathrm{S_2}(气) \tag{v}$$

反应（iv）摩尔吉布斯自由能变化

$$\Delta G_{\mathrm{m,e,(iv)}} = \mu_{[\mathrm{Me}]} + \frac{1}{2}\mu_{\mathrm{S_2}} - \mu_{\mathrm{MeS}} = \Delta G_{\mathrm{m,(iv)}}^{\ominus} + RT\ln a_{[\mathrm{Me}],\mathrm{e}} p_{\mathrm{S_2,e}}^{1/2}$$

式中，

$$\Delta G_{\mathrm{m,(iv)}}^{\ominus} = \mu_{\mathrm{Me}}^{\ominus} + \frac{1}{2}\mu_{\mathrm{S_2}(气)}^{\ominus} - \mu_{\mathrm{MeS}}^{\ominus}$$

$$\mu_{[\mathrm{Me}]} = \mu_{\mathrm{Me}}^{\ominus} + RT\ln a_{[\mathrm{Me}],\mathrm{e}}$$

$$\mu_{\mathrm{S_2}(气)} = \mu_{\mathrm{S_2}(气)}^{\ominus} + RT\ln p_{\mathrm{S_2,e}}$$

$$\mu_{\mathrm{MeS}} = \mu_{\mathrm{MeS}}^{\ominus}$$

由

$$E_{\mathrm{e,(iv)}} = -\frac{\Delta G_{\mathrm{m,e,(iv)}}}{2F}$$

得
$$E_{\mathrm{e,(iv)}} = E^{\ominus}_{\mathrm{(iv)}} + \frac{RT}{2F}\ln\frac{1}{a_{[\mathrm{Me}],\mathrm{e}}\,p^{1/2}_{\mathrm{S_2},\mathrm{e}}}$$

式中，

$$E^{\ominus}_{\mathrm{(iv)}} = -\frac{\Delta G^{\ominus}_{\mathrm{m,(iv)}}}{2F} = -\frac{\mu^{\ominus}_{\mathrm{Me}} + \frac{1}{2}\mu^{\ominus}_{\mathrm{S_2(气)}} - \mu^{\ominus}_{\mathrm{MeS}}}{2F}$$

升高外加电压，电解池有电流通过，发生极化，电解池反应为

$$\mathrm{MeS} = [\mathrm{Me}] + \frac{1}{2}\mathrm{S_2}(气)$$

电解池电动势为

$$\begin{aligned}
E' &= \varphi_{阳} - \varphi_{阴} \\
&= (\varphi_{阳,\mathrm{e}} + \Delta\varphi_{阳}) - (\varphi_{阴,\mathrm{e}} + \Delta\varphi_{阴}) \\
&= (\varphi_{阳,\mathrm{e}} - \varphi_{阴,\mathrm{e}}) + (\Delta\varphi_{阳} - \Delta\varphi_{阴}) \\
&= E'_{\mathrm{e}} + \Delta E'
\end{aligned}$$

式中

$$E'_{\mathrm{e}} = \varphi_{阳,\mathrm{e}} - \varphi_{阴,\mathrm{e}}$$
$$\Delta E' = \Delta\varphi_{阳} - \Delta\varphi_{阴}$$

并有

$$A_{\mathrm{m,(iv)}} = -\Delta G_{\mathrm{m,(iv)}} = -2FE' = -2F(E'_{\mathrm{e}} + \Delta E')$$

式中，E' 是极化的电解池外加的电动势；E'_{e} 是电解池的外加平衡电动势；$\Delta E'$ 是电解池的过电势。

电解池的端电压

$$V' = E' + IR = E'_{\mathrm{e}} + \Delta E' + IR$$

电解池反应速率

$$\frac{\mathrm{d}N_{[\mathrm{Me}]}}{\mathrm{d}t} = 2\frac{\mathrm{d}N_{\mathrm{S_2(气)}}}{\mathrm{d}t} = -\frac{\mathrm{d}N_{\mathrm{MeS}}}{\mathrm{d}t} = Sj$$

式中

$$\begin{aligned}
j &= -l_1\left(\frac{A_{\mathrm{m}}}{T}\right) - l_2\left(\frac{A_{\mathrm{m}}}{T}\right)^2 - l_3\left(\frac{A_{\mathrm{m}}}{T}\right)^3 - \cdots \\
&= -l'_1\left(\frac{E'}{T}\right) - l'_2\left(\frac{E'}{T}\right)^2 - l'_3\left(\frac{E'}{T}\right)^3 - \cdots \\
&= -l''_1 - l''_2\left(\frac{\Delta E'}{T}\right) - l''_3\left(\frac{\Delta E'}{T}\right)^2 - l''_4\left(\frac{\Delta E'}{T}\right)^3 - \cdots
\end{aligned}$$

将上式代入

$$i = 2Fj$$

得

$$\begin{aligned} i &= 2Fj \\ &= -l_1^*\left(\frac{E'}{T}\right) - l_2^*\left(\frac{E'}{T}\right)^2 - l_3^*\left(\frac{E'}{T}\right)^3 - \cdots \\ &= -l_1^{**} - l_2^{**}\left(\frac{\Delta E'}{T}\right) - l_3^{**}\left(\frac{\Delta E'}{T}\right)^2 - l_4^{**}\left(\frac{\Delta E'}{T}\right)^3 - \cdots \end{aligned}$$

反应（v）摩尔吉布斯自由能变化

$$\Delta G_{m,e,(v)} = \mu_{[M]} + \frac{1}{2}\mu_{S_2(气)} - \mu_{MS} = \Delta G_{m,(v)}^{\ominus} + RT\ln a_{[M],e} p_{S_2(气),e}^{1/2}$$

式中

$$\Delta G_{m,(v)}^{\ominus} = \mu_M^{\ominus} + \frac{1}{2}\mu_{S_2(气)}^{\ominus} - \mu_{MS}^{\ominus}$$

$$\mu_{[M]} = \mu_M^{\ominus} + RT\ln a_{[M],e}$$

$$\mu_{S_2(气)} = \mu_{S_2(气)}^{\ominus} + RT\ln p_{S_2,e}$$

$$\mu_{MS} = \mu_{MS}^{\ominus}$$

由

$$E_{e,(v)} = -\frac{\Delta G_{m,e,(v)}}{2F}$$

得

$$E_{e,(v)} = E_{(v)}^{\ominus} + \frac{RT}{2F}\ln\frac{1}{a_{[M],e} p_{S_2,e}^{1/2}}$$

式中

$$E_{(v)}^{\ominus} = -\frac{\Delta G_{m,(v)}^{\ominus}}{2F} = -\frac{\mu_{[M]}^{\ominus} + \frac{1}{2}\mu_{S_2(气)}^{\ominus} - \mu_{MS}^{\ominus}}{2F}$$

电解池有电流通过，发生极化，电解池反应为

$$MS = [M] + \frac{1}{2}S_2(气)$$

电解池电动势为

$$\begin{aligned} E'_{(v)} &= \varphi_{阳} - \varphi_{阴} \\ &= (\varphi_{阳,e} + \Delta\varphi_{阳}) - (\varphi_{阴,e} + \Delta\varphi_{阴}) \\ &= (\varphi_{阳,e} - \varphi_{阴,e}) + (\Delta\varphi_{阳} - \Delta\varphi_{阴}) \\ &= E'_{e,(v)} + \Delta E'_{(v)} \end{aligned}$$

式中

$$E'_{e,(v)} = \varphi_{阳,e} - \varphi_{阴,e}$$

$$\Delta E'_{(v)} = \Delta\varphi_{阳} - \Delta\varphi_{阴}$$

为电解池的过电势。并有

$$A_{m,(v)} = -\Delta G_{m,(v)} = -2FE'_{(v)} = -2F(E'_{e,(v)} + \Delta E'_{(v)})$$

电解池的端电压

$$V'_{(v)} = E'_{(v)} + IR = E'_{e,(v)} + \Delta E'_{(v)} + IR$$

电解池反应速率

$$\frac{dN_{[M]}}{dt} = 2\frac{dN_{S_2(气)}}{dt} = -\frac{dN_{MS}}{dt} = Sj$$

式中，

$$\begin{aligned} j &= -l_1\left(\frac{A_m}{T}\right) - l_2\left(\frac{A_m}{T}\right)^2 - l_3\left(\frac{A_m}{T}\right)^3 - \cdots \\ &= -l'_1\left(\frac{E'}{T}\right) - l'_2\left(\frac{E'}{T}\right)^2 - l'_3\left(\frac{E'}{T}\right)^3 - \cdots \\ &= -l''_1 - l''_2\left(\frac{\Delta E'}{T}\right) - l''_3\left(\frac{\Delta E'}{T}\right)^2 - l''_4\left(\frac{\Delta E'}{T}\right)^3 - \cdots \end{aligned}$$

将上式代入

$$I = 2Fj$$

得

$$\begin{aligned} i &= 2Fj \\ &= -l^*_1\left(\frac{E'}{T}\right) - l^*_2\left(\frac{E'}{T}\right)^2 - l^*_3\left(\frac{E'}{T}\right)^3 - \cdots \\ &= -l^{**}_1 - l^{**}_2\left(\frac{\Delta E'}{T}\right) - l^{**}_3\left(\frac{\Delta E'}{T}\right)^2 - l^{**}_4\left(\frac{\Delta E'}{T}\right)^3 - \cdots \end{aligned}$$

第 14 章　金属-熔渣电化学

14.1　金属-熔渣间的反应

液态金属中的组元与熔渣中的组元在金属-熔渣界面发生化学反应。这类反应有两种不同的反应机理：一种是反应物组元直接接触、交换电子后成为产物。可以表示为

$$[A]+(B^{z+}) = (A^{z+})+[B]$$

另一种是组元 A 氧化与组元 B^{z+}还原以电极反应的形式进行。电子的交换由液态金属传递，界面化学反应由两个同时进行的电极反应组成，即

阴极反应

$$(B^{z+})+ze = [B]$$

阳极反应

$$[A] = (A^{z+})+ze$$

电池反应

$$[A]+(B^{z+}) = (A^{z+})+[B]$$

这种反应机理称为电化学机理。类似于水溶液中的电化学腐蚀。

下面分别讨论。

14.1.1　反应物组元直接接触

化学反应为

$$[A]+(B^{z+}) = (A^{z+})+[B]$$

该过程的摩尔吉布斯自由能变化为

$$\Delta G_m = \mu_{(A^{z+})} + \mu_{[B]} - \mu_{[A]} - \mu_{(B^{z+})} = \Delta G_m^\ominus + RT\ln\frac{a_{(A^{z+})}a_{[B]}}{a_{[A]}a_{(B^{z+})}}$$

式中

$$\Delta G_m^\ominus = \mu_{(A^{z+})}^\ominus + \mu_{[B]}^\ominus - \mu_{[A]}^\ominus - \mu_{(B^{z+})}^\ominus$$

$$\mu_{(A^{z+})} = \mu_{(A^{z+})}^\ominus + RT\ln a_{(A^{z+})}$$

$$\mu_{[B]} = \mu_{[B]}^\ominus + RT\ln a_{[B]}$$

$$\mu_{[A]} = \mu_{[A]}^{\ominus} + RT\ln a_{[A]}$$

$$\mu_{(B^{z+})} = \mu_{(B^{z+})}^{\ominus} + RT\ln a_{(B^{z+})}$$

反应速率为

$$\frac{dN_{(A^{z+})}}{dt} = \frac{dN_{[B]}}{dt} = -\frac{dN_{[A]}}{dt} = -\frac{dN_{(B^{z+})}}{dt} = Sj$$

式中

$$j = -l_1\left(\frac{A_m}{T}\right) - l_2\left(\frac{A_m}{T}\right)^2 - l_3\left(\frac{A_m}{T}\right)^3 - \cdots$$

$$A_m = \Delta G_m$$

S 为渣-金界面面积。

14.1.2　以电极反应形式进行

金属-熔渣间的氧化-还原反应以电极反应的形式进行。电子的交换由液态金属传递，界面化学反应由两个同时进行的电极反应组成，即构成以下电池

$$[A] | B^{z+}, A^{z+} | [B]$$

阴极反应

$$(B^{z+}) + ze = [B]$$

阳极反应

$$[A] = (A^{z+}) + ze$$

电池反应

$$[A] + (B^{z+}) = (A^{z+}) + [B]$$

1. 阴极电势

阴极反应达到平衡

$$(B^{z+}) + ze \rightleftharpoons [B]$$

该过程的摩尔吉布斯自由能变化为

$$\Delta G_{m,阴,e} = \mu_{[B]} - \mu_{(B^{z+})} - z\mu_e = \Delta G_{m,阴}^{\ominus} + RT\ln\frac{a_{[B],e}}{a_{(B^{z+}),e}}$$

式中

$$\Delta G_{m,阴}^{\ominus} = \mu_{[B]}^{\ominus} - \mu_{(B^{z+})}^{\ominus} - z\mu_e^{\ominus}$$

$$\mu_{[B]} = \mu_{[B]}^{\ominus} + RT\ln a_{[B],e}$$

$$\mu_{(B^{z+})} = \mu_{(B^{z+})}^{\ominus} + RT\ln a_{(B^{z+}),e}$$

$$\mu_{\mathrm{e}} = \mu_{\mathrm{e}}^{\ominus}$$

由

$$\varphi_{阴,\mathrm{e}} = -\frac{\Delta G_{\mathrm{m},阴,\mathrm{e}}}{zF}$$

得

$$\varphi_{阴,\mathrm{e}} = \varphi_{阴}^{\ominus} + \frac{RT}{zF}\ln\frac{a_{(\mathrm{B}^{z+}),\mathrm{e}}}{a_{[\mathrm{B}],\mathrm{e}}}$$

式中

$$\varphi_{阴}^{\ominus} = -\frac{\Delta G_{\mathrm{m},阴}^{\ominus}}{zF} = -\frac{\mu_{[\mathrm{B}]}^{\ominus} - \mu_{(\mathrm{B}^{z+})}^{\ominus} - z\mu_{\mathrm{e}}^{\ominus}}{zF}$$

阴极有电流通过，发生极化，阴极反应为

$$(\mathrm{B}^{z+}) + z\mathrm{e} = [\mathrm{B}]$$

阴极电势为

$$\varphi_{阴} = \varphi_{阴,\mathrm{e}} + \Delta\varphi_{阴}$$

则

$$\Delta\varphi_{阴} = \varphi_{阴} - \varphi_{阴,\mathrm{e}}$$

并有

$$A_{\mathrm{m},阴} = \Delta G_{\mathrm{m},阴} = -zF\varphi_{阴} = -zF(\varphi_{阴,\mathrm{e}} + \Delta\varphi_{阴})$$

阴极反应速率为

$$\frac{\mathrm{d}N_{[\mathrm{B}]}}{\mathrm{d}t} = -\frac{\mathrm{d}N_{(\mathrm{B}^{z+})}}{\mathrm{d}t} = -\frac{1}{z}\frac{\mathrm{d}N_{\mathrm{e}}}{\mathrm{d}t} = Sj$$

式中

$$\begin{aligned}
j &= -l_1\left(\frac{A_{\mathrm{m},阴}}{T}\right) - l_2\left(\frac{A_{\mathrm{m},阴}}{T}\right)^2 - l_3\left(\frac{A_{\mathrm{m},阴}}{T}\right)^3 - \cdots \\
&= -l_1'\left(\frac{\varphi_{阴}}{T}\right) - l_2'\left(\frac{\varphi_{阴}}{T}\right)^2 - l_3'\left(\frac{\varphi_{阴}}{T}\right)^3 - \cdots \\
&= -l_1'' - l_2''\left(\frac{\Delta\varphi_{阴}}{T}\right) - l_3''\left(\frac{\Delta\varphi_{阴}}{T}\right)^2 - l_4''\left(\frac{\Delta\varphi_{阴}}{T}\right)^3 - \cdots
\end{aligned}$$

将上式代入

$$i = zFj$$

得

$$\begin{aligned}
i &= zFj \\
&= -l_1^*\left(\frac{\varphi_{阴}}{T}\right) - l_2^*\left(\frac{\varphi_{阴}}{T}\right)^2 - l_3^*\left(\frac{\varphi_{阴}}{T}\right)^3 - \cdots \\
&= -l_1^{**} - l_2^{**}\left(\frac{\Delta\varphi_{阴}}{T}\right) - l_3^{**}\left(\frac{\Delta\varphi_{阴}}{T}\right)^2 - l_4^{**}\left(\frac{\Delta\varphi_{阴}}{T}\right)^3 - \cdots
\end{aligned}$$

2. 阳极电势

阳极反应达到平衡

$$[\mathrm{A}] = (\mathrm{A}^{z+}) + z\mathrm{e}$$

该过程的摩尔吉布斯自由能变化为

$$\Delta G_{\mathrm{m},阳,\mathrm{e}} = \mu_{(\mathrm{A}^{z+})} + z\mu_{\mathrm{e}} - \mu_{[\mathrm{A}]} = \Delta G_{\mathrm{m},阳}^{\ominus} + RT\ln\frac{a_{(\mathrm{A}^{z+}),\mathrm{e}}}{a_{[\mathrm{A}],\mathrm{e}}}$$

式中

$$\Delta G_{\mathrm{m},阳}^{\ominus} = \mu_{(\mathrm{A}^{z+})}^{\ominus} + z\mu_{\mathrm{e}}^{\ominus} - \mu_{[\mathrm{A}]}^{\ominus}$$

$$\mu_{(\mathrm{A}^{z+})} = \mu_{(\mathrm{A}^{z+})}^{\ominus} + RT\ln a_{(\mathrm{A}^{z+}),\mathrm{e}}$$

$$\mu_{[\mathrm{A}]} = \mu_{[\mathrm{A}]}^{\ominus} + RT\ln a_{[\mathrm{A}],\mathrm{e}}$$

$$\mu_{\mathrm{e}} = \mu_{\mathrm{e}}^{\ominus}$$

由
$$\varphi_{阳,\mathrm{e}} = \frac{\Delta G_{\mathrm{m},阳,\mathrm{e}}}{zF}$$

得
$$\varphi_{阳,\mathrm{e}} = \varphi_{阳}^{\ominus} + \frac{RT}{zF}\ln\frac{a_{(\mathrm{A}^{z+}),\mathrm{e}}}{a_{[\mathrm{A}],\mathrm{e}}}$$

式中

$$\varphi_{阳}^{\ominus} = \frac{\Delta G_{\mathrm{m},阳}^{\ominus}}{zF} = \frac{\mu_{(\mathrm{A}^{z+})}^{\ominus} + z\mu_{\mathrm{e}}^{\ominus} - \mu_{[\mathrm{A}]}^{\ominus}}{zF}$$

阳极有电流通过，发生极化，阳极反应为

$$[\mathrm{A}] = (\mathrm{A}^{z+}) + z\mathrm{e}$$

阳极电势为

$$\varphi_{阳} = \varphi_{阳,\mathrm{e}} + \Delta\varphi_{阳}$$

则

$$\Delta\varphi_{阳} = \varphi_{阳} - \varphi_{阳,\mathrm{e}}$$

并有

$$A_{\mathrm{m},阳} = \Delta G_{\mathrm{m},阳} = zF\varphi_{阳} = zF(\varphi_{阳,\mathrm{e}} + \Delta\varphi_{阳})$$

阳极反应速率为

$$-\frac{\mathrm{d}N_{[\mathrm{A}]}}{\mathrm{d}t} = \frac{\mathrm{d}N_{(\mathrm{A}^{z+})}}{\mathrm{d}t} = \frac{1}{z}\frac{\mathrm{d}N_{\mathrm{e}}}{\mathrm{d}t} = Sj$$

式中

$$j = -l_1\left(\frac{A_{m,阳}}{T}\right) - l_2\left(\frac{A_{m,阳}}{T}\right)^2 - l_3\left(\frac{A_{m,阳}}{T}\right)^3 - \cdots$$

$$= -l'_1\left(\frac{\varphi_{阳}}{T}\right) - l'_2\left(\frac{\varphi_{阳}}{T}\right)^2 - l'_3\left(\frac{\varphi_{阳}}{T}\right)^3 - \cdots$$

$$= -l''_1 - l''_2\left(\frac{\Delta\varphi_{阳}}{T}\right) - l''_3\left(\frac{\Delta\varphi_{阳}}{T}\right)^2 - l''_4\left(\frac{\Delta\varphi_{阳}}{T}\right)^3 - \cdots$$

将上式代入

$$i = zFj$$

得

$$i = zFj$$

$$= -l^*_1\left(\frac{\varphi_{阳}}{T}\right) - l^*_2\left(\frac{\varphi_{阳}}{T}\right)^2 - l^*_3\left(\frac{\varphi_{阳}}{T}\right)^3 - \cdots$$

$$= -l^{**}_1 - l^{**}_2\left(\frac{\Delta\varphi_{阳}}{T}\right) - l^{**}_3\left(\frac{\Delta\varphi_{阳}}{T}\right)^2 - l^{**}_4\left(\frac{\Delta\varphi_{阳}}{T}\right)^3 - \cdots$$

3. 电池电动势

电池达成平衡

$$[\mathrm{A}] + (\mathrm{B}^{z+}) \rightleftharpoons (\mathrm{A}^{z+}) + [\mathrm{B}]$$

该过程的摩尔吉布斯自由能变化

$$\Delta G_{m,e} = \mu_{(A^{z+})} + \mu_{[B]} - \mu_{[A]} - \mu_{(B^{z+})} = \Delta G_m^{\ominus} + RT\ln\frac{a_{(A^{z+}),e}\,a_{[B],e}}{a_{[A],e}\,a_{(B^{z+}),e}}$$

式中

$$\Delta G_m^{\ominus} = \mu^{\ominus}_{(A^{z+})} + \mu^{\ominus}_{[B]} - \mu^{\ominus}_{[A]} - \mu^{\ominus}_{(B^{z+})}$$

$$\mu_{(A^{z+})} = \mu^{\ominus}_{(A^{z+})} + RT\ln a_{(A^{z+}),e}$$

$$\mu_{[B]} = \mu^{\ominus}_{[B]} + RT\ln a_{[B],e}$$

$$\mu_{[A]} = \mu^{\ominus}_{[A]} + RT\ln a_{[A],e}$$

$$\mu_{(B^{z+})} = \mu^{\ominus}_{(B^{z+})} + RT\ln a_{(B^{z+}),e}$$

由

$$E_e = -\frac{\Delta G_{m,e}}{zF}$$

得

$$E_e = E_e^{\ominus} + \frac{RT}{zF}\ln\frac{a_{[A],e}\,a_{(B^{z+}),e}}{a_{(A^{z+}),e}\,a_{[B],e}}$$

式中

$$E^{\ominus}=-\frac{\Delta G_{\mathrm{m}}^{\ominus}}{zF}=-\frac{\mu_{(\mathrm{A}^{z+})}^{\ominus}+\mu_{[\mathrm{B}]}^{\ominus}-\mu_{[\mathrm{A}]}^{\ominus}-\mu_{(\mathrm{B}^{z+})}^{\ominus}}{zF}$$

电池有电流通过，发生极化，电池反应为

$$[\mathrm{A}]+(\mathrm{B}^{z+}) == (\mathrm{A}^{z+})+[\mathrm{B}]$$

电池电动势

$$\begin{aligned}E&=\varphi_{阴}-\varphi_{阳}\\&=(\varphi_{阴,\mathrm{e}}+\Delta\varphi_{阴})-(\varphi_{阳,\mathrm{e}}+\Delta\varphi_{阳})\\&=(\varphi_{阴,\mathrm{e}}-\varphi_{阳,\mathrm{e}})+(\Delta\varphi_{阴}-\Delta\varphi_{阳})\\&=E_{\mathrm{e}}+\Delta E\end{aligned}$$

则

$$E_{\mathrm{e}}=\varphi_{阴,\mathrm{e}}-\varphi_{阳,\mathrm{e}}$$

$$\Delta E=\Delta\varphi_{阴}-\Delta\varphi_{阳}=E-E_{\mathrm{e}}$$

4. 电池端电压

$$V=E-IR=E+\Delta E-IR$$

并有

$$\begin{aligned}A_{\mathrm{m}}&=\Delta G_{\mathrm{m}}=-zFE\\&=-zF(\varphi_{阴}-\varphi_{阳})\\&=-zF[(\varphi_{阴,\mathrm{e}}-\varphi_{阳,\mathrm{e}})+(\Delta\varphi_{阴}-\Delta\varphi_{阳})]\\&=-zF(E_{\mathrm{e}}+\Delta E)\end{aligned}$$

5. 电池反应速率

$$\frac{\mathrm{d}N_{(\mathrm{A}^{z+})}}{\mathrm{d}t}=\frac{\mathrm{d}N_{[\mathrm{B}]}}{\mathrm{d}t}=-\frac{\mathrm{d}N_{[\mathrm{A}]}}{\mathrm{d}t}=-\frac{\mathrm{d}N_{(\mathrm{B}^{z+})}}{\mathrm{d}t}=Sj$$

式中

$$\begin{aligned}j&=-l_1\left(\frac{A_{\mathrm{m}}}{T}\right)-l_2\left(\frac{A_{\mathrm{m}}}{T}\right)^2-l_3\left(\frac{A_{\mathrm{m}}}{T}\right)^3-\cdots\\&=-l_1'\left(\frac{E}{T}\right)-l_2'\left(\frac{E}{T}\right)^2-l_3'\left(\frac{E}{T}\right)^3-\cdots\\&=-l_1''-l_2''\left(\frac{\Delta E}{T}\right)-l_3''\left(\frac{\Delta E}{T}\right)^2-l_4''\left(\frac{\Delta E}{T}\right)^3-\cdots\end{aligned}$$

将上式代入

$$i=zFj$$

得

$$
\begin{aligned}
j &= zFj \\
&= -l_1^*\left(\frac{E}{T}\right) - l_2^*\left(\frac{E}{T}\right)^2 - l_3^*\left(\frac{E}{T}\right)^3 - \cdots \\
&= -l_1^{**} - l_2^{**}\left(\frac{\Delta E}{T}\right) - l_3^{**}\left(\frac{\Delta E}{T}\right)^2 - l_4^{**}\left(\frac{\Delta E}{T}\right)^3 - \cdots
\end{aligned}
$$

14.2　电解精炼金属

以熔渣或熔盐为电解质，构成电解池，电解脱出金属中的氧、硫等杂质，净化金属。

14.2.1　以熔渣为电解质，电解脱氧

脱除铁中的氧，电解池组成为

$$\text{PtRh} \mid \text{Ar} \mid CaF_2\text{-}Al_2O_3\text{-CaO} \mid [\text{O}]\text{Fe} \mid \text{PtRh}$$

阴极反应

$$[\text{O}] + 2\text{e} = (\text{O}^{2-})$$

阳极反应

$$(\text{O}^{2-}) = \text{PtRh-O} + 2\text{e}$$

$$\text{PtRh-O} \rightleftharpoons \frac{1}{2}\text{O}_2(\text{吸附})$$

$$\frac{1}{2}\text{O}_2(\text{吸附}) \rightleftharpoons \frac{1}{2}\text{O}_2(\text{气})$$

$$(\text{O}^{2-}) = \frac{1}{2}\text{O}_2(\text{气})$$

电解池反应

$$[\text{O}^{2-}] = \frac{1}{2}\text{O}_2(\text{气})$$

1. 阴极电势

阴极反应达成平衡

$$[\text{O}] + 2\text{e} \rightleftharpoons (\text{O}^{2-})$$

该过程的摩尔吉布斯自由能变化为

$$\Delta G_{m,阴,e}=\mu_{(O^{2-})}-\mu_{[O]}-2\mu_e=\Delta G_{m,阴}^{\ominus}+RT\ln\frac{a_{(O^{2-}),e}}{a_{[O],e}}$$

式中

$$\Delta G_{m,阴}^{\ominus}=\mu_{(O^{2-})}^{\ominus}-\mu_{[O]}^{\ominus}-2\mu_e^{\ominus}$$

$$\mu_{(O^{2-})}=\mu_{(O^{2-})}^{\ominus}+RT\ln a_{(O^{2-}),e}$$

$$\mu_{[O]}=\mu_{[O]}^{\ominus}+RT\ln a_{[O],e}$$

$$\mu_e=\mu_e^{\ominus}$$

由

$$\varphi_{阴,e}=-\frac{\Delta G_{m,阴,e}}{2F}$$

得

$$\varphi_{阴,e}=\varphi_{阴}^{\ominus}+\frac{RT}{2F}\ln\frac{a_{[O],e}}{a_{(O^{2-}),e}}$$

式中

$$\varphi_{阴}^{\ominus}=-\frac{\Delta G_{m,阴}^{\ominus}}{2F}=-\frac{\mu_{(O^{2-})}^{\ominus}-\mu_{[O]}^{\ominus}-2\mu_e^{\ominus}}{2F}$$

阴极有电流通过，发生极化，阴极反应为

$$[O]+2e = (O^{2-})$$

阴极电势为

$$\varphi_{阴}=\varphi_{阴,e}+\Delta\varphi_{阴}$$

则

$$\Delta\varphi_{阴}=\varphi_{阴}-\varphi_{阴,e}$$

并有

$$A_{m,阴}=-\Delta G_{m,阴}=2F\varphi_{阴}=2F(\varphi_{阴,e}+\Delta\varphi_{阴})$$

阴极反应速率

$$\frac{dN_{(O^{2-})}}{dt}=-\frac{dN_{[O]}}{dt}=-\frac{1}{2}\frac{dN_e}{dt}=Sj$$

式中

$$\begin{aligned}j&=-l_1\left(\frac{A_{m,阴}}{T}\right)-l_2\left(\frac{A_{m,阴}}{T}\right)^2-l_3\left(\frac{A_{m,阴}}{T}\right)^3-\cdots\\&=-l_1'\left(\frac{\varphi_{阴}}{T}\right)-l_2'\left(\frac{\varphi_{阴}}{T}\right)^2-l_3'\left(\frac{\varphi_{阴}}{T}\right)^3-\cdots\\&=-l_1''-l_2''\left(\frac{\Delta\varphi_{阴}}{T}\right)-l_3''\left(\frac{\Delta\varphi_{阴}}{T}\right)^2-l_4''\left(\frac{\Delta\varphi_{阴}}{T}\right)^3-\cdots\end{aligned}$$

将上式代入

$$i = 2Fj$$

式中

$$\begin{aligned} i &= 2Fj \\ &= -l_1^*\left(\frac{\varphi_{阴}}{T}\right) - l_2^*\left(\frac{\varphi_{阴}}{T}\right)^2 - l_3^*\left(\frac{\varphi_{阴}}{T}\right)^3 - \cdots \\ &= -l_1^{**} - l_2^{**}\left(\frac{\Delta\varphi_{阴}}{T}\right) - l_3^{**}\left(\frac{\Delta\varphi_{阴}}{T}\right)^2 - l_4^{**}\left(\frac{\Delta\varphi_{阴}}{T}\right)^3 - \cdots \end{aligned}$$

2. 阳极电势

阳极反应达到平衡

$$(O^{2-}) \rightleftharpoons \frac{1}{2}O_2(气) + 2e$$

该过程的摩尔吉布斯自由能变化为

$$\Delta G_{m,阳,e} = \frac{1}{2}\mu_{O_2(气)} + 2\mu_e - \mu_{(O^{2-})} = \Delta G_{m,阳}^{\ominus} + RT\ln\frac{1}{a_{(O^{2-}),e}}$$

式中

$$\Delta G_{m,阳}^{\ominus} = \frac{1}{2}\mu_{O_2(气)}^{\ominus} + 2\mu_e^{\ominus} - \mu_{(O^{2-})}^{\ominus}$$

$$\mu_{O_2(气)} = \mu_{O_2(气)}^{\ominus}$$

$$\mu_e = \mu_e^{\ominus}$$

$$\mu_{(O^{2-})} = \mu_{(O^{2-})}^{\ominus} + RT\ln a_{(O^{2-}),e}$$

由

$$\varphi_{阳,e} = \frac{\Delta G_{m,阳,e}}{2F}$$

得

$$\varphi_{阳,e} = \varphi_{阳}^{\ominus} + \frac{RT}{2F}\ln\frac{1}{a_{(O^{2-}),e}}$$

式中

$$\varphi_{阳}^{\ominus} = \frac{\Delta G_{m,阳}^{\ominus}}{2F} = \frac{\frac{1}{2}\mu_{O_2(气)}^{\ominus} + 2\mu_e^{\ominus} - \mu_{(O^{2-})}^{\ominus}}{2F}$$

阳极有电流通过，发生极化，阳极反应为

$$(O^{2-}) = \frac{1}{2}O_2(气) + 2e$$

阳极电势为

$$\varphi_{阳} = \varphi_{阳,e} + \Delta\varphi_{阳}$$

则

$$\Delta\varphi_{阳} = \varphi_{阳} - \varphi_{阳,e}$$

并有

$$A_{m,阳} = -\Delta G_{m,阳} = -2F\varphi_{阳} = -2F(\varphi_{阳,e} + \Delta\varphi_{阳})$$

阳极反应速率为

$$2\frac{dN_{O_2(气)}}{dt} = \frac{1}{2}\frac{dN_e}{dt} = -\frac{dN_{(O^{2-})}}{dt} = Sj$$

式中

$$\begin{aligned} j &= -l_1\left(\frac{A_{m,阳}}{T}\right) - l_2\left(\frac{A_{m,阳}}{T}\right)^2 - l_3\left(\frac{A_{m,阳}}{T}\right)^3 - \cdots \\ &= -l_1'\left(\frac{\varphi_{阳}}{T}\right) - l_2'\left(\frac{\varphi_{阳}}{T}\right)^2 - l_3'\left(\frac{\varphi_{阳}}{T}\right)^3 - \cdots \\ &= -l_1'' - l_2''\left(\frac{\Delta\varphi_{阳}}{T}\right) - l_3''\left(\frac{\Delta\varphi_{阳}}{T}\right)^2 - l_4''\left(\frac{\Delta\varphi_{阳}}{T}\right)^3 - \cdots \end{aligned}$$

将上式代入

$$i = 2Fj$$

得

$$\begin{aligned} i &= 2Fj \\ &= -l_1^*\left(\frac{\varphi_{阳}}{T}\right) - l_2^*\left(\frac{\varphi_{阳}}{T}\right)^2 - l_3^*\left(\frac{\varphi_{阳}}{T}\right)^3 - \cdots \\ &= -l_1^{**} - l_2^{**}\left(\frac{\Delta\varphi_{阳}}{T}\right) - l_3^{**}\left(\frac{\Delta\varphi_{阳}}{T}\right)^2 - l_4^{**}\left(\frac{\Delta\varphi_{阳}}{T}\right)^3 - \cdots \end{aligned}$$

3. 电解池电动势

电解池反应达到平衡，

$$[O] \rightleftharpoons \frac{1}{2}O_2(气)$$

该过程的摩尔吉布斯自由能变化为

$$\Delta G_{m,e} = \frac{1}{2}\mu_{O_2(气)} - \mu_{[O]} = \Delta G_m^{\ominus} + RT\ln\frac{1}{a_{[O],e}}$$

式中

$$\Delta G_{\mathrm{m}}^{\ominus}=\frac{1}{2}\mu_{\mathrm{O_2(气)}}^{\ominus}-\mu_{[\mathrm{O}]}^{\ominus}$$

$$\mu_{\mathrm{O_2(气)}}=\mu_{\mathrm{O_2(气)}}^{\ominus}$$

$$\mu_{[\mathrm{O}]}=\mu_{[\mathrm{O}]}^{\ominus}+RT\ln a_{[\mathrm{O}],\mathrm{e}}$$

由

$$E_{\mathrm{e}}=-\frac{\Delta G_{\mathrm{m,e}}}{2F}$$

得

$$E_{\mathrm{e}}=E^{\ominus}+\frac{RT}{2F}\ln a_{[\mathrm{O}],\mathrm{e}}$$

式中

$$E'^{\ominus}=-\frac{\Delta G_{\mathrm{m}}^{\ominus}}{2F}=-\frac{\frac{1}{2}\mu_{\mathrm{O_2(气)}}^{\ominus}-\mu_{[\mathrm{O}]}^{\ominus}}{2F}$$

外加平衡电动势

$$E'_{\mathrm{e}}=-E_{\mathrm{e}}=\varphi_{阳,\mathrm{e}}-\varphi_{阴,\mathrm{e}}=E'^{\ominus}+\frac{RT}{2F}\ln\frac{1}{a_{[\mathrm{O}],\mathrm{e}}}$$

式中

$$E'^{\ominus}=\varphi_{阳}^{\ominus}-\varphi_{阴}^{\ominus}=\frac{\frac{1}{2}\mu_{\mathrm{O_2(气)}}^{\ominus}-\mu_{[\mathrm{O}]}^{\ominus}}{2F}$$

电解池有电流通过，发生极化，电解池反应为

$$[\mathrm{O}]=\!=\!=\frac{1}{2}\mathrm{O_2(气)}$$

电解池外加电动势

$$\begin{aligned}E'&=\varphi_{阳}-\varphi_{阴}\\&=(\varphi_{阳,\mathrm{e}}+\Delta\varphi_{阳})-(\varphi_{阴,\mathrm{e}}+\Delta\varphi_{阴})\\&=(\varphi_{阳,\mathrm{e}}-\varphi_{阴,\mathrm{e}})+(\Delta\varphi_{阳}-\Delta\varphi_{阴})\\&=E'_{\mathrm{e}}+\Delta E'\end{aligned}$$

式中

$$E'_{\mathrm{e}}=\varphi_{阳,\mathrm{e}}-\varphi_{阴,\mathrm{e}}$$

$$\Delta E'=\Delta\varphi_{阳}-\Delta\varphi_{阴}$$

4. 电解池端电压

$$V'=E'+IR=E'_{\mathrm{e}}+\Delta E'+IR$$

并有

$$A_{\mathrm{m}}=-\Delta G_{\mathrm{m}}=-2FE'=-2F(E'_{\mathrm{e}}+\Delta E')$$

5. 电解池反应速率

$$2\frac{\mathrm{d}N_{\mathrm{O_2(气)}}}{\mathrm{d}t}=-\frac{\mathrm{d}N_{[\mathrm{O}]}}{\mathrm{d}t}=Sj$$

式中

$$\begin{aligned}j&=-l_1\left(\frac{A_\mathrm{m}}{T}\right)-l_2\left(\frac{A_\mathrm{m}}{T}\right)^2-l_3\left(\frac{A_\mathrm{m}}{T}\right)^3-\cdots\\&=-l_1'\left(\frac{E'}{T}\right)-l_2'\left(\frac{E'}{T}\right)^2-l_3'\left(\frac{E'}{T}\right)^3-\cdots\\&=-l_1''-l_2''\left(\frac{\Delta E'}{T}\right)-l_3''\left(\frac{\Delta E'}{T}\right)^2-l_4''\left(\frac{\Delta E'}{T}\right)^3-\cdots\end{aligned}$$

将上式代入

$$i=2Fj$$

得

$$\begin{aligned}I&=2FJ\\&=-l_1^*\left(\frac{E'}{T}\right)-l_2^*\left(\frac{E'}{T}\right)^2-l_3^*\left(\frac{E'}{T}\right)^3-\cdots\\&=-l_1^{**}-l_2^{**}\left(\frac{\Delta E'}{T}\right)-l_3^{**}\left(\frac{\Delta E'}{T}\right)^2-l_4^{**}\left(\frac{\Delta E'}{T}\right)^3-\cdots\end{aligned}$$

14.2.2 以熔渣为电解质，电解脱硫

电解池组成为

$$\mathrm{W}\,|\,\mathrm{Ar}\,|\,\mathrm{CaF_2\text{-}Al_2O_3\text{-}CaO}\,|\,[\mathrm{S}]\mathrm{Fe}\,|\,\mathrm{W}$$

阴极反应

$$[\mathrm{S}]+2\mathrm{e}=\!=\!=(\mathrm{S}^{2-})$$

阳极反应

$$(\mathrm{S}^{2-})-2\mathrm{e}=\!=\!=\frac{1}{2}\mathrm{S_2}(气)$$

电解池反应

$$[\mathrm{S}^{2-}]=\!=\!=\frac{1}{2}\mathrm{S_2}(气)$$

1. 阴极电势

阴极反应达成平衡

$$[\mathrm{S}]+2\mathrm{e} \rightleftharpoons (\mathrm{S}^{2-})$$

该过程的摩尔吉布斯自由能变化为

$$\Delta G_{\mathrm{m,阴,e}}=\mu_{(\mathrm{S}^{2-})}-\mu_{[\mathrm{S}]}-2\mu_{\mathrm{e}}=\Delta G_{\mathrm{m,阴}}^{\ominus}+RT\ln\frac{a_{(\mathrm{S}^{2-}),\mathrm{e}}}{a_{[\mathrm{S}],\mathrm{e}}}$$

式中

$$\Delta G_{\mathrm{m,阴}}^{\ominus}=\mu_{(\mathrm{S}^{2-})}^{\ominus}-\mu_{[\mathrm{S}]}^{\ominus}-2\mu_{\mathrm{e}}^{\ominus}$$

$$\mu_{(\mathrm{S}^{2-})}=\mu_{(\mathrm{S}^{2-})}^{\ominus}+RT\ln a_{(\mathrm{S}^{2-}),\mathrm{e}}$$

$$\mu_{[\mathrm{S}]}=\mu_{[\mathrm{S}]}^{\ominus}+RT\ln a_{[\mathrm{S}],\mathrm{e}}$$

$$\mu_{\mathrm{e}}=\mu_{\mathrm{e}}^{\ominus}$$

由

$$\varphi_{\mathrm{阴,e}}=-\frac{\Delta G_{\mathrm{m,阴,e}}}{2F}$$

得

$$\varphi_{\mathrm{阴,e}}=\varphi_{\mathrm{阴}}^{\ominus}+\frac{RT}{2F}\ln\frac{a_{[\mathrm{S}],\mathrm{e}}}{a_{(\mathrm{S}^{2-}),\mathrm{e}}}$$

式中

$$\varphi_{\mathrm{阴}}^{\ominus}=-\frac{\Delta G_{\mathrm{m,阴}}^{\ominus}}{2F}=-\frac{\mu_{(\mathrm{S}^{2-})}^{\ominus}-\mu_{[\mathrm{S}]}^{\ominus}-2\mu_{\mathrm{e}}^{\ominus}}{2F}$$

阴极有电流通过，发生极化，阴极反应为

$$[\mathrm{S}]+2\mathrm{e} = (\mathrm{S}^{2-})$$

阴极电势为

$$\varphi_{\mathrm{阴}}=\varphi_{\mathrm{阴,e}}+\Delta\varphi_{\mathrm{阴}}$$

则

$$\Delta\varphi_{\mathrm{阴}}=\varphi_{\mathrm{阴}}-\varphi_{\mathrm{阴,e}}$$

并有

$$A_{\mathrm{m,阴}}=-\Delta G_{\mathrm{m,阴}}=2F\varphi_{\mathrm{阴}}=2F(\varphi_{\mathrm{阴,e}}+\Delta\varphi_{\mathrm{阴}})$$

阴极反应速率

$$\frac{\mathrm{d}N_{(\mathrm{S}^{2-})}}{\mathrm{d}t}=-\frac{\mathrm{d}N_{[\mathrm{S}]}}{\mathrm{d}t}=-\frac{1}{2}\frac{\mathrm{d}N_{\mathrm{e}}}{\mathrm{d}t}=Sj_{\mathrm{阴}}$$

式中

$$\begin{aligned}j_{\mathrm{阴}}&=-l_1\left(\frac{A_{\mathrm{m,阴}}}{T}\right)-l_2\left(\frac{A_{\mathrm{m,阴}}}{T}\right)^2-l_3\left(\frac{A_{\mathrm{m,阴}}}{T}\right)^3-\cdots\\&=-l_1'\left(\frac{\varphi_{\mathrm{阴}}}{T}\right)-l_2'\left(\frac{\varphi_{\mathrm{阴}}}{T}\right)^2-l_3'\left(\frac{\varphi_{\mathrm{阴}}}{T}\right)^3-\cdots\\&=-l_1''-l_2''\left(\frac{\Delta\varphi_{\mathrm{阴}}}{T}\right)-l_3''\left(\frac{\Delta\varphi_{\mathrm{阴}}}{T}\right)^2-l_4''\left(\frac{\Delta\varphi_{\mathrm{阴}}}{T}\right)^3-\cdots\end{aligned}$$

将上式代入

$$i = 2Fj$$

得

$$\begin{aligned} i &= 2Fj \\ &= -l_1^*\left(\frac{\varphi_{阴}}{T}\right) - l_2^*\left(\frac{\varphi_{阴}}{T}\right)^2 - l_3^*\left(\frac{\varphi_{阴}}{T}\right)^3 - \cdots \\ &= -l_1^{**} - l_2^{**}\left(\frac{\Delta\varphi_{阴}}{T}\right) - l_3^{**}\left(\frac{\Delta\varphi_{阴}}{T}\right)^2 - l_4^{**}\left(\frac{\Delta\varphi_{阴}}{T}\right)^3 - \cdots \end{aligned}$$

为电流强度。

2. 阳极电势

阳极反应达到平衡

$$(S^{2-}) - 2e \rightleftharpoons \frac{1}{2}S_2(气)$$

摩尔吉布斯自由能变化为

$$\Delta G_{m,阳,e} = \frac{1}{2}\mu_{S_2(气)} + 2\mu_e - \mu_{(S^{2-})} = \Delta G_{m,阳}^{\ominus} + RT\ln\frac{1}{a_{(S^{2-}),e}}$$

式中

$$\Delta G_{m,阳}^{\ominus} = \frac{1}{2}\mu_{S_2(气)}^{\ominus} + 2\mu_e^{\ominus} - \mu_{(S^{2-})}^{\ominus}$$

$$\mu_{S_2(气)} = \mu_{S_2(气)}^{\ominus}$$

$$\mu_e = \mu_e^{\ominus}$$

$$\mu_{(S^{2-})} = \mu_{(S^{2-})}^{\ominus} + RT\ln a_{(S^{2-}),e}$$

由

$$\varphi_{阳,e} = \frac{\Delta G_{m,阳,e}}{2F}$$

得

$$\varphi_{阳,e} = \varphi_{阳}^{\ominus} + \frac{RT}{2F}\ln\frac{1}{a_{(S^{2-}),e}}$$

式中

$$\varphi_{阳}^{\ominus} = \frac{\Delta G_{m,阳}^{\ominus}}{2F} = \frac{\frac{1}{2}\mu_{S_2(气)}^{\ominus} + 2\mu_e^{\ominus} - \mu_{(S^{2-})}^{\ominus}}{2F}$$

阳极有电流通过，发生极化，阳极反应为

$$(S^{2-}) - 2e = \frac{1}{2}S_2(气)$$

阳极电势为

$$\varphi_{阳} = \varphi_{阳,e} + \Delta\varphi_{阳}$$

则

$$\Delta\varphi_{阳} = \varphi_{阳} - \varphi_{阳,e}$$

并有

$$A_{m,阳} = \Delta G_{m,阳} = 2F\varphi_{阳} = 2F(\varphi_{阳,e} + \Delta\varphi_{阳})$$

阳极反应速率为

$$2\frac{dN_{S_2(气)}}{dt} = \frac{1}{2}\frac{dN_e}{dt} = -\frac{dN_{(S^{2-})}}{dt} = Sj_{阳}$$

式中

$$\begin{aligned} j_{阳} &= -l_1\left(\frac{A_{m,阳}}{T}\right) - l_2\left(\frac{A_{m,阳}}{T}\right)^2 - l_3\left(\frac{A_{m,阳}}{T}\right)^3 - \cdots \\ &= -l_1'\left(\frac{\varphi_{阳}}{T}\right) - l_2'\left(\frac{\varphi_{阳}}{T}\right)^2 - l_3'\left(\frac{\varphi_{阳}}{T}\right)^3 - \cdots \\ &= -l_1'' - l_2''\left(\frac{\Delta\varphi_{阳}}{T}\right) - l_3''\left(\frac{\Delta\varphi_{阳}}{T}\right)^2 - l_4''\left(\frac{\Delta\varphi_{阳}}{T}\right)^3 - \cdots \end{aligned}$$

将上式代入

$$i = 2Fj_{阳}$$

得

$$\begin{aligned} i &= 2Fj_{阳} \\ &= -l_1^*\left(\frac{\varphi_{阳}}{T}\right) - l_2^*\left(\frac{\varphi_{阳}}{T}\right)^2 - l_3^*\left(\frac{\varphi_{阳}}{T}\right)^3 - \cdots \\ &= -l_1^{**} - l_2^{**}\left(\frac{\Delta\varphi_{阳}}{T}\right) - l_3^{**}\left(\frac{\Delta\varphi_{阳}}{T}\right)^2 - l_4^{**}\left(\frac{\Delta\varphi_{阳}}{T}\right)^3 - \cdots \end{aligned}$$

$$I = Si = 2FSj_{阳}$$

3. 电解池电动势

电解池反应达到平衡，为

$$[S] \rightleftharpoons \frac{1}{2}S_2(气)$$

该过程的摩尔吉布斯自由能变化为

$$\Delta G_{m,e} = \frac{1}{2}\mu_{S_2(气)} - \mu_{[S]} = \Delta G_m^{\ominus} + RT\ln\frac{1}{a_{[S],e}}$$

式中

$$\Delta G_{\mathrm{m}}^{\ominus} = \frac{1}{2}\mu_{\mathrm{S_2(气)}}^{\ominus} - \mu_{[\mathrm{S}]}^{\ominus}$$

$$\mu_{\mathrm{S_2(气)}} = \mu_{\mathrm{S_2(气)}}^{\ominus}$$

$$\mu_{[\mathrm{S}]} = \mu_{[\mathrm{S}]}^{\ominus}$$

由

$$E_{\mathrm{e}} = -\frac{\Delta G_{\mathrm{m,e}}}{2F}$$

得

$$E_{\mathrm{e}} = E_{\mathrm{e}}^{\ominus} + \frac{RT}{2F}\ln a_{[\mathrm{S}],\mathrm{e}}$$

式中

$$E^{\ominus} = -\frac{\Delta G_{\mathrm{m}}^{\ominus}}{2F} = -\frac{\frac{1}{2}\mu_{\mathrm{S_2(气)}}^{\ominus} - \mu_{[\mathrm{S}]}^{\ominus}}{2F}$$

电解池有电流通过，发生极化，外加电动势为

$$E' = E_{\mathrm{e}}' + \Delta E'$$

则

$$\Delta E' = E' - E_{\mathrm{e}}' = \Delta\varphi_{阳} - \Delta\varphi_{阴}$$

4. 电解池端电压

$$V' = E' + IR = E_{\mathrm{e}}' + \Delta E' + IR$$

并有

$$A_{\mathrm{m}} = -\Delta G_{\mathrm{m}} = -2FE' = -2F(E_{\mathrm{e}}' + \Delta E')$$

5. 电解池反应速率

$$2\frac{\mathrm{d}N_{\mathrm{S_2(气)}}}{\mathrm{d}t} = -\frac{\mathrm{d}N_{[\mathrm{S}]}}{\mathrm{d}t} = Sj$$

式中

$$\begin{aligned} j &= -l_1\left(\frac{A_{\mathrm{m}}}{T}\right) - l_2\left(\frac{A_{\mathrm{m}}}{T}\right)^2 - l_3\left(\frac{A_{\mathrm{m}}}{T}\right)^3 - \cdots \\ &= -l_1'\left(\frac{E'}{T}\right) - l_2'\left(\frac{E'}{T}\right)^2 - l_3'\left(\frac{E'}{T}\right)^3 - \cdots \\ &= -l_1'' - l_2''\left(\frac{\Delta E'}{T}\right) - l_3''\left(\frac{\Delta E'}{T}\right)^2 - l_4''\left(\frac{\Delta E'}{T}\right)^3 - \cdots \end{aligned}$$

将上式代入

$$i = 2Fj$$

得

$$
\begin{aligned}
i &= 2Fj \\
&= -l_1^*\left(\frac{E'}{T}\right) - l_2^*\left(\frac{E'}{T}\right)^2 - l_3^*\left(\frac{E'}{T}\right)^3 - \cdots \\
&= -l_1^{**} - l_2^{**}\left(\frac{\Delta E'}{T}\right) - l_3^{**}\left(\frac{\Delta E'}{T}\right)^2 - l_4^{**}\left(\frac{\Delta E'}{T}\right)^3 - \cdots
\end{aligned}
$$

第 15 章　离子液体

15.1　概　　述

离子液体又称室温熔盐，是在室温或近于室温呈液态的离子化合物。在离子液体中，只有阳离子和阴离子，没有中性分子。离子液体没有可测量的蒸气压、不可燃、热容大、热稳定性好、离子电导率高、电化学窗口宽，具有比一般溶剂宽的液体温度范围（熔点到沸点或分解温度）。通过选择适当的阴离子或微调阳离子的烷基链，可以改变离子液体的物理化学性能。因此，离子液体又称“绿色设计者溶剂”。许多学者认为，离子液体和超临界萃取相结合，将成为 21 世纪绿色工业的理想反应介质。

离子液体是由带正电荷的阳离子和带负电荷的阴离子组成的溶液。阳离子有铵、吡唑鎓、咯啶鎓等。阴离子有$[BF_4]^-$、$[PF_6]^-$、$[Tf_2N]^-$、$[CH_3SO_3]^-$等。

由于离子液体的路易斯（Lewis）酸碱性不同，离子液体有中性阴离子离子液体，酸性阳离子或阴离子离子液体，碱性阳离子或阴离子离子液体，含有两性阴离子的离子液体。

离子液体的酸性和配位能力主要由阴离子决定。阴离子不同，离子液体的酸性不同，配位能力也不同。表 15.1 给出了一些常见离子液体中阴离子的酸性和配位能力。

表 15.1　常见离子液体中阴离子的酸性和配位能力

酸性/配位能力		
碱性/强配位	中性/弱配位	酸性/非配位
Cl^-	$[AlCl_4]^-$	$[Al_2Cl_7]^-$
Ac^-	$[CuCl_2]^-$、$[CF_3SO_3]^-$	$[Al_3Cl_{10}]^-$
NO_3^-	$[SbF_6]^-$、AsF_6	
SO_4^{2-}	$[BF_4]^-$	$[Cu_2Cl_3]^-$
	PF_6	$[Cu_3Cl_4]^-$

$AlCl_3$ 的摩尔分数小于 0.5，[EMIM]Cl/$AlCl_3$ 含碱性阴离子 Cl^-，为碱性离子液体；添加 $AlCl_3$ 到摩尔分数为 0.5，成为含阴离子$[AlCl_4]^-$ 的中性离子液体；继续添加 $AlCl_3$ 到摩尔分数大于 0.5，成为含酸性阴离子$[Al_2Cl_7]^-$ 的酸性离子液体。可见[EMIM]Cl/$AlCl_3$ 的酸碱性主要取决于 $AlCl_3$ 的含量。

将 HCl 气体通入含 $AlCl_3$ 摩尔分数为 0.55 的[EMIM]Cl/$AlCl_3$ 离子液体中，该混合物成为超酸体系，其酸性比纯硫酸还强。

以离子液体作电解质，在室温就可以电沉积金属。由于离子溶液不挥发、不燃烧、电导率高、热稳定性好、电化学窗口宽，在室温可以沉积出许多在水溶液中无法电沉积的活泼金属。采用离子液体电沉积金属，没有氢气析出，所以电沉积效率高、产物纯度高。

15.2　$AlCl_3$ 型离子液体

以 $AlCl_3$ 型离子液体为电解质，电沉积金属和合金。

在 $AlCl_3$ 的摩尔分数超过 50%的酸性离子液体中，溶解在其中的金属氯化物 MCl_n 被二聚氯化铝阴离子（$[Al_2Cl_7]^-$）夺去一些氯离子，变成阳离子$[MCl_{n-m}]^{m+}$，化学反应可写作

$$MCl_n + m[Al_2Cl_7]^- = [MCl_{n-m}]^{m+} + 2m[AlCl_4]^-$$

在阴极极化的条件下，$[MCl_{n-m}]^{m+}$ 能被还原成金属 M，$[Al_2Cl_7]^-$ 能被还原成金属 Al。

$$[MCl_{n-m}]^{m+} + ne = M + (n-m)Cl^-$$

$$[Al_2Cl_7]^- + 6e = 2Al + 7Cl^-$$

如果$[MCl_{n-m}]^{m+}$ 的还原电势比$[Al_2Cl_7]^-$ 正，阴极得到的是金属 M。如果$[MCl_{n-m}]^{m+}$ 的还原电势比$[Al_2Cl_7]^-$ 负，阴极得到 Al-M 合金。

在 $AlCl_3$ 的摩尔分数低于 50%的碱性离子液体中，溶解在其中的金属氯化物 MCl_n 能与离子液体中的氯离子形成氯络合负离子，即

$$MCl_n + mCl^- = [MCl_{n+m}]^{m-}$$

在碱性条件下，在烷基咪唑和烷基吡啶的电势窗口内金属 M 可以沉积，而 Al 不能沉积。

中性离子液体是由等摩尔的有机氯化物和 $AlCl_3$ 混合而成。加入中性离子液体中的金属盐既可作为路易斯酸，又可以作为路易斯碱，为保持离子液体的中性，需要加入过量的 LiCl、NaCl 或 HCl。

在 $AlCl_3$ 型离子液体中，可以电沉积纯金属或合金。

图 15.1 是 $AlCl_3$ 型离子液体中氧化还原电对的标准电极电势。

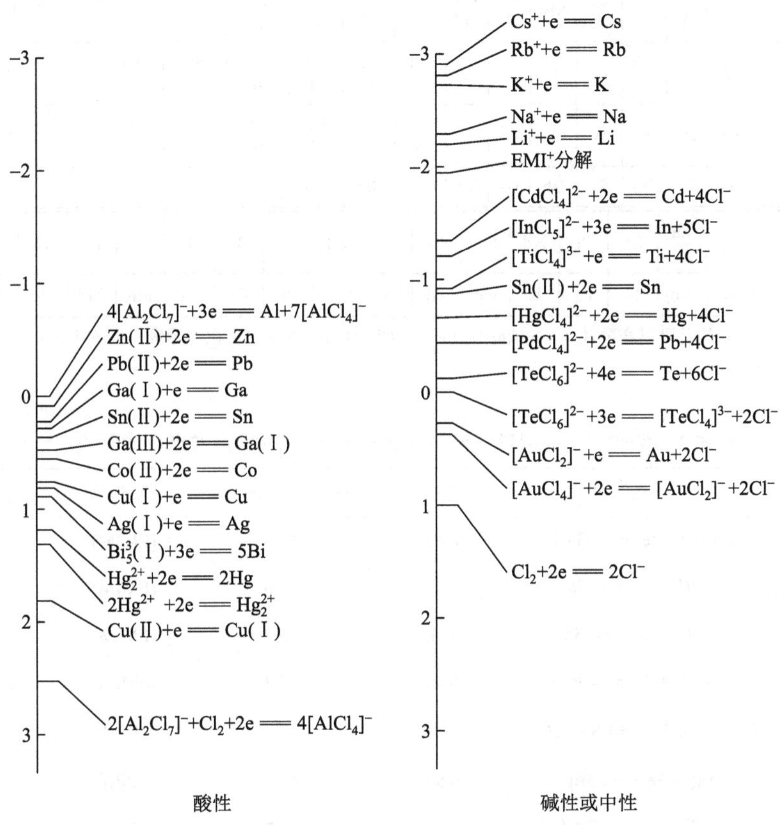

图 15.1　$AlCl_3$ 型离子液体中氧化还原电对的标准电极电势

图 15.1 中的标准电极电势是相对于 Al/Al(III)电极电势。Al/Al(III)电极电势是将纯铝丝浸在 $AlCl_3$ 摩尔分数为 66.7%或 60.0%的离子液体中构成的。

表 15.2 为电沉积元素表，表 15.3 和表 15.4 为离子液体中一些氧化还原电对的标准电极电势。

表 15.2　电沉积元素表

	1	2	3	4	5	6	7	8	9	10	11	12	13/Ⅲ	14/Ⅳ	15/Ⅴ	16/Ⅵ	17/Ⅶ	18/Ⅷ
1	H																	He
2	Li	Be											B	C	N	O	F	Ne
3	Na	Mg A											Al	Si	P	S	Cl	Ar
4	K	Ca A	Sc	Ti A	V	Cr A	Mn	Fe A	Co A	Ni A	Cu AB	Zn A	Ga A	Ge	As	Se	Br	Kr
5	Rb	Sr	Y	Zr	Nb A	Mo	Tc	Ru	Rh	Pd B	Ag A	Cd B	In A	Sn AB	Sb AB	Te B	I	Xe
6	Cs	Ba	Ln	Hf	Ta	W	Re	Os	Ir	Pt A	Au B	Hg AB	Tl B	Pb A	Bi A	Po	At	Ra
7	Fr	Ra	An	Rf	Db	Sg	Bh	Hs	Mt	Uun	Uuu	Uub						

镧系元素	La A	Ce	Pr	Nd	Pm	Sm	Eu	Cd	Tb	Dy	Ho	Er	Tm	Yb	Lu
锕系元素	Ac	Th	Pa	U	Np	Pu	Am	Cm	Bk	Cf	Es	Fm	Md	No	Lr

注：灰色代表的是可以在酸性（A）或碱性（B）$AlCl_3$ 型离子溶液中沉积的元素，黑色代表的是只能作为合金组分沉积的元素。

表 15.3　酸性 $AlCl_3$ 型离子液体中氧化还原电对的标准电极电势 ($\varphi^{\ominus}$)

序号	氧化还原对	$E^{\ominus}$ / V①	$AlCl_3$ 摩尔分数/%	阳离子	温度/℃
1	Ga(Ⅲ) + 2e ══ Ga(Ⅰ)	0.655	60.0	$[EMIM]^+$	30
2	Ga(Ⅰ) + e ══ Ga	0.437	60.0	$[EMIM]^+$	30
3	Sn(Ⅱ) + 2e ══ Sn	0.55	66.7	$[EMIM]^+$	40
4	Pb(Ⅱ) + 2e ══ Pb	0.400	66.7	$[EMIM]^+$	40
5	$[SbCl_2]^+ + 3e$ ══ $Sb + 2Cl^-$	0.389**	—	$[BP_3]^+$	40
6	$Bi_5^{3+} + 3e$ ══ 5Bi	0.925	66.7	$[BP_3]^+$	25
7	Fe(Ⅲ) + e ══ Fe(Ⅱ)	2.036	66.7	$[BP_3]^+$	40
8	Fe(Ⅱ) + 2e ══ Fe	0.773	66.7	$[BP_3]^+$	40
9	Co(Ⅱ) + 2e ══ Co	0.71	60.0	$[EMIM]^+$	—
		0.894*	66.7	$[BP_3]^+$	36
10	Ni(Ⅱ) + 2e ══ Ni	0.800	60.0	$[BP_3]^+$	40
		1.017*	66.7		40
11	Cu(Ⅰ) + e ══ Cu	0.784	66.7	$[BP_3]^+$	40
		0.837	60.0	$[EMIM]^+$	40
		0.843	66.7	$[EMIM]^+$	40
		0.777	66.7	$[MP_4]^+$	30

续表

序号	氧化还原对	$E^{\ominus}$ / V①	$AlCl_3$ 摩尔分数/%	阳离子	温度/℃
12	$Cu(II)+e \rightleftharpoons Cu(I)$	1.825	66.7	$[BP_3]^+$	40
		1.851	66.7	$[MP_4]^+$	30
13	$Zn(II)+e \rightleftharpoons Zn(I)$	0.322	60.0	$[EMIM]^+$	40
14	$Ag(I)+e \rightleftharpoons Ag$	0.844	66.7	$[EMIM]^+$	25
15	$2Hg(II)+2e \rightleftharpoons Hg_2^{2+}$	1.21	66.7	$[EMIM]^+$	40
16	$Hg_2^{2+}+2e \rightleftharpoons 2Hg$	1.093	66.7	$[EMIM]^+$	40

①表示相对于 Al/Al(III)的电极电位（带*或带**的除外）。

表 15.4 碱性 $AlCl_3$ 型离子液体中氧化还原电对的标准电极电势($\varphi^{\ominus}$)

序号	氧化还原对	$E^{\ominus}$ / V①	$AlCl_3$ 摩尔分数/%	阳离子	温度/℃
1	$[InCl_5]^{2-}+3e \rightleftharpoons In+5Cl^-$	−1.009	49.0	$[EMIM]^+$	27
		−1.096	44.0	$[EMIM]^+$	27
2	$[TiCl_6]^{2-}+3e \rightleftharpoons [TiCl_4]^{3-}+2Cl^-$	−0.025	40.0	$[EMIM]^+$	30
		−0.025	44.4	$[EMIM]^+$	30
3	$[TiCl_4]^{3-}+e \rightleftharpoons Ti+4Cl^-$	−0.965	40.0	$[EMIM]^+$	30
		−0.900	44.4	$[EMIM]^+$	30
4	$Sn(II)+2e \rightleftharpoons Sn$	−0.85	44.4	$[EMIM]^+$	40
5	$[SbCl_4]^-+3e \rightleftharpoons Sb+4Cl^-$	−0.523*	—	$[BP_3]^+$	40
6	$[TeCl_6]^{2-}+4e \rightleftharpoons Te+6Cl^-$	−0.013	44.4	$[EMIM]^+$	30
		0.077	49.0	$[EMIM]^+$	30
7	$Te+2e \rightleftharpoons Te^{2-}$	−1.030	44.4	$[EMIM]^+$	30
		−1.036	49.0	$[EMIM]^+$	30
8	$Cu(I)+e \rightleftharpoons Cu$	−0.647	42.9	$[BP_3]^+$	40
9	$Cu(II)+e \rightleftharpoons Cu(I)$	−0.046	42.9	$[BP_3]^+$	40
10	$[PdCl_4]^{2-}+2e \rightleftharpoons Pd+4Cl^-$	−0.230	44.4	$[EMIM]^+$	40
		−0.110	49.0	$[EMIM]^+$	40
11	$[AuCl_2]^-+e \rightleftharpoons Au+2Cl^-$	0.310	44.4	$[EMIM]^+$	40
12	$[AuCl_4]^{2-}+e \rightleftharpoons [AuCl_2]^-+2Cl^-$	0.374	44.4	$[EMIM]^+$	40
13	$[HgCl_4]^{2-}+2e \rightleftharpoons Hg+4Cl^-$	−0.370	44.4	$[EMIM]^+$	40

①表示相对于 Al/Al(III)的电极电位，带*（相对于 Sb(III)/Sb）的除外。

15.3　在酸性 $AlCl_3$ 离子液体中电沉积金属

15.3.1　电沉积 Mg-Al 合金

在酸性离子液体[EMIM]Cl/$AlCl_3$ 中，电沉积 Mg-Al 合金，Mg 的质量分数为 2.2%。

反应过程为

$$MgCl_2 = MgCl^+ + Cl^- \tag{i}$$

$$MgCl^+(\text{II}) + 2e = [Mg] + Cl^- \tag{ii}$$

$$AlCl_3 + Cl^- = [AlCl_4]^- \tag{o'}$$

$$[AlCl_4]^- + 4H_2O = [Al \cdot 4H_2O]^{3+} + 4Cl^- \tag{i'}$$

$$[Al \cdot 4H_2O]^{3+} + 3e = [Al] + 4H_2O \tag{ii'}$$

1. 络合反应

$$MgCl_2 = MgCl^+ + Cl^- \tag{i}$$

该反应的摩尔吉布斯自由能变化为

$$\Delta G_{m,i} = \mu_{MgCl^+} + \mu_{Cl^-} - \mu_{MgCl_2} = \Delta G_{m,i}^{\ominus} + RT\ln\frac{a_{MgCl^+}a_{Cl^-}}{a_{MgCl_2}}$$

式中

$$\Delta G_{m,i}^{\ominus} = \mu_{MgCl^+}^{\ominus} + \mu_{Cl^-}^{\ominus} - \mu_{MgCl_2}^{\ominus}$$

$$\mu_{MgCl^+} = \mu_{MgCl^+}^{\ominus} + RT\ln a_{MgCl^+}$$

$$\mu_{Cl^-} = \mu_{Cl^-}^{\ominus} + RT\ln a_{Cl^-}$$

$$\mu_{MgCl_2} = \mu_{MgCl_2}^{\ominus} + RT\ln a_{MgCl_2}$$

络合反应速率为

$$\frac{dN_{MgCl^+}}{dt} = \frac{dN_{Cl^-}}{dt} = -\frac{dN_{MgCl_2}}{dt} = Vj$$

式中

$$j = -l_1\left(\frac{A_{m,i}}{T}\right) - l_2\left(\frac{A_{m,i}}{T}\right)^2 - l_3\left(\frac{A_{m,i}}{T}\right)^3 - \cdots$$

$$A_m = \Delta G_m$$

$$AlCl_3 + Cl^- = [AlCl_4]^- \tag{o'}$$

该过程的摩尔吉布斯自由能变化为

$$\Delta G_{m,o'} = \mu_{[AlCl_4]^-} - \mu_{AlCl_3} - \mu_{Cl^-} = \Delta G_{m,o'}^{\ominus} + RT\ln\frac{a_{[AlCl_4]^-}}{a_{AlCl_3}a_{Cl^-}}$$

式中

$$\Delta G_{m,o'}^{\ominus} = \mu_{[AlCl_4]^-}^{\ominus} - \mu_{AlCl_3}^{\ominus} - \mu_{Cl^-}^{\ominus}$$

$$\mu_{[AlCl_4]^-} = \mu_{[AlCl_4]^-}^{\ominus} + RT\ln a_{[AlCl_4]^-}$$

$$\mu_{Cl^-} = \mu_{Cl^-}^{\ominus} + RT\ln a_{Cl^-}$$

$$\mu_{AlCl_3} = \mu_{AlCl_3}^{\ominus} + RT\ln a_{AlCl_3}$$

络合反应速率为

$$\frac{dN_{[AlCl_4]^-}}{dt} = -\frac{dN_{Cl^-}}{dt} = -\frac{dN_{AlCl_3}}{dt} = Vj$$

式中

$$j = -l_1\left(\frac{A_{m,o'}}{T}\right) - l_2\left(\frac{A_{m,o'}}{T}\right)^2 - l_3\left(\frac{A_{m,o'}}{T}\right)^3 - \cdots$$

$$A_{m,o'} = \Delta G_{m,o'}$$

2. 水化反应

$$[AlCl_4]^- + 4H_2O \xlongequal{\quad} [Al\cdot 4H_2O]^{3+} + 4Cl^- \tag{i'}$$

该过程的摩尔吉布斯自由能变化为

$$\begin{aligned}\Delta G_{m,i'} &= \mu_{[Al\cdot 4H_2O]^{3+}} + 4\mu_{Cl^-} - \mu_{[AlCl_4]^-} - 4\mu_{H_2O} \\ &= \Delta G_{m,i'}^{\ominus} + RT\ln\frac{a_{[Al\cdot 4H_2O]^{3+}}a_{Cl^-}^4}{a_{[AlCl_4]^-}a_{H_2O}^4}\end{aligned}$$

式中

$$\Delta G_{m,i'}^{\ominus} = \mu_{[Al\cdot 4H_2O]^{3+}}^{\ominus} + 4\mu_{Cl^-}^{\ominus} - \mu_{[AlCl_4]^-}^{\ominus} - 4\mu_{H_2O}^{\ominus}$$

$$\mu_{[Al\cdot 4H_2O]^{3+}} = \mu_{[Al\cdot 4H_2O]^{3+}}^{\ominus} + RT\ln a_{[Al\cdot 4H_2O]^{3+}}$$

$$\mu_{Cl^-} = \mu_{Cl^-}^{\ominus} + RT\ln a_{Cl^-}$$

$$\mu_{[AlCl_4]^-} = \mu_{[AlCl_4]^-}^{\ominus} + RT\ln a_{[AlCl_4]^-}$$

$$\mu_{H_2O} = \mu_{H_2O}^{\ominus} + RT\ln a_{H_2O}$$

水化反应速率为

$$\frac{dN_{[Al\cdot 4H_2O]^{3+}}}{dt} = \frac{1}{4}\frac{dN_{Cl^-}}{dt} = -\frac{dN_{[AlCl_4]^-}}{dt} = -\frac{1}{4}\frac{dN_{H_2O}}{dt} = Vj$$

式中

$$j = -l_1\left(\frac{A_{m,i'}}{T}\right) - l_2\left(\frac{A_{m,i'}}{T}\right)^2 - l_3\left(\frac{A_{m,i'}}{T}\right)^3 - \cdots$$

$$A_{m,i'} = \Delta G_{m,i'}$$

3. 阴极反应

阴极反应达成平衡

$$MgCl^+(\text{II}) + 2e \rightleftharpoons [Mg] + Cl^- \tag{ii}$$

$$[Al \cdot 4H_2O]^{3+} + 3e \rightleftharpoons [Al] + 4H_2O \tag{ii'}$$

该过程的摩尔吉布斯自由能变化分别为

$$\Delta G_{m,阴,Mg,e} = \mu_{[Mg]} - \mu_{MgCl^+} - 2\mu_e = \Delta G^{\ominus}_{m,阴,Mg} + RT\ln\frac{a_{[Mg],e}}{a_{MgCl^+,e}}$$

式中

$$\Delta G^{\ominus}_{m,阴,Mg} = \mu^{\ominus}_{[Mg]} - \mu^{\ominus}_{MgCl^+} - 2\mu^{\ominus}_e$$

$$\mu_{[Mg]} = \mu^{\ominus}_{[Mg]} + RT\ln a_{[Mg]}$$

$$\mu_{MgCl^+} = \mu^{\ominus}_{MgCl^+} + RT\ln a_{MgCl^+}$$

$$\mu_e = \mu^{\ominus}_e$$

由

$$\varphi_{阴,Mg,e} = -\frac{\Delta G_{m,阴,Mg,e}}{2F}$$

得

$$\varphi_{阴,Mg,e} = \varphi^{\ominus}_{阴,Mg} + \frac{RT}{2F}\ln\frac{a_{Mga^+,e}}{a_{[Mg],e}}$$

式中

$$\varphi^{\ominus}_{阴,Mg} = -\frac{\Delta G^{\ominus}_{m,阴,Mg}}{2F} = -\frac{\mu^{\ominus}_{[Mg]} - \mu^{\ominus}_{MgCl^+} - 2\mu^{\ominus}_e}{2F}$$

阴极有电流通过，发生极化，阴极反应为

$$MgCl^+(\text{II}) + 2e = [Mg] + Cl^-$$

阴极电势为

$$\varphi_{阴,Mg} = \varphi_{阴,Mg,e} + \Delta\varphi_{阴,Mg}$$

则

$$\Delta\varphi_{阴,Mg} = \varphi_{阴,Mg} - \varphi_{阴,Mg,e}$$

并有

$$A_{\mathrm{m,Mg}} = -\Delta G_{\mathrm{m,阴,Mg}} = 2F\varphi_{\mathrm{阴,Mg}} = 2F(\varphi_{\mathrm{阴,Mg,e}} + \Delta\varphi_{\mathrm{阴,Mg}})$$

$$\begin{aligned}\Delta G_{\mathrm{m,阴,Al,e}} &= \mu_{[\mathrm{Al}]} + 4\mu_{\mathrm{H_2O}} - \mu_{[\mathrm{Al\cdot 4H_2O}]^{3+}} - 3\mu_{\mathrm{e}} \\ &= \Delta G^{\ominus}_{\mathrm{m,阴,Al}} + RT\ln\frac{a_{[\mathrm{Al}],\mathrm{e}}a^4_{\mathrm{H_2O,e}}}{a_{[\mathrm{Al\cdot 4H_2O}]^{3+},\mathrm{e}}}\end{aligned}$$

式中

$$\Delta G^{\ominus}_{\mathrm{m,阴,Al}} = \mu^{\ominus}_{[\mathrm{Al}]} + 4\mu^{\ominus}_{\mathrm{H_2O}} - \mu^{\ominus}_{[\mathrm{Al\cdot 4H_2O}]^{3+}} - 3\mu^{\ominus}_{\mathrm{e}}$$

$$\mu_{[\mathrm{Al}]} = \mu^{\ominus}_{[\mathrm{Al}]} + RT\ln a_{[\mathrm{Al}]}$$

$$\mu_{[\mathrm{Al\cdot 4H_2O}]^{3+}} = \mu^{\ominus}_{[\mathrm{Al\cdot 4H_2O}]^{3+}} + RT\ln a_{[\mathrm{Al\cdot 4H_2O}]^{3+}}$$

$$\mu_{\mathrm{H_2O}} = \mu^{\ominus}_{\mathrm{H_2O}} + RT\ln a_{\mathrm{H_2O,e}}$$

$$\mu_{\mathrm{e}} = \mu^{\ominus}_{\mathrm{e}}$$

由

$$\varphi_{\mathrm{阴,Al,e}} = -\frac{\Delta G_{\mathrm{m,阴,Al,e}}}{3F}$$

得

$$\varphi_{\mathrm{阴,Al,e}} = \varphi^{\ominus}_{\mathrm{阴,Al}} + \frac{RT}{3F}\ln\frac{a_{[\mathrm{Al\cdot 4H_2O}]^{3+},\mathrm{e}}}{a_{[\mathrm{Al}],\mathrm{e}}a^4_{\mathrm{H_2O,e}}}$$

式中

$$\varphi^{\ominus}_{\mathrm{阴,Al}} = -\frac{\Delta G^{\ominus}_{\mathrm{m,阴,Al}}}{3F} = -\frac{\mu^{\ominus}_{[\mathrm{Al}]} + 4\mu^{\ominus}_{\mathrm{H_2O}} - \mu^{\ominus}_{[\mathrm{Al\cdot 4H_2O}]^{3+}} - 3\mu^{\ominus}_{\mathrm{e}}}{3F}$$

阴极有电流通过，发生极化，阴极反应为

$$[\mathrm{Al\cdot 4H_2O}]^{3+} + 3\mathrm{e} = [\mathrm{Al}] + 4\mathrm{H_2O}$$

阴极电势为

$$\varphi_{\mathrm{阴,Al}} = \varphi_{\mathrm{阴,Al,e}} + \Delta\varphi_{\mathrm{阴,Al}}$$

则

$$\Delta\varphi_{\mathrm{阴,Al}} = \varphi_{\mathrm{阴,Al}} - \varphi_{\mathrm{阴,Al,e}}$$

并有

$$A_{\mathrm{m,Al}} = -\Delta G_{\mathrm{m,阴,Al}} = 3F\varphi_{\mathrm{阴,Al}} = 3F(\varphi_{\mathrm{阴,Al,e}} + \Delta\varphi_{\mathrm{阴,Al}})$$

阴极反应速率

$$\frac{\mathrm{d}N_{[\mathrm{Mg}]}}{\mathrm{d}t} = -\frac{\mathrm{d}N_{\mathrm{MgCl^+}}}{\mathrm{d}t} = -\frac{1}{2}\frac{\mathrm{d}N_{\mathrm{e}}}{\mathrm{d}t} = Sj_{\mathrm{Mg}}$$

$$\frac{\mathrm{d}N_{[\mathrm{Al}]}}{\mathrm{d}t} = \frac{1}{4}\frac{\mathrm{d}N_{\mathrm{H_2O}}}{\mathrm{d}t} = -\frac{\mathrm{d}N_{[\mathrm{Al\cdot 4H_2O}]^{3+}}}{\mathrm{d}t} = -\frac{1}{3}\frac{\mathrm{d}N_{\mathrm{e}}}{\mathrm{d}t} = Sj_{\mathrm{Al}}$$

不考虑耦合作用

$$j_{\mathrm{Mg}} = -l_1\left(\frac{A_{\mathrm{m,Mg}}}{T}\right) - l_2\left(\frac{A_{\mathrm{m,Mg}}}{T}\right)^2 - l_3\left(\frac{A_{\mathrm{m,Mg}}}{T}\right)^3 - \cdots$$

$$= -l_1'\left(\frac{\varphi_{阴,\mathrm{Mg}}}{T}\right) - l_2'\left(\frac{\varphi_{阴,\mathrm{Mg}}}{T}\right)^2 - l_3'\left(\frac{\varphi_{阴,\mathrm{Mg}}}{T}\right)^3 - \cdots$$

$$= -l_1'' - l_2''\left(\frac{\Delta\varphi_{阴,\mathrm{Mg}}}{T}\right) - l_3''\left(\frac{\Delta\varphi_{阴,\mathrm{Mg}}}{T}\right)^2 - l_4''\left(\frac{\Delta\varphi_{阴,\mathrm{Mg}}}{T}\right)^3 - \cdots$$

将上式代入

$$i_{\mathrm{Mg}} = 2Fj_{\mathrm{Mg}}$$

得

$$i_{\mathrm{Mg}} = 2Fj_{\mathrm{Mg}}$$

$$= -l_1^*\left(\frac{\varphi_{阴,\mathrm{Mg}}}{T}\right) - l_2^*\left(\frac{\varphi_{阴,\mathrm{Mg}}}{T}\right)^2 - l_3^*\left(\frac{\varphi_{阴,\mathrm{Mg}}}{T}\right)^3 - \cdots$$

$$= -l_1^{**} - l_2^{**}\left(\frac{\Delta\varphi_{阴,\mathrm{Mg}}}{T}\right) - l_3^{**}\left(\frac{\Delta\varphi_{阴,\mathrm{Mg}}}{T}\right)^2 - l_4^{**}\left(\frac{\Delta\varphi_{阴,\mathrm{Mg}}}{T}\right)^3 - \cdots$$

$$j_{\mathrm{Al}} = -l_1\left(\frac{A_{\mathrm{m,Al}}}{T}\right) - l_2\left(\frac{A_{\mathrm{m,Al}}}{T}\right)^2 - l_3\left(\frac{A_{\mathrm{m,Al}}}{T}\right)^3 - \cdots$$

$$= -l_1'\left(\frac{\varphi_{阴,\mathrm{Al}}}{T}\right) - l_2'\left(\frac{\varphi_{阴,\mathrm{Al}}}{T}\right)^2 - l_3'\left(\frac{\varphi_{阴,\mathrm{Al}}}{T}\right)^3 - \cdots$$

$$= -l_1'' - l_2''\left(\frac{\Delta\varphi_{阴,\mathrm{Al}}}{T}\right) - l_3''\left(\frac{\Delta\varphi_{阴,\mathrm{Al}}}{T}\right)^2 - l_4''\left(\frac{\Delta\varphi_{阴,\mathrm{Al}}}{T}\right)^3 - \cdots$$

将上式代入

$$i_{\mathrm{Al}} = 3Fj_{\mathrm{Al}}$$

得

$$i_{\mathrm{Al}} = 3Fj_{\mathrm{Al}}$$

$$= -l_1^*\left(\frac{\varphi_{阴,\mathrm{Al}}}{T}\right) - l_2^*\left(\frac{\varphi_{阴,\mathrm{Al}}}{T}\right)^2 - l_3^*\left(\frac{\varphi_{阴,\mathrm{Al}}}{T}\right)^3 - \cdots$$

$$= -l_1^{**} - l_2^{**}\left(\frac{\Delta\varphi_{阴,\mathrm{Al}}}{T}\right) - l_3^{**}\left(\frac{\Delta\varphi_{阴,\mathrm{Al}}}{T}\right)^2 - l_4^{**}\left(\frac{\Delta\varphi_{阴,\mathrm{Al}}}{T}\right)^3 - \cdots$$

合金中 Mg 和 Al 的比例为

$$\frac{i_{\mathrm{Mg}}}{i_{\mathrm{Al}}} = k_{\mathrm{Mg/Al}}$$

$$i = i_{Mg} + i_{Al} = 2Fj_{Mg} + 3Fj_{Al}$$

$$I = Si = S(i_{Mg} + i_{Al}) = S(2Fj_{Mg} + 3Fj_{Al})$$

Mg 和 Al 的阴极电势相等（是外加的），但过电势不等，即

$$\varphi_{阴,Mg} = \varphi_{阴,Al}$$

$$\varphi_{阴,Mg,e} \neq \varphi_{阴,Al,e}$$

$$\Delta\varphi_{阴,Mg} \neq \Delta\varphi_{阴,Al}$$

15.3.2 电沉积镍

$NiCl_2$ 可以溶解于酸性[EMIMI]/$AlCl_3$ 型离子液体中，电沉积得到金属镍

$$Ni^{2+} + 2e = Ni$$

阴极反应达到平衡，有

$$Ni^{2+} + 2e \rightleftharpoons Ni$$

该过程的摩尔吉布斯自由能变化为

$$\Delta G_{m,阴,e} = \mu_{Ni} - \mu_{Ni^{2+}} - 2\mu_e = \Delta G^{\ominus}_{m,阴} + RT\ln\frac{1}{a_{Ni^{2+},e}}$$

式中

$$\Delta G^{\ominus}_{m,阴} = \mu^{\ominus}_{Ni} - \mu^{\ominus}_{Ni^{2+}} - 2\mu^{\ominus}_e$$

$$\mu_{Ni} = \mu^{\ominus}_{Ni}$$

$$\mu_{Ni^{2+}} = \mu^{\ominus}_{Ni^{2+}} + RT\ln a_{Ni^{2+}}$$

$$\mu_e = \mu^{\ominus}_e$$

阴极电势为

$$\varphi_{阴,e} = -\frac{\Delta G_{m,阴,e}}{2F} = \varphi^{\ominus}_{阴} + \frac{RT}{2F}\ln a_{Ni^{2+},e}$$

式中

$$\varphi^{\ominus}_{阴} = -\frac{\Delta G^{\ominus}_{m,阴}}{2F} = -\frac{\mu^{\ominus}_{Ni} - \mu^{\ominus}_{Ni^{2+}} - 2\mu^{\ominus}_e}{2F}$$

阴极有电流通过，发生极化，阴极反应为

$$Ni^{2+} + 2e = Ni$$

阴极电势为

$$\varphi_{阴} = \varphi_{阴,e} + \Delta\varphi_{阴}$$

则

$$\Delta\varphi_{阴} = \varphi_{阴} - \varphi_{阴,e}$$

并有

$$A_{m,阴} = -\Delta G_{m,阴} = 2F\varphi_{阴} = 2F(\varphi_{阴,e} + \Delta\varphi_{阴})$$

阴极反应速率为

$$\frac{dN_{Ni}}{dt} = -\frac{dN_{Ni^{2+}}}{dt} = -\frac{1}{2}\frac{dN_e}{dt} = Sj$$

式中

$$\begin{aligned} j &= -l_1\left(\frac{A_{m,阴}}{T}\right) - l_2\left(\frac{A_{m,阴}}{T}\right)^2 - l_3\left(\frac{A_{m,阴}}{T}\right)^3 - \cdots \\ &= -l_1'\left(\frac{\varphi_{阴}}{T}\right) - l_2'\left(\frac{\varphi_{阴}}{T}\right)^2 - l_3'\left(\frac{\varphi_{阴}}{T}\right)^3 - \cdots \\ &= -l_1''\left(\frac{\Delta\varphi_{阴}}{T}\right) - l_2''\left(\frac{\Delta\varphi_{阴}}{T}\right)^2 - l_3''\left(\frac{\Delta\varphi_{阴}}{T}\right)^3 - \cdots \end{aligned}$$

将上式代入

$$i = 2Fj$$

得

$$\begin{aligned} i &= 2Fj \\ &= -l_1^*\left(\frac{\varphi_{阴}}{T}\right) - l_2^*\left(\frac{\varphi_{阴}}{T}\right)^2 - l_3^*\left(\frac{\varphi_{阴}}{T}\right)^3 - \cdots \\ &= -l_1^{**} - l_2^{**}\left(\frac{\Delta\varphi_{阴}}{T}\right) - l_3^{**}\left(\frac{\Delta\varphi_{阴}}{T}\right)^2 - l_4^{**}\left(\frac{\Delta\varphi_{阴}}{T}\right)^3 - \cdots \end{aligned}$$

15.4　在碱性离子液体中电沉积金属

15.4.1　电沉积铟

$InCl_3$ 可溶解在碱性[DMPI]Cl/$AlCl_3$ 型离子液体中，形成络合银离子$[InCl_5]^{2-}$，再还原成金属 In。

$$InCl_3 + 2Cl^- = [InCl_5]^{2-}$$

$$[InCl_5]^{2-} + 3e = In + 5Cl^-$$

实际过程是因络合离子$[InCl_5]^{2-}$先转化为水化离子

$$[InCl_5]^{2-} + 5H_2O = [In\cdot 5H_2O]^{3+} + 5Cl^-$$

水化反应的摩尔吉布斯自由能变化为

$$\Delta G_{\mathrm{m}} = \mu_{[\mathrm{In}\cdot 5\mathrm{H_2O}]^{3+}} + 5\mu_{\mathrm{Cl^-}} - \mu_{[\mathrm{InCl_5}]^{2-}} - 5\mu_{\mathrm{H_2O}} = \Delta G_{\mathrm{m}}^{\ominus} + RT\ln\frac{a_{[\mathrm{In}\cdot 5\mathrm{H_2O}]^{3+}} a_{\mathrm{Cl^-}}^5}{a_{[\mathrm{InCl_5}]^{2-}} a_{\mathrm{H_2O}}^5}$$

式中

$$\Delta G_{\mathrm{m}} = \mu_{[\mathrm{In}\cdot 5\mathrm{H_2O}]^{3+}}^{\ominus} + 5\mu_{\mathrm{Cl^-}}^{\ominus} - \mu_{[\mathrm{InCl_5}]^{2-}}^{\ominus} - 5\mu_{\mathrm{H_2O}}^{\ominus}$$

$$\mu_{[\mathrm{In}\cdot 5\mathrm{H_2O}]^{3+}} = \mu_{[\mathrm{In}\cdot 5\mathrm{H_2O}]^{3+}}^{\ominus} + RT\ln a_{[\mathrm{In}\cdot 5\mathrm{H_2O}]^{3+}}$$

$$\mu_{\mathrm{Cl^-}} = \mu_{\mathrm{Cl^-}}^{\ominus} + RT\ln a_{\mathrm{Cl^-}}$$

$$\mu_{[\mathrm{InCl_5}]^{2-}} = \mu_{[\mathrm{InCl_5}]^{2-}}^{\ominus} + RT\ln a_{[\mathrm{InCl_5}]^{2-}}$$

$$\mu_{\mathrm{H_2O}} = \mu_{\mathrm{H_2O}}^{\ominus} + RT\ln a_{\mathrm{H_2O}}$$

水化反应速率

$$\frac{\mathrm{d}N_{[\mathrm{In}\cdot 5\mathrm{H_2O}]^{3+}}}{\mathrm{d}t} = \frac{1}{5}\frac{\mathrm{d}N_{\mathrm{Cl^-}}}{\mathrm{d}t} = -\frac{\mathrm{d}N_{[\mathrm{InCl_5}]^{2-}}}{\mathrm{d}t} = -\frac{1}{5}\frac{\mathrm{d}N_{\mathrm{H_2O}}}{\mathrm{d}t} = Vj$$

式中

$$j = -l_1\left(\frac{A_{\mathrm{m}}}{T}\right) - l_2\left(\frac{A_{\mathrm{m}}}{T}\right) - l_3\left(\frac{A_{\mathrm{m}}}{T}\right)$$

$$A_{\mathrm{m}} = \Delta G_{\mathrm{m}}$$

水化离子$[\mathrm{In}\cdot 5\mathrm{H_2O}]^{3+}$再还原为金属 In。

$$[\mathrm{In}\cdot 5\mathrm{H_2O}]^{3+} + 3\mathrm{e} = \mathrm{In} + 5\mathrm{H_2O}$$

阴极反应达到平衡，有

$$[\mathrm{In}\cdot 5\mathrm{H_2O}]^{3+} + 3\mathrm{e} \rightleftharpoons \mathrm{In} + 5\mathrm{H_2O}$$

该过程的摩尔吉布斯自由能变化为

$$\Delta G_{\mathrm{m,阴,e}} = \mu_{\mathrm{In}} + 5\mu_{\mathrm{H_2O}} - \mu_{[\mathrm{In}\cdot 5\mathrm{H_2O}]^{3+}} - 3\mu_{\mathrm{e}} = \Delta G_{\mathrm{m,阴}}^{\ominus} + RT\ln\frac{a_{\mathrm{H_2O,e}}^5}{a_{[\mathrm{In}\cdot 5\mathrm{H_2O}]^{3+},\mathrm{e}}}$$

式中

$$\Delta G_{\mathrm{m,阴}}^{\ominus} = \mu_{\mathrm{In}}^{\ominus} + 5\mu_{\mathrm{H_2O}}^{\ominus} - \mu_{[\mathrm{In}\cdot 5\mathrm{H_2O}]^{3+}}^{\ominus} - 3\mu_{\mathrm{e}}^{\ominus}$$

$$\mu_{\mathrm{In}} = \mu_{\mathrm{In}}^{\ominus}$$

$$\mu_{\mathrm{H_2O}} = \mu_{\mathrm{H_2O}}^{\ominus} + RT\ln a_{\mathrm{H_2O,e}}$$

$$\mu_{[\mathrm{In}\cdot 5\mathrm{H_2O}]^{3+}} = \mu_{[\mathrm{In}\cdot 5\mathrm{H_2O}]^{3+}}^{\ominus} + RT\ln a_{[\mathrm{In}\cdot 5\mathrm{H_2O}]^{3+},\mathrm{e}}$$

$$\mu_{\mathrm{e}} = \mu_{\mathrm{e}}^{\ominus}$$

由

$$\varphi_{阴} = -\frac{\Delta G_{\mathrm{m,阴,e}}}{3F}$$

得

$$\varphi_{阴,e} = \varphi_{阴}^{\ominus} + \frac{RT}{3F}\ln\frac{a_{[In\cdot 5H_2O]^{3+},e}}{a_{H_2O,e}^5}$$

式中

$$\varphi_{阴}^{\ominus} = -\frac{\Delta G_{m,阴}^{\ominus}}{3F} = -\frac{\mu_{In}^{\ominus} + 5\mu_{H_2O}^{\ominus} - \mu_{[In\cdot 5H_2O]^{3+}}^{\ominus} - 3\mu_{e}^{\ominus}}{3F}$$

阴极有电流通过，发生极化，阴极反应为

$$[In\cdot 5H_2O]^{3+} + 3e = In + 5H_2O$$

阴极电势为

$$\varphi_{阴} = \varphi_{阴,e} + \Delta\varphi_{阴}$$

则

$$\Delta\varphi_{阴} = \varphi_{阴} - \varphi_{阴,e}$$

并有

$$A_m = -\Delta G_{m,阴} = 3F\varphi_{阴} = 3F(\varphi_{阴,e} + \Delta\varphi_{阴})$$

阴极反应速率

$$\frac{dN_{In}}{dt} = -\frac{dN_{[In\cdot 5H_2O]^{3+}}}{dt} = -\frac{1}{3}\frac{dN_e}{dt} = Sj_{In}$$

式中

$$\begin{aligned}
j_{In} &= -l_1\left(\frac{A_m}{T}\right) - l_2\left(\frac{A_m}{T}\right)^2 - l_3\left(\frac{A_m}{T}\right)^3 - \cdots \\
&= -l_1'\left(\frac{\varphi_{阴}}{T}\right) - l_2'\left(\frac{\varphi_{阴}}{T}\right)^2 - l_3'\left(\frac{\varphi_{阴}}{T}\right)^3 - \cdots \\
&= -l_1'' - l_2''\left(\frac{\Delta\varphi_{阴}}{T}\right) - l_3''\left(\frac{\Delta\varphi_{阴}}{T}\right)^2 - l_4''\left(\frac{\Delta\varphi_{阴}}{T}\right)^3 - \cdots
\end{aligned}$$

将上式代入

$$i = 3Fj$$

得

$$\begin{aligned}
i &= 3Fj \\
&= -l_1^*\left(\frac{\varphi_{阴}}{T}\right) - l_2^*\left(\frac{\varphi_{阴}}{T}\right)^2 - l_3^*\left(\frac{\varphi_{阴}}{T}\right)^3 - \cdots \\
&= -l_1^{**} - l_2^{**}\left(\frac{\Delta\varphi_{阴}}{T}\right) - l_3^{**}\left(\frac{\Delta\varphi_{阴}}{T}\right)^2 - l_4^{**}\left(\frac{\Delta\varphi_{阴}}{T}\right)^3 - \cdots
\end{aligned}$$

15.4.2 电沉积铬

$CrCl_2$可以溶解于碱性[EMIM]Cl/$AlCl_3$或[DMPI]Cl/$AlCl_3$型离子液体中，形成的络合阴离子$[CrCl_4]^{2-}$。$[CrCl_4]^{2-}$成为水化离子$[Cr\cdot 4H_2O]^{2+}$，水化离子被还原为金属铬。化学反应为

$$CrCl_2 + 2Cl^- = [CrCl_4]^{2-} \tag{i}$$

$$[CrCl_4]^{2-} + 4H_2O = [Cr\cdot 4H_2O]^{2+} + 4Cl^- \tag{ii}$$

$$[Cr\cdot 4H_2O]^{2+} + 2e = Cr + 4H_2O \tag{iii}$$

1. 络合反应

形成络合离子的反应为

$$CrCl_2 + 2Cl^- = [CrCl_4]^{2-}$$

该过程的摩尔吉布斯自由能变化为

$$\Delta G_m = \mu_{[CrCl_4]^{2-}} - \mu_{CrCl_2} - 2\mu_{Cl^-} = \Delta G_m^\ominus + RT\ln\frac{a_{[CrCl_4]^{2-}}}{a_{CrCl_2}a_{Cl^-}^2}$$

式中

$$\Delta G_m^\ominus = \mu_{[CrCl_4]^{2-}}^\ominus - \mu_{CrCl_2}^\ominus - \mu_{Cl^-}^\ominus$$

$$\mu_{[CrCl_4]^{2-}} = \mu_{[CrCl_4]^{2-}}^\ominus + RT\ln a_{[CrCl_4]^{2-}}$$

$$\mu_{CrCl_2} = \mu_{CrCl_2}^\ominus + RT\ln a_{CrCl_2}$$

$$\mu_{Cl^-} = \mu_{Cl^-}^\ominus + RT\ln a_{Cl^-}$$

络合反应速率为

$$\frac{dN_{[CrCl_4]^{2-}}}{dt} = -\frac{dN_{CrCl_2}}{dt} = -\frac{1}{2}\frac{dN_{Cl^-}}{dt} = Vj$$

式中

$$j = -l_1\left(\frac{A_{m,i}}{T}\right) - l_2\left(\frac{A_{m,i}}{T}\right)^2 - l_3\left(\frac{A_{m,i}}{T}\right)^3 - \cdots$$

$$A_m = \Delta G_m$$

2. $[CrCl_4]^{2-}$转化为水化离子

$$[CrCl_4]^{2-} + 4H_2O = [Cr\cdot 4H_2O]^{2+} + 4Cl^-$$

该过程的摩尔吉布斯自由能变化为

$$\Delta G_{\mathrm{m}} = \mu_{[\mathrm{Cr}\cdot 4\mathrm{H_2O}]^{2+}} + 4\mu_{\mathrm{Cl^-}} - \mu_{[\mathrm{CrCl_4}]^{2-}} - 4\mu_{\mathrm{H_2O}}$$
$$= \Delta G_{\mathrm{m}}^{\ominus} + RT\ln\frac{a_{[\mathrm{Cr}\cdot 4\mathrm{H_2O}]^{2+}} a_{\mathrm{Cl^-}}^4}{a_{[\mathrm{CrCl_4}]^{2-}} a_{\mathrm{H_2O}}^4}$$

式中

$$\Delta G_{\mathrm{m}}^{\ominus} = \mu_{[\mathrm{Cr}\cdot 4\mathrm{H_2O}]^{2+}}^{\ominus} + 4\mu_{\mathrm{Cl^-}}^{\ominus} - \mu_{[\mathrm{CrCl_4}]^{2-}}^{\ominus} - 4\mu_{\mathrm{H_2O}}^{\ominus}$$
$$\mu_{[\mathrm{Cr}\cdot 4\mathrm{H_2O}]^{2+}} = \mu_{[\mathrm{Cr}\cdot 4\mathrm{H_2O}]^{2+}}^{\ominus} + RT\ln a_{[\mathrm{Cr}\cdot 4\mathrm{H_2O}]^{2+}}$$
$$\mu_{\mathrm{Cl^-}} = \mu_{\mathrm{Cl^-}}^{\ominus} + RT\ln a_{\mathrm{Cl^-}}$$
$$\mu_{[\mathrm{CrCl_4}]^{2-}} = \mu_{[\mathrm{CrCl_4}]^{2-}}^{\ominus} + RT\ln a_{[\mathrm{CrCl_4}]^{2-}}$$
$$\mu_{\mathrm{H_2O}} = \mu_{\mathrm{H_2O}}^{\ominus} + RT\ln a_{\mathrm{H_2O}}$$

离子水化速率为

$$\frac{\mathrm{d}N_{[\mathrm{Cr}\cdot 4\mathrm{H_2O}]^{2+}}}{\mathrm{d}t} = \frac{1}{4}\frac{\mathrm{d}N_{\mathrm{Cl^-}}}{\mathrm{d}t} = -\frac{\mathrm{d}N_{[\mathrm{CrCl_4}]^{2-}}}{\mathrm{d}t} = -\frac{1}{4}\frac{\mathrm{d}N_{\mathrm{H_2O}}}{\mathrm{d}t} = Vj$$

式中

$$j = -l_1\left(\frac{A_{\mathrm{m}}}{T}\right) - l_2\left(\frac{A_{\mathrm{m}}}{T}\right)^2 - l_3\left(\frac{A_{\mathrm{m}}}{T}\right)^3 - \cdots$$

3. 阴极还原

电极反应达到平衡，有

$$[\mathrm{Cr}\cdot 4\mathrm{H_2O}]^{2+} + 2\mathrm{e} \rightleftharpoons \mathrm{Cr} + 4\mathrm{H_2O}$$

该过程的摩尔吉布斯自由能变化分别为

$$\Delta G_{\mathrm{m,阴,e}} = \mu_{\mathrm{Cr}} + 4\mu_{\mathrm{H_2O}} - \mu_{[\mathrm{Cr}\cdot 4\mathrm{H_2O}]^{2+}} - 2\mu_{\mathrm{e}}$$
$$= \Delta G_{\mathrm{m,阴}}^{\ominus} + RT\ln\frac{a_{\mathrm{H_2O,e}}^4}{a_{[\mathrm{Cr}\cdot 4\mathrm{H_2O}]^{2+},\mathrm{e}}}$$

式中

$$\Delta G_{\mathrm{m,阴}}^{\ominus} = \mu_{\mathrm{Cr}}^{\ominus} + 4\mu_{\mathrm{H_2O}}^{\ominus} - \mu_{[\mathrm{Cr}\cdot 4\mathrm{H_2O}]^{2+}}^{\ominus} - 2\mu_{\mathrm{e}}^{\ominus}$$
$$\mu_{\mathrm{Cr}} = \mu_{\mathrm{Cr}}^{\ominus}$$
$$\mu_{\mathrm{H_2O}} = \mu_{\mathrm{H_2O}}^{\ominus} + RT\ln a_{\mathrm{H_2O,e}}$$
$$\mu_{[\mathrm{Cr}\cdot 4\mathrm{H_2O}]^{2+}} = \mu_{[\mathrm{Cr}\cdot 4\mathrm{H_2O}]^{2+}}^{\ominus} + RT\ln a_{[\mathrm{Cr}\cdot 4\mathrm{H_2O}]^{2+},\mathrm{e}}$$
$$\mu_{\mathrm{e}} = \mu_{\mathrm{e}}^{\ominus}$$

由

$$\varphi_{\mathrm{阴,e}} = -\frac{\Delta G_{\mathrm{m,阴,e}}}{2F}$$

得

$$\varphi_{阴,e} = \varphi_{阴}^{\ominus} + \frac{RT}{2F}\ln\frac{a_{[Cr\cdot 4H_2O]^{2+},e}}{a_{H_2O,e}^4}$$

式中

$$\varphi_{阴}^{\ominus} = -\frac{\Delta G_{m,阴}^{\ominus}}{2F} = -\frac{\mu_{Cr}^{\ominus} + 4\mu_{H_2O}^{\ominus} - \mu_{[Cr\cdot 4H_2O]^{2+}}^{\ominus} - 2\mu_e^{\ominus}}{2F}$$

阴极有电流通过，发生极化，阴极反应为

$$[Cr\cdot 4H_2O]^{2+} + 2e = Cr + 4H_2O$$

阴极电势为

$$\varphi_{阴} = \varphi_{阴,e} + \Delta\varphi_{阴}$$

则

$$\Delta\varphi_{阴} = \varphi_{阴} - \varphi_{阴,e}$$

并有

$$A_{m,阴} = -\Delta G_{m,阴} = 2F\varphi_{阴} = 2F(\varphi_{阴,e} + \Delta\varphi_{阴})$$

阴极反应速率为

$$\frac{dN_{Cr}}{dt} = -\frac{dN_{[Cr\cdot 4H_2O]^{2+}}}{dt} = -\frac{1}{2}\frac{dN_e}{dt} = Sj_e$$

式中

$$\begin{aligned} j_e &= -l_1\left(\frac{A_{m,阴}}{T}\right) - l_2\left(\frac{A_{m,阴}}{T}\right)^2 - l_3\left(\frac{A_{m,阴}}{T}\right)^3 - \cdots \\ &= -l_1'\left(\frac{\varphi_{阴}}{T}\right) - l_2'\left(\frac{\varphi_{阴}}{T}\right)^2 - l_3'\left(\frac{\varphi_{阴}}{T}\right)^3 - \cdots \\ &= -l_1'' - l_2''\left(\frac{\Delta\varphi_{阴}}{T}\right) - l_3''\left(\frac{\Delta\varphi_{阴}}{T}\right)^2 - l_4''\left(\frac{\Delta\varphi_{阴}}{T}\right)^3 - \cdots \end{aligned}$$

将上式代入

$$i = 2Fj$$

得

$$\begin{aligned} i &= 2Fj \\ &= -l_1^*\left(\frac{\varphi_{阴}}{T}\right) - l_2^*\left(\frac{\varphi_{阴}}{T}\right)^2 - l_3^*\left(\frac{\varphi_{阴}}{T}\right)^3 - \cdots \\ &= -l_1^{**} - l_2^{**}\left(\frac{\Delta\varphi_{阴}}{T}\right) - l_3^{**}\left(\frac{\Delta\varphi_{阴}}{T}\right)^2 - l_4^{**}\left(\frac{\Delta\varphi_{阴}}{T}\right)^3 - \cdots \end{aligned}$$

15.5 非 $AlCl_3$ 型离子液体

除 $AlCl_3$ 型离子液体外，还有 BF_4 型和 PF_6 型离子液体也可用于电沉积金属。这类离子液体不会发生金属共沉积。

15.5.1 电沉积银

AgCl 溶解于[BMIM][PF_6]离子液体中，电沉积可以得到银。

$$Ag^+ + e = Ag$$

阴极反应达到平衡，为

$$Ag^+ + e \rightleftharpoons Ag$$

摩尔吉布斯自由能变化为

$$\Delta G_{m,阴,e} = \mu_{Ag} - \mu_{Ag^+} - \mu_e = \Delta G_{m,阴}^{\ominus} + RT\ln\frac{1}{a_{Ag^+,e}}$$

式中

$$\Delta G_{m,阴}^{\ominus} = \mu_{Ag}^{\ominus} - \mu_{Ag^+}^{\ominus} - \mu_e^{\ominus}$$

$$\mu_{Ag} = \mu_{Ag}^{\ominus}$$

$$\mu_{Ag^+} = \mu_{Ag^+}^{\ominus} + RT\ln a_{Ag^+}$$

$$\mu_e = \mu_e^{\ominus}$$

由

$$\varphi_{阴,e} = -\frac{\Delta G_{m,阴,e}}{F}$$

得

$$\varphi_{阴,e} = \varphi_{阴,e}^{\ominus} + \frac{RT}{F}\ln a_{Ag^+,e}$$

式中

$$\varphi_{阴}^{\ominus} = -\frac{\Delta G_{m,阴}^{\ominus}}{F} = -\frac{\mu_{Ag}^{\ominus} - \mu_{Ag^+}^{\ominus} - \mu_e^{\ominus}}{F}$$

阴极有电流通过，发生极化，阴极反应为

$$Ag^+ + e = Ag$$

阴极电势为

$$\varphi_{阴} = \varphi_{阴,e} + \Delta\varphi_{阴}$$

则

$$\Delta\varphi_{阴} = \varphi_{阴} - \varphi_{阴,e}$$

并有

$$A_{m,阴} = -\Delta G_{m,阴} = F\varphi_{阴} = F(\varphi_{阴,e} + \Delta\varphi_{阴})$$

阴极反应速率为

$$\frac{dN_{Ag}}{dt} = -\frac{dN_{Ag^+}}{dt} = -\frac{dN_e}{dt} = Sj$$

式中

$$\begin{aligned} j &= -l_1\left(\frac{A_{m,阴}}{T}\right) - l_2\left(\frac{A_{m,阴}}{T}\right)^2 - l_3\left(\frac{A_{m,阴}}{T}\right)^3 - \cdots \\ &= -l_1'\left(\frac{\varphi_{阴}}{T}\right) - l_2'\left(\frac{\varphi_{阴}}{T}\right)^2 - l_3'\left(\frac{\varphi_{阴}}{T}\right)^3 - \cdots \\ &= -l_1'' - l_2''\left(\frac{\Delta\varphi_{阴}}{T}\right) - l_3''\left(\frac{\Delta\varphi_{阴}}{T}\right)^2 - l_4''\left(\frac{\Delta\varphi_{阴}}{T}\right)^3 - \cdots \end{aligned}$$

将上式代入

$$i = Fj$$

得

$$\begin{aligned} i &= Fj \\ &= -l_1^*\left(\frac{\varphi_{阴}}{T}\right) - l_2^*\left(\frac{\varphi_{阴}}{T}\right)^2 - l_3^*\left(\frac{\varphi_{阴}}{T}\right)^3 - \cdots \\ &= -l_1^{**} - l_2^{**}\left(\frac{\Delta\varphi_{阴}}{T}\right) - l_3^{**}\left(\frac{\Delta\varphi_{阴}}{T}\right)^2 - l_4^{**}\left(\frac{\Delta\varphi_{阴}}{T}\right)^3 - \cdots \end{aligned}$$

15.5.2　电沉积锑

$SbCl_3$ 溶解于碱性[EMIM]Cl/[EMIM][BF_4]离子液体中，电沉积得到锑。

$$SbCl_3 + Cl^- = [SbCl_4]^- \tag{i}$$

$$[SbCl_4]^- + 4H_2O = [Sb \cdot 4H_2O]^{3+} + 4Cl^- \tag{ii}$$

$$[Sb \cdot 4H_2O]^{3+} + 3e = Sb + 4H_2O \tag{iii}$$

1. 络合反应

$$SbCl_3 + Cl^- = [SbCl_4]^-$$

该过程的摩尔吉布斯自由能变化为

$$\Delta G_m = \mu_{[SbCl_4]^-} - \mu_{SbCl_3} - \mu_{Cl^-} = \Delta G_m^{\ominus} + RT\ln\frac{a_{[SbCl_4]^-}}{a_{SbCl_3}a_{Cl^-}}$$

式中

$$\Delta G_{\mathrm{m}}^{\ominus} = \mu_{[\mathrm{SbCl_4}]^-}^{\ominus} - \mu_{\mathrm{SbCl_3}}^{\ominus} - \mu_{\mathrm{Cl^-}}^{\ominus}$$

$$\mu_{[\mathrm{SbCl_4}]^-} = \mu_{[\mathrm{SbCl_4}]^-}^{\ominus} + RT\ln a_{[\mathrm{SbCl_4}]^-}$$

$$\mu_{\mathrm{SbCl_3}} = \mu_{\mathrm{SbCl_3}}^{\ominus} + RT\ln a_{\mathrm{SbCl_3}}$$

$$\mu_{\mathrm{Cl^-}} = \mu_{\mathrm{Cl^-}}^{\ominus} + RT\ln a_{\mathrm{Cl^-}}$$

络合反应速率

$$\frac{\mathrm{d}N_{[\mathrm{SbCl_4}]^-}}{\mathrm{d}t} = -\frac{\mathrm{d}N_{\mathrm{SbCl_3}}}{\mathrm{d}t} = -\frac{\mathrm{d}N_{\mathrm{Cl^-}}}{\mathrm{d}t} = Vj$$

式中

$$j = -l_1\left(\frac{A_{\mathrm{m}}}{T}\right) - l_2\left(\frac{A_{\mathrm{m}}}{T}\right)^2 - l_3\left(\frac{A_{\mathrm{m}}}{T}\right)^3 - \cdots$$

$$A_{\mathrm{m}} = \Delta G_{\mathrm{m}}$$

2. 转化为水化离子

$$[\mathrm{SbCl_4}]^- + 4\mathrm{H_2O} =\!=\!= [\mathrm{Sb\cdot 4H_2O}]^{3+} + 4\mathrm{Cl^-}$$

该过程的摩尔吉布斯自由能变化为

$$\Delta G_{\mathrm{m}} = \mu_{[\mathrm{Sb\cdot4H_2O}]^{3+}} + 4\mu_{\mathrm{Cl^-}} - \mu_{[\mathrm{SbCl_4}]^-} - 4\mu_{\mathrm{H_2O}} = \Delta G_{\mathrm{m}}^{\ominus} + RT\ln\frac{a_{[\mathrm{Sb\cdot4H_2O}]^{3+}}a_{\mathrm{Cl^-}}^4}{a_{[\mathrm{SbCl_4}]^-}a_{\mathrm{H_2O}}^4}$$

式中

$$\Delta G_{\mathrm{m}}^{\ominus} = \mu_{[\mathrm{Sb\cdot4H_2O}]^{3+}}^{\ominus} + 4\mu_{\mathrm{Cl^-}}^{\ominus} - \mu_{[\mathrm{SbCl_4}]^-}^{\ominus} - 4\mu_{\mathrm{H_2O}}^{\ominus}$$

$$\mu_{[\mathrm{Sb\cdot4H_2O}]^{3+}} = \mu_{[\mathrm{Sb\cdot4H_2O}]^{3+}}^{\ominus} + RT\ln a_{[\mathrm{Sb\cdot4H_2O}]^{3+}}$$

$$\mu_{\mathrm{Cl^-}} = \mu_{\mathrm{Cl^-}}^{\ominus} + RT\ln a_{\mathrm{Cl^-}}$$

$$\mu_{[\mathrm{SbCl_4}]^-} = \mu_{[\mathrm{SbCl_4}]^-}^{\ominus} + RT\ln a_{[\mathrm{SbCl_4}]^-}$$

$$\mu_{\mathrm{H_2O}} = \mu_{\mathrm{H_2O}}^{\ominus} + RT\ln a_{\mathrm{H_2O}}$$

水化反应速率为

$$\frac{\mathrm{d}N_{[\mathrm{Sb\cdot4H_2O}]^{3+}}}{\mathrm{d}t} = \frac{1}{4}\frac{\mathrm{d}N_{\mathrm{Cl^-}}}{\mathrm{d}t} = -\frac{\mathrm{d}N_{[\mathrm{SbCl_4}]^-}}{\mathrm{d}t} = -\frac{1}{4}\frac{\mathrm{d}N_{\mathrm{H_2O}}}{\mathrm{d}t} = Vj$$

式中

$$j = -l_1\left(\frac{A_{\mathrm{m}}}{T}\right) - l_2\left(\frac{A_{\mathrm{m}}}{T}\right)^2 - l_3\left(\frac{A_{\mathrm{m}}}{T}\right)^3 - \cdots$$

$$A_{\mathrm{m}} = \Delta G_{\mathrm{m}}$$

3. 阴极还原

阴极反应达到平衡，为

$$[Sb \cdot 4H_2O]^{3+} + 3e \rightleftharpoons Sb + 4H_2O$$

该过程的摩尔吉布斯自由能变化分别为

$$\Delta G_{m,阴,e} = \mu_{Sb} + 4\mu_{H_2O} - \mu_{[Sb\cdot 4H_2O]^{3+}} = \Delta G^{\ominus}_{m,阴} + RT\ln\frac{a^4_{H_2O,e}}{a_{[Sb\cdot 4H_2O]^{3+},e}}$$

式中

$$\Delta G^{\ominus}_{m,阴,Mg} = \mu^{\ominus}_{Sb} + 4\mu^{\ominus}_{H_2O} - \mu^{\ominus}_{[Sb\cdot 4H_2O]^{3+}} - 3\mu^{\ominus}_{e}$$

$$\mu_{Sb} = \mu^{\ominus}_{Sb}$$

$$\mu_{H_2O} = \mu^{\ominus}_{H_2O} + RT\ln a_{H_2O}$$

$$\mu_{[Sb\cdot 4H_2O]^{3+}} = \mu^{\ominus}_{[Sb\cdot 4H_2O]^{3+}} + RT\ln a_{[Sb\cdot 4H_2O]^{3+}}$$

$$\mu_{e} = \mu^{\ominus}_{e}$$

由
$$\varphi_{阴,e} = -\frac{\Delta G_{m,阴,e}}{3F}$$

得
$$\varphi_{阴,e} = \varphi^{\ominus}_{阴} + \frac{RT}{3F}\ln\frac{a_{[Sb\cdot 4H_2O]^{3+},e}}{a^4_{H_2O,e}}$$

式中

$$\varphi^{\ominus}_{阴} = -\frac{\Delta G^{\ominus}_{m,阴}}{3F} = -\frac{\mu^{\ominus}_{Sb} + 4\mu^{\ominus}_{H_2O} - \mu^{\ominus}_{[Sb\cdot 4H_2O]^{3+}} - 3\mu^{\ominus}_{e}}{3F}$$

阴极有电流通过，发生极化，阴极反应为

$$[Sb \cdot 4H_2O]^{3+} + 3e = Sb + 4H_2O$$

阴极电势为

$$\varphi_{阴} = \varphi_{阴,e} + \Delta\varphi_{阴}$$

则

$$\Delta\varphi_{阴} = \varphi_{阴} - \varphi_{阴,e}$$

并有

$$A_{m,阴} = -\Delta G_{m,阴} = 3F\varphi_{阴} = 3F(\varphi_{阴,e} + \Delta\varphi_{阴})$$

阴极反应速率为

$$\frac{dN_{Sb}}{dt} = -\frac{dN_{[Sb\cdot 4H_2O]^{3+}}}{dt} = -\frac{1}{3}\frac{dN_{e}}{dt} = Sj$$

式中

$$j = -l_1\left(\frac{A_{m,阴}}{T}\right) - l_2\left(\frac{A_{m,阴}}{T}\right)^2 - l_3\left(\frac{A_{m,阴}}{T}\right)^3 - \cdots$$

$$= -l_1'\left(\frac{\varphi_{阴}}{T}\right) - l_2'\left(\frac{\varphi_{阴}}{T}\right)^2 - l_3'\left(\frac{\varphi_{阴}}{T}\right)^3 - \cdots$$

$$= -l_1'' - l_2''\left(\frac{\Delta\varphi_{阴}}{T}\right) - l_3''\left(\frac{\Delta\varphi_{阴}}{T}\right)^2 - l_4''\left(\frac{\Delta\varphi_{阴}}{T}\right)^3 - \cdots$$

将上式代入

$$i = 3Fj$$

得

$$i = -l_1^*\left(\frac{\varphi_{阴}}{T}\right) - l_2^*\left(\frac{\varphi_{阴}}{T}\right)^2 - l_3^*\left(\frac{\varphi_{阴}}{T}\right)^3 - \cdots$$

$$= -l_1^{**} - l_2^{**}\left(\frac{\Delta\varphi_{阴}}{T}\right) - l_3^{**}\left(\frac{\Delta\varphi_{阴}}{T}\right)^2 - l_4^{**}\left(\frac{\Delta\varphi_{阴}}{T}\right)^3 - \cdots$$

15.5.3 电沉积铝

$AlCl_3$ 溶解于[BMp]-Tf_2N 离子液体中，电沉积可得到金属铝。

$$AlCl_3 = Al^{3+} + 3Cl^- \tag{i}$$

$$Al^{3+} + 3e = Al \tag{ii}$$

阴极反应达到平衡，有

$$AlCl_3 \rightleftharpoons Al^{3+} + 3Cl^-$$

$$Al^{3+} + 3e \rightleftharpoons Al$$

该过程的摩尔吉布斯自由能变化为

$$\Delta G_{m,阴,e} = \mu_{Al} - \mu_{Al^{3+}} - 3\mu_e = \Delta G_{m,阴}^{\ominus} + RT\ln\frac{1}{a_{Al^{3+},e}}$$

式中

$$\Delta G_{m,阴}^{\ominus} = \mu_{Al}^{\ominus} - \mu_{Al^{3+}}^{\ominus} - 3\mu_e^{\ominus}$$

$$\mu_{Al} = \mu_{Al}^{\ominus}$$

$$\mu_{Al^{3+}} = \mu_{Al^{3+}}^{\ominus} + RT\ln a_{Al^{3+},e}$$

$$\mu_e = \mu_e^{\ominus}$$

由

$$\varphi_{阴,e} = -\frac{\Delta G_{m,阴,e}}{3F}$$

得
$$\varphi_{阴,e} = \varphi_{阴,e}^{\ominus} + \frac{RT}{3F}\ln a_{Al^{3+},e}$$

式中
$$\varphi_{阴}^{\ominus} = -\frac{\Delta G_{m,阴}^{\ominus}}{3F} = -\frac{\mu_{Al}^{\ominus} - \mu_{Al^{3+}}^{\ominus} - 3\mu_{e}^{\ominus}}{3F}$$

阴极有电流通过，发生极化，阴极反应为

$$Al^{3+} + 3e = Ag$$

阴极电势为
$$\varphi_{阴} = \varphi_{阴,e} + \Delta\varphi_{阴}$$

则
$$\Delta\varphi_{阴} = \varphi_{阴} - \varphi_{阴,e}$$

并有
$$A_{m,阴} = -\Delta G_{m,阴} = 3F\varphi_{阴} = 3F(\varphi_{阴,e} + \Delta\varphi_{阴})$$

阴极反应速率为

$$\frac{dN_{Al}}{dt} = -\frac{dN_{Al^{3+}}}{dt} = -\frac{1}{3}\frac{dN_{e}}{dt} = Sj$$

式中
$$\begin{aligned} j &= -l_1\left(\frac{A_{m,阴}}{T}\right) - l_2\left(\frac{A_{m,阴}}{T}\right)^2 - l_3\left(\frac{A_{m,阴}}{T}\right)^3 - \cdots \\ &= -l_1'\left(\frac{\varphi_{阴}}{T}\right) - l_2'\left(\frac{\varphi_{阴}}{T}\right)^2 - l_3'\left(\frac{\varphi_{阴}}{T}\right)^3 - \cdots \\ &= -l_1'' - l_2''\left(\frac{\Delta\varphi_{阴}}{T}\right) - l_3''\left(\frac{\Delta\varphi_{阴}}{T}\right)^2 - l_4''\left(\frac{\Delta\varphi_{阴}}{T}\right)^3 - \cdots \end{aligned}$$

将上式代入
$$i = 3Fj$$

得
$$\begin{aligned} i &= -l_1^*\left(\frac{\varphi_{阴}}{T}\right) - l_2^*\left(\frac{\varphi_{阴}}{T}\right)^2 - l_3^*\left(\frac{\varphi_{阴}}{T}\right)^3 - \cdots \\ &= -l_1^{**} - l_2^{**}\left(\frac{\Delta\varphi_{阴}}{T}\right) - l_3^{**}\left(\frac{\Delta\varphi_{阴}}{T}\right)^2 - l_4^{**}\left(\frac{\Delta\varphi_{阴}}{T}\right)^3 - \cdots \end{aligned}$$

第 16 章　固体电解质

固体电解质是完全或主要由离子迁移而导电的固态导体。可称为固体电解质的固体物质需满足以下条件：

（1）电导率不小于 10^{-5}S/cm。

（2）导电的离子迁移率大于 99%。

（3）在应用的温度范围内具有热稳定性。

早在 1904 年，哈伯（Haber）就利用固体 $PbCl_2$、CuCl 构成电池，测量其电动势。1957 年，瓦格纳（Wagner）发现了氧化锆固体电解质，并用其组装成电池，研究氧化物的热力学。自此，固体电解质在冶金、电化学、热力学、动力学、燃料电池、可充电电池、制氢等领域得到广泛应用。

16.1　固体电解质中的传质

固体电解质中物质的迁移方式是扩散。

在等温等压条件下，无外力作用、无化学反应发生的体系，熵增率为

$$\sigma = -\frac{1}{T}\sum_{i=1}^{n}\vec{J}_i \cdot (\nabla \mu_i)_{T,p}$$

式中，$\vec{J}_i$ 为组元 i 迁移量。

唯象方程为

$$\vec{J}_i = -\sum_{k=1}^{n} L_{ik}\frac{(\nabla \mu_k)_{T,p}}{T}$$

如果体系中组元的化学势梯度很大，离平衡状态很远，唯象方程为

$$\vec{J}_i = -\sum_{k=1}^{n} L_{ik}\frac{(\nabla \mu_k)_{T,p}}{T} - \sum_{k=1}^{n}\sum_{l=1}^{n} L_{ikl}\left[\frac{(\nabla \mu_k)_{T,p}}{T}\right]\left[\frac{(\nabla \mu_l)_{T,p}}{T}\right]\vec{n}$$
$$-\sum_{k=1}^{n}\sum_{l=1}^{n}\sum_{h=1}^{n} L_{iklh}\left[\frac{(\nabla \mu_k)_{T,p}}{T}\right]\left[\frac{(\nabla \mu_l)_{T,p}}{T}\right]\left[\frac{(\nabla \mu_h)_{T,p}}{T}\right] - \cdots$$

如果有电场存在，熵增率为

$$\sigma = -\frac{1}{T}\sum_{i=1}^{n}\vec{J}_i \cdot (\nabla \tilde{\mu}_i)_{T,p}$$

式中

$$\tilde{\mu}_i = \mu_i + z_i F\varphi$$

φ为电场的电势。

$$\nabla\tilde{\mu}_i = \nabla\mu_i + z_i F\nabla\varphi$$

$\nabla\varphi$为电势梯度。

线性唯象方程为

$$\vec{J}_i = -\sum_{k=1}^{n}\tilde{L}_{ik}\frac{(\nabla\tilde{\mu}_{ik})_{T,p}}{T}$$

非线性唯象方程为

$$\vec{J}_i = -\sum_{k=1}^{n}L_{ik}\left[\frac{(\nabla\tilde{\mu}_k)_{T,p}}{T}\right] - \sum_{k=1}^{n}\sum_{l=1}^{n}L_{ikl}\left[\frac{(\nabla\tilde{\mu}_k)_{T,p}}{T}\right]\left[\frac{(\nabla\tilde{\mu}_l)_{T,p}}{T}\right]\vec{n}$$
$$-\sum_{k=1}^{n}\sum_{l=1}^{n}\sum_{h=1}^{n}L_{iklh}\left[\frac{(\nabla\tilde{\mu}_k)_{T,p}}{T}\right]\left[\frac{(\nabla\tilde{\mu}_l)_{T,p}}{T}\right]\left[\frac{(\nabla\tilde{\mu}_h)_{T,p}}{T}\right]-\cdots$$

对于单一组元扩散，有

$$\vec{J}_i = -L_i\frac{(\nabla\mu_i)_{T,p}}{T}$$

$$\vec{J}_i = -\tilde{L}_i\frac{(\nabla\tilde{\mu}_i)_{T,p}}{T}$$

$$\vec{J}_i = -L_1\frac{(\nabla\mu_i)_{T,p}}{T} - -L_2\left[\frac{(\nabla\mu_i)_{T,p}}{T}\right]^2 - L_3\left[\frac{(\nabla\mu_i)_{T,p}}{T}\right]^3 - \cdots$$

$$\vec{J}_i = -L_1\frac{(\nabla\tilde{\mu}_i)_{T,p}}{T} - -L_2\left[\frac{(\nabla\tilde{\mu}_i)_{T,p}}{T}\right]^2 - L_3\left[\frac{(\nabla\tilde{\mu}_i)_{T,p}}{T}\right]^3 - \cdots$$

16.2　固体电解质电池

由固体电解质构成的电池称为固体电解质电池，固体电解质电池有两类：一类是浓差型电池，另一类是生成型电池。

16.2.1　浓差型电池

1. 液体和固体浓差电池

固体电解质浓差电池为

$$[\text{Me}]_{\text{I}}\,|\,\text{固体电解质}(\text{Me}^{z+})\,|\,[\text{Me}]_{\text{II}}$$

阴极反应

$$Me^{z+} + ze = [Me]_{II}$$

阳极反应

$$[Me]_I = Me^{z+} + ze$$

电池反应

$$[Me]_I = [Me]_{II}$$

1）阴极电势

阴极反应达成平衡

$$Me^{z+} + ze \rightleftharpoons [Me]_{II}$$

该过程的摩尔吉布斯自由能变化为

$$\Delta G_{m,阴,e} = \mu_{[Me]_{II}} - \mu_{Me^{z+}} - z\mu_e = \Delta G_{m,阴}^{\ominus} + RT\ln\frac{a_{[Me]_{II},e}}{a_{Me^{z+},e}}$$

式中

$$\Delta G_{m,阴}^{\ominus} = \mu_{Me}^{\ominus} - \mu_{Me^{z+}}^{\ominus} - z\mu_e^{\ominus}$$

$$\mu_{[Me]_{II}} = \mu_{Me}^{\ominus} + RT\ln a_{[Me]_{II},e}$$

$$\mu_{Me^{z+}} = \mu_{Me^{z+}}^{\ominus} + RT\ln a_{Me^{z+},e}$$

$$\mu_e = \mu_e^{\ominus}$$

由

$$\varphi_{阳,e} = -\frac{\Delta G_{m,阴,e}}{zF}$$

得

$$\varphi_{阴,e} = \varphi_{阴}^{\ominus} + \frac{RT}{zF}\ln\frac{a_{Me^{z+},e}}{a_{[Me]_{II},e}}$$

式中

$$\varphi_{阴,e}^{\ominus} = -\frac{\Delta G_{m,阴,e}^{\ominus}}{zF} = -\frac{\mu_{Me}^{\ominus} - \mu_{Me^{z+}}^{\ominus} - z\mu_e^{\ominus}}{zF}$$

固阴极有电流通过，阴极发生极化，阴极反应为

$$Me^{z+} + ze = [Me]_{II}$$

阴极电势为

$$\varphi_{阴} = \varphi_{阴,e} + \Delta\varphi_{阴}$$

则

$$\Delta\varphi_{阴} = \varphi_{阴} - \varphi_{阴,e}$$

并有

$$A_{m,阴} = \Delta G_{m,阴} = -zF\varphi_{阴} = -zF(\varphi_{阴,e} + \Delta\varphi_{阴})$$

阴极反应速率

$$\frac{\mathrm{d}N_{[\mathrm{Me}]_{\mathrm{II}}}}{\mathrm{d}t}=-\frac{\mathrm{d}N_{\mathrm{Me}^{z+}}}{\mathrm{d}t}=-\frac{1}{z}\frac{\mathrm{d}N_{\mathrm{e}}}{\mathrm{d}t}=Sj$$

式中

$$\begin{aligned}j&=-l_1\left(\frac{A_{\mathrm{m},阴}}{T}\right)-l_2\left(\frac{A_{\mathrm{m},阴}}{T}\right)^2-l_3\left(\frac{A_{\mathrm{m},阴}}{T}\right)^3-\cdots\\&=-l_1'\left(\frac{\varphi_{阴}}{T}\right)-l_2'\left(\frac{\varphi_{阴}}{T}\right)^2-l_3'\left(\frac{\varphi_{阴}}{T}\right)^3-\cdots\\&=-l_1''-l_2''\left(\frac{\Delta\varphi_{阴}}{T}\right)-l_3''\left(\frac{\Delta\varphi_{阴}}{T}\right)^2-l_4''\left(\frac{\Delta\varphi_{阴}}{T}\right)^3-\cdots\end{aligned}$$

将上式代入

$$i=zFj$$

得

$$\begin{aligned}i&=zFj\\&=-l_1^*\left(\frac{\varphi_{阴}}{T}\right)-l_2^*\left(\frac{\varphi_{阴}}{T}\right)^2-l_3^*\left(\frac{\varphi_{阴}}{T}\right)^3-\cdots\\&=-l_1^{**}-l_2^{**}\left(\frac{\Delta\varphi_{阴}}{T}\right)-l_3^{**}\left(\frac{\Delta\varphi_{阴}}{T}\right)^2-l_4^{**}\left(\frac{\Delta\varphi_{阴}}{T}\right)^3-\cdots\end{aligned}$$

2）阳极电势

阳极反应达成平衡

$$[\mathrm{Me}]_{\mathrm{I}}\rightleftharpoons\mathrm{Me}^{z+}+z\mathrm{e}$$

该过程的摩尔吉布斯自由能变化为

$$\Delta G_{\mathrm{m},阳,\mathrm{e}}=\mu_{\mathrm{Me}^{z+}}+z\mu_{\mathrm{e}}-\mu_{[\mathrm{Me}]_{\mathrm{I}}}=\Delta G_{\mathrm{m},阳}^{\ominus}+RT\ln\frac{a_{\mathrm{Me}^{z+},\mathrm{e}}}{a_{[\mathrm{Me}]_{\mathrm{I}},\mathrm{e}}}$$

式中

$$\Delta G_{\mathrm{m},阳}^{\ominus}=\mu_{\mathrm{Me}^{z+}}^{\ominus}+z\mu_{\mathrm{e}}^{\ominus}-\mu_{\mathrm{Me}}^{\ominus}$$

$$\mu_{\mathrm{Me}^{z+}}=\mu_{\mathrm{Me}^{z+}}^{\ominus}+RT\ln a_{\mathrm{Me}^{z+},\mathrm{e}}$$

$$\mu_{\mathrm{e}}=\mu_{\mathrm{e}}^{\ominus}$$

$$\mu_{[\mathrm{Me}]_{\mathrm{I}}}=\mu_{\mathrm{Me}}^{\ominus}+RT\ln a_{[\mathrm{Me}]_{\mathrm{I}},\mathrm{e}}$$

由

$$\varphi_{阳,\mathrm{e}}=\frac{\Delta G_{\mathrm{m},阳,\mathrm{e}}}{zF}$$

得

$$\varphi_{阳,\mathrm{e}}=\varphi_{阳}^{\ominus}+\frac{RT}{zF}\ln\frac{a_{\mathrm{Me}^{z+},\mathrm{e}}}{a_{[\mathrm{Me}]_{\mathrm{I}},\mathrm{e}}}$$

式中

$$\varphi_{阳,e}^{\ominus} = \frac{\Delta G_{m,阳}^{\ominus}}{zF} = \frac{\mu_{Me^{z+}}^{\ominus} + z\mu_{e}^{\ominus} - \mu_{Me}^{\ominus}}{zF}$$

阳极有电流通过，阳极发生极化，阳极反应为

$$[Me]_{I} = Me^{z+} + ze$$

阳极电势为

$$\varphi_{阳} = \varphi_{阳,e} + \Delta\varphi_{阳}$$

则

$$\Delta\varphi_{阳} = \varphi_{阳} - \varphi_{阳,e}$$

并有

$$A_{m,阳} = \Delta G_{m,阳} = zF\varphi_{阳} = zF(\varphi_{阳,e} + \Delta\varphi_{阳})$$

阳极反应速率

$$\frac{dN_{Me^{z+}}}{dt} = -\frac{dN_{[Me]_I}}{dt} = \frac{1}{z}\frac{dN_e}{dt} = Sj$$

式中

$$\begin{aligned} j &= -l_1\left(\frac{A_{m,阳}}{T}\right) - l_2\left(\frac{A_{m,阳}}{T}\right)^2 - l_3\left(\frac{A_{m,阳}}{T}\right)^3 - \cdots \\ &= -l_1'\left(\frac{\varphi_{阳}}{T}\right) - l_2'\left(\frac{\varphi_{阳}}{T}\right)^2 - l_3'\left(\frac{\varphi_{阳}}{T}\right)^3 - \cdots \\ &= -l_1'' - l_2''\left(\frac{\Delta\varphi_{阳}}{T}\right) - l_3''\left(\frac{\Delta\varphi_{阳}}{T}\right)^2 - l_4''\left(\frac{\Delta\varphi_{阳}}{T}\right)^3 - \cdots \end{aligned}$$

将上式代入

$$i = zFj$$

得

$$\begin{aligned} i &= zFj \\ &= -l_1^*\left(\frac{\varphi_{阳}}{T}\right) - l_2^*\left(\frac{\varphi_{阳}}{T}\right)^2 - l_3^*\left(\frac{\varphi_{阳}}{T}\right)^3 - \cdots \\ &= -l_1^{**} - l_2^{**}\left(\frac{\Delta\varphi_{阳}}{T}\right) - l_3^{**}\left(\frac{\Delta\varphi_{阳}}{T}\right)^2 - l_4^{**}\left(\frac{\Delta\varphi_{阳}}{T}\right)^3 - \cdots \end{aligned}$$

3）电池电动势

电池反应达到平衡

$$[Me]_{I} \rightleftharpoons [Me]_{II}$$

该过程的摩尔吉布斯自由能变化为

$$\Delta G_{m,e} = \mu_{[Me]_{II}} - \mu_{[Me]_{I}} = \Delta G_m^{\ominus} + RT\ln\frac{a_{[Me]_{II},e}}{a_{[Me]_{I},e}}$$

式中

$$\Delta G_m^{\ominus} = \mu_{Me}^{\ominus} - \mu_{Me}^{\ominus} = 0$$

$$\mu_{[Me]_{II}} = \mu_{Me}^{\ominus} + RT\ln a_{[Me]_{II},e}$$

$$\mu_{[Me]_{I}} = \mu_{Me}^{\ominus} + RT\ln a_{[Me]_{I},e}$$

由

$$E_e = -\frac{\Delta G_{m,e}}{zF}$$

得

$$E_e = E^{\ominus} + \frac{RT}{zF}\ln\frac{a_{[Me]_{I},e}}{a_{[Me]_{II},e}}$$

式中

$$E^{\ominus} = -\frac{\Delta G_{m,e}^{\ominus}}{zF} = 0$$

电池对外做功，有电流通过，电池发生极化，电池反应为

$$[Me]_{I} = [Me]_{II}$$

电池电动势为

$$\begin{aligned} E &= \varphi_{阴} - \varphi_{阳} \\ &= (\varphi_{阴,e} + \Delta\varphi_{阴}) - (\varphi_{阳,e} + \Delta\varphi_{阳}) \\ &= (\varphi_{阴,e} - \varphi_{阳,e}) + (\Delta\varphi_{阴} - \Delta\varphi_{阳}) \\ &= E_e + \Delta\varphi_{阴} - \Delta\varphi_{阳} \\ &= E_e + \Delta E \end{aligned}$$

式中

$$E_e = \varphi_{阴,e} - \varphi_{阳,e}$$

$$\Delta E = \Delta\varphi_{阴} - \Delta\varphi_{阳}$$

并有

$$A_m = \Delta G_m = -zFE = -zF(E_e + \Delta E)$$

4）电池端电压

$$V = \varphi_{阴} - \varphi_{阳} - IR = E - IR = E_e + \Delta E - IR$$

式中，E_e 为固体电解质电池的平衡电动势；I 为通过电池装置的电流；R 为电池装置的电阻。

5）电池反应速率

$$\frac{dN_{[Me]_{II}}}{dt} = -\frac{dN_{[Me]_{I}}}{dt} = Sj$$

式中

$$j = -l_1\left(\frac{A_m}{T}\right) - l_2\left(\frac{A_m}{T}\right)^2 - l_3\left(\frac{A_m}{T}\right)^3 - \cdots$$
$$= -l_1'\left(\frac{E}{T}\right) - l_2'\left(\frac{E}{T}\right)^2 - l_3'\left(\frac{E}{T}\right)^3 - \cdots$$
$$= -l_1'' - l_2''\left(\frac{\Delta E}{T}\right) - l_3''\left(\frac{\Delta E}{T}\right)^2 - l_4''\left(\frac{\Delta E}{T}\right)^3 - \cdots$$

将上式代入

$$i = zFj$$

得

$$i = zFj$$
$$= -l_1^*\left(\frac{E}{T}\right) - l_2^*\left(\frac{E}{T}\right)^2 - l_3^*\left(\frac{E}{T}\right)^3 - \cdots$$
$$= -l_1^{**} - l_2^{**}\left(\frac{\Delta E}{T}\right) - l_3^{**}\left(\frac{\Delta E}{T}\right)^2 - l_4^{**}\left(\frac{\Delta E}{T}\right)^3 - \cdots$$

2. 气体浓差电池

电池组成为

$$\text{Pt} / \text{O}_2(p_1) \mid \text{ZrO}_2(\text{CaO}) \mid \text{O}_2(p_2) / \text{Pt}$$
$$p_1 > p_2$$

阴极反应为

$$\frac{1}{2}\text{O}_2(\text{气}) + 2\text{e} = \text{O}^{2-}$$

阳极反应为

$$\text{M}^+\text{O}^{2-} = \text{M-O} + 2\text{e}$$
$$\text{M-O} = \frac{1}{2}\text{O}_2(\text{吸附}) + \text{M}$$
$$\frac{1}{2}\text{O}_2(\text{吸附}) = \frac{1}{2}\text{O}_2(\text{气})$$

电池反应

$$\frac{1}{2}\text{O}_2(p_1) = \frac{1}{2}\text{O}_2(p_2)$$

1）阴极电势

阴极反应达成平衡

$$\frac{1}{2}O_2(气) + 2e \rightleftharpoons O^{2-}$$

该过程的摩尔吉布斯自由能变化为

$$\Delta G_{m,阴,e} = \mu_{O^{2-}} - \frac{1}{2}\mu_{O_2(气)} - 2\mu_e = \Delta G_{m,阴}^{\ominus} + RT\ln\frac{a_{O^{2-},e}}{p_{O_2,e}^{1/2}}$$

式中

$$\Delta G_{m,阴}^{\ominus} = \mu_{O^{2-}}^{\ominus} - \frac{1}{2}\mu_{O_2(气)}^{\ominus} - 2\mu_e^{\ominus}$$

$$\mu_{O^{2-}} = \mu_{O^{2-}}^{\ominus} + RT\ln a_{O^{2-},e}$$

$$\mu_{O_2(气)} = \mu_{O_2(气)}^{\ominus} + RT\ln p_{O_2}$$

$$\mu_e = \mu_e^{\ominus}$$

由

$$\varphi_{阴,e} = -\frac{\Delta G_{m,阴,e}}{2F}$$

得

$$\varphi_{阴,e} = \varphi_{阴}^{\ominus} + \frac{RT}{2F}\ln\frac{p_{O_2,e}^{1/2}}{a_{O^{2-},e}}$$

式中

$$\varphi_{阴,e}^{\ominus} = -\frac{\Delta G_{m,阴}^{\ominus}}{2F} = -\frac{\mu_{O^{2-}}^{\ominus} - \frac{1}{2}\mu_{O_2(气)}^{\ominus} - 2\mu_e^{\ominus}}{2F}$$

阴极有电流通过，发生极化，阴极电势为

$$\varphi_{阴} = \varphi_{阴,e} + \Delta\varphi_{阴}$$

则

$$\Delta\varphi_{阴} = \varphi_{阴} - \varphi_{阴,e}$$

并有

$$A_{m,阴} = \Delta G_{m,阴} = -2F\varphi_{阴} = -2F(\varphi_{阴,e} + \Delta\varphi_{阴})$$

阴极反应速率

$$\frac{dN_{O^{2-}}}{dt} = -2\frac{dN_{O_2}}{dt} = -\frac{1}{2}\frac{dN_e}{dt} = Sj$$

式中

$$\begin{aligned} j &= -l_1\left(\frac{A_{m,阴}}{T}\right) - l_2\left(\frac{A_{m,阴}}{T}\right)^2 - l_3\left(\frac{A_{m,阴}}{T}\right)^3 - \cdots \\ &= -l_1'\left(\frac{\varphi_{阴}}{T}\right) - l_2'\left(\frac{\varphi_{阴}}{T}\right)^2 - l_3'\left(\frac{\varphi_{阴}}{T}\right)^3 - \cdots \\ &= -l_1'' - l_2''\left(\frac{\Delta\varphi_{阴}}{T}\right) - l_3''\left(\frac{\Delta\varphi_{阴}}{T}\right)^2 - l_4''\left(\frac{\Delta\varphi_{阴}}{T}\right)^3 - \cdots \end{aligned}$$

将上式代入

$$i = 2Fj$$

得

$$\begin{aligned} i &= 2Fj \\ &= -l_1^*\left(\frac{\varphi_{阴}}{T}\right) - l_2^*\left(\frac{\varphi_{阴}}{T}\right)^2 - l_3^*\left(\frac{\varphi_{阴}}{T}\right)^3 - \cdots \\ &= -l_1^{**} - l_2^{**}\left(\frac{\Delta\varphi_{阴}}{T}\right) - l_3^{**}\left(\frac{\Delta\varphi_{阴}}{T}\right)^2 - l_4^{**}\left(\frac{\Delta\varphi_{阴}}{T}\right)^3 - \cdots \end{aligned}$$

2）阳极电势

阳极反应达成平衡

$$O^{2-} \rightleftharpoons \frac{1}{2}O_2(气) + 2e$$

该过程的摩尔吉布斯自由能变化为

$$\Delta G_{m,阳,e} = \frac{1}{2}\mu_{O_2(气)} + 2\mu_e - \mu_{O^{2-}} = \Delta G_{m,阳}^{\ominus} + RT\ln\frac{p_{O_2,e}^{1/2}}{a_{O^{2-},e}}$$

式中

$$\Delta G_{m,阳}^{\ominus} = \frac{1}{2}\mu_{O_2(气)}^{\ominus} + 2\mu_e^{\ominus} - \mu_{O^{2-}}^{\ominus}$$

$$\mu_{O_2(气)} = \mu_{O_2(气)}^{\ominus} + RT\ln p_{O_2,e}$$

$$\mu_e = \mu_e^{\ominus}$$

$$\mu_{O^{2-}} = \mu_{O^{2-}}^{\ominus} + RT\ln a_{O^{2-},e}$$

由

$$\varphi_{阳,e} = \frac{\Delta G_{m,阳,e}}{2F}$$

得

$$\varphi_{阳,e} = \varphi_{阳}^{\ominus} + \frac{RT}{2F}\ln\frac{p_{O_2,e}^{1/2}}{a_{O^{2-},e}}$$

式中

$$\varphi_{阳,e}^{\ominus} = \frac{\Delta G_{m,阳}^{\ominus}}{2F} = \frac{\frac{1}{2}\mu_{O_2(气)}^{\ominus} + 2\mu_e^{\ominus} - \mu_{O^{2-}}^{\ominus}}{2F}$$

阳极有电流通过，发生极化，阳极反应为

$$O^{2-} = \frac{1}{2}O_2(气) + 2e$$

阳极电势为

$$\varphi_{阳} = \varphi_{阳,e} + \Delta\varphi_{阳}$$

则

$$\Delta\varphi_{阳} = \varphi_{阳} - \varphi_{阳,e}$$

并有

$$A_{m,阳} = \Delta G_{m,阳} = 2F\varphi_{阳} = 2F(\varphi_{阳,e} + \Delta\varphi_{阳})$$

阳极反应速率

$$2\frac{dN_{O_2}}{dt} = -\frac{dN_{O^{2-}}}{dt} = \frac{1}{2}\frac{dN_e}{dt} = Sj$$

式中

$$\begin{aligned} j &= -l_1\left(\frac{A_{m,阳}}{T}\right) - l_2\left(\frac{A_{m,阳}}{T}\right)^2 - l_3\left(\frac{A_{m,阳}}{T}\right)^3 - \cdots \\ &= -l_1'\left(\frac{\varphi_{阳}}{T}\right) - l_2'\left(\frac{\varphi_{阳}}{T}\right)^2 - l_3'\left(\frac{\varphi_{阳}}{T}\right)^3 - \cdots \\ &= -l_1'' - l_2''\left(\frac{\Delta\varphi_{阳}}{T}\right) - l_3''\left(\frac{\Delta\varphi_{阳}}{T}\right)^2 - l_4''\left(\frac{\Delta\varphi_{阳}}{T}\right)^3 - \cdots \end{aligned}$$

将上式代入

$$i = 2Fj$$

得

$$\begin{aligned} i &= 2Fj \\ &= -l_1^*\left(\frac{\varphi_{阳}}{T}\right) - l_2^*\left(\frac{\varphi_{阳}}{T}\right)^2 - l_3^*\left(\frac{\varphi_{阳}}{T}\right)^3 - \cdots \\ &= -l_1^{**} - l_2^{**}\left(\frac{\Delta\varphi_{阳}}{T}\right) - l_3^{**}\left(\frac{\Delta\varphi_{阳}}{T}\right)^2 - l_4^{**}\left(\frac{\Delta\varphi_{阳}}{T}\right)^3 - \cdots \end{aligned}$$

3）电池电动势

电池反应达成平衡

$$\frac{1}{2}O_2(p_1) \rightleftharpoons \frac{1}{2}O_2(p_2)$$

该过程的摩尔吉布斯自由能变化为

$$\Delta G_{m,e} = \frac{1}{2}\mu_{O_2(p_2)} - \frac{1}{2}\mu_{O_2(p_1)} = \Delta G_m^{\ominus} + RT\ln\frac{p_{2,O_2,e}^{1/2}}{p_{1,O_2,e}^{1/2}}$$

式中

$$\Delta G^{\ominus}_{\mathrm{m,阴}} = \frac{1}{2}\mu^{\ominus}_{O_2(p_2)} - \frac{1}{2}\mu^{\ominus}_{O_2(p_1)} = 0$$

$$\mu_{O_2(p_2)} = \mu^{\ominus}_{O_2(气)} + RT\ln p_{2,O_2,e}$$

$$\mu_{O_2(p_1)} = \mu^{\ominus}_{O_2(气)} + RT\ln p_{1,O_2,e}$$

由

$$E_e = -\frac{\Delta G_{m,e}}{2F}$$

得

$$E_e = E^{\ominus}_e + \frac{RT}{2F}\ln\frac{p^{1/2}_{1,O_2,e}}{p^{1/2}_{2,O_2,e}}$$

式中

$$E^{\ominus}_e = -\frac{\Delta G^{\ominus}_{m,e}}{2F} = 0$$

电池有电流通过，发生极化，电池反应为

$$\frac{1}{2}O_2(p_1) = \!= \frac{1}{2}O_2(p_2)$$

电池电动势为

$$\begin{aligned}E &= \varphi_{阴} - \varphi_{阳}\\ &= (\varphi_{阴,e} + \Delta\varphi_{阴}) - (\varphi_{阳,e} + \Delta\varphi_{阳})\\ &= (\varphi_{阴,e} - \varphi_{阳,e}) + (\Delta\varphi_{阴} - \Delta\varphi_{阳})\\ &= E_e + \Delta\varphi_{阴} - \Delta\varphi_{阳}\\ &= E_e + \Delta E\end{aligned}$$

式中

$$E_e = \varphi_{阴,e} - \varphi_{阳,e}$$

$$\Delta E = \Delta\varphi_{阴} - \Delta\varphi_{阳}$$

并有

$$A_m = \Delta G_m = -zFE = -zF(E_e + \Delta E)$$

4）电池端电压

$$V = \varphi_{阴} - \varphi_{阳} - IR = E - IR = E_e + \Delta E - IR$$

式中，V 为端电压；E 为极化电池的电动势；E_e 为电池的平衡电动势；$\varphi_{阴}$ 和 $\varphi_{阳}$ 分别为阴极和阳极的电势；ΔE 为电池的过电势；I 为电池装置的电流；R 为电池装置的电阻。

5）电池反应速率

$$2\frac{\mathrm{d}N_{O_2(p_2)}}{\mathrm{d}t} = -2\frac{\mathrm{d}N_{O_2(p_1)}}{\mathrm{d}t} = Sj$$

式中

$$\begin{aligned} j &= -l_1\left(\frac{A_{\mathrm{m}}}{T}\right) - l_2\left(\frac{A_{\mathrm{m}}}{T}\right)^2 - l_3\left(\frac{A_{\mathrm{m}}}{T}\right)^3 - \cdots \\ &= -l_1'\left(\frac{E}{T}\right) - l_2'\left(\frac{E}{T}\right)^2 - l_3'\left(\frac{E}{T}\right)^3 - \cdots \\ &= -l_1'' - l_2''\left(\frac{\Delta E}{T}\right) - l_3''\left(\frac{\Delta E}{T}\right)^2 - l_4''\left(\frac{\Delta E}{T}\right)^3 - \cdots \end{aligned}$$

将上式代入

$$i = zFj$$

得

$$\begin{aligned} i &= zFj \\ &= -l_1^*\left(\frac{E}{T}\right) - l_2^*\left(\frac{E}{T}\right)^2 - l_3^*\left(\frac{E}{T}\right)^3 - \cdots \\ &= -l_1^{**} - l_2^{**}\left(\frac{\Delta E}{T}\right) - l_3^{**}\left(\frac{\Delta E}{T}\right)^2 - l_4^{**}\left(\frac{\Delta E}{T}\right)^3 - \cdots \end{aligned}$$

16.2.2　生成型电池

生成型电池为

$$\mathrm{Me} \,|\, \mathrm{MeX}_z \,|\, \mathrm{X}_z$$

阴极反应

$$\mathrm{X}_z + z\mathrm{e} = z\mathrm{X}^-$$

阳极反应

$$\mathrm{Me} = \mathrm{Me}^{z+} + z\mathrm{e}$$

电池反应

$$\mathrm{Me} + \mathrm{X}_z = \mathrm{MeX}_z$$

1. 阴极电势

阴极反应达成平衡

$$\mathrm{X}_z + z\mathrm{e} \rightleftharpoons z\mathrm{X}^-$$

该过程的摩尔吉布斯自由能变化为

$$\Delta G_{\mathrm{m},阴,\mathrm{e}} = z\mu_{\mathrm{X}^-} - \mu_{\mathrm{X}_z} - z\mu_{\mathrm{e}} = \Delta G_{\mathrm{m},阴}^{\ominus} + RT\ln a_{\mathrm{X}^-,\mathrm{e}}^{z}$$

式中

$$\Delta G_{\mathrm{m},阴}^{\ominus} = z\mu_{\mathrm{X}^-}^{\ominus} - \mu_{\mathrm{X}_z}^{\ominus} - z\mu_{\mathrm{e}}^{\ominus}$$

$$\mu_{\mathrm{X}^-} = \mu_{\mathrm{X}^-}^{\ominus} + RT\ln a_{\mathrm{X}^-,\mathrm{e}}$$

$$\mu_{\mathrm{X}_z} = \mu_{\mathrm{X}_z}^{\ominus}$$

$$\mu_{\mathrm{e}} = \mu_{\mathrm{e}}^{\ominus}$$

由

$$\varphi_{阴,\mathrm{e}} = -\frac{\Delta G_{\mathrm{m},阴,\mathrm{e}}}{zF}$$

得

$$\varphi_{阴,\mathrm{e}} = \varphi_{阴}^{\ominus} + \frac{RT}{zF}\ln\frac{1}{a_{\mathrm{X}^-,\mathrm{e}}^{z}}$$

式中

$$\varphi_{阴}^{\ominus} = -\frac{\Delta G_{\mathrm{m},阴}^{\ominus}}{zF} = -\frac{z\mu_{\mathrm{X}^-}^{\ominus} - \mu_{\mathrm{X}_z}^{\ominus} - z\mu_{\mathrm{e}}^{\ominus}}{zF}$$

阴极有电流通过，阴极发生极化，阴极反应为

$$\mathrm{X}_z + z\mathrm{e} = z\mathrm{X}^-$$

阴极电势为

$$\varphi_{阴} = \varphi_{阴,\mathrm{e}} + \Delta\varphi_{阴}$$

则

$$\Delta\varphi_{阴} = \varphi_{阴} - \varphi_{阴,\mathrm{e}}$$

并有

$$A_{\mathrm{m},阴} = \Delta G_{\mathrm{m},阴} = -zF\varphi_{阴} = -zF(\varphi_{阴,\mathrm{e}} + \Delta\varphi_{阴})$$

阴极反应速率

$$\frac{1}{z}\frac{\mathrm{d}N_{\mathrm{X}^-}}{\mathrm{d}t} = -\frac{\mathrm{d}N_{\mathrm{X}_z}}{\mathrm{d}t} = -\frac{1}{z}\frac{\mathrm{d}N_{\mathrm{e}}}{\mathrm{d}t} = Sj$$

式中

$$\begin{aligned} j &= -l_1\left(\frac{A_{\mathrm{m},阴}}{T}\right) - l_2\left(\frac{A_{\mathrm{m},阴}}{T}\right)^2 - l_3\left(\frac{A_{\mathrm{m},阴}}{T}\right)^3 - \cdots \\ &= -l_1'\left(\frac{\varphi_{阴}}{T}\right) - l_2'\left(\frac{\varphi_{阴}}{T}\right)^2 - l_3'\left(\frac{\varphi_{阴}}{T}\right)^3 - \cdots \\ &= -l_1'' - l_2''\left(\frac{\Delta\varphi_{阴}}{T}\right) - l_3''\left(\frac{\Delta\varphi_{阴}}{T}\right)^2 - l_4''\left(\frac{\Delta\varphi_{阴}}{T}\right)^3 - \cdots \end{aligned}$$

将上式代入

$$i = zFj$$

得

$$
\begin{aligned}
i &= zFj \\
&= -l_1^*\left(\frac{\varphi_{阴}}{T}\right) - l_2^*\left(\frac{\varphi_{阴}}{T}\right)^2 - l_3^*\left(\frac{\varphi_{阴}}{T}\right)^3 - \cdots \\
&= -l_1^{**} - l_2^{**}\left(\frac{\Delta\varphi_{阴}}{T}\right) - l_3^{**}\left(\frac{\Delta\varphi_{阴}}{T}\right)^2 - l_4^{**}\left(\frac{\Delta\varphi_{阴}}{T}\right)^3 - \cdots
\end{aligned}
$$

2. 阳极电势

阳极反应达成平衡

$$Me \rightleftharpoons Me^{z+} + ze$$

该过程的摩尔吉布斯自由能变化为

$$\Delta G_{m,阳,e} = \mu_{Me^{z+}} + z\mu_e - \mu_{Me} = \Delta G_{m,阳}^{\ominus} + RT\ln a_{Me^{z+},e}$$

式中

$$\Delta G_{m,阳}^{\ominus} = \mu_{Me^{z+}}^{\ominus} + z\mu_e^{\ominus} - \mu_{Me}^{\ominus}$$

$$\mu_{Me^{z+}} = \mu_{Me^{z+}}^{\ominus} + RT\ln a_{Me^{z+},e}$$

$$\mu_e = \mu_e^{\ominus}$$

$$\mu_{Me} = \mu_{Me}^{\ominus}$$

由

$$\varphi_{阳,e} = \frac{\Delta G_{m,阳,e}}{zF}$$

得

$$\varphi_{阳,e} = \varphi_{阳}^{\ominus} + \frac{RT}{zF}\ln a_{Me^{z+},e}$$

式中

$$\varphi_{阳}^{\ominus} = \frac{\Delta G_{m,阳}^{\ominus}}{zF} = \frac{\mu_{Me^{z+}}^{\ominus} + z\mu_e^{\ominus} - \mu_{Me}^{\ominus}}{zF}$$

阳极有电流通过，阳极发生极化，阳极反应为

$$Me = Me^{z+} + ze$$

阳极电势为

$$\varphi_{阳} = \varphi_{阳,e} + \Delta\varphi_{阳}$$

则

$$\Delta\varphi_{阳} = \varphi_{阳} - \varphi_{阳,e}$$

并有

$$A_{m,阳} = \Delta G_{m,阳} = zF\varphi_{阳} = zF(\varphi_{阳,e} + \Delta\varphi_{阳})$$

阳极反应速率

$$\frac{\mathrm{d}N_{\mathrm{Me}^{z+}}}{\mathrm{d}t} = -\frac{\mathrm{d}N_{\mathrm{Me}}}{\mathrm{d}t} = \frac{1}{z}\frac{\mathrm{d}N_{\mathrm{e}}}{\mathrm{d}t} = Sj$$

式中

$$\begin{aligned} j &= -l_1\left(\frac{A_{\mathrm{m},阳}}{T}\right) - l_2\left(\frac{A_{\mathrm{m},阳}}{T}\right)^2 - l_3\left(\frac{A_{\mathrm{m},阳}}{T}\right)^3 - \cdots \\ &= -l_1'\left(\frac{\varphi_{阳}}{T}\right) - l_2'\left(\frac{\varphi_{阳}}{T}\right)^2 - l_3'\left(\frac{\varphi_{阳}}{T}\right)^3 - \cdots \\ &= -l_1'' - l_2''\left(\frac{\Delta\varphi_{阳}}{T}\right) - l_3''\left(\frac{\Delta\varphi_{阳}}{T}\right)^2 - l_4''\left(\frac{\Delta\varphi_{阳}}{T}\right)^3 - \cdots \end{aligned}$$

将上式代入

$$i = zFj$$

得

$$\begin{aligned} i &= zFj \\ &= -l_1^*\left(\frac{\varphi_{阳}}{T}\right) - l_2^*\left(\frac{\varphi_{阳}}{T}\right)^2 - l_3^*\left(\frac{\varphi_{阳}}{T}\right)^3 - \cdots \\ &= -l_1^{**} - l_2^{**}\left(\frac{\Delta\varphi_{阳}}{T}\right) - l_3^{**}\left(\frac{\Delta\varphi_{阳}}{T}\right)^2 - l_4^{**}\left(\frac{\Delta\varphi_{阳}}{T}\right)^3 - \cdots \end{aligned}$$

3. 电池电动势

电池反应达成平衡

$$\mathrm{Me} + \mathrm{X}_z = \!=\!= \mathrm{MeX}_z$$

该反应的摩尔吉布斯自由能变化为

$$\Delta G_{\mathrm{m,e}} = \mu_{\mathrm{MeX}_z} - \mu_{\mathrm{Me}} - \mu_{\mathrm{X}_z} = \Delta G_{\mathrm{m}}^{\ominus} + RT\ln\frac{a_{\mathrm{MeX}_z,\mathrm{e}}}{a_{\mathrm{Me,e}}a_{\mathrm{X}_z,\mathrm{e}}}$$

式中

$$\Delta G_{\mathrm{m,e}}^{\ominus} = \mu_{\mathrm{MeX}_z}^{\ominus} - \mu_{\mathrm{Me}}^{\ominus} - \mu_{\mathrm{X}_z}^{\ominus}$$

$$\mu_{\mathrm{MeX}_z} = \mu_{\mathrm{MeX}_z}^{\ominus} + RT\ln a_{\mathrm{MeX}_z,\mathrm{e}}$$

$$\mu_{\mathrm{Me}} = \mu_{\mathrm{Me}}^{\ominus}$$

$$\mu_{\mathrm{X}_z} = \mu_{\mathrm{X}_z}^{\ominus} + RT\ln a_{\mathrm{X}_z}$$

由

$$E_{\mathrm{e}} = -\frac{\Delta G_{\mathrm{m,e}}}{zF}$$

得

$$E_{\mathrm{e}} = E_{\mathrm{e}}^{\ominus} + \frac{RT}{zF}\ln\frac{a_{\mathrm{Me,e}}a_{\mathrm{X}_z,\mathrm{e}}}{a_{\mathrm{MeX}_z,\mathrm{e}}}$$

式中，

$$E^{\ominus}=-\frac{\Delta G_{\mathrm{m}}^{\ominus}}{zF}=-\frac{\mu_{\mathrm{MeX}_z}^{\ominus}-\mu_{\mathrm{Me}}^{\ominus}-\mu_{\mathrm{X}_z}^{\ominus}}{zF}$$

固体电解质电池对外输出电能，发生极化，电池反应为

$$\mathrm{Me}+\mathrm{X}_z =\!=\!= \mathrm{MeX}_z$$

电池电动势为

$$\begin{aligned}E&=\varphi_{阴}-\varphi_{阳}\\&=(\varphi_{阴,\mathrm{e}}+\Delta\varphi_{阴})-(\varphi_{阳,\mathrm{e}}+\Delta\varphi_{阳})\\&=(\varphi_{阴,\mathrm{e}}-\varphi_{阳,\mathrm{e}})+(\Delta\varphi_{阴}-\Delta\varphi_{阳})\\&=E_{\mathrm{e}}+\Delta\varphi_{阴}-\Delta\varphi_{阳}\\&=E_{\mathrm{e}}+\Delta E\end{aligned}$$

式中

$$E_{\mathrm{e}}=\varphi_{阴,\mathrm{e}}-\varphi_{阳,\mathrm{e}}$$

$$\Delta E=\Delta\varphi_{阴}-\Delta\varphi_{阳}$$

并有

$$A_{\mathrm{m}}=\Delta G_{\mathrm{m}}=-zFE=-zF(E_{\mathrm{e}}+\Delta E)$$

4. 电池端电压

$$\begin{aligned}V&=E-IR\\&=\varphi_{阴}-\varphi_{阳}-IR\\&=E_{\mathrm{e}}+\Delta\varphi_{阴}-\Delta\varphi_{阳}-IR\\&=E_{\mathrm{e}}+\Delta E-IR\end{aligned}$$

式中，E 为固体电解质电池的平衡电动势；I 为电池装置的电流；R 为电池装置的电阻。

5. 电池反应速率

$$\frac{\mathrm{d}N_{\mathrm{MeX}_z}}{\mathrm{d}t}=-\frac{\mathrm{d}N_{\mathrm{Me}}}{\mathrm{d}t}=-\frac{\mathrm{d}N_{\mathrm{X}_z}}{\mathrm{d}t}=Sj$$

式中

$$\begin{aligned}j&=-l_1\left(\frac{A_{\mathrm{m}}}{T}\right)-l_2\left(\frac{A_{\mathrm{m}}}{T}\right)^2-l_3\left(\frac{A_{\mathrm{m}}}{T}\right)^3-\cdots\\&=-l_1'\left(\frac{E}{T}\right)-l_2'\left(\frac{E}{T}\right)^2-l_3'\left(\frac{E}{T}\right)^3-\cdots\\&=-l_1''-l_2''\left(\frac{\Delta E}{T}\right)-l_3''\left(\frac{\Delta E}{T}\right)^2-l_4''\left(\frac{\Delta E}{T}\right)^3-\cdots\end{aligned}$$

将上式代入

$$i = zFj$$

得

$$\begin{aligned}i &= zFj \\ &= -l_1^*\left(\frac{E}{T}\right) - l_2^*\left(\frac{E}{T}\right)^2 - l_3^*\left(\frac{E}{T}\right)^3 - \cdots \\ &= -l_1^{**} - l_2^{**}\left(\frac{\Delta E}{T}\right) - l_3^{**}\left(\frac{\Delta E}{T}\right)^2 - l_4^{**}\left(\frac{\Delta E}{T}\right)^3 - \cdots\end{aligned}$$

16.2.3 固体电解质电池的应用——活度测量

电池组成为

$$\text{W, Me, (MeO)} \mid \text{ZrO}_2\text{(CaO)} \mid \text{(MeO), [Me], W}$$

其中，Me 为纯金属，(MeO)为含在渣中的该种金属的氧化物，[Me]为溶解在熔锍中的该种金属。

阴极反应

$$Me^{2+} + 2e = [Me]$$

$$(MeO) = Me^{2+} + O^{2-}$$

阳极反应

$$Me - 2e = Me^{2+}$$

$$Me^{2+} + O^{2-} = (MeO)$$

电池反应

$$Me = [Me]$$

电池反应达到平衡

$$Me \rightleftharpoons [Me]$$

该过程的摩尔吉布斯自由能变化为

$$\Delta G_{m,e} = \mu_{[Me]} - \mu_{Me} = \Delta G_m^\ominus + RT\ln a_{[Me],e} = RT\ln a_{[Me],e}$$

式中

$$\Delta G_m^\ominus = \mu_{Me}^\ominus - \mu_{Me}^\ominus = 0$$

由

$$E_e = -\frac{\Delta G_{m,e}}{F}$$

得

$$E_e = E^\ominus - \frac{RT}{2F}\ln a_{[Me],e} = -\frac{RT}{2F}\ln a_{[Me],e}$$

式中

$$E^{\ominus} = -\frac{\Delta G_{\mathrm{m}}^{\ominus}}{2F} = 0$$

测得电动势 E_{e}，就可以计算在熔锍中金属组元的活度。

16.3　固体电解质电解池

16.3.1　浓差型固体电解质电解池

1. 液体和固体浓度差电解池

$$[\mathrm{Me}]_{\mathrm{II}} \mid 固体电解质(\mathrm{Me}^{z+}) \mid [\mathrm{Me}]_{\mathrm{I}}$$

阴极反应

$$\mathrm{Me}^{z+} + z\mathrm{e} = [\mathrm{Me}]_{\mathrm{I}}$$

阳极反应

$$[\mathrm{Me}]_{\mathrm{II}} = \mathrm{Me}^{z+} + z\mathrm{e}$$

电解池反应

$$[\mathrm{Me}]_{\mathrm{II}} = [\mathrm{Me}]_{\mathrm{I}}$$

1）阴极电势

阴极反应达成平衡

$$\mathrm{Me}^{z+} + z\mathrm{e} \rightleftharpoons [\mathrm{Me}]_{\mathrm{I}}$$

该过程的摩尔吉布斯自由能变化为

$$\Delta G_{\mathrm{m},阴,\mathrm{e}} = \mu_{[\mathrm{Me}]_{\mathrm{I}}} - \mu_{\mathrm{Me}^{z+}} - z\mu_{\mathrm{e}} = \Delta G_{\mathrm{m},阴}^{\ominus} + RT\ln\frac{a_{[\mathrm{Me}]_{\mathrm{I}},\mathrm{e}}}{a_{\mathrm{Me}^{z+},\mathrm{e}}}$$

式中

$$\Delta G_{\mathrm{m},阴}^{\ominus} = \mu_{[\mathrm{Me}]_{\mathrm{I}}}^{\ominus} - \mu_{\mathrm{Me}^{z+}}^{\ominus} - z\mu_{\mathrm{e}}^{\ominus}$$

$$\mu_{\mathrm{Me}} = \mu_{\mathrm{Me}}^{\ominus}$$

$$\mu_{\mathrm{Me}^{z+}} = \mu_{\mathrm{Me}^{z+}}^{\ominus} + RT\ln a_{\mathrm{Me}^{z+},\mathrm{e}}$$

$$\mu_{\mathrm{e}} = \mu_{\mathrm{e}}^{\ominus}$$

由

$$\varphi_{阴,\mathrm{e}} = -\frac{\Delta G_{\mathrm{m},阴,\mathrm{e}}}{zF}$$

得

$$\varphi_{阴,\mathrm{e}} = \varphi_{阴}^{\ominus} + \frac{RT}{zF}\ln\frac{a_{\mathrm{Me}^{z+},\mathrm{e}}}{a_{[\mathrm{Me}]_{\mathrm{I}},\mathrm{e}}}$$

式中

$$\varphi_{阴}^{\ominus} = -\frac{\Delta G_{m,阴}^{\ominus}}{zF} = -\frac{\mu_{[Me]_I}^{\ominus} - \mu_{Me^{z+}}^{\ominus} - z\mu_e^{\ominus}}{zF}$$

阴极有电流通过，发生极化，阴极反应为

$$Me^{z+} + ze = [Me]_I$$

阴极电势为

$$\varphi_{阴} = \varphi_{阴,e} + \Delta\varphi_{阴}$$

则

$$\Delta\varphi_{阴} = \varphi_{阴} - \varphi_{阴,e}$$

$$A_{m,阴} = -\Delta G_{m,阴} = zF\varphi_{阴} = zF(\varphi_{阴,e} + \Delta\varphi_{阴})$$

阴极反应速率

$$\frac{dN_{[Me]_I}}{dt} = -\frac{dN_{Me^{z+}}}{dt} = -\frac{1}{z}\frac{dN_e}{dt} = Sj_{阴}$$

式中

$$\begin{aligned} j &= -l_1\left(\frac{A_{m,阴}}{T}\right) - l_2\left(\frac{A_{m,阴}}{T}\right)^2 - l_3\left(\frac{A_{m,阴}}{T}\right)^3 - \cdots \\ &= -l_1'\left(\frac{\varphi_{阴}}{T}\right) - l_2'\left(\frac{\varphi_{阴}}{T}\right)^2 - l_3'\left(\frac{\varphi_{阴}}{T}\right)^3 - \cdots \\ &= -l_1'' - l_2''\left(\frac{\Delta\varphi_{阴}}{T}\right) - l_3''\left(\frac{\Delta\varphi_{阴}}{T}\right)^2 - l_4''\left(\frac{\Delta\varphi_{阴}}{T}\right)^3 - \cdots \end{aligned}$$

将上式代入

$$i = zFj$$

得

$$\begin{aligned} i &= zFj \\ &= -l_1^*\left(\frac{\varphi_{阴}}{T}\right) - l_2^*\left(\frac{\varphi_{阴}}{T}\right)^2 - l_3^*\left(\frac{\varphi_{阴}}{T}\right)^3 - \cdots \\ &= -l_1^{**} - l_2^{**}\left(\frac{\Delta\varphi_{阴}}{T}\right) - l_3^{**}\left(\frac{\Delta\varphi_{阴}}{T}\right)^2 - l_4^{**}\left(\frac{\Delta\varphi_{阴}}{T}\right)^3 - \cdots \end{aligned}$$

2）阳极电势

阳极反应达成平衡

$$[Me]_{II} \rightleftharpoons Me^{z+} + ze$$

该过程的摩尔吉布斯自由能变化为

$$\Delta G_{m,阳,e} = \mu_{Me^{z+}} + z\mu_e - \mu_{[Me]_{II}} = \Delta G_{m,阳}^{\ominus} + RT\ln\frac{a_{Me^{z+},e}}{a_{[Me]_{II},e}}$$

式中

$$\Delta G_{\mathrm{m,阳}}^{\ominus} = \mu_{\mathrm{Me}^{z+}}^{\ominus} + z\mu_{\mathrm{e}}^{\ominus} - \mu_{\mathrm{Me}}^{\ominus}$$

$$\mu_{\mathrm{Me}^{z+}} = \mu_{\mathrm{Me}^{z+}}^{\ominus} + RT\ln a_{\mathrm{Me}^{z+},\mathrm{e}}$$

$$\mu_{\mathrm{e}} = \mu_{\mathrm{e}}^{\ominus}$$

$$\mu_{[\mathrm{Me}]_{\mathrm{II}}} = \mu_{\mathrm{Me}}^{\ominus} + RT\ln a_{[\mathrm{Me}]_{\mathrm{II}},\mathrm{e}}$$

由

$$\varphi_{\mathrm{阳,e}} = \frac{\Delta G_{\mathrm{m,阳,e}}}{zF}$$

得

$$\varphi_{\mathrm{阳,e}} = \varphi_{\mathrm{阳}}^{\ominus} + \frac{RT}{zF}\ln\frac{a_{\mathrm{Me}^{z+},\mathrm{e}}}{a_{[\mathrm{Me}]_{\mathrm{II}},\mathrm{e}}}$$

式中，

$$\varphi_{\mathrm{阳}}^{\ominus} = \frac{\mu_{\mathrm{Me}^{z+}}^{\ominus} + z\mu_{\mathrm{e}}^{\ominus} - \mu_{\mathrm{Me}}^{\ominus}}{zF}$$

阳极有电流通过，发生极化，阳极反应为

$$[\mathrm{Me}]_{\mathrm{II}} = \mathrm{Me}^{z+} + z\mathrm{e}$$

阳极电势为

$$\varphi_{\mathrm{阳}} = \varphi_{\mathrm{阳,e}} + \Delta\varphi_{\mathrm{阳}}$$

则

$$\Delta\varphi_{\mathrm{阳}} = \varphi_{\mathrm{阳}} - \varphi_{\mathrm{阳,e}}$$

并有

$$A_{\mathrm{m,阳}} = -\Delta G_{\mathrm{m,阳}} = -zF\varphi_{\mathrm{阳}} = -zF(\varphi_{\mathrm{阳,e}} + \Delta\varphi_{\mathrm{阳}})$$

阳极反应速率

$$\frac{\mathrm{d}N_{\mathrm{Me}^{z+}}}{\mathrm{d}t} = -\frac{\mathrm{d}N_{[\mathrm{Me}]_{\mathrm{II}}}}{\mathrm{d}t} = \frac{1}{z}\frac{\mathrm{d}N_{\mathrm{e}}}{\mathrm{d}t} = Sj_{\mathrm{阳}}$$

式中

$$\begin{aligned} j_{\mathrm{阳}} &= -l_1\left(\frac{A_{\mathrm{m,阳}}}{T}\right) - l_2\left(\frac{A_{\mathrm{m,阳}}}{T}\right)^2 - l_3\left(\frac{A_{\mathrm{m,阳}}}{T}\right)^3 - \cdots \\ &= -l_1'\left(\frac{\varphi_{\mathrm{阳}}}{T}\right) - l_2'\left(\frac{\varphi_{\mathrm{阳}}}{T}\right)^2 - l_3'\left(\frac{\varphi_{\mathrm{阳}}}{T}\right)^3 - \cdots \\ &= -l_1'' - l_2''\left(\frac{\Delta\varphi_{\mathrm{阳}}}{T}\right) - l_3''\left(\frac{\Delta\varphi_{\mathrm{阳}}}{T}\right)^2 - l_4''\left(\frac{\Delta\varphi_{\mathrm{阳}}}{T}\right)^3 - \cdots \end{aligned}$$

将上式代入

$$i = zFj$$

得

$$\begin{aligned} i &= zFj \\ &= -l_1^*\left(\frac{\varphi_{阳}}{T}\right) - l_2^*\left(\frac{\varphi_{阳}}{T}\right)^2 - l_3^*\left(\frac{\varphi_{阳}}{T}\right)^3 - \cdots \\ &= -l_1^{**} - l_2^{**}\left(\frac{\Delta\varphi_{阳}}{T}\right) - l_3^{**}\left(\frac{\Delta\varphi_{阳}}{T}\right)^2 - l_4^{**}\left(\frac{\Delta\varphi_{阳}}{T}\right)^3 - \cdots \end{aligned}$$

3）电解池电动势

电解池反应达成平衡

$$[\mathrm{Me}]_{\mathrm{II}} \rightleftharpoons [\mathrm{Me}]_{\mathrm{I}}$$

该过程的摩尔吉布斯自由能变化为

$$\Delta G_{\mathrm{m,e}} = \mu_{[\mathrm{Me}]_{\mathrm{I}}} - \mu_{[\mathrm{Me}]_{\mathrm{II}}} = \Delta G_{\mathrm{m}}^{\ominus} + RT\ln\frac{a_{[\mathrm{Me}]_{\mathrm{I}},\mathrm{e}}}{a_{[\mathrm{Me}]_{\mathrm{II}},\mathrm{e}}}$$

式中

$$\Delta G_{\mathrm{m}}^{\ominus} = \mu_{[\mathrm{Me}]_{\mathrm{I}}}^{\ominus} - \mu_{[\mathrm{Me}]_{\mathrm{II}}}^{\ominus}$$

$$\mu_{[\mathrm{Me}]_{\mathrm{I}}} = \mu_{\mathrm{Me}}^{\ominus} + RT\ln a_{[\mathrm{Me}]_{\mathrm{I}},\mathrm{e}}$$

$$\mu_{[\mathrm{Me}]_{\mathrm{II}}} = \mu_{\mathrm{Me}}^{\ominus} + RT\ln a_{[\mathrm{Me}]_{\mathrm{II}},\mathrm{e}}$$

由

$$E_{\mathrm{e}} = -\frac{\Delta G_{\mathrm{m,e}}}{zF} < 0$$

得

$$E_{\mathrm{e}} = E^{\ominus} + \frac{RT}{zF}\ln\frac{a_{[\mathrm{Me}]_{\mathrm{II}},\mathrm{e}}}{a_{[\mathrm{Me}]_{\mathrm{I}},\mathrm{e}}}$$

式中

$$E^{\ominus} = -\frac{\Delta G_{\mathrm{m,e}}}{zF} = 0$$

则

$$E_{\mathrm{e}} = \frac{RT}{zF}\ln\frac{a_{[\mathrm{Me}]_{\mathrm{II}},\mathrm{e}}}{a_{[\mathrm{Me}]_{\mathrm{I}},\mathrm{e}}}$$

为使电解池达成平衡，必须外加电动势

$$E_{\mathrm{e}}' = -E_{\mathrm{e}} > 0$$

$$E_{\mathrm{e}}' = \varphi_{阳,\mathrm{e}} - \varphi_{阴,\mathrm{e}}$$

电解池有电流通过，发生极化，电解池反应为

$$[\mathrm{Me}]_{\mathrm{II}} = [\mathrm{Me}]_{\mathrm{I}}$$

电解池电动势为

$$\begin{aligned}E' &= \varphi_{阳} - \varphi_{阴} \\ &= (\varphi_{阳,\mathrm{e}} + \Delta\varphi_{阳}) - (\varphi_{阴,\mathrm{e}} + \Delta\varphi_{阴}) \\ &= (\varphi_{阳,\mathrm{e}} - \varphi_{阴,\mathrm{e}}) + (\Delta\varphi_{阳} - \Delta\varphi_{阴}) \\ &= E'_{\mathrm{e}} + \Delta E'\end{aligned}$$

式中

$$E'_{\mathrm{e}} = \varphi_{阳,\mathrm{e}} - \varphi_{阴,\mathrm{e}}$$

$$\Delta E' = \Delta\varphi_{阳} - \Delta\varphi_{阴}$$

4）电解池端电压

$$V' = E' + IR = E'_{\mathrm{e}} + \Delta E' + IR$$

5）电池反应速率

$$\frac{\mathrm{d}N_{[\mathrm{Me}]_{\mathrm{I}}}}{\mathrm{d}t} = -\frac{\mathrm{d}N_{[\mathrm{Me}]_{\mathrm{II}}}}{\mathrm{d}t} = Sj$$

式中

$$\begin{aligned}j &= -l_1\left(\frac{A_{\mathrm{m}}}{T}\right) - l_2\left(\frac{A_{\mathrm{m}}}{T}\right)^2 - l_3\left(\frac{A_{\mathrm{m}}}{T}\right)^3 - \cdots \\ &= -l'_1\left(\frac{E'}{T}\right) - l'_2\left(\frac{E'}{T}\right)^2 - l'_3\left(\frac{E'}{T}\right)^3 - \cdots \\ &= -l''_1 - l''_2\left(\frac{\Delta E'}{T}\right) - l''_3\left(\frac{\Delta E'}{T}\right)^2 - l''_4\left(\frac{\Delta E'}{T}\right)^3 - \cdots\end{aligned}$$

将上式代入

$$i = zFj$$

得

$$\begin{aligned}i &= zFj \\ &= -l^*_1\left(\frac{E'}{T}\right) - l^*_2\left(\frac{E'}{T}\right)^2 - l^*_3\left(\frac{E'}{T}\right)^3 - \cdots \\ &= -l^{**}_1 - l^{**}_2\left(\frac{\Delta E'}{T}\right) - l^{**}_3\left(\frac{\Delta E'}{T}\right)^2 - l^{**}_4\left(\frac{\Delta E'}{T}\right)^3 - \cdots\end{aligned}$$

2. 气体浓度差电解池

$$\mathrm{Pt} \mid \mathrm{O}_2(p_2) \mid \mathrm{ZrO}_2(\mathrm{CaO}) \mid \mathrm{O}_2(p_1) \mid \mathrm{Pt}$$

$$p_2 > p_1$$

阴极反应

$$\frac{1}{2}O_2(p_1)+2e = O^{2-}$$

阳极反应

$$O^{2-} = \frac{1}{2}O_2(p_2)+2e$$

电池反应

$$\frac{1}{2}O_2(p_1)=\frac{1}{2}O_2(p_2)$$

1）阴极电势

阴极反应达成平衡

$$\frac{1}{2}O_2(p_1)+2e \rightleftharpoons O^{2-}$$

该过程的摩尔吉布斯自由能变化为

$$\Delta G_{m,阴,e}=\mu_{O^{2-}}-\frac{1}{2}\mu_{O_2(p_1)}-2\mu_e=\Delta G_{m,阴}^{\ominus}+RT\ln\frac{a_{O^{2-},e}}{p_{1,e}^{1/2}}$$

式中

$$\Delta G_{m,阴}^{\ominus}=\mu_{O^{2-}}^{\ominus}-\frac{1}{2}\mu_{O_2}^{\ominus}$$

$$\mu_{O^{2-}}=\mu_{O^{2-}}^{\ominus}+RT\ln a_{O^{2-},e}$$

$$\mu_{O_2(p_1)}=\mu_{O_2}^{\ominus}+RT\ln a_{O_2(p_1),e}$$

由

$$\varphi_{阴,e}=-\frac{\Delta G_{m,阴,e}}{2F}$$

得

$$\varphi_{阴,e}=\varphi_{阴}^{\ominus}+\frac{RT}{2F}\ln\frac{p_{1,e}^{1/2}}{a_{O^{2-},e}}$$

式中，

$$\varphi_{阴}^{\ominus}=-\frac{\Delta G_{m,阴}^{\ominus}}{2F}=-\frac{\mu_{O^{2-}}^{\ominus}-\frac{1}{2}\mu_{O_2}^{\ominus}-2\mu_e^{\ominus}}{2F}$$

阴极有电流通过，发生极化，阴极反应为

$$\frac{1}{2}O_2(p_1)+2e = O^{2-}$$

阴极电势为

$$\varphi_{阴}=\varphi_{阴,e}+\Delta\varphi_{阴}$$

则

$$\Delta\varphi_{阴}=\varphi_{阴}-\varphi_{阴,e}$$

放电

$$A_{m,阴} = -\Delta G_{m,阴} = 2F\varphi_{阴} = 2F(\varphi_{阴,e} + \Delta\varphi_{阴})$$

阴极反应速率

$$-2\frac{dN_{O_2}}{dt} = -\frac{1}{2}\frac{dN_e}{dt} = \frac{dN_{O^{2-}}}{dt} = Sj$$

式中

$$\begin{aligned} j_{阴} &= -l_1\left(\frac{A_{m,阴}}{T}\right) - l_2\left(\frac{A_{m,阴}}{T}\right)^2 - l_3\left(\frac{A_{m,阴}}{T}\right)^3 - \cdots \\ &= -l_1'\left(\frac{\varphi_{阴}}{T}\right) - l_2'\left(\frac{\varphi_{阴}}{T}\right)^2 - l_3'\left(\frac{\varphi_{阴}}{T}\right)^3 - \cdots \\ &= -l_1'' - l_2''\left(\frac{\Delta\varphi_{阴}}{T}\right) - l_3''\left(\frac{\Delta\varphi_{阴}}{T}\right)^2 - l_4''\left(\frac{\Delta\varphi_{阴}}{T}\right)^3 - \cdots \end{aligned}$$

将上式代入

$$i = 2Fj_{阴}$$

有

$$\begin{aligned} i &= 2Fj_{阴} \\ &= -l_1^*\left(\frac{\varphi_{阴}}{T}\right) - l_2^*\left(\frac{\varphi_{阴}}{T}\right)^2 - l_3^*\left(\frac{\varphi_{阴}}{T}\right)^3 - \cdots \\ &= -l_1^{**} - l_2^{**}\left(\frac{\Delta\varphi_{阴}}{T}\right) - l_3^{**}\left(\frac{\Delta\varphi_{阴}}{T}\right)^2 - l_4^{**}\left(\frac{\Delta\varphi_{阴}}{T}\right)^3 - \cdots \end{aligned}$$

2）阳极电势

阳极反应达成平衡

$$O^{2-} \rightleftharpoons \frac{1}{2}O_2(p_2) + 2e$$

该过程的摩尔吉布斯自由能变化为

$$\Delta G_{m,阳,e} = \frac{1}{2}\mu_{O_2(p_2)} + 2\mu_e - \mu_{O^{2-}} = \Delta G_{m,阳}^{\ominus} + RT\ln\frac{p_{2,e}^{1/2}}{a_{O^{2-},e}}$$

式中

$$\Delta G_{m,阳}^{\ominus} = \frac{1}{2}\mu_{O_2}^{\ominus} + 2\mu_e^{\ominus} - \mu_{O^{2-}}^{\ominus}$$

$$\mu_{O_2(p_2)} = \mu_{O_2}^{\ominus} + RT\ln a_{O_2(p_2),e}$$

$$\mu_e = \mu_e^{\ominus}$$

$$\mu_{O^{2-}} = \mu_{O^{2-}}^{\ominus} + RT\ln a_{O^{2-},e}$$

由
$$\varphi_{阳,e} = \frac{\Delta G_{m,阳,e}}{2F}$$

得
$$\varphi_{阳,e} = \varphi_{阳}^{\ominus} + \frac{RT}{2F}\ln\frac{p_{2,e}^{1/2}}{a_{O^{2-},e}}$$

式中
$$\varphi_{阳}^{\ominus} = \frac{\frac{1}{2}\mu_{O_2}^{\ominus} + 2\mu_{e}^{\ominus} - \mu_{O^{2-}}^{\ominus}}{2F}$$

阳极有电流通过，发生极化，阳极反应为
$$O^{2-} = \frac{1}{2}O_2(p_2) + 2e$$

阳极电势为
$$\varphi_{阳} = \varphi_{阳,e} + \Delta\varphi_{阳}$$

则
$$\Delta\varphi_{阳} = \varphi_{阳} - \varphi_{阳,e}$$

并有
$$A_{m,阳} = -\Delta G_{m,阳} = -2F\varphi_{阳} = -2F(\varphi_{阳,e} + \Delta\varphi_{阳})$$

阳极反应速率
$$2\frac{dN_{O_2(p_2)}}{dt} = -\frac{dN_{O^{2-}}}{dt} = \frac{1}{2}\frac{dN_e}{dt} = Sj_{阳}$$

式中
$$\begin{aligned} j_{阳} &= -l_1\left(\frac{A_{m,阳}}{T}\right) - l_2\left(\frac{A_{m,阳}}{T}\right)^2 - l_3\left(\frac{A_{m,阳}}{T}\right)^3 - \cdots \\ &= -l_1'\left(\frac{\varphi_{阳}}{T}\right) - l_2'\left(\frac{\varphi_{阳}}{T}\right)^2 - l_3'\left(\frac{\varphi_{阳}}{T}\right)^3 - \cdots \\ &= -l_1'' - l_2''\left(\frac{\Delta\varphi_{阳}}{T}\right) - l_3''\left(\frac{\Delta\varphi_{阳}}{T}\right)^2 - l_4''\left(\frac{\Delta\varphi_{阳}}{T}\right)^3 - \cdots \end{aligned}$$

将上式代入
$$i = 2Fj_{阳}$$

得
$$\begin{aligned} i &= 2Fj_{阳} \\ &= -l_1^*\left(\frac{\varphi_{阳}}{T}\right) - l_2^*\left(\frac{\varphi_{阳}}{T}\right)^2 - l_3^*\left(\frac{\varphi_{阳}}{T}\right)^3 - \cdots \\ &= -l_1^{**} - l_2^{**}\left(\frac{\Delta\varphi_{阳}}{T}\right) - l_3^{**}\left(\frac{\Delta\varphi_{阳}}{T}\right)^2 - l_4^{**}\left(\frac{\Delta\varphi_{阳}}{T}\right)^3 - \cdots \end{aligned}$$

3）电解池电动势

电解池反应达成平衡

$$\frac{1}{2}O_2(p_1) \rightleftharpoons \frac{1}{2}O_2(p_2)$$

该过程的摩尔吉布斯自由能变化为

$$\Delta G_{m,e} = \frac{1}{2}\mu_{O_2(p_2)} - \frac{1}{2}\mu_{O_2(p_1)} = \Delta G_m^{\ominus} + \frac{1}{2}RT\ln\frac{p_{2,e}^{1/2}}{p_{1,e}^{1/2}}$$

式中

$$\Delta G_m^{\ominus} = \frac{1}{2}\mu_{O_2}^{\ominus} - \frac{1}{2}\mu_{O_2}^{\ominus} = 0$$

$$\mu_{O_2(p_2)} = \mu_{O_2}^{\ominus} + RT\ln p_{2,e}$$

$$\mu_{O_2(p_1)} = \mu_{O_2}^{\ominus} + RT\ln p_{1,e}$$

由

$$E_e = -\frac{\Delta G_{m,e}}{2F}$$

得

$$E_e = E^{\ominus} + \frac{RT}{2F}\ln\frac{p_{1,e}^{1/2}}{p_{2,e}^{1/2}}$$

$$E_e' = -E_e > 0$$

电解池有电流通过，发生极化，电解池反应为

$$\frac{1}{2}O_2(p_1) = \frac{1}{2}O_2(p_2)$$

电解池外加电动势为

$$E' = \varphi_{阳} - \varphi_{阴}$$

$$E_e' = \varphi_{阳,e} - \varphi_{阴,e}$$

$$E' = E_e' + \Delta E'$$

则

$$\Delta E' = \Delta\varphi_{阳} - \Delta\varphi_{阴}$$

并有

$$A_m = -\Delta G_m = -zFE' = -zF(E_e' + \Delta E')$$

4）电解池端电压

$$V' = E' + IR = E_e' + \Delta E' + IR$$

5）电池反应速率

$$2\frac{dN_{O_2(p_2)}}{dt} = -2\frac{dN_{O_2(p_1)}}{dt} = Sj$$

式中

$$j = -l_1\left(\frac{A_m}{T}\right) - l_2\left(\frac{A_m}{T}\right)^2 - l_3\left(\frac{A_m}{T}\right)^3 - \cdots$$
$$= -l_1'\left(\frac{E'}{T}\right) - l_2'\left(\frac{E'}{T}\right)^2 - l_3'\left(\frac{E'}{T}\right)^3 - \cdots$$
$$= -l_1'' - l_2''\left(\frac{\Delta E'}{T}\right) - l_3''\left(\frac{\Delta E'}{T}\right)^2 - l_4''\left(\frac{\Delta E'}{T}\right)^3 - \cdots$$

将上式代入

$$i = 2Fj$$

得

$$i = 2Fj$$
$$= -l_1^*\left(\frac{E'}{T}\right) - l_2^*\left(\frac{E'}{T}\right)^2 - l_3^*\left(\frac{E'}{T}\right)^3 - \cdots$$
$$= -l_1^{**} - l_2^{**}\left(\frac{\Delta E'}{T}\right) - l_3^{**}\left(\frac{\Delta E'}{T}\right)^2 - l_4^{**}\left(\frac{\Delta E'}{T}\right)^3 - \cdots$$

3. 电脱氧

电解池组成为

$$\text{Pt} \mid O_2 \mid ZrO_2(\text{CaO}) \mid [\text{O}] \mid \text{Pt}$$

阴极反应

$$[\text{O}] + 2\text{e} = O^{2-}$$

阳极反应

$$O^{2-} = \frac{1}{2}O_2 + 2\text{e}$$

电池反应

$$[\text{O}] = \frac{1}{2}O_2$$

1）阴极电势

阴极反应达成平衡

$$[\text{O}] + 2\text{e} \rightleftharpoons O^{2-}$$

摩尔吉布斯自由能变化为

$$\Delta G_{\text{m,阴,e}} = \mu_{O^{2-}} - \mu_{[\text{O}]} = \Delta G_{\text{m,阴}}^{\ominus} + RT\ln\frac{a_{O^{2-},\text{e}}}{a_{[\text{O}],\text{e}}}$$

式中

$$\Delta G_{m,阴}^{\ominus} = \mu_{O^{2-}}^{\ominus} - \mu_{[O]}^{\ominus}$$

$$\mu_{O^{2-}} = \mu_{O^{2-}}^{\ominus} + RT\ln a_{O^{2-},e}$$

$$\mu_{[O]} = \mu_{[O]}^{\ominus} + RT\ln a_{[O],e}$$

$$\mu_e = \mu_e^{\ominus}$$

由

$$\varphi_{阴,e} = -\frac{\Delta G_{m,阴,e}}{2F}$$

得

$$\varphi_{阴,e} = \varphi_{阴}^{\ominus} + \frac{RT}{2F}\ln\frac{a_{[O],e}}{a_{O^{2-},e}}$$

式中，

$$\varphi_{阴}^{\ominus} = -\frac{\Delta G_{m,阴}^{\ominus}}{2F} = -\frac{\mu_{O^{2-}}^{\ominus} - \mu_{[O]}^{\ominus}}{2F}$$

阴极有电流通过，发生极化，阴极反应为

$$[O] + 2e = O^{2-}$$

阴极电势为

$$\varphi_{阴} = \varphi_{阴,e} + \Delta\varphi_{阴}$$

则

$$\Delta\varphi_{阴} = \varphi_{阴} - \varphi_{阴,e}$$

放电

$$A_{m,阴} = -\Delta G_{m,阴} = 2F\varphi_{阴} = 2F(\varphi_{阴,e} + \Delta\varphi_{阴})$$

阴极反应速率

$$\frac{dN_{O^{2-}}}{dt} = -\frac{dN_{[O]}}{dt} = -\frac{1}{2}\frac{dN_e}{dt} = Sj_{阴}$$

式中

$$\begin{aligned} j_{阴} &= -l_1\left(\frac{A_{m,阴}}{T}\right) - l_2\left(\frac{A_{m,阴}}{T}\right)^2 - l_3\left(\frac{A_{m,阴}}{T}\right)^3 - \cdots \\ &= -l_1'\left(\frac{\varphi_{阴}}{T}\right) - l_2'\left(\frac{\varphi_{阴}}{T}\right)^2 - l_3'\left(\frac{\varphi_{阴}}{T}\right)^3 - \cdots \\ &= -l_1'' - l_2''\left(\frac{\Delta\varphi_{阴}}{T}\right) - l_3''\left(\frac{\Delta\varphi_{阴}}{T}\right)^2 - l_4''\left(\frac{\Delta\varphi_{阴}}{T}\right)^3 - \cdots \end{aligned}$$

将上式代入

$$i = 2Fj_{阴}$$

得

$$
\begin{aligned}
i &= 2Fj_{阴} \\
&= -l_1^*\left(\frac{\varphi_{阴}}{T}\right) - l_2^*\left(\frac{\varphi_{阴}}{T}\right)^2 - l_3^*\left(\frac{\varphi_{阴}}{T}\right)^3 - \cdots \\
&= -l_1^{**} - l_2^{**}\left(\frac{\Delta\varphi_{阴}}{T}\right) - l_3^{**}\left(\frac{\Delta\varphi_{阴}}{T}\right)^2 - l_4^{**}\left(\frac{\Delta\varphi_{阴}}{T}\right)^3 - \cdots
\end{aligned}
$$

2）阳极电势

阳极反应达成平衡

$$
O^{2-} \rightleftharpoons \frac{1}{2}O_2 + 2e
$$

该过程的摩尔吉布斯自由能变化为

$$
\Delta G_{m,阳,e} = \frac{1}{2}\mu_{O_2} + 2\mu_e - \mu_{O^{2-}} = \Delta G_{m,阳}^{\ominus} + RT\ln\frac{p_{O_2,e}^{1/2}}{a_{O^{2-},e}}
$$

式中

$$
\Delta G_{m,阳}^{\ominus} = \frac{1}{2}\mu_{O_2}^{\ominus} + 2\mu_e^{\ominus} - \mu_{O^{2-}}^{\ominus}
$$

$$
\mu_{O_2} = \mu_{O_2}^{\ominus} + RT\ln p_{O_2,e}
$$

$$
\mu_e = \mu_e^{\ominus}
$$

$$
\mu_{O^{2-}} = \mu_{O^{2-}}^{\ominus} + RT\ln a_{O^{2-},e}
$$

由

$$
\varphi_{阳,e} = \frac{\Delta G_{m,阳,e}}{2F}
$$

得

$$
\varphi_{阳,e} = \varphi_{阳}^{\ominus} + \frac{RT}{2F}\ln\frac{p_{O_2,e}^{1/2}}{a_{O^{2-},e}}
$$

式中，

$$
\varphi_{阳}^{\ominus} = \frac{\frac{1}{2}\mu_{O_2}^{\ominus} + 2\mu_e^{\ominus} - \mu_{O^{2-}}^{\ominus}}{2F}
$$

阳极有电流通过，发生极化，阳极反应为

$$
O^{2-} = \frac{1}{2}O_2 + 2e
$$

阳极电势为

$$
\varphi_{阳} = \varphi_{阳,e} + \Delta\varphi_{阳}
$$

则

$$
\Delta\varphi_{阳} = \varphi_{阳} - \varphi_{阳,e}
$$

并有

$$A_{m,阳} = -\Delta G_{m,阳} = -2F\varphi_{阳} = -2F(\varphi_{阳,e} + \Delta\varphi_{阳})$$

阳极反应速率

$$2\frac{dN_{O_2}}{dt} = \frac{1}{2}\frac{dN_e}{dt} = -\frac{dN_{O^{2-}}}{dt} = Sj_{阳}$$

式中

$$\begin{aligned} j_{阳} &= -l_1\left(\frac{A_{m,阳}}{T}\right) - l_2\left(\frac{A_{m,阳}}{T}\right)^2 - l_3\left(\frac{A_{m,阳}}{T}\right)^3 - \cdots \\ &= -l_1'\left(\frac{\varphi_{阳}}{T}\right) - l_2'\left(\frac{\varphi_{阳}}{T}\right)^2 - l_3'\left(\frac{\varphi_{阳}}{T}\right)^3 - \cdots \\ &= -l_1'' - l_2''\left(\frac{\Delta\varphi_{阳}}{T}\right) - l_3''\left(\frac{\Delta\varphi_{阳}}{T}\right)^2 - l_4''\left(\frac{\Delta\varphi_{阳}}{T}\right)^3 - \cdots \end{aligned}$$

将上式代入

$$i = 2Fj_{阳}$$

得

$$\begin{aligned} i &= 2Fj_{阳} \\ &= -l_1^*\left(\frac{\varphi_{阳}}{T}\right) - l_2^*\left(\frac{\varphi_{阳}}{T}\right)^2 - l_3^*\left(\frac{\varphi_{阳}}{T}\right)^3 - \cdots \\ &= -l_1^{**} - l_2^{**}\left(\frac{\Delta\varphi_{阳}}{T}\right) - l_3^{**}\left(\frac{\Delta\varphi_{阳}}{T}\right)^2 - l_4^{**}\left(\frac{\Delta\varphi_{阳}}{T}\right)^3 - \cdots \end{aligned}$$

3）电解池电动势

电解池反应达成平衡

$$[O] \rightleftharpoons \frac{1}{2}O_2$$

该过程的摩尔吉布斯自由能变化为

$$\Delta G_{m,e} = \frac{1}{2}\mu_{O_2} - \mu_{[O]} = \Delta G_m^{\ominus} + RT\ln\frac{p_{O_2,e}^{1/2}}{a_{[O],e}}$$

式中

$$\Delta G_m^{\ominus} = \frac{1}{2}\mu_{O_2}^{\ominus} - \mu_{[O]}^{\ominus}$$

$$\mu_{O_2} = \mu_{O_2}^{\ominus} + RT\ln p_{O_2,e}$$

$$\mu_{[O]} = \mu_{[O]}^{\ominus} + RT\ln p_{[O],e}$$

由

$$E_e = -\frac{\Delta G_{m,e}}{2F}$$

得
$$E_{\mathrm{e}} = E^{\ominus} + RT\ln\frac{a_{[\mathrm{O}],\mathrm{e}}}{p_{\mathrm{O}_2,\mathrm{e}}^{1/2}}$$

式中
$$E^{\ominus} = -\frac{\frac{1}{2}\mu_{\mathrm{O}_2}^{\ominus} - \mu_{[\mathrm{O}]}^{\ominus}}{2F}$$

外加平衡电动势为

$$E_{\mathrm{e}}' = -E_{\mathrm{e}}$$

电解池有电流通过，发生极化，电解池反应为

$$[\mathrm{O}] \xlongequal{\quad} \frac{1}{2}\mathrm{O}_2$$

电解池外加电动势为

$$\begin{aligned}E' &= \varphi_{阳} - \varphi_{阴} \\ &= (\varphi_{阳,\mathrm{e}} + \Delta\varphi_{阳}) - (\varphi_{阴,\mathrm{e}} + \Delta\varphi_{阴}) \\ &= (\varphi_{阳,\mathrm{e}} - \varphi_{阴,\mathrm{e}}) + (\Delta\varphi_{阳} - \Delta\varphi_{阴}) \\ &= E_{\mathrm{e}}' + \Delta E'\end{aligned}$$

式中

$$E_{\mathrm{e}}' = \varphi_{阳,\mathrm{e}} - \varphi_{阴,\mathrm{e}}$$
$$\Delta E' = \Delta\varphi_{阳} - \Delta\varphi_{阴}$$

并有

$$A_{\mathrm{m}} = -\Delta G_{\mathrm{m}} = -2FE' = -2F(E_{\mathrm{e}}' + \Delta E')$$

4）电解池端电压

$$V' = E' + IR = E_{\mathrm{e}}' + \Delta E' + IR$$

式中，I 为电流；R 为电池系统电阻。

5）电池反应速率

$$2\frac{\mathrm{d}N_{\mathrm{O}_2}}{\mathrm{d}t} = -\frac{\mathrm{d}N_{[\mathrm{O}]}}{\mathrm{d}t} = Sj$$

式中

$$\begin{aligned}j &= -l_1\left(\frac{A_{\mathrm{m}}}{T}\right) - l_2\left(\frac{A_{\mathrm{m}}}{T}\right)^2 - l_3\left(\frac{A_{\mathrm{m}}}{T}\right)^3 - \cdots \\ &= -l_1'\left(\frac{E'}{T}\right) - l_2'\left(\frac{E'}{T}\right)^2 - l_3'\left(\frac{E'}{T}\right)^3 - \cdots \\ &= -l_1'' - l_2''\left(\frac{\Delta E'}{T}\right) - l_3''\left(\frac{\Delta E'}{T}\right)^2 - l_4''\left(\frac{\Delta E'}{T}\right)^3 - \cdots\end{aligned}$$

将上式代入

$$i = 2Fj$$

得

$$\begin{aligned} i &= 2Fj \\ &= -l_1^*\left(\frac{E'}{T}\right) - l_2^*\left(\frac{E'}{T}\right)^2 - l_3^*\left(\frac{E'}{T}\right)^3 - \cdots \\ &= -l_1^{**} - l_2^{**}\left(\frac{\Delta E'}{T}\right) - l_3^{**}\left(\frac{\Delta E'}{T}\right)^2 - l_4^{**}\left(\frac{\Delta E'}{T}\right)^3 - \cdots \end{aligned}$$

16.3.2　分解型固体电解质电解池

$$X_z \mid MeX_z \mid Me$$

阴极反应

$$Me^{z+} + ze = Me$$

阳极反应

$$zX^- = X_z + ze$$

电解池反应

$$MeX_z = Me^{z+} + zX^- = Me + zX$$

1）阴极电势

阴极反应达成平衡

$$Me^{z+} + ze \rightleftharpoons Me$$

该过程的摩尔吉布斯自由能变化为

$$\Delta G_{m,阴,e} = \mu_{Me} - \mu_{Me^{z+}} - z\mu_e = \Delta G_{m,阴}^{\ominus} + RT\ln\frac{1}{a_{Me^{z+},e}}$$

式中

$$\begin{aligned} \Delta G_{m,阴}^{\ominus} &= \mu_{Me}^{\ominus} - \mu_{Me^{z+}}^{\ominus} - z\mu_e^{\ominus} \\ \mu_{Me} &= \mu_{Me}^{\ominus} \\ \mu_{Me^{z+}} &= \mu_{Me^{z+}}^{\ominus} + RT\ln a_{Me^{z+},e} \\ \mu_e &= \mu_e^{\ominus} \end{aligned}$$

由

$$\varphi_{阴,e} = -\frac{\Delta G_{m,阴,e}}{zF}$$

得

$$\varphi_{阴,e} = \varphi_{阴}^{\ominus} + \frac{RT}{zF}\ln a_{Me^{z+},e}$$

式中

$$\varphi_{阴}^{\ominus} = -\frac{\Delta G_{m,阴}^{\ominus}}{zF} = -\frac{\mu_{Me}^{\ominus} - \mu_{Me^{z+}}^{\ominus} - z\mu_{e}^{\ominus}}{zF}$$

阴极有电流通过，发生极化，阴极反应为

$$Me^{z+} + ze = Me$$

阴极电势为

$$\varphi_{阴} = \varphi_{阴,e} + \Delta\varphi_{阴}$$

则

$$\Delta\varphi_{阴} = \varphi_{阴} - \varphi_{阴,e}$$

$$A_{m,阴} = -\Delta G_{m,阴} = zF\varphi_{阴} = zF(\varphi_{阴,e} + \Delta\varphi_{阴})$$

阴极反应速率

$$\frac{dN_{Me}}{dt} = -\frac{dN_{Me^{z+}}}{dt} = Sj$$

式中

$$\begin{aligned}
j &= -l_1\left(\frac{A_{m,阴}}{T}\right) - l_2\left(\frac{A_{m,阴}}{T}\right)^2 - l_3\left(\frac{A_{m,阴}}{T}\right)^3 - \cdots \\
&= -l_1'\left(\frac{\varphi_{阴}}{T}\right) - l_2'\left(\frac{\varphi_{阴}}{T}\right)^2 - l_3'\left(\frac{\varphi_{阴}}{T}\right)^3 - \cdots \\
&= -l_1'' - l_2''\left(\frac{\Delta\varphi_{阴}}{T}\right) - l_3''\left(\frac{\Delta\varphi_{阴}}{T}\right)^2 - l_4''\left(\frac{\Delta\varphi_{阴}}{T}\right)^3 - \cdots
\end{aligned}$$

将上式代入

$$i = zFj$$

得

$$\begin{aligned}
i &= zFj \\
&= -l_1^*\left(\frac{\varphi_{阴}}{T}\right) - l_2^*\left(\frac{\varphi_{阴}}{T}\right)^2 - l_3^*\left(\frac{\varphi_{阴}}{T}\right)^3 - \cdots \\
&= -l_1^{**} - l_2^{**}\left(\frac{\Delta\varphi_{阴}}{T}\right) - l_3^{**}\left(\frac{\Delta\varphi_{阴}}{T}\right)^2 - l_4^{**}\left(\frac{\Delta\varphi_{阴}}{T}\right)^3 - \cdots
\end{aligned}$$

2）阳极电势

阳极反应达成平衡

$$zX^- \rightleftharpoons X_z + ze$$

该过程的摩尔吉布斯自由能变化为

$$\Delta G_{m,阳,e} = \mu_{X_z} + z\mu_e - z\mu_{X^-} = \Delta G_{m,阳}^{\ominus} + RT\ln\frac{1}{a_{X^-,e}^{z}}$$

式中

$$\Delta G_{\mathrm{m,阳}}^{\ominus} = \mu_{\mathrm{X}_z}^{\ominus} + z\mu_{\mathrm{e}}^{\ominus} - z\mu_{\mathrm{X}^-}^{\ominus}$$

$$\mu_{\mathrm{X}} = \mu_{\mathrm{X}}^{\ominus}$$

$$\mu_{\mathrm{e}} = \mu_{\mathrm{e}}^{\ominus}$$

$$\mu_{\mathrm{X}^-} = \mu_{\mathrm{X}^-}^{\ominus} + RT\ln a_{\mathrm{X}^-,\mathrm{e}}$$

由

$$\varphi_{\mathrm{阳,e}} = \frac{\Delta G_{\mathrm{m,阳,e}}}{zF}$$

得

$$\varphi_{\mathrm{阳,e}} = \varphi_{\mathrm{阳}}^{\ominus} + \frac{RT}{zF}\ln\frac{1}{a_{\mathrm{X}^-,\mathrm{e}}}$$

式中

$$\varphi_{\mathrm{阳}}^{\ominus} = \frac{\Delta G_{\mathrm{m,阳}}^{\ominus}}{zF} = \frac{\mu_{\mathrm{X}_z}^{\ominus} + z\mu_{\mathrm{e}}^{\ominus} - z\mu_{\mathrm{X}^-}^{\ominus}}{zF}$$

升高电压，阳极有电流通过，发生极化，阳极反应为

$$z\mathrm{X}^- = \!= \mathrm{X}_z + z\mathrm{e}$$

阳极电势为

$$\varphi_{\mathrm{阳}} = \varphi_{\mathrm{阳,e}} + \Delta\varphi_{\mathrm{阳}}$$

则

$$\Delta\varphi_{\mathrm{阳}} = \varphi_{\mathrm{阳}} - \varphi_{\mathrm{阳,e}}$$

并有

$$A_{\mathrm{m,阳}} = -\Delta G_{\mathrm{m,阳}} = -zF\varphi_{\mathrm{阳}} = -zF(\varphi_{\mathrm{阳,e}} + \Delta\varphi_{\mathrm{阳}})$$

阳极反应速率

$$\frac{\mathrm{d}N_{\mathrm{X}_z}}{\mathrm{d}t} = -\frac{1}{z}\frac{\mathrm{d}N_{\mathrm{X}^-}}{\mathrm{d}t} = \frac{1}{z}\frac{\mathrm{d}N_{\mathrm{e}}}{\mathrm{d}t} = Sj$$

式中

$$\begin{aligned} j_{\mathrm{阳}} &= -l_1\left(\frac{A_{\mathrm{m,阳}}}{T}\right) - l_2\left(\frac{A_{\mathrm{m,阳}}}{T}\right)^2 - l_3\left(\frac{A_{\mathrm{m,阳}}}{T}\right)^3 - \cdots \\ &= -l_1'\left(\frac{\varphi_{\mathrm{阳}}}{T}\right) - l_2'\left(\frac{\varphi_{\mathrm{阳}}}{T}\right)^2 - l_3'\left(\frac{\varphi_{\mathrm{阳}}}{T}\right)^3 - \cdots \\ &= -l_1'' - l_2''\left(\frac{\Delta\varphi_{\mathrm{阳}}}{T}\right) - l_3''\left(\frac{\Delta\varphi_{\mathrm{阳}}}{T}\right)^2 - l_4''\left(\frac{\Delta\varphi_{\mathrm{阳}}}{T}\right)^3 - \cdots \end{aligned}$$

将上式代入

$$i = zFj$$

得

$$
\begin{aligned}
i &= zFj \\
&= -l_1^*\left(\frac{\varphi_{阳}}{T}\right) - l_2^*\left(\frac{\varphi_{阳}}{T}\right)^2 - l_3^*\left(\frac{\varphi_{阳}}{T}\right)^3 - \cdots \\
&= -l_1^{**} - l_2^{**}\left(\frac{\Delta\varphi_{阳}}{T}\right) - l_3^{**}\left(\frac{\Delta\varphi_{阳}}{T}\right)^2 - l_4^{**}\left(\frac{\Delta\varphi_{阳}}{T}\right)^3 - \cdots
\end{aligned}
$$

3）电解池电动势

电解池反应达成平衡

$$\mathrm{MeX}_z = \mathrm{Me}^{z+} + z\mathrm{X}^- \rightleftharpoons \mathrm{Me} + z\mathrm{X}$$

该过程的摩尔吉布斯自由能变化为

$$\Delta G_{\mathrm{m,e}} = \mu_{\mathrm{Me}} + z\mu_{\mathrm{X}} - \mu_{\mathrm{MeX}_z} = \Delta G_{\mathrm{m}}^{\ominus}$$

式中

$$\Delta G_{\mathrm{m}}^{\ominus} = \mu_{\mathrm{Me}}^{\ominus} + z\mu_{\mathrm{X}}^{\ominus} - \mu_{\mathrm{MeX}_z}^{\ominus}$$

$$\mu_{\mathrm{Me}} = \mu_{\mathrm{Me}}^{\ominus}$$

$$\mu_{\mathrm{X}} = \mu_{\mathrm{X}}^{\ominus}$$

$$\mu_{\mathrm{MeX}_z} = \mu_{\mathrm{MeX}_z}^{\ominus}$$

由

$$E_{\mathrm{e}} = -\frac{\Delta G_{\mathrm{m,e}}}{zF} < 0$$

得

$$E_{\mathrm{e}} = E^{\ominus}$$

式中，

$$E^{\ominus} = -\frac{\Delta G_{\mathrm{m,e}}^{\ominus}}{zF} = -\frac{\mu_{\mathrm{Me}}^{\ominus} + z\mu_{\mathrm{X}}^{\ominus} - \mu_{\mathrm{MeX}_z}^{\ominus}}{zF} = \frac{\Delta_{\mathrm{f}} G_{\mathrm{m,MeX}_z}^{\ominus}}{zF}$$

式中，$\Delta_{\mathrm{f}} G_{\mathrm{m,MeX}_z}^{\ominus}$ 为 MeX_z 的标准生成自由能。

外加平衡电动势

$$E_{\mathrm{e}}' = -E_{\mathrm{e}}$$

升高电压，电解池有电流通过，电解池发生极化，电解池外加电动势为

$$
\begin{aligned}
E' &= \varphi_{阳} - \varphi_{阴} \\
&= (\varphi_{阳,\mathrm{e}} + \Delta\varphi_{阳}) - (\varphi_{阴,\mathrm{e}} + \Delta\varphi_{阴}) \\
&= (\varphi_{阳,\mathrm{e}} - \varphi_{阴,\mathrm{e}}) + (\Delta\varphi_{阳} - \Delta\varphi_{阴}) \\
&= E_{\mathrm{e}}' + \Delta E'
\end{aligned}
$$

$$E_{\mathrm{e}}' = \varphi_{阳,\mathrm{e}} - \varphi_{阴,\mathrm{e}}$$

$$\Delta E' = \Delta\varphi_{阳} - \Delta\varphi_{阴}$$

并有

$$A_{\mathrm{m}} = -\Delta G_{\mathrm{m}} = -zFE' = -zF(E_{\mathrm{e}}' + \Delta E')$$

电解池端电压

$$V' = E' + IR = E'_e + \Delta E' + IR$$

式中，E' 为外加的电解池电动势；E'_e 为外加的电解池的平衡电动势；I 为电解池装置的电流；R 为电解池装置的电阻。

电解池反应速率

$$\frac{\mathrm{d}N_{\mathrm{Me}}}{\mathrm{d}t} = \frac{1}{z}\frac{\mathrm{d}N_{\mathrm{X}}}{\mathrm{d}t} = -\frac{\mathrm{d}N_{\mathrm{MeX}_z}}{\mathrm{d}t} = Sj$$

式中

$$\begin{aligned} j &= -l_1\left(\frac{A_{\mathrm{m}}}{T}\right) - l_2\left(\frac{A_{\mathrm{m}}}{T}\right)^2 - l_3\left(\frac{A_{\mathrm{m}}}{T}\right)^3 - \cdots \\ &= -l'_1\left(\frac{E}{T}\right) - l'_2\left(\frac{E}{T}\right)^2 - l'_3\left(\frac{E}{T}\right)^3 - \cdots \\ &= -l''_1 - l''_2\left(\frac{\Delta E}{T}\right) - l''_3\left(\frac{\Delta E}{T}\right)^2 - l''_4\left(\frac{\Delta E}{T}\right)^3 - \cdots \end{aligned}$$

将上式代入

$$i = zFj$$

得

$$\begin{aligned} i &= -l^*_1\left(\frac{E}{T}\right) - l^*_2\left(\frac{E}{T}\right)^2 - l^*_3\left(\frac{E}{T}\right)^3 - \cdots \\ &= -l^{**}_1 - l^{**}_2\left(\frac{\Delta E}{T}\right) - l^{**}_3\left(\frac{\Delta E}{T}\right)^2 - l^{**}_4\left(\frac{\Delta E}{T}\right)^3 - \cdots \end{aligned}$$

例 1 电解 NaCl

电解池组成

$$\mathrm{Cl_2} \mid \mathrm{NaCl} \mid \mathrm{Na}$$

阴极反应

$$\mathrm{Na^+ + e =\!=\!= Na}$$

阳极反应

$$\mathrm{Cl^-} =\!=\!= \frac{1}{2}\mathrm{Cl_2} + \mathrm{e}$$

电解池反应

$$\mathrm{Na^+ + Cl^-} =\!=\!= \mathrm{Na} + \frac{1}{2}\mathrm{Cl_2}$$

1）阴极电势

阴极反应达成平衡

$$\mathrm{Na^+ + e \rightleftharpoons Na}$$

该过程的摩尔吉布斯自由能变化为

$$\Delta G_{\mathrm{m,阴,e}} = \mu_{\mathrm{Na}} - \mu_{\mathrm{Na^+}} - \mu_{\mathrm{e}} = \Delta G_{\mathrm{m,阴}}^{\ominus} + RT\ln\frac{1}{a_{\mathrm{Na^+,e}}}$$

式中

$$\Delta G_{\mathrm{m,阴}}^{\ominus} = \mu_{\mathrm{Na}}^{\ominus} - \mu_{\mathrm{Na^+}}^{\ominus} - \mu_{\mathrm{e}}^{\ominus}$$

$$\mu_{\mathrm{Na}} = \mu_{\mathrm{Na}}^{\ominus}$$

$$\mu_{\mathrm{Na^+}} = \mu_{\mathrm{Na^+}}^{\ominus} + RT\ln a_{\mathrm{Na^+,e}}$$

$$\mu_{\mathrm{e}} = \mu_{\mathrm{e}}^{\ominus}$$

由

$$\varphi_{\mathrm{阴,e}} = -\frac{\Delta G_{\mathrm{m,阴,e}}}{F}$$

得

$$\varphi_{\mathrm{阴,e}} = \varphi_{\mathrm{阴}}^{\ominus} + \frac{RT}{F}\ln a_{\mathrm{Na^+,e}}$$

式中

$$\varphi_{\mathrm{阴}}^{\ominus} = -\frac{\Delta G_{\mathrm{m,阴}}^{\ominus}}{F} = -\frac{\mu_{\mathrm{Na}}^{\ominus} - \mu_{\mathrm{Na^+}}^{\ominus} - \mu_{\mathrm{e}}^{\ominus}}{F}$$

阴极有电流通过，发生极化，阴极反应为

$$\mathrm{Na^+ + e = Na}$$

阴极电势为

$$\varphi_{\mathrm{阴}} = \varphi_{\mathrm{阴,e}} + \Delta\varphi_{\mathrm{阴}}$$

则

$$\Delta\varphi_{\mathrm{阴}} = \varphi_{\mathrm{阴}} - \varphi_{\mathrm{阴,e}}$$

并有

$$A_{\mathrm{m,阴}} = -\Delta G_{\mathrm{m,阴}} = F\varphi_{\mathrm{阴}} = F(\varphi_{\mathrm{阴,e}} + \Delta\varphi_{\mathrm{阴}})$$

阴极反应速率

$$\frac{\mathrm{d}N_{\mathrm{Na}}}{\mathrm{d}t} = -\frac{\mathrm{d}N_{\mathrm{Na^+}}}{\mathrm{d}t} = -\frac{\mathrm{d}N_{\mathrm{e}}}{\mathrm{d}t} = Sj$$

式中

$$\begin{aligned} j &= -l_1\left(\frac{A_{\mathrm{m,阴}}}{T}\right) - l_2\left(\frac{A_{\mathrm{m,阴}}}{T}\right)^2 - l_3\left(\frac{A_{\mathrm{m,阴}}}{T}\right)^3 - \cdots \\ &= -l_1'\left(\frac{\varphi_{\mathrm{阴}}}{T}\right) - l_2'\left(\frac{\varphi_{\mathrm{阴}}}{T}\right)^2 - l_3'\left(\frac{\varphi_{\mathrm{阴}}}{T}\right)^3 - \cdots \\ &= -l_1'' - l_2''\left(\frac{\Delta\varphi_{\mathrm{阴}}}{T}\right) - l_3''\left(\frac{\Delta\varphi_{\mathrm{阴}}}{T}\right)^2 - l_4''\left(\frac{\Delta\varphi_{\mathrm{阴}}}{T}\right)^3 - \cdots \end{aligned}$$

将上式代入

$$i = Fj$$

得

$$\begin{aligned} i &= Fj \\ &= -l_1^*\left(\frac{\varphi_{阴}}{T}\right) - l_2^*\left(\frac{\varphi_{阴}}{T}\right)^2 - l_3^*\left(\frac{\varphi_{阴}}{T}\right)^3 - \cdots \\ &= -l_1^{**} - l_2^{**}\left(\frac{\Delta\varphi_{阴}}{T}\right) - l_3^{**}\left(\frac{\Delta\varphi_{阴}}{T}\right)^2 - l_4^{**}\left(\frac{\Delta\varphi_{阴}}{T}\right)^3 - \cdots \end{aligned}$$

2）阳极电势

阳极反应达成平衡

$$Cl^- \rightleftharpoons \frac{1}{2}Cl_2 + e$$

该过程的摩尔吉布斯自由能变化为

$$\Delta G_{m,阳,e} = \frac{1}{2}\mu_{Cl_2} + \mu_e - \mu_{Cl^-} = \Delta G_{m,阳}^{\ominus} + RT\ln\frac{1}{a_{Cl^-,e}}$$

式中

$$\Delta G_{m,阳}^{\ominus} = \frac{1}{2}\mu_{Cl_2}^{\ominus} + \mu_e^{\ominus} - \mu_{Cl^-}^{\ominus}$$

$$\mu_{Cl_2} = \mu_{Cl_2}^{\ominus}$$

$$\mu_e = \mu_e^{\ominus}$$

$$\mu_{Cl^-} = \mu_{Cl^-}^{\ominus} + RT\ln a_{Cl^-,e}$$

由

$$\varphi_{阳,e} = \frac{\Delta G_{m,阳,e}}{F}$$

得

$$\varphi_{阳,e} = \varphi_{阳}^{\ominus} + \frac{RT}{F}\ln\frac{1}{a_{Cl^-,e}}$$

式中

$$\varphi_{阳}^{\ominus} = \frac{\frac{1}{2}\mu_{Cl_2}^{\ominus} + \mu_e^{\ominus} - \mu_{Cl^-}^{\ominus}}{F}$$

阳极有电流通过，发生极化，阳极反应为

$$Cl^- = \frac{1}{2}Cl_2 + e$$

阳极电势为

$$\varphi_{阳} = \varphi_{阳,e} + \Delta\varphi_{阳}$$

则

$$\Delta\varphi_{阳} = \varphi_{阳} - \varphi_{阳,e}$$

并有

$$A_{m,阳} = -\Delta G_{m,阳} = -F\varphi_{阳} = -F(\varphi_{阳,e} + \Delta\varphi_{阳})$$

阳极反应速率

$$2\frac{dN_{Cl_2}}{dt} = \frac{dN_e}{dt} = -\frac{dN_{Cl^-}}{dt} = Sj$$

式中

$$\begin{aligned} j &= -l_1\left(\frac{A_{m,阳}}{T}\right) - l_2\left(\frac{A_{m,阳}}{T}\right)^2 - l_3\left(\frac{A_{m,阳}}{T}\right)^3 - \cdots \\ &= -l_1'\left(\frac{\varphi_{阳}}{T}\right) - l_2'\left(\frac{\varphi_{阳}}{T}\right)^2 - l_3'\left(\frac{\varphi_{阳}}{T}\right)^3 - \cdots \\ &= -l_1'' - l_2''\left(\frac{\Delta\varphi_{阳}}{T}\right) - l_3''\left(\frac{\Delta\varphi_{阳}}{T}\right)^2 - l_4''\left(\frac{\Delta\varphi_{阳}}{T}\right)^3 - \cdots \end{aligned}$$

将上式代入

$$i = Fj$$

得

$$\begin{aligned} i &= Fj \\ &= -l_1^*\left(\frac{\varphi_{阳}}{T}\right) - l_2^*\left(\frac{\varphi_{阳}}{T}\right)^2 - l_3^*\left(\frac{\varphi_{阳}}{T}\right)^3 - \cdots \\ &= -l_1^{**} - l_2^{**}\left(\frac{\Delta\varphi_{阳}}{T}\right) - l_3^{**}\left(\frac{\Delta\varphi_{阳}}{T}\right)^2 - l_4^{**}\left(\frac{\Delta\varphi_{阳}}{T}\right)^3 - \cdots \end{aligned}$$

3）电解池电动势

电解池反应达成平衡

$$Na^+ + Cl^- \rightleftharpoons Na + \frac{1}{2}Cl_2$$

该过程的摩尔吉布斯自由能变化为

$$\Delta G_{m,e} = \mu_{Na} + \frac{1}{2}\mu_{Cl_2} - \mu_{NaCl} = \Delta G_m^{\ominus}$$

式中

$$\Delta G_m^{\ominus} = \mu_{Na}^{\ominus} + \frac{1}{2}\mu_{Cl_2}^{\ominus} - \mu_{NaCl}^{\ominus} = -\Delta_f G_{m,NaCl}^{\ominus}$$

$\Delta_f G_{m,NaCl}^{\ominus}$ 为 NaCl 的标准生成吉布斯自由能。

$$\mu_{Na} = \mu_{Na}^{\ominus}$$

$$\mu_{Cl_2} = \mu_{Cl_2}^{\ominus}$$

$$\mu_{NaCl} = \mu_{NaCl}^{\ominus}$$

由

$$E_e = -\frac{\Delta G_{m,e}}{F} < 0$$

得

$$E_e = E^{\ominus} = -\frac{\mu_{Na}^{\ominus} + \frac{1}{2}\mu_{Cl_2}^{\ominus} - \mu_{NaCl}^{\ominus}}{F} = \frac{\Delta_f G_{m,NaCl}^{\ominus}}{F}$$

外加平衡电动势

$$E'_e = -E_e > 0$$

电解池有电流通过，发生极化，有

$$NaCl = Na^+ + Cl^- = Na + \frac{1}{2}Cl_2$$

电解池外加电动势为

$$E' = E'_e + \Delta E' = \varphi_{阳} - \varphi_{阴}$$

则

$$\Delta E' = E' - E'_e = \Delta\varphi_{阳} - \Delta\varphi_{阴}$$

并有

$$A_m = -\Delta G_m = -FE' = -F(E'_e + \Delta E')$$

电解池反应速率

$$\frac{dN_{Na}}{dt} = 2\frac{dN_{Cl_2}}{dt} = -\frac{dN_{NaCl}}{dt} = Sj_E$$

式中

$$\begin{aligned} j_E &= -l_1\left(\frac{A_m}{T}\right) - l_2\left(\frac{A_m}{T}\right)^2 - l_3\left(\frac{A_m}{T}\right)^3 - \cdots \\ &= -l'_1\left(\frac{E}{T}\right) - l'_2\left(\frac{E}{T}\right)^2 - l'_3\left(\frac{E}{T}\right)^3 - \cdots \\ &= -l''_1 - l''_2\left(\frac{\Delta E}{T}\right) - l''_3\left(\frac{\Delta E}{T}\right)^2 - l''_4\left(\frac{\Delta E}{T}\right)^3 - \cdots \end{aligned}$$

将上式代入

$$i = Fj_E$$

得

$$i = -l_1^*\left(\frac{E}{T}\right) - l_2^*\left(\frac{E}{T}\right)^2 - l_3^*\left(\frac{E}{T}\right)^3 - \cdots$$

$$= -l_1^{**} - l_2^{**}\left(\frac{\Delta E}{T}\right) - l_3^{**}\left(\frac{\Delta E}{T}\right)^2 - l_4^{**}\left(\frac{\Delta E}{T}\right)^3 - \cdots$$

$$I = Si$$

4）电解池端电压

$$V' = E' + IR = E_e' + \Delta E' + IR$$

式中

$$\Delta E = \Delta\varphi_{阳} - \Delta\varphi_{阴}$$

例 2 电解 ZrO_2

电解池组成

$$Ar(O_2)\,|\,ZrO_2(CaO)\,|\,Zr$$

阴极反应

$$Zr^{4+} + 4e \Longrightarrow Zr$$

阳极反应

$$2O^{2-} \Longrightarrow O_2 + 4e$$

电解池反应

$$ZrO_2 \Longrightarrow Zr^{4+} + 2O^{2-} \Longrightarrow Zr + O_2$$

1）阴极电势

阴极反应达成平衡

$$Zr^{4+} + 4e \rightleftharpoons Zr$$

该过程的摩尔吉布斯自由能变化为

$$\Delta G_{m,阴,e} = \mu_{Zr} - \mu_{Zr^{4+}} - 4\mu_e = \Delta G_{m,阴}^{\ominus} + RT\ln\frac{1}{a_{Zr^{4+},e}}$$

式中

$$\Delta G_{m,阴}^{\ominus} = \mu_{Zr}^{\ominus} - \mu_{Zr^{4+}}^{\ominus} - 4\mu_e^{\ominus}$$

$$\mu_{Zr} = \mu_{Zr}^{\ominus}$$

$$\mu_{Zr^{4+}} = \mu_{Zr^{4+}}^{\ominus} + RT\ln a_{Zr^{4+},e}$$

$$\mu_e = \mu_e^{\ominus}$$

由

$$\varphi_{阴,e} = -\frac{\Delta G_{m,阴,e}}{4F}$$

得

$$\varphi_{阴,e} = \varphi_{阴}^{\ominus} + \frac{RT}{4F}\ln a_{Zr^{4+},e}$$

式中

$$\varphi_{阴}^{\ominus} = -\frac{\Delta G_{m,阴}^{\ominus}}{4F} = -\frac{\mu_{Zr}^{\ominus} - \mu_{Zr^{4+}}^{\ominus} - 4\mu_{e}^{\ominus}}{4F}$$

阴极有电流通过，发生极化，阴极反应为

$$Zr^{4+} + 4e = Zr$$

阴极电势为

$$\varphi_{阴} = \varphi_{阴,e} + \Delta\varphi_{阴}$$

则

$$\Delta\varphi_{阴} = \varphi_{阴} - \varphi_{阴,e}$$

并有

$$A_{m,阴} = -\Delta G_{m,阴} = 4F\varphi_{阴} = 4F(\varphi_{阴,e} + \Delta\varphi_{阴})$$

阴极反应速率

$$\frac{dN_{Zr}}{dt} = -\frac{dN_{Zr^{4+}}}{dt} = -\frac{1}{4}\frac{dN_{e}}{dt} = Sj$$

式中

$$\begin{aligned} j &= -l_1\left(\frac{A_{m,阴}}{T}\right) - l_2\left(\frac{A_{m,阴}}{T}\right)^2 - l_3\left(\frac{A_{m,阴}}{T}\right)^3 - \cdots \\ &= -l_1'\left(\frac{\varphi_{阴}}{T}\right) - l_2'\left(\frac{\varphi_{阴}}{T}\right)^2 - l_3'\left(\frac{\varphi_{阴}}{T}\right)^3 - \cdots \\ &= -l_1'' - l_2''\left(\frac{\Delta\varphi_{阴}}{T}\right) - l_3''\left(\frac{\Delta\varphi_{阴}}{T}\right)^2 - l_4''\left(\frac{\Delta\varphi_{阴}}{T}\right)^3 - \cdots \end{aligned}$$

将上式代入

$$i = 4Fj$$

得

$$\begin{aligned} i &= 4Fj \\ &= -l_1^{*}\left(\frac{\varphi_{阴}}{T}\right) - l_2^{*}\left(\frac{\varphi_{阴}}{T}\right)^2 - l_3^{*}\left(\frac{\varphi_{阴}}{T}\right)^3 - \cdots \\ &= -l_1^{**} - l_2^{**}\left(\frac{\Delta\varphi_{阴}}{T}\right) - l_3^{**}\left(\frac{\Delta\varphi_{阴}}{T}\right)^2 - l_4^{**}\left(\frac{\Delta\varphi_{阴}}{T}\right)^3 - \cdots \end{aligned}$$

2）阳极电势

阳极反应达成平衡

$$2O^{2-} = O_2 + 4e$$

该过程的摩尔吉布斯自由能变化为

$$\Delta G_{\mathrm{m,阳,e}} = \mu_{\mathrm{O_2}} + 4\mu_{\mathrm{e}} - 2\mu_{\mathrm{O^{2-}}} = \Delta G_{\mathrm{m,阳}}^{\ominus} + RT\ln\frac{1}{a_{\mathrm{O^{2-},e}}^2}$$

式中

$$\Delta G_{\mathrm{m,阳}}^{\ominus} = \mu_{\mathrm{O_2}}^{\ominus} + 4\mu_{\mathrm{e}}^{\ominus} - 2\mu_{\mathrm{O^{2-}}}^{\ominus}$$

$$\mu_{\mathrm{O_2}} = \mu_{\mathrm{O_2}}^{\ominus}$$

$$\mu_{\mathrm{e}} = \mu_{\mathrm{e}}^{\ominus}$$

$$\mu_{\mathrm{O^{2-}}} = \mu_{\mathrm{O^{2-}}}^{\ominus} + RT\ln a_{\mathrm{O^{2-},e}}$$

由

$$\varphi_{\mathrm{阳,e}} = \frac{\Delta G_{\mathrm{m,阳,e}}}{4F}$$

得

$$\varphi_{\mathrm{阳,e}} = \varphi_{\mathrm{阳}}^{\ominus} + \frac{RT}{4F}\ln\frac{1}{a_{\mathrm{O^{2-},e}}^2}$$

式中

$$\varphi_{\mathrm{阳}}^{\ominus} = \frac{\Delta G_{\mathrm{m,阳,e}}}{4F} = \frac{\mu_{\mathrm{O_2}}^{\ominus} + 4\mu_{\mathrm{e}}^{\ominus} - 2\mu_{\mathrm{O^{2-}}}^{\ominus}}{4F}$$

阳极有电流通过，发生极化，阳极反应为

$$2\mathrm{O^{2-}} = \!=\!= \mathrm{O_2} + 4\mathrm{e}$$

阳极电势为

$$\varphi_{\mathrm{阳}} = \varphi_{\mathrm{阳,e}} + \Delta\varphi_{\mathrm{阳}}$$

则

$$\Delta\varphi_{\mathrm{阳}} = \varphi_{\mathrm{阳}} - \varphi_{\mathrm{阳,e}}$$

并有

$$A_{\mathrm{m,阳}} = -\Delta G_{\mathrm{m,阳}} = -4F\varphi_{\mathrm{阳}} = -4F(\varphi_{\mathrm{阳,e}} + \Delta\varphi_{\mathrm{阳}})$$

阳极反应速率

$$\frac{\mathrm{d}N_{\mathrm{O_2}}}{\mathrm{d}t} = \frac{1}{4}\frac{\mathrm{d}N_{\mathrm{e}}}{\mathrm{d}t} = -\frac{1}{2}\frac{\mathrm{d}N_{\mathrm{O^{2-}}}}{\mathrm{d}t} = Sj$$

式中

$$\begin{aligned} j &= -l_1\left(\frac{A_{\mathrm{m,阳}}}{T}\right) - l_2\left(\frac{A_{\mathrm{m,阳}}}{T}\right)^2 - l_3\left(\frac{A_{\mathrm{m,阳}}}{T}\right)^3 - \cdots \\ &= -l_1'\left(\frac{\varphi_{\mathrm{阳}}}{T}\right) - l_2'\left(\frac{\varphi_{\mathrm{阳}}}{T}\right)^2 - l_3'\left(\frac{\varphi_{\mathrm{阳}}}{T}\right)^3 - \cdots \\ &= -l_1'' - l_2''\left(\frac{\Delta\varphi_{\mathrm{阳}}}{T}\right) - l_3''\left(\frac{\Delta\varphi_{\mathrm{阳}}}{T}\right)^2 - l_4''\left(\frac{\Delta\varphi_{\mathrm{阳}}}{T}\right)^3 - \cdots \end{aligned}$$

将上式代入

$$i = 4Fj$$

得

$$\begin{aligned} i &= 4Fj \\ &= -l_1^*\left(\frac{\varphi_{阳}}{T}\right) - l_2^*\left(\frac{\varphi_{阳}}{T}\right)^2 - l_3^*\left(\frac{\varphi_{阳}}{T}\right)^3 - \cdots \\ &= -l_1^{**} - l_2^{**}\left(\frac{\Delta\varphi_{阳}}{T}\right) - l_3^{**}\left(\frac{\Delta\varphi_{阳}}{T}\right)^2 - l_4^{**}\left(\frac{\Delta\varphi_{阳}}{T}\right)^3 - \cdots \end{aligned}$$

3）电解池电动势

电解池反应达成平衡

$$ZrO_2 = Zr^{4+} + 2O^{2-} \rightleftharpoons Zr + O_2$$

该过程的摩尔吉布斯自由能变化为

$$\Delta G_{m,e} = \mu_{Zr} + \mu_{O_2} - \mu_{ZrO_2} = \Delta G_m^\ominus$$

式中

$$\Delta G_m^\ominus = \mu_{Zr}^\ominus + \mu_{O_2}^\ominus - \mu_{ZrO_2}^\ominus = -\Delta_f G_{m,ZrO_2}^\ominus$$

$\Delta_f G_{m,ZrO_2}^\ominus$ 为 ZrO_2 的标准生成自由能。

由
$$E_e = -\frac{\Delta G_{m,e}}{4F} < 0$$

得
$$E_e = E^\ominus = -\frac{\Delta G_{m,e}}{4F} = \frac{\Delta_f G_{m,ZrO_2}^\ominus}{4F}$$

外加平衡电动势

$$E_e' = -E_e > 0$$

电解池有电流通过，发生极化，电解池反应为

$$ZrO_2 = Zr^{4+} + 2O^{2-} = Zr + O_2$$

电解池外加电动势为

$$\begin{aligned} E' &= \varphi_{阳} - \varphi_{阴} \\ &= (\varphi_{阳,e} + \Delta\varphi_{阳}) - (\varphi_{阴,e} + \Delta\varphi_{阴}) \\ &= (\varphi_{阳,e} - \varphi_{阴,e}) + (\Delta\varphi_{阳} - \Delta\varphi_{阴}) \\ &= E_e' + \Delta E' \end{aligned}$$

式中

$$E_e' = \varphi_{阳,e} - \varphi_{阴,e}$$
$$\Delta E' = \Delta\varphi_{阳} - \Delta\varphi_{阴}$$

并有

$$A_m = -\Delta G_m = -4FE' = -4F(E'_e + \Delta E')$$

电解池反应速率

$$\frac{dN_{Zr}}{dt} = \frac{dN_{O_2}}{dt} = -\frac{dN_{ZrO_2}}{dt} = Sj$$

式中

$$\begin{aligned} j &= -l_1\left(\frac{A_m}{T}\right) - l_2\left(\frac{A_m}{T}\right)^2 - l_3\left(\frac{A_m}{T}\right)^3 - \cdots \\ &= -l'_1\left(\frac{E'}{T}\right) - l'_2\left(\frac{E'}{T}\right)^2 - l'_3\left(\frac{E'}{T}\right)^3 - \cdots \\ &= -l''_1 - l''_2\left(\frac{\Delta E'}{T}\right) - l''_3\left(\frac{\Delta E'}{T}\right)^2 - l''_4\left(\frac{\Delta E'}{T}\right)^3 - \cdots \end{aligned}$$

将上式代入

$$i = 4Fj$$

得

$$\begin{aligned} i &= 4Fj \\ &= -l^*_1\left(\frac{E'}{T}\right) - l^*_2\left(\frac{E'}{T}\right)^2 - l^*_3\left(\frac{E'}{T}\right)^3 - \cdots \\ &= -l^{**}_1 - l^{**}_2\left(\frac{\Delta E'}{T}\right) - l^{**}_3\left(\frac{\Delta E'}{T}\right)^2 - l^{**}_4\left(\frac{\Delta E'}{T}\right)^3 - \cdots \end{aligned}$$

例 3 电解氧化物

电解池组成为

$$Ar(O_2) | ZrO_2(CaO) | MeO$$

阴极反应

$$MeO + 2e = Me + O^{2-}$$

阳极反应

$$O^{2-} = \frac{1}{2}O_2 + 2e$$

电解池反应

$$MeO = Me + \frac{1}{2}O_2$$

1）阴极电势

阴极反应达成平衡

$$MeO + 2e \rightleftharpoons Me + O^{2-}$$

摩尔吉布斯自由能变化为

$$\Delta G_{\mathrm{m},阴,\mathrm{e}} = \mu_{\mathrm{Me}} + \mu_{\mathrm{O}^{2-}} - \mu_{\mathrm{MeO}} - 2\mu_{\mathrm{e}} = \Delta G_{\mathrm{m},阴}^{\ominus} + RT\ln a_{\mathrm{O}^{2-},\mathrm{e}}$$

式中

$$\Delta G_{\mathrm{m},阴}^{\ominus} = \mu_{\mathrm{Me}}^{\ominus} + \mu_{\mathrm{O}^{2-}}^{\ominus} - \mu_{\mathrm{MeO}}^{\ominus} - 2\mu_{\mathrm{e}}^{\ominus}$$

$$\mu_{\mathrm{Me}} = \mu_{\mathrm{Me}}^{\ominus}$$

$$\mu_{\mathrm{O}^{2-}} = \mu_{\mathrm{O}^{2-}}^{\ominus} + RT\ln a_{\mathrm{O}^{2-},\mathrm{e}}$$

$$\mu_{\mathrm{MeO}} = \mu_{\mathrm{MeO}}^{\ominus}$$

$$\mu_{\mathrm{e}} = \mu_{\mathrm{e}}^{\ominus}$$

由

$$\varphi_{阴,\mathrm{e}} = -\frac{\Delta G_{\mathrm{m},阴,\mathrm{e}}}{2F}$$

得

$$\varphi_{阴,\mathrm{e}} = \varphi_{阴}^{\ominus} + \frac{RT}{2F}\ln\frac{1}{a_{\mathrm{O}^{2-},\mathrm{e}}}$$

式中

$$\varphi_{阴}^{\ominus} = -\frac{\Delta G_{\mathrm{m},阴}^{\ominus}}{2F} = -\frac{\mu_{\mathrm{Me}}^{\ominus} + \mu_{\mathrm{O}^{2-}}^{\ominus} - \mu_{\mathrm{MeO}}^{\ominus} - 2\mu_{\mathrm{e}}^{\ominus}}{2F}$$

阴极有电流通过，发生极化，阴极反应为

$$\mathrm{MeO} + 2\mathrm{e} = \mathrm{Me} + \mathrm{O}^{2-}$$

阴极电势为

$$\varphi_{阴} = \varphi_{阴,\mathrm{e}} + \Delta\varphi_{阴}$$

则

$$\Delta\varphi_{阴} = \varphi_{阴} - \varphi_{阴,\mathrm{e}}$$

并有

$$A_{\mathrm{m},阴} = -\Delta G_{\mathrm{m},阴} = 2F\varphi_{阴} = 2F(\varphi_{阴,\mathrm{e}} + \Delta\varphi_{阴})$$

阴极反应速率

$$\frac{\mathrm{d}N_{\mathrm{Me}}}{\mathrm{d}t} = \frac{\mathrm{d}N_{\mathrm{O}^{2-}}}{\mathrm{d}t} = -\frac{\mathrm{d}N_{\mathrm{MeO}}}{\mathrm{d}t} = -\frac{1}{2}\frac{\mathrm{d}N_{\mathrm{e}}}{\mathrm{d}t} = Sj$$

式中

$$\begin{aligned} j &= -l_1\left(\frac{A_{\mathrm{m},阴}}{T}\right) - l_2\left(\frac{A_{\mathrm{m},阴}}{T}\right)^2 - l_3\left(\frac{A_{\mathrm{m},阴}}{T}\right)^3 - \cdots \\ &= -l_1'\left(\frac{\varphi_{阴}}{T}\right) - l_2'\left(\frac{\varphi_{阴}}{T}\right)^2 - l_3'\left(\frac{\varphi_{阴}}{T}\right)^3 - \cdots \\ &= -l_1'' - l_2''\left(\frac{\Delta\varphi_{阴}}{T}\right) - l_3''\left(\frac{\Delta\varphi_{阴}}{T}\right)^2 - l_4''\left(\frac{\Delta\varphi_{阴}}{T}\right)^3 - \cdots \end{aligned}$$

将上式代入

$$i = 2Fj$$

有

$$\begin{aligned} i &= 2Fj \\ &= -l_1^* \left(\frac{\varphi_{阴}}{T}\right) - l_2^* \left(\frac{\varphi_{阴}}{T}\right)^2 - l_3^* \left(\frac{\varphi_{阴}}{T}\right)^3 - \cdots \\ &= -l_1^{**} - l_2^{**} \left(\frac{\Delta\varphi_{阴}}{T}\right) - l_3^{**} \left(\frac{\Delta\varphi_{阴}}{T}\right)^2 - l_4^{**} \left(\frac{\Delta\varphi_{阴}}{T}\right)^3 - \cdots \end{aligned}$$

2）阳极电势

阳极反应达成平衡

$$O^{2-} \rightleftharpoons \frac{1}{2}O_2 + 2e$$

该过程的摩尔吉布斯自由能变化为

$$\Delta G_{m,阳,e} = \frac{1}{2}\mu_{O_2} + 2\mu_e - \mu_{O^{2-}} = \Delta G_{m,阳}^{\ominus} + RT\ln\frac{p_{O_2,e}^{1/2}}{a_{O^{2-},e}}$$

式中

$$\Delta G_{m,阳}^{\ominus} = \frac{1}{2}\mu_{O_2}^{\ominus} + 2\mu_e^{\ominus} - \mu_{O^{2-}}^{\ominus}$$

$$\mu_{O_2} = \mu_{O_2}^{\ominus} + RT\ln p_{O_2,e}$$

$$\mu_e = \mu_e^{\ominus}$$

$$\mu_{O^{2-}} = \mu_{O^{2-}}^{\ominus} + RT\ln a_{O^{2-},e}$$

由

$$\varphi_{阳,e} = \frac{\Delta G_{m,阳,e}}{2F}$$

得

$$\varphi_{阳,e} = \varphi_{阳}^{\ominus} + \frac{RT}{2F}\ln\frac{p_{O_2,e}^{1/2}}{a_{O^{2-},e}}$$

式中

$$\varphi_{阳}^{\ominus} = \frac{\Delta G_{m,阳,e}}{2F} = \frac{\frac{1}{2}\mu_{O_2}^{\ominus} + 2\mu_e^{\ominus} - \mu_{O^{2-}}^{\ominus}}{2F}$$

阳极有电流通过，发生极化，阳极反应为

$$O^{2-} = \frac{1}{2}O_2 + 2e$$

阳极电势为

$$\varphi_{阳} = \varphi_{阳,e} + \Delta\varphi_{阳}$$

则

$$\Delta\varphi_{阳} = \varphi_{阳} - \varphi_{阳,e}$$

并有

$$A_{m,阳} = -\Delta G_{m,阳} = -2F\varphi_{阳} = -2F(\varphi_{阳,e} + \Delta\varphi_{阳})$$

阳极反应速率

$$2\frac{dN_{O_2}}{dt} = \frac{1}{2}\frac{dN_e}{dt} = -\frac{dN_{O^{2-}}}{dt} = Sj$$

式中

$$\begin{aligned} j &= -l_1\left(\frac{A_{m,阳}}{T}\right) - l_2\left(\frac{A_{m,阳}}{T}\right)^2 - l_3\left(\frac{A_{m,阳}}{T}\right)^3 - \cdots \\ &= -l_1'\left(\frac{\varphi_{阳}}{T}\right) - l_2'\left(\frac{\varphi_{阳}}{T}\right)^2 - l_3'\left(\frac{\varphi_{阳}}{T}\right)^3 - \cdots \\ &= -l_1'' - l_2''\left(\frac{\Delta\varphi_{阳}}{T}\right) - l_3''\left(\frac{\Delta\varphi_{阳}}{T}\right)^2 - l_4''\left(\frac{\Delta\varphi_{阳}}{T}\right)^3 - \cdots \end{aligned}$$

将上式代入

$$i = 2Fj$$

得

$$\begin{aligned} i &= 2Fj \\ &= -l_1^*\left(\frac{\varphi_{阳}}{T}\right) - l_2^*\left(\frac{\varphi_{阳}}{T}\right)^2 - l_3^*\left(\frac{\varphi_{阳}}{T}\right)^3 - \cdots \\ &= -l_1^{**} - l_2^{**}\left(\frac{\Delta\varphi_{阳}}{T}\right) - l_3^{**}\left(\frac{\Delta\varphi_{阳}}{T}\right)^2 - l_4^{**}\left(\frac{\Delta\varphi_{阳}}{T}\right)^3 - \cdots \end{aligned}$$

3）电解池电动势

电解池反应达成平衡

$$MeO \rightleftharpoons Me + \frac{1}{2}O_2$$

该过程的摩尔吉布斯自由能变化为

$$\Delta G_{m,e} = \mu_{Me} + \frac{1}{2}\mu_{O_2} - \mu_{MeO} = \Delta G_m^{\ominus} + RT\ln p_{O_2,e}^{1/2}$$

式中

$$\Delta G_m^{\ominus} = \mu_{Me}^{\ominus} + \frac{1}{2}\mu_{O_2}^{\ominus} - \mu_{MeO}^{\ominus}$$

$$\mu_{Me} = \mu_{Me}^{\ominus}$$

$$\mu_{O_2} = \mu_{O_2}^{\ominus} + RT\ln p_{O_2,e}$$

$$\mu_{\mathrm{MeO}} = \mu_{\mathrm{MeO}}^{\ominus}$$

由

$$E_{\mathrm{e}} = -\frac{\Delta G_{\mathrm{m,e}}}{2F}$$

得

$$E_{\mathrm{e}} = E^{\ominus} + \frac{RT}{2F}\ln\frac{1}{p_{\mathrm{O_2,e}}^{1/2}}$$

式中

$$E^{\ominus} = -\frac{\Delta G_{\mathrm{m}}^{\ominus}}{2F} = -\frac{\mu_{\mathrm{Me}}^{\ominus} + \frac{1}{2}\mu_{\mathrm{O_2}}^{\ominus} - \mu_{\mathrm{MeO}}^{\ominus}}{2F}$$

电解池有电流通过，发生极化，电解池反应为

$$\mathrm{MeO} = \!= \mathrm{Me} + \frac{1}{2}\mathrm{O_2}$$

电解池外加电动势为

$$E' = \varphi_{阳} - \varphi_{阴} = E'_{\mathrm{e}} + \Delta E'$$

$$\Delta E' = \Delta\varphi_{阳} - \Delta\varphi_{阴}$$

并有

$$A_{\mathrm{m}} = -\Delta G_{\mathrm{m}} = -2FE' = -2F(E'_{\mathrm{e}} + \Delta E')$$

4）电解池端电压

$$V' = E' + IR = E'_{\mathrm{e}} + \Delta E' + IR$$

5）电解池反应速率

$$\frac{\mathrm{d}N_{\mathrm{Me}}}{\mathrm{d}t} = 2\frac{\mathrm{d}N_{\mathrm{O_2}}}{\mathrm{d}t} = -\frac{\mathrm{d}N_{\mathrm{MeO}}}{\mathrm{d}t} = Sj$$

式中

$$\begin{aligned} j &= -l_1\left(\frac{A_{\mathrm{m}}}{T}\right) - l_2\left(\frac{A_{\mathrm{m}}}{T}\right)^2 - l_3\left(\frac{A_{\mathrm{m}}}{T}\right)^3 - \cdots \\ &= -l'_1\left(\frac{E'}{T}\right) - l'_2\left(\frac{E'}{T}\right)^2 - l'_3\left(\frac{E'}{T}\right)^3 - \cdots \\ &= -l''_1 - l''_2\left(\frac{\Delta E'}{T}\right) - l''_3\left(\frac{\Delta E'}{T}\right)^2 - l''_4\left(\frac{\Delta E'}{T}\right)^3 - \cdots \end{aligned}$$

将上式代入

$$i = 2Fj$$

得

$$\begin{aligned} i &= 2Fj \\ &= -l_1^{*}\left(\frac{E'}{T}\right) - l_2^{*}\left(\frac{E'}{T}\right)^2 - l_3^{*}\left(\frac{E'}{T}\right)^3 - \cdots \\ &= -l_1^{**} - l_2^{**}\left(\frac{\Delta E'}{T}\right) - l_3^{**}\left(\frac{\Delta E'}{T}\right)^2 - l_4^{**}\left(\frac{\Delta E'}{T}\right)^3 - \cdots \end{aligned}$$

16.4　直接电解制备金属与合金

16.4.1　制备金属

电解池组成为

$$O_2 \mid TiO_2 \mid Ti$$

阴极反应

$$Ti^{4+} + 4e = Ti$$

阳极反应

$$2M^{+}2O^{2-} - 4e = 2(M\text{-}O)$$

$$2(M\text{-}O) \rightleftharpoons 2M + O_2(\text{吸附})$$

$$O_2(\text{吸附}) \rightleftharpoons O_2(\text{气})$$

电池反应

$$Ti^{4+} + 2O^{2-} = TiO_2 = Ti + O_2(\text{气})$$

1. 阴极电势

阴极反应达到平衡

$$Ti^{4+} + 4e \rightleftharpoons Ti$$

该过程的摩尔吉布斯自由能变化

$$\Delta G_{m,\text{阴},e} = \mu_{Ti} - \mu_{Ti^{4+}} - 4\mu_e = \Delta G_{m,\text{阴}}^{\ominus} + RT\ln\frac{1}{a_{Ti^{4+},e}}$$

式中

$$\Delta G_{m,\text{阴}}^{\ominus} = \mu_{Ti}^{\ominus} - \mu_{Ti^{4+}}^{\ominus} - 4\mu_e^{\ominus}$$

$$\mu_{Ti} = \mu_{Ti}^{\ominus}$$

$$\mu_{Ti^{4+}} = \mu_{Ti^{4+}}^{\ominus} + RT\ln a_{Ti^{4+},e}$$

$$\mu_e = \mu_e^{\ominus}$$

由

$$\varphi_{\text{阴},e} = -\frac{\Delta G_{m,\text{阴},e}}{4F}$$

得

$$\varphi_{\text{阴},e} = \varphi_{\text{阴}}^{\ominus} + \frac{RT}{4F}\ln a_{Ti^{4+},e}$$

式中

$$\varphi_{\text{阴},e}^{\ominus} = -\frac{\Delta G_{m,\text{阴}}^{\ominus}}{4F} = -\frac{\mu_{Ti}^{\ominus} - \mu_{Ti^{4+}}^{\ominus} - 4\mu_e^{\ominus}}{4F}$$

阴极有电流通过发生极化，阴极反应为

$$Ti^{4+} + 4e =\!=\!= Ti$$

阴极电势为

$$\varphi_{阴} = \varphi_{阴,e} + \Delta\varphi_{阴}$$

则

$$\Delta\varphi_{阴} = \varphi_{阴} - \varphi_{阴,e}$$

并有

$$A_{m,阴} = -\Delta G_{m,阴} = 4F\varphi_{阴} = 4F(\varphi_{阴,e} + \Delta\varphi_{阴})$$

阴极反应速率为

$$\frac{dN_{Ti}}{dt} = -\frac{dN_{Ti^{4+}}}{dt} = -\frac{1}{4}\frac{dN_e}{dt} = Sj$$

式中

$$\begin{aligned} j &= -l_1\left(\frac{A_{m,阴}}{T}\right) - l_2\left(\frac{A_{m,阴}}{T}\right)^2 - l_3\left(\frac{A_{m,阴}}{T}\right)^3 - \cdots \\ &= -l_1'\left(\frac{\varphi_{阴}}{T}\right) - l_2'\left(\frac{\varphi_{阴}}{T}\right)^2 - l_3'\left(\frac{\varphi_{阴}}{T}\right)^3 - \cdots \\ &= -l_1'' - l_2''\left(\frac{\Delta\varphi_{阴}}{T}\right) - l_3''\left(\frac{\Delta\varphi_{阴}}{T}\right)^2 - l_4''\left(\frac{\Delta\varphi_{阴}}{T}\right)^3 - \cdots \end{aligned}$$

将上式代入

$$i = 4Fj$$

得

$$\begin{aligned} i &= 4Fj \\ &= -l_1^*\left(\frac{\varphi_{阴}}{T}\right) - l_2^*\left(\frac{\varphi_{阴}}{T}\right)^2 - l_3^*\left(\frac{\varphi_{阴}}{T}\right)^3 - \cdots \\ &= -l_1^{**} - l_2^{**}\left(\frac{\Delta\varphi_{阴}}{T}\right) - l_3^{**}\left(\frac{\Delta\varphi_{阴}}{T}\right)^2 - l_4^{**}\left(\frac{\Delta\varphi_{阴}}{T}\right)^3 - \cdots \end{aligned}$$

2. 阳极电势

阳极反应达成平衡

$$2O^{2-} - 4e \rightleftharpoons O_2(气)$$

该过程的摩尔吉布斯自由能变化为

$$\Delta G_{m,阳,e} = \mu_{O_2(气)} - 2\mu_{O^{2-}} + 4\mu_e = \Delta G_{m,阳}^{\ominus} + RT\ln\frac{p_{O_2,e}}{a_{O^{2-},e}^2}$$

式中，

$$\Delta G_{\mathrm{m,阳}}^{\ominus} = \mu_{\mathrm{O_2(气)}}^{\ominus} - 2\mu_{\mathrm{O^{2-}}}^{\ominus} + 4\mu_{\mathrm{e}}^{\ominus}$$

$$\mu_{\mathrm{O_2(气)}} = \mu_{\mathrm{O_2(气)}}^{\ominus} + RT\ln p_{\mathrm{O_2,e}}$$

$$\mu_{\mathrm{O^{2-}}} = \mu_{\mathrm{O^{2-}}}^{\ominus} + RT\ln a_{\mathrm{O^{2-},e}}$$

$$\mu_{\mathrm{e}} = \mu_{\mathrm{e}}^{\ominus}$$

由

$$\varphi_{\mathrm{阳,e}} = \frac{\Delta G_{\mathrm{m,阳,e}}}{4F}$$

得

$$\varphi_{\mathrm{阳,e}} = \varphi_{\mathrm{阳}}^{\ominus} + \frac{RT}{4F}\ln\frac{p_{\mathrm{O_2,e}}}{a_{\mathrm{O^{2-},e}}^{2}}$$

式中

$$\varphi_{\mathrm{阳}}^{\ominus} = \frac{\mu_{\mathrm{O_2(气)}}^{\ominus} - 2\mu_{\mathrm{O^{2-}}}^{\ominus} + 4\mu_{\mathrm{e}}^{\ominus}}{4F}$$

阳极有电流通过发生极化，阳极反应为

$$2\mathrm{O^{2-}} - 4\mathrm{e} = \!= \mathrm{O_2(气)}$$

阳极电势为

$$\varphi_{\mathrm{阳}} = \varphi_{\mathrm{阳,e}} + \Delta\varphi_{\mathrm{阳}}$$

则

$$\Delta\varphi_{\mathrm{阳}} = \varphi_{\mathrm{阳}} - \varphi_{\mathrm{阳,e}}$$

并有

$$A_{\mathrm{m,阳}} = -\Delta G_{\mathrm{m,阳}} = -4F\varphi_{\mathrm{阳}} = -4F(\varphi_{\mathrm{阳,e}} + \Delta\varphi_{\mathrm{阳}})$$

阳极反应速率为

$$\frac{\mathrm{d}N_{\mathrm{O_2(气)}}}{\mathrm{d}t} = \frac{1}{4}\frac{\mathrm{d}N_{\mathrm{e}}}{\mathrm{d}t} = -\frac{1}{2}\frac{\mathrm{d}N_{\mathrm{O^{2-}}}}{\mathrm{d}t} = Sj$$

式中，

$$\begin{aligned} j &= -l_1\left(\frac{A_{\mathrm{m,阳}}}{T}\right) - l_2\left(\frac{A_{\mathrm{m,阳}}}{T}\right)^2 - l_3\left(\frac{A_{\mathrm{m,阳}}}{T}\right)^3 - \cdots \\ &= -l_1'\left(\frac{\varphi_{\mathrm{阳}}}{T}\right) - l_2'\left(\frac{\varphi_{\mathrm{阳}}}{T}\right)^2 - l_3'\left(\frac{\varphi_{\mathrm{阳}}}{T}\right)^3 - \cdots \\ &= -l_1'' - l_2''\left(\frac{\Delta\varphi_{\mathrm{阳}}}{T}\right) - l_3''\left(\frac{\Delta\varphi_{\mathrm{阳}}}{T}\right)^2 - l_4''\left(\frac{\Delta\varphi_{\mathrm{阳}}}{T}\right)^3 - \cdots \end{aligned}$$

将上式代入

$$i = 4Fj$$

得

$$
\begin{aligned}
i &= 4Fj \\
&= -l_1^*\left(\frac{\varphi_{阳}}{T}\right) - l_2^*\left(\frac{\varphi_{阳}}{T}\right)^2 - l_3^*\left(\frac{\varphi_{阳}}{T}\right)^3 - \cdots \\
&= -l_1^{**} - l_2^{**}\left(\frac{\Delta\varphi_{阳}}{T}\right) - l_3^{**}\left(\frac{\Delta\varphi_{阳}}{T}\right)^2 - l_4^{**}\left(\frac{\Delta\varphi_{阳}}{T}\right)^3 - \cdots
\end{aligned}
$$

3. 电解池电动势

电解池反应达到平衡

$$Ti^{4+} + 2O^{2-} = TiO_2 \rightleftharpoons Ti + O_2(气)$$

该过程的摩尔吉布斯自由能变化

$$\Delta G_{m,e} = \mu_{Ti} + \mu_{O_2(气)} - \mu_{TiO_2} = \Delta G_m^{\ominus} + RT\ln p_{O_2,e}$$

式中

$$\Delta G_m^{\ominus} = \mu_{Ti}^{\ominus} + \mu_{O_2(气)}^{\ominus} - \mu_{TiO_2}^{\ominus}$$

$$\mu_{Ti} = \mu_{Ti}^{\ominus}$$

$$\mu_{O_2(气)} = \mu_{O_2(气)}^{\ominus} + RT\ln p_{O_2,e}$$

$$\mu_{Ti^{4+}} = \mu_{Ti^{4+}}^{\ominus} + RT\ln a_{Ti^{4+},e}$$

$$\mu_{O^{2-}} = \mu_{O^{2-}}^{\ominus} + RT\ln a_{O^{2-},e}$$

如果

$$p_{O_2} = p^{\ominus}$$

则

$$\Delta G_m^{\ominus} = -\Delta_f G_{m,TiO_2}^{\ominus}$$

由

$$E_e = -\frac{\Delta G_{m,e}}{4F}$$

得

$$E_e = E^{\ominus} + \frac{RT}{4F}\ln\frac{1}{p_{O_2,e}}$$

式中

$$E^{\ominus} = -\frac{\Delta G_m^{\ominus}}{4F} = -\frac{\mu_{Ti}^{\ominus} + \mu_{O_2(气)}^{\ominus} - \mu_{TiO_2}^{\ominus}}{4F}$$

升高外电压，有电流通过电解池，电池反应为

$$TiO_2 = Ti + O_2$$

电解池外加电动势为

$$
\begin{aligned}
E' &= \varphi_{阳} - \varphi_{阴} \\
&= (\varphi_{阳,e} + \Delta\varphi_{阳}) - (\varphi_{阴,e} + \Delta\varphi_{阴}) \\
&= (\varphi_{阳,e} - \varphi_{阴,e}) + (\Delta\varphi_{阳} - \Delta\varphi_{阴}) \\
&= E'_e + \Delta E'
\end{aligned}
$$

式中

$$E'_e = \varphi_{阳,e} - \varphi_{阴,e}$$

$$\Delta E' = \Delta\varphi_{阳} - \Delta\varphi_{阴}$$

并有

$$A_m = -\Delta G_m = -4FE' = -4F(E'_e + \Delta E')$$

式中，E' 是电解池外加电动势；E'_e 是电解池外加平衡电动势；$\Delta E'$ 是电解池的过电势。

4. 电解池端电压

$$V' = E' + IR = E'_e + \Delta E' + IR$$

式中，I 是电解池装置的电流；R 是电解池装置的电阻。

5. 电解池反应速率

$$\frac{dN_{Ti}}{dt} = \frac{dN_{O_2}}{dt} = -\frac{dN_{TiO_2}}{dt} = Sj$$

式中

$$
\begin{aligned}
j &= -l_1\left(\frac{A_m}{T}\right) - l_2\left(\frac{A_m}{T}\right)^2 - l_3\left(\frac{A_m}{T}\right)^3 - \cdots \\
&= -l'_1\left(\frac{E'}{T}\right) - l'_2\left(\frac{E'}{T}\right)^2 - l'_3\left(\frac{E'}{T}\right)^3 - \cdots \\
&= -l''_1 - l''_2\left(\frac{\Delta E'}{T}\right) - l''_3\left(\frac{\Delta E'}{T}\right)^2 - l''_4\left(\frac{\Delta E'}{T}\right)^3 - \cdots
\end{aligned}
$$

将上式代入

$$i = 4Fj$$

得

$$
\begin{aligned}
i &= 4Fj \\
&= -l^*_1\left(\frac{E'}{T}\right) - l^*_2\left(\frac{E'}{T}\right)^2 - l^*_3\left(\frac{E'}{T}\right)^3 - \cdots \\
&= -l^{**}_1 - l^{**}_2\left(\frac{\Delta E'}{T}\right) - l^{**}_3\left(\frac{\Delta E'}{T}\right)^2 - l^{**}_4\left(\frac{\Delta E'}{T}\right)^3 - \cdots
\end{aligned}
$$

16.4.2 制备合金

电解池组成为

$$O_2 \mid TiO_2\text{-}NiO \mid Ti\text{-}Ni$$

阴极反应

$$Ti^{4+} + 4e = [Ti] \tag{i}$$

$$Ni^{2+} + 2e = [Ni] \tag{ii}$$

阳极反应

$$2O^{2-} - 4e = O_2(气) \tag{iii}$$

$$O^{2-} - 2e = \frac{1}{2}O_2(气) \tag{iv}$$

电池反应

$$Ti^{4+} + 2O^{2-} = TiO_2 = [Ti] + O_2(气)$$

$$Ni^{2+} + O^{2-} = NiO = [Ni] + \frac{1}{2}O_2(气)$$

1. TiO_2 电解

1）阴极电势

阴极反应达到平衡

$$Ti^{4+} + 4e \rightleftharpoons [Ti]$$

该过程的摩尔吉布斯自由能变化

$$\Delta G_{m,阴,e} = \mu_{[Ti]} - \mu_{Ti^{4+}} - 4\mu_e = \Delta G_{m,阴}^{\ominus} + RT\ln\frac{a_{[Ti],e}}{a_{Ti^{4+},e}}$$

式中

$$\Delta G_{m,阴}^{\ominus} = \mu_{Ti}^{\ominus} - \mu_{Ti^{4+}}^{\ominus} - 4\mu_e^{\ominus}$$

$$\mu_{[Ti]} = \mu_{Ti}^{\ominus} + RT\ln a_{[Ti],e}$$

$$\mu_{Ti^{4+}} = \mu_{Ti^{4+}}^{\ominus} + RT\ln a_{Ti^{4+},e}$$

$$\mu_e = \mu_e^{\ominus}$$

由

$$\varphi_{阴,e} = -\frac{\Delta G_{m,阴,e}}{4F}$$

得

$$\varphi_{阴,e} = \varphi_{阴}^{\ominus} + \frac{RT}{4F}\ln\frac{a_{Ti^{4+},e}}{a_{[Ti],e}}$$

式中

$$\varphi^{\ominus}_{阴,e} = -\frac{\Delta G^{\ominus}_{m,阴}}{4F} = -\frac{\mu^{\ominus}_{Ti} - \mu^{\ominus}_{Ti^{4+}} - 4\mu^{\ominus}_{e}}{4F}$$

升高外电压，阴极有电流通过，阴极发生极化，阴极反应为

$$Ti^{4+} + 4e = [Ti]$$

阴极电势为

$$\varphi_{阴} = \varphi_{阴,e} + \Delta\varphi_{阴}$$

则

$$\Delta\varphi_{阴} = \varphi_{阴} - \varphi_{阴,e}$$

并有

$$A_{m,阴} = -\Delta G_{m,阴} = 4F\varphi_{阴} = 4F(\varphi_{阴,e} + \Delta\varphi_{阴})$$

阴极反应速率为

$$\frac{dN_{[Ti]}}{dt} = -\frac{dN_{Ti^{4+}}}{dt} = -\frac{1}{4}\frac{dN_{e}}{dt} = Sj$$

式中，

$$\begin{aligned} j &= -l_1\left(\frac{A_{m,阴}}{T}\right) - l_2\left(\frac{A_{m,阴}}{T}\right)^2 - l_3\left(\frac{A_{m,阴}}{T}\right)^3 - \cdots \\ &= -l_1'\left(\frac{\varphi_{阴}}{T}\right) - l_2'\left(\frac{\varphi_{阴}}{T}\right)^2 - l_3'\left(\frac{\varphi_{阴}}{T}\right)^3 - \cdots \\ &= -l_1'' - l_2''\left(\frac{\Delta\varphi_{阴}}{T}\right) - l_3''\left(\frac{\Delta\varphi_{阴}}{T}\right)^2 - l_4''\left(\frac{\Delta\varphi_{阴}}{T}\right)^3 - \cdots \end{aligned}$$

将上式代入

$$i = 4Fj$$

得

$$\begin{aligned} i &= 4Fj \\ &= -l_1^{*}\left(\frac{\varphi_{阴}}{T}\right) - l_2^{*}\left(\frac{\varphi_{阴}}{T}\right)^2 - l_3^{*}\left(\frac{\varphi_{阴}}{T}\right)^3 - \cdots \\ &= -l_1^{**} - l_2^{**}\left(\frac{\Delta\varphi_{阴}}{T}\right) - l_3^{**}\left(\frac{\Delta\varphi_{阴}}{T}\right)^2 - l_4^{**}\left(\frac{\Delta\varphi_{阴}}{T}\right)^3 - \cdots \end{aligned}$$

2）阳极电势

阳极反应达成平衡

$$2O^{2-} - 4e \rightleftharpoons O_2(气)$$

该过程的摩尔吉布斯自由能变化为

$$\Delta G_{m,阳,e}=\mu_{O_2(气)}-2\mu_{O^{2-}}+4\mu_e=\Delta G^{\ominus}_{m,阳}+RT\ln\frac{p_{O_2,e}}{a^2_{O^{2-},e}}$$

式中，

$$\Delta G^{\ominus}_{m,阳}=\mu^{\ominus}_{O_2(气)}-2\mu^{\ominus}_{O^{2-}}+4\mu^{\ominus}_e$$

$$\mu_{O_2(气)}=\mu^{\ominus}_{O_2(气)}+RT\ln p_{O_2,e}$$

$$\mu_{O^{2-}}=\mu^{\ominus}_{O^{2-}}+RT\ln a_{O^{2-},e}$$

$$\mu_e=\mu^{\ominus}_e$$

由

$$\varphi_{阳,e}=\frac{\Delta G_{m,阳,e}}{4F}$$

得

$$\varphi_{阳,e}=\varphi^{\ominus}_{阳}+\frac{RT}{4F}\ln\frac{p_{O_2,e}}{a^2_{O^{2-},e}}$$

式中

$$\varphi^{\ominus}_{阳}=\frac{\mu^{\ominus}_{O_2(气)}-2\mu^{\ominus}_{O^{2-}}+4\mu^{\ominus}_e}{4F}$$

升高外电压，阳极有电流通过，阳极发生极化，阳极反应为

$$2O^{2-}-4e=\!=\!=O_2(气)$$

阳极电势为

$$\varphi_{阳}=\varphi_{阳,e}+\Delta\varphi_{阳}$$

则

$$\Delta\varphi_{阳}=\varphi_{阳}-\varphi_{阳,e}$$

并有

$$A_{m,阳}=-\Delta G_{m,阳}=-4F\varphi_{阳}=-4F(\varphi_{阳,e}+\Delta\varphi_{阳})$$

阳极反应速率为

$$\frac{dN_{O_2(气)}}{dt}=\frac{1}{4}\frac{dN_e}{dt}=-\frac{1}{2}\frac{dN_{O^{2-}}}{dt}=Sj$$

式中，

$$j=-l_1\left(\frac{A_{m,阳}}{T}\right)-l_2\left(\frac{A_{m,阳}}{T}\right)^2-l_3\left(\frac{A_{m,阳}}{T}\right)^3-\cdots$$

$$=-l'_1\left(\frac{\varphi_{阳}}{T}\right)-l'_2\left(\frac{\varphi_{阳}}{T}\right)^2-l'_3\left(\frac{\varphi_{阳}}{T}\right)^3-\cdots$$

$$=-l''_1-l''_2\left(\frac{\Delta\varphi_{阳}}{T}\right)-l''_3\left(\frac{\Delta\varphi_{阳}}{T}\right)^2-l''_4\left(\frac{\Delta\varphi_{阳}}{T}\right)^3-\cdots$$

将上式代入

$$i = 4Fj$$

得

$$\begin{aligned} i &= 4Fj \\ &= -l_1^*\left(\frac{\varphi_{阳}}{T}\right) - l_2^*\left(\frac{\varphi_{阳}}{T}\right)^2 - l_3^*\left(\frac{\varphi_{阳}}{T}\right)^3 - \cdots \\ &= -l_1^{**} - l_2^{**}\left(\frac{\Delta\varphi_{阳}}{T}\right) - l_3^{**}\left(\frac{\Delta\varphi_{阳}}{T}\right)^2 - l_4^{**}\left(\frac{\Delta\varphi_{阳}}{T}\right)^3 - \cdots \end{aligned}$$

3）电解池电动势

电解池反应达到平衡

$$Ti^{4+} + 2O^{2-} = TiO_2 \rightleftharpoons [Ti] + O_2(气)$$

该过程的摩尔吉布斯自由能变化为

$$\Delta G_{m,e} = \mu_{[Ti]} + \mu_{O_2(气)} - \mu_{TiO_2} = \Delta G_m^\ominus + RT\ln(a_{[Ti],e}p_{O_2,e})$$

式中，

$$\begin{aligned} \Delta G_m^\ominus &= \mu_{Ti}^\ominus + \mu_{O_2(气)}^\ominus - \mu_{TiO_2}^\ominus \\ \mu_{[Ti]} &= \mu_{Ti}^\ominus + RT\ln a_{[Ti],e} \\ \mu_{O_2(气)} &= \mu_{O_2(气)}^\ominus + RT\ln p_{O_2,e} \\ \mu_{TiO_2} &= \mu_{TiO_2}^\ominus \end{aligned}$$

由

$$E_e = -\frac{\Delta G_{m,e}}{4F}$$

得

$$E_e = E^\ominus + \frac{RT}{4F}\ln\frac{1}{a_{[Ti],e}p_{O_2,e}}$$

式中，

$$E^\ominus = -\frac{\Delta G_m^\ominus}{4F} = -\frac{\mu_{Ti}^\ominus + \mu_{O_2(气)}^\ominus - \mu_{TiO_2}^\ominus}{4F}$$

升高外电压，有电流通过电解池，发生极化，电解池反应为

$$TiO_2 = [Ti] + O_2(气)$$

电解池外加电动势为

$$\begin{aligned} E' &= \varphi_{阳} - \varphi_{阴} \\ &= (\varphi_{阳,e} + \Delta\varphi_{阳}) - (\varphi_{阴,e} + \Delta\varphi_{阴}) \\ &= (\varphi_{阳,e} - \varphi_{阴,e}) + (\Delta\varphi_{阳} - \Delta\varphi_{阴}) \\ &= E_e' + \Delta E' \end{aligned}$$

式中

$$E'_{\mathrm{e}} = \varphi_{阳,\mathrm{e}} - \varphi_{阴,\mathrm{e}}$$

$$\Delta E' = \Delta\varphi_{阳} - \Delta\varphi_{阴}$$

并有

$$A_{\mathrm{m}} = -\Delta G_{\mathrm{m}} = -4FE' = -4F(E'_{\mathrm{e}} + \Delta E')$$

式中，E' 是极化的电解池电动势；E'_{e} 是电解池平衡电动势；$\Delta E'$ 是电解池的过电势。

电池端电压

$$V' = E' + IR = E'_{\mathrm{e}} + \Delta E' + IR$$

式中，I 是电解池装置的电流；R 是电解池装置的电阻。

电解池反应速率

$$\frac{\mathrm{d}N_{[\mathrm{Ti}]}}{\mathrm{d}t} = \frac{\mathrm{d}N_{\mathrm{O_2(气)}}}{\mathrm{d}t} = -\frac{\mathrm{d}N_{\mathrm{TiO_2}}}{\mathrm{d}t} = Sj$$

式中

$$\begin{aligned} j &= -l_1\left(\frac{A_{\mathrm{m}}}{T}\right) - l_2\left(\frac{A_{\mathrm{m}}}{T}\right)^2 - l_3\left(\frac{A_{\mathrm{m}}}{T}\right)^3 - \cdots \\ &= -l'_1\left(\frac{E'}{T}\right) - l'_2\left(\frac{E'}{T}\right)^2 - l'_3\left(\frac{E'}{T}\right)^3 - \cdots \\ &= -l''_1 - l''_2\left(\frac{\Delta E'}{T}\right) - l''_3\left(\frac{\Delta E'}{T}\right)^2 - l''_4\left(\frac{\Delta E'}{T}\right)^3 - \cdots \end{aligned}$$

将上式代入

$$i = 4Fj$$

得

$$\begin{aligned} i &= 4Fj \\ &= -l^*_1\left(\frac{E'}{T}\right) - l^*_2\left(\frac{E'}{T}\right)^2 - l^*_3\left(\frac{E'}{T}\right)^3 - \cdots \\ &= -l^{**}_1 - l^{**}_2\left(\frac{\Delta E'}{T}\right) - l^{**}_3\left(\frac{\Delta E'}{T}\right)^2 - l^{**}_4\left(\frac{\Delta E'}{T}\right)^3 - \cdots \end{aligned}$$

2. NiO 电解

1）阴极电势

阴极反应达到平衡

$$\mathrm{Ni^{2+}} + 2\mathrm{e} \rightleftharpoons [\mathrm{Ni}]$$

该过程的摩尔吉布斯自由能变化为

$$\Delta G_{\mathrm{m},阴,\mathrm{e}} = \mu_{[\mathrm{Ni}]} - \mu_{\mathrm{Ni^{2+}}} - 2\mu_{\mathrm{e}} = \Delta G^{\ominus}_{\mathrm{m},阴} + RT\ln\frac{a_{[\mathrm{Ni}],\mathrm{e}}}{a_{\mathrm{Ni^{2+}},\mathrm{e}}}$$

式中

$$\Delta G_{m,阴}^{\ominus} = \mu_{Ni}^{\ominus} - \mu_{Ni^{2+}}^{\ominus} - 2\mu_{e}^{\ominus}$$

$$\mu_{[Ni]} = \mu_{Ni}^{\ominus} + RT\ln a_{[Ni],e}$$

$$\mu_{Ni^{2+}} = \mu_{Ni^{2+}}^{\ominus} + RT\ln a_{Ni^{2+},e}$$

$$\mu_{e} = \mu_{e}^{\ominus}$$

由

$$\varphi_{阴,e} = -\frac{\Delta G_{m,阴,e}}{2F}$$

得

$$\varphi_{阴,e} = \varphi_{阴}^{\ominus} + \frac{RT}{2F}\ln\frac{a_{Ni^{2+},e}}{a_{[Ni],e}}$$

式中

$$\varphi_{阴,e}^{\ominus} = -\frac{\Delta G_{m,阴}^{\ominus}}{2F} = -\frac{\mu_{Ni}^{\ominus} - \mu_{Ni^{2+}}^{\ominus} - 2\mu_{e}^{\ominus}}{2F}$$

阴极有电流通过，发生极化，阴极反应为

$$Ni^{2+} + 2e = [Ni]$$

阴极电势为

$$\varphi_{阴} = \varphi_{阴,e} + \Delta\varphi_{阴}$$

则

$$\Delta\varphi_{阴} = \varphi_{阴} - \varphi_{阴,e}$$

并有

$$A_{m,阴} = -\Delta G_{m,阴} = 2F\varphi_{阴} = 2F(\varphi_{阴,e} + \Delta\varphi_{阴})$$

阴极反应速率为

$$\frac{dN_{[Ni]}}{dt} = -\frac{dN_{Ni^{2+}}}{dt} = -\frac{1}{2}\frac{dN_{e}}{dt} = Sj$$

式中

$$\begin{aligned} j &= -l_1\left(\frac{A_{m,阴}}{T}\right) - l_2\left(\frac{A_{m,阴}}{T}\right)^2 - l_3\left(\frac{A_{m,阴}}{T}\right)^3 - \cdots \\ &= -l_1'\left(\frac{\varphi_{阴}}{T}\right) - l_2'\left(\frac{\varphi_{阴}}{T}\right)^2 - l_3'\left(\frac{\varphi_{阴}}{T}\right)^3 - \cdots \\ &= -l_1'' - l_2''\left(\frac{\Delta\varphi_{阴}}{T}\right) - l_3''\left(\frac{\Delta\varphi_{阴}}{T}\right)^2 - l_4''\left(\frac{\Delta\varphi_{阴}}{T}\right)^3 - \cdots \end{aligned}$$

将上式代入

$$i = 2Fj$$

得

$$\begin{aligned} i &= 2Fj \\ &= -l_1^*\left(\frac{\varphi_{阴}}{T}\right)-l_2^*\left(\frac{\varphi_{阴}}{T}\right)^2-l_3^*\left(\frac{\varphi_{阴}}{T}\right)^3-\cdots \\ &= -l_1^{**}-l_2^{**}\left(\frac{\Delta\varphi_{阴}}{T}\right)-l_3^{**}\left(\frac{\Delta\varphi_{阴}}{T}\right)^2-l_4^{**}\left(\frac{\Delta\varphi_{阴}}{T}\right)^3-\cdots \end{aligned}$$

2）阳极电势

阳极反应达成平衡

$$O^{2-}-2e \rightleftharpoons \frac{1}{2}O_2(气)$$

该过程的摩尔吉布斯自由能变化为

$$\Delta G_{m,阳,e}=\frac{1}{2}\mu_{O_2(气)}-\mu_{O^{2-}}+2\mu_e=\Delta G_{m,阳}^{\ominus}+RT\ln\frac{p_{O_2,e}^{1/2}}{a_{O^{2-},e}}$$

式中，

$$\Delta G_{m,阳}^{\ominus}=\frac{1}{2}\mu_{O_2(气)}^{\ominus}-\mu_{O^{2-}}^{\ominus}+2\mu_e^{\ominus}$$

$$\mu_{O_2(气)}=\mu_{O_2(气)}^{\ominus}+RT\ln p_{O_2,e}$$

$$\mu_{O^{2-}}=\mu_{O^{2-}}^{\ominus}+RT\ln a_{O^{2-},e}$$

$$\mu_e=\mu_e^{\ominus}$$

由

$$\varphi_{阳,e}=\frac{\Delta G_{m,阳,e}}{2F}$$

得

$$\varphi_{阳,e}=\varphi_{阳}^{\ominus}+\frac{RT}{2F}\ln\frac{p_{O^{2-},e}^{1/2}}{a_{O^{2-},e}}$$

式中

$$\varphi_{阳}^{\ominus}=\frac{\frac{1}{2}\mu_{O_2(气)}^{\ominus}-\mu_{O^{2-}}^{\ominus}+2\mu_e^{\ominus}}{2F}$$

阳极有电流通过，发生极化，阳极反应为

$$O^{2-}-2e = \frac{1}{2}O_2(气)$$

阳极电势为

$$\varphi_{阳}=\varphi_{阳,e}+\Delta\varphi_{阳}$$

则

$$\Delta\varphi_{阳}=\varphi_{阳}-\varphi_{阳,e}$$

并有

$$A_{m,阳} = -\Delta G_{m,阳} = -2F\varphi_{阳} = -2F(\varphi_{阳,e} + \Delta\varphi_{阳})$$

阳极反应速率为

$$2\frac{dN_{O_2(气)}}{dt} = \frac{1}{2}\frac{dN_e}{dt} = -\frac{dN_{O^{2-}}}{dt} = Sj$$

式中

$$\begin{aligned} j &= -l_1\left(\frac{A_{m,阳}}{T}\right) - l_2\left(\frac{A_{m,阳}}{T}\right)^2 - l_3\left(\frac{A_{m,阳}}{T}\right)^3 - \cdots \\ &= -l_1'\left(\frac{\varphi_{阳}}{T}\right) - l_2'\left(\frac{\varphi_{阳}}{T}\right)^2 - l_3'\left(\frac{\varphi_{阳}}{T}\right)^3 - \cdots \\ &= -l_1'' - l_2''\left(\frac{\Delta\varphi_{阳}}{T}\right) - l_3''\left(\frac{\Delta\varphi_{阳}}{T}\right)^2 - l_4''\left(\frac{\Delta\varphi_{阳}}{T}\right)^3 - \cdots \end{aligned}$$

将上式代入

$$i = 2Fj$$

得

$$\begin{aligned} i &= 2Fj \\ &= -l_1^*\left(\frac{\varphi_{阳}}{T}\right) - l_2^*\left(\frac{\varphi_{阳}}{T}\right)^2 - l_3^*\left(\frac{\varphi_{阳}}{T}\right)^3 - \cdots \\ &= -l_1^{**}\left(\frac{\Delta\varphi_{阳}}{T}\right) - l_2^{**}\left(\frac{\Delta\varphi_{阳}}{T}\right)^2 - l_3^{**}\left(\frac{\Delta\varphi_{阳}}{T}\right)^3 - \cdots \end{aligned}$$

3）电解池电动势

电解池反应达到平衡

$$NiO \rightleftharpoons [Ni] + \frac{1}{2}O_2(气)$$

摩尔吉布斯自由能变化

$$\Delta G_{m,e} = \mu_{[Ni]} + \frac{1}{2}\mu_{O_2(气)} - \mu_{NiO} = \Delta G_m^{\ominus} + RT\ln a_{[Ni],e}\, p_{O_2,e}^{1/2}$$

式中

$$\Delta G_m^{\ominus} = \mu_{Ni}^{\ominus} + \frac{1}{2}\mu_{O_2(气)}^{\ominus} - \mu_{NiO}^{\ominus}$$

$$\mu_{[Ni]} = \mu_{Ni}^{\ominus} + RT\ln a_{[Ni],e}$$

$$\mu_{O_2(气)} = \mu_{O_2(气)}^{\ominus} + RT\ln p_{O_2,e}$$

$$\mu_{NiO} = \mu_{NiO}^{\ominus}$$

由

$$E_e = -\frac{\Delta G_{m,e}}{2F}$$

得
$$E_{\mathrm{e}} = E^{\ominus} + \frac{RT}{2F}\ln\frac{1}{a_{[\mathrm{Ni}],\mathrm{e}}\, p_{\mathrm{O}_2,\mathrm{e}}^{1/2}}$$

式中

$$E^{\ominus} = -\frac{\Delta G_{\mathrm{m}}^{\ominus}}{2F} = -\frac{\mu_{\mathrm{Ni}}^{\ominus} + \frac{1}{2}\mu_{\mathrm{O}_2(\text{气})}^{\ominus} - \mu_{\mathrm{NiO}}^{\ominus}}{2F}$$

电解池有电流通过，发生极化，电解池反应为

$$\mathrm{NiO} = [\mathrm{Ni}] + \frac{1}{2}\mathrm{O}_2(\text{气})$$

电解池外加电动势为

$$\begin{aligned} E' &= \varphi_{\text{阳}} - \varphi_{\text{阴}} \\ &= (\varphi_{\text{阳},\mathrm{e}} + \Delta\varphi_{\text{阳}}) - (\varphi_{\text{阴},\mathrm{e}} + \Delta\varphi_{\text{阴}}) \\ &= (\varphi_{\text{阳},\mathrm{e}} - \varphi_{\text{阴},\mathrm{e}}) + (\Delta\varphi_{\text{阳}} - \Delta\varphi_{\text{阴}}) \\ &= E'_{\mathrm{e}} + \Delta E' \end{aligned}$$

式中

$$E'_{\mathrm{e}} = \varphi_{\text{阳},\mathrm{e}} - \varphi_{\text{阴},\mathrm{e}}$$
$$\Delta E' = \Delta\varphi_{\text{阳}} - \Delta\varphi_{\text{阴}}$$

并有

$$A_{\mathrm{m}} = -\Delta G_{\mathrm{m}} = -2FE' = -2F(E'_{\mathrm{e}} + \Delta E')$$

4）电解池端电压

$$V' = E' + IR = E'_{\mathrm{e}} + \Delta E' + IR$$

5）电解池反应速率

$$\frac{\mathrm{d}N_{[\mathrm{Ni}]}}{\mathrm{d}t} = 2\frac{\mathrm{d}N_{\mathrm{O}_2(\text{气})}}{\mathrm{d}t} = -\frac{\mathrm{d}N_{\mathrm{NiO}}}{\mathrm{d}t} = Sj$$

式中

$$\begin{aligned} j &= -l_1\left(\frac{A_{\mathrm{m}}}{T}\right) - l_2\left(\frac{A_{\mathrm{m}}}{T}\right)^2 - l_3\left(\frac{A_{\mathrm{m}}}{T}\right)^3 - \cdots \\ &= -l'_1\left(\frac{E'}{T}\right) - l'_2\left(\frac{E'}{T}\right)^2 - l'_3\left(\frac{E'}{T}\right)^3 - \cdots \\ &= -l''_1 - l''_2\left(\frac{\Delta E'}{T}\right) - l''_3\left(\frac{\Delta E'}{T}\right)^2 - l''_4\left(\frac{\Delta E'}{T}\right)^3 - \cdots \end{aligned}$$

将上式代入

$$i = 2Fj$$

得

$$\begin{aligned} i &= 2Fj \\ &= -l_1^*\left(\frac{E'}{T}\right) - l_2^*\left(\frac{E'}{T}\right)^2 - l_3^*\left(\frac{E'}{T}\right)^3 - \cdots \\ &= -l_1^{**} - l_2^{**}\left(\frac{\Delta E'}{T}\right) - l_3^{**}\left(\frac{\Delta E'}{T}\right)^2 - l_4^{**}\left(\frac{\Delta E'}{T}\right)^3 - \cdots \end{aligned}$$

电解过程中，TiO_2 的 $\varphi_{阳}$ 和 NiO 的 $\varphi_{阳}$ 相同，TiO_2 的 $\varphi_{阴}$ 和 NiO 的 $\varphi_{阴}$ 相同，但二者的过电势不同。NiO 比 TiO_2 电解进行得快，但二者都会反应完。因此，按什么比例配料就可以得什么比例的产物。

16.4.3　用硫化物直接电解制备金属

电解池组成为

$$S_2 \mid MeS \mid Me$$

阴极反应

$$Me^{2+} + 2e = Me$$

阳极反应

$$S^{2-} - 2e = \frac{1}{2}S_2(气)$$

电解池反应

$$MeS = Me + \frac{1}{2}S_2(气)$$

1. 阴极电势

阴极反应达到平衡

$$Me^{2+} + 2e \rightleftharpoons Me$$

该过程的摩尔吉布斯自由能变化为

$$\Delta G_{m,阴,e} = \mu_{Me} - \mu_{Me^{2+}} - 2\mu_e = \Delta G_{m,阴}^{\ominus} + RT\ln\frac{1}{a_{Me^{2+},e}}$$

式中

$$\begin{aligned} \Delta G_{m,阴}^{\ominus} &= \mu_{Me}^{\ominus} - \mu_{Me^{2+}}^{\ominus} - 2\mu_e^{\ominus} \\ \mu_{Me} &= \mu_{Me}^{\ominus} \\ \mu_{Me^{2+}} &= \mu_{Me^{2+}}^{\ominus} + RT\ln a_{Me^{2+},e} \\ \mu_e &= \mu_e^{\ominus} \end{aligned}$$

由
$$\varphi_{阴,e} = -\frac{\Delta G_{m,阴,e}}{2F}$$

得
$$\varphi_{阴,e} = \varphi_{阴}^{\ominus} + \frac{RT}{2F}\ln a_{Me^{2+},e}$$

式中
$$\varphi_{阴,e}^{\ominus} = -\frac{\Delta G_{m,阴}^{\ominus}}{2F} = -\frac{\mu_{Me}^{\ominus} - \mu_{Me^{2+}}^{\ominus} - 2\mu_{e}^{\ominus}}{2F}$$

阴极有电流通过，发生极化，阴极反应为

$$Me^{2+} + 2e = Me$$

阴极电势为
$$\varphi_{阴} = \varphi_{阴,e} + \Delta\varphi_{阴}$$

则
$$\Delta\varphi_{阴} = \varphi_{阴} - \varphi_{阴,e}$$

并有
$$A_{m,阴} = -\Delta G_{m,阴} = 2F\varphi_{阴} = 2F(\varphi_{阴,e} + \Delta\varphi_{阴})$$

阴极反应速率为
$$\frac{dN_{Me}}{dt} = -\frac{dN_{Me^{2+}}}{dt} = -\frac{1}{2}\frac{dN_{e}}{dt} = Sj$$

式中，
$$\begin{aligned} j &= -l_1\left(\frac{A_{m,阴}}{T}\right) - l_2\left(\frac{A_{m,阴}}{T}\right)^2 - l_3\left(\frac{A_{m,阴}}{T}\right)^3 - \cdots \\ &= -l_1'\left(\frac{\varphi_{阴}}{T}\right) - l_2'\left(\frac{\varphi_{阴}}{T}\right)^2 - l_3'\left(\frac{\varphi_{阴}}{T}\right)^3 - \cdots \\ &= -l_1'' - l_2''\left(\frac{\Delta\varphi_{阴}}{T}\right) - l_3''\left(\frac{\Delta\varphi_{阴}}{T}\right)^2 - l_4''\left(\frac{\Delta\varphi_{阴}}{T}\right)^3 - \cdots \end{aligned}$$

将上式代入
$$i = 2Fj$$

得
$$\begin{aligned} i &= 2Fj \\ &= -l_1^*\left(\frac{\varphi_{阴}}{T}\right) - l_2^*\left(\frac{\varphi_{阴}}{T}\right)^2 - l_3^*\left(\frac{\varphi_{阴}}{T}\right)^3 - \cdots \\ &= -l_1^{**} - l_2^{**}\left(\frac{\Delta\varphi_{阴}}{T}\right) - l_3^{**}\left(\frac{\Delta\varphi_{阴}}{T}\right)^2 - l_4^{**}\left(\frac{\Delta\varphi_{阴}}{T}\right)^3 - \cdots \end{aligned}$$

2. 阳极电势

阳极反应达成平衡

$$S^{2-} - 2e \rightleftharpoons \frac{1}{2}S_2(气)$$

该过程的摩尔吉布斯自由能变化为

$$\Delta G_{m,阳,e} = \frac{1}{2}\mu_{S_2(气)} - \mu_{S^{2-}} + 2\mu_e = \Delta G_{m,阳}^{\ominus} + RT\ln\frac{p_{S_2,e}^{1/2}}{a_{S^{2-},e}}$$

式中

$$\Delta G_{m,阳}^{\ominus} = \frac{1}{2}\mu_{S_2(气)}^{\ominus} - \mu_{S^{2-}}^{\ominus} + 2\mu_e^{\ominus}$$

$$\mu_{S_2(气)} = \mu_{S_2(气)}^{\ominus} + RT\ln p_{S_2,e}$$

$$\mu_{S^{2-}} = \mu_{S^{2-}}^{\ominus} + RT\ln a_{S^{2-},e}$$

$$\mu_e = \mu_e^{\ominus}$$

由

$$\varphi_{阳,e} = \frac{\Delta G_{m,阳,e}}{2F}$$

得

$$\varphi_{阳,e} = \varphi_{阳}^{\ominus} + \frac{RT}{2F}\ln\frac{p_{S_2,e}^{1/2}}{a_{S^{2-},e}}$$

式中

$$\varphi_{阳}^{\ominus} = \frac{\frac{1}{2}\mu_{S_2(气)}^{\ominus} - \mu_{S^{2-}}^{\ominus} + 2\mu_e^{\ominus}}{2F}$$

阳极有电流通过，发生极化，阳极反应为

$$S^{2-} - 2e = \frac{1}{2}S_2(气)$$

阳极电势为

$$\varphi_{阳} = \varphi_{阳,e} + \Delta\varphi_{阳}$$

则

$$\Delta\varphi_{阳} = \varphi_{阳} - \varphi_{阳,e}$$

并有

$$A_{m,阳} = -\Delta G_{m,阳} = -2F\varphi_{阳} = -2F(\varphi_{阳,e} + \Delta\varphi_{阳})$$

阳极反应速率为

$$2\frac{dN_{S_2(气)}}{dt} = \frac{1}{2}\frac{dN_e}{dt} = -\frac{dN_{S^{2-}}}{dt} = Sj$$

式中

$$j = -l_1\left(\frac{A_{m,阳}}{T}\right) - l_2\left(\frac{A_{m,阳}}{T}\right)^2 - l_3\left(\frac{A_{m,阳}}{T}\right)^3 - \cdots$$

$$= -l_1'\left(\frac{\varphi_{阳}}{T}\right) - l_2'\left(\frac{\varphi_{阳}}{T}\right)^2 - l_3'\left(\frac{\varphi_{阳}}{T}\right)^3 - \cdots$$

$$= -l_1'' - l_2''\left(\frac{\Delta\varphi_{阳}}{T}\right) - l_3''\left(\frac{\Delta\varphi_{阳}}{T}\right)^2 - l_4''\left(\frac{\Delta\varphi_{阳}}{T}\right)^3 - \cdots$$

将上式代入

$$i = 2Fj$$

得

$$i = 2Fj$$

$$= -l_1^*\left(\frac{\varphi_{阳}}{T}\right) - l_2^*\left(\frac{\varphi_{阳}}{T}\right)^2 - l_3^*\left(\frac{\varphi_{阳}}{T}\right)^3 - \cdots$$

$$= -l_1^{**} - l_2^{**}\left(\frac{\Delta\varphi_{阳}}{T}\right) - l_3^{**}\left(\frac{\Delta\varphi_{阳}}{T}\right)^2 - l_4^{**}\left(\frac{\Delta\varphi_{阳}}{T}\right)^3 - \cdots$$

3. 电解池电动势

电解池反应达到平衡

$$\mathrm{MeS} \rightleftharpoons \mathrm{Me} + \frac{1}{2}\mathrm{S_2(气)}$$

该过程的摩尔吉布斯自由能变化为

$$\Delta G_{m,e} = \mu_{Me} + \frac{1}{2}\mu_{S_2(气)} - \mu_{MeS} = \Delta G_m^{\ominus} + RT\ln p_{S_2,e}^{1/2}$$

式中

$$\Delta G_m^{\ominus} = \mu_{Me}^{\ominus} + \frac{1}{2}\mu_{S_2(气)}^{\ominus} - \mu_{MeS}^{\ominus}$$

$$\mu_{Me} = \mu_{Me}^{\ominus}$$

$$\mu_{S_2(气)} = \mu_{S_2(气)}^{\ominus} + RT\ln p_{S_2,e}$$

$$\mu_{MeS} = \mu_{MeS}^{\ominus}$$

由

$$E_e = -\frac{\Delta G_{m,e}}{2F}$$

得

$$E_e = E^{\ominus} + \frac{RT}{2F}\ln\frac{1}{p_{S_2,e}^{1/2}}$$

式中

$$E^{\ominus}=-\frac{\Delta G_{\mathrm{m}}^{\ominus}}{2F}=-\frac{\mu_{\mathrm{Me}}^{\ominus}+\frac{1}{2}\mu_{\mathrm{S_2(气)}}^{\ominus}-\mu_{\mathrm{MeS}}^{\ominus}}{2F}$$

电解池有电流通过，发生极化，电解池反应为

$$\mathrm{MeS} = \mathrm{Me}+\frac{1}{2}\mathrm{S_2(气)}$$

电解池外加电动势为

$$\begin{aligned}E' &= \varphi_{阳}-\varphi_{阴}\\&=(\varphi_{阳,\mathrm{e}}+\Delta\varphi_{阳})-(\varphi_{阴,\mathrm{e}}+\Delta\varphi_{阴})\\&=(\varphi_{阳,\mathrm{e}}-\varphi_{阴,\mathrm{e}})+(\Delta\varphi_{阳}-\Delta\varphi_{阴})\\&=E'_{\mathrm{e}}+\Delta E'\end{aligned}$$

式中

$$E'_{\mathrm{e}}=\varphi_{阳,\mathrm{e}}-\varphi_{阴,\mathrm{e}}$$

$$\Delta E'=\Delta\varphi_{阳}-\Delta\varphi_{阴}$$

并有

$$A_{\mathrm{m}}=-\Delta G_{\mathrm{m}}=-2FE'=-2F(E'_{\mathrm{e}}+\Delta E')$$

式中，E' 是外加的极化电解池的电动势；E'_{e} 是外加的电解池平衡电动势；$\Delta E'$ 是电解池的过电势。

4. 电解池端电压

$$V'=E'+IR=E'_{\mathrm{e}}+\Delta E'+IR$$

5. 电解池反应速率

$$\frac{\mathrm{d}N_{\mathrm{Me}}}{\mathrm{d}t}=2\frac{\mathrm{d}N_{\mathrm{S_2(气)}}}{\mathrm{d}t}=-\frac{\mathrm{d}N_{\mathrm{MeS}}}{\mathrm{d}t}=Sj$$

式中

$$\begin{aligned}j&=-l_1\left(\frac{A_{\mathrm{m}}}{T}\right)-l_2\left(\frac{A_{\mathrm{m}}}{T}\right)^2-l_3\left(\frac{A_{\mathrm{m}}}{T}\right)^3-\cdots\\&=-l'_1\left(\frac{E'}{T}\right)-l'_2\left(\frac{E'}{T}\right)^2-l'_3\left(\frac{E'}{T}\right)^3-\cdots\\&=-l''_1-l''_2\left(\frac{\Delta E'}{T}\right)-l''_3\left(\frac{\Delta E'}{T}\right)^2-l''_4\left(\frac{\Delta E'}{T}\right)^3-\cdots\end{aligned}$$

将上式代入

$$i = 2Fj$$

得

$$\begin{aligned} i &= 2Fj \\ &= -l_1^*\left(\frac{E'}{T}\right) - l_2^*\left(\frac{E'}{T}\right)^2 - l_3^*\left(\frac{E'}{T}\right)^3 - \cdots \\ &= -l_1^{**} - l_2^{**}\left(\frac{\Delta E'}{T}\right) - l_3^{**}\left(\frac{\Delta E'}{T}\right)^2 - l_4^{**}\left(\frac{\Delta E'}{T}\right)^3 - \cdots \end{aligned}$$

第 17 章　一 次 电 池

17.1　Zn/Ag_2O 电池

Zn/Ag_2O 电池 Zn 为负极，Ag_2O 为正极，电解液为 KOH 和 NaOH。电压为 1.6V，能量密度为 150W·h/kg。

电池组成为

$$Zn\,|\,Zn(OH)_2 + NaOH + H_2O\,|\,Ag_2O\,|\,Ag$$

阴极反应

$$Ag_2O + H_2O + 2e =\!=\!= 2Ag + 2OH^-$$

阳极反应

$$Zn + 2OH^- =\!=\!= Zn(OH)_2 + 2e$$

电池反应

$$Ag_2O + H_2O + Zn =\!=\!= 2Ag + Zn(OH)_2$$

1. 阴极电势

阴极反应达到平衡

$$Ag_2O + H_2O + 2e \rightleftharpoons 2Ag + 2OH^-$$

该过程的摩尔吉布斯自由能变化为

$$\Delta G_{m,阴,e} = 2\mu_{Ag} + 2\mu_{OH^-} - \mu_{Ag_2O} - \mu_{H_2O} - 2\mu_e = \Delta G_{m,阴}^{\ominus} + RT\ln\frac{a_{OH^-,e}^2}{a_{H_2O,e}}$$

式中

$$\Delta G_{m,阴}^{\ominus} = 2\mu_{Ag}^{\ominus} + 2\mu_{OH^-}^{\ominus} - \mu_{Ag_2O}^{\ominus} - \mu_{H_2O}^{\ominus} - 2\mu_e^{\ominus}$$

$$\mu_{OH^-} = \mu_{OH^-}^{\ominus} + RT\ln a_{OH^-,e}$$

$$\mu_{Ag_2O} = \mu_{Ag_2O}^{\ominus}$$

$$\mu_{H_2O} = \mu_{H_2O}^{\ominus} + RT\ln a_{H_2O,e}$$

$$\mu_e = \mu_e^{\ominus}$$

由

$$\varphi_{阴,e} = -\frac{\Delta G_{m,阴,e}}{2F}$$

得

$$\varphi_{阴,e} = \varphi_{阴}^{\ominus} + \frac{RT}{2F}\ln\frac{a_{H_2O,e}}{a_{OH^-,e}^2}$$

式中

$$\varphi_{阴}^{\ominus} = -\frac{\Delta G_{m,阴}^{\ominus}}{2F} = -\frac{2\mu_{Ag}^{\ominus} + 2\mu_{OH^-}^{\ominus} - \mu_{Ag_2O}^{\ominus} - \mu_{H_2O}^{\ominus} - 2\mu_{e}^{\ominus}}{2F}$$

阴极有电流通过，发生极化，阴极反应为

$$Ag_2O + H_2O + 2e = 2Ag + 2OH^-$$

阴极电势为

$$\varphi_{阴} = \varphi_{阴,e} + \Delta\varphi_{阴}$$

$$\Delta\varphi_{阴} = \varphi_{阴} - \varphi_{阴,e}$$

并有

$$A_{m,阴} = \Delta G_{m,阴} = -2F\varphi_{阴} = -2F(\varphi_{阴,e} + \Delta\varphi_{阴})$$

阴极反应速率为

$$\frac{1}{2}\frac{dN_{Ag}}{dt} = \frac{1}{2}\frac{dN_{OH^-}}{dt} = -\frac{dN_{Ag_2O}}{dt} = -\frac{dN_{H_2O}}{dt} = -\frac{1}{2}\frac{dN_{e}}{dt} = Sj$$

式中

$$\begin{aligned} j &= -l_1\left(\frac{A_{m,阴}}{T}\right) - l_2\left(\frac{A_{m,阴}}{T}\right)^2 - l_3\left(\frac{A_{m,阴}}{T}\right)^3 - \cdots \\ &= -l_1'\left(\frac{\varphi_{阴}}{T}\right) - l_2'\left(\frac{\varphi_{阴}}{T}\right)^2 - l_3'\left(\frac{\varphi_{阴}}{T}\right)^3 - \cdots \\ &= -l_1'' - l_2''\left(\frac{\Delta\varphi_{阴}}{T}\right) - l_3''\left(\frac{\Delta\varphi_{阴}}{T}\right)^2 - l_4''\left(\frac{\Delta\varphi_{阴}}{T}\right)^3 - \cdots \end{aligned}$$

将上式代入

$$i = 2Fj$$

得

$$\begin{aligned} i &= 2Fj \\ &= -l_1^*\left(\frac{\varphi_{阴}}{T}\right) - l_2^*\left(\frac{\varphi_{阴}}{T}\right)^2 - l_3^*\left(\frac{\varphi_{阴}}{T}\right)^3 - \cdots \\ &= -l_1^{**} - l_2^{**}\left(\frac{\Delta\varphi_{阴}}{T}\right) - l_3^{**}\left(\frac{\Delta\varphi_{阴}}{T}\right)^2 - l_4^{**}\left(\frac{\Delta\varphi_{阴}}{T}\right)^3 - \cdots \end{aligned}$$

并有

$$I = Si = 2FSj$$

2. 阳极电势

阳极反应达成平衡

$$\mathrm{Zn} + 2\mathrm{OH}^- \rightleftharpoons \mathrm{Zn(OH)_2} + 2\mathrm{e}$$

该过程的摩尔吉布斯自由能变化为

$$\Delta G_{\mathrm{m},阳,\mathrm{e}} = \mu_{\mathrm{Zn(OH)_2}} + 2\mu_{\mathrm{e}} - \mu_{\mathrm{Zn}} - 2\mu_{\mathrm{OH^-}} = \Delta G^{\ominus}_{\mathrm{m},阳} + RT\frac{a_{\mathrm{Zn(OH)_2,e}}}{a^2_{\mathrm{OH^-,e}}}$$

式中

$$\Delta G^{\ominus}_{\mathrm{m},阳} = \mu^{\ominus}_{\mathrm{Zn(OH)_2}} + 2\mu^{\ominus}_{\mathrm{e}} - \mu^{\ominus}_{\mathrm{Zn}} - 2\mu^{\ominus}_{\mathrm{OH^-}}$$

$$\mu_{\mathrm{Zn(OH)_2}} = \mu^{\ominus}_{\mathrm{Zn(OH)_2}} + RT\ln a_{\mathrm{Zn(OH)_2,e}}$$

$$\mu_{\mathrm{e}} = \mu^{\ominus}_{\mathrm{e}}$$

$$\mu_{\mathrm{Zn}} = \mu^{\ominus}_{\mathrm{Zn}}$$

$$\mu_{\mathrm{OH^-}} = \mu^{\ominus}_{\mathrm{OH^-}} + RT\ln a_{\mathrm{OH^-,e}}$$

由

$$\varphi_{阳,\mathrm{e}} = \frac{\Delta G_{\mathrm{m},阳,\mathrm{e}}}{2F}$$

得

$$\varphi_{阳,\mathrm{e}} = \varphi^{\ominus}_{阳,\mathrm{e}} + \frac{RT}{2F}\ln\frac{a_{\mathrm{Zn(OH)_2,e}}}{a^2_{\mathrm{OH^-,e}}}$$

式中

$$\varphi^{\ominus}_{阳} = \frac{\Delta G^{\ominus}_{\mathrm{m},阳}}{2F} = \frac{\mu^{\ominus}_{\mathrm{Zn(OH)_2}} + 2\mu^{\ominus}_{\mathrm{e}} - \mu^{\ominus}_{\mathrm{Zn}} - 2\mu^{\ominus}_{\mathrm{OH^-}}}{2F}$$

阳极有电流通过，发生极化，阳极反应为

$$\mathrm{Zn} + 2\mathrm{OH}^- = \mathrm{Zn(OH)_2} + 2\mathrm{e}$$

阳极电势为

$$\varphi_{阳} = \varphi_{阳,\mathrm{e}} + \Delta\varphi_{阳}$$

则

$$\Delta\varphi_{阳} = \varphi_{阳} - \varphi_{阳,\mathrm{e}}$$

并有

$$A_{\mathrm{m},阳} = \Delta G_{\mathrm{m},阳} = 2F\varphi_{阳} = 2F(\varphi_{阳} + \Delta\varphi_{阳})$$

阳极反应速率

$$\frac{\mathrm{d}N_{\mathrm{Zn(OH)_2}}}{\mathrm{d}t} = \frac{1}{2}\frac{\mathrm{d}N_{\mathrm{e}}}{\mathrm{d}t} = -\frac{\mathrm{d}N_{\mathrm{Zn}}}{\mathrm{d}t} = -\frac{1}{2}\frac{\mathrm{d}N_{\mathrm{OH^-}}}{\mathrm{d}t} = Sj$$

式中

$$\begin{aligned} j &= -l_1\left(\frac{A_{\mathrm{m,阳}}}{T}\right) - l_2\left(\frac{A_{\mathrm{m,阳}}}{T}\right)^2 - l_3\left(\frac{A_{\mathrm{m,阳}}}{T}\right)^3 - \cdots \\ &= -l_1'\left(\frac{\varphi_{阳}}{T}\right) - l_2'\left(\frac{\varphi_{阳}}{T}\right)^2 - l_3'\left(\frac{\varphi_{阳}}{T}\right)^3 - \cdots \\ &= -l_1'' - l_2''\left(\frac{\Delta\varphi_{阳}}{T}\right) - l_3''\left(\frac{\Delta\varphi_{阳}}{T}\right)^2 - l_4''\left(\frac{\Delta\varphi_{阳}}{T}\right)^3 - \cdots \end{aligned}$$

将上式代入

$$i = 2Fj$$

得

$$\begin{aligned} i &= 2Fj \\ &= -l_1^*\left(\frac{\varphi_{阳}}{T}\right) - l_2^*\left(\frac{\varphi_{阳}}{T}\right)^2 - l_3^*\left(\frac{\varphi_{阳}}{T}\right)^3 - \cdots \\ &= -l_1^{**} - l_2^{**}\left(\frac{\Delta\varphi_{阳}}{T}\right) - l_3^{**}\left(\frac{\Delta\varphi_{阳}}{T}\right)^2 - l_4^{**}\left(\frac{\Delta\varphi_{阳}}{T}\right)^3 - \cdots \end{aligned}$$

并有

$$I = Si = 2FSj$$

3. 电池电动势

电池反应达到平衡

$$\mathrm{Ag_2O + H_2O + Zn \rightleftharpoons 2Ag + Zn(OH)_2}$$

摩尔吉布斯自由能变化为

$$\Delta G_{\mathrm{m,e}} = 2\mu_{\mathrm{Ag}} + \mu_{\mathrm{Zn(OH)_2}} - \mu_{\mathrm{Ag_2O}} - \mu_{\mathrm{H_2O}} - \mu_{\mathrm{Zn}} = \Delta G_{\mathrm{m}}^{\ominus} + RT\ln\frac{a_{\mathrm{Zn(OH)_2,e}}}{a_{\mathrm{H_2O,e}}}$$

式中

$$\begin{aligned} \Delta G_{\mathrm{m}}^{\ominus} &= 2\mu_{\mathrm{Ag}}^{\ominus} + \mu_{\mathrm{Zn(OH)_2}}^{\ominus} - \mu_{\mathrm{Ag_2O}}^{\ominus} - \mu_{\mathrm{H_2O}}^{\ominus} - \mu_{\mathrm{Zn}}^{\ominus} \\ \mu_{\mathrm{Ag}} &= \mu_{\mathrm{Ag}}^{\ominus} \\ \mu_{\mathrm{Zn(OH)_2}} &= \mu_{\mathrm{Zn(OH)_2}}^{\ominus} + RT\ln a_{\mathrm{Zn(OH)_2,e}} \\ \mu_{\mathrm{Ag_2O}} &= \mu_{\mathrm{Ag_2O}}^{\ominus} \\ \mu_{\mathrm{H_2O}} &= \mu_{\mathrm{H_2O}}^{\ominus} + RT\ln a_{\mathrm{H_2O,e}} \\ \mu_{\mathrm{Zn}} &= \mu_{\mathrm{Zn}}^{\ominus} \end{aligned}$$

由

$$E_{\mathrm{e}} = -\frac{\Delta G_{\mathrm{m,e}}}{2F}$$

得
$$E_{\mathrm{e}} = E^{\ominus} + \frac{RT}{2F}\ln\frac{a_{\mathrm{H_2O,e}}}{a_{\mathrm{Zn(OH)_2,e}}}$$

式中

$$E^{\ominus} = -\frac{\Delta G_{\mathrm{m}}^{\ominus}}{2F} = -\frac{2\mu_{\mathrm{Ag}}^{\ominus} + \mu_{\mathrm{Zn(OH)_2}}^{\ominus} - \mu_{\mathrm{Ag_2O}}^{\ominus} - \mu_{\mathrm{H_2O}}^{\ominus} - \mu_{\mathrm{Zn}}^{\ominus}}{2F}$$

电池放电，有电流通过，发生极化，电池反应为

$$\mathrm{Ag_2O + H_2O + Zn = 2Ag + Zn(OH)_2}$$

电动势为

$$\begin{aligned} E &= \varphi_{阴} - \varphi_{阳} \\ &= (\varphi_{阴,\mathrm{e}} + \Delta\varphi_{阴}) - (\varphi_{阳,\mathrm{e}} + \Delta\varphi_{阳}) \\ &= (\varphi_{阴,\mathrm{e}} - \varphi_{阳,\mathrm{e}}) + (\Delta\varphi_{阴} - \Delta\varphi_{阳}) \\ &= E_{\mathrm{e}} + \Delta E \end{aligned}$$

式中

$$E_{\mathrm{e}} = \varphi_{阴,\mathrm{e}} - \varphi_{阳,\mathrm{e}}$$
$$\Delta E = \Delta\varphi_{阴} - \Delta\varphi_{阳}$$

并有

$$A_{\mathrm{m}} = \Delta G_{\mathrm{m}} = -2FE = -2F(E_{\mathrm{e}} - \Delta E)$$

4. 电池端电压

$$V = E - IR = E_{\mathrm{e}} + \Delta E - IR$$

式中，I 为电流；R 为电池系统电阻。

5. 电池反应速率

$$\frac{1}{2}\frac{\mathrm{d}N_{\mathrm{Ag}}}{\mathrm{d}t} = \frac{\mathrm{d}N_{\mathrm{Zn(OH)_2}}}{\mathrm{d}t} = -\frac{\mathrm{d}N_{\mathrm{Ag_2O}}}{\mathrm{d}t} = -\frac{\mathrm{d}N_{\mathrm{H_2O}}}{\mathrm{d}t} = -\frac{\mathrm{d}N_{\mathrm{Zn}}}{\mathrm{d}t} = Sj$$

式中

$$\begin{aligned} j &= -l_1\left(\frac{A_{\mathrm{m}}}{T}\right) - l_2\left(\frac{A_{\mathrm{m}}}{T}\right)^2 - l_3\left(\frac{A_{\mathrm{m}}}{T}\right)^3 - \cdots \\ &= -l_1'\left(\frac{E}{T}\right) - l_2'\left(\frac{E}{T}\right)^2 - l_3'\left(\frac{E}{T}\right)^3 - \cdots \\ &= -l_1'' - l_2''\left(\frac{\Delta E}{T}\right) - l_3''\left(\frac{\Delta E}{T}\right)^2 - l_4''\left(\frac{\Delta E}{T}\right)^3 - \cdots \end{aligned}$$

将上式代入

$$i = 2Fj$$

得

$$
\begin{aligned}
i &= 2Fj \\
&= -l_1^*\left(\frac{E}{T}\right) - l_2^*\left(\frac{E}{T}\right)^2 - l_3^*\left(\frac{E}{T}\right)^3 - \cdots \\
&= -l_1^{**} - l_2^{**}\left(\frac{\Delta E}{T}\right) - l_3^{**}\left(\frac{\Delta E}{T}\right)^2 - l_4^{**}\left(\frac{\Delta E}{T}\right)^3 - \cdots
\end{aligned}
$$

17.2 Zn/C 电池

Zn 是电池外壳，也是负极，正极由 MnO_2 和炭黑粉的混合物组成，电解液为 $ZnCl_2$ 或 $ZnCl_2 + NH_4Cl$。碳棒为集流体，隔膜用天然纤维素制成。Zn/C 电池的输出电压为 1.5～1.7V。容量为约 40A·h/kg。能量密度为约 77W·h/kg。

Zn/C 电池组成为

$$Zn \mid ZnCl_2\text{-}NH_4Cl + H_2O \mid MnO_2$$

阴极反应

$$2NH_4Cl + 2MnO_2 + Zn^{2+} + 2e = Mn_2O_3 + H_2O + Zn(NH_3)_2Cl_2$$

阳极反应

$$Zn = Zn^{2+} + 2e$$

电池反应

$$2NH_4Cl + 2MnO_2 + Zn = Mn_2O_3 + H_2O + Zn(NH_3)_2Cl_2$$

1. 阴极电势

阴极反应达到平衡

$$2NH_4Cl + 2MnO_2 + Zn^{2+} + 2e \rightleftharpoons Mn_2O_3 + H_2O + Zn(NH_3)_2Cl_2$$

该过程的摩尔吉布斯自由能变化为

$$
\begin{aligned}
\Delta G_{m,阴,e} &= \mu_{Mn_2O_3} + \mu_{H_2O} + \mu_{Zn(NH_3)_2Cl_2} - 2\mu_{NH_4Cl} - 2\mu_{MnO_2} - \mu_{Zn^{2+}} - 2\mu_e \\
&= \Delta G_{m,阴}^{\ominus} + RT\ln\frac{a_{H_2O,e}a_{Zn(NH_3)_2Cl_2,e}}{a_{NH_4Cl,e}^2 a_{Zn^{2+},e}}
\end{aligned}
$$

式中

$$\Delta G_{m,阴}^{\ominus} = \mu_{Mn_2O_3}^{\ominus} + \mu_{H_2O}^{\ominus} + \mu_{Zn(NH_3)_2Cl_2}^{\ominus} - 2\mu_{NH_4Cl}^{\ominus} - 2\mu_{MnO_2}^{\ominus} - \mu_{Zn^{2+}}^{\ominus} - 2\mu_e^{\ominus}$$

$$\mu_{Mn_2O_3} = \mu_{Mn_2O_3}^{\ominus}$$

$$\mu_{H_2O} = \mu_{H_2O}^{\ominus} + RT\ln a_{H_2O,e}$$

$$\mu_{Zn(NH_3)_2Cl_2} = \mu_{Zn(NH_3)_2Cl_2}^{\ominus} + RT\ln a_{Zn(NH_3)_2Cl_2,e}$$

$$\mu_{NH_4Cl} = \mu_{NH_4Cl}^{\ominus} + RT\ln a_{NH_4Cl,e}$$

$$\mu_{MnO_2} = \mu_{MnO_2}^{\ominus}$$

$$\mu_{Zn^{2+}} = \mu_{Zn^{2+}}^{\ominus} + RT\ln a_{Zn^{2+},e}$$

$$\mu_e = \mu_e^{\ominus}$$

由

$$\varphi_{阴,e} = -\frac{\Delta G_{m,阴,e}}{2F}$$

得

$$\varphi_{阴,e} = \varphi_{阴}^{\ominus} + \frac{RT}{2F}\ln\frac{a_{Zn^{2+},e}a_{NH_4Cl,e}^2}{a_{H_2O,e}a_{Zn(NH_3)_2Cl_2,e}}$$

式中

$$\varphi_{阴}^{\ominus} = -\frac{\Delta G_{m,阴}^{\ominus}}{2F} = -\frac{\mu_{Mn_2O_3}^{\ominus} + \mu_{H_2O}^{\ominus} + \mu_{Zn(NH_3)_2Cl_2}^{\ominus} - 2\mu_{NH_4Cl}^{\ominus} - 2\mu_{MnO_2}^{\ominus} - \mu_{Zn^{2+}}^{\ominus} - 2\mu_e^{\ominus}}{2F}$$

阴极有电流通过，发生极化，阴极反应为

$$2NH_4Cl + 2MnO_2 + Zn^{2+} + 2e = Mn_2O_3 + H_2O + Zn(NH_3)_2Cl_2$$

阴极电势为

$$\varphi_{阴} = \varphi_{阴,e} + \Delta\varphi_{阴}$$

则

$$\Delta\varphi_{阴} = \varphi_{阴} - \varphi_{阴,e}$$

有

$$A_{m,阴} = \Delta G_{m,阴} = -2F\varphi_{阴} = -2F(\varphi_{阴,e} + \Delta\varphi_{阴})$$

阴极反应速率为

$$\frac{dN_{Mn_2O_3}}{dt} = \frac{dN_{H_2O}}{dt} = \frac{dN_{Zn(NH_3)_2Cl_2}}{dt} = -\frac{1}{2}\frac{dN_{NH_4Cl}}{dt} = -\frac{1}{2}\frac{dN_{MnO_2}}{dt} = -\frac{dN_{Zn^{2+}}}{dt} = -\frac{1}{2}\frac{dN_e}{dt} = Sj$$

式中

$$\begin{aligned} j &= -l_1\left(\frac{A_{m,阴}}{T}\right) - l_2\left(\frac{A_{m,阴}}{T}\right)^2 - l_3\left(\frac{A_{m,阴}}{T}\right)^3 - \cdots \\ &= -l_1'\left(\frac{\varphi_{阴}}{T}\right) - l_2'\left(\frac{\varphi_{阴}}{T}\right)^2 - l_3'\left(\frac{\varphi_{阴}}{T}\right)^3 - \cdots \\ &= -l_1'' - l_2''\left(\frac{\Delta\varphi_{阴}}{T}\right) - l_3''\left(\frac{\Delta\varphi_{阴}}{T}\right)^2 - l_4''\left(\frac{\Delta\varphi_{阴}}{T}\right)^3 - \cdots \end{aligned}$$

将上式代入

$$i = 2Fj$$

得

$$
\begin{aligned}
i &= 2Fj \\
&= -l_1^*\left(\frac{\varphi_{阴}}{T}\right) - l_2^*\left(\frac{\varphi_{阴}}{T}\right)^2 - l_3^*\left(\frac{\varphi_{阴}}{T}\right)^3 - \cdots \\
&= -l_1^{**} - l_2^{**}\left(\frac{\Delta\varphi_{阴}}{T}\right) - l_3^{**}\left(\frac{\Delta\varphi_{阴}}{T}\right)^2 - l_4^{**}\left(\frac{\Delta\varphi_{阴}}{T}\right)^3 - \cdots
\end{aligned}
$$

并有

$$I = Si = 2FSj$$

2. 阳极电势

阳极反应达到平衡

$$\mathrm{Zn} \rightleftharpoons \mathrm{Zn}^{2+} + 2\mathrm{e}$$

该过程的摩尔吉布斯自由能变化为

$$\Delta G_{\mathrm{m},阳,\mathrm{e}} = \mu_{\mathrm{Zn}^{2+}} + 2\mu_{\mathrm{e}} - \mu_{\mathrm{Zn}} = \Delta G_{\mathrm{m},阳}^{\ominus} + RT\ln a_{\mathrm{Zn}^{2+},\mathrm{e}}$$

式中

$$
\begin{aligned}
\Delta G_{\mathrm{m},阳}^{\ominus} &= \mu_{\mathrm{Zn}^{2+}}^{\ominus} + 2\mu_{\mathrm{e}}^{\ominus} - \mu_{\mathrm{Zn}}^{\ominus} \\
\mu_{\mathrm{Zn}^{2+}} &= \mu_{\mathrm{Zn}^{2+}}^{\ominus} + RT\ln a_{\mathrm{Zn}^{2+},\mathrm{e}} \\
\mu_{\mathrm{e}} &= \mu_{\mathrm{e}}^{\ominus} \\
\mu_{\mathrm{Zn}} &= \mu_{\mathrm{Zn}}^{\ominus}
\end{aligned}
$$

由

$$\varphi_{阳,\mathrm{e}} = \frac{\Delta G_{\mathrm{m},阳,\mathrm{e}}}{2F}$$

得

$$\varphi_{阳} = \varphi_{阳}^{\ominus} + \frac{RT}{2F}\ln a_{\mathrm{Zn}^{2+},\mathrm{e}}$$

式中

$$\varphi_{阳}^{\ominus} = \frac{\Delta G_{\mathrm{m},阳}^{\ominus}}{2F} = \frac{\mu_{\mathrm{Zn}^{2+}}^{\ominus} + 2\mu_{\mathrm{e}}^{\ominus} - \mu_{\mathrm{Zn}}^{\ominus}}{2F}$$

阳极有电流通过，发生极化，阳极反应为

$$\mathrm{Zn} = \mathrm{Zn}^{2+} + 2\mathrm{e}$$

阳极电势为

$$\varphi_{阳} = \varphi_{阳,\mathrm{e}} + \Delta\varphi_{阳}$$

则

$$\Delta\varphi_{阳} = \varphi_{阳} - \varphi_{阳,\mathrm{e}}$$

并有

$$A_{\mathrm{m},阳} = \Delta G_{\mathrm{m},阳} = 2F\varphi_{阳} = 2F(\varphi_{阳} + \Delta\varphi_{阳})$$

阳极反应速率

$$\frac{\mathrm{d}N_{\mathrm{Zn}^{2+}}}{\mathrm{d}t}=-\frac{\mathrm{d}N_{\mathrm{Zn}}}{\mathrm{d}t}=\frac{1}{2}\frac{\mathrm{d}N_{\mathrm{e}}}{\mathrm{d}t}=Sj$$

式中

$$\begin{aligned}j&=-l_1\left(\frac{A_{\mathrm{m},阳}}{T}\right)-l_2\left(\frac{A_{\mathrm{m},阳}}{T}\right)^2-l_3\left(\frac{A_{\mathrm{m},阳}}{T}\right)^3-\cdots\\&=-l_1'\left(\frac{\varphi_{阳}}{T}\right)-l_2'\left(\frac{\varphi_{阳}}{T}\right)^2-l_3'\left(\frac{\varphi_{阳}}{T}\right)^3-\cdots\\&=-l_1''-l_2''\left(\frac{\Delta\varphi_{阳}}{T}\right)-l_3''\left(\frac{\Delta\varphi_{阳}}{T}\right)^2-l_4''\left(\frac{\Delta\varphi_{阳}}{T}\right)^3-\cdots\end{aligned}$$

将上式代入

$$i=2Fj$$

得

$$\begin{aligned}i&=2Fj\\&=-l_1^*\left(\frac{\varphi_{阳}}{T}\right)-l_2^*\left(\frac{\varphi_{阳}}{T}\right)^2-l_3^*\left(\frac{\varphi_{阳}}{T}\right)^3-\cdots\\&=-l_1^{**}-l_2^{**}\left(\frac{\Delta\varphi_{阳}}{T}\right)-l_3^{**}\left(\frac{\Delta\varphi_{阳}}{T}\right)^2-l_4^{**}\left(\frac{\Delta\varphi_{阳}}{T}\right)^3-\cdots\end{aligned}$$

并有

$$I=Si=2FSj$$

3. 电池电动势

电池反应达到平衡

$$2NH_4Cl+2MnO_2+Zn \rightleftharpoons Mn_2O_3+H_2O+Zn(NH_3)_2Cl_2$$

该过程的摩尔吉布斯自由能变化为

$$\begin{aligned}\Delta G_{\mathrm{m,e}}&=\mu_{Mn_2O_3}+\mu_{H_2O}+\mu_{Zn(NH_3)_2Cl_2}-2\mu_{NH_4Cl}-2\mu_{MnO_2}-\mu_{Zn}\\&=\Delta G_{\mathrm{m}}^{\ominus}+RT\ln\frac{a_{H_2O,\mathrm{e}}a_{Zn(NH_3)_2Cl_2,\mathrm{e}}}{a_{NH_4Cl,\mathrm{e}}^2}\end{aligned}$$

式中

$$\Delta G_{\mathrm{m}}^{\ominus}=\mu_{Mn_2O_3}^{\ominus}+\mu_{H_2O}^{\ominus}+\mu_{Zn(NH_3)_2Cl_2}^{\ominus}-2\mu_{NH_4Cl}^{\ominus}-2\mu_{MnO_2}^{\ominus}-\mu_{Zn}^{\ominus}$$

$$\mu_{Mn_2O_3}=\mu_{Mn_2O_3}^{\ominus}$$

$$\mu_{H_2O}=\mu_{H_2O}^{\ominus}+RT\ln a_{H_2O,\mathrm{e}}$$

$$\mu_{Zn(NH_3)_2Cl_2}=\mu_{Zn(NH_3)_2Cl_2}^{\ominus}+RT\ln a_{Zn(NH_3)_2Cl_2,\mathrm{e}}$$

$$\mu_{NH_4Cl} = \mu_{NH_4Cl}^{\ominus} + RT\ln a_{NH_4Cl,e}$$

$$\mu_{MnO_2} = \mu_{MnO_2}^{\ominus}$$

$$\mu_{Zn} = \mu_{Zn}^{\ominus}$$

由

$$E_e = -\frac{\Delta G_{m,e}}{2F}$$

得

$$E_e = E^{\ominus} + \frac{RT}{2F}\ln\frac{a_{NH_4Cl,e}^2}{a_{H_2O,e}a_{Zn(NH_3)_2Cl_2,e}}$$

式中

$$E^{\ominus} = -\frac{\Delta G_m^{\ominus}}{2F} = -\frac{\mu_{Mn_2O_3}^{\ominus} + \mu_{H_2O}^{\ominus} + \mu_{Zn(NH_3)_2Cl_2}^{\ominus} - 2\mu_{NH_4Cl}^{\ominus} - 2\mu_{MnO_2}^{\ominus} - \mu_{Zn}^{\ominus}}{2F}$$

电池放电，有电流通过，发生极化，电池反应为

$$2NH_4Cl + 2MnO_2 + Zn = Mn_2O_3 + H_2O + Zn(NH_3)_2Cl_2$$

电池电动势为

$$\begin{aligned} E &= \varphi_{阴} - \varphi_{阳} \\ &= (\varphi_{阴,e} + \Delta\varphi_{阴}) - (\varphi_{阳,e} + \Delta\varphi_{阳}) \\ &= (\varphi_{阴,e} - \varphi_{阳,e}) + (\Delta\varphi_{阴} - \Delta\varphi_{阳}) \\ &= E_e + \Delta E \end{aligned}$$

式中

$$E_e = \varphi_{阴,e} - \varphi_{阳,e}$$

$$\Delta E = \Delta\varphi_{阴} - \Delta\varphi_{阳}$$

并有

$$A_m = \Delta G_m = -2FE = -2F(E_e + \Delta E)$$

4. 电池端电压

$$V = E - IR = E_e + \Delta E - IR$$

式中，I 为电流；R 为电池系统的电阻。

5. 电池反应速率为

$$\frac{dN_{Mn_2O_3}}{dt} = \frac{dN_{H_2O}}{dt} = \frac{dN_{Zn(NH_3)_2Cl_2}}{dt} = -\frac{1}{2}\frac{dN_{NH_4Cl}}{dt} = -\frac{1}{2}\frac{dN_{MnO_2}}{dt} = -\frac{dN_{Zn}}{dt} = Sj$$

式中

$$
\begin{aligned}
j &= -l_1\left(\frac{A_m}{T}\right) - l_2\left(\frac{A_m}{T}\right)^2 - l_3\left(\frac{A_m}{T}\right)^3 - \cdots \\
&= -l_1'\left(\frac{E}{T}\right) - l_2'\left(\frac{E}{T}\right)^2 - l_3'\left(\frac{E}{T}\right)^3 - \cdots \\
&= -l_1'' - l_2''\left(\frac{\Delta E}{T}\right) - l_3''\left(\frac{\Delta E}{T}\right)^2 - l_4''\left(\frac{\Delta E}{T}\right)^3 - \cdots
\end{aligned}
$$

将上式代入

$$i = 2Fj$$

得

$$
\begin{aligned}
i &= 2Fj \\
&= -l_1^*\left(\frac{E}{T}\right) - l_2^*\left(\frac{E}{T}\right)^2 - l_3^*\left(\frac{E}{T}\right)^3 - \cdots \\
&= -l_1^{**} - l_2^{**}\left(\frac{\Delta E}{T}\right) - l_3^{**}\left(\frac{\Delta E}{T}\right)^2 - l_4^{**}\left(\frac{\Delta E}{T}\right)^3 - \cdots
\end{aligned}
$$

17.3　Zn/C 碱性电池

Zn/C 碱性电池的负极材料为 Zn，正极材料为 MnO_2 和炭黑，电解液为 KOH 水溶液。容量为 65A·h/kg 以上。

电池组成为

$$Zn \mid KOH \mid MnO_2$$

阴极反应

$$2MnO_2 + H_2O + 2e = Mn_2O_3 + 2OH^-$$

阳极反应

$$Zn + 2OH^- = Zn(OH)_2 + 2e$$

电池反应

$$2MnO_2 + Zn + H_2O = Mn_2O_3 + Zn(OH)_2$$

1. 阴极电势

阴极反应达成平衡

$$2MnO_2 + H_2O + 2e \rightleftharpoons Mn_2O_3 + 2OH^-$$

该过程的摩尔吉布斯自由能变化为

$$\begin{aligned}\Delta G_{\mathrm{m},阴,\mathrm{e}} &= \mu_{\mathrm{Mn_2O_3}} + 2\mu_{\mathrm{OH^-}} - 2\mu_{\mathrm{MnO_2}} - \mu_{\mathrm{H_2O}} - 2\mu_{\mathrm{e}} \\ &= \Delta G_{\mathrm{m},阴}^{\ominus} + RT\ln\frac{a_{\mathrm{OH^-},\mathrm{e}}^2}{a_{\mathrm{H_2O},\mathrm{e}}}\end{aligned}$$

式中

$$\begin{aligned}\Delta G_{\mathrm{m},阴}^{\ominus} &= \mu_{\mathrm{Mn_2O_3}}^{\ominus} + 2\mu_{\mathrm{OH^-}}^{\ominus} - 2\mu_{\mathrm{MnO_2}}^{\ominus} - \mu_{\mathrm{H_2O}}^{\ominus} - 2\mu_{\mathrm{e}}^{\ominus} \\ \mu_{\mathrm{Mn_2O_3}} &= \mu_{\mathrm{Mn_2O_3}}^{\ominus} \\ \mu_{\mathrm{OH^-}} &= \mu_{\mathrm{OH^-}}^{\ominus} + RT\ln a_{\mathrm{OH^-},\mathrm{e}} \\ \mu_{\mathrm{MnO_2}} &= \mu_{\mathrm{MnO_2}}^{\ominus} \\ \mu_{\mathrm{H_2O}} &= \mu_{\mathrm{H_2O}}^{\ominus} + RT\ln a_{\mathrm{H_2O},\mathrm{e}} \\ \mu_{\mathrm{e}} &= \mu_{\mathrm{e}}^{\ominus}\end{aligned}$$

由

$$\varphi_{阴,\mathrm{e}} = -\frac{\Delta G_{\mathrm{m},阴,\mathrm{e}}}{2F}$$

得

$$\varphi_{阴,\mathrm{e}} = \varphi_{阴}^{\ominus} + \frac{RT}{2F}\ln\frac{a_{\mathrm{H_2O},\mathrm{e}}}{a_{\mathrm{OH^-},\mathrm{e}}^2}$$

式中

$$\varphi_{阴}^{\ominus} = -\frac{\Delta G_{\mathrm{m},阴}^{\ominus}}{2F} = -\frac{\mu_{\mathrm{Mn_2O_3}}^{\ominus} + 2\mu_{\mathrm{OH^-}}^{\ominus} - 2\mu_{\mathrm{MnO_2}}^{\ominus} - \mu_{\mathrm{H_2O}}^{\ominus} - 2\mu_{\mathrm{e}}^{\ominus}}{2F}$$

阴极有电流通过，发生极化，阴极反应为

$$2\mathrm{MnO_2} + \mathrm{H_2O} + 2\mathrm{e} = \!=\!= \mathrm{Mn_2O_3} + 2\mathrm{OH^-}$$

阴极电势为

$$\varphi_{阴} = \varphi_{阴,\mathrm{e}} + \Delta\varphi_{阴}$$

则

$$\Delta\varphi_{阴} = \varphi_{阴} - \varphi_{阴,\mathrm{e}}$$

有

$$A_{\mathrm{m},阴} = \Delta G_{\mathrm{m},阴} = -2F\varphi_{阴} = -2F(\varphi_{阴,\mathrm{e}} + \Delta\varphi_{阴})$$

阴极反应速率为

$$\frac{\mathrm{d}N_{\mathrm{Mn_2O_3}}}{\mathrm{d}t} = \frac{1}{2}\frac{\mathrm{d}N_{\mathrm{OH^-}}}{\mathrm{d}t} = -\frac{1}{2}\frac{\mathrm{d}N_{\mathrm{MnO_2}}}{\mathrm{d}t} = -\frac{\mathrm{d}N_{\mathrm{H_2O}}}{\mathrm{d}t} = -\frac{1}{2}\frac{\mathrm{d}N_{\mathrm{e}}}{\mathrm{d}t} = Sj$$

式中

$$
\begin{aligned}
j &= -l_1\left(\frac{A_{\mathrm{m},阴}}{T}\right) - l_2\left(\frac{A_{\mathrm{m},阴}}{T}\right)^2 - l_3\left(\frac{A_{\mathrm{m},阴}}{T}\right)^3 - \cdots \\
&= -l_1'\left(\frac{\varphi_{阴}}{T}\right) - l_2'\left(\frac{\varphi_{阴}}{T}\right)^2 - l_3'\left(\frac{\varphi_{阴}}{T}\right)^3 - \cdots \\
&= -l_1'' - l_2''\left(\frac{\Delta\varphi_{阴}}{T}\right) - l_3''\left(\frac{\Delta\varphi_{阴}}{T}\right)^2 - l_4''\left(\frac{\Delta\varphi_{阴}}{T}\right)^3 - \cdots
\end{aligned}
$$

将上式代入

$$
i = 2Fj
$$

得

$$
\begin{aligned}
i &= 2Fj \\
&= -l_1^*\left(\frac{\varphi_{阴}}{T}\right) - l_2^*\left(\frac{\varphi_{阴}}{T}\right)^2 - l_3^*\left(\frac{\varphi_{阴}}{T}\right)^3 - \cdots \\
&= -l_1^{**} - l_2^{**}\left(\frac{\Delta\varphi_{阴}}{T}\right) - l_3^{**}\left(\frac{\Delta\varphi_{阴}}{T}\right)^2 - l_4^{**}\left(\frac{\Delta\varphi_{阴}}{T}\right)^3 - \cdots
\end{aligned}
$$

2. 阳极电势

阳极反应达到平衡

$$
\mathrm{Zn} + 2\mathrm{OH}^- \rightleftharpoons \mathrm{Zn(OH)_2} + 2\mathrm{e}
$$

该过程的摩尔吉布斯自由能变化为

$$
\Delta G_{\mathrm{m},阳,\mathrm{e}} = \mu_{\mathrm{Zn(OH)_2}} + 2\mu_{\mathrm{e}} - \mu_{\mathrm{Zn}} - 2\mu_{\mathrm{OH^-}} = \Delta G_{\mathrm{m},阳}^{\ominus} + RT\frac{a_{\mathrm{Zn(OH)_2,e}}}{a_{\mathrm{OH^-,e}}^2}
$$

式中

$$
\begin{aligned}
\Delta G_{\mathrm{m},阳}^{\ominus} &= \mu_{\mathrm{Zn(OH)_2}}^{\ominus} + 2\mu_{\mathrm{e}}^{\ominus} - \mu_{\mathrm{Zn}}^{\ominus} - 2\mu_{\mathrm{OH^-}}^{\ominus} \\
\mu_{\mathrm{Zn(OH)_2}} &= \mu_{\mathrm{Zn(OH)_2}}^{\ominus} + RT\ln a_{\mathrm{Zn(OH)_2,e}} \\
\mu_{\mathrm{e}} &= \mu_{\mathrm{e}}^{\ominus} \\
\mu_{\mathrm{Zn}} &= \mu_{\mathrm{Zn}}^{\ominus} \\
\mu_{\mathrm{OH^-}} &= \mu_{\mathrm{OH^-}}^{\ominus} + RT\ln a_{\mathrm{OH^-,e}}
\end{aligned}
$$

由

$$
\varphi_{阳,\mathrm{e}} = \frac{\Delta G_{\mathrm{m},阳,\mathrm{e}}}{2F}
$$

得

$$
\varphi_{阳,\mathrm{e}} = \varphi_{阳,\mathrm{e}}^{\ominus} + \frac{RT}{2F}\ln\frac{a_{\mathrm{Zn(OH)_2,e}}}{a_{\mathrm{OH^-,e}}^2}
$$

式中

$$\varphi_{阳}^{\ominus} = \frac{\Delta G_{m,阳}^{\ominus}}{2F} = \frac{\mu_{Zn(OH)_2}^{\ominus} + 2\mu_e^{\ominus} - \mu_{Zn}^{\ominus} - 2\mu_{OH^-}^{\ominus}}{2F}$$

阳极有电流通过，发生极化，阳极反应为

$$Zn + 2OH^- = Zn(OH)_2 + 2e$$

阳极电势为

$$\varphi_{阳} = \varphi_{阳,e} + \Delta\varphi_{阳}$$

则

$$\Delta\varphi_{阳} = \varphi_{阳} - \varphi_{阳,e}$$

并有

$$A_{m,阳} = \Delta G_{m,阳} = 2F\varphi_{阳} = 2F(\varphi_{阳} + \Delta\varphi_{阳})$$

阳极反应速率

$$\frac{dN_{Zn(OH)_2}}{dt} = -\frac{dN_{Zn}}{dt} = -\frac{1}{2}\frac{dN_{OH^-}}{dt} = \frac{1}{2}\frac{dN_e}{dt} = Sj$$

式中

$$\begin{aligned} j &= -l_1\left(\frac{A_{m,阳}}{T}\right) - l_2\left(\frac{A_{m,阳}}{T}\right)^2 - l_3\left(\frac{A_{m,阳}}{T}\right)^3 - \cdots \\ &= -l_1'\left(\frac{\varphi_{阳}}{T}\right) - l_2'\left(\frac{\varphi_{阳}}{T}\right)^2 - l_3'\left(\frac{\varphi_{阳}}{T}\right)^3 - \cdots \\ &= -l_1'' - l_2''\left(\frac{\Delta\varphi_{阳}}{T}\right) - l_3''\left(\frac{\Delta\varphi_{阳}}{T}\right)^2 - l_4''\left(\frac{\Delta\varphi_{阳}}{T}\right)^3 - \cdots \end{aligned}$$

将上式代入

$$i = 2Fj$$

得

$$\begin{aligned} i &= 2Fj \\ &= -l_1^*\left(\frac{\varphi_{阳}}{T}\right) - l_2^*\left(\frac{\varphi_{阳}}{T}\right)^2 - l_3^*\left(\frac{\varphi_{阳}}{T}\right)^3 - \cdots \\ &= -l_1^{**} - l_2^{**}\left(\frac{\Delta\varphi_{阳}}{T}\right) - l_3^{**}\left(\frac{\Delta\varphi_{阳}}{T}\right)^2 - l_4^{**}\left(\frac{\Delta\varphi_{阳}}{T}\right)^3 - \cdots \end{aligned}$$

3. 电池电动势

电池反应达到平衡

$$2MnO_2 + Zn + H_2O \rightleftharpoons Mn_2O_3 + Zn(OH)_2$$

该过程的摩尔吉布斯自由能变化为

$$\Delta G_{m,e} = \mu_{Mn_2O_3} + \mu_{Zn(OH)_2} - 2\mu_{MnO_2} - \mu_{Zn} - \mu_{H_2O}$$
$$= \Delta G_m^\ominus + RT\ln\frac{a_{Zn(OH)_2,e}}{a_{H_2O,e}}$$

式中

$$\Delta G_m^\ominus = \mu_{Mn_2O_3}^\ominus + \mu_{Zn(OH)_2}^\ominus - 2\mu_{MnO_2}^\ominus - \mu_{Zn}^\ominus - \mu_{H_2O}^\ominus$$
$$\mu_{Mn_2O_3} = \mu_{Mn_2O_3}^\ominus$$
$$\mu_{Zn(OH)_2} = \mu_{Zn(OH)_2}^\ominus + RT\ln a_{Zn(OH)_2,e}$$
$$\mu_{MnO_2} = \mu_{MnO_2}^\ominus$$
$$\mu_{Zn} = \mu_{Zn}^\ominus$$
$$\mu_{H_2O} = \mu_{H_2O}^\ominus + RT\ln a_{H_2O,e}$$

由
$$E_e = -\frac{\Delta G_{m,e}}{2F}$$

得
$$E_e = E^\ominus + \frac{RT}{2F}\ln\frac{a_{H_2O,e}}{a_{Zn(OH)_2,e}}$$

式中

$$E^\ominus = -\frac{\Delta G_m^\ominus}{2F} = -\frac{\mu_{Mn_2O_3}^\ominus + \mu_{Zn(OH)_2}^\ominus - 2\mu_{MnO_2}^\ominus - \mu_{Zn}^\ominus - \mu_{H_2O}^\ominus}{2F}$$

电池放电，有电流通过，发生极化，电池反应为

$$2MnO_2 + Zn + H_2O \rightleftharpoons Mn_2O_3 + Zn(OH)_2$$

电池电动势为

$$E = \varphi_{阴} - \varphi_{阳}$$
$$= (\varphi_{阴,e} + \Delta\varphi_{阴}) - (\varphi_{阳,e} + \Delta\varphi_{阳})$$
$$= (\varphi_{阴,e} - \varphi_{阳,e}) + (\Delta\varphi_{阴} - \Delta\varphi_{阳})$$
$$= E_e + \Delta E$$

式中

$$E_e = \varphi_{阴,e} - \varphi_{阳,e}$$
$$\Delta E = \Delta\varphi_{阴} - \Delta\varphi_{阳}$$

并有

$$A_m = \Delta G_m = -2FE = -2F(E_e + \Delta E)$$

4. 电池端电压

$$V = E - IR = E_e + \Delta E - IR$$

式中，I 为电流；R 为电池系统的电阻。

5. 电池反应速率

$$\frac{dN_{Mn_2O_3}}{dt}=\frac{dN_{Zn(OH)_2}}{dt}=-\frac{1}{2}\frac{dN_{MnO_2}}{dt}=-\frac{dN_{Zn}}{dt}=-\frac{dN_{H_2O}}{dt}=Sj$$

式中

$$\begin{aligned}j&=-l_1\left(\frac{A_m}{T}\right)-l_2\left(\frac{A_m}{T}\right)^2-l_3\left(\frac{A_m}{T}\right)^3-\cdots\\&=-l_1'\left(\frac{E}{T}\right)-l_2'\left(\frac{E}{T}\right)^2-l_3'\left(\frac{E}{T}\right)^3-\cdots\\&=-l_1''-l_2''\left(\frac{\Delta E}{T}\right)-l_3''\left(\frac{\Delta E}{T}\right)^2-l_4''\left(\frac{\Delta E}{T}\right)^3-\cdots\end{aligned}$$

将上式代入

$$i=2Fj$$

得

$$\begin{aligned}i&=2Fj\\&=-l_1^*\left(\frac{E}{T}\right)-l_2^*\left(\frac{E}{T}\right)^2-l_3^*\left(\frac{E}{T}\right)^3-\cdots\\&=-l_1^{**}-l_2^{**}\left(\frac{\Delta E}{T}\right)-l_3^{**}\left(\frac{\Delta E}{T}\right)^2-l_4^{**}\left(\frac{\Delta E}{T}\right)^3-\cdots\end{aligned}$$

17.4　Zn/空气电池

电池组成

$$Zn\,|\,ZnO+KOH+H_2O\,|\,O_2,\ Pt/C+IrO_2(RuO_2)$$

阴极反应

$$O_2+2H_2O+4e=\!=\!=4OH^-$$

阳极反应

$$2Zn+4OH^-=\!=\!=2ZnO+2H_2O+4e$$

电池反应

$$2Zn+O_2=\!=\!=2ZnO$$

1. 阴极电势

阴极反应达成平衡

$$O_2+2H_2O+4e\rightleftharpoons 4OH^-$$

该过程的摩尔吉布斯自由能变化为

$$\Delta G_{m,阴,e} = 4\mu_{OH^-} - \mu_{O_2} - 2\mu_{H_2O} - 4\mu_e = \Delta G_{m,阴}^{\ominus} + RT\ln\frac{a_{OH^-,e}^4}{p_{O_2,e}a_{H_2O,e}^2}$$

式中

$$\Delta G_{m,阴}^{\ominus} = 4\mu_{OH^-}^{\ominus} - \mu_{O_2}^{\ominus} - 2\mu_{H_2O}^{\ominus} - 4\mu_e^{\ominus}$$

$$\mu_{OH^-} = \mu_{OH^-}^{\ominus} + RT\ln a_{OH^-,e}$$

$$\mu_{O_2} = \mu_{O_2}^{\ominus} + RT\ln p_{O_2,e}$$

$$\mu_{H_2O} = \mu_{H_2O}^{\ominus} + RT\ln a_{H_2O,e}$$

$$\mu_e = \mu_e^{\ominus}$$

由

$$\varphi_{阴,e} = -\frac{\Delta G_{m,阴,e}}{4F}$$

得

$$\varphi_{阴,e} = \varphi_{阴}^{\ominus} + \frac{RT}{4F}\ln\frac{p_{O_2,e}a_{H_2O,e}^2}{a_{OH^-,e}^4}$$

式中

$$\varphi_{阴}^{\ominus} = -\frac{\Delta G_{m,阴}^{\ominus}}{4F} = -\frac{4\mu_{OH^-}^{\ominus} - \mu_{O_2}^{\ominus} - 2\mu_{H_2O}^{\ominus} - 4\mu_e^{\ominus}}{4F}$$

阴极有电流通过，发生极化，阴极反应为

$$O_2 + 2H_2O + 4e = 4OH^-$$

阴极电势为

$$\varphi_{阴} = \varphi_{阴,e} + \Delta\varphi_{阴}$$

则

$$\Delta\varphi_{阴} = \varphi_{阴} - \varphi_{阴,e}$$

并有

$$A_{m,阴} = \Delta G_{m,阴} = -4F\varphi_{阴} = -4F(\varphi_{阴,e} + \Delta\varphi_{阴})$$

阴极反应速率为

$$\frac{1}{4}\frac{dN_{OH^-}}{dt} = -\frac{dN_{O_2}}{dt} = -\frac{1}{2}\frac{dN_{H_2O}}{dt} = -\frac{1}{4}\frac{dN_e}{dt} = Sj$$

式中

$$\begin{aligned}j &= -l_1\left(\frac{A_{\mathrm{m},阴}}{T}\right) - l_2\left(\frac{A_{\mathrm{m},阴}}{T}\right)^2 - l_3\left(\frac{A_{\mathrm{m},阴}}{T}\right)^3 - \cdots \\ &= -l_1'\left(\frac{\varphi_{阴}}{T}\right) - l_2'\left(\frac{\varphi_{阴}}{T}\right)^2 - l_3'\left(\frac{\varphi_{阴}}{T}\right)^3 - \cdots \\ &= -l_1'' - l_2''\left(\frac{\Delta\varphi_{阴}}{T}\right) - l_3''\left(\frac{\Delta\varphi_{阴}}{T}\right)^2 - l_4''\left(\frac{\Delta\varphi_{阴}}{T}\right)^3 - \cdots\end{aligned}$$

将上式代入

$$i = 4Fj$$

得

$$\begin{aligned}i &= 4Fj \\ &= -l_1^*\left(\frac{\varphi_{阴}}{T}\right) - l_2^*\left(\frac{\varphi_{阴}}{T}\right)^2 - l_3^*\left(\frac{\varphi_{阴}}{T}\right)^3 - \cdots \\ &= -l_1^{**} - l_2^{**}\left(\frac{\Delta\varphi_{阴}}{T}\right) - l_3^{**}\left(\frac{\Delta\varphi_{阴}}{T}\right)^2 - l_4^{**}\left(\frac{\Delta\varphi_{阴}}{T}\right)^3 - \cdots\end{aligned}$$

2. 阳极电势

阳极反应达到平衡

$$2\mathrm{Zn} + 4\mathrm{OH}^- \rightleftharpoons 2\mathrm{ZnO} + 2\mathrm{H_2O} + 4\mathrm{e}$$

该过程的摩尔吉布斯自由能变化为

$$\Delta G_{\mathrm{m},阳,\mathrm{e}} = 2\mu_{\mathrm{ZnO}} + 2\mu_{\mathrm{H_2O}} + 4\mu_{\mathrm{e}} - 2\mu_{\mathrm{Zn}} - 4\mu_{\mathrm{OH^-}} = \Delta G_{\mathrm{m},阳}^{\ominus} + RT\frac{a_{\mathrm{H_2O,e}}^2}{a_{\mathrm{OH^-,e}}^4}$$

式中

$$\begin{aligned}\Delta G_{\mathrm{m},阳}^{\ominus} &= 2\mu_{\mathrm{ZnO}}^{\ominus} + 2\mu_{\mathrm{H_2O}}^{\ominus} + 4\mu_{\mathrm{e}}^{\ominus} - 2\mu_{\mathrm{Zn}}^{\ominus} - 4\mu_{\mathrm{OH^-}}^{\ominus} \\ \mu_{\mathrm{ZnO}} &= \mu_{\mathrm{ZnO}}^{\ominus} \\ \mu_{\mathrm{H_2O}} &= \mu_{\mathrm{H_2O}}^{\ominus} + RT\ln a_{\mathrm{H_2O,e}} \\ \mu_{\mathrm{e}} &= \mu_{\mathrm{e}}^{\ominus} \\ \mu_{\mathrm{Zn}} &= \mu_{\mathrm{Zn}}^{\ominus} \\ \mu_{\mathrm{OH^-}} &= \mu_{\mathrm{OH^-}}^{\ominus} + RT\ln a_{\mathrm{OH^-,e}}\end{aligned}$$

阳极有电流通过，发生极化，阳极反应为

$$2\mathrm{Zn} + 4\mathrm{OH}^- = 2\mathrm{ZnO} + 2\mathrm{H_2O} + 4\mathrm{e}$$

阳极电势为

$$\varphi_{阳} = \varphi_{阳,\mathrm{e}} + \Delta\varphi_{阳}$$

则

$$\Delta\varphi_{阳} = \varphi_{阳} - \varphi_{阳,e}$$

并有

$$A_{m,阳} = \Delta G_{m,阳} = 4F\varphi_{阳} = 4F(\varphi_{阳} + \Delta\varphi_{阳})$$

阳极反应速率

$$\frac{1}{2}\frac{dN_{ZnO}}{dt} = \frac{1}{2}\frac{dN_{H_2O}}{dt} = \frac{1}{4}\frac{dN_{e}}{dt} = -\frac{1}{2}\frac{dN_{Zn}}{dt} = -\frac{1}{4}\frac{dN_{OH^-}}{dt} = Sj$$

式中

$$\begin{aligned} j &= -l_1\left(\frac{A_{m,阳}}{T}\right) - l_2\left(\frac{A_{m,阳}}{T}\right)^2 - l_3\left(\frac{A_{m,阳}}{T}\right)^3 - \cdots \\ &= -l_1'\left(\frac{\varphi_{阳}}{T}\right) - l_2'\left(\frac{\varphi_{阳}}{T}\right)^2 - l_3'\left(\frac{\varphi_{阳}}{T}\right)^3 - \cdots \\ &= -l_1'' - l_2''\left(\frac{\Delta\varphi_{阳}}{T}\right) - l_3''\left(\frac{\Delta\varphi_{阳}}{T}\right)^2 - l_4''\left(\frac{\Delta\varphi_{阳}}{T}\right)^3 - \cdots \end{aligned}$$

将上式代入

$$i = 4Fj$$

得

$$\begin{aligned} i &= 4Fj \\ &= -l_1^*\left(\frac{\varphi_{阳}}{T}\right) - l_2^*\left(\frac{\varphi_{阳}}{T}\right)^2 - l_3^*\left(\frac{\varphi_{阳}}{T}\right)^3 - \cdots \\ &= -l_1^{**} - l_2^{**}\left(\frac{\Delta\varphi_{阳}}{T}\right) - l_3^{**}\left(\frac{\Delta\varphi_{阳}}{T}\right)^2 - l_4^{**}\left(\frac{\Delta\varphi_{阳}}{T}\right)^3 - \cdots \end{aligned}$$

3. 电池电动势

电池反应达到平衡

$$2Zn + O_2 \rightleftharpoons 2ZnO$$

该过程的摩尔吉布斯自由能变化为

$$\Delta G_{m,e} = 2\mu_{ZnO} - 2\mu_{Zn} - \mu_{O_2} = \Delta G_m^\ominus + RT\ln\frac{1}{p_{O_2,e}}$$

式中

$$\Delta G_m^\ominus = 2\mu_{ZnO}^\ominus - 2\mu_{Zn}^\ominus - \mu_{O_2}^\ominus = 2\Delta_f G_{m,ZnO}^\ominus$$

$\Delta_f G_{m,ZnO}^\ominus$ 是 ZnO 的标准摩尔生成自由能。

$$\mu_{ZnO} = \mu_{ZnO}^{\ominus}$$
$$\mu_{Zn} = \mu_{Zn}^{\ominus}$$
$$\mu_{O_2} = \mu_{O_2}^{\ominus} + RT\ln p_{O_2,e}$$

由

$$E_e = -\frac{\Delta G_{m,e}}{4F}$$

得

$$E_e = E^{\ominus} + \frac{RT}{4F}\ln p_{O_2,e}$$

式中

$$E_e^{\ominus} = -\frac{\Delta G_{m,e}^{\ominus}}{4F} = -\frac{2\mu_{ZnO}^{\ominus} - 2\mu_{Zn}^{\ominus} - \mu_{O_2}^{\ominus}}{4F}$$

电池有电流通过，发生极化，电池反应为

$$2Zn + O_2 \overline{\overline{\quad}} 2ZnO$$

电池电动势为

$$\begin{aligned} E &= \varphi_{阴} - \varphi_{阳} \\ &= (\varphi_{阴,e} + \Delta\varphi_{阴}) - (\varphi_{阳,e} + \Delta\varphi_{阳}) \\ &= (\varphi_{阴,e} - \varphi_{阳,e}) + (\Delta\varphi_{阴} - \Delta\varphi_{阳}) \\ &= E_e + \Delta E \end{aligned}$$

式中

$$E_e = \varphi_{阴,e} - \varphi_{阳,e}$$
$$\Delta E = \Delta\varphi_{阴} - \Delta\varphi_{阳}$$

4. 电池端电压

$$V = E - IR = E_e + \Delta E - IR$$

并有

$$A_m = \Delta G_m = -4FE = -4F(E_e + \Delta E)$$

式中，I 为电流；R 为电池系统的电阻。

5. 电池反应速率

$$\frac{1}{2}\frac{dN_{ZnO}}{dt} = -\frac{1}{2}\frac{dN_{Zn}}{dt} = -\frac{dN_{O_2}}{dt} = Sj$$

式中

$$j=-l_1\left(\frac{A_{\mathrm{m}}}{T}\right)-l_2\left(\frac{A_{\mathrm{m}}}{T}\right)^2-l_3\left(\frac{A_{\mathrm{m}}}{T}\right)^3-\cdots$$
$$=-l_1'\left(\frac{E}{T}\right)-l_2'\left(\frac{E}{T}\right)^2-l_3'\left(\frac{E}{T}\right)^3-\cdots$$
$$=-l_1''-l_2''\left(\frac{\Delta E}{T}\right)-l_3''\left(\frac{\Delta E}{T}\right)^2-l_4''\left(\frac{\Delta E}{T}\right)^3-\cdots$$

将上式代入

$$i=4Fj$$

得

$$i=4Fj$$
$$=-l_1^*\left(\frac{E}{T}\right)-l_2^*\left(\frac{E}{T}\right)^2-l_3^*\left(\frac{E}{T}\right)^3-\cdots$$
$$=-l_1^{**}-l_2^{**}\left(\frac{\Delta E}{T}\right)-l_3^{**}\left(\frac{\Delta E}{T}\right)^2-l_4^{**}\left(\frac{\Delta E}{T}\right)^3-\cdots$$

17.5 Al空气电池

铝空气电池的组成为

$$\mathrm{Al}\,|\,\mathrm{Al_2O_3+OH^-+H_2O}\,|\,空气(\mathrm{O_2})$$

铝/空气电池的电化学反应如下：

（1）电解质溶液pH低

阴极反应

$$\frac{3}{4}\mathrm{O_2}+\frac{3}{2}\mathrm{H_2O}+3\mathrm{e} = 3\mathrm{OH^-}$$

阳极反应

$$\mathrm{Al}+3\mathrm{OH^-} = \mathrm{Al(OH)_3}+3\mathrm{e}$$

电池反应

$$\frac{3}{4}\mathrm{O_2}+\frac{3}{2}\mathrm{H_2O}+\mathrm{Al} = \mathrm{Al(OH)_3}$$

（2）电解质溶液pH高

阴极反应

$$\mathrm{O_2}+2\mathrm{H_2O}+4\mathrm{e} = 4\mathrm{OH^-}$$

阳极反应

$$\mathrm{Al}+4\mathrm{OH^-} = [\mathrm{Al(OH)_4}]^-+3\mathrm{e}$$

电池反应

$$4OH^- + 3O_2 + 6H_2O + 4Al = 4[Al(OH)_4]^-$$

17.5.1 电解质溶液 pH 低

1. 阴极电势

阴极反应达成平衡

$$\frac{3}{4}O_2 + \frac{3}{2}H_2O + 3e \rightleftharpoons 3OH^-$$

该过程的摩尔吉布斯自由能变化为

$$\Delta G_{m,阴,e} = 3\mu_{OH^-} - \frac{3}{4}\mu_{O_2} - \frac{3}{2}\mu_{H_2O} - 3\mu_e = \Delta G_{m,阴}^{\ominus} + RT\ln\frac{a_{OH^-,e}^3}{p_{O_2,e}^{3/4}a_{H_2O,e}^{3/2}}$$

式中，

$$\Delta G_m^{\ominus} = 3\mu_{OH^-}^{\ominus} - \frac{3}{4}\mu_{O_2}^{\ominus} - \frac{3}{2}\mu_{H_2O}^{\ominus} - 3\mu_e^{\ominus}$$

$$\mu_{OH^-} = \mu_{OH^-}^{\ominus} + RT\ln a_{OH^-,e}$$

$$\mu_{O_2} = \mu_{O_2}^{\ominus} + RT\ln a_{O_2,e}$$

$$\mu_{H_2O} = \mu_{H_2O}^{\ominus} + RT\ln a_{H_2O,e}$$

$$\mu_e = \mu_e^{\ominus}$$

由

$$\varphi_{阴,e} = -\frac{\Delta G_{m,阴,e}}{3F}$$

得

$$\varphi_{阴,e} = \varphi_{阴}^{\ominus} + \frac{RT}{3F}\ln\frac{p_{O_2,e}^{3/4}a_{H_2O,e}^{3/2}}{a_{OH^-,e}^3}$$

式中

$$\varphi_{阴}^{\ominus} = -\frac{\Delta G_{m,阴}^{\ominus}}{3F} = -\frac{3\mu_{OH^-}^{\ominus} - \frac{3}{4}\mu_{O_2}^{\ominus} - \frac{3}{2}\mu_{H_2O}^{\ominus} - 3\mu_e^{\ominus}}{3F}$$

阴极有电流通过，发生极化，阴极反应为

$$\frac{3}{4}O_2 + \frac{3}{2}H_2O + 3e = 3OH^-$$

阴极电势为

$$\varphi_{阴} = \varphi_{阴,e} + \Delta\varphi_{阴}$$

$$\Delta\varphi_{阴} = \varphi_{阴} - \varphi_{阴,e}$$

有

$$A_{m,阴} = \Delta G_{m,阴} = -3F\varphi_{阴} = -3F(\varphi_{阴,e} + \Delta\varphi_{阴})$$

阴极反应速率为

$$\frac{1}{3}\frac{dN_{OH^-}}{dt} = -\frac{4}{3}\frac{dN_{O_2}}{dt} = -\frac{2}{3}\frac{dN_{H_2O}}{dt} = -\frac{1}{3}\frac{dN_e}{dt} = Sj$$

式中

$$\begin{aligned} j &= -l_1\left(\frac{A_{m,阴}}{T}\right) - l_2\left(\frac{A_{m,阴}}{T}\right)^2 - l_3\left(\frac{A_{m,阴}}{T}\right)^3 - \cdots \\ &= -l_1'\left(\frac{\varphi_{阴}}{T}\right) - l_2'\left(\frac{\varphi_{阴}}{T}\right)^2 - l_3'\left(\frac{\varphi_{阴}}{T}\right)^3 - \cdots \\ &= -l_1'' - l_2''\left(\frac{\Delta\varphi_{阴}}{T}\right) - l_3''\left(\frac{\Delta\varphi_{阴}}{T}\right)^2 - l_4''\left(\frac{\Delta\varphi_{阴}}{T}\right)^3 - \cdots \end{aligned}$$

将上式代入

$$i = 3Fj$$

得

$$\begin{aligned} i &= 3Fj \\ &= -l_1^*\left(\frac{\varphi_{阴}}{T}\right) - l_2^*\left(\frac{\varphi_{阴}}{T}\right)^2 - l_3^*\left(\frac{\varphi_{阴}}{T}\right)^3 - \cdots \\ &= -l_1^{**} - l_2^{**}\left(\frac{\Delta\varphi_{阴}}{T}\right) - l_3^{**}\left(\frac{\Delta\varphi_{阴}}{T}\right)^2 - l_4^{**}\left(\frac{\Delta\varphi_{阴}}{T}\right)^3 - \cdots \end{aligned}$$

2. 阳极电势

阳极反应达到平衡

$$Al + 3OH^- \rightleftharpoons Al(OH)_3 + 3e$$

该过程的摩尔吉布斯自由能变化为

$$\Delta G_{m,阳,e} = \mu_{Al(OH)_3} + 3\mu_e - \mu_{Al} - 3\mu_{OH^-} = \Delta G^{\ominus}_{m,阳} + RT\ln\frac{a_{Al(OH)_3,e}}{a^3_{OH^-,e}}$$

式中

$$\begin{aligned} \Delta G^{\ominus}_{m,阳} &= \mu^{\ominus}_{Al(OH)_3} + 3\mu^{\ominus}_e - \mu^{\ominus}_{Al} - 3\mu^{\ominus}_{OH^-} \\ \mu_{Al(OH)_3} &= \mu^{\ominus}_{Al(OH)_3} + RT\ln a_{Al(OH)_3,e} \\ \mu_e &= \mu^{\ominus}_e \\ \mu_{Al} &= \mu^{\ominus}_{Al} \\ \mu_{OH^-} &= \mu^{\ominus}_{OH^-} + RT\ln a_{OH^-,e} \end{aligned}$$

由

$$\varphi_{阳,e} = \frac{\Delta G_{m,阳,e}}{3F}$$

得

$$\varphi_{阳,e} = \varphi_{阳}^{\ominus} + \frac{RT}{3F}\ln\frac{a_{Al(OH)_3,e}}{a_{OH^-,e}^3}$$

式中

$$\varphi_{阳}^{\ominus} = \frac{\Delta G_{m,阳}^{\ominus}}{3F} = \frac{\mu_{Al(OH)_3}^{\ominus} + 3\mu_e^{\ominus} - \mu_{Al}^{\ominus} - 3\mu_{OH^-}^{\ominus}}{3F}$$

阳极有电流通过，发生极化，阳极反应为

$$Al + 3OH^- = Al(OH)_3 + 3e$$

阳极电势为

$$\varphi_{阳} = \varphi_{阳,e} + \Delta\varphi_{阳}$$

则

$$\Delta\varphi_{阳} = \varphi_{阳} - \varphi_{阳,e}$$

又有

$$A_{m,阳} = \Delta G_{m,阳} = 3F\varphi_{阳} = 3F(\varphi_{阳} + \Delta\varphi_{阳})$$

阳极反应速率

$$\frac{dN_{Al(OH)_3}}{dt} = -\frac{dN_{Al}}{dt} = -\frac{1}{3}\frac{dN_{OH^-}}{dt} = Sj$$

式中

$$\begin{aligned} j &= -l_1\left(\frac{A_{m,阳}}{T}\right) - l_2\left(\frac{A_{m,阳}}{T}\right)^2 - l_3\left(\frac{A_{m,阳}}{T}\right)^3 - \cdots \\ &= -l_1'\left(\frac{\varphi_{阳}}{T}\right) - l_2'\left(\frac{\varphi_{阳}}{T}\right)^2 - l_3'\left(\frac{\varphi_{阳}}{T}\right)^3 - \cdots \\ &= -l_1'' - l_2''\left(\frac{\Delta\varphi_{阳}}{T}\right) - l_3''\left(\frac{\Delta\varphi_{阳}}{T}\right)^2 - l_4''\left(\frac{\Delta\varphi_{阳}}{T}\right)^3 - \cdots \end{aligned}$$

将上式代入

$$i = 3Fj$$

得

$$\begin{aligned} i &= 3Fj \\ &= -l_1^*\left(\frac{\varphi_{阳}}{T}\right) - l_2^*\left(\frac{\varphi_{阳}}{T}\right)^2 - l_3^*\left(\frac{\varphi_{阳}}{T}\right)^3 - \cdots \\ &= -l_1^{**} - l_2^{**}\left(\frac{\Delta\varphi_{阳}}{T}\right) - l_3^{**}\left(\frac{\Delta\varphi_{阳}}{T}\right)^2 - l_4^{**}\left(\frac{\Delta\varphi_{阳}}{T}\right)^3 - \cdots \end{aligned}$$

3. 电池电动势

电池反应达到平衡

$$\frac{3}{4}\mathrm{O_2}+\frac{3}{2}\mathrm{H_2O}+\mathrm{Al}\rightleftharpoons\mathrm{Al(OH)_3}$$

该过程的摩尔吉布斯自由能变化为

$$\Delta G_{\mathrm{m,e}}=\mu_{\mathrm{Al(OH)_3}}-\frac{3}{4}\mu_{\mathrm{O_2}}-\frac{3}{2}\mu_{\mathrm{H_2O}}-\mu_{\mathrm{Al}}=\Delta G_{\mathrm{m}}^{\ominus}+RT\ln\frac{a_{\mathrm{Al(OH)_3,e}}}{p_{\mathrm{O_2,e}}^{3/4}a_{\mathrm{H_2O,e}}^{3/2}}$$

式中

$$\Delta G_{\mathrm{m}}^{\ominus}=\mu_{\mathrm{Al(OH)_3}}^{\ominus}-\frac{3}{4}\mu_{\mathrm{O_2}}^{\ominus}-\frac{3}{2}\mu_{\mathrm{H_2O}}^{\ominus}-\mu_{\mathrm{Al}}^{\ominus}$$

$$\mu_{\mathrm{Al(OH)_3}}=\mu_{\mathrm{Al(OH)_3}}^{\ominus}+RT\ln a_{\mathrm{Al(OH)_3,e}}$$

$$\mu_{\mathrm{O_2}}=\mu_{\mathrm{O_2}}^{\ominus}+RT\ln p_{\mathrm{O_2,e}}$$

$$\mu_{\mathrm{H_2O}}=\mu_{\mathrm{H_2O}}^{\ominus}+RT\ln a_{\mathrm{H_2O,e}}$$

由

$$E_{\mathrm{e}}=-\frac{\Delta G_{\mathrm{m,e}}}{3F}$$

得

$$E_{\mathrm{e}}=E_{\mathrm{e}}^{\ominus}+\frac{RT}{3F}\ln\frac{p_{\mathrm{O_2,e}}^{3/4}a_{\mathrm{H_2O,e}}^{3/2}}{a_{\mathrm{Al(OH)_3,e}}}$$

式中

$$E^{\ominus}=-\frac{\Delta G_{\mathrm{m}}^{\ominus}}{3F}=-\frac{\mu_{\mathrm{Al(OH)_3}}^{\ominus}-\frac{3}{4}\mu_{\mathrm{O_2}}^{\ominus}-\frac{3}{2}\mu_{\mathrm{H_2O}}^{\ominus}-\mu_{\mathrm{Al}}^{\ominus}}{3F}$$

电池放电，有电流通过，发生极化，电池反应为

$$\frac{3}{4}\mathrm{O_2}+\frac{3}{2}\mathrm{H_2O}+\mathrm{Al}=\!=\!=\mathrm{Al(OH)_3}$$

电池电动势为

$$\begin{aligned}E&=\varphi_{阴}-\varphi_{阳}\\&=(\varphi_{阴,\mathrm{e}}+\Delta\varphi_{阴})-(\varphi_{阳,\mathrm{e}}+\Delta\varphi_{阳})\\&=(\varphi_{阴,\mathrm{e}}-\varphi_{阳,\mathrm{e}})+(\Delta\varphi_{阴}-\Delta\varphi_{阳})\\&=E_{\mathrm{e}}-\Delta E\end{aligned}$$

式中

$$E_{\mathrm{e}}=\varphi_{阴,\mathrm{e}}-\varphi_{阳,\mathrm{e}}$$

$$\Delta E=\Delta\varphi_{阴}-\Delta\varphi_{阳}$$

并有

$$A_{\mathrm{m}}=\Delta G_{\mathrm{m}}=-3FE=-3F(E_{\mathrm{e}}+\Delta E)$$

4. 电池端电压

$$V = E - IR = E_e + \Delta E - IR$$

式中，I 为电流；R 为电池系统的电阻。

5. 电池反应速率

$$\frac{\mathrm{d}N_{\mathrm{Al(OH)_3}}}{\mathrm{d}t} = -\frac{4}{3}\frac{\mathrm{d}N_{\mathrm{O_2}}}{\mathrm{d}t} = -\frac{2}{3}\frac{\mathrm{d}N_{\mathrm{H_2O}}}{\mathrm{d}t} = -\frac{\mathrm{d}N_{\mathrm{Al}}}{\mathrm{d}t} = Sj$$

式中

$$\begin{aligned} j &= -l_1\left(\frac{A_{\mathrm{m}}}{T}\right) - l_2\left(\frac{A_{\mathrm{m}}}{T}\right)^2 - l_3\left(\frac{A_{\mathrm{m}}}{T}\right)^3 - \cdots \\ &= -l_1'\left(\frac{E}{T}\right) - l_2'\left(\frac{E}{T}\right)^2 - l_3'\left(\frac{E}{T}\right)^3 - \cdots \\ &= -l_1'' - l_2''\left(\frac{\Delta E}{T}\right) - l_3''\left(\frac{\Delta E}{T}\right)^2 - l_4''\left(\frac{\Delta E}{T}\right)^3 - \cdots \end{aligned}$$

将上式代入

$$i = 3Fj$$

得

$$\begin{aligned} i &= 3Fj \\ &= -l_1^*\left(\frac{E}{T}\right) - l_2^*\left(\frac{E}{T}\right)^2 - l_3^*\left(\frac{E}{T}\right)^3 - \cdots \\ &= -l_1^{**} - l_2^{**}\left(\frac{\Delta E}{T}\right) - l_3^{**}\left(\frac{\Delta E}{T}\right)^2 - l_4^{**}\left(\frac{\Delta E}{T}\right)^3 - \cdots \end{aligned}$$

17.5.2　电解质溶液 pH 高

1. 阴极电势

阴极反应达成平衡

$$\mathrm{O_2 + 2H_2O + 4e \rightleftharpoons 4OH^-}$$

该过程的摩尔吉布斯自由能变化为

$$\Delta G_{\mathrm{m,阴,e}} = 4\mu_{\mathrm{OH^-}} - \mu_{\mathrm{O_2}} - 2\mu_{\mathrm{H_2O}} - 4\mu_{\mathrm{e}} = \Delta G_{\mathrm{m,阴}}^{\ominus} + RT\ln\frac{a_{\mathrm{OH^-,e}}^4}{p_{\mathrm{O_2,e}}a_{\mathrm{H_2O,e}}^2}$$

式中

$$\Delta G_{m}^{\ominus} = 4\mu_{OH^-}^{\ominus} - \mu_{O_2}^{\ominus} - 2\mu_{H_2O}^{\ominus} - 4\mu_{e}^{\ominus}$$

$$\mu_{OH^-} = \mu_{OH^-}^{\ominus} + RT\ln a_{OH^-,e}$$

$$\mu_{O_2} = \mu_{O_2}^{\ominus} + RT\ln a_{O_2,e}$$

$$\mu_{H_2O} = \mu_{H_2O}^{\ominus} + RT\ln a_{H_2O,e}$$

$$\mu_{e} = \mu_{e}^{\ominus}$$

由

$$\varphi_{阴,e} = -\frac{\Delta G_{m,阴,e}}{4F}$$

得

$$\varphi_{阴,e} = \varphi_{阴}^{\ominus} + \frac{RT}{4F}\ln\frac{p_{O_2,e}a_{H_2O,e}^{2}}{a_{OH^-,e}^{4}}$$

式中

$$\varphi_{阴}^{\ominus} = -\frac{\Delta G_{m,阴}^{\ominus}}{4F} = -\frac{4\mu_{OH^-}^{\ominus} - \mu_{O_2}^{\ominus} - 2\mu_{H_2O}^{\ominus} - 4\mu_{e}^{\ominus}}{4F}$$

阴极有电流通过，发生极化，阴极反应为

$$O_2 + 2H_2O + 4e \xlongequal{\quad} 4OH^-$$

阴极电势为

$$\varphi_{阴} = \varphi_{阴,e} + \Delta\varphi_{阴}$$

则

$$\Delta\varphi_{阴} = \varphi_{阴} - \varphi_{阴,e}$$

有

$$A_{m,阴} = \Delta G_{m,阴} = -4F\varphi_{阴} = -4F(\varphi_{阴,e} + \Delta\varphi_{阴})$$

阴极反应速率为

$$\frac{1}{4}\frac{dN_{OH^-}}{dt} = -\frac{dN_{O_2}}{dt} = -\frac{1}{2}\frac{dN_{H_2O}}{dt} = -\frac{1}{4}\frac{dN_{e}}{dt} = Sj$$

式中

$$\begin{aligned}
j &= -l_1\left(\frac{A_{m,阴}}{T}\right) - l_2\left(\frac{A_{m,阴}}{T}\right)^2 - l_3\left(\frac{A_{m,阴}}{T}\right)^3 - \cdots \\
&= -l_1'\left(\frac{\varphi_{阴}}{T}\right) - l_2'\left(\frac{\varphi_{阴}}{T}\right)^2 - l_3'\left(\frac{\varphi_{阴}}{T}\right)^3 - \cdots \\
&= -l_1'' - l_2''\left(\frac{\Delta\varphi_{阴}}{T}\right) - l_3''\left(\frac{\Delta\varphi_{阴}}{T}\right)^2 - l_4''\left(\frac{\Delta\varphi_{阴}}{T}\right)^3 - \cdots
\end{aligned}$$

将上式代入

$$i = 4Fj$$

得

$$
\begin{aligned}
i &= 4Fj \\
&= -l_1^*\left(\frac{\varphi_{阴}}{T}\right) - l_2^*\left(\frac{\varphi_{阴}}{T}\right)^2 - l_3^*\left(\frac{\varphi_{阴}}{T}\right)^3 - \cdots \\
&= -l_1^{**} - l_2^{**}\left(\frac{\Delta\varphi_{阴}}{T}\right) - l_3^{**}\left(\frac{\Delta\varphi_{阴}}{T}\right)^2 - l_4^{**}\left(\frac{\Delta\varphi_{阴}}{T}\right)^3 - \cdots
\end{aligned}
$$

2. 阳极电势

阳极反应达到平衡

$$
Al + 4OH^- \rightleftharpoons [Al(OH)_4]^- + 3e
$$

该过程的摩尔吉布斯自由能变化为

$$
\Delta G_{m,阳,e} = \mu_{[Al(OH)_4]^-} + 3\mu_e - \mu_{Al} - 4\mu_{OH^-} = \Delta G_{m,阳}^{\ominus} + RT\ln\frac{a_{[Al(OH)_4]^-,e}}{a_{OH^-,e}^4}
$$

式中

$$
\begin{aligned}
\Delta G_{m,阳}^{\ominus} &= \mu_{[Al(OH)_4]^-}^{\ominus} + 3\mu_e^{\ominus} - \mu_{Al}^{\ominus} - 4\mu_{OH^-}^{\ominus} \\
\mu_{[Al(OH)_4]^-} &= \mu_{[Al(OH)_4]^-}^{\ominus} + RT\ln a_{[Al(OH)_4]^-} \\
\mu_e &= \mu_e^{\ominus} \\
\mu_{Al} &= \mu_{Al}^{\ominus} \\
\mu_{OH^-} &= \mu_{OH^-}^{\ominus} + RT\ln a_{OH^-,e}
\end{aligned}
$$

由

$$
\varphi_{阳,e} = \frac{\Delta G_{m,阳,e}}{3F}
$$

得

$$
\varphi_{阳,e} = \varphi_{阳}^{\ominus} + \frac{RT}{4F}\ln\frac{a_{[Al(OH)_4]^-,e}}{a_{OH^-,e}^4}
$$

式中，

$$
\varphi_{阳}^{\ominus} = \frac{\Delta G_{m,阳}^{\ominus}}{3F} = \frac{\mu_{[Al(OH)_4]^-}^{\ominus} + 3\mu_e^{\ominus} - \mu_{Al}^{\ominus} - 4\mu_{OH^-}^{\ominus}}{3F}
$$

阳极有电流通过，发生极化，阳极电势为

$$
\varphi_{阳} = \varphi_{阳,e} + \Delta\varphi_{阳}
$$

则

$$
\Delta\varphi_{阳} = \varphi_{阳} - \varphi_{阳,e}
$$

又有

$$
A_{m,阳} = \Delta G_{m,阳} = -3F\varphi_{阳} = -3F(\varphi_{阳} + \Delta\varphi_{阳})
$$

阳极反应速率

$$\frac{\mathrm{d}N_{[\mathrm{Al(OH)_4}]^-}}{\mathrm{d}t}=-\frac{\mathrm{d}N_{\mathrm{Al}}}{\mathrm{d}t}=-\frac{1}{4}\frac{\mathrm{d}N_{\mathrm{OH^-}}}{\mathrm{d}t}=\frac{1}{3}\frac{\mathrm{d}N_{\mathrm{e}}}{\mathrm{d}t}=Sj$$

式中

$$\begin{aligned}j&=-l_1\left(\frac{A_{\mathrm{m},阳}}{T}\right)-l_2\left(\frac{A_{\mathrm{m},阳}}{T}\right)^2-l_3\left(\frac{A_{\mathrm{m},阳}}{T}\right)^3-\cdots\\&=-l_1'\left(\frac{\varphi_{阳}}{T}\right)-l_2'\left(\frac{\varphi_{阳}}{T}\right)^2-l_3'\left(\frac{\varphi_{阳}}{T}\right)^3-\cdots\\&=-l_1''-l_2''\left(\frac{\Delta\varphi_{阳}}{T}\right)-l_3''\left(\frac{\Delta\varphi_{阳}}{T}\right)^2-l_4''\left(\frac{\Delta\varphi_{阳}}{T}\right)^3-\cdots\end{aligned}$$

将上式代入

$$i=3Fj$$

得

$$\begin{aligned}i&=3Fj\\&=-l_1^*\left(\frac{\varphi_{阳}}{T}\right)-l_2^*\left(\frac{\varphi_{阳}}{T}\right)^2-l_3^*\left(\frac{\varphi_{阳}}{T}\right)^3-\cdots\\&=-l_1^{**}-l_2^{**}\left(\frac{\Delta\varphi_{阳}}{T}\right)-l_3^{**}\left(\frac{\Delta\varphi_{阳}}{T}\right)^2-l_4^{**}\left(\frac{\Delta\varphi_{阳}}{T}\right)^3-\cdots\end{aligned}$$

3. 电池电动势

电池反应达到平衡

$$4\mathrm{OH^-}+3\mathrm{O_2}+6\mathrm{H_2O}+4\mathrm{Al}\rightleftharpoons 4[\mathrm{Al(OH)_4}]^-$$

该过程的摩尔吉布斯自由能变化为

$$\Delta G_{\mathrm{m,e}}=4\mu_{[\mathrm{Al(OH)_4}]^-}-3\mu_{\mathrm{O_2}}-6\mu_{\mathrm{H_2O}}-4\mu_{\mathrm{Al}}-4\mathrm{OH^-}=\Delta G_{\mathrm{m}}^{\ominus}+RT\ln\frac{a^4_{[\mathrm{Al(OH)_4}]^-,\mathrm{e}}}{p^3_{\mathrm{O_2,e}}a^6_{\mathrm{H_2O,e}}a^4_{\mathrm{OH^-,e}}}$$

式中

$$\Delta G_{\mathrm{m}}^{\ominus}=4\mu^{\ominus}_{[\mathrm{Al(OH)_4}]^-}-3\mu^{\ominus}_{\mathrm{O_2}}-6\mu^{\ominus}_{\mathrm{H_2O}}-4\mu^{\ominus}_{\mathrm{Al}}-4\mu^{\ominus}_{\mathrm{OH^-}}$$

$$\mu_{[\mathrm{Al(OH)_4}]^-}=\mu^{\ominus}_{[\mathrm{Al(OH)_4}]^-}+RT\ln a_{[\mathrm{Al(OH)_4}]^-,\mathrm{e}}$$

$$\mu_{\mathrm{O_2}}=\mu^{\ominus}_{\mathrm{O_2}}+RT\ln p_{\mathrm{O_2,e}}$$

$$\mu_{\mathrm{H_2O}}=\mu^{\ominus}_{\mathrm{H_2O}}+RT\ln a_{\mathrm{H_2O,e}}$$

$$\mu_{\mathrm{Al}}=\mu^{\ominus}_{\mathrm{Al}}$$

$$\mu_{\mathrm{OH^-}}=\mu^{\ominus}_{\mathrm{OH^-}}+RT\ln a_{\mathrm{OH^-,e}}$$

由
$$E_e = -\frac{\Delta G_{m,e}}{12F}$$
得
$$E_e = E^\ominus + \frac{RT}{12F}\ln\frac{p_{O_2,e}^3 a_{H_2O,e}^6 a_{OH^-,e}^4}{a_{[Al(OH)_4]^-,e}^4}$$
式中
$$E^\ominus = -\frac{\Delta G_m^\ominus}{12F} = -\frac{4\mu_{[Al(OH)_4]^-}^\ominus - 3\mu_{O_2}^\ominus - 6\mu_{H_2O}^\ominus - 4\mu_{Al}^\ominus - 4\mu_{OH^-}^\ominus}{12F}$$

电池放电，有电流通过，发生极化，有
$$\begin{aligned} E &= \varphi_{阴} - \varphi_{阳} \\ &= (\varphi_{阴,e} + \Delta\varphi_{阴}) - (\varphi_{阳,e} + \Delta\varphi_{阳}) \\ &= (\varphi_{阴,e} - \varphi_{阳,e}) + (\Delta\varphi_{阴} - \Delta\varphi_{阳}) \\ &= E_e - \Delta E \end{aligned}$$
式中
$$E_e = \varphi_{阴,e} - \varphi_{阳,e}$$
$$\Delta E = \Delta\varphi_{阴} - \Delta\varphi_{阳}$$
并有
$$A_m = \Delta G_m = -12FE = -12F(E_e + \Delta E)$$

4. 电池端电压

$$V = E - IR = E_e + \Delta E - IR$$
式中，I 为电流；R 为电池系统的电阻。

5. 电池反应速率

$$\frac{1}{4}\frac{dN_{[Al(OH)_4]^-}}{dt} = -\frac{1}{3}\frac{dN_{O_2}}{dt} = -\frac{1}{6}\frac{dN_{H_2O}}{dt} = -\frac{1}{4}\frac{dN_{Al}}{dt} = -\frac{1}{4}\frac{dN_{OH^-}}{dt} = Sj$$
式中
$$\begin{aligned} j &= -l_1\left(\frac{A_m}{T}\right) - l_2\left(\frac{A_m}{T}\right)^2 - l_3\left(\frac{A_m}{T}\right)^3 - \cdots \\ &= -l_1'\left(\frac{E}{T}\right) - l_2'\left(\frac{E}{T}\right)^2 - l_3'\left(\frac{E}{T}\right)^3 - \cdots \\ &= -l_1'' - l_2''\left(\frac{\Delta E}{T}\right) - l_3''\left(\frac{\Delta E}{T}\right)^2 - l_4''\left(\frac{\Delta E}{T}\right)^3 - \cdots \end{aligned}$$
将上式代入
$$I = 12FJ$$

得

$$
\begin{aligned}
i &= 12Fj \\
&= -l_1^*\left(\frac{E}{T}\right) - l_2^*\left(\frac{E}{T}\right)^2 - l_3^*\left(\frac{E}{T}\right)^3 - \cdots \\
&= -l_1^{**} - l_2^{**}\left(\frac{\Delta E}{T}\right) - l_3^{**}\left(\frac{\Delta E}{T}\right)^2 - l_4^{**}\left(\frac{\Delta E}{T}\right)^3 - \cdots
\end{aligned}
$$

17.6　燃 料 电 池

17.6.1　概述

1. 原理

燃料电池是把燃料和氧化剂中的化学能直接转化为电能的装置，是生成型电池，其组成为

$$\mathrm{R} \mid \mathrm{R}^{z+} \mid \mathrm{O}$$

式中，O 代表氧化剂；R 代表还原剂。电化学反应为

阴极反应

$$\mathrm{R}^{z+} + \mathrm{O} + z\mathrm{e} = \mathrm{P}$$

阳极反应

$$\mathrm{R} - z\mathrm{e} = \mathrm{R}^{z+}$$

电池反应

$$\mathrm{R} + \mathrm{O} = \mathrm{P}$$

例如，氢氧燃料电池组成为

$$\mathrm{H_2} \mid \mathrm{H^+} \mid \mathrm{O_2}$$

其中，H_2 为燃料；O_2 为氧化剂。

阴极反应

$$\frac{1}{2}\mathrm{O_2} + 2\mathrm{H^+} + 2\mathrm{e} = \mathrm{H_2O}$$

阳极反应

$$\mathrm{H_2} = 2\mathrm{H^+} + 2\mathrm{e}$$

电池反应

$$\mathrm{H_2} + \frac{1}{2}\mathrm{O_2} = \mathrm{H_2O}$$

燃料电池和普通电池不同，它的燃料和氧化剂不是储存在电池内部，而是储

存在电池外部的储罐中。当燃料电池工作时，需要不断地向燃料电池内部输入燃料和氧化剂，并排出反应物。

由于燃料电池工作时需要连续地向燃料电池内部输入燃料和氧化剂，所以燃料电池使用的燃料和氧化剂必须为流体，即气体和液体。燃料电池最常用的燃料为氢气、碳氢化合物；常用的氧化剂为氧气、净化的空气和过氧化氢、硝酸和水溶液等。

2. 燃料电池的特点

（1）高效。在理论上，燃料电池的热电转化率为 85%～90%。实际上其能量转化率为 50%左右。

（2）环境友好。由于燃料电池能量转化率高，其二氧化碳的排放量比热机减少 40%以上，可以不排放氮氧化合物和硫氧化物。如果以氢气为燃料，其仅排放水。

（3）安静。燃料电池工作时噪声低，11MW 的大功率磷酸燃料电池电站的噪声水平不高于 55dB。

（4）可靠性高。实际应用表明，燃料电池运行高度可靠。燃料电池可以作为各种应急电源和不间断电源使用。

3. 分类

燃料电池可按电池所采用的电解质分类。将燃料电池分为碱性燃料电池，以氢氧化钾为电解质；磷酸燃料电池，以浓磷酸为电解质；质子交换膜燃料电池，以全氟或部分氟化的磺酸型质子交换膜为电解质；熔融碳酸盐燃料电池，以熔融的锂-钾碳酸盐或锂-钠碳酸盐为电解质；固体氧化物燃料电池，以固体氧化物为氧离子导体，如以氧化钇稳定的氧化锆膜为电解质。也可按电池使用温度对电池进行分类，分为低温燃料电池（工作温度低于 100℃），如碱性燃料电池和质子交换膜电池；中温燃料电池（工作温度在 100～300℃），如培根型碱性燃料电池和磷酸型燃料电池；高温燃料电池（工作温度在 600～1000℃），如熔融碳酸盐燃料电池和固体氧化物燃料电池。

各种燃料电池的技术状况见表 17.1。

表 17.1 燃料电池的技术汇总

类型	电解质	导电离子	工作温度/℃	燃料	氧化剂	技术状态	应用领域
碱性燃料电池	KOH	OH^-	50～200	纯氢	纯氧	1～100kW；高效	航天，特殊地面应用
质子交换膜燃料电池	全氟磺酸膜	H^+	室温～100	氢气、重整氢	空气	1～300kW；成本高	电动车和潜艇动力源，可移动动力源

续表

类型	电解质	导电离子	工作温度/℃	燃料	氧化剂	技术状态	应用领域
直接甲醇燃料电池	全氟磺酸膜	H^+	室温～100	CH_3OH	空气	1～1000kW；醇氧化电催化剂，活性低	微型移动型动力源
磷酸燃料电池	H_3PO_4	H^+	100～200	重整气	空气	1～2000kW；成本高，余热利用率低	区域性供电
熔融碳酸盐燃料电池	(Li,K)CO_3	CO_3^{2-}	650～700	净化煤气、天然气、重整气	空气	250～2000kW；使用寿命低	区域性供电
固体氧化物燃料电池	以氧化钇稳定的氧化锆膜	O^{2-}	900～1000	净化煤气、天然气	空气	1～2000kW；成本高，余热利用率低	区域性供电，联合循环发电

4. 应用

燃料电池可由多个电池按串联、并联的组合方式向外供电。因此，燃料电池即适用于集中发电，也可用作各种规格的分散电源和可移动电源。

以氢氧化钾为电解质的碱性燃料电池已成功地应用于载人航天飞行，具有高效、高比能量、高可靠性。

以磷酸为电解质的磷酸燃料电池，已有 PC25（200kW）作为分散电站在世界各地运行，可以用不间断电源。

质子交换膜燃料电池可在室温快速启动，并可按负载要求快速改变输出功率，可以应用于电动车、潜艇和各种可移动电源。

以甲醇为燃料的燃料电池是单兵电源、笔记本电脑的便携式电源。

固体氧化物燃料电池可与煤的气化构成联合循环，适于建造大型、中型电站，燃料的总发电效率可达 70%～80%。熔融碳酸盐燃料电池可采用净化煤气或天然气作燃料，适于建造区域性分散电站。燃料的总热利用效率达 60%～70%。

17.6.2　碱性燃料电池

1. 碱性燃料电池的组成

碱性燃料电池以强碱（如 NaOH、KOH 等）为电解质，H_2 为燃料、O_2 或空气为氧化剂，用 Pt/C、Ag、Ag-Au、Ni 等氧还原电催化剂制成的多孔材料做成氧电极；用 Pt-Pd/C、Pt/C、Ni 或硼化镍等氢氧化电催化剂制成的多孔材料做成氢电极；用碳板、镍板或镀 Ni、Ag 或 Au 的铝、镁、铁等金属板做成双极板。其中的贵金属也是催化剂。电池工作温度：低温，90℃；中温，200℃；高温，300℃。为保证水为液态，气体压力越大，电池工作温度越高。

2. 原理

电池组成为

$$O_2 \,|\, 强碱性电解质 \,|\, H_2$$

阴极反应

$$\frac{1}{2}O_2 + H_2O + 2e \longequal 2OH^- \qquad \varphi^{\ominus}_{阴,e} = 0.401V$$

阳极反应

$$H_2 + 2OH^- \longequal 2H_2O + 2e \qquad \varphi^{\ominus}_{阳,e} = -0.828V$$

电池反应

$$H_2 + \frac{1}{2}O_2 \longequal H_2O \qquad E_e = 1.229V$$

3. 电池过程

1）阴极电势

阴极反应达成平衡

$$\frac{1}{2}O_2 + H_2O + 2e \rightleftharpoons 2OH^-$$

该过程的摩尔吉布斯自由能变化为

$$\Delta G_{m,阴,e} = 2\mu_{OH^-} - \frac{1}{2}\mu_{O_2} - \mu_{H_2O} - 2\mu_e = \Delta G^{\ominus}_{m,阴} + RT\ln\frac{a^2_{OH^-,e}}{p^{1/2}_{O_2,e}a_{H_2O,e}}$$

式中

$$\Delta G^{\ominus}_{m,阴} = 2\mu^{\ominus}_{OH^-} - \frac{1}{2}\mu^{\ominus}_{O_2} - \mu^{\ominus}_{H_2O} - 2\mu^{\ominus}_e$$

$$\mu_{OH^-} = \mu^{\ominus}_{OH^-} + RT\ln a_{OH^-,e}$$

$$\mu_{O_2} = \mu^{\ominus}_{O_2} + RT\ln p_{O_2,e}$$

$$\mu_{H_2O} = \mu^{\ominus}_{H_2O} + RT\ln a_{H_2O,e}$$

$$\mu_e = \mu^{\ominus}_e$$

由

$$\varphi_{阴,e} = -\frac{\Delta G_{m,阴,e}}{2F}$$

得

$$\varphi_{阴,e} = \varphi^{\ominus}_{阴} + \frac{RT}{2F}\ln\frac{p^{1/2}_{O_2,e}a_{H_2O,e}}{a^2_{OH^-,e}}$$

式中，

$$\varphi_{阴}^{\ominus} = -\frac{2\mu_{OH^-}^{\ominus} - \frac{1}{2}\mu_{O_2}^{\ominus} - \mu_{H_2O}^{\ominus} - 2\mu_{e}^{\ominus}}{2F}$$

阴极有电流通过，发生极化，阴极反应为

$$\frac{1}{2}O_2 + H_2O + 2e = 2OH^-$$

阴极电势为

$$\varphi_{阴} = \varphi_{阴,e} + \Delta\varphi_{阴}$$

则

$$\Delta\varphi_{阴} = \varphi_{阴} - \varphi_{阴,e}$$

并有

$$A_{m,阴} = \Delta G_{m,阴} = -2F\varphi_{阴} = -2F(\varphi_{阴,e} + \Delta\varphi_{阴})$$

阴极反应速率

$$\frac{1}{2}\frac{dN_{OH^-}}{dt} = -2\frac{dN_{O_2}}{dt} = -\frac{dN_{H_2O}}{dt} = -\frac{1}{2}\frac{dN_e}{dt} = Sj$$

式中，

$$\begin{aligned} j &= -l_1\left(\frac{A_{m,阴}}{T}\right) - l_2\left(\frac{A_{m,阴}}{T}\right)^2 - l_3\left(\frac{A_{m,阴}}{T}\right)^3 - \cdots \\ &= -l_1'\left(\frac{\varphi_{阴}}{T}\right) - l_2'\left(\frac{\varphi_{阴}}{T}\right)^2 - l_3'\left(\frac{\varphi_{阴}}{T}\right)^3 - \cdots \\ &= -l_1'' - l_2''\left(\frac{\Delta\varphi_{阴}}{T}\right) - l_3''\left(\frac{\Delta\varphi_{阴}}{T}\right)^2 - l_4''\left(\frac{\Delta\varphi_{阴}}{T}\right)^3 - \cdots \end{aligned}$$

将上式代入

$$i = 2Fj$$

得

$$\begin{aligned} i &= 2Fj \\ &= -l_1^*\left(\frac{\varphi_{阴}}{T}\right) - l_2^*\left(\frac{\varphi_{阴}}{T}\right)^2 - l_3^*\left(\frac{\varphi_{阴}}{T}\right)^3 - \cdots \\ &= -l_1^{**} - l_2^{**}\left(\frac{\Delta\varphi_{阴}}{T}\right) - l_3^{**}\left(\frac{\Delta\varphi_{阴}}{T}\right)^2 - l_4^{**}\left(\frac{\Delta\varphi_{阴}}{T}\right)^3 - \cdots \end{aligned}$$

2）阳极电势

阳极反应达成平衡

$$H_2 + 2OH^- \rightleftharpoons 2H_2O + 2e$$

该过程的摩尔吉布斯自由能变化为

$$\Delta G_{m,阳,e} = 2\mu_{H_2O} + 2\mu_e - \mu_{H_2} - 2\mu_{OH^-} = \Delta G^{\ominus}_{m,阳} + RT\ln\frac{a^2_{H_2O,e}}{p_{H_2,e}a^2_{OH^-,e}}$$

式中

$$\Delta G^{\ominus}_{m,阳} = 2\mu^{\ominus}_{H_2O} + 2\mu^{\ominus}_e - \mu^{\ominus}_{H_2} - 2\mu^{\ominus}_{OH^-}$$

$$\mu_{H_2O} = \mu^{\ominus}_{H_2O} + RT\ln a_{H_2O,e}$$

$$\mu_e = \mu^{\ominus}_e$$

$$\mu_{H_2} = \mu^{\ominus}_{H_2} + RT\ln p_{H_2,e}$$

$$\mu_{OH^-} = \mu^{\ominus}_{OH^-} + RT\ln a_{OH^-,e}$$

由

$$\varphi_{阳,e} = \frac{\Delta G_{m,阳,e}}{2F}$$

得

$$\varphi_{阳,e} = \varphi^{\ominus}_{阳} + \frac{RT}{2F}\ln\frac{a^2_{H_2O,e}}{p_{H_2,e}a^2_{OH^-,e}}$$

式中

$$\varphi^{\ominus}_{阳} = \frac{2\mu^{\ominus}_{H_2O} + 2\mu^{\ominus}_e - \mu^{\ominus}_{H_2} - 2\mu^{\ominus}_{OH^-}}{2F}$$

电池输出电能，有电流通过，阳极发生极化，阳极反应为

$$H_2 + 2OH^- \xlongequal{\quad} 2H_2O + 2e$$

阳极电势为

$$\varphi_{阳} = \varphi_{阳,e} + \Delta\varphi_{阳}$$

则

$$\Delta\varphi_{阳} = \varphi_{阳} - \varphi_{阳,e}$$

并有

$$A_{m,阳} = \Delta G_{m,阳} = 2F\varphi_{阳} = 2F(\varphi_{阳,e} + \Delta\varphi_{阳})$$

阳极反应速率

$$\frac{1}{2}\frac{dN_{H_2O}}{dt} = \frac{1}{2}\frac{dN_e}{dt} = -\frac{dN_{H_2}}{dt} = -\frac{1}{2}\frac{dN_{OH^-}}{dt} = Sj$$

式中

$$\begin{aligned} j &= -l_1\left(\frac{A_{m,阳}}{T}\right) - l_2\left(\frac{A_{m,阳}}{T}\right)^2 - l_3\left(\frac{A_{m,阳}}{T}\right)^3 - \cdots \\ &= -l'_1\left(\frac{\varphi_{阳}}{T}\right) - l'_2\left(\frac{\varphi_{阳}}{T}\right)^2 - l'_3\left(\frac{\varphi_{阳}}{T}\right)^3 - \cdots \\ &= -l''_1 - l''_2\left(\frac{\Delta\varphi_{阳}}{T}\right) - l''_3\left(\frac{\Delta\varphi_{阳}}{T}\right)^2 - l''_4\left(\frac{\Delta\varphi_{阳}}{T}\right)^3 - \cdots \end{aligned}$$

将上式代入

$$i = 2Fj$$

得

$$\begin{aligned} i &= 2Fj \\ &= -l_1^*\left(\frac{\varphi_{阳}}{T}\right) - l_2^*\left(\frac{\varphi_{阳}}{T}\right)^2 - l_3^*\left(\frac{\varphi_{阳}}{T}\right)^3 - \cdots \\ &= -l_1^{**} - l_2^{**}\left(\frac{\Delta\varphi_{阳}}{T}\right) - l_3^{**}\left(\frac{\Delta\varphi_{阳}}{T}\right)^2 - l_4^{**}\left(\frac{\Delta\varphi_{阳}}{T}\right)^3 - \cdots \end{aligned}$$

并有

$$I = Sj = 2FSj$$

3）电池电动势

电池反应达到平衡

$$H_2 + \frac{1}{2}O_2 \rightleftharpoons H_2O$$

该过程的摩尔吉布斯自由能变化为

$$\Delta G_{m,e} = \mu_{H_2O} - \mu_{H_2} - \frac{1}{2}\mu_{O_2} = \Delta G_m^\ominus + RT\ln\frac{a_{H_2O,e}}{p_{H_2,e}p_{O_2,e}^{1/2}}$$

式中

$$\Delta G_m^\ominus = \mu_{H_2O}^\ominus - \mu_{H_2}^\ominus - \frac{1}{2}\mu_{O_2}^\ominus$$

$$\mu_{H_2O} = \mu_{H_2O}^\ominus + RT\ln a_{H_2O,e}$$

$$\mu_{H_2} = \mu_{H_2}^\ominus + RT\ln p_{H_2,e}$$

$$\mu_{O_2} = \mu_{O_2}^\ominus + RT\ln p_{O_2,e}$$

由

$$E_e = -\frac{\Delta G_{m,e}}{2F}$$

得

$$E_e = E^\ominus + \frac{RT}{2F}\ln\frac{p_{H_2,e}p_{O_2,e}^{1/2}}{a_{H_2O,e}}$$

式中

$$E^\ominus = -\frac{\Delta G_m^\ominus}{2F} = -\frac{\mu_{H_2O}^\ominus - \mu_{H_2}^\ominus - \frac{1}{2}\mu_{O_2}^\ominus}{2F}$$

电池对外做功，有电流通过，发生极化，电池反应为

$$H_2 + \frac{1}{2}O_2 = H_2O$$

电池电动势为

$$
\begin{aligned}
E &= \varphi_{阴} - \varphi_{阳} \\
&= (\varphi_{阴,e} + \Delta\varphi_{阴}) - (\varphi_{阳,e} + \Delta\varphi_{阳}) \\
&= (\varphi_{阴,e} - \varphi_{阳,e}) + (\Delta\varphi_{阴} - \Delta\varphi_{阳}) \\
&= E_e + \Delta\varphi_{阴} - \Delta\varphi_{阳} \\
&= E_e + \Delta E
\end{aligned}
$$

式中

$$E_e = \varphi_{阴,e} - \varphi_{阳,e}$$

$$\Delta E = \Delta\varphi_{阴} - \Delta\varphi_{阳} < 0$$

并有

$$A_m = \Delta G_m = -2FE = -2F(E_e + \Delta E)$$

4）电池端电压

$$V = \varphi_{阴} - \varphi_{阳} - IR = E_e + \Delta E - IR$$

式中，E_e为电池的平衡电动势；ΔE为过电势；V为电池端电压；I为电池系统的电流；R为电池系统的电阻。

5）电池反应速率

$$\frac{dN_{H_2O}}{dt} = -\frac{dN_{H_2}}{dt} = -2\frac{dN_{O_2}}{dt} = Sj$$

式中

$$
\begin{aligned}
j &= -l_1\left(\frac{A_m}{T}\right) - l_2\left(\frac{A_m}{T}\right)^2 - l_3\left(\frac{A_m}{T}\right)^3 - \cdots \\
&= -l_1'\left(\frac{E}{T}\right) - l_2'\left(\frac{E}{T}\right)^2 - l_3'\left(\frac{E}{T}\right)^3 - \cdots \\
&= -l_1'' - l_2''\left(\frac{\Delta E}{T}\right) - l_3''\left(\frac{\Delta E}{T}\right)^2 - l_4''\left(\frac{\Delta E}{T}\right)^3 - \cdots
\end{aligned}
$$

将上式代入

$$i = 2Fj$$

得

$$
\begin{aligned}
i &= 2Fj \\
&= -l_1^*\left(\frac{E}{T}\right) - l_2^*\left(\frac{E}{T}\right)^2 - l_3^*\left(\frac{E}{T}\right)^3 - \cdots \\
&= -l_1^{**} - l_2^{**}\left(\frac{\Delta E}{T}\right) - l_3^{**}\left(\frac{\Delta E}{T}\right)^2 - l_4^{**}\left(\frac{\Delta E}{T}\right)^3 - \cdots
\end{aligned}
$$

17.6.3　磷酸燃料电池

1. 磷酸燃料电池的组成

磷酸燃料电池以 H_2 为燃料、O_2 为氧化剂，磷酸为电解质。用炭黑和石墨作电池的结构材料。以 PTFE 为黏合剂将纳米铂载体和乙炔炭黑载体作阳极和阴极，以石墨和 SiC 材料作支撑体。电池工作温度为 200℃。

2. 原理

电池组成为

$$O_2 \mid H_3PO_4 \mid H_2$$

阴极反应

$$\frac{1}{2}O_2 + 2H^+ + 2e \xlongequal{\quad} H_2O$$

阳极反应

$$H_2 \xlongequal{\quad} 2H^+ + 2e$$

电池反应

$$H_2 + \frac{1}{2}O_2 \xlongequal{\quad} H_2O$$

3. 电池过程

1）阴极电势

阴极反应达成平衡

$$\frac{1}{2}O_2 + 2H^+ + 2e \rightleftharpoons H_2O$$

该过程的摩尔吉布斯自由能变化为

$$\Delta G_{\mathrm{m,阴,e}} = \mu_{H_2O} - \frac{1}{2}\mu_{O_2} - 2\mu_{H^+} - 2\mu_{e} = \Delta G_{\mathrm{m,阴}}^{\ominus} + RT\ln\frac{a_{H_2O,e}}{p_{O_2,e}^{1/2}a_{H^+,e}^{2}}$$

式中

$$\Delta G_{\mathrm{m,阴}}^{\ominus} = \mu_{H_2O}^{\ominus} - \frac{1}{2}\mu_{O_2}^{\ominus} - 2\mu_{H^+}^{\ominus} - 2\mu_{e}^{\ominus}$$

$$\mu_{H_2O} = \mu_{H_2O}^{\ominus} + RT\ln a_{H_2O,e}$$

$$\mu_{O_2} = \mu_{O_2}^{\ominus} + RT\ln p_{O_2,e}$$

$$\mu_{H^+} = \mu_{H^+}^{\ominus} + RT\ln p_{H^+,e}$$

$$\mu_{e} = \mu_{e}^{\ominus}$$

由
$$\varphi_{阴,e}=-\frac{\Delta G_{m,阴,e}}{2F}$$
得
$$\varphi_{阴,e}=\varphi_{阴}^{\ominus}+\frac{RT}{2F}\ln\frac{p_{O_2,e}^{1/2}a_{H^+,e}^{2}}{a_{H_2O,e}}$$
式中
$$\varphi_{阴}^{\ominus}=-\frac{\Delta G_{m,阴}^{\ominus}}{2F}=-\frac{\mu_{H_2O}^{\ominus}-\frac{1}{2}\mu_{O_2}^{\ominus}-2\mu_{H^+}^{\ominus}-2\mu_{e}^{\ominus}}{2F}$$

电池对外输出电能，阴极有电流通过，发生极化，阴极反应为
$$\frac{1}{2}O_2+2H^++2e=\!=\!=H_2O$$
阴极电势为
$$\varphi_{阴}=\varphi_{阴,e}+\Delta\varphi_{阴}$$
则
$$\Delta\varphi_{阴}=\varphi_{阴}-\varphi_{阴,e}$$
并有
$$A_{m,阴}=\Delta G_{m,阴}=-2F\varphi_{阴}=-2F(\varphi_{阴,e}+\Delta\varphi_{阴})$$

阴极反应速率
$$\frac{dN_{H_2O}}{dt}=-2\frac{dN_{O_2}}{dt}=-\frac{1}{2}\frac{dN_{H^+}}{dt}=-\frac{1}{2}\frac{dN_e}{dt}=Sj$$
式中，
$$\begin{aligned}j&=-l_1\left(\frac{A_{m,阴}}{T}\right)-l_2\left(\frac{A_{m,阴}}{T}\right)^2-l_3\left(\frac{A_{m,阴}}{T}\right)^3-\cdots\\&=-l_1'\left(\frac{\varphi_{阴}}{T}\right)-l_2'\left(\frac{\varphi_{阴}}{T}\right)^2-l_3'\left(\frac{\varphi_{阴}}{T}\right)^3-\cdots\\&=-l_1''-l_2''\left(\frac{\Delta\varphi_{阴}}{T}\right)-l_3''\left(\frac{\Delta\varphi_{阴}}{T}\right)^2-l_4''\left(\frac{\Delta\varphi_{阴}}{T}\right)^3-\cdots\end{aligned}$$
将上式代入
$$i=2Fj$$
得
$$\begin{aligned}i&=2Fj\\&=-l_1^{*}\left(\frac{\varphi_{阴}}{T}\right)-l_2^{*}\left(\frac{\varphi_{阴}}{T}\right)^2-l_3^{*}\left(\frac{\varphi_{阴}}{T}\right)^3-\cdots\\&=-l_1^{**}-l_2^{**}\left(\frac{\Delta\varphi_{阴}}{T}\right)-l_3^{**}\left(\frac{\Delta\varphi_{阴}}{T}\right)^2-l_4^{**}\left(\frac{\Delta\varphi_{阴}}{T}\right)^3-\cdots\end{aligned}$$

2）阳极电势

阳极反应达到平衡

$$H_2 \rightleftharpoons 2H^+ + 2e$$

该过程的摩尔吉布斯自由能变化为

$$\Delta G_{m,阳,e} = 2\mu_{H^+} + 2\mu_e - \mu_{H_2} = \Delta G_{m,阳}^{\ominus} + RT\ln\frac{a_{H^+,e}^2}{p_{H_2,e}}$$

式中

$$\Delta G_{m,阳}^{\ominus} = 2\mu_{H^+}^{\ominus} + 2\mu_e^{\ominus} - \mu_{H_2}^{\ominus}$$

$$\mu_{H^+} = \mu_{H^+}^{\ominus} + RT\ln a_{H^+,e}$$

$$\mu_e = \mu_e^{\ominus}$$

$$\mu_{H_2} = \mu_{H_2}^{\ominus} + RT\ln p_{H_2,e}$$

由

$$\varphi_{阳,e} = \frac{\Delta G_{m,阳,e}}{2F}$$

得

$$\varphi_{阳,e} = \varphi_{阳}^{\ominus} + \frac{RT}{2F}\ln\frac{a_{H^+,e}^2}{p_{H_2,e}}$$

式中

$$\varphi_{阳}^{\ominus} = \frac{\Delta G_{m,阳}^{\ominus}}{2F} = \frac{2\mu_{H^+}^{\ominus} + 2\mu_e^{\ominus} - \mu_{H_2}^{\ominus}}{2F}$$

电池输出电能，有电流通过，阳极发生极化，阳极反应为

$$H_2 = 2H^+ + 2e$$

阳极电势为

$$\varphi_{阳} = \varphi_{阳,e} + \Delta\varphi_{阳}$$

则

$$\Delta\varphi_{阳} = \varphi_{阳} - \varphi_{阳,e}$$

并有

$$A_{m,阳} = \Delta G_{m,阳} = 2F\varphi_{阳} = 2F(\varphi_{阳,e} + \Delta\varphi_{阳})$$

阳极反应速率

$$\frac{1}{2}\frac{dN_{H^+}}{dt} = \frac{1}{2}\frac{dN_e}{dt} = -\frac{dN_{H_2}}{dt} = Sj$$

式中

$$j = -l_1\left(\frac{A_{m,阳}}{T}\right) - l_2\left(\frac{A_{m,阳}}{T}\right)^2 - l_3\left(\frac{A_{m,阳}}{T}\right)^3 - \cdots$$
$$= -l_1'\left(\frac{\varphi_{阳}}{T}\right) - l_2'\left(\frac{\varphi_{阳}}{T}\right)^2 - l_3'\left(\frac{\varphi_{阳}}{T}\right)^3 - \cdots$$
$$= -l_1'' - l_2''\left(\frac{\Delta\varphi_{阳}}{T}\right) - l_3''\left(\frac{\Delta\varphi_{阳}}{T}\right)^2 - l_4''\left(\frac{\Delta\varphi_{阳}}{T}\right)^3 - \cdots$$

将上式代入

$$i = 2Fj$$

得

$$i = 2Fj$$
$$= -l_1^*\left(\frac{\varphi_{阳}}{T}\right) - l_2^*\left(\frac{\varphi_{阳}}{T}\right)^2 - l_3^*\left(\frac{\varphi_{阳}}{T}\right)^3 - \cdots$$
$$= -l_1^{**} - l_2^{**}\left(\frac{\Delta\varphi_{阳}}{T}\right) - l_3^{**}\left(\frac{\Delta\varphi_{阳}}{T}\right)^2 - l_4^{**}\left(\frac{\Delta\varphi_{阳}}{T}\right)^3 - \cdots$$

3）电池电动势

电池反应达到平衡

$$\frac{1}{2}O_2 + H_2 \rightleftharpoons H_2O$$

该过程的摩尔吉布斯自由能变化为

$$\Delta G_{m,e} = \mu_{H_2O} - \frac{1}{2}\mu_{O_2} - \mu_{H_2} = \Delta G_m^{\ominus} + RT\ln\frac{a_{H_2O,e}}{p_{O_2,e}^{1/2}p_{H_2,e}}$$

式中

$$\Delta G_m^{\ominus} = \mu_{H_2O}^{\ominus} - \frac{1}{2}\mu_{O_2}^{\ominus} - \mu_{H_2}^{\ominus}$$
$$\mu_{H_2O} = \mu_{H_2O}^{\ominus} + RT\ln a_{H_2O,e}$$
$$\mu_{O_2} = \mu_{O_2}^{\ominus} + RT\ln p_{O_2,e}$$
$$\mu_{H_2} = \mu_{H_2}^{\ominus} + RT\ln p_{H_2,e}$$

由

$$E_e = -\frac{\Delta G_{m,e}}{2F}$$

得

$$E_e = E^{\ominus} + \frac{RT}{2F}\ln\frac{p_{O_2,e}^{1/2}p_{H_2,e}}{a_{H_2O,e}}$$

式中

$$E^{\ominus}=-\frac{\Delta G_{\mathrm{m}}^{\ominus}}{2F}=-\frac{\mu_{\mathrm{H_2O}}^{\ominus}-\frac{1}{2}\mu_{\mathrm{O_2}}^{\ominus}-\mu_{\mathrm{H_2}}^{\ominus}}{2F}$$

电池对外做功，有电流通过，发生极化，电池反应为

$$\frac{1}{2}\mathrm{O_2}+\mathrm{H_2} = \mathrm{H_2O}$$

电池电动势为

$$\begin{aligned}E&=\varphi_{阴}-\varphi_{阳}\\&=(\varphi_{阴,\mathrm{e}}+\Delta\varphi_{阴})-(\varphi_{阳,\mathrm{e}}+\Delta\varphi_{阳})\\&=(\varphi_{阴,\mathrm{e}}-\varphi_{阳,\mathrm{e}})+(\Delta\varphi_{阴}-\Delta\varphi_{阳})\\&=E_{\mathrm{e}}+\Delta E\end{aligned}$$

式中

$$E_{\mathrm{e}}=\varphi_{阴,\mathrm{e}}-\varphi_{阳,\mathrm{e}}$$

$$\Delta E=\Delta\varphi_{阴}-\Delta\varphi_{阳}$$

并有

$$A_{\mathrm{m}}=\Delta G_{\mathrm{m}}=-2FE=-2F(E_{\mathrm{e}}+\Delta E)$$

4）电池端电压

$$V=E-IR=E_{\mathrm{e}}+\Delta E-IR$$

式中，E 为极化电池的电动势；E_{e} 为电池的平衡电动势；ΔE 为过电势；V 为电池的端电压；I 为电池系统的电流；R 为电池系统的电阻。

5）电池反应速率

$$\frac{\mathrm{d}N_{\mathrm{H_2O}}}{\mathrm{d}t}=-2\frac{\mathrm{d}N_{\mathrm{O_2}}}{\mathrm{d}t}=-\frac{\mathrm{d}N_{\mathrm{H_2}}}{\mathrm{d}t}=Sj$$

式中

$$\begin{aligned}j&=-l_1\left(\frac{A_{\mathrm{m}}}{T}\right)-l_2\left(\frac{A_{\mathrm{m}}}{T}\right)^2-l_3\left(\frac{A_{\mathrm{m}}}{T}\right)^3-\cdots\\&=-l_1'\left(\frac{E}{T}\right)-l_2'\left(\frac{E}{T}\right)^2-l_3'\left(\frac{E}{T}\right)^3-\cdots\\&=-l_1''-l_2''\left(\frac{\Delta E}{T}\right)-l_3''\left(\frac{\Delta E}{T}\right)^2-l_4''\left(\frac{\Delta E}{T}\right)^3-\cdots\end{aligned}$$

将上式代入

$$i=2Fj$$

得

$$
\begin{aligned}
i &= 2Fj \\
&= -l_1^*\left(\frac{E}{T}\right) - l_2^*\left(\frac{E}{T}\right)^2 - l_3^*\left(\frac{E}{T}\right)^3 - \cdots \\
&= -l_1^{**} - l_2^{**}\left(\frac{\Delta E}{T}\right) - l_3^{**}\left(\frac{\Delta E}{T}\right)^2 - l_4^{**}\left(\frac{\Delta E}{T}\right)^3 - \cdots
\end{aligned}
$$

17.6.4　质子交换膜燃料电池

1. 质子交换膜燃料电池的组成

质子交换膜燃料电池以 H_2 或净化重整气为燃料、空气或 O_2 为氧化剂，以全氟磺酸固体聚合物制成的质子交换膜为电解质；铂/碳或铂-钌/碳为催化剂；以石墨或表面改性的金属板为电极；电池工作温度小于 100℃。

2. 原理

电池组成为

$$O_2 \,|\, \text{质子交换膜} \,|\, H_2$$

阴极反应

$$\frac{1}{2}O_2 + 2H^+ + 2e = H_2O$$

阳极反应

$$H_2 = 2H^+ + 2e$$

电池反应

$$H_2 + \frac{1}{2}O_2 = H_2O$$

3. 电池过程

1）阴极电势

阴极反应达成平衡

$$\frac{1}{2}O_2 + 2H^+ + 2e \rightleftharpoons H_2O$$

该过程的摩尔吉布斯自由能变化为

$$\Delta G_{m,\text{阴},e} = \mu_{H_2O} - \frac{1}{2}\mu_{O_2} - 2\mu_{H^+} - 2\mu_e = \Delta G_{m,\text{阴}}^{\ominus} + RT\ln\frac{a_{H_2O,e}}{p_{O_2,e}^{1/2}a_{H^+,e}^2}$$

式中

$$\Delta G_{m,阴}^{\ominus} = \mu_{H_2O}^{\ominus} - \frac{1}{2}\mu_{O_2}^{\ominus} - 2\mu_{H^+}^{\ominus} - 2\mu_e^{\ominus}$$

$$\mu_{H_2O} = \mu_{H_2O}^{\ominus} + RT\ln a_{H_2O,e}$$

$$\mu_{O_2} = \mu_{O_2}^{\ominus} + RT\ln p_{O_2,e}$$

$$\mu_{H^+} = \mu_{H^+}^{\ominus} + RT\ln p_{H^+,e}$$

$$\mu_e = \mu_e^{\ominus}$$

由

$$\varphi_{阴,e} = -\frac{\Delta G_{m,阴,e}}{2F}$$

得

$$\varphi_{阴,e} = \varphi_{阴}^{\ominus} + \frac{RT}{2F}\ln\frac{p_{O_2,e}^{1/2} a_{H^+,e}^2}{a_{H_2O,e}}$$

式中，

$$\varphi_{阴}^{\ominus} = -\frac{\Delta G_{m,阴}^{\ominus}}{2F} = -\frac{\mu_{H_2O}^{\ominus} - \frac{1}{2}\mu_{O_2}^{\ominus} - 2\mu_{H^+}^{\ominus} - 2\mu_e^{\ominus}}{2F}$$

电池对外输出电能，阴极有电流通过，发生极化，阴极反应为

$$\frac{1}{2}O_2 + 2H^+ + 2e =\!=\!= H_2O$$

阴极电势为

$$\varphi_{阴} = \varphi_{阴,e} + \Delta\varphi_{阴}$$

则

$$\Delta\varphi_{阴} = \varphi_{阴} - \varphi_{阴,e}$$

并有

$$A_{m,阴} = \Delta G_{m,阴} = -2F\varphi_{阴} = -2F(\varphi_{阴,e} + \Delta\varphi_{阴})$$

阴极反应速率

$$\frac{dN_{H_2O}}{dt} = -2\frac{dN_{O_2}}{dt} = -\frac{1}{2}\frac{dN_{H^+}}{dt} = -\frac{1}{2}\frac{dN_e}{dt} = Sj$$

式中，

$$\begin{aligned} j &= -l_1\left(\frac{A_{m,阴}}{T}\right) - l_2\left(\frac{A_{m,阴}}{T}\right)^2 - l_3\left(\frac{A_{m,阴}}{T}\right)^3 - \cdots \\ &= -l_1'\left(\frac{\varphi_{阴}}{T}\right) - l_2'\left(\frac{\varphi_{阴}}{T}\right)^2 - l_3'\left(\frac{\varphi_{阴}}{T}\right)^3 - \cdots \\ &= -l_1'' - l_2''\left(\frac{\Delta\varphi_{阴}}{T}\right) - l_3''\left(\frac{\Delta\varphi_{阴}}{T}\right)^2 - l_4''\left(\frac{\Delta\varphi_{阴}}{T}\right)^3 - \cdots \end{aligned}$$

将上式代入

$$i = 2Fj$$

得

$$\begin{aligned} i &= 2Fj \\ &= -l_1^*\left(\frac{\varphi_{阴}}{T}\right) - l_2^*\left(\frac{\varphi_{阴}}{T}\right)^2 - l_3^*\left(\frac{\varphi_{阴}}{T}\right)^3 - \cdots \\ &= -l_1^{**} - l_2^{**}\left(\frac{\Delta\varphi_{阴}}{T}\right) - l_3^{**}\left(\frac{\Delta\varphi_{阴}}{T}\right)^2 - l_4^{**}\left(\frac{\Delta\varphi_{阴}}{T}\right)^3 - \cdots \end{aligned}$$

2）阳极电势

阳极反应达到平衡

$$H_2 \rightleftharpoons 2H^+ + 2e$$

该过程的摩尔吉布斯自由能变化为

$$\Delta G_{m,阳,e} = 2\mu_{H^+} + 2\mu_e - \mu_{H_2} = \Delta G_{m,阳}^{\ominus} + RT\ln\frac{a_{H^+,e}^2}{p_{H_2,e}}$$

式中

$$\Delta G_{m,阳}^{\ominus} = 2\mu_{H^+}^{\ominus} + 2\mu_e^{\ominus} - \mu_{H_2}^{\ominus}$$

$$\mu_{H^+} = \mu_{H^+}^{\ominus} + RT\ln a_{H^+,e}$$

$$\mu_e = \mu_e^{\ominus}$$

$$\mu_{H_2} = \mu_{H_2}^{\ominus} + RT\ln p_{H_2,e}$$

由

$$\varphi_{阳,e} = \frac{\Delta G_{m,阳,e}}{2F}$$

得

$$\varphi_{阳,e} = \varphi_{阳}^{\ominus} + \frac{RT}{2F}\ln\frac{a_{H^+,e}^2}{p_{H_2,e}}$$

式中，

$$\varphi_{阳}^{\ominus} = \frac{\Delta G_{m,阳}^{\ominus}}{2F} = \frac{2\mu_{H^+}^{\ominus} + 2\mu_e^{\ominus} - \mu_{H_2}^{\ominus}}{2F}$$

阳极有电流通过，阳极发生极化，阳极反应为

$$H_2 = 2H^+ + 2e$$

阳极电势为

$$\varphi_{阳} = \varphi_{阳,e} + \Delta\varphi_{阳} < 0$$

则

$$\Delta\varphi_{阳} = \varphi_{阳} - \varphi_{阳,e} > 0$$

并有

$$A_{m,阳} = \Delta G_{m,阳} = 2F\varphi_{阳} = 2F(\varphi_{阳,e} + \Delta\varphi_{阳})$$

阳极反应速率

$$\frac{1}{2}\frac{dN_{H^+}}{dt} = \frac{1}{2}\frac{dN_e}{dt} = -\frac{dN_{H_2}}{dt} = Sj$$

式中

$$\begin{aligned} j &= -l_1\left(\frac{A_{m,阳}}{T}\right) - l_2\left(\frac{A_{m,阳}}{T}\right)^2 - l_3\left(\frac{A_{m,阳}}{T}\right)^3 - \cdots \\ &= -l_1'\left(\frac{\varphi_{阳}}{T}\right) - l_2'\left(\frac{\varphi_{阳}}{T}\right)^2 - l_3'\left(\frac{\varphi_{阳}}{T}\right)^3 - \cdots \\ &= -l_1'' - l_2''\left(\frac{\Delta\varphi_{阳}}{T}\right) - l_3''\left(\frac{\Delta\varphi_{阳}}{T}\right)^2 - l_4''\left(\frac{\Delta\varphi_{阳}}{T}\right)^3 - \cdots \end{aligned}$$

将上式代入

$$i = 2Fj$$

得

$$\begin{aligned} i &= 2Fj \\ &= -l_1^*\left(\frac{\varphi_{阳}}{T}\right) - l_2^*\left(\frac{\varphi_{阳}}{T}\right)^2 - l_3^*\left(\frac{\varphi_{阳}}{T}\right)^3 - \cdots \\ &= -l_1^{**} - l_2^{**}\left(\frac{\Delta\varphi_{阳}}{T}\right) - l_3^{**}\left(\frac{\Delta\varphi_{阳}}{T}\right)^2 - l_4^{**}\left(\frac{\Delta\varphi_{阳}}{T}\right)^3 - \cdots \end{aligned}$$

3）电池电动势

电池反应达到平衡

$$\frac{1}{2}O_2 + H_2 \rightleftharpoons H_2O$$

该过程的摩尔吉布斯自由能变化为

$$\Delta G_{m,e} = \mu_{H_2O} - \frac{1}{2}\mu_{O_2} - \mu_{H_2} = \Delta G_m^{\ominus} + RT\ln\frac{a_{H_2O,e}}{p_{O_2,e}^{1/2}p_{H_2,e}}$$

式中

$$\Delta G_m^{\ominus} = \mu_{H_2O}^{\ominus} - \frac{1}{2}\mu_{O_2}^{\ominus} - \mu_{H_2}^{\ominus}$$

$$\mu_{H_2O} = \mu_{H_2O}^{\ominus} + RT\ln a_{H_2O,e}$$

$$\mu_{O_2} = \mu_{O_2}^{\ominus} + RT\ln p_{O_2,e}$$

$$\mu_{H_2} = \mu_{H_2}^{\ominus} + RT\ln p_{H_2,e}$$

由

$$E_e = -\frac{\Delta G_{m,e}}{2F}$$

得

$$E_e = E_e^\ominus + \frac{RT}{2F}\ln\frac{p_{O_2,e}^{1/2} p_{H_2,e}}{a_{H_2O,e}}$$

式中

$$E_e^\ominus = -\frac{\Delta G_{m,e}^\ominus}{2F} = -\frac{\mu_{H_2O}^\ominus - \frac{1}{2}\mu_{O_2}^\ominus - \mu_{H_2}^\ominus}{2F}$$

电池对外做功，有电流通过，发生极化，电池反应为

$$\frac{1}{2}O_2 + H_2 = H_2O$$

电池电动势为

$$\begin{aligned} E &= \varphi_{阴} - \varphi_{阳} \\ &= (\varphi_{阴,e} + \Delta\varphi_{阴}) - (\varphi_{阳,e} + \Delta\varphi_{阳}) \\ &= (\varphi_{阴,e} - \varphi_{阳,e}) + (\Delta\varphi_{阴} - \Delta\varphi_{阳}) \\ &= E_e + \Delta E \end{aligned}$$

式中

$$E_e = \varphi_{阴,e} - \varphi_{阳,e}$$

$$\Delta E = \Delta\varphi_{阴} - \Delta\varphi_{阳}$$

并有

$$A_m = \Delta G_m = -2FE = -2F(E_e + \Delta E)$$

电池端电压

$$V = E - IR = E_e + \Delta E - IR$$

式中，E 为极化电池的电动势；E_e 为电池的平衡电动势；ΔE 为过电势；V 为电池的端电压；I 为电池系统的电流；R 为电池系统的电阻。

4）电池反应速率

$$\frac{dN_{H_2O}}{dt} = -2\frac{dN_{O_2}}{dt} = -\frac{dN_{H_2}}{dt} = Sj$$

式中

$$\begin{aligned} j &= -l_1\left(\frac{A_m}{T}\right) - l_2\left(\frac{A_m}{T}\right)^2 - l_3\left(\frac{A_m}{T}\right)^3 - \cdots \\ &= -l_1'\left(\frac{E}{T}\right) - l_2'\left(\frac{E}{T}\right)^2 - l_3'\left(\frac{E}{T}\right)^3 - \cdots \\ &= -l_1'' - l_2''\left(\frac{\Delta E}{T}\right) - l_3''\left(\frac{\Delta E}{T}\right)^2 - l_4''\left(\frac{\Delta E}{T}\right)^3 - \cdots \end{aligned}$$

将上式代入

$$i = 2Fj$$

得

$$\begin{aligned} i &= 2Fj \\ &= -l_1^*\left(\frac{E}{T}\right) - l_2^*\left(\frac{E}{T}\right)^2 - l_3^*\left(\frac{E}{T}\right)^3 - \cdots \\ &= -l_1^{**} - l_2^{**}\left(\frac{\Delta E}{T}\right) - l_3^{**}\left(\frac{\Delta E}{T}\right)^2 - l_4^{**}\left(\frac{\Delta E}{T}\right)^3 - \cdots \end{aligned}$$

17.6.5 醇类燃料电池

1. 醇类燃料电池的组成

醇类燃料电池以醇类为燃料，尤其以甲醇水溶液为燃料，以 O_2 为氧化剂，以 Pt/C、Pt-Ru/C、Pt-Me/C（Me 为过渡族金属）、Pt-Ru 或 Pt 为催化剂，电极材料和支撑材料与质子交换膜燃料电池相同。电池工作温度小于 100℃。

2. 原理

电池组成为

$$O_2 \,|\, \text{质子交换膜} \,|\, CH_3OH$$

阴极反应

$$\frac{3}{2}O_2 + 6H^+ + 6e = 3H_2O \qquad \varphi^{\ominus}_{\text{阴},e} = 1.229\text{V}$$

阳极反应

$$CH_3OH + H_2O = CO_2 + 6H^+ + 6e \qquad \varphi^{\ominus}_{\text{阳},e} = 0.046\text{V}$$

电池反应

$$CH_3OH + \frac{3}{2}O_2 = CO_2 + 2H_2O \qquad E_e = 1.183\text{V}$$

醇类燃料电池有两类：

（1）以气态甲醇和水蒸气为燃料，其工作温度高于 100℃。而由于质子交换膜传导 H^+ 需要有液态水存在，所以工作压力需大于 1atm。

（2）以甲醇水溶液为燃料，工作温度可以低于 100℃，若工作温度高于 100℃，也需要提升压力。

3. 电池过程

1）阴极电势

阴极反应达到平衡

$$\frac{3}{2}O_2 + 6H^+ + 6e \rightleftharpoons H_2O$$

该过程的摩尔吉布斯自由能变化为

$$\Delta G_{m,阴,e} = \mu_{H_2O} - \frac{3}{2}\mu_{O_2} - 6\mu_{H^+} - 6\mu_e = \Delta G_{m,阴}^{\ominus} + RT\ln\frac{a_{H_2O,e}}{p_{O_2,e}^{3/2} a_{H^+,e}^6}$$

式中

$$\Delta G_{m,阴}^{\ominus} = \mu_{H_2O}^{\ominus} - \frac{3}{2}\mu_{O_2}^{\ominus} - 6\mu_{H^+}^{\ominus} - 6\mu_e^{\ominus}$$

$$\mu_{H_2O} = \mu_{H_2O}^{\ominus} + RT\ln a_{H_2O,e}$$

$$\mu_{O_2} = \mu_{O_2}^{\ominus} + RT\ln p_{O_2,e}$$

$$\mu_{H^+} = \mu_{H^+}^{\ominus} + RT\ln a_{H^+,e}$$

$$\mu_e = \mu_e^{\ominus}$$

由

$$\varphi_{阴,e} = -\frac{\Delta G_{m,阴,e}}{6F}$$

得

$$\varphi_{阴,e} = \varphi_{阴}^{\ominus} + \frac{RT}{6F}\ln\frac{p_{O_2,e}^{3/2} a_{H^+,e}^6}{a_{H_2O,e}}$$

式中

$$\varphi_{阴}^{\ominus} = -\frac{\mu_{H_2O}^{\ominus} - \frac{3}{2}\mu_{O_2}^{\ominus} - 6\mu_{H^+}^{\ominus} - 6\mu_e^{\ominus}}{6F}$$

电池输出电能，阴极有电流通过，发生极化，阴极反应为

$$\frac{3}{2}O_2 + 6H^+ + 6e \rightleftharpoons H_2O$$

阴极电势为

$$\varphi_{阴} = \varphi_{阴,e} + \Delta\varphi_{阴}$$

则

$$\Delta\varphi_{阴} = \varphi_{阴} - \varphi_{阴,e}$$

并有

$$A_{m,阴} = \Delta G_{m,阴} = -6F\varphi_{阴} = -6F(\varphi_{阴,e} + \Delta\varphi_{阴})$$

阴极反应速率

$$\frac{dN_{H_2O}}{dt} = -\frac{2}{3}\frac{dN_{O_2}}{dt} = -\frac{1}{6}\frac{dN_{H^+}}{dt} = -\frac{1}{6}\frac{dN_e}{dt} = Sj$$

式中

$$\begin{aligned} j &= -l_1\left(\frac{A_{m,阴}}{T}\right) - l_2\left(\frac{A_{m,阴}}{T}\right)^2 - l_3\left(\frac{A_{m,阴}}{T}\right)^3 - \cdots \\ &= -l_1'\left(\frac{\varphi_{阴}}{T}\right) - l_2'\left(\frac{\varphi_{阴}}{T}\right)^2 - l_3'\left(\frac{\varphi_{阴}}{T}\right)^3 - \cdots \\ &= -l_1'' - l_2''\left(\frac{\Delta\varphi_{阴}}{T}\right) - l_3''\left(\frac{\Delta\varphi_{阴}}{T}\right)^2 - l_4''\left(\frac{\Delta\varphi_{阴}}{T}\right)^3 - \cdots \end{aligned}$$

将上式代入

$$i = 6Fj$$

得

$$\begin{aligned} i &= 6Fj \\ &= -l_1^*\left(\frac{\varphi_{阴}}{T}\right) - l_2^*\left(\frac{\varphi_{阴}}{T}\right)^2 - l_3^*\left(\frac{\varphi_{阴}}{T}\right)^3 - \cdots \\ &= -l_1^{**} - l_2^{**}\left(\frac{\Delta\varphi_{阴}}{T}\right) - l_3^{**}\left(\frac{\Delta\varphi_{阴}}{T}\right)^2 - l_4^{**}\left(\frac{\Delta\varphi_{阴}}{T}\right)^3 - \cdots \end{aligned}$$

2）阳极电势

阳极反应达成平衡

$$CH_3OH + H_2O \rightleftharpoons CO_2 + 6H^+ + 6e$$

该过程的摩尔吉布斯自由能变化为

$$\begin{aligned} \Delta G_{m,阳,e} &= \mu_{CO_2} + 6\mu_{H^+} + 6\mu_e - \mu_{CH_3OH} - \mu_{H_2O} \\ &= \Delta G_{m,阳}^{\ominus} + RT\ln\frac{p_{CO_2,e}a_{H^+,e}^6}{p_{CH_3OH,e}a_{H_2O,e}} \end{aligned}$$

式中

$$\Delta G_{m,阳}^{\ominus} = \mu_{CO_2}^{\ominus} + 6\mu_{H^+}^{\ominus} + 6\mu_e^{\ominus} - \mu_{CH_3OH}^{\ominus} - \mu_{H_2O}^{\ominus}$$

$$\mu_{CO_2} = \mu_{CO_2}^{\ominus} + RT\ln p_{CO_2,e}$$

$$\mu_{H^+} = \mu_{H^+}^{\ominus} + RT\ln a_{H^+,e}$$

$$\mu_e = \mu_e^{\ominus}$$

$$\mu_{CH_3OH} = \mu_{CH_3OH}^{\ominus} + RT\ln p_{CH_3OH,e}$$

$$\mu_{H_2O} = \mu_{H_2O}^{\ominus} + RT\ln a_{H_2O,e}$$

由

$$\varphi_{阳,e} = \frac{\Delta G_{m,阳,e}}{6F}$$

得

$$\varphi_{阳,e} = \varphi_{阳}^{\ominus} + \frac{RT}{6F}\ln\frac{p_{CO_2,e}a_{H^+,e}^6}{p_{CH_3OH,e}a_{H_2O,e}}$$

式中

$$\varphi_{阳}^{\ominus} = \frac{\mu_{CO_2}^{\ominus} + 6\mu_{H^+}^{\ominus} + 6\mu_{e}^{\ominus} - \mu_{CH_3OH}^{\ominus} - \mu_{H_2O}^{\ominus}}{6F}$$

电池输出电能，有电流通过，阳极发生极化，阳极反应为

$$CH_3OH + H_2O = CO_2 + 6H^+ + 6e$$

阳极电势为

$$\varphi_{阳} = \varphi_{阳,e} + \Delta\varphi_{阳}$$

则

$$\Delta\varphi_{阳} = \varphi_{阳} - \varphi_{阳,e}$$

并有

$$A_{m,阳} = \Delta G_{m,阳} = 6F\varphi_{阳} = 6F(\varphi_{阳,e} + \Delta\varphi_{阳})$$

阳极反应速率

$$\frac{dN_{CO_2}}{dt} = \frac{1}{6}\frac{dN_{H^+}}{dt} = \frac{1}{6}\frac{dN_e}{dt} = -\frac{dN_{CH_3OH}}{dt} = -\frac{dN_{H_2O}}{dt} = Sj$$

式中

$$\begin{aligned}
j &= -l_1\left(\frac{A_{m,阳}}{T}\right) - l_2\left(\frac{A_{m,阳}}{T}\right)^2 - l_3\left(\frac{A_{m,阳}}{T}\right)^3 - \cdots \\
&= -l_1'\left(\frac{\varphi_{阳}}{T}\right) - l_2'\left(\frac{\varphi_{阳}}{T}\right)^2 - l_3'\left(\frac{\varphi_{阳}}{T}\right)^3 - \cdots \\
&= -l_1'' - l_2''\left(\frac{\Delta\varphi_{阳}}{T}\right) - l_3''\left(\frac{\Delta\varphi_{阳}}{T}\right)^2 - l_4''\left(\frac{\Delta\varphi_{阳}}{T}\right)^3 - \cdots
\end{aligned}$$

将上式代入

$$i = 6Fj$$

得

$$\begin{aligned}
i &= 6Fj \\
&= -l_1^*\left(\frac{\varphi_{阳}}{T}\right) - l_2^*\left(\frac{\varphi_{阳}}{T}\right)^2 - l_3^*\left(\frac{\varphi_{阳}}{T}\right)^3 - \cdots \\
&= -l_1^{**} - l_2^{**}\left(\frac{\Delta\varphi_{阳}}{T}\right) - l_3^{**}\left(\frac{\Delta\varphi_{阳}}{T}\right)^2 - l_4^{**}\left(\frac{\Delta\varphi_{阳}}{T}\right)^3 - \cdots
\end{aligned}$$

3）电池电动势

电池反应达到平衡

$$CH_3OH + \frac{3}{2}O_2 \rightleftharpoons CO_2 + 2H_2O$$

摩尔吉布斯自由能变化为

$$\Delta G_{m,e} = \mu_{CO_2} + 2\mu_{H_2O} - \mu_{CH_3OH} - \frac{3}{2}\mu_{O_2} = \Delta G_m^\ominus + RT\ln\frac{p_{CO_2,e}a_{H_2O,e}^2}{p_{CH_3OH,e}p_{O_2,e}^{3/2}}$$

式中

$$\Delta G_m^\ominus = \mu_{CO_2}^\ominus + 2\mu_{H_2O}^\ominus - \mu_{CH_3OH}^\ominus - \frac{3}{2}\mu_{O_2}^\ominus$$

$$\mu_{CO_2} = \mu_{CO_2}^\ominus + RT\ln p_{CO_2,e}$$

$$\mu_{H_2O} = \mu_{H_2O}^\ominus + RT\ln a_{H_2O,e}$$

$$\mu_{CH_3OH} = \mu_{CH_3OH}^\ominus + RT\ln p_{CH_3OH,e}$$

$$\mu_{O_2} = \mu_{O_2}^\ominus + RT\ln p_{O_2,e}$$

由

$$E_e = -\frac{\Delta G_{m,e}}{6F}$$

得

$$E_e = E_e^\ominus + \frac{RT}{6F}\ln\frac{p_{CH_3OH,e}p_{O_2,e}^{3/2}}{p_{CO_2,e}a_{H_2O,e}^2}$$

式中

$$E^\ominus = -\frac{\Delta G_m^\ominus}{6F} = -\frac{\mu_{CO_2}^\ominus + 2\mu_{H_2O}^\ominus - \mu_{CH_3OH}^\ominus - \frac{3}{2}\mu_{O_2}^\ominus}{6F}$$

电池对外做功，有电流通过，发生极化，电池反应为

$$CH_3OH + \frac{3}{2}O_2 = CO_2 + 2H_2O$$

电池电动势为

$$\begin{aligned} E &= \varphi_{阴} - \varphi_{阳} \\ &= (\varphi_{阴,e} + \Delta\varphi_{阴}) - (\varphi_{阳,e} + \Delta\varphi_{阳}) \\ &= (\varphi_{阴,e} - \varphi_{阳,e}) + (\Delta\varphi_{阴} - \Delta\varphi_{阳}) \\ &= E_e + \Delta E \end{aligned}$$

式中

$$E_e = \varphi_{阴,e} - \varphi_{阳,e}$$

$$\Delta E = \Delta\varphi_{阴} - \Delta\varphi_{阳}$$

并有

$$A_{\mathrm{m}} = \Delta G_{\mathrm{m}} = -6FE = -6F(E_{\mathrm{e}} + \Delta E)$$

4）电池端电压

$$V = E - IR = E_{\mathrm{e}} + \Delta E - IR$$

式中，E 为极化电池的电动势；E_{e} 为电池的平衡电动势；ΔE 为过电势；V 为电池端电压；I 为电池系统（包括外电路、用电设备）的电流；R 为电池系统的电阻。

5）电池反应速率

$$\frac{\mathrm{d}N_{\mathrm{CO_2}}}{\mathrm{d}t} = \frac{1}{2}\frac{\mathrm{d}N_{\mathrm{H_2O}}}{\mathrm{d}t} = -\frac{\mathrm{d}N_{\mathrm{CH_3OH}}}{\mathrm{d}t} = -\frac{2}{3}\frac{\mathrm{d}N_{\mathrm{O_2}}}{\mathrm{d}t} = Sj$$

式中

$$\begin{aligned} j &= -l_1\left(\frac{A_{\mathrm{m}}}{T}\right) - l_2\left(\frac{A_{\mathrm{m}}}{T}\right)^2 - l_3\left(\frac{A_{\mathrm{m}}}{T}\right)^3 - \cdots \\ &= -l_1'\left(\frac{E}{T}\right) - l_2'\left(\frac{E}{T}\right)^2 - l_3'\left(\frac{E}{T}\right)^3 - \cdots \\ &= -l_1'' - l_2''\left(\frac{\Delta E}{T}\right) - l_3''\left(\frac{\Delta E}{T}\right)^2 - l_4''\left(\frac{\Delta E}{T}\right)^3 - \cdots \end{aligned}$$

将上式代入

$$i = 6Fj$$

得

$$\begin{aligned} i &= 6Fj \\ &= -l_1^*\left(\frac{E}{T}\right) - l_2^*\left(\frac{E}{T}\right)^2 - l_3^*\left(\frac{E}{T}\right)^3 - \cdots \\ &= -l_1^{**} - l_2^{**}\left(\frac{\Delta E}{T}\right) - l_3^{**}\left(\frac{\Delta E}{T}\right)^2 - l_4^{**}\left(\frac{\Delta E}{T}\right)^3 - \cdots \end{aligned}$$

17.6.6　碳酸盐燃料电池

1. 碳酸盐燃料电池的组成

碳酸盐燃料电池的燃料为 H_2（或煤气），氧化剂为 O_2，隔膜用偏铝酸锂材料制成，阴极材料为 NiO，阳极材料为 Ni-Cr 合金或 Ni-Cu-Al 合金或 Ni/Ni_3Al 材料，催化剂以 Ni 为主。电池工作温度为 650℃。

2. 原理

电池组成为

$$\mathrm{O_2} \mid \text{熔融碳酸盐隔膜} \mid \mathrm{H_2(CO_2)}$$

阴极反应

$$\frac{1}{2}O_2 + CO_2 + 2e \xlongequal{} CO_3^{2-}$$

阳极反应

$$H_2 + CO_3^{2-} \xlongequal{} CO_2 + H_2O + 2e$$

电池反应

$$\frac{1}{2}O_2 + H_2 + CO_2(\text{阴极}) \xlongequal{} H_2O + CO_2(\text{阳极})$$

3. 电池过程

1）阴极电势

阴极反应达成平衡

$$\frac{1}{2}O_2 + CO_2 + 2e \rightleftharpoons CO_3^{2-}$$

该过程的摩尔吉布斯自由能变化为

$$\Delta G_{m,\text{阴},e} = \mu_{CO_3^{2-}} - \frac{1}{2}\mu_{O_2} - \mu_{CO_2} - 2\mu_e = \Delta G_{m,\text{阴}}^{\ominus} + RT\ln\frac{a_{CO_3^{2-},e}}{p_{O_2,e}^{1/2}p_{CO_2,e}}$$

式中

$$\Delta G_{m,\text{阴}}^{\ominus} = \mu_{CO_3^{2-}}^{\ominus} - \frac{1}{2}\mu_{O_2}^{\ominus} - \mu_{CO_2}^{\ominus} - 2\mu_e^{\ominus}$$

$$\mu_{CO_3^{2-}} = \mu_{CO_3^{2-}}^{\ominus} + RT\ln a_{CO_3^{2-},e}$$

$$\mu_{O_2} = \mu_{O_2}^{\ominus} + RT\ln p_{O_2,e}$$

$$\mu_{CO_2} = \mu_{CO_2}^{\ominus} + RT\ln p_{CO_2,e}$$

$$\mu_e = \mu_e^{\ominus}$$

由

$$\varphi_{\text{阴},e} = -\frac{\Delta G_{m,\text{阴},e}}{2F}$$

得

$$\varphi_{\text{阴},e} = \varphi_{\text{阴}}^{\ominus} + \frac{RT}{2F}\ln\frac{p_{O_2,e}^{1/2}p_{CO_2,e}}{a_{CO_3^{2-},e}}$$

式中

$$\varphi_{\text{阴}}^{\ominus} = -\frac{\Delta G_{m,\text{阴}}^{\ominus}}{2F} = -\frac{\mu_{CO_3^{2-}}^{\ominus} - \frac{1}{2}\mu_{O_2}^{\ominus} - \mu_{CO_2}^{\ominus} - 2\mu_e^{\ominus}}{2F}$$

电池输出电能，阴极有电流通过，发生极化，阴极反应为

$$\frac{1}{2}O_2 + CO_2 + 2e \xlongequal{} CO_3^{2-}$$

阴极电势为

$$\varphi_{阴} = \varphi_{阴,e} + \Delta\varphi_{阴}$$

则

$$\Delta\varphi_{阴} = \varphi_{阴} - \varphi_{阴,e}$$

并有

$$A_{m,阴} = \Delta G_{m,阴} = -2F\varphi_{阴} = -2F(\varphi_{阴,e} + \Delta\varphi_{阴})$$

阴极反应速率

$$\frac{dN_{CO_3^{2-}}}{dt} = -2\frac{dN_{O_2}}{dt} = -\frac{dN_{CO_2}}{dt} = -\frac{1}{2}\frac{dN_e}{dt} = Sj$$

式中

$$\begin{aligned} j &= -l_1\left(\frac{A_{m,阴}}{T}\right) - l_2\left(\frac{A_{m,阴}}{T}\right)^2 - l_3\left(\frac{A_{m,阴}}{T}\right)^3 - \cdots \\ &= -l_1'\left(\frac{\varphi_{阴}}{T}\right) - l_2'\left(\frac{\varphi_{阴}}{T}\right)^2 - l_3'\left(\frac{\varphi_{阴}}{T}\right)^3 - \cdots \\ &= -l_1'' - l_2''\left(\frac{\Delta\varphi_{阴}}{T}\right) - l_3''\left(\frac{\Delta\varphi_{阴}}{T}\right)^2 - l_4''\left(\frac{\Delta\varphi_{阴}}{T}\right)^3 - \cdots \end{aligned}$$

将上式代入

$$i = 2Fj$$

得

$$\begin{aligned} i &= 2Fj \\ &= -l_1^*\left(\frac{\varphi_{阴}}{T}\right) - l_2^*\left(\frac{\varphi_{阴}}{T}\right)^2 - l_3^*\left(\frac{\varphi_{阴}}{T}\right)^3 - \cdots \\ &= -l_1^{**} - l_2^{**}\left(\frac{\Delta\varphi_{阴}}{T}\right) - l_3^{**}\left(\frac{\Delta\varphi_{阴}}{T}\right)^2 - l_4^{**}\left(\frac{\Delta\varphi_{阴}}{T}\right)^3 - \cdots \end{aligned}$$

2）阳极电势

阳极反应达到平衡

$$H_2 + CO_3^{2-} \rightleftharpoons CO_2 + H_2O + 2e$$

该过程的摩尔吉布斯自由能变化为

$$\begin{aligned} \Delta G_{m,阳,e} &= \mu_{CO_2} + \mu_{H_2O} + 2\mu_e - \mu_{H_2} - \mu_{CO_3^{2-}} \\ &= \Delta G_{m,阳}^{\ominus} + RT\ln\frac{p_{CO_2,e}a_{H_2O,e}}{p_{H_2,e}a_{CO_3^{2-},e}} \end{aligned}$$

式中

$$\Delta G_{m,阳}^{\ominus} = \mu_{CO_2}^{\ominus} + \mu_{H_2O}^{\ominus} + 2\mu_{e}^{\ominus} - \mu_{H_2}^{\ominus} - \mu_{CO_3^{2-}}^{\ominus}$$

$$\mu_{CO_2} = \mu_{CO_2}^{\ominus} + RT\ln p_{CO_2,e}$$

$$\mu_{H_2O} = \mu_{H_2O}^{\ominus} + RT\ln a_{H_2O,e}$$

$$\mu_{e} = \mu_{e}^{\ominus}$$

$$\mu_{H_2} = \mu_{H_2}^{\ominus} + RT\ln p_{H_2,e}$$

$$\mu_{CO_3^{2-}} = \mu_{CO_3^{2-}}^{\ominus} + RT\ln a_{CO_3^{2-},e}$$

由

$$\varphi_{阳,e} = \frac{\Delta G_{m,阳,e}}{2F}$$

得

$$\varphi_{阳,e} = \varphi_{阳}^{\ominus} + \frac{RT}{2F}\ln\frac{p_{CO_2,e}a_{H_2O,e}}{p_{H_2,e}a_{CO_3^{2-},e}}$$

式中

$$\varphi_{阳}^{\ominus} = \frac{\Delta G_{m,阳}^{\ominus}}{2F} = \frac{\mu_{CO_2}^{\ominus} + \mu_{H_2O}^{\ominus} + 2\mu_{e}^{\ominus} - \mu_{H_2}^{\ominus} - \mu_{CO_3^{2-}}^{\ominus}}{2F}$$

电池输出电能，有电流通过，阳极发生极化，阳极反应为

$$H_2 + CO_3^{2-} \Longrightarrow CO_2 + H_2O + 2e$$

阳极电势为

$$\varphi_{阳} = \varphi_{阳,e} + \Delta\varphi_{阳}$$

则

$$\Delta\varphi_{阳} = \varphi_{阳} - \varphi_{阳,e}$$

并有

$$A_{m,阳} = \Delta G_{m,阳} = 2F\varphi_{阳} = 2F(\varphi_{阳,e} + \Delta\varphi_{阳})$$

阳极反应速率

$$\frac{dN_{CO_2}}{dt} = \frac{dN_{H_2O}}{dt} = \frac{1}{2}\frac{dN_{e}}{dt} = -\frac{dN_{H_2}}{dt} = -\frac{dN_{CO_3^{2-}}}{dt} = Sj$$

式中

$$\begin{aligned} j &= -l_1\left(\frac{A_{m,阳}}{T}\right) - l_2\left(\frac{A_{m,阳}}{T}\right)^2 - l_3\left(\frac{A_{m,阳}}{T}\right)^3 - \cdots \\ &= -l_1'\left(\frac{\varphi_{阳}}{T}\right) - l_2'\left(\frac{\varphi_{阳}}{T}\right)^2 - l_3'\left(\frac{\varphi_{阳}}{T}\right)^3 - \cdots \\ &= -l_1'' - l_2''\left(\frac{\Delta\varphi_{阳}}{T}\right) - l_3''\left(\frac{\Delta\varphi_{阳}}{T}\right)^2 - l_4''\left(\frac{\Delta\varphi_{阳}}{T}\right)^3 - \cdots \end{aligned}$$

将上式代入

$$i = 2Fj$$

得

$$\begin{aligned} i &= 2Fj \\ &= -l_1^*\left(\frac{\varphi_{阳}}{T}\right) - l_2^*\left(\frac{\varphi_{阳}}{T}\right)^2 - l_3^*\left(\frac{\varphi_{阳}}{T}\right)^3 - \cdots \\ &= -l_1^{**} - l_2^{**}\left(\frac{\Delta\varphi_{阳}}{T}\right) - l_3^{**}\left(\frac{\Delta\varphi_{阳}}{T}\right)^2 - l_4^{**}\left(\frac{\Delta\varphi_{阳}}{T}\right)^3 - \cdots \end{aligned}$$

3）电池电动势

电池反应达到平衡

$$\frac{1}{2}O_2 + H_2 + CO_2(阴极) \rightleftharpoons H_2O + CO_2(阳极)$$

该过程的摩尔吉布斯自由能变化为

$$\begin{aligned} \Delta G_{m,e} &= \mu_{H_2O} + \mu_{CO_2(阳极)} - \frac{1}{2}\mu_{O_2} - \mu_{H_2} - \mu_{CO_2(阴极)} \\ &= \Delta G_m^{\ominus} + RT\ln\frac{a_{H_2O,e}\,p_{CO_2(阳极),e}}{p_{O_2,e}^{1/2}\,p_{H_2,e}\,p_{CO_2(阴极),e}} \end{aligned}$$

式中

$$\Delta G_m^{\ominus} = \mu_{H_2O}^{\ominus} + \mu_{CO_2(阳极)}^{\ominus} - \frac{1}{2}\mu_{O_2}^{\ominus} - \mu_{H_2}^{\ominus} - \mu_{CO_2(阴极)}^{\ominus}$$

$$\mu_{H_2O} = \mu_{H_2O}^{\ominus} + RT\ln a_{H_2O,e}$$

$$\mu_{CO_2(阳极)} = \mu_{CO_2}^{\ominus} + RT\ln p_{CO_2(阳极),e}$$

$$\mu_{O_2} = \mu_{O_2}^{\ominus} + RT\ln p_{O_2,e}$$

$$\mu_{H_2} = \mu_{H_2}^{\ominus} + RT\ln p_{H_2,e}$$

$$\mu_{CO_2(阴极)} = \mu_{CO_2}^{\ominus} + RT\ln p_{CO_2(阴极),e}$$

由

$$E_e = -\frac{\Delta G_{m,e}}{2F}$$

得

$$E_e = E_e^{\ominus} + \frac{RT}{2F}\ln\frac{p_{O_2,e}^{1/2}\,p_{H_2,e}\,p_{CO_2(阴极),e}}{a_{H_2O,e}\,p_{CO_2(阳极),e}}$$

式中

$$E_e^{\ominus} = -\frac{\Delta G_{m,e}^{\ominus}}{2F} = -\frac{\mu_{H_2O}^{\ominus} + \mu_{CO_2(阳极)}^{\ominus} - \frac{1}{2}\mu_{O_2}^{\ominus} - \mu_{H_2}^{\ominus} - \mu_{CO_2(阴极)}^{\ominus}}{2F}$$

电池输出电能，有电流通过，发生极化，电池反应为

$$\frac{1}{2}O_2 + H_2 + CO_2(\text{阴极}) = H_2O + CO_2(\text{阳极})$$

电池电动势为

$$\begin{aligned} E &= \varphi_{\text{阴}} - \varphi_{\text{阳}} \\ &= (\varphi_{\text{阴},e} + \Delta\varphi_{\text{阴}}) - (\varphi_{\text{阳},e} + \Delta\varphi_{\text{阳}}) \\ &= (\varphi_{\text{阴},e} - \varphi_{\text{阳},e}) + (\Delta\varphi_{\text{阴}} - \Delta\varphi_{\text{阳}}) \\ &= E_e + \Delta E \end{aligned}$$

式中

$$E_e = \varphi_{\text{阴},e} - \varphi_{\text{阳},e}$$

$$\Delta E = \Delta\varphi_{\text{阴}} - \Delta\varphi_{\text{阳}}$$

并有

$$A_m = \Delta G_m = -2FE = -2F(E_e + \Delta E)$$

电池端电压

$$V = E - IR = E_e + \Delta E - IR$$

式中，E 为极化电池的电动势；E_e 为电池的平衡电动势；ΔE 为过电势；V 为电池的端电压；I 为电池系统的电流；R 为电池系统的电阻。

电池反应速率

$$\frac{dN_{H_2O}}{dt} = \frac{dN_{CO_2(\text{阳极})}}{dt} = -2\frac{dN_{O_2}}{dt} = -\frac{dN_{H_2}}{dt} = -\frac{dN_{CO_2(\text{阴极})}}{dt} = Sj$$

式中

$$\begin{aligned} j &= -l_1\left(\frac{A_m}{T}\right) - l_2\left(\frac{A_m}{T}\right)^2 - l_3\left(\frac{A_m}{T}\right)^3 - \cdots \\ &= -l_1'\left(\frac{E}{T}\right) - l_2'\left(\frac{E}{T}\right)^2 - l_3'\left(\frac{E}{T}\right)^3 - \cdots \\ &= -l_1'' - l_2''\left(\frac{\Delta E}{T}\right) - l_3''\left(\frac{\Delta E}{T}\right)^2 - l_4''\left(\frac{\Delta E}{T}\right)^3 - \cdots \end{aligned}$$

将上式代入

$$i = 2Fj$$

得

$$\begin{aligned} i &= 2Fj \\ &= -l_1^*\left(\frac{E}{T}\right) - l_2^*\left(\frac{E}{T}\right)^2 - l_3^*\left(\frac{E}{T}\right)^3 - \cdots \\ &= -l_1^{**} - l_2^{**}\left(\frac{\Delta E}{T}\right) - l_3^{**}\left(\frac{\Delta E}{T}\right)^2 - l_4^{**}\left(\frac{\Delta E}{T}\right)^3 - \cdots \end{aligned}$$

17.6.7 固体氧化物燃料电池

1. 固体氧化物燃料电池的组成

固体氧化物燃料电池以固体氧化物为电解质，以 Ni-YBZ 金属陶瓷或 Ni-Sm_2O_3 掺杂的 CeO_2 和 Ni-Gd_2O_3 掺杂的 CeO 等为阳极，以贵金属或钙钛矿型复合氧化物材料如 Sr 掺杂的 $LaMnO_3$ 等为阴极。Ni 也是阳极催化剂。固体氧化物燃料电池的工作温度为 600～1000℃。

常用的固体氧化物电解质材料有 α-Bi_2O_3、CeO_2、ZrO_2、ThO_2、HfO_2 等。

2. 原理

固体氧化物燃料电池组成为

$$O_2 \,|\, 固体氧化物 \,|\, H_2$$

阴极反应

$$O_2 + 4e = 2O^{2-}$$

阳极反应

$$2O^{2-} + 2H_2 = 2H_2O + 4e$$

电池反应

$$2H_2 + O_2 = 2H_2O$$

3. 电池过程

1）阴极电势

阴极反应达成平衡

$$O_2 + 4e \rightleftharpoons 2O^{2-}$$

该过程的摩尔吉布斯自由能变化为

$$\Delta G_{m,阴,e} = 2\mu_{O^{2-}} - \mu_{O_2} - 4\mu_e = \Delta G_{m,阴}^{\ominus} + RT\ln\frac{a_{O^{2-},e}^2}{p_{O_2,e}}$$

式中

$$\Delta G_{m,阴}^{\ominus} = 2\mu_{O^{2-}}^{\ominus} - \mu_{O_2}^{\ominus} - 4\mu_e^{\ominus}$$

$$\mu_{O^{2-}} = \mu_{O^{2-}}^{\ominus} + RT\ln a_{O^{2-},e}$$

$$\mu_{O_2} = \mu_{O_2}^{\ominus} + RT\ln p_{O_2,e}$$

$$\mu_e = \mu_e^{\ominus}$$

由

$$\varphi_{阴,e}=-\frac{\Delta G_{m,阴,e}}{4F}$$

得

$$\varphi_{阴,e}=\varphi_{阴}^{\ominus}+\frac{RT}{4F}\ln\frac{p_{O_2,e}}{a_{O^{2-},e}^{2}}$$

式中

$$\varphi_{阴}^{\ominus}=-\frac{\Delta G_{m,阴}^{\ominus}}{4F}=-\frac{2\mu_{O^{2-}}^{\ominus}-\mu_{O_2}^{\ominus}-4\mu_{e}^{\ominus}}{4F}$$

电池对外输出电能，阴极有电流通过，发生极化，阴极反应为

$$O_2+4e = 2O^{2-}$$

阴极电势为

$$\varphi_{阴}=\varphi_{阴,e}+\Delta\varphi_{阴}$$

则

$$\Delta\varphi_{阴}=\varphi_{阴}-\varphi_{阴,e}$$

并有

$$A_{m,阴}=\Delta G_{m,阴}=-4F\varphi_{阴}=-4F(\varphi_{阴,e}+\Delta\varphi_{阴})$$

阴极反应速率

$$\frac{1}{2}\frac{dN_{O^{2-}}}{dt}=-\frac{dN_{O_2}}{dt}=-\frac{1}{4}\frac{dN_{e}}{dt}=Sj$$

式中

$$\begin{aligned}j&=-l_1\left(\frac{A_{m,阴}}{T}\right)-l_2\left(\frac{A_{m,阴}}{T}\right)^2-l_3\left(\frac{A_{m,阴}}{T}\right)^3-\cdots\\&=-l_1'\left(\frac{\varphi_{阴}}{T}\right)-l_2'\left(\frac{\varphi_{阴}}{T}\right)^2-l_3'\left(\frac{\varphi_{阴}}{T}\right)^3-\cdots\\&=-l_1''-l_2''\left(\frac{\Delta\varphi_{阴}}{T}\right)-l_3''\left(\frac{\Delta\varphi_{阴}}{T}\right)^2-l_4''\left(\frac{\Delta\varphi_{阴}}{T}\right)^3-\cdots\end{aligned}$$

将上式代入

$$i=4Fj$$

得

$$\begin{aligned}i&=4Fj\\&=-l_1^{*}\left(\frac{\varphi_{阴}}{T}\right)-l_2^{*}\left(\frac{\varphi_{阴}}{T}\right)^2-l_3^{*}\left(\frac{\varphi_{阴}}{T}\right)^3-\cdots\\&=-l_1^{**}-l_2^{**}\left(\frac{\Delta\varphi_{阴}}{T}\right)-l_3^{**}\left(\frac{\Delta\varphi_{阴}}{T}\right)^2-l_4^{**}\left(\frac{\Delta\varphi_{阴}}{T}\right)^3-\cdots\end{aligned}$$

2）阳极电势

阳极反应达到平衡

$$2O^{2-} + 2H_2 \rightleftharpoons 2H_2O + 4e$$

该过程的摩尔吉布斯自由能变化为

$$\Delta G_{m,阳,e} = 2\mu_{H_2O} + 4\mu_e - 2\mu_{O^{2-}} - 2\mu_{H_2} = \Delta G_{m,阳}^{\ominus} + RT\ln\frac{a_{H_2O,e}^2}{a_{O^{2-},e}^2 p_{H_2,e}^2}$$

式中

$$\Delta G_{m,阳}^{\ominus} = 2\mu_{H_2O}^{\ominus} + 4\mu_e^{\ominus} - 2\mu_{O^{2-}}^{\ominus} - 2\mu_{H_2}^{\ominus}$$

$$\mu_{H_2O} = \mu_{H_2O}^{\ominus} + RT\ln a_{H_2O,e}$$

$$\mu_e = \mu_e^{\ominus}$$

$$\mu_{O^{2-}} = \mu_{O^{2-}}^{\ominus} + RT\ln a_{O^{2-},e}$$

$$\mu_{H_2} = \mu_{H_2}^{\ominus} + RT\ln p_{H_2,e}$$

由

$$\varphi_{阳,e} = \frac{\Delta G_{m,阳,e}}{4F}$$

得

$$\varphi_{阳,e} = \varphi_{阳}^{\ominus} + \frac{RT}{4F}\ln\frac{a_{H_2O,e}^2}{a_{O^{2-},e}^2 p_{H_2,e}^2}$$

式中

$$\varphi_{阳}^{\ominus} = \frac{\Delta G_{m,阳}^{\ominus}}{4F} = \frac{2\mu_{H_2O}^{\ominus} + 4\mu_e^{\ominus} - 2\mu_{O^{2-}}^{\ominus} - 2\mu_{H_2}^{\ominus}}{4F}$$

阳极有电流通过，阳极发生极化，阳极反应为

$$2O^{2-} + 2H_2 = 2H_2O + 4e$$

阳极电势为

$$\varphi_{阳} = \varphi_{阳,e} + \Delta\varphi_{阳}$$

则

$$\Delta\varphi_{阳} = \varphi_{阳} - \varphi_{阳,e}$$

并有

$$A_{m,阳} = \Delta G_{m,阳} = 4F\varphi_{阳} = 4F(\varphi_{阳,e} + \Delta\varphi_{阳})$$

阳极反应速率

$$\frac{1}{2}\frac{dN_{H_2O}}{dt} = \frac{1}{4}\frac{dN_e}{dt} = -\frac{1}{2}\frac{dN_{O^{2-}}}{dt} = -\frac{1}{2}\frac{dN_{H_2}}{dt} = Sj$$

式中

$$j = -l_1\left(\frac{A_{m,阳}}{T}\right) - l_2\left(\frac{A_{m,阳}}{T}\right)^2 - l_3\left(\frac{A_{m,阳}}{T}\right)^3 - \cdots$$
$$= -l_1'\left(\frac{\varphi_{阳}}{T}\right) - l_2'\left(\frac{\varphi_{阳}}{T}\right)^2 - l_3'\left(\frac{\varphi_{阳}}{T}\right)^3 - \cdots$$
$$= -l_1'' - l_2''\left(\frac{\Delta\varphi_{阳}}{T}\right) - l_3''\left(\frac{\Delta\varphi_{阳}}{T}\right)^2 - l_4''\left(\frac{\Delta\varphi_{阳}}{T}\right)^3 - \cdots$$

将上式代入

$$i = 4Fj$$

得

$$i = 4Fj$$
$$= -l_1^*\left(\frac{\varphi_{阳}}{T}\right) - l_2^*\left(\frac{\varphi_{阳}}{T}\right)^2 - l_3^*\left(\frac{\varphi_{阳}}{T}\right)^3 - \cdots$$
$$= -l_1^{**} - l_2^{**}\left(\frac{\Delta\varphi_{阳}}{T}\right) - l_3^{**}\left(\frac{\Delta\varphi_{阳}}{T}\right)^2 - l_4^{**}\left(\frac{\Delta\varphi_{阳}}{T}\right)^3 - \cdots$$

3）电池电动势

电池反应达到平衡

$$2H_2 + O_2 \rightleftharpoons 2H_2O$$

该过程的摩尔吉布斯自由能变化为

$$\Delta G_{m,e} = 2\mu_{H_2O} - 2\mu_{H_2} - \mu_{O_2} = \Delta G_m^{\ominus} + RT\ln\frac{a_{H_2O,e}^2}{p_{H_2,e}^2 p_{O_2,e}}$$

式中

$$\Delta G_m^{\ominus} = 2\mu_{H_2O}^{\ominus} - 2\mu_{H_2}^{\ominus} - \mu_{O_2}^{\ominus}$$
$$\mu_{H_2O} = \mu_{H_2O}^{\ominus} + RT\ln a_{H_2O,e}$$
$$\mu_{H_2} = \mu_{H_2}^{\ominus} + RT\ln p_{H_2,e}$$
$$\mu_{O_2} = \mu_{O_2}^{\ominus} + RT\ln p_{O_2,e}$$

由

$$E_e = -\frac{\Delta G_{m,e}}{4F}$$

得

$$E_e = E^{\ominus} + \frac{RT}{4F}\ln\frac{p_{H_2,e}^2 p_{O_2,e}}{a_{H_2O,e}^2}$$

式中

$$E_e^{\ominus} = -\frac{\Delta G_{m,e}^{\ominus}}{4F} = -\frac{2\mu_{H_2O}^{\ominus} - 2\mu_{H_2}^{\ominus} - \mu_{O_2}^{\ominus}}{4F}$$

电池输出电能，有电流通过，发生极化，电池反应为

$$2H_2 + O_2 \Longrightarrow 2H_2O$$

电池电动势为

$$\begin{aligned} E &= \varphi_{阴} - \varphi_{阳} \\ &= (\varphi_{阴,e} + \Delta\varphi_{阴}) - (\varphi_{阳,e} + \Delta\varphi_{阳}) \\ &= (\varphi_{阴,e} - \varphi_{阳,e}) + (\Delta\varphi_{阴} - \Delta\varphi_{阳}) \\ &= E_e + \Delta E \end{aligned}$$

式中

$$E_e = \varphi_{阴,e} - \varphi_{阳,e}$$

$$\Delta E = \Delta\varphi_{阴} - \Delta\varphi_{阳}$$

并有

$$A_m = \Delta G_m = -4FE = -4F(E_e + \Delta E)$$

4）电池端电压

$$V = E - IR = E_e + \Delta E - IR$$

式中，E 为极化电池的电动势；E_e 为电池的平衡电动势；ΔE 为过电势；V 为电池的端电压；I 为电池系统的电流；R 为电池系统的电阻。

5）电池反应速率

$$\frac{1}{2}\frac{dN_{H_2O}}{dt} = -\frac{1}{2}\frac{dN_{H_2}}{dt} = -\frac{dN_{O_2}}{dt} = Sj$$

式中

$$\begin{aligned} j &= -l_1\left(\frac{A_m}{T}\right) - l_2\left(\frac{A_m}{T}\right)^2 - l_3\left(\frac{A_m}{T}\right)^3 - \cdots \\ &= -l_1'\left(\frac{E}{T}\right) - l_2'\left(\frac{E}{T}\right)^2 - l_3'\left(\frac{E}{T}\right)^3 - \cdots \\ &= -l_1'' - l_2''\left(\frac{\Delta E}{T}\right) - l_3''\left(\frac{\Delta E}{T}\right)^2 - l_4''\left(\frac{\Delta E}{T}\right)^3 - \cdots \end{aligned}$$

将上式代入

$$i = 4Fj$$

得

$$\begin{aligned} i &= 4Fj \\ &= -l_1^*\left(\frac{E}{T}\right) - l_2^*\left(\frac{E}{T}\right)^2 - l_3^*\left(\frac{E}{T}\right)^3 - \cdots \\ &= -l_1^{**} - l_2^{**}\left(\frac{\Delta E}{T}\right) - l_3^{**}\left(\frac{\Delta E}{T}\right)^2 - l_4^{**}\left(\frac{\Delta E}{T}\right)^3 - \cdots \end{aligned}$$

第 18 章 二 次 电 池

18.1 铅酸蓄电池

蓄电池是电化学能量储存器，广泛应用于交通、玩具、无绳设备、卫星、导弹等。

蓄电池由正极板、负极板、电解质、隔板、外壳组成。例如常用的铅酸蓄电池，正极是 PbO_2，负极是海绵铅，电解液是稀硫酸。充电时，负极上 Pb^{2+}被还原成 Pb，沉积在铅板上；正极上 Pb^{2+}被还原成 Pb^{4+}，并水解成 PbO_2。放电时，正极上 PbO_2 被还原成 Pb^{2+}进入电解液，负极上 Pb 被氧化成 Pb^{2+}进入电解液。

铅酸蓄电池的组成为

$$\mathrm{Pb} \mid \mathrm{H_2SO_4} \mid \mathrm{PbO_2}$$

18.1.1 铅酸蓄电池放电

阴极反应

$$\mathrm{PbO_2 + 3H^+ + HSO_4^- + 2e = PbSO_4 + 2H_2O}$$

阳极反应

$$\mathrm{Pb + HSO_4^- - 2e = PbSO_4 + H^+}$$

电池反应

$$\mathrm{PbO_2 + 2H^+ + 2HSO_4^- + Pb = 2PbSO_4 + 2H_2O}$$

1. 阴极电势

阴极反应达成平衡

$$\mathrm{PbO_2 + 3H^+ + HSO_4^- + 2e \rightleftharpoons PbSO_4 + 2H_2O}$$

$$\Delta G_{\mathrm{m,阴,e}} = \mu_{\mathrm{PbSO_4}} + 2\mu_{\mathrm{H_2O}} - \mu_{\mathrm{PbO_2}} - 3\mu_{\mathrm{H^+}} - \mu_{\mathrm{HSO_4^-}} - 2\mu_{\mathrm{e}}$$

$$= \Delta G_{\mathrm{m,阴}}^{\ominus} + RT\ln \frac{a_{\mathrm{H_2O,e}}^2}{a_{\mathrm{H^+,e}}^3 a_{\mathrm{HSO_4^-,e}}}$$

式中

$$\Delta G^{\ominus}_{\mathrm{m,阴}} = \mu^{\ominus}_{\mathrm{PbSO_4}} + 2\mu^{\ominus}_{\mathrm{H_2O}} - \mu^{\ominus}_{\mathrm{PbO_2}} - 3\mu^{\ominus}_{\mathrm{H^+}} - \mu^{\ominus}_{\mathrm{HSO_4^-}} - 2\mu^{\ominus}_{\mathrm{e}}$$

$$\mu_{\mathrm{PbSO_4}} = \mu^{\ominus}_{\mathrm{PbSO_4}}$$

$$\mu_{\mathrm{H_2O}} = \mu^{\ominus}_{\mathrm{H_2O}} + RT\ln a_{\mathrm{H_2O,e}}$$

$$\mu_{\mathrm{PbO_2}} = \mu^{\ominus}_{\mathrm{PbO_2}}$$

$$\mu_{\mathrm{H^+}} = \mu^{\ominus}_{\mathrm{H^+}} + RT\ln a_{\mathrm{H^+,e}}$$

$$\mu_{\mathrm{HSO_4^-}} = \mu^{\ominus}_{\mathrm{HSO_4^-}} + RT\ln a_{\mathrm{HSO_4^-,e}}$$

$$\mu_{\mathrm{e}} = \mu^{\ominus}_{\mathrm{e}}$$

由

$$\varphi_{\mathrm{阴,e}} = -\frac{\Delta G_{\mathrm{m,阴,e}}}{2F}$$

得

$$\varphi_{\mathrm{阴,e}} = \varphi^{\ominus}_{\mathrm{阴}} + \frac{RT}{2F}\ln\frac{a^3_{\mathrm{H^+,e}}a_{\mathrm{HSO_4^-,e}}}{a^2_{\mathrm{H_2O,e}}}$$

式中

$$\varphi^{\ominus}_{\mathrm{阴}} = -\frac{\Delta G^{\ominus}_{\mathrm{m,阴}}}{2F} = -\frac{\mu^{\ominus}_{\mathrm{PbSO_4}} + 2\mu^{\ominus}_{\mathrm{H_2O}} - \mu^{\ominus}_{\mathrm{PbO_2}} - 3\mu^{\ominus}_{\mathrm{H^+}} - \mu^{\ominus}_{\mathrm{HSO_4^-}} - 2\mu^{\ominus}_{\mathrm{e}}}{2F}$$

阴极有电流通过，发生极化，阴极反应为

$$\mathrm{PbO_2 + 3H^+ + HSO_4^- + 2e = PbSO_4 + 2H_2O}$$

阴极电势为

$$\varphi_{\mathrm{阴}} = \varphi_{\mathrm{阴,e}} + \Delta\varphi_{\mathrm{阴}}$$

则

$$\Delta\varphi_{\mathrm{阴}} = \varphi_{\mathrm{阴}} - \varphi_{\mathrm{阴,e}}$$

并有

$$A_{\mathrm{m,阴}} = \Delta G_{\mathrm{m,阴}} = -2F\varphi_{\mathrm{阴}} = -2F(\varphi_{\mathrm{阴,e}} + \Delta\varphi_{\mathrm{阴}})$$

阴极反应速率

$$\frac{\mathrm{d}N_{\mathrm{PbSO_4}}}{\mathrm{d}t} = \frac{1}{2}\frac{\mathrm{d}N_{\mathrm{H_2O}}}{\mathrm{d}t} = -\frac{\mathrm{d}N_{\mathrm{PbO_2}}}{\mathrm{d}t} = \frac{1}{3}\frac{\mathrm{d}N_{\mathrm{H^+}}}{\mathrm{d}t} = -\frac{\mathrm{d}N_{\mathrm{HSO_4^-}}}{\mathrm{d}t} = -\frac{1}{2}\frac{\mathrm{d}N_{\mathrm{e}}}{\mathrm{d}t} = Sj$$

式中

$$\begin{aligned} j &= -l_1\left(\frac{A_{\mathrm{m,阴}}}{T}\right) - l_2\left(\frac{A_{\mathrm{m,阴}}}{T}\right)^2 - l_3\left(\frac{A_{\mathrm{m,阴}}}{T}\right)^3 - \cdots \\ &= -l_1'\left(\frac{\varphi_{\mathrm{阴}}}{T}\right) - l_2'\left(\frac{\varphi_{\mathrm{阴}}}{T}\right)^2 - l_3'\left(\frac{\varphi_{\mathrm{阴}}}{T}\right)^3 - \cdots \\ &= -l_1'' - l_2''\left(\frac{\Delta\varphi_{\mathrm{阴}}}{T}\right) - l_3''\left(\frac{\Delta\varphi_{\mathrm{阴}}}{T}\right)^2 - l_4''\left(\frac{\Delta\varphi_{\mathrm{阴}}}{T}\right)^3 - \cdots \end{aligned}$$

将上式代入

$$i = 2Fj$$

得

$$\begin{aligned} i &= 2Fj \\ &= -l_1^*\left(\frac{\varphi_{阴}}{T}\right) - l_2^*\left(\frac{\varphi_{阴}}{T}\right)^2 - l_3^*\left(\frac{\varphi_{阴}}{T}\right)^3 - \cdots \\ &= -l_1^{**} - l_2^{**}\left(\frac{\Delta\varphi_{阴}}{T}\right) - l_3^{**}\left(\frac{\Delta\varphi_{阴}}{T}\right)^2 - l_4^{**}\left(\frac{\Delta\varphi_{阴}}{T}\right)^3 - \cdots \end{aligned}$$

2. 阳极电势

阳极反应达成平衡

$$\mathrm{Pb} + \mathrm{HSO_4^-} - 2\mathrm{e} \rightleftharpoons \mathrm{PbSO_4} + \mathrm{H^+}$$

该过程的摩尔吉布斯自由能变化为

$$\begin{aligned} \Delta G_{\mathrm{m},阳,\mathrm{e}} &= \mu_{\mathrm{PbSO_4}} + \mu_{\mathrm{H^+}} - \mu_{\mathrm{Pb}} - \mu_{\mathrm{HSO_4^-}} + 2\mu_{\mathrm{e}} \\ &= \Delta G_{\mathrm{m},阳}^{\ominus} + RT\ln\frac{a_{\mathrm{H^+},\mathrm{e}}}{a_{\mathrm{HSO_4^-},\mathrm{e}}} \end{aligned}$$

式中

$$\Delta G_{\mathrm{m},阳}^{\ominus} = \mu_{\mathrm{PbSO_4}}^{\ominus} + \mu_{\mathrm{H^+}}^{\ominus} - \mu_{\mathrm{Pb}}^{\ominus} - \mu_{\mathrm{HSO_4^-}}^{\ominus} + 2\mu_{\mathrm{e}}^{\ominus}$$

$$\mu_{\mathrm{PbSO_4}} = \mu_{\mathrm{PbSO_4}}^{\ominus}$$

$$\mu_{\mathrm{H^+}} = \mu_{\mathrm{H^+}}^{\ominus} + RT\ln a_{\mathrm{H^+},\mathrm{e}}$$

$$\mu_{\mathrm{Pb}} = \mu_{\mathrm{Pb}}^{\ominus}$$

$$\mu_{\mathrm{HSO_4^-}} = \mu_{\mathrm{HSO_4^-}}^{\ominus} + RT\ln a_{\mathrm{HSO_4^-},\mathrm{e}}$$

$$\mu_{\mathrm{e}} = \mu_{\mathrm{e}}^{\ominus}$$

由

$$\varphi_{阳,\mathrm{e}} = \frac{\Delta G_{\mathrm{m},阳,\mathrm{e}}}{2F}$$

得

$$\varphi_{阳,\mathrm{e}} = \varphi_{阳}^{\ominus} + \frac{RT}{2F}\ln\frac{a_{\mathrm{H^+},\mathrm{e}}}{a_{\mathrm{HSO_4^-},\mathrm{e}}}$$

式中

$$\varphi_{阳}^{\ominus} = \frac{\mu_{\mathrm{PbSO_4}}^{\ominus} + \mu_{\mathrm{H^+}}^{\ominus} - \mu_{\mathrm{Pb}}^{\ominus} - \mu_{\mathrm{HSO_4^-}}^{\ominus} + 2\mu_{\mathrm{e}}^{\ominus}}{2F}$$

阳极有电流通过，发生极化，阳极反应为

$$\mathrm{Pb} + \mathrm{HSO_4^-} - 2\mathrm{e} = \mathrm{PbSO_4} + \mathrm{H^+}$$

阳极电势为

$$\varphi_{阳} = \varphi_{阳,e} + \Delta\varphi_{阳}$$

则

$$\Delta\varphi_{阳} = \varphi_{阳} - \varphi_{阳,e}$$

并有

$$A_{m,阳} = \Delta G_{m,阳} = 2F\varphi_{阳} = 2F(\varphi_{阳,e} + \Delta\varphi_{阳})$$

阳极反应速率

$$\frac{dN_{PbSO_4}}{dt} = \frac{dN_{H^+}}{dt} = -\frac{dN_{Pb}}{dt} = -\frac{dN_{HSO_4^-}}{dt} = \frac{1}{2}\frac{dN_e}{dt} = Sj$$

式中

$$\begin{aligned} j &= -l_1\left(\frac{A_{m,阳}}{T}\right) - l_2\left(\frac{A_{m,阳}}{T}\right)^2 - l_3\left(\frac{A_{m,阳}}{T}\right)^3 - \cdots \\ &= -l_1'\left(\frac{\varphi_{阳}}{T}\right) - l_2'\left(\frac{\varphi_{阳}}{T}\right)^2 - l_3'\left(\frac{\varphi_{阳}}{T}\right)^3 - \cdots \\ &= -l_1'' - l_2''\left(\frac{\Delta\varphi_{阳}}{T}\right) - l_3''\left(\frac{\Delta\varphi_{阳}}{T}\right)^2 - l_4''\left(\frac{\Delta\varphi_{阳}}{T}\right)^3 - \cdots \end{aligned}$$

将上式代入

$$i = 2Fj$$

得

$$\begin{aligned} i &= 2Fj \\ &= -l_1^*\left(\frac{\varphi_{阳}}{T}\right) - l_2^*\left(\frac{\varphi_{阳}}{T}\right)^2 - l_3^*\left(\frac{\varphi_{阳}}{T}\right)^3 - \cdots \\ &= -l_1^{**} - l_2^{**}\left(\frac{\Delta\varphi_{阳}}{T}\right) - l_3^{**}\left(\frac{\Delta\varphi_{阳}}{T}\right)^2 - l_4^{**}\left(\frac{\Delta\varphi_{阳}}{T}\right)^3 - \cdots \end{aligned}$$

3. 电池电动势

电池反应

$$PbO_2 + 2H^+ + 2HSO_4^- + Pb \rightleftharpoons 2PbSO_4 + 2H_2O$$

该过程的摩尔吉布斯自由能变化为

$$\begin{aligned} \Delta G_{m,e} &= 2\mu_{PbSO_4} + 2\mu_{H_2O} - \mu_{PbO_2} - 2\mu_{H^+} - 2\mu_{HSO_4^-} - \mu_{Pb} \\ &= \Delta G_m^{\ominus} + RT\ln\frac{a_{H_2O,e}^2}{a_{H^+,e}^2 a_{HSO_4^-,e}^2} \end{aligned}$$

式中

$$\Delta G_{\mathrm{m}}^{\ominus}=2\mu_{\mathrm{PbSO_4}}^{\ominus}+2\mu_{\mathrm{H_2O}}^{\ominus}-\mu_{\mathrm{PbO_2}}^{\ominus}-2\mu_{\mathrm{H^+}}^{\ominus}-2\mu_{\mathrm{HSO_4^-}}^{\ominus}-\mu_{\mathrm{Pb}}^{\ominus}$$

$$\mu_{\mathrm{PbSO_4}}=\mu_{\mathrm{PbSO_4}}^{\ominus}+RT\ln a_{\mathrm{PbSO_4,e}}$$

$$\mu_{\mathrm{H_2O}}=\mu_{\mathrm{H_2O}}^{\ominus}+RT\ln a_{\mathrm{H_2O,e}}$$

$$\mu_{\mathrm{PbO_2}}=\mu_{\mathrm{PbO_2}}^{\ominus}$$

$$\mu_{\mathrm{H^+}}=\mu_{\mathrm{H^+}}^{\ominus}+RT\ln a_{\mathrm{H^+,e}}$$

$$\mu_{\mathrm{HSO_4^-}}=\mu_{\mathrm{HSO_4^-}}^{\ominus}+RT\ln a_{\mathrm{HSO_4^-,e}}$$

$$\mu_{\mathrm{Pb}}=\mu_{\mathrm{Pb}}^{\ominus}$$

由

$$E_{\mathrm{e}}=-\frac{\Delta G_{\mathrm{m,e}}}{2F}$$

得

$$E_{\mathrm{e}}=E^{\ominus}+\frac{RT}{2F}\ln\frac{a_{\mathrm{H^+,e}}^{2}a_{\mathrm{HSO_4^-,e}}^{2}}{a_{\mathrm{H_2O,e}}^{2}}$$

式中

$$E_{\mathrm{e}}=-\frac{\Delta G_{\mathrm{m,e}}}{2F}=-\frac{2\mu_{\mathrm{PbSO_4}}^{\ominus}+2\mu_{\mathrm{H_2O}}^{\ominus}-\mu_{\mathrm{PbO_2}}^{\ominus}-2\mu_{\mathrm{H^+}}^{\ominus}-2\mu_{\mathrm{HSO_4^-}}^{\ominus}-\mu_{\mathrm{Pb}}^{\ominus}}{2F}$$

电池放电，有电流通过，发生极化，电池反应为

$$\mathrm{PbO_2+H^++2HSO_4^-+Pb=\!=\!=2PbSO_4+2H_2O}$$

电池电动势为

$$\begin{aligned}E&=\varphi_{阴}-\varphi_{阳}\\&=(\varphi_{阴,\mathrm{e}}+\Delta\varphi_{阴})-(\varphi_{阳,\mathrm{e}}+\Delta\varphi_{阳})\\&=(\varphi_{阴,\mathrm{e}}-\varphi_{阳,\mathrm{e}})+(\Delta\varphi_{阴}-\Delta\varphi_{阳})\\&=E_{\mathrm{e}}+\Delta E\end{aligned}$$

式中

$$E_{\mathrm{e}}=\varphi_{阴,\mathrm{e}}-\varphi_{阳,\mathrm{e}}$$

$$\Delta E=\Delta\varphi_{阴}-\Delta\varphi_{阳}$$

并有

$$A_{\mathrm{m}}=\Delta G_{\mathrm{m}}=-2FE=-2F(E_{\mathrm{e}}+\Delta E)$$

4. 电池端电压

$$V=E-IR=E_{\mathrm{e}}+\Delta E-IR$$

式中，I 为电流；R 为电池系统的电阻。

5. 电池反应速率

$$\frac{1}{2}\frac{\mathrm{d}N_{\mathrm{PbSO_4}}}{\mathrm{d}t}=\frac{1}{2}\frac{\mathrm{d}N_{\mathrm{H_2O}}}{\mathrm{d}t}=-\frac{\mathrm{d}N_{\mathrm{PbO_2}}}{\mathrm{d}t}=-\frac{\mathrm{d}N_{\mathrm{H^+}}}{\mathrm{d}t}=-\frac{\mathrm{d}N_{\mathrm{Pb}}}{\mathrm{d}t}=Sj$$

式中

$$j = -l_1\left(\frac{A_{\rm m}}{T}\right) - l_2\left(\frac{A_{\rm m}}{T}\right)^2 - l_3\left(\frac{A_{\rm m}}{T}\right)^3 - \cdots$$
$$= -l_1'\left(\frac{E}{T}\right) - l_2'\left(\frac{E}{T}\right)^2 - l_3'\left(\frac{E}{T}\right)^3 - \cdots$$
$$= -l_1'' - l_2''\left(\frac{\Delta E}{T}\right) - l_3''\left(\frac{\Delta E}{T}\right)^2 - l_4''\left(\frac{\Delta E}{T}\right)^3 - \cdots$$

将上式代入

$$i = 2Fj$$

得

$$i = 2Fj$$
$$= -l_1^*\left(\frac{E}{T}\right) - l_2^*\left(\frac{E}{T}\right)^2 - l_3^*\left(\frac{E}{T}\right)^3 - \cdots$$
$$= -l_1^{**} - l_2^{**}\left(\frac{\Delta E}{T}\right) - l_3^{**}\left(\frac{\Delta E}{T}\right)^2 - l_4^{**}\left(\frac{\Delta E}{T}\right)^3 - \cdots$$

18.1.2　铅酸蓄电池充电

铅酸蓄电池充电相当于电解池。

阴极反应

$$\mathrm{PbSO_4 + H^+ + 2e =\!=\!= Pb + HSO_4^-}$$

阳极反应

$$\mathrm{PbSO_4 + 2H_2O =\!=\!= PbO_2 + 3H^+ + HSO_4^- + 2e}$$

电池反应

$$\mathrm{2PbSO_4 + 2H_2O =\!=\!= PbO_2 + 2H^+ + 2HSO_4^- + Pb}$$

1. 阴极电势

阴极反应达成平衡

$$\mathrm{PbSO_4 + H^+ + 2e \rightleftharpoons Pb + HSO_4^-}$$

$$\Delta G_{\mathrm{m},阴,\mathrm{e}} = \mu_{\mathrm{Pb}} + \mu_{\mathrm{HSO_4^-}} - \mu_{\mathrm{PbSO_4}} - \mu_{\mathrm{H^+}} - 2\mu_{\mathrm{e}} = \Delta G_{\mathrm{m},阴}^{\ominus} + RT\ln\frac{a_{\mathrm{HSO_4^-,e}}}{a_{\mathrm{H^+,e}}}$$

式中

$$\Delta G_{\mathrm{m,阴}}^{\ominus} = \mu_{\mathrm{Pb}}^{\ominus} + \mu_{\mathrm{HSO_4^-}}^{\ominus} - \mu_{\mathrm{PbSO_4}}^{\ominus} - \mu_{\mathrm{H^+}}^{\ominus} - 2\mu_{\mathrm{e}}^{\ominus}$$

$$\mu_{\mathrm{Pb}} = \mu_{\mathrm{Pb}}^{\ominus}$$

$$\mu_{\mathrm{HSO_4^-}} = \mu_{\mathrm{HSO_4^-}}^{\ominus} + RT\ln a_{\mathrm{HSO_4^-,e}}$$

$$\mu_{\mathrm{PbSO_4}} = \mu_{\mathrm{PbSO_4}}^{\ominus} + RT\ln a_{\mathrm{PbSO_4,e}}$$

$$\mu_{\mathrm{H^+}} = \mu_{\mathrm{H^+}}^{\ominus} + RT\ln a_{\mathrm{H^+,e}}$$

$$\mu_{\mathrm{e}} = \mu_{\mathrm{e}}^{\ominus}$$

由

$$\varphi_{\mathrm{阴,e}} = -\frac{\Delta G_{\mathrm{m,阴,e}}}{2F}$$

得

$$\varphi_{\mathrm{阴,e}} = \varphi_{\mathrm{阴}}^{\ominus} + \frac{RT}{2F}\ln\frac{a_{\mathrm{H^+,e}}}{a_{\mathrm{HSO_4^-,e}}}$$

式中

$$\varphi_{\mathrm{阴}}^{\ominus} = -\frac{\Delta G_{\mathrm{m,阴}}^{\ominus}}{2F} = -\frac{\mu_{\mathrm{Pb}}^{\ominus} + \mu_{\mathrm{HSO_4^-}}^{\ominus} - \mu_{\mathrm{PbSO_4}}^{\ominus} - \mu_{\mathrm{H^+}}^{\ominus} - 2\mu_{\mathrm{e}}^{\ominus}}{2F}$$

阴极有电流通过，发生极化，阴极反应为

$$\mathrm{PbSO_4 + H^+ + 2e} = \mathrm{Pb + HSO_4^-}$$

阴极电势为

$$\varphi_{\mathrm{阴}} = \varphi_{\mathrm{阴,e}} + \Delta\varphi_{\mathrm{阴}}$$

则

$$\Delta\varphi_{\mathrm{阴}} = \varphi_{\mathrm{阴}} - \varphi_{\mathrm{阴,e}}$$

并有

$$A_{\mathrm{m,阴}} = \Delta G_{\mathrm{m,阴}} = 2F\varphi_{\mathrm{阴}} = 2F(\varphi_{\mathrm{阴,e}} + \Delta\varphi_{\mathrm{阴}})$$

阴极反应速率

$$-\frac{\mathrm{d}N_{\mathrm{PbSO_4}}}{\mathrm{d}t} = -\frac{1}{2}\frac{\mathrm{d}N_{\mathrm{e}}}{\mathrm{d}t} = \frac{\mathrm{d}N_{\mathrm{Pb}}}{\mathrm{d}t} = -\frac{\mathrm{d}N_{\mathrm{H^+}}}{\mathrm{d}t} = \frac{\mathrm{d}N_{\mathrm{HSO_4^-}}}{\mathrm{d}t} = Sj$$

式中

$$\begin{aligned} j &= -l_1\left(\frac{A_{\mathrm{m,阴}}}{T}\right) - l_2\left(\frac{A_{\mathrm{m,阴}}}{T}\right)^2 - l_3\left(\frac{A_{\mathrm{m,阴}}}{T}\right)^3 - \cdots \\ &= -l_1'\left(\frac{\varphi_{\mathrm{阴}}}{T}\right) - l_2'\left(\frac{\varphi_{\mathrm{阴}}}{T}\right)^2 - l_3'\left(\frac{\varphi_{\mathrm{阴}}}{T}\right)^3 - \cdots \\ &= -l_1'' - l_2''\left(\frac{\Delta\varphi_{\mathrm{阴}}}{T}\right) - l_3''\left(\frac{\Delta\varphi_{\mathrm{阴}}}{T}\right)^2 - l_4''\left(\frac{\Delta\varphi_{\mathrm{阴}}}{T}\right)^3 - \cdots \end{aligned}$$

将上式代入

$$i = 2Fj$$

得

$$\begin{aligned} i &= 2Fj \\ &= -l_1^*\left(\frac{\varphi_{阴}}{T}\right) - l_2^*\left(\frac{\varphi_{阴}}{T}\right)^2 - l_3^*\left(\frac{\varphi_{阴}}{T}\right)^3 - \cdots \\ &= -l_1^{**} - l_2^{**}\left(\frac{\Delta\varphi_{阴}}{T}\right) - l_3^{**}\left(\frac{\Delta\varphi_{阴}}{T}\right)^2 - l_4^{**}\left(\frac{\Delta\varphi_{阴}}{T}\right)^3 - \cdots \end{aligned}$$

2. 阳极电势

阳极反应达成平衡

$$PbSO_4 + 2H_2O \rightleftharpoons PbO_2 + 3H^+ + HSO_4^- + 2e$$

该过程的摩尔吉布斯自由能变化为

$$\begin{aligned} \Delta G_{m,阳,e} &= \mu_{PbO_2} + 3\mu_{H^+} + \mu_{HSO_4^-} + 2\mu_e - \mu_{PbSO_4} - 2\mu_{H_2O} \\ &= \Delta G_{m,阳}^{\ominus} + RT\ln\frac{a_{H^+,e}^3 a_{HSO_4^-,e}}{a_{H_2O,e}^2} \end{aligned}$$

式中

$$\Delta G_{m,阳}^{\ominus} = \mu_{PbO_2}^{\ominus} + 3\mu_{H^+}^{\ominus} + \mu_{HSO_4^-}^{\ominus} + 2\mu_e^{\ominus} - \mu_{PbSO_4}^{\ominus} - 2\mu_{H_2O}^{\ominus}$$

$$\mu_{PbO_2} = \mu_{PbO_2}^{\ominus}$$

$$\mu_{H^+} = \mu_{H^+}^{\ominus} + RT\ln a_{H^+,e}$$

$$\mu_{HSO_4^-} = \mu_{HSO_4^-}^{\ominus} + RT\ln a_{HSO_4^-,e}$$

$$\mu_e = \mu_e^{\ominus}$$

$$\mu_{PbSO_4} = \mu_{PbSO_4}^{\ominus}$$

$$\mu_{H_2O} = \mu_{H_2O}^{\ominus} + RT\ln a_{H_2O,e}$$

由

$$\varphi_{阳,e} = \frac{\Delta G_{m,阳,e}}{2F}$$

得

$$\varphi_{阳,e} = \varphi_{阳}^{\ominus} + \frac{RT}{2F}\ln\frac{a_{H^+,e}^3 a_{HSO_4^-,e}}{a_{H_2O,e}^2}$$

式中

$$\varphi_{阳}^{\ominus} = \frac{\Delta G_{m,阳}^{\ominus}}{2F} = \frac{\mu_{PbO_2}^{\ominus} + 3\mu_{H^+}^{\ominus} + \mu_{HSO_4^-}^{\ominus} + 2\mu_e^{\ominus} - \mu_{PbSO_4}^{\ominus} - 2\mu_{H_2O}^{\ominus}}{2F}$$

阳极有电流通过，发生极化，阳极反应为

$$PbSO_4 + 2H_2O = PbO_2 + 3H^+ + HSO_4^- + 2e$$

阳极电势为

$$\varphi_{阳} = \varphi_{阳,e} + \Delta\varphi_{阳}$$

则

$$\Delta\varphi_{阳} = \varphi_{阳} - \varphi_{阳,e}$$

并有

$$A_{m,阳} = -\Delta G_{m,阳} = -2F\varphi_{阳} = -2F(\varphi_{阳,e} + \Delta\varphi_{阳})$$

阳极反应速率

$$\frac{dN_{PbO_2}}{dt} = \frac{1}{3}\frac{dN_{H^+}}{dt} = \frac{dN_{HSO_4^-}}{dt} = \frac{1}{2}\frac{dN_e}{dt} = -\frac{dN_{PbSO_4}}{dt} = -\frac{1}{2}\frac{dN_{H_2O}}{dt} = Sj$$

式中

$$\begin{aligned}
j &= -l_1\left(\frac{A_{m,阳}}{T}\right) - l_2\left(\frac{A_{m,阳}}{T}\right)^2 - l_3\left(\frac{A_{m,阳}}{T}\right)^3 - \cdots \\
&= -l_1'\left(\frac{\varphi_{阳}}{T}\right) - l_2'\left(\frac{\varphi_{阳}}{T}\right)^2 - l_3'\left(\frac{\varphi_{阳}}{T}\right)^3 - \cdots \\
&= -l_1'' - l_2''\left(\frac{\Delta\varphi_{阳}}{T}\right) - l_3''\left(\frac{\Delta\varphi_{阳}}{T}\right)^2 - l_4''\left(\frac{\Delta\varphi_{阳}}{T}\right)^3 - \cdots
\end{aligned}$$

将上式代入

$$i = 2Fj$$

得

$$\begin{aligned}
i &= 2Fj \\
&= -l_1^*\left(\frac{\varphi_{阳}}{T}\right) - l_2^*\left(\frac{\varphi_{阳}}{T}\right)^2 - l_3^*\left(\frac{\varphi_{阳}}{T}\right)^3 - \cdots \\
&= -l_1^{**} - l_2^{**}\left(\frac{\Delta\varphi_{阳}}{T}\right) - l_3^{**}\left(\frac{\Delta\varphi_{阳}}{T}\right)^2 - l_4^{**}\left(\frac{\Delta\varphi_{阳}}{T}\right)^3 - \cdots
\end{aligned}$$

3. 电解池电动势

电解池反应达成平衡

$$2PbSO_4 + 2H_2O \rightleftharpoons PbO_2 + 2H^+ + 2HSO_4^- + Pb$$

该过程的摩尔吉布斯自由能变化为

$$\begin{aligned}
\Delta G_{m,e} &= \mu_{PbO_2} + 2\mu_{H^+} + 2\mu_{HSO_4^-} + \mu_{Pb} - 2\mu_{PbSO_4} - 2\mu_{H_2O} \\
&= \Delta G_m^{\ominus} + RT\ln\frac{a_{H^+,e}^2 a_{HSO_4^-,e}^2}{a_{H_2O,e}^2}
\end{aligned}$$

式中

$$\Delta G_{\mathrm{m}}^{\ominus} = \mu_{\mathrm{PbO_2}}^{\ominus} + 2\mu_{\mathrm{H^+}}^{\ominus} + 2\mu_{\mathrm{HSO_4^-}}^{\ominus} + \mu_{\mathrm{Pb}}^{\ominus} - 2\mu_{\mathrm{PbSO_4}}^{\ominus} - 2\mu_{\mathrm{H_2O}}^{\ominus}$$

$$\mu_{\mathrm{PbO_2}} = \mu_{\mathrm{PbO_2}}^{\ominus}$$

$$\mu_{\mathrm{H^+}} = \mu_{\mathrm{H^+}}^{\ominus} + RT\ln a_{\mathrm{H^+,e}}$$

$$\mu_{\mathrm{HSO_4^-}} = \mu_{\mathrm{HSO_4^-}}^{\ominus} + RT\ln a_{\mathrm{HSO_4^-,e}}$$

$$\mu_{\mathrm{Pb}} = \mu_{\mathrm{Pb}}^{\ominus}$$

$$\mu_{\mathrm{PbSO_4}} = \mu_{\mathrm{PbSO_4}}^{\ominus} + RT\ln a_{\mathrm{PbSO_4,e}}$$

$$\mu_{\mathrm{H_2O}} = \mu_{\mathrm{H_2O}}^{\ominus} + RT\ln a_{\mathrm{H_2O,e}}$$

由

$$E_{\mathrm{e}} = -\frac{\Delta G_{\mathrm{m,e}}}{2F}$$

得

$$E_{\mathrm{e}} = E^{\ominus} + \frac{RT}{2F}\ln\frac{a_{\mathrm{H_2O,e}}^2}{a_{\mathrm{H^+,e}}^2 a_{\mathrm{HSO_4^-,e}}^2}$$

式中

$$E^{\ominus} = -\frac{\Delta G_{\mathrm{m}}^{\ominus}}{2F} = -\frac{\mu_{\mathrm{PbO_2}}^{\ominus} + 2\mu_{\mathrm{H^+}}^{\ominus} + 2\mu_{\mathrm{HSO_4^-}}^{\ominus} + \mu_{\mathrm{Pb}}^{\ominus} - 2\mu_{\mathrm{PbSO_4}}^{\ominus} - 2\mu_{\mathrm{H_2O}}^{\ominus}}{2F}$$

外加电势

$$E_{\mathrm{e}}' = -E_{\mathrm{e}} > 0$$

电池充电，有电流通过，发生极化，电解池反应为

$$2\mathrm{PbSO_4} + 2\mathrm{H_2O} = \mathrm{PbO_2} + 2\mathrm{H^+} + 2\mathrm{HSO_4^-} + \mathrm{Pb}$$

$$\begin{aligned} E &= \varphi_{阴} - \varphi_{阳} \\ &= (\varphi_{阴,\mathrm{e}} + \Delta\varphi_{阴}) - (\varphi_{阳,\mathrm{e}} + \Delta\varphi_{阳}) \\ &= (\varphi_{阴,\mathrm{e}} - \varphi_{阳,\mathrm{e}}) + (\Delta\varphi_{阴} - \Delta\varphi_{阳}) \\ &= E_{\mathrm{e}} + \Delta E \end{aligned}$$

$$E_{\mathrm{e}} = \varphi_{阴,\mathrm{e}} - \varphi_{阳,\mathrm{e}}$$

$$\Delta E = \Delta\varphi_{阴} - \Delta\varphi_{阳}$$

电解池外加电动势为

$$\begin{aligned} E' &= \varphi_{阳} - \varphi_{阴} \\ &= (\varphi_{阳,\mathrm{e}} + \Delta\varphi_{阳}) - (\varphi_{阴,\mathrm{e}} + \Delta\varphi_{阴}) \\ &= (\varphi_{阳,\mathrm{e}} - \varphi_{阴,\mathrm{e}}) + (\Delta\varphi_{阳} - \Delta\varphi_{阴}) \\ &= E_{\mathrm{e}}' + \Delta E' \end{aligned}$$

式中

$$E_{\mathrm{e}}' = \varphi_{阳,\mathrm{e}} - \varphi_{阴,\mathrm{e}}$$

$$\Delta E' = \Delta\varphi_{阳} - \Delta\varphi_{阴}$$

并有

$$A_m = -\Delta G_m = 2FE = 2F(E_e + \Delta E) = -2FE' = -2F(E'_e + \Delta E')$$

4. 电解池端电压

$$V' = E' + IR = E'_e + \Delta E' + IR$$

式中，I 为电流；R 为电池系统的电阻。

电解池反应速率

$$-\frac{1}{2}\frac{dN_{PbSO_4}}{dt} = -\frac{1}{2}\frac{dN_{H_2O}}{dt} = \frac{dN_{PbO_2}}{dt} = \frac{1}{2}\frac{dN_{H^+}}{dt} = \frac{1}{2}\frac{dN_{HSO_4^-}}{dt} = Sj$$

式中

$$\begin{aligned} j &= -l_1\left(\frac{A_m}{T}\right) - l_2\left(\frac{A_m}{T}\right)^2 - l_3\left(\frac{A_m}{T}\right)^3 - \cdots \\ &= -l'_1\left(\frac{E}{T}\right) - l'_2\left(\frac{E}{T}\right)^2 - l'_3\left(\frac{E}{T}\right)^3 - \cdots \\ &= -l''_1 - l''_2\left(\frac{\Delta E}{T}\right) - l''_3\left(\frac{\Delta E}{T}\right)^2 - l''_4\left(\frac{\Delta E}{T}\right)^3 - \cdots \end{aligned}$$

将上式代入

$$i = 2Fj$$

得

$$\begin{aligned} i &= 2Fj \\ &= -l^*_1\left(\frac{E'}{T}\right) - l^*_2\left(\frac{E'}{T}\right)^2 - l^*_3\left(\frac{E'}{T}\right)^3 - \cdots \\ &= -l^{**}_1 - l^{**}_2\left(\frac{\Delta E'}{T}\right) - l^{**}_3\left(\frac{\Delta E'}{T}\right)^2 - l^{**}_4\left(\frac{\Delta E'}{T}\right)^3 - \cdots \end{aligned}$$

18.2　熔盐钠蓄电池

熔盐钠蓄电池以液态钠为负极，以固态氯化镍为正极，电解质由β″-Al_2O_3 和 $NaAlCl_4$ 两部分组成。

Na/$NiCl_2$ 电池的优点：

（1）开路电压高（300℃时为 2.58V）。

（2）比能量高（理论为 790W·h/kg，实际达 100W·h/kg 以上）。

（3）能量转换效率高（无自放电，100%的库仑效率）。

（4）可快速充电（30min 充电达 50%放电容量）。

（5）工作温度范围宽（270～350℃的宽广区域）。

（6）容量与放电率无关（电池内阻基本上为欧姆内阻）。

（7）耐过充电、过放电（第二电解质 $NaAlCl_4$ 可参与反应）。

（8）无液态钠操作麻烦（液态钠是电池第一次充电时产生的）。

（9）不需要维护（全密封结构，电池损坏呈低电阻方式）。

（10）安全可靠（无低沸点、高蒸气压物质）。

熔盐钠蓄电池的结构和工作原理：熔盐钠电池的工作温度在 270～350℃的范围内。电池由三部分组成：液态钠负极、固态氯化镍正极和用于传导钠离子的 $\beta''\text{-}Al_2O_3 + NaAlCl_4$ 电解质。

电池的电极过程是在放电时电子通过外电路负载从钠负极流至氯化镍正极，而钠离子则通过 $\beta''\text{-}Al_2O_3$ 固体电解质瓷管与氯化镍反应生成氯化钠和镍；充电时在外加电源的作用下电极过程正好相反。

18.2.1 熔盐钠蓄电池放电

阴极反应

$$NiCl_2 + 2Na^+ + 2e = Ni + 2NaCl$$

阳极反应

$$2Na = 2Na^+ + 2e$$

电池反应

$$NiCl_2 + 2Na = Ni + 2NaCl$$

1. 阴极电势

阴极反应达成平衡

$$NiCl_2 + 2Na^+ + 2e \rightleftharpoons Ni + 2NaCl$$

该过程的摩尔吉布斯自由能变化为

$$\Delta G_{m,阴,e} = \mu_{Ni} + 2\mu_{NaCl} - \mu_{NiCl_2} - 2\mu_{Na^+} - 2\mu_e = \Delta G^\ominus_{m,阴} + RT\ln\frac{a^2_{NaCl,e}}{a_{NiCl_2,e}a^2_{Na^+,e}}$$

式中

$$\Delta G^\ominus_{m,阴} = \mu^\ominus_{Ni} + 2\mu^\ominus_{NaCl} - \mu^\ominus_{NiCl_2} - 2\mu^\ominus_{Na^+} - 2\mu^\ominus_e$$

$$\mu_{Ni} = \mu^\ominus_{Ni}$$

$$\mu_{NaCl} = \mu^\ominus_{NaCl} + RT\ln a_{NaCl,e}$$

$$\mu_{NiCl_2} = \mu_{NiCl_2}^{\ominus} + RT\ln a_{NiCl_2,e}$$

$$\mu_{Na^+} = \mu_{Na^+}^{\ominus} + RT\ln a_{Na^+,e}$$

$$\mu_e = \mu_e^{\ominus}$$

由

$$\varphi_{阴,e} = -\frac{\Delta G_{m,阴,e}}{2F}$$

得

$$\varphi_{阴,e} = \varphi_{阴}^{\ominus} + \frac{RT}{2F}\ln\frac{a_{NiCl_2,e}a_{Na^+,e}^2}{a_{NaCl,e}^2}$$

式中

$$\varphi_{阴}^{\ominus} = -\frac{\Delta G_{m,阴}^{\ominus}}{2F} = -\frac{\mu_{Ni}^{\ominus} + 2\mu_{NaCl}^{\ominus} - \mu_{NiCl_2}^{\ominus} - 2\mu_{Na^+}^{\ominus} - 2\mu_e^{\ominus}}{2F}$$

阴极有电流通过，发生极化，阴极反应为

$$NiCl_2 + 2Na^+ + 2e = Ni + 2NaCl$$

阴极电势为

$$\varphi_{阴} = \varphi_{阴,e} + \Delta\varphi_{阴}$$

则

$$\Delta\varphi_{阴} = \varphi_{阴} - \varphi_{阴,e}$$

并有

$$A_{m,阴} = \Delta G_{m,阴} = -2F\varphi_{阴} = -2F(\varphi_{阴,e} + \Delta\varphi_{阴})$$

阴极反应速率

$$\frac{dN_{Ni}}{dt} = \frac{1}{2}\frac{dN_{NaCl}}{dt} = -\frac{dN_{NiCl_2}}{dt} = -\frac{1}{2}\frac{dN_{Na^+}}{dt} = -\frac{1}{2}\frac{dN_e}{dt} = Sj$$

式中

$$\begin{aligned} j &= -l_1\left(\frac{A_{m,阴}}{T}\right) - l_2\left(\frac{A_{m,阴}}{T}\right)^2 - l_3\left(\frac{A_{m,阴}}{T}\right)^3 - \cdots \\ &= -l_1'\left(\frac{\varphi_{阴}}{T}\right) - l_2'\left(\frac{\varphi_{阴}}{T}\right)^2 - l_3'\left(\frac{\varphi_{阴}}{T}\right)^3 - \cdots \\ &= -l_1'' - l_2''\left(\frac{\Delta\varphi_{阴}}{T}\right) - l_3''\left(\frac{\Delta\varphi_{阴}}{T}\right)^2 - l_4''\left(\frac{\Delta\varphi_{阴}}{T}\right)^3 - \cdots \end{aligned}$$

将上式代入

$$i = 2Fj$$

得

$$
\begin{aligned}
i &= 2Fj \\
&= -l_1^*\left(\frac{\varphi_{阴}}{T}\right) - l_2^*\left(\frac{\varphi_{阴}}{T}\right)^2 - l_3^*\left(\frac{\varphi_{阴}}{T}\right)^3 - \cdots \\
&= -l_1^{**} - l_2^{**}\left(\frac{\Delta\varphi_{阴}}{T}\right) - l_3^{**}\left(\frac{\Delta\varphi_{阴}}{T}\right)^2 - l_4^{**}\left(\frac{\Delta\varphi_{阴}}{T}\right)^3 - \cdots
\end{aligned}
$$

2. 阳极电势

阳极反应达成平衡

$$2Na \rightleftharpoons 2Na^+ + 2e$$

该过程的摩尔吉布斯自由能变化为

$$\Delta G_{m,阴,e} = 2\mu_{Na^+} + 2\mu_e - 2\mu_{Na} = \Delta G_{m,阴}^{\ominus} + RT\ln a_{Na^+,e}^2$$

式中

$$\mu_{Na^+} = \mu_{Na^+}^{\ominus} + RT\ln a_{Na^+,e}$$

$$\mu_e = \mu_e^{\ominus}$$

$$\mu_{Na} = \mu_{Na}^{\ominus}$$

由

$$\varphi_{阳,e} = \frac{\Delta G_{m,阳,e}}{2F}$$

得

$$\varphi_{阳,e} = \varphi_{阳}^{\ominus} + \frac{RT}{2F}\ln a_{Na^+,e}^2$$

式中

$$\varphi_{阳}^{\ominus} = \frac{\Delta G_{m,阳}^{\ominus}}{2F} = \frac{\mu_{Na^+}^{\ominus} + 2\mu_e^{\ominus} - 2\mu_{Na}^{\ominus}}{2F}$$

阳极有电流通过，发生极化，阳极反应为

$$2Na = 2Na^+ + 2e$$

阳极电势为

$$\varphi_{阳} = \varphi_{阳,e} + \Delta\varphi_{阳}$$

则

$$\Delta\varphi_{阳} = \varphi_{阳} - \varphi_{阳,e}$$

及

$$A_{m,阳} = \Delta G_{m,阳} = 2F\varphi_{阳} = 2F(\varphi_{阳,e} + \Delta\varphi_{阳})$$

阳极反应速率为

$$\frac{1}{2}\frac{dN_{Na^+}}{dt} = \frac{1}{2}\frac{dN_e}{dt} = -\frac{1}{2}\frac{dN_{Na}}{dt} = Sj$$

式中

$$
\begin{aligned}
j &= -l_1\left(\frac{A_{\mathrm{m},阳}}{T}\right)-l_2\left(\frac{A_{\mathrm{m},阳}}{T}\right)^2-l_3\left(\frac{A_{\mathrm{m},阳}}{T}\right)^3-\cdots \\
&= -l_1'\left(\frac{\varphi_{阳}}{T}\right)-l_2'\left(\frac{\varphi_{阳}}{T}\right)^2-l_3'\left(\frac{\varphi_{阳}}{T}\right)^3-\cdots \\
&= -l_1''-l_2''\left(\frac{\Delta\varphi_{阳}}{T}\right)-l_3''\left(\frac{\Delta\varphi_{阳}}{T}\right)^2-l_4''\left(\frac{\Delta\varphi_{阳}}{T}\right)^3-\cdots
\end{aligned}
$$

将上式代入

$$i = 2Fj$$

得

$$
\begin{aligned}
i &= 2Fj \\
&= -l_1^*\left(\frac{\varphi_{阳}}{T}\right)-l_2^*\left(\frac{\varphi_{阳}}{T}\right)^2-l_3^*\left(\frac{\varphi_{阳}}{T}\right)^3-\cdots \\
&= l_1^{**}-l_2^{**}\left(\frac{\Delta\varphi_{阳}}{T}\right)-l_3^{**}\left(\frac{\Delta\varphi_{阳}}{T}\right)^2-l_4^{**}\left(\frac{\Delta\varphi_{阳}}{T}\right)^3-\cdots
\end{aligned}
$$

并有

$$I = Si = 2FSj$$

3. 电池电动势

电池反应达成平衡

$$\mathrm{NiCl_2} + 2\mathrm{Na} \rightleftharpoons \mathrm{Ni} + 2\mathrm{NaCl}$$

该过程的摩尔吉布斯自由能变化为

$$\Delta G_{\mathrm{m,e}} = \mu_{\mathrm{Ni}} + 2\mu_{\mathrm{NaCl}} - \mu_{\mathrm{NiCl_2}} - 2\mu_{\mathrm{Na}} = \Delta G_{\mathrm{m}}^{\ominus} + RT\ln\frac{a_{\mathrm{NaCl,e}}^2}{a_{\mathrm{NiCl_2,e}}}$$

式中

$$
\begin{aligned}
\Delta G_{\mathrm{m}}^{\ominus} &= \mu_{\mathrm{Ni}}^{\ominus} + 2\mu_{\mathrm{NaCl}}^{\ominus} - \mu_{\mathrm{NiCl_2}}^{\ominus} - 2\mu_{\mathrm{Na}}^{\ominus} \\
\mu_{\mathrm{Ni}} &= \mu_{\mathrm{Ni}}^{\ominus} \\
\mu_{\mathrm{NaCl}} &= \mu_{\mathrm{NaCl}}^{\ominus} + RT\ln a_{\mathrm{NaCl,e}} \\
\mu_{\mathrm{NiCl_2}} &= \mu_{\mathrm{NiCl_2}}^{\ominus} + RT\ln a_{\mathrm{NiCl_2,e}} \\
\mu_{\mathrm{Na}} &= \mu_{\mathrm{Na}}^{\ominus}
\end{aligned}
$$

由

$$E_{\mathrm{e}} = -\frac{\Delta G_{\mathrm{m,e}}}{2F}$$

得

$$E_{\mathrm{e}} = E^{\ominus} + \frac{RT}{2F}\ln\frac{a_{\mathrm{NiCl_2,e}}}{a_{\mathrm{NaCl,e}}^2}$$

式中

$$E^{\ominus} = -\frac{\Delta G_{\mathrm{m}}^{\ominus}}{2F} = -\frac{\mu_{\mathrm{Ni}}^{\ominus} + 2\mu_{\mathrm{NaCl}}^{\ominus} - \mu_{\mathrm{NiCl_2}}^{\ominus} - 2\mu_{\mathrm{Na}}^{\ominus}}{2F}$$

电池放电，有电流通过，发生极化，电池反应为

$$\mathrm{NiCl_2} + 2\mathrm{Na} = \mathrm{Ni} + 2\mathrm{NaCl}$$

$$\begin{aligned} E &= \varphi_{阴} - \varphi_{阳} \\ &= (\varphi_{阴,\mathrm{e}} + \Delta\varphi_{阴}) - (\varphi_{阳,\mathrm{e}} + \Delta\varphi_{阳}) \\ &= (\varphi_{阴,\mathrm{e}} - \varphi_{阳,\mathrm{e}}) + (\Delta\varphi_{阴} - \Delta\varphi_{阳}) \\ &= E_{\mathrm{e}} + \Delta E \end{aligned}$$

式中

$$E_{\mathrm{e}} = \varphi_{阴,\mathrm{e}} - \varphi_{阳,\mathrm{e}}$$

$$\Delta E = \Delta\varphi_{阴} - \Delta\varphi_{阳}$$

电池端电压

$$V = E - IR = E_{\mathrm{e}} + \Delta E - IR$$

式中，I 为电流；R 为电池系统的电阻。

电池反应速率为

$$\frac{\mathrm{d}N_{\mathrm{Ni}}}{\mathrm{d}t} = \frac{1}{2}\frac{\mathrm{d}N_{\mathrm{NaCl}}}{\mathrm{d}t} = -\frac{\mathrm{d}N_{\mathrm{NiCl_2}}}{\mathrm{d}t} = -\frac{1}{2}\frac{\mathrm{d}N_{\mathrm{Na}}}{\mathrm{d}t} = Sj$$

式中

$$\begin{aligned} j &= -l_1\left(\frac{A_{\mathrm{m}}}{T}\right) - l_2\left(\frac{A_{\mathrm{m}}}{T}\right)^2 - l_3\left(\frac{A_{\mathrm{m}}}{T}\right)^3 - \cdots \\ &= -l_1'\left(\frac{E}{T}\right) - l_2'\left(\frac{E}{T}\right)^2 - l_3'\left(\frac{E}{T}\right)^3 - \cdots \\ &= -l_1'' - l_2''\left(\frac{\Delta E}{T}\right) - l_3''\left(\frac{\Delta E}{T}\right)^2 - l_4''\left(\frac{\Delta E}{T}\right)^3 - \cdots \end{aligned}$$

将上式代入

$$i = 2Fj$$

得

$$\begin{aligned} i &= 2Fj \\ &= -l_1^*\left(\frac{E}{T}\right) - l_2^*\left(\frac{E}{T}\right)^2 - l_3^*\left(\frac{E}{T}\right)^3 - \cdots \\ &= -l_1^{**} - l_2^{**}\left(\frac{\Delta E}{T}\right) - l_3^{**}\left(\frac{\Delta E}{T}\right)^2 - l_4^{**}\left(\frac{\Delta E}{T}\right)^3 - \cdots \end{aligned}$$

18.2.2 熔盐钠蓄电池充电

阴极反应

$$2Na^{+} + 2e = 2Na$$

阳极反应

$$Ni + 2NaCl = NiCl_2 + 2Na^{+} + 2e$$

电解池反应

$$Ni + 2NaCl = NiCl_2 + 2Na$$

1. 阴极电势

阴极反应达成平衡

$$2Na^{+} + 2e \rightleftharpoons 2Na$$

该过程的摩尔吉布斯自由能变化为

$$\Delta G_{m,阴,e} = 2\mu_{Na} - 2\mu_{Na^{+}} - 2\mu_{e} = \Delta G_{m,阴}^{\ominus} + RT\ln\frac{1}{a_{Na^{+},e}^{2}}$$

式中

$$\Delta G_{m,阴}^{\ominus} = 2\mu_{Na}^{\ominus} - 2\mu_{Na^{+}} - 2\mu_{e}^{\ominus}$$

$$\mu_{Na} = \mu_{Na}^{\ominus}$$

$$\mu_{Na^{+}} = \mu_{Na^{+}}^{\ominus} + RT\ln a_{Na^{+},e}$$

$$\mu_{e} = \mu_{e}^{\ominus}$$

由

$$\varphi_{阴,e} = -\frac{\Delta G_{m,阴,e}}{2F}$$

得

$$\varphi_{阴,e} = \varphi_{阴}^{\ominus} + \frac{RT}{2F}\ln a_{Na^{+},e}^{2}$$

式中

$$\varphi_{阴}^{\ominus} = -\frac{\Delta G_{m,阴}^{\ominus}}{2F} = -\frac{2\mu_{Na}^{\ominus} - 2\mu_{Na^{+}}^{\ominus} - 2\mu_{e}^{\ominus}}{2F}$$

阴极有电流通过，发生极化，阴极反应为

$$2Na^{+} + 2e = 2Na$$

阴极电势为

$$\varphi_{阴} = \varphi_{阴,e} + \Delta\varphi_{阴}$$

$$\Delta\varphi_{阴} = \varphi_{阴} - \varphi_{阴,e}$$

并有

$$A_{m,阴} = -\Delta G_{m,阴} = 2F\varphi_{阴} = 2F(\varphi_{阴,e} + \Delta\varphi_{阴})$$

阴极反应速率为

$$\frac{1}{2}\frac{dN_{Na}}{dt} = -\frac{1}{2}\frac{dN_{Na^+}}{dt} = -\frac{1}{2}\frac{dN_e}{dt} = Sj$$

式中

$$\begin{aligned} j &= -l_1\left(\frac{A_{m,阴}}{T}\right) - l_2\left(\frac{A_{m,阴}}{T}\right)^2 - l_3\left(\frac{A_{m,阴}}{T}\right)^3 - \cdots \\ &= -l_1'\left(\frac{\varphi_{阴}}{T}\right) - l_2'\left(\frac{\varphi_{阴}}{T}\right)^2 - l_3'\left(\frac{\varphi_{阴}}{T}\right)^3 - \cdots \\ &= -l_1'' - l_2''\left(\frac{\Delta\varphi_{阴}}{T}\right) - l_3''\left(\frac{\Delta\varphi_{阴}}{T}\right)^2 - l_4''\left(\frac{\Delta\varphi_{阴}}{T}\right)^3 - \cdots \end{aligned}$$

将上式代入

$$i = 2Fj$$

得

$$\begin{aligned} i &= 2Fj \\ &= -l_1^*\left(\frac{\varphi_{阴}}{T}\right) - l_2^*\left(\frac{\varphi_{阴}}{T}\right)^2 - l_3^*\left(\frac{\varphi_{阴}}{T}\right)^3 - \cdots \\ &= -l_1^{**} - l_2^{**}\left(\frac{\Delta\varphi_{阴}}{T}\right) - l_3^{**}\left(\frac{\Delta\varphi_{阴}}{T}\right)^2 - l_4^{**}\left(\frac{\Delta\varphi_{阴}}{T}\right)^3 - \cdots \end{aligned}$$

2. 阳极电势

阳极反应达成平衡

$$Ni + 2NaCl \rightleftharpoons NiCl_2 + 2Na^+ + 2e$$

该过程的摩尔吉布斯自由能变化为

$$\Delta G_{m,阳,e} = \mu_{NiCl_2} + 2\mu_{Na^+} + 2\mu_e - \mu_{Ni} - 2\mu_{NaCl} = \Delta G_{m,阳}^{\ominus} + RT\ln\frac{a_{Na^+,e}^2 a_{NiCl_2,e}}{a_{NaCl,e}^2}$$

式中

$$\Delta G_{m,阳}^{\ominus} = \mu_{NiCl_2}^{\ominus} + 2\mu_{Na^+}^{\ominus} + 2\mu_e^{\ominus} - \mu_{Ni}^{\ominus} - 2\mu_{NaCl}^{\ominus}$$

$$\mu_{NiCl_2} = \mu_{NiCl_2}^{\ominus} + RT\ln a_{NiCl_2,e}$$

$$\mu_{Na^+} = \mu_{Na^+}^{\ominus} + RT\ln a_{Na^+,e}$$

$$\mu_e = \mu_e^{\ominus}$$

$$\mu_{\mathrm{Ni}} = \mu_{\mathrm{Ni}}^{\ominus}$$

$$\mu_{\mathrm{NaCl}} = \mu_{\mathrm{NaCl}}^{\ominus} + RT\ln a_{\mathrm{NaCl,e}}$$

由

$$\varphi_{阳,\mathrm{e}} = \frac{\Delta G_{\mathrm{m},阳,\mathrm{e}}}{2F}$$

得

$$\varphi_{阳,\mathrm{e}} = \varphi_{阳}^{\ominus} + \frac{RT}{2F}\ln\frac{a_{\mathrm{Na^+,e}}^{2} a_{\mathrm{NiCl_2,e}}}{a_{\mathrm{NaCl,e}}^{2}}$$

式中

$$\varphi_{阳}^{\ominus} = \frac{\Delta G_{\mathrm{m},阳}^{\ominus}}{2F} = \frac{\mu_{\mathrm{NiCl_2}}^{\ominus} + 2\mu_{\mathrm{Na^+}}^{\ominus} + 2\mu_{\mathrm{e}}^{\ominus} - \mu_{\mathrm{Ni}}^{\ominus} - 2\mu_{\mathrm{NaCl}}^{\ominus}}{2F}$$

阳极有电流通过，发生极化，阳极反应为

$$\mathrm{Ni + 2NaCl \Longrightarrow NiCl_2 + 2Na^+ + 2e}$$

阳极电势为

$$\varphi_{阳} = \varphi_{阳,\mathrm{e}} + \Delta\varphi_{阳}$$

则

$$\Delta\varphi_{阳} = \varphi_{阳} - \varphi_{阳,\mathrm{e}}$$

又有

$$A_{\mathrm{m},阳} = -\Delta G_{\mathrm{m},阳} = -2F\varphi_{阳} = -2F(\varphi_{阳} + \Delta\varphi_{阳})$$

阳极反应速率

$$\frac{\mathrm{d}N_{\mathrm{NiCl_2}}}{\mathrm{d}t} = \frac{1}{2}\frac{\mathrm{d}N_{\mathrm{Na^+}}}{\mathrm{d}t} = \frac{1}{2}\frac{\mathrm{d}N_{\mathrm{e}}}{\mathrm{d}t} = -\frac{\mathrm{d}N_{\mathrm{Ni}}}{\mathrm{d}t} = -\frac{1}{2}\frac{\mathrm{d}N_{\mathrm{NaCl}}}{\mathrm{d}t} = Sj$$

式中

$$\begin{aligned} j &= -l_1\left(\frac{A_{\mathrm{m},阳}}{T}\right) - l_2\left(\frac{A_{\mathrm{m},阳}}{T}\right)^2 - l_3\left(\frac{A_{\mathrm{m},阳}}{T}\right)^3 - \cdots \\ &= -l_1'\left(\frac{\varphi_{阳}}{T}\right) - l_2'\left(\frac{\varphi_{阳}}{T}\right)^2 - l_3'\left(\frac{\varphi_{阳}}{T}\right)^3 - \cdots \\ &= -l_1'' - l_2''\left(\frac{\Delta\varphi_{阳}}{T}\right) - l_3''\left(\frac{\Delta\varphi_{阳}}{T}\right)^2 - l_4''\left(\frac{\Delta\varphi_{阳}}{T}\right)^3 - \cdots \end{aligned}$$

将上式代入

$$\begin{aligned} i &= 2Fj \\ &= -l_1^*\left(\frac{\varphi_{阳}}{T}\right) - l_2^*\left(\frac{\varphi_{阳}}{T}\right)^2 - l_3^*\left(\frac{\varphi_{阳}}{T}\right)^3 - \cdots \\ &= -l_1^{**} - l_2^{**}\left(\frac{\Delta\varphi_{阳}}{T}\right) - l_3^{**}\left(\frac{\Delta\varphi_{阳}}{T}\right)^2 - l_4^{**}\left(\frac{\Delta\varphi_{阳}}{T}\right)^3 - \cdots \end{aligned}$$

并有

$$I = Si = 2FSj$$

3. 电解池电动势

电解池反应达成平衡

$$\mathrm{Ni + 2NaCl \rightleftharpoons NiCl_2 + 2Na}$$

该过程的摩尔吉布斯自由能变化为

$$\Delta G_{\mathrm{m,e}} = \mu_{\mathrm{NiCl_2}} + 2\mu_{\mathrm{Na}} - \mu_{\mathrm{Ni}} - 2\mu_{\mathrm{NaCl}} = \Delta G_{\mathrm{m}}^{\ominus} + RT\ln\frac{a_{\mathrm{NiCl_2,e}}}{a_{\mathrm{NaCl,e}}^2}$$

式中

$$\Delta G_{\mathrm{m}}^{\ominus} = \mu_{\mathrm{NiCl_2}}^{\ominus} + 2\mu_{\mathrm{Na}}^{\ominus} - \mu_{\mathrm{Ni}}^{\ominus} - 2\mu_{\mathrm{NaCl}}^{\ominus}$$

$$\mu_{\mathrm{NiCl_2}} = \mu_{\mathrm{NiCl_2}}^{\ominus} + RT\ln a_{\mathrm{NiCl_2,e}}$$

$$\mu_{\mathrm{Na}} = \mu_{\mathrm{Na}}^{\ominus}$$

$$\mu_{\mathrm{Ni}} = \mu_{\mathrm{Ni}}^{\ominus}$$

$$\mu_{\mathrm{NaCl}} = \mu_{\mathrm{NaCl}}^{\ominus} + RT\ln a_{\mathrm{NaCl,e}}$$

由

$$E_{\mathrm{e}} = -\frac{\Delta G_{\mathrm{m,e}}}{2F}$$

得

$$E_{\mathrm{e}} = E^{\ominus} + \frac{RT}{2F}\ln\frac{a_{\mathrm{NaCl,e}}^2}{a_{\mathrm{NiCl_2,e}}}$$

式中

$$E^{\ominus} = -\frac{\Delta G_{\mathrm{m}}^{\ominus}}{2F} = -\frac{\mu_{\mathrm{NiCl_2}}^{\ominus} + 2\mu_{\mathrm{Na}}^{\ominus} - \mu_{\mathrm{Ni}}^{\ominus} - 2\mu_{\mathrm{NaCl}}^{\ominus}}{2F}$$

电池充电，有电流通过，发生极化，电解池反应为

$$\mathrm{Ni + 2NaCl = NiCl_2 + 2Na}$$

电动势为

$$\begin{aligned} E &= \varphi_{阴} - \varphi_{阳} \\ &= (\varphi_{阴,\mathrm{e}} + \Delta\varphi_{阴}) - (\varphi_{阳,\mathrm{e}} + \Delta\varphi_{阳}) \\ &= (\varphi_{阴,\mathrm{e}} - \varphi_{阳,\mathrm{e}}) + (\Delta\varphi_{阴} - \Delta\varphi_{阳}) \\ &= E_{\mathrm{e}} + \Delta E \end{aligned}$$

$$E_{\mathrm{e}} = \varphi_{阴,\mathrm{e}} - \varphi_{阳,\mathrm{e}}$$

$$\Delta E = \Delta\varphi_{阴} - \Delta\varphi_{阳}$$

外加电动势为

$$
\begin{aligned}
E' &= \varphi_{阳} - \varphi_{阴} \\
&= (\varphi_{阳,e} + \Delta\varphi_{阳}) - (\varphi_{阴,e} + \Delta\varphi_{阴}) \\
&= (\varphi_{阳,e} - \varphi_{阴,e}) + (\Delta\varphi_{阳} - \Delta\varphi_{阴}) \\
&= E'_{e} + \Delta E'
\end{aligned}
$$

式中

$$
\begin{aligned}
E'_{e} &= \varphi_{阳,e} - \varphi_{阴,e} = -E_{e} \\
\Delta E' &= \Delta\varphi_{阳} - \Delta\varphi_{阴}
\end{aligned}
$$

并有

$$
A_{m} = -\Delta G_{m} = 2FE = 2F(E_{e} + \Delta E) = -2FE' = -2F(E'_{e} + \Delta E')
$$

电解池端电压

$$
V' = E' + IR = E'_{e} + \Delta E' + IR
$$

式中，I 为电流；R 为电池系统的电阻。

电解池反应速率

$$
\frac{\mathrm{d}N_{NiCl_2}}{\mathrm{d}t} = \frac{1}{2}\frac{\mathrm{d}N_{Na}}{\mathrm{d}t} = -\frac{\mathrm{d}N_{Ni}}{\mathrm{d}t} = -\frac{1}{2}\frac{\mathrm{d}N_{NaCl}}{\mathrm{d}t} = Sj
$$

式中

$$
\begin{aligned}
j &= -l_{1}\left(\frac{A_{m}}{T}\right) - l_{2}\left(\frac{A_{m}}{T}\right)^{2} - l_{3}\left(\frac{A_{m}}{T}\right)^{3} - \cdots \\
&= -l'_{1}\left(\frac{E'}{T}\right) - l'_{2}\left(\frac{E'}{T}\right)^{2} - l'_{3}\left(\frac{E'}{T}\right)^{3} - \cdots \\
&= -l''_{1} - l''_{2}\left(\frac{\Delta E'}{T}\right) - l''_{3}\left(\frac{\Delta E'}{T}\right)^{2} - l''_{4}\left(\frac{\Delta E'}{T}\right)^{3} - \cdots
\end{aligned}
$$

将上式代入

$$
i = 2Fj
$$

得

$$
\begin{aligned}
i &= 2Fj \\
&= -l^{*}_{1}\left(\frac{E'}{T}\right) - l^{*}_{2}\left(\frac{E'}{T}\right)^{2} - l^{*}_{3}\left(\frac{E'}{T}\right)^{3} - \cdots \\
&= -l^{**}_{1} - l^{**}_{2}\left(\frac{\Delta E'}{T}\right) - l^{**}_{3}\left(\frac{\Delta E'}{T}\right)^{2} - l^{**}_{4}\left(\frac{\Delta E'}{T}\right)^{3} - \cdots
\end{aligned}
$$

18.3 Ni/Cd 电池

Ni/Cd 电池正极材料是 NiOOH，负极材料是 Cd。电解质是 KOH 水溶液。电压为 1.2V，质量能量为 40～60W/kg，比容量为 50A·h/kg。

18.3.1 Ni/Cd 电池放电

电池组成为

$$\text{Cd,Cd(OH)}_2 \mid \text{KOH} + \text{H}_2\text{O} \mid \text{NiOOH,Ni(OH)}_2$$

阴极反应

$$2\text{NiOOH} + 2\text{H}_2\text{O} + 2\text{e} = 2\text{Ni(OH)}_2 + 2\text{OH}^-$$

阳极反应

$$\text{Cd} + 2\text{OH}^- = \text{Cd(OH)}_2 + 2\text{e}$$

电池反应

$$\text{Cd} + 2\text{NiOOH} + 2\text{H}_2\text{O} = \text{Cd(OH)}_2 + 2\text{Ni(OH)}_2$$

1. 阴极电势

阴极反应达到平衡

$$2\text{NiOOH} + 2\text{H}_2\text{O} + 2\text{e} \rightleftharpoons 2\text{Ni(OH)}_2 + 2\text{OH}^-$$

该过程的摩尔吉布斯自由能变化

$$\begin{aligned}\Delta G_{\text{m,阴,e}} &= 2\mu_{\text{Ni(OH)}_2} + 2\mu_{\text{OH}^-} - 2\mu_{\text{NiOOH}} - 2\mu_{\text{H}_2\text{O}} - 2\mu_{\text{e}} \\ &= \Delta G_{\text{m,阴}}^{\ominus} + RT\ln\frac{a_{\text{OH}^-,\text{e}}^2 a_{\text{Ni(OH)}_2,\text{e}}^2}{a_{\text{H}_2\text{O,e}}^2 a_{\text{NiOOH,e}}^2}\end{aligned}$$

式中

$$\Delta G_{\text{m,阴}}^{\ominus} = 2\mu_{\text{Ni(OH)}_2}^{\ominus} + 2\mu_{\text{OH}^-}^{\ominus} - 2\mu_{\text{NiOOH}}^{\ominus} - 2\mu_{\text{H}_2\text{O}}^{\ominus} - 2\mu_{\text{e}}^{\ominus}$$

$$\mu_{\text{Ni(OH)}_2} = \mu_{\text{Ni(OH)}_2}^{\ominus} + RT\ln a_{\text{Ni(OH)}_2,\text{e}}$$

$$\mu_{\text{OH}^-} = \mu_{\text{OH}^-}^{\ominus} + RT\ln a_{\text{OH}^-,\text{e}}$$

$$\mu_{\text{NiOOH}} = \mu_{\text{NiOOH}}^{\ominus} + RT\ln a_{\text{NiOOH,e}}$$

$$\mu_{\text{H}_2\text{O}} = \mu_{\text{H}_2\text{O}}^{\ominus} + RT\ln a_{\text{H}_2\text{O,e}}$$

$$\mu_{\text{e}} = \mu_{\text{e}}^{\ominus}$$

由
$$\varphi_{阴,e} = -\frac{\Delta G_{m,阴,e}}{2F}$$
得
$$\varphi_{阴,e} = \varphi_{阴}^{\ominus} + \frac{RT}{2F}\ln\frac{a_{H_2O,e}^2 a_{NiOOH,e}^2}{a_{OH^-,e}^2 a_{Ni(OH)_2,e}^2}$$
式中，
$$\varphi_{阴}^{\ominus} = -\frac{\Delta G_{m,阴}^{\ominus}}{2F} = -\frac{2\mu_{Ni(OH)_2}^{\ominus} + 2\mu_{OH^-}^{\ominus} - 2\mu_{NiOOH}^{\ominus} - 2\mu_{H_2O}^{\ominus} - 2\mu_{e}^{\ominus}}{2F}$$

阴极有电流通过发生极化，阴极反应为
$$2NiOOH + 2H_2O + 2e = 2Ni(OH)_2 + 2OH^-$$
阴极电势为
$$\varphi_{阴} = \varphi_{阴,e} + \Delta\varphi_{阴}$$
$$\Delta\varphi_{阴} = \varphi_{阴} - \varphi_{阴,e}$$
有
$$A_{m,阴} = \Delta G_{m,阴} = -2F\varphi_{阴} = -2F(\varphi_{阴,e} + \Delta\varphi_{阴})$$

阴极反应速率为
$$\frac{1}{2}\frac{dN_{Ni(OH)_2}}{dt} = \frac{1}{2}\frac{dN_{OH^-}}{dt} = -\frac{1}{2}\frac{dN_{NiOOH}}{dt} = -\frac{1}{2}\frac{dN_{H_2O}}{dt} = Sj$$
式中
$$\begin{aligned} j &= -l_1\left(\frac{A_{m,阴}}{T}\right) - l_2\left(\frac{A_{m,阴}}{T}\right)^2 - l_3\left(\frac{A_{m,阴}}{T}\right)^3 - \cdots \\ &= -l_1'\left(\frac{\varphi_{阴}}{T}\right) - l_2'\left(\frac{\varphi_{阴}}{T}\right)^2 - l_3'\left(\frac{\varphi_{阴}}{T}\right)^3 - \cdots \\ &= -l_1'' - l_2''\left(\frac{\Delta\varphi_{阴}}{T}\right) - l_3''\left(\frac{\Delta\varphi_{阴}}{T}\right)^2 - l_4''\left(\frac{\Delta\varphi_{阴}}{T}\right)^3 - \cdots \end{aligned}$$
将上式代入
$$i = 2Fj$$
得
$$\begin{aligned} i &= 2Fj \\ &= -l_1^*\left(\frac{\varphi_{阴}}{T}\right) - l_2^*\left(\frac{\varphi_{阴}}{T}\right)^2 - l_3^*\left(\frac{\varphi_{阴}}{T}\right)^3 - \cdots \\ &= -l_1^{**} - l_2^{**}\left(\frac{\Delta\varphi_{阴}}{T}\right) - l_3^{**}\left(\frac{\Delta\varphi_{阴}}{T}\right)^2 - l_4^{**}\left(\frac{\Delta\varphi_{阴}}{T}\right)^3 - \cdots \end{aligned}$$

2. 阳极电势

阳极反应达成平衡

$$\mathrm{Cd} + 2\mathrm{OH}^- \rightleftharpoons \mathrm{Cd(OH)_2} + 2\mathrm{e}$$

该过程的摩尔吉布斯自由能变化为

$$\Delta G_{\mathrm{m,阳,e}} = \mu_{\mathrm{Cd(OH)_2}} + 2\mu_{\mathrm{e}} - \mu_{\mathrm{Cd}} - 2\mu_{\mathrm{OH^-}} = \Delta G^{\ominus}_{\mathrm{m,阳}} + RT\ln\frac{1}{a^2_{\mathrm{OH^-,e}}}$$

式中

$$\Delta G^{\ominus}_{\mathrm{m,阳}} = \mu^{\ominus}_{\mathrm{Cd(OH)_2}} + 2\mu^{\ominus}_{\mathrm{e}} - \mu^{\ominus}_{\mathrm{Cd}} - 2\mu^{\ominus}_{\mathrm{OH^-}}$$

$$\mu_{\mathrm{Cd(OH)_2}} = \mu^{\ominus}_{\mathrm{Cd(OH)_2}}$$

$$\mu_{\mathrm{e}} = \mu^{\ominus}_{\mathrm{e}}$$

$$\mu_{\mathrm{Cd}} = \mu^{\ominus}_{\mathrm{Cd}}$$

$$\mu_{\mathrm{OH^-}} = \mu^{\ominus}_{\mathrm{OH^-}} + RT\ln a^2_{\mathrm{OH^-,e}}$$

由

$$\varphi_{\mathrm{阳,e}} = \frac{\Delta G_{\mathrm{m,阳,e}}}{2F}$$

得

$$\varphi_{\mathrm{阳,e}} = \varphi^{\ominus}_{\mathrm{阳}} + \frac{RT}{2F}\ln\frac{1}{a^2_{\mathrm{OH^-,e}}}$$

式中

$$\varphi^{\ominus}_{\mathrm{阳}} = \frac{\Delta G^{\ominus}_{\mathrm{m,阳}}}{2F} = \frac{\mu^{\ominus}_{\mathrm{Cd(OH)_2}} + 2\mu^{\ominus}_{\mathrm{e}} - \mu^{\ominus}_{\mathrm{Cd}} - 2\mu^{\ominus}_{\mathrm{OH^-}}}{2F}$$

阳极有电流通过发生极化，阳极反应为

$$\mathrm{Cd} + 2\mathrm{OH}^- = \mathrm{Cd(OH)_2} + 2\mathrm{e}$$

阳极电势为

$$\varphi_{\mathrm{阳}} = \varphi_{\mathrm{阳,e}} + \Delta\varphi_{\mathrm{阳}}$$

$$\Delta\varphi_{\mathrm{阳}} = \varphi_{\mathrm{阳}} - \varphi_{\mathrm{阳,e}}$$

有

$$A_{\mathrm{m,阳}} = \Delta G_{\mathrm{m,阳}} = 2F\varphi_{\mathrm{阳}} = 2F(\varphi_{\mathrm{阳,e}} + \Delta\varphi_{\mathrm{阳}})$$

阳极反应速率为

$$\frac{\mathrm{d}N_{\mathrm{Cd(OH)_2}}}{\mathrm{d}t} = -\frac{\mathrm{d}N_{\mathrm{Cd}}}{\mathrm{d}t} = -\frac{1}{2}\frac{\mathrm{d}N_{\mathrm{OH^-}}}{\mathrm{d}t} = Sj$$

式中

$$j=-l_1\left(\frac{A_{\mathrm{m},阳}}{T}\right)-l_2\left(\frac{A_{\mathrm{m},阳}}{T}\right)^2-l_3\left(\frac{A_{\mathrm{m},阳}}{T}\right)^3-\cdots$$

$$=-l_1'\left(\frac{\varphi_{阳}}{T}\right)-l_2'\left(\frac{\varphi_{阳}}{T}\right)^2-l_3'\left(\frac{\varphi_{阳}}{T}\right)^3-\cdots$$

$$=-l_1''-l_2''\left(\frac{\Delta\varphi_{阳}}{T}\right)-l_3''\left(\frac{\Delta\varphi_{阳}}{T}\right)^2-l_4''\left(\frac{\Delta\varphi_{阳}}{T}\right)^3-\cdots$$

将上式代入

$$i=2Fj$$

得

$$i=2Fj$$

$$=-l_1^*\left(\frac{\varphi_{阳}}{T}\right)-l_2^*\left(\frac{\varphi_{阳}}{T}\right)^2-l_3^*\left(\frac{\varphi_{阳}}{T}\right)^3-\cdots$$

$$=-l_1^{**}-l_2^{**}\left(\frac{\Delta\varphi_{阳}}{T}\right)-l_3^{**}\left(\frac{\Delta\varphi_{阳}}{T}\right)^2-l_4^{**}\left(\frac{\Delta\varphi_{阳}}{T}\right)^3-\cdots$$

3. 电池电动势

电池反应达到平衡

$$\mathrm{Cd+2NiOOH+2H_2O \rightleftharpoons Cd(OH)_2+2Ni(OH)_2}$$

该过程的摩尔吉布斯自由能变化

$$\Delta G_{\mathrm{m,e}}=\mu_{\mathrm{Cd(OH)_2}}+2\mu_{\mathrm{Ni(OH)_2}}-\mu_{\mathrm{Cd}}-2\mu_{\mathrm{NiOOH}}-2\mu_{\mathrm{H_2O}}=\Delta G_{\mathrm{m}}^{\ominus}+RT\ln\frac{1}{a_{\mathrm{H_2O,e}}^2}$$

式中

$$\Delta G_{\mathrm{m}}^{\ominus}=\mu_{\mathrm{Cd(OH)_2}}^{\ominus}+2\mu_{\mathrm{Ni(OH)_2}}^{\ominus}-\mu_{\mathrm{Cd}}^{\ominus}-2\mu_{\mathrm{NiOOH}}^{\ominus}-2\mu_{\mathrm{H_2O}}^{\ominus}$$

$$\mu_{\mathrm{Cd(OH)_2}}=\mu_{\mathrm{Cd(OH)_2}}^{\ominus}$$

$$\mu_{\mathrm{Ni(OH)_2}}=\mu_{\mathrm{Ni(OH)_2}}^{\ominus}$$

$$\mu_{\mathrm{Cd}}=\mu_{\mathrm{Cd}}^{\ominus}$$

$$\mu_{\mathrm{NiOOH}}=\mu_{\mathrm{NiOOH}}^{\ominus}$$

$$\mu_{\mathrm{H_2O}}=\mu_{\mathrm{H_2O}}^{\ominus}+RT\ln a_{\mathrm{H_2O,e}}^2$$

由

$$E_{\mathrm{e}}=-\frac{\Delta G_{\mathrm{m,e}}}{2F}$$

得

$$E_{\mathrm{e}}=E^{\ominus}+\frac{RT}{2F}\ln a_{\mathrm{H_2O,e}}^2$$

式中

$$E^{\ominus} = -\frac{\Delta G_{\mathrm{m}}^{\ominus}}{2F} = -\frac{\mu_{\mathrm{Cd(OH)_2}}^{\ominus} + 2\mu_{\mathrm{Ni(OH)_2}}^{\ominus} - \mu_{\mathrm{Cd}}^{\ominus} - 2\mu_{\mathrm{NiOOH}}^{\ominus} - 2\mu_{\mathrm{H_2O}}^{\ominus}}{2F}$$

电池放电，放电电流通过，发生极化，电池反应为

$$\mathrm{Cd + 2NiOOH + 2H_2O = Cd(OH)_2 + 2Ni(OH)_2}$$

电池电动势为

$$\begin{aligned} E &= \varphi_{阴} - \varphi_{阳} \\ &= (\varphi_{阴,\mathrm{e}} + \Delta\varphi_{阴}) - (\varphi_{阳,\mathrm{e}} + \Delta\varphi_{阳}) \\ &= (\varphi_{阴,\mathrm{e}} - \varphi_{阳,\mathrm{e}}) + (\Delta\varphi_{阴} - \Delta\varphi_{阳}) \\ &= E_{\mathrm{e}} + \Delta E \end{aligned}$$

式中

$$E_{\mathrm{e}} = \varphi_{阴,\mathrm{e}} - \varphi_{阳,\mathrm{e}}$$

$$\Delta E = \Delta\varphi_{阴} - \Delta\varphi_{阳}$$

并有

$$A_{\mathrm{m}} = \Delta G_{\mathrm{m}} = -2FE = -2F(E_{\mathrm{e}} + \Delta E)$$

4. 电池端电压

$$V = E - IR = E_{\mathrm{e}} + \Delta E - IR$$

式中，I 为电流；R 为电池系统电阻。

5. 电池反应速率

$$\frac{\mathrm{d}N_{\mathrm{Cd(OH)_2}}}{\mathrm{d}t} = \frac{1}{2}\frac{\mathrm{d}N_{\mathrm{Ni(OH)_2}}}{\mathrm{d}t} = -\frac{\mathrm{d}N_{\mathrm{Cd}}}{\mathrm{d}t} = -\frac{1}{2}\frac{\mathrm{d}N_{\mathrm{NiOOH}}}{\mathrm{d}t} = -\frac{1}{2}\frac{\mathrm{d}N_{\mathrm{H_2O}}}{\mathrm{d}t} = Sj$$

式中

$$\begin{aligned} j &= -l_1\left(\frac{A_{\mathrm{m}}}{T}\right) - l_2\left(\frac{A_{\mathrm{m}}}{T}\right)^2 - l_3\left(\frac{A_{\mathrm{m}}}{T}\right)^3 - \cdots \\ &= -l_1'\left(\frac{E}{T}\right) - l_2'\left(\frac{E}{T}\right)^2 - l_3'\left(\frac{E}{T}\right)^3 - \cdots \\ &= -l_1'' - l_2''\left(\frac{\Delta E}{T}\right) - l_3''\left(\frac{\Delta E}{T}\right)^2 - l_4''\left(\frac{\Delta E}{T}\right)^3 - \cdots \end{aligned}$$

将上式代入

$$i = 2Fj$$

得

$$
\begin{aligned}
i &= 2Fj \\
&= -l_1^*\left(\frac{E}{T}\right) - l_2^*\left(\frac{E}{T}\right)^2 - l_3^*\left(\frac{E}{T}\right)^3 - \cdots \\
&= -l_1^{**} - l_2^{**}\left(\frac{\Delta E}{T}\right) - l_3^{**}\left(\frac{\Delta E}{T}\right)^2 - l_4^{**}\left(\frac{\Delta E}{T}\right)^3 - \cdots
\end{aligned}
$$

18.3.2　Ni/Cd 电池充电

充电过程是电解过程，电池成为电解池。

电解池组成为

$$Ni(OH)_2,NiOOH \mid KOH + H_2O \mid Cd(OH)_2,Cd$$

阴极反应

$$Cd(OH)_2 + 2e \mathop{=\!=\!=} Cd + 2OH^-$$

阳极反应

$$2Ni(OH)_2 + 2OH^- \mathop{=\!=\!=} 2NiOOH + 2H_2O + 2e$$

电池反应

$$Cd(OH)_2 + 2Ni(OH)_2 \mathop{=\!=\!=} Cd + 2NiOOH + 2H_2O$$

1. 阴极电势

阴极反应达到平衡

$$Cd(OH)_2 + 2e \rightleftharpoons Cd + 2OH^-$$

该过程的摩尔吉布斯自由能变化

$$\Delta G_{m,阴,e} = \mu_{Cd} + 2\mu_{OH^-} - \mu_{Cd(OH)_2} - 2\mu_e = \Delta G_{m,阴}^{\ominus} + RT\ln a_{OH^-,e}^2$$

式中

$$\Delta G_{m,阴}^{\ominus} = \mu_{Cd}^{\ominus} + 2\mu_{OH^-}^{\ominus} - \mu_{Cd(OH)_2}^{\ominus} - 2\mu_e^{\ominus}$$

$$\mu_{Cd} = \mu_{Cd}^{\ominus}$$

$$\mu_{OH^-} = \mu_{OH^-}^{\ominus} + RT\ln a_{OH^-,e}$$

$$\mu_{Cd(OH)_2} = \mu_{Cd(OH)_2}^{\ominus}$$

$$\mu_e = \mu_e^{\ominus}$$

由

$$\varphi_{阴,e} = -\frac{\Delta G_{m,阴,e}}{2F}$$

得

$$\varphi_{阴,e} = \varphi_{阴}^{\ominus} + \frac{RT}{2F}\ln\frac{1}{a_{OH^-,e}^2}$$

式中

$$\varphi_{阴}^{\ominus} = -\frac{\Delta G_{m,阴}^{\ominus}}{2F} = -\frac{\mu_{Cd}^{\ominus} + 2\mu_{OH^-}^{\ominus} - \mu_{Cd(OH)_2}^{\ominus} - 2\mu_{e}^{\ominus}}{2F}$$

阴极有电流通过发生极化，阴极反应为

$$Cd(OH)_2 + 2e = Cd + 2OH^-$$

阴极电势为

$$\varphi_{阴} = \varphi_{阴,e} + \Delta\varphi_{阴}$$

则

$$\Delta\varphi_{阴} = \varphi_{阴} - \varphi_{阴,e}$$

有

$$A_{m,阴} = -\Delta G_{m,阴} = 2F\varphi_{阴} = 2F(\varphi_{阴,e} + \Delta\varphi_{阴})$$

阴极反应速率为

$$\frac{dN_{Cd}}{dt} = \frac{1}{2}\frac{dN_{OH^-}}{dt} = -\frac{dN_{Cd(OH)_2}}{dt} = -\frac{1}{2}\frac{dN_e}{dt} = Sj$$

式中

$$\begin{aligned} j &= -l_1\left(\frac{A_{m,阴}}{T}\right) - l_2\left(\frac{A_{m,阴}}{T}\right)^2 - l_3\left(\frac{A_{m,阴}}{T}\right)^3 - \cdots \\ &= -l_1'\left(\frac{\varphi_{阴}}{T}\right) - l_2'\left(\frac{\varphi_{阴}}{T}\right)^2 - l_3'\left(\frac{\varphi_{阴}}{T}\right)^3 - \cdots \\ &= -l_1'' - l_2''\left(\frac{\Delta\varphi_{阴}}{T}\right) - l_3''\left(\frac{\Delta\varphi_{阴}}{T}\right)^2 - l_4''\left(\frac{\Delta\varphi_{阴}}{T}\right)^3 - \cdots \end{aligned}$$

将上式代入

$$i = 2Fj$$

得

$$\begin{aligned} i &= 2Fj \\ &= -l_1^*\left(\frac{\varphi_{阴}}{T}\right) - l_2^*\left(\frac{\varphi_{阴}}{T}\right)^2 - l_3^*\left(\frac{\varphi_{阴}}{T}\right)^3 - \cdots \\ &= -l_1^{**} - l_2^{**}\left(\frac{\Delta\varphi_{阴}}{T}\right) - l_3^{**}\left(\frac{\Delta\varphi_{阴}}{T}\right)^2 - l_4^{**}\left(\frac{\Delta\varphi_{阴}}{T}\right)^3 - \cdots \end{aligned}$$

2. 阳极电势

阳极反应达成平衡

$$2Ni(OH)_2 + 2OH^- \rightleftharpoons 2NiOOH + 2H_2O + 2e$$

该过程的摩尔吉布斯自由能变化为

$$\Delta G_{m,阳,e} = 2\mu_{NiOOH} + 2\mu_{H_2O} + 2\mu_e - 2\mu_{Ni(OH)_2} - 2\mu_{OH^-} = \Delta G_{m,阳}^{\ominus} + RT\ln\frac{a_{H_2O,e}^2 a_{NiOOH,e}^2}{a_{OH^-,e}^2 a_{Ni(OH)_2,e}^2}$$

式中

$$\Delta G_{m,阳}^{\ominus} = 2\mu_{NiOOH}^{\ominus} + 2\mu_{H_2O}^{\ominus} + 2\mu_e^{\ominus} - 2\mu_{Ni(OH)_2}^{\ominus} - 2\mu_{OH^-}^{\ominus}$$

$$\mu_{NiOOH} = \mu_{NiOOH}^{\ominus} + RT\ln a_{NiOOH,e}$$

$$\mu_{H_2O} = \mu_{H_2O}^{\ominus} + RT\ln a_{H_2O,e}$$

$$\mu_e = \mu_e^{\ominus}$$

$$\mu_{Ni(OH)_2} = \mu_{Ni(OH)_2}^{\ominus} + RT\ln a_{Ni(OH)_2,e}$$

$$\mu_{OH^-} = \mu_{OH^-}^{\ominus} + RT\ln a_{OH^-,e}$$

由

$$\varphi_{阳,e} = \frac{\Delta G_{m,阳,e}}{2F}$$

得

$$\varphi_{阳,e} = \varphi_{阳}^{\ominus} + \frac{RT}{2F}\ln\frac{a_{H_2O,e}^2 a_{NiOOH,e}^2}{a_{OH^-,e}^2 a_{Ni(OH)_2,e}^2}$$

式中，

$$\varphi_{阳}^{\ominus} = \frac{\Delta G_{m,阳}^{\ominus}}{2F} = \frac{2\mu_{NiOOH}^{\ominus} + 2\mu_{H_2O}^{\ominus} + 2\mu_e^{\ominus} - 2\mu_{Ni(OH)_2}^{\ominus} - 2\mu_{OH^-}^{\ominus}}{2F}$$

阳极有电流通过发生极化，阳极反应为

$$2Ni(OH)_2 + 2OH^- = 2NiOOH + 2H_2O + 2e$$

阳极电势为

$$\varphi_{阳} = \varphi_{阳,e} + \Delta\varphi_{阳}$$

$$\Delta\varphi_{阳} = \varphi_{阳} - \varphi_{阳,e}$$

有

$$A_{m,阳} = -\Delta G_{m,阳} = -2F\varphi_{阳} = -2F(\varphi_{阳,e} + \Delta\varphi_{阳})$$

阳极反应速率为

$$\frac{1}{2}\frac{dN_{NiOOH}}{dt} = \frac{1}{2}\frac{dN_{H_2O}}{dt} = \frac{1}{2}\frac{dN_e}{dt} = -\frac{dN_{Ni(OH)_2}}{dt} = -\frac{1}{2}\frac{dN_{OH^-}}{dt} = Sj$$

式中，

$$\begin{aligned} j &= -l_1\left(\frac{A_{m,阳}}{T}\right) - l_2\left(\frac{A_{m,阳}}{T}\right)^2 - l_3\left(\frac{A_{m,阳}}{T}\right)^3 - \cdots \\ &= -l_1'\left(\frac{\varphi_{阳}}{T}\right) - l_2'\left(\frac{\varphi_{阳}}{T}\right)^2 - l_3'\left(\frac{\varphi_{阳}}{T}\right)^3 - \cdots \\ &= -l_1'' - l_2''\left(\frac{\Delta\varphi_{阳}}{T}\right) - l_3''\left(\frac{\Delta\varphi_{阳}}{T}\right)^2 - l_4''\left(\frac{\Delta\varphi_{阳}}{T}\right)^3 - \cdots \end{aligned}$$

将上式代入

$$i = 2Fj$$

得

$$\begin{aligned} i &= 2Fj \\ &= -l_1^{*}\left(\frac{\varphi_{阳}}{T}\right) - l_2^{*}\left(\frac{\varphi_{阳}}{T}\right)^2 - l_3^{*}\left(\frac{\varphi_{阳}}{T}\right)^3 - \cdots \\ &= -l_1^{**} - l_2^{**}\left(\frac{\Delta\varphi_{阳}}{T}\right) - l_3^{**}\left(\frac{\Delta\varphi_{阳}}{T}\right)^2 - l_4^{**}\left(\frac{\Delta\varphi_{阳}}{T}\right)^3 - \cdots \end{aligned}$$

3. 电解池电动势

电解池反应达到平衡

$$Cd(OH)_2 + 2Ni(OH)_2 \rightleftharpoons Cd + 2NiOOH + 2H_2O$$

该过程的摩尔吉布斯自由能变化

$$\begin{aligned} \Delta G_{m,e} &= \mu_{Cd} + 2\mu_{NiOOH} + 2\mu_{H_2O} - \mu_{Cd(OH)_2} - 2\mu_{Ni(OH)_2} \\ &= \Delta G_m^{\ominus} + RT\ln\frac{a_{H_2O,e}^2 a_{NiOOH,e}^2}{a_{Ni(OH)_2,e}^2} \end{aligned}$$

式中

$$\Delta G_m^{\ominus} = \mu_{Cd}^{\ominus} + 2\mu_{NiOOH}^{\ominus} + 2\mu_{H_2O}^{\ominus} - \mu_{Cd(OH)_2}^{\ominus} - 2\mu_{Ni(OH)_2}^{\ominus}$$

$$\mu_{Cd} = \mu_{Cd}^{\ominus}$$

$$\mu_{NiOOH} = \mu_{NiOOH}^{\ominus} + RT\ln a_{NiOOH,e}$$

$$\mu_{H_2O} = \mu_{H_2O}^{\ominus} + RT\ln a_{H_2O,e}$$

$$\mu_{Cd(OH)_2} = \mu_{Cd(OH)_2}^{\ominus}$$

$$\mu_{Ni(OH)_2} = \mu_{Ni(OH)_2}^{\ominus} + RT\ln a_{Ni(OH)_2,e}$$

由

$$E_e = -\frac{\Delta G_{m,e}}{2F}$$

得

$$E_e = E^{\ominus} + \frac{RT}{2F}\ln\frac{a_{Ni(OH)_2,e}^2}{a_{H_2O,e}^2 a_{NiOOH,e}^2}$$

式中

$$E^{\ominus} = -\frac{\Delta G_m^{\ominus}}{2F} = -\frac{\mu_{Cd}^{\ominus} + 2\mu_{NiOOH}^{\ominus} + 2\mu_{H_2O}^{\ominus} - \mu_{Cd(OH)_2}^{\ominus} - 2\mu_{Ni(OH)_2}^{\ominus}}{2F}$$

电池充电，有电流通过，发生极化，电解池反应为

$$Cd(OH)_2 + 2Ni(OH)_2 = Cd + 2NiOOH + 2H_2O$$

电解池外加电动势为

$$
\begin{aligned}
E' &= \varphi_{阳} - \varphi_{阴} \\
&= (\varphi_{阳,e} + \Delta\varphi_{阳}) - (\varphi_{阴,e} + \Delta\varphi_{阴}) \\
&= (\varphi_{阳,e} - \varphi_{阴,e}) + (\Delta\varphi_{阳} - \Delta\varphi_{阴}) \\
&= E'_e + \Delta E'
\end{aligned}
$$

式中

$$
\begin{aligned}
E'_e &= \varphi_{阳,e} - \varphi_{阴,e} = -E_e \\
\Delta E' &= \Delta\varphi_{阳} - \Delta\varphi_{阴}
\end{aligned}
$$

并有

$$
A_m = -\Delta G_m = -2FE' = -2F(E'_e + \Delta E')
$$

4. 电解池端电压

$$
V' = E' + IR = E'_e + \Delta E' + IR
$$

式中，I 为电流；R 为电池系统电阻。

5. 电解池反应速率

$$
\frac{dN_{Cd}}{dt} = \frac{1}{2}\frac{dN_{NiOOH}}{dt} = \frac{1}{2}\frac{dN_{H_2O}}{dt} = -\frac{dN_{Cd(OH)_2}}{dt} = -\frac{1}{2}\frac{dN_{Ni(OH)_2}}{dt} = Sj
$$

式中

$$
\begin{aligned}
j &= -l_1\left(\frac{A_m}{T}\right) - l_2\left(\frac{A_m}{T}\right)^2 - l_3\left(\frac{A_m}{T}\right)^3 - \cdots \\
&= -l'_1\left(\frac{E'}{T}\right) - l'_2\left(\frac{E'}{T}\right)^2 - l'_3\left(\frac{E'}{T}\right)^3 - \cdots \\
&= -l''_1 - l''_2\left(\frac{\Delta E'}{T}\right) - l''_3\left(\frac{\Delta E'}{T}\right)^2 - l''_4\left(\frac{\Delta E'}{T}\right)^3 - \cdots
\end{aligned}
$$

将上式代入

$$
i = 2Fj
$$

得

$$
\begin{aligned}
i &= 2Fj \\
&= -l^*_1\left(\frac{E'}{T}\right) - l^*_2\left(\frac{E'}{T}\right)^2 - l^*_3\left(\frac{E'}{T}\right)^3 - \cdots \\
&= -l^{**}_1 - l^{**}_2\left(\frac{\Delta E'}{T}\right) - l^{**}_3\left(\frac{\Delta E'}{T}\right)^2 - l^{**}_4\left(\frac{\Delta E'}{T}\right)^3 - \cdots
\end{aligned}
$$

18.4　Ni/MeH 电池

Ni/MeH 电池的正极是 NiOOH，负极是储氢合金，现在常用的是 AB_5 型化合物，A 是稀土元素 La、Ce、Pr、Nd，B 是 Ni、Go、Mn、Al 等金属。电解质为 KOH 溶液，电池的能量密度为 70W·h/kg，电压为 1.2V，比容量为 60～70A·h/kg，其功率密度为 200～1000W/kg。

18.4.1　Ni/MeH 电池放电

电池组成为

$$\text{Me,MeH} \mid \text{KOH}+\text{H}_2\text{O} \mid \text{NiOOH,Ni(OH)}_2$$

阴极反应

$$\text{NiOOH}+\text{H}_2\text{O}+\text{e} = \text{Ni(OH)}_2+\text{OH}^-$$

阳极反应

$$\text{MeH}+\text{OH}^- = \text{H}_2\text{O}+\text{Me}+\text{e}$$

电池反应

$$\text{NiOOH}+\text{MeH} = \text{Ni(OH)}_2+\text{Me}$$

1. 阴极电势

阴极反应达到平衡

$$\text{NiOOH}+\text{H}_2\text{O}+\text{e} \rightleftharpoons \text{Ni(OH)}_2+\text{OH}^-$$

$$\Delta G_{\text{m,阴,e}} = \mu_{\text{Ni(OH)}_2}+\mu_{\text{OH}^-}-\mu_{\text{NiOOH}}-\mu_{\text{H}_2\text{O}}-\mu_{\text{e}} = \Delta G_{\text{m,阴}}^{\ominus}+RT\ln\frac{a_{\text{OH}^-,\text{e}}a_{\text{Ni(OH)}_2,\text{e}}}{a_{\text{H}_2\text{O,e}}a_{\text{NiOOH,e}}}$$

式中

$$\Delta G_{\text{m,阴}}^{\ominus} = \mu_{\text{Ni(OH)}_2}^{\ominus}+\mu_{\text{OH}^-}^{\ominus}-\mu_{\text{NiOOH}}^{\ominus}-\mu_{\text{H}_2\text{O}}^{\ominus}-\mu_{\text{e}}^{\ominus}$$

$$\mu_{\text{Ni(OH)}_2} = \mu_{\text{Ni(OH)}_2}^{\ominus}$$

$$\mu_{\text{OH}^-} = \mu_{\text{OH}^-}^{\ominus}+RT\ln a_{\text{OH}^-,\text{e}}$$

$$\mu_{\text{NiOOH}} = \mu_{\text{NiOOH}}^{\ominus}$$

$$\mu_{\text{H}_2\text{O}} = \mu_{\text{H}_2\text{O}}^{\ominus}+RT\ln a_{\text{H}_2\text{O,e}}$$

$$\mu_{\text{e}} = \mu_{\text{e}}^{\ominus}$$

由

$$\varphi_{\text{阴,e}} = -\frac{\Delta G_{\text{m,阴,e}}}{F}$$

得
$$\varphi_{阴,e} = \varphi^{\ominus}_{阴} + \frac{RT}{F}\ln\frac{a_{H_2O,e}a_{NiOOH,e}}{a_{OH^-,e}a_{Ni(OH)_2,e}}$$

式中
$$\varphi^{\ominus}_{阴} = -\frac{\Delta G^{\ominus}_{m,阴}}{F} = -\frac{\mu^{\ominus}_{Ni(OH)_2} + \mu^{\ominus}_{OH^-} - \mu^{\ominus}_{NiOOH} - \mu^{\ominus}_{H_2O} - \mu^{\ominus}_{e}}{F}$$

阴极有电流通过，阴极发生极化，阴极反应为

$$NiOOH + H_2O + e \Longleftarrow\!\!=\!\!\Longrightarrow Ni(OH)_2 + OH^-$$

阴极电势为

$$\varphi_{阴} = \varphi_{阴,e} + \Delta\varphi_{阴}$$

$$\Delta\varphi_{阴} = \varphi_{阴} - \varphi_{阴,e}$$

有
$$A_{m,阴} = \Delta G_{m,阴} = -F\varphi_{阴} = -F(\varphi_{阴,e} + \Delta\varphi_{阴})$$

阴极反应速率为

$$\frac{dN_{Ni(OH)_2}}{dt} = \frac{dN_{OH^-}}{dt} = -\frac{dN_{NiOOH}}{dt} = -\frac{dN_{H_2O}}{dt} = -\frac{dN_{e}}{dt} = Sj$$

式中

$$\begin{aligned} j &= -l_1\left(\frac{A_{m,阴}}{T}\right) - l_2\left(\frac{A_{m,阴}}{T}\right)^2 - l_3\left(\frac{A_{m,阴}}{T}\right)^3 - \cdots \\ &= -l_1'\left(\frac{\varphi_{阴}}{T}\right) - l_2'\left(\frac{\varphi_{阴}}{T}\right)^2 - l_3'\left(\frac{\varphi_{阴}}{T}\right)^3 - \cdots \\ &= -l_1'' - l_2''\left(\frac{\Delta\varphi_{阴}}{T}\right) - l_3''\left(\frac{\Delta\varphi_{阴}}{T}\right)^2 - l_4''\left(\frac{\Delta\varphi_{阴}}{T}\right)^3 - \cdots \end{aligned}$$

将上式代入

$$i = Fj$$

得

$$\begin{aligned} i &= Fj \\ &= -l_1^*\left(\frac{\varphi_{阴}}{T}\right) - l_2^*\left(\frac{\varphi_{阴}}{T}\right)^2 - l_3^*\left(\frac{\varphi_{阴}}{T}\right)^3 - \cdots \\ &= -l_1^{**} - l_2^{**}\left(\frac{\Delta\varphi_{阴}}{T}\right) - l_3^{**}\left(\frac{\Delta\varphi_{阴}}{T}\right)^2 - l_4^{**}\left(\frac{\Delta\varphi_{阴}}{T}\right)^3 - \cdots \end{aligned}$$

2. 阳极电势

阳极反应达成平衡

$$MeH + OH^- \rightleftharpoons H_2O + Me + e$$

该过程的摩尔吉布斯自由能变化为

$$\Delta G_{m,阳,e} = \mu_{H_2O} + \mu_{Me} + \mu_e - \mu_{MeH} - \mu_{OH^-} = \Delta G_{m,阳}^{\ominus} + RT\ln\frac{a_{H_2O,e}a_{Me,e}}{a_{OH^-,e}a_{MeH,e}}$$

式中

$$\Delta G_{m,阳}^{\ominus} = \mu_{H_2O}^{\ominus} + \mu_{Me}^{\ominus} + \mu_e^{\ominus} - \mu_{MeH}^{\ominus} - \mu_{OH^-}^{\ominus}$$

$$\mu_{H_2O} = \mu_{H_2O}^{\ominus} + RT\ln a_{H_2O,e}$$

$$\mu_{Me} = \mu_{Me}^{\ominus} + RT\ln a_{Me,e}$$

$$\mu_e = \mu_e^{\ominus}$$

$$\mu_{MeH} = \mu_{MeH}^{\ominus} + RT\ln a_{MeH,e}$$

$$\mu_{OH^-} = \mu_{OH^-}^{\ominus} + RT\ln a_{OH^-,e}$$

由

$$\varphi_{阳,e} = \frac{\Delta G_{m,阳,e}}{F}$$

得

$$\varphi_{阳,e} = \varphi_{阳}^{\ominus} + \frac{RT}{F}\ln\frac{a_{H_2O,e}a_{Me,e}}{a_{OH^-,e}a_{MeH,e}}$$

式中

$$\varphi_{阳}^{\ominus} = \frac{\Delta G_{m,阳}^{\ominus}}{F} = \frac{\mu_{H_2O}^{\ominus} + \mu_{Me}^{\ominus} + \mu_e^{\ominus} - \mu_{MeH}^{\ominus} - \mu_{OH^-}^{\ominus}}{F}$$

阳极有电流通过，发生极化，阳极反应为

$$MeH + OH^- \Longrightarrow H_2O + Me + e$$

阳极电势为

$$\varphi_{阳} = \varphi_{阳,e} + \Delta\varphi_{阳}$$

则

$$\Delta\varphi_{阳} = \varphi_{阳} - \varphi_{阳,e}$$

又有

$$A_{m,阳} = \Delta G_{m,阳} = 2F\varphi_{阳} = 2F(\varphi_{阳,e} + \Delta\varphi_{阳})$$

阳极反应速率为

$$\frac{dN_{H_2O}}{dt} = \frac{dN_{Me}}{dt} = -\frac{dN_{MeH}}{dt} = -\frac{dN_{OH^-}}{dt} = \frac{dN_e}{dt} = Sj$$

式中

$$j = -l_1\left(\frac{A_{\mathrm{m,阳}}}{T}\right) - l_2\left(\frac{A_{\mathrm{m,阳}}}{T}\right)^2 - l_3\left(\frac{A_{\mathrm{m,阳}}}{T}\right)^3 - \cdots$$

$$= -l_1'\left(\frac{\varphi_{阳}}{T}\right) - l_2'\left(\frac{\varphi_{阳}}{T}\right)^2 - l_3'\left(\frac{\varphi_{阳}}{T}\right)^3 - \cdots$$

$$= -l_1'' - l_2''\left(\frac{\Delta\varphi_{阳}}{T}\right) - l_3''\left(\frac{\Delta\varphi_{阳}}{T}\right)^2 - l_4''\left(\frac{\Delta\varphi_{阳}}{T}\right)^3 - \cdots$$

将上式代入

$$i = Fj$$

得

$$i = Fj$$

$$= -l_1^*\left(\frac{\varphi_{阳}}{T}\right) - l_2^*\left(\frac{\varphi_{阳}}{T}\right)^2 - l_3^*\left(\frac{\varphi_{阳}}{T}\right)^3 - \cdots$$

$$= -l_1^{**} - l_2^{**}\left(\frac{\Delta\varphi_{阳}}{T}\right) - l_3^{**}\left(\frac{\Delta\varphi_{阳}}{T}\right)^2 - l_4^{**}\left(\frac{\Delta\varphi_{阳}}{T}\right)^3 - \cdots$$

3. 电池电动势

电池反应达成平衡

$$\mathrm{NiOOH + MeH} = \mathrm{Ni(OH)_2 + Me}$$

该过程的摩尔吉布斯自由能变化

$$\Delta G_{\mathrm{m,e}} = \mu_{\mathrm{Ni(OH)_2}} + \mu_{\mathrm{Me}} - \mu_{\mathrm{NiOOH}} - \mu_{\mathrm{MeH}} = \Delta G_{\mathrm{m}}^{\ominus} + RT\ln\frac{a_{\mathrm{Ni(OH)_2,e}}a_{\mathrm{Me,e}}}{a_{\mathrm{NiOOH,e}}a_{\mathrm{MeH,e}}}$$

式中

$$\Delta G_{\mathrm{m}}^{\ominus} = \mu_{\mathrm{Ni(OH)_2}}^{\ominus} + \mu_{\mathrm{Me}}^{\ominus} - \mu_{\mathrm{NiOOH}}^{\ominus} - \mu_{\mathrm{MeH}}^{\ominus}$$

$$\mu_{\mathrm{Ni(OH)_2}} = \mu_{\mathrm{Ni(OH)_2}}^{\ominus} + RT\ln a_{\mathrm{Ni(OH)_2,e}}$$

$$\mu_{\mathrm{Me}} = \mu_{\mathrm{Me}}^{\ominus} + RT\ln a_{\mathrm{Me,e}}$$

$$\mu_{\mathrm{NiOOH}} = \mu_{\mathrm{NiOOH}}^{\ominus} + RT\ln a_{\mathrm{NiOOH,e}}$$

$$\mu_{\mathrm{MeH}} = \mu_{\mathrm{MeH}}^{\ominus} + RT\ln a_{\mathrm{MeH,e}}$$

由

$$E_{\mathrm{e}} = -\frac{\Delta G_{\mathrm{m,e}}}{F}$$

得

$$E_{\mathrm{e}} = E^{\ominus} + RT\ln\frac{a_{\mathrm{NiOOH,e}}a_{\mathrm{MeH,e}}}{a_{\mathrm{Ni(OH)_2,e}}a_{\mathrm{Me,e}}}$$

式中

$$E^{\ominus} = -\frac{\Delta G_{\mathrm{m}}^{\ominus}}{F} = -\frac{\mu_{\mathrm{Ni(OH)_2}}^{\ominus} + \mu_{\mathrm{Me}}^{\ominus} - \mu_{\mathrm{NiOOH}}^{\ominus} - \mu_{\mathrm{MeH}}^{\ominus}}{F}$$

电池放电，有电流通过，发生极化，电池反应为

$$\mathrm{NiOOH + MeH = Ni(OH)_2 + Me}$$

电动势为

$$\begin{aligned} E &= \varphi_{阴} - \varphi_{阳} \\ &= (\varphi_{阴,e} + \Delta\varphi_{阴}) - (\varphi_{阳,e} + \Delta\varphi_{阳}) \\ &= (\varphi_{阴,e} - \varphi_{阳,e}) + (\Delta\varphi_{阴} - \Delta\varphi_{阳}) \\ &= E_e + \Delta E \end{aligned}$$

式中

$$E_e = \varphi_{阴,e} - \varphi_{阳,e}$$

$$\Delta E = \Delta\varphi_{阴} - \Delta\varphi_{阳}$$

并有

$$A_m = \Delta G_m = -FE = -F(E_e + \Delta E)$$

4. 电池端电压

$$V = E - IR = E_e + \Delta E - IR$$

式中，I 为电流；R 为电池系统的电阻。

5. 电池反应速率

$$\frac{\mathrm{d}N_{\mathrm{Ni(OH)_2}}}{\mathrm{d}t} = \frac{\mathrm{d}N_{\mathrm{Me}}}{\mathrm{d}t} = -\frac{\mathrm{d}N_{\mathrm{NiOOH}}}{\mathrm{d}t} = -\frac{\mathrm{d}N_{\mathrm{MeH}}}{\mathrm{d}t} = Sj$$

式中

$$\begin{aligned} j &= -l_1\left(\frac{A_m}{T}\right) - l_2\left(\frac{A_m}{T}\right)^2 - l_3\left(\frac{A_m}{T}\right)^3 - \cdots \\ &= -l_1'\left(\frac{E}{T}\right) - l_2'\left(\frac{E}{T}\right)^2 - l_3'\left(\frac{E}{T}\right)^3 - \cdots \\ &= -l_1'' - l_2''\left(\frac{\Delta E}{T}\right) - l_3''\left(\frac{\Delta E}{T}\right)^2 - l_4''\left(\frac{\Delta E}{T}\right)^3 - \cdots \end{aligned}$$

将上式代入

$$i = Fj$$

得

$$\begin{aligned} i &= Fj \\ &= -l_1^*\left(\frac{E}{T}\right) - l_2^*\left(\frac{E}{T}\right)^2 - l_3^*\left(\frac{E}{T}\right)^3 - \cdots \\ &= -l_1^{**} - l_2^{**}\left(\frac{\Delta E}{T}\right) - l_3^{**}\left(\frac{\Delta E}{T}\right)^2 - l_4^{**}\left(\frac{\Delta E}{T}\right)^3 - \cdots \end{aligned}$$

18.4.2 Ni/MeH 电池充电

Ni/MeH 电池电池充电相当于电解。电解池组成为

$$Ni(OH)_2,NiOOH \mid KOH + H_2O \mid MeH,Me$$

阴极反应

$$H_2O + Me + e \Longrightarrow MeH + OH^-$$

阳极反应

$$Ni(OH)_2 + OH^- \Longrightarrow NiOOH + H_2O + e$$

电解池反应

$$Ni(OH)_2 + Me \Longrightarrow NiOOH + MeH$$

1. 阴极电势

阴极反应达成平衡

$$H_2O + Me + e \rightleftharpoons MeH + OH^-$$

该过程的摩尔吉布斯自由能变化为

$$\Delta G_{m,阴,e} = \mu_{MeH} + \mu_{OH^-} - \mu_{H_2O} - \mu_{Me} - \mu_e = \Delta G_{m,阴}^{\ominus} + RT\ln\frac{a_{OH^-,e}a_{MeH,e}}{a_{H_2O,e}a_{Me,e}}$$

式中

$$\Delta G_{m,阴}^{\ominus} = \mu_{MeH}^{\ominus} + \mu_{OH^-}^{\ominus} - \mu_{H_2O}^{\ominus} - \mu_{Me}^{\ominus} - \mu_e^{\ominus}$$

$$\mu_{MeH} = \mu_{MeH}^{\ominus} + RT\ln a_{MeH,e}$$

$$\mu_{OH^-} = \mu_{OH^-}^{\ominus} + RT\ln a_{OH^-,e}$$

$$\mu_{H_2O} = \mu_{H_2O}^{\ominus} + RT\ln a_{H_2O,e}$$

$$\mu_{Me} = \mu_{Me}^{\ominus} + RT\ln a_{Me,e}$$

$$\mu_e = \mu_e^{\ominus}$$

由

$$\varphi_{阴,e} = -\frac{\Delta G_{m,阴,e}}{F}$$

得

$$\varphi_{阴,e} = \varphi_{阴}^{\ominus} + \frac{RT}{F}\ln\frac{a_{H_2O,e}a_{Me,e}}{a_{OH^-,e}a_{MeH,e}}$$

式中

$$\varphi_{阴}^{\ominus} = -\frac{\Delta G_{m,阴}^{\ominus}}{F}$$

阴极有电流通过，阴极发生极化，阴极反应为

$$H_2O + Me + e \rightleftharpoons MeH + OH^-$$

阴极电势为

$$\varphi_{阴} = \varphi_{阴,e} + \Delta\varphi_{阴}$$

则

$$\Delta\varphi_{阴} = \varphi_{阴} - \varphi_{阴,e}$$

有

$$A_{m,阴} = -\Delta G_{m,阴} = F\varphi_{阴} = F(\varphi_{阴,e} + \Delta\varphi_{阴})$$

阴极反应速率为

$$\frac{dN_{MeH}}{dt} = \frac{dN_{OH^-}}{dt} = -\frac{dN_{H_2O}}{dt} = -\frac{dN_{Me}}{dt} = Sj$$

式中

$$\begin{aligned} j &= -l_1\left(\frac{A_{m,阴}}{T}\right) - l_2\left(\frac{A_{m,阴}}{T}\right)^2 - l_3\left(\frac{A_{m,阴}}{T}\right)^3 - \cdots \\ &= -l_1'\left(\frac{\varphi_{阴}}{T}\right) - l_2'\left(\frac{\varphi_{阴}}{T}\right)^2 - l_3'\left(\frac{\varphi_{阴}}{T}\right)^3 - \cdots \\ &= -l_1'' - l_2''\left(\frac{\Delta\varphi_{阴}}{T}\right) - l_3''\left(\frac{\Delta\varphi_{阴}}{T}\right)^2 - l_4''\left(\frac{\Delta\varphi_{阴}}{T}\right)^3 - \cdots \end{aligned}$$

将上式代入

$$i = Fj$$

得

$$\begin{aligned} i &= Fj \\ &= -l_1^*\left(\frac{\varphi_{阴}}{T}\right) - l_2^*\left(\frac{\varphi_{阴}}{T}\right)^2 - l_3^*\left(\frac{\varphi_{阴}}{T}\right)^3 - \cdots \\ &= -l_1^{**} - l_2^{**}\left(\frac{\Delta\varphi_{阴}}{T}\right) - l_3^{**}\left(\frac{\Delta\varphi_{阴}}{T}\right)^2 - l_4^{**}\left(\frac{\Delta\varphi_{阴}}{T}\right)^3 - \cdots \end{aligned}$$

2. 阳极电势

阳极反应达到平衡

$$Ni(OH)_2 + OH^- \rightleftharpoons NiOOH + H_2O + e$$

该过程的摩尔吉布斯自由能变化为

$$\Delta G_{m,阳,e} = \mu_{NiOOH} + \mu_{H_2O} + \mu_e - \mu_{Ni(OH)_2} - \mu_{OH^-} = \Delta G_{m,阳}^{\ominus} + RT\ln\frac{a_{H_2O,e}a_{NiOOH,e}}{a_{OH^-,e}a_{Ni(OH)_2,e}}$$

式中

$$\Delta G^{\ominus}_{m,阳} = \mu^{\ominus}_{NiOOH} + \mu^{\ominus}_{H_2O} + \mu^{\ominus}_{e} - \mu^{\ominus}_{Ni(OH)_2} - \mu^{\ominus}_{OH^-}$$

$$\mu_{NiOOH} = \mu^{\ominus}_{NiOOH}$$

$$\mu_{H_2O} = \mu^{\ominus}_{H_2O} + RT\ln a_{H_2O,e}$$

$$\mu_{e} = \mu^{\ominus}_{e}$$

$$\mu_{Ni(OH)_2} = \mu^{\ominus}_{Ni(OH)_2}$$

$$\mu_{OH^-} = \mu^{\ominus}_{OH^-} + RT\ln a_{OH^-,e}$$

由

$$\varphi_{阳,e} = \frac{\Delta G_{m,阳,e}}{F}$$

得

$$\varphi_{阳,e} = \varphi^{\ominus}_{阳} + \frac{RT}{F}\ln\frac{a_{H_2O,e}a_{NiOOH,e}}{a_{OH^-,e}a_{Ni(OH)_2,e}}$$

式中

$$\varphi^{\ominus}_{阳} = \frac{\Delta G^{\ominus}_{m,阳}}{F} = \frac{\mu^{\ominus}_{NiOOH} + \mu^{\ominus}_{H_2O} + \mu^{\ominus}_{e} - \mu^{\ominus}_{Ni(OH)_2} - \mu^{\ominus}_{OH^-}}{F}$$

阳极有电流通过，发生极化，阳极反应为

$$Ni(OH)_2 + OH^- \rightleftharpoons NiOOH + H_2O + e$$

阳极电势为

$$\varphi_{阳} = \varphi_{阳,e} + \Delta\varphi_{阳}$$

则

$$\Delta\varphi_{阳} = \varphi_{阳} - \varphi_{阳,e}$$

又有

$$A_{m,阳} = -\Delta G_{m,阳} = -F\varphi_{阳} = -F(\varphi_{阳} + \Delta\varphi_{阳})$$

阳极反应速率

$$\frac{dN_{NiOOH}}{dt} = \frac{dN_{H_2O}}{dt} = -\frac{dN_{Ni(OH)_2}}{dt} = -\frac{dN_{OH^-}}{dt} = Sj$$

式中

$$\begin{aligned} j &= -l_1\left(\frac{A_{m,阳}}{T}\right) - l_2\left(\frac{A_{m,阳}}{T}\right)^2 - l_3\left(\frac{A_{m,阳}}{T}\right)^3 - \cdots \\ &= -l_1'\left(\frac{\varphi_{阳}}{T}\right) - l_2'\left(\frac{\varphi_{阳}}{T}\right)^2 - l_3'\left(\frac{\varphi_{阳}}{T}\right)^3 - \cdots \\ &= -l_1'' - l_2''\left(\frac{\Delta\varphi_{阳}}{T}\right) - l_3''\left(\frac{\Delta\varphi_{阳}}{T}\right)^2 - l_4''\left(\frac{\Delta\varphi_{阳}}{T}\right)^3 - \cdots \end{aligned}$$

将上式代入

$$i = Fj$$

得

$$\begin{aligned} i &= Fj \\ &= -l_1^*\left(\frac{\varphi_{阳}}{T}\right) - l_2^*\left(\frac{\varphi_{阳}}{T}\right)^2 - l_3^*\left(\frac{\varphi_{阳}}{T}\right)^3 - \cdots \\ &= -l_1^{**} - l_2^{**}\left(\frac{\Delta\varphi_{阳}}{T}\right) - l_3^{**}\left(\frac{\Delta\varphi_{阳}}{T}\right)^2 - l_4^{**}\left(\frac{\Delta\varphi_{阳}}{T}\right)^3 - \cdots \end{aligned}$$

3. 电解池电动势

电解池反应达到平衡

$$Ni(OH)_2 + Me \Longrightarrow NiOOH + MeH$$

该过程的摩尔吉布斯自由能变化为

$$\begin{aligned} \Delta G_{m,e} &= \mu_{NiOOH} + \mu_{MeH} - \mu_{Ni(OH)_2} - \mu_{Me} \\ &= \Delta G_m^{\ominus} + RT\ln\frac{a_{NiOOH,e}a_{MeH,e}}{a_{Ni(OH)_2,e}a_{Me,e}} \end{aligned}$$

式中

$$\Delta G_m^{\ominus} = \mu_{NiOOH}^{\ominus} + \mu_{MeH}^{\ominus} - \mu_{Ni(OH)_2}^{\ominus} - \mu_{Me}^{\ominus}$$

$$\mu_{NiOOH} = \mu_{NiOOH}^{\ominus} + RT\ln a_{NiOOH,e}$$

$$\mu_{MeH} = \mu_{MeH}^{\ominus} + RT\ln a_{MeH,e}$$

$$\mu_{Ni(OH)_2} = \mu_{Ni(OH)_2}^{\ominus} + RT\ln a_{Ni(OH)_2,e}$$

$$\mu_{Me} = \mu_{Me}^{\ominus} + RT\ln a_{Me,e}$$

由

$$E_e = -\frac{\Delta G_{m,e}}{F}$$

得

$$E_e = E^{\ominus} = -\frac{\mu_{NiOOH}^{\ominus} + \mu_{MeH}^{\ominus} - \mu_{Ni(OH)_2}^{\ominus} - \mu_{Me}^{\ominus}}{F}$$

式中

$$E^{\ominus} = -\frac{\Delta G_m^{\ominus}}{F}$$

电池充电，有电流通过，发生极化，电解池反应为

$$Ni(OH)_2 + Me \Longrightarrow NiOOH + MeH$$

电解池电动势为

$$
\begin{aligned}
E &= \varphi_{阴} - \varphi_{阳} \\
&= (\varphi_{阴,e} + \Delta\varphi_{阴}) - (\varphi_{阳,e} + \Delta\varphi_{阳}) \\
&= (\varphi_{阴,e} - \varphi_{阳,e}) + (\Delta\varphi_{阴} - \Delta\varphi_{阳}) \\
&= E_e + \Delta E
\end{aligned}
$$

式中

$$
\begin{aligned}
E_e &= \varphi_{阴,e} - \varphi_{阳,e} \\
\Delta E &= \Delta\varphi_{阴} - \Delta\varphi_{阳}
\end{aligned}
$$

外加电动势

$$
\begin{aligned}
E' &= -E = \varphi_{阳} - \varphi_{阴} \\
E'_e &= -E_e = \varphi_{阳,e} - \varphi_{阴,e} \\
\Delta E' &= -\Delta E = \Delta\varphi_{阳} - \Delta\varphi_{阴} \\
E' &= E'_e + \Delta E'
\end{aligned}
$$

并有

$$
A_m = -\Delta G_m = -FE' = -F(E'_e + \Delta E')
$$

4. 电解池端电压

$$
V' = E' + IR = E'_e + \Delta E' + IR
$$

式中，I 为电流；R 为电池系统的电阻。

5. 电解池反应速率

$$
\frac{dN_{NiOOH}}{dt} = \frac{dN_{MeH}}{dt} = -\frac{dN_{Ni(OH)_2}}{dt} = -\frac{dN_{Me}}{dt} = Sj
$$

式中，

$$
\begin{aligned}
j &= -l_1\left(\frac{A_m}{T}\right) - l_2\left(\frac{A_m}{T}\right)^2 - l_3\left(\frac{A_m}{T}\right)^3 - \cdots \\
&= -l'_1\left(\frac{E'}{T}\right) - l'_2\left(\frac{E'}{T}\right)^2 - l'_3\left(\frac{E'}{T}\right)^3 - \cdots \\
&= -l''_1 - l''_2\left(\frac{\Delta E'}{T}\right) - l''_3\left(\frac{\Delta E'}{T}\right)^2 - l''_4\left(\frac{\Delta E'}{T}\right)^3 - \cdots
\end{aligned}
$$

将上式代入

$$
i = Fj
$$

得

$$
\begin{aligned}
i &= Fj \\
&= -l_1^*\left(\frac{E'}{T}\right) - l_2^*\left(\frac{E'}{T}\right)^2 - l_3^*\left(\frac{E'}{T}\right)^3 - \cdots \\
&= -l_1^{**} - l_2^{**}\left(\frac{\Delta E'}{T}\right) - l_3^{**}\left(\frac{\Delta E'}{T}\right)^2 - l_4^{**}\left(\frac{\Delta E'}{T}\right)^3 - \cdots
\end{aligned}
$$

18.5　锂离子电池

锂离子电池是Li^+可以在阴阳两个电极之间进行反复嵌入和脱出的二次电池，即可以充电、放电的电池，实际是锂离子浓差电池。在充电时，电池的正极（阳极）反应产生锂离子和电子，电子通过外电路从正极迁移到负极（阴极）。同时，正极反应产生的锂离子通过电池内部的电解液、透过隔膜迁移到负极区，并嵌入负极阴极活性物质和微孔中，结合从外电路过来的电子生成锂的化合物，在电池内部形成从正极流向负极且与外电路大小相同的电流，构成完整的闭合回路。电池放电过程则与充电过程正好相反。在电池充电时嵌入负极的锂离子越多，表明电池充电容量越高；电池放电时，嵌入负极活性物质层的锂离子脱出，并迁移到正极中，返回正极的锂离子越多，表明电池放电容量越高。在正常充电和放电过程中，Li^+在嵌入和脱出过程中不会破坏正极和负极材料的化学结构和晶格参数。因此，锂离子在充放电过程中，理论上是高度可逆的化学反应和传导过程。所以，锂离子电池也称为摇椅式电池。锂离子电池在充放电过程中没有金属锂的沉积和溶解，避免了锂枝晶的生成，提高了电池的安全性和循环寿命。这是二次锂离子电池比锂金属二次电池优越并取而代之的根本原因。

锂离子电池充电，Li^+从正极（阳极）晶格中脱出，经过电解质嵌入负极，造成的正极为贫锂状态，负极为富锂状态，同时释放一个电子，正极发生氧化反应，游离出的Li^+通过隔膜嵌入负极，形成金属锂的插层化合物，负极发生还原反应。

放电则相反，Li^+从金属锂的插层化合物中脱出，经过电解质进入正极的晶格中。同时，电子从负极流出，经过电路进入正极。负极发生氧化反应，正极发生还原反应。

锂离子电池有很多分类方式：①根据锂电池电介质的不同，可分为全固态锂离子电池、聚合物锂离子电池和液体锂离子电池；②根据温度分类，可分为高温锂离子电池和常温锂离子电池；③按外形分类，可分为圆柱形、方形、扣式和薄板型。锂离子电池主要由正极、负极、电解液、隔膜、正负极流体、外壳等几部分构成。正极活性物质一般选择氧化还原电势较高[$>3V$(*vs.* Li^+/Li)]且在空气中能够稳定存在的可提供锂源的储锂材料，目前主要有层装结构的钴酸锂（$LiCoO_2$）、尖晶石型的锰酸锂（$LiMn_2O_4$）、镍钴锰酸锂三元材料（$LiNi_yCo_xMn_zO$）、富锂材料[$x\mathrm{Li_2MnO_3}\cdot(1-x)\mathrm{LiMO_2}$，M = Mn,Co,Ni,⋯]以及不同聚阴离子型材料，如磷酸盐材料（$\mathrm{Li_xMPO_4}$，M = Fe,Mn,V,Ni,Co）、磷酸盐材料、氟磷酸盐材料以及氟硫酸盐材料等。

锂离子电池负极材料通常选取嵌锂电势较低，接近金属锂电势的材料，可分为碳材料和非碳材料。碳材料包括石墨碳化（天然石墨、人工石墨、改性石墨）、无定形炭、富勒球（烯）、碳纳米管。非碳材料主要包括过渡金属氧化物、氮基、硫基、磷基、硅基、锡基、钛基和其他新型合金材料。

电解液为高压下不分解的有机溶剂和电解质的混合溶液。电解质为锂离子运输介质，具有较高的离子电导率、热稳定性、安全性以及相容性，一般为具有较低晶格能的含氟锂盐有机溶液。其中，电解质盐主要有 $\mathrm{LiPF_6}$、$\mathrm{LiClO_4}$、$\mathrm{LiBF_4}$、$\mathrm{LiCF_3SO_3}$、LiAsF 等锂盐，一般采用 $\mathrm{LiPF_6}$ 为导电盐。有机溶剂常使用碳酸丙烯酯（PC）、氯代碳酸乙烯酯（CEC）、碳酸甲乙酯（EMC）、碳酸乙烯酯（EC）、二乙基碳酸酯（DEC）等烷基碳酸酯或它们的混合溶剂。

锂离子电池隔膜是高分子聚烯烃树脂做成的微孔膜，起到隔离正负电极，使电子无法通过电池内电路，但允许离子自由通过的作用。由于隔膜自身对离子和电子绝缘，在正、负极间加入隔膜会降低电极间的离子电导率，所以要求隔膜孔隙率高，厚度薄，以降低电池内阻。因此，隔膜采用可透过离子的聚烯烃微多孔膜，如聚乙烯（PE）、聚丙烯（PP）或它们的复合膜。其中，Celgsrd2300（PP/PE/PP 三层微孔隔膜）熔点较高，能够起到热保护作用，而具有较高的抗刺穿强度。

18.5.1 钴酸锂电池

钴酸锂电池正极材料为 $\mathrm{LiCoO_2}$，负极材料为 C，电解质为 $\mathrm{LiPF_6}$。电池组成为

$$\mathrm{Li_xC_6,C} \mid \text{电解液} \mid \mathrm{LiCoO_2,Li_{1-x}CoO_2}$$

1. 钴酸锂电池放电

电池放电时，阴极发生还原反应，阳极发生氧化反应。

阴极反应

$$\mathrm{Li_{1-x}CoO_2} + x\mathrm{Li^+} + xe \Longrightarrow \mathrm{LiCoO_2}$$

阳极反应

$$\mathrm{Li_xC_6} \Longrightarrow 6\mathrm{C} + x\mathrm{Li^+} + xe$$

电池反应

$$\mathrm{Li_{1-x}CoO_2} + \mathrm{Li_xC_6} \Longrightarrow \mathrm{LiCoO_2} + 6\mathrm{C}$$

1）阴极电势

阴极反应达成平衡

$$\mathrm{Li_{1-x}CoO_2} + x\mathrm{Li^+} + x\mathrm{e} \rightleftharpoons \mathrm{LiCoO_2}$$

该过程的摩尔吉布斯自由能变化为

$$\begin{aligned}\Delta G_{\mathrm{m,阴,e}} &= \mu_{\mathrm{LiCoO_2}} - \mu_{\mathrm{Li_{1-x}CoO_2}} - x\mu_{\mathrm{Li^+}} - x\mu_{\mathrm{e}} \\ &= \Delta G^{\ominus}_{\mathrm{m,阴}} + RT\ln\frac{a_{\mathrm{LiCoO_2,e}}}{a_{\mathrm{Li_{1-x}CoO_2,e}}a^{x}_{\mathrm{Li^+,e}}}\end{aligned}$$

式中

$$\Delta G^{\ominus}_{\mathrm{m,阴}} = \mu^{\ominus}_{\mathrm{LiCoO_2}} - \mu^{\ominus}_{\mathrm{Li_{1-x}CoO_2}} - x\mu^{\ominus}_{\mathrm{Li^+}} - x\mu^{\ominus}_{\mathrm{e}}$$

$$\mu_{\mathrm{LiCoO_2}} = \mu^{\ominus}_{\mathrm{LiCoO_2}} + RT\ln a_{\mathrm{LiCoO_2,e}}$$

$$\mu_{\mathrm{Li_{1-x}CoO_2}} = \mu^{\ominus}_{\mathrm{Li_{1-x}CoO_2}} + RT\ln a_{\mathrm{Li_{1-x}CoO_2,e}}$$

$$\mu_{\mathrm{Li^+}} = \mu^{\ominus}_{\mathrm{Li^+}} + RT\ln a_{\mathrm{Li^+,e}}$$

$$\mu_{\mathrm{e}} = \mu^{\ominus}_{\mathrm{e}}$$

$\mathrm{Li_{1-x}CoO_2}$和$\mathrm{LiCoO_2}$形成固溶体。

由

$$\varphi_{\mathrm{阴,e}} = -\frac{\Delta G_{\mathrm{m,阴,e}}}{xF}$$

得

$$\varphi_{\mathrm{阴,e}} = \varphi^{\ominus}_{\mathrm{阴}} + \frac{RT}{xF}\ln\frac{a_{\mathrm{Li_{1-x}CoO_2,e}}a^{x}_{\mathrm{Li^+,e}}}{a_{\mathrm{LiCoO_2,e}}}$$

式中

$$\varphi^{\ominus}_{\mathrm{阴}} = -\frac{\Delta G^{\ominus}_{\mathrm{m,阴}}}{xF} = -\frac{\mu^{\ominus}_{\mathrm{LiCoO_2}} - \mu^{\ominus}_{\mathrm{Li_{1-x}CoO_2}} - x\mu^{\ominus}_{\mathrm{Li^+}} - x\mu^{\ominus}_{\mathrm{e}}}{xF}$$

阴极有电流通过，发生极化，阴极反应为

$$\mathrm{Li_{1-x}CoO_2} + x\mathrm{Li^+} + x\mathrm{e} = \mathrm{LiCoO_2}$$

阴极电势为

$$\varphi_{\mathrm{阴}} = \varphi_{\mathrm{阴,e}} + \Delta\varphi_{\mathrm{阴}}$$

则

$$\Delta\varphi_{\mathrm{阴}} = \varphi_{\mathrm{阴}} - \varphi_{\mathrm{阴,e}}$$

及

$$A_{\mathrm{m,阴}} = \Delta G_{\mathrm{m,阴}} = -xF\varphi_{\mathrm{阴}} = -xF(\varphi_{\mathrm{阴,e}} + \Delta\varphi_{\mathrm{阴}})$$

电极反应速率为

$$\frac{\mathrm{d}N_{\mathrm{LiCoO_2}}}{\mathrm{d}t} = -\frac{\mathrm{d}N_{\mathrm{Li_{1-x}CoO_2}}}{\mathrm{d}t} = -\frac{1}{x}\frac{\mathrm{d}N_{\mathrm{Li^+}}}{\mathrm{d}t} = -\frac{1}{x}\frac{\mathrm{d}N_{\mathrm{e}}}{\mathrm{d}t} = Sj$$

式中

$$j = -l_1\left(\frac{A_{m,阴}}{T}\right) - l_2\left(\frac{A_{m,阴}}{T}\right)^2 - l_3\left(\frac{A_{m,阴}}{T}\right)^3 - \cdots$$
$$= -l_1'\left(\frac{\varphi_{阴}}{T}\right) - l_2'\left(\frac{\varphi_{阴}}{T}\right)^2 - l_3'\left(\frac{\varphi_{阴}}{T}\right)^3 - \cdots$$
$$= -l_1'' - l_2''\left(\frac{\Delta\varphi_{阴}}{T}\right) - l_3''\left(\frac{\Delta\varphi_{阴}}{T}\right)^2 - l_4''\left(\frac{\Delta\varphi_{阴}}{T}\right)^3 - \cdots$$

将上式代入

$$i = xFj$$

得

$$i = xFj$$
$$= -l_1^*\left(\frac{\varphi_{阴}}{T}\right) - l_2^*\left(\frac{\varphi_{阴}}{T}\right)^2 - l_3^*\left(\frac{\varphi_{阴}}{T}\right)^3 - \cdots$$
$$= -l_1^{**} - l_2^{**}\left(\frac{\Delta\varphi_{阴}}{T}\right) - l_3^{**}\left(\frac{\Delta\varphi_{阴}}{T}\right)^2 - l_4^{**}\left(\frac{\Delta\varphi_{阴}}{T}\right)^3 - \cdots$$

2）阳极电势

阳极反应达成平衡

$$Li_xC_6 \rightleftharpoons 6C + xLi^+ + xe$$

该过程的摩尔吉布斯自由能变化为

$$\Delta G_{m,阳,e} = 6\mu_C + x\mu_{Li^+} + x\mu_e - \mu_{Li_xC_6} = \Delta G_{m,阳}^{\ominus} + RT\ln\frac{a_{Li^+,e}^x}{a_{Li_xC_6,e}}$$

Li_xC_6和 C 形成固溶体。

$$\Delta G_{m,阳}^{\ominus} = 6\mu_C^{\ominus} + x\mu_{Li^+}^{\ominus} + x\mu_e^{\ominus} - \mu_{Li_xC_6}^{\ominus}$$
$$\mu_C = \mu_C^{\ominus}$$
$$\mu_{Li^+} = \mu_{Li^+}^{\ominus} + RT\ln a_{Li^+,e}$$
$$\mu_e = \mu_e^{\ominus}$$
$$\mu_{Li_xC_6} = \mu_{Li_xC_6}^{\ominus} + RT\ln a_{Li_xC_6,e}$$

由

$$\varphi_{阳,e} = \frac{\Delta G_{m,阳,e}}{xF}$$

得

$$\varphi_{阳,e} = \varphi_{阳}^{\ominus} + \frac{RT}{xF}\ln\frac{a_{Li^+,e}^x}{a_{Li_xC_6,e}}$$

式中

$$\varphi_{阳}^{\ominus} = \frac{\Delta G_{m,阳}^{\ominus}}{xF} = \frac{6\mu_{C}^{\ominus} + x\mu_{Li^+}^{\ominus} + x\mu_{e}^{\ominus} - \mu_{Li_xC_6}^{\ominus}}{xF}$$

电池输出电能，阳极有电流通过，阳极发生极化，阳极反应为

$$Li_xC_6 = 6C + xLi^+ + xe$$

阳极电势为

$$\varphi_{阳} = \varphi_{阳,e} + \Delta\varphi_{阳}$$

则

$$\Delta\varphi_{阳} = \varphi_{阳} - \varphi_{阳,e}$$

并有

$$A_{m,阳} = \Delta G_{m,阳} = xF\varphi_{阳} = xF(\varphi_{阳,e} + \Delta\varphi_{阳})$$

阳极反应速率

$$\frac{1}{6}\frac{dN_C}{dt} = \frac{1}{x}\frac{dN_{Li^+}}{dt} = \frac{1}{x}\frac{dN_e}{dt} = -\frac{dN_{Li_xC_6}}{dt} = Sj$$

式中

$$\begin{aligned} j &= -l_1\left(\frac{A_{m,阳}}{T}\right) - l_2\left(\frac{A_{m,阳}}{T}\right)^2 - l_3\left(\frac{A_{m,阳}}{T}\right)^3 - \cdots \\ &= -l_1'\left(\frac{\varphi_{阳}}{T}\right) - l_2'\left(\frac{\varphi_{阳}}{T}\right)^2 - l_3'\left(\frac{\varphi_{阳}}{T}\right)^3 - \cdots \\ &= -l_1'' - l_2''\left(\frac{\Delta\varphi_{阳}}{T}\right) - l_3''\left(\frac{\Delta\varphi_{阳}}{T}\right)^2 - l_4''\left(\frac{\Delta\varphi_{阳}}{T}\right)^3 - \cdots \end{aligned}$$

将上式代入

$$i = xFj$$

得

$$\begin{aligned} i &= xFj \\ &= -l_1^*\left(\frac{\varphi_{阳}}{T}\right) - l_2^*\left(\frac{\varphi_{阳}}{T}\right)^2 - l_3^*\left(\frac{\varphi_{阳}}{T}\right)^3 - \cdots \\ &= -l_1^{**} - l_2^{**}\left(\frac{\Delta\varphi_{阳}}{T}\right) - l_3^{**}\left(\frac{\Delta\varphi_{阳}}{T}\right)^2 - l_4^{**}\left(\frac{\Delta\varphi_{阳}}{T}\right)^3 - \cdots \end{aligned}$$

3）电池电动势

电池反应达到平衡

$$Li_{1-x}CoO_2 + Li_xC_6 \rightleftharpoons LiCoO_2 + 6C$$

该过程的摩尔吉布斯自由能变化为

$$\Delta G_{m,e} = \mu_{LiCoO_2} + 6\mu_C - \mu_{Li_{1-x}CoO_2} - \mu_{Li_xC_6} = \Delta G_m^\ominus + RT\ln\frac{a_{LiCoO_2,e}}{a_{Li_{1-x}CoO_2,e}a_{Li_xC_6,e}}$$

式中

$$\Delta G_m^\ominus = \mu_{LiCoO_2}^\ominus + 6\mu_C^\ominus - \mu_{Li_{1-x}CoO_2}^\ominus - \mu_{Li_xC_6}^\ominus$$

$$\mu_{LiCoO_2} = \mu_{LiCoO_2}^\ominus + RT\ln a_{LiCoO_2,e}$$

$$\mu_C = \mu_C^\ominus$$

$$\mu_{Li_{1-x}CoO_2} = \mu_{Li_{1-x}CoO_2}^\ominus + RT\ln a_{Li_{1-x}CoO_2,e}$$

$$\mu_{Li_xC_6} = \mu_{Li_xC_6}^\ominus + RT\ln a_{Li_xC_6,e}$$

由

$$E_e = -\frac{\Delta G_{m,e}}{xF}$$

得

$$E_e = E^\ominus + \frac{RT}{xF}\ln\frac{a_{Li_{1-x}CoO_2,e}a_{Li_xC_6,e}}{a_{LiCoO_2,e}}$$

式中

$$E^\ominus = -\frac{\Delta G_m^\ominus}{xF} = -\frac{\mu_{LiCoO_2}^\ominus + 6\mu_C^\ominus - \mu_{Li_{1-x}CoO_2}^\ominus - \mu_{Li_xC_6}^\ominus}{xF}$$

电池放电，有电流通过，发生极化，电池反应为

$$Li_{1-x}CoO_2 + Li_xC_6 = LiCoO_2 + 6C$$

$$\begin{aligned} E &= \varphi_{阴} - \varphi_{阳} \\ &= (\varphi_{阴,e} + \Delta\varphi_{阴}) - (\varphi_{阳,e} + \Delta\varphi_{阳}) \\ &= (\varphi_{阴,e} - \varphi_{阳,e}) + (\Delta\varphi_{阴} - \Delta\varphi_{阳}) \\ &= E_e + \Delta E \end{aligned}$$

式中

$$E_e = \varphi_{阴,e} - \varphi_{阳,e}$$

$$\Delta E = \Delta\varphi_{阴} - \Delta\varphi_{阳}$$

并有

$$A_m = \Delta G_m = -xFE = -xF(E_e + \Delta E)$$

4）电池端电压

$$V = E - IR = E_e + \Delta\varphi_{阴} - \Delta\varphi_{阳} - IR$$

式中，I 为电流；R 为电池系统电阻。

电池反应速率

$$\frac{dN_{LiCoO_2}}{dt} = \frac{1}{6}\frac{dN_C}{dt} = -\frac{dN_{Li_{1-x}CoO_2}}{dt} = -\frac{dN_{Li_xC_6}}{dt} = Sj$$

式中

$$
\begin{aligned}
j &= -l_1\left(\frac{A_{\mathrm{m}}}{T}\right) - l_2\left(\frac{A_{\mathrm{m}}}{T}\right)^2 - l_3\left(\frac{A_{\mathrm{m}}}{T}\right)^3 - \cdots \\
&= -l_1'\left(\frac{E}{T}\right) - l_2'\left(\frac{E}{T}\right)^2 - l_3'\left(\frac{E}{T}\right)^3 - \cdots \\
&= -l_1'' - l_2''\left(\frac{\Delta E}{T}\right) - l_3''\left(\frac{\Delta E}{T}\right)^2 - l_4''\left(\frac{\Delta E}{T}\right)^3 - \cdots
\end{aligned}
$$

将上式代入

$$i = xFj$$

得

$$
\begin{aligned}
i &= xFj \\
&= -l_1^*\left(\frac{E}{T}\right) - l_2^*\left(\frac{E}{T}\right)^2 - l_3^*\left(\frac{E}{T}\right)^3 - \cdots \\
&= -l_1^{**} - l_2^{**}\left(\frac{\Delta E}{T}\right) - l_3^{**}\left(\frac{\Delta E}{T}\right)^2 - l_4^{**}\left(\frac{\Delta E}{T}\right)^3 - \cdots
\end{aligned}
$$

2. 钴酸锂电池充电

钴酸锂电池充电相当于电解，成为电解池。电解池组成为

$$\mathrm{LiCoO_2, Li_{1-x}CoO_2 \mid LiPF_4 \mid C, Li_xC_6}$$

负极（阴极）发生还原反应

$$x\mathrm{Li^+} + x\mathrm{e} + 6\mathrm{C} = \mathrm{Li}_x\mathrm{C}_6$$

正极（阳极）发生氧化反应

$$\mathrm{LiCoO_2} = \mathrm{Li_{1-x}CoO_2} + x\mathrm{Li^+} + x\mathrm{e}$$

电解池反应

$$\mathrm{LiCoO_2} + 6\mathrm{C} = \mathrm{Li_{1-x}CoO_2} + \mathrm{Li}_x\mathrm{C}_6$$

1）阴极电势

阴极反应达成平衡

$$x\mathrm{Li^+} + x\mathrm{e} + 6\mathrm{C} \rightleftharpoons \mathrm{Li}_x\mathrm{C}_6$$

该过程的摩尔吉布斯自由能变化为

$$\Delta G_{\mathrm{m,阴,e}} = \mu_{\mathrm{Li}_x\mathrm{C}_6} - x\mu_{\mathrm{Li^+}} - x\mu_{\mathrm{e}} - 6\mu_{\mathrm{C}} = \Delta G_{\mathrm{m,阴}}^{\ominus} + RT\ln\frac{a_{\mathrm{Li}_x\mathrm{C}_6,\mathrm{e}}}{a_{\mathrm{Li^+,e}}^{x}}$$

式中

$$
\begin{aligned}
\Delta G_{\mathrm{m,阴}}^{\ominus} &= \mu_{\mathrm{Li}_x\mathrm{C}_6}^{\ominus} - x\mu_{\mathrm{Li^+}}^{\ominus} - x\mu_{\mathrm{e}}^{\ominus} - 6\mu_{\mathrm{C}}^{\ominus} \\
\mu_{\mathrm{Li}_x\mathrm{C}_6} &= \mu_{\mathrm{Li}_x\mathrm{C}_6}^{\ominus} + RT\ln a_{\mathrm{Li}_x\mathrm{C}_6,\mathrm{e}}
\end{aligned}
$$

$$\mu_{\mathrm{Li}^+} = \mu_{\mathrm{Li}^+}^{\ominus} + RT\ln a_{\mathrm{Li}^+,\mathrm{e}}$$

$$\mu_{\mathrm{e}} = \mu_{\mathrm{e}}^{\ominus}$$

$$\mu_{\mathrm{C}} = \mu_{\mathrm{C}}^{\ominus}$$

由

$$\varphi_{阴,\mathrm{e}} = -\frac{\Delta G_{\mathrm{m},阴,\mathrm{e}}}{xF}$$

得

$$\varphi_{阴,\mathrm{e}} = \varphi_{阴}^{\ominus} + \frac{RT}{xF}\ln\frac{a_{\mathrm{Li}^+,\mathrm{e}}^{x}}{a_{\mathrm{Li}_x\mathrm{C}_6,\mathrm{e}}}$$

式中

$$\varphi_{阴}^{\ominus} = -\frac{\Delta G_{\mathrm{m},阴}^{\ominus}}{xF} = -\frac{\mu_{\mathrm{Li}_x\mathrm{C}_6}^{\ominus} - x\mu_{\mathrm{Li}^+}^{\ominus} - x\mu_{\mathrm{e}}^{\ominus} - 6\mu_{\mathrm{C}}^{\ominus}}{xF}$$

有电流通过，阴极发生极化，阴极反应为

$$x\mathrm{Li}^+ + x\mathrm{e} + 6\mathrm{C} = \!=\!= \mathrm{Li}_x\mathrm{C}_6$$

阴极电势为

$$\varphi_{阴} = \varphi_{阴,\mathrm{e}} + \Delta\varphi_{阴}$$

则

$$\Delta\varphi_{阴} = \varphi_{阴} - \varphi_{阴,\mathrm{e}}$$

及

$$A_{\mathrm{m},阴} = -\Delta G_{\mathrm{m},阴} = xF\varphi_{阴} = xF(\varphi_{阴,\mathrm{e}} + \Delta\varphi_{阴})$$

阴极反应速率为

$$\frac{\mathrm{d}N_{\mathrm{Li}_x\mathrm{C}_6}}{\mathrm{d}t} = -\frac{1}{x}\frac{\mathrm{d}N_{\mathrm{Li}^+}}{\mathrm{d}t} = -\frac{1}{x}\frac{\mathrm{d}N_{\mathrm{e}}}{\mathrm{d}t} = -\frac{1}{6}\frac{\mathrm{d}N_{\mathrm{C}}}{\mathrm{d}t} = Sj$$

式中

$$\begin{aligned} j &= -l_1\left(\frac{A_{\mathrm{m},阴}}{T}\right) - l_2\left(\frac{A_{\mathrm{m},阴}}{T}\right)^2 - l_3\left(\frac{A_{\mathrm{m},阴}}{T}\right)^3 - \cdots \\ &= -l_1'\left(\frac{\varphi_{阴}}{T}\right) - l_2'\left(\frac{\varphi_{阴}}{T}\right)^2 - l_3'\left(\frac{\varphi_{阴}}{T}\right)^3 - \cdots \\ &= -l_1'' - l_2''\left(\frac{\Delta\varphi_{阴}}{T}\right) - l_3''\left(\frac{\Delta\varphi_{阴}}{T}\right)^2 - l_4''\left(\frac{\Delta\varphi_{阴}}{T}\right)^3 - \cdots \end{aligned}$$

将上式代入

$$i = xFj$$

得

$$
\begin{aligned}
i &= xFj \\
&= -l_1^*\left(\frac{\varphi_{阴}}{T}\right) - l_2^*\left(\frac{\varphi_{阴}}{T}\right)^2 - l_3^*\left(\frac{\varphi_{阴}}{T}\right)^3 - \cdots \\
&= -l_1^{**} - l_2^{**}\left(\frac{\Delta\varphi_{阴}}{T}\right) - l_3^{**}\left(\frac{\Delta\varphi_{阴}}{T}\right)^2 - l_4^{**}\left(\frac{\Delta\varphi_{阴}}{T}\right)^3 - \cdots
\end{aligned}
$$

2）阳极电势

阳极反应达到平衡

$$LiCoO_2 \rightleftharpoons Li_{1-x}CoO_2 + xLi^+ + xe$$

该过程的摩尔吉布斯自由能变化为

$$\Delta G_{m,阳,e} = \mu_{Li_{1-x}CoO_2} + x\mu_{Li^+} + x\mu_e - \mu_{LiCoO_2} = \Delta G_{m,阳}^{\ominus} + RT\ln\frac{a_{Li_{1-x}CoO_2,e}a_{Li^+,e}^x}{a_{LiCoO_2,e}}$$

式中

$$
\begin{aligned}
\Delta G_{m,阳}^{\ominus} &= \mu_{Li_{1-x}CoO_2}^{\ominus} + x\mu_{Li^+}^{\ominus} + x\mu_e^{\ominus} - \mu_{LiCoO_2}^{\ominus} \\
\mu_{Li_{1-x}CoO_2} &= \mu_{Li_{1-x}CoO_2}^{\ominus} + RT\ln a_{Li_{1-x}CoO_2,e} \\
\mu_{Li^+} &= \mu_{Li^+}^{\ominus} + RT\ln a_{Li^+,e} \\
\mu_e &= \mu_e^{\ominus} \\
\mu_{LiCoO_2} &= \mu_{LiCoO_2}^{\ominus} + RT\ln a_{LiCoO_2,e}
\end{aligned}
$$

由

$$\varphi_{阳,e} = \frac{\Delta G_{m,阳,e}}{xF}$$

得

$$\varphi_{阳,e} = \varphi_{阳}^{\ominus} + \frac{RT}{xF}\ln\frac{a_{Li_{1-x}CoO_2,e}a_{Li^+,e}^x}{a_{LiCoO_2,e}}$$

式中

$$\varphi_{阳}^{\ominus} = \frac{\Delta G_{m,阳}^{\ominus}}{xF} = \frac{\mu_{Li_{1-x}CoO_2}^{\ominus} + x\mu_{Li^+}^{\ominus} + x\mu_e^{\ominus} - \mu_{LiCoO_2}^{\ominus}}{xF}$$

阳极有电流通过，阳极发生极化，阳极反应为

$$LiCoO_2 = Li_{1-x}CoO_2 + xLi^+ + xe$$

阳极电势为

$$\varphi_{阳} = \varphi_{阳,e} + \Delta\varphi_{阳}$$

则

$$\Delta\varphi_{阳} = \varphi_{阳} - \varphi_{阳,e}$$

并有

$$A_{m,阳} = -\Delta G_{m,阳} = -xF\varphi_{阳} = -xF(\varphi_{阳,e} + \Delta\varphi_{阳})$$

阳极反应速率

$$\frac{\mathrm{d}N_{\mathrm{Li}_{1-x}\mathrm{CoO}_2}}{\mathrm{d}t}=\frac{1}{x}\frac{\mathrm{d}N_{\mathrm{Li}^+}}{\mathrm{d}t}=\frac{1}{x}\frac{\mathrm{d}N_{\mathrm{e}}}{\mathrm{d}t}=-\frac{\mathrm{d}N_{\mathrm{LiCoO}_2}}{\mathrm{d}t}=Sj$$

式中

$$\begin{aligned}j&=-l_1\left(\frac{A_{\mathrm{m},阳}}{T}\right)-l_2\left(\frac{A_{\mathrm{m},阳}}{T}\right)^2-l_3\left(\frac{A_{\mathrm{m},阳}}{T}\right)^3-\cdots\\&=-l_1'\left(\frac{\varphi_{阳}}{T}\right)-l_2'\left(\frac{\varphi_{阳}}{T}\right)^2-l_3'\left(\frac{\varphi_{阳}}{T}\right)^3-\cdots\\&=-l_1''-l_2''\left(\frac{\Delta\varphi_{阳}}{T}\right)-l_3''\left(\frac{\Delta\varphi_{阳}}{T}\right)^2-l_4''\left(\frac{\Delta\varphi_{阳}}{T}\right)^3-\cdots\end{aligned}$$

将上式代入

$$i=xFj$$

得

$$\begin{aligned}i&=xFj\\&=-l_1^*\left(\frac{\varphi_{阳}}{T}\right)-l_2^*\left(\frac{\varphi_{阳}}{T}\right)^2-l_3^*\left(\frac{\varphi_{阳}}{T}\right)^3-\cdots\\&=-l_1^{**}-l_2^{**}\left(\frac{\Delta\varphi_{阳}}{T}\right)-l_3^{**}\left(\frac{\Delta\varphi_{阳}}{T}\right)^2-l_4^{**}\left(\frac{\Delta\varphi_{阳}}{T}\right)^3-\cdots\end{aligned}$$

3）电解池电动势

电解池反应

$$\mathrm{LiCoO_2+6C=\!=\!=Li_{1-\mathit{x}}CoO_2+Li_\mathit{x}C_6}$$

该过程的摩尔吉布斯自由能变化为

$$\Delta G_{\mathrm{m,e}}=\mu_{\mathrm{Li}_{1-x}\mathrm{CoO}_2}+\mu_{\mathrm{Li}_x\mathrm{C}_6}-\mu_{\mathrm{LiCoO}_2}-6\mu_{\mathrm{C}}=\Delta G_{\mathrm{m}}^{\ominus}+RT\ln\frac{a_{\mathrm{Li}_{1-x}\mathrm{CoO}_2,\mathrm{e}}a_{\mathrm{Li}_x\mathrm{C}_6,\mathrm{e}}}{a_{\mathrm{LiCoO}_2,\mathrm{e}}}$$

式中

$$\begin{aligned}\Delta G_{\mathrm{m}}^{\ominus}&=\mu_{\mathrm{Li}_{1-x}\mathrm{CoO}_2}^{\ominus}+\mu_{\mathrm{Li}_x\mathrm{C}_6}^{\ominus}-\mu_{\mathrm{LiCoO}_2}^{\ominus}-6\mu_{\mathrm{C}}^{\ominus}\\\mu_{\mathrm{Li}_{1-x}\mathrm{CoO}_2}&=\mu_{\mathrm{Li}_{1-x}\mathrm{CoO}_2}^{\ominus}+RT\ln a_{\mathrm{Li}_{1-x}\mathrm{CoO}_2,\mathrm{e}}\\\mu_{\mathrm{Li}_x\mathrm{C}_6}&=\mu_{\mathrm{Li}_x\mathrm{C}_6}^{\ominus}+RT\ln a_{\mathrm{Li}_x\mathrm{C}_6,\mathrm{e}}\\\mu_{\mathrm{LiCoO}_2}&=\mu_{\mathrm{LiCoO}_2}^{\ominus}+RT\ln a_{\mathrm{LiCoO}_2,\mathrm{e}}\\\mu_{\mathrm{C}}&=\mu_{\mathrm{C}}^{\ominus}\end{aligned}$$

由

$$E_{\mathrm{e}}=-\frac{\Delta G_{\mathrm{m,e}}}{xF}$$

得

$$E_{\mathrm{e}} = E^{\ominus} + \frac{RT}{xF} \ln \frac{a_{\mathrm{LiCoO_2,e}}}{a_{\mathrm{Li_{1-x}CoO_2,e}} a_{\mathrm{Li_xC_6,e}}}$$

式中

$$E^{\ominus} = -\frac{\Delta G_{\mathrm{m}}^{\ominus}}{xF} = -\frac{\mu_{\mathrm{Li_{1-x}CoO_2}}^{\ominus} + \mu_{\mathrm{Li_xC_6}}^{\ominus} - \mu_{\mathrm{LiCoO_2}}^{\ominus} - 6\mu_{\mathrm{C}}^{\ominus}}{xF}$$

电池充电，有电流通过，发生极化，电解池反应为

$$\mathrm{LiCoO_2 + 6C = Li_{1-x}CoO_2 + Li_xC_6}$$

电解池电动势为

$$\begin{aligned} E &= \varphi_{阴} - \varphi_{阳} \\ &= (\varphi_{阴,\mathrm{e}} + \Delta\varphi_{阴}) - (\varphi_{阳,\mathrm{e}} + \Delta\varphi_{阳}) \\ &= (\varphi_{阴,\mathrm{e}} - \varphi_{阳,\mathrm{e}}) + (\Delta\varphi_{阴} - \Delta\varphi_{阳}) \\ &= E_{\mathrm{e}} + \Delta E \end{aligned}$$

式中

$$E_{\mathrm{e}} = \varphi_{阴,\mathrm{e}} - \varphi_{阳,\mathrm{e}}$$

$$\Delta E = \Delta\varphi_{阴} - \Delta\varphi_{阳}$$

外加电动势为

$$E' = \varphi_{阳} - \varphi_{阴}$$

$$E'_{\mathrm{e}} = \varphi_{阳,\mathrm{e}} - \varphi_{阴,\mathrm{e}} = -E_{\mathrm{e}}$$

$$\Delta E' = \Delta\varphi_{阳} - \Delta\varphi_{阴} = -\Delta E$$

$$E' = E'_{\mathrm{e}} + \Delta E'$$

并有

$$A_{\mathrm{m}} = -\Delta G_{\mathrm{m}} = xFE = -xF(E_{\mathrm{e}} + \Delta E) = -xFE' = -xF(E'_{\mathrm{e}} + \Delta E')$$

4）电解池端电压

$$V' = E' + IR = E'_{\mathrm{e}} + \Delta E' + IR$$

式中，I 为电流；R 为电池系统电阻。

5）电解池反应速率

$$\frac{\mathrm{d}N_{\mathrm{Li_{1-x}CoO_2}}}{\mathrm{d}t} = \frac{\mathrm{d}N_{\mathrm{Li_xC_6}}}{\mathrm{d}t} = -\frac{\mathrm{d}N_{\mathrm{LiCoO_2}}}{\mathrm{d}t} = -\frac{1}{6}\frac{\mathrm{d}N_{\mathrm{C}}}{\mathrm{d}t} = Sj$$

式中

$$
\begin{aligned}
j &= -l_1\left(\frac{A_m}{T}\right) - l_2\left(\frac{A_m}{T}\right)^2 - l_3\left(\frac{A_m}{T}\right)^3 - \cdots \\
&= -l_1'\left(\frac{E'}{T}\right) - l_2'\left(\frac{E'}{T}\right)^2 - l_3'\left(\frac{E'}{T}\right)^3 - \cdots \\
&= -l_1'' - l_2''\left(\frac{\Delta E'}{T}\right) - l_3''\left(\frac{\Delta E'}{T}\right)^2 - l_4''\left(\frac{\Delta E'}{T}\right)^3 - \cdots
\end{aligned}
$$

将上式代入

$$
i = xFj
$$

得

$$
\begin{aligned}
i &= xFj \\
&= -l_1^*\left(\frac{E'}{T}\right) - l_2^*\left(\frac{E'}{T}\right)^2 - l_3^*\left(\frac{E'}{T}\right)^3 - \cdots \\
&= -l_1^{**} - l_2^{**}\left(\frac{\Delta E'}{T}\right) - l_3^{**}\left(\frac{\Delta E'}{T}\right)^2 - l_4^{**}\left(\frac{\Delta E'}{T}\right)^3 - \cdots
\end{aligned}
$$

18.5.2 三元材料锂电池

三元材料锂电池是指 Li-Ni-Co-Mn-O 电池。三元材料按其比例命名，分为以下几种：111-$LiNi_{1/3}Co_{1/3}Mn_{1/3}O_2$，424-$LiNi_{0.4}Co_{0.2}Mn_{0.4}O_2$，523-$LiNi_{0.5}Co_{0.2}Mn_{0.3}O_2$ 等。电池组成为

$$
C \mid \text{电解液} \mid LiNi_{1/3}Co_{1/3}Mn_{1/3}O_2 \tag{i}
$$

$$
C \mid \text{电解液} \mid LiNi_{0.4}Co_{0.2}Mn_{0.4}O_2 \tag{ii}
$$

$$
C \mid \text{电解液} \mid LiNi_{0.5}Co_{0.2}Mn_{0.3}O_2 \tag{iii}
$$

下面以电池（i）为例讨论。

研究表明，$Li_{1-x}Ni_{1/3}Co_{1/3}Mn_{1/3}O_2$ 的脱锂过程分为以下三个阶段：

（1）$0 \leqslant x \leqslant 1/3$ 时，对应的反应是将 Ni^{2+} 氧化成 Ni^{3+}，在充放电过程中的电化学反应式为

$$
LiNi_{1/3}Co_{1/3}Mn_{1/3}O_2 \underset{\text{放电}}{\overset{\text{充电}}{\rightleftharpoons}} Li_{2/3}Ni_{1/3}Co_{1/3}Mn_{1/3}O_2 + \frac{1}{3}Li^+ + \frac{1}{3}e
$$

（2）$1/3 \leqslant x \leqslant 2/3$ 时，对应的反应是将 Ni^{3+} 氧化成 Ni^{4+}，在充放电过程中的电化学反应式为

$$
Li_{2/3}Ni_{1/3}Co_{1/3}Mn_{1/3}O_2 \underset{\text{放电}}{\overset{\text{充电}}{\rightleftharpoons}} Li_{1/3}Ni_{1/3}Co_{1/3}Mn_{1/3}O_2 + \frac{1}{3}Li^+ + \frac{1}{3}e
$$

（3）当 $2/3 \leqslant x \leqslant 1$ 时，对应的反应是将 Co^{3+} 氧化成 Co^{4+}，在充放电过程中的电化学反应式为

$$Li_{1/3}Ni_{1/3}Co_{1/3}Mn_{1/3}O_2 \xrightleftharpoons[\text{放电}]{\text{充电}} Ni_{1/3}Co_{1/3}Mn_{1/3}O_2+\frac{1}{3}Li^{+}+\frac{1}{3}e \tag{2-8}$$

电势为3.8～4.1V区间内对应于Ni^{2+}/Ni^{3+}（$0\leqslant x\leqslant 1/3$）和$Ni^{3+}/Ni^{4+}$（$1/3<x\leqslant 2/3$）的转变；在4.5V左右对应于$Co^{3+}/Co^{4+}$（$1/3\leqslant x\leqslant 2/3$）的转变，当$Ni^{2+}$与$Co^{3+}$被完全氧化至+4价时，其理论容量为278mA·h/g。Choi等的研究表明，在$Li_{1-x}Ni_{1/3}Co_{1/3}Mn_{1/3}O_2$中，当$x\leqslant 0.65$时，O的–2价保持不变；当$x>0.65$时，O的平均价态有所降低，有晶格氧从结构中逃逸，化学稳定性遭到破坏。而XRD的分析结果表明，当$x\leqslant 0.77$时，原有层状结构保持不变；但当$x>0.77$时，会观察到有MnO_2新相出现。因此可以推断，提高充放电的截止电压虽然能有效提高材料的比容量和能量密度，但是其循环稳定性必定会下降。

1. 三元锂电池放电

电池组成为

$$C\,|\,\text{电解液}\,|\,LiNi_{1/3}Co_{1/3}Mn_{1/3}O_2$$

阴极反应

$$Li_{1-x}Ni_{1/3}Co_{1/3}Mn_{1/3}O_2+xLi^{+}+xe = LiNi_{1/3}Co_{1/3}Mn_{1/3}O_2$$

阳极反应

$$Li_xC_6 = 6C+xLi^{+}+xe$$

电池反应

$$Li_{1-x}Ni_{1/3}Co_{1/3}Mn_{1/3}O_2+Li_xC_6 = LiNi_{1/3}Co_{1/3}Mn_{1/3}O_2+6C$$

1）阴极电势

阴极反应达到平衡

$$Li_{1-x}Ni_{1/3}Co_{1/3}Mn_{1/3}O_2+xLi^{+}+xe \rightleftharpoons LiNi_{1/3}Co_{1/3}Mn_{1/3}O_2$$

该过程的摩尔吉布斯自由能变化为

$$\begin{aligned}\Delta G_{m,\text{阴},e} &= \mu_{LiNi_{1/3}Co_{1/3}Mn_{1/3}O_2}-\mu_{Li_{1-x}Ni_{1/3}Co_{1/3}Mn_{1/3}O_2}-x\mu_{Li^{+}}-x\mu_{e}\\ &=\Delta G_{m,\text{阴}}^{\ominus}+RT\ln\frac{a_{LiNi_{1/3}Co_{1/3}Mn_{1/3}O_2}}{a_{Li_{1-x}Ni_{1/3}Co_{1/3}Mn_{1/3}O_2,e}\,a_{Li^{+},e}^{x}}\end{aligned}$$

式中

$$\Delta G_{m,\text{阴}}^{\ominus}=\mu_{LiNi_{1/3}Co_{1/3}Mn_{1/3}O_2}^{\ominus}-\mu_{Li_{1-x}Ni_{1/3}Co_{1/3}Mn_{1/3}O_2}^{\ominus}-x\mu_{Li^{+}}^{\ominus}-x\mu_{e}^{\ominus}$$

$$\mu_{LiNi_{1/3}Co_{1/3}Mn_{1/3}O_2}=\mu_{LiNi_{1/3}Co_{1/3}Mn_{1/3}O_2}^{\ominus}+RT\ln a_{LiNi_{1/3}Co_{1/3}Mn_{1/3}O_2,e}$$

$$\mu_{Li_{1-x}Ni_{1/3}Co_{1/3}Mn_{1/3}O_2}=\mu_{Li_{1-x}Ni_{1/3}Co_{1/3}Mn_{1/3}O_2}^{\ominus}+RT\ln a_{Li_{1-x}Ni_{1/3}Co_{1/3}Mn_{1/3}O_2,e}$$

$$\mu_{Li^{+}}=\mu_{Li^{+}}^{\ominus}+RT\ln a_{Li^{+},e}$$

$$\mu_{e}=\mu_{e}^{\ominus}$$

由
$$\varphi_{阴,e} = -\frac{\Delta G_{m,阴,e}}{xF}$$

得
$$\varphi_{阴,e} = \varphi_{阴}^{\ominus} + \frac{RT}{xF}\ln\frac{a_{Li_{1-x}Ni_{1/3}Co_{1/3}Mn_{1/3}O_2,e}\,a_{Li^+,e}^{x}}{a_{LiNi_{1/3}Co_{1/3}Mn_{1/3}O_2,e}}$$

式中
$$\varphi_{阴}^{\ominus} = -\frac{\Delta G_{m,阴}^{\ominus}}{F} = -\frac{\mu_{LiNi_{1/3}Co_{1/3}Mn_{1/3}O_2}^{\ominus} - \mu_{Li_{1-x}Ni_{1/3}Co_{1/3}Mn_{1/3}O_2}^{\ominus} - x\mu_{Li^+}^{\ominus} - x\mu_{e}^{\ominus}}{xF}$$

阴极有电流通过，发生极化，阴极反应为
$$Li_{1-x}Ni_{1/3}Co_{1/3}Mn_{1/3}O_2 + xLi^+ + xe = LiNi_{1/3}Co_{1/3}Mn_{1/3}O_2$$

阴极电势为
$$\varphi_{阴} = \varphi_{阴,e} + \Delta\varphi_{阴}$$

则
$$\Delta\varphi_{阴} = \varphi_{阴} - \varphi_{阴,e}$$

及
$$A_{m,阴} = \Delta G_{m,阴} = -xF\varphi_{阴} = -xF(\varphi_{阴,e} + \Delta\varphi_{阴})$$

电极反应速率为
$$\frac{dN_{LiNi_{1/3}Co_{1/3}Mn_{1/3}O_2}}{dt} = -\frac{dN_{Li_{1-x}Ni_{1/3}Co_{1/3}Mn_{1/3}O_2}}{dt} = -\frac{1}{x}\frac{dN_{Li^+}}{dt} = -\frac{1}{x}\frac{dN_{e}}{dt} = Sj$$

式中
$$\begin{aligned} j &= -l_1\left(\frac{A_{m,阴}}{T}\right) - l_2\left(\frac{A_{m,阴}}{T}\right)^2 - l_3\left(\frac{A_{m,阴}}{T}\right)^3 - \cdots \\ &= -l_1'\left(\frac{\varphi_{阴}}{T}\right) - l_2'\left(\frac{\varphi_{阴}}{T}\right)^2 - l_3'\left(\frac{\varphi_{阴}}{T}\right)^3 - \cdots \\ &= -l_1'' - l_2''\left(\frac{\Delta\varphi_{阴}}{T}\right) - l_3''\left(\frac{\Delta\varphi_{阴}}{T}\right)^2 - l_4''\left(\frac{\Delta\varphi_{阴}}{T}\right)^3 - \cdots \end{aligned}$$

将上式代入
$$i = xFj$$

得

$$
\begin{aligned}
i &= xFj \\
&= -l_1^*\left(\frac{\varphi_{阴}}{T}\right) - l_2^*\left(\frac{\varphi_{阴}}{T}\right)^2 - l_3^*\left(\frac{\varphi_{阴}}{T}\right)^3 - \cdots \\
&= -l_1^{**} - l_2^{**}\left(\frac{\Delta\varphi_{阴}}{T}\right) - l_3^{**}\left(\frac{\Delta\varphi_{阴}}{T}\right)^2 - l_4^{**}\left(\frac{\Delta\varphi_{阴}}{T}\right)^3 - \cdots
\end{aligned}
$$

2）阳极电势

阳极反应达成平衡

$$
\mathrm{Li}_x\mathrm{C}_6 \rightleftharpoons 6\mathrm{C} + x\mathrm{Li}^+ + x\mathrm{e}
$$

该过程的摩尔吉布斯自由能变化为

$$
\Delta G_{\mathrm{m},阳,\mathrm{e}} = 6\mu_{\mathrm{C}} + x\mu_{\mathrm{Li}^+} + x\mu_{\mathrm{e}} - \mu_{\mathrm{Li}_x\mathrm{C}_6} = \Delta G_{\mathrm{m},阳}^{\ominus} + RT\ln\frac{a_{\mathrm{Li}^+,\mathrm{e}}^x}{a_{\mathrm{Li}_x\mathrm{C}_6,\mathrm{e}}}
$$

式中

$$
\begin{aligned}
\Delta G_{\mathrm{m},阳}^{\ominus} &= 6\mu_{\mathrm{C}}^{\ominus} + x\mu_{\mathrm{Li}^+}^{\ominus} + x\mu_{\mathrm{e}}^{\ominus} - \mu_{\mathrm{Li}_x\mathrm{C}_6}^{\ominus} \\
\mu_{\mathrm{C}} &= \mu_{\mathrm{C}}^{\ominus} \\
\mu_{\mathrm{Li}^+} &= \mu_{\mathrm{Li}^+}^{\ominus} + RT\ln a_{\mathrm{Li}^+,\mathrm{e}} \\
\mu_{\mathrm{e}} &= \mu_{\mathrm{e}}^{\ominus} \\
\mu_{\mathrm{Li}_x\mathrm{C}_6} &= \mu_{\mathrm{Li}_x\mathrm{C}_6}^{\ominus} + RT\ln a_{\mathrm{Li}_x\mathrm{C}_6,\mathrm{e}}
\end{aligned}
$$

由

$$
\varphi_{阳,\mathrm{e}} = \frac{\Delta G_{\mathrm{m},阳,\mathrm{e}}}{xF}
$$

得

$$
\varphi_{阳,\mathrm{e}} = \varphi_{阳}^{\ominus} + \frac{RT}{xF}\ln\frac{a_{\mathrm{Li}^+,\mathrm{e}}^x}{a_{\mathrm{Li}_x\mathrm{C}_6,\mathrm{e}}}
$$

式中

$$
\varphi_{阳}^{\ominus} = \frac{\Delta G_{\mathrm{m},阳}^{\ominus}}{xF} = \frac{6\mu_{\mathrm{C}}^{\ominus} + x\mu_{\mathrm{Li}^+}^{\ominus} + x\mu_{\mathrm{e}}^{\ominus} - \mu_{\mathrm{Li}_x\mathrm{C}_6}^{\ominus}}{xF}
$$

电池输出电能，阳极有电流通过，阳极发生极化，阳极反应为

$$
\mathrm{Li}_x\mathrm{C}_6 = 6\mathrm{C} + x\mathrm{Li}^+ + x\mathrm{e}
$$

阳极电势为

$$
\varphi_{阳} = \varphi_{阳,\mathrm{e}} + \Delta\varphi_{阳}
$$

则

$$
\Delta\varphi_{阳} = \varphi_{阳} - \varphi_{阳,\mathrm{e}}
$$

并有

$$
A_{\mathrm{m},阳} = \Delta G_{\mathrm{m},阳} = xF\varphi_{阳} = xF(\varphi_{阳,\mathrm{e}} + \Delta\varphi_{阳})
$$

阳极反应速率

$$\frac{1}{6}\frac{dN_C}{dt}=\frac{1}{x}\frac{dN_{Li^+}}{dt}=\frac{1}{x}\frac{dN_e}{dt}=-\frac{dN_{Li_xC_6}}{dt}=Sj$$

式中

$$\begin{aligned}
j&=-l_1\left(\frac{A_{m,阳}}{T}\right)-l_2\left(\frac{A_{m,阳}}{T}\right)^2-l_3\left(\frac{A_{m,阳}}{T}\right)^3-\cdots\\
&=-l_1'\left(\frac{\varphi_{阳}}{T}\right)-l_2'\left(\frac{\varphi_{阳}}{T}\right)^2-l_3'\left(\frac{\varphi_{阳}}{T}\right)^3-\cdots\\
&=-l_1''-l_2''\left(\frac{\Delta\varphi_{阳}}{T}\right)-l_3''\left(\frac{\Delta\varphi_{阳}}{T}\right)^2-l_4''\left(\frac{\Delta\varphi_{阳}}{T}\right)^3-\cdots
\end{aligned}$$

将上式代入

$$i=xFj$$

得

$$\begin{aligned}
i&=xFj\\
&=-l_1^*\left(\frac{\varphi_{阳}}{T}\right)-l_2^*\left(\frac{\varphi_{阳}}{T}\right)^2-l_3^*\left(\frac{\varphi_{阳}}{T}\right)^3-\cdots\\
&=-l_1^{**}-l_2^{**}\left(\frac{\Delta\varphi_{阳}}{T}\right)-l_3^{**}\left(\frac{\Delta\varphi_{阳}}{T}\right)^2-l_4^{**}\left(\frac{\Delta\varphi_{阳}}{T}\right)^3-\cdots
\end{aligned}$$

3）电池电动势

电池反应达到平衡

$$Li_{1-x}Ni_{1/3}Co_{1/3}Mn_{1/3}O_2+Li_xC_6 \rightleftharpoons LiNi_{1/3}Co_{1/3}Mn_{1/3}O_2+6C$$

该过程的摩尔吉布斯自由能变化为

$$\begin{aligned}
\Delta G_{m,e}&=\mu_{LiNi_{1/3}Co_{1/3}Mn_{1/3}O_2}+6\mu_C-\mu_{Li_{1-x}Ni_{1/3}Co_{1/3}Mn_{1/3}O_2}-\mu_{Li_xC_6}\\
&=\Delta G_m^{\ominus}+RT\ln\frac{a_{LiNi_{1/3}Co_{1/3}Mn_{1/3}O_2,e}}{a_{Li_{1-x}Ni_{1/3}Co_{1/3}Mn_{1/3}O_2,e}\,a_{Li_xC_6,e}}
\end{aligned}$$

式中

$$\Delta G_m^{\ominus}=\mu_{LiNi_{1/3}Co_{1/3}Mn_{1/3}O_2}^{\ominus}+6\mu_C^{\ominus}-\mu_{Li_{1-x}Ni_{1/3}Co_{1/3}Mn_{1/3}O_2}^{\ominus}-\mu_{Li_xC_6}^{\ominus}$$

$$\mu_{LiNi_{1/3}Co_{1/3}Mn_{1/3}O_2}=\mu_{LiNi_{1/3}Co_{1/3}Mn_{1/3}O_2}^{\ominus}$$

$$\mu_C=\mu_C^{\ominus}$$

$$\mu_{Li_{1-x}Ni_{1/3}Co_{1/3}Mn_{1/3}O_2}=\mu_{Li_{1-x}Ni_{1/3}Co_{1/3}Mn_{1/3}O_2}^{\ominus}+RT\ln a_{Li_{1-x}Ni_{1/3}Co_{1/3}Mn_{1/3}O_2,e}$$

$$\mu_{Li_xC_6}=\mu_{Li_xC_6}^{\ominus}+RT\ln a_{Li_xC_6,e}$$

由
$$E_{\mathrm{e}} = -\frac{\Delta G_{\mathrm{m,e}}}{xF}$$
得
$$E_{\mathrm{e}} = E^{\ominus} + RT\ln\frac{a_{\mathrm{Li_{1-x}Ni_{1/3}Co_{1/3}Mn_{1/3}O_2,e}}a_{\mathrm{Li_xC_6,e}}}{a_{\mathrm{LiNi_{1/3}Co_{1/3}Mn_{1/3}O_2,e}}}$$
式中
$$E^{\ominus} = -\frac{\Delta G_{\mathrm{m}}^{\ominus}}{xF} = -\frac{\mu_{\mathrm{LiNi_{1/3}Co_{1/3}Mn_{1/3}O_2}}^{\ominus} + 6\mu_{\mathrm{C}}^{\ominus} - \mu_{\mathrm{Li_{1-x}Ni_{1/3}Co_{1/3}Mn_{1/3}O_2}}^{\ominus} - \mu_{\mathrm{Li_xC_6}}^{\ominus}}{xF}$$

电池放电，有电流通过，发生极化，电池反应为
$$\mathrm{Li_{1-x}Ni_{1/3}Co_{1/3}Mn_{1/3}O_2 + Li_xC_6 = LiNi_{1/3}Co_{1/3}Mn_{1/3}O_2 + 6C}$$
电池电动势为
$$\begin{aligned}E &= \varphi_{阴} - \varphi_{阳}\\ &= (\varphi_{阴,\mathrm{e}} + \Delta\varphi_{阴}) - (\varphi_{阳,\mathrm{e}} + \Delta\varphi_{阳})\\ &= (\varphi_{阴,\mathrm{e}} - \varphi_{阳,\mathrm{e}}) - (\Delta\varphi_{阴} - \Delta\varphi_{阳})\\ &= E_{\mathrm{e}} + \Delta E\end{aligned}$$
式中
$$E_{\mathrm{e}} = \varphi_{阴,\mathrm{e}} - \varphi_{阳,\mathrm{e}}$$
$$\Delta E = \Delta\varphi_{阴} - \Delta\varphi_{阳}$$
并有
$$A_{\mathrm{m}} = \Delta G = -xFE = -xF(E_{\mathrm{e}} + \Delta E)$$

4）电池端电压
$$V = E - IR = E_{\mathrm{e}} + \Delta E - IR$$
式中，I 为电流；R 为电池系统电阻。

5）电池反应速率为
$$\frac{\mathrm{d}N_{\mathrm{LiNi_{1/3}Co_{1/3}Mn_{1/3}O_2}}}{\mathrm{d}t} = \frac{1}{6}\frac{\mathrm{d}N_{\mathrm{C}}}{\mathrm{d}t} = -\frac{\mathrm{d}N_{\mathrm{Li_{1-x}Ni_{1/3}Co_{1/3}Mn_{1/3}O_2}}}{\mathrm{d}t} = -\frac{\mathrm{d}N_{\mathrm{Li_xC_6}}}{\mathrm{d}t} = Sj$$
式中
$$\begin{aligned}j &= -l_1\left(\frac{A_{\mathrm{m}}}{T}\right) - l_2\left(\frac{A_{\mathrm{m}}}{T}\right)^2 - l_3\left(\frac{A_{\mathrm{m}}}{T}\right)^3 - \cdots\\ &= -l_1'\left(\frac{E}{T}\right) - l_2'\left(\frac{E}{T}\right)^2 - l_3'\left(\frac{E}{T}\right)^3 - \cdots\\ &= -l_1'' - l_2''\left(\frac{\Delta E}{T}\right) - l_3''\left(\frac{\Delta E}{T}\right)^2 - l_4''\left(\frac{\Delta E}{T}\right)^3 - \cdots\end{aligned}$$
将上式代入
$$i = xFj$$

得

$$
\begin{aligned}
i &= xFj \\
&= -l_1^*\left(\frac{E}{T}\right) - l_2^*\left(\frac{E}{T}\right)^2 - l_3^*\left(\frac{E}{T}\right)^3 - \cdots \\
&= -l_1^{**} - l_2^{**}\left(\frac{\Delta E}{T}\right) - l_3^{**}\left(\frac{\Delta E}{T}\right)^2 - l_4^{**}\left(\frac{\Delta E}{T}\right)^3 - \cdots
\end{aligned}
$$

2. 三元锂电池充电

三元锂电池充电，是电解池，组成为

$$LiNi_{1/3}Co_{1/3}Mn_{1/3}O_2 \mid 电解液 \mid C$$

负极（阴极）发生还原反应

$$6C + xLi^+ + xe = Li_xC_6$$

正极（阳极）发生氧化反应

$$LiNi_{1/3}Co_{1/3}Mn_{1/3}O_2 = Li_{1-x}Ni_{1/3}Co_{1/3}Mn_{1/3}O_2 + xLi^+ + xe$$

电解池反应

$$LiNi_{1/3}Co_{1/3}Mn_{1/3}O_2 + 6C = Li_{1-x}Ni_{1/3}Co_{1/3}Mn_{1/3}O_2 + Li_xC_6$$

1）阴极电势

阴极反应达成平衡

$$6C + xLi^+ + xe \rightleftharpoons Li_xC_6$$

该过程的摩尔吉布斯自由能变化为

$$
\begin{aligned}
\Delta G_{m,阴,e} &= \mu_{Li_xC_6} - 6\mu_C - x\mu_{Li^+} - x\mu_e \\
&= \Delta G_{m,阴}^{\ominus} + RT\ln\frac{a_{Li_xC_6,e}}{a_{Li^+,e}^x}
\end{aligned}
$$

式中

$$\Delta G_{m,阴}^{\ominus} = \mu_{Li_xC_6}^{\ominus} - 6\mu_C^{\ominus} - x\mu_{Li^+}^{\ominus} - x\mu_e^{\ominus}$$

$$\mu_{Li_xC_6} = \mu_{Li_xC_6}^{\ominus} + RT\ln a_{Li_xC_6,e}$$

$$\mu_C = \mu_C^{\ominus}$$

$$\mu_{Li^+} = \mu_{Li^+}^{\ominus} + RT\ln a_{Li^+,e}$$

$$\mu_e = \mu_e^{\ominus}$$

由

$$\varphi_{阴,e} = -\frac{\Delta G_{m,阴,e}}{xF}$$

得

$$\varphi_{阴,e} = \varphi_{阴}^{\ominus} + \frac{RT}{xF}\ln\frac{a_{Li^+,e}^x}{a_{Li_xC_6,e}}$$

式中

$$\varphi_{阴}^{\ominus} = -\frac{\Delta G_{m,阴}^{\ominus}}{xF} = -\frac{\mu_{Li_xC_6}^{\ominus} - 6\mu_C^{\ominus} - x\mu_{Li^+}^{\ominus} - x\mu_e^{\ominus}}{xF}$$

阴极有电流通过，阴极发生极化，阴极反应为

$$6C + xLi^+ + xe = Li_xC_6$$

阴极电势为

$$\varphi_{阴} = \varphi_{阴,e} + \Delta\varphi_{阴}$$

则

$$\Delta\varphi_{阴} = \varphi_{阴} - \varphi_{阴,e}$$

及

$$A_{m,阴} = -\Delta G_{m,阴} = xF\varphi_{阴} = xF(\varphi_{阴,e} + \Delta\varphi_{阴})$$

电极反应速率为

$$\frac{dN_{Li_xC_6}}{dt} = -\frac{1}{6}\frac{dN_C}{dt} = -\frac{1}{x}\frac{dN_{Li^+}}{dt} = -\frac{1}{x}\frac{dN_e}{dt} = Sj$$

式中

$$\begin{aligned} j &= -l_1\left(\frac{A_{m,阴}}{T}\right) - l_2\left(\frac{A_{m,阴}}{T}\right)^2 - l_3\left(\frac{A_{m,阴}}{T}\right)^3 - \cdots \\ &= -l_1'\left(\frac{\varphi_{阴}}{T}\right) - l_2'\left(\frac{\varphi_{阴}}{T}\right)^2 - l_3'\left(\frac{\varphi_{阴}}{T}\right)^3 - \cdots \\ &= -l_1'' - l_2''\left(\frac{\Delta\varphi_{阴}}{T}\right) - l_3''\left(\frac{\Delta\varphi_{阴}}{T}\right)^2 - l_4''\left(\frac{\Delta\varphi_{阴}}{T}\right)^3 - \cdots \end{aligned}$$

将上式代入

$$i = xFj$$

得

$$\begin{aligned} i &= xFj \\ &= -l_1^*\left(\frac{\varphi_{阴}}{T}\right) - l_2^*\left(\frac{\varphi_{阴}}{T}\right)^2 - l_3^*\left(\frac{\varphi_{阴}}{T}\right)^3 - \cdots \\ &= -l_1^{**} - l_2^{**}\left(\frac{\Delta\varphi_{阴}}{T}\right) - l_3^{**}\left(\frac{\Delta\varphi_{阴}}{T}\right)^2 - l_4^{**}\left(\frac{\Delta\varphi_{阴}}{T}\right)^3 - \cdots \end{aligned}$$

2）阳极电势

阳极反阴达成平衡

$$LiNi_{1/3}Co_{1/3}Mn_{1/3}O_2 = Li_{1-x}Ni_{1/3}Co_{1/3}Mn_{1/3}O_2 + xLi^+ + xe$$

该过程的摩尔吉布斯自由能变化为

$$\Delta G_{\mathrm{m},阳,\mathrm{e}} = \mu_{\mathrm{Li}_{1-x}\mathrm{Ni}_{1/3}\mathrm{Co}_{1/3}\mathrm{Mn}_{1/3}\mathrm{O}_2} + x\mu_{\mathrm{Li}^+} + x\mu_{\mathrm{e}} - \mu_{\mathrm{LiNi}_{1/3}\mathrm{Co}_{1/3}\mathrm{Mn}_{1/3}\mathrm{O}_2}$$

$$= \Delta G_{\mathrm{m},阳}^{\ominus} + RT\ln\frac{a_{\mathrm{Li}_{1-x}\mathrm{Ni}_{1/3}\mathrm{Co}_{1/3}\mathrm{Mn}_{1/3}\mathrm{O}_2,\mathrm{e}}a_{\mathrm{Li}^+,\mathrm{e}}^{x}}{a_{\mathrm{LiNi}_{1/3}\mathrm{Co}_{1/3}\mathrm{Mn}_{1/3}\mathrm{O}_2,\mathrm{e}}}$$

式中

$$\Delta G_{\mathrm{m},阳}^{\ominus} = \mu_{\mathrm{Li}_{1-x}\mathrm{Ni}_{1/3}\mathrm{Co}_{1/3}\mathrm{Mn}_{1/3}\mathrm{O}_2}^{\ominus} + x\mu_{\mathrm{Li}^+}^{\ominus} + x\mu_{\mathrm{e}}^{\ominus}$$

$$\mu_{\mathrm{Li}_{1-x}\mathrm{Ni}_{1/3}\mathrm{Co}_{1/3}\mathrm{Mn}_{1/3}\mathrm{O}_2} = \mu_{\mathrm{Li}_{1-x}\mathrm{Ni}_{1/3}\mathrm{Co}_{1/3}\mathrm{Mn}_{1/3}\mathrm{O}_2}^{\ominus} + a_{\mathrm{Li}_{1-x}\mathrm{Ni}_{1/3}\mathrm{Co}_{1/3}\mathrm{Mn}_{1/3}\mathrm{O}_2,\mathrm{e}}$$

$$\mu_{\mathrm{Li}^+} = \mu_{\mathrm{Li}^+}^{\ominus} + RT\ln a_{\mathrm{Li}^+,\mathrm{e}}$$

$$\mu_{\mathrm{e}} = \mu_{\mathrm{e}}^{\ominus}$$

$$\mu_{\mathrm{LiNi}_{1/3}\mathrm{Co}_{1/3}\mathrm{Mn}_{1/3}\mathrm{O}_2} = \mu_{\mathrm{LiNi}_{1/3}\mathrm{Co}_{1/3}\mathrm{Mn}_{1/3}\mathrm{O}_2}^{\ominus} + RT\ln a_{\mathrm{LiNi}_{1/3}\mathrm{Co}_{1/3}\mathrm{Mn}_{1/3}\mathrm{O}_2,\mathrm{e}}$$

由

$$\varphi_{阳,\mathrm{e}} = \frac{\Delta G_{\mathrm{m},阳,\mathrm{e}}}{xF}$$

得

$$\varphi_{阳,\mathrm{e}} = \varphi_{阳}^{\ominus} + \frac{RT}{xF}\ln\frac{a_{\mathrm{Li}_{1-x}\mathrm{Ni}_{1/3}\mathrm{Co}_{1/3}\mathrm{Mn}_{1/3}\mathrm{O}_2,\mathrm{e}}a_{\mathrm{Li}^+,\mathrm{e}}^{x}}{a_{\mathrm{LiNi}_{1/3}\mathrm{Co}_{1/3}\mathrm{Mn}_{1/3}\mathrm{O}_2,\mathrm{e}}}$$

式中

$$\varphi_{阳}^{\ominus} = \frac{\mu_{\mathrm{Li}_{1-x}\mathrm{Ni}_{1/3}\mathrm{Co}_{1/3}\mathrm{Mn}_{1/3}\mathrm{O}_2}^{\ominus} + x\mu_{\mathrm{Li}^+}^{\ominus} + x\mu_{\mathrm{e}}^{\ominus} - \mu_{\mathrm{LiNi}_{1/3}\mathrm{Co}_{1/3}\mathrm{Mn}_{1/3}\mathrm{O}_2}^{\ominus}}{xF}$$

阳极有电流通过，阳极发生极化，阳极反应为

$$\mathrm{LiNi}_{1/3}\mathrm{Co}_{1/3}\mathrm{Mn}_{1/3}\mathrm{O}_2 = \mathrm{Li}_{1-x}\mathrm{Ni}_{1/3}\mathrm{Co}_{1/3}\mathrm{Mn}_{1/3}\mathrm{O}_2 + x\mathrm{Li}^+ + x\mathrm{e}$$

阳极电势为

$$\varphi_{阳} = \varphi_{阳,\mathrm{e}} + \Delta\varphi_{阳}$$

则

$$\Delta\varphi_{阳} = \varphi_{阳} - \varphi_{阳,\mathrm{e}}$$

并有

$$A_{\mathrm{m},阳} = -\Delta G_{\mathrm{m},阳} = -xF\varphi_{阳} = -xF(\varphi_{阳,\mathrm{e}} + \Delta\varphi_{阳})$$

阳极反应速率

$$\frac{\mathrm{d}N_{\mathrm{Li}_{1-x}\mathrm{Ni}_{1/3}\mathrm{Co}_{1/3}\mathrm{Mn}_{1/3}\mathrm{O}_2}}{\mathrm{d}t} = \frac{1}{x}\frac{\mathrm{d}N_{\mathrm{Li}^+}}{\mathrm{d}t} = \frac{1}{x}\frac{\mathrm{d}N_{\mathrm{e}}}{\mathrm{d}t} = -\frac{\mathrm{d}N_{\mathrm{LiNi}_{1/3}\mathrm{Co}_{1/3}\mathrm{Mn}_{1/3}\mathrm{O}_2}}{\mathrm{d}t} = Sj$$

式中

$$j = -l_1\left(\frac{A_{\mathrm{m},阳}}{T}\right) - l_2\left(\frac{A_{\mathrm{m},阳}}{T}\right)^2 - l_3\left(\frac{A_{\mathrm{m},阳}}{T}\right)^3 - \cdots$$

$$= -l_1'\left(\frac{\varphi_{阳}}{T}\right) - l_2'\left(\frac{\varphi_{阳}}{T}\right)^2 - l_3'\left(\frac{\varphi_{阳}}{T}\right)^3 - \cdots$$

$$= -l_1'' - l_2''\left(\frac{\Delta\varphi_{阳}}{T}\right) - l_3''\left(\frac{\Delta\varphi_{阳}}{T}\right)^2 - l_4''\left(\frac{\Delta\varphi_{阳}}{T}\right)^3 - \cdots$$

将上式代入

$$i = xFj$$

得

$$\begin{aligned}i &= xFj \\ &= -l_1^*\left(\frac{\varphi_{阳}}{T}\right) - l_2^*\left(\frac{\varphi_{阳}}{T}\right)^2 - l_3^*\left(\frac{\varphi_{阳}}{T}\right)^3 - \cdots \\ &= -l_1^{**} - l_2^{**}\left(\frac{\Delta\varphi_{阳}}{T}\right) - l_3^{**}\left(\frac{\Delta\varphi_{阳}}{T}\right)^2 - l_4^{**}\left(\frac{\Delta\varphi_{阳}}{T}\right)^3 - \cdots\end{aligned}$$

3）电解池电动势

电解池反应达成平衡

$$LiNi_{1/3}Co_{1/3}Mn_{1/3}O_2 + 6C \rightleftharpoons Li_{1-x}Ni_{1/3}Co_{1/3}Mn_{1/3}O_2 + Li_xC_6$$

该过程的摩尔吉布斯自由能变化为

$$\begin{aligned}\Delta G_{m,e} &= \mu_{Li_{1-x}Ni_{1/3}Co_{1/3}Mn_{1/3}O_2} + \mu_{Li_xC_6} - \mu_{LiNi_{1/3}Co_{1/3}Mn_{1/3}O_2} - 6\mu_C \\ &= \Delta G_m^{\ominus} + RT\ln\frac{a_{Li_{1-x}Ni_{1/3}Co_{1/3}Mn_{1/3}O_2,e}\,a_{Li_xC_6,e}}{a_{LiNi_{1/3}Co_{1/3}Mn_{1/3}O_2,e}}\end{aligned}$$

式中

$$\Delta G_m^{\ominus} = \mu_{Li_{1-x}Ni_{1/3}Co_{1/3}Mn_{1/3}O_2}^{\ominus} + \mu_{Li_xC_6}^{\ominus} - \mu_{LiNi_{1/3}Co_{1/3}Mn_{1/3}O_2}^{\ominus} - 6\mu_C^{\ominus}$$

$$\mu_{Li_{1-x}Ni_{1/3}Co_{1/3}Mn_{1/3}O_2} = \mu_{Li_{1-x}Ni_{1/3}Co_{1/3}Mn_{1/3}O_2}^{\ominus} + RT\ln a_{Li_{1-x}Ni_{1/3}Co_{1/3}Mn_{1/3}O_2,e}$$

$$\mu_{Li_xC_6} = \mu_{Li_xC_6}^{\ominus} + RT\ln a_{Li_xC_6,e}$$

$$\mu_{LiNi_{1/3}Co_{1/3}Mn_{1/3}O_2} = \mu_{LiNi_{1/3}Co_{1/3}Mn_{1/3}O_2}^{\ominus} + RT\ln a_{LiNi_{1/3}Co_{1/3}Mn_{1/3}O_2,e}$$

$$\mu_C = \mu_C^{\ominus}$$

由

$$E_e = -\frac{\Delta G_{m,e}}{xF}$$

得

$$E_e = E^{\ominus} + \frac{RT}{xF}\ln\frac{a_{LiNi_{1/3}Co_{1/3}Mn_{1/3}O_2,e}}{a_{Li_{1-x}Ni_{1/3}Co_{1/3}Mn_{1/3}O_2,e}\,a_{Li_xC_6,e}}$$

式中

$$E^{\ominus} = -\frac{\Delta G_m^{\ominus}}{xF} = -\frac{\mu_{Li_{1-x}Ni_{1/3}Co_{1/3}Mn_{1/3}O_2}^{\ominus} + \mu_{Li_xC_6}^{\ominus} - \mu_{LiNi_{1/3}Co_{1/3}Mn_{1/3}O_2}^{\ominus} - 6\mu_C^{\ominus}}{xF}$$

电池充电，有电流通过，发生极化，电解池反应为

$$LiNi_{1/3}Co_{1/3}Mn_{1/3}O_2 + 6C = Li_{1-x}Ni_{1/3}Co_{1/3}Mn_{1/3}O_2 + Li_xC_6$$

电解池电动势为

$$
\begin{aligned}
E &= \varphi_{阴} - \varphi_{阳} \\
&= (\varphi_{阴,e} + \Delta\varphi_{阴}) - (\varphi_{阳,e} + \Delta\varphi_{阳}) \\
&= (\varphi_{阴,e} - \varphi_{阳,e}) + (\Delta\varphi_{阴} - \Delta\varphi_{阳}) \\
&= E_e + \Delta E
\end{aligned}
$$

外加电动势

$$
\begin{aligned}
&E' = -E = \varphi_{阳} - \varphi_{阴} \\
&E'_e = -E_e = \varphi_{阳,e} - \varphi_{阴,e} \\
&\Delta E' = -\Delta E = \Delta\varphi_{阳} - \Delta\varphi_{阴} \\
&E' = E'_e + \Delta E'
\end{aligned}
$$

并有

$$
A_m = -\Delta G_m = -xFE' = -xF(E'_e + \Delta E') = xFE = xF(E_e + \Delta E)
$$

4）电解池端电压

$$
V' = E' + IR = E'_e + \Delta E' + IR
$$

式中，I 为电流；R 为电池系统电阻。

5）电解池反应速率

$$
\frac{dN_{Li_{1-x}Ni_{1/3}Co_{1/3}Mn_{1/3}O_2}}{dt} = \frac{dN_{Li_xC_6}}{dt} = -\frac{dN_{LiNi_{1/3}Co_{1/3}Mn_{1/3}O_2}}{dt} = Sj
$$

式中，

$$
\begin{aligned}
j &= -l_1\left(\frac{A_m}{T}\right) - l_2\left(\frac{A_m}{T}\right)^2 - l_3\left(\frac{A_m}{T}\right)^3 - \cdots \\
&= -l'_1\left(\frac{E'}{T}\right) - l'_2\left(\frac{E'}{T}\right)^2 - l'_3\left(\frac{E'}{T}\right)^3 - \cdots \\
&= -l''_1 - l''_2\left(\frac{\Delta E'}{T}\right) - l''_3\left(\frac{\Delta E'}{T}\right)^2 - l''_4\left(\frac{\Delta E'}{T}\right)^3 - \cdots
\end{aligned}
$$

将上式代入

$$
i = xFj
$$

得

$$
\begin{aligned}
i &= xFj \\
&= -l^*_1\left(\frac{E'}{T}\right) - l^*_2\left(\frac{E'}{T}\right)^2 - l^*_3\left(\frac{E'}{T}\right)^3 - \cdots \\
&= -l^{**}_1 - l^{**}_2\left(\frac{\Delta E'}{T}\right) - l^{**}_3\left(\frac{\Delta E'}{T}\right)^2 - l^{**}_4\left(\frac{\Delta E'}{T}\right)^3 - \cdots
\end{aligned}
$$

18.5.3　磷酸铁锂电池

磷酸铁锂电池正极材料为 $LiFePO_4$，负极材料为 C，电解质为 $LiPF_6$。电池组成为

$$Li_xC_6,C \mid 电解液 \mid LiFePO_4, Li_{1-x}FePO_4$$

1. 磷酸铁锂电池放电

电池放电时，阴极发生还原反应，阳极发生氧化反应。

阴极反应

$$Li_{1-x}FePO_4 + xe + xLi^+ =\!=\!= LiFePO_4$$

阳极反应

$$Li_xC_6 =\!=\!= 6C + xLi^+ + xe$$

电池反应

$$Li_{1-x}FePO_4 + Li_xC_6 =\!=\!= LiFePO_4 + 6C$$

1）阴极电势

阴极反应达成平衡

$$Li_{1-x}FePO_4 + xe + xLi^+ \rightleftharpoons LiFePO_4$$

该过程的摩尔吉布斯自由能变化为

$$\Delta G_{m,阴,e} = \mu_{LiFePO_4} - \mu_{Li_{1-x}FePO_4} - x\mu_e - x\mu_{Li^+} = \Delta G_{m,阴}^{\ominus} + RT\ln\frac{a_{LiFePO_4,e}}{a_{Li_{1-x}FePO_4,e}a_{Li^+,e}^x}$$

式中

$$\Delta G_{m,阴}^{\ominus} = \mu_{LiFePO_4}^{\ominus} - \mu_{Li_{1-x}FePO_4}^{\ominus} - x\mu_e^{\ominus} - x\mu_{Li^+}^{\ominus}$$

$$\mu_{LiFePO_4} = \mu_{LiFePO_4}^{\ominus} + RT\ln a_{LiFePO_4,e}$$

$$\mu_{Li_{1-x}FePO_4} = \mu_{Li_{1-x}FePO_4}^{\ominus} + RT\ln a_{Li_{1-x}FePO_4,e}$$

$$\mu_e = \mu_e^{\ominus}$$

$$\mu_{Li^+} = \mu_{Li^+}^{\ominus} + RT\ln a_{Li^+,e}$$

由

$$\varphi_{阴,e} = -\frac{\Delta G_{m,阴,e}}{xF}$$

得

$$\varphi_{阴} = \varphi_{阴}^{\ominus} + \frac{RT}{xF}\ln\frac{a_{Li_{1-x}FePO_4,e}a_{Li^+,e}^x}{a_{LiFePO_4,e}}$$

式中

$$\varphi_{阴}^{\ominus} = -\frac{\Delta G_{m,阴}^{\ominus}}{xF} = -\frac{\mu_{LiFePO_4}^{\ominus} - \mu_{Li_{1-x}FePO_4}^{\ominus} - x\mu_e^{\ominus} - x\mu_{Li^+}^{\ominus}}{xF}$$

阴极有电流通过，发生极化，阴极反应为

$$\mathrm{Li_{1-x}FePO_4} + x\mathrm{e} + x\mathrm{Li^+} \mathrm{=\!=\!=} \mathrm{LiFePO_4}$$

阴极电势为

$$\varphi_{阴} = \varphi_{阴,\mathrm{e}} + \Delta\varphi_{阴}$$

则

$$\Delta\varphi_{阴} = \varphi_{阴} - \varphi_{阴,\mathrm{e}}$$

及

$$A_{\mathrm{m},阴} = \Delta G_{\mathrm{m},阴} = -xF\varphi_{阴} = -xF(\varphi_{阴,\mathrm{e}} + \Delta\varphi_{阴})$$

电极反应速率为

$$\frac{\mathrm{d}N_{\mathrm{LiFePO_4}}}{\mathrm{d}t} = -\frac{\mathrm{d}N_{\mathrm{Li_{1-x}FePO_4}}}{\mathrm{d}t} = -\frac{1}{x}\frac{\mathrm{d}N_{\mathrm{e}}}{\mathrm{d}t} = -\frac{1}{x}\frac{\mathrm{d}N_{\mathrm{Li^+}}}{\mathrm{d}t} = Sj$$

式中，

$$\begin{aligned} j &= -l_1\left(\frac{A_{\mathrm{m},阴}}{T}\right) - l_2\left(\frac{A_{\mathrm{m},阴}}{T}\right)^2 - l_3\left(\frac{A_{\mathrm{m},阴}}{T}\right)^3 - \cdots \\ &= -l_1'\left(\frac{\varphi_{阴}}{T}\right) - l_2'\left(\frac{\varphi_{阴}}{T}\right)^2 - l_3'\left(\frac{\varphi_{阴}}{T}\right)^3 - \cdots \\ &= -l_1'' - l_2''\left(\frac{\Delta\varphi_{阴}}{T}\right) - l_3''\left(\frac{\Delta\varphi_{阴}}{T}\right)^2 - l_4''\left(\frac{\Delta\varphi_{阴}}{T}\right)^3 - \cdots \end{aligned}$$

将上式代入

$$i = xFj$$

得

$$\begin{aligned} i &= xFj \\ &= -l_1^*\left(\frac{\varphi_{阴}}{T}\right) - l_2^*\left(\frac{\varphi_{阴}}{T}\right)^2 - l_3^*\left(\frac{\varphi_{阴}}{T}\right)^3 - \cdots \\ &= -l_1^{**} - l_2^{**}\left(\frac{\Delta\varphi_{阴}}{T}\right) - l_3^{**}\left(\frac{\Delta\varphi_{阴}}{T}\right)^2 - l_4^{**}\left(\frac{\Delta\varphi_{阴}}{T}\right)^3 - \cdots \end{aligned}$$

2）阳极电势

阳极反应达成平衡

$$\mathrm{Li}_x\mathrm{C_6} \rightleftharpoons 6\mathrm{C} + x\mathrm{Li^+} + x\mathrm{e}$$

该过程的摩尔吉布斯自由能变化为

$$\Delta G_{\mathrm{m},阳,\mathrm{e}} = 6\mu_{\mathrm{C}} + x\mu_{\mathrm{Li^+}} + x\mu_{\mathrm{e}} - \mu_{\mathrm{Li}_x\mathrm{C_6}} = \Delta G_{\mathrm{m},阳}^{\ominus} + RT\ln\frac{a_{\mathrm{Li^+},\mathrm{e}}^x}{a_{\mathrm{Li}_x\mathrm{C_6},\mathrm{e}}}$$

式中

$$\Delta G^{\ominus}_{\mathrm{m,阳}} = 6\mu^{\ominus}_{\mathrm{C}} + x\mu^{\ominus}_{\mathrm{Li^+}} + x\mu^{\ominus}_{\mathrm{e}} - \mu^{\ominus}_{\mathrm{Li}_x\mathrm{C}_6}$$

$$\mu_{\mathrm{C}} = \mu^{\ominus}_{\mathrm{C}}$$

$$\mu_{\mathrm{Li^+}} = \mu^{\ominus}_{\mathrm{Li^+}} + RT\ln a_{\mathrm{Li^+,e}}$$

$$\mu_{\mathrm{e}} = \mu^{\ominus}_{\mathrm{e}}$$

$$\mu_{\mathrm{Li}_x\mathrm{C}_6} = \mu^{\ominus}_{\mathrm{Li}_x\mathrm{C}_6} + RT\ln a_{\mathrm{Li}_x\mathrm{C}_6,\mathrm{e}}$$

由

$$\varphi_{\mathrm{阳,e}} = \frac{\Delta G_{\mathrm{m,阳,e}}}{xF}$$

得

$$\varphi_{\mathrm{阳,e}} = \varphi^{\ominus}_{\mathrm{阳}} + \frac{RT}{xF}\ln\frac{a^{x}_{\mathrm{Li^+,e}}}{a_{\mathrm{Li}_x\mathrm{C}_6,\mathrm{e}}}$$

式中

$$\varphi^{\ominus}_{\mathrm{阳}} = \frac{\Delta G^{\ominus}_{\mathrm{m,阳}}}{xF} = \frac{6\mu^{\ominus}_{\mathrm{C}} + x\mu^{\ominus}_{\mathrm{Li^+}} + x\mu^{\ominus}_{\mathrm{e}} - \mu^{\ominus}_{\mathrm{Li}_x\mathrm{C}_6}}{xF}$$

电池输出电能，阳极有电流通过，阳极发生极化，阳极反应为

$$\mathrm{Li}_x\mathrm{C}_6 = 6\mathrm{C} + x\mathrm{Li}^+ + x\mathrm{e}$$

阳极电势为

$$\varphi_{\mathrm{阳}} = \varphi_{\mathrm{阳,e}} + \Delta\varphi_{\mathrm{阳}}$$

则

$$\Delta\varphi_{\mathrm{阳}} = \varphi_{\mathrm{阳}} - \varphi_{\mathrm{阳,e}}$$

并有

$$A_{\mathrm{m,阳}} = \Delta G_{\mathrm{m,阳}} = xF\varphi_{\mathrm{阳}} = xF(\varphi_{\mathrm{阳,e}} + \Delta\varphi_{\mathrm{阳}})$$

阳极反应速率

$$\frac{1}{6}\frac{\mathrm{d}N_{\mathrm{C}}}{\mathrm{d}t} = \frac{1}{x}\frac{\mathrm{d}N_{\mathrm{Li^+}}}{\mathrm{d}t} = \frac{1}{x}\frac{\mathrm{d}N_{\mathrm{e}}}{\mathrm{d}t} = -\frac{\mathrm{d}N_{\mathrm{Li}_x\mathrm{C}_6}}{\mathrm{d}t} = Sj$$

式中，

$$\begin{aligned} j &= -l_1\left(\frac{A_{\mathrm{m,阳}}}{T}\right) - l_2\left(\frac{A_{\mathrm{m,阳}}}{T}\right)^2 - l_3\left(\frac{A_{\mathrm{m,阳}}}{T}\right)^3 - \cdots \\ &= -l'_1\left(\frac{\varphi_{\mathrm{阳}}}{T}\right) - l'_2\left(\frac{\varphi_{\mathrm{阳}}}{T}\right)^2 - l'_3\left(\frac{\varphi_{\mathrm{阳}}}{T}\right)^3 - \cdots \\ &= -l''_1 - l''_2\left(\frac{\Delta\varphi_{\mathrm{阳}}}{T}\right) - l''_3\left(\frac{\Delta\varphi_{\mathrm{阳}}}{T}\right)^2 - l''_4\left(\frac{\Delta\varphi_{\mathrm{阳}}}{T}\right)^3 - \cdots \end{aligned}$$

将上式代入

$$i = xFj$$

得

$$
\begin{aligned}
i &= xFj \\
&= -l_1^*\left(\frac{\varphi_{阳}}{T}\right) - l_2^*\left(\frac{\varphi_{阳}}{T}\right)^2 - l_3^*\left(\frac{\varphi_{阳}}{T}\right)^3 - \cdots \\
&= -l_1^{**} - l_2^{**}\left(\frac{\Delta\varphi_{阳}}{T}\right) - l_3^{**}\left(\frac{\Delta\varphi_{阳}}{T}\right)^2 - l_4^{**}\left(\frac{\Delta\varphi_{阳}}{T}\right)^3 - \cdots
\end{aligned}
$$

3）电池电动势

电池反应达到平衡

$$
\mathrm{Li_{1-x}FePO_4 + Li_xC_6 \rightleftharpoons LiFePO_4 + 6C}
$$

该过程的摩尔吉布斯自由能变化为

$$
\begin{aligned}
\Delta G_{\mathrm{m,e}} &= \mu_{\mathrm{LiFePO_4}} + 6\mu_{\mathrm{C}} - \mu_{\mathrm{Li_{1-x}FePO_4}} - \mu_{\mathrm{Li_xC_6}} \\
&= \Delta G_{\mathrm{m}}^{\ominus} + RT\ln\frac{a_{\mathrm{LiFePO_4,e}}}{a_{\mathrm{Li_{1-x}FePO_4,e}}a_{\mathrm{Li_xC_6,e}}}
\end{aligned}
$$

式中

$$
\begin{aligned}
\Delta G_{\mathrm{m}}^{\ominus} &= \mu_{\mathrm{LiFePO_4}}^{\ominus} + 6\mu_{\mathrm{C}}^{\ominus} - \mu_{\mathrm{Li_{1-x}FePO_4}}^{\ominus} - \mu_{\mathrm{Li_xC_6}}^{\ominus} \\
\mu_{\mathrm{LiFePO_4}} &= \mu_{\mathrm{LiFePO_4}}^{\ominus} + RT\ln a_{\mathrm{LiFePO_4,e}} \\
\mu_{\mathrm{C}} &= \mu_{\mathrm{C}}^{\ominus} \\
\mu_{\mathrm{Li_{1-x}FePO_4}} &= \mu_{\mathrm{Li_{1-x}FePO_4}}^{\ominus} + RT\ln a_{\mathrm{Li_{1-x}FePO_4,e}} \\
\mu_{\mathrm{Li_xC_6}} &= \mu_{\mathrm{Li_xC_6}}^{\ominus} + RT\ln a_{\mathrm{Li_xC_6,e}}
\end{aligned}
$$

由

$$
E_{\mathrm{e}} = -\frac{\Delta G_{\mathrm{m,e}}}{xF}
$$

得

$$
E_{\mathrm{e}} = E^{\ominus} + \frac{RT}{xF}\ln\frac{a_{\mathrm{Li_{1-x}FePO_4}}a_{\mathrm{Li_xC_6,e}}}{a_{\mathrm{LiFePO_4,e}}}
$$

式中

$$
E^{\ominus} = -\frac{\Delta G_{\mathrm{m}}^{\ominus}}{xF} = -\frac{\mu_{\mathrm{LiFePO_4}}^{\ominus} + 6\mu_{\mathrm{C}}^{\ominus} - \mu_{\mathrm{Li_{1-x}FePO_4}}^{\ominus} - \mu_{\mathrm{Li_xC_6}}^{\ominus}}{xF}
$$

电池放电，有电流通过，发生极化，电池反应为

$$
\mathrm{Li_{1-x}FePO_4 + Li_xC_6 = LiFePO_4 + 6C}
$$

$$
\begin{aligned}
E &= \varphi_{阴} - \varphi_{阳} \\
&= (\varphi_{阴,\mathrm{e}} + \Delta\varphi_{阴}) - (\varphi_{阳,\mathrm{e}} + \Delta\varphi_{阳}) \\
&= (\varphi_{阴,\mathrm{e}} - \varphi_{阳,\mathrm{e}}) - (\Delta\varphi_{阴} - \Delta\varphi_{阳}) \\
&= E_{\mathrm{e}} + \Delta E
\end{aligned}
$$

式中

$$E_e = \varphi_{阴,e} - \varphi_{阳,e}$$

$$\Delta E = \Delta\varphi_{阴} - \Delta\varphi_{阳}$$

并有

$$A_m = \Delta G_m = -xFE = -xF(E_e + \Delta E)$$

4）电池端电压

$$V = E - IR = E_e + \Delta\varphi_{阴} - \Delta\varphi_{阳} - IR$$

式中，I 为电流；R 为电池系统电阻。

电池反应速率为

$$\frac{dN_{LiFePO_4}}{dt} = \frac{1}{6}\frac{dN_C}{dt} = -\frac{dN_{Li_{1-x}FePO_4}}{dt} = -\frac{dN_{Li_xC_6}}{dt} = Sj$$

式中，

$$\begin{aligned} j &= -l_1\left(\frac{A_m}{T}\right) - l_2\left(\frac{A_m}{T}\right)^2 - l_3\left(\frac{A_m}{T}\right)^3 - \cdots \\ &= -l_1'\left(\frac{E}{T}\right) - l_2'\left(\frac{E}{T}\right)^2 - l_3'\left(\frac{E}{T}\right)^3 - \cdots \\ &= -l_1'' - l_2''\left(\frac{\Delta E}{T}\right) - l_3''\left(\frac{\Delta E}{T}\right)^2 - l_4''\left(\frac{\Delta E}{T}\right)^3 - \cdots \end{aligned}$$

将上式代入

$$i = 2Fj$$

得

$$\begin{aligned} i &= 2Fj \\ &= -l_1^*\left(\frac{E}{T}\right) - l_2^*\left(\frac{E}{T}\right)^2 - l_3^*\left(\frac{E}{T}\right)^3 - \cdots \\ &= -l_1^{**} - l_2^{**}\left(\frac{\Delta E}{T}\right) - l_3^{**}\left(\frac{\Delta E}{T}\right)^2 - l_4^{**}\left(\frac{\Delta E}{T}\right)^3 - \cdots \end{aligned}$$

2. 磷酸铁锂电池充电

磷酸铁锂电池充电，相当于电解，成为电解池。电解池组成为

$$Li_{1-x}FePO_4, LiFePO_4 \mid 电解液 \mid C, Li_xC_6$$

负极（阴极）发生还原反应

$$xLi^+ + xe + 6C = Li_xC_6$$

正极（阳极）发生氧化反应

$$LiFePO_4 = Li_{1-x}FePO_4 + xe + xLi^+$$

电解池反应

$$\mathrm{LiFePO_4 + 6C = Li_{1-x}FePO_4 + Li_xC_6}$$

1）阴极电势

阴极反应达成平衡

$$x\mathrm{Li^+} + x\mathrm{e} + 6\mathrm{C} \rightleftharpoons \mathrm{Li}_x\mathrm{C}_6$$

该过程的摩尔吉布斯自由能变化为

$$\Delta G_{\mathrm{m},阴,\mathrm{e}} = \mu_{\mathrm{Li}_x\mathrm{C}_6} - x\mu_{\mathrm{Li^+}} - x\mu_{\mathrm{e}} - 6\mu_{\mathrm{C}} = \Delta G^{\ominus}_{\mathrm{m},阴} + RT\ln\frac{a_{\mathrm{Li}_x\mathrm{C}_6,\mathrm{e}}}{a^x_{\mathrm{Li^+},\mathrm{e}}}$$

式中

$$\Delta G^{\ominus}_{\mathrm{m},阴} = \mu^{\ominus}_{\mathrm{Li}_x\mathrm{C}_6} - x\mu^{\ominus}_{\mathrm{Li^+}} - x\mu^{\ominus}_{\mathrm{e}} - 6\mu^{\ominus}_{\mathrm{C}}$$

$$\mu_{\mathrm{Li}_x\mathrm{C}_6} = \mu^{\ominus}_{\mathrm{Li}_x\mathrm{C}_6} + RT\ln a_{\mathrm{Li}_x\mathrm{C}_6,\mathrm{e}}$$

$$\mu_{\mathrm{Li^+}} = \mu^{\ominus}_{\mathrm{Li^+}} + RT\ln a_{\mathrm{Li^+},\mathrm{e}}$$

$$\mu_{\mathrm{e}} = \mu^{\ominus}_{\mathrm{e}}$$

$$\mu_{\mathrm{C}} = \mu^{\ominus}_{\mathrm{C}}$$

由

$$\varphi_{阴,\mathrm{e}} = -\frac{\Delta G_{\mathrm{m},阴,\mathrm{e}}}{xF}$$

得

$$\varphi_{阴,\mathrm{e}} = \varphi^{\ominus}_{阴} + \frac{RT}{xF}\ln\frac{a^x_{\mathrm{Li^+},\mathrm{e}}}{a_{\mathrm{Li}_x\mathrm{C}_6,\mathrm{e}}}$$

式中

$$\varphi^{\ominus}_{阴} = -\frac{\Delta G^{\ominus}_{\mathrm{m},阴}}{xF} = -\frac{\mu^{\ominus}_{\mathrm{Li}_x\mathrm{C}_6} - x\mu^{\ominus}_{\mathrm{Li^+}} - x\mu^{\ominus}_{\mathrm{e}} - 6\mu^{\ominus}_{\mathrm{C}}}{xF}$$

阴极有电流通过，发生极化，阴极反应为

$$x\mathrm{Li^+} + x\mathrm{e} + 6\mathrm{C} = \mathrm{Li}_x\mathrm{C}_6$$

阴极电势为

$$\varphi_{阴} = \varphi_{阴,\mathrm{e}} + \Delta\varphi_{阴}$$

则

$$\Delta\varphi_{阴} = \varphi_{阴} - \varphi_{阴,\mathrm{e}}$$

及

$$A_{\mathrm{m},阴} = -\Delta G_{\mathrm{m},阴} = xF\varphi_{阴} = xF(\varphi_{阴,\mathrm{e}} + \Delta\varphi_{阴})$$

电极反应速率为

$$\frac{\mathrm{d}N_{\mathrm{Li}_x\mathrm{C}_6}}{\mathrm{d}t} = -\frac{1}{x}\frac{\mathrm{d}N_{\mathrm{Li^+}}}{\mathrm{d}t} = -\frac{1}{x}\frac{\mathrm{d}N_{\mathrm{e}}}{\mathrm{d}t} = -\frac{1}{6}\frac{\mathrm{d}N_{\mathrm{C}}}{\mathrm{d}t} = Sj$$

式中

$$
\begin{aligned}
j &= -l_1\left(\frac{A_{\mathrm{m,阴}}}{T}\right) - l_2\left(\frac{A_{\mathrm{m,阴}}}{T}\right)^2 - l_3\left(\frac{A_{\mathrm{m,阴}}}{T}\right)^3 - \cdots \\
&= -l_1'\left(\frac{\varphi_{阴}}{T}\right) - l_2'\left(\frac{\varphi_{阴}}{T}\right)^2 - l_3'\left(\frac{\varphi_{阴}}{T}\right)^3 - \cdots \\
&= -l_1'' - l_2''\left(\frac{\Delta\varphi_{阴}}{T}\right) - l_3''\left(\frac{\Delta\varphi_{阴}}{T}\right)^2 - l_4''\left(\frac{\Delta\varphi_{阴}}{T}\right)^3 - \cdots
\end{aligned}
$$

将上式代入

$$i = xFj$$

得

$$
\begin{aligned}
i &= xFj \\
&= -l_1^*\left(\frac{\varphi_{阴}}{T}\right) - l_2^*\left(\frac{\varphi_{阴}}{T}\right)^2 - l_3^*\left(\frac{\varphi_{阴}}{T}\right)^3 - \cdots \\
&= -l_1^{**} - l_2^{**}\left(\frac{\Delta\varphi_{阴}}{T}\right) - l_3^{**}\left(\frac{\Delta\varphi_{阴}}{T}\right)^2 - l_4^{**}\left(\frac{\Delta\varphi_{阴}}{T}\right)^3 - \cdots
\end{aligned}
$$

2）阳极电势

阳极反应达成平衡

$$\mathrm{LiFePO_4} \rightleftharpoons \mathrm{Li_{1-x}FePO_4} + x\mathrm{e} + x\mathrm{Li^+}$$

该过程的摩尔吉布斯自由能变化为

$$
\begin{aligned}
\Delta G_{\mathrm{m,阳,e}} &= \mu_{\mathrm{Li_{1-x}FePO_4}} + x\mu_{\mathrm{e}} + x\mu_{\mathrm{Li^+}} - \mu_{\mathrm{LiFePO_4}} \\
&= \Delta G_{\mathrm{m,阳}}^{\ominus} + RT\ln\frac{a_{\mathrm{Li_{1-x}FePO_4,e}}a_{\mathrm{Li^+,e}}^{x}}{a_{\mathrm{LiFePO_4,e}}}
\end{aligned}
$$

式中

$$
\begin{aligned}
\Delta G_{\mathrm{m,阳}}^{\ominus} &= \mu_{\mathrm{Li_{1-x}FePO_4}}^{\ominus} + x\mu_{\mathrm{e}}^{\ominus} + x\mu_{\mathrm{Li^+}}^{\ominus} - \mu_{\mathrm{LiFePO_4}}^{\ominus} \\
\mu_{\mathrm{Li_{1-x}FePO_4}} &= \mu_{\mathrm{Li_{1-x}FePO_4}}^{\ominus} + RT\ln a_{\mathrm{Li_{1-x}FePO_4,e}} \\
\mu_{\mathrm{e}} &= \mu_{\mathrm{e}}^{\ominus} \\
\mu_{\mathrm{Li^+}} &= \mu_{\mathrm{Li^+}}^{\ominus} + RT\ln a_{\mathrm{Li^+,e}} \\
\mu_{\mathrm{LiFePO_4}} &= \mu_{\mathrm{LiFePO_4}}^{\ominus} + RT\ln a_{\mathrm{LiFePO_4,e}}
\end{aligned}
$$

由

$$\varphi_{\mathrm{阳,e}} = \frac{\Delta G_{\mathrm{m,阳,e}}}{xF}$$

得

$$\varphi_{\mathrm{阳,e}} = \varphi_{阳}^{\ominus} + \frac{RT}{xF}\ln\frac{a_{\mathrm{Li_{1-x}FePO_4,e}}a_{\mathrm{Li^+,e}}^{x}}{a_{\mathrm{LiFePO_4,e}}}$$

式中

$$\varphi_{阳}^{\ominus}=\frac{\Delta G_{m,阳}^{\ominus}}{xF}=\frac{\mu_{Li_{1-x}FePO_4}^{\ominus}+x\mu_{e}^{\ominus}+x\mu_{Li^+}^{\ominus}-\mu_{LiFePO_4}^{\ominus}}{xF}$$

阳极有电流通过，阳极发生极化，阳极反应为

$$LiFePO_4 = Li_{1-x}FePO_4 + xe + xLi^+$$

阳极电势为

$$\varphi_{阳}=\varphi_{阳,e}+\Delta\varphi_{阳}$$

则

$$\Delta\varphi_{阳}=\varphi_{阳}-\varphi_{阳,e}$$

并有

$$A_{m,阳}=-\Delta G_{m,阳}=-xF\varphi_{阳}=-xF(\varphi_{阳,e}+\Delta\varphi_{阳})$$

阳极反应速率

$$\frac{dN_{Li_{1-x}FePO_4}}{dt}=\frac{1}{x}\frac{dN_{Li^+}}{dt}=\frac{1}{x}\frac{dN_{e}}{dt}=-\frac{dN_{LiFePO_4}}{dt}=Sj$$

式中

$$\begin{aligned}j&=-l_1\left(\frac{A_{m,阳}}{T}\right)-l_2\left(\frac{A_{m,阳}}{T}\right)^2-l_3\left(\frac{A_{m,阳}}{T}\right)^3-\cdots\\&=-l_1'\left(\frac{\varphi_{阳}}{T}\right)-l_2'\left(\frac{\varphi_{阳}}{T}\right)^2-l_3'\left(\frac{\varphi_{阳}}{T}\right)^3-\cdots\\&=-l_1''-l_2''\left(\frac{\Delta\varphi_{阳}}{T}\right)-l_3''\left(\frac{\Delta\varphi_{阳}}{T}\right)^2-l_4''\left(\frac{\Delta\varphi_{阳}}{T}\right)^3-\cdots\end{aligned}$$

将上式代入

$$i=xFj$$

得

$$\begin{aligned}i&=xFj\\&=-l_1^*\left(\frac{\varphi_{阳}}{T}\right)-l_2^*\left(\frac{\varphi_{阳}}{T}\right)^2-l_3^*\left(\frac{\varphi_{阳}}{T}\right)^3-\cdots\\&=-l_1^{**}-l_2^{**}\left(\frac{\Delta\varphi_{阳}}{T}\right)-l_3^{**}\left(\frac{\Delta\varphi_{阳}}{T}\right)^2-l_4^{**}\left(\frac{\Delta\varphi_{阳}}{T}\right)^3-\cdots\end{aligned}$$

3）电解池电动势

电解池反应达到平衡

$$LiFePO_4+6C \rightleftharpoons Li_{1-x}FePO_4+Li_xC_6$$

该过程的摩尔吉布斯自由能变化为

$$\Delta G_{m,e} = \mu_{Li_{1-x}FePO_4} + \mu_{Li_xC_6} - \mu_{LiFePO_4} - 6\mu_C$$
$$= \Delta G_m^{\ominus} + RT\ln\frac{a_{Li_{1-x}FePO_4,e}a_{Li_xC_6,e}}{a_{LiFePO_4,e}}$$

式中

$$\Delta G_m^{\ominus} = \mu_{Li_{1-x}FePO_4}^{\ominus} + \mu_{Li_xC_6}^{\ominus} - \mu_{LiFePO_4}^{\ominus} - 6\mu_C^{\ominus}$$
$$\mu_{Li_{1-x}FePO_4} = \mu_{Li_{1-x}FePO_4}^{\ominus} + RT\ln a_{Li_{1-x}FePO_4,e}$$
$$\mu_{Li_xC_6} = \mu_{Li_xC_6}^{\ominus} + RT\ln a_{Li_xC_6,e}$$
$$\mu_{LiFePO_4} = \mu_{LiFePO_4}^{\ominus} + RT\ln a_{LiFePO_4,e}$$
$$\mu_C = \mu_C^{\ominus}$$

由

$$E_e = -\frac{\Delta G_{m,e}}{xF}$$

得

$$E_e = E^{\ominus} + \frac{RT}{xF}\ln\frac{a_{LiFePO_4,e}}{a_{Li_{1-x}FePO_4,e}a_{Li_xC_6,e}}$$

式中

$$E^{\ominus} = -\frac{\Delta G_m^{\ominus}}{xF} = -\frac{\mu_{Li_{1-x}FePO_4}^{\ominus} + \mu_{Li_xC_6}^{\ominus} - \mu_{LiFePO_4}^{\ominus} - 6\mu_C^{\ominus}}{xF}$$

电池充电，有电流通过，发生极化，电解池反应为

$$LiFePO_4 + 6C = Li_{1-x}FePO_4 + Li_xC_6$$

电解池电动势为

$$E = \varphi_{阴} - \varphi_{阳}$$
$$= (\varphi_{阴,e} + \Delta\varphi_{阴}) - (\varphi_{阳,e} + \Delta\varphi_{阳})$$
$$= (\varphi_{阴,e} - \varphi_{阳,e}) + (\Delta\varphi_{阴} - \Delta\varphi_{阳})$$
$$= E_e + \Delta E$$

外加电动势为

$$E' = -E = \varphi_{阳} - \varphi_{阴}$$
$$E'_e = -E_e = \varphi_{阳,e} - \varphi_{阴,e}$$
$$\Delta E' = -\Delta E = \Delta\varphi_{阳} - \Delta\varphi_{阴}$$

并有

$$A_m = -\Delta G_m$$
$$= xFE = xF(E_e + \Delta E)$$
$$= -xFE' = -xF(E'_e + \Delta E')$$

4）电解池端电压

$$V' = E' + IR = E'_e + \Delta E' + IR$$

式中，I 为电流；R 为电池系统电阻。

5）电解池反应速率

$$\frac{\mathrm{d}N_{\mathrm{Li}_{1-x}\mathrm{FePO}_4}}{\mathrm{d}t}=\frac{\mathrm{d}N_{\mathrm{Li}_x\mathrm{C}_6}}{\mathrm{d}t}=-\frac{\mathrm{d}N_{\mathrm{LiFePO}_4}}{\mathrm{d}t}=-\frac{1}{6}\frac{\mathrm{d}N_{\mathrm{C}}}{\mathrm{d}t}=Sj$$

式中

$$\begin{aligned}j&=-l_1\left(\frac{A_{\mathrm{m}}}{T}\right)-l_2\left(\frac{A_{\mathrm{m}}}{T}\right)^2-l_3\left(\frac{A_{\mathrm{m}}}{T}\right)^3-\cdots\\&=-l_1'\left(\frac{E'}{T}\right)-l_2'\left(\frac{E'}{T}\right)^2-l_3'\left(\frac{E'}{T}\right)^3-\cdots\\&=-l_1''-l_2''\left(\frac{\Delta E'}{T}\right)-l_3''\left(\frac{\Delta E'}{T}\right)^2-l_4''\left(\frac{\Delta E'}{T}\right)^3-\cdots\end{aligned}$$

将上式代入

$$i=xFj$$

得

$$\begin{aligned}i&=xFj\\&=-l_1^*\left(\frac{E'}{T}\right)-l_2^*\left(\frac{E'}{T}\right)^2-l_3^*\left(\frac{E'}{T}\right)^3-\cdots\\&=-l_1^{**}-l_2^{**}\left(\frac{\Delta E'}{T}\right)-l_3^{**}\left(\frac{\Delta E'}{T}\right)^2-l_4^{**}\left(\frac{\Delta E'}{T}\right)^3-\cdots\end{aligned}$$

18.6　钠离子电池

钠离子电池的阴极材料主要有层状过渡金属氧化物（镍铁锰基层状氧化物）、隧道型过渡金属氧化物、普鲁士蓝类化合物、聚阴离子型化合物（氟磷酸钒钠）以及有机化合物。钠离子电池的阳极材为硬炭。

钠离子电池的电解质为 $NaPF_6$ + EC/DMC 或 $NaClO_4$ + PC/EC/DMC。

18.6.1　钠离子电池放电

钠离子电池组成

$$\mathrm{C}\,|\,\text{电解质溶液}\,|\,\mathrm{NaMO_2}$$

阴极反应

$$\mathrm{Na_{1-x}MO_2}+x\mathrm{Na^+}+x\mathrm{e}=\!=\!=\mathrm{NaMO_2}$$

阳极反应

$$\mathrm{Na}_x\mathrm{C}_6 = x\mathrm{Na}^+ + x\mathrm{e} + 6\mathrm{C}$$

电池反应

$$\mathrm{Na}_{1-x}\mathrm{MO}_2 + \mathrm{Na}_x\mathrm{C}_6 = \mathrm{NaMO}_2 + 6\mathrm{C}$$

1. 阴极电势

阴极反应达成平衡

$$\mathrm{Na}_{1-x}\mathrm{MO}_2 + x\mathrm{Na}^+ + x\mathrm{e} \rightleftharpoons \mathrm{NaMO}_2$$

该过程的摩尔吉布斯自由能变化为

$$\begin{aligned}\Delta G_{\mathrm{m},阴,\mathrm{e}} &= \mu_{\mathrm{NaMO}_2} - \mu_{\mathrm{Na}_{1-x}\mathrm{MO}_2} - x\mu_{\mathrm{Na}^+} - x\mu_{\mathrm{e}} \\ &= \Delta G_{\mathrm{m},阴}^{\ominus} + RT\ln\frac{a_{\mathrm{NaMO}_2,\mathrm{e}}}{a_{\mathrm{Na}_{1-x}\mathrm{MO}_2,\mathrm{e}}a_{\mathrm{Na}^+,\mathrm{e}}^x}\end{aligned}$$

式中

$$\Delta G_{\mathrm{m},阴}^{\ominus} = \mu_{\mathrm{NaMO}_2}^{\ominus} - \mu_{\mathrm{Na}_{1-x}\mathrm{MO}_2}^{\ominus} - x\mu_{\mathrm{Na}^+}^{\ominus} - x\mu_{\mathrm{e}}^{\ominus}$$

$$\mu_{\mathrm{NaMO}_2} = \mu_{\mathrm{NaMO}_2}^{\ominus} + RT\ln a_{\mathrm{NaMO}_2,\mathrm{e}}$$

$$\mu_{\mathrm{Na}_{1-x}\mathrm{MO}_2} = \mu_{\mathrm{Na}_{1-x}\mathrm{MO}_2}^{\ominus} + RT\ln a_{\mathrm{Na}_{1-x}\mathrm{MO}_2,\mathrm{e}}$$

$$\mu_{\mathrm{Na}^+} = \mu_{\mathrm{Na}^+}^{\ominus} + RT\ln a_{\mathrm{Na}^+,\mathrm{e}}$$

$$\mu_{\mathrm{e}} = \mu_{\mathrm{e}}^{\ominus}$$

由

$$\varphi_{阴,\mathrm{e}} = -\frac{\Delta G_{\mathrm{m},阴,\mathrm{e}}}{xF}$$

得

$$\varphi_{阴} = \varphi_{阴}^{\ominus} + \frac{RT}{xF}\ln\frac{a_{\mathrm{Na}_{1-x}\mathrm{MO}_2,\mathrm{e}}a_{\mathrm{Na}^+,\mathrm{e}}^x}{a_{\mathrm{NaMO}_2,\mathrm{e}}}$$

式中

$$\varphi_{阴}^{\ominus} = -\frac{\Delta G_{\mathrm{m},阴}^{\ominus}}{xF} = -\frac{\mu_{\mathrm{NaMO}_2}^{\ominus} - \mu_{\mathrm{Na}_{1-x}\mathrm{MO}_2}^{\ominus} - x\mu_{\mathrm{Na}^+}^{\ominus} - x\mu_{\mathrm{e}}^{\ominus}}{xF}$$

阴极有电流通过，发生极化，阴极反应为

$$\mathrm{Na}_{1-x}\mathrm{MO}_2 + x\mathrm{Na}^+ + x\mathrm{e} = \mathrm{NaMO}_2$$

阴极电势为

$$\varphi_{阴} = \varphi_{阴,\mathrm{e}} + \Delta\varphi_{阴}$$

并有

$$\Delta\varphi_{阴} = \varphi_{阴} - \varphi_{阴,\mathrm{e}}$$

及

$$A_{\mathrm{m},阴} = \Delta G_{\mathrm{m},阴} = -xF\varphi_{阴} = -xF(\varphi_{阴,\mathrm{e}} + \Delta\varphi_{阴})$$

电极反应速率为

$$\frac{\mathrm{d}N_{\mathrm{NaMO_2}}}{\mathrm{d}t}=-\frac{\mathrm{d}N_{\mathrm{Na_{1-x}MO_2}}}{\mathrm{d}t}=-\frac{1}{x}\frac{\mathrm{d}N_{\mathrm{Li^+}}}{\mathrm{d}t}=-\frac{1}{x}\frac{\mathrm{d}N_{\mathrm{e}}}{\mathrm{d}t}=Sj$$

式中

$$\begin{aligned}j&=-l_1\left(\frac{A_{\mathrm{m,阴}}}{T}\right)-l_2\left(\frac{A_{\mathrm{m,阴}}}{T}\right)^2-l_3\left(\frac{A_{\mathrm{m,阴}}}{T}\right)^3-\cdots\\&=-l_1'\left(\frac{\varphi_{阴}}{T}\right)-l_2'\left(\frac{\varphi_{阴}}{T}\right)^2-l_3'\left(\frac{\varphi_{阴}}{T}\right)^3-\cdots\\&=-l_1''-l_2''\left(\frac{\Delta\varphi_{阴}}{T}\right)-l_3''\left(\frac{\Delta\varphi_{阴}}{T}\right)^2-l_4''\left(\frac{\Delta\varphi_{阴}}{T}\right)^3-\cdots\end{aligned}$$

将上式代入

$$i=xFj$$

得

$$\begin{aligned}i&=xFj\\&=-l_1^*\left(\frac{\varphi_{阴}}{T}\right)-l_2^*\left(\frac{\varphi_{阴}}{T}\right)^2-l_3^*\left(\frac{\varphi_{阴}}{T}\right)^3-\cdots\\&=-l_1^{**}-l_2^{**}\left(\frac{\Delta\varphi_{阴}}{T}\right)-l_3^{**}\left(\frac{\Delta\varphi_{阴}}{T}\right)^2-l_4^{**}\left(\frac{\Delta\varphi_{阴}}{T}\right)^3-\cdots\end{aligned}$$

2. 阳极电势

阳极反应达成平衡

$$\mathrm{Na}_x\mathrm{C}_6 \rightleftharpoons x\mathrm{Na}^+ + x\mathrm{e} + 6\mathrm{C}$$

该过程的摩尔吉布斯自由能变化为

$$\Delta G_{\mathrm{m,阳,e}}=6\mu_{\mathrm{C}}+x\mu_{\mathrm{Na^+}}+x\mu_{\mathrm{e}}-\mu_{\mathrm{Na}_x\mathrm{C}_6}=\Delta G_{\mathrm{m,阳}}^{\ominus}+RT\ln\frac{a_{\mathrm{Na^+,e}}^x}{a_{\mathrm{Na}_x\mathrm{C}_6,\mathrm{e}}}$$

式中

$$\Delta G_{\mathrm{m,阳}}^{\ominus}=6\mu_{\mathrm{C}}^{\ominus}+x\mu_{\mathrm{Na^+}}^{\ominus}+x\mu_{\mathrm{e}}^{\ominus}-\mu_{\mathrm{Na}_x\mathrm{C}_6}^{\ominus}$$

$$\mu_{\mathrm{C}}=\mu_{\mathrm{C}}^{\ominus}$$

$$\mu_{\mathrm{Na^+}}=\mu_{\mathrm{Na^+}}^{\ominus}+RT\ln a_{\mathrm{Na^+,e}}$$

$$\mu_{\mathrm{e}}=\mu_{\mathrm{e}}^{\ominus}$$

$$\mu_{\mathrm{Na}_x\mathrm{C}_6}=\mu_{\mathrm{Na}_x\mathrm{C}_6}^{\ominus}+RT\ln a_{\mathrm{Na}_x\mathrm{C}_6,\mathrm{e}}$$

由

$$\varphi_{\mathrm{阳,e}}=\frac{\Delta G_{\mathrm{m,阳,e}}}{xF}$$

得
$$\varphi_{阳,e}=\varphi_{阳}^{\ominus}+\frac{RT}{xF}\ln\frac{a_{Na^+,e}^{x}}{a_{Na_xC_6,e}}$$

式中
$$\varphi_{阳}^{\ominus}=\frac{\Delta G_{m,阳}^{\ominus}}{xF}=\frac{6\mu_{C}^{\ominus}+x\mu_{Na^+}^{\ominus}+x\mu_{e}^{\ominus}-\mu_{Na_xC_6}^{\ominus}}{xF}$$

电池输出电能，阳极有电流通过，阳极发生极化，阳极反应为

$$Na_xC_6 = xNa^+ + xe + 6C$$

阳极电势为

$$\varphi_{阳}=\varphi_{阳,e}+\Delta\varphi_{阳}$$

则

$$\Delta\varphi_{阳}=\varphi_{阳}-\varphi_{阳,e}$$

并有

$$A_{m,阳}=\Delta G_{m,阳}=xF\varphi_{阳}=xF(\varphi_{阳,e}+\Delta\varphi_{阳})$$

阳极反应速率

$$\frac{1}{6}\frac{dN_C}{dt}=\frac{1}{x}\frac{dN_{Na^+}}{dt}=\frac{1}{x}\frac{dN_e}{dt}=-\frac{dN_{Na_xC_6}}{dt}=Sj$$

式中，

$$\begin{aligned}j&=-l_1\left(\frac{A_{m,阳}}{T}\right)-l_2\left(\frac{A_{m,阳}}{T}\right)^2-l_3\left(\frac{A_{m,阳}}{T}\right)^3-\cdots\\&=-l_1'\left(\frac{\varphi_{阳}}{T}\right)-l_2'\left(\frac{\varphi_{阳}}{T}\right)^2-l_3'\left(\frac{\varphi_{阳}}{T}\right)^3-\cdots\\&=-l_1''-l_2''\left(\frac{\Delta\varphi_{阳}}{T}\right)-l_3''\left(\frac{\Delta\varphi_{阳}}{T}\right)^2-l_4''\left(\frac{\Delta\varphi_{阳}}{T}\right)^3-\cdots\end{aligned}$$

将上式代入

$$i=xFj$$

得

$$\begin{aligned}i&=xFj\\&=-l_1^*\left(\frac{\varphi_{阳}}{T}\right)-l_2^*\left(\frac{\varphi_{阳}}{T}\right)^2-l_3^*\left(\frac{\varphi_{阳}}{T}\right)^3-\cdots\\&=-l_1^{**}-l_2^{**}\left(\frac{\Delta\varphi_{阳}}{T}\right)-l_3^{**}\left(\frac{\Delta\varphi_{阳}}{T}\right)^2-l_4^{**}\left(\frac{\Delta\varphi_{阳}}{T}\right)^3-\cdots\end{aligned}$$

3. 电池电动势

电池反应达到平衡

$$Na_{1-x}MO_2 + Na_xC_6 \rightleftharpoons NaMO_2 + 6C$$

该过程的摩尔吉布斯自由能变化为

$$\begin{aligned}\Delta G_{m,e} &= \mu_{NaMO_2} + 6\mu_C - \mu_{Na_{1-x}MO_2} - \mu_{Na_xC_6} \\ &= \Delta G_m^\ominus + RT\ln\frac{a_{NaMO_2,e}}{a_{Na_{1-x}MO_2,e}a_{Na_xC_6,e}}\end{aligned}$$

式中

$$\Delta G_m^\ominus = \mu_{NaMO_2}^\ominus + 6\mu_C^\ominus - \mu_{Na_{1-x}MO_2}^\ominus - \mu_{Na_xC_6}^\ominus$$

$$\mu_{NaMO_2} = \mu_{NaMO_2}^\ominus + RT\ln a_{NaMO_2,e}$$

$$\mu_C = \mu_C^\ominus$$

$$\mu_{Na_{1-x}MO_2} = \mu_{Na_{1-x}MO_2}^\ominus + RT\ln a_{Na_{1-x}MO_2,e}$$

$$\mu_{Na_xC_6} = \mu_{Na_xC_6}^\ominus + RT\ln a_{Na_xC_6,e}$$

由

$$E_e = -\frac{\Delta G_{m,e}}{xF}$$

得

$$E_e = E^\ominus + \frac{RT}{xF}\ln\frac{a_{Na_{1-x}MO_2,e}a_{Na_xC_6,e}}{a_{NaMO_2,e}}$$

式中

$$E^\ominus = -\frac{\Delta G_m^\ominus}{xF} = -\frac{\mu_{NaMO_2}^\ominus + 6\mu_C^\ominus - \mu_{Na_{1-x}MO_2}^\ominus - \mu_{Na_xC_6}^\ominus}{xF}$$

电池放电，有电流通过，发生极化，电池反应为

$$Na_{1-x}MO_2 + Na_xC_6 = NaMO_2 + 6C$$

电池电动势为

$$\begin{aligned}E &= \varphi_{阴} - \varphi_{阳} \\ &= (\varphi_{阴,e} + \Delta\varphi_{阴}) - (\varphi_{阳,e} + \Delta\varphi_{阳}) \\ &= (\varphi_{阴,e} - \varphi_{阳,e}) - (\Delta\varphi_{阴} - \Delta\varphi_{阳}) \\ &= E_e + \Delta E\end{aligned}$$

式中

$$E_e = \varphi_{阴,e} - \varphi_{阳,e}$$

为平衡电动势

$$\Delta E = \Delta\varphi_{阴} - \Delta\varphi_{阳}$$

为过电动势

并有

$$A_m = \Delta G_m = -xFE = -xF(E_e + \Delta E)$$

4. 电池端电压

$$V = E - IR = E_e + \Delta E - IR$$

式中，I 为电流；R 为电池系统电阻。

5. 电池反应速率

$$-\frac{dN_{Na_{1-x}MO_2}}{dt} = -\frac{dN_{Na_xC_6}}{dt} = \frac{dN_{NaMO_2}}{dt} = \frac{1}{6}\frac{dN_C}{dt} = Sj$$

式中

$$\begin{aligned} j &= -l_1\left(\frac{A_m}{T}\right) - l_2\left(\frac{A_m}{T}\right)^2 - l_3\left(\frac{A_m}{T}\right)^3 - \cdots \\ &= -l_1'\left(\frac{E}{T}\right) - l_2'\left(\frac{E}{T}\right)^2 - l_3'\left(\frac{E}{T}\right)^3 - \cdots \\ &= -l_1'' - l_2''\left(\frac{\Delta E}{T}\right) - l_3''\left(\frac{\Delta E}{T}\right)^2 - l_4''\left(\frac{\Delta E}{T}\right)^3 - \cdots \end{aligned}$$

将上式代入

$$i = xFj$$

得

$$\begin{aligned} i &= xFj \\ &= -l_1^*\left(\frac{E}{T}\right) - l_2^*\left(\frac{E}{T}\right)^2 - l_3^*\left(\frac{E}{T}\right)^3 - \cdots \\ &= -l_1^{**} - l_2^{**}\left(\frac{\Delta E}{T}\right) - l_3^{**}\left(\frac{\Delta E}{T}\right)^2 - l_4^{**}\left(\frac{\Delta E}{T}\right)^3 - \cdots \end{aligned}$$

18.6.2 钠离子电池充电

钠离子电池充电相当于电解，成为电解池。电解池组成为

$$NaMO_2 \mid 电解质溶液 \mid C$$

负极（阴极）发生还原反应

$$x\text{Na}^+ + x\text{e} + 6\text{C} = \text{Na}_x\text{C}_6$$

正极（阳极）发生氧化反应

$$\text{NaMO}_2 = \text{Na}_{1-x}\text{MO}_2 + x\text{e} + x\text{Na}^+$$

电解池反应

$$\text{NaMO}_2 + 6\text{C} = \text{Na}_{1-x}\text{MO}_2 + \text{Na}_x\text{C}_6$$

1. 阴极电势

阴极反应达成平衡

$$x\mathrm{Na}^+ + x\mathrm{e} + 6\mathrm{C} \rightleftharpoons \mathrm{Na}_x\mathrm{C}_6$$

该过程的摩尔吉布斯自由能变化为

$$\begin{aligned}\Delta G_{\mathrm{m},阴,\mathrm{e}} &= \mu_{\mathrm{Na}_x\mathrm{C}_6} - x\mu_{\mathrm{Na}^+} - x\mu_{\mathrm{e}} - 6\mu_{\mathrm{C}} \\ &= \Delta G_{\mathrm{m},阴}^{\ominus} + RT\ln\frac{a_{\mathrm{Na}_x\mathrm{C}_6,\mathrm{e}}}{a_{\mathrm{Na}^+,\mathrm{e}}^x}\end{aligned}$$

式中

$$\Delta G_{\mathrm{m},阴}^{\ominus} = \mu_{\mathrm{Na}_x\mathrm{C}_6}^{\ominus} - x\mu_{\mathrm{Na}^+}^{\ominus} - x\mu_{\mathrm{e}}^{\ominus} - 6\mu_{\mathrm{C}}^{\ominus}$$

$$\mu_{\mathrm{Na}_x\mathrm{C}_6} = \mu_{\mathrm{Na}_x\mathrm{C}_6}^{\ominus} + RT\ln a_{\mathrm{Na}_x\mathrm{C}_6,\mathrm{e}}$$

$$\mu_{\mathrm{Na}^+} = \mu_{\mathrm{Na}^+}^{\ominus} + RT\ln a_{\mathrm{Na}^+,\mathrm{e}}$$

$$\mu_{\mathrm{e}} = \mu_{\mathrm{e}}^{\ominus}$$

$$\mu_{\mathrm{C}} = \mu_{\mathrm{C}}^{\ominus}$$

由

$$\varphi_{阴,\mathrm{e}} = -\frac{\Delta G_{\mathrm{m},阴,\mathrm{e}}}{xF}$$

得

$$\varphi_{阴,\mathrm{e}} = \varphi_{阴}^{\ominus} + \frac{RT}{xF}\ln\frac{a_{\mathrm{Na}^+,\mathrm{e}}^x}{a_{\mathrm{Na}_x\mathrm{C}_6,\mathrm{e}}}$$

式中

$$\varphi_{阴}^{\ominus} = -\frac{\Delta G_{\mathrm{m},阴}^{\ominus}}{xF} = -\frac{\mu_{\mathrm{Na}_x\mathrm{C}_6}^{\ominus} - x\mu_{\mathrm{Na}^+}^{\ominus} - x\mu_{\mathrm{e}}^{\ominus} - 6\mu_{\mathrm{C}}^{\ominus}}{xF}$$

阴极有电流通过，发生极化，阴极反应为

$$x\mathrm{Na}^+ + x\mathrm{e} + 6\mathrm{C} = \mathrm{Na}_x\mathrm{C}_6$$

阴极电势为

$$\varphi_{阴} = \varphi_{阴,\mathrm{e}} + \Delta\varphi_{阴}$$

则

$$\Delta\varphi_{阴} = \varphi_{阴} - \varphi_{阴,\mathrm{e}}$$

及

$$A_{\mathrm{m},阴} = -\Delta G_{\mathrm{m},阴} = xF\varphi_{阴} = xF(\varphi_{阴,\mathrm{e}} + \Delta\varphi_{阴})$$

电极反应速率为

$$\frac{\mathrm{d}N_{\mathrm{Na}_x\mathrm{C}_6}}{\mathrm{d}t} = -\frac{1}{x}\frac{\mathrm{d}N_{\mathrm{Na}^+}}{\mathrm{d}t} = -\frac{1}{x}\frac{\mathrm{d}N_{\mathrm{e}}}{\mathrm{d}t} = -\frac{1}{6}\frac{\mathrm{d}N_{\mathrm{C}}}{\mathrm{d}t} = Sj$$

式中

$$
\begin{aligned}
j &= -l_1\left(\frac{A_{\mathrm{m},阴}}{T}\right) - l_2\left(\frac{A_{\mathrm{m},阴}}{T}\right)^2 - l_3\left(\frac{A_{\mathrm{m},阴}}{T}\right)^3 - \cdots \\
&= -l_1'\left(\frac{\varphi_{阴}}{T}\right) - l_2'\left(\frac{\varphi_{阴}}{T}\right)^2 - l_3'\left(\frac{\varphi_{阴}}{T}\right)^3 - \cdots \\
&= -l_1'' - l_2''\left(\frac{\Delta\varphi_{阴}}{T}\right) - l_3''\left(\frac{\Delta\varphi_{阴}}{T}\right)^2 - l_4''\left(\frac{\Delta\varphi_{阴}}{T}\right)^3 - \cdots
\end{aligned}
$$

将上式代入

$$
i = xFj
$$

得

$$
\begin{aligned}
i &= xFj \\
&= -l_1^*\left(\frac{\varphi_{阴}}{T}\right) - l_2^*\left(\frac{\varphi_{阴}}{T}\right)^2 - l_3^*\left(\frac{\varphi_{阴}}{T}\right)^3 - \cdots \\
&= -l_1^{**} - l_2^{**}\left(\frac{\Delta\varphi_{阴}}{T}\right) - l_3^{**}\left(\frac{\Delta\varphi_{阴}}{T}\right)^2 - l_4^{**}\left(\frac{\Delta\varphi_{阴}}{T}\right)^3 - \cdots
\end{aligned}
$$

2. 阳极电势

阳极反应达成平衡

$$
\mathrm{NaMO_2} \rightleftharpoons \mathrm{Na_{1-x}MO_2} + x\mathrm{e} + x\mathrm{Na^+}
$$

该过程的摩尔吉布斯自由能变化为

$$
\begin{aligned}
\Delta G_{\mathrm{m},阳,\mathrm{e}} &= \mu_{\mathrm{Na_{1-x}MO_2}} + x\mu_{\mathrm{e}} + x\mu_{\mathrm{Na^+}} - \mu_{\mathrm{NaMO_2}} \\
&= \Delta G_{\mathrm{m},阳}^{\ominus} + RT\ln\frac{a_{\mathrm{Na_{1-x}MO_2,e}}\,a_{\mathrm{Na^+,e}}^{x}}{a_{\mathrm{NaMO_2,e}}}
\end{aligned}
$$

式中

$$
\begin{aligned}
\Delta G_{\mathrm{m},阳}^{\ominus} &= \mu_{\mathrm{Na_{1-x}MO_2}}^{\ominus} + x\mu_{\mathrm{e}}^{\ominus} + x\mu_{\mathrm{Na^+}}^{\ominus} - \mu_{\mathrm{NaMO_2}}^{\ominus} \\
\mu_{\mathrm{Na_{1-x}MO_2}} &= \mu_{\mathrm{Na_{1-x}MO_2}}^{\ominus} + RT\ln a_{\mathrm{Na_{1-x}MO_2,e}} \\
\mu_{\mathrm{e}} &= \mu_{\mathrm{e}}^{\ominus} \\
\mu_{\mathrm{Na^+}} &= \mu_{\mathrm{Na^+}}^{\ominus} + RT\ln a_{\mathrm{Na^+,e}} \\
\mu_{\mathrm{NaMO_2}} &= \mu_{\mathrm{NaMO_2}}^{\ominus} + RT\ln a_{\mathrm{NaMO_2,e}}
\end{aligned}
$$

由

$$
\varphi_{阳,\mathrm{e}} = \frac{\Delta G_{\mathrm{m},阳,\mathrm{e}}}{xF}
$$

得

$$
\varphi_{阳,\mathrm{e}} = \varphi_{阳}^{\ominus} + \frac{RT}{xF}\ln\frac{a_{\mathrm{Na_{1-x}MO_2,e}}\,a_{\mathrm{Na^+,e}}^{x}}{a_{\mathrm{NaMO_2,e}}}
$$

式中

$$\varphi_{阳}^{\ominus}=\frac{\Delta G_{m,阳}^{\ominus}}{xF}=\frac{\mu_{Na_{1-x}MO_2}^{\ominus}+x\mu_{e}^{\ominus}+x\mu_{Na^+}^{\ominus}-\mu_{NaMO_2}^{\ominus}}{xF}$$

阳极有电流通过，阳极发生极化，阳极反应为

$$NaMO_2 = Na_{1-x}MO_2 + xe + xNa^+$$

阳极电势为

$$\varphi_{阳}=\varphi_{阳,e}+\Delta\varphi_{阳}$$

则

$$\Delta\varphi_{阳}=\varphi_{阳}-\varphi_{阳,e}$$

并有

$$A_{m,阳}=-\Delta G_{m,阳}=-xF\varphi_{阳}=-xF(\varphi_{阳,e}+\Delta\varphi_{阳})$$

阳极反应速率

$$\frac{dN_{Na_{1-x}MO_4}}{dt}=\frac{1}{x}\frac{dN_{Na^+}}{dt}=\frac{1}{x}\frac{dN_e}{dt}=-\frac{dN_{NaMO_2}}{dt}=Sj$$

式中

$$\begin{aligned}j&=-l_1\left(\frac{A_{m,阳}}{T}\right)-l_2\left(\frac{A_{m,阳}}{T}\right)^2-l_3\left(\frac{A_{m,阳}}{T}\right)^3-\cdots\\&=-l_1'\left(\frac{\varphi_{阳}}{T}\right)-l_2'\left(\frac{\varphi_{阳}}{T}\right)^2-l_3'\left(\frac{\varphi_{阳}}{T}\right)^3-\cdots\\&=-l_1''-l_2''\left(\frac{\Delta\varphi_{阳}}{T}\right)-l_3''\left(\frac{\Delta\varphi_{阳}}{T}\right)^2-l_4''\left(\frac{\Delta\varphi_{阳}}{T}\right)^3-\cdots\end{aligned}$$

将上式代入

$$i=xFj$$

得

$$\begin{aligned}i&=xFj\\&=-l_1^*\left(\frac{\varphi_{阳}}{T}\right)-l_2^*\left(\frac{\varphi_{阳}}{T}\right)^2-l_3^*\left(\frac{\varphi_{阳}}{T}\right)^3-\cdots\\&=-l_1^{**}-l_2^{**}\left(\frac{\Delta\varphi_{阳}}{T}\right)-l_3^{**}\left(\frac{\Delta\varphi_{阳}}{T}\right)^2-l_4^{**}\left(\frac{\Delta\varphi_{阳}}{T}\right)^3-\cdots\end{aligned}$$

3. 电解池电动势

电解池反应达到平衡为

$$NaMO_2+6C \rightleftharpoons Na_{1-x}MO_2+Na_xC_6$$

该过程的摩尔吉布斯自由能变化为

$$\begin{aligned}\Delta G_{m,e} &= \mu_{Na_{1-x}MO_2} + \mu_{Na_xC_6} - \mu_{NaMO_2} - 6\mu_C \\ &= \Delta G_m^{\ominus} + RT\ln\frac{a_{Na_{1-x}MO_2,e}\,a_{Na_xC_6,e}}{a_{NaMO_2,e}}\end{aligned}$$

式中

$$\Delta G_m^{\ominus} = \mu_{Na_{1-x}MO_2}^{\ominus} + \mu_{Na_xC_6}^{\ominus} - \mu_{NaMO_2}^{\ominus} - 6\mu_C^{\ominus}$$

$$\mu_{Na_{1-x}MO_2} = \mu_{Na_{1-x}MO_2}^{\ominus} + RT\ln a_{Na_{1-x}MO_2,e}$$

$$\mu_{Na_xC_6} = \mu_{Na_xC_6}^{\ominus} + RT\ln a_{Na_xC_6,e}$$

$$\mu_{NaMO_2} = \mu_{NaMO_2}^{\ominus} + RT\ln a_{NaMO_2,e}$$

$$\mu_C = \mu_C^{\ominus}$$

由

$$E_e = -\frac{\Delta G_{m,e}}{xF}$$

得

$$E_e = E^{\ominus} + \frac{RT}{xF}\ln\frac{a_{NaMO_2,e}}{a_{Na_{1-x}MO_2,e}\,a_{Na_xC_6,e}}$$

式中

$$E^{\ominus} = -\frac{\Delta G_m^{\ominus}}{xF} = -\frac{\mu_{Na_{1-x}MO_2}^{\ominus} + \mu_{Na_xC_6}^{\ominus} - \mu_{NaMO_2}^{\ominus} - 6\mu_C^{\ominus}}{xF}$$

并有

$$E_e' = -E_e$$

E_e' 为外加的平衡电动势。

电池充电，有电流通过，发生极化，电解池反应为

$$NaMO_2 + 6C \equiv Na_{1-x}MO_2 + Na_xC_6$$

电解池电动势为

$$\begin{aligned}E &= \varphi_{阴} - \varphi_{阳} \\ &= (\varphi_{阴,e} + \Delta\varphi_{阴}) - (\varphi_{阳,e} + \Delta\varphi_{阳}) \\ &= (\varphi_{阴,e} - \varphi_{阳,e}) + (\Delta\varphi_{阴} - \Delta\varphi_{阳}) \\ &= E_e + \Delta E\end{aligned}$$

外加电动势为

$$E' = -E = \varphi_{阳} - \varphi_{阴}$$

$$E_e' = -E_e = \varphi_{阳,e} - \varphi_{阴,e}$$

$$\Delta E' = -\Delta E = \Delta\varphi_{阳} - \Delta\varphi_{阴}$$

$$E' = E_e' + \Delta E'$$

并有

$$\begin{aligned} A_{\mathrm{m}} &= -\Delta G_{\mathrm{m}} \\ &= xFE = xF(E_{\mathrm{e}} + \Delta E) \\ &= -xFE' = -xF(E'_{\mathrm{e}} + \Delta E') \end{aligned}$$

4. 电解池端电压

$$V' = E' + IR = E'_{\mathrm{e}} + \Delta E' + IR$$

式中，I为电流；R为电池系统电阻。

5. 电解池反应速率

$$\frac{\mathrm{d}N_{\mathrm{Na_{1-x}MO_2}}}{\mathrm{d}t} = \frac{\mathrm{d}N_{\mathrm{Na_xC_6}}}{\mathrm{d}t} = -\frac{\mathrm{d}N_{\mathrm{NaMO_2}}}{\mathrm{d}t} = -\frac{1}{6}\frac{\mathrm{d}N_{\mathrm{C}}}{\mathrm{d}t} = Sj$$

式中

$$\begin{aligned} j &= -l_1\left(\frac{A_{\mathrm{m}}}{T}\right) - l_2\left(\frac{A_{\mathrm{m}}}{T}\right)^2 - l_3\left(\frac{A_{\mathrm{m}}}{T}\right)^3 - \cdots \\ &= -l'_1\left(\frac{E'}{T}\right) - l'_2\left(\frac{E'}{T}\right)^2 - l'_3\left(\frac{E'}{T}\right)^3 - \cdots \\ &= -l''_1 - l''_2\left(\frac{\Delta E'}{T}\right) - l''_3\left(\frac{\Delta E'}{T}\right)^2 - l''_4\left(\frac{\Delta E'}{T}\right)^3 - \cdots \end{aligned}$$

将上式代入

$$i = xFj$$

得

$$\begin{aligned} i &= xFj \\ &= -l^*_1\left(\frac{E'}{T}\right) - l^*_2\left(\frac{E'}{T}\right)^2 - l^*_3\left(\frac{E'}{T}\right)^3 - \cdots \\ &= -l^{**}_1 - l^{**}_2\left(\frac{\Delta E'}{T}\right) - l^{**}_3\left(\frac{\Delta E'}{T}\right)^2 - l^{**}_4\left(\frac{\Delta E'}{T}\right)^3 - \cdots \end{aligned}$$

参 考 文 献

阿伦 • J. 巴德，拉里 • R. 福克纳. 2005. 电化学方法——原理和应用[M]. 2 版. 邵元华，朱果逸，董献堆，译. 北京：化学工业出版社.

德格鲁脱 S R，梅休尔 P. 1981. 非平衡态热力学[M]. 陆全康，译. 上海：上海科学技术出版社.

傅鹰. 1962. 化学热力学[M]. 北京：科学出版社.

郭鹤桐，覃奇贤. 2000. 电化学教程[M]. 天津：天津大学出版社.

蒋汉瀛. 1983. 冶金电化学[M]. 北京：冶金工业出版社.

赖纳 • 科特豪尔. 2018. 锂离子电池手册[M]. 陈晨，廖帆，闫小峰，等译. 北京：机械工业出版社.

李汝雄. 2004. 绿色溶剂——离子液体的合成与应用[M]. 北京：化学工业出版社.

陆天虹. 2014. 能源电化学[M]. 北京：化学工业出版社.

吴浩青，李永舫. 1998. 电化学动力学[M]. 北京：高等教育出版社.

衣宝廉. 2003. 燃料电池：原理 技术 应用[M]. 北京：化学工业出版社.

义夫正树，拉尔夫 • J. 布拉德，小泽昭弥. 2015. 锂离子电池：科学与技术[M]. 苏金然，汪继强，等译. 北京：化学工业出版社.

翟玉春. 2017. 非平衡态热力学[M]. 北京：科学出版社.

翟玉春. 2017. 非平衡态冶金热力学[M]. 北京：科学出版社.

翟玉春. 2018. 冶金电化学[M]. 北京：冶金工业出版社.

翟玉春. 2018. 冶金动力学[M]. 北京：冶金工业出版社.

翟玉春. 2018. 冶金热力学[M]. 北京：冶金工业出版社.

翟玉春. 2022. 非平衡态相变热力学[M]. 北京：科学出版社.

张明杰，王兆文. 2006. 熔盐电化学原理与应用[M]. 北京：化学工业出版社.